国外油气勘探开发新进展丛书

GUOWAIYOUQIKANTANKAIFAXINJINZHANCONGSHU

二十六

SHALE OIL AND GAS PRODUCTION PROCESSES

页岩油气开采

【美】詹姆斯·G. 斯皮特（James G. Speight） 著

于荣泽 赵素平 高金亮 刘钰洋 等译

石油工业出版社

内 容 提 要

本书对页岩油气和油页岩资源开采、炼化处理工艺和环境问题进行了详细论述，主要分为页岩油气资源、油页岩和其他方面三部分共 18 章内容，系统论述了页岩油气和油页岩资源量、资源特征、开采工艺、炼化处理工艺、开发利用面临的关键问题、发展趋势和环境影响。

本书可供科研院所、高校和油气田企业等从事页岩油气和油页岩资源勘探开发的相关人员参考借鉴。

图书在版编目（CIP）数据

页岩油气开采 /（美）詹姆斯·G.斯皮特

（James G. Speight）著；于荣泽等译 . -- 北京：石油

工业出版社，2024. 11. --ISBN 978-7-5183-6882-2

（国外油气勘探开发新进展丛书 . 二十六）

Ⅰ . TE3

中国国家版本馆 CIP 数据核字第 2024BW8082 号

Shale Oil and Gas Production Processes

James G. Speight

ISBN: 9780128133156

Copyright © 2020 Elsevier Inc. All rights reserved.

Authorized Chinese translation published by Petroleum Industry Press.

《页岩油气开采》（于荣泽 赵素平 高金亮 刘钰洋 等译）

ISBN: 9787518368822

Copyright © Elsevier Inc. and Petroleum Industry Press. All rights reserved.

北京市版权局著作权合同登记号：01-2024-5644

出版发行：石油工业出版社

（北京安定门外安华里 2 区 1 号　100011）

网　　址：www.petropub.com

编辑部：（010）64523760

图书营销中心：（010）64523633

经　销：全国新华书店

印　刷：北京中石油彩色印刷有限责任公司

2024 年 11 月第 1 版　2024 年 11 月第 1 次印刷

787×1092 毫米　开本：1/16　印张：49.75

字数：1180 千字

定价：150.00 元

（如出现印装质量问题，我社图书营销中心负责调换）

版权所有，翻印必究

序

"他山之石，可以攻玉"。学习和借鉴国外油气勘探开发新理论、新技术和新工艺，对于提高国内油气勘探开发水平、丰富科研管理人员知识储备、增强公司科技创新能力和整体实力、推动提升勘探开发力度的实践具有重要的现实意义。鉴于此，中国石油勘探与生产分公司（现为中国石油油气和新能源分公司）和石油工业出版社组织多方力量，本着先进、实用、有效的原则，对国外著名出版社和知名学者最新出版的、代表行业先进理论和技术水平的著作进行引进并翻译出版，形成涵盖油气勘探、开发、工程技术等上游较全面和系统的系列丛书——《国外油气勘探开发新进展丛书》。

自 2001 年丛书第一辑正式出版后，在持续跟踪国外油气勘探、开发新理论新技术发展的基础上，从国内科研、生产需求出发，截至目前，优中选优，共计翻译出版了二十五辑 100 余种专著。这些译著发行后，受到了企业和科研院所广大科研人员和大学院校师生的欢迎，并在勘探开发实践中发挥了重要作用。达到了促进生产、更新知识、提高业务水平的目的。同时，集团公司也筛选了部分适合基层员工学习参考的图书，列入"千万图书下基层，百万员工品书香"书目，配发到中国石油所属的 4 万余个基层队站。该套系列丛书也获得了我国出版界的认可，先后八次获得了中国出版协会的"引进版科技类优秀图书奖"，形成了规模品牌，获得了很好的社会效益。

此次在前二十五辑出版的基础上，经过多次调研、筛选，又推选出了《油藏描述、建模和定量解释》《致密油藏表征、建模与开发》《蠕虫状胶束的体系、表征及应用》《非常规油气人工智能预测和建模方法》《多孔介质中多相流动的计算方法》《页岩油气开采》等 6 本专著翻译出版，以飨读者。

在本套丛书的引进、翻译和出版过程中，中国石油油气和新能源分公司和石油工业出版社在图书选择、工作组织、质量保障方面积极发挥作用，一批具有较高外语水平的知名专家、教授和有丰富实践经验的工程技术人员担任翻译和审校工作，使得该套丛书能以较高的质量正式出版，在此对他们的努力和付出表示衷心的感谢！希望该套丛书在相关企业、科研单位、院校的生产和科研中继续发挥应有的作用。

丛书编委会

译者前言

21 世纪以来，世界经济进入新的发展周期，各国对石油天然气资源的需求直线上升。世界油气工业的勘探开发领域，正持续从占油气资源总量 20% 的常规油气，向占油气资源总量 80% 的非常规油气延伸。非常规油气是指用传统技术无法获得自然工业产量、需用物理方式改善储层渗透率与流体黏度或采用化学方式转化油气等新技术才能经济开采的连续型油气资源。非常规油气两个关键标志为油气大面积连续分布和无自然工业稳定产量，两项关键参数为孔隙度一般小于 10% 和孔喉直径一般小于 1μm 或空气渗透率小于 1mD。烃源岩层系致密储层中为微—纳米级孔喉系统，以毛细管压力和分子间吸附力作用为主，油气以非浮力驱动成藏和连续性聚集为特征。非常规油气资源包括致密油气、页岩油气、煤岩油气、油页岩、油砂矿、天然气水合物等。非常规油气突破，大幅增加了现实油气资源，推动了世界能源行业诸多重大转变，非常规油气在世界油气产量中的作用不断加强、地位不断提高。2022 年，世界石油产量 43.5×10^{8}t，其中非常规石油约占 15%，世界天然气产量为 4.25×10^{12}m^3，其中非常规天然气约占 25%。

近年来，继致密油气和煤层气之后，美国、中国、加拿大和阿根廷等国家相继实现了页岩油气资源的商业开发。水平井钻完井和大规模分段压裂技术的飞速进步和规模应用，使得美国率先在多个盆地实现了页岩油气资源的规模开采，在能源领域掀起了一场全球范围内的"页岩革命"。"页岩革命"延长了世界石油工业生命期、助推了全球油气储量和产量增长、影响着各国能源战略格局。我国页岩油气资源丰富，具有广阔的勘探开发前景。目前非常规油气开发已深入到烃源岩内部，正逼近物理方式采油采气的技术极限。烃源岩内部加热化学转化有望成为下一轮油气革命的关键，地下大面积富有机质页岩和煤岩是以化学方式革命的主要对象，是石油工业化石能源发展的终极方向。

本书对页岩油气和油页岩资源开采、炼化处理工艺和环境问题进行了详细论述，主要分为页岩油气资源、油页岩和其他方面三部分共 18 章内容。第一部分页岩油气资源重点论述致密地层油气资源、全球页岩油气资源量、页岩油气储层和流体特征、页岩油气资源开发和生产、水力压裂措施、流体管理、页岩气和凝析油分析、页岩气处理工艺、页岩油分析及页岩油炼化工艺等。第二部分油页岩重点论述油页岩成因和性质、全球油页岩资源量、干酪根特征、油页岩开采与干馏、油页岩现场干馏、油页岩原油精炼等。第三部分重点论述致密油和页岩油的稳定性和相容性、页岩油气和油页岩资源开发面临的环境问题。全书系统论述了页岩油气和油页岩资源量、资源特征、开采工艺、炼化处理工艺、开发利用面临的关键问题、发展趋势和环境影响。

由衷希望本书的引进能够为科研院所、高校、油气田企业等从事页岩油气和油页岩资源勘探开发的相关人员提供参考借鉴。鉴于对书稿原文的理解认识有限，译文难免存在不妥之处，恳请各位读者批评指正。

原书前言

产自深层富烃致密页岩地层的天然气和原油称为致密天然气和致密油（也称为页岩气和页岩油），是美国陆上原油和天然气快速发展领域之一，同时还助推了其他国家和地区致密气和致密油资源的钻探和开采。

北美地区每年新增大量天然气和石油发现量，钻井活动达到20多年以来峰值，石油和天然气供应量迅速增长。多数石油和天然气增量产自深层页岩地层，通常位于地表以下数千英尺的致密和低渗透储层。水平井钻完井和水力压裂技术进步解锁了美国深层页岩油气资源的开发。然而，不同页岩产区致密油气采收率存在显著差异。

致密地层石油和天然气资源的商业开发不仅改变了美国境内能源分布，也影响了环境和社会经济格局，尤其是在新开发地区。致密地层油气资源开发同样引发了潜在环境和监管处理等问题。

产自页岩、致密砂岩和碳酸盐岩储层的天然气和石油统一被称为非常规化石能源，天然气和石油的赋存方式包括吸附在有机物上。天然气和石油储存在难以开采的页岩地层。页岩储层能够储存大量油气资源，部分天然气和石油以游离态存在于颗粒之间的孔隙中，同时还有另一部分油气吸附在有机物上。沉积盆地天然气和石油开发潜力评价已成为油气工业的一个重要领域，将对拥有大量资源国家的能源安全产生积极影响。储量评价结果随钻井和开采技术的进步而动态变化。

致密地层油气资源勘探开发在全球范围内重要性日益增加，同时也需要更深入地认识页岩地层。深化页岩地层认识可为致密地层油气资源开采奠定基础。致密地层油气资源发现相对容易，但通常这些油气资源开采成本较高。直接钻遇含油气地层难以实现工业产量。水力压裂是提高致密地层油气产量的唯一途径。

油页岩是一种含有机物（通常称为干酪根）的细粒沉积岩，在全球多个地区通过蒸馏油页岩能够获取大量石油和天然气。由于多数有机物不溶于常规有机溶剂，必须通过热解方式获得油气产量。多数油页岩定义的基础是具备经济可采潜力，包括页岩油、可燃气体，以及副产品等。具备经济开采潜力的油页岩通常埋深较浅，可通过直接开采、常规地下开采或原位开采实现开发。页岩油（也被称为干酪根衍生油）的性质因来源和开采过程不同而存在差异。页岩油对于炼油厂来说是一种复杂原材料。页岩油炼化过程中，含量不等的杂原子（氮、氧、硫和金属成分）为炼油厂带来了系列问题。除此之外，页岩油与常规原油的不相容性也是一个需要解决的问题。随着技术进步，页岩油将成为炼油厂的优质原材料并与高品质常规原油相当且混溶。在科学和工程领域，页岩油被认为是一种比汽油更好的喷气燃料、柴油和馏分油燃料来源。尽管目前仍然存在一些技术问题，页岩油升级和精炼工艺已能够生产优质成品油。

油页岩地层在全球范围内广泛发育，相应地质时代从寒武纪到古近—新近纪不等，多形成于海洋、大陆和湖泊沉积环境。目前已发现的最大油页岩矿是美国西部的 Green River 地层，估算页岩油可采储量约为 $1.5×10^{12}$bbl。

本书旨在全面介绍致密地层油气资源，同时认识地质力学特性和水力压裂措施必要性，还向读者阐述了致密地层油气资源开发的相关问题、潜在环境影响及监管处理能力。本书向研究人员、工程师、管理人员、监管人员和管理部门提供了基本信息，以辅助管理决策。

本书第一部分介绍了致密地层油气资源潜力、页岩油气藏演化、开发前期勘探、钻井和储层评价、产量和完井作业效率。第二部分介绍了油页岩开采，分章节给出了油页岩成因及性质、全球油页岩资源分布、干酪根物理和化学性质和油页岩母体、油页岩开采和干馏、原位干馏和页岩油精炼等。最后，本书还列出了致密地层油气开发相关的环境问题。

James G. Speight

美国怀俄明州拉勒米市 CD&W 股份有限公司

目　录

第一部分　页岩油气资源

第二部分 油页岩

第三部分　其他方面

第一部分　页岩油气资源

第1章 致密地层油气资源

1.1 引言

通用术语中原油（也称为石油）和天然气分别为液体和气体混合物，两者通常与油气生成和储存的地质构造直接相关（Speight，2014a）。近年来，深层页岩地层中的石油和天然气也实现了规模效益开发（Speight，2013b）。油藏和纯气藏中均有天然气。天然气的主要成分为甲烷，除此之外还包括其他碳氢化合物衍生物，如乙烷、丙烷和丁烷。二氧化碳也是天然气的常见组分。天然气中还可能包含氦气等微量稀有气体，部分气藏是这些稀有气体的重要来源。与石油组分特征相似，不同储层或同一储层不同生产井产出的天然气组分存在差异（Mokhatab et al.，2006；Speight，2014a，2019）。

石油和天然气是当今社会的重要原材料来源，为日常广泛使用的塑料及其他产品提供原材料，同时还为能源、工业、供暖和运输业提供燃料。从化学视角而言，石油和天然气为烃类和非烃化合物的混合物，其中石油组分更为复杂（Speight，2012a，2014a，2019）。从石油和天然气中提取的燃料占世界能源供应总量的一半以上。天然气（用于燃气和石化产品制造）、汽油、煤油和柴油为汽车、拖拉机、卡车、飞机和船舶提供燃料（Speight，2014a）。除此之外，燃料油和天然气还用于居民和商业供暖及发电。

天然气和石油为碳基资源，在石油形成、使用和大气二氧化碳积累等方面，地球化学碳循环与化石燃料使用息息相关。提高天然气和石油利用效率至关重要。在可替代能源出现之前，天然气和石油化工技术可为世界工业提供至少 50 年以上的原材料及能源（Boyle，1996；Ramage，1997；Speight，2011a，2011b，2011c）。

引入术语石油峰值产量用于表征石油最高产量，达到石油峰值产量（实际上是任何自然资源的产量）后进入递减阶段（Hubbert，1956，1962）。石油峰值产量通常出现在可采储量采出程度超过 50% 以后。峰值后石油产量不能再增加，此后石油产量随时间呈递减趋势，并不受石油需求的影响。实际上，包括印度尼西亚、英国、挪威和美国在内的多数石油生产国在数年或数十年前已经达到了石油峰值产量。这些石油生产国的产量下降被其他国家的石油发现和产量增长所抵消。峰值能源断崖也因致密地层中的石油天然气发现及开发得到了延缓（Islam and Speight，2016）。

在进一步论述之前，使用一系列定义来解释书中提及的术语。

1.2 定义

由于石油天然气工业持续发展，该领域的专业术语也呈多样化特征。已经定义的专业术语未完全得到沿用，本书给出了更为常用的定义。为了进行对比，还在定义中说明了天然气水合物和其他气体的来源，这也为未来气态能源来源提供了指示。

1.2.1 石油

石油是由大量不同类型天然烃类和非烃化合物组成，烃类化合物包括不同类型碳氢化合物，非烃化合物含有含量不等的硫、氮、氧，以及镍和钒等重金属。石油的挥发性、重度、黏度和物理性质存在较大差异，例如 API 重度和硫含量（表 1.1 和表 1.2），颜色由无色到黑色、API 重度由低到高等（Speight，2012a，2014a；US EIA，2014）。高黏石油通常含有镍、钒、铁、铜等重金属成分，其含量有时可达千分之几。这些重金属成分可对石油化工设备和催化剂造成严重伤害（Parkash，2003；Gary et al.，2007；Speight，2014a，2017；Hsu and Robinson，2017）。石油中铁和铜元素的含量一直备受猜测，目前尚不清楚石油中是否含有铁和铜元素，或者两者来源于石油开采和输运过程中的金属管道。

表 1.1 不同地区石油 API 重度和硫含量

国家	不同地区的石油	API 重度 （°API）	含硫质量分数 （%）
阿布扎比（阿联酋）	Abu Al Bu Khoosh	31.6	2.00
阿布扎比（阿联酋）	Murban	40.5	0.78
安哥拉	Cabinda	31.7	0.17
安哥拉	Palanca	40.1	0.11
澳大利亚	Barrow Island	37.3	0.05
澳大利亚	Griffin	55.0	0.03
巴西	Garoupa	30.0	0.68
巴西	Sergipano Platforma	38.4	0.19
文莱	Champion Export	23.9	0.12
文莱	Seria	40.5	0.06
喀麦隆	Lokele	20.7	0.46
喀麦隆	Kole Marine	32.6	0.33
加拿大（艾伯塔省）	Wainwright-Kinsella	23.1	2.58
加拿大（艾伯塔省）	Rainbow	40.7	0.50
中国	Shengli	24.2	1.00
中国	Nanhai 轻油	40.6	0.06
迪拜（阿联酋）	Fateh	31.1	2.00
迪拜（阿联酋）	Margham 轻油	50.3	0.04
埃及	Ras Gharib	21.5	3.64
埃及	Gulf of Suez	31.9	1.52
加蓬	Gamba	31.4	0.09
加蓬	Rabi-Kounga	33.5	0.07
印度尼西亚	Bima	21.1	0.25
印度尼西亚	Kakap	51.5	0.05
伊朗	Aboozar（Ardeshir）	26.9	2.48
伊朗	Rostam	35.9	1.55
伊拉克	Basrah 重油	24.7	3.50

续表

国家	不同地区的石油	API 重度 （°API）	含硫质量分数 （%）
伊拉克	Basrah 轻油	33.7	1.95
利比亚	Buri	26.2	1.76
利比亚	Bu Attifel	43.3	0.04
马来西亚	Bintulu	28.1	0.08
马来西亚	Dulang	39.0	0.12
墨西哥	Maya	22.2	3.30
墨西哥	Olmeca	39.8	0.80
尼日利亚	Bonny Medium	25.2	0.23
尼日利亚	Brass River	42.8	0.06
北海（挪威）	Emerald	22.0	0.75
北海（英国）	Innes	45.7	0.13
卡塔尔	Qatar Marine	36.0	1.42
卡塔尔	Dukhan（Qatar Land）	40.9	1.27
沙特阿拉伯	Arab Heavy（Safaniya）	27.4	2.80
沙特阿拉伯	Arab Extra Light（Berri）	37.2	1.15
美国（加利福尼亚州）	Huntington Beach	20.7	1.38
美国（密歇根州）	Lakehead Sweet	47.0	0.31
委内瑞拉	Leona	24.4	1.51
委内瑞拉	Oficina	33.3	0.78

表 1.2　不同地区重油 API 重度和硫含量

国家	不同地区的石油	API 重度（°API）	含硫质量分数（%）
加拿大（艾伯塔省）	Athabasca	8.0	4.80
加拿大（艾伯塔省）	Cold Lake	13.2	4.11
加拿大（艾伯塔省）	Lloydminster	16.0	2.60
加拿大（艾伯塔省）	Wabasca	19.6	3.90
乍得	Bolobo	16.8	0.14
乍得	Kome	18.5	0.20
中国	Qinhuangdao	16.0	0.26
中国	Zhao Dong	18.4	0.25
哥伦比亚	Castilla	13.3	0.22
哥伦比亚	Chichimene	19.8	1.12
厄瓜多尔	Ecuador 重油	18.2	2.23
厄瓜多尔	Napo	19.2	1.98

续表

国家	不同地区的石油	API 重度（°API）	含硫质量分数（%）
美国（加利福尼亚州）	Midway Sunset	11.0	1.55
美国（加利福尼亚州）	Wilmington	18.6	1.59
委内瑞拉	Boscan	10.1	5.50
委内瑞拉	Tremblador	19.0	0.80

石油赋存于由多孔和一定渗透性沉积物组成的储层中，如砂岩和粉砂岩储层。给定岩体构造中的系列储层或独立但相邻地层中的系列储层通常称为油田。一组油田通常包含在具备单一地质背景中的沉积盆地或省级区域。地层条件下，石油流动性远高于地表石油，主要是由于地层的高温环境（地温梯度）大幅降低了石油黏度。不同地区地温梯度存在差异，通常范围为 2.5~3.0℃/100m。

常规石油主要成分包括烃类衍生物和少量非烃化合物（含氮、氧、硫及金属化合物），不同组分的分子结构存在显著差异。分子结构最简单的烃类化合物为石蜡衍生物，从甲烷（分子结构最简单的碳氢化合物，CH_4）到精炼成汽油、柴油和燃料油的烃类液体，再到高结晶蜡 $[(CH_3CH_2)_nCH_3，n>15]$ 和更为复杂的多环成分（C_{60+}）。复杂多成分通常不具备挥发性，为常压蒸馏或减压蒸馏的残留物。

石油中的非烃化合物成分包括氮、氧、硫和金属（主要是镍和钒）的有机衍生物，通常被称为极性芳香烃，主要成分为树脂和沥青质（图 1.1）（Speight，2014a，2015a）。重质原油（高密度，低 API 重度）和焦油砂沥青中碳氢化合物含量较低（少量 200℃ 以下挥发成

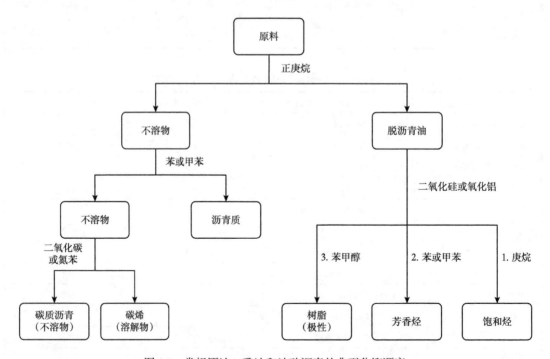

图 1.1　常规原油、重油和油砂沥青的典型分馏顺序

分），非烃化合物含量较高（低挥发性和不挥发成分）（Speight，2014a，2016c）。虽然大多数高沸点组分在碳氢化合物产品转化的精炼过程中被去除，但低挥发性和非挥发性组分在很大程度上影响了采油工艺的选择和有效性，并决定是否采用压裂作为提高采收率的手段（Speight，2014a，2016a，2016c）。

石油开采过程中，地质技术可为岩层及原油性质提供重要评价信息，钻井是确定地层中含油性及能否达到工业产量的主要途径。现代旋转设备的使用可钻探至地表以下超过9000m深度。钻探发现后，借助储层内天然气或水产生的储层压力实现开采。除此之外，还可以借助向储层注入水或蒸汽等工艺手段提高储层压力，或通过注入二氧化碳、聚合物和溶剂等物质降低原油黏度，最终将原油开采至地表。当重质原油在储层条件下具备高黏性流动阻力时，通常采用热采法提高重质原油采收率（Speight，2014a，2016a，2016b）。

石油和天然气通常划分为常规油气资源和非常规油气资源（Mokhatab et al.，2006；Speight，2014a，2019）。非常规油气资源还包括来自页岩地层和致密地层的原油。常规天然气是指赋存于渗透率高于1mD储层中的天然气，通过常规开采技术可实现开采。迄今为止，全球已生产天然气中大部分来自常规天然气资源。非常规天然气赋存于渗透率低于1mD的储层中，且常规开采技术无法实现规模开发。本书重点论述非常规油气资源中页岩油气的开采流程。

非常规油气资源的地质特征赋予了该类资源的定义。非常规地层微细粒富有机质沉积岩，通常为页岩或其他类似的地层，具备源储一体特征。常规油气藏中，烃源岩和储层为独立不同的地层。石油工程师协会将非常规油气资源描述为大面积连续分布的原油聚集，且无明显统一的压力系统。这些地层也被称为连续沉积地层或致密地层。常规油气多聚集于多孔高渗透砂岩和碳酸岩储层中。地层压力作用下，烃类化合物由烃源岩向上运移，直到遇到封闭盖层后聚集在储层岩石中。非常规地层同样具备多孔等沉积储层特征，极小孔隙及极低渗透率不利于流体流动。无天然或人工裂缝条件下，非常规油气通常聚集在烃源岩中。

1.2.2　机会原油

致密油通常被划分为机会原油，其开采成本通常低于常规原油。因此，有必要给出机会原油的定义。致密油等机会原油加工处理为炼油厂提供了更大的利益空间，但致密油目前也面临独特的挑战。

机会原油是指加工问题未知的新型原油或具备众所周知加工问题的现有原油（Parkash，2003；Gary et al.，2007；Speight，2014a，2017；Hsu and Robinson，2017）。机会原油通常具备高密度低API重度特征，其高固体（其他污染物）含量、高酸度和高黏度特征增加了加工难度。这些机会原油可能与炼油厂其他原油出现不相容现象，加工过程中会导致过多的设备结垢（Speight，2015a）。除此之外，还需要对炼油厂进行单独配置以处理机会原油或高酸原油，因此机会原油通常被划分为高密度低API重度原油。

除采取措施预防机会原油对设备的影响外，炼油厂还需要制定详细的机会原油评估计划，以便及时掌握机会油源品质并及时调整加工工艺（Speight，2014a）。例如，机会原油的兼容性是原油购买需要考虑的关键因素。混合不兼容原油中的不稳定沥青质成分可能导致加工设备结垢（Speight，2014a，2015b）。原油加工问题会严重制约机会原油的销售。例如，原油预热系统大量结垢会降低能源利用效率，同时也会大幅增加二氧化碳的排放，以及热交换器的清洁频率。最严重的情况会导致炼油厂产量下降，直接影响效益。

尽管机会原油具有原始价格优势，但其成分特征会给炼油厂带来严重问题，影响基础设施、炼化产量和利润。精炼之前需要对机会原油进行综合评价，为潜在购买方和销售方提供所需数据，以便确定机会原油价格及对不同炼油厂的适应性。机会原油综合评价有助于炼油厂掌握原油质量、数量、类型及规格变化情况，以便更好地控制机会原油炼制风险（表 1.3）。

表 1.3　用 API 重度和硫含量表示不同原油质量的示例

区域[a]	低品位原油（API 重度，硫含量）	高品位原油（API 重度，硫含量）
非洲	安哥拉（库伊托）19°API，0.68%	尼日利亚（阿格巴米轻油）47°API，0.04%
亚洲	中国（蓬莱）22°API，0.29%	印度尼西亚（塞尼帕凝析油）54°API，0.03%
澳大利亚	恩菲尔德 22°API，0.13%	巴渝云丹 56°API，0.07%
欧洲	英国（阿尔巴）19°API，1.24%	挪威（斯诺维特凝析油）61°API，0.02%
中东	沙特阿拉伯（南非重油）27°API，2.87%	阿布扎比（穆尔班）39°API，0.8%
北美洲	加拿大（阿尔比亚）19°API，2.1%	美国（威廉姆斯舒格兰混合油）41°API，0.20%
拉丁美洲	委内瑞拉（博斯坎）10°API，5.7%	哥伦比亚（库皮亚加）43°API，0.14%
中亚	俄罗斯（埃斯波）35°API，0.62%	库姆科尔（哈萨克斯坦）45°API，0.81%

注：[a] 国家或地区。

1.2.3　天然气

通用术语天然气是指与含油地质构造相关的气体。天然气赋存在深层地下岩层和煤层中，通常以甲烷气体为主，除此之外还包括少量含有多达 6 个或 8 个碳原子的大分子量石蜡衍生物（表 1.4）。天然气中烃类成分全部可燃，除此之外还包括少量不可燃非烃成分，如二氧化碳、氮气、氦气等。这些非烃成分在天然气加工过程中被视为污染物进行去除（天然气净化和精炼）（Mokhatab et al.，2006；Speight，2014a，2019）。

表 1.4　天然气组分

组分	分子式	体积分数（%）
甲烷	CH_4	> 85
乙烷	C_2H_6	3~8
丙烷	C_3H_8	1~5
丁烷	C_4H_{10}	1~2
戊烷[a]	C_5H_{12}	1~5
二氧化碳	CO_2	1~2
硫化氢	H_2S	1~2
氮	N_2	1~5
氦	He	< 0.5

注：[a] 戊烷及更高分子量，含辛烷（C_8H_{18}）烃衍生物，包括苯和甲苯（Speight，2014）。

天然气中的烃组分全部可燃，非烃不可燃成分包括二氧化碳、氮气和氦气等气体，这些气体被视为污染物。除油藏中含有天然气外，天然气也存在于仅含有天然气资源的气藏中。气藏中与天然气同时生成的液体为凝析油，该类气藏也称为凝析气藏。不同气藏间天然气成分存在差异，同一油田内两口井也可能产出不同组分的天然气（Mokhatab et al.，2006；Speight，2014a，2019）。

除油藏含天然气外，一些气藏中仅含有天然气。该类气藏天然气主要组分为甲烷，同时含有少量其他烃类化合物，如乙烷、丙烷和丁烷。天然气中非烃气体通常包括二氧化碳和微量氦气等稀有气体。部分气藏是这些稀有气体的重要来源。与原油组分特征相似，天然气的组分也存在差异。不同储层中天然气组分存在差异，同一油田内两口井也可能产出不同组分的天然气（Speight，1990，2014a，2016a）。

与石油类似，天然气资源通常划分为常规天然气和非常规天然气（Mokhatab et al，2006；Speight，2014a，2019）。通常非常规天然气资源还包括煤层气一级来自页岩地层和致密地层中的天然气，本书主要论述来自页岩和致密地层中的天然气。常规天然气资源通常赋存在渗透率高于1mD的储层中，可通过常规方式实现开发。非常规天然气赋存于渗透率低于1mD的储层中，常规方式无法实现有效开发。

除此之外，天然气领域还包括几个通用术语定义。贫气是指以甲烷为主的天然气。湿气中含有一定数量的高分子烃类衍生物，这些烃类衍生物以气体形式存在，相应气体浓度超过1.3%。干气组分中高分子烃类衍生物浓度通常低于1.3%。其他天然气相关术语还包括酸气、残余气和套管气。

酸气中含有硫化氢，脱硫气体中硫化氢含量极低。为了进一步量化干气和湿气，术语中干气是指挥发气（高分子量烷烃衍生物）含量低于1.3%，湿气中挥发气含量超过1.3%。

伴生天然气或溶解天然气是以游离态或溶解态形式与石油共存的天然气。原油中以溶解态形式赋存的气体为溶解天然气，以游离态形式与石油共存的为伴生天然气。伴生气和溶解气通常含有较高含量的高沸点碳氢化合物衍生物，这些衍生物通常以低沸点原油形式存在（表1.5）。干气主要是指以甲烷为主的天然气，湿气中含有一定数量的高分子烃类衍生物。

表 1.5　某油井伴生气组分

类别	组分	含量（%）
烷烃	甲烷（CH_4）	70~98
	乙烷（C_2H_6）	1~10
	丙烷（C_3H_8）	微量~5
	丁烷（C_4H_{10}）	微量~2
	戊烷（C_5H_{12}）	微量~1
	己烷（C_6H_{14}）	微量~0.5
	庚烷等（C_{7+}）	微量以下
环烷烃	环丙烷（C_3H_6）	微量
	环己烷（C_6H_{12}）	微量

类别	组分	含量（%）
芳香烃	苯（C_6H_6）等	微量
非烃	氮气（N_2）	微量~15
	二氧化碳（CO_2）	微量~1
	硫化氢（H_2S）	偶有微量
	氦气（He）	微量~5
	其他硫氮化合物	偶有微量
	水（H_2O）	微量~5

残余气是指高分子碳氢化合物衍生物提取之后的天然气，套管气为井口原油分离后的天然气。残渣是指天然气与石油精炼过程中蒸馏塔内的残留物。残渣为石油炼化去除低沸点成分后的高沸点成分。

天然气组分通常还包括微量二氧化碳（CO_2）、硫化氢（H_2S）、硫醇（RSH）等其他成分。目前天然气没有典型的组分构成。甲烷和乙烷通常为天然气的主要可燃组分，二氧化碳和氮气为主要不可燃组分。酸性气体因含有一定量硫化物（如硫化氢、硫醇）而具备腐蚀性特征（Speight，2014c）。酸性气体使用前需经过二次处理净化（Mokhatab et al.，2006；Speight，2014a，2019）。

天然气凝析油（天然汽油）是一种低密度、低黏度的碳氢化合物液体混合物，在储层条件下以气态形式存在并通过天然气井产出。当温度下降至露点温度后，凝析液与气体分离。露点是指在给定压力条件下气体转化为液体对应的温度，也就是临界饱和点。

全球范围发育大量凝析气藏，每个气藏的凝析气组分都存在差异。通常而言，天然气凝析油主要组分包括丙烷、丁烷、戊烷、己烷、庚烷甚至辛烷等，其相对密度范围为0.5~0.8。此外，天然气凝析油还含有硫化氢、硫醇、二氧化碳、环己烷（C_6H_{12}）和苯（C_6H_6）、甲苯（$C_6H_5CH_3$）、乙苯（$C_6H_5CH_2CH_3$）、二甲苯（$H_3CC_6H_4CH_3$）等低分子量芳香烃（Mokhatab et al.，2006；Speight，2014a，2019）。

气藏中的凝析现象会增加液体流向井筒的阻力。水力压裂措施是硅质碎屑岩储层常用的解堵措施，酸化是碳酸岩储层常用的解堵措施（Speight，2016a）。碎屑岩由原生矿物和岩石碎屑组成。碎屑是岩石经风化后脱落的地质碎屑、块状和较小岩石颗粒的碎片。地质学中碎屑岩是指沉积岩，以及沉积物输运过程中的悬浮物、底砂及沉积物颗粒（Davis，1992）。

此外，可通过降低地层能量消耗来提高油气产量。部分凝析气田，高于露点压力的慢速压降单相流动能够延长开采时间。水力压裂措施仅能够为凝析饱和区域提供暂时的流动通道。当压力下降至露点以下时，裂缝周边饱和度会呈增加趋势。水平井或斜井也常用于增加地层接触面积来提高产量。

1.2.4　天然气水合物

天然气水合物（也称为甲烷水合物）是指大量甲烷赋存于水晶体结构中形成的类似冰状的固体资源（Kvenvolden，1995；Buffett and Archer，2004；Gao et al.，2005；Gao，2008；

USGS, 2011)。天然气水合物是由水和一种或多种碳氢化合物或非烃气体组成的固体状能源。物理外观上,天然气水合物与雪或冰类似,甲烷等气体分子被捕获在水分子组成的笼状晶体结构中。天然气水合物需要在给定的压力和温度条件下才能保持稳定。给定压力条件下,尽管温度高于冰点温度,天然气水合物依然能够保持稳定。天然气水合物保持稳定的最高温度与压力和气体成分相关。例如,甲烷和水在 4.1MPa 和 5℃ 条件下形成水合物,而在相同压力条件下,1% 丙烷含量的甲烷需要在 9.4℃ 时才能够形成水合物。天然气水合物稳定性还受矿化度等其他因素影响(Edmonds et al, 1996)。

单位体积天然气水合物中含有大量气体。例如,每立方米天然气水合物在常温常压条件下可分离出 160m³ 天然气和 0.8m³ 水(Kvenvolden, 1993)。分离的天然气主要成分为甲烷,还包括乙烷、丙烷和二氧化碳等气体。甲烷来源为热成因气或生物成因气。有机物早期成岩过程中形成的生物气可为陆相沉积中天然气水合物提供气源。同样,深层热成因气运移至地表可在陆相沉积中形成天然气水合物(Boswell and Collett, 2011; Collett, 2002; Gupta, 2004; Demirbas, 2010a, 2010b, 2010c; Chong et al., 2016)。

天然气水合物是浅海地圈的常见成分,它们既存在于深层沉积构造,又在海底形成露头。通常认为深层天然气沿地质断层向上运移遇冷海水环境后沉淀或结晶形成了天然气水合物。深水油气钻井过程中,钻遇低温高压天然气也会流入井筒并形成天然气水合物。形成的天然气水合物也能伴随钻井液或其他循环流体继续向上运移。此时,环空中压力下降导致天然气水合物分离为气体和水。极速气体膨胀和压力降低会进一步导致更多的天然气水合物分离和流体排出。

估算全球天然气水合物资源量超过 10^{13} t 碳当量(Mac-Donald, 1990a, 1990b; Gornitz and Fung, 1994),与煤炭、石油和天然气可采资源量相当。由于天然气水合物储层多处于海底条件,这也引发了释放甲烷以应对气候变化的猜想(MacDonald, 1990b)。海平面变化导致的温度升高或压力降低都会诱发天然气水合物分离,并释放更多的甲烷到地表。天然气水合物释放甲烷以用于解释最后一个冰川期中大气甲烷浓度的突然增加。

1.2.5 煤层气

天然气通常与石油共存于油藏中,还赋存于气藏和煤层中。煤层中富含甲烷并不是新发现,煤矿开采业早在 150 多年前就已经认识到甲烷的存在(因易爆特征而被称为瓦斯)。煤层气通过地层静压力保存在煤层孔隙和裂缝中。煤层气开采过程中需要钻井后实施排水措施,从而促使煤层中气体释放流动至地表。

煤层气是指煤层中的甲烷气。煤矿瓦斯是采煤作业期间释放的煤层气的一部分,煤矿瓦斯和煤层气通常为不同的气体来源,然而两种气体对采煤作业来说同样危险。

煤层气是煤炭生成过程中产生的天然气,所有煤层中均含有数量不等的煤层气。与常规天然气相比,煤层气组分相对简单,仅含有少量乙烷、丁烷、硫化氢和二氧化碳等高分子量碳氢化合物衍生物。与常规天然气藏地质环境相似,煤层气成藏不受控于上覆地层构造圈闭作用(Speight, 2013a, 2014a, 2019)。只有 5%~10% 区间少量煤层甲烷以游离气形式赋存于煤层节理和夹层内,大量煤层气以吸附态赋存于煤层基质中。

煤形成过程中伴随大量富含甲烷的气体生成,这些气体主要吸附在煤岩基质上。煤层中大量天然裂缝和孔隙大幅增加了煤岩比表面积,使得煤岩存储的天然气体积远高于其他类型储层。煤层钻井及开采过程会导致内部存储的甲烷气体释放。这些甲烷气体释放后可运移至裂缝等开放空间。在煤层割理中，释放甲烷气与二氧化碳混合，这些混合气可通过钻井实现开采。随埋深增加，上覆岩层压力使得煤层割理闭合，或随矿物成分充填降低了煤岩渗透性。煤层气一直是煤矿开采的重要风险。为了降低煤矿开采风险，早期主要措施是最大限度将煤层中气体释放至大气中。直到过去二十年左右，人类开始主动开采煤层中甲烷气作为一种天然气资源。煤矿开采中甲烷的另一个来源是甲烷与通风空气的缓和气，也称为风排瓦斯气（VAM）。采矿中通过大量循环空气量以降低甲烷的浓度，风排瓦斯气因甲烷含量较而低而不具备商业回收利用价值。

煤层气主要成分为甲烷，甲烷通常以吸附态赋存于煤岩基质中，少量赋存于煤岩孔隙或构造圈闭中。尽管页岩地层中粒间孔隙空间很小，但依然占据岩石大量的体积空间。这也使得页岩能够储存大量的水、天然气和石油，受限于极低渗透率特征无法实现运移。油气工业通过水平井钻井和大规模水力压裂措施实现页岩油气的工业开发。页岩中黏土矿物成分能够大量吸附水、天然气、离子及其他物质，该特征使其能够选择性存储或释放流体。

全球范围内广泛分布的页岩气资源（Boyer et al，2011）是技术驱动实现规模开发的天然气资源，从无自然产能储层实现天然气开采需要密集的高新技术工艺。与常规天然气相比，页岩气藏开发需要通过增加钻井数量提高气藏采收率。此外，水平段长达到一英里以上的水平井被广泛用于页岩气开发以提高产量。将压裂液和煤层原生水排除有助于煤层降压和煤层气释放并流入井筒和地表。采矿作业中甲烷会大量释放并对地下采矿作业构成危害。除此之外，还可以通过与页岩气藏类似的水平井钻井和压裂技术开采煤层气。多级水力压裂措施通过高压液体在水平井段指定位置产生人工裂缝为气体提供流动通道。微地震监测技术能够实时掌握压裂裂缝的延伸动态。然而，作为一种技术驱动实现规模开发的天然气资源，页岩气上产速度一定程度上受开发所需资源限制，如淡水、支撑剂、长水平井钻机等。

多数煤岩渗透率极低，通常分布在 0.1~30.0mD。煤岩具备低杨氏模量特征，未断裂前无法承受太高的压力，因此其内部通常发育大量裂缝和割理。煤岩发育的大量裂缝和割理大幅提高了煤岩渗透性，有助于地下水、压裂液和甲烷气体的流动。水力压裂措施除产生新裂缝外，通常会扩大原有天然裂缝体系。这些天然裂缝将直接影响煤层气开采过程。

煤层气与常规天然气开采技术类似，区别在于煤层低渗透特征及更低的气体流动速度。煤层气产量主要来自井筒附近地层，需要更高密度的钻井实现煤层气、致密气等非常规资源的规模开发。

水平井和多分支水平井及分段压裂技术常用于为流体提供更快的流动通道以提高产量，但并不完全适用于所有煤层气藏。煤层原生水及注入压裂液经排水措施后可大幅降低煤层压力促进气体释放，排水措施也存在额外的要求、成本及环境问题。部分煤层气井还需要实施水力压裂措施。当煤层为饮用水地下水源时，水力压裂措施受限。上覆岩层压力作用下煤岩基质通常具备低孔隙度特征，因此煤层气井多数埋深较浅。

1.2.6 其他成因天然气

生物气（主要成分为甲烷）是部分类型细菌（产甲烷菌）在无氧环境中分解有机物过程产生的气体。牲畜粪便、食物垃圾和污水均是生物气或沼气的潜在来源，沼气还被视为一种可再生能源。

垃圾处理厂为沼气利用提供了另一种物料来源。当城市垃圾埋入垃圾填埋场时,细菌会分解报纸、纸板和食物等垃圾中的有机物,从而产生二氧化碳和甲烷气体。垃圾填埋设施通常会回收这些气体用于发电或取暖。

1.2.7 石蜡

天然石蜡也称为矿物蜡,为黄色至深棕色固体,主要由石蜡衍生物组成(Wollrab and Streibl,1969)。石蜡熔点 37℃(99℉),沸点超过 370℃(700℉)。石蜡和多种矿物质通常为矿脉和裂缝充填物或多孔岩石的粒间孔隙充填物。除部分地区俗称外,原始术语地蜡在矿物蜡沉积物中无明显的歧义。

地蜡一词源于希腊语,是一种天然碳氢化合物,主要由固体石蜡衍生物和环烷烃衍生物(即碳氢化合物衍生物)组成(Wollrab and Streibl,1969)。地蜡通常以细脉和矿脉形式填充在受构造干扰区域的岩石裂缝。地蜡是天然石蜡的主要原材料(含有高达 90% 的非芳香烃衍生物),其中 40%~50% 为常规或少量支链石蜡衍生物,以及环状石蜡衍生物。地蜡由 85% 碳、14% 氢,以及 0.3% 硫和氮构成,主要为纯碳氢化合物衍生物的混合物,同时含有少量非烃化合物衍生物。地蜡可溶于常规溶解原油的溶剂,如甲苯、苯、二硫化碳、氯仿和乙醚等。

天然石蜡普遍赋存于常规石油储层,页岩储层中同样含有石蜡。页岩储层石油和石蜡液体混合时,混合液可能导致石蜡析出并在输运和炼化过程中沉积结垢(Speight,2014a,2015b)。

1.3 致密气和致密油

页岩是一种沉积岩,主要由沉积在薄层状纹理中的极细粒黏土颗粒组成。初期为泥浆沉积在低能量沉积环境,如潮滩和沼泽,黏土颗粒从悬浮液中脱落。沉积过程伴随有机物的沉积,通常引入总有机碳含量(TOC)定量评价。泥浆深埋过程反映了沉积物极细粒和层状特征,不同页岩地层层状特性差异显著。

页岩是全球广泛发育的沉积岩,是碳氢化合物运移至渗透性储层的烃源岩,同时还可作为盖层将石油天然气密封在下部沉积物中。与常规油气藏相比(图 1.2),页岩地层具备极低渗透率特征,储存在页岩中的油气无法正常运移,只能通过数千年的地质时间尺度实现运移。油气由页岩地层缓慢运移至其上部的砂岩和碳酸盐岩储层是多数常规油气田的来源。因此,页岩通常被视为烃源岩和盖层而并非储层,但页岩中仍滞留有大量油气资源。

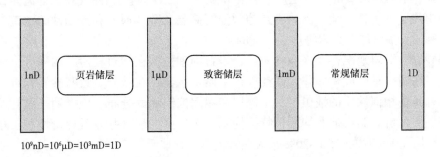

$10^9 nD = 10^6 \mu D = 10^3 mD = 1D$

图 1.2 页岩储层、致密储层和常规储层渗透率量级

页岩地层和其他致密低渗透地层一直未被视为油气开发目的层，常规砂岩储层和石灰岩储层钻探时还将页岩地层视为障碍层。实际上，富有机质页岩地层具备油气开发潜力，被划分为非常规油气储层。非常规油气储层是指不具备自然产能和经济产量的储层，通常需要水力压裂措施或水平井钻完井、多分支井钻完井或其他能够增大储层接触面积的技术。该定义包含致密砂岩、碳酸盐岩、煤和页岩等油气储层。非常规油气藏既是油气生成层也是储层，与常规油气藏不同，非常规油气藏通常大面积分布且不受特定地质构造控制（Zhang et al.，2016）。

致密油和致密气分别指页岩或致密砂岩等地层中的低密度低硫原油和天然气。这些石油和天然气资源需要利用水平井钻完井和水力压裂等非常规技术才能实现商业开采。非常规油气术语是指常规开采技术难以实现商业开发的油气资源。页岩油气是指储存在富有机质页岩地层中的油气资源。致密气是指储存在极低渗透性砂岩或石灰岩地层中的天然气，这些地层可能含有凝析油。储层极低渗透性特征使得必须利用特殊的钻完井、水力压裂和开采技术实现商业开发（Gordon，2012）。由于页岩气也是指致密地层中的天然气，致密油数据存在一些混淆意义。尽管页岩油与致密油储存在类似的地质构造中，然而页岩油储存在含有干酪根的地层，需要不同的开采技术。此类术语应用前应统筹考虑数百年来一直在使用的已有术语和新兴术语，以免造成理解困惑。

与常规油气储层相比，页岩等致密地层渗透率极低，油气井几乎无自然产能。页岩等致密储层中，油气保存在基本不连通的孔隙和天然裂缝中，这也导致页岩油气性质与常规油气存在显著差异。除保存在类似于常规油气储层岩石孔隙裂缝中的天然气以外，页岩中含有的有机质还会吸附一部分天然气。基质孔隙度和吸附气解吸过程是气井产量的关键影响因素。

水力压裂是沟通页岩等致密地层不连通孔隙并为气体提供流动通道的主要措施。该措施可理解为是解锁页岩地层油气的关键技术，能够大幅增加原始渗透率极低的储层的渗透率。水力压裂措施能够大幅提高页岩等致密地层油气井的初期产量，同时油气井产量也会随时间出现迅速下降趋势。为了进一步提高井筒与储层接触面积并延缓产量递减，水平井钻完井技术应运而生，通过水平井钻完井能够大幅提高井筒与储层接触面积。

除水力压裂措施外，致密储层油气开采还涉及多个工艺流程，每个流程都会对环境产生潜在的影响（见第5章和第18章）（Speight，2016b）。水力压裂措施通常被误认为是致密地层油气开采的全流程的总称。实际上，致密油气开发包括道路修建、井场建设、钻井、固井、射孔、水力压裂、完井、生产、废弃和复垦（见第5章）。油气和水等流体在页岩等致密地层中几乎不运移。地层渗透率是控制油气储层孔隙连通性和流动性的关键参数，极低渗透率特征大幅增加了页岩等地层油气的开采难度。

致密砂岩和页岩地层存在强非均质性，岩石物理性质在相对较短距离即可出现显著差异。因此，在同一平台或相邻井之间油气可采储量也会存在差异。致密砂岩和页岩油气藏是指一系列具备相似性质的油田，其中储层和圈闭控制油气分布。该类油气藏开发前需要进行详细储层评价。储层强非均质性特征为制定矿权区内油气井效益评价增加了难度。此外，致密地层孔隙空间的15%~20%被天然气占据，这些天然气为油气流向井筒提供地层能量。储层中仅含有石油的致密油藏无法实现经济开采（EIA，2013）。

页岩和其他致密储层中，部分区域被称为"甜点"区，是钻探和开采油气的优先靶区。"甜点"区范围内，地层渗透率显著高于其他区域。储层中天然裂缝是"甜点"区高渗透性特征的主要原因，这也表明"甜点"区高渗透性特征主要来源于储层中开启的天然裂缝，储层原始应力条件形成一定密度的天然裂缝。这些天然裂缝可能处于闭合状态、填充状态或开启状态。水力压裂措施形成的人工诱导裂缝如果能够沟通天然裂缝系统，油气井就会具备高产潜力。

深部致密油气资源埋藏于地表以下数千英尺的致密和页岩储层中。直到目前，大量储存在深部致密和页岩地层中的天然气依然无法实现商业开发。水平井钻完井和水力压裂技术的广泛应用使得美国率先实现了深部致密和页岩油气资源的行业开发。

1.3.1　致密气

本书主要论述页岩气，必要时还会提及致密气资源。水力压裂等特殊技术的应用才能够实现极低渗透页岩储层中天然气的工业开采。

常规天然气通常埋藏在渗透率大于 1mD 的储层中且通过常规技术能够实现商业开采（图 1.2）。迄今为止，全球已生产天然气中大部分来自常规气，主要由于常规天然气资源具备低成本易开发特征。相比之下，非常规天然气主要赋存于渗透率低于 1mD 的储层中（图 1.2），常规技术无法实现商业开采。目前已实现规模开发的非常规天然气资源包括页岩气、致密气和煤层气。尽管天然气水合物也隶属于非常规天然气范畴，但在本文中涉及较少。油气主要赋存在纳米级黏土颗粒固结形成的低渗透沉积岩中。

页岩在沉积盆地广泛发育，油气钻井钻遇 80% 左右为页岩地层。全球几乎所有地区都已经发现了富有机质页岩。页岩埋深从地表到地下数千英尺不等，厚度从几十英尺到数百英尺。通常根据地质史（表 1.6）足以推测到哪些页岩地层可能含有油气。由此看来，页岩气似乎不需要大量的勘探评价工作和费用。然而，在大量钻探和测试工作之前，无法获知页岩地层天然气储量及是否能够达到技术经济可采规模。据资源估算，全球页岩气资源量相当于煤层气和致密砂岩气资源量总和（Kuuskraa，2006）。

表 1.6　地质时间尺度

代	纪	世	历时（Ma）①	时间（Ma）
新生代	第四纪	全新世	10000 年前②	
		更新世	2	0.01
	古近—新近纪	上新世	11	2
		中新世	12	13
		渐新世	11	25
		始新世	22	36
		古新世	71	58
中生代	白垩纪		71	65
	侏罗纪		54	136
	三叠纪		35	190

续表

代	纪	世	历时（Ma）[1]	时间（Ma）
古生代	二叠纪		55	225
	石炭纪		65	280
	泥盆纪		60	345
	志留纪		20	405
	奥陶纪		75	425
	寒武纪		100	500
	前寒武纪		3380	600

①近似值。
②距今时间。

　　页岩气在储层赋存方式与其他类型天然气存在显著差异。页岩气在储层中存在多种赋存方式，包括少量溶解气、孔隙和裂缝中的游离态气体，以及有机物和微孔内表面的吸附气体。有机物和微孔内吸附气受多种因素控制（Kuuskraa，2006；Jing et al，2011）。页岩储层中有机物和黏土矿物含量相对较高，导致比表面积较大，储层内吸附气含量占比20%~80%（Curtis，2002）。页岩气井早期生产阶段，产量主要来自大孔隙和裂缝中的游离态气体。随地层压力下降，吸附气由微孔表面解吸后流向井筒。吸附气是气井后续产量的主要来源。因此，吸附气的解吸附作用在页岩气藏的开采中占主导地位。

　　页岩通常由含有30%~50% 黏土矿物、15%~25% 石英和4%~30% 有机质的沉积岩组成，气体以溶解态、游离态和吸附态形式存在（Kuuskraa，2006）。因此，不同页岩地层具备不同的地质特征，同时影响页岩气开采方式、所需技术及开发效益。同一页岩沉积区域不同部分也存在不同的地质特征，"甜点"区或核心区通常具备高产特征，这通常是因为发育高渗透性天然裂缝（Hunter and Young，1953）。

　　油气主要赋存于富有机质页岩地层中，页岩储层既是烃源岩又是储层。储层气测渗透率在微达西至纳达西范围内。天然气吸附在岩石微孔及有机物上，保存在孔隙空间或层理内（Kuuskraa，2006）。页岩气通常纯度较高，页岩复杂地质特征和低渗透性增加了页岩气的开采难度。

　　页岩气是致密气、页岩气和煤层气等非常规天然气的一部分，水平井钻完井和水力压裂技术可通过提高储层接触面积和渗透率实现这些天然气资源的开采。天然气存储在页岩孔隙和裂缝中，同时还可以吸附在页岩内表面上。水力压裂将流体泵入地层产生裂缝提高储层渗透性，再利用小颗粒支撑剂支撑开启裂缝从而实现商业气产量。通过钻探多分支水平井和水力压裂措施能够控制更大的储层面积。

　　具体而言，页岩气是一种来自碎屑岩来源的沉积岩中的天然气，这些沉积岩通常包括泥岩或粉砂岩。碎屑沉积岩由前期的岩石碎屑组成，这些岩石经侵蚀、运移、沉积和成岩作用后形成新的岩石。页岩中同时还包含有与岩石碎屑同时沉积的有机物。常规油气藏下部通常发育页岩地层，这些页岩地层是上部油气的烃源岩。此外，致密气藏通常定义为基质孔隙度低于10% 且基质渗透率低于0.1mD 的气藏。

　　页岩气藏与常规天然气藏的主要区别在于页岩既是天然气烃源岩也是储层。岩石低渗透性特征直接阻止天然气向上运移并直接原地存储。页岩气存储在储层天然裂缝和孔隙中或吸附在有机质上。钻井和完井技术进步驱动页岩气实现工业开采，北美率先在各个盆地实现了页岩气规模开发。除储层低渗透特征外，页岩气藏关键特征还包括气体流动和吸附／解吸过程的压力、温度、矿物成分、含水率、气体组分，以及热成熟度等（Jing et al.，2011）。

压力是控制页岩气吸附／解吸附的关键因素。低压条件下，页岩吸附能力随压力增加而迅速增加。当压力超过临界解吸压力时，气体吸附量接近饱和，气体分子撞击页岩表面概率和吸附率上升导致吸附过程趋于稳定。此时，页岩表面气体分子密度呈增加趋势。当压力达到临界值时，气体相互作用实现动态平衡。气体物理吸附过程为可逆过程，当压力下降时吸附气开始解吸附。压力超过临界解吸压力时，气体解吸速率随温度降低呈缓慢增加趋势。当压力低于临界解吸压力时，页岩气开始迅速解吸附。

温度是影响页岩气吸附／解吸附的关键因素。随温度增加，气体分子热运动强度增加。

页岩总有机碳含量（TOC）是指岩石中含有的有机物总量，以质量百分数表示。总有机碳含量是影响吸附气含量的关键因素。相同温度条件下，页岩吸附能力随总有机碳含量增加而增加。此外，总有机碳含量越高，岩石微观结构越复杂，吸附能力越强。高总有机碳含量条件下，有机物中发育的大量微孔（Sondergeld et al.，2010）也增加了岩石比表面积和吸附体积。

总有机碳含量（TOC）是页岩的基本属性，用于定量评价有机质丰度。总有机碳含量、页岩厚度和有机质成熟度是决定页岩气藏是否具备经济开发的关键因素（表1.7）。目前对这些因素没有唯一的组合或下限值决定页岩气藏开发经济可行性。这些主控因素对不同时期页岩存在差异，即使在相同页岩地层内也会存在差异。总有机碳含量、页岩厚度和有机质成熟度下限值对应页岩通常产量很低，只有高值页岩气藏才有可能成为勘探和开发目标。页岩气地质储量仅仅是经济开采的基本条件，储层极低渗透率对有效开发提出了挑战。具备足够储量的页岩气藏能否实现经济效益开发很大程度上取决于有效的钻井和完井技术。

表 1.7　典型页岩气藏特征表

参数	Antrim 页岩	Bakken 页岩	Barnett 页岩	Fayetteville 页岩	Haynesville 页岩
盆地	Michigan	Williston	Fort Worth	Arkoma	Texas-Louisiana Salt Basin
盆地面积（km²）	31080	518000	12950	23310	23310
埋深（m）	150~762	610~3048	2130~2591	910~1520	3200~4115
水平段长（m）	—	1219~3048	914~1524	1219~2133	—
厚度（m）	49	17~46	61~122	61~91	61~91
时代	泥盆纪	晚泥盆世	密西西比期	密西西比期	侏罗纪
非黏土矿物含量（%）	55~70	—	45~70	—	65~75
最小孔隙度（%）	5	1	3	4	8
最大孔隙度（%）	12	15	7	9	9
最小 TOC（%）	5	4	2	2	0.5
最大 TOC（%）	15	11	5	5	4

通常而言，生烃潜量随总有机碳含量增加而增加。岩石有机质热成熟度是定量评价有机物在一定条件下生成油气的热力反映程度。页岩气藏特殊的开采方式导致其开发成本通常高于常规天然气。然而，页岩储层在众多地区通常平面和纵向广泛发育，页岩气资源量丰富。理论上，页岩气资源中仅有一小部分能够实现经济规模开发。页岩气能否经济规模开发的关键是能够开采获取多少产量，以及开发成本。

地层水也会影响页岩气吸附能力（Ross and Bustin，2007）。气体吸附量随含水量增加而下降，水分增加产生的竞争性吸附一定程度上降低甲烷的吸附量。尽管水分和气体分子吸附量之间不存在固定相关性，但高含水量页岩对气体吸附量总体低于低含水量页岩（Ross and Bustin，2009；Jing et al.，2011）。

页岩气组分也会影响气体吸附和解吸附过程。页岩中吸附的气体包括甲烷和一定数量的二氧化碳、氮气，以及更高分子量的烃类衍生物。这些气体均为物理吸附，相互作用力为范德华力。范德华力和势阱随极化性和电离势增加而增加。相同条件下，二氧化碳、甲烷和氮气的极化性和电离势依次降低，这些气体的相对吸附能力由高到低依次为二氧化碳、甲烷和氮气（Jing et al.，2011）。

有机质成熟度是影响页岩气吸附和解吸附的关键因素。岩石有机质热成熟度是定量评价有机物在一定条件下生成油气的热力反映程度，通常采用镜质组反射率（R_o）参数进行表征。

1.3.2　致密油

此外，来自致密砂岩和页岩储层的石油（致密油）是一种气体凝析油和高挥发性原油（表 1.8）（McCain，990；Dandekar，2013；Speight，2014a，2016b；Terry and Rogers，2014）。致密油是指储存在基质渗透率极低的致密砂岩或致密碳酸盐岩中的石油，单井通常无自然产能或自然产能低于工业产量。在一定经济条件和技术措施条件下可实现工业产量，相应技术措施包括酸化压裂、分段压裂、水平井钻完井和多分支水平井钻完井等。

表 1.8　典型页岩和致密储层流体性质　　　　单位：%

组分	干气	湿气	凝析油	挥发油[①]
二氧化碳（CO_2）	0.1	1.4	2.4	1.8
氮气（N_2）	2.1	0.3	0.3	0.2
甲烷（C_1）	86.1	92.5	73.2	57.6
乙烷（C_2）	5.9	3.2	7.8	7.4
丙烷（C_3）	3.6	1.0	3.6	4.2
丁烷衍生物（C_4）	1.7	0.5	2.2	2.8
戊烷衍生物（C_5）	0.5	0.2	1.3	1.5
己烷衍生物（C_{6+}）	—	0.1	1.1	1.9
庚烷衍生物（C_{7+}）	—	0.8	8.2	22.6

①致密储层中的典型原油。

术语轻致密油是指产自页岩储层和致密储层的石油，这些地层主要产出轻质原油（低密度、高 API 重度）。轻质原油是指室温条件下能够自由流动的低密度原油，这些轻质原油含有大量低沸点烃类物，原油也具备高 API 重度特征（37~42°API）（Speight，2014a）。然而，水平井和分段水力压裂新兴技术是页岩和致密储层原油得以经济开发的关键。这些产自页岩和致密储层的原油也被称之为页岩油。这个术语存在混淆概念，不建议使用该术语。数十年来页岩油一直用于表示油页岩通过热分解产生的原油（Lee，1996；Scouten，1990；Speight，2012b，2014a，2016b）。近期出现符合逻辑的建议是将页岩油称为干酪根油（IEA，2013）。

页岩地层石油开采的主要挑战包括复杂的流体组分和地质构造特征。这些低密度轻质原油通常含有一定量蜡质成分，且大部分储存在亲油地层中。这些特征给页岩地层石油开采带来一系列挑战，包括结垢、盐沉积、石蜡沉积、不稳定沥青质成分、设备腐蚀和滋生细菌等。因此，通常在压裂液中添加多组分化学添加剂抑制这些现象。

尽管页岩地层原油具备低沥青质含量和低含硫量特征，但原油中可能含有一定比例的石蜡成分，这些石蜡成分的分子量范围较大。例如，目前已经在页岩油中发现了 C_{10}—C_{60} 石蜡碳链，一些致密原油还可能含有 C_{72} 的烃碳链。这些石蜡成分可能来自高沥青质高密度低 API 重度原油，蜡质成分沉积会导致一系列与轻质油不兼容的问题。石蜡分散剂能够抑制石蜡成分沉积和堵塞。上游勘探开发过程中，石蜡分散剂作为其中一种添加剂能够抑制沥青质稳定性和腐蚀性问题。

生产过程中还需要控制方解石、碳酸盐岩矿物和硅酸盐岩矿物的结垢沉积作用以避免出现堵塞问题。选择得当情况下，多种水垢添加剂可用于抑制结垢沉积作用。根据油井和作业条件，建议选用特定的化学剂或混合物解决水垢沉积问题。

北美盛名的致密油油田包括 Bakken 页岩、Niobrara 储层、Barnett 页岩、Eagle Ford 页岩、美国加利福尼亚州 San Joaquin 盆地的中新世 Monterey 油田、加拿大艾伯塔省的 Cardium 油田。众多致密地层中的大量石油资源已被发现数十年，但能够实现经济规模开发的案例较少。从 21 世纪中期开始，钻井和压裂技术的进步加上高油价使得致密油资源成为北美油气勘探和开发的热点。

目前，最为人熟知的致密油田是横跨加拿大和美国边界 North Dakota、Montana 和 Saskatchewan 州的 Bakken 致密油田。与致密油资源开采相关的多数信息来自 Bakken 致密油田，本书中对未来致密油资源预测主要基于该油田。Bakken 致密油田包括 Bakken 组的三个区域或层段。上部和下部层段主要是富有机质页岩烃源岩，中部层段岩石为粉砂岩、砂岩和碳酸盐岩，低渗透性和高含油量是其主要典型特征。自 2008 年以来，位于 Bakken 页岩以下的 Three Forks 组也钻探了高产油井。Three Forks 组钻井、完井和增产措施与 Bakken 组类似，两个油田产出的轻质（低密度、高 API 重度）低硫原油地化性质基本一致。Three Forks 组通常被划分为 Bakken 油藏的一部分，也有部分学者将该地层单独称为 Bakken-Three Forks 油藏。

以 Bakken 组为例，下 Bakken 组页岩和上 Bakken 组页岩主要在 Williston 盆地发育，为 Bakken 组、上 Three Forks 组和下 Lodgepole 组供烃，这些地层也构成了 Bakken 致密油藏原油系统。估算 Bakken 致密油藏资源量为 14×10^8~560×10^8t。Bakken 页岩的有机质丰度、

干酪根类型、烃源岩成熟度和动力学特征等关键地球化学特征参数来自 Rock-Eval 组总有机碳和热解分析。Bakken 页岩样品总有机碳含量和热解分析结果显示，下部和上部页岩总有机碳范围较大，平面上由盆地边缘浅层沉积的 1% 到盆地中心深层沉积的 35%，在垂向上具备旋回特征。总有机碳含量非均质性推测与原始沉积环境和渐进成熟特征相关。

全球范围其他已知的致密地层包括叙利亚的 R'Mah 组，波斯湾北部地区的 Sargelu 组，阿曼的 Athel 组，俄罗斯西西伯利亚的 Bazhenov 组和 Achimov 组，澳大利亚的 Coober Pedy 组，墨西哥的 Chicontepex 组和阿根廷的 Vaca Muerta 油田（US EIA，2011，2013）。致密油储层具备强非均质性特征，平面上小范围内储层性质就存在很大差异。因此，同一油田内相邻油井的可采储量也会存在差异。页岩油藏和给定矿权区内油井盈利能力评价十分困难，且仅含有石油的纯页岩油藏（没有天然气提供驱动能量）几乎无法实现经济开发（US EIA，2011，2013）。

页岩油气资源开发很大程度上依靠水力压裂措施（Speight，2016b），水力压裂施工需要认识目标地层岩石和围岩的力学性质。水力压裂方案设计时，主要选取杨氏模量确定压裂液体系和其他设计。杨氏模量能够反映给定宽度和支撑剂嵌入条件下形成诱导裂缝的导流能力。足够的裂缝导流能力是水力压裂措施实现油气井高产的关键（Akrad et al.，2011；Speight，2016b）。

典型致密产油层 Bakken 原油（建议致密轻质油和致密页岩油为替代术语）为一种低密度、高 API 重度、高挥发性原油。简而言之，Bakken 原油为一种低密度和高 API 重度的低硫原油，其中含有较高比例的挥发性成分。采油过程中还伴随产出大量丙烷和丁烷等挥发性气体，以及戊烷和天然汽油等低沸点液体，这些液体通常统称为低沸点挥发油或天然汽油（Mokhatab et al.，2006；Speight，2014a，2019）。低沸点烃化合物衍生物使得产出原油具备高爆炸性特征。部分产出气体可能在井口燃烧，其余气体随石油在井口一同产出。

Bakken 原油为一种低硫油，硫化氢含量随开采时间呈增加趋势。硫化氢是一种有毒、易燃易爆和腐蚀性气体，更多研究已显示 Bakken 石油中硫化氢含量呈增加趋势。Bakken 组采出流体包括原油、低沸点流体和未燃烧气体，以及水力压裂过程的材料和副产品。井口产出流体自动分离为盐水、气体和原油。分离后原油包括凝析油、天然气液体和低密度高 API 重度原油。根据石油作业商分离设备有效性和标准，仍存在不等量气体溶解于混合液中。分离后的原油输送至储油罐，在储油罐中监测到挥发性烃化合物的排放物来自原油。

致密页岩油沥青质和硫含量较低，且石蜡成分分子量分布范围广。目前在页岩油中发现了 C_{10}—C_{60} 石蜡碳链，一些致密原油还可能含有 C_{72} 的烃碳链。石蜡分散剂能够抑制石蜡成分沉积和堵塞。上游勘探开发过程中，石蜡分散剂作为其中一种添加剂能够抑制沥青质稳定性和腐蚀性问题（Speight，2014a，2014b，2014c，2015a，2015b）。生产过程中还需要控制方解石、碳酸盐岩矿物和硅酸盐岩矿物的结垢沉积作用以避免出现堵塞问题。选择得当的情况下，多种水垢添加剂可用于抑制结垢沉积作用。根据油井和作业条件，建议选用特定的化学剂或混合物解决水垢沉积问题。

致密页岩地层石油资源开发的另一个挑战是多数已探明未开发区域缺乏输运基础设施。石油能够及时输运至炼油厂有助于炼油厂保持稳定吞吐量，这也是炼油厂设计的关键指标。在用管道及正在建设或需要建设的管道需提供统一的石油输运量。在此期间，还利用驳船、轨道车，以及卡车将原油输运至炼油厂。

不同致密油藏的基本开发方式相似，但完井和储层改造技术等具体开发技术政策不同的油藏会存在显著差异。这些差异主要取决于地质非均质性，也反映了开发技术进步，以及不断积累的开发经验和实用性。

不同致密油藏产出原油性质差异显著，即使在同一油藏内原油密度和属性依然存在较大变化区间。Bakken 原油为一种轻质低硫原油，API 重度为 42 °API，硫体积含量为 0.19%。Eagle Ford 原油同样为一种轻质低硫原油，硫体积含量约为 0.1%，API 重度范围为 40~62°API。

下游炼化产业中，低硫含量的致密油通常是炼油厂的最佳原料。然而，原油中含有易燃有毒硫化氢气体时，需要在钻井现场和原油输运过程中实施监测措施。原油输运至炼油厂之前需要添加氨基硫化氢清理剂。原油输运过程中，温度变化提高了原油蒸气压，最终会导致硫化氢释放而造成安全隐患。例如，冬季原油经轨道车运输至温度较高地区时，蒸气压会大幅增加而造成安全隐患。原油输运和下游炼化工艺应提前辨识这些风险。

致密油中的石蜡成分 [$CH_3(CH_2)_nCH_3$，其中 $n > 15$] 在原油输运过程中会滞留在轨道车、罐壁和管道壁上。石蜡成分在粗脱盐措施前会污染粗热交换器的预热部分（Speight，2014c）。可过滤固定成分也会导致原油预热交换器结垢，致密油中可过滤固体含量是常规原油的七倍以上。由于炼油厂入口处过滤器大量积累可过滤固体，为了减少过滤器堵塞，需要对设备进行自动监测。脱盐剂中通常还添加润湿剂以去除多余的固体，避免固体成分进入下游工艺设备。

多数炼油厂会混合两种或多种原油进行炼化，这样能够保障原料性质的稳定性。如果原油不相容，不同原油混合可能导致新问题（见第 17 章）（Speight，2014a）。混合原油不相容会导致沥青质成分沉积量增加或形成两相流体，从而加速原油脱盐下游热交换器结垢速度（Speight，2014a，2014c，2015b）。热交换器结垢增加粗制加热器能耗，当加热器达到最大载荷时会限制原油吞吐量，并且可能需要提前关闭系统进行除垢处理。

稳定原油与沥青油和石蜡油混合会产生沥青质沉淀，致密油中的高含量石蜡石脑油也为沥青质沉淀提供了有利条件（Speight，2014a，2014c）。应该注意的是，混合物中原油比例可能会影响原油的不相容性。例如，混合少量致密油可能不会导致结垢加剧，当致密油混合量增加时可能会加剧结垢现象。致密油炼化工艺的关键是提前分离任何可能导致结垢的成分（Speight，2014c）。

页岩气（也称致密气）是储存在层状低渗透页岩等沉积岩中的天然气聚集。页岩气和致密气两个术语通常可互换使用，但两者存在一定差异。致密气是指分散在低孔淤泥或砂岩中的天然气，最后迁移至高孔隙度低渗透岩石中。这些储层与油藏不同，通常需要水平井钻完井和水力压裂措施才能实现经济产量。一般来说，页岩气的钻完井技术也可用于开发致密气资源。壳牌公司已经证实利用这些技术可有效开采上述资源。

近些年致密气已成为美国和全球产量增长最快的天然气资源（Nehring，2008）。水平井钻井技术进步使得单个井筒能够控制更大储层，从而获得更高的产量。水力压裂技术的发展也驱动了页岩气资源的经济开发。水力压裂是将含有大量支撑剂和化学剂的混合液高压泵入地层，以压裂破碎储层岩石，从而提高储层渗透率和单井产量。

页岩气开发时，水平井钻井是指垂直钻探至页岩地层然后转向水平钻进跟随页岩地层。水平井钻井完成后实施套管完井措施。钻完井后，利用射孔弹在水力压裂段内套管处完成射孔。水力压裂过程中，压裂液通过高压泵入井筒由射孔孔眼进入地层，在井筒周边数百米范围内形成水力裂缝。随压裂液混合进入地层的支撑剂将进入水力压裂裂缝并支撑这些裂缝开启。水力压裂措施后，储层中天然气经裂缝和井眼流动至地表，最后进入加工和销售端。

页岩气是指产自页岩地层中的天然气，页岩烃源岩也是储层。页岩气是以甲烷为主的干燥天然气，部分页岩储层也会产出湿气。Antrim 和 New Albany 页岩气藏开采过程中同时产出水和天然气。页岩储层通常由富有机质页岩构成，以往通常被视为致密砂岩和碳酸盐岩气藏的烃源岩和盖层。

根据定义，页岩气是指赋存于富有机质细粒沉积岩（页岩和伴生岩相）中的天然气。气体以吸附气和游离气形式原位生烃并储存在页岩中。页岩储层具备源储一体特征，极低渗透率特征使得页岩气藏需要大量天然裂缝或压裂诱导裂缝才能实现商业产量。

页岩是一种非常细粒的沉积岩，容易沿水平层理破碎。页岩通常比较软，遇水后不会破碎。页岩地层可以储存天然气，通常为两个黑色厚页岩层夹入一个较薄的页岩层。页岩地层特殊性质导致页岩气开采难度高于常规天然气，通常开发成本更高。

目前已经实现开采的非常规天然气包括：（1）深层天然气，超过常规钻探深度，埋深超过 4500m 的天然气；（2）页岩气，低渗透页岩地层中的页岩气；（3）致密气，低渗透地层中的天然气；（4）超压天然气，埋藏在异常高压地层的天然气；（5）煤层气；（6）天然气水合物，埋藏在海底等低温高压区，由冻结水晶格封存甲烷形成的一种天然气资源。

煤层气是由煤层产出的天然气（Speight，2013b），煤层气井生产初期通常产水。能够经济开发煤层气资源的煤储层通常埋深较浅，主要是由于随埋深及上覆岩层压力增加，煤岩基质孔隙度迅速下降。另外，页岩气是产自超低渗透页岩地层的天然气，页岩地层同时还可能是其他气藏的烃源岩。页岩气储存在页岩储层孔隙裂缝、页岩基质中，以及吸附在页岩有机质上（Kuuskraa，2006）。

为了防止压力下降导致裂缝闭合，水力压裂措施将数吨砂或支撑剂泵入地层中以支撑裂缝。压裂措施过程中，大量砂粒在高压作用下进入裂缝。当裂缝中存在足够数量的支撑剂时，裂缝在压力下降时能够得以支撑并保持开启状态。这些水力压裂支撑裂缝为气体流向井筒提供了高速渗流通道。

据估算，美国页岩气技术可采资源量约为 $21.23 \times 10^{12} m^3$，占美国天然气可采资源量很大一部分。此外，预计到 2035 年美国 46% 的天然气供应来自页岩气（EIA，2011）。

致密气是非常规天然气的一种，储存在地下低渗透砂岩或石灰岩地层中。常规天然气藏易于实现开发（Speight，2019）。致密气藏定义为储层渗透率低于 0.1mD 的砂岩或石灰岩气藏（Law and Spencer，1993）。美国致密气可采资源量占国内天然气总可采资源量的 21%以上（GAO，2012）。

在致密砂岩（低孔砂岩和碳酸盐岩）中，天然气通过钻井实现开采，气体在储层外其他烃源岩中生成，并随时间逐渐运移至储层。部分致密气藏中的天然气来自其储层下部的煤岩或页岩烃源岩地层，以盆地为中心的天然气成藏就是该类型。

致密地层天然气开采需要更先进的开采技术，包括水力压裂和酸化压裂等。根据预测，页岩油气和致密油气地层渗透率低至 1nD，只有通过合理的段间距优化和分段压裂措施才能够实现经济开采。与常规油气开采相比，非常规油气资源必须有一定的经济补贴政策来鼓励作业公司开采该类油气资源。

1.4 成因

与油页岩不同（Scouten，1990；Lee，1991；Speight，2008，2012b；Lee et al.，2014），页岩油气储层埋藏在地表以下 1500~3700m。北美致密储层不仅产出致密气，还有可能生产原油（Law and Spencer，1993；US EIA，2011，2013；Speight，2013a；Islam，2014）。这些地层由页岩和砂岩沉积物组成。常规砂岩储层中，孔隙相互连通，石油和天然气能够流向井筒。致密砂岩储层孔隙较小，孔隙间连通性较低，导致整体储层渗透率较低。致密气和致密油储存在有效渗透率低于 1mD 的砂岩沉积中（图 1.2），致密油为具备高挥发性的轻质油（表 1.8 和表 1.9）。典型分馏技术应用能够大幅降低致密油中树脂和沥青质含量（图 1.1）。多数原油成分为低沸点烷烃和芳香烃。

表 1.9 常规原油和页岩油主要差异

常规油	致密油
中高 API 重度	高 API 重度
低至中等硫含量	低硫含量
储层中可动	储层中不可动
高渗透储层	低渗透储层
一次采油	一次、二次和三次采油措施不适用
二次采油	水平井钻完井
天然能量衰竭后，可采用三次采油措施	水力压裂（通常为分段压裂）以释放储层流体

页岩油是石油词典中最新定义的术语之一，用于描述产自页岩地层的原油。该术语易与早期页岩油术语混淆，早期页岩油术语是指通过油页岩加热处理后通过页岩中干酪根分解产生的原油（Scouten，1990；Speight，2012b），不属于致密油的范畴。油页岩是全球最大的非常规烃类储层之一，估算资源量 8×10^{12}bbl。油页岩储量中约 6×10^{12}bbl 位于美国，主要分布在 Colorado 州、Utah 州和 Wyoming 州的 Green River 组。美国开发油页岩的历史可追溯至 1900 年或更早（Scouten，1990；Lee，1991；Speight，2008，2012b；Lee et al.，2014）。这些前期的探索为油页岩地质描述和技术选择奠定了知识基础。到目前为止，美国依然未能实现油页岩的经济开采。油页岩开发需要经济上可行、社会上可接受和环境保护允许的发展对策。

引入页岩油术语定义页岩地层产出的原油，该术语给原油—重油—沥青材料的命名系统造成了一定的混淆。该术语的使用并未考虑原页岩油的定义，原页岩油术语是指油页岩中干酪根经加热分解后获取的原油。新定义页岩油术语与黑油术语同样都会产生混淆

（Speight，2014a，2015a）。

简而言之，油页岩油是干酪根在无氧条件下经热处理后获取的原油（Scouten，1990；Lee，1991；Speight，2008，2012b；Lee et al.，2014）。页岩油是油页岩热处理或加工（有时也称为蒸馏）的主要产品。只有当20%以上干酪根通过加热能够转化为石油时，油页岩开发在技术和经济上才具备可行性。低干酪根岩石产量较低，并不是真正的油页岩（Scouten，1990；Lee，1991；Speight，2008，2012b；Lee et al.，2014）。

非常规致密油和天然气通常储存在低渗透埋深较大的沉积岩层。虽然部分致密油来自页岩地层，但致密油实际产自低渗透粉砂岩、砂岩和碳酸盐岩地层，这些地层与页岩烃源岩密切相关。值得注意的是，本书中"致密油"一词不包含"油页岩"资源，后者是指原位加热或开采至地表加热富含干酪根页岩获取的石油（Scouten，1990；Lee，1991；Speight，2008，2012b；Lee et al.，2014）。

1.4.1 成因

页岩和致密地层中天然气基本上由数百万年前的植物、动物和微生物形成。化石燃料成因存在多种理论，目前被广泛接受的是有机物（植物或动物遗骸）经数百万年掩埋、压缩和加热后形成了油气资源。

页岩和致密地层中的油气资源有热成因和生物成因两种机制。热成因是指油气资源是岩石基质中有机物的热产物。生物成因是指微生物产生油气资源，Michigan州和Antrim页岩气田就是典型的生物成因气藏，天然气是由淡水补给区的微生物产生的（Shurr and Ridgley，2002；Martini et al.，1998，2003，2004）。在其他因素相同条件下，有机质成熟度相对较高岩石能够原地生成更多的油气资源量。有机质成熟度通常用镜质组反射率表示，当镜质组反射率高于1.0%~1.1%时，表明有机物足够成熟且能够生成天然气，对应岩层可能是有效的烃源岩。

油气成因是页岩储层评价的一个重要方面。热成因气藏通常产出甲烷和凝析油，凝析油会增加开采效益，而生物成因气藏只产出甲烷。热成因气藏产出气体中包含二氧化碳，必须设置后处理工艺（见第8章）。热成因气藏中流体能够高速流动，普遍采用水平井开采，因此开发成本通常高于生物成因气藏。生物成因气藏中流体流动速率较低，通常采用浅层密集的直井开采。

热成因气藏与有机质成熟度相关，有机物经高温和高压作用后生成油气。其他因素相同条件下，热成熟度较高有机质通常比热成熟度较低有机物能够产出更多的油气量（Schettler and Parmely，1990；Martini et al.，1998）。然而，具体页岩和致密地层的油气成因可能存在很大差异。盆地建模、岩石物理描述、页岩气井测试等资料有助于更好地认识非常规储层。

热成熟度是页岩中有机物埋藏期间生油量和生气量的主要控制因素。随温度升高，有机物分解和原油分解生成天然气。根据气体充注和存储机制，高成熟度储层通常比低成熟度储层能够获得更高的初始产量。热成熟度增加了有机物结构演变和转化。低至中等热成熟条件下，烃类衍生物吸附在有机物上会显著促进原油保存和二次分解生气过程。天然气生成过程导致的流体压力上升可能促进天然水力裂缝和微裂缝的形成，为Marcellus页岩气藏天然气开采提供流动通道。

生物成因气藏与成熟或未成熟有机质相关，并且可大幅增加页岩气储量。例如，San Juan 盆地煤层气是热成因和生物成因两种混合生气机制，其中大部分天然气为生物成因（Scott et al.，1994）。同样，Michigan 盆地 Antrim 页岩气藏为 10000~20000 年前形成的生物成因气藏（（Martini et al.，1998，2003，2004），目前该气藏已经累产页岩气超过 $680×10^8m^3$。Illinois 盆地的 New Albany 页岩气藏为混合成因气藏（Wipf and Party，2006），阿尔伯塔省内页岩气藏也可能为混合成因气藏。

致密油气资源与常规油气资源的区别在于页岩既是烃源岩又是储层。页岩低渗透特性能够阻止油气运移并储存油气。油气储存在页岩天然裂缝和孔隙中，部分油气还吸附在页岩的有机质上。随钻井和完井技术进步，页岩气已实现商业开采，北美率先实现了页岩气的规模商业开采。

页岩地层天然气形成机制与常规油气类似，但页岩地层低渗透性为天然气成因增加了额外的维度。泥浆经数百英尺浅埋藏形成页岩，在所谓苗圃（有机物进化区）内细菌通过食用有机物（可高达岩石体积的 10%，但通常低于 5%）并释放甲烷。页岩在埋藏期间也会生成天然气，通常埋深超过 1600m 时地层温度和压力将有机物（包括已经生成的石油）裂解产生甲烷。实际天然气生成温度受地温梯度等多重因素影响，目前依然存在一定的争议（Speight，2014a）。

部分油气资源在生成后由烃源岩运移至储层中。事实上，多数常规油气资源均来源于富有机质页岩地层。剩余油气资源被封存在页岩微孔隙中或吸附在有机质上。Alberta 和 Saskatchewan 省 Second White Specks 页岩气藏为埋深较浅的生物成因气藏。泥盆纪 Horn River 盆地和三叠纪 Montney 页岩气藏为深埋藏热成因气藏。Quebec 省 Utica 页岩埋深覆盖浅层和深层，具有生物成因和热成因两种混合机制（Shurr and Ridgley，2002）。

天然气成因是页岩气评价的重要方面。热成因气藏通常产出甲烷和凝析油，凝析油增加了开发效益，而生物成因气藏仅产出甲烷。热成因气藏产出气体中包含二氧化碳，必须设置后处理工艺。热成因气藏中流体能够高速流动，普遍采用水平井开采，因此开发成本通常高于生物成因气藏。生物成因气藏中流体流动速率较低，通常采用浅层密集的直井开采。

干酪根通常被认为是油气的母体，目前对干酪根在油气生成过程中的作用尚未明确（Tissot and Welte，1978；Durand，1980；Hunt，1996；Scouten，1990；Speight，2014a）。在干酪根参与原油生产方面，需要通过低温工艺而不是使用超过 250℃ 的高温工艺生产原油（Burnham and McConaghy，2006；Speight，2014a）。目前需要系统的地化研究以确定原油生产的主要阶段及每个阶段高温条件可能性，才能进一步证实干酪根是原油的母体（Speight，2014a）。

1.4.2　页岩地层

常规气藏中，天然气具备一定的流动性（GAO，2012；Speight，2014a，2019），经浮力作用穿过可渗透地层向上运移（天然气密度低于地层水密度），遇不渗透盖层后得以封存。这也导致局部地层充满石油和天然气，而其他区域充满水。生物成因和热成因页岩气都存储在烃源岩内，气体赋存方式包括以游离气形式存在于页岩孔隙和裂缝中，以吸附气形式吸附在页岩有机质和黏土矿物上，以溶解气形式溶解在有机质中。页岩地层通常作为砂岩地层的基底或盖层，低渗透性特征能够阻碍流体运移至其他地层。

本书中页岩气藏具有明确的地理区域，其中包含富有机质细粒沉积岩，在成岩作用过程中经历了物理和化学压实，具备以下特征：（1）黏土到粉砂岩粒度；（2）高硅质含量或高碳酸盐矿物含量；（3）高成熟度；（4）烃类化合物充填孔隙度 6%~14%；（5）低渗透率（通常小于 0.1mD）；（6）大面积分布；（7）需要压裂措施实现商业开采。

产自页岩地层的油气是由碎屑岩沉积生成的，包括泥岩或粉砂岩，统称为页岩。碎屑沉积岩由前期存在的岩石碎屑组成，这些碎屑经侵蚀、运输、沉积和成岩作用形成新的岩石。页岩地层中通常含有与岩石碎屑共同沉积的有机物。

页岩是一种黏土和淤泥形成的沉积岩，岩石由黏土矿物、石英等二氧化硅矿物、方解石或白云石等碳酸盐矿物和有机物组成。页岩地层通常富含黏土矿物，但具体黏土矿物成分存在很大变化。页岩和粉砂岩是地壳中最丰富的沉积岩。石油地质学中，有机页岩地层既是烃源岩也是盖层（Speight，2014a，2014b，2014c）。油藏工程中，页岩地层是流动屏障。钻井工程中钻遇大部分地层为页岩地层。地震勘探中，页岩地层与其他岩层界面会形成良好的反射信息。页岩地层地震和岩石物理性质及相关关系对于油气勘探和气藏管理十分重要。页岩地层在全球范围内广泛发育，具有油气开发潜力的富有机质页岩地层被称为非常规储层。非常规储层均为低渗透或超低渗透沉积物。非常规油气资源指用传统技术无法获得自然工业产量，需水力压裂、水平井、多分支井等技术充分接触储层才能经济开采的连续或准连续型油气聚集。非常规储层包括致密砂岩、碳酸盐岩储层、煤层和油页岩（Scouten，1990；Speight，2013b）。非常规储层既是油气烃源岩也是储层。与常规油气储层不同，非常规储层大面积分布且不受特定地质构造控制。

具体而言，页岩是一种富含黏土的细粒沉积岩，经海洋或湖泊底部安静水体沉积环境埋藏数百万年。页岩地层可作为盆地压裂隔挡层、盖层或页岩气储层。页岩是一种易裂陆生沉积岩，粒度为淤泥和黏土颗粒级别。易裂特征是指页岩易于沿层理分裂成薄碎片，而陆生是指沉积物的来源。许多盆地中，水体压力显著升高会导致水体沿裂缝流出。然而，多数盆地并不会产生天然水力裂缝。

页岩主要由黏土粒级的矿物颗粒组成，黏土矿物包括伊利石、高岭石和蒙皂石等。页岩中还含有黏土粒级的其他成分，包括石英、燧石和长石等。其他成分可能还含有有机质、碳酸盐矿物、氧化铁矿物、硫化物和重金属矿物颗粒，这些矿物成分主要取决于页岩的沉积环境。页岩地层还可能存在砂岩、石灰岩或白云岩等薄层。泥浆以矿物颗粒形式沉积在大型湖泊或深海等安静水体环境中。泥浆中有机物包括藻类、植物或浮游生物，这些有机物在被埋藏前就已死亡并沉入海底或湖床。

页岩根据有机质含量分为深色页岩和浅色页岩。深色页岩（有时称为黑色页岩）地层富含有机质，浅层页岩有机质含量相对较低，通常被称为有机质稀薄地层。富有机质页岩沉积环境为无氧或少氧条件，抑制了有机质腐烂。有机质主要来源于同沉积物一起沉积下来的植物残骸。黑色富有机质页岩是多数油气藏的烃源岩。泥浆埋藏后，有机质经高温、高压和其他作用下生成油气。

全球范围内富有机质页岩储层具备相似性，然而倾气性页岩相对较少。页岩地球化学和地质特征的全面认识对于资源评价、开发和环境至关重要。页岩气藏的重要特征包括：

（1）有机质成熟度；（2）页岩气成因，生物成因或热成因；（3）总有机碳含量；（4）储层渗透率。致密储层是一种低渗透砂岩储层，主要生产干气。致密气藏是指常规开采技术无法实现经济开发且无法获得工业产量的天然气藏，通常需要大型水力压裂和水平井等技术才能实现经济开发。该定义同样适用于煤层气和致密碳酸盐岩储层，部分学者也将页岩气藏划分到该定义范围内。

沉积岩中黑色特征显示了有机质的存在。百分之一或百分之二的有机质含量即可让岩石呈现深灰色或黑色。此外，黑色还表示页岩经历了无氧沉积环境。沉积环境中的氧气会导致有机物迅速腐烂。贫氧环境为黄铁矿等硫化物矿物的形成提供了条件，黄铁矿是在多数页岩沉积物或地层中发现的另一种重要矿物。黑色页岩地层中有机质碎屑的存在为后续油气生成奠定了基础。有机质埋藏后经适当加热便可产生油气资源。Barnett、Marcellus、Haynesville、Fayetteville 和其他页岩气藏天然气均产自深灰色或黑色页岩地层。

得克萨斯州 Barnett 页岩气藏是第一个成功在页岩储层中开采天然气的气田。页岩孔隙空间狭小，储存在内部的天然气难以流动至井筒，这也导致 Barnett 页岩气藏开发面临一系列挑战。钻探人员发现向地层泵入高压水体系能够大幅提高页岩地层渗透率。形成的裂缝释放了储层中的天然气并能够快速流向井筒。

油气密度相对较低，页岩中生成的油气可向上运移。油气向上运移后被储存在上覆岩石地层的孔隙空间内。这种类型的油气储层通常被称为常规油气储层。常规油气储层内，油气能够较容易地经孔隙空间流入井筒并最终流向地表。

页岩地层的另一个技术性定义为一种易裂的陆生沉积岩，颗粒主要为黏土和淤泥粒级。易裂性是指岩石容易沿层理破裂，陆生是指沉积物的物源，并且这些沉积物是岩石风化的产物（Blatt and Tracy，2000）。此外，厚层是指沉积层厚度超过 1cm，薄层是指沉积物厚度小于 1cm（Blatt and Tracy，2000）。天然气开采过程中需要先经储层孔隙流入井筒再最终流向地表，而页岩中的孔隙尺寸比常规储层孔隙尺寸小一千倍（Bowker，2007）。连接孔隙的喉道尺寸仅相当于 20 个甲烷分子的大小。因此，页岩地层表现出极低渗透率特征。页岩地层中发育的天然裂缝能够增加地层渗透率。

典型页岩地层厚度范围由几米到上千米，平面上大面积发育。页岩气藏大面积分布而非局限于特定区域。页岩气资源量随地层厚度和面积的增加而增加。单个页岩气藏资源量 $3 \times 10^8 \sim 300 \times 10^8 m^3$，平面分布范围由数百到数千平方千米。面临的挑战是如何有效实现页岩气藏的经济开采。

页岩整体表现出宽泛的岩石力学性质和强非均质性，反映了其多组分和各向异性特征（Sone，2012）。通过测试页岩中塑性成分含量和分布可描述页岩弹性特征。与其他富有机质页岩相比，含气页岩具有相对较强的各向异性，可能是因为含气页岩为高成熟度烃源岩。变形特征受岩石中塑性成分含量影响，同时还表现出各向异性特征。天然气必须经页岩孔隙流向井筒，页岩孔隙尺寸比常规储层孔隙尺寸小一千倍。连接页岩孔隙的喉道尺寸仅相当于 20 个甲烷分子的大小。页岩地层具备极低渗透率特征，其发育的天然裂缝会增加地层渗透性。混合成因页岩沉积初期富含砂岩和粉砂岩，这些外来矿物会提高地层渗透性，一定程度上提高水力压裂措施的效果。

页岩储层起源于含油气的富有机质细粒沉积物（Bustin，2006；Bustin et al.，2008）。大量有机物沉积时，页岩中会含有固体有机物（干酪根）。页岩性质和组成使其归属于泥岩沉积岩类别。页岩与其他泥岩的显著区别是大量发育的层理和易裂性，页岩由大量薄层组成，容易沿层理破裂为薄片。

页岩一词非常宽泛，所以并不会用来描述储层岩性。美国页岩储层岩性特征显示天然气可储存在广泛发育的页岩、泥岩（不易裂页岩）、粉砂岩和细粒岩石等任何一种硅质或碳酸盐岩中。许多盆地中，页岩地层通常为粉砂岩等多种岩石类型，如粉砂岩或砂岩与页岩互层分布。富有机质页岩地层发育多种岩石类型，这也意味着多重存储机制。油气可吸附在有机质上或以游离态赋存在岩石孔隙和裂缝中。页岩广泛发育的层理既能够存储游离的天然气和石油，还能为有机质吸附的油气流向井筒提供通道。确定页岩层理渗透率和孔隙度，以及通过水力压裂沟通天然裂缝和层理是实现高效开发的关键。

简而言之，水平井钻井和水力压裂彻底颠覆了传统钻井技术，并为数个巨型页岩气藏的开发奠定了技术基础。这些巨型页岩气藏包括 Appalachians 的 Marcellus 页岩气藏、Louisiana 州的 Haynesville 页岩气藏和 Arkansas 州的 Fayetteville 页岩气藏。这些巨型页岩气藏的天然气资源可满足美国二十年或更长时间的需求。岩石水力特征是指渗透率或孔隙度等反映岩石存储或输送水、石油和天然气等流体的能力的参数。页岩粒径和孔隙空间都非常小，以至于石油、天然气和水都很难穿过岩石。因此，页岩通常作为石油和天然气圈闭的盖层，也是遮挡或限制地下水流动的隔水层。

此外，沥青质微孔和纳米孔存储的气体（Bustin，2006）占比较小。与解吸附气和溶解气相比，游离气是页岩气藏的主要产气来源。由于解吸附气需要更低的压力才能扩散流动，确定游离气、吸附气和溶解气的比例对于页岩气藏资源和储量评价非常重要。

常规油气资源发育区域，页岩通常发育在常规储层下部并作为油气烃源岩。页岩中干酪根随时间和热效应生成油气。已生成油气通过岩石中裂缝向上迁移，直至到达地表或被非渗透性岩石封存。这些圈闭下部的砂岩等多孔储层存储了油气资源。

页岩气藏采收率（小于 20%）通常低于常规气藏（50%~90%）（Faraj et al.，2004）。天然裂缝发育的 Antrim 气藏的采收率可能高达 50%~60%。近期有学者指出，Louisiana 州 Haynesville 页岩气藏的采收率可能高达 30%（Durham，2008）。钻完井技术是低渗透页岩油气藏提高采收率的关键技术。气藏开发初期通常选取高渗透"甜点"区能够获得更好的产量和采收率。与非常规油气藏面积相比，"甜点"区面积很小。水平井钻完井和分段或同步压裂等技术（Cramer，2008）是经济开发外围区的关键技术。外围区经济开发可大幅增加动用面积和动用储量。

页岩气藏与常规气藏的不同之处在于页岩既是烃源岩又是储层。岩石低渗透性特征能够阻止气体向上运移并储存气体。天然气存储在页岩裂缝或孔隙中，还可吸附在有机质上。随钻完井技术进步，该类天然气资源可实现经济开采，这已经在美国数个盆地得到了证实。通常成熟有机质含量高、埋深大、压力高和裂缝发育的页岩气藏具备高产特征。例如，Barnett 页岩气藏储层压力较高，水平井在水力压裂措施后可实现每天百万立方米的初期产量。然而，生产一年以后，产量主要受气体从基质扩散至微裂缝的速度控制（Bustin et al.，2008）。

除渗透率外，决定页岩油气藏潜力的关键指标还包括总有机碳含量和热成熟度。总有机碳含量是指岩石中有机物的含量，通常以质量百分数表示。通常而言，生烃潜量随有机物含量增加而增加。热成熟度是衡量岩石中有机物加热程度和生成油气潜力的参数。

页岩储层油气存储机理与常规储层存在显著差异。除常规储层岩石基质孔隙和裂缝中存储天然气或石油外，天然气还可以吸附在有机质表面。岩石基质孔隙度和吸附气解吸附的相对贡献和混合作用直接决定气井的产能。

页岩储层油气含量和分布取决于原始储层压力、岩石物理性质及吸附特性等。天然气产出过程主要包括三个产出机理，初期产量主要来自裂缝中的游离气。由于裂缝中存储气量有限，初期产量会随时间迅速递减。初期递减率稳定后，页岩基质中存储的天然气起主导作用。基质中存储的油气量主要取决于页岩储层的特定性质。衰竭开采过程的次要影响因素是气体解吸附，随储层压力下降，吸附气逐渐从岩石中释放出来。气体解吸附过程的产量主要取决于储层压力下降幅度。页岩低渗透特性导致储层压力传播速度缓慢。通常需要较小的井间距来降低储层压力，从而促进大量吸附气解吸附。

某一特定页岩气井的采收率（第4章）可达28%~40%，而常规气井采收率可达60%~80%。页岩气资源的开发与常规油气资源开发存在显著差异。常规气藏中，每口气井控制相对较大区域，具体控制面积与储层性质相关。常规气藏仅需要少量直井就能够实现经济开采。页岩气藏开发过程中需要大量钻井以实现规模产量。在美国Barnett页岩气藏，钻井密度可达0.24km²/口。

总有机碳含量（TOC）是致密气和致密油储层的基本属性，也是有机质含量的度量参数。总有机碳含量、富有机质页岩厚度和有机质成熟度是衡量页岩气储层开发潜力的关键指标。目前这些参数没有特定的组合或下限值来决定页岩气藏的开采经济可行性。这些因素在不同地质时代的页岩或给定页岩气藏不同区域变化显著。

页岩气藏开发过程中可能实施多次压裂措施（Walser and Pursell，2007）。页岩渗透率远低于煤层或致密气储层，这也是页岩通常被视为常规气藏的烃源岩和盖层的缘故。并非所有的页岩气藏都能实现经济产量。页岩基质渗透率是影响页岩气藏持续产量的重要参数（Bennett et al.，1991a，1991b；Davies et al.，1991；Davies and Vessell，2002；Gingras et al.，2004；Pemberton and Gingras，2005；Bustin et al.，2008）。

为了保持年产量，气体必须由基质扩散到天然裂缝或诱导裂缝中，最后流向井筒。通常，高基质渗透率页岩储层具备更高的裂缝扩散速率和流动速度（Bustin et al.，2008）。页岩基质渗透率足够高时，高裂缝密度（裂缝间距小）会导致更高的产量（Bustin et al.，2008）、采收率和控制面积（Cramer，2008；Walser and Pursell，2007）。此外，页岩基质内的微裂缝是能够实现经济产量的关键因素。然而，目前很难确定微裂缝的具体分布（Tinker and Potter，2007），只有进一步研究和分析才能确定这些微裂缝的具体作用。

另一个页岩气藏开发需要考虑的关键因素是厚度。页岩厚度是主要因素之一，再加上大面积细粒沉积分布和高有机质含量，才能造就高页岩气资源量。因此，一般认为厚度大的页岩可能是更优的页岩气藏。然而，Williston盆地的Bakken油藏（本身为常规与非常规混合的油藏）在许多区域页岩厚度不到50m，依然能够实现经济产量。随着随钻完井技术和孔渗测试技术进步，以及天然气价格的上涨，页岩气藏经济开发所需的页岩厚度呈下降趋势。这也大幅增加了Saskatchewan省的天然气资源量和储量。

1.4.3 致密地层

致密地层一词是指由非渗透坚硬岩石组成的地层。实际上，致密地层是指渗透率较低的非页岩沉积层，可储存石油和天然气资源。

致密砂岩储层为一种低渗透砂岩储层，主要产出干气。致密气藏是指无自然产能气藏，需要通过大规模水力压裂措施和水平井钻完井等技术获得经济产量。该定义同样适用于煤层气和致密碳酸盐岩储层，有学者将页岩储层也包含在内。海相沉积条件下形成的致密地层黏土含量相对较低，岩石表现出相对较强的脆性，比淡水沉积中形成的高黏土含量岩层更适合水力压裂措施。随石英和碳酸盐岩含量增加，岩石脆性增强。

常规储层中孔隙连通性强，天然气和原油更容易由储层流向井筒。致密砂岩储层孔隙尺寸相对较小且通过非常狭小的喉道连接，导致天然气和原油不易流动。该类储层渗透率通常低于 1mD（图 1.2），储层中原油通常表现出高挥发性、低密度、高 API 重度和低硫含量特征（表 1.8 和表 1.9）。典型原油分馏技术（图 1.1）显示，致密地层产出原油几乎不含树脂和沥青质成分。致密地层原油通常为低沸点烷烃（包括高分子量蜡质成分）和芳香烃。

1.4.4 地质超压区

地质超压区是天然形成的地层压力远高于静水压力的地层。该区域由黏土矿物沉积压实在多孔岩层上部形成。地层水和天然气经快速压缩进入多孔砂岩或淤泥沉积物中形成异常高压特征。天然气和原油在高压条件下聚集在砂岩或淤泥中。地质超压区通常埋深在地表以下 3000~7500m 深部区域。上述地质超压区特征增加了该区域天然气和原油的开采难度。

美国多数超压天然气藏均位于墨西哥湾地区。评价结果显示，天然气资源量为 $142×10^{12}~1388×10^{12}m^3$。地质超压区为增加美国天然气供应提供了保障。

1.5 油页岩和页岩油

前文已提及致密油被称为页岩油的混淆问题。在此之前，页岩油一直是指油页岩通过热分解产生的馏出物（Lee，1996；Scouten，1990；Speight，2012b，2014a，2016b）。因此，有必要明确油页岩和页岩油的定义。

油页岩通常发育在地表以下 914m 以内的浅层，是一种低渗透高干酪根含量的沉积岩，含有大量固体有机物。含干酪根页岩储层（EIA，2013），由于未经高温过程，干酪根尚未转化为油气。油页岩由不同成分的矿物与分散在基质或层理中的有机物混合而成（Eseme et al.，2007）。油页岩三项特征是认识其高温条件下复杂特性的关键，包括矿物组分、干酪根和孔隙填充物，这些参数主要影响油页岩的骨架力学性质。多数油页岩力学性质研究都涉及有机质含量指标。通常利用标准 Fischer 化验法（100g 油页岩样品加热至 500℃）测定单位质量出油率表征油页岩性质。

油页岩是地球上丰富的合成燃料资源，在澳大利亚、巴西、中国、爱沙尼亚、以色列、约旦、蒙古和美国等众多国家都勘探发现了大量油页岩沉积。初步地质调查和油页岩露头数据显示，蒙古拥有大量经济可采的油页岩资源。美国拥有全球最大的油页岩资源，其中最丰富的地区为 Green River 盆地，也位于科罗拉多州、犹他州和怀俄明州的重叠地区，初步估算总资源量超过 $2800 \times 10^8 t$。

本书重点论述来自致密地层（包含页岩地层）的天然气和原油，这也是页岩油和致密页岩油之间的显著区别。随致密油开发，致密油和页岩油的定义一直存在一定的混淆。且这些术语的使用一直存在混淆。两种资源在成分和开采方案上存在显著差异。

根据定义，油页岩是含有碳质不可流动成分（干酪根）的页岩，通过加热能够转化为天然气和合成原油。合成原油通常是指通过热力方式产生的石油，其成分并不是石油或页岩地层的固有成分。油页岩资源开采不需要对页岩地层进行精细的水平井钻井和水力压裂措施以提供流体流动通道。另外，致密油是一种传统原油，在有机质成熟过程中自然生成后被封存在页岩储层中。页岩气同样是被封存在页岩地层中且前期已经自然生成的天然气。

1.5.1 油页岩

术语油页岩描述了一种富有机质岩石，通过提取（用普通原油基溶剂）措施去除少量碳质物质，当温度升高至350℃时会产生不同数量的馏出物（页岩油）。油页岩是通过矿物生成页岩油的能力来定量评估其开采潜力，通常利用标准Fischer化验法（100g油页岩样品加热至500℃）测定单位质量出油率表征油页岩性质。

油页岩是一种大规模未开发的油气资源。与加拿大境内油砂和煤炭相似，由于油气资源无法通过常规钻井方式实现开采，故油页岩通常被划分为非常规资源。油页岩必须通过加热才能生成石油。油页岩中的有机物为干酪根，是一种与矿物基质紧密结合的固体物质（Baughman，1978；Allred，1982；Scouten，1990；Lee，1991；Speight，2008，2013b，2014a）。

油页岩在全球范围内广泛发育，各大洲都已经勘探发现油页岩资源，地层年代从寒武纪到古近—新近纪不等（表1.6）。已勘探发现的油页岩范围从很小、无经济开采价值的小矿床到面积数千平方千米、储量数亿吨的巨型油页岩地层。油页岩开采需要额外的提取成本，目前油页岩开采成本高于常规油气开采成本。目前油页岩开发利用仅局限在中国、巴西和爱沙尼亚等少数几个国家。随常规原油产量持续下降和原油产品成本上升，油页岩为未来化石能源开采的重要方向（Culbertson and Pitman，1973；Bartis et al.，2005；Andrews，2006）。

地质学家通常认为油页岩不含有大量游离原油，因此不是真正意义上的页岩（Scouten，1990；Speight，2008）。所有油页岩可压性与有机物含量相关，裂缝优先沿水平层理起裂和扩展。

油页岩沉积环境多种多样，包括淡水到盐碱池塘和湖泊、陆表海相盆地和相关潮下架、与沉积和沿海沼泽沉积环境中的成煤泥炭相关的浅水池塘和湖泊等。沉积过程中产生了不同的油页岩类型（Hutton，1987，1991），正因如此油页岩表现出有机物和矿物成分大范围变化特征（Scouten，1990；Mason，2006；Ots，2014；Wang et al.，2009）。多数油页岩中含有来自不同类型的海洋和湖藻的有机物，还包括一些陆源植物碎片，这主要取决于沉积环境和物源。

油页岩中有机物来源于藻类、孢子、花粉、植物角质层、草本和木本植物的软木碎片、植物树脂，以及其他湖泊植物、海洋植物和陆地植物细胞残骸的碳质残留物（Scouten，1990；Dyni，2003，2006）。这些有机物主要由碳、氢、氧、氮和硫组成。通常，有机物为无定形结构。有机物的气源尚未最终明确，理论上认为是降解藻类或细菌残留物的混合物。除此之外，还可能存在磷酸盐和碳酸岩等含碳矿物，这些并不属于有机物但是是油页岩矿物基质的一部分。

本书针对油页岩的论述主要参考美国西部 Green River 组的油页岩资源。除特殊说明外，下文中引用的油页岩均指 Green River 页岩。

1.5.1.1　基本特征

油页岩通常指具备高含量有机物的细粒沉积岩，通过热作用可提取大量页岩油和天然气。油页岩不含任何原油，必须通过干酪根热分解才能产生原油和天然气。矿物成分以细粒硅酸盐和碳酸盐矿物为主。具备经济开采价值的油页岩中干酪根与页岩的比例范围为 0.75 : 5~1.5 : 5，煤岩中有机物与矿物成分的比例通常高于 4.75 : 5（Speight，2013b）。

美国主要发育两种油页岩类型，一种为来自科罗拉多州、犹他州和怀俄明州的 Green River 油页岩，另一种为东部和中西部的泥盆纪—密西西比期黑色油页岩（Baughman，1978）。Green River 油页岩因资源丰富受到了广泛关注。

美国广泛发育的两种油页岩的共性特征为含有未定义类型的干酪根。干酪根的化学成分一直是行业研究热点（Scouten，1990），化学成分数据能否反映干酪根的实际性质还有待进一步明确。由于干酪根母体差异，基于干酪根在不同溶剂中的溶解度（Kole et al.，2001）可用于评价干酪根的组成和性质，该种评价方法类似于不同储层原油的质量、组分和性质差异（Speight，2014a）。

有机物来源于不同类型海藻和湖藻，同时夹杂有陆生植物残骸，主要取决于沉积环境和物源。多数油页岩沉积和早期成岩过程中，细菌作用过程非常重要。细菌作用过程通常产生大量的生物甲烷、二氧化碳、硫化氢和氨。这些气体通过与沉积水中的离子反应生成方解石、白云石、黄铁矿等原生矿物，甚至还可能生成水铵长石等稀有原生矿物。

1.5.1.2　矿物组成

油页岩通常被误称为高矿物煤，实际上煤和油页岩存在显著差异（Speight，2008，2013b）。

矿物成分和元素含量方面，油页岩和煤存在明显差异。油页岩通常含有比煤更多的惰性矿物质（60%~90%），煤岩中矿物质含量低于 40%（Speight，2013b）。油页岩中有机物是液态和气态烃类的来源，通常比褐煤和烟煤具有更高的氢含量和更低的氧含量。

部分油页岩主要由碳酸盐矿物组成，包括方解石、白云石、菱铁矿、苏打石、碳钠铝石、少量明矾等硅酸盐矿物。油页岩中含有的硫、硫酸铵、矾、铜和铀等成分增加了副产品价值（Beard et al.，1974）。其他岩层中硅酸盐矿物包括石英、长石，黏土矿物含量占主导地位，碳酸盐矿物是次要成分。

黏土矿物是地球近地表环境的特征矿物。黏土矿物在土壤和沉积物中经成岩和热溶蚀作用形成。水是黏土矿物形成的重要因素，故多数黏土矿物被称为含水氧化铝硅酸盐矿物。在分子结构上，黏土矿物由阳离子平面组成，排列呈片状，可以是四面体配位或氧配位的八面体，而氧又排列呈 2 : 1 层状。如果设计两个四面体和一个八面体组成的单元，或四面体和八面体假体单元，比例则为 1 : 1。此外，部分 2 : 1 黏土矿物在连续 2 : 1 单元之间具有夹层位点，这些夹层可能被层间水化阳离子占据。黏土矿物的平面结构产生了许多平面板状特征，在较大的云母矿物标本中清晰可见。

许多油页岩中含有少量硫化物，包括硫铁矿和黄铁矿，表明为厌氧（每升水中氧气含量为 0.1~1.0mL）或无氧沉积环境，这也抑制了穴居生物和氧化作用对有机物的损耗。

Green River 油页岩含有丰富的碳酸盐矿物，包括白云石、苏打石和碳钠铝石。苏打石和碳钠铝石中碱含量和氧化铝含量均具备潜在副产品价值。美国东部油页岩碳酸盐矿物含量较低，但含有大量金属元素，包括铀、钒、钼和其他金属元素，具备潜在副产品价值。碳酸盐岩矿物的存在可能实现低排放效果。油页岩灰中含有的碳酸钙与二氧化硫结合，无须添加石灰石进行脱硫。

$$CaCO_3 \longrightarrow CaO + CO_2$$
$$2CaO + SO_2 + O_2 \longrightarrow CaSO_4$$

Green River 油页岩中含有伊利石（一种层状铝硅酸盐），伊利石与其他黏土矿物相关，但经常以油页岩中已发现的唯一黏土矿物出现（Tank，1972）。Green River 油页岩三个层段地层均含有蒙皂石，且蒙皂石含量与方沸石和纤钠海泡石呈反比关系。亚氯酸盐仅存在于 Tipton 页岩层段的粉砂质和砂质地层中。随机混合层结构和非晶材料呈不规则分布。部分零散数据表明许多黏土矿物为原生矿物。油页岩成藏的地球化学条件同样有利于原位生成伊利石。

美国东部油页岩中含有大量贵金属和铀。由于目前缺乏经济开采工艺，这些矿产资源在短期内还难以实现开采。目前有许多专利通过浸出、沉淀和煅烧工艺从碳钠铝石中开采氧化铝。

1.5.1.3　岩石粒度

目前已有多种方法评价油页岩的品位（Scouten，1990；Dyni，2003，2006）。例如热值可用于确定发电厂燃烧发电的油页岩品位。尽管热值是油页岩的基本属性，但未明确给出具体页岩油或通过蒸馏产生的天然气的信息。油页岩品位还可以通过测量实验室蒸馏器中页岩样品产生的蒸馏油量来定量评价（Scouten，1990）。目前该方法一直用于油页岩的资源评价，评价结果主要取决于样品来源和代表性。

改进 Fischer 化验法（ASTM D3904）是美国常用的油页岩品位评价方法。目前该方法已经废止（但许多实验室仍在使用），包括在小型铝蒸馏器中将粉碎至 8 目的样品加热至500℃，加热速率为每分钟 12℃，并在 500℃ 条件下保持 40min。油、气和水通过冷凝器进入刻度离心管，通过离心分离油和水完成定量测量。最终测量结果为页岩油（重度）、水、页岩残渣和天然气损失质量百分比。部分实验室对该测定方法进行了改进，以更好地评价不同类型油页岩和加工工艺。

另一种定量表征油页岩有机质丰度的方法是法国 du Pétrole 研究所开发的用于分析烃源岩的热解测试（Allix et al.，2011）。热解测试通过对 50~100mg 样品进行不同温度阶段加热以确定产生烃类和二氧化碳的量。热解测试数据可用于衡量干酪根类型及生烃潜量。与 Fischer 化验法相比，热解测试样品更小且测试效率更高（Kalkreuth and Macauley，1987）。

1.5.1.4　孔隙度

孔隙度是储层岩石等材料中孔隙空间的度量参数，是孔隙空间体积占总体积的分数，通常用小数或百分数表示。

多孔介质孔隙度可通过多重方法测量，具体取决于测量孔隙类型及如何测量孔隙体积。孔隙度包括粒间孔隙度、粒内孔隙度、内部孔隙度、液测孔隙度、饱和孔隙度、液体吸附孔隙度、表面孔隙度、总孔隙度、层理孔隙度和填充孔隙度等。

除两个低产油页岩样品外，原始油页岩孔隙度很小，几乎可忽略不计。裂缝、断层或其他构造破坏区的油页岩具备一定的孔隙度。目前认为大部分毛孔难以测量到。裂缝、断裂或其他构造特征会产生新的孔隙并破坏一些原始微孔。这些微孔在高压条件下采用汞孔隙度测量方法依然无法测量到。由于汞流体毒性特征，目前很少使用压汞法测量孔隙度。

1.5.1.5 渗透率

由于孔隙中充填了不可驱替有机质，油页岩渗透率几乎为零。通常油页岩地层为不透水系统。所有油页岩蒸馏项目的关键挑战是如何提高地层的渗透性。因此，合理碎石化作用是油页岩原位热解的关键。

油页岩孔隙度和渗透率与温度和有机物含量相关性一直是研究热点。油页岩样品被加热至 510℃ 时，油页岩样品孔隙度显著增加。样品孔隙度增幅 3%~6% 反映了蒸馏处理前有机物所占据的体积。油页岩孔隙度随热解反应程度增加而增加。

1.5.1.6 抗压强度

油页岩在水平和垂向上都具有很高的抗压强度（Eseme et al., 2007）。经 Fischer 化验法测定后的无机基质样品在垂向和水平方向依然保持较高的抗压强度，表明油页岩层理矿物颗粒之间和相邻层理间存在高强度无机胶结。随油页岩有机质含量增加，无机矿物基质抗压强度下降，富油页岩整体表现为较低的抗压强度。

1.5.1.7 导热性

油页岩导热系数测量结果显示，油页岩块体与层理面导热系数呈各向异性特征。导热系数作为温度、油页岩性质和热流方向的函数，水平方向导热系数高于垂向。在漫长地质年代中形成的油页岩沉积层，连续地层水相热流阻力高于水平方向。

油页岩导热系数通常与温度弱相关。干酪根热解为吸热反应，温度变化可能与实际导热系数和热反应速率相关。

1.5.1.8 热解

高产油页岩始终保持燃烧状态，因此古老的美洲原住民称之为燃烧的岩石。在无氧条件下，油页岩热分解产生三种碳质最终产物。可蒸馏油作为不可燃气体，碳质沉积物以焦炭形式保留在岩石表面或孔隙中。石油、天然气和焦炭相对比例随热解温度而变化，并在一定程度上随原始油页岩有机质含量变化。三种碳质产物都受到非烃化合物的污染，非烃化合物的量也随热解温度而变化（Bozak and Garcia, 1976; Scouten, 1990）。

500~520℃ 温度条件下，油页岩产生页岩油，而油页岩矿物质不分解。热解生成页岩油量和质量受多重因素控制，如美国 Green River 和 Estonian 等油页岩储层已经明确和量化了这些影响因素（Brendow, 2003, 2009）。主要原因是油页岩有机质含量和石油产量差异显著。对于商业级油页岩，采用 Fischer 化验法测试的单位质量产油量为每吨岩石 105~200L。

　　油页岩干酪根热分解的简单度量方法为有机氢和氮含量关系，以及 Fischer 化验法测定的单位质量样品原油产量。化学计量显示，高氢碳比干酪根产油量高于低氢碳比干酪根（Scouten，1990）。然而，氢碳比并不是唯一的影响因素。氢碳比为 1.35 的南非干酪根油页岩产油量低于氢碳比为 1.57 的巴西干酪根油页岩产油量。通常而言，含干酪根油页岩氮含量相对较低，干酪根可直接有效地转化为原油（Scouten，1990）。此外，反应区产物分布随时间变化会导致相应变化（Hubbard and Robinson，1950）。

　　油页岩蒸馏过程中，干酪根分解为页岩油、天然气和碳质残留物三个部分。油页岩热解反应始于相对较低的温度（300℃），在更高的温度下热解速度加快（Scouten，1990）。蒸馏温度为 480~520℃ 区间时，干酪根能够实现最高热解率。此时，页岩油产量下降，天然气产量增加，原油芳香性随热解温度升高而增加（Dinneen，1976；Scouten，1990）。

　　最佳蒸馏温度存在上限，温度过高会导致油页岩中矿物质成分分解。例如，爱沙尼亚库克油页岩主要矿物成分为碳酸钙，碳酸钙在高温条件下会发生分解（白云石分解温度为 600~750℃，方解石分解温度为 600~900℃）。因此，必须将碳作为油页岩分解过程的产物进行预测，这会稀释蒸馏过程中产生的废气。离开蒸馏器的气体和蒸汽经冷却后形成冷凝反应产物，主要包括原油和水。

　　油页岩主动脱挥始于 350~400℃，原油演化峰值速率对应温度为 425℃，油页岩脱挥作用基本在 470~500℃ 范围内完成（Hubbard and Robinson，1950；Shih and Sohn，1980）。由于蒸馏过程伴随二次反应，粗页岩油性质取决于蒸馏温度，更重要的是取决于温度—时间历史。高产油页岩呈深褐色，有臭味，类似蜡状油。

　　动力学研究（Scouten，1990）表明，500℃ 条件下干酪根可分解为可萃取产物（沥青），随后分解成石油、天然气和碳残留物。实际动力学特征受加热分散在整个矿物基质中的有机质所需时间，以及未分解基质对生成物向外扩散的阻力的影响。实际油页岩蒸馏过程中，产油率是干酪根分解的重要参数。

　　与其他油页岩不同，库克油页岩需要特定的加工工艺才能实现高产。库克油页岩加热过程中，高含水量和矿物成分中的碳酸钙导致高比热消耗（Yefimov and Purre，1993）。此外，油页岩富含有机质，必须快速加热超过沥青形成和结焦的温度范围以避免结块和原油二次热解。

1.5.2　干酪根和页岩油

　　干酪根通常用于描述沉积岩中不溶于常规有机和无机溶剂的有机物。本书通篇使用干酪根一词表示沉积岩、碳质页岩和油页岩中出现的碳质成分。这些碳质成分多数情况下不溶于常规有机溶剂。可溶性组分和沥青与干酪根共存，沥青并不是焦油砂沉积物中的材料（Speight，2008，2009，2014a）。与多数天然生成的有机物类似，干酪根加热至足够温度时（通常大于 300℃）会热解生成烃类化合物，同时去除馏出物。

　　干酪根是烃源岩中天然的固体不溶性有机物，经加热可生成烃类化合物。干酪根的典型有机成分是藻类和木本植物，具有高分子量和不溶于常规有机溶剂的特征（Speight，2009，2014a），可分为四种类型：（1）I 型干酪根，主要由藻类和无定型成分组成；（2）II 型干酪根，由陆源和海源物质组成；（3）III 型干酪根，由木质陆源物质组成；（4）IV 型干酪根，由有机质分解形成的多环芳香烃衍生物组成，具备低氢碳比特征（小于 0.5）。

干酪根为一种固体蜡状有机物，由植物和动物遗骸经地层压力和热力作用后形成。有学者指出，干酪根在埋深 7200m 以深地层中，当温度为 50~100℃ 范围内时转化为各种液态和气态烃类化合物（USGS，1995）。

地温梯度是指地表以下地层温度随深度的变化规律。地温梯度因地而异，通常为 3.9℃/100m。根据地温梯度估算，地层埋深至少需要 7700m 才能达到 300℃ 温度条件。目前干酪根的热演变仍然未知，干酪根在原油形成中的作用也有待明确。

干酪根的准确结构依然未知，如何根据干酪根与岩石相互作用确定油页岩性质也尚不清楚。目前，干酪根在天然气和原油成熟过程中的具体作用也不完全清楚（Tissot and Welte，1978；Durand，1980；Hunt，1996；Scouten，1990；Speight，2014a）。干酪根生成原油方面急需解决的问题是如何通过低温工艺实现干酪根生成原油而不是超过 250℃ 的高温工艺（Burnham and McConaghy，2006；Speight，2014a）

1.6 资源和储量

本书中有必要对提及的资源和储量进行适当地阐述（图 1.3），包括原始石油地质储量（OOIP）或原始天然气地质储量（OGIP）、最终可采资源量（URR）、技术可采资源量（TRR）、估算最终可采储量（EUR）、经济可采资源量（ERR）、探明储量、概算储量、可能储量。

首先，天然气和原油资源是指天然气和原油的天然浓度是否具备潜在的经济价值，足够数量的天然浓度使得天然气和原油具备内在的经济价值。天然气和原油经济开采潜力随油气价格、市场需求量、运输链升级，以及开采加工技术的进步而变化。前期不具备开采潜力的低品位资源，或资源丰度低于上部层位，或天然气和原油位于低渗透储层，也会逐步随技术进步成为潜在的可开采资源。

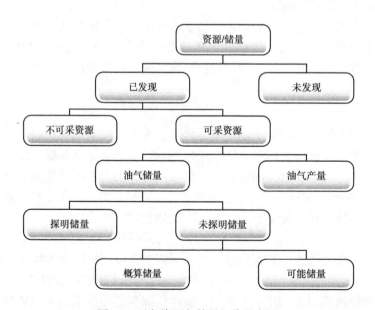

图 1.3 油气资源与储量细分示意图

如果没有受到政府保护竞争性燃料（例如煤）政策的不利影响，尽管对煤实行政令保护似乎也不太可能，天然气将在未来几十年里，在美国的能源组合中扮演着非常重要的角色。煤炭能源依然处于重要地位，能源政策调整可能会重新将煤炭划入重点能源领域。致密气和致密油产量大幅上产为美国带来了巨大的收益。这些资源产地通常位于使用地，天然气可用于工业燃料、发电或供暖。这同时保障了能源供应安全，又实现了经济效益（Medlock et al，2011）。

2007 年能源独立和安全法案（原名为清洁能源法案）是国会发布的美国能源政策法案。法案目的是推动美国走向能源独立，增加清洁可再生能源产量，保护消费者，提高产品、建筑和交通效率，促进研究和部署温室气体捕获和封存方案，提高联邦政府能源绩效和其他目的。

该法案最初旨在消减石油行业补贴，以促进能源独立和不同形式替代能源的发展。参议院反对后税收调整方案取消，最终法案重点关注汽车燃油经济性、生物燃料开发、公共建筑和照明能源效率。很多学者认为应该更多关注天然气在能源安全方面发挥的作用。事实上，从能源进口国角度来看，石油供应多样化保持稳定，天然气供应多样化稳步发展。致密气和致密油在美国能源结构中的重要性日益增加，这也是整体能源安全提升的一个指标（Cohen et al.，2011）。

致密气和致密油是油气重要接替领域，分析认为全球油气消费量呈持续增长。目前能源市场发展趋势显示，致密气和致密油将逐渐成为具有独立市场的全球商品。致密油和致密气全球化趋势不可避免，天然气和原油趋向于全球定价，且各自价格会根据能量值全球流动（Deutch，2010）。

<h1 align="center">参 考 文 献</h1>

Akrad, O., Miskimins, J., Prasad, M., 2011. The effects of fracturing fluids on shale rock-mechanical properties and proppant embedment. Paper No. SPE 146658. In: Proceedings. SPE Annual Technical Conference and Exhibition, Denver, Colorado. October 30eNovember 2. Society of Petroleum Engineers, Richardson, Texas.

Allix, P., Burnham, A., Fowler, T., Herron, M., Kleinberg, R., Symington, B., 2011. Coaxing oil from shale. In: Oilfield Review, Winter 2010/2011: 5015.

Allred, V.D. (Ed.), 1982. Oil Shale Processing Technology. Center for Professional Advancement, East Brunswick, New Jersey.

Andrews, A., 2006. Oil shale: history, incentives, and policy. In: Specialist, Industrial Engineering and Infrastructure Policy Resources, Science, and Industry Division. Congressional Research Service, the Library of Congress, Washington, DC.

ASTM D3904, 1996. Test Method for Oil from Oil Shale (Resource Evaluation by the Fischer Assay Procedure) (Withdrawn 1996 e No Replacement). ASTM International, West Conshohocken, Pennsylvania.

Bartis, J.T., LaTourrette, T., Dixon, L., 2005. Oil Shale Development in the United States: Prospects and Policy Issues. Prepared for the National Energy Technology of the United States Department of Energy. Rand Corporation, Santa Monica, California.

Baughman, G.L., 1978. Synthetic Fuels Data Handbook, second ed. Cameron Engineers, Inc., Denver, Colorado.

Beard, T.M., Tait, D.B., Smith, J.W., 1974. Nahcolite and dawsonite resources in the Green river formation, Piceance Creek basin, Colorado. In: Guidebook to the Energy Resources of the Piceance Creek Basin, 25th Field Conference. Rocky Mountain Association of Geologists, Denver, Colorado, pp. 101e109.

Bennett, R.H., Bryant, W.R., Hulbert, M.H. (Eds.), 1991a. Microstructure of Fine-Grained Sediments: From Mud to Shale. Springer-Verlag, New York.

Bennett, R.H., O'Brien, N.R., Hulbert, M.H., 1991b. Determinants of clay and shale microfabric signatures: processes and mechanisms. In: Bennett, R.H., Bryant, W.R., Hulbert, M.H. (Eds.), Microstructure of Fine-Grained Sediments: From Mud to Shale. Springer-Verlag, New York, pp. 5e32.

Blatt, H., Tracy, R.J., 2000. Petrology: Igneous, Sedimentary, and Metamorphic. W.H. Freeman and Company, New York.

Boswell, R., Collett, T.S., 2011. Current perspectives on gas hydrate resources. Energy Environ. Sci. 4, 1206e1215.

Bowker, K.A., 2007. Development of the Barnett shale play, Fort Worth basin. W. Tex. Geol. Soc. Bull. 42 (6), 4e11. http://www.searchanddiscovery.com/documents/2007/07023bowker/index.htm?q¼%2Btext%3Agas.

Boyer, C., Clark, W., Jochen, V., Lewis, R., 2011. Shale gas: a global resource. Oilfield Rev. 23 (3), 28e39. https://www.slb.com/-/media/files/oilfield-review/03-shale-gas-english.

Boyle, G. (Ed.), 1996. Renewable Energy: Power for a Sustainable Future. Oxford University Press, Oxford, United Kingdom.

Bozak, R.E., Garcia Jr., M., 1976. Chemistry in the oil shales. J. Chem. Educ. 53 (3), 154e155.

Brendow, K., 2003. Global oil shale issues and perspectives. Oil Shale 20 (1), 81e92.

Brendow, K., 2009. Oil shale e a local asset under global constraint. Oil Shale 26 (3), 357e372.

Buffett, B., Archer, D., 2004. Global inventory of methane clathrate: sensitivity to changes in the deep ocean. Earth Planet. Sci. Lett. 227 (3e4), 185.

Burnham, A.K., McConaghy, J.R., 2006. Comparison of the acceptability of various oil shale processes. In: Proceedings. AICHE 2006 Spring National Meeting, Orlando, FL, March 23, 2006 through March 27.

Bustin, R.M., 2006. Geology report: where are the high-potential regions expected to be in Canada and the U.S.? Capturing opportunities in Canadian shale gas. In: 2nd Annual Shale Gas Conference, the Canadian Institute, Calgary, January 31eFebruary 1.

Bustin, A.M.M., Bustin, R.M., Cui, X., 2008. Importance of fabric on the production of gas shales. SPE Paper No. 114167. In: Proceedings. Unconventional Gas Conference, Keystone, Colorado. February 10e12.

Chong, Z.R., Yang, S.H.B., Babu, P., Linga, P., Li, X.S., 2016. Review of natural gas hydrates as an energy resource: prospects and challenges. Appl. Energy 162, 1633e1652.

Cohen, G., Joutz, F., Loungani, P., 2011. Measuring Energy Security: Trends in the Diversification of Oil and Natural Gas Supplies. IMF Working Paper WP/11/39. International monetary Fund, Washington, DC.

Collett, T.S., 2002. Energy resource potential of natural gas hydrates. In: AAPG Bulletin, vol. 86. American Association of Petroleum Geologists, Tulsa, Oklahoma, pp. 1971e1992.

Cramer, D.D., 2008. Stimulating unconventional reservoirs: lessons learned, successful practices, areas for improvement. SPE Paper No. 114172. In: Proceedings. Unconventional Gas Conference, Keystone, Colorado. February 10-12, 2008.

Culbertson, W.C., Pitman, J.K., 1973. Oil Shale in United States Mineral Resources. Paper No. 820. United States Geological Survey, Washington, DC.

Curtis, J.B., 2002. Fractured shale gas systems. In: AAPG Bulletin, vol. 86. American Association of Petroleum

Geologists, Tulsa, Oklahoma, pp. 1921e1938.

Dandekar, A.Y., 2013. Petroleum Reservoir Rock and Fluid Properties, second ed. CRC Press, Taylor & Francis Group, Boca Raton, Florida.

Davies, D.K., Vessell, R.K., 2002. Gas production from non-fractured shale. In: Scott, E.D., Bouma, A.H. (Eds.), Depositional Processes and Characteristics of Siltstones, Mudstones and Shale, Society of Sedimentary Geology, GCAGS Siltstone Symposium 2002. GCAGS (Gulf Coast Association of Geological Societies) Transactions, vol. 52, pp. 177e202.

Davies, D.K., Bryant, W.R., Vessell, R.K., Burkett, P.J., 1991. Porosities, permeabilities, and microfabrics of Devonian shales. In: Bennett, R.H., Bryant, W.R., Hulbert, M.H. (Eds.), Microstructure of Fine-Grained Sediments: From Mud to Shale. Springer-Verlag, New York, pp. 109e119.

Davis Jr., R., 1992. Depositional Systems: An Introduction to Sedimentology and Stratigraphy, second ed. Prentice Hall, New York.

Demirbas, A., 2010a. Methane from gas hydrates in the black sea. Energy Sour. Part A 32, 165e171.

Demirbas, A., 2010b. Methane hydrates as potential energy resource: part 1-importance, resource and recovery facilities. Energy Convers. Manag. 51, 1547e1561.

Demirbas, A., 2010c. Methane hydrates as potential energy resource: part 2 e methane production processes from gas hydrates. Energy Convers. Manag. 51, 1562e1571.

Deutch, J., 2010. Oil and Gas Energy Security Issues. Resource for the Future. National Energy Policy Institute, Washington, DC.

Dinneen, G.U., 1976. Retorting technology of oil shale. In: Yen, T.F., Chilingar, G.V. (Eds.), Oil Shale. Elsevier Science Publishing Company, Amsterdam, Netherlands, pp. 181e198.

Durand, B., 1980. Kerogen: Insoluble Organic Matter from Sedimentary Rocks. Editions Technip, Paris, France.

Durham, L., 2008. Louisiana Play a Company Maker? AAPG Explorer. July, pages 18, 20, 36. American Association of Petroleum Geologists, Tulsa, Oklahoma.

Dyni, J.R., 2003. Geology and resources of some world oil-shale deposits. Oil Shale 20 (3), 193e252.

Dyni, J.R., 2006. Geology and Resources of Some World Oil Shale Deposits. Report of Investigations 2005-5295. United States Geological Survey, Reston, Virginia.

Edmonds, B., Moorwood, R., Szczepanski, R., 1996. A Practical Model for the Effect of Salinity on Gas Hydrate Formation. Paper No. 35569. Society of Petroleum Engineers, Richardson, Texas.

Eseme, E., Urai, J.L., Krooss, B.M., Littke, R., 2007. Review of the mechanical properties of oil shales: implications for exploitation and basin modelling. Oil Shale 24 (2), 159e174.

Faraj, B., Williams, H., Addison, G., McKinstry, B., 2004. Gas Potential of Selected Shale Formations in the Western Canadian Sedimentary Basin, vol. 10. GasTIPS, Hart Energy Publishing, Houston, Texas, pp. 21e25, 1.

Gao, S., 2008. Investigation of interactions between gas hydrates and several other flow assurance elements. Energy Fuels 22 (5), 3150e3153.

GAO, 2012. Information on shale resources, development, and environmental and public health risks. Report No. GAO-12-732. In: Report to Congressional Requesters. United States Government Accountability Office, Washington, DC. September.

Gao, S., House, W., Chapman, W.G., 2005. NMR MRI study of gas hydrate mechanisms. J. Phys. Chem. B 109 (41), 19090e19093.

Gary, J.G., Handwerk, G.E., Kaiser, M.J., 2007. Petroleum Refining: Technology and Economics, fifth ed.

CRC Press, Taylor & Francis Group, Boca Raton, Florida.

Gingras, M.K., Mendoza, C.A., Pemberton, S.G., 2004. Fossilized worm burrows influence the resource quality of porous media. AAPG Bull. 88 (7), 875e883. American Association of Petroleum Geologists, Tulsa, Oklahoma.

Gordon, 2012. Understanding Unconventional Oil. The Carnegie Papers. The Carnegie Endowment for International Peace, Washington, DC. www.CarnegieEndowment.org/pubs.

Gornitz, V., Fung, I., 1994. Potential distribution of methane hydrate in the World's oceans. Glob. Biogeochem. Cycles 8, 335e347.

Gupta, A.K., 2004. Marine gas hydrates: their economic and environmental importance. Curr. Sci. 86, 1198e1199.

Hsu, C.S., Robinson, P.R. (Eds.), 2017. Practical Advances in Petroleum Processing, vols. 1 and 2. Springer Science, Chaim, Switzerland.

Hubbard, A.B., Robinson, W.E., 1950. A Thermal Decomposition Study of Colorado Oil Shale. Report of Investigations No. 4744. United States Bureau of Mines, Washington, DC.

Hubbert, M.K., 1956. Nuclear Energy and the Fossil Fuels – Drilling and Production Practice. Institute, Washington, DC.

Hubbert, M.K., 1962. Energy Resources. Report to the Committee on Natural Resources. National Academy of Sciences, Washington, DC.

Hunt, J.M., 1996. Petroleum Geochemistry and Geology, second ed. W.H. Freeman, San Francisco.

Hunter, C.D., Young, D.M., 1953. Relationship of natural gas occurrence and production in eastern Kentucky (big sandy gas field) to joints and fractures in Devonian bituminous shales. AAPG Bull. 37 (2), 282e299. American Association of Petroleum Geologists, Tulsa, Oklahoma.

Hutton, A.C., 1987. Petrographic classification of oil shales. Int. J. Coal Geol. 8, 203e231.

Hutton, A.C., 1991. Classification, organic petrography and geochemistry of oil shale. In: Proceedings. 1990 Eastern Oil Shale Symposium. Institute for Mining and Minerals Research, University of Kentucky, Lexington, Kentucky, pp. 163e172.

IEA, 2013. Resources to Reserves 2013: Oil, Gas and Coal Technologies for the Energy Markets of the Future. OECD Publishing, International Energy Agency, Paris, France.

Islam, M.R., 2014. Unconventional Gas Reservoirs. Elsevier BV, Amsterdam, Netherlands.

Islam, M.R., Speight, J.G., 2016. Peak Energy e Myth or Reality? Scrivener Publishing, Beverly, Massachusetts.

Jing, W., Huiqing, L., Rongna, G., Aihong, K., Mi, Z., 2011. A new technology for the exploration of shale gas reservoirs. Pet. Sci. Technol. 29 (23), 2450e2459.

Kalkreuth, W.D., Macauley, G., 1987. Organic petrology and geochemical (Rock-Eval) studies on oil shales and coals from the Pictou and Antigonish areas, Nova scotia, Canada. Can. Crude Oil Geol. Bull. 35, 263e295.

Koel, M., Ljovin, S., Hollis, K., Rubin, J., 2001. Using neoteric solvents in oil shale studies. Pure Appl. Chem. 73 (1), 153e159.

Kuuskraa, V.A., 2006. Unconventional natural gas industry: savior or bridge. In: Proceedings. EIA Energy Outlook and Modeling Conference. United States Energy Information Adm, inistration, Washington, DC. March 27, pp. 1e12.

Kvenvolden, K.A., 1993. Gas hydrates as a potential energy resource – a review of their methane content. Professional Paper No. 1570. In: Howell, D.G. (Ed.), The Future of Energy Gases. United States Geological Survey, Washington, DC, pp. 555e561.

Kvenvolden, K., 1995. A review of the geochemistry of methane in natural gas hydrate. Org. Geochem. 23 (11e12), 997e1008.

Law, B.E., Spencer, C.W., 1993. Gas in tight reservoirs e an emerging major source of energy. Professional Paper No. 157. In: Howell, D.G. (Ed.), The Future of Energy Gases. United States Geological Survey, Reston, Virginia, pp. 233e252.

Lee, S., 1991. Oil Shale Technology. CRC Press, Taylor & Francis Group, Boca Raton, Florida.

Lee, S., 1996. Alternative Fuels. Taylor & Francis Publishers, Washington, DC.

Lee, S., Speight, J.G., Loyalka, S.K., 2014. Handbook of Alternative Fuel Technologies, second ed. CRC Press, Taylor & Francis Group, Boca Raton, Florida.

Levine, J.R., 1993. Coalification: the evolution of coal as A source rock and reservoir rock for oil and gas. Am. Assoc. Pet. Geol. Stud. Geol. 38, 39e77.

MacDonald, G.J., 1990a. The future of methane as an energy resource. Annu. Rev. Energy 15, 53e83.

MacDonald, G.J., 1990b. Role of methane clathrates in past and future climates. Clim. Change 16, 247e281.

Martini, A.M., Walter, L.M., Budai, J.M., Ku, T.C.W., Kaiser, C.J., Schoell, M., 1998. Genetic and temporal relations between formation waters and biogenic methane: upper Devonian Antrim shale, Michigan basin, USA. Geochem. Cosmochim. Acta 62(10), 1699e1720.

Martini, A.M., Walter, L.M., Ku, T.C.W., Budai, J.M., McIntosh, J.C., Schoell, M., 2003. Microbial production and modification of gases in sedimentary basins: a geochemical case study from a Devonian shale gas play, Michigan basin. AAPG Bull. 87(8), 1355e1375. American Association of Petroleum Geologists, Tulsa, Oklahoma.

Martini, A.M., Nüsslein, K., Petsch, S.T., 2004. Enhancing Microbial Gas from Unconventional Reservoirs: Geochemical and Microbiological Characterization of Methane-Rich Fractured Black Shales. Final Report. Subcontract No. R-520, GRI-05/0023. Research Partnership to Secure Energy for America, Washington, DC.

Mason, G.M., 2006. Fractional differentiation of silicate minerals during oil shale processing: a tool for prediction of retort temperatures. In: Proceedings. 26th Oil Shale Symposium. Colorado School of Mines, Golden Colorado. October 16e19.

McCain Jr., W.D., 1990. Petroleum Fluids, second ed. PennWell Publishing Corp., Tulsa, Oklahoma.

Medlock III, K.B., Jaffe, A.M., Hartley, P.R., 2011. Shale Gas and US National Security. James A. Baker III Institute for Public Policy. Rice University, Texas.

Mokhatab, S., Poe, W.A., Speight, J.G., 2006. Handbook of Natural Gas Transmission and Processing. Elsevier, Amsterdam, Netherlands.

Nehring, R., 2008. Growing and indispensable: the contribution of production from tight-gas sands to U.S. Gas production. In: Cumella, S.P., Shanley, K.W., Camp, W.K. (Eds.), Understanding, Exploring, and Developing Tight-Gas Sands, 2005 Vail Hedberg Conference: AAPG Hedberg Series, No. 3. American Association of Petroleum Geologists, Tulsa, Oklahoma, pp. 5e12. http://store-assets.aapg.org/documents/previews/943H3/CHAPTER01. PDF.

Ots, A., 2014. Estonian oil shale properties and utilization in power plants. Energetika 53(2), 8e18.

Parkash, S., 2003. Refining Processes Handbook. Gulf Professional Publishing, Elsevier, Amsterdam, Netherlands.

Pemberton, G.S., Gingras, M.K., 2005. Classification and characterization of biogenically enhanced permeability. AAPG Bull. 89, 1493e1517. American Association of Petroleum Geologists, Tulsa, Oklahoma.

Ramage, J., 1997. Energy: A Guidebook. Oxford University Press, Oxford, United Kingdom.

Reinsalu, E., Aarna, I., 2015. About technical terms of oil shale and shale oil. Oil Shale 32(4), 291e292.

Rice, D.D., 1993. Composition and origins of coalbed gas. Am. Assoc. Pet. Geol. Stud. Geol. 38, 159e184.

Ross, D.J.K., Bustin, R.M., 2007. Impact of mass balance calculations on adsorption capacities in microporous shale gas reservoirs. Fuel 86, 2696e2706.

Ross, D.J.K., Bustin, R.M., 2009. The importance of shale composition and pore structure upon gas storage potential of shale gas reservoirs. Mar. Pet. Geol. 26, 916e927.

Schettler, P.D., Parmely, C.R., 1990. The measurement of gas desorption isotherms for Devonian shale. Gas Shales Technol. Rev. 7(1), 4e9.

Scott, A.R., Kaiser, W.R., Ayers, W.B., 1994. Thermogenic and secondary biogenic gases, San Juan Basin, Colorado and New Mexico: implications for coalbed gas productivity. AAPG Bull. 78 (8), 1186e1209. American Association of Petroleum Geologists, Tulsa, Oklahoma.

Scouten, C.S., 1990. Oil shale. In: Fuel Science and Technology Handbook. Marcel Dekker Inc., New York, pp. 795e1053. Chapters 25 to 31.

Shih, S.M., Sohn, H.Y., 1980. Non-isothermal determination of the intrinsic kinetics of oil generation from oil shale. Ind. Eng. Chem. Process Des. Dev. 19, 420e426.

Shurr, G.W., Ridgley, J.R., 2002. Unconventional shallow gas biogenic systems. AAPG Bull. 86 (11), 1939e1969. American Association of Petroleum Geologists, Tulsa, Oklahoma.

Sondergeld, C.H., Ambrose, R.J., Rai, C.S., Moncrieff, J., 2010. Micro-structural studies of gas shales. Paper No. SPE 131771. In: Proceedings. SPE Unconventional Gas Conference, Pittsburgh, Pennsylvanis. February 23-25. Society of Petroleum Engineers, Richardson, Texas, pp. 1e17.

Sone, H., 2012. Mechanical properties of shale gas reservoir rocks and its relation to the in-situ stress variation observed in shale gas reservoirs. In: A Dissertation Submitted to the Department of Geophysics and the Committee on Graduate Studies of Stanford University in Partial Fulfillment of the Requirements for the Degree of Doctor of Philosophy. SRB Volume 128. Stanford University, Stanford, California.

Speight, J.G. (Ed.), 1990. Fuel Science and Technology Handbook. Marcel Dekker, New York.

Speight, J.G., 2008. Synthetic Fuels Handbook: Properties, Processes, and Performance. McGraw-Hill, New York.

Speight, J.G., 2009. Enhanced Recovery Methods for Heavy Oil and Tar Sands. Gulf Publishing Company, Houston, Texas.

Speight, J.G., 2011a. The Refinery of the Future. Gulf Professional Publishing, Elsevier, Oxford, United Kingdom.

Speight, J.G., 2011b. An Introduction to Petroleum Technology, Economics, and Politics. Scrivener Publishing, Salem, Massachusetts.

Speight, J.G. (Ed.), 2011c. The Biofuels Handbook. Royal Society of Chemistry, London, United Kingdom.

Speight, J.G., 2012a. Crude Oil Assay Database. Knovel, New York. Online version available at: http: //www. knovel. com/web/portal/browse/display?_EXT_KNOVEL_DISPLAY_bookid¼5485&VerticalID¼0.

Speight, J.G., 2012b. Shale Oil Production Processes. Gulf Professional Publishing, Elsevier, Oxford, United Kingdom.

Speight, J.G., 2013a. Shale Gas Production Processes. Gulf Professional Publishing, Elsevier, Oxford, United Kingdom.

Speight, J.G., 2013b. The Chemistry and Technology of Coal, third ed. CRC Press, Taylor & Francis Group, Boca Raton, Florida.

Speight, J.G., 2014a. The Chemistry and Technology of Petroleum, fifth ed. CRC Press, Taylor & Francis Group, Boca Raton, Florida.

Speight, J.G., 2014b. High Acid Crudes. Gulf Professional Publishing, Elsevier, Oxford, United Kingdom.

Speight, J.G., 2014c. Oil and Gas Corrosion Prevention. Gulf Professional Publishing, Elsevier, Oxford, United Kingdom.

Speight, J.G., 2015a. Handbook of Petroleum Product Analysis, second ed. John Wiley & Sons Inc., Hoboken, New Jersey.

Speight, J.G., 2015b. Fouling in Refineries. Gulf Professional Publishing, Elsevier, Oxford, United Kingdom.

Speight, J.G., 2016a. Introduction to Enhanced Recovery Methods for Heavy Oil and Tar Sands, second ed. Gulf Publishing Company, Taylor & Francis Group, Waltham Massachusetts.

Speight, J.G., 2016b. Handbook of Hydraulic Fracturing. John Wiley & Sons Inc., Hoboken, New Jersey.

Speight, J.G., 2016c. Introduction to Enhanced Recovery Methods for Heavy Oil and Tar Sands, second ed. Gulf Professional Publishing, Elsevier, Oxford, United Kingdom.

Speight, J.G., 2017. Handbook of Petroleum Refining. CRC Press, Taylor & Francis Group, Boca Raton, Florida.

Speight, J.G., 2019. Natural Gas: A Basic Handbook, second ed. Gulf Publishing Company, Elsevier, Cambridge, Massachusetts.

Tank, R.W., 1972. Clay minerals of the Green river formation (Eocene) of Wyoming. Clay Miner. 9, 297.

Terry, R.E., Rogers, J.B., 2014. Applied Petroleum Reservoir Engineering, third ed. Prentice Hall, Upper Saddle River, New Jersey.

Tinker, S.W., Potter, E.C., 2007. Unconventional gas research and technology needs. In: Proceedings. Society of Petroleum Engineers R&D Conference: Unlocking the Molecules. San Antonio, Texas. April 26-27.

Tissot, B., Welte, D.H., 1978. Petroleum Formation and Occurrence. Springer-Verlag, New York.

US EIA, July 2011. Review of Emerging Resources. US Shale Gas and Shale Oil Plays. Energy Information Administration, United States Department of Energy, Washington, DC.

US EIA, 2013. Technically Recoverable Shale Oil and Shale Gas Resources: An Assessment of 137 Shale Formations in 41 Countries outside the United States. Energy Information Administration, United States Department of Energy, Washington, DC.

US EIA, 2014. Crude Oils and Different Quality Characteristics. Energy Information Administration, United States Department of Energy, Washington, DC. http: //www.eia.gov/todayinenergy/detail.cfm?id¼7110.

USGS, 1995. United States Geological Survey. Dictionary of Mining and Mineral-Related Terms, second ed. Bureau of Mines & American Geological Institute. Special Publication SP 96-1, US Bureau of Mines, US Department of the Interior, Washington, DC.

USGS, 2011. U.S. Geological Survey Gas Hydrates Project: Database of Worldwide Gas Hydrates. http: //woodshole. er.usgs.gov/project-pages/hydrates/database.html.

Walser, D.W., Pursell, D.A., 2007. Making mature shale gas plays commercial: process and natural parameters. In: Proceedings. SPE Paper No. 110127. Society of Petroleum Engineers, Eastern Regional Meeting, Lexington, October 17-19.

Wang, D.-M., Xu, Y.-M., He, D.-M., Guan, J., Zhang, O.-M., 2009. Investigation of mineral composition of oil shale. Asia-pac. J. Chem. Eng. 4, 691e697.

Wipf, R.A., Party, J.M., 2006. In: Shale Plays e A US Overview; AAPG Energy Minerals Division Southwest Section Annual Meeting, May. American Association of Petroleum Geologists, Tulsa, Oklahoma.

Wollrab, V., Streibl, M., 1969. Earth waxes, peat, montan wax, and other organic Brown coal constituents. In: Eglinton, G., Murphy, M.T.J. (Eds.), Organic Geochemistry. Springer-Verlag, New York, p. 576.

Yefimov, V., Purre, T., 1993. Characteristics of kukersite oil shale, some regularities and features of its retorting. Oil Shale 10 (4), 313e319.

Zhang, X.-S., Wang, H.-J., Ma, F., Sun, X.-C., Zhang, Y., Song, Z.-H., 2016. Classification and characteristics of tight oil plays. Pet. Sci. 13 (1), 18e33.

第 2 章　页岩油气资源量

2.1　引言

概言之，天然气或原油资源是指天然气或原油在地球地壳中的聚集或出现，其形式和储量，以及品位或质量使天然气或原油具有合理到良好的经济开采前景（见第 1 章）。天然气或原油资源的位置、储量、品质、地质特征和连续性是已知的，根据具体的地质证据和知识认识、估计或解释。

天然气或原油资源按可信度系数的增加顺序分为推断资源、指示资源和已探明资源（图 2.1）（CIM，2014），这些术语的含义往往取决于公司，推断资源的可信度应足够高，以便应用技术和经济参数或对经济可行性进行评估，并值得公开披露。如前所述（见第 1 章），天然气或原油储量是资源中经济上可开采的部分，至少已经过初步可行性研究论证。此外，天然气或原油储量还可按可信度增加的顺序细分为概算储量和探明储量，即在考虑了所有相关的加工、冶金、经济、市场、法律、环境、社会经济和政府因素后，在应用了所有开采因素后成为经济上可行的项目基础的资源部分。

来自致密地层的天然气和原油等非常规资源已发展成为北美的重要资源，并可能在欧洲和其他国家发挥重要的能源作用（Law and Curtis，2002）。页岩地层和其他致密地层（砂岩地层和碳酸盐岩地层）由细颗粒组成，孔隙通常为纳米级。页岩既可为烃源岩，也可同时作为烃源岩和储集岩。随着时间的推移，沉积在页岩中的有机质被掩埋。随着温度和压力的升高，有机质，如动物组织和植物物质中的脂质衍生物或植物细胞中的木质素衍生物，转变成了干酪根。根据有机物、压力和温度的不同，干酪根被转化为油、湿气和干气。在一些页岩层中，由于膨胀，天然气或原油通过裂缝和断层从页岩中迁移出来。然而，在某些页岩中，天然气或原油并不迁移。在这种情况下，页岩既被定义为烃源岩，也被定义为储集岩，页岩气藏和页岩油藏就是这种情况（Curtis，2002；Boyer et al.，2011；Kok and Merey，2014）。

这些致密地层，如美国和加拿大富含有机质的页岩层（表 2.1），已成为开发和回收资源的一个有吸引力的目标，因为这些地层蕴藏着大量的天然气、天然气液体（又译为天然气液烃）、天然气凝析油和其他资源。这些（典型的）黑色有机页岩层形成于数百万年前（表 2.2），其黑色来自与页岩原始沉积物一起沉积的有机物，这些有机物在地质年代中发展成为页岩。非页岩沉积致密岩层由特别不透水的坚硬岩石（通常为砂岩或碳酸盐岩）组成，其渗透率相对较低，可蕴含石油和天然气（见第 3 章）。在这两种情况下，部分有机质在地质年代（数百万年）中转化为天然气和（或）原油，并留在地层中（或无法迁移出地层）。在其他情况下，形成的原油和天然气迁移到储层中，而没有迁移的有机质则作为干酪根留在原岩中。在前一种情况下（出现流体迁移的页岩或致密地层），烃源岩和储集岩成为同一整体。

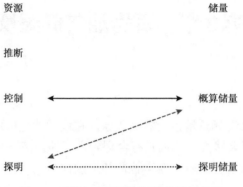

图 2.1　天然气和原油资源及储量的关系

　　一般来说，页岩层和沉积岩层中的黑色几乎总是表示存在有机质，通常只要有1%~2%（质量比）的有机质就会给页岩或沉积岩带来深灰色或黑色。不过，需要注意的是，灰页岩地层有时含有少量有机物，但也可能含有钙质或黏土矿物，从而导致地层呈现灰色。一般来说，可以认为页岩的黑色意味着页岩是由泥状沉积物在缺氧环境中沉积形成的。任何进入环境中的氧气都会迅速与腐烂的有机碎屑发生反应，如果氧气充足，有机碎屑腐烂后就会产生二氧化碳和水。

　　一个缺氧的环境也为硫化物矿物的形成提供了适当的条件，如黄铁矿（FeS_2），在许多黑色页岩地层中也有发现。Barnett 页岩地层、Marcellus 页岩地层、Haynesville 页岩地层、Fayetteville 页岩地层和其他产气岩石都是深灰色或黑色的页岩产生天然气的地层。北达科他州的 Bakken 页岩地层和得克萨斯州的 Eagle Ford 页岩地层是产生原油的页岩地层。

表 2.1　美国和加拿大的页岩气地层

页岩地层	地质时期	位置
Antrim	晚泥盆世	Michigan 盆地，Michigan
Baxter	晚白垩世	Vermillion 盆地，Colorado，Wyoming
Barnett	密西西比期	Fort Worth 盆地和 Permian 盆地，Texas
Bend	宾夕法尼亚期	Palo Duro 盆地，Texas
Cane Creek	宾夕法尼亚期	Paradox 盆地，Utah
Caney	密西西比期	Arkoma 盆地，Oklahoma
Chattanooga	晚泥盆世	Alabama，Arkansas，Kentucky，Tennessee
Chimney Rock	宾夕法尼亚期	Paradox 盆地，Colorado，Utah
Cleveland	泥盆纪	Eastern Kentucky
Clinton	早志留世	Eastern Kentucky
Cody	白垩纪	Oklahoma，Texas
Colorado	白垩纪	Central Alberta，Saskatchewan
Conasauga	中寒武世	Black Warrior 盆地，Alabama
Dunkirk	晚泥盆世	Western New York

续表

页岩地层	地质时期	位置
Duvernay	晚泥盆世	West central Alberta
Eagle Ford	晚白垩世	Maverick 盆地，Texas
Ellsworth	晚泥盆世	Michigan 盆地，Michigan
Excello	宾夕法尼亚期	Kansas，Oklahoma
Exshaw	泥盆纪—密西西比期	Alberta，northeast British Columbia
Fayetteville	密西西比期	Arkoma 盆地，Arkansas
Fernie	侏罗纪	West central Alberta，northeast British Columbia
Floyd/Neal	晚密西西比期	Black Warrior 盆地，Alabama，Mississippi
Frederick Brook	密西西比期	New Brunswick，Nova Scotia
Gammon	晚白垩世	Williston 盆地，Montana
Gordondale	早侏罗世	Northeast British Columbia
Gothic	宾夕法尼亚期	Paradox 盆地，Colorado，Utah
Green River	始新世	Colorado，Utah
Haynesville/Bossier	晚侏罗世	Louisiana，east Texas
Horn River	中泥盆世	Northeast British Columbia
Horton Bluff	早密西西比期	Nova Scotia
Hovenweep	宾夕法尼亚期	Paradox 盆地，Colorado，Utah
Huron	泥盆纪	East Kentucky，Ohio，Virginia，West Virginia
Klua/Evie	中泥盆世	Northeast British Columbia
Lewis	晚白垩世	Colorado，New Mexico
Mancos	白垩纪	San Juan 盆地，New Mexico，Uinta 盆地，Utah
Manning Canyon	密西西比期	Central Utah
Marcellus	泥盆纪	New York，Ohio，Pennsylvania，West Virginia
McClure	中新世	San Joaquin 盆地，California
Monterey	中新世	Santa Maria 盆地，California
Montney–Doig	三叠纪	Alberta，northeast British Columbia
Moorefield	密西西比期	Arkoma 盆地，Arkansas
Mowry	白垩纪	Bighorn 盆地和 Powder River 盆地，Wyoming
Muskwa	晚泥盆世	Northeast British Columbia
New Albany	泥盆纪—密西西比期	Illinois 盆地，Illinois，Indiana
Niobrara	晚白垩世	Denver 盆地，Colorado
Nordegg/Gordondale	晚侏罗世	Alberta，northeast British Columbia
Ohio	泥盆纪	East Kentucky，Ohio，West Virginia
Pearsall	白垩纪	Maverick 盆地，Texas
Percha	泥盆纪—密西西比期	West Texas

续表

页岩地层	地质时期	位置
Pierre	白垩纪	Raton 盆地，Colorado
Poker Chip	侏罗纪	West central Alberta，northeast British Columbia
Queenston	奥陶纪	New York
Rhinestreet	泥盆纪	Appalachian 盆地
Second White Speckled	晚白垩世	Southern Alberta
Sunbury	密西西比期	Appalachian 盆地
Utica	奥陶纪	New York，Ohio，Pennsylvania，West Virginia，Quebec
Wilrich/Buckinghorse/ Garbutt/Moosebar	早白垩世	West central Alberta，northeast British Columbia
Woodford	泥盆纪—密西西比期	Oklahoma，Texas

表 2.2　地质时间尺度

代	纪	世	时间（Ma）
新生代	第四纪	全新世	
		更新世	0.01
	古近—新近纪	上新世	2
		中新世	13
		渐新世	25
		始新世	36
		古新世	58
中生代	白垩纪		65
	侏罗纪		136
	三叠纪		190
古生代	二叠纪		225
	石炭纪		280
	泥盆纪		345
	志留纪		405
	奥陶纪		425
	寒武纪		500
	前寒武纪		600

注：由于文献来源中数据的可变性，这些数字是近似的（误差 ±5%）；然而，这些数字确实给出了地质时间的程度。

　　由于这些页岩地层的存在，随着水平钻井和水力压裂技术的改进，开采页岩和煤炭等致密地层中的天然气具有商业可行性，近年来美国的天然气产量和原油产量大幅增长。美国是现在世界上最大的天然气生产国，与加拿大一起，占全球天然气产量的25%以上（BP，2015），天然气将在美国的资源基础和经济前景中发挥越来越重要的作用。此外，预计到

2035 年，页岩气产量占美国天然气总产量的比重将从 2010 年的 23% 增加到 49%，这凸显了页岩气在美国和加拿大未来能源结构中的重要性（Bonakdarpour et al.，2011；Dong et al.，2013）。

由于储层的非均质结构，以及资源和储量定义的潜在冲突（见第 1 章），确定非常规储层中的天然气储量是很复杂的。此外，评估产能依赖于对储层特征的详细调查，这些储层特征不仅在储层之间存在差异，而且在任何给定的储层中水平方向和垂直方向都存在差异。粗略估计，不包括甲烷水合物在内的最终可采非常规天然气资源接近 $12.0×10^{15}ft^3$（$340×10^{12}m^3$）。在这些天然气资源量中，经济合作与发展组织（OECD）美洲国家占 24%（体积分数），亚太国家占 28%（体积分数），拉丁美洲国家占 14%（体积分数），东欧国家和欧亚国家占 13%（体积分数），非洲国家、经济合作与发展组织欧洲国家和中东国家的份额较小（IEA，2012，2013）。常规天然气的剩余可采资源量为 $16.3×16.3×10^{15}ft^3$，非常规天然气的剩余可采资源量为 $12.0×10^{15}ft^3$，按目前的生产速度，它们加起来可以维持 200 多年的生产。非常规天然气生产的未来潜力仍然存在争议，物理资源的规模和可回收性是争论的核心问题。虽然近年来人们的兴趣主要集中在页岩气上，但煤层气和致密气也有相当大的潜力为全球天然气供应作出贡献。然而，尽管最近取得了进展，但在区域和全球层面上，每种天然气的可采资源规模仍然存在相当大的不确定性。这一点甚至适用于页岩天然气资源和页岩原油资源开发相对先进的美国。

然而，对美国技术上可回收的石油和天然气资源基础的估算是一个不断发展的过程，资源估算的演变可能会持续一段时间。只有当天然气和石油生产商钻探到天然气和原油所在的地质矿床，并且这些资源的商业生产潜力成为现实时，美国技术上可开采的天然气和原油资源基础的真实规模（即估计的真实规模）才会显现出来。随着生产商发现原油或天然气的蕴藏量超过预期，必然对资源估算进行调整，以反映最新信息。因此，随着对资源基础的了解，以及未来技术和管理方法的改进，技术上可回收资源基础的估计值将不断调整。因此，最好认识到，任何当前（最近出版的）报告中的资源估算值在报告出版时可能不是实际估算值，因为在数据获取和出版之间的过渡期间，随着更多油井的钻探和完井、技术的发展，以及油井生产天然气和原油的长期性能得到更好的确定，估算值会发生变化。

此外，并非所有的致密页岩地层和致密的非页岩地层都是新发现的。在天然气和原油生产国家的许多地区，对旧钻井记录的重新审查为重新发现天然气和原油资源提供了机会，这些资源在早期由于资源价格较低和（或）采收率技术有限（即技术不足以完成有效采收率的任务）而被认为不值得开发。对于天然气和原油来说尤其如此，在许多情况下，这是一种几乎没有市场价值的搁浅资源。此外，直到最近，随着采收率技术的进步，致密砂岩或页岩储层中的天然气才能以商业速度开采。在美国和加拿大的地层有 50 多种页岩气资源，其中一些是较老的（已知的）页岩地层，另一些是较新的地层（表 2.1）。

美国的页岩气储量相当可观，而且不集中在任何特定地区（USGS，2014）。据估计，美国 48 个州的页岩气技术可采储量为 $482×10^{12}ft^3$，其中东北部各州（63%，体积分数）、墨西哥湾沿岸各州（13%，体积分数）和西南部各州（10%，体积分数）的页岩气储量最大。最大的页岩气资源（区块）是 Marcellus 页岩（$141×10^{12}ft^3$）、Haynesville 页岩（$74.7×10^{12}ft^3$）和 Barnett 页岩（$43.4×10^{12}ft^3$）。新页岩资源的开发活动使美国页岩气产量从 2000 年的 $388×10^9ft^3$ 增加到

2010 年的 $4944×10^9ft^3$（US EIA，2011）。这种生产潜力有能力改变美国能源结构的性质，天然气资源基础可以在当前或大幅扩大的使用水平下支持 50 年或更长时间的供应（NPC，2011）。然而，除了这些数据，可能是因为储量估算的不确定性，最近公布的数据表明，美国大陆的页岩气资源量从 2010 年到 2011 年翻了一番，达到约 $862ft^3$，从 2006 年到 2010 年，美国的页岩气年产量几乎翻了五倍，达到 $4.8×10^{12}ft^3$（从 $1.0×10^{12}ft^3$ 到 $4.8×10^{12}ft^3$）（EIUT，2012）。

最后，必须记住，每个页岩盆地都是不同的，都有一套独特的勘探标准和在任何开发计划中都应加以考虑的操作难题。由于这些差异，每个地区的页岩地层资源和致密地层资源的开发不仅对资源开发商，而且对周围的社区和生态系统都构成了潜在的挑战。例如，Antrim 和 New Albany 页岩地层属于浅层页岩地层，与大多数其他页岩气地层不同，它们能产生大量的地层水。这些水在回收利用和净化过程中不可忽视，以免造成对含水层的污染（见第 18 章）。

此外，在这一阶段，将对各国的致密地层，尤其是美国和加拿大的致密地层进行逐一评论，因为大部分的开创性工作都是在这两个国家完成的。最后，谈谈对现有致密气和致密油资源的估计。

即使在致密气和致密油生产历史相对较长的地区，对技术上可回收的致密气和致密油资源的估计仍不确定，而且往往是推测性的。估算的依据可以是对已开发地区以往生产经验的推断，也可以是对未开发地区的地质评估。已公布的估算值之所以存在很大差异，可能是由于过去几年从致密岩层中开采天然气和原油的技术突飞猛进，以及可供分析的生产历史有限。另一个挑战是第三方对资源估算进行评估所需的大部分数据都是专有的。

因此，在评估页岩气可采储量方面存在巨大困难，以及应谨慎对待当前的资源估算就不足为奇了。大多数现有研究缺乏评估不确定性的严格方法，提供的估算值对定义不清的关键变量高度敏感，例如假设的就地气量与采出气量之比（采收率）和假设的单井最终气量（McGlade et al.，2013）。

本章及含干酪根页岩（见第 12 章）的数据之所以被选中，是因为这些数据具有潜在性和可靠性，可以对未来可能开发的各种资源进行估算。然而，由于上述不确定因素的严重性，应谨慎对待当前的资源估算。

2.2　页岩气

天然气（或任何化石燃料）的常规资源存在于离散、明确的地下积聚层（储层）中，其渗透率值大于特定的下限。此类常规天然气资源通常可以使用垂直井进行开发，通常具有较高的采收率。简而言之，渗透率是衡量多孔介质（如碳氢化合物储层中的多孔介质）在介质压差作用下传输流体（如天然气、石油或水）的能力。在石油工程中，渗透率通常以毫达西（mD）为单位进行测量。

相比之下，非常规资源存在于渗透率较低（小于 0.1mD）的储层中（Law and Curtis，2002 年）。此类储层包括致密砂岩层、煤层（煤层气）和页岩层（图 2.2）。与常规储层相比，非常规资源储层往往分布在更大的区域内，通常需要采用水平井或人工压裂等先进技术才能获得经济效益；采收率要低得多，通常为天然气地质储量的 15%~30%。成熟、富含有机质的页岩层是天然气的来源，受到了广泛关注。

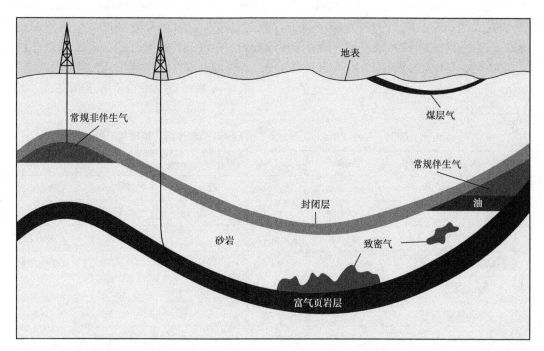

图 2.2　常规气藏和非常规气藏的说明。引自 EIA（2011a）。能源信息管理局，美国能源部，华盛顿特区

　　作为一个有吸引力的目标，它们代表着巨大的资源（$500 \times 10^{12} \sim 780 \times 10^{12} \mathrm{ft}^3$），分布在美国四十八个毗连地区（Hill and Nelson，2000；US EIA，2011a）。

　　由于页岩的独特性，每个盆地、油气区、油井和采油层都可能需要独特的处理方法。简单比较当前热门的一些油气区的特点，有助于说明这些差异对整个开发过程的影响。有必要研究和了解气页岩矿床的关键储层参数，这些参数包括：（1）热成熟度；（2）储层厚度；（3）总有机碳含量（TOC）；（4）吸附气体组分；（5）孔隙和裂缝中的游离气体；（6）渗透能力（见第 4 章）。前两个参数是常规测量参数。热成熟度通常在岩心分析中测量，储层厚度通常用测井仪测量。最后四个参数的计算需要一种新方法。

2.2.1　美国

　　2010 年探明储量的页岩天然气几乎全部（96%）来自美国六大页岩区（US EIA，2012 年）。Barnett 页岩再次成为美国最大的页岩气开采区，Haynesville/Bossier 页岩（开采量比 2009 年增加了一倍多）和 Marcellus 页岩（开采量几乎增加了两倍）的探明储量比 2009 年有了显著增加。在这六个页岩区中，唯一比 2009 年储量下降的是密歇根州北部的 Antrim 页岩区，这是一个成熟的浅层生物成因页岩气区，发现于 1986 年，开发速度已不及其他主要页岩资源。

　　然而，还有其他一些页岩气资源对美国的能源平衡和经济日益重要。这些资源不容忽视，下面按字母顺序列出了美国的主要页岩气资源，而不是按偏好或重要性排序。

2.2.1.1　Antrim

　　Antrim 页岩是密歇根盆地（表 2.3）的一个浅层页岩气区，由于 20 世纪 80 年代的非常规天然气税收优惠政策，该区的开发速度加快（Hill and Nelson，2000；Curtis，2002）。该区块是大面积富含有机质页岩的一部分，覆盖了中泥盆世至晚泥盆世北美大陆的大片区域。地壳内的密歇根盆地是位于东内陆海道沿岸的几个沉积中心之一。该盆地已被超过 17000ft 的沉积物填满，其中 900ft 是 Antrim 页岩和相关的泥盆纪—密西西比期岩石。Antrim 页岩的底部靠近现代构造盆地的中心，低于海平面约 2400ft（Braithwaite，2009；US EIA，2011a）。

表 2.3　Antrim、Ohio、New Albany、Barnett 和 Lewis 页岩地质、地球化学和储层参数

特征参数	Antrim	Ohio	New Albany	Barnett	Lewis
深度（ft）	600~2400	2000~5000	600~4900	6500~8500	3000~6000
井底温度（℉）	75	100	80~105	200	130~170
总有机碳（%）	0.3~24	0~4.7	1~25	4.50	0.45~2.5
镜质组反射率（%）	0.4~0.6	0.4~1.3	0.4~1.0	1.0~1.3	1.6~1.88
总孔隙度（%）	9	4.7	10~14	4~5	3~5.5
含气孔隙度（%）	4	2.0	5	2.5	1~3.5
含水孔隙度（%）	4	2.5~3.0	4~8	1.9	1~2
含气量（ft^3/t）	40~100	60~100	40~80	300~350	15~45
吸附气量（%）	70	50	40~60	20	60~85
储层压力（psi）	400	500~2000	300~600	3000~4000	1000~1500

Antrim 页岩是一种富含有机质的黑色沥青质页岩，从底部到顶部分为四个部分：诺伍德、帕克斯顿、拉钦和上部部分。上层页岩由青灰色的埃尔斯沃思页岩覆盖。Antrim 页岩的地层构造相对简单，油井通常在 Antrim 页岩下部的 Lachine 和 Norwood 层完成，其总厚度接近 160ft。Lachine 和 Norwood 层的总有机碳含量（TOC）从 0.5% 到 24%（质量分数）不等。这些黑色页岩层富含二氧化硅（20%~41% 的微晶石英和风吹淤泥），含有丰富的白云岩和石灰岩凝结物，以及碳酸盐、硫化物和硫酸盐胶结物。其余的 Antrim 下部帕克斯顿是石灰泥岩和灰色页岩岩性的混合物（Martini et al.，1998），含有 0.3%~8%（质量分数）的总有机碳和 7%~30%（质量分数）的二氧化硅。化石藻类 Foerstia 的相关性确定了 Antrim 页岩上部、阿巴拉契亚盆地 Ohio 页岩 Huron 层和伊利诺斯盆地 New Albany 页岩 Clegg Creek 层之间的时间等同性（Roen，1993）。

整个 Antrim 页岩单元的典型深度在 500~2300ft 之间，面积约为 $30000mile^2$（Gutschick and Sandberg，1991；Braithwaite，2009；US EIA，2011a）。整个地区被泥盆纪和密西西比期沉积物，以及数百英尺的冰川沉积物所覆盖。Antrim 矿物学显示页岩呈层状，颗粒非常细小。成分主要包括伊利石和石英，以及少量有机物和黄铁矿。

Antrim 页岩的有机物含量高达 20%（质量百分比），主要由藻类物质组成。镜质组反射率在 0.4%~0.6% 之间，表明页岩在本质上还未成熟。页岩也很浅，而且成分中甲烷浓度很高，这让人认为气体来源于微生物，但 [13]C 值表明气体来源于热源（Martini et al.，1996）。

在 Antrim 页岩的浅井中，气体来源于微生物。深井则混合了热源气和微生物气。对于 $C_1/$ $(C_{2+}C_3) < 100$ 的天然气，天然气的成因为热成因，这种情况出现在位于 Antrim 页岩下的 Niagaran 组中。由于 Antrim 有如此多的天然裂缝，因此有理由认为天然气从 Niagaran 组运移到 Antrim 页岩中。

Antrim 页岩有两种主要的储气方式：吸附和孔隙中的游离气。下诺伍德层的吸附能力（均 115ft³/t）高于拉钦层（约 85ft³/t）（Kuuskraa et al.，1992）。这是在设计压裂处理时需要考虑的一个重要因素，因为在气体含量最高的区域使用更多的支撑剂会更有利。孔隙中的游离气体最多可占就地总气体的 10%，但游离气体对就地水的依赖程度尚不清楚。极低的基质的渗透性会使采出大量自由气体变得非常困难。

在北部产状趋势中发现了两组主要的天然断裂，一组朝向西北，另一组朝向东北，都呈现出次垂直到垂直的倾角。这些断裂一般未固结或由方解石薄层衬砌（Holst and Foote，1981；Martini et al.，1998），在地表出露处已绘制出垂直方向数米和水平方向数十米的断裂图。在这一趋势之外的 Antrim 地区进行生产的尝试通常会发现富含有机气体的页岩，但天然裂缝极少，因此渗透性也很低（Hill and Nelson，2000）。

因此，对于页岩储层来说，Antrim 页岩的断裂程度很高。断裂间距可近至 1~2ft，而 Barnett 页岩的断裂间距为 10~20ft。这些裂缝可产生 50~5000mD·ft 的渗透厚度，从而提高天然气产量。但是，这也有助于水的流动，因此大多数油井都会产生大量的水，必须加以处理（Kuuskraa et al.，1992）。

2.2.1.2 Bakken

蒙大拿州和北达科他州威利斯顿盆地的 Bakken 页岩的增长率与 Barnett 页岩类似。Bakken 页岩是另一种技术性页岩，这种非常规资源的开发得益于水平井和水力压裂技术的进步（Cohen，2008；Cox et al.，2008；Braithwaite，2009）。2008 年 4 月，美国地质调查局（USGS）发布了对该页岩区未发现技术可采储量的最新评估，估计该区有 $3.65×10^9$bbl 石油、$1.85×10^{12}$ft³ 伴生天然气和 $1.48×10^8$bbl 天然气液体（USGS，2008；US EIA，2011a）。

Bakken 页岩层与其他页岩层不同，它是一个油藏，由白云岩层状分布在两个页岩层之间，深度为 8000~10000ft，从中生产石油、天然气和天然气液体。Bakken 岩层的每一个后续岩层（下页岩层、中砂岩层和上页岩层）在地理位置上都大于下面的岩层。上页岩层和下页岩层是原油烃源岩，其岩性相当一致，而中砂岩层在厚度、岩性和岩石物理特性方面各不相同。

Bakken 页岩层的天然裂缝不如 Barnett 页岩层，因此需要获得纵向和横向分布的传统裂缝几何形状。在整个水力压裂处理过程中都使用了分流方法，主要使用凝胶水压裂液，但使用中等强度支撑剂的趋势正在增长。最近，Bakken 页岩天然气的开采活动有所增加，其趋势是延长侧向长度，在某些情况下，单个侧向长度可达 10000ft。此外，在 Bakken 页岩下部钻井并向上压裂也是一种趋势。

2.2.1.3 Barnett

Barnett 页岩层是最古老的页岩气层（Montgomery et al.，2005）。大部分用于页岩气钻探和生产的。技术都是在该区块开发的。Barnett 页岩层位于得克萨斯州达拉斯—沃斯堡地区周围，产于 6500~9500ft 深处。楔形的沃斯堡盆地位于得克萨斯州中北部，面积约

15000mile^2，以南北方向为中心，向北延伸，在里亚诺县的里亚诺隆起带出露（Bowker，2007a，b；Jarvie et al.，2007；Zhao et al.，2007）。寒武纪的 Riley 地层和 Hickory 地层被 Viola-Simpson 组和 Ellenburger 组所覆盖。Viola-Simpson 石灰岩组位于塔兰特县和帕克县，是 Barnett 岩层和 Ellenburger 岩层之间的屏障。Ellenburger 组是一个非常多孔的含水层（Zuber et al.，2002），一旦破裂，就会产生大量的高盐度水，从而导致水井关闭，并产生水处理费用。

沃斯堡盆地 Barnett 页岩的地球化学参数和储层参数与其他产气页岩明显不同，特别是在原位天然气方面。例如，Barnett 页岩气的成因是热成岩，碳氢化合物的生成始于晚古生代，一直延续到中生代，在白垩纪随着隆起和冷却而停止（Jarvie et al.，2001，2007）。此外，Barnett 页岩层中的有机物在沃斯堡盆地西部从奥陶纪到宾夕法尼亚期的其他岩层中产生了液态烃衍生物和 Barnett 油源（Jarvie et al.，2001，2007）。

密西西比期的 Barnett 页岩覆盖在 Viola-Simpson 组之上。Barnett 页岩厚度从 150ft 到 800ft 不等，是得克萨斯州产量最大的天然气页岩。渗透率在 7~50nD 之间，孔隙度在 4%~6% 之间（Montgomery et al.，2005；Cipolla et al.，2010）。此外，随着生产流体类型、深度和地层厚度的变化，Barnett 页岩的油井性能也会发生显著变化（Hale and William，2010），而且还取决于完井方法的类型和大型水力压裂处理方法（Ezisi et al.，2012）。

盆地中与生产相关的三个最重要结构包括大断层和小断层、压裂，以及与岩溶相关的塌陷特征（Frantz et al.，2005）。压裂对天然气生产非常重要，因为它为天然气从孔隙流向井筒提供了通道，同时也增加了油井与地层的接触面积。Barnett 页岩层的裂缝几何形状复杂，由于复杂几何形状，在估算裂缝长度和暴露于地层的程度时经常会遇到困难。据信，破裂是由石油裂解成天然气引起的。这种裂缝可使碳氢化合物体积增加十倍，从而增加压力，直至地层破裂。裂缝中碳酸钙的沉淀会降低裂缝的导电性。这种沉淀在测井记录中很难发现，可能导致在地震图上看起来很好的井位变成一口不生产的井。这种沉淀也很难通过酸化处理，因为酸液需要经过很远的距离才能对生产产生明显的影响。

在 Barnett 页岩中，气体含量随压力而变化，典型的储层压力范围为 3000~4000psi（Frantz et al.，2005）。在低渗透地层中，拟径向流可能需要 100 多年才能形成。因此，储层中的大部分气流都是从近裂缝区域向最近的裂缝面的线性流动。断层和与岩溶有关的塌陷特征主要在 Ellenburger 岩层中十分重要。

水平钻井和水力压裂是 20 世纪 90 年代中期首次使 Barnett 页岩气的开采具有经济可行性的关键技术。该地区的完井和钻井技术已经非常成熟，随着侧线长度的增加，钻井效率也在不断提高。典型的侧钻长度为 2500~3000ft。使用水基钻井液和酸溶性水泥固井是标准做法。除了钻探更长的侧井外，Barnett 目前的趋势是压裂作业规模更大、阶段更多。目前正在进行充填钻井，测试间距缩小到 10acre，同时开始对 2003 年至 2004 年的第一批水平井进行重新压裂；充填和重新压裂工作有望将预计的最终采收率从 11% 提高到 18%。此外，与其他地区一样，在 Barnett 地区，垫式钻井（第 4 章）（尤其是在城市地区）和水的循环利用（第 6 章）是日益增长的趋势。

2.2.1.4 Baxter

Baxter 页岩在地层上等同于 Mancos、Cody、Steele、Hilliard 和 Niobrara/Pierre 组（Braithwaite，

2009; Mauro et al., 2010; US EIA, 2011a），沉积于距今九千万至八千万年前（康尼安期至下坎帕期）的西部内陆海道数百英尺深的水中，由约 2500ft 厚的硅质、伊利石质和钙质页岩组成，其中包含厚度为几十英尺的富含石英和碳酸盐的粉砂岩的区域相关向上变粗序列。页岩中的总有机碳含量为 0.5%~2.5%（质量分数），粉砂岩中的总有机碳含量为 0.25%~0.75%（质量分数）。页岩和粉砂岩的实测孔隙度通常在 3%~6%，基质渗透率为 100~1500nD。

在科罗拉多州西北部和怀俄明州邻近地区的 Vermillion 盆地，Baxter 页岩的 22 口竖井和 3 口水平井已经确定了天然气产量。根据生产测井记录，产量主要来自富含淤泥的层间。Baxter 页岩的产气区的镜质组反射率接近 2%，处于干气生成窗口。资源区内有许多油井，在 Baxter 页岩中显示出天然气和超压，压力梯度范围为 0.6~0.8psi/ft，深度超过 1×10^4ft。

该储层面临的一个挑战是如何以经济的方式获取这一巨大的未探明天然气储量。这不是一个典型的 100~300ft 厚的富含有机质的页岩气藏。相反，它是一个储存在 2500ft 页岩和粉砂岩夹层中的巨大碳氢化合物资源。事实证明，三维地震数据有助于确定 Baxter 页岩中潜在的断裂网络，并可作为水平井的目标。

2.2.1.5 Big Sandy

泥盆纪 Big Sandy 页岩气区包括位于肯塔基州、弗吉尼亚州和西弗吉尼亚州阿巴拉契亚盆地内的 Huron、Cleveland 和 Rhinestreet 组。出于建模目的，Big Sandy 被分为两个主要单元：已开发区域和未开发区域。

Big Sandy 页岩区的总面积为 10669mile^2（6828000acre）。据估计，该页岩区平均每口井的最终采收量约为 0.325×10^9ft^3，技术可采天然气约为 7.4×10^{12}ft^3。Big Sandy 油田的总开采面积约为 8675mile^2，未开发面积为 1994mile^2，每口井的井距为 80acre。

2.2.1.6 Caney

Caney 页岩（俄克拉何马州阿科马盆地）在地层学上相当于沃斯堡盆地的 Barnett 页岩（Boardman and Puckette，2006; Andrews，2007，2012; Jacobi et al.，2009）。自 Barnett 页岩取得巨大成功后，该地层已成为天然气生产地。Caney 页岩属于切斯特期，沉积于阿科马盆地的俄克拉何马州部分，该盆地是沿瓦奇塔褶皱带从密西西比州的 Black Warrior 盆地到得克萨斯州西南部盆地逐步向西形成的一系列前陆盆地之一。俄克拉何马州的阿科马盆地位于该州东南角瓦奇塔山脉以北和西北部。Caney 页岩层从俄克拉何马州麦金托什县北部 3000ft 深处向南倾斜，在乔克托断层以北达到 12000ft。Caney 页岩层沿着奥阿奇塔山脉向东南方增厚。

南部的乔克托断层，根据密度和电阻率记录的特征，可将其细分为六个区间。据报道，Caney 地层的平均总有机碳值为 5%~8%（质量百分比），与密度呈线性相关。钻井液记录气体显示与解吸气体值有很强的相关性，每吨页岩的解吸气体值从 120ft^3 到 150ft^3 不等。据估计，Caney 地区的天然气储量在（30~40）$\times 10^9$ft^3 之间。

2.2.1.7 Chattanooga

Chattanooga 页岩（位于 Black Warrior 盆地），一直被认为是一个丰富的油页岩地层（Rheams and Neathery，1988）。Chattanooga 位于 Black Warrior 盆地大部分地区的产热气体窗口内（Carroll et al.，1995），因此可能包含重要的天然气前景。Chattanooga 组通过泥盆纪地层覆盖奥陶纪，不整合面的时间值向北增加（Thomas，1988）。Chattanooga 组被下密西西比阶的莫里页岩深深覆盖，它通常薄于 2ft，而莫里组又被佩恩切特堡组覆盖。亚拉巴马州的 Chattanooga 页岩显然是沉积在缺氧到无氧的潮下环境，可以被认为是阿卡迪亚前陆的一个延伸盆地（Ettensohn，1985）。

Chattanooga 组的厚度在 Black Warrior 盆地内变化很大。页岩薄于 10ft，在拉马尔、费耶特和皮肯斯县的大部分地区都缺失，这是 Black Warrior 盆地常规油气生产的主要地区。因此，Chattanooga 组并没有被认为是该地区常规油气藏的主要烃源岩。从布朗特县向西北延伸到富兰克林县和科尔伯特县的页岩厚度超过 30ft。沿西南盆地边缘在卡卢萨县和格林县发展了一个突出的沉积中心。这里的页岩厚度始终超过 30ft，局部厚度超过 90ft。

Chattanooga 页岩在某些方面与沃斯堡盆地的 Barnett 页岩类似，它是一种富含有机质的黑色页岩，具有厚的坚硬的石灰岩单元，可能有助于限制页岩内诱发的水力裂缝（Hill and Jarvie，2007；Gale et al.，2007）。由于 Chattanooga 钻井相对较薄，水平井钻井结合控制水力压裂可以最大限度地提高产量。

2.2.1.8　Conasauga

阿巴拉契亚逆冲带的 Conasauga 组在地质学上是最古老、结构最复杂的页岩地层，从中可以生产天然气。Conasauga 与其他页岩气地层存在几个方面的不同。生产岩性为薄互层页岩和微晶石灰岩，总有机碳含量在 3% 以上。

Conasauga 属于中寒武统，可以描述为浅滩向上的连续层，页岩垂直进入广泛的内斜坡碳酸盐相。页岩沉积在外斜坡上，在前寒武纪晚期至寒武纪裂谷形成的基底地堑中，页岩最厚（Thomas et al.，2000）。Conasauga 的页岩相是位于亚拉巴马州阿巴拉契亚冲断带基底分离的弱岩质构造单元的一部分。（Thomas，2001；Thomas and Bayona，2005）页岩在构造上被增厚成反形式的堆叠，被解释为巨大的页岩双层，或蘑菇状堆积（Thomas，2001）。在一些地方，页岩的厚度超过 8000ft，而且页岩在露头尺度上有复杂的褶皱和断裂。

Conasauga 页岩气地层继续主要在亚拉巴马州东北部开发（US EIA，2011a）。除了埃托瓦县的一口井和卡尔曼县的一口井外，所有的开发项目都在圣克莱尔县，埃托瓦和圣克莱尔县位于伯明翰市的东北部。卡尔曼县位于坎伯兰高原的伯明翰市北部。这个页岩地层代表了亚拉巴马州第一个用页岩生产的商业天然气。

2.2.1.9　泥盆纪低成熟气藏和 Greater 粉砂岩页岩气藏

泥盆纪低热成熟度页岩气区，也被称为俄亥俄州西北部页岩，位于肯塔基州、纽约州、俄亥俄州、宾夕法尼亚州、田纳西州和西弗吉尼亚州的阿巴拉契亚盆地内。Greater 粉砂岩的位置也位于纽约州、俄亥俄州、宾夕法尼亚州、弗吉尼亚州和西弗吉尼亚州的阿巴拉契亚盆地内。

估计低热成熟度的总面积为 45844mile^2（29340000acre），Greater 粉砂岩页岩的面积为 22914mile^2（14665000acre）。泥盆纪低热成熟度的平均估计最终资源量为 0.3×10^{9}ft^3/ 口，约为 13.5×10^{12}ft^3 的技术可采气量。泥盆纪 Greater 粉砂岩的平均最终采收率估计为 0.19×10^{9}ft^3/ 口，约 8.5×10^{12}ft^3 的技术可采气量。

2.2.1.10　Eagle Ford

Eagle Ford 页岩（发现于 2008 年）是一种白垩纪晚期的沉积岩，位于得克萨斯州南部大部分地区，面积 3000mile^2，由富含有机质的海性页岩组成，也被发现出现在露头中

（Braithwaite，2009；US EIA，2011a）。页岩地层碳酸盐含量高，高达70%，岩性脆，便于水力压裂。在白垩纪，构造运动导致了在东南方向、向墨西哥湾方向移动的陆地团块被压制。这些运动导致地质层坡度陡峭，并将一度淹没的有机物丰富的地区带到陆地。由于这个原因，在Eagle Ford发现的石油和天然气深度从1mile到2mile不等，平均厚度为240ft。在得克萨斯州达拉斯西部，可以看到Eagle Ford组。

Eagle Ford页岩形成于不同深度是不同地区出现石油、湿气/凝析油和干气的原因（Satter et al.，2008）。因此，干气藏被归为气相含烃衍生物的储层，在生产过程中仅有气相。在湿气气藏中，烃类衍生物最初都处于气相，但在生产过程中，一些采出的气体由于它们较重（具有较低的API重度）而凝结成液相。此外，油藏中的烃类衍生物处于储层内的液相中。

这个富含石油和天然气的碳氢化合物生产地层从得克萨斯州、墨西哥边境的韦伯县和马弗里克县开始延伸，并向东得克萨斯州延伸了400mile。岩层宽50mile，平均有250ft厚，深度在4000~12000ft之间。页岩中含有大量碳酸盐，使其较脆，更容易应用水力压裂生产石油或天然气。

Eagle Ford页岩地层估计有$20.81 \times 10^{12} \text{ft}^3$的天然气和$3351 \times 10^9 \text{bbl}$原油。

2.2.1.11　Fayetteville

Fayetteville页岩是位于阿科马盆地阿肯色州一侧的非常规气藏。页岩厚度为50~550ft，深度为1500~6500ft。生产井穿过Fayetteville页岩（阿科马盆地），该地层比Barnett页岩地层略浅（Braithwaite，2009；US EIA，2011a）。早期直井的产液停滞了Fayetteville垂直裂缝井的开发，直到最近引入水平井钻井和水力压裂才增加了钻井活动。

在最活跃的中部Fayetteville页岩中，水平井钻井多采用油基钻井液，也有部分采用水基钻井液。此外，随着3000多英尺的更长侧翼被钻开，水力压裂需要更多的级数，三维地震也变得越来越重要。随着钻井数量的增加和对更多基础设施的需求，垫式钻井是Fayetteville出现的另一个趋势。

2.2.1.12　Floyd

上密西西比阶Floyd页岩相当于沃斯堡盆地丰富的Barnett页岩。该页岩是Floyd页岩下部的一个富有机质层段，被非正式地称为Neal页岩，它是一个富有机质、贫瘠盆地沉积，被认为是Black Warrior盆地常规烃类衍生物的主要烃源岩。

Floyd页岩是一种黑色海相页岩，位于密西西比阶Carter砂岩之下和密西西比阶Lewis砂岩之上（US EIA，2011a）。尽管Carter和Lewis砂岩在历史上一直是亚拉巴马州Black Warrior盆地地区最高产的产气区，但Floyd页岩的生产历史尚未见报道。Chattanooga页岩位于Floyd下方，大部分地区被塔斯库姆比亚石灰岩和佩恩切特堡隔开。

密西西比阶Floyd页岩对应于Fort Worth盆地丰富的Barnett页岩和Arkoma盆地的Fayetteville页岩，因此一直是人们关注的对象。Floyd是一个以页岩和石灰岩为主的广义地层，从格鲁吉亚的阿巴拉契亚冲断带一直延伸到密西西比的Black Warrior盆地。

"Floyd"一词的用法可能令人困惑。在格鲁吉亚，Floyd页岩包括与Tuscumbia石灰岩相当的地层，而在阿拉巴马和密西西比，复杂的相关系将Floyd置于Tuscumbia石灰岩、Pride Mountain组或哈特塞尔砂岩之上，并位于Parkwood组第一砂岩之下。重要的是，并不是所有的 Floyd 相都有作为气藏的前景。长期以来，钻井工程人员在 Floyd 页岩下部识别出一个电阻性的富有机质页岩层段，非正式地称为 Neal 页岩（Cleaves and Broussard，1980；Pashin，1994）。Neal 页岩除了是 Black Warrior 盆地常规油气的可能烃源岩外，在亚拉巴马州和密西西比州的密西西比海地区，作为页岩气储层的潜力最大。因此，Neal 这一术语的使用有助于明确 Floyd 地区的含油气远景烃源岩和页岩气储层的相带。

2.2.1.13　Haynesville

Haynesville 页岩（又称 Haynesville-Bossier 页岩）位于路易斯安那州北部和得克萨斯州东部的北路易斯安那盐盆，深度为 10500~13500ft。Haynesville 为上侏罗统泥页岩，上部为砂岩（棉谷组），下部为石灰岩（斯马科弗组）。

Haynesville 页岩占地面积约 9000mile^2，平均厚度为 200~300ft。Haynesville 的厚度和面积允许作业者评估更广泛的间距，从每口井 40~560acre 不等。该区块气体含量估计为 100~330ft^3/t。Haynesville 组具有成为美国重要页岩气资源的潜力，原始天然气储量估计为 717×10^{12}ft^3，技术可采资源量估计为 251×10^{12}ft^3。

与 Barnett 页岩相比，Haynesville 页岩层理极差，储层厚度在小至 4in 至 1ft 的区间内变化。此外，在 10500~13500ft 的深度，该气藏比典型的页岩气地层更深，创造了恶劣的条件。平均井深为 11800ft，井底温度平均为 155℃（300°F），井口处理压力超过 10000psi。因此，与 Barnett 和 Woodford 页岩地层相比，Haynesville 井几乎需要两倍的水力马力，更高的处理压力和更先进的流体化学成分。

125℃（260°F）至 195℃（380°F）的高温范围给水平井带来了额外的问题，需要坚固耐用的高温高压测井评价设备。在 12000psi 以上的压力下，地层深度和高裂缝梯度需要较长的泵注时间。在深井中，还需考虑在足够的裂缝导流能力下维持生产的能力。在大量的压裂用水中，节约用水和处理水成为首要问题。

Bossier 页岩，通常与 Haynesville 页岩联系在一起，是一种生产烃类的地质地层，如果适当处理，可以输送大量的天然气。虽然在区分 Haynesville 页岩和 Bossier 页岩时存在一定的混淆，但 Bossier 页岩位于 Haynesville 页岩的正上方，而位于棉谷组砂岩之下，是一个较为简单的对比。然而，一些地质学家仍然把 Haynesville 页岩和 Bossier 页岩归为一类 Bossier 页岩在研究区的厚度约为 1800ft。产层位于泥页岩上部 500~600ft 处。Bossier 页岩位于美国得克萨斯州东部和路易斯安那州北部。

美国得克萨斯州东部和路易斯安那州西北部的上侏罗统（启莫里奇阶到低蒂托阶）、Haynesville 和 Bossier 页岩层系是目前北美最重要的页岩气产区之一，表现出超压和高温，递减率高，资源量估计高达数百万亿立方英尺。这些页岩气资源在过去的一年中得到了油气公司和学术机构的广泛研究，但迄今为止，对 Haynesville 和 Bossier 页岩的沉积背景、岩相、成岩作用、孔隙演化、岩石物理、最佳完井技术和地球化学特征仍然知之甚少。根据古地理背景和区域构造，笔者的工作对 Haynesville 和 Bossier 页岩相、沉积、地球化学、岩石物理、储层质量和地层学提出了新的见解。

Haynesville 和 Bossier 页岩沉积受到基底构造、局部碳酸盐台地，以及与墨西哥湾盆地打开有关的盐运动的影响。盆地深处被北部和东部的 Smackover/Haynesville Lime Louark 层序的碳酸盐陆棚，以及盆地内部的局部台地所包围。盆地周期性地表现出受限环境和还原缺氧条件，表现为不同程度的钼含量增加、草莓状黄铁矿的存在，以及 TOC-S-Fe 关系。这些富有机质层段集中在 Haynesville 和部分 Bossier 沉积时期提供的限制性和缺氧条件的台地和岛屿之间。

泥质岩相从靠近碳酸盐台地和岛屿的以钙质为主的相到三角洲进积和稀释有机质的以硅质为主的岩性（例如，路易斯安那州北部和得克萨斯州东北部）。这些相是对从早期启莫里奇阶到贝里亚斯组持续的二级海侵的直接响应。Haynesville 和 Bossier 页岩各组呈 3 个向上变粗的旋回，可能分别代表较大的二级海侵体系域和早期高水位体系域内的三级层序。每个 Haynesville 三级旋回均表现为非纹层状泥岩分化成纹层状和生物扰动泥岩。3 个 Bossier 三级旋回大部分以不同数量的硅质泥岩和粉砂岩为主。然而，第 3 个 Bossier 旋回在南部限制区（超出棉田河谷的流域范围）表现出更高的碳酸盐和有机质含量，创造了另一个生产气页岩的机会。这个富含有机质的 Bossier 旋回从得克萨斯州的纳科多奇斯县延伸到路易斯安那州的红河教区，穿过萨宾岛复群和 Mt. Enterprise 断裂带。与富含有机质的 Haynesville 旋回相似，每个三级旋回均由非纹层状泥岩演化为纹层状泥岩，并被生物扰动的富含碳酸盐的泥岩相所覆盖。在 TOC 最高、陆源碎屑最低、成熟度最高和孔隙度最高的相中，通常具有最佳的储层性质。Haynesville 和 Bossier 中的大多数孔隙与颗粒间的纳米孔隙和微孔有关，在较小程度上与有机质中的孔隙有关。

Haynesville 和 Bossier 页岩在测井曲线上具有高伽马、低密度、低中子孔隙度、高声波时差、中高电阻率等特征。在整个研究区，富含有机质的 Bossier 页岩和 Haynesville 页岩具有相似的独特的测井特征，这表明页岩气生产的有利条件超过了既定的产区。

2.2.1.14 Hermosa

Hermosa 群（犹他州）黑色页岩由近等比例的黏土质石英、白云石和其他碳酸盐矿物，以及各种黏土矿物组成。黏土以伊利石为主，含少量绿泥石和绿泥石—蒙皂石混层（Hite et al.，1984）。

Hermosa 群黑色页岩的兴趣区为 Paradox 盆地的东北半部，该部分被称为褶皱和断裂带。这是 Paradox 组厚层石盐沉积的区域，并因此形成狭窄的盐墙和宽阔的穹隆间凹陷。在该层控构造带的西南部，黑色页岩层段较少且较薄，缺乏石盐提供的良好封盖。该地区包括东部的韦恩和埃默里县，南部的格兰德县和东北部的三分之一的圣胡安县（Schamel，2005，2006）。页岩中的干酪根以倾气性腐殖型 III 型和混合 II-III 型为主（Nuccio and Condon，1996）。

众多因素有利于 Hermosav 群黑色页岩段页岩气的开发。首先，页岩非常富有机质，总体上是犹他州最富碳质的页岩，它们本身是倾气性的。其次，它们在整个盆地的大部分地区都达到了相对较高的热成熟度。最后，也许是最重要的，页岩被包裹在岩盐和酸酐中，这延缓了气体泄漏，甚至抑制扩散。然而，奇怪的是，Paradox 盆地在很大程度上是一个石油省（Morgan，1992；Montgomery，1992），其中的天然气生产是历史上的次生和伴生气，这与西南盆地边缘较浅的目标和背斜中的原油开发有关。

2.2.1.15 Huron

Huron 页岩地层的深度在 1000~7000ft 之间，横跨西弗吉尼亚州、俄亥俄州和肯塔基州东北部的部分地区。Huron 页岩的大部分开发和生产都发生在西弗吉尼亚州。该岩组的垂向厚度在 200~2000ft 之间变化。

2.2.1.16 Lewis

Lewis 页岩（圣胡安盆地）是一套富含石英的泥岩，沉积于坎帕尼期早期向西南海侵的浅海环境中，横跨下伏前渐变的 Mancos 组 Cliffhouse 砂岩段（Nummendal and Molenaar，1995；US EIA，2011a）的海岸沉积。目前，Lewis 页岩气资源正在开发，主要是通过对现有井的重新完井，以更深的常规砂岩气藏为目标（Dubeetal，2000；Braithwaite，2009）。

1000~1500ft 厚的 Lewis 页岩是由薄层（局部生物扰动）粉砂岩、泥岩和页岩组成的最下面的滨岸和前三角洲沉积。黏土平均含量仅为 25%，而石英平均含量为 56%。岩石非常致密。基质平均孔隙度为 1.7%，平均气测渗透率为 0.0001mD。岩石也为贫有机质，平均总有机碳含量仅为 1.0%，范围为 0.5%~1.6%。储层温度为 46℃（140°F）。然而，岩石的吸附能力为 13~38ft^3/t，约为 220×10^{8}ft^3 每 1/4 断面（即每 160acre）（Jenningsetal，1997）。

在页岩中可以识别出四个层段和一个明显的、盆地范围的膨润土标志层。在剖面的最下三分之二处发现了最大的渗透率，这可能是与区域南北向/东西向断裂系统相关的晶粒尺寸增加和微破裂有关（Hill and Nelson，2000）。

2.2.1.17 Mancos

Mancos 页岩层系（Uintah 盆地）是一个新兴的页岩气资源（US EIA，2011a）。Mancos 的厚度（在 Uintah 盆地中平均为 4000ft）和变化的岩性为钻井工程人员提供了广泛的潜在开采目标。Mancos 页岩的兴趣区是大 Uintah 盆地的南部三分之二，包括瓦萨奇高原的北部。盆地北部三分之一地区仅有 2 口 Mancos 页岩井钻遇，埋深太大，无法实现页岩气等 "低密度" 资源的商业开发。该区域位于 Duchesne、Uintah、Grand、Carbon 和 Emery 县北部（Schamel，2005，2006；Braithwaite，2009）。

Mancos 页岩以白垩纪内海道的近海和外海环境中堆积的泥岩为主。它出露在 Piceance 和 Uintah 盆地的南部，厚 3450~4150ft，地球物理测井显示 Mancos 在 Uintah 盆地的中部厚约 5400ft。舌体上部在 Mesaverde 群之间，这些舌体通常具有尖锐的基部接触和渐变的上部接触。命名语包括巴克语和安克雷语。Mancos 中部的一个重要产烃单元被称为 MancosB 组，该组由薄互层、互层状、极细粒至细粒砂岩、粉砂岩和黏土组成，被解释为在开阔海相环境下堆积的北前陆斜坡组。MancosB 组已并入一个较厚的地层单元，被确定为 Mancos 的草原峡谷段，厚约 1200ft（Hettinger and Kirschbaum，2003）。

Mancos 至少有 4 个单元具有页岩气潜力：（1）草原峡谷（MancosB 组）；（2）下蓝门页岩；（3）胡安娜·洛佩斯；（4）热带丘陵页岩。页岩中的有机质有很大一部分来源于 Sevier 带海岸线的陆源物质。各体系域内富有机质区的厚度均超过 12ft。Mancos 顶部有限数量样品的镜质组反射率值从 Uintah 盆地边缘的 0.65% 到盆地中部的大于 1.5% 不等。

在犹他州的大部分地区，Mancos 页岩没有被充分地埋藏，以至于没有达到大量生成天然气所需的有机质成熟度水平，即使在表征该组的腐殖型干酪根（II-III 型）页岩中也是如此（Schamel，2005，2006）。然而，Uintah 盆地中部和南部的镜质组反射率值在 Tununk 页岩水平的生气窗口内很好，甚至是 Mancos 页岩的更高的单元。除了页岩内部的原位气体外，可能还有一部分赋存于粉砂质页岩层段中的气体从更深的烃源岩单元中运移过来，如

Tununk 页岩或达科他州的煤。

Mancos 页岩是重要的天然气储层，需要根据 Mancos 岩性的具体岩石特征改进裂缝扩展方法。在没有储层损害的情况下，在砂岩中使用的完井技术不能应用于页岩。

2.2.1.18 Marcellus

Marcellus 页岩（阿巴拉契亚盆地），又称 Marcellus 组，是赋存于美国俄亥俄州、西弗吉尼亚州、宾夕法尼亚州和纽约州大部分地区地下的中泥盆统黑色、低密度、碳质（富有机质）页岩。在 2000~8000ft 和 300~1000ft 的深处较浅。马里兰州、肯塔基州、田纳西州和弗吉尼亚州的小部分地区也被 Marcellus 页岩所覆盖（Braithwaite，2009；Bruner and Smosna，2011；US EIA，2011a）。

Marcellus 页岩地层的形成已有 4 亿年的历史，从马里兰州西部延伸到纽约、宾夕法尼亚和西弗吉尼亚州，并沿俄亥俄河覆盖了俄亥俄州的阿巴拉契亚地区。据估计，Marcellus 页岩层中含有高达 $489 \times 10^{12} ft^3$ 的天然气，这将使 Marcellus 成为北美最大的天然气资源和世界第二大天然气资源。Marcellus 页岩埋深为 4000~8500ft，目前产气来自水力压裂水平井筒。水平段长度超过 2000ft，完井方式一般为多级压裂，每口井压裂级数大于 3 级。

纵观其大部分范围，Marcellus 在地表以下将近一英里甚至更多。这些巨大的深度使得 Marcellus 地层成为一个非常昂贵的目标。成功的井必须产生大量的气体来支付钻井成本，这对于传统的直井来说很容易超过百万美元，对于水力压裂水平井来说更是如此。在一些地区，可以在最小深度钻出较厚的 Marcellus 页岩，这往往与宾夕法尼亚州北部和纽约州西部的部分地区发生的大规模租赁活动有关。

天然气在 Marcellus 页岩中以三种方式存在：（1）在页岩孔隙中；（2）在突破页岩的垂直裂缝（节理）中；（3）吸附在矿物颗粒和有机质上。大部分可采气体赋存于孔隙空间中。然而，气体很难通过孔隙空间逸出，因为孔隙非常微小且连通性差。该油田的活动面积为 $10622 mile^2$，总技术可采资源 $177.9 \times 10^{12} ft^3$，相当于每口井 $3.5 \times 10^9 ft^3$。在井水平上，绝大多数已报道的估计最终采气量范围在（3~4）$\times 10^9 ft^3$。由于纽约的开发暂停、资源可获得性，以及 Marcellus 未开发阶段目前产量不足等问题，钻井位置的数量和技术可采资源量的总量仍有待商榷。然而，在井水平上，估计天然气的最终采收量约为 $11.5 \times 10^8 ft^3$。

Marcellus 页岩中的气体是其含有有机质的结果。这表明，岩石中含有的有机质越多，其产气能力就越大。生产潜力最大的地区可能是 Marcellus 组富有机质页岩净厚度最大的地区。宾夕法尼亚州东北部是厚层富有机质页岩层段的所在地。

2000 年以前，在 Marcellus 页岩已经完成了许多成功的天然气井。这些井的产量在完井时往往并不突出。然而，Marcellus 的许多老井的持续产量随着时间的推移而缓慢下降，其中许多井持续生产了几十年的天然气。宾夕法尼亚州环保部报道说，在 Marcellus 页岩中钻井的数量一直在迅速增加，这充分显示了人们对该页岩层的兴趣。2007 年，该州钻有 27 口 Marcellus 页岩井，然而，在 2011 年，钻井数量已上升到 2000 多口。

对于采用新的水平井钻井和水力压裂技术的新井，初始产量可以比旧井高得多。一些新井的早期产量已超过每天 $100 \times 10^4 ft^3$ 的天然气。这项技术是如此地新，以至于无法获得长期的生产数据。与大多数气井一样，产量会随着时间的推移而下降，然而，第二次水力压裂处理可以刺激进一步的生产。

2.2.1.19 Neal

Neal 页岩是上密西西比阶 Floyd 页岩组的富有机质岩层。Neal 组页岩长期以来被认为是 Black Warrior 盆地常规砂岩储层的主要烃源岩，近年来成为页岩气勘探的重点（Telle et al.，1987；Carroll et al.，1995；US EIA，2011a）。

Neal 页岩主要发育在 Black Warrior 盆地的西南部，与 Pride Mountain 组、Hartselle 砂岩、Bangor 石灰岩和 Parkwood 组下部的地层呈相关性。盆地东北部的 Pride Mountain–Bangor 层段构成了一个前积型准层序组，其中大量的地层标志可以向西南追踪到 Neal 页岩中。个别准层序倾向于向西南方向变薄，并定义了一个斜坡状的地层几何学，其中 Pride Mountain–Bangor 段的近岸相进入 Neal 页岩的收缩、贫瘠盆地相。

Neal 组保持了 Pride Mountain–Bangor 段的电阻率形态，有利于准层序级别的区域对比和储层质量评价。将 Neal 页岩和等效地层细分为三个主要层段，并制作了等厚图，以确定沉积框架，并阐明阿拉巴马 Black Warrior 盆地的地层演化（Pashin，1993）。第一层段包括相当于 Pride Mountain 组的地层和 Hartselle 砂岩，显示了 Neal 盆地的早期形态。Pride Mountain–Hartselle 层段包含障壁—条带状平原沉积（Cleaved 和 Broussard，1980；Thomas and Mack，1982）。等厚线定义了盆地东北部的障壁—条带状平原系统的区域，在 25~225ft 厚之间的密间隔等值线定义了一个急剧转向的西南斜坡，并在马里翁县西部朝向东南。Neal 贫瘠盆地位于地图区域的西南部，该层段小于 25ft。

第二个层段包括相当于 Bangor 石灰岩块体的地层。在地层的东北部定义了一个广义的内缓坡碳酸盐岩沉积区，其层间距大于 300ft。泥质、外缓坡相集中在 300~100ft 之间，Neal 贫瘠盆地东北缘以 100ft 等深线为标志。重要的是，该层段包含了绝大多数的远景 Neal 储层相，等厚模式表明在 Bangor 组沉积时期斜坡向西南推进了 25mile 以上。

最终层段包括相当于下部 Parkwood 组的地层。下部 Parkwood 将 Neal 页岩和 Bangor 石灰岩的主体部分与中部 Parkwood 组以碳酸盐为主的地层分隔开来，后者包括一个 Bangor 舌，称为 Millerella 石灰岩。下帕克伍德组（Lower Parkwood）是一套向研究区东北部的 Bangor 斜坡和南部的 Neal 盆地进积的陆源碎屑三角洲沉积，包含了 Black Warrior 盆地（Cleaves，1983；Pashin and Kugler，1992；Mars and Thomas，1999）中最丰富的常规储层。下 Parkwood 组厚度小于内部 Bangor 斜坡上方 25ft，包含一个杂色页岩层段，包含丰富的单一体化和钙质结核，暗示出露和土壤形成。三角洲沉积的区域是 Parkwood 下部厚度大于 50ft 的地方，包括 Neal 盆地的建设性三角洲相和 Bangor 斜坡边缘的破坏性浅水三角洲相。在研究区南部，25ft 等高线定义了 Neal 盆地的残留，该残留通过下部的帕克伍德组沉积持续存在。在这一地区，下部 Parkwood 组沉积物的收缩使中部 Parkwood 组碳酸盐岩在 25ft 的 Neal 页岩中形成。

2.2.1.20 New Albany

New Albany 页岩（伊利诺伊盆地）是位于印第安纳州南部和伊利诺伊州，以及北肯塔基州的大面积黑色富有机质泥盆纪页岩（Zuber et al.，2002；Braithwaite，2009；US EIA，2011a）。产层深度从 500ft 到 2000ft 不等，厚度约为 100ft。页岩一般被细分为四个地层段，从上到下分别是：（1）Clegg Creek；（2）CampRun/Morgan Trail；（3）Selmier；（4）Blocher。

New Albany 组页岩可以认为是盆地一部分产生热成因气，另一部分产生生物成因气的混合烃源岩。这是由盆地中的镜质组反射率所指示的，其变化范围为 0.6~1.3（Faraj et al.，2004）。循环地下水是否近期生成了这种生物气，或是否为沉积后不久生成的原始生物气，目前尚不清楚。

New Albany 的大部分天然气产量来自肯塔基州西北部和邻近的南印第安纳州的大约 60 个气田。然而，过去和现在的产量大大低于 Antrim 页岩或 Ohio 页岩的产量。密歇根州 Antrim 页岩资源的惊人发展促进了 New Albany 页岩的勘探和开发，但效果不如 Antrim 页岩（Hill and Nelson，2000）。

被认为是生物成因的 New Albany 页岩气的生产伴随着大量的地层水（Walter et al.，2000）。水的存在似乎预示着一定程度的地层渗透性。与 Antrim 和 Ohio 页岩地层相比，控制天然气赋存和产能的机制尚不清楚（Hill and Nelson，2000）。

2.2.1.21　Niobrara

Niobrara 页岩地层（丹佛—朱尔斯堡盆地，科罗拉多州）是位于科罗拉多州东北部的一个页岩岩层。堪萨斯州西北部、内布拉斯加州西南部、怀俄明州东南部，石油和天然气可以在地球表面深处发现，深度在 3000~14000ft 之间。油气公司在这些井中进行垂直钻井，甚至水平钻井，以获取 Niobrara 页岩地层中的石油和天然气。

Niobrara 页岩位于丹佛—朱尔斯堡盆地，通常被称为 DJ 盆地。这个令人兴奋的油页岩资源被比作位于北达科他州的 Bakken 页岩资源。

2.2.1.22　Ohio

阿巴拉契亚盆地的泥盆纪页岩最早生产于 19 世纪 20 年代。资源从田纳西州中部延伸至纽约州西南部，也包含 Marcellus 页岩地层。中泥盆统和上泥盆统的页岩地层分布在大约 128000mile^2 的范围内，并在盆地边缘出露。地下地层厚度超过 5000ft，富有机质黑色页岩净厚度超过 500ft（152m）（DeWitt et al.，1993）。

总的来说，Ohio 页岩（阿巴拉契亚盆地）在许多方面与 Antrim 页岩系统不同。在局部，由于整个盆地沉积背景的变化，地层要复杂得多（Kepferle，1993；Roen，1993）。页岩层系可进一步细分为 5 个旋回交替出现的碳质页岩层系和较粗粒碎屑物质（Ettensohn，1985）。这 5 个页岩旋回的发育是对阿卡迪亚造山运动和卡特斯基尔三角洲向西进积的动力学响应。

泥盆纪页岩中的 Ohio 页岩由两个主要地层段组成：（1）Chagrin 页岩；（2）下伏 Huron 页岩。

Chagrin 页岩由 700~900ft 的灰色页岩组成（Curtis，2002；Jochen and Lancaster，1993），由东向西逐渐变薄。在下部 100~150ft 处，由层间黑色和灰色页岩岩性组成的过渡带表明下层为下 Huron 组岩层。下 Huron 组页岩 200~275ft 主要为黑色页岩，夹杂适量灰色页岩和少量粉砂岩。根据镜质组反射率研究，下 Huron 组页岩所含的有机质基本上都已热成熟，可以生成碳氢化合物。

Ohio 页岩的镜质组反射率从 1% 到 1.3% 不等，这表明该岩石的热成熟度足以产生天然气（Faraj et al，2004 年）。因此，Ohio 页岩中的天然气来源于热成岩。页岩的生产能力是天然气储量和可输送性的结合（Kubik et al.，1993）。天然气储存与典型的基质孔隙及黏土和非挥发性有机物对天然气的吸附有关。可输送性与基质渗透率有关，尽管基质渗透率非常有限（$10^{-9} \sim 10^{-7}$mD），但裂缝系统非常发达。

2.2.1.23 Pearsall

Pearsall 页岩是在马维里克盆地得克萨斯—墨西哥边界附近引起关注的含气地层，在 Eagle Ford 页岩真正开始开发之前，Pearsall 页岩层见于 Eagle Ford 层之下，埋深 7000~12000ft，厚度 600~900ft。

在马维里克盆地以东，该地层确实具有产生液体的潜力。截至 2012 年，在马维里克盆地以外的地区只钻了几口井，但早期的结果表明，在很大程度上潜力被忽视了。

2.2.1.24 Pierre

位于 Colorado 州的 Pierre 页岩，油气公司 2008 年生产了 200×10^4ft^3 的天然气。钻井作业人员仍在开发这一岩层，其深度在 2500~5000ft，直到更多的井提供更多有关其极限的信息，才会知道它的全部潜力（Braithwaite，2009）。

Pierre 页岩地层是上白垩统岩石的一个分支，从大约一亿四千六百万年前到六千五百万年前，因在南达科他州旧 Pierre 堡附近研究的出露而得名。除科罗拉多外，该地层还出现在南达科他州、蒙大拿州、明尼苏达州、新墨西哥州、怀俄明州和内布拉斯加州。

地层由约 2000ft 的深灰色页岩、部分砂岩和多层膨润土（蚀变的火山灰瀑布，看起来和感觉上非常像皂土）组成。在一些地区，Pierre 页岩可能只有 700ft 厚。

下 Pierre 组页岩代表了白垩纪西部内陆海道发生显著变化的时期，是构造作用和海平面变化复杂相互作用的结果。对下 Pierre 组页岩单元的识别和重新定义，促进了对盆地动力学的理解。Sharon Springs 组的 Burning Brule 砾岩段仅限于盆地北部，代表了受构造影响的层序。这些层序是对轴向盆地和威利斯顿盆地快速沉降的响应，与怀俄明州 Absoroka 逆冲推覆构造活动相对应。与 Burning Brule 砾岩段有关的不整合记录了黑山地区一个迁移的周缘凸起，对应于 Absoroka 冲断上的一个构造脉冲。沉积和不整合的迁移为周缘凸起的形成和迁移及其与 Williston 盆地的相互作用提供了弹性模型（Bertog，2010）。

2.2.1.25 Utah

有 5 个富含干酪根的页岩单元，其作为页岩气藏具有合理的商业开发潜力。这些是：（1）犹他州东北部的 Mancos 页岩的四个层段——草原峡谷，Juana Lopez，低蓝门页岩和 Tununk；（2）犹他州东南部的 Hermosa 组的黑色页岩相（Schamel，2005）。

Prairie 草原峡谷和 Juana Lopez 段都是镶嵌在犹他州东北部 Mancos 页岩中的离层泥岩—粉砂岩序列。草原峡谷段厚达 1200ft，但地层较深的 Juana Lopez 段不到 100ft。两者在岩性和盆地背景上与圣胡安盆地的产气 Lewis 页岩相似。与 Lewis 页岩一样，页岩中含有贫的、以腐殖型为主的干酪根，与粉砂岩—砂岩互层。较高的石英含量可能导致了比围限黏土—泥岩岩石更高的自然破裂程度。因此，它们可能对水力压裂有很好的响应。平均 5.4% 的砂岩夹层的孔隙度可以提高储气量。这两个单元都延伸到东南尤因塔盆地之下，达到足以从倾气性干酪根中生气和滞留的深度。虽然目前还不知道是否正在生产天然气，但这两个单元都值得进行天然气附加的测试，特别是在对下白垩统或侏罗系目标进行规划的井中。

下蓝门页岩和 Tropic-Tununk 页岩通常缺乏丰富的粉砂岩—砂岩夹层，无法促进自然压裂和诱导压裂，但它们确实有观测到有机物富集度超过 2.0% 的区域，如果这些岩石被充分埋藏在尤因塔盆地南部，或许还有瓦萨奇高原的部分地区，这些区域可能会被证明是页岩气的合适产地。

帕拉多克斯盆地 Hermosa 组的黑色页岩层是一个谜。这些页岩层含有混合的 II-III 型干酪根，应该有利于天然气的生成，但目前的产量主要是石油和伴生天然气。它们相对较薄，平均厚度只有几十英尺，但却被极好的封存岩、盐岩和酸酐所包裹。在盐壁（反斜线）中，页岩层变形复杂，即使采用定向钻井方法也很难开发，但在穹隆间区域（合斜线）中，页岩层的变形可能较小，它们的深度很深。然而，在这些深层地区，可以预期天然气生产峰值。页岩地层压力过高，这表明目前或不久前还在产生天然气。在帕拉多克斯盆地开发页岩气藏的前景很好，但在技术和经济上可能会面临挑战（Schamel，2005）。

2.2.1.26　Utica

Utica 页岩是位于 Marcellus 页岩之下 4000~14000ft 的岩石单元，具有成为巨大天然气资源的潜力。更深层的 Utica 页岩地层的边界延伸至 Marcellus 页岩区及其以外。Utica 页岩位置包括纽约州、宾夕法尼亚州、西弗吉尼亚州、马里兰州甚至弗吉尼亚州。Utica 页岩比 Marcellus 页岩更厚，并且已经证明了其支持商业天然气生产的能力。

Utica 页岩地层的地质界线超出了 Marcellus 页岩的地质界线。Utica 组沉积于古生界 Marcellus 组之前，沉积时间为（40~60）×10^6 年，距 Marcellus 组之下数千英尺。Utica 页岩位于 Marcellus 页岩地层核心生产区的深度，使得开发 Utica 页岩地层更为昂贵。然而，在俄亥俄州，Utica 页岩层低至 Marcellus 页岩层以下 3000ft，而在宾夕法尼亚州的部分地区，Utica 页岩层深至 Marcellus 页岩层以下 7000ft，这为俄亥俄州 Utica 页岩层的生产创造了更好的经济环境。此外，从 Marcellus 页岩地层中开采天然气的基础设施投资也提高了从 Utica 页岩中开采天然气的经济效率。

虽然 Marcellus 页岩是目前宾夕法尼亚州非常规页岩钻井的目标，但另一个潜力巨大的岩石单元却位于 Marcellus 下方几千英尺处。

Utica 页岩的潜在烃源岩部分广泛分布于肯塔基州、马里兰州、纽约州、俄亥俄州、宾夕法尼亚州、田纳西州、西弗吉尼亚州和弗吉尼亚州。它也存在于安大略湖、伊利湖和加拿大安大略省的部分地区。这个潜在的 Utica 页岩烃源岩的地理范围与宾夕法尼亚州中部的 Antes 页岩和 Point Pleasant 页岩相当。根据这一区域范围，根据美国地质调查局对这种连续（非常规）天然气积聚的首次评估，Utica 页岩估计含有（至少）38×10^{12}ft^3 的技术可采储量（在均值估计下）。

除天然气外，Utica 页岩还在其西部地区产出大量的天然气液体和石油，据估计约有 940×10^6bbl 的非常规石油资源和大约 208×10^6bbl 的非常规天然气液体。更广泛的估计是 Utica 页岩的天然气资源量，从 2×10^{12}ft^3 到 69×10^{12}ft^3，这使得该页岩与 Barnett 页岩、Marcellus 页岩和 Haynesville 页岩地层处于相同的资源水平。

2.2.1.27　Woodford

Woodford 页岩位于俄克拉何马州中南部，深度为 6000~11000ft（Abousleiman et al.，2007；Braithwaite，2009；Jacobi et al.，2009；US EIA，2011a）。该组为泥盆纪页岩，其上为石灰岩（OsageLime），其下为未分类地层。Woodford 页岩最近的天然气生产始于 2003 年和 2004 年，仅有直井完井。然而，由于水平井钻井在 Barnett 页岩中的成功，在 Woodford

地区和其他页岩气区一样采用了水平井钻井。

Woodford 页岩油田占地面积近 11000mile^2。Woodford 油田处于早期发展阶段，每口井的间距为 640acre。整个油田 Woodford 页岩的平均厚度从 120ft 到 220ft 不等。Woodford 页岩中的气体含量平均高于其他一些页岩气区，为 200~300ft^3/t。Woodford 页岩的原始地质储量估计与 Fayetteville 页岩相似，为 23×10^{12}ft^3，而技术可采资源量估计为 11.4×10^{12}ft^3。

Woodford 页岩的地层性质和有机质含量已被很好地了解，但由于其复杂性，与 Barnett 页岩相比，该地层更难钻井和压裂。与 Barnett 一样，虽然 Woodford 页岩采用油基钻井液，地层较难钻开，但也钻了水平井。Woodford 地层除含有燧石和黄铁矿外，断层较多，容易钻出井段，有时需要在一个井筒内穿越多条断层。

与 Barnett 页岩一样，尽管 Woodford 具有更深和更高的裂缝梯度，但在 Woodford 地层中，较高的硅质岩在压裂的最佳区域中占主导地位。由于断层活动强烈，三维地震极为重要，Woodford 地层走向更长，超过 3000ft，压裂工程更大，期次更多。随着 Woodford 页岩地层继续向阿德莫尔盆地和俄克拉荷马州西部加拿大县扩展，垫层钻探也将增加。

2.2.2 其他国家

大量的页岩气出现在美国以外的其他国家。初步估算 32 个国家页岩气技术可采资源量为 5760×10^{12}ft^3（US EIA，2011b）。加上美国页岩气技术可采资源量的估计为 862×10^{12}ft^3，使得美国和评估的其他 32 个国家的页岩气资源基础估计为 6622×10^{12}ft^3。以本次页岩气资源量估算为例，全球技术可采天然气资源量约为 16000×10^{12}ft^3，很大程度上不包括页岩气（US EIA，2011b）。因此，将已查明的页岩气资源与其他天然气资源相加，使世界技术可采天然气资源总量增加 40% 以上，达到 22600×10^{12}ft^3。

在国家层面，有两个国家组的页岩气开发似乎最有吸引力。第一组国家包括目前高度依赖天然气进口的国家，至少有一些天然气生产基础设施，他们估计的页岩气资源相对于目前的天然气消耗量相当可观。对于这些国家来说，页岩气开发可以显著改变其未来的天然气平衡，这可能会促进发展。第二组由那些页岩气资源量估计值很大（大于 200×10^{12}ft^3）的国家组成，这些国家已经存在用于内部使用或出口的重要天然气生产基础设施。现有的基础设施将有助于资源及时转化为生产，但也可能导致与其他天然气供应来源的竞争。对于单个国家而言，情况可能更为复杂。页岩气资源主要分布在以下国家（按字母顺序排列）。

2.2.2.1 阿根廷

阿根廷（Neuquén 盆地）页岩气技术可采资源量为 774×10^{12}ft^3，是仅次于美国和中国的世界第三大页岩气资源国。Neuquén 盆地位于阿根廷与智利交界处，是阿根廷最大的烃类衍生物来源地，拥有阿根廷 35% 的石油储量和 47% 的天然气储量。在盆地内，VacaMuerta 页岩地层可容纳多达 240×10^{12}ft^3 的可开采天然气。

在门多萨省发现了非常规的页岩油和天然气，证实了大规模 VacaMuerta 页岩区域的延伸。在 Payun Oeste 和 Valle del Rio Grande 区块的勘探指出，在门多萨的非常规油气中，估计有 10×10^{8}bbl 的石油当量（boe）。该省的能源资源和储量与阿根廷西部的安第斯山脉接壤，目前为 6.85×10^{8}bbl 石油当量。

2.2.2.2　加拿大

最近的估计表明（NEB，2009），在加拿大不同地区但主要位于西加拿大沉积盆地（WCSB）的页岩地层中存在 $1×10^{15}ft^3$ 天然气的潜力（图2.3）。然而，由于整个加拿大的气页岩地层仍处于评估的初始阶段，因此具有较高的不确定性，因此无法计算当前时期加拿大更为严格的资源估算（NEB，2009；Rokosh et al.，2009；Boyer et al.，2011）。

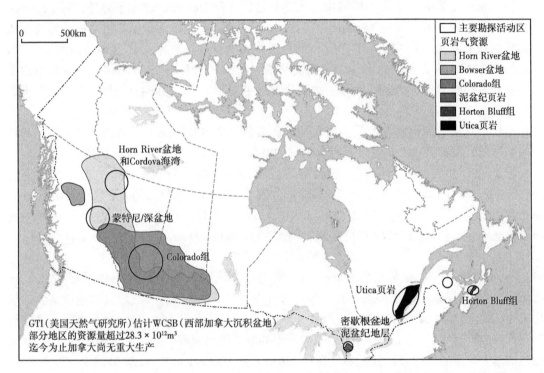

图 2.3　加拿大页岩气分布（西加拿大盆地）。改编自 NEB（2009）。了解加拿大页岩气的入门资料。
国家能源委员会，卡尔加里，艾伯塔省，加拿大。十一月

2.2.2.2.1　Colorado

Colorado 组由中白垩世全球高海平面时期沉积在艾伯塔省南部和萨斯喀彻温省的各种含页岩层系组成，包括生产天然气超过100年的"梅迪辛哈特"和"牛奶河"含页岩砂岩，以及生产天然气数十年的"第二白斑点页岩"（Beaton et al.，2009）。

在艾伯塔省的怀尔德米尔地区，Colorado 组页岩厚度约为650ft，天然气有潜力从5个层段生产。与霍恩河盆地和魁北克 Utica 群页岩不同，Colorado 组页岩穿过薄砂层和纹层，成为类似于 Montney 页岩的混合气页岩。此外，Colorado 组产出的天然气具有生物成因而非热成因。这表明天然气液体和欠压储层的潜力非常低，水力压裂更加困难。Colorado 组页岩地层对水敏感，这使其对水力压裂过程中使用的流体敏感。

考虑到页岩的广泛横向范围和储层的可变性，以及缺乏独立和公开的分析，Colorado 群的气体总体积很难估计。然而，至少有 $100×10^{12}ft^3$ 的天然气。

2.2.2.2.2　Duvernay

泥盆系 Duvernay 页岩是位于加拿大艾伯塔省（在 Kaybob 地区）延伸至不列颠哥伦比亚

省的一个油气田。加拿大艾伯塔省 Duvernay 组（泥盆系弗拉斯阶）为Ⅱ类海相已探明烃源岩，已向邻近的经典泥盆系、碳酸盐岩礁常规领域和台地碳酸盐岩输送了大量油气。这些常规领域的产量正在下降，勘探和开发现在已经转移到非常规的来源，即 Duvernay 页岩。泥盆系被认为是 Leduc 生物礁轻质油资源的烃源岩，1947 年的发现是过去、现在和未来加拿大西部油气工业的决定性时刻之一。

Duvernay 页岩分布于艾伯塔省中部大部分地区，除 Duhamel 礁体下方外，在 Leduc 礁生长的地区均不发育，仅在 Montney 页岩的北部发现，可能以泥屑灰岩（由钙质岩粉形成的白云岩或石灰岩，通常为非硅质岩）的薄层发育为代表。在东页岩盆地的典型剖面上，页岩层厚 174ft，向东和向东南延伸至南艾伯塔大陆架（246ft）向北东方向，地层在前白垩系不整合面的地下截断处达到 394ft。西页岩盆地平均厚 197ft，并向北增厚，在小斯拉夫湖以东达到 820ft 以上。

地层由互层的深褐色沥青质页岩沉积，深褐色、黑色及偶见灰绿色钙质页岩沉积和致密的泥质灰岩沉积组成。页岩层具有含油气的特征，并显示平面平行毫米层理。

根据岩心和岩屑样品的岩石物理标定，Duvernay 的孔隙度为 6.0%~7.5%，渗透率为 236~805nD，总有机碳含量为 2.0%~7.5%（质量分数）。岩心和岩屑样品的 X 射线衍射结果表明，黏土含量较低（26%，质量分数），生物成因的无定形二氧化硅（47%，质量分数）、方解石和白云石基质（20%，质量分数）很可能是非常脆性的（Switzer et al.，1994；Fowler et al.，2003）。

2.2.2.2.3　Horn River

不列颠哥伦比亚省东北部 Slave Point 碳酸盐台地脚下的深水区沉积了泥盆纪 Horn River 盆地页岩层系，数十年来一直在生产常规天然气。Horn River 盆地页岩地层富含二氧化硅（二氧化硅体积分数约 55%），厚约 450ft。总有机质含量 1%~6%。岩石成熟，已被加热到远热成因气窗口。Horn River 页岩组位于不列颠哥伦比亚省，是加拿大最大的页岩气田，也是加拿大矿床的一部分，其天然气高达 $250×10^{12}ft^3$（Ross and Bustin，2008）。

值得注意的是，Horn River 盆地页岩气区还包括科尔多瓦海湾，整个地层延伸到育空地区和西北部地区，尽管其超出省/地区边界的北向范围尚不清楚。

2.2.2.2.4　Horton Bluff

加拿大海洋省 Horton Bluff 群的湖相淤泥是在区域沉降期间沉积于早密西西比期（大约三亿六千万年前）（NEB，2009）。新布伦瑞克 Horton Bluff 群 Frederick Brook 页岩中的二氧化硅含量平均为 38%（体积分数），但黏土含量也很高，平均为 42%（体积分数）。有迹象表明，新斯科舍的 Frederick Brook 段有机质含量明显高于加拿大其他气层页岩，为 10%（体积分数），产层厚度超过 500ft，在新不伦瑞克有时超过 2500ft。

也有迹象表明，大部分气体吸附在黏土和有机质上，将采取非常有效的储层压裂，以实现从新斯科舍页岩地层的显著生产。目前尚不清楚新不伦瑞克页岩地层中黏土和有机质吸附了多少比例的气体。

分析表明，新不伦瑞克南部苏塞克斯/埃尔金次盆地的 Frederick Brook 页岩中存在 $67×10^{12}ft^3$ 的游离气，新斯科舍温莎地块上存在 $69×10^{12}ft^3$ 的天然气。

2.2.2.2.5　Montney

Montney 页岩地层位于加拿大不列颠哥伦比亚省深处的页岩矿床，位于 Horn Rover 页岩地层和 Duvernay 页岩地层以南的 Dawson Creek 地区。在致密页岩地层中可以发现大量天然气（Williams and Kramer，2011）。

不列颠哥伦比亚省东北部的三叠系 Montney 组具有广泛的沉积环境，从东部的浅水砂层到西部的近海泥。目前天然气来自 Montney 东缘的常规浅水滨面砂岩和斜坡脚部的深水致密砂岩。然而，另外两个区域正在实现混合页岩气潜力：（1）下 Montney 组，在盆地的近海过渡和近海—海洋部分的砂质、粉砂质页岩中；（2）上 Montney 组，在海岸面以下，粉砂掩埋了斜坡脚下的致密砂岩。Montney 组较厚（在某些地方超过 1000ft），部分作业者计划实施叠置水平井，即在同一口井的 2 个标高钻水平腿，同时钻穿和压裂上、下 Montney 组。Montney 页岩中的总有机碳含量高达 7%，岩石被加热直到进入热成因气窗。

该地层为致密气和页岩气资源的混合体，砂质泥岩地层可追溯至三叠纪，位于 Doig 组之下，埋深 5500~13500ft，局部厚达 1000ft。因此，Montney 页岩有望成为加拿大最重要的页岩气资源之一。

然而，复杂的储层表征表明同一地区的上、下 Montney 组具有不同的矿物学特征，从而影响了地层评价数据。下 Montney 组开采特别困难，因为传统的裸眼井测井在历史上导致人们认为下 Montney 组非常紧密。

虽然下 Montney 组的孔隙度小于上 Montney 组，但下部区域的岩心数据孔隙度高于预期值（Williams and Kramer，2011）。

据估计，页岩气层系中含有高达 $50\times10^{12}ft^3$ 的天然气，被困在渗透性差的页岩和粉砂岩中。水平井钻至井深 5500~13500ft，水力压裂使气体更容易流动。微地震监测技术可以通过在裂缝的每个阶段定位事件，并计算裂缝的尺寸、几何形状和有效裂缝体积来评估裂缝的压裂。Montney 页岩是介于致密气和传统页岩气之间的一种独特的资源组合。Montney 组富含粉砂和砂（类似于致密气的特征），但天然气的来源是其自身的有机质，如页岩气。由于粉砂岩和砂岩的存在，Montney 组具有极低的渗透率，需要更高水平的压裂。

2.2.2.2.6 Utica

上奥陶统 Utica 页岩位于蒙特利尔和魁北克市之间，沉积于特伦顿碳酸盐台地脚下的深水区。之后，页岩被阿巴拉契亚山脉东南面早期的生长所捕获。Utica 大约有 100ft 厚，总有机碳含量为 1%~3%，几十年来一直被认为是相关常规储层的原油烃源岩。然而，与加拿大其他天然气页岩地层不同，Utica 具有更高浓度的方解石，这是以消耗一些硅质为代价的（Theriault，2008）。然而方解石仍然是脆性的，水力裂缝不能很好地通过它传输。

生物气可在 Utica 浅水区发现，而产热甲烷可在中深和结构化页岩地层中发现。与其他储层相比，该储层的优势在于其褶皱和断层，这增加了天然裂缝存在的可能性。

2.2.3 中国

2011 年，中国估计拥有 $1275\times10^{12}ft^3$ 的技术可采页岩气。从那时起，政府地质调查确定了总计 $882\times10^{12}ft^3$ 的技术可采页岩气，不包括西藏。四川盆地位于中国中南部，占中国页岩资源的 40%。

2.2.4 印度

在印度，气井主要位于达莫达尔山谷的坎贝（古吉拉特邦），Assam-Arakan（东北部）、哈瑞奎师那哥达瓦理河、高韦里河和冈瓦纳（印度中部）是印度页岩气远景沉积盆地。

除此之外，还有许多其他沉积盆地没有研究其页岩气潜力（Mohan，1995；Raju，1969；Banerjee，2002；Boruah，2014）。尽管美国地质调查局估计可采页岩气储量为 $63×10^{12}ft^3$，但适当的研究和开发可以增加估计结果，实际价值可能要大得多（Boruah，2014）。

坎贝盆地的坎贝页岩地层有机质丰富，平均厚度为 2500m。页岩的干酪根类型为 II 型和 III 型，都倾向于油气。原始生烃潜量约为每克岩石 8mg 碳氢化合物衍生物，计算成熟度值范围从油窗到气窗（0.4~1.7）。坎贝页岩的成熟度水平在坦卡里低点较高（大于 0.7），坦卡里低点是拉奇和艾哈迈达巴德—迈赫萨纳区块的洼地。在盆地北部，大部分地区位于气窗内，具有边缘烃源岩潜力（Benerjee et al，2002）。尽管页岩具有良好的总有机碳和天然气易发干酪根值，但页岩气的前景预计在更高的深度和更高的成熟度水平，即在天然气窗口区内。

天然气预计将由页岩中保留的干酪根和原油裂解产生，并因缺乏运移路径而积聚。虽然岩石物理分析不包括在本研究中，但它是重要因素之一，因为早期研究显示，大多数商业生产的页岩气来自脆性页岩（Bowker，2007a）。

Raniganj、南 Karanpura、北 Karanpura 煤田是达莫达尔山谷盆地中有前景的页岩气煤田。印度的冈瓦纳沉积物由河流和湖泊来源的碎屑沉积物组成。年龄为上石炭统至下白垩统。沉积可分为三种类型：（1）冰川沉积；（2）大陆流积沉积；（3）海相沉积。

达莫达尔山谷盆地是印度冈瓦纳盆地的一部分，其特点主要是非海相沉积和狭窄的地堑结构。虽然主要由晚二叠世至三叠纪的陆地沉积物组成，但缺乏测量的地层有很大的厚度，所以称之为煤很少的地区。根据厚度（2000ft）、较高的有机质含量（4%~20%，质量分数）和较高的热成熟度（大于 7%），二叠纪贫瘠测量地层被确定为页岩气远景层位。据可靠数据显示，Raniganj 煤矿区的西南部预计将是盆地最大的煤矿区。

Barakar 组沉积末期，测量瘠薄层沉积物沉积较厚。沉积物由深灰色至黑色页岩组成，带有铁矿石带/结核。测量贫瘠地层最好的开发地区（3500ft）在西部的 Raniganj 煤田和 Suraj Nager 地区。Barakar 组也显示出良好的有机质含量和比测量贫瘠地层更高的热成熟度值。

在 Krishna Godavari 盆地，油气远景地层是二叠纪的 Kommugudem 页岩（厚度达 3000ft）。该盆地是印度东部晚二叠世至古近—新近纪盆地，由一系列地垒和地堑组成。碳质页岩、煤和砂岩的旋回热层序是在河流—湖泊环境下沉积的。页岩地层为深灰色至黑色，坚硬致密，粉质，含少量炭。

煤页岩中的层间砂岩地层为灰白色、中至粗粒长石。海绿石和黄铁矿经常被发现。以高岭石为主，还含有绿泥石、蒙皂石和伊利石。层序内发育的煤页岩是良好的气源相，对沉积物的适应性增强，进一步促进了有机质的保存。页岩总有机碳含量大于 2%（质量分数），属于 II 型和 III 型干酪根。印度东南部的白垩纪—新生代 Cauvery 盆地是另一个有潜在页岩的盆地。感兴趣的地层是早白垩世 Andimadam 组及其地层等价物 Sattapadi 页岩。页岩被认为沉积在海洋环境中。Sattapadi 页岩含有 2%~2.5%（质量分数）的总有机碳，热成熟度高，适合在盆地较深部分生成油气。干酪根类型主要为 III 型，少量为 II 型。

2.2.5 波兰

欧洲有几个页岩区，其中波兰在非常规天然气资源勘探和评估方面是最先进的。页岩形成主要分布在三个盆地：（1）北部的波罗的海盆地；（2）南部的卢布林盆地；（3）东部的波德拉西盆地。这三个盆地的有机质丰富的页岩似乎具有有利的页岩气勘探特征。事实上，估计表明波兰拥有 $792\times10^{12}ft^3$ 的页岩气，其中波罗的海盆地为 $514\times10^{12}ft^3$，卢布林盆地为 $222\times10^{12}ft^3$，波德拉西盆地为 $56\times10^{12}ft^3$，其中来自这三个盆地技术上可开采的页岩气资源约为 $187\times10^{12}ft^3$（US EIA，2013；Anthonsen et al.，2016；Zijp et al，2017）。

2.2.6　南非

除了是一个化石遗迹丰富的地区，卡鲁超群（南非）也可能是世界上最丰富的页岩气来源之一。该地区主要由页岩和砂岩构成，占南非整个地区的三分之二以上，包含约 $485\times10^{12}ft^3$ 的技术可采天然气。页岩气可以减少南非对煤炭依赖的 85% 的能源需求。

2.2.7　土耳其

土耳其在安纳托利亚盆地东南部和色雷斯盆地拥有页岩气潜力。此外，土耳其可能在金牛座盆地和黑海盆地拥有页岩潜力（US EIA，2011b；Kok and Merey，2014）。安纳托利亚盆地东南部有达达斯页岩，这种页岩的深度从 6560ft 到 9840ft 不等。达达斯页岩有三个组，总厚度为 1300ft。在这三个组中，与其他两个组相比，DadasI 组（厚度约为 150ft）富含有机质。总有机碳（TOC）从 2% 变化到 16%，据估计，达达斯页岩含有 $43\times10^{12}ft^3$ 的天然气，其中 $9\times10^{12}ft^3$ 的天然气在技术上是可开采的（US EIA，2011b）。

色雷斯盆地有两个具有页岩气潜力的地层：Hamitabat 组（下中始新世）和 Mezardere 组（下渐新世）。Hamitabat 组由沉积在浅海环境中的砂岩、页岩和泥灰岩组成。Hamitabat 页岩的高度从 12100ft 到 16400ft 不等，总有机碳含量从 1.5% 到 6.4%（质量分数）不等。页岩净厚度为 344ft。Hamitabat 页岩含有约 $14\times10^{12}ft^3$ 的天然气，其中 $4\times10^{12}ft^3$ 的天然气在技术上是可开采的（US EIA，2011b）。

Mezardere 组由沉积在三角洲环境中的砂岩、页岩和泥灰岩组成，页岩深度从 8200ft 变化到 10168ft。总有机碳含量从 1% 到 4%（质量分数）不等，页岩厚度为 295ft。该组含有 $7\times10^{12}ft^3$ 的天然气，其中 $2\times10^{12}ft^3$ 在技术上是可开采的（US EIA，2011b）。

2.3　页岩油

原油（或任何化石燃料）的常规资源存在于离散的、封闭良好的地下储层中，渗透率值大于规定的下限。这种常规天然气资源通常可以使用垂直井开发，并且通常产生高采收率。

渗透率是衡量多孔介质（如碳氢化合物储层中的多孔介质）根据介质中的压差传输流体（如气体、石油或水）的能力。在石油工程中，渗透率通常以毫达西（mD）为单位进行度量。

相比之下，非常规资源存在于渗透率低（小于 0.1mD）的储层中。这种沉积包括致密的砂岩地层、煤层（煤）。致密砂岩地层可以是最初形成海滩或河口的砂岩，有机质相对较少，但后来被盖层封闭，从而成为低渗透圈闭，捕获从下部烃源岩向上渗出的烃衍生物。此外，非常规资源储量往往比常规储量分布更广，通常需要水平井或人工增产等先进技术才能经济高效生产；采收率低得多，通常约为原始天然气储量（GIIP）的 15%~30%。虽然水平井和多阶段压裂完井比无裂缝垂直井更昂贵，但它们产生的初始采油率甚至比最好的垂直井也高。此外，八个或更多的水平单井可从同一地面位置钻探，减少了修建更多道路、管道和井场的成本和环境影响。

2.3.1 美国

在美国和加拿大，作为天然气和原油来源的成熟、富含有机物的页岩地层已经引起了相当大的兴趣，已经成为一个有吸引力的目标，因为它们代表了天然气和原油的实质性资源，并且分布在美国 48 个毗连地区，以及加拿大西部（Hill and Nelson，2000；Curtis，2002；Law and Curtis，2002；NEB，2009；IAE，2012）。

由于页岩的独特性质，每个盆地、区块、油井和产层都可能需要独特的处理。简要地比较一下目前最热门的一些油气藏的特征，有助于说明这些差异在整个开发过程中的影响。有必要研究和了解气页岩矿床的关键储层参数，这些参数包括：（1）热成熟度；（2）储层厚度；（3）总有机碳含量（TOC）；（4）吸附气体分数；（5）孔隙和裂缝内的游离气；（6）渗透性（见第 3 章和第 4 章）。前两个参数是常规测量的。热成熟度通常在岩心分析中测量，储层厚度通常用测井测量。最后四个参数的计算需要一种新的方法。

2010 年探明储量中几乎所有（96%，体积分数）页岩天然气来自美国六大页岩区（US EIA，2012）。Barnett 再次成为美国最大的页岩气矿区，Haynesville/Bossier（2009 年储量增加一倍以上）和 Marcellus（近三倍）的探明储量增幅明显高于 2009 年。在这六个页岩区系中，与 2009 年相比唯一下降的是密歇根州北部的 Antrim，这是一个 1986 年发现的成熟的浅层生物页岩气区系，其开发速度不再与其他领先的页岩气区系相同。

1981 年在 Fort Worth 盆地首次生产 Barnett 页岩气。在 Barnett 页岩成功开采之前，人们认为天然气页岩中必须存在天然裂缝。低渗透气页岩区目前被视为技术区。微震裂缝测绘、三维地震、水平井钻井、裂缝增产和多级压裂等技术的进步，都对此作出了贡献。到 21 世纪早期，当时的主要天然气资源是：北密歇根盆地的 Antrim 页岩；得克萨斯州沃思堡盆地的 Barnett 页岩；圣胡安盆地的 Lewis 页岩；伊利诺伊盆地的 New Albany 页岩；阿巴拉契亚盆地的 Ohio 页岩（GAO，2012）。最近开发的天然气页岩资源包括（按字母顺序排序）：（1）阿肯色州的 Fayetteville 页岩；（2）得克萨斯州的 Eagle Ford 页岩；（3）路易斯安那州的 Haynesville 页岩；（4）阿巴拉契亚盆地的 Marcellus 页岩；（5）纽约及加拿大魁北克省的 Utica 页岩；（6）俄克拉何马州的 Woodford 页岩。

然而，还有其他天然气页岩资源对美国的能源平衡和经济产生越来越重要的影响。除了使用字母顺序便于定位之外，下面介绍的地层没有按照任何特定的偏好或重要性顺序列出。

2.3.1.1 Antrim

Antrim 页岩是北美最大的非常规天然气储量之一，是位于密歇根州北部密歇根盆地的一种层状、黄铁矿、富含有机物、未热成熟的泥盆系黑色页岩，是中—晚泥盆世覆盖北美大陆大片地区的广泛、富含有机物的页岩沉积系统的一部分。密歇根盆地是位于东部内陆河道的几个沉积中心之一。该盆地拥有超过 17000ft 的沉积物，其中 900ft 由 Antrim 页岩和相关的泥盆纪—密西西比期岩石组成。Antrim 的底部靠近现代构造盆地的中心，大约低于海平面 2400ft（Braithwaite，2009；US EIA，2011a）。Antrim 页岩是一种黑色、富含有机物的沥青质页岩，从底部到顶部分为四个层：诺伍德、帕克斯顿、拉钦和上部层。该矿区深度为 600~2200ft，厚度为 70~120ft。Antrim 页岩矿区的总面积约为 12000mile^2，包括矿区的已开发和未开发区域。页岩气区的平均预期技术可采天然气最终采收量约为 19.9×10^{12}ft^3。

上部层被绿灰色的埃尔斯沃思页岩覆盖。

Antrim 页岩地层相对简单，通常在下 Antrim 组的拉钦和诺伍德段完成钻探，其总厚度接近 160ft。拉钦和诺伍德的总有机碳含量（TOC）在 0.5%~24%（质量分数）之间。这些黑色页岩地层富含二氧化硅（20%~41% 微晶石英和风吹淤泥），并含有丰富的白云石和石灰石结核，以及碳酸盐、硫酸盐和硫酸盐胶结物。剩余的下 Antrim 组帕克斯顿层是石灰泥岩和灰色页岩岩性的混合物（Martini et al., 1998），含有 0.3%~8%（质量分数）的总有机碳和 7%~30%（质量分数）的二氧化硅。化石藻类 Foerstia 的对比已经确定了 Antrim 页岩上部、阿巴拉契亚盆地 Ohio 页岩的 Huron 层和伊利诺伊盆地 New Albany 页岩的 Clegg Creek 层之间的时间等效性（Roen, 1993）。

整个 Antrim 页岩单元的典型深度范围为 500~2300ft，面积范围约为 30000mile^2（Gutschick and Sandberg, 1991；Braithwaite, 2009；US EIA, 2011a）。整个地区被泥盆期和密西西比期的沉积物及数百英尺的冰川覆盖。Antrim 矿物学显示页岩由非常细的颗粒沉积而成。其成分主要为伊利石和石英，并含有少量有机物和黄铁矿。

Antrim 页岩的有机质含量高达 20%（质量分数），主要由藻类物质组成。镜质组反射率在 0.4%~0.6% 范围内，说明页岩还不成熟。页岩也很浅，成分中甲烷浓度很高，这将导致人们认为气体来自微生物，但 $\delta^{13}C$ 值表明热成因来源更多（Martini et al., 1996）。

对于 Antrim 页岩中的浅井，天然气来自微生物。更深的井混合了产热气体和微生物气体。对于 $C_1/（C_2+C_3）< 100$ 的气体，其来源是产热的，这发生在 Antrim 页岩下面的尼亚加拉地层中的气体中。由于 Antrim 有如此多的天然裂缝，有理由假设天然气从尼亚加拉地层向 Antrim 页岩迁移。

Antrim 页岩有两种主要的储气方式：吸附气和孔隙容积中的游离气。下诺伍德层具有比拉钦层（大约 85ft^3/t）更高的吸附容量（大约 115ft^3/t）（Kuuskraa et al., 1992）。这是设计裂缝压裂时要考虑的一个重要因素，因为在气体含量最高的区域使用更多的支撑剂会更有利。孔隙空间中的游离气可占总气体的 10%，但仍不清楚游离气对水的依赖程度。基质的渗透性非常低，即使不是不可能，也很难排出游离气体的一部分。

在北部生产趋势中，确定了两组主要的天然裂缝，一组朝向西北，另一组朝向东北，均表现出近垂直到垂直的倾斜。这些裂缝通常未被黏结或衬有薄薄的方解石层（Holst and Foote, 1981；Martini et al., 1998），已经绘制了垂直方向几米和水平方向几十米的地面出露图。在这一趋势之外的 Antrim 建立生产的尝试通常包含有机的、富含气体的页岩，但自然裂缝很少，因此渗透率也很低（Hill and Nelson, 2000）。

因此，Antrim 页岩是一个高度断裂的页岩储层。裂缝间距可接近 1~2ft，相比之下，Barnett 页岩的裂缝间距为 10~20ft。这些裂缝可以产生渗透性，其值在 50~5000mD/ft 范围内，这增加了天然气产量。但是，它也有助于水的流动，因此大多数井产生大量的水，这些水必须被处理掉（Kuuskraa et al., 1992）。

2.3.1.2 Avalon 和 Bone Springs

Avalon 和 Bone Springs 页岩油区位于新墨西哥州东南部和得克萨斯州西部的二叠盆地，据报道深度为 6000~13000ft，厚度为 900~1700ft。据估计，该区块的面积约为 1313mile^2，技术上可开采的石油约为 15.8×10^{8}bbl。

2.3.1.3 Bakken

Bakken 页岩油区位于蒙大拿州和北达科他州的威利斯顿盆地，在美国的面积约为 6522mile²。这一区块于 1951 年首次发现，直到 2004 年才被认为具有重大意义，当时水平井钻井和水力压裂的结合使用证明了这种"页岩油"可以有效和经济地生产。

该区块的增长率与 Barnett 相似，是另一个技术区块，其中这种非常规资源的开发受益于水平井钻井和水力压裂的技术进步（Cohen，2008；Cox et al.，2008；Braithwaite，2009）。2008 年 4 月，美国地质调查局（USGS）发布了对该页岩区尚未发现的技术可采储量的最新评估。估计有 $36.5×10^8$ bbl 石油、$1.85×10^{12}$ ft³ 伴生天然气和 $1.48×10^8$ bbl 天然气液体（USGS，2008；US EIA，2011a）。

Bakken 页岩地层与其他页岩区的不同之处在于，它是一个油藏，是两个页岩地层之间的白云岩层，深度为 8000~10000ft，从中生产石油、天然气和天然气液体。该地层包含约 $35.9×10^8$ bbl 技术上可开采的石油。页岩地层深度从 4500ft 到 7500ft 不等，平均 6000ft，平均厚度 22ft。

Bakken 地层下页岩、中砂岩和上页岩段的每个后续段在地质上都比下面的大。上下两面页岩地层是原油烃源岩，具有相当一致的岩性，而中间砂岩段的厚度、岩性和岩石物理性质各不相同。

Bakken 页岩地层不像 Barnett 页岩地层那样自然断裂，因此需要形成更传统的纵向和横向裂缝几何形状。导流方法用于整个水力压裂处理，主要使用凝胶水压裂液，尽管使用中等强度支撑剂的趋势越来越明显。最近，Bakken 天然气页岩的开发活动有所增加，在某些情况下，单个分支的趋势是更长的分支，可达 10000ft。此外，还有向下 Bakken 页岩下方钻探并向上压裂的趋势。

有趣的是，行业专家估计这种页岩地层含有高达 $240×10^8$ bbl 的总石油。目前，200 多台钻机正在使用这些技术开发新井，速度为每八周或更短时间钻探一口。Bakken 的原油日产量约为 450000bbl，预计未来几年产量将稳步增长。在运输方面，铁路正在补充管道运输能力，将原油运输到再加工中心。该地区工业发展的一个主要驱动力是原油供应的快速增长，其含硫量低于 0.005%（质量分数），含硫量约为 0.0015%（质量分数）。该原油的 API 重度约为 42°API，而西得克萨斯中质油的 API 重度为 39.6°API。Bakken 原油的实验室蒸馏显示出高产量的石脑油和中间馏分（煤油和柴油），以及低残留的燃料油和沥青质成分。

2.3.1.4 Barnett

Barnett 页岩气区位于得克萨斯州的沃思堡和二叠盆地。Barnett 页岩分为两部分："核心 / 一级"和未开发部分。"核心 / 一级"剖面对应于目前正在开发的 Barnett 页岩区域。它主要位于帕克、怀斯、约翰逊和其他邻近县（Bowker，2007a）。

楔形沃思堡盆地位于得克萨斯州中北部，占地约 15000mile²，以南北方向为中心，向北加深，并在利亚诺县的利亚诺隆起处出露（Bowker，2007a，b；Jarvine et al，2007）。寒武纪 Riley 和 Hickory 组被 Viola-Simpson 和 Ellenburger 覆盖。Viola-Simpson 石灰岩群位于塔兰特县和帕克县，是 Barnett 和 Ellenburger 组之间的屏障。Ellenburger 组是一个非常多孔的含水层（Zuber et al.，2002），如果破裂，将产生大量高盐水，会因水处理成本而关闭一口井。

　　沃思堡盆地 Barnett 页岩的地球化学和储层参数与其他产气页岩地层的地球化学和储层参数明显不同，尤其是在天然气储量方面。例如，Barnett 页岩气的成因是热成因的，烃生成开始于晚古生代，持续到中生代，并在白垩纪随着隆起和冷却而停止（Jarvie et al.，2001，2007）。此外，Barnett 页岩地层中的有机物在沃思堡盆地西部的其他地层中产生了液态碳氢化合物衍生物和 Barnett 原油，年龄从奥陶纪到宾夕法尼亚期不等（Jarvie et al.，2001，2007）。这种油的裂解可能有助于生成原地天然气资源。

　　密西西比期的 Barnett 页岩覆盖在 Viola-Simpson 群上。Barnett 页岩的厚度从 150ft 到 800ft 不等，是得克萨斯州产量最高的天然气页岩。渗透率范围为 7~50nD，孔隙率范围为 4%~6%（Montgomery et al.，2005；Cipolla et al.，2010）。此外，Barnett 页岩的油井性能会随着产出流体类型、深度和地层厚度的变化而显著变化（Hale and William，2010），以及实施的完井方法类型和大型水力压裂处理也会相应变化（Ezisi et al.，2012）。

　　盆地中三个最重要的生产相关构造包括主要和次要断层、断裂、岩溶相关塌陷特征（Frantz et al.，2005）。压裂对天然气生产很重要，因为它提供了天然气从孔隙流向井筒的通道，也增加了油井对地层的暴露。Barnett 页岩地层表现出复杂的裂缝几何形状，由于复杂的几何形状，这通常在估计裂缝长度和暴露于地层方面造成困难。裂缝被认为是由石油裂解成天然气引起的。这种裂解会导致碳氢化合物体积增加十倍，从而增加压力，直到地层破裂。裂缝中碳酸钙的沉淀会降低裂缝的导电性。这种降低很难在测井上检测到，并可能导致地震图上看起来良好的井位变成非生产井。这种沉淀也很难用酸化处理，因为酸在对生产产生明显影响之前需要经过很长的时间。

　　Barnett 页岩中的气体含量随压力发生变化，典型储层压力在 3000~4000psi 范围内（Frantz et al.，2005）。在低渗透地层中，拟径向流可能需要 100 多年才能形成。因此，储层中的大部分气体流是从近裂隙区向最近裂隙面的线性流。断层和岩溶相关的塌陷特征主要在 Ellenburger 组中很重要。

　　除了钻探更长的分支井，Barnett 目前的趋势是更大的水力压裂项目和更多的段数。2003 年至 2004 年的第一口水平井已开始重新压裂，目前正在钻探数口井，测试间距已降至 10acre；混合法和再压裂法都有望将估计的最终采收率从 11% 提高到 18%。

　　据美国地质勘探局估计，Barnett 地层的总面积为 6458acre。该区域分为两个部分：（1）大纽瓦克东压裂屏障连续 Barnett 页岩气（1555acre）；（2）延伸连续 Barnett 页岩气（4903acre）。随着 Barnett 的发展延伸到纽瓦克东部以外，Barnett 的活跃部分也被扩展。其余区域被认为是 Barnett 的未开发部分。Barnett 页岩气区，包括活跃和未开发区域，技术可采天然气约为 $43.37 \times 10^{12} ft^3$。

　　Barnett-Woodford 页岩气区位于得克萨斯州西部的二叠盆地，面积约为 $2691 mile^2$，深度为 5100~15300ft，厚度为 400~800ft，技术上可开采天然气的估计采收量约为 $32.2 \times 10^{12} ft^3$。

2.3.1.5　Baxter

　　Baxter 页岩在地层上相当于 Mancos、Cody、Steele、Hilliard 和 Niobrara/Pierre 组（Braithwaite，2009；Mauro et al.，2010；US EIA，2011a），大约在 9000 万至 8000 万年前（康尼亚期至下坎帕尼亚期）沉积在西部内陆河道数百英尺深的水中，由大约 2000ft 的主要为硅质、伊利岩和钙质页岩组成，其中包含几十英尺厚的富含石英和碳酸盐的粉砂岩的区域相关向上变粗序列。页岩中有机碳含量为 0.5%~2.5%，粉砂岩中有机碳含量为 0.25%~0.75%。页岩和粉砂岩中测得的孔隙度通常在 3%~6% 之间，基质渗透率为 100~1500nD。

在科罗拉多州西北部和邻近的怀俄明州的弗米利恩盆地，Baxter 页岩的 22 口垂直井和 3 口水平井已经开始生产天然气。产量主要来自生产测井确定的富含淤泥的层段。Baxter 页岩的生产区域镜质组反射率值接近 2%，处于干气生成窗口。

资源区由 Baxter 页岩中的大量气井和超压井确定，深度大于 10000ft，压力梯度范围为 0.6~0.8psi/ft。

该储层面临的一个挑战是经济地获取这一大型不可开采天然气藏的能力。这不是一个典型的 100~300ft 厚的富含有机物的页岩气藏。相反，它是一个非常大的油气资源，储存在 2000ft 厚的页岩和互层粉砂岩层段中。三维地震数据已被证明有助于确定 Baxter 页岩中的潜在裂缝网络，这些裂缝网络可以用水平井作为目标。

Hilliard-Baxter-Mancos 页岩气区位于怀俄明州和科罗拉多州的大格林河盆地，页岩深度为 10000~19500mile^2，厚度为 2850~3300ft。该区块的总活跃面积为 16416mile^2，技术上可开采天然气约为 3.77×10^{12}ft^3。

2.3.1.6　Big Sandy

泥盆纪 Big Sandy 页岩气区系包括位于肯塔基州、弗吉尼亚州和西弗吉尼亚州阿巴拉契亚盆地内的 Huron 组、Cleveland 组和 Rhinestreet 组。

美国地质调查局（USGS）估计 Big Sandy 页岩区的总面积为 10669mile^2（6828000acre）。页岩区的平均预期技术可采天然气最终采收量约为 7.4×10^{12}ft^3。Big Sandy 的总活跃面积约为 8675mile^2，未开发面积为 1994mile^2，每口井的井距为 80acre。地层深度从 1600ft 到 6000ft 不等，厚度为 50~300ft。

2.3.1.7　Caney

Caney 页岩（俄克拉何马州阿科马盆地）在地层上相当于 Ft.Worth 盆地中的 Barnett 页岩。自从 Barnett 页岩地层取得巨大成功以来，该地层已成为天然气生产源。

切斯特期的 Caney 页岩沉积在阿科马盆地的俄克拉何马部分，阿科马盆地是一系列前陆盆地之一，沿着 Ouachita 褶皱带从密西西比州的 Black Warrior 盆地到得克萨斯州西南部的盆地逐渐向西形成。俄克拉何马州的阿科马盆地位于该州的东南角，沃希塔山脉的北部和西北部。该地层从俄克拉何马州麦金托什县北部 3000ft 的深度向南倾斜至乔克托逆冲断层以北 12000ft。Caney 组从西北边缘到南部的乔克托断层向东南方向增厚。根据密度和电阻率测井的特征，可将其细分为六个层段。

据报道，Caney 组平均总有机碳值的范围为 5%~8%（质量分数），与密度呈线性相关。钻井液测井天然气显示与解吸天然气值有很强的相关性，解吸天然气值从每吨页岩 120ft^3 到 150ft^3 不等。据估计，Caney 页岩的天然气储量为（300~400）×10^8ft^3。

2.3.1.8　Chattanooga

Chattanooga 页岩（黑武士盆地），并被认为是一个丰富的页岩资源（Rheams and Neathery，1988）。页岩地层位于黑武士盆地大部分地区的产热气窗口内（Carroll et al.，1995），因此可能含有可观的天然气前景。Chattanooga 不整合覆盖奥陶系至泥盆系，不整合的时间值向北增加（Thomas，1988）。Chattanooga 被下密西西比阶莫里页岩明显覆盖，莫里页岩通常薄于 2ft，莫里页岩又被泥晶佩恩堡燧石覆盖。亚拉巴马州的 Chattanooga 页岩显然沉积在缺氧到无氧的潮下带环境中，可被视为阿卡迪亚前陆盆地的克拉通延伸（Ettensohn，1985）。

Chattanooga 的厚度在黑武士盆地内变化很大。页岩厚度不到 10ft，在拉马尔、费耶特和皮肯斯县的大部分地区都不存在，这些地区是黑武士盆地常规石油和天然气生产的主要地区。因此，Chattanooga 页岩不被认为是该地区常规油气藏的主要烃源岩。页岩厚度超过 30ft，位于从布朗特县向西北延伸至富兰克林县和科尔伯特县的地带。在塔斯卡卢萨和格林县，盆地西南缘发育明显的沉积中心，这里的页岩厚度始终大于 30ft，局部厚度大于 90ft。

Chattanooga 页岩在某些方面类似于沃思堡盆地的 Barnett 页岩，因为它是一种富含有机物的黑色页岩，由厚而坚硬的石灰岩单元包围，这可能有助于确定页岩内诱发的水力压裂（Hill and Jarvie，2007；Gale et al.，2007）。

2.3.1.9　Conasauga

Conasauga 页岩气地层（亚拉巴马州）主要继续在亚拉巴马州东北部开发（US EIA，2011a）。除了埃托瓦县的一口井和卡尔曼县的一口井之外，所有开发都在圣克莱尔县进行。埃托瓦县和圣克莱尔县位于亚拉巴马州山谷和山脊省 Birming-Ham 的东北部。卡尔曼县位于坎伯兰高原省伯明翰北部。该页岩地层代表亚拉巴马州首次从页岩中生产商业天然气，但因为它是地质上最古老、结构最复杂的页岩地层，天然气生产从该地层开始。Conasauga 在几个方面不同于其他天然气页岩地层。生产岩性为薄夹层页岩和泥晶石灰岩，总有机碳含量可达 3% 以上。

Conasauga 页岩为中寒武统页岩，具有浅滩向上演替的特征，页岩纵向进入一系列内斜坡碳酸盐相。页岩沉积在外斜坡上，页岩在前寒武纪晚期至寒武纪 Iapetan 阶裂谷形成的基底地堑中最厚（Thomas et al.，2000）。Conasauga 的页岩相是亚拉巴马州阿巴拉契亚逆冲带基底分离的弱岩性构造单元的一部分（Thomas，2001；Thomas and Bayona，2005）。页岩在构造上被加厚成反形式的叠层，被解释为巨大的页岩双层，或蘑菇状堆积（Thomas，2001）。在某些地方，页岩厚度超过 8000ft，页岩在露头规模上具有复杂的褶皱和断层。

地表测绘和地震勘探显示，亚拉巴马州阿巴拉契亚山脉至少保存了三种 Conasauga 反形态。勘探主要集中在圣克莱尔和埃托瓦县的加兹登反形式的东南部。Palmerdale 和 Bessemer 反形式构成了伯明翰反形式的核心。Palmerdale 和 Bessemer 构造被脆性寒武纪—奥陶纪碳酸盐岩薄顶覆盖，Conasauga 页岩相局部暴露。Palmerdale 构造位于伯明翰都会区的中心，因此可能难以开发，而 Bessemer 构造的西南部位于农村地区，可能是更具吸引力的勘探目标。额外的厚页岩体可能隐藏在切诺基县和埃托瓦县东北部的浅罗马逆冲断层之下，也可能隐藏在佐治亚州的邻近地区（Mittenthal and Harry，2004）。

2.3.1.10　Eagle Ford

Eagle Ford 页岩（发现于 2008 年）是一种晚白垩纪沉积岩，位于得克萨斯州南部的大部分地区，占地 3000mile^2，由富含有机物的海洋页岩组成，还发现出现在露头中（Braithwaite，2009；US EIA，2011a）。Eagle Ford 是奥斯汀白垩正下方的地质构造，被认为是该地块上方奥斯汀白垩中包含的碳氢化合物衍生物的烃源岩。

该区块位于得克萨斯州马华力盆地内，含有高液相成分，其名称来自得克萨斯州 Eagle

Ford 镇，那里的页岩以黏土形式出露在地表。Eagle Ford 是一个非常活跃的页岩区，有 100 多个活跃的钻机在运行。这个富含石油和天然气的产烃地层从韦布县和马华力县的得克萨斯州—墨西哥边境延伸到得克萨斯州东部 400mile。该地层宽数英里，平均厚度 200ft，深度在 4000~12000ft 之间。页岩中含有大量碳酸盐，这使得页岩变脆，更容易应用水力压裂来生产石油或天然气。

该地层以生产不同量的干气、湿气、天然气液体（NGL）、凝析油和原油而闻名。最活跃的区域位于爱德华兹礁趋向带上方，在那里地层产生凝析气生产流。Eagle Ford 页岩地层估计有 $20.81 \times 10^{12} \text{ft}^3$ 天然气和 $33.51 \times 10^8 \text{bbl}$ 石油。

2.3.1.11　Fayetteville

Fayetteville 页岩气区是密西西比阶（3.54 亿至 3.23 亿年前）的地质构造，由阿肯色州阿科马盆地内的致密页岩组成。根据页岩的位置，该区块分为两个主要单元，中部和西部。页岩深度在 1000~7000ft，厚度在 20~200ft。生产井在几百英尺到 7000ft 的深度穿透 Fayetteville 页岩（阿科马盆地），该地层比 Barnett 页岩地层稍浅（Braithwaite，2009；US EIA，2011a）。早期垂直井的平庸产量阻碍了垂直压裂 Fayetteville 的开发，只是随着最近水平井钻井和水力压裂的引入，钻井活动才有所增加。

在最活跃的 Fayetteville 中部页岩中，水平井在大多数情况下使用油基钻井液钻探，在其他情况下使用水基钻井液。此外，随着 3000 多英尺的更长分支井的钻探和水力压裂所需的更多段数，三维地震越来越重要。随着油井数量的增加和对更多基础设施的需求，垫式钻井是 Fayetteville 出现的另一个趋势。

Fayetteville 页岩区的总面积，包括 Fayetteville 中部和西部，为 9000mile^2。Fayetteville 中部为 4000mile^2，剩余的页岩，即 Fayetteville 西部约为 5000mile^2。页岩气区估计拥有约 $31.96 \times 10^{12} \text{ft}^3$ 的技术可采天然气。

2.3.1.12　Floyd

上密西西比阶 Floyd 页岩相当于 Fort Worth 盆地的、资源丰富的 Barnett 页岩。该页岩是 Floyd 页岩下部的一个富含有机物的层段，非正式地称为 Neal 页岩，Neal 页岩是一个富含有机物的贫瘠盆地矿床，被认为是黑武士盆地常规碳氢化合物衍生物的主要烃源岩。

Floyd 页岩是一种黑色海相页岩，在地层上位于密西西比阶 Carter 砂岩之下和密西西比阶 Lewis 砂岩之上（US EIA，2011a）。尽管 Carter 和 Lewis 砂岩在历史上一直是亚拉巴马州黑武士盆地地区最具潜力的产气区，但之前并没有 Floyd 页岩的生产历史报告。Chattanooga 页岩位于 Floyd 下方，大部分地区被 Tuscumbia 石灰岩和 Fort Payne 燧石隔离。

密西西比阶 Floyd 页岩相当于 Fort Worth 盆地的资源丰富的 Barnett 页岩和 Arkoma 盆地的 Fayetteville 页岩，因此一直是人们非常感兴趣的主题。Floyd 是一个广泛定义的地层，以页岩和石灰岩为主，从佐治亚州的阿巴拉契亚逆冲带延伸到密西西比州的黑武士盆地。

Floyd 这个词的用法可能会令人困惑。在佐治亚州，Floyd 型页岩包括相当于 Tuscumbia 石灰岩的地层，而在亚拉巴马州和密西西比州，复杂的相关系使 Floyd 位于 Tuscumbia 石灰岩、Pride Mountain 组或 Hartselle 砂岩之上，位于 Parkwood 组的第一砂岩之下。重要的是，并非所有 Floyd 相都有可能成为气藏。钻井者早就在 Floyd 页岩的下部发现了一个电阻性的富含有机物的页岩层段，非正式地称为 Neal 页岩（Cleaves and Broussard，1980；Pashin，

1994）。除了是黑武士盆地常规石油和天然气的可能烃源岩之外，Neal 作为亚拉巴马州和密西西比州密西西比阶的页岩气藏具有最大的潜力。因此，术语 Neal 的使用有助于确定包含潜在烃源岩和页岩气藏的 Floyd 相。

预计技术可采天然气最终采收量约为 $4.37 \times 10^{12} ft^3$。页岩深度从 6000ft 到 10000ft 不等，厚度为 80~180ft，井间距为每平方英里 2 口井（每口井 320acre）。

2.3.1.13 Gammon

Gammon 页岩是一种白垩纪海洋泥岩，是典型的含气岩石，含有大量生物甲烷（Gautier，1981）。低渗透储层中的有机质是生物成因甲烷的来源，毛细管作用力是天然气聚集的圈闭机制。美国大平原北部 Pierre 页岩的 Gammon 段含有丰富的菱铁矿结核（Gautier，1982）。

在北达科他州西南部的 Little Missouri 油田，Gammon 储层由不连续透镜体和粉砂岩层组成，厚度小于 10mm，被粉质黏土页岩包围。大量的同种异体黏土，包括高膨胀性混合层伊利石—蒙皂石，会导致很大的水敏感性和很高的测量和计算含水饱和度值。页岩层实际上是不可渗透的，而粉砂岩微透镜体是多孔的（30%~40%），渗透率为 3~30mD。粉砂岩层之间的储层连续性差，总体而言，储层渗透率可能小于 0.4mD。粉砂岩透镜体之间的连接通道直径为 0.1mm 或更小。储层和非储层不能根据岩性来区分，Gammon 层段的大部分具有潜在的经济性。

2.3.1.14 Haynesville

Haynesville 页岩（也称为 Haynesville/Bossier）位于路易斯安那州北部和得克萨斯州东部的北路易斯安那盐盆地，深度从 10500ft 到 13500ft 不等（Braithwaite，2009；Parker et al.，2009；US EIA，2011a）。Haynesville 是一种晚侏罗世页岩，上面是砂岩（棉谷群），下面是石灰岩（Smackover 组）。

Haynesville 页岩占地约 $9000 mile^2$，平均厚度为 200~300ft。Haynesville 的厚度和面积范围允许运营商评估更广泛的间距，范围从每口井 40acre 到 560acre。该矿区的气体含量估计为 $100~330 ft^3/t$。Haynesville 矿区有潜力成为美国重要的页岩气资源，原始天然气储量估计为 $717 \times 10^{12} ft^3$，技术可采资源量估计为 $251 \times 10^{12} ft^3$。

与 Barnett 页岩相比，Haynesville 页岩具有极强的层压性，储层的变化间隔小至 4in 至 1ft。此外，在 10500~13500ft 的深度，该区块比典型的页岩气地层更深，创造了不利的条件。平均井深为 11800ft，井底温度平均为 155℃（300℉），井口处理压力超过 10000psi。因此，Haynesville 的井需要几乎两倍的液压马力，更高的处理压力和比 Barnett 和 Woodford 页岩地层更先进的流体化学技术。

从 125℃（260℉）到 195℃（380℉）的高温范围给水平井带来了额外的问题，需要耐用的高温/高压测井评估设备。地层深度和高裂缝梯度要求在 12000psi 以上的压力下有较长的泵送时间。在深井中，还存在与以足够的裂缝传导性维持生产的能力相关的问题。需要大量的水进行压裂，使得水的保存和处理成为首要问题。

Bossier 页岩通常与 Haynesville 页岩联系在一起，如果处理得当，其成为可以产生碳氢化合物并输送大量天然气的地质构造。虽然在区分 Haynesville 页岩和 Bossier 页岩时有些混乱，但这是一个相对简单的比较。Bossier 页岩位于 Haynesville 页岩的正上方，但位于棉谷群砂岩之下。然而，一些地质学家仍然认为 Haynesville 页岩和 Bossier 页岩是一回事。感兴趣区域的 Bossier 页岩厚度约为 1800ft。生产区位于页岩的上部 500~600ft。Bossier 页岩位于得克萨斯州东部和路易斯安那州北部。

东得克萨斯州和路易斯安那州西北部的上侏罗统（Kimmeridgian 阶至下 Tithonian 阶）Haynesville 和 Bossier 页岩地层目前是北美最重要的页岩气区之一，表现出超压和高温、急剧递减率，资源估计总计达数十亿立方英尺。过去一年里，油气公司和学术机构对这些页岩气资源进行了广泛的研究，但迄今为止，Haynesville 页岩组和 Bossier 页岩组的沉积环境、相、成岩作用、孔隙演化、岩石物理、最佳完井技术和地球化学特征仍未完全表征并且理解。根据古地理背景和区域构造，笔者的工作代表了对 Haynesville 和 Bossier 页岩相、沉积、地球化学、岩石物理学、储层质量和地层学的新见解。

Haynesville 和 Bossier 页岩沉积受到基底结构、局部碳酸盐台地和与墨西哥湾盆地开放相关的盐运动的影响。深盆地被北部和东部 Smackover/Haynesville Lime Louark 层序的碳酸盐岩架，以及盆地内的局部地台所包围。该盆地周期性地表现出受限的环境和还原性缺氧条件，如钼含量的可变增加、框架状黄铁矿的存在和 TOC-S-Fe 关系所示。这些富含有机物的层段集中在平台和岛屿之间，在 Haynesville 和部分 Bossier 沉积时期提供了限制和缺氧条件。

泥岩相的范围从靠近碳酸盐平台和岛屿的以钙质为主的相到三角洲进积进入盆地和稀释有机物的以硅质为主的岩性的地区（如路易斯安那州北部和得克萨斯州东北部）。这些相是对从早期 Kimmeridgian 阶到 Berriasian 阶的二级海侵的直接反应。Haynesville 页岩地层和 Bossier 页岩地层各自组成三个向上变粗旋回，可能分别代表较大的二级海侵体系和早期高位体系中的三级层序。每个 Haynesville 页岩地层的特点是将非层状泥岩分级为层状和生物扰动泥岩。三个 Bossier 三级旋回中的大多数以不同数量的硅质碎屑泥岩和粉砂岩为主。然而，第三个 Bossier 旋回在南部限制区（超出棉谷群进积的盆地界限）表现出更高的碳酸盐和有机质的增加，创造了另一个生产气页岩的机会。这个富含有机物的 Bossier 组延伸到萨宾岛复群和 Mt. Enterprise 断裂带，从得克萨斯州纳卡多奇斯县到路易斯安那州红河教区的狭窄沟槽中的断层带。与富含有机物的 Haynesville 旋回类似，每个三级旋回从非层状泥岩升级为层状泥岩，并被生物扰动的富含碳酸盐的泥岩相所覆盖。最佳储层性质通常出现在 TOC 最高、硅质碎屑最低、成熟度最高和孔隙度最高的相中。Haynesville 和 Bossier 的大部分孔隙与颗粒间的纳米孔和微孔有关，在较小程度上与有机物的孔隙有关。

Haynesville 页岩地层和 Bossier 页岩地层在电缆测井上具有独特之处：高伽马射线、低密度、低中子孔隙度、高声波传播时间、相对较高电阻率。多线测井模型似乎可以从测井中预测地层的总有机质含量。在整个研究区域，富含有机物的 Bossier 页岩地层和 Haynesville 页岩地层的独特测井特征的一致性相似，表明页岩气生产的有利条件超出了已建立的生产区。

2.3.1.15 Hermosa

Hermosa 群（犹他州）的黑色页岩由几乎等量的黏土大小的石英、白云石和其他碳酸盐矿物，以及各种黏土矿物组成。黏土主要是伊利石，含有少量绿泥石和混合层绿泥石—蒙皂石（Hite et al.，1984）。

Hermosa 群黑色页岩的感兴趣区域是 Paradox 盆地的东北半部，该部分被称为褶皱和断层带。这是 Paradox 组中厚石盐沉积区，因此盐壁狭窄，穿隆间凹陷宽阔。在该受地层控制的构造带的西南面，黑色页岩层段较少且较薄，缺乏石盐提供的良好封闭性。该地区包括韦恩县和埃默里县东部、格兰德县南部和圣胡安县东北部三分之一区域（Schamel，2005，2006）。页岩中的干酪根主要是易产气的腐殖质 III 型和混合型 II-III 型（Nuccio and Condon，1996）。

许多因素有利于 Hermosa 群黑色页岩层段页岩气的开发。首先，页岩富含有机物，总的来说是犹他州含碳量最大的页岩，而且它们天生容易产生气体。其次，在盆地的大部分地区，它们已经达到了相对较高的热成熟度。最后，也可能是最重要的一点，页岩被石盐和酸酐包裹，即使通过扩散也能延缓气体泄漏。然而奇怪的是，Paradox 盆地在很大程度上是一个石油省（Morgan，1992；Montgomery，1992），其中天然气生产在历史上是次生和伴生气，这与西南盆地边缘和盐芯背斜的较浅目标中的原油开发集聚有关。

2.3.1.16 Lewis

Lewis 页岩气区位于科罗拉多州和新墨西哥州的圣胡安盆地。面积约为 7506mile^2。Lewis 页岩的深度从 1640ft 到 8202ft 不等，厚度为 200~300ft，技术上可开采的天然气约为 $11.6×10^{12}$ft^3。

Lewis 页岩（圣胡安盆地）是一种富含石英的泥岩，在早期坎帕尼亚海侵期间沉积在浅水离岸海洋环境中，向西南方向穿过 Mancos 组下伏前积的 Cliffhouse 砂岩段的海岸线沉积物（Nummendal and Molenaar，1995；US EIA，2011a）。Lewis 页岩的天然气资源目前正在开发中，主要是通过针对更深的常规砂岩气藏的现有油井的改造（Dube et al.，2000；Braithwaite，2009）。目前的估计认为，技术可采天然气的预期最终采收量约 $21.02×10^{12}$ft^3。

1000~1500ft 厚的 Lewis 页岩位于最下部的岸面和前三角洲矿床。由薄层（局部生物扰动）粉砂岩、泥岩和页岩组成。黏土的平均含量仅为 25%，但石英为 56%。岩石很致密。平均基质气体孔隙率为 1.7%，平均气体渗透率为 0.0001mD。岩石有机质贫乏，平均总有机碳含量仅为 1.0%，范围为 0.5%~1.6%。储层温度为 46℃（140℉）。然而，岩石的吸附能力为 13~38ft^3/t，或每四分之一剖面（即每 160acre）约 $220×10^8$ft^3（Jennings et al.，1997）。

页岩中有四个层段和一个明显的全盆地膨润土标记。最大的渗透率出现在剖面的最低三分之二处，这可能是与区域南北 / 东西裂缝系统相关的粒度增加和微压裂的结果有关（Hill and Nelson，2000）。

2.3.1.17 Mancos

Mancos 页岩地层（Uintah 盆地）是一种新兴的页岩气资源（US EIA，2011a）。Mancos 的厚度（在 Uinta 盆地平均为 4000ft）和可变的岩性为钻井者提供了广泛的潜在增产目标。Mancos 页岩的感兴趣区域是大 Uinta 盆地的南部三分之二处，包括 Wasatch 高原的北部。在盆地北部三分之一的地方，Mancos 页岩有两口井穿透，深度太深，无法保证页岩气等"低密度"资源的商业开采。该地区位于杜舍内、尤因塔、格兰德、卡本和埃默里县北部（Schamel，2005，2006；Braithwaite，2009）。

Mancos 页岩以泥岩为主，泥岩堆积在白垩纪内陆河道的近海和开阔海洋环境中。它出露在 Piceance 和 Uinta 盆地的南部，厚度为 3450~4150ft，地球物理测井表明，在 Uinta 盆地的中部，Mancos 厚度约为 5400ft。地层的上部是 Mesaverde 群的舌间，这些舌间通常具有尖锐的基底接触和渐变的上部接触。命名的舌头包括雄鹿和锚矿舌头。Mancos 中部的一个重要产烃单元被称为 MancosB 组，它由薄互层和夹层、极细粒至细粒砂岩、粉砂岩和黏土组成，被解释为在开阔海洋环境中作为北进积前坡集堆积而成。MancosB 组已被纳入一个更厚的地层单元，被确定为 Mancos 的草原峡谷段，其厚度约为 1200ft（Hettinger and Kirschbaum，2003）。

Mancos 至少有四个段具有页岩气潜力：（1）草原峡谷（MancosB 组）；（2）下蓝门页岩；（3）Juana Lopez；（4）Tropic—Tununk 页岩。页岩中的有机物有很大一部分来自塞维尔带海岸线的陆源物质。单个系统区域内富含有机物的区域厚度超过 12ft。Mancos 顶部的样本其镜质组反射率从 Uinta 盆地边缘的 0.65% 到中央盆地的 1.5% 以上不等。在犹他州的大部分地区，Mancos 页岩还没有被充分埋藏到大量生成天然气所需的有机成熟度水平，即使是在腐殖质干酪根占主导地位（II-III 型）的页岩中，这种页岩也是该组的特征（Schamel，2005，2006）。然而，Uinta 盆地中部和南部下方的镜质组反射率值完全在 Tununk 页岩水平的产气窗口内，甚至在 Mancos 页岩的较高部分。除了页岩中的原位天然气之外，在粉砂质页岩层段中发现的一些天然气可能是从更深的源单元迁移过来的，如达科他州的 Tununk 页岩或煤。

Mancos 页岩作为重要气藏值得考虑，需要根据 Mancos 岩性的特殊岩石特征改进压裂增产方法。在砂岩中使用的完井技术不能在不损害储层的情况下应用于页岩。

2.3.1.18　Marcellus

Marcellus 页岩（阿巴拉契亚盆地），也称为 Marcellus 组，位于横跨美国东部的阿巴拉契亚盆地。Marcellus 页岩地层有 4 亿年的历史，从马里兰州西部延伸到纽约州、宾夕法尼亚州和西弗吉尼亚州，并沿着俄亥俄河环绕俄亥俄州的阿巴拉契亚地区。该地层是中泥盆世黑色、低密度、含碳（富含有机物）页岩，位于俄亥俄州、西弗吉尼亚州、宾夕法尼亚州和纽约州大部分地区的地下。马里兰、肯塔基、田纳西和弗吉尼亚的小块地区也被 Marcellus 页岩覆盖（Braithwaite，2009；Bruner and Smosna，2011；US EAI，2011a）。据估计，Marcellus 页岩地层可能含有多达 $489 \times 10^{12} ft^3$ 的天然气，这一水平将使 Marcellus 成为北美最大和世界第二大天然气资源。

在其大部分范围内，Marcellus 几乎在地表下一英里或更多。这些巨大的深度使 Marcellus 组成为一个非常昂贵的目标。成功的油井必须产出大量的天然气来支付钻井成本，对于传统的垂直井来说，钻井成本很容易超过 100 万美元，对于水力压裂的水平井来说，钻井成本要高得多。有些地区可以在最小深度钻探厚层 Marcellus 页岩，这往往与宾夕法尼亚—希尔瓦尼亚北部和纽约西部部分地区发生的大量租赁活动相关。

天然气以三种方式存在于 Marcellus 页岩中：（1）在页岩的孔隙空间中；（2）在突破页岩的垂直裂缝（节理）中；（3）吸附在矿物颗粒和有机质上。大部分可采气体包含在孔隙中。然而，气体很难通过孔隙空间逸出，因为它们非常小且连通性差。Marcellus 页岩中的气体是其所含有机物的结果。因此，逻辑表明，岩石中含有的有机物质越多，其产生气体的能力就越强。具有最大生产潜力的区域可能是 Marcellus 组中富含有机物的页岩的净厚度最大的地方。宾夕法尼亚州东北部是富含有机物的厚页岩层段所在的地方。Marcellus 页岩

的深度从 4000ft 到 8500ft 不等，天然气目前来自水力压裂的水平井筒。水平横向长度超过
2000ft，通常，完井涉及每口井三个以上段数的多级压裂。

2000 年以前，在 Marcellus 页岩中已经成功地完成了许多天然气井。这些油井的产量
在完井时通常并不可观。然而，Marcellus 的许多老井的持续产量随着时间的推移而缓慢下
降，其中许多井持续生产天然气达几十年之久。为了展示对这种页岩地层的兴趣，宾夕法
尼亚州环境保护部报通称，Marcellus 页岩中的钻井数量一直在快速增加。2007 年，该州钻
探了 27 口 Marcellus 页岩井，然而，2011 年钻探的井数已上升至 2000 多口。

对于采用新的水平井钻井和水力压裂技术钻探的新井，初始产量可能比老井高得多。
早期一些新井的天然气产量已经超过每天 $100 \times 10^4 \text{ft}^3$。这项技术太新了，无法获得长期生产
数据。与大多数气井一样，产量将随着时间的推移而下降，然而，第二次水力压裂处理可
能会刺激进一步的生产。

2.3.1.19　Monterey/Santos

Monterey/Santos 页岩油区包括下 Monterey 页岩地层和 Santos 页岩地层，位于加利
福尼亚州的圣华金和洛杉矶盆地。Monterey/Santos 页岩区的活跃面积约为 1752mile^2。页
岩的深度从 8000ft 到 14000ft 不等，厚度在 1000~3000ft 之间，技术上可开采的石油约为
$154.2 \times 10^8 \text{bbl}$。

2.3.1.20　Neal

Neal 页岩是上密西西比阶 Floyd 页岩形成的富有机质相。Neal 页岩地层长期以来被
认为是黑武士盆地常规砂岩储层的主要烃源岩（Telle et al.，1987；Carroll et al.，1995；
US EIA，2011a），近年来一直是致密页岩气勘探的主题。

Neal 页岩主要发育在黑武士盆地的西南部，与 Pride Mountain 组、Hartselle 砂岩、
Bangor 石灰岩和下 Parkwood 组的地层有联系。盆地东北部的 Pride Mountain-Bangor 层段
构成了一个进积准层序组，其中许多地层标记可以向西南方向追溯到 Neal 页岩（Pashin，
1993）。单个副层序倾向于向西南方向变薄，形成斜坡地层几何形状，其中 Pride Mountain-
Bangor 层段的近岸相进入 Neal 页岩的收缩、贫瘠盆地相。

Neal 组保持了 Pride Mountain-Bangor 层段的电阻率模式，这有利于区域对比和副级
储层质量评估。Neal 页岩和等效地层被细分为三个主要层段，并绘制了等厚图，以确定沉
积框架并说明亚拉巴马州黑武士盆地的地层演化（Pashin，1993）。第一层包括相当于 Pride
Mountain 组和 Hartselle 砂岩的地层，因此显示了 Neal 盆地的早期构造。Pride Mountain-
Hartselle 层段包含障壁—浅滩平原沉积物（Cleaves and Broussard，1980；Thomas and Mack，
1982）。厚度等值线确定了盆地东北部屏障——斯特兰德平原系统的区域，间隔在 25~225ft
厚的密集等值线确定了马里恩县西部急转弯并面向东南的西南斜坡。Neal 贫瘠盆地位于地
图区域的西南部，这里的间隔小于 25ft。

第二层包括相当于 Bangor 石灰岩大部分的地层。在层段厚度大于 300ft 的地层东北部，
确定了内斜坡碳酸盐沉积的一般区域。泥泞的外斜坡相集中在该间隔从 300ft 变薄到 100ft
的地方，Neal 贫瘠盆地的东北边缘以 100ft 等高线为标志。重要的是，此间隔包含绝大多数
远景资源。Neal 储层相和等厚模式表明，在 Bangor 组沉积期间，斜坡向西南前进了 25mile
以上。

第三层包括相当于下 Parkwood 组的地层。下 Parkwood 组将 Neal 页岩和 Bangor 石灰岩的主要部分与中部 Parkwood 组的碳酸盐主导地层分开，其中包括 Bangor 的一个舌，称为米勒拉石灰岩。下 Parkwood 组是一系列硅质碎屑三角洲沉积物，在研究区东北部推进到 Bangor 斜坡，在南部进入 Neal 盆地，包含黑武士盆地最有利的常规储层（Cleaves，1983；Pashin and Kugler，1992；Mars and Thomas，1999）。下 Parkwood 组比内 Bangor 斜坡上方薄 25ft，包括一个杂色页岩层段，含有丰富的滑面和钙质结核，这表明其由暴露和垂直土壤形成。三角洲沉积区是下 Parkwood 组厚度超过 50ft 的地方，包括 Neal 盆地的构造三角洲相和 Bangor 斜坡边缘的破坏性浅滩水三角洲相。在研究区域的南部，25ft 的等高线确定了 Neal 盆地的遗迹，该遗迹一直存在于下 Parkwood 组沉积区。本区下 Parkwood 组沉积物凝结形成中部 Parkwood 组碳酸盐岩 25ft 范围内的电阻性 Neal 岩石。

2.3.1.21　New Albany

New Albany 页岩气区（伊利诺伊盆地、伊利诺伊、印第安纳和肯塔基）是富含有机物的页岩，位于印第安纳州和伊利诺伊南部，以及肯塔基北部的大片区域（Zuber et al.，2002；Braithwaite，2009；US EIA，2011a）。生产层段的深度从 500ft 到 2000ft 不等，厚度约为 100ft。页岩通常被细分为四个地层层段：从上到下，这些层段是：（1）Clegg Creek；（2）Camp Run/Morgan Trail；（3）Selmier；（4）Blocher 层段。

New Albany 页岩区的总面积约为 43500mile^2。总面积包括活跃区域和未开发区域，活跃区域总面积约 1600mile^2，剩余区域（41900mile^2）为未开发区域。New Albany 组预计技术可采天然气最终采收量为 10.95×10^{12}ft^3。该地层的深度从 1000ft 到 4500ft 不等，厚度为 100~300ft。

New Albany 页岩为混合烃源岩，盆地部分产热成因气，部分产生物成因气。盆地中镜质组反射率从 0.6% 到 1.3% 不等，表明了尚不清楚循环地下水是最近产生了这种生物气体，还是沉积后不久产生的原始生物气体（Faraj et al.，2004 年）。

New Albany 的大部分天然气产量来自肯塔基州西北部和邻近的印第安纳州南部的大约 60 个油田。然而，过去和现在的产量大大低于 Antrim 页岩或 Ohio 页岩。密歇根州 Antrim 页岩资源的惊人开发刺激了 New Albany 页岩的勘探和开发，但结果并不理想（Hill and Nelson，2000）。

被认为是生物成因的 New Albany 页岩气的生产伴随着大量的地层水（Walter et al.，2000）。水的存在似乎表明了一定程度的地层渗透性。控制天然气产状和产能的机制不像 Antrim 和 Ohio 页岩地层那样被很好地理解（Hill and Nelson，2000）。

2.3.1.22　Niobrara

Niobrara 页岩地层（科罗拉多州丹佛—朱尔斯堡盆地）是位于科罗拉多州东北部的页岩地层。石油和天然气可以在地表下 3000~14000ft 的深处找到。油气公司垂直甚至水平钻探这些井，以获取 Niobrara 组中的石油和天然气。

Niobrara 页岩位于丹佛—朱尔斯堡盆地，通常被称为 DJ 盆地。这种令人兴奋的油页岩资源被称为位于北达科他州的 Bakken 页岩资源。

2.3.1.23　Ohio

阿巴拉契亚盆地的泥盆纪页岩是 19 世纪 20 年代第一次生产的。该资源从田纳西州中部延伸到纽约州西南部，还包含 Marcellus 页岩地层。中泥盆世和上泥盆世页岩地层位于大约 128000mile² 盆地的下方，并在盆地边缘突出。地层厚度超过 5000ft，富含有机物的黑色页岩净厚度超过 500ft（152m）（DeWitt et al.，1993）。

Ohio 页岩（阿巴拉契亚盆地）在许多方面不同于 Antrim 页岩原油系统。在当地，由于整个盆地沉积环境的变化，地层要复杂得多（Kepferle，1993；Roen，1993）。页岩地层可进一步细分为交替碳质页岩地层和粗粒碎屑物质的五个旋回（Ettensohn，1985）。这些独特的页岩旋回是在阿卡迪亚造山运动和卡茨基尔三角洲向西进积的动力作用下形成的。

泥盆纪页岩中的 Ohio 页岩由两个主要的地层层段组成：（1）Chagrin 页岩；（2）下 Huron 页岩。

Chagrin 页岩由 700~900ft 的灰色页岩组成（Curtis，2002；Jochen and Lancaster，1993），从东到西逐渐变薄。在较低的 100~150ft 内，由层间黑色和灰色页岩岩性组成的过渡带显示了下 Huron 组。下 Huron 页岩是 200~275ft 的黑色页岩，含有适量的灰色页岩和少量粉砂岩。根据镜质组反射率研究，下 Huron 组包含的所有有机质基本上都是热成熟的，适合生烃。

Ohio 页岩的镜质组反射率从 1% 到 1.3% 不等，这表明岩石已经热成熟，适合产气（Faraj et al.，2004）。因此，Ohio 州页岩中的天然气是产热来源的。页岩的生产能力是天然气储存和输送能力的综合（Kubik and Lowry，1993）。气体储存与经典的基质孔隙度，以及气体在黏土和非挥发性有机材料上的吸附有关。产能与基质渗透率和发育较好的裂缝系统相关，尽管渗透率十分有限（10^{-9}~10^{-7}mD）。

2.3.1.24 Pearsall

Pearsall 页岩是一种含气地层，在 Eagle Ford 页岩开发真正开始之前，它在 Maverick 盆地的得克萨斯州和墨西哥州边境附近引起了人们的注意。Pearsall 页岩地层位于 Eagle Ford 组下方 7000~12000ft 的深度，厚度为 600~900ft（Braithwaite，2009）。

该地层确实有潜力在 Maverick 盆地东部生产液体。截至 2012 年，在 Maverick 盆地以外的矿区只钻了几口井，但早期结果表明，在很大程度上潜力被忽视了。

2.3.1.25 Pierre

位于科罗拉多州的 Pierre 页岩在 2008 年生产了 200×10^4ft³ 的天然气。钻井作业者仍在开发这种岩层，其深度在 2500~5000ft 之间，除非更多的油井提供与其极限相关的更多信息，否则不会知道其全部潜力（Braithwaite，2009）。

Pierre 页岩地层是大约 1.46 亿至 6000 万年前形成的上白垩统岩石的一部分，因在南达科他州老 Pierre 堡附近出露的研究而命名。除了科罗拉多州，南达科他州、蒙大拿州、明尼苏达州、新墨西哥州、怀俄明州和内布拉斯加州也出现了这种地层。

该地层由大约 2000ft 的深灰色页岩、一些砂岩和许多层膨润土（蚀变的火山灰瀑布，看起来和摸起来都很像肥皂黏土）组成。在某些地区，Pierre 页岩可能只有 700ft 厚。

下 Pierre 页岩代表了白垩纪西部内陆河道发生重大变化的时期，这是构造作用和海平面变化复杂相互作用的结果。下 Pierre 页岩单元的识别和重新定义有助于了解盆地的动态。Sharon Springs 组的 Burning Brule 被限制在盆地的北部，是受构造影响的层序。这些层序是对轴向盆地和威利斯顿盆地快速沉降的响应，对应于怀俄明州 Absoroka 逆冲断层沿线的构造活动。与 Burning Brule 相关的不整合记录了黑山地区迁移的外围隆起，对应于 Absoroka 逆冲断层上的单个构造脉冲。沉积和不整合的迁移支持外围隆起的形成和迁移及其与威利斯顿盆地相互作用的弹性模型（Bertog，2010）。

2.3.1.26　Utah

有 5 个富含干酪根的页岩单元作为页岩气藏，其具有合理的商业开发潜力。它们是：（1）Utah 州东北部 Mancos 页岩的四个层段——草原峡谷，Juana Lopez，下蓝门页岩和 Tununk；（2）Utah 州东南部 Hermosa 群内的黑色页岩相（Schamel，2005）。

草原峡谷和 Juana Lopez 段都是分离的泥岩—粉砂岩—Utah 州东北部 Mancos 页岩中嵌入的砂岩层序。草原峡谷段厚达 1200ft，但地层更深的 Juana Lopez 段不到 100ft。两者在岩性和盆地环境上都与圣胡安盆地的产气 Lewis 页岩相似。与 Lewis 页岩一样，稀薄的、以腐殖质为主的干酪根包含在与粉砂岩夹层的页岩中。高石英含量可能导致比周围黏土泥岩更高程度的自然断裂。因此，它们可以很好地响应水力压裂。砂岩互层平均孔隙度为 5.4%，可提高储气量。这两个单元都延伸到东南 Uinta 盆地下方，达到适合天然气生成和从易产气干酪根中保留的深度。虽然目前还不知道是否生产天然气，但这两个单元都值得测试附加天然气，特别是在计划以下白垩统或侏罗系为目标的油井中。

低蓝门页岩地层和 Tropic—Tununk 页岩地层通常缺乏丰富的粉砂岩夹层，这将促进自然和诱发断裂，但它们确实有观察到有机质丰度超过 3.1% 的区域，这可能被证明是页岩气的合适位置，其中岩石被充分埋藏在南部 Uinta 盆地和 Wasatch 高原的部分地区之下。

Paradox 盆地 Hermosa 群中的黑色页岩相是神秘的。这些页岩地层含有混合的 II-III 型干酪根，应该有利于天然气的生成，但石油和伴生气在当前的生产中占主导地位。它们相对较薄，平均只有几十英尺厚，但它们被极好的密封岩石、盐和泥沙包裹着。在盐壁（背斜）中，页岩地层变形复杂，即使采用定向钻井方法也很难开发，但在穹隆间区域（向斜）变形较小的地方，页岩地层非常深。然而，在这些深部地区，人们可以预期天然气产量会达到峰值。页岩地层压力过大，这预示着当前或最近几年生成。在 Paradox 盆地开发页岩气藏的前景很好，但这可能在技术和经济上具有挑战性（Schamel，2005）。

2.3.1.27　Utica

Utica 页岩是一个岩石单元，位于 Marcellus 页岩下方 4000~14000ft，有潜力成为巨大的天然气资源。更深的 Utica 页岩地层的边界延伸到 Marcellus 页岩区域之下及更远的地方。Utica 页岩位置包括纽约、宾夕法尼亚、西弗吉尼亚、马里兰甚至弗吉尼亚。Utica 页岩比 Marcellus 页岩厚，已经证明了其支持商业天然气生产的能力。

Utica 页岩地层的地质边界延伸到 Marcellus 页岩地层之外。Utica 组沉积于古生代 Marcellus 组之前 4000 万年，位于 Marcellus 组下方数千英尺处。Uitca 页岩位于 Marcellus 页岩地层核心生产区的深度，使得开发 Utica 页岩地层更为昂贵。然而在俄亥俄州，Utica 页岩地层仅在 Marcellus 页岩下方 3000ft 处，而在宾夕法尼亚州的部分地区，Utica 页岩地层深达 Marcellus 地层下方 7000ft 处，这为俄亥俄州 Utica 页岩地层的生产创造了更好的经济环境。此外，对从 Marcellus 页岩地层采收天然气的基础设施的投资也提高了从 Utica 页岩采收天然气的经济效益，但 Marcellus 页岩是宾夕法尼亚州当前非常规页岩钻探目标。另一个具有巨大潜力的岩石单元位于 Marcellus 地层下方几千英尺处。

Utica 页岩的潜在烃源岩分布广阔，位于肯塔基州、马里兰州、纽约州、俄亥俄州、宾夕法尼亚州、田纳西州、西弗吉尼亚州和弗吉尼亚州的部分地区。它也存在于安大略湖、伊利湖和加拿大安大略部分地区的地下。潜在 Utica 页岩烃源岩的地理范围，包含宾夕法尼亚州中部的同等安特斯页岩和宾夕法尼亚州的波因特普莱森特页岩。根据美国地质调查局对这一连续（非常规）天然气聚集的第一次评估，Utica 页岩估计含有（至少）$38 \times 10^{12} ft^3$ 技术上可开采的天然气（平均估计）。

除天然气外，Utica 页岩还在其西部生产大量的天然气液体和石油，据估计，其包含约 $9.4 \times 10^8 bbl$ 非常规石油资源和约 $2.08 \times 10^8 bbl$ 非常规天然气液体。更广泛的估计认为 Utica 页岩的天然气资源从 $2 \times 10^{12} ft^3$ 到 $69 \times 10^{12} ft^3$，这使该页岩与 Barnett 页岩、Marcellus 页岩和 Haynesville 页岩地层处于相同的资源水平。

2.3.1.28　Woodford

Woodford 页岩位于俄克拉何马州中南部，深度从 6000ft 到 11000ft 不等（Abousleiman et al.，2007；Braithwaite，2009；Jacobi et al.，2009；US EIA，2011a）。该地层是泥盆纪页岩，上面是石灰岩（奥塞奇石灰岩），下面是未分类的地层。Woodford 页岩最近的天然气生产始于 2003 年和 2004 年，仅进行了垂直完井。然而，由于在 Barnett 页岩中的成功，Woodford 和其他页岩气区一样采用了水平井钻井。

Woodford 页岩区占地近 $11000mile^2$。Woodford 区块处于开发的早期阶段，每口井的间距为 640acre。Woodford 页岩的平均厚度从 120ft 到 220ft 不等。Woodford 页岩中的天然气含量平均高于其他一些页岩气区，为 $200 \sim 300 ft^3/t$。Woodford 页岩的原始天然气储量估计与 Fayetteville 页岩相似，为 $23 \times 10^{12} ft^3$，而技术上可开采的资源估计为 $11.4 \times 10^{12} ft^3$。

Woodford 页岩地层和有机质含量已被充分了解，但由于其与 Barnett 页岩相比的复杂性，使得该地层更难钻探和压裂。与 Barnett 一样，水平井也在钻探，尽管 Woodford 页岩中使用油基钻井液，但地层更难钻探。除了含有燧石和黄铁矿外，Woodford 组的断层更多，易于钻出层段；有时需要在一个井筒中穿过几个断层。

与 Barnett 页岩一样，尽管 Woodford 组具有更深和更高的断裂梯度，但在 Woodford 地层的最佳压裂区，较高的硅质岩占主导地位。由于严重的断层作用，三维地震是非常重要的，因为 Woodford 组的趋势走向为超过 3000ft 的更长分支，具有更大的压裂项目和更多段数。随着 Woodford 页岩地层继续向 Ardmore 盆地和加拿大县俄克拉何马州中西部扩张，垫式钻井也将增加。

Cana Woodford 矿区是一个新兴的天然气区，位于俄克拉何马城以西约 40mile 的俄克拉何马阿纳达科盆地内。据估计，Cana Woodford 矿区含有约 65% 天然气、30% 天然气液体（NGL）和 5% 原油的高液体含量。Cana Woodford 的活跃区域约为 $688mile^2$，深度为 $11500 \sim 14500ft$。

2.3.2　加拿大

在加拿大西部沉积盆地发现了许多致密油地层，其中大多数油层在过去以相对较低的速度和较低的采收率生产，而其他地层最近才因水平井多段压裂技术的潜在开发而受到关注（Ross and Bustin，2008）。一般来说，这些原油资源是已知存在的，但与通过传统垂直井生产相比，大面积的页岩 / 致密地层被认为是不经济的。

最近的估计（NEB，2009）表明，加拿大不同地区的页岩地层中存在 $1×10^{15}ft^3$ 的潜在天然气，但主要位于加拿大西部沉积盆地，包括：（1）Cardium 群；（2）Colorado 群；（3）Duvernay 页岩；（4）Horn River 盆地；（5）Montney 页岩，这些地区也显示出巨大的煤层气资源（WCSB）。随着更多页岩和致密地层的调查和识别，预计资源估计值将大幅增加（NEB，2009）。

2.3.2.1 Cardium

Cardium 页岩由致密的层间页岩层和砂岩层组成，位于艾伯塔省中西部的大部分地区。地层深度从 3900ft 到 7500ft 不等，含油地层的平均厚度为 3~10ft（Peachey，2014）。Pembina 油田（加拿大最大的油田之一）地层的一些高质量部分具有较高孔隙度的砂岩和砾岩层，这些砂岩和砾岩已经开始生产。

最初的传统 Cardium 石油矿区含有 $106×10^8bbl$ 轻油，约占艾伯塔省所有常规石油资源的 16%。目前正在开发的主要油藏周围的区域可能含有额外的（10~30）$×10^8bbl$ 轻油，尽管估计值各不相同，到目前为止，$1.3×10^8bbl$ 或现有原始石油的 5%~10%，已被声称为技术上和经济上可生产的探明和控制储量。

在油气形成开始时，Cardium 组可能不含太多有机物，但现在地层中含有天然气和原油，它们可能是从更深的页岩地层迁移到地层中的。在 Cardium 组中，存在缺乏高渗透性砾岩带的储层区域，或存在高渗透性砾岩带的储层区域是砾岩上方或下方的致密带，不与通向垂直井的生产流动系统相连。虽然这些区域含有大量轻质原油，但它们不允许用垂直井进行商业开采。然而，在地层中引入长水平井，以及将水平井连接到地层中各个层的一系列裂缝段，提高了经济的石油产量，即使在相对较差的储集岩中也是如此。在 Cardium 组发现的部分石油可称为 halo 石油，即存在于历史生产区域周围现有油田边缘区域的石油。由于储层基质渗透率低，传统工艺无法生产这种油。

2.3.2.2 Colorado

Colorado 群由白垩纪中期沉积在艾伯塔省南部和萨斯喀彻温省的各种含页岩层位组成，包括 Medicine Hat 和 Milk River 含页岩砂岩，当时全球高海平面导致这些地层沉积，这些地层已经生产天然气超过 100 年（NEB，2009）。还有 Second White Speckled 页岩，它已经生产天然气几十年了（Beaton et al.，2009）。

在艾伯塔省的 Wildmere 地区，Colorado 页岩大约有 600ft 厚，从那里可以生产天然气。与霍恩河盆地和魁北克省 Utica 群的页岩地层不同，Colorado 群的页岩通过薄砂层和薄层生产，使其成为像 Montney 页岩一样的混合气页岩。此外，Colorado 群产生的气体来自生物，而不是产热。这意味着天然气液体的潜力非常低，储层压力不足，对水力压裂更为不利。Colorado 群页岩地层对水很敏感，这使得它们对水力压裂过程中使用的流体很敏感。

鉴于页岩的横向范围较广及储层的可变性，以及缺乏独立及公开的分析，Colorado 群的天然气总量很难估计。然而，可能至少有 $100×10^{12}ft^3$ 的天然气。

2.3.2.3 Duvernay

泥盆纪 Duvernay 页岩是一个石油和天然气矿区，位于加拿大艾伯塔省（Kaybob 地区），延伸至不列颠哥伦比亚省。泥盆纪地层被认为是莱杜克礁轻油资源的烃源岩，1947 年的发现是过去、现在和未来加拿大西部石油和天然气工业的决定性时刻之一。

加拿大艾伯塔省的 Duvernay 组（泥盆纪—弗拉斯尼亚期）是一种已探明的海洋烃源岩，它为邻近的类泥盆纪、碳酸盐岩礁和台地碳酸盐岩中的常规储层提供了大量原油和天然气。这些常规矿区的产量正在下降，勘探和开发现已转向其源头，即 Duvernay 页岩。

更深的 Duvernay 页岩地层位于大部分 Cardium 组之下，位于 Cardium 组之下的 Duvernay 组部分似乎更可能包含天然气储量而不是原油储量（NEB，2009；Peachey，2014）。

Duvernay 页岩位于 Montney 页岩的正北方，分布在艾伯塔省中部的大部分地区，在 Leduc 礁生长区域不存在，但在 Duhamel 礁下方除外，在那里它可能表现为钙质岩（一种由钙质岩石形成的白云石或石灰石，通常是非硅质）的薄层发育。在东部页岩盆地，地层厚度约为 175ft，向东和向东南艾伯塔省南部陆架增厚至 246ft。在东北方向，地层在前白垩纪地下截断处达到约 395ft。在西部页岩盆地，地层厚度约为 195ft，并向北增厚，在 Lesser Slave Lake 以东厚度超过 820ft。

该地层由互层深棕色沥青页岩沉积物、深棕色、黑色（偶尔为灰绿色）钙质页岩沉积物和致密泥质石灰岩沉积物组成。页岩地层以含油气为特征，呈平面平行毫米层状。该地层的特征在于：（1）孔隙率为 6.0%~7.5%；（2）渗透率为 236~805nD；（3）总有机碳含量为 3.1%~7.5%（质量分数）。岩心和岩屑样品的 X 射线衍射结果表明，它可能非常脆，黏土含量低（26%，质量分数），还包含无定形生物二氧化硅（47%，质量分数），以及方解石（$CaCO_3$）和白云石（$CaCO_3 \cdot MgCO_3$）基质（Switzer et al.，1994；Fowler et al.，2003）。

2.3.2.4　Horn River

Horn River 盆地位于不列颠哥伦比亚省东北部、纳尔逊堡以北和西北地区边界以南，占地约 250×10^4acre。这是一个非常规页岩区，目标是来自 Muskwa、Otter Park 和 Evie 组的中泥盆世超压页岩地层的干气。Horn River 西面由 Bovie Lake 断层带界定，东面和南面由时间等效的泥盆纪碳酸盐障壁杂岩界定（NEB，2009；BCOGC，2014）。

在地层上，Horn River 群富含有机物的硅质碎屑，Muskwa、Otter Park 和 Evie 页岩地层被 Fort Simpson 页岩覆盖，并被 Keg River 台地碳酸盐覆盖。Evie 页岩由深灰色至黑色、富含有机物、黄铁矿、多变钙质和硅质页岩组成。这种页岩在测井记录上表现出相对较高的伽马射线读数和高电阻率。该单元在堡礁复合体以西最厚，通常向西朝着 Bovie Lake 断层结构变薄。Otter Park 页岩在盆地东南角相当厚，被越来越多的泥质和钙质相所表征。石灰岩泥灰岩的沉积是以页岩为代价的。该单位在北部和西部变薄，显示出更高的伽马射线读数。Muskwa 页岩由灰色至黑色、富含有机物、黄铁矿、硅质页岩组成。Fort Simpson 组上覆的富含淤泥的页岩之间存在梯度接触。一般来说，Muskwa 组向西朝着 Bovie Lake 结构增厚。这种页岩变薄并延伸到堡礁复合体的顶部，并继续向东进入艾伯塔省，在地层上相当于 Duvernay 页岩。Muskwa 和 Otter Park 组被组合绘制，并作为一个整体进行分析。从地质力学的角度来看，Muskwa 和 Otter Park 组被认为是水力压裂后的一个整体，裂缝扩展几乎没有障碍。Evie 组作为一个独立的单元进行评估和测绘。

到目前为止，已经完成了盆地内储层可变性区域的确定，特别是在 Otter Park 组内。泥盆纪 Horn River 盆地页岩地层沉积在不列颠哥伦比亚省东北部 Slave Point 碳酸盐台地脚下的深水中。页岩地层富含二氧化硅（约 55%，体积分数），厚度约为 400ft。总有机质含量为 1%~6%（质量分数），该地层已生产常规天然气数十年。位于不列颠哥伦比亚省的 Horn River 页岩地层是加拿大最大的页岩气田，蕴含估计 $250×10^{12}ft^3$ 的天然气（Ross and Bustin，2008）。该页岩气区还包括科尔多瓦海湾，整个地层延伸至育空地区和西北地区，尽管其超出省 / 地区边界的北部范围不确定。

水平井钻井与多级水力压裂相结合的出现增加了人们对释放页岩气潜力的兴趣。在 2005 年之前，运营商的目标是泥盆纪顶峰礁，盆地页岩地层当时被认为是天然气的盖层和烃源岩。2005 年后，运营商开始将得克萨斯州类似的 Barnett 页岩的水平井钻井和多级水力压裂技术应用于 Horn River 盆地的经济开采。

2.3.2.5　Horton Bluff

加拿大沿海省份 Horton Bluff 群的湖泊泥浆沉积于早密西西比期（大约 3.6 亿年前）（表 2.2）区域沉降期间（NEB，2009）。新不伦瑞克省 Horton Bluff 群的 Frederick Brook 页岩中的二氧化硅含量约为 38%（体积分数），但黏土含量也很高，约为 42%（体积分数）。有迹象表明，新斯科舍省 Frederick Brook 段的有机含量明显高于加拿大其他天然气页岩地层，为 10%（体积分数），而产层厚度似乎超过 500ft，新不伦瑞克省有时超过 200ft。

也有迹象表明，大部分气体被黏土和有机物吸附，需要非常有效的储层增产才能实现新斯科舍页岩地层的显著产量。目前还不清楚新不伦瑞克页岩地层中吸附在黏土和有机物上的气体比例。

分析表明，新布伦瑞克南部苏塞克斯 / 埃尔金次盆地的弗雷德里克·布鲁克页岩中存在 $67×10^{12}ft^3$ 的游离气，新斯科舍省温莎地块上存在 $69×10^{12}ft^3$ 的天然气。

2.3.2.6　Montney

Montney 页岩是一种独特的资源，因为它是致密气和传统页岩的混合体。该地层富含淤泥和沙子（类似于致密气的特征），但天然气的来源来自其自身的有机物，如页岩。由于粉砂岩和砂岩的存在，Montney 组的渗透性极低，需要更高水平的压裂增产。然而，同一地区上、下 Montney 带矿物学特征不同（性质不同），储层特征复杂，影响了储层评价数据。传统裸眼测井历史上使调查人员认为，下 Montney 组是一个非常致密的地层，但孔隙度高于预期，但仍低于上 Montney 组的孔隙度，因此下 Montney 组尤其不同（Williams and Kramer，2011；NEB，2009）。

Montney 页岩地层位于加拿大不列颠哥伦比亚省深处的页岩矿床，位于 Horn River 页岩地层和 Duvernay 页岩地层南部的 Dawson Creek 地区。三叠纪 Montney 组跨越了各种各样的沉积环境，从东部的浅水砂到西部的近海泥浆。天然气目前产自 Montney 东部边缘的传统浅水海岸砂岩和坡道底部的深水致密砂岩。然而，混合页岩气潜力正在另外两个区域实现：（1）下 Montney 组，位于盆地近海过渡和近海部分的砂质粉质页岩中；（2）上 Montney 组，位于海岸表面以下，淤泥掩埋了斜坡底部的致密砂层。Montney 页岩非常厚（在某些地方超过 1000ft），这使得它适合于堆叠水平井，即在同一口井的两个高度钻水平支腿，穿透和压裂上 Montney 组和下 Montney 组。Montney 页岩中的总有机碳约为 7%（最大值），岩石被加热，直到它们很好地进入产热气体窗口。

因此，在这种致密的页岩地层中可以发现大量的天然气（Williams and Kramer，2011）。

该地层是致密气和页岩气资源的混合体，砂质泥岩地层可追溯到三叠纪，位于 Doig 组下方，深度从 5500ft 到 13500ft 不等，有些地方厚达 1000ft。凭借该等参数，Montney 页岩有潜力成为加拿大最重要的页岩气来源之一。

据估计，该区块在低渗透页岩和粉砂岩地层中蕴藏了多达 $5×10^{12}ft^3$ 的天然气。水平井钻在 5500~13500ft 的深度，水力压裂使天然气更容易流动。微震监测技术可用于评估水力压裂，方法是定位裂缝每个段的位置，并计算尺寸、几何形状和有效裂缝体积。

2.3.2.7　Utica

上奥陶统 Utica 页岩位于蒙特利尔和魁北克市之间，沉积在特伦顿碳酸盐台地脚下的深水中（NEB，2009）。随着地质时间的推移，由于早期阿巴拉契亚山脉的生长，页岩地层发生了演变，导致其东南侧的断层、褶皱的形成。该地层约100ft厚，总有机碳含量为1%~3%（质量分数），在 20 世纪早期至中期被确定为相关常规原油储层的烃源岩。

然而，与加拿大其他天然气页岩地层不同，Utica 具有更高浓度的方解石（$CaCO_3$），这是以一些二氧化硅（SiO_2）为代价的（Theriault，2008）。虽然地层中的方解石是脆性的，但水力裂缝不能很好地通过它传播。

2.3.3　其他国家

大量页岩气出现在美国和加拿大以外，致密地层中的潜在天然气和原油资源（表2.4）可与传统天然气和石油储量的资源估计相媲美，并有助于满足世界各国对能源的快速增长的需求，预计到 2035 年能源需求将增长 60%（Khlaifat et al.，2011；Aguilera et al.，2012；Islam and Speight，2016）。然而，这些大量未开发资源的商业化所涉及的技术和环境挑战，以及经济挑战需要一种涉及地球科学、工程和经济学的多学科方法。致密形式的天然气和原油有潜力贡献大量天然气，以满足 2035 年前及以后的全球一次能源消费。

此外，除美国和加拿大外，中国和阿根廷目前（在撰写本书时）是世界上仅有的从致密地层（页岩地层）生产商业化天然气或从致密地层生产原油（致密油）的国家。到目前为止，美国是页岩气和致密油的主要生产国。在中国，中国石化及中国石油均报道四川盆地的页岩气已商业化生产。在阿根廷，致密油生产主要来自 Neuquen 盆地，国家石油公司 YPF（Yacimientos Petrolíferos Fiscales）每天从洛马坎帕纳地区生产约 20000bbl 致密油。

42 个国家（除美国和加拿大之外）页岩气资源的初步估计约为 $6381×10^{12}ft^3$（US EIA，2011b，2015；DECC，2013；NRF，2013）。加上美国对页岩资源的估计，美国和其他 42 个被评估国家的页岩气资源总基数估计为 $7576×10^{12}ft^3$。根据页岩气资源估算，全球技术上可开采的天然气资源约为 $16000×10^{12}ft^3$，主要不包括页岩气（US EIA，2011b）。因此，将已确定的页岩气资源添加到其他天然气资源中，使全球技术上可开采的天然气资源总量增加 40% 以上，达到 $22600×10^{12}ft^3$（ERA，2011b）。就致密地层中的轻油而言，估计分布在 42 个国家（不包括加拿大和美国）的致密地层中的原油约为 $3320×10^8bbl$（表2.4）。

在国家层面，页岩气开发最具吸引力的国家分为两类。第一组包括目前高度依赖天然气进口、至少拥有部分天然气生产基础设施，且其估计页岩气资源相对于其目前天然气消耗量而言相当可观的国家。对这些国家来说，页岩气开发可能会显著改变它们未来的天然气平衡，这可能会促进发展。第二组包括页岩气资源估计较大（大于 $200×10^{12}ft^3$）且已有大量天然气生产基础设施供内部使用或出口的国家，现有的基础设施将有助于资源及时转化为生产，但也可能导致与其他天然气供应来源的竞争。对于个别国家，情况可能会更复杂。

致密油的主要资源存在于许多国家（表2.4）。这些国家的原油资源仍在调查中，估计是初步的，但显示出未来的前景，还需要确定其他国家确定页岩气和致密油资源量的方法，并确保比较数据的可靠性（US EIA，2013）。作为定义储层的不同术语的例子，虽然许多国家使用储层性质来定义致密储层，但一些国家可能使用天然气或原油的流速来定义致密地层，无论流速是否由储层性质引起。

此外，储量估算中使用的术语和方法也受到质疑，特别是储层容纳天然气和原油的容积容量，以及确定储层容积容量的方法。例如，区分技术上可采收的资源和经济上可采收的资源非常重要（US EIA，2013，2015）。技术上可采的资源是指使用当前技术可以开采的天然气和原油的数量，不考虑天然气、原油价格及生产成本。另一方面，经济上可采收的资源是指可以在当前市场价格下按比例生产的资源。此外，经济可采收性不仅受到地下地质的显著影响，还受到地上因素的显著影响，这些因素包括：（1）地下权利的个人所有权；（2）许多独立运营商和拥有关键专业知识和合适钻机的支持承包商的可用性；（3）预先存在的集输和管道基础设施；（4）水力压裂用水资源的可用性（US EIA，2013，2015）。并非所有这些因素在所有国家都是等同的。

表2.4　不同国家页岩气和致密油预测资源量

国家	页岩气（$10^{12}ft^3$）	致密油（10^9bbl）
阿尔及利亚	706.9	5.7
阿根廷	801.5	27.0
澳大利亚	429.3	15.6
玻利维亚	36.4	0.6
巴西	244.9	5.3
保加利亚	16.6	0.2
乍得	44.4	16.2
智利	48.5	2.3
中国	1115.2	32.2
哥伦比亚	54.7	6.8
丹麦	31.7	0
埃及	100.0	4.6
法国	136.7	4.7
德国	17.0	0.7
印度	96.4	3.8
印度尼西亚	46.4	7.9
约旦	6.8	0.1
哈萨克斯坦	27.5	10.6
利比亚	121.6	26.1
立陶宛 / 加里宁格勒	2.4	1.4

续表

国家	页岩气（$10^{12}ft^3$）	致密油（10^9bbl）
墨西哥	545.2	13.1
蒙古	4.4	3.4
摩洛哥	11.9	0
荷兰	25.9	2.9
阿曼	48.3	6.2
巴基斯坦	105.2	9.1
巴拉圭	75.3	3.7
波兰	145.8	1.8
罗马尼亚	50.7	0.3
俄罗斯	284.5	74.6
南非	389.7	0
西班牙	8.4	0.1
瑞典	9.8	0
泰国	5.4	0
突尼斯	22.7	1.5
土耳其	23.6	4.7
乌克兰	127.9	1.1
阿拉伯联合酋长国	205.3	22.6
英国	25.8	0.7
乌拉圭	4.6	0.6
委内瑞拉	167.3	13.4
西撒哈拉	8.6	0.2
合计	6381.2	331.8

注：不包括美国和加拿大。

2.4　页岩油气资源前景

页岩地层和致密地层对天然气和原油的储存性质与常规储层的储存性质有很大不同（见第1章和第3章）。除了类似于常规储集岩中发现的孔隙基质系统中存在气体之外，页岩地层和致密地层还具有不仅结合或吸附到地层的无机表面，而且结合或吸附到页岩中的有机质表面的气体或油。基质孔隙中的游离气，以及吸附气和油解吸的相对贡献和组合是油井产量的关键决定因素。

页岩中气体的数量和分布取决于：（1）初始储层压力；（2）岩石的物理性质；（3）储层岩石的吸附特性。因此，在生产过程中有三个主要过程在起作用。首先，天然气或石油生产的初始速率可能由裂缝网络中天然气或液体的消耗决定。由于储存能力有限，这种形式的生产速率迅速下降。其次，在产量的初始递减率稳定后，储存在基质中的天然气或石油的衰竭成为资源生产的主要过程。基质中的气体量取决于页岩储层的特殊性质，这可能很难估计。最后，但也是衰竭过程的第二步，是解吸，随着储层压力下降，吸附的气体或石油从岩石中释放出来。

在这一点上，通过解吸过程的资源生产速度高度依赖于储层压力的显著下降。此外，由于渗透率低，压力变化和对损耗率的任何影响通常以非常缓慢的速度穿过储层岩石。因此，可能需要紧密的井距来降低储层压力，足以使大量吸附的气体解吸。这些重叠的生产过程导致典型的双曲线产量在投产后一年（或两年）内急剧下降（生产率下降60%~80%）。

由于这些特殊的性质，特定井周围的天然气或石油的最终采收率可以在28%~40%（体积分数）的数量级上，而每口常规井的采收率可以高达60%~80%。因此，页岩区带和致密区带的开发与常规资源的开发有着显著的不同。对于一个常规的储层，每口井能够在相对较大的区域（取决于储层性质）排出天然气或原油。因此，只有少数井（通常为垂直井）需要从该油田生产商业量。对于页岩和致密地层项目，需要大量间距相对较小的井来生产足够大的量，以使该区块具有经济价值。因此，必须在页岩区钻探许多井，以有效地排空储层；例如，在Barnett页岩区（美国得克萨斯州），钻井密度可超过每60acre一口井。

2014年，美国原油日产量增加160×10⁴bbl，成为第一个连续三年产量至少增加1×10⁶bbl的国家（BP，2015）。这在很大程度上是由于从致密地层中生产原油。因此，美国取代沙特阿拉伯成为世界上最大的石油生产国，美国也取代俄罗斯成为世界上最大的原油和天然气生产国。

就未来而言，天然气和原油供应方面最重要的发展是美国页岩地层和致密地层资源的持续开发。然而，天然气及原油工业的发展将不幸地造成环境污染，包括酸雨、温室效应及所谓的全球变暖（全球气候变化）。

参 考 文 献

Abousleiman, Y., Tran, M., Hoang, S., Bobko, C., Ortega, A., Ulm, F.J., 2007. Geomechanics field and laboratory characterization of Woodford shale: the next gas play. Paper Bo. SPE 110120. In: Proceedings. SPE Annual Technical Conference and Exhibition, Anaheim, California. November 11e14.

Aguilera, R.F., Harding, T.G., Aguilera, R., 2012. Tight gas. In: World Petroleum Council Guide: Unconventional Gas. World Petroleum Council, London, United Kingdom, pp. 58e63. http://www.world-petroleum.org/docs/docs/ gasbook/unconventionalgaswpc2012.pdf.

Andrews, R.D., 2007. Stratigraphy, production, and reservoir characteristics of the Caney shale in southern Oklahoma. Shale Shak. 58, 9e25.

Andrews, R.D., 2012. My favorite outcrop e Caney shale along the south Flank of the Arbuckle Mountains, Oklahoma. Shale Shak. 62, 273e276.

Anthonsen, K.L., Schovsbo, N., Britze, P., 2016. European unconventional oil and gas assessment (EUOGA): overview of the current status and development of shale gas and shale oil in Europe. In: Report T3b of the EUOGA Study (EU Unconventional Oil and Gas Assessment) Commissioned by JRC-IET to GEUS. https:// ec.europa.eu/jrc/ sites/jrcsh/files/t8_review_of_results_and_recommendations.pdf.

Banerjee, A., 2002. The effective source rocks in the Cambay Basin, India. AAPG Bull. 86 (3), 433e456. American Association of Petroleum Geologists, Tulsa, Oklahoma.

BCOGC, 2014. Horn River Basin Unconventional Shale Gas Play Atlas. British Columbia Oil and Gas Commission, Victoria, British Columbia, Canada. http://www.hindawi.com/journals/jgr/2010/910243/cta/.

Beaton, A.P., Pawlowicz, J.G., Anderson, S.D.A., Rokosh, C.D., 2009. Rock Eval Total Organic Carbon, Adsorption Isotherms and Organic Petrography of the Colorado Group: Shale Gas Data Release. Open File Report No. ERCB/ AGS 2008-11. Energy Resources Conservation Board, Calgary, Alberta, Canada.

Bertog, J., 2010. Stratigraphy of the lower Pierre shale (campanian): implications for the tectonic and eustatic controls on facies distributions. J.Geol. Res. 2010, 15. https://doi.org/10.1155/2010/910243. Article ID 910243. http:// www.hindawi.com/journals/jgr/2010/910243/cta/.

Bonakdarpour, M., Flanagan, R., Holling, C., Larson, J.W., 2011. The Economic and Employment Contributions of Shale Gas in the United States. Prepared for America's Natural Gas Alliance. IHS Global Insight(USA)Inc., Washington, DC. December.

Boardman, D., Puckette, J., 2006. Stratigraphy and Paleontology of the Upper Mississippian Barnett Shale of Texas and Caney Shale of Southern Oklahoma. OGS Open-File Report No. 6-2006. Oklahoma Geological Survey, Norman Oklahoma.

Boruah, A., 2014. Unconventional shale gas prospects in Indian sedimentary basins. Int. J. Sci. Res. 3(6), 35e38.

Bowker, K.A., 2007a. Barnett shale gas production, Fort Worth basin, issues and discussion. AAPG Bull. 91, 522e533.

Bowker, K.A., 2007b. Development of the Barnett shale play, Fort Worth basin. W. Tex. Geol. Soc. 42(6), 4e11.

Boyer, C., Clark, W., Jochen, V., Lewis, R., 2011. Shale gas: a global resource. Oilfield Rev. 23(3), 28e39.

BP, June 2015. Statistical Review of World Energy 2015. BP PLC, London, United Kingdom. http://www. bp.com/ content/dam/bp/pdf/energy-economics/statistical-review-2015/bp-statistical-review-of-world-energy-2015-full-report.pdf.

Braithwaite, L.D., May 2009. Shale-Deposited Natural Gas: A Review of Potential. Report No. CEC-200-2009-005-SD. Electricity Analysis Office, Electricity Supply Analysis Division, California Energy Commission, Sacromento, California.

Bruner, K.R., Smosna, R., 2011. A Comparative Study of the Mississippian Barnett Shale, Fort Worth Basin, and Devonian Marcellus Shale, Appalachian Basin, Report No. DOE/NETL-2011/1478. United States Department of Energy, Morgantown Energy Technology Center, Morgantown, West Virginia.

Carroll, R.E., Pashin, J.C., Kugler, R.L., 1995. Burial History and Source-Rock Characteristics of Upper Devonian through Pennsylvanian Strata, Black Warrior Basin, Alabama. Circular No. 187. Alabama Geological Survey, Tuscaloosa, Alabama.

CIM, 2014. CIM Definition Standards - for Mineral Resources and Mineral Reserves Prepared by the CIM Standing Committee on Reserve Definitions Adopted by CIM Council on May 10, 2014. Canadian Institute of Mining, Metallurgy, and Petroleum, Westmount, Province of Quebec, Canada. www.cim.org.

Cipolla, C.L., Lolon, E.P., Erdle, J.C., Rubin, B., 2010. Reservoir modeling in shale-gas reservoirs. SPE Paper No. 125530 SPE Reserv. Eval. Eng. 13(4), 638e653.

Cleaves, A.W., Broussard, M.C., 1980. Chester and Pottsville depositional systems, outcrop. And subsurface in the black Warrior basin of Mississippi and Alabama. Gulf Coast Assoc. Geol. Soc. Trans. 30, 49e60.

Cleaves, A.W., 1983. Carboniferous terrigenous clastic facies, hydrocarbon producing zones, and sandstone provenance, northern shelf of the black Warrior basin. Gulf Coast Assoc. Geol. Soc. Trans. 33, 41e53.

Cohen, D., April 2008. Energy Bulletin. An Unconventional Play in the Bakken.

Cox, S.A., Cook, D.M., Dunek, K., Daniels, R., Jump, C., Barree, B., 2008. Unconventional resource play evaluation: a look at the bakken shale play of north Dakota. Paper No. Spe 114171. In: Proceedings. SPE Unconventional Resources Conference, Keystone, Colorado. February 10e12.

Curtis, J.B., 2002. Fractured shale-gas systems. AAPG Bull. 86 (11), 1921e1938. American Association of Petroleum Geologists, Tulsa, Oklahoma.

DECC, 2013. The Unconventional Hydrocarbon Resources of Britain's Onshore Basins e Shale Gas. Department of Energy and Climate Change, London, United Kingdom.

DeWitt Jr., W., Roen, J.B., Wallace, L.G., 1993. Stratigraphy of Devonian black shales and associated rocks in the Appalachian basin. In: Bulletin No. 1909. Petroleum Geology of the Devonian and Mississippian Black Shale of Eastern North America. U.S. Geological Survey, pp. B1eB57.

Dong, Z., Holditch, S.A., McVay, D.A., 2013. Resource evaluation for shale gas reservoirs. In: SPE Economics & Management, January: 5e16. Paper Number SPE 152066. Society of Petroleum Engineers, Richardson, Texas.

Dube, H.G., Christiansen, G.E., Frantz Jr., J.H., Fairchild Jr., N.R., 2000. The Lewis Shale, San Juan Basin: What We Know Now. SPE Paper No. 63091. Society of Petroleum Engineers, Richardson, Texas.

EIUT, 2012. Fact-Based Regulation for Environmental Protection in Shale Gas Development Summary of Findings. The Energy Institute, University of Texas at Austin, Austin, Texas. http://energy.utexas.edu.

Ettensohn, F.R., 1985. Controls on the Development of Catskill Delta Complex Basin-Facies. Special Paper No. 201. Geological Society of America, Boulder Colorado, pp. 65e77.

Ezisi, L.B., Hale, B.W., William, M., Watson, M.C., Heinze, L., 2012. Assessment of probabilistic parameters for Barnett shale recoverable volumes. SPE Paper No. 162915 Proceedings. In: SPE Hydrocarbon, Economics, and Evaluation Symposium, Calgary, Canada, September 24e25.

Faraj, B., Williams, H., Addison, G., McKinstry, B., 2004. Gas Potential of Selected Shale Formations in the Western Canadian Sedimentary Basin. GasTIPS (Winter). Hart Energy Publishing, Houston, Texas, pp. 21e25.

Fowler, M.G., Obermajer, M., Stasiuk, L.D., 2003. Rock-Eval and TOC Data for Devonian Potential Source Rocks, Western Canadian Sedimentary Basin. Open File No. 1579. Geologic Survey of Canada, Calgary, Alberta, Canada.

Frantz, J.H., Waters, G.A., Jochen, V.A., 2005. Evaluating Barnett shale production performance using an integrated approach. SPE Paper No. 96917. In: Proceedings. SPE ATCE Meeting, Dallas, Texas. October 9e12.

Gale, J.F.W., Reed, R.M., Holder, J., 2007. Natural fractures in the Barnett shale and their importance for hydraulic fracture treatments. Am. Assoc. Pet. Geol. Bull. 91, 603e622.

GAO, 2012. Information on Shale Resources, Development, and Environmental and Public Health Risks. Report No. GAO-12-732. Report to Congressional Requesters. United States Government Accountability Office, Washington, DC. September.

Gautier, D.L., 1981. Lithology, reservoir properties, and burial history of portion of Gammon shale (Cretaceous), southwestern North Dakota. AAPG Bull. 65, 1146e1159.

Gautier, D.L., 1982. Siderite concretions: indicators of early diagenesis in the Gammon shale (Cretaceous). J. Sediment. Petrol. 52, 859e871.

Gutschick, R.C., Sandberg, C.A., 1991. Late Devonian history of the Michigan basin. In: Catacosinos, P.A., Daniels, P.A. (Eds.), Early Sedimentary Evolution of the Michigan Basin: Geological Society of America Special Paper No. 256, pp. 181e202.

Hale, B.W., William, M., 2010. Barnett shale: a resource play e locally random and regionally complex. Paper No. SPE 138987. In: Proceedings. SPE Eastern Regional Meeting, Morgantown, West Virginia. October 12e14.

Hettinger, W., Kirschbaum, H., 2003. Stratigraphy of the upper Cretaceous Mancos shale (upper part) and Mesaverde group in the southern part of the Uinta and Piceance basins, Utah and Colorado. In: Petroleum

Systems and Geologic Assessment of Oil and Gas in the Uinta-Piceance Province, Utah and Colorado. USGS Uinta-Piceance Assessment Team. U.S. Geological Survey Digital Data Series DDSe69eB. USGS Information Services. Denver Federal Center Denver, Colorado (Chapter 12) .

Hill, D.G., Nelson, C.R., 2000. Gas productive fractured shales: an overview and update. GasTIPS (Summer) 6 (2), 4e13. Hart Energy Publishing, Houston, Texas. Barnett shale. In: Hill, R.J., Jarvie, D.M. (Eds.), 2007. American Association of Petroleum Geologists Bulletin, vol. 91, pp. 399e622.

Holst, T.B., Foote, G.R., 1981. Joint orientation in Devonian rocks in the northern portion of the lower Peninsula of Michigan. Geol. Soc. Am. Bull. 92 (2), 85e93.

Hite, R.J., Anders, D.E., Ging, T.G., 1984. Organic-rich source rocks of Pennsylvanian age in the Paradox basin of Utah and Colorado. In: Woodward, J., Meissner, F.F., Clayton, J.L. (Eds.), Hydrocarbon Source Rocks of the Greater Rocky Mountain Region. Guidebook, Rocky Mountain Association of Geologists Guidebook, Denver, Colorado, pp. 255e274.

IEA, 2012. Golden Rules for a Golden Age of Gas. OECD Publishing. International Energy Agency, Paris, France.

IEA, 2013. Resources to Reserves 2013: Oil, Gas and Coal Technologies for the Energy Markets of the Future. OECD Publishing. International Energy Agency, Paris, France.

Islam, M.R., Speight, J.G., 2016. Peak Energy e Myth or Reality? Scrivener Publishing, Beverly, Massachusetts.

Jacobi, D., Breig, J., LeCompte, B., Kopal, M., Mendez, F., Bliven, S., Longo, J., 2009. Effective geochemical and geomechanical characterization of shale gas reservoirs from wellbore environment: Caney and the Woodford shale. Paper No. SPE 124231. In: Proceedings. SPE Annual Technical Meeting, New Orleans, Louisiana. October 4e7.

Jarvie, D.M., Claxton, B.L., Henk, F., Breyer, J.T., 2001. Oil and shale gas from the Barnett shale, ft. Worth basin, Texas. In: Proceedings. AAPG Annual Meeting. Page A100.

Jarvie, D.M., Hill, R.J., Ruble, T.E., Pollastro, R.M., 2007. Unconventional shale-gas systems: the Mississippian Barnett shale of north central Texas, as one model for thermogenic shale-gas assessment. AAPG Bull. 9, 475e499.

Jennings, G.L., Greaves, K.H., Bereskin, S.R., 1997. Natural Gas Resource Potential of the Lewis Shale, San Juan Basin, New Mexico and Colorado. SPE Paper No. 9766. Society of Petroleum Engineers, Richardson, Texas.

Jochen, J.E., Lancaster, D.E., 1993. Reservoir characterization of an eastern Kentucky Devonian shale well using a naturally fractured, layered description. SPE Paper No. 26192. In: Proceedings. SPE Gas Technology Symposium, Calgary, Alberta, Canada, June 28e30.

Kepferle, R.C., 1993. A depositional model and basin analysis for the gas-bearing black shale (Devonian and Mississippian) in the Appalachian basin. In: Roen, J.B., Kepferle, R.C. (Eds.), Petroleum Geology of the Devonian and Mississippian Black Shale of Eastern North America. United States Geological Survey, Reston, Virginia, pp. F1e F23. Bulletin No. 1909.

Khlaifat, A.L., Qutob, H., Barakat, N., 2011. Tight gas sands development is critical to future world energy resources. Paper No. SPE 142049-MS. In: Proceedings. SPE Middle East Unconventional Gas Conference and Exhibition, Muscat, Oman. January 31eFebruary 2. Society of Petroleum Engineers, Richardson, Texas.

Kok, M.V., Merey, S., 2014. Shale gas: current perspectives and future prospects in Turkey and the world. Energy Sources Part A 36, 2492e2501.

Kubik, W., Lowry, P., 1993. Fracture identification and characterization using cores, FMS, CAST, and borehole camera: Devonian shale, Pike county, Kentucky. SPE Paper No. 25897. In: Proceedings. SPE Rocky

Mountains Regional-Low Permeability Reservoirs Symposium. Denver, Colorado. April 12e14.

Kuuskraa, V.A., Wicks, D.E., Thurber, J.L., 1992. Geologic and reservoir mechanisms controlling gas recovery from the Antrim shale. SPE Paper No. 24883. In: Proceedings. SPE ATCE Meeting, Washington, DC. October 4e7.

Law, B.E., Curtis, J.B., 2002. Introduction to unconventional petroleum system. AAPG Bull. 86 (11), 1851e1852. American Association of Petroleum Geologists, Tulsa, Oklahoma.

Mars, J.C., Thomas, W.A., 1999. Sequential filling of a late Paleozoic foreland basin. J. Sediment. Res. 69, 1191e1208.

Martini, A.M., Budal, J.M., Walter, L.M., Schoell, N.M., September 12, 1996. Microbial generation of economic accumulations of methane within a shallow organic-rich shale. Nature.

Martini, A.M., Walter, L.M., Budai, J.M., Ku, T.C.W., Kaiser, C.J., Schoell, M., 1998. Genetic and temporal relations between formation waters and biogenic methane: upper Devonian Antrim shale, Michigan basin, USA. Geochem. Cosmochim. Acta 62 (10), 1699e1720.

Mauro, L., Alanis, K., Longman, M., Rigatti, V., 2010. Discussion of the upper Cretaceous baxter shale gas reservoir, Vermillion Basin, northwest Colorado and adjacent Wyoming. AAPG search and discovery article #90122©2011. In: Proceedings. AAPG Hedberg Conference, Austin, Texas. December 5e10.

McGlade, C., Speirs, J., Sorrell, S., 2013. Methods of estimating shale gas resources: comparison, evaluation and implications. Energy 59, 116e125.

Mittenthal, M.D., Harry, D.L., 2004. Seismic interpretation and structural validation of the southern Appalachian fold and thrust belt, northwest Georgia. In: Georgia Geological Guidebook, University of West Georgia, Carrollton, Georgian, vol. 42, pp. 1e12.

Montgomery, S., 1992. Paradox basin: Cane Creek play. Pet. Front. 9, 66.

Montgomery, L., Jarvie, D., Bowker, K.A., Pollastro, R.M., 2005. Mississippian Barnett Shale Fort Worth basin, northcentral Texas : gas-shale play with multi-trillion cubic foot potential. AAPG Bull. 89 (2), 155e175. American Association of Petroleum Geologists, Tulsa, Oklahoma.

Mohan, M., 1995. A promise of oil and gas potential. J. Paleontol. Soc. India 40, 41e45.

Morgan, C.D., 1992. Horizontal drilling potential of the Cane Creek shale, Paradox Formation, Utah. In: Schmoker, J.W., Coalson, E.B., Brown, C.A. (Eds.), Geological Studies Relevant to Horizontal Drilling: Examples from Western North America. Rocky Mountain Association of Geologists, pp. 257e265.

NEB, 2009. A Primer for Understanding Canadian Shale Gas. National Energy Board, Calgary, Alberta, Canada. November.

NPC, 2011. Prudent Development: Realizing the Potential of North America's Abundant Natural Gas and Oil Resources. National Petroleum Council, Washington, DC. www.npc.org.

NRF, 2013. Shale Gas Handbook: A Quick-Reference Guide for Companies Involved in the Exploitation of Unconventional Gas Resources. Norton Rose Fulbright LLP, London, United Kingdom.

Nuccio, V.F., Condon, S.M., 1996. Burial and Thermal History of the Paradox Basin, Utah and Colorado, and Petroleum Potential of the Middle Pennsylvanian Paradox Formation. Bulletin No. 2000-O. United States Geological Survey, Reston, Virginia.

Nummendal, D., Molenaar, C.M., 1995. Sequence stratigraphy of ramp-setting strand plain successions: the Gallup Sandstone, New Mexico. In: Van Wagoner, J.C., Bertram, G.T. (Eds.), Sequence Stratigraphy of Foreland Basin Deposits, AAPG Memoir, vol. 64, pp. 277e310.

Parker, M., Buller, D., Petre, E., Dreher, D., 2009. Haynesville shale petrophysical evaluation. Paper No. SPE 122937. In: Proceedings. SPE Rocky Mountain Petroleum Technology Conference, Denver, Colorado. April 14e16.

Pashin, J.C., Kugler, R.L., 1992. Delta-destructive spit complex in black Warrior basin: facies heterogeneity in Carter sandstone (Chesterian), north Blowhorn Creek oil unit, Lamar county, Alabama. Gulf Coast Assoc. Geol. Soc. Trans. 42, 305e325.

Pashin, J.C., 1994. Cycles and stacking patterns in Carboniferous rocks of the black warrior Foreland basin. Gulf Coast Assoc. Geol. Soc. Trans. 44, 555e563.

Peachey, B., May 1, 2014. Mapping Unconventional Resource Industry in the Cardium Play Region: Cardium Tight Oil Play Backgrounder Report. Petroleum Technology Alliance Canada (PTAC). Calgary, Alberta, Canada.

Rheams, K.F., Neathery, T.L., 1988. Characterization and geochemistry of Devonian oil shale, north Alabama, northwest Georgia, and south-central Tennessee (A resource evaluation). In: Bulletin No. 128, Alabama Geological Survey, Tuscaloosa, Alabama.

Raju, A.T.R., 1969. Geological evaluation of Assam and Cambay tertiary basin of India. AAPG Bull. 52, 2422e2437. American Association of Petroleum Geologists, Tulsa, Oklahoma.

Roen, J.B., 1993. Introductory review e Devonian and Mississippian black shale, eastern North America. In: Roen, J.B., Kepferle, R.C. (Eds.), Petroleum Geology of the Devonian and Mississippian Black Shale of Eastern North America. United States Geological Survey, Reston, Virginia, pp. A1eA8. Bulletin No. 1909.

Rokosh, C.D., Pawlowicz, J.G., Berhane, H., Anderson, S.D.A., Beaton, A.P., 2009. What is shale gas? An introduction to shale-gas geology in Alberta. In: ERCB/AGS Open File Report 2008-08. Energy Resources Conservation Board-Alberta Geological Survey, Edmonton, Alberta, Canada.

Ross, D.J.K., Bustin, R.M., January 1, 2008. Characterizing the shale gas resource potential of Devonian Mississippian strata in the western Canada sedimentary basin: application of an integrated formation evaluation. AAPG Bull. 92 (1), 87e125. American Association of Petroleum Geologists, Tulsa, Oklahoma.

Satter, A., Iqbal, G.M., Buchwalter, J.L., 2008. Practical Enhanced Reservoir Engineering. PennWell Corp., Tulsa, Oklahoma.

Schamel, S., 2005. Shale Gas Reservoirs of Utah: Survey of an Unexploited Potential Energy Resource. Open-File Report No. 461. Utah Geological Survey, Utah Department of Natural Resources, Salt Lake City, Utah. September.

Schamel, S., 2006. Shale Gas Resources of Utah: Assessment of Previously Undeveloped Gas Discoveries. Open-File Report No. 499. Utah Geological Survey, Utah Department of Natural Resources, Salt Lake City, Utah. September.

Switzer, S.B., et al., 1994. Chapter 12: Devonian woodbend-winterburn strata of the western Canadian sedimentary basin. In: Geological Atlas of the Western Canadian Sedimentary Basin. CSPG/ARC, Calgary, Alberta, Canada, pp. 165e202.

Telle, W.R., Thompson, D.A., Lottman, L.K., Malone, P.G., 1987. Preliminary burial-thermal history investigations of the black Warrior basin: implications for coalbed methane and conventional hydrocarbon development: Tuscaloosa, Alabama, University of Alabama. In: Proceedings. 1987 Coalbed Methane Symposium Proceedings, pp. 37e50.

Theriault, R., November 2008. Characterization Geochimique et Mineralogique et Evaluation du Potentiel Gazeifere des Shales De l'Utica et du Lorraine, Basses-Terres du Saint-Laurent. Quebec Exploration 2008. Quebec City, Quebec.

Thomas, W.A., Mack, G.H., 1982. Paleogeographic relationship of a Mississippian barrier-island and shelf-bar system (Hartselle sandstone) in Alabama to the Appalachian-Ouachita orogenic belt. Geol. Soc. Am. Bull. 93, 6e19.

Thomas, W.A., 1988. The black Warrior Basin. In: Sloss, L.L. (Ed.), Sedimentary Cover e North American Craton, The Geology of North America, vol. D-2. Geological Society of America, Boulder, Colorado, pp. 471e492.

Thomas, W.A., Astini, R.A., Osborne, W.E., Bayona, G., 2000. Tectonic framework of deposition of the Conasauga Formation. In: Osborne, W.E., Thomas, W.A., Astini, R.A. (Eds.), The Conasauga Formation and Equivalent Units in the Appalachian Thrust Belt in Alabama. Alabama Geological Society 31st Annual Field Trip Guidebook, Alabama Geological Society, Tuscaloosa, Alabama, pp. 19e40.

Thomas, W.A., 2001. Mushwad: ductile duplex in the Appalachian thrust belt in Alabama. Am. Assoc. Pet. Geol. Bull. 85, 1847e1869.

Thomas, W.A., Bayona, G., 2005. The Appalachian thrust belt in Alabama and Georgia: thrust-belt structure, basement structure, and Palinspastic reconstruction. In: Geological Survey Monograph No. 16. Alabama Geological Society Tuscaloosa, Alabama.

US EIA, July 2011a. Shale Gas and Shale Oil Plays. Energy Information Administration, United States Department of Energy, Washington, DC. www.eia.gov.

US EIA, 2011b. World Shale Gas Resources: An Initial Assessment of 14 Regions Outside the United States. Energy Information Administration, United States Department of Energy. www.eia.gov.

US EIA, August 2012. U.S. Crude Oil, Natural Gas, and Natural Gas Liquids Proved Reserves, 2010. Energy Information Administration, United States Department of Energy. www.eia.gov.

US EIA, May 17, 2013. EIA/ARI World Shale Gas and Shale Oil Resource Assessment: Technically Recoverable Shale Gas and Shale Oil Resources: An Assessment of 137 Shale Formations in 41 Countries Outside the United States. Energy Information Administration, United States Department of Energy, Washington, DC. http://www.adv-res.com/pdf/A_EIA_ARI_2013%20World%20Shale%20Gas%20and%20Shale%20Oil%20Resource%20Assessment.pdf.

US EIA, 2015. Technically Recoverable Shale Oil and Shale Gas Resources. Energy Information Administration, United States Department of Energy, Washington, DC.

USGS, 2008. Assessment of Undiscovered Oil Resources in the Devonian-Mississippian Bakken Formation, Williston Basin Province, Montana and North Dakota. Fact Sheet No. 2008-3021. United States Geological Survey, Reston Virginia.

USGS, 2014. Map of Assessed Tight-Gas Resources in the United States, 2014. U.S. Geological Survey National Assessment of Oil and Gas Resources Project. Digital Data Series DDS-69-HH. United States Geological Survey, Reston Virginia.

Walter, L.M., McIntosh, J.C., Budai, J.M., Martini, A.M., 2000. Hydrogeochemical controls on gas occurrence and production in the New Albany Shale. Gastips 6(2), 14e20.

Williams, J., Kramer, H., 2011. Montney shale formation evaluation and reservoir characterization case study well comparing 300 m of core and log data in the upper and lower Montney. In: Proceedings. 2011 CSPG CSEG CWLS Convention, Calgary, Alberta, Canada.

Zhao, H., Givens, N.B., Curtis, B., 2007. Thermal maturity of the Barnett shale determined from well-log analysis. AAPG Bull. 91(4), 535e549. American Association of Petroleum Geologists, Tulsa, Oklahoma.

Zijp, M.H.A.A., Nelskamp, S., Doornenbal, J.C., 2017. Resource estimation of shale gas and shale oil in Europe. In: Report T7b of the EUOGA Study (EU Unconventional Oil and Gas Assessment) Commissioned by European Commission Joint Research Centre to GEUS. https://ec.europa.eu/jrc/sites/jrcsh/files/t7_resource_estimation_of_shale_gas_and_shale_oil_in_europe.pdf.

Zuber, M.D., Williamson, J.R., Hill, D.G., Sawyer, W.K., Frantz, J.H., 2002. A comprehensive reservoir evaluation of a shale gas reservoir e the new Albany shale. SPE Paper No. 77469. In: Proceedings. Annual Technical Conference and Exhibition, San Antonio, Texas. September 20eOctober 2.

第3章 储层和流体特征

3.1 引言

储层流体是一个概括性术语，用来描述赋存在油气藏中的任何流体，包括气体、液体和固体（石蜡等）。一般重点关注的流体类型是：（1）天然气；（2）原油，包括凝析油和石蜡；（3）重油；（4）油砂沥青。本书重点研究前三种。水也包括在内，并且是储层流体的一个重要类别。具体来说，天然气和原油储层中地层水通常含无机盐，溶解了氯化钠（NaCl）及其他矿物成分，其中包括钙（Ca^{2+}）、镁（Mg^{2+}）、硫酸盐（SO_4^{2-}）、碳酸氢盐（HCO_3^-）、碘（I^-）和溴（Br^-）等。在储层条件下，地层水与烃类物质共用孔隙空间，仅含有少量溶解气（以甲烷为主），并且随着矿化度增长溶解气减少。地层水产出地面时体积略有收缩（小于5%体积）。

此外，天然状态下石蜡（非溶解在原油中的）也可以归类为储层流体。石蜡单质是一种白色或无色的柔软固体，由含有20~40个碳原子的烃类物质混合而成（Gruse and Stevens，1960；Wollrab and Streibl，1969；Musser and Kilpatrick，1998；Huang et al.，2003；Speight，2014）。石蜡在室温条件下是固体，在大约37°C（99°F）开始融化，沸点为370°C（698°F）。天然石蜡在一些常规原油储层中受到特别关注，在页岩中也作为原油的一部分存在（其分子范围可能与常规原油不相同）。特别要注意当来自页岩的原油与其他石蜡类液体（如石脑油）混合时，会导致运输和炼制过程中出现结蜡（Speight，2014，2015）。

储层中存在的流体类型必须在发现储层后尽早确定，特别是天然气和原油，以及重油（流体性质差异较大）（表3.1至表3.3）。流体类型是在油气藏开发决策中的重点考虑因素。此外流体性质在注入/采出方案和地面设施的设计和优化中起着关键作用，对实现高效的油气藏经营管理和延长油气藏生命周期极为重要。流体性质评价不准确将导致资源量计算及采收率预测的不确定性增加。在投产前（见第4章论述内容），流体特征的研究可能仅代表实验室（地面标况）特征，但投产后，由于压力变化和储层流体流动导致的流体组成变化将较为显著，可以更加准确地评估流体原位特性并预测储层寿命。

表3.1 天然气气体组分

名称	化学式	体积比（%）
甲烷	CH_4	>85
乙烷	C_2H_6	4
丙烷	C_3H_8	1~5
丁烷	C_4H_{10}	1~2
戊烷*	C_5H_{12}	1~5
二氧化碳	CO_2	1~2
硫化氢	H_2S	1~2
氮气	N_2	1~5
氦气	He	<0.5

* 戊烷：戊烷和更高分子量的烃类，最高可达辛烷（C_8H_{18}），包括苯和甲苯。

表 3.2　典型原油 API 重度及含硫量

国家	原油	API 重度（°API）	含硫量 [%（质量分数）]
阿布扎比（阿联酋）	Abu Al Bu Khoosh	31.6	2.00
	Murban	40.5	0.78
安哥拉	Cabinda	31.7	0.17
	Palanca	40.1	0.11
澳大利亚	Barrow Island	37.3	0.05
	Griffin	55.0	0.03
巴西	Garoupa	30.0	0.68
	Sergipano Platforma	38.4	0.19
文莱	Champion Export	23.9	0.12
	Seria	40.5	0.06
喀麦隆	Lokele	20.7	0.46
	Kole Marine	32.6	0.33
加拿大（艾伯塔）	Wainwright–Kinsella	23.1	2.58
	Rainbow	40.7	0.50
中国	胜利油田	24.2	1.00
	南海轻质油	40.6	0.06
迪拜（阿联酋）	Fateh	31.1	2.00
	Margham Light	50.3	0.04
埃及	Ras Gharib	21.5	3.64
	Gulf of Suez	31.9	1.52
加蓬	Gamba	31.4	0.09
	Rabi-Kounga	33.5	0.07
印度尼西亚	Bima	21.1	0.25
	Kakap	51.5	0.05
伊朗	Aboozar（Ardeshir）	26.9	2.48
	Rostam	35.9	1.55
伊拉克	Basrah Heavy	24.7	3.50
	Basrah Light	33.7	1.95
利比亚	Buri	26.2	1.76
	Bu Attifel	43.3	0.04
马来西亚	Bintulu	28.1	0.08
	Dulang	39.0	0.12
墨西哥	Maya	22.2	3.30
	Olmeca	39.8	0.80

续表

国家	原油	API 重度（°API）	含硫量 [%（质量分数）]
尼日利亚	Bonny Medium	25.2	0.23
	Brass River	42.8	0.06
北海（挪威）	Sea（Norway）Emerald	22.0	0.75
北海（英国）	Sea（UK）Innes	45.7	0.13
卡塔尔	Qatar Marine	36.0	1.42
	Dukhan（Qatar Land）	40.9	1.27
沙特阿拉伯	Arab Heavy（Safaniya）	27.4	2.80
	Arab Extra Light（Berri）	37.2	1.15
美国（加州）	Beach	20.7	1.38
美国（密歇根州）	Sweet	47.0	0.31
威尼斯	Leona	24.4	1.51
	Oficina	33.3	0.78

表 3.3　典型重油 API 重度及含硫量

国家	原油	API 重度（°API）	含硫量 [%（质量分数）]
加拿大（阿尔伯塔）	Athabasca	8.0	4.80
	Cold Lake	13.2	4.11
	Lloydminster	16.0	2.60
	Wabasca	19.6	3.90
乍得	Bolobo	16.8	0.14
	Kome	18.5	0.20
中国	秦皇岛	16.0	0.26
	肇东	18.4	0.25
哥伦比亚	Castilla	13.3	0.22
	Chichimene	19.8	1.12
厄瓜多尔	Ecuador Heavy	18.2	2.23
	Napo	19.2	1.98
美国（加州）	Midway Sunset	11.0	1.55
	Wilmington	18.6	1.59
委内瑞拉	Boscan	10.1	5.50
	Tremblador	19.0	0.80

储层流体的组成差别很大，不同油田流体相态不同。储层流体通常是以气体和液体形式在储层中共存，同时也存在固体，例如石蜡或沥青质（Wilhelms and Larter，1994a，b；Zhang and Zhang，1999；Speight，2014）。储存这些储层流体的岩石组成也差异较大，并可影响储层流体的物理性质和流动性质。其他因素，如生产地区、水头高度、天然裂缝或断

层、产水量等的差别也有助于区分储层，并影响开发方式的选择。

实际上，与研究储层流体性质一样，研究储层的岩石的弹性特征对于页岩和致密油气的勘探开发极为重要。根据针对 Barnett、Haynesville、Eagle Ford 和 Fort St. John 页岩地层岩石静动态弹性特征的研究表明，受页岩储层和致密储层中岩石矿物成分和微观结构的影响，不同储层之间（甚至同一个储层中）岩石的弹性特征存在显著差异。例如，静态（杨氏模量）和动态（P波和S波模量）弹性参数一般随黏土矿物含量和干酪根含量单调递减。然而，由于页岩的有机质含量及构成页岩的黏土矿物的数量和种类不同（表3.4和表3.5）（Hillier，2003；Bergaya et al.，2011），页岩地层的弹性性质具有强烈的各向异性（Sone and Zoback，2013a，b）。

表 3.4　黏土矿物的一般类型

种类	类型
高岭石族	高岭石
	地开石
	禾乐石
	珍珠石
蒙皂石族	膨润土
	绿脱石
	贝得石
	皂石
伊利石族	伊利石
	水云母
绿泥石	岩石化学组分差异很大

表 3.5　黏土矿物化学式

种类	晶层类型	层间电荷	化学式
高岭石	1:1	<0.01	$[Si_4]Al_4O_{10}(OH)_8 \cdot nH_2O$（$n=0$ 或 4）
伊利石	2:1	1.4~2.0	$M_x[Si_{6.8}Al_{1.2}]Al_3Fe_{0.25}Mg_{0.75}O_{20}(OH)_4$
蛭石	2:1	1.2~1.8	$M_x[Si_7Al]AlFe_{0.5}Mg_{0.5}O_{20}(OH)_4$
蒙皂石	2:1	0.5~1.2	$M_x[Si_8]Al_{3.2}Fe_{0.2}Mg_{0.6}O_{20}(OH)_4$
绿泥石	2:1:1	可变	$[Al(OH)_{2.55}]_4[Si_{6.8}AlO_{1.2}]Al_{3.4}Mg_{0.6}O_{20}(OH)_4$

通常情况下，天然气和原油产自两类岩石：烃源岩和储集岩，尽管通常认为原油在成藏史上曾经有过从烃源岩向储集岩的运移（或原油的前体）（Speight，2014），这区分了原油、天然气的原始和最终的成熟度。烃源岩通常是沉积岩，油气从有机碎屑物中生成。在烃源岩中形成后，原油及任何形式的烃类物质，以及任何潜在的碳氢化合物组分，从甲烷（表3.1）的简单结构到例如常规原油重油的复杂结构，可以在经过进一步熟化作用后运移

到储层岩石（Speight，2014）。

包含天然气和原油的地层主要由碎屑岩（由原始岩石或矿物的碎片组成的岩石），化学沉积岩（由矿物的化学沉淀形成）和生物沉积岩（由贝壳、植物材料和骨骼的生物碎片形成）组成。油气田中最常见的三种沉积岩类型是：（1）页岩；（2）砂岩；（3）碳酸盐岩。岩石类型的划分主要取决于粒度和组成、孔隙度（晶粒内部和晶粒之间的孔隙空间）和胶结特征（岩石颗粒间固定方式）等特征，这些特征都会影响油气产量（Bustin et al.，2008）。历史上，美国生产的大部分原油和天然气都是从常规砂岩和碳酸盐岩储层中开采出来的。

在20世纪90年代到21世纪头十年，页岩层和其他致密岩层的天然气和原油产量急剧增加。盆地之间差异较大，每个盆地都有自己独特的勘探标准和开发难点。页岩气资源开发对周围社区和生态系统构成了潜在的挑战。例如，Antrim和New Albany页岩层系是浅层页岩，与其他大多数页岩层系不同的是地层水产出较多。

3.2   沉积物

沉积岩是由水中的沉积物形成的岩石类型，沉积是矿物质和（或）有机质（碎屑）沉降并积累的过程，在风化和侵蚀作用下在物源区形成，然后被水、风、冰、重力作用或冰川等自然力运移至沉积地点。

地球地壳中沉积岩覆盖面积很广，但只占地壳总质量的8%（质量分数）。沉积岩是以岩层（地层）的形式沉积的，存在层理结构，可以反映地质特征从而有助于资源勘探开发，例如原油和天然气，以及煤层气。

沉积岩的地质年代是判断其是否含有原油和天然气的重要因素。尽管不同年代的岩石都可以开发石油和天然气，但高产地层通常是来自几个地质时期：（1）泥盆纪，405—345百万年前；（2）石炭纪，345—280百万年前；（3）二叠纪，280—225百万年前；（4）白垩纪，136—71百万年前（表3.6）。在这些地质年代，富含有机质的物质与沉积物一起聚集，随着时间的推移（数百万年），化学变化（由上覆岩层压力和随着压力的增加所产生的热量引起）改变了原始有机质碎屑的性质，最终生成了天然气和原油。

表 3.6   地质时间尺度[①]

界	系	统	持续时间（Ma）	距今时间（Ma）
新生界	第四系	全新统	10000年至今	
		更新统	2	0.01
	古近—新近系	上新统	11	2
		中新统	12	13
		渐新统	11	25
		始新统	22	36
		古新统	71	58
中生界	白垩系		71	65
	侏罗系		54	136
	三叠系		35	190

续表

界	系	统	持续时间（Ma）	距今时间（Ma）
古生界	二叠系		55	225
	石炭系		65	280
	泥盆系		60	345
	志留系		20	405
	奥陶系		75	425
	寒武系		100	500
前寒武系			3380	600

①基于文献数据，近似值。

3.2.1 岩石类型

砂岩是第二常见的碎屑沉积岩，是天然气和原油最常见的储集岩。砂岩由较大的沉积颗粒构成，通常发育在河道、三角洲和浅海沉积环境中。碎屑由其他岩石通过物理风化作用破碎下来的碎屑、岩块组成。碎屑这一术语用于描述沉积岩，沉积物运移中的悬浮物或推移质，以及沉积地层（Marshak，2012）。主要的碎屑沉积岩是：（1）砾岩，其中颗粒主要是圆形的，大小在 64mm 以上；（2）角砾岩，其中角形颗粒的大小在 2~64mm；（3）砂岩，其中颗粒的大小范围在 1/16~2mm（与此相比，页岩是由小于 1/16mm 的颗粒组成）。

砾岩地层是最少见的沉积地层，由不定量的砂和泥固结的沉积颗粒（或卵石）组成。砾岩在溪流河道、山脉边缘和海滩上堆积，主要由棱角卵石（角砾）组成。有些砾岩（冰碛岩）是在冰川沉积中形成的。砂岩地层基本上是由胶结砂组成的，约占所有沉积岩的三分之一。砂岩中最丰富的矿物是石英（SiO_2），以及较少的方解石（$CaCO_3$）、石膏（$CaSO_4 \cdot 2H_2O$）和各种铁化合物。这些地层往往比页岩地层有更多的孔隙，因此只要存在不透水的围岩（如页岩地层）就可以成为良好的储集岩。碳酸盐岩地层是第三类常见的沉积地层，是在海洋环境中的生物的壳和骨骼残骸的聚集形成的。

化学沉积岩和有机沉积岩是除碎屑沉积岩外的另一组主要沉积岩。它们由溶解在水中的风化物质或死亡的海洋生物在特殊条件下（如高温、高蒸发和高有机活性）形成的生化岩石。一些化学沉积物直接从溶解物质所在的水中沉积下来，例如海水蒸发。这类沉积通常被称为无机化学沉积物。通过植物或动物沉积或协助沉积的化学沉积物被归类为有机沉积物或生化沉积物。

由无机作用产生的沉积物形成的沉积岩包括：（1）石灰岩；（2）白云岩；（3）蒸发岩。石灰岩（$CaCO_3$，方解石）通常是由贝壳或其他骨架结构沉积形成的。这些骨骼残骸的积累形成了最常见的化学沉积物——石灰岩。石灰岩也可以通过无机沉淀和有机活动形成。白云岩（镁质石灰岩，$CaCO_3 \cdot MgCO_3$）生成于与石灰岩相同的环境中，当石灰岩中的一些钙被镁取代时形成。蒸发岩矿物是从海水中沉淀出的沉积岩（真正的化学沉积物）。有两种类型的蒸发岩矿床：海洋矿床，也可以描述为海洋沉积物；非海洋矿床，这些矿床存在于湖泊等静水体中。盐岩（$NaCl$）和石膏（$CaSO_4 \cdot 2H_2O$）是最常见的蒸发岩矿物。高蒸发量会加快水分散失并加速沉积。

生物化学沉积岩由生物体的遗骸或分泌物形成的沉积物组成，并通过沉积物的积累和后续固结形成各种类型的岩石。它们包括化石石灰岩、贝化灰岩（由贝壳和粗壳片组成的石灰岩）、白垩（多孔细纹理的石灰岩，由钙质贝壳组成）、褐煤和烟煤（软煤）。

3.2.2 岩石特征

沉积岩具有明确的物理特征，一些特征很容易与火成岩（由岩浆或熔岩冷却和凝固形成的岩石）或变质岩（岩石在地表以下深处经过热、压力和化学作用而改变后形成）区分开来。一些最重要的沉积特征如下所示：（1）层理；（2）交错层理；（3）递变层理；（4）纹理；（5）波纹痕迹；（6）泥裂纹；（7）结核；（8）化石；（9）颜色。

层理结构可能是沉积岩最显著的特征，它通常以层（岩层）的形式出现，在风、水或冰等地质作用下逐渐沉积成岩时形成。交错层理结构发生在相互倾斜的岩层组中。岩层朝着沉积时风或水的方向倾斜，交错层理之间的边界通常代表着侵蚀表面。交错层理常见于海滩沉积、沙丘和河流沉积物，有助于确定古代沉积物的起源和形成。递变层理是由于流体速度降低（通常是在河床中）形成的：（1）较大或较密的颗粒物质被沉积，（2）较小的颗粒物质被沉积。这导致层理结构显示出从底部到顶部颗粒大小逐渐减小的趋势（顶部为细粒沉积物，底部为粗粒沉积物）。

化石是生活在地球上的生物的遗骸在地壳中被保存下来形成的。根据生物演化历程，化石提供了相关沉积物年代线索，并可以成为过去气候特征分析的重要指标。已经发现和未发现的所有化石，以及它们在化石层和沉积层（地层）中的位置统称为化石记录。

沉积岩的颜色由其中的某些矿物质决定。颜色是岩石最容易注意到和最明显的特征之一，但也是最难解释的特征之一。除了灰色和黑色（主要由有机物质决定）之外大多数岩石颜色受铁离子影响。三价铁离子（Fe^{3+}）呈现红色、紫色和黄色，例如赤铁矿（氧化铁，Fe_2O_3）和褐铁矿（一种由含水三价铁氧化物和氢氧化物混合物组成的铁矿石，其组成成分与赤铁矿不同）会呈现粉红色或红色。铁的二价离子（Fe^{2+}）在沉积物中呈现绿色。通常情况下，红色代表氧化环境，例如河道、某些洪泛平原和非常浅的海水环境。绿色表示缺氧或低氧的环境，通常与海洋环境相关。暗灰色到黑色的颜色表示缺氧环境，通常代表深水环境，但也可能是沼泽环境。总之，沉积环境解释需要综合其他岩石特征。沉积岩的颜色如何形成仍存在争议，因此颜色与沉积环境的相关性必须谨慎论证，并且要综合其他独立证据进行确定。

3.2.3 岩石组成

一个沉积物由三个基本组成部分组成：（1）颗粒；（2）基质；（3）胶结物。颗粒（有时称为骨架颗粒）是沉积物中较大、坚实的组成部分，是形成砂岩储层的基本小尺度单元。原始的颗粒组成受沉积物源（来源和演化史）和沉积物形成和运输的物理和化学过程的控制。大多数砂岩储层的颗粒主要由石英、长石和岩屑组成（Berg，1986）。

在沉积和埋藏后，颗粒（通常称为自生颗粒）经常会受到压实效应和各种化学作用（成岩作用）的影响。原始的岩石颗粒组成控制着成岩作用的类型和变质程度（Rushing et al，2008）。例如，某些矿物质脆性更强，可能更容易在埋藏和地应力增加期间受到压实和（或）断裂的影响。有些矿物质可能更容易与孔隙内的天然流体发生化学反应（有时非常显著）。

3.2.3.1 无机组分

沉积物中的基质成分是指沉积颗粒之间沉积的细粒材料，通常包括黏土矿物和页岩矿物。黏土矿物也可以被分类为碎屑黏土矿物和自生黏土矿物两类：（1）碎屑黏土矿物来源于沉积物源物质沉积期间或在沉积后不久由生物作用形成；（2）自生黏土矿物则是通过化学作用形成，从地层流体中沉淀或通过黏土矿物转化形成。黏土矿物转化是指通过黏土矿物受成岩作用影响成分发生转化的过程（Wilson，1982；Rushing et al.，2008）。在砂岩储层中观察到的主要黏土矿物有高岭石、蒙皂石、伊利石和绿泥石。

页岩层系含有不同类型的黏土矿物，这些矿物可能以碎屑基质或自生胶结物形式存在于砂岩中。由于黏土矿物在埋藏过程中会发生重结晶和交代作用，因此难以区分。储层中黏土矿物的存在对储层的孔隙度和渗透率有不利影响。

黏土矿物的矿物学性质较为复杂，主要包含3类：高岭石矿物、伊利石矿物和蒙皂石矿物，它们来源不同并对储层有不同的影响（Selley，1998）。高岭石通常以规整的、块状的晶体形式出现在孔隙中，降低储层的孔隙度，但对渗透率可能只有轻微的影响。高岭石在酸性环境下是稳定的，因此在陆相沉积物中以碎屑黏土的形式出现，在被酸性水（例如大气降水）冲刷的砂岩中以自生胶结物的形式出现。

伊利石矿物与高岭土矿物差异较大。自生伊利石生长为纤维状晶体，通常作为皮毛状包裹体结构出现在碎屑颗粒上。这些结构经常以混乱的堆积物形式桥接孔隙喉道之间的通道。因此，伊利石矿物的含量可能会对地层的渗透性产生显著的不利影响。此外，伊利石矿物是大多数海洋沉积物中主要的碎屑黏土矿物，也出现在碱性地层水流经砂层的自生黏土中（Selley，1998）。

蒙皂石矿物是由火山玻璃蚀变形成的，出现在陆相或深海沉积物中。这些矿物在有水的情况下膨胀，含有蒙皂石的油藏如果使用传统的水基钻井液进行钻井容易使地层受到伤害，因此建议使用油基钻井液进行钻井。当生产开始时，水会驱替原油，从而导致蒙皂石膨胀并降低底部储层的渗透性。

高岭土、伊利石和蒙皂石都可能存在于浅层储层中，具体取决于源物质和成岩历史。随着埋藏深度的增加，高岭石和蒙皂石向伊利石转变，蒙皂石崩塌可能与超压有关，并与原油的产出相关（Selley，1998）。

黏土矿物在单个和团聚体颗粒的结构或形态上存在广泛变化，这些矿物存在于沉积孔隙中可能会显著降低渗透性和原始孔隙度（表3.7）（Neasham，1977a，b；Wilson and Pittman，1977）。黏土矿物的这种潜在（和实际）影响强调了全尺度孔隙结构测定对于确定黏土类型、起源和赋存主控因素的重要性。

许多致密砂岩的主要组成部分是颗粒胶结物（胶结材料），它通常指在成岩过程中形成的沉积物和基质组分沉积后沉淀的任何矿物质（Berg，1986）。胶结物将矿物质固结在岩石中并填充了孔隙系统，从而降低了渗透性和孔隙度。最常见的胶结物成分是硅质矿物和碳酸盐矿物。硅质矿物在石英颗粒上沉淀形成覆膜或层状结构。硅质过生矿物可能在沉积后不久就形成，但常常随着埋深的增加而随压力和温度的增加而继续发育。碳酸盐胶结物通常在沉积后很快沉淀，并填充骨架颗粒之间的孔隙空间。自生黏土矿物也可以作为胶结物将岩石颗粒黏合在一起。

储层评价的一个方面是估算地层中的总有机碳含量。例如 North Dakota 州 Williston 盆地的 Bakken 组的含油层系勘探开发潜力较大，其富含有机质的沉积岩经过长时间高温演化

（成熟）达到生油窗口，形成了含油系统的核心。原油大量生成后排出到相邻的岩层中。如果这些岩层封闭性强就会形成高压富集区。

表 3.7   孔隙类型

类型	描述
双重孔隙	是指存在两个相互作用叠合的储层孔隙系统。在裂隙储层中，基质和裂隙通常认为是两个叠合的孔隙系统
可动孔隙	也称为开放孔隙度；指对流体流动起促进作用的孔隙总体积分数，包括单端连通孔隙和末端孔隙［因为这些孔隙不能流动，但它们可以通过释放压力（如气体膨胀）引起流体流动］，不包括闭合孔隙（或非连通孔隙）。对地下水、石油流动，以及溶质运移影响较大
裂缝孔隙	与断裂系统或裂缝有关的孔隙度，是次生孔隙，原生孔隙较低（例如火成岩、变质岩）或被破坏（例如由于埋深原因）的情况下裂缝孔隙度占主导
无效孔隙	又称闭合孔隙，是指存在流体或气体，但流体流动不能有效发生的总孔隙体积的分数
宏孔	指固体中直径大于 50nm 的孔隙（不包括土壤等聚集材料）。流动通过整体扩散来表征
介孔	指固体中直径大于 2nm 且小于 50nm 的孔隙（不包括土壤等聚集材料）
微孔	指固体中直径小于 2nm 的孔隙（不包括土壤等聚集材料）
原生孔隙度	沉积成岩形成的原始孔隙系统
次生孔隙	岩石成岩后形成的扩大孔隙或单独的孔隙系统，通常可以提高岩石的整体孔隙度；可能是矿物化学作用或断裂生成的，可以取代原生孔隙或与原生孔隙共存（见双重孔隙）
缝洞孔隙	由大量物质溶解产生的次生孔隙（如碳酸盐岩中的大型化石溶解留下孔洞、裂缝或洞穴）

页岩气储层中最重要的特性是矿物质含量和孔径分布。多年来，页岩层一直被视为油气藏盖层。基于这种传统观点，以往仅通过地化分析来研究页岩层。为了对页岩气储层的"甜点"区进行划分，尽可能多地获取岩石物理特征非常重要。页岩气主体是甲烷，可以赋存在任何沉积盆地中。页岩气的开发需要特殊的开采方法。对比常规天然气，页岩气开采成本更高。除了上述特征外，沉积、成熟和排烃这三个相互关联的过程都可以使用各种类型的地球化学分析进行研究。

潜在烃源岩的形成条件非常严格。这些条件包括高水平的生物活动产生大量有机质，同时生物死亡后有机质可以被积累、埋藏并保存下来。高水平的生物活动与许多环境相关。然而只有少数沉积环境能将有机质有效保存下来。一般来说，这些沉积环境自由氧水平低，从而防止沉积有机质被生物活动或化学过程破坏。符合这些标准的沉积环境包括湖泊、海洋和沼泽，其中深水条件、水底地形和缺乏水流可以阻止浅部的氧化水体与底层水体混合。

当大量有机碎屑搬运到静止的水中时底层水体缺氧，极端情况下可能变成无氧状态。在这种环境下，蛋白质、碳水化合物和其他有机化合物会积累并在沉积过程中被埋藏。之后有机化合物会分解并重新形成不溶于有机溶剂的大型、复杂的有机分子。这些物质经历一系列温度驱动和压力驱动的化学反应，去除有机物中的氢、氧、硫和氮。随着时间的推移，经过足够的化学变化，有机物质成熟到产生油气的程度。在这个阶段，新形成的油和气会排出烃源岩中所含的水，并随着成熟程度的不断提高在烃源岩的压实作用下被注入到围岩的孔隙空间中（排烃阶段）。如果不存在高渗透条带，油气会聚集在靠近烃源岩的地方在高压下形成非常规资源。在整个过程中有机物的组成也发生了变化。

3.2.3.2　有机组分

评估潜在的烃源岩最重要的方面是确定在适当条件下可能生成油气的有机质的数量和性质。首先需要考虑的是岩石当前存在多少有机碳。其次需要评估有机碳与可能生成的产物的关系及生成油气的地下条件。了解这些方面为在盆地范围内评估每个层系的资源潜力提供了基础。

烃源岩中存在的总有机碳（TOC）含量是首先需要分析的。选择方法时重要的是选择一种能够区分质量不到一克的样品中的有机碳和无机碳的方法。分析之前需要用酸去除无机碳化合物，主要是碳酸盐矿物。剩余的有机碳在氧气中燃烧，以二氧化碳的形式释放有机结合碳。测量到的二氧化碳质量经过换算，使用原始样品的干重将其转换为百分比（总有机碳的质量百分比）。在没有其他资料情况下原油烃源岩的丰度可以根据总有机碳（质量百分比）分类：

贫瘠：0~1%；

一般：1%~2.5%；

良好：2.5%~5%；

优秀：大于5%。

测得的总有机碳包括能够产生天然气或原油（活性碳），以及不能产生天然气或原油（死碳）的碳化合物。并不是所有的方法都能区分活性有机碳和死碳。烃源岩的总有机碳含量测定必须与活性有机碳的测定方法相结合。

最简单的分析活性有机碳的方法之一是采用程序热解法（烃源岩评价仪分析），该方法通过将烃源岩中有机物质置于高温下来使其人工成熟。在高温（400~500℃，750~930℉）条件下，产生天然气或原油（或类似原油的产物）的化学反应速率大大提高，而在不改变自然状态下则需要数百万年才能实现生烃。烃源岩评价方法是将小样品（约0.1g）放入烤箱中加热。在加热过程中游离油和活性有机物质被转化为烃蒸气，烃蒸气被惰性的氦气（旧设备中是氮气）载流收集。

大多数岩石热解系统中，载流分成两股，一股流向火焰离子检测器，另一股流向测量氧结合碳（一氧化碳、二氧化碳）的检测器中。流经火焰离子检测器的流体进入一个氧氢火焰，燃烧（电离）烃衍生物并产生质量校准的电压。该方法分为两个加热阶段：（1）第一个阶段，在该阶段温度恒定为300℃（570℉），在此温度下，游离油蒸发并被记录；（2）第二个加热阶段，在这个阶段样品被加热从300℃升高到650℃（570~1110℉），速率为每分钟升高25℃（45℉），在此温度下活性有机物分解成烃蒸气并被计量。

岩石热解数据能提供很多必要信息，可以用于评估烃源岩的生油潜力。这些数据包括估计烃源岩中存在的有机物类型和数量，以及与石油生成程度有关的数据。将这些数据与其他成藏指标（如页岩电阻率高异常、地层压力超压程度等）结合起来是构建和校准预测三维生烃模型的基础。

3.2.4　纹理

沉积纹理是评价砂岩储层的另一个重要方面，包括沉积颗粒大小、分选、堆积、形状和方向，它不仅影响沉积物在沉积时的特性，还可以影响成岩作用的速率、规模和强度。沉积物纹理指的是从风化、运输、沉积和成岩作用等过程中产生的物质的大小、形状和排列方式。沉积物和沉积岩的结构取决于每个形成阶段控制条件，其中包括：(1)物源的性质；(2)风和水流的性质；(3)沉积物被运输的距离及时间；(4)任何生物活动；(5)各种化学环境的影响。

沉积颗粒大小和分布、分选、形状和堆积方式也决定了沉积物沉积后成岩作用发生之前的原始孔隙类型和大小。一般纯净的粗颗粒沉积物会有较大的、连通性强的孔隙，较小的沉积颗粒会有较小且连通性差的孔隙。根据沉积物类型和形态的不同，纯净的粗颗粒沉积物中掺杂的较小基质颗粒(即黏土矿物和页岩矿物)会降低渗透性和原始孔隙度。其他纹理特征包括颗粒形状和方向等。颗粒形状通常用球度(一种测量颗粒形状偏离球形的度量)和圆度(一种测量颗粒边缘的圆滑程度的度量)来表示(Berg，1986)。另外，颗粒方向指的是颗粒长轴的优势方向。

3.2.5 结构

沉积物结构(包括识别盆地几何形状、层面、层理面间的接触、层理面方位的识别)是沉积过程的重要组成部分，因为沉积结构类型可以帮助确定原始沉积环境。了解沉积结构也是优化油气田开发的重要组成部分，因为盆地几何形状和规模可能会影响垂向和水平方向沉积的连续性，从而决定开发井井型和井距优化。例如，显著的垂向非均质性条件下水平井有利于提高天然气或原油的采收率。

沉积结构的其他特征对表面结构(外观)产生影响，包括：(1)波纹痕迹，(2)泥裂纹。沉积物中的波纹痕迹是无机物在浅水环境沉积的特征，主要是由波浪或风力等力学作用产生的波状痕迹，例如在海滩沙或浅水河流底部看到的痕迹。因此，这种类型的波纹可以提供与沉积时原始沉积环境有关的信息。泥裂纹提供了沉积物形成环境的其他特征。泥裂纹是干涸的湖泊、池塘或河床底部潮湿沉积物干燥而形成的。泥裂纹可以是多边形，呈蜂窝状出现在海滩或河流沙面的表面。如果这些沉积标记保存在沉积岩中则表明原始沉积物经历了交替的洪水期和干旱期。结核或透镜体是一些页岩或石灰岩形成中的球形或扁平的岩石团块，通常比其包裹的岩石更硬。结核或透镜体通常表明较柔软沉积岩石被侵蚀掉，而较硬的结核或透镜体仍然保持完好。

了解沉积储层的沉积史对于预测油气藏长期生产特征非常重要。

3.3 储层特征

在美国和加拿大，有机质丰富的页岩层(页岩气层)赋存巨量的天然气及凝析油，已成为重点勘探的目标(表3.8)。目前很多公司在评价美国境内的页岩气资源并租赁矿权。如果这些潜在的页岩气资源具备商业开发价值，那么在未来十年内将达到数千口井的钻探规模。

页岩气资源已成为满足未来能源需求增长的重要能源。水平井和水力压裂(见第5章)技术对于页岩气的效益开发至关重要。美国最大的Barnett页岩及其他页岩油气区的商业开发提供了典范，并开始在全球推广。当井轨迹沿着水平最小应力方向时，水力裂缝规模达到最大化，有效沟通储层和井孔。最大储层改造体积(SRV)在天然气效益开发中发挥了重要作用（Yu and Sepehrnoori，2013）。尽管最近部分地区页岩气的开发取得了成功，但由于风险性和不确定性较高，难以预测其他地区的单井产能和经济性。

表 3.8　美国和加拿大页岩地层

地层	时期	地区
Antrim 页岩	晚泥盆世	Michigan 盆地，Michigan
Baxter 页岩	晚白垩世	Vermillion 盆地，Colorado，Wyoming
Barnett 页岩	密西西比期	Fort Worth and Permian 盆地，Texas
Bend 页岩	宾夕法尼亚期	Palo Duro 盆地，Texas
Cane Creek 页岩	宾夕法尼亚期	Paradox 盆地，Utah
Caney 页岩	密西西比期	Arkoma 盆地，Oklahoma
Chattanooga 页岩	晚泥盆纪	Alabama，Arkansas，Kentucky，Tennessee
Chimney rock 页岩	宾夕法尼亚期	Paradox 盆地，Colorado，Utah
Cleveland 页岩	泥盆纪	Eastern Kentucky
Clinton 页岩	早志留世	Eastern Kentucky
Cody 页岩	白垩纪	Oklahoma，Texas
Colorado 页岩	白垩纪	Central Alberta，Saskatchewan
Conasauga 页岩	中寒武世	Black Warrior 盆地，Alabama
Dunkirk 页岩	晚泥盆世	Western New York
Duvernay 页岩	晚泥盆世	West central Alberta
Eagle Ford 页岩	晚白垩世	Maverick 盆地，Texas
Ellsworth 页岩	晚泥盆世	Michigan 盆地，Michigan
Excello 页岩	宾夕法尼亚期	Kansas，Oklahoma
Exshaw 页岩	泥盆纪—密西西比期	Alberta，Northeast British Columbia
Fayetteville 页岩	密西西比期	Arkoma 盆地，Arkansas
Fernie 页岩	侏罗纪	West central Alberta，northeast British Columbia
Floyd/Neal 页岩	晚密西西比期	Black Warrior 盆地，Alabama，Mississippi
Frederick Brook 页岩	密西西比期	New Brunswick，Nova Scotia
Gammon 页岩	晚白垩世	Williston 盆地，Montana
Gordondale 页岩	早侏罗世	Northeast British Columbia
Gothic 页岩	宾夕法尼亚期	Paradox 盆地，Colorado，Utah
Green River 页岩	始新世	Colorado，Utah
Haynesville/Bossier 页岩	晚侏罗世	Louisiana，east Texas
Horn River 页岩	中泥盆世	Northeast British Columbia
Horton Bluff 页岩	早密西西比期	Nova Scotia

续表

地层	时期	地区
Hovenweep 页岩	宾夕法尼亚期	Paradox 盆地, Colorado, Utah
Huron 页岩	泥盆纪	East Kentucky, Ohio, Virginia, West Virginia
Klua/Evie 页岩	中泥盆世	Northeast British Columbia
Lewis 页岩	晚白垩世	Colorado, New Mexico
Mancos 页岩	白垩纪	San Juan 盆地,New Mexico,Uinta 盆地, Utah
Manning Canyon 页岩	密西西比期	Central Utah
Marcellus 页岩	泥盆纪	New York, Ohio, Pennsylvania, West Virginia
McClure 页岩	中新世	San Joaquin 盆地, California
Monterey 页岩	中新世	Santa Maria 盆地, California
Montney–Doig 页岩	三叠纪	Alberta, Northeast British Columbia
Moorefield 页岩	密西西比期	Arkoma 盆地, Arkansas
Mowry 页岩	白垩纪	Bighorn and Powder River 盆地, Wyoming
Muskwa 页岩	晚泥盆世	Northeast British Columbia
New Albany 页岩	泥盆纪—密西西比期	Illinois 盆地, Illinois, Indiana
Niobrara 页岩	晚白垩世	Denver 盆地, Colorado
Nordegg/Gordondale 页岩	晚侏罗世	Alberta, Northeast British Columbia
Ohio 页岩	泥盆纪	East Kentucky, Ohio, West Virginia
Pearsall 页岩	白垩纪	Maverick 盆地, Texas
Percha 页岩	泥盆纪—密西西比期	West Texas
Pierre 页岩	白垩纪	Raton 盆地, Colorado
Poker Chip 页岩	侏罗纪	West central Alberta, Northeast British Columbia
Queenston 页岩	奥陶纪	New York
Rhinestreet 页岩	泥盆纪	Appalachian 盆地
Second White Speckled 页岩	晚白垩世	Southern Alberta
Sunbury 页岩	密西西比期	Appalachian 盆地
Utica 页岩	奥陶纪	New York, Ohio, Pennsylvania, West Virginia, Quebec
Wilrich/Buckinghorse/ Garbutt/Moosebar 页岩	早白垩世	West central Alberta, Northeast British Columbia
Woodford 页岩	泥盆纪—密西西比期	Oklahoma, Texas

水力裂缝复杂程度是释放页岩气产能的关键。微地震监测表明在某些页岩区块可以形成复杂裂缝网络。微地震监测是一项广泛应用于监测和评价各种地层（包括页岩地层）压裂改造的有效性的成熟技术。理论上讲复杂裂缝比双翼平板裂缝更好，裂缝面积更大。微地震数据的价值在于提供了水力压裂过程中波及储层的三维可视化信息。实时水力压裂微地震监测是另一项新技术。当应用微地震实时监测时可防止裂缝窜层。开发天然气主要投入在于水力压裂改造。致密岩石必须经过大规模压裂改造形成裂缝网络才能形成天然气流入井筒的渗流条件。微地震方法反映了与赋存岩石中的天然气资源的沟通情况，可能是业界确定裂缝改造效果的最佳方法。

通过针对页岩和煤等致密地层有效开发而进行的水平井和水力压裂技术改进，美国的天然气和原油产量近年来有了显著增长，现在已成为全球最大的天然气生产国之一，并且与加拿大一起占全球天然气产量的 25% 以上。页岩气将在资源基础和美国经济前景中扮演越来越重要的角色。预计到 2035 年美国页岩气的产量占比将增加到 49%（2010 年为 23%），在未来美国能源结构中将极为重要。最近天然气价格的下跌和波动性的降低也反映了这些情况。这有利于美国消费者、美国的战略利益及工业的复兴。

原油和天然气产自烃源岩和储集岩两种岩石中。烃源岩是形成烃类物质（氢和碳的有机化合物）的沉积岩。储集岩既有孔隙度（岩石内孔隙和裂隙）也有渗透性（流体能够在其中流动）。烃类物质在烃源岩中形成后可以向储集岩迁移，结构简单的烃类物质有甲烷（天然气的成分之一）等，结构复杂的烃类物质有沥青（赋存在油砂层等地层中）等。

历史上几乎所有美国的油气都是从碳酸盐和砂岩储层中采出的。但在过去的十年中由于勘探开发技术的进步，页岩和其他致密储层的产量急剧增长。含油气的地层中包含碎屑岩（由原岩或矿物碎片形成）、化学岩（由矿物的化学沉淀形成）和生物岩（由贝壳、植物和骨骼等生物残骸形成）。在油气田中遇到的三种最常见的沉积岩是页岩、砂岩和碳酸盐岩。岩石类型分类主要取决于颗粒大小和组成、孔隙度（颗粒内部和颗粒之间的孔隙空间），以及胶结物（一种化学形成的物质，将颗粒黏结在一起），这些特征都影响油气的产出。

原油成藏的关键要素包括：（1）原油烃源岩，是指富含有机质的岩石，有机质生成原油；（2）运移路径，是指原油或不完全成熟的原油从烃源岩到储层所经过的路径；（3）储层，是一种具有一定孔隙度和渗透性来储存流体并保证流体运移的岩层，如砂岩、石灰岩或白云岩等；（4）封盖层，是防止原油泄漏的致密基岩和盖层。本节中主要关注含油气系统的储层部分。

没有圈闭原油（常规原油或重油）就无法成藏。圈闭需要有盖层或其他封闭边界。圈闭边界的确切形式千差万别，最简单的形式是透镜体、背斜和穹隆，每种形式都有一个凸面。许多油气藏是被困在背斜或穹隆中的，这些结构通常比其他类型的圈闭更容易被发现，如断层圈闭和盐穴圈闭（Hunt，1996；Dandekar，2013；Speight，2014）。因此储层评价是油气开发评价的重要方面。储层是含孔隙的渗透性地层，通过沉积、转化、移动和压实的顺序形成的，并具有存储天然气、原油和水等流体的能力。不同区块的储层都会表现出特定的性质，甚至在同一个储层内储层特征可能存在明显纵向非均质性，即随着垂深不同储层特征发生明显变化。

常规储层存在一定孔隙度，是衡量岩石中原油和天然气存在的孔隙空间的指标。储层评价的另一个关键指标是渗透率，即岩石的孔隙必须相互连通，提供原油或天然气在油藏中流向井筒的渗流通道。一般情况下油气藏具有高孔隙度和低渗透性，使原油和天然气在油气藏内不再运移。在这种情况下，油气藏内不同位置的原油和天然气的组分有所不同。因此，适合开发的油气藏通常具有大体积、良好的储集能力（高孔隙度），以及一旦遭受地质干扰（如地震）或人为干扰（如钻井）就能传输流体的能力。

因此，实现资源效益开发需要精细油藏描述及定量表征来计算储量并评价产能主控因素。油藏评价主要内容有：岩石类型、构造类型、非均质性、岩心分析孔隙度和渗透率等。

此外由于不同地区页岩气储层特征差异较大，编制方案开发之前开展储层评价研究必不可少。地球物理方法可以评价页岩气资源，但处理解释方法与常规储层不同。对于每个区块页岩储层表征可能需要特定的方法和手段。这些评价方法必须随着勘探开发的不断深入来持续优化。

对比分析页岩气储层特征是十分必要的。关键的储层特征参数可以通过测井和岩心数据来确定。

3.3.1　岩石类型

岩石鉴定和分类对储层评价至关重要，岩石分类类型主要有三种：沉积岩类型、岩相类型和渗流岩石类型（Rushing et al.，2008）。

沉积岩类型是指根据岩石在成分、结构、沉积构造和地层层序等方面的相似性并受沉积时环境的影响而分组的岩石集合。这些岩石类型也代表着沉积时区域岩石特征。原始的岩石特征将因许多因素而异，包括沉积环境、沉积物来源和沉积流动模式、砂粒大小和分布，以及沉积的黏土的类型和体积等。因此沉积岩类型有助于定义地质结构并描述大尺度的地层格架。通过绘制沉积岩类型的分布图，还可以确定储层的范围，以及预测油气资源量。

岩相类型也是在地层的背景下研究，基于孔隙结构的微观成像及岩石的纹理和组成、黏土矿物学和成岩作用进行划分。

渗流岩石类型是在孔隙尺度研究评价岩石渗流能力和储集能力，主要分析孔隙和喉道的尺寸、几何形状和分布（Rushing et al.，2008）。渗流岩石类型是当前储层条件下渗流能力和储集能力的物理量度。通过毛细管力测定的孔喉的尺寸、几何形状和分布控制了岩石的孔隙度和渗透率。

如果岩石受成岩作用影响较小，三种岩石类型划分结果应该是相似的（Rushing et al.，2008）。例如沉积岩性分析、岩相分析和渗流类型分析会得到类似的孔渗关系。在成岩作用影响下，原始岩石纹理和组成、孔隙几何形状和物理特性会发生改变。在这种情况下，不同岩石划分方法得到孔渗关系类比性较差甚至无法类比（Rushing et al.，2008）。

每种岩石类型反映了在沉积和成岩过程中经历了不同的物理和化学作用。由于大多数致密砂岩经历了沉积—成岩演化过程，分析三种岩石类型差别可以评价成岩作用对岩石性质的影响。如果成岩作用较小，则沉积环境（和沉积岩石类型）及沉积岩石特征则是评价岩石物性的重要指标。如果储层岩石受成岩作用影响较大，则沉积岩石特征将与当前岩石特征存在差异。因此仅靠沉积环境和沉积岩石类型指导油气开发可能导致失败。

油气藏是地下烃类化合物和烃类衍生物赋存在多孔或裂缝岩石中的集合体（有时被称为矿床，但易引起歧义）。油气藏通常被分类为：常规油气藏和非常规油气藏。常规油气藏中天然气和原油被下伏岩石（基岩）和上覆岩石（盖层岩）封闭，这两种岩石的渗透能力低于储层岩石。非常规油藏中储层岩石通常具有高孔隙度和低渗透性，油气受岩性圈闭控制，无须盖层和基岩封闭。

常规油气储层中含有可以通过相互连接的孔隙自由流动到井筒的自由气或原油。在常规油气储层中天然气或原油通常来自有机质丰富的泥页岩，经历漫长的地质历史时间运移到了邻近的砂岩或碳酸盐岩储层中。而非常规储层是从低渗透率（致密或超致密）的地层中生产天然气或原油。这些天然气或原油通常来自储层本身被吸附在基质上。由于这些储层的渗透率很低，因此需要通过创造人工裂缝网络来改善储层，提供足够的渗流面积，从而使储层的渗透性得到增强并实现足够的产能。因此在常规储层中（Speight，2007；Gao，2012；Speight，2014），由于浮力的存在（油气密度低于相同地层中的水，因此油气会上升）油气相对容易通过高渗透性地层，直到它们被封闭在致密的岩石（即盖层）下。这造成油气在局部富集，其他部分则赋存地层水。

生物成因和热成因页岩气都可以在生烃地层原位赋存，主要有三种赋存形式：（1）孔隙和裂缝中的自由气；（2）吸附气，气体被范德华力附着在有机物和黏土上；（3）溶解在有机物中的少量气体。在储层条件下，致密的页岩层是砂岩层的基岩或盖层，可以阻止砂岩内流体逸散或运移到其他层位。当大量的有机物质与沉积物一起沉积时，页岩层可能含有有机质（干酪根）。根据页岩的特性和组成可以将其划入泥岩类沉积岩。页岩与其他泥岩的区别在于它具有层理结构并易解离——页岩由很多薄层组成，沿着这些层状结构很容易裂成薄片。

受沉积史的影响，页岩储层由基质和天然裂缝系统组成并具有层理结构。页岩储层中的天然气和原油存储在基质和天然裂缝的孔隙空间中。此外油气可以以吸附态的形式吸附在页岩基质表面，特别是有机质（干酪根）和黏土矿物表面（Lancaster et al.，1993；Pashin et al.，2010；Salman and Wattenbarger，2011）。总有机碳含量（TOC）的增加会提高吸附能力，页岩中黏土矿物含量的增加也会提高吸附能力（Ross and Bustin，2008）。

由于存在岩石基质孔隙度和天然裂缝孔隙度，页岩储层可以是双重介质储层。然而受上覆岩层压力影响，天然裂缝通常是封闭的（Sunjay and Kothari，2011）。页岩储层孔隙度通常极小甚至没有。此外页岩储层的基质渗透率极低，通常在 10~100nD 之间（Cipolla et al.，2010），渗透率大于 0.1mD 的储层被定义为常规储层。页岩储层属于非常规储层。

由于页岩的渗透率极低，水力压裂和水平井对于天然气和原油的生产至关重要（Sunjay and Kothari，2011）。在进行水力压裂和水平井活动之前必须进行油藏管理研究。这是一种跨学科的工作方法，不仅涉及石油工程师，还包括钻井工程师、油藏工程师、地质学家、地球化学家、化学家，以及其他任何学科，以便在评价油藏及其邻近地层时不会漏失任何信息。因此热成熟度、储层厚度、总有机碳含量（TOC）、吸附气组分、孔隙度、含气量、含油饱和度、含水饱和度、渗透率是页岩气油藏管理研究的关键参数（Gutierrez et al.，2009）。

对于包括页岩和致密地层在内的所有储层评价工作都应基于对该地区地质特征的深入研究。区域或盆地的重要地质特征参数有：（1）构造和构造体系；（2）区域热梯度；（3）区域压力梯度；（4）沉积体系；（5）沉积相；（6）成熟度；（7）矿物组成；（8）成岩作用；（9）储层尺寸；（10）天然裂缝。以上所有特征都可能影响钻完井、储层评价和改造。如果不了解上述特征，则需要预测储层开发方式、产能和寿命等，总体不确定性更大。

在致密气藏中最难评估的参数之一是典型井的泄流面积和形状。在致密储层中通常需要经过数月或数年的生产才能使储层压降受到储层边界或井间干扰的影响。因此需要预测典型井的井控面积和储层形状来估算单井控制储量。在整装的致密气藏中，井的平均井控面积很大程度上取决于钻井井数、压裂规模，以及生产时间。沉积体系和成岩作用对储层形状有影响。在透镜状或断块致密气藏中，平均井控面积可能是平均砂岩透镜大小或断块大小的函数，并且可能与压裂规模相关性较小。

控制储层连续性的主要因素是沉积体系。通常陆相沉积的单井产能较小，海相沉积的单井产能较大。河流沉积体系储层往往呈现透镜状，而障壁岛—平原沉积体系储层往往更整装和连续。迄今为止大多数开发成功的致密天然气储层都是厚度较大、连续的海相沉积。

因此研究储层地质对于油田开发、生产和管理，以及油田寿命和环境管理至关重要。此外，储层评价涉及储层的外部地质学（形成储层的环境力量）和储层的内部地质学（构成储层的岩石性质）。当储层开展水力压裂时，这些特征甚至更加重要。此外，高效地开发原油和天然气需要将储层三维可视化，这需要通过各学科综合评价研究（Solano et al.，2013）。

储层的一个重要地质特征是储层几何尺寸，由阻止天然气和原油运移的圈闭来确定。只有在烃类衍生物遇到圈闭时才会停止运移，形成油气藏。圈闭由以下封隔层组成：（1）顶部封隔层；（2）侧面封隔层；（3）底部封隔层。此外，圈闭的类型可以是：（1）构造；（2）沉积；（3）岩性（Hunt，1996；Dandekar，2013；Speight，2014）。

储层的另一个重要地质特征是内部结构，它涉及沉积层理的横向分布，与沉积环境有关。地层的垂直堆积则由地层学描述，重点研究：（1）形态；（2）排列；（3）地理分布；（4）年代顺序。成岩作用是指沉积物沉积后发生的变化，可以控制岩石类型的横向和垂直连续性。成岩作用是研究碳酸盐岩储层的重要方面，在碳酸盐岩储层中石灰岩向白云岩的转化和碳酸盐岩的溶解对内部储层结构有很大影响（Tucker and Wright，1990；Blatt and Tracy，1996）。

简而言之白云岩是一种沉积性的碳酸盐岩，含有高比例的白云石（$CaCO_3 \cdot MgCO_3$），也被称为镁质石灰岩。大多数白云石是在岩石固结前，镁取代了石灰岩（$CaCO_3$）中的钙而形成的，这个过程称为成岩作用。成岩作用是指沉积物沉积后发生的变化，包括压实、排驱共生流体和逐渐变成固体岩石。白云石具有抗侵蚀性，可以作为油气储层。

3.3.2　构造类型

油气藏是由地层的构造变形而形成的，石油地质学中有三种基本形式的构造圈闭：背斜圈闭、断层圈闭和盐丘圈闭。背斜圈闭是一种典型的构造圈闭，由于挤压、褶皱和隆起作用在古构造上而形成。背斜是岩石由平坦变形为拱形的例子，岩石折叠或弯曲成圆顶状，烃类物质在背斜的轴部聚集。断层圈闭是由岩层沿断层线运动而形成的。渗透性储层岩石断裂使其现在与不透水岩石相邻，阻止了烃类物质的进一步运移。在某些情况下沿着断层线可能存在致密矿物（如黏土），也起到了圈闭的作用。另一种圈闭形式是地层圈闭，通过其他地质构造或通过岩性变化改变渗透性封闭储层，即围岩与储层岩石的岩石特征存在变化。盐丘圈闭是由盐的流动或沉积而形成的。

储层岩石的渗透性变化比孔隙度大。此外因为许多岩心样品的代表性不足，孔隙度和渗透率在岩心样品上的测量值并不总是与地下大块岩石的真实值相同。通常孔隙度在5%~30%（体积分数），而渗透率在0.005D（5mD）和几达西（几千毫达西）之间（Kovscek，2002）。

3.3.3 非均质性

除了研究储层的岩石物理特征之外，油气藏开采还需要了解多孔介质中的渗流特征。多孔介质中的渗流是复杂的（Dawe，2004；Maxwell and Norton，2012）。在油气藏内部，可能发生渗流、混相和（或）非混相流动，有一种、两种或三种流体相（油、气和水）参与渗流（Grattoni and Dawe，2003）。此外，地层、透镜体、横向层理和各向的非均质性可能对流体驱替模式产生重要影响。

低渗透油气储层表现出高度的非均质性，特别是在不同的地质构造中。孔隙度、渗透率，以及孔隙结构的局部变化受到沉积物的组成、沉积环境，以及成岩演化和构造演化的影响。

从物理角度看，油气储层并不是理想均质多孔介质，也与实验室模拟计算中的不同。非均质性意味着储层特征属性在层内和纵向上会有变化（Dawe，2004），就像煤层中的煤在组成上会发生显著变化（Speight，2013）。测井和岩心分析报告显示所有的储层都有非均质性，例如岩石物理性质（如孔隙度、饱和度等）在储层内部存在明显非均质性。渗透率的非均质性导致了与均质储层相比流体渗流的明显变化（Dawe，2004）。此外储层的非均质性可能来自渗透率的变化或润湿性的变化。实际上储层岩石的润湿性（特别是对重质油中的极性成分的吸附）可能对原油的采收率产生重要影响（Anderson，1986；Caruana and Dawe，1996a，b；Dawe，2004）。

储层岩石的润湿性指的是在存在其他不相溶流体的情况下流体（如原油）在固体表面上展开或附着的倾向，由沉积岩孔隙空间的界面条件决定。油湿一词指储层岩石倾向与原油接触，原油占据小孔并接触大部分岩石表面。相反，水湿一词指储层岩石更倾向于与水接触。储层岩石中存在的矿物质通常被认为是具有内在亲水性（即更倾向于亲水）或亲油性（即更倾向于亲油）。

3.3.4 孔隙度和渗透率

孔隙度和渗透率是任何岩石或松散沉积物的特征属性。大部分的油气产自砂岩，砂岩通常具有高孔隙度和高渗透率。孔隙度和渗透率是油气井达产的必要条件，由沉积和成岩因素的共同作用决定（Alreshedan and Kantzas，2015）。尽管孔隙度和渗透率之间关系通常难以解释（Speight，2014），但有些趋势显示了普遍的相关性（图3.1）。

在常规油气藏中，油气可以轻易地通过地层移动，直到被不可渗透的岩石（顶底板岩石）阻止进一步向下或向上流动。这形成局部的油气富集，可以通过直接钻井沟通储层来开发。在致密油气藏中，天然气和原油通常赋存在烃源岩的孔隙、裂缝和有机质中（孔隙内和附着在孔壁上）。否则在致密油气藏中，油气可以赋存在运移进入的任何致密岩石的孔隙和裂缝中。页岩层、致密砂岩层和致密碳酸盐岩层及其中的资源往往广泛分布在较大的区域，而不是集中在特定的位置。

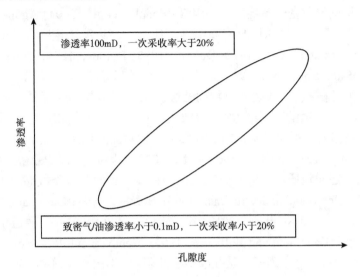

图 3.1　孔隙度和渗透率典型变化趋势

在常规油气藏中，孔隙空间（孔隙体积、孔隙度）可以从大孔到微孔不等，一般占储集岩体积的 30% 以下。在致密油气藏中，孔隙度小于 10%。然而，无论总孔隙体积如何，如果这些孔隙之间不能有效连通（形成渗透性），天然气和原油就无法渗流。因此，渗透性越高，流体在岩石中渗流的能力就越大。常规油气藏的渗透性可能在几十到几百毫达西之间。致密油气藏的渗透性通常在 0.001~0.1mD 之间，而页岩油气藏的渗透性更小，通常在 0.0001~0.001μD 范围内（图 3.2）。在致密油气藏中，由于储层原始的渗透性过小无法进行效益开发，应采用非常规的完井和改造技术（水平井钻井和水力压裂）。

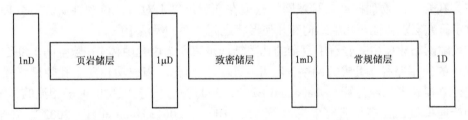

图 3.2　页岩储层、致密储层和常规储层渗透率差异示意图

孔隙度和渗透性的表征对于准确评估储层至关重要。在微观尺度上，局部微观均质渗流单元内孔隙度和渗透性高度依赖于孔隙和孔喉的几何形状。这些微观渗流单元通常以层状和（或）聚集体的形式存在，彼此存在差异，造成储层不同程度的非均质性（Radlinski et al，2004）。孔隙度是孔隙空间占岩石总体积的比例，是衡量岩石容纳流体（包括气体）能力的指标。在数学上，孔隙度是岩石中的开放空间与总岩石体积之比，即岩石总体积中孔隙空间所占的百分比。例如，砂岩的孔隙度可以达到 8%，而剩下的 92% 的岩石体积则由固体填充。在新沉积的砂层和质地疏松的砂岩中，颗粒大小与孔隙大小密切相关，是渗透性的主要控制因素之一。

1978 年美国将渗透率小于 0.1mD 的储层定义为致密储层。然而之后的几项研究表明事实上渗透率并不是确定致密气储层的唯一因素（Shanley et al.，2004；Aguilera and Harding，2008）。多项研究表明致密气储层具有高毛细管压力、高束缚水饱和度、低至中等孔隙度和低渗透率（Thomas and Ward，1972；Dutton，1993；Byrnes，1997，2003），以及复杂的孔隙结构（Soeder and Randolph，1987）。孔隙结构可细分为三类：（1）岩石颗粒支撑孔隙；（2）微裂缝和溶蚀孔隙；（3）基质支撑粒间孔隙。致密气储层最常见的孔隙结构是通过狭窄曲折的喉道（或裂缝）相互连接的次生溶蚀孔隙（称为双重孔隙模型）。这些喉道对渗透率及天然气在致密多孔介质中的流动有重要影响，但对孔隙度的贡献可能不大（Soeder and Randolph，1987；Aguilera，2008；Byrnes et al.，2009）。因此，非常规储层的孔隙拓扑结构与常规储层不同，是非均质的。同时研究发现，在煤、页岩和致密气储层中，液体渗透率低于气测渗透率（Bloomfield and Williams，1995；Byrnes，1997；Cui et al.，2009；Cluff and Byrnes，2010；Ziarani and Aguilera，2012；Ghanizadeh et al.，2014）。喉道半径是导致这种差异的可计量参数（Bloomfield and Williams，1995；Mehmani and Prodanovic，2014）。努森系数（Kn）被用作无量纲修正因子，是孔喉半径的函数，用于量化不同气体流动状态（滑移流、过渡流和自由分子流）（Knudsen，1909；Javadpour et al.，2007）。

此外孔隙结构控制着致密地层中的天然气和原油的原位赋存特征及长期产能。孔隙结构受矿物学控制，取决于沉积环境和沉积后的成岩过程（Hamada et al.，2018）。了解矿物组成控制岩石结构的方式、原位油气赋存特征，以及地层的力学性质对准确评估开发潜力至关重要。孔喉尺寸控制着岩石的渗透性，影响气体的流动速率，而孔隙度控制着天然气和原油在地层中的分布。在孔隙较小的地层中，更多的表面积可用于吸附天然气或原油的成分，相比自由态，更大比例的气体或油可能以吸附态形式存在。

致密多孔介质的实验测试成本较高且极为耗时。此外由于实验装置的复杂性，研究特定参数对复杂孔隙结构的影响是非常困难的。作为替代方法，孔隙网络建模可用于构建模拟真实多孔介质的物理模型。孔隙网络建模在孔隙尺度上对流体流动性质进行合理预测，并提供了研究宏观特征与孔隙结构和几何形状之间关系的灵活手段。

在孔隙网络建模中，岩石中复杂的孔隙结构被表示为由孔隙体（孔隙空间）和孔喉（连接孔隙体的狭窄路径）组成的网络，其几何形状被简化。当成功建立了孔隙网络模型后，可以进行单相和多相流计算（Okabe and Blunt，2005）。关于孔隙尺度上多相流的详细物理研究和产能模型已在多个研究中进行了总结（Blunt，2001；Blunt et al.，2002）。在早期研究中，使用半径随机建模的二维（2D）规则网格中预测了驱替过程中的毛细管压力和相渗曲线（Fatt，1956），并且后来研究证明了三维孔隙网络模型比二维孔隙网络模型更真实地表征了真实多孔介质（Chatzis and Dullien，1977）。在此之后，学者开展了针对拓扑结构、孔隙体和孔喉尺寸分布及其空间相关性的广泛研究（Chatzis and Dullien，1977；Jerauld and Salter，1990；Grattoni and Dawe，1994）。然而，大多数这些研究基于规则方形网络，无法真实反映岩石的拓扑结构和几何形状。目前，网络建模的能力得到了极大改进，并已成功应用于预测包括常规岩石中的两相和三相相对渗透率、毛细管压力等单相和多相流动和传输特征（Ören et al.，1998；Patzek，2001；Ören and Bakke，2002，2003；Valvatne and Blunt，2003；Piri and Blunt，2005a，b）。

在复杂砂岩中建议首先基于三维图像进行孔隙空间定量表征，统计真实岩石特征参数。可以使用直接成像技术，如微 CT 扫描（Okabe and Blunt，2005），或使用各种基于过程/对象的建模方法（Bakke and Ören，1997；Ören et al.，1998；Ören and Bakke，2002，2003）来生成定量表征模型。随后，使用各种基于图像的网络提取技术（Al-Kharusi and Blunt，2007；Dong and Blunt，2009），从三维数据中提取等效孔隙网络，以估算单相和多相流体的流动特征。

渗透率和地层因子是岩石的物理性质。渗透率由达西定律定义，地层因子由阿尔奇定律定义。渗透率在确定多孔介质中的烃类物质流动潜力方面起着关键作用。此外，地层因子可以确定传输路径的连通程度。这两个性质对孔隙和喉道的尺寸、连通性和几何形状都非常敏感。

致密岩石的渗透率通常在亚微达西（小于 10^{-3}mD）到数百毫达西之间。渗透率通常使用岩心样品或全直径岩心样品进行测量，使用不限压、非稳态技术。对于超低渗透率样品，则使用压力衰减技术测量。

岩石样品的孔隙度一般是通过氦气比重计（ASTM D2638）测量来计算的，该方法通常用于原油储层和其他固体材料。通过该方法可以获得准确的颗粒密度值。氦气分子相对较小，可以探测纳米级以下的孔隙和喉道。此外，氦气分子的低吸附能力减小了在测量过程中可能由于吸附过程引入的误差。然而，在页岩的实验中，氦可能进入比原油和天然气成分更细的孔隙，从而高估了连通的孔隙度（Cui et al.，2009）。

另一方面渗透率是流体通过孔隙渗流的能力，是衡量流体（包括气体）通过岩石的容易程度的指标。因此，了解每个层系的地层渗透率值非常重要。渗透率的值会影响从天然气产能到压裂液滤失的各个方面。如果不了解每个层段的地层渗透率，就无法对射孔位置、水力裂缝长度、水力裂缝导流能力、井距进行优化。此外，为了预测天然气储量和分析压裂后的压力恢复测试，也必须了解地层渗透率。为了确定地层渗透率的值，可以利用测井、岩心、生产测试、压裂前的压力恢复试井或射孔后压力下降的数据进行预测（Ahmed et al.，1991）。

原油储层渗透率通常以毫达西为单位表示，大多数油气储层的渗透率数量级为数百毫达西（图 3.2）。页岩的超低渗透率决定了许多常规储层的基岩和盖层依然有效。粒度组合是确定这些盖层封闭性的关键。虽然致密的富含黏土矿物的岩层通常被认为是良好的盖层，但某些含有较大颗粒（如粉砂粒）的岩性组合可能降低盖层的封闭性。缺少黏土矿物岩层通常被认为是较差的盖层，但最近的研究表明，粗粒和细粒的特定岩性组合可以改善盖层封闭性。因此，了解纹理对盖层封闭性的影响并通过现场测试方法来验证显得非常重要。该认识对于预测和检测盖层可能的泄漏点也是至关重要的。

只有当所有成藏要素（烃源岩、储集岩、盖层和上覆岩层）都具备，成藏过程（生成—运移—聚集—圈闭成藏）充分时，才能形成原油和天然气的聚集（Magoon and Dow，1994；Speight，2014）。即便只有一个要素或过程缺失或不充分，也有可能造成油气无法聚集成藏。因此，储层参数（储层规模、孔隙度和渗透率）是在考虑开发风险因素时必须考虑的地质控制因素之一（Berg，1970；Ahmed et al.，1991；Rose，1992；White，1993；Ramm and Bjørlykke，1994；Yao and Holditch，1996）。影响孔隙度的三个关键因素需要重点研究：（1）岩石颗粒表面矿物膜和胶结物；（2）早期烃类物质的充注；（3）储层流体超压程度。

颗粒表面矿物膜是成岩过程中生成的，由埋藏后从骨架颗粒表面向外生长形成，颗粒间接触点除外（Wilson and Pittman，1977）。颗粒表面矿物膜主要包括黏土矿物和微晶石英。矿物膜通过阻塞沉积石英种子颗粒上石英过晶生的潜在成核位点，抑制了石英胶结及由此引起的孔隙度和（或）渗透率的降低。矿物膜对保存孔隙度的有效性取决于热历史、颗粒尺寸和石英颗粒的丰度（Walderhaug，1996；Bonnell et al.，1998）。在沉积岩中，矿物膜对孔隙度没有影响，而储集特征的主要控制因素是碳酸盐矿物、硫酸盐矿物或沸石等胶结物的分布（Pittman et al.，1992）。

孔隙度和渗透率通常随着埋藏深度（热演化史和有效压力增加）的增加而降低；然而，在全球范围内有大量深层（约4000m）砂岩储层具有异常高的孔隙度和渗透率（Bloch et al.，2002）。异常孔隙度和渗透率可以定义为在给定的岩性（成分和层理）、年代和埋藏史（温度）条件下，孔隙度和渗透率值高于典型砂岩储层。

在致密气（页岩）储层中，地质条件好和完井质量高的区域（"甜点"）往往位于岩石颗黏含有黏土矿物膜但黏土矿物总含量低的区域。相比之下，无黏土矿物膜和粗粒岩石容易被石英矿物紧密胶结（Wescott，1983；Weimer and Sonnenberg，1994）。此外，在任何储层中，钻探成功与否取决于能否找到最有开发前景的区域或"甜点"，并使井筒与储层接触面积达到最大。在页岩储层中，这意味着将井部署在最有利于压裂的区域。这要求对页岩气储层特征有深入的研究。常见的、泛化的开发对策很少能取得成功，因为不同地区页岩的厚度和组成可以有较大的区别。

致密地层的厚度是资源评价中的重要指标。同时因为细粒沉积物比表面较大、吸附油气能力较强，致密地层中TOC含量和潜在资源量较高。按以往经验，厚度较大的地层是更优质的页岩（产能高和经济效益好）。然而，像Bakken（Williston盆地）等页岩勘探目标区的厚度不到50m，但仍能产出经济上可行的工业气流。随着钻完井技术的改进、非常规勘探目标评价中孔隙度和渗透率检测技术的进步、气价的潜在上升趋势，经济开发所需的致密地层厚度可能会减小。

水力压裂改造效果取决于候选井的质量。评价和优选适合进行水力压裂改造的井是成功开发的第一步，而选到一个储层条件较差的井进行压裂通常导致开发失败。为了选择最佳的压裂改造储层，开发工程师必须考虑许多变量，其中对于水力压裂来说最关键的参数有：（1）储层渗透率；（2）原位地应力分布；（3）储层流体的黏度；（4）储层压力；（5）储层深度；（6）井筒状况；（7）储层前期压裂及储层伤害情况。

水力压裂改造的最佳候选井应能控制较大的油气储量，并在此基础上通过压裂改造提高生产指数。有利于压裂的储层特征包括：（1）较厚的含油带；（2）中高原始地层压力；（3）存在原位应力遮挡以减少垂向裂缝延伸；（4）储层原始渗透率低或发生了储层伤害导致渗透率下降。另一方面，不适合水力压裂改造的储层是油气储量较少的储层，即层厚薄、埋深浅、储层压力低和含油气面积小。超低渗透性的储层即使压裂改造取得成功，也可能无法效益开发；在此情况下该类储层不适合进行压裂改造。

3.3.5 储层形态学

储层形态学定义了砂体的尺寸、几何形状、方向、异质性和连续性，这些形态是由沉积演化决定的。砂岩的质量和数量都受到主要和次要沉积环境和沉积过程控制。储层形态学的量化有助于定义储层的结构和隔夹层，最终确定原始储层的容积或"容器"形态。例如，与具有透镜状砂岩的储层相比，具有"毯状"砂岩的天然气储量和产能特征将会有很大不同。储层形态学还将影响油田开发中最佳的井距。

沉积环境和沉积后成岩作用对储层形态学有重要影响，包括储层的隔夹层和非均质性。储层隔夹层是指砂岩沉积物中大部分或完全与储层其他部分隔离（即无压力传导）的间隔或层段。隔夹层可以由沉积环境的显著变化或沉积后演化过程［如成岩作用和（或）构造活动形成的封闭砂体或隔层］所产生。储层的非均质性通常表现为同一砂体内渗透性和孔隙度的横向和垂向变化，主要是由沉积后成岩作用引起的。大多数成岩作用过程不会完全形成孤立的隔夹层，但这些过程可能产生复杂和（或）低效的流动通道，从而导致储层产能较低。

3.4　致密储层

地质年代是确定生油生气潜力的重要因素，除了烃源岩和储层岩石的特征之外。地质学家通过识别化石、其他化学标志物并将不同地层的岩石进行对比，确定岩石的年代，研究随时间变化影响沉积物和有机物质的过程。虽然许多不同年代的岩石都能产生生石油和天然气，但美国生烃量大的地层包括：（1）泥盆纪——4.16亿至3.59亿年前；（2）石炭纪——3.59亿至2.99亿年前；（3）二叠纪——2.99亿至2.51亿年前；（4）白垩纪——1.45亿至6500万年前。在这些时期，富含有机质的物质积累，并随着时间的推移，在温度和压力作用下最初的有机物变质成天然气和石油。

非常规天然气、页岩油气和致密油气资源（Ma et al.，2016；Moore et al.，2016）在北美油气资源中占比较大，是未来储量增长和产能构成的重要来源。与传统天然气和原油储层类似，非常规储层具有复杂的地质和岩石物理系统，以及较强的储层非均质性。通常低渗透油藏表现出强烈的非均质性。孔隙度、渗透率和孔隙几何形态的局部变化受沉积物的组成性质和储层形成时的沉积环境、成岩作用和构造演化的影响（Solano et al.，2013）。此外，与常规储层不同，非常规储层通常表现出与沉积和成岩过程密切相关的储集和流动特征。

例如页岩这样的致密岩层是复杂储层，在储层特征（如矿物组成、孔隙度、渗透率、储量和压力）方面与一般储层存在显著的差异（图3.2）。因此：

（1）常规天然气：

①百达西范围（大于1mD）；

②流体类型各异；

③岩石类型各异。

（2）致密天然气：

①微达西范围；

②干气—湿气；

③主要为砂岩。

（3）页岩气：

①纳达西范围；

②干气—湿气；

③大部分为游离气体，含部分吸附气体；

④主要通过裂缝（裂隙）流动。

页岩储层中的天然气以自由态存在于孔隙和裂缝中，并以吸附态附着在有机质上。相对于松散冲积沉积物而言，固结岩石（如页岩、砂岩、石灰岩或花岗岩）在双重孔隙性方面可能更为复杂。孔隙分为连通孔隙和非连通孔隙。通过流入岩石中的气体或液体的体积可以很容易地测量连通孔隙体积，非连通孔隙流体无法流入。含气页岩通常具有较低的孔隙度和大于 4%（质量分数）的总有机碳含量（TOC）（Curtis，2002）。含气页岩储层因其非常低的渗透性而被划分为非常规储层。大多数页岩储层的基质渗透率为 $10^{-8} \sim 10^{-4}$ mD。天然的、张开的裂缝的发育、密度和连通性是增强储层渗透性的关键。水力压裂将这些天然裂缝与井筒连接起来才能有效动用。

储层的特征和性质是由组成储层的岩石类型所决定的，必须根据地球化学特征进行差异化评价（Jarvie et al.，2011）。例如，岩石类型代表了在沉积旋回（矿物相序列）中影响岩石性质的不同物理和化学过程。由于大多数致密天然气砂岩经历了成岩作用，通过比较不同岩石类型可以评价成岩作用对岩石性质的影响。如果成岩作用影响较小，沉积环境（和沉积岩石类型），以及由这些沉积条件控制的岩石性质将成为储层特征的决定性因素。然而，如果储层岩石经历了显著的成岩作用，那么沉积时存在的原始岩石性质与当前的性质将会有很大的差异。因此，沉积环境和相关岩石类型可能无法有效指导储层的开发（Rushing et al.，2008）。

一般情况下致密储层是一个多层系地层系统。在碎屑沉积系统中，这些层系主要由以下岩层组成：页岩、泥岩和粉砂岩；而在碳酸盐岩层系中，这些岩层主要由以下组成：石灰岩 $CaCO_3$、白云石 $CaCO_3 \cdot MgCO_3$、可能含有盐矿石 $NaCl$，或者无水石膏 $CaSO_4$，以及部分页岩。因此，为了优化致密储层的开发，需要组建一个至少包括地球科学家、岩石物理学家和石油工程师的多学科团队，开展针对储层中的目标区域之上、之中和之下的所有岩层进行全面表征。

常规气藏和页岩气藏之间的另一个关键区别是吸附气。吸附气是附着在岩石颗粒表面的气体分子。固体性质、温度和气体扩散速率都会影响吸附作用。目前，准确测定储层中的吸附气的唯一方法是通过岩心采样和分析。研究吸附气对产量的影响，可以提升复杂条件下储层评价开发的效果。储层储集的天然气同时包含储层岩石孔隙空间中的天然气和岩石颗粒表面的吸附气。这是一个复杂的含气系统，解吸时间、解吸压力和吸附气体的体积都会影响整个含气系统的产量。吸附作用可以提供大量产能。这对页岩气藏生产数据分析提出了特殊问题。

除了有利于增加产能和采收率外，目前吸附气的影响尚不明确。页岩储层沉积物中气体的储存和流动现象受多种控制因素的综合作用。气体通过由不同直径的孔隙组成的网络流动，这些孔隙的直径范围从纳米级（nm，10^{-9} m）到微米级（mm，10^{-6} m）不等。在页岩气系统中，纳米孔隙发挥着赋存、流动两个重要作用。岩石物理成像利用一代、二代、三代小波对复杂的页岩气储层进行深入研究，页岩储层沉积物中的纳米尺度气体流动具有应用干式纳米技术（智能流体 / 纳米流体）研究的空间。沉积物的各向异性可能在沉积过程或沉积后形成。在碎屑沉积物中，各向异性既可能在沉积过程中形成，也可能在沉积后形成。在碳酸盐岩中，各向异性主要受裂缝和成岩作用控制，即通常在沉积后形成。在碎屑沉积物的沉积过程中形成各向异性需要沉积物的有序排列，即从一个点到另一个点具有一定程度的均匀性或一致性。

如果岩石在颗粒的五个基本特性——组成、大小、形状、方向和堆积中都具有非均质性，那么各向异性就无法形成，因为基质本身没有固有的方向性。在沉积过程中形成的层状各向异性可能有两个原因。一种是周期性的层状结构，这通常归因于沉积物类型的变化，产生基质颗粒大小不同的层。另一种是由于运输介质的方向性引起的颗粒排序。因此，各向异性不仅受到基质类型的变化的影响，还受到其排列和颗粒大小的变化的影响。页岩中弹性各向异性的主要原因似乎是由于黏土板片在微米尺度上的层状排列，这是由地球引力场中的重力作用引起的，而压实则增强了这种效应。页岩具有固有的异质性和各向异性，在许多研究分析中一直存在问题，包括地震勘探、测井数据解释、钻井和井筒稳定性问题，以及产能问题。研究工作致力于弥合沉积岩在纳米尺度上的稳定特征与宏观性质之间的差异。三维地震因能够识别出断裂和断层走向而成为有效研究手段。地面地球化学等研究无法用于判断地下钻头钻遇断裂或断层系统。因此，三维地震现在被广泛使用且成效显著。

3.4.1 页岩地层

在常规油气藏中，在浮力作用下天然气和原油向上运移通过渗透地层，直到被不可渗透的岩石（即封盖层）封堵。这形成了局部的气体和原油富集区，而其他地层则被水充满。

页岩油气藏的复杂性使得正确分析储层参数非常重要。通常，页岩油气藏具有以下特征：（1）覆盖面积大；（2）层厚；（3）由于沉积和裂缝、成岩作用而具有复杂的平面非均质性；（4）气体通过吸附和压缩形式储存；（5）低基质渗透性，并在生产过程中快速衰减。最准确地表征页岩气油藏的方法是离散地对整个油气藏进行网格化建模，包括天然裂缝网络、水力压裂裂缝、基质块和死网格区域。水力压裂的目的正是通过泵入大量压裂液（见第5章）来形成复杂裂缝网络。

在页岩气藏中存在着两种储存机制：吸附气体和游离气体。尽管吸附气体可能占总含气体积的50%，但由于基质岩石的密闭性，产出吸附气体的能力是有限的。虽然在井的生产后期阶段，吸附气的贡献可能变得显著，但在许多页岩井中，吸附气对井经济效益影响微不足道。同时，动用储层范围、总有机质含量和储层压力对产能影响非常重要（Sondergeld et al.，2010）。总之，没有两个页岩气藏形成是相同的，甚至在同一块页岩区块内也存在显著的变化。然而，有一些参数可能是页岩气成藏与否的标准，其中最重要的是：（1）总的原生气体含量；（2）总有机质含量；（3）有机物向烃类的转化比例；（4）通过岩石分析和反射率测定的最高温度，这是衡量热成熟度的重要指标。

无论是生物成因的还是热成因的页岩气，都会赋存在最初生气的地层并以三种形式存在：（1）孔隙和裂缝中的游离气体；（2）吸附气体，即气体吸附在黏土矿物和有机物上；（3）溶解在有机物中的少量溶解气体。由于典型的页岩地层有几十到数百米（甚至大于1km）的厚度，并在非常广阔的区域（资源区）延伸，天然气资源在广阔的区域内分布而不是集中在特定位置。资源区的天然气资源量随着储层的厚度和面积扩大而增加。

页岩中的天然气资源量和分布取决于原始储层压力、岩石的岩相物性和吸附特征等因素。在开发过程中，存在三个主要的产气阶段。初始天然气产量主要受到裂缝网络中气体产出的影响。由于裂缝网络中储量有限，初期产能迅速下降。在初始衰减速率稳定之后，储存在基质中的气体成为产出气的主体。基质中赋存的天然气储量取决于页岩储层的特定特征，估算难度较大。其次是吸附解吸过程，即随着储层压力下降，吸附在岩石中的气体被释放出来。解吸过程中气体的产量取决于储层压力的降低幅度。由于储层渗透率低，通常压降在岩石中传导非常缓慢。因此，可能需要密集的井距来降低储层压力，以促使大量吸附气体解吸出气。

个别页岩气藏估算具有巨大的资源量（数万亿立方英尺，约 $10^{12}ft^3$），分布在数百到数千平方英里的范围内。困难在于仅仅开发其中部分甚至只是一小部分的有利的天然气储量。气体要流入井筒中必须经过页岩孔隙空间，页岩孔隙空间的尺寸比传统砂岩储层中的孔隙小 1000 倍。连接孔隙的间隙（孔喉）更小，只比单个甲烷分子大 20 倍（Bowker，2007）。因此，页岩的渗透率非常低。然而，页岩中天然裂缝可以作为天然气运移的通道，增加了储层渗透性。

页岩是由在深水、河流、湖泊和海洋底部沉积的细粒沉积物堆积形成。页岩是最常见的碎屑沉积岩，由于其潜在有机质含量高，被认为是主要的烃源岩。砂岩由颗粒较大的沉积物在沙漠、河道、三角洲或浅海环境中沉积而成。砂岩孔隙比页岩多，是优秀的储集岩。砂岩是第二常见的碎屑沉积岩，是常见的产层。碳酸盐岩由生活在海洋环境中的水生生物的贝壳和骨骼遗骸堆积而成。碳酸盐岩（如石灰岩）是第三常见的沉积岩，也是常见的优质储层和产层。

在全球范围内，有机质丰富、易产气的页岩气储层通常难以发现。致密的页岩层非均质性较强，在相对较小的范围内特征变化很大。因此，即使在单个水平井筒中，采出气体的量也可能不同，甚至在一个区块内或相邻井之间的采收率也不同。这使得对储层进行评价和对租赁井盈利性评估变得困难。同时，由于页岩没有严格的定义，这给资源评价又增加了难度。页岩广泛的岩性谱系似乎与其他资源（如天然气和原油）形成了模糊的过渡，其中致密天然气储层与页岩气储层之间的区别可能是含有更多的砂岩，而且致密天然气储层实际上可能不含有有机质。页岩的性质和组成属于泥岩这一类别的沉积岩。页岩与其他泥岩的区别在于它具有层理和可分层的特点，页岩由许多薄层组成，容易沿着层理分割成薄片。

页岩层在全球广泛分布（Ma et al.，2016；Moore et al.，2016）。页岩是一种富含黏土的岩层，通常由细粒沉积物形成，在相对平静的海洋或湖泊底部沉积，并在数百万年的过程中被埋藏。页岩层可以作为盆地的压力屏障、顶部密封层，以及页岩气储层。从技术上讲，页岩是一种易裂的陆源沉积岩，其中岩石颗粒主要是粉砂和黏土颗粒。在这个定义中，易裂指的是页岩沿层理可以分裂成薄片，陆源指的是沉积物源。在一些盆地中，由于水系的流体压力显著升高导致形成天然水力压裂和流体释放。然而在大多数盆地中，天然水力压裂不太可能发生。

页岩主要由黏土颗粒组成，这些颗粒通常是黏土矿物，如伊利石、高岭石和膨润土。页岩通常还含有其他黏土级颗粒，如石英、燧石和长石。其他组成物可能包括有机颗粒、碳酸盐矿物、铁氧化物矿物、硫化物矿物和重矿物颗粒，页岩中这些矿物的存在与否取决于页岩组分形成时的环境。

页岩是由在深水、河流、湖泊和海洋底部沉积的极细颗粒的积累形成的。从定义上讲，页岩是一种主要由固结的黏土颗粒组成的沉积岩，但与通常构成天然气或原油储层的普遍沉积岩有所不同。页岩层以泥浆的形式在低能量环境中沉积，如潮间带和深水盆地，在静水中细颗粒的黏土颗粒悬浮后沉积下来。在沉积过程中除了最终形成沉积物的细粒沉积物外还存在有机物沉积，如藻类、植物和动物来源的有机碎屑，最终转化为天然气和原油（Davis，1992）。

页岩和粉砂岩是地壳中最丰富的沉积岩。在石油地质学中有机页岩层既是原油的烃源岩，也是封存油气的盖层（Speight，2014）。在储层评价中页岩层是隔水层。在钻井过程中钻遇页岩地层较砂岩地层往往更多。在地震勘探中页岩地层与其他岩石的接触面通常会形成良好的地震反射体。因此页岩层的地震响应和岩石物性特征，以及它们之间的关系对勘探和储层评价开发都非常重要。

页岩主要由黏土矿物颗粒组成，通常包含伊利石、高岭石和膨润土等黏土矿物。页岩通常还含有其他黏土级颗粒大小的矿物颗粒，如石英、燧石和长石。其他岩石颗粒成分可能包括有机颗粒、碳酸盐矿物、铁氧化物矿物、硫化物矿物和重矿物颗粒，这些矿物在页岩中的含量取决于页岩成岩环境。页岩层由固结的黏土和其他细颗粒（泥）组成并硬化成岩石。页岩是所有沉积岩中最丰富的，约占沉积岩总量的三分之二。通常，页岩呈细粒和薄层状，容易沿层理面分裂。页岩可以按组成进行分类，例如含有大量黏土的页岩被称为黏土质页岩，含有较多砂岩的页岩被称为砂质页岩。有机质含量高的页岩（含碳页岩）通常呈黑色。含有大量石灰岩的页岩（含钙页岩）可以用于制造波特兰水泥（硅酸盐水泥）。油页岩是另一种类型的页岩。由于供需关系和价格上涨，油页岩目前在全球范围内引起了极大关注。油页岩含有干酪根（见第1章和第11章），这是一种可以转化为原油的化石化难溶性有机物，可生成各种原油组分（见第16章）。

片状细粒黏土矿物颗粒和层状沉积物形成的岩石渗透性局限在水平方向上，不同垂深样品测量的结果更明显。这样的岩层为常规天然气和原油（砂岩油气藏）储层提供了优良的盖层和基底岩（Speight，2014）。然而页岩地层的低渗透性导致内源的天然气和原油被困在岩层内，除非经过长期（数百万年）的地质作用，否则无法在岩石内部渗流（或运移）。页岩是最常见的碎屑沉积岩，由于潜在的有机质含量高，被认为是生成天然气和原油的主要烃源岩。

实际上有机质含量丰富的页岩中岩石类型多样，证实了存在多种不同类型的页岩储层。每个储层可能具有独特的地球化学特征和地质特征，可能需要差异化的钻井、完井、生产，以及资源和储量评估方法（Cramer，2008），这在页岩气的开发过程中需要细致研究（见第8章）。此外不可忽视的是，页岩层通常是常规原油和天然气藏（砂岩油气藏）的封闭盖层，而且并非所有页岩都必然是储集岩（Speight，2007，2014）。

还有一种可能是存在混合型页岩地层（只有精细的地质研究才能表征），其最初沉积的泥质富含砂。这些外来的矿物（砂、粉砂、黏土矿物）导致了页岩天然渗透性较高，并使页岩更容易受到水力压裂的影响。

本书已经定义了在勘探和开发的页岩中占主导地位的4种常见页岩类型（页岩储层），可以简单地称为类型1、类型2、类型3和类型4。分类没有优劣之分，而是基于岩石成分和生产特征。类型 1 页岩是一种具有高碳酸盐含量的有机泥岩，例如 Barnett 页岩，裂缝和微孔中可产出有机物质和黏土矿物的气体解吸形成的混合气体。类型 2 页岩是有机质含量丰富的页岩中夹杂层状砂岩，例如 Bakken 页岩，其主要生产页岩油。类型 3 页岩是富含有机质的黑色页岩，其碳质含量通常大于 1%（质量分数），例如 Marcellus 页岩，产出气主要来自气体解吸，并且携带凝析油。类型 4 页岩（如 Niobrara 页岩）是其他 3 种页岩形成的组合类型，气体解吸后通过基质、裂缝系统产出。

致密气藏的一个重要特征是产能较低，特别是在近井地带出现凝析油储层致使产出气含凝析油，相变和流动特征非常复杂。这种情况下产气特征在本质上与常规气藏不同，特别是对于低渗透率、高产液的凝析气储层。因此有必要对凝析液积聚影响产能的机理进行深入研究。了解液相组分对优化致密储层开发对策，减少凝析液储层的影响并提高最终气体采收率非常重要。

相对渗透率是控制凝析气井产能的关键因素，它直接受凝析液积聚的影响。凝析液积聚不仅降低了气体和液体的相对渗透率，还改变了储层流体相组成，从而改变了储层流体相图并改变了流体性质（Wheaton and Zhang，2000；Pedersen and Christensen，2006）。此外，不同的生产对策可能会影响凝析液在流动相和静态相中的组分，以及储层中液体的含量，进而影响井的产能，以及从储层中最终开发的气体和液体的总量。改变井口流动条件的方式可能会影响气体携带液滴的组成，从而改变产能损失的程度。

正如预期的（甚至可以预测的），覆盖大面积地下区域的页岩区块在矿物组成、地层深度和热成熟度方面存在相当大的变化。Marcellus 页岩就是一个大面积区块的例子，它覆盖了宾夕法尼亚州、纽约州、俄亥俄州、西弗吉尼亚州、弗吉尼亚州、田纳西州和马里兰州的部分地区。而局限于较小区域的区块的例子包括 Eagle Ford 页岩，它覆盖了得克萨斯州南部的一部分地区；中得克萨斯的 Barnett 页岩；以及位于阿肯色州、路易斯安那州和得克萨斯州部分地区的 Haynesville 页岩。还必须认识到，上述定义是为了便于当前研究而给出的，未来随着技术的进步，可能会勘探和开发更多类型的页岩。

典型的页岩层厚度可以从 10m 到 1500m 不等，覆盖范围非常广泛。一个页岩气储层通常被称为资源区。页岩气资源广泛分布在广阔的区域（可能是几个区域），而不是集中在特定的地点。资源区内赋存的天然气量随着储层厚度和面积的增加而增加。单个页岩气区可能含有数十亿立方英尺甚至上万亿立方英尺的天然气，分布在数百到数千平方英里的区域。即使开发这些天然气的一小部分也非常困难。

页岩层具有广泛差异的力学特征和显著的各向异性，反映了它们广泛的物质组成和结构各向异性（Sone，2012）。通过追踪岩石中软组分（黏土和固态有机物）的相对含量，并刻画软组分的各向异性分布，可以较好地描述这些页岩岩石的弹性特性。与其他富含有机质的页岩相比，受成熟度最高的烃源岩影响，页岩气储层还具有相对较强的各向异性。岩石塑性特征受软组分含量的影响，并表现出力学各向异性。

页岩中的孔隙空间是天然气从井筒产出的必经通道，这些孔隙的大小是常规砂岩储层中孔隙的千分之一。连接孔隙的裂缝（孔隙喉道）更小，只比一个甲烷分子大二十倍。因此，页岩具有非常低的渗透性，但天然裂缝或诱导产生的水力裂缝可以作为天然气运移的通道，会提高页岩的渗透性。

页岩根据有机质含量分为两种一般类型：深色页岩或浅色页岩。深色或黑色页岩层富含有机质，而浅色页岩层则有机质含量较少。富含有机质的页岩层是在水中几乎没有氧气的条件下沉积形成的，这样可以保护有机物不被分解。这些有机物主要是沉积物中积累的植物残骸。黑色有机质页岩层是世界上许多石油和天然气的烃源岩。这些黑色页岩层因为富含与泥浆一起沉积的微小有机物颗粒而呈现黑色。当沉积物被埋藏升温时，部分有机物转化为石油和天然气。

沉积岩中的黑色一般是有机质存在的标志。即使只有一两个百分点的有机质也可以使岩石呈现出深灰色或黑色。此外，这种黑色一般代表着页岩是在缺氧环境中沉积形成的。进入沉积环境的氧气会迅速与腐烂的有机碎屑发生反应。如果存在大量氧气，所有的有机质都会氧化。缺氧的环境还为硫化物矿物（如黄铁矿）的形成提供合适的条件，黄铁矿是黑色页岩沉积物或岩层中的另一种重要矿物。

黑色页岩层中存在有机碎屑，使其成为产生石油和天然气的潜在层。如果有机质在埋藏后得到保护和适当加热，就可能生成石油和天然气。Barnett 页岩、Marcellus 页岩、Haynesville 页岩、Fayetteville 页岩和其他产生天然气岩石都是呈现深灰色或黑色的页岩层，可产出天然气。

原油和天然气因其低密度而从页岩中迁移，并向上穿过物源层。油和气通常被封闭在岩石单元（如砂岩层）的孔隙中。这种类型的油气沉积被称为常规油气藏，流体可以轻松地通过岩石的孔隙流入井筒。

页岩层在沉积盆地中普遍存在，通常占钻遇地层的 80%。因此，全球大部分地区的主要富含有机质的页岩层已经被确定出来。它们的深度从近地表到几千米地下不等，厚度从几米到数百米不等。通常根据埋藏史可以推断出哪些页岩层可能含有天然气（或石油，或两者的混合物）。从这个意义上讲，似乎没有必要进行大规模的勘探工作和昂贵的试采费用来开发页岩气。然而，在投入了一定的钻井和测试工作量之前无法确定存在的天然气储量，特别是从技术和经济角度来看能够效益开发的天然气储量。

每个页岩层具有不同的地质特征，这些特征影响着气体的开采方式、所需技术和经济效益。同一个（通常较大）页岩沉积层系的不同区域也会有不同的特征，由于天然裂缝的存在增加了页岩渗透性，相对较小的优质区域或核心区域可能比其他地区产量要高很多（Hunter and Young，1953）。

天然气湿气（NGL）的含量（高于甲烷的分子量的烃衍生物，如丙烷、丁烷、戊烷、己烷、庚烷甚至辛烷）通常与天然气产量有关，这些重烃的含量可以有很大差异，对天然气开发的经济性有重要影响。尽管美国大多数干气资源在当前低气价下可能是亏损的，但湿气含量较高的天然气资源可以仅生产液体（天然气液体的市场价值与石油价格相关，而不是与天然气价格相关），使天然气成为实质上的副产品。

得克萨斯州的 Barnett 页岩是首个在页岩储层开发的重要天然气田。因为页岩的孔隙非常微小，天然气很难通过页岩流入井中，从 Barnett 页岩中开采天然气是一个挑战。钻井从业人员发现，通过向井筒中注入压力足够高的水可以增加页岩的渗透性。这些水力压裂措施使得一部分天然气从孔隙中释放出来流入井筒。

水平井钻井和水力压裂技术革新了钻完井技术，并为开发多个巨型天然气田铺平了道路。这些气田包括位于 Appalachian 地区的 Marcellus 页岩、路易斯安那州的 Haynesville 页岩和阿肯色州的 Fayetteville 页岩。这些巨型的页岩储层中含有充足的天然气，可以满足美国二十年甚至更长时间的天然气需求。物性是岩石的特性，如渗透性和孔隙度，反映了其保存和传输水、油或天然气的能力。页岩的颗粒尺寸和孔隙间隙非常小，以至于油、天然气和水在岩石中渗流难度大。因此，页岩可以作为油气圈闭的盖层，并且还是阻挡或限制地下水流动的隔水层。

虽然页岩储层中的孔隙非常小，但孔隙总体积可以很大。这使得页岩能够容纳大量水、天然气或石油，但由于渗透性较低，无法建立渗流通道。石油和天然气工业通过使用水平井和水力压裂在岩石中创造人工孔隙度和渗透性，以克服页岩储层的这些不利条件的限制。

页岩中含有的一些黏土矿物具有吸附或吸收大量水、天然气、离子或其他物质的能力。这种特性使得页岩能够选择性地牢牢吸附或自由释放流体或离子。

因此，页岩气资源可以被视为一种技术驱动的资源，从原本不具备生产能力的岩石中产出天然气需要技术密集的开发过程。最大化提高天然气的采收率需要比常规天然气开采更多的井。此外，广泛应用水平段长度可达几千米的水平井可以最大程度地开发储层。

多段压裂（见第 5 章）在水平井筒的多个位置进行高压力水力压裂，以创造天然气流动的人工通道。微地震成像技术实现压裂裂缝在储层中的延伸情况的可视化。然而，作为一种技术驱动的资源，页岩气的开发速度可能受到所需工程条件的限制，例如水源、支撑剂或深层大功率钻机的可用性。

页岩储层是原油和天然气的烃源岩，原油和天然气储层可以包括砂岩、粉砂岩和碳酸盐岩。虽然常规储层中的原油和（或）天然气通过钻探从地下开发出来相对容易，但从致密储层中提取致密天然气和原油（即致密储层中的天然气和原油）需要更多的措施。在这种储层中，气体被封闭在储层孔隙中。这些孔隙要么分布不规则、要么互连性较差，对渗透性产生不利影响。在没有增产措施的情况下，致密储层中的天然气和（或）原油渗流速度非常缓慢，开发不具备经济效益。

大部分直井虽然工艺简单、成本较低，但它们不太适合开发致密储层。在致密储层中，尽可能动用更多的储层非常重要，因此钻探水平井和定向井十分必要。在这种储层条件下井沿着储层钻进有利于天然气和（或）致密原油流入井筒。在致密储层开发的常见技术中包括提升井网密度等，即通过从一个平台钻探多个定向井（井的数量与储层有关），并且减少了钻井对环境的影响。在地震数据确定了最佳井位并钻完井之后，对致密储层进行增产改造（通过压裂和酸化）以提高产能。

压裂作业涉及将储层中的岩石压碎（见第 5 章）。在钻完井之后通过高压将压裂液注入井中，引起储层岩石的破裂并提高渗透性。此外，酸化作业通过注入酸溶解储层岩石中的石灰石、白云石和方解石胶结物来改善致密天然气储层的渗透性和产能。这种增产方式通过恢复压实和胶结之前存在于储层中的天然裂隙，重新激活储层渗透性。

通常需要进行压裂的北美原油和天然气储层位于水位线以下 1600m 或更深处，位于许多隔水层之下。数千米的盖层与致密天然气储层本身的低渗透性共同作用保证天然气和原油赋存在目标储层内，同时防止注入储层的压裂液漏失。钻井、套管和固井程序必须满足（甚至超过）环保监管要求，将井与任何地下水源地隔离来保护地下水资源。

井筒上部钻穿地下水系的井段应进行固井，以防止气体、油（以及任何压裂液）溢出到井筒周围的地层。井筒采用钢套管从地表固井到饮用水层以下，通常深度达 300m 或更深。套管、水泥环和上覆岩层有助于隔绝压裂液与地表水系。在水力压裂过程中及压后利用压力传感器对井口进行监测确保密封牢固，这有助于高效生产和环境保护（见第 5 章和第 18 章）。

致密储层和页岩储层中的天然气和原油需要采用先进的技术来开采。水平井、定向井可以从单个井场控制大面积的储层，采用水力压裂提升产能。评价和优化致密储层最难的是明确典型井的井控范围和形状。这需要研究沉积环境和岩石成岩作用对井控范围的影响。

基于页岩储层的特性（如含有脆性矿物和较高的储层压力），可以对水平段进行分段压裂（多级压裂）。通过在地表和邻近井中压裂监测，可以确定在压裂施工中页岩人工裂缝延伸方向和范围。页岩储层的天然气和原油在产量下降后可以进行重复压裂，这可能动用在初次水力压裂过程未波及的区域，或重新打开因储层压力降低导致的裂缝闭合。即使进行了水力压裂作业，低渗透储层的井动用范围仍然有限。因此，需要钻探更多的井来提高区块天然气产量。通常每个页岩气开发单元需要钻三到四口、最多八口水平井。

作为本小节补充的最后一点，页岩地层中还存在混合型页岩层，形成原因是最初沉积的泥质颗粒富含砂或粉砂。混合型页岩层具有天然较高的渗透性和更易压裂的特点，例如三叠纪的 Montney 页岩和白垩纪第二期 White Speckled 页岩。Montney 页岩富含粉砂和砂砾，通常被称为致密天然气，例如在加拿大国家能源局（NEB）的许多出版物中 Montney 页岩被定义为致密气层。然而与典型的致密天然气储层不同，Montney 页岩的天然气来自其自身的有机物，更符合页岩气的特点。通常大多数混合型页岩层被称为页岩气层。

3.4.2 砂岩和碳酸盐岩

致密岩层是指由极具非渗透性、坚硬的岩石组成的地层。致密岩层是渗透性较低的非页岩沉积岩地层，其中可能含有油气。当大量有机质与沉积物一起沉积时，页岩岩石中可能含有干酪根。20 世纪 70 年代末和 80 年代初，人们开始将原位渗透率为 0.1mD 的沉积地层定义为致密油气藏（Moslow，1993）。然而，从那时起根据实际情况，任何需要采用特殊的钻完井技术（如水平井和水力压裂）提高产能的低渗透地层（见第 5 章）被定义为致密油气藏。

致密砂岩的低渗透性（和孔隙度）归因于大量分布的小孔到微孔，以及连接这些孔隙的复杂孔喉系统。此外，小孔和孔喉系统可以由多个成藏演化因素控制：（1）细至极细的沉积颗粒；（2）孔隙中存在的各种类型的页岩矿物和黏土矿物；（3）沉积后的成岩作用改变了原始孔隙结构（Rushing et al.，2008）。因此，效益开发致密砂岩油气藏需要对岩石孔隙结构、性质、成因有基本的认识。

从地质学角度来看，致密油气藏是低渗透性的油气藏，通常与常规油气藏的形成相关，这些常规油气藏可以是砂岩、砾岩、石灰岩、白云石、砂质碳酸盐岩和巨厚页岩。致密油气藏的砂岩是富含烃类物质的连续堆积的沉积层。许多致密砂岩油气层（以及页岩）天然具有裂缝和（或）层状结构。砂岩油气藏中致密性和不同的地质特征复杂性是由于不同的地质事件导致的。例如成岩作用导致孔隙度的损失，现存的次生孔隙空间提供了大部分孔隙度。与典型的砂岩油气层相比，致密砂岩层孔隙较少、孔隙连通性较差。

致密油气藏的形成包括两类因素：（1）沉积因素，包括沉积物源、矿物学、颗粒大小、颗粒排序、流动条件、沉积环境，以及固结作用；（2）成岩因素，包括压实、胶结和溶解，构造和裂缝作用。区域构造和局部构造在评价致密砂岩油气藏时起着非常重要的作用。构造对压力和热梯度有影响，也是这类油气藏演化的重要影响因素。最常见的致密砂岩孔隙通常由高度蚀变的原生孔隙构成，同时伴随次生孔隙的发育和自生石英生长。

如同任何复杂的油气藏系统一样，开发致密油气藏需要对岩石孔隙结构、性质、成因有基本的研究。岩心分析结构是油气储层岩石组成和矿物关系的直接证据，将有助于理解沉积相特征、沉积环境、砂岩纹理、成岩作用、储层形态、砂体分布和方向。不同的沉积结构也控制着油气藏的致密程度。岩石的薄片分析可推断出详细的矿物组成、纹理、颗粒排布、胶结物和孔隙类型。

低渗透性油气层几乎存在于全球所有沉积盆地中。在北美，绝大部分致密砂岩油气藏可以分为两个主要地质类型：（1）美国东部和加拿大的泥页岩；（2）遍布美国和加拿大西部的低渗透砂岩。据估计，仅在美国，致密砂岩层的可采储量可能在（100~400）×10^{12}ft^3 之间，而泥页岩的可采储量可高达100×10^{12}ft^3（Rushing et al., 2008）。未来致密天然气资源能否成功开发很大程度上将取决于低渗透性油气藏地质评价研究进展。

致密油气藏（致密砂岩）是一种低渗透性的砂岩油气藏，在一些沉积盆地中，致密油气藏主要由砂岩、粉砂质砂岩、粉砂岩、泥质石灰岩和白云岩组成。致密油气藏指的是以常规开发方式无法经济有效开发，需要使用水平井或通过大规模的水力压裂来增产改造的油气藏。这个定义也适用于煤层气和致密灰岩油气藏，有些学者还将页岩气油气藏包括在内（但本书中未包括）。通常在海洋沉积条件下形成的致密沉积层含有较少的黏土，脆性更强，因此更适合进行水力压裂。淡水沉积条件下形成的沉积层可能含有更多的黏土。随着石英含量（SiO$_2$）和碳酸盐含量（如碳酸钙CaCO$_3$或白云石CaCO$_3$·MgCO$_3$）的增加，这些储层变得更脆。

致密油气藏是一个常用的概念，通常用来指主要产生干气和挥发性原油的低渗透性油气藏。过去开发的许多低渗透性油气藏是砂岩油气藏，但也有大量的天然气产自低渗透的碳酸盐岩层、页岩层和煤层（在本书中未包括）。在致密油气藏中，渗透率通常低于1mD（图3.2），而在浅、薄、低压油气藏中，即使在成功的压裂改造后，为了产出经济可行的油气量，渗透率可能也需要达到几毫达西。在这种情况下，致密油气藏最佳的定义可能是：如果没有通过水平井或水力压裂改造，则无法经济效益开发的油气藏。实际上，根据这个定义评价油气藏开发中经济因素的作用，典型的致密油气藏并不存在。油气藏可能涉及一系列物理参数：（1）深或浅；（2）高压或低压；（3）高温或低温；（4）薄片状或透镜状；（5）均质或非均质；（6）存在天然裂缝（可能性较小）或需要通过水力压裂；（7）单层或多层。因此对于特定油气藏中的每口井，最佳钻井、完井和改造措施取决于油气藏的特征。

在致密油气藏中典型井控范围很大程度上取决于：（1）钻井数量；（2）压裂规模；（3）开发时间。在透镜状或断块致密油气藏中，井控范围通常是透镜体大小或断块分布的函数，可能与压裂规模的关系不大。控制油气藏连续性的一个主要因素是沉积系统。通常，陆相沉积环境的油气藏每口井的井控范围较小，而海相沉积环境的井控范围较大。河流沉积往往更具透镜体特征，而障壁海岸沉积往往更连续。

在致密油气藏中成岩作用（即任何在初始沉积后岩石特性上发生变化的过程）是油气藏地质学的一个非常重要的方面，是低孔低渗透的主要成因。成岩作用可以是物理化学过程，或者是几种不同类型过程的组合。初始成岩作用直接归因于当时的局部沉积环境和沉积组成。之后的成岩作用受区域流体运移影响通常更为广泛，经常跨越多个相带（Stonecipher and May，1990）。成岩作用通常是在油气藏中普遍存在的，是高压高温条件下由沉积物矿物与孔隙流体之间的相互作用形成的。致密砂岩中常见的成岩作用有：（1）机械压实；（2）化学压实；（3）胶结；（4）矿物溶解；（5）矿物沥取；（6）黏土生成转化。

机械压实是由颗粒重新排列、韧性和塑性岩石变形，以及脆性材料的剪切/断裂引起的。这种压实作用可以通过高孔隙压力来减弱，高孔隙压力有助于减少有效应力。化学压实是指由于物理和化学反应而引起的颗粒尺寸和几何形状的变化，这种反应在压力条件下得到增强，例如矿物溶解。通常情况下，机械压实和化学压实都会减少孔隙度和渗透率。渗透率减少是由于孔喉部分或完全封闭，孔隙度减少是由于原始孔隙体积减小。胶结是一种化学过程，其中矿物从孔隙流体中沉淀并与现有颗粒和岩屑结合。致密砂岩中最常见的胶结物成分是硅质矿物和碳酸盐矿物。硅质矿物会在石英（SiO_2）颗粒上沉积为过渡层或层状，可能在沉积后不久形成，但在埋藏过程中随着压力和温度的增加而继续发育。碳酸盐胶结体通常在沉积后早期沉淀，并填充矿物之间的孔隙空间。自生黏土矿物（即在沉积过程中形成而不是通过水或风从其他地方运输而来的黏土矿物）也可以作为胶结材料将岩石颗粒结合在一起。大多数胶结物会降低孔隙度和渗透率。然而，自生的颗粒包裹层和边缘可以通过阻塞石英过渡层形成的核心点位来延缓石英胶结形成，以及孔隙度和渗透率降低（Bloch et al.，2002）。

另一种化学成岩作用是矿物溶解。例如，石英（SiO_2）可以通过施加压力而溶解（压溶作用，只能在较高温度下发生），压力溶解作用是由于颗粒接触处的应力集中导致的，这会导致二氧化硅的溶解、扩散、运输到相邻孔隙中重新沉淀，从而导致孔隙度的损失。另一种矿物溶解是矿物沥取，它通常导致原生孔隙的增加和（或）次生孔隙的形成。次生孔隙的常见来源是碳酸盐胶结物的溶解，这些胶结物通常在沉积后早期沉淀，并填充骨架颗粒之间的孔隙空间。

黏土指的是在沉积后形成或生成的自生黏土矿物。在致密砂岩中发现的这种矿物包括绿泥石、蒙皂石—伊利石黏土矿物和伊利石黏土矿物。自生绿泥石矿物通常在富含铁的条件下形成，常见作为孔隙衬里（或包裹物）出现。由于这些黏土矿物通常不能完全覆盖碎屑颗粒表面，许多颗粒上可能会形成石英过渡层，从而降低原始孔隙度。蒙皂石—伊利石黏土矿物常见于含有大量火山碎屑的砂岩中。伊利石矿物也可能由高岭土形成，并可以通过前体碎屑或自生黏土形成。伊利石晶体可能以纤维状、片状或板状结构出现，纤维容易断裂并堆积在孔喉中，从而导致渗透率的降低或丧失。伊利石片状和板状结构也可能通过阻塞孔喉来降低渗透率。

岩石的孔隙度和渗透率往往取决于地层压力和温度，它们也会影响成岩作用的类型、程度和严重程度。此外，随着温度升高，矿物的溶解度增加，孔隙水溶解物饱和，从而增加了沉淀和胶结物的形成。

具有粉砂岩、页岩互层的岩层是页岩气的目标层（例如，新墨西哥州的 Lewis 页岩和艾伯塔省的 Colorado 组），需要新的技术来识别测井曲线中的层序，并采用新的钻完井技术。这些粉砂岩层太薄，无法在测井曲线上被识别到，也无法准确确定在目标区间内有多少层。此外，测井曲线无法准确确定页岩层的孔隙度、储层的含水饱和度、每个层的相对渗透率。这些层既是天然气（自由气体）储存空间，也是从页岩向井眼传输气体的流动通道。这些层的完井也非常具有挑战性。通常情况下人工裂缝应该水平扩展而不是垂直扩展，然而这些层可能垂直跨越几百英尺。因此水平裂缝可能会错过许多具有生产潜力的页岩层和粉砂岩层。针对这种类型的页岩气储层，可能需要改变或者开发新的压裂技术。

3.4.3 开发和生产

在致密储层的开发和生产活动中，评价典型井的井控范围大小和形状是最困难的工作之一。这需要了解沉积体系及岩石的成岩作用。在连续型（区域展布型）致密储层中，井的平均井控范围很大程度上取决于钻井数量、人工裂缝改造体积，以及开发时间。而在透镜状或断块致密气藏中，平均井控范围可能取决于平均砂体大小或隔夹层的规模，可能与人工裂缝改造体积无明显关系。

主要控制储层连续性的因素是沉积环境。例如，陆相沉积的储层井控范围较小，而海相沉积的排采范围较大，而河流沉积的井控范围倾向于呈透镜状。已经开发得较为成功的致密储层，例如得克萨斯州南部的 Vicksburg、得克萨斯州东部的 Cotton Valley Taylor、San Juan 盆地的 Mesa Verde 和格林河盆地的 Frontier，都是海相沉积源的致密砂岩，这些地层往往是连续的（区域展布储层）。事实上，大多数开发较为成功的致密储层都是地层较厚、连续的海相沉积。然而，还有其他一些地层，例如得克萨斯州东部的 Travis Peak 组、Permian 盆地的 Abo 组，以及落基山脉部分地区的 Mesa Verde 组，则是河流沉积，往往呈高度透镜状。得克萨斯州南部的 Wilcox Lobo 组由于断层的存在而高度断块化。在透镜状储层（断块储层）中，排采范围受地质条件控制，必须由地质学家或开发工程师进行估算。

无论是致密砂岩储层还是页岩储层，储层的开发（见第 4 章）都需要钻完井，然后必须通过成功的增产措施才能以工业气流和商业天然气产量进行生产。通常情况下，需要进行水力压裂来实现天然气和原油的经济有效生产。在一些含有天然裂缝的致密储层中，可以使用水平井和（或）多水平井来提供商业开发所需的增产措施。此外，为了优化致密储层的开发，必须对钻井数量进行优化，并针对每口井进行钻完井措施。通常情况下，研究和开发致密气藏需要比高渗透率的常规储层更多的数据和人力、工程资源。与常规储层相比，必须在致密储层中钻更多井（或更小的井间距）才能采出大部分原始状态地下气体（OGIP）或原始状态原油储量（OOIP）。

无论哪种情况，全面研究致密地层和页岩地层的基本地质、地球化学特征对于资源评估、开发和环境保护至关重要。四个关键储层特征是：（1）有机质的成熟度；（2）储层中生成和储存的气体类型，是生物成因气体还是热成因气体；（3）地层中的总有机碳含量；（4）储层的渗透率。只有在了解这些关键储层特征的情况下，储层才能被成功开发和利用。

致密储层岩石可以细分为三种岩石类型：沉积型、岩相型和水力学型（Newsham and Rushing，2001；Rushing and Newsham，2001；Rushing et al.，2008）。每种岩石类型代表了在沉积和成岩中经历了不同物理和化学过程。

因为储层渗透率非常低，开发致密储层通常需要增产改造（Akanji and Matthai，2010；

Akanji et al.，2013）。影响致密地层流动特征的关键机制所需的基础知识数据库仍需要深入研究。在本书中，应用了一种新的测量多孔介质流动特征的方法来表征致密碳酸盐岩样品中的流动规律。

此外，储层垂向上获得的岩心测得的渗透率较高。致密地层被认为是绝对渗透率通常小于 10mD 的储层，并且在许多情况下可达到微达西范围（10^{-6}D）。这些储层可能作为油气的储存介质。然而，由于许多因素（包括储层质量差、不利的初始饱和条件、钻完井操作引起的地层伤害、水力或酸化压裂效果、井筒堵塞或修井作业等生产相关问题），产量和最终采收率通常没有经济效益。

许多致密储层非常复杂，需要开发多个低渗透储层，并且是裂缝性储层。尽管这些储层的产量较低并且经济效益较差，但不断增长的能源需求迫使从业者加大技术投入来提高采收率。

3.5 岩心分析

岩心的取样分析对于研究任何类型的复杂储层至关重要。为了研究目标储层流体流动特性、力学特性和沉积环境，需要进行实验测试获取数据。需要钻取岩心，正确处理并在实验室使用现代、先进的实验室方法进行测试。其中最重要的是恢复储层条件测量岩石特性，在实验室中重现有效应力（净覆压，NOB）的影响，获得最准确的定量信息。

为了充分获取沉积相分析和储层表征的数据，应该在含气层段，以及含气层以上和以下的岩层中取得岩心。来自含气层以上和以下的页岩和泥岩的岩心帮助地质学家确定沉积环境。与沉积有关的数据使储层评价工程师能够更好地估算含气层的面积和形态。此外，还可以在页岩上进行力学性质测试，确定泊松比和杨氏模量。还可以测量页岩的密度和声波传播时间，辅助密度和声波测井数据的分析。实际上岩石性质决定了油气的储集特性；完井质量取决于岩石弹性特性。低渗透性储层水力压裂需要优选具有良好储集特性和完井质量的井段。岩石力学建模和表征是压裂效果达标的关键（Guha et al.，2013）。

3.5.1 样品处理

在野外钻取岩心后，正确处理岩心非常重要：（1）岩心能用锤子敲出岩心桶，应该用泵将其抽出；（2）岩心展开放置在管架上后应该用抹布擦拭去除钻井液（不要用水洗），然后尽快进行岩心描述；（3）应该逐英尺地描述层理特征、天然裂缝和岩性；（4）应使用永久性标记来标识岩心深度，并在岩心上清晰标记井口方向；（5）尽快将岩心用可收缩塑料包裹，然后用石蜡密封，以便运送到岩心分析实验室；（6）在获取和现场描述岩心时，应采取预防措施使岩心性质的改变最小化。

进入实验室后，岩心被展开并分块，然后切割出用于实验测试的样品。通常，每英尺岩心应切割一个岩心样品，尽量适当地采样所有岩石，而不是局限于含气层。常规岩心分析可以在这些岩心样品上进行。完成常规岩心分析后，会切割额外的岩心样品进行特殊岩心分析，有时会使用整个岩心样本进行测试。常规和特殊岩心分析都需要优化完井措施并校准裸眼测井数据。岩心样品还必须小心处理，例如，如果将含页岩的砂岩岩心样品放入标准烤箱，会使孔隙中的黏土干燥并发生变化。如果在湿度受控的烤箱中干燥岩心样品，可以获得更准确的岩心分析结果，游离水会蒸发但对结合水的影响不大。

3.5.2 常规分析

常规岩心分析应该在按每英尺切割的岩心样品上进行。常规岩心分析应包括以下测量项目：（1）岩石颗粒密度；（2）孔隙度和气测渗透率，包括未加压和加压的情况；（3）阳离子交换量；（4）流体饱和度分析。此外，每个岩心样品应详细描述，明确岩性、岩石颗粒大小，并记录任何可能对地质学家、岩石物理学家或开发工程师有用的信息，例如天然裂缝和其他细节。

孔隙度用于确定原始气体含量并与渗透率建立关系。颗粒密度应用于确定如何将密度测井值与岩性计算值相关联，并验证测井岩性识别结果。阳离子交换量可以用于确定岩石能够传导多少电流，排除孔隙空间中流体的影响。阳离子交换量必须在实验室中使用岩石样品来测量，是岩石中含有的黏土的数量和类型的函数。饱和度分析是测试实验室岩心样品中水、油和气的含量。在用水基钻井液钻取岩心的岩石中，饱和度分析可能会有误差，因为在岩心取样过程中可能会发生钻井液滤液侵入的问题，并且在运往实验室测试之前可能会出现岩心取样和处理方面的问题。然而，用油基钻井液钻取的岩心分析中的水饱和度值可以用于校准测井数据，并估算储层中原始气体含量。

孔隙度和气测渗透率关系是岩石所受有效应力的函数，在进行测量时，岩石所受有效应力的不同值对于了解储层在产气和储层压力下降时的物性非常重要。事实上，低渗透地层资源开发的关键是准确评价岩石性质（如渗透率、孔隙度和毛细管压力）。这些资料对于量化地层资源潜力及预测产能都是必需的。然而，由于孔隙网络结构的复杂性，渗透率与孔隙度之间简单的函数关系并不具有代表性，因为低渗透率使应用于常规储层的标准稳态法测试技术难以实施，难以产生可靠和有意义的数据。

此外常规高渗透储层的渗透率和孔隙度测量通常在实验室中进行，而这些测试结果并不代表原位储层条件，这意味着上覆岩层压力的影响在很大程度上被忽略了。随着有效应力的增加，占主导地位的导流路径的高纵横比的孔隙结构会被压缩并最终关闭，限制流体流动并增加流动通道的迂曲程度。因此，在实验室中测得孔隙度和渗透率的值后，应将这些值与低渗透地层的条件做对比分析（Thomas and Ward，1972；Jones and Owens，1980；Soeder and Randolph，1987；Guha et al.，2013）。此外，需要记住这些测试值来自常规岩心分析，即干燥的岩心在没有水的情况下进行的测试。如果在含水饱和度条件下进行类似的测试，岩心中的渗透率会进一步降低，有时可能降低两倍甚至十倍。因此，在致密气藏中，原位气测渗透率往往比从完整岩心切割出的干燥岩心在室内条件下测得的气测渗透率低 10~100 倍。如果岩心来自侧钻取心装置，岩心样品的测试结果会不同，并且在未加压条件下渗透率的值可能会更加乐观。

3.5.3 专项分析

为了深入研究致密气藏的特征，需要对选择的岩心样品进行专门的岩心分析，测试气测渗透率、含水饱和度、电阻率指数、地层因子、毛细管力、声速，以及岩石力学性质等。电阻率指数和地层因子的数值可以更好地分析孔隙度和电阻率测井曲线。声速可以更好地计算孔隙度，并确定测井数据与岩石力学性质关系。力学性质的预测与测井曲线和岩性相关。为了合理地模拟储层中的流体流动和水力压裂措施优化，需要进行毛细管力、气测渗透率、含水饱和度和相对渗透率测试。

特殊岩心分析中选择合适的岩心样品进行实验非常重要。特殊岩心分析测试费用昂贵，需要数周或数月的特殊仪器测量。因此必须慎重选择岩心样品，为钻井设计、完井设计、压裂设计，以及采收率预测提供数据。选择特殊岩心分析测试岩心样品的程序是：（1）组建由地质学家、开发工程师和岩相学家组成的团队，（2）布置好岩心，（3）有常规岩心分析和测井分析的结果可供参考，（4）确定岩心中包含的岩石类型或岩相类型对钻完井和压裂工艺的重要程度，（5）为每种岩石类型或岩相选择 3~6 个位置进行岩心样品切割。

除了页岩的组成（即页岩类型），地层深度也是一个主要参数，因为深度还影响热成熟度、井底温度、地层压力和整体地层层系特征。例如，Haynesville 盆地相对较深，表现为高压高温储层条件，而 Marcellus 盆地相对较浅，在产量最高的区域只有轻度超压。孔隙压力也可作为地层特征的指标，较高的储层压力通常反映了较高的天然气生成和储存能力。此外，为了更好地评价压裂效果，有必要研究与岩石弹性和强度相关的应力状态。该类研究可以从岩石脆性指数开始。

脆性指数（BI）是评价岩石破裂或断裂能力的指标，在页岩单井评价和区域评价中十分重要，主要与页岩的矿物组成和岩石强度有关。高脆性指数通常与高石英含量或高碳酸盐（白云石）含量相关，例如 Barnett 页岩盆地和 Woodford 页岩盆地。另外，随着黏土和有机质的增加，脆性指数降低，例如 Marcellus 页岩盆地。因此，脆性指数用于指导钻井、分段和压裂措施优化（Wylie，2012）。

脆性指数应根据相关定义（Herwanger et al.，2015）来使用，其中岩石的脆性特征来自：（1）弹性特性，（2）岩石物性特征，（3）强度特性。在地球物理文献中，脆性指数的定义与高脆性岩石具有高杨氏模量 E 和低泊松比 υ 相关（Rickman et al.，2008）。同时，脆性指数与拉梅常数 l 和 m 的特定函数关系相关（Goodway et al.，2010）。另外，脆性指数的定义可以基于岩石的矿物含量（Jarvie et al.，2007）。脆性指数的定义也可以基于强度参数，根据单轴抗压强度 σ_c 和抗拉强度 σ_t 计算脆性指数（Altindag，2003）。无论使用何种方法，脆性指数本质上是岩石的岩性（或矿物组成）指标。研究中应明确脆性指数的计算方法，以避免任何可能的混淆。

需要进一步研究表征致密储层的孔隙结构、储集能力和流动特性的方法。目前用于致密储层的评价方法是最初评价常规储层和煤层气的方法，并假设运移和储存机制一致。然而，致密储层具有不同于煤层和常规储层的岩石组成和孔隙结构，许多常规技术不适用于致密储层。此外，大多数表征方法需要对样品进行干燥，这可能导致黏土矿物收缩，从而改变岩石孔隙结构。因此，从样品中测得的数据可能不代表原始地层的实际情况。无论误差是否可以被忽略，实际上孔隙度的微小误差（与天然气储集能力相关）最终可能导致致密储层储量和产能评价存在较大误差。研究当前储层表征技术的局限性，调整测试方法使其适应致密储层的实际情况对于准确评价任何油气资源基础至关重要。

3.6 美国页岩气资源

常规天然气（或其他化石燃料）资源存在于地下圈闭（储层）中，其渗透率值大于下限值。通常可以通过直井来开发常规天然气资源，采收率通常较高。总之渗透率是衡量多孔介质（如油气储层）在压差作用下流体（如气、油或水）流动的能力。在石油工业中，渗透率通常用毫达西（mD）作为单位来衡量。

非常规资源存在于渗透率较低的区块中（小于 0.1mD）。这些区块包括致密砂岩层、煤层（煤层气，CBM）和页岩层（图 3.3）。非常规资源储层通常比常规储层分布更广，通常需要先进的技术如水平井或储层改造来实现效益开发；其采收率通常较低，通常为原始天然气储量（GIIP）的 15%~30%（体积分数）。作为天然气烃源岩的富含有机质的页岩引起了广泛的关注，它们资源量巨大（$500×10^{12}$~$780×10^{12}$ft^3），分布在美国 48 个州（图 3.4）（Hill and Nelson，2000）。

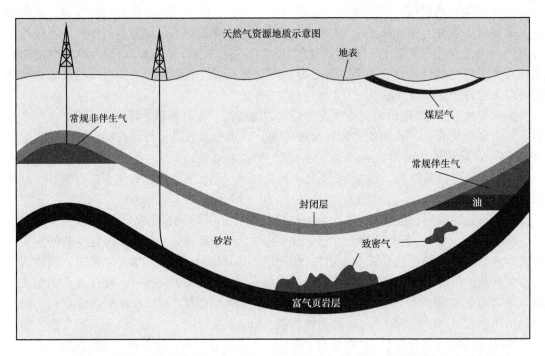

图 3.3　常规和非常规气藏的说明，EIA（2011a）。能源信息管理局，美国能源部，华盛顿特区

由于页岩的独特性，每个盆地、区块、井和层位可能需要不同的开发措施。简要比较当前重点研究的储层特性可以辅助说明这些差异在开发中的影响。必须研究和了解页岩气藏的关键储集参数，这些参数包括：（1）热成熟度；（2）储层厚度；（3）总有机碳（TOC）含量；（4）吸附气体含量；（5）孔隙和裂缝中的游离气；（6）渗透率（见第 4 章）。其中前两个参数通常作为常规参数。热成熟度通常在岩心分析中测量，储层厚度常常用测井来测定。最后四个参数的计算需要研究新方法。

2010 年美国几乎全部（96%）的页岩气探明储量来自美国六个最大的页岩气产区（US EIA，2012）。Barnett 页岩再次位列美国最大的页岩气产区，Haynesville/Bossier 页岩和 Marcellus 页岩的探明储量与 2009 年相比大幅增加（前者超过 2009 年的两倍，后者几乎翻了三倍）。在这六个页岩气产区中，唯一的下降是在密歇根北部的 Antrim 页岩，这是一个较成熟的、浅层生物来源页岩气产区，于 1986 年发现，但开发速度已落后于其他主要页岩产区。

其他的页岩气资源对美国的能源平衡和经济的影响越来越重要，这些资源不能被忽视。美国主要的页岩气资源按字母顺序列举如下。

3.6.1 Antrim

Antrim 页岩（密歇根盆地）是一个广阔的有机质丰富的页岩沉积体系，覆盖了古北美大陆的大片区域，形成于泥盆纪中晚期。盆地位于大陆内陆，是东部内陆海的几个沉积盆地之一。该盆地被超过 17000ft 的沉积物填充，其中 900ft 为 Antrim 页岩和相关泥盆—石炭纪岩石（US EIA，2011）。在现代构造盆地中心区域，Antrim 页岩的底部位于海平面以下约 2400ft。

Antrim 页岩是一种黑色的富含有机质的沥青质页岩，分为从底部到顶部的四个层组：Norwood、Paxton、Lachine 和上部层组。上部层组上覆盖着灰绿色的 Ellsworth 页岩。Antrim 页岩的地层相对简单，井通常是在下部 Antrim 的 Lachine 组和 Norwood 组，这两个层位的总厚度约为 160ft。Lachine 组和 Norwood 组的总有机碳含量范围为 0.5%~24%（质量分数）。这些黑色页岩含有丰富的硅质（20%~41% 质量分数微晶石英和风积粉沙），并包含大量白云石和石灰岩结核，以及碳酸盐、硫化物和硫酸盐胶结物。Antrim 页岩下部的 Paxton 组是灰质泥岩和灰色页岩的互层（Martini et al.，1998），含有 0.3%~8%（质量分数）的总有机碳和 7%~30%（质量分数）的硅。通过对藻类化石 Foerstia 的对比，已确定了 Antrim 页岩的上部与 Appalachian 盆地的 Ohio 页岩的 Huron 组，以及伊利诺伊盆地的 New Albany 页岩的 Clegg Creek 组之间的时间对比关系（Roen，1993）。

Antrim 页岩主体深度范围为 500~2300ft，面积约为 30000mile^2（US EIA，2011）。整个地区被泥盆纪和石炭纪沉积覆盖，含有数百英尺的冰川堆积。Antrim 页岩的矿物组成显示该页岩为层状的细粒沉积岩，主要成分为伊利石、石英，以及少量有机物质和黄铁矿。

Antrim 页岩的有机质含量高达 20%（质量分数），主要由藻类物质组成。镜质组反射率在 0.4%~0.6%，热成熟度低。该页岩的埋深较浅，气体成分中甲烷的含量较高，可能含微生物气源，但 $\delta^{13}C$ 同位素值表明热成因气可能性更高（Martini et al.，1996）。Antrim 页岩浅层主要是生物气。深层混合热成因气体和生物成因气体。下部的 Niagaran 组中气体组分 $C_1/(C_2+C_3) < 100$，认为是热成因气体。Antrim 页岩有许多天然裂缝，推测气体从 Niagaran 组运移而来。

Antrim 页岩具有两种主要的赋存方式：吸附气和孔隙空间中的自由气。下部 Norwood 组的吸附能力（每吨约 115ft^3）高于 Lachine 组（每吨约 85ft^3）（Kuuskraa et al.，1992）。这是压裂设计的重要考虑因素，将更多的支撑剂铺置在气体含量最高的区域将更有利。孔隙空间中的自由气可占总原位气体含量的 10%（体积分数），但目前尚不清楚自由气与地层水有多大程度上的依赖关系。基质渗透率极低，开发自由气可能非常困难。

通过北部产气动态识别出两组主要的天然裂缝，一组北西向，另一组北东向，两者都表现出次垂直到垂直的倾角。这些天然裂缝通常没有胶结，或者仅有方解石覆膜，垂直方向上延伸达几米，在地表出露时水平方向上延伸可达几十米。Antrim 页岩周边地区存在有机质丰富、富含气体的页岩，但天然裂缝较少，渗透率很低（Hill and Nelson，2000）。

Antrim 页岩对于页岩储层来说裂缝相对丰富。裂缝间距可以接近 1~2ft，而 Barnett 页岩的裂缝间距可达 10~20ft。这些裂缝可以形成 50~5000mD·ft 的渗透层，提升了气体产量的同时也促进了水的流动。因此多数井产水量大，必须进行处理。

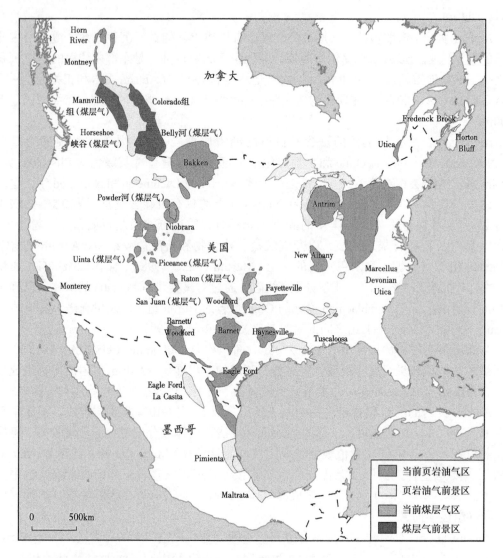

图 3.4 美国、加拿大和墨西哥境内的页岩气资源（页岩气区）。改编自 US EIA（2012）。
能源信息管理局，美国能源部，华盛顿特区

3.6.2 Bakken

位于蒙大拿州和北达科他州威利斯顿盆地的 Bakken 页岩，其产能增长速度与 Barnett 页岩相似。Bakken 是另一个技术驱动的页岩气藏，从水平井和水力压裂技术的发展中受益匪浅。2008 年 4 月，美国地质调查局（USGS）发布了对该页岩气藏未发现可采储量的评估，估算未发现可采原油储量为 36.5×10^8 bbl，伴生天然气量为 1.85×10^{12} ft^3，凝析油为 1.48×10^8 bbl（USGS，2008；US EIA，2011，2014）。

Bakken 页岩构造形态与其他页岩气藏不同，它是两个页岩层之间的白云岩油藏，深度为 8000~10000ft，从中开采原油、天然气和凝析油。Bakken 组浅层的含油气面积范围比深层大。上层和下层页岩地层是原油的烃源岩，呈现出相对一致的岩性，而中间砂岩组在厚度、岩性和岩石物理特征方面有所变化。

Bakken 页岩地层的天然裂缝不如 Barnett 页岩地层多，因此需要纵向和横向的人工裂缝增渗。在水力压裂处理中主要使用凝胶水压裂液，采用中等强度支撑剂。最近 Bakken 页岩气藏的勘探开发工作量有所增加，技术趋势是朝着更长的水平段发展，有些情况下单个水平段达到 10000ft。此外另一种技术趋势是在 Bakken 页岩下部钻井并向上压裂。

3.6.3 Barnett

楔形的 Fort Worth 盆地位于得克萨斯州北部中央，面积约 15000mile^2，呈南北向，向北加深，延伸至 Liano 县的 Liano 隆起（Bowker，2007；Jarvie et al.，2007；EISA，2011，2014）。寒武纪的 Riley 组和 Hickory 组被 Viola-Simpson 组和 Ellenburger 组覆盖。Viola-Simpson 石灰岩群位于 Tarrant 县和 Parker 县之间，充当 Barnett 组和 Ellenburger 组之间的隔层。Ellenburger 组是多孔的岩溶含水层（Zuber et al.，2002），压窜会产出大量高盐度水，关井和水处理增加了额外成本。

岩溶含水层是由可溶性岩石 [如石灰石（$CaCO_3$）、白云石（$CaCO_3 \cdot MgCO_3$）和石膏（$CaSO_4$）] 的溶解形成的。它具有地下泄流系统，包括天坑和洞穴。更耐风化的岩石中也可能出现含水层，如石英岩 [一种硬质、无层理的变质岩，最初由纯石英（SiO_2）砂岩形成]。砂岩通过高温和高压转变为石英岩，通常与构造挤压有关。纯石英岩通常呈白—灰色，但由于含有不同量的氧化铁（Fe_2O_3），石英岩常常呈现出不同程度的粉红色和红色。其他颜色，如黄色、绿色、蓝色和橙色，则由其他矿物质造成。

地下水径流可能影响地表水如河流或湖泊的形成。然而，可溶性岩层上覆一个或多个隔水层的情况下岩溶大概率仅在地下发生，地表上有可能完全没有痕迹。

Barnett 页岩的地质化学和储层参数与其他产气页岩存在显著不同，尤其是在气体储量上差别很大。例如，Barnett 页岩气是热成因气，在晚古生代开始生成并持续到中生代，在白垩纪抬升和冷却期间停止（Jarvie et al.，2001，2007）。此外，Barnett 页岩地层赋存自生和他源原油，烃源岩是奥陶纪到宾夕法尼亚期。在 Fort Worth 盆地西部赋存来自 Barnett 页岩的原油（Jarvie et al.，2001，2007），这些原油的裂解对气体总量有贡献。

始于泥盆纪的 Barnett 页岩位于 Viola-Simpson 组之上。Barnett 页岩的厚度从 150ft 到 800ft 不等，是得克萨斯州产能最高的页岩气藏，渗透率范围为 7~50nD，孔隙度范围为 4%~6%（Montgomery et al.，2005；Cipolla et al.，2010）。此外，Barnett 页岩产能随流体类型、井深、地层厚度不同变化显著（Hale and William，2010），同时完井和压裂对产能都会有很大影响（Ezisi et al.，2012）。

盆地中影响产能的构造包括：断层、天然裂缝和岩溶构造（Franz et al.，2005）。裂缝在气体生产中非常重要，因为它为气体提供了从孔隙流向井筒的渗流通道，增加了井筒与地层的接触面积。Barnett 页岩天然裂缝几何结构非常复杂，裂缝长度与地层的关系难以估算。普遍认为天然裂缝是由于原油裂解生成气体产生的。原油裂解使烃体积膨胀十倍，提高流体压力直至地层破裂。裂缝中的碳酸钙充填会降低裂缝的导流能力。这种裂缝充填很难检测，可能导致在地震剖面显示较好井位但实际上产能较差。由于酸化压裂的前置酸需要波及较长的范围才能对产量产生明显影响，这种碳酸钙充填也很难通过酸化压裂来解决。

在 Barnett 页岩中，随着地层压力的变化气体含量也会发生变化。典型的储层压力在

3000~4000 psi 范围内（Franz et al.，2005）。在低渗透率的地层中，拟径向流需要 100 多年的渗流时间才能建立。因此地层中的大部分气体流动是从裂缝附近区域朝最近的裂缝面的线性流动。断层与岩溶构造主要在 Ellenburger 组中产生影响。

除了钻探更长的水平井段，Barnett 地区目前还倾向于加大水力压裂规模和增多压裂段。正在钻探的加密井压降测试降至 10acre。同时已经开始对 2003—2004 年实施的第一口水平井进行重复压裂；预计加密井和重复压裂将把预测的最终采收率从 11% 提高到 18%。此外，如同在其他地方一样，特别是城市地区，平台钻井及水资源的重复利用也呈增长的趋势。

3.6.4 Baxter

Baxter 页岩与 Mancos、Cody、Steele、Hilliard 和 Niobrara/Pierre 组相当（US EIA，2011），是约九千万年前（早白垩世晚期至晚白垩世早期）的西部内陆海中形成的数百英尺的深水沉积，主要包括约 2500ft 的硅质页岩、伊利石和钙质页岩，其中还包含几十英尺厚的富含石英和碳酸盐的细砂岩地层反旋回沉积。页岩中的总有机碳含量 0.5%~2.5%，细砂岩中的总有机碳含量 0.25%~0.75%。页岩和细砂岩的孔隙度通常在 3%~6% 之间，基质渗透率为 100~1500nD。该区域普遍含气并存在超压，在一万英尺以上深度，Baxter 页岩的压力梯度为 0.6~0.8 psi/ft。

在科罗拉多州西北部和相邻的怀俄明州的 Vermillion 盆地的 Baxter 页岩中投产了 22 口直井和 3 口水平井。生产层位主要是生产测井确定的富含细砂岩地层。Baxter 页岩的主力层有接近 2% 的镜质组反射率，处于干气生气窗口。开发上的主要挑战是经济效益。Baxter 页岩不是典型的厚度为 100~300ft 有机质丰富的页岩气储层，它是约 2500ft 厚含细砂岩夹层的页岩。三维地震解释的裂缝网络可作为水平井靶体。

3.6.5 Caney

Caney 页岩（俄克拉何马州的 Arkoma 盆地）是 Ft. Worth 盆地中 Barnett 页岩地层对应层。Caney 页岩属于 Chesterian 期，沉积平面上在俄克拉何马州的 Arkoma 前陆盆地开始，沿着 Ouachita 褶皱带从密西西比州的 Black Warrior 盆地向西直至到达得克萨斯西南部的盆地。俄克拉何马州的 Arkoma 盆地位于该州的东南角，在 Ouachita 山脉的北部和西北部。Caney 页岩从俄克拉何马州 McIntosh 县北部 3000ft 深度向南倾斜，到 Choctaw 推覆带北部的 12000ft 深度。Caney 组向东南方向变厚，从其西北缘的 900ft 变厚到南部的 Choctaw 断层处的 2200ft。根据密度和电阻率测井特征，它可以分为六个层段。

Caney 组平均总有机碳含量在 5%~8%，与密度线性相关。钻井液录井的气测显示与解吸气量相关性较强，每吨页岩含气 120~150ft^3。Caney 组的气体资源量估算为（30~40）×10^9 ft^3。

3.6.6 Chattanooga

Chattanooga 页岩（Black Warrior 盆地）是一个富含油的页岩层（Rheams and Neathery，1988）。在 Black Warrior 盆地的大部分地区 Chattanooga 页岩处于热成因气生气窗口内，产气潜力较大。Chattanooga 页岩不整合覆盖在奥陶纪至泥盆纪地层之上，沉积时间向北增加（Thomas，1988）。Chattanooga 页岩以下是 Maury 页岩，Maury 页岩通常薄于 2ft。Maury 页岩之下是 Fort Payne 微晶质石英岩。亚拉巴马州的 Chattanooga 页岩显然是潮下低氧—无氧沉积环境下沉积的，可以看作是阿卡迪亚前陆盆地的克拉通扩展（Ettensohn，1985）。

在 Black Warrior 盆地内，Chattanooga 页岩的厚度变化显著，在 Lamar、Fayette 和

Pickens 县的大部分地区页岩薄于 10ft 并在局部地区缺失，因此 Chattanooga 页岩不是 Black Warrior 盆地常规油气储层的烃源岩。从 Blount 县向西北延伸到 Franklin 和 Colbert 县的带状地区，页岩厚度超过 30ft。在 Tuscaloosa 和 Greene 县的西南盆地边缘发展了一个显著的沉积中心。在这里，页岩始终厚于 30ft，并且局部达到 90ft 以上。

Chattanooga 页岩在某些方面类似于 Ft. Worth 盆地的 Barnett 页岩，都是黑色富含有机质页岩，围岩是厚度大、机械强度高的石灰岩，有助于控制人工裂缝在页岩层延伸（Hill and Jarvie，2007；Gale et al.，2007）。由于 Chattanooga 组相对较薄，水平井适度压裂可以有效开发。

3.6.7　Conasauga

Conasauga 页岩（Conasauga 页岩气层，亚拉巴马州）主要分布在亚拉巴马州东北部（US EIA，2011，2014）。除了 Etowah 县的 1 口井和 Cullman 县的 1 口井外，所有的开发井都在 St. Clair 县。Etowah 县和 St. Clair 县位于阿拉巴马州的伯明翰东北部山区。Cullman 县位于伯明翰北部的坎伯兰高原。

Conasauga 页岩是亚拉巴马州第一个商业开发的页岩气田，是最古老、结构最复杂的页岩层。Conasauga 页岩与其他页岩有所不同，主力开发层是较薄的页岩和微晶质石灰岩互层，总有机碳含量一般超过 3%。

Conasauga 页岩属于中寒武世地层，是向上变浅的沉积序列，页岩垂向穿过大范围的内缓坡碳酸盐岩相。页岩沉积在外缓坡带上，在前寒武纪晚期到寒武纪 Iapetan 期裂谷期间形成的基底地堑中最厚（Thomas et al.，2000）。Conasauga 页岩是亚拉巴马州 Appalachian 冲断带基底滑脱的构造单元的一部分（Thomas，2001；Thomas and Bayona，2005）。页岩在受构造作用下形成倒转褶曲，被解释为巨型页岩双重构造（Thomas，2001），露头可以观察到复杂的褶皱和断裂构造。

地表测绘和地震勘探显示，亚拉巴马州的 Appalachian 山脉中至少有三个倒转褶曲。勘探工作主要集中在位于 St. Clair 县和 Etowah 县 Gadsden 褶曲的东南部。Palmerdale 和 Bessemer 褶曲构成了伯明翰背斜的核心。Palmerdale 和 Bessemer 构造被寒武纪—奥陶纪碳酸盐岩薄层覆盖，Conasauga 页岩局部出露。Palmerdale 构造位于伯明翰都市区的核心地带，开发难度大；而 Bessemer 构造的西南部位于农村地区，可能会成为勘探目标区。在 Cherokee 县和东北 Etowah 县的 Rome 逆冲层下或者与佐治亚州相邻的区域，可能还会有其他页岩层（Mittenthal and Harry，2004）。

3.6.8　Eagle Ford

Eagle Ford 页岩（2008 年被发现）是晚白垩世的沉积层，位于得克萨斯州南部的大部分地区，覆盖面积 3000mile^2，由富含有机质的海相页岩组成，部分地区出露地表（US EIA，2011）。该层从得克萨斯州与墨西哥边界的 Webb 和 Maverick 县向东延伸 400mile，厚约 250ft，宽 50mile，埋深在 4000~12000ft 之间。该层页岩碳酸盐含量高，脆性大，更容易压裂。

据估计，Eagle Ford 页岩层含有 $20.81×10^{12}$ ft^3 的天然气和 $3.351×10^9$ bbl 的原油。

3.6.9　Fayetteville

Fayetteville 页岩（阿科马盆地）的油井井深为数百到 7000ft，比 Barnett 页岩浅（US

EIA，2011）。早期直井的开发效果差导致勘探开发暂缓，近期引入水平井钻井和压裂技术后，钻井数有所增加。

在 Fayetteville 页岩中部重点勘探区，水平井大多使用油基钻井液进行钻探，也有部分井使用水基钻井液。此外，随着水平段长超过 3000ft 并且需要更多压裂段数，三维地震技术变得越来越重要。随着井口数量的增加和对基础设施的需求增多，平台井钻探也是另一个新兴趋势。

3.6.10 Floyd

Mississippian 期上部的 Floyd 页岩与 Fort Worth 盆地 Barnett 页岩同期。Floyd 页岩下部有机质丰富的地层一般称为 Neal 页岩，被认为是 Black Warrior 盆地中常规油气的烃源岩。

Floyd 页岩是一种黑色的海相页岩，位于 Mississippian 期沉积的 Carter 砂岩和 Lewis 砂岩之间（US EIA，2011，2014）。尽管阿拉巴马的 Black Warrior 盆地的 Carter 砂岩和 Lewis 砂岩一直是产气量最高的层位，但 Floyd 页岩尚未开发。Chattanooga 页岩位于 Floyd 页岩之下，被 Tuscumbia 石灰岩和 Fort Payne 石英岩隔开。

Mississippian 阶上部的 Floyd 页岩是 Barnett 页岩及 Arkoma 盆地的 Fayetteville 页岩等同期的地层，因此一直备受关注。Floyd 组是一个广义的地层，以页岩和石灰岩为主，从佐治亚的 Appalachian 推覆带延伸到密西西比的 Black Warrior 盆地。

术语 "Floyd" 的使用较为混乱。在佐治亚，Floyd 页岩包括与 Tuscumbia 石灰岩等同期的地层，而在阿拉巴马和密西西比，由于沉积环境复杂，Floyd 页岩位于 Tuscumbia 石灰岩、Pride Mountain 组或 Hartselle 砂岩之上，Parkwood 组第一个砂岩层之下。值得注意的是并非所有的 Floyd 页岩都有成藏潜力。Floyd 页岩下部的 Neal 页岩除了在 Black Warrior 盆地作为常规油气的烃源岩外，在阿拉巴马和密西西比 Mississippi 阶也有最大的页岩气勘探开发潜力。因此，使用术语 "Neal" 有助于明确存在潜在烃源岩和页岩气藏。

3.6.11 Haynesville

Haynesville 页岩（也称为 Haynesville/ Bossier 页岩）位于路易斯安那北部盐盆地的北部和得克萨斯东部，深度范围从 10500ft 到 13500ft（US EIA，2011）。Haynesville 页岩是晚侏罗世时代的页岩，顶板为砂岩（Cotton Valley 组），底板为石灰岩（Smackover 组）。Haynesville 页岩覆盖面积约 9000mile^2，平均厚度 200~300ft。Haynesville 页岩的展布特征使勘探评价可以放大井距，单井评价范围 40~560acre。估算该区的含气量为每吨 100~330ft^3。Haynesville 页岩具有较大页岩气资源潜力，原始资源量约为 717×10^{12}ft^3，技术上可采资源量约为 251×10^{12}ft^3。

与 Barnett 页岩相比，Haynesville 页岩层理较为发育，层理在小至 4in 到 1ft 的间隔内变化。埋深比典型的页岩气地层更深，为 10500~13500ft，储层条件差。平均井深为 11800ft，储层温度平均为 155℃（300°F），井口压力超过 10000psi。因此，Haynesville 地区的井需要比 Barnett 和 Woodford 页岩地区几乎多一倍的压裂泵压、更高的井控压力，以及更先进的添加剂。

较高的温度范围（125~195℃）在水平井中引发了额外的问题，需要坚固、耐高温 / 高压测井评价设备。为满足地层深度和裂缝规模要求，需要压裂液在 12000psi 以上的压力下进行长时间的泵送。在深部井中，还存在需要维持足够的裂缝导流能力以维持产能的问题。

压裂用水量较大，水资源的保护和水处理成为重要问题。

Bossier 页岩与 Haynesville 页岩密切相关，也是一个油气产层，经适当压裂后可以产出大量的天然气。虽然 Haynesville 页岩和 Bossier 页岩存在一些混淆，但区分起来比较简单——Bossier 页岩位于 Haynesville 页岩正上方并且位于 Cotton Valley 砂岩之下。但是一些地质学家仍然认为 Haynesville 页岩和 Bossier 页岩是同一地层。

Bossier 页岩的厚度在勘探开发目标区约为 1800ft。主力生产层位于页岩上部 500~600ft 的地层。Bossier 页岩分布于得克萨斯东部和路易斯安那北部。

东得克萨斯和西北路易斯安那的晚侏罗世（Kimmeridgian 期至 Lower Tithonian 期）Haynesville 和 Bossier 页岩地层目前是北美洲最重要的页岩气产区之一，表现出超压、高温、递减率高，以及资源量大等特征。这些页岩气资源在过去一年内受到企业和学术机构的广泛研究，但迄今为止，Haynesville 和 Bossier 页岩的沉积环境、岩相、成岩作用、孔隙演化、岩石物理学、完井技术，以及地球化学特征仍然研究不足，需要对 Haynesville 和 Bossier 页岩岩相、沉积机制、地球化学、岩石物理学、储层质量和地层地质学开展新的研究，重点考虑古地理背景和区域构造特征。

Haynesville 页岩和 Bossier 页岩的沉积受到基底构造、局部碳酸盐台地，以及墨西哥湾盆地盐体运动的影响。盆地周围环绕着北部和东部的 Smackover/Haynesville 石灰岩台地。盆地周期性地表现出受限制的沉积环境和还原性的缺氧条件，如钼含量增加、出现块状黄铁矿，以及 TOC-S-Fe 变化关系。这些富含有机质的地层集中分布在台地和障壁岛之间，在 Haynesville 沉积期和部分 Bossier 沉积期提供了受限的缺氧沉积环境。

泥岩分布在碳酸盐岩主导的沉积相（位于碳酸盐平台和岛屿附近）到硅酸盐主导的沉积相（位于三角洲前缘到盆地中部有机质匮乏区，例如路易斯安那北部和得克萨斯东北部）。区域沉积相受从 Kimmeridian 早期到 Berriasian 期的二级海进事件的控制。Haynesville 页岩和 Bossier 页岩各自由三个逐渐变粗的反旋回层序地层控制，可代表更大的二级海进体系域和早期高水位体系域沉积中的三级层序。Haynesville 页岩的三级旋回的特点是由无层理泥岩逐渐过渡为有层理和生物扰动的泥岩。大多数 Bossier 页岩的三级层序主要由硅质泥岩和粉砂岩组成，在南部沉积受限区域（超出 Cotton Valley 盆地边界）表现出更高的碳酸盐和有机质含量，存在页岩气成藏潜力。该富含有机质层序横跨了 Sabine Island 沉积体和 Mt. Enterprise 断层带，在得克萨斯州 Nacogdoches 县到路易斯安那州 Red River Parish 区的狭窄沟槽内延伸。与富含有机质的 Haynesville 层序相似，每个三级层序从无层理泥岩过渡为有层理的泥岩，顶部是生物扰动、富含碳酸盐的泥岩。最佳的储层是高有机碳含量、低硅酸盐含量、高成熟度水平和高孔隙度的沉积相带。Haynesville 页岩和 Bossier 页岩的孔隙度大多与颗粒间纳米和微米孔隙有关，与有机物的孔隙度轻微相关。

Haynesville 页岩和 Bossier 页岩在测井曲线上具有独特的特征：高伽马、低密度、低中子孔隙度、高声波时差、适度高的电阻率。

3.6.12　Hermosa

犹他州 Hermosa 群的黑色页岩由等比例的黏土状石英、白云石和其他碳酸盐矿物，以及不同的黏土矿物组成。黏土以伊利石为主，含少量绿泥石和绿泥石—蒙皂石混层（Hite et al.，1984）。

Hermosa 群黑色页岩的目标区域是 Paradox 盆地的东北半部的褶皱、断层带。该地区存在厚盐层沉积，存在窄的盐墙和宽缓的穹隆间凹陷。在该区的西南部黑色页岩层较少且薄，缺乏由盐层提供的良好封盖条件。该区域包括 Wayne 县和 Emery 县的东部，Grand 县的南部大部分，以及 San Juan 县的东北三分之一部分（Schamel，2005，2006）。该页岩中的干酪根主要是以产气为主的腐殖质 III 型和混合型 II—III 型（Nuccio and Condon，1996）。

Hermosa 群黑色页岩中页岩气开发存在许多有利因素。首先，这些页岩富含有机质，在整个犹他州内属于含碳最丰富的页岩，产气潜力较高。其次，它们在盆地的大部分地区都达到了相对较高的热成熟度。最后，也许是最重要的，这些页岩被盐和无水石膏封闭，减缓了气体散失，甚至扩散作用也不显著。但是 Paradox 盆地主力生产石油（Morgan，1992；Montgomery，1992），在盆地西南缘的浅层和盐体背斜构造中产出伴生气并且产量相对较低。

3.6.13 Lewis

Lewis 页岩（San Juan 盆地）富含石英，是 Campanian 阶沉积早期浅海离岸沉积环境中形成的，向西南方向海侵过程形成了 Mancos 组 Cliffhouse 砂岩（Nummendal and Molenaar，1995；US EIA，2011，2014）。目前，Lewis 页岩的天然气资源正在勘探中，主要通过开发深层常规砂岩气的过路井补层压裂进行。

厚 1000~1500ft 的 Lewis 页岩是海岸线下部及三角洲沉积，由薄层细砂岩、泥岩和页岩组成（局部生物扰动）。平均黏土含量仅为 25%，但石英的含量达到了 56%。

岩石非常致密，基质孔隙度一般为 1.7%，气体渗透率一般为 0.0001mD。有机质含量很低，平均总有机碳含量仅为 1.0%，一般范围为 0.5%~1.6%。储层温度为 46℃（140°F）。吸附气量为 13~38ft³/t，即每 160acre 的区域含气约为 220×10⁸ft³（Jennings et al.，1997）。

页岩中含四个隔夹层和一个盆地范围展布的膨润土标志层。最大的渗透率位于底部三分之二的地层中，这可能是由于与区域性的南北/东西向断裂系统形成的微裂缝相关（Hill and Nelson，2000）。

3.6.14 Mancos

Mancos 页岩（Uintah 盆地）是一个新发现的页岩气潜力区（US EIA，2011，2014）。Mancos 层厚度较大（在 Uintah 盆地平均达到 4000ft），岩性复杂，目标层较多。Mancos 页岩的勘探目标区域是 Uintah 盆地南部三分之二区域，包括 Wasatch 高原的北部。在盆地的北部三分之一区域，Mancos 页岩的钻井数量较少并且深度太大，无法效益开发。该地区包括 Duchesne、Uintah、Grand、Carbon 和 Emery 县的北部地区。

Mancos 页岩主要由在白垩纪内陆海道的近海和开阔海洋环境中沉积的泥岩形成。在 Piceance 和 Uintah 盆地南部露头区的厚度为 3450~4150ft（Fisher et al.，1960），地球物理测井数据显示，在 Uintah 盆地的中部，Mancos 层厚度约为 5400ft。该层的上部与 Mesaverde 组不整合接触，通常呈锯齿状或渐变状，通常叫巴克交错和锚矿交错。在 Mancos 层中部，油气主力产层被称为 Mancos B 层，它由细砂岩、粉砂岩和黏土薄互层组成，是开阔海洋沉积环境中向北倾斜的进积前坡。Mancos B 层包含在厚度约为 1200ft 的 Prairie Canyon 组（Hettinger and Kirschbaum，2003）。

Mancos 页岩至少有四套页岩气潜力层系:（1）Mancos B 层;（2）Lower Blue Gate 页岩;

（3）Juana Lopez 层；（4）Tropic-Tununk 页岩。页岩中的有机物含有大量来自 Sevier 地带海岸线的陆源物质。含有机质丰富的区域个别层系厚度超过 12ft。测得 Mancos 顶部镜质组反射率值从 Uintah 盆地边缘的 0.65% 到盆地中部的 1.5% 以上不等。

在犹他州大部分地区，Mancos 层没有达到大量生气的埋藏深度，干酪根较多的页岩（Ⅱ—Ⅲ型）也是如此（Schamel，2005，2006）。在 Uintah 盆地中央和南部的 Tununk 页岩，Mancos 页岩深层镜质组反射率值在天然气生成窗口内。除了页岩中的原位气体外，一些存在于粉砂质页岩孔隙中的气体很可能来自更深的烃源岩，如 Tununk 页岩或达科他州的煤层。

对于 Mancos 页岩开发潜力，需要改进的压裂工艺方法以适应 Mancos 页岩地质特性。用于砂岩的完井技术不能直接应用于页岩，否则会造成储层伤害。

3.6.15 Marcellus

Marcellus 页岩（Appalachian 盆地），也被称为 Marcellus 组，是中泥盆世的一种黑色、低密度、含碳（有机质丰富）的页岩，分布在俄亥俄、西弗吉尼亚、宾夕法尼亚和纽约的大部分地区，以及马里兰、肯塔基、田纳西和弗吉尼亚的小部分地区（US EIA，2011）。

Marcellus 页岩形成已经有 4 亿年之久，从马里兰西部一直延伸到纽约、宾夕法尼亚和西弗吉尼亚，涵盖了沿着俄亥俄河的俄亥俄州的 Appalachian 地区。Marcellus 页岩层估算资源量 $489 \times 10^{12} \text{ft}^3$，是北美最大的天然气资源区，并且在全球范围内排名第二。

在大部分地区，Marcellus 组埋深大于 1mile，开发成本较高。效益开发要求单井产能较高，直井的钻井成本超过 100 万美元，压裂水平井成本更高。在宾夕法尼亚北部和纽约西部的某些地区，Marcellus 页岩埋深较浅，勘探开发项目较多。

天然气以三种方式赋存于 Marcellus 页岩中：（1）赋存在页岩的孔隙中；（2）赋存在穿过页岩的垂直裂缝（节理）中；（3）吸附在矿物颗粒和有机物上。大部分可采气体都赋存在孔隙中。因为孔隙非常微小且连通性较差，气体难以通过孔隙逸散。

Marcellus 页岩中的天然气是其含有的有机物质生成的。页岩中含有的有机物质越多其生气潜量就越大。宾夕法尼亚东北部富有机质页岩净厚度最大的地方开发潜力大。

Marcellus 页岩埋深范围 4000~8500ft，通过压裂水平井可以开发。水平井的水平段长度超过 2000ft，采用多级压裂，每口井有三个以上的压裂段。

在 2000 年之前，Marcellus 页岩中的许多天然气井压裂获得了成功但产量一般。老井生产时间较长，产量缓慢递减，其中许多井持续生产了几十年。宾夕法尼亚州环境保护部门报告称在 Marcellus 页岩中钻探的井数正在迅速增加。2007 年，该州 Marcellus 页岩钻探了 27 口井，2011 年钻井数已经上升至 2000 多口。

新投产压裂水平井初始产量可能远高于老井。一些新井的早期日产量甚至超过了 $1 \times 10^6 \text{ft}^3$，但缺乏长期的生产动态数据。与大多数天然气井一样产量会随着时间的推移而递减，进行重复压裂处理可能会提高产量。

3.6.16 Neal

Neal 页岩是上二叠统沉积时期的 Floyd 页岩层中的富有机质页岩。Neal 页岩层长期以来一直被认为是 Black Warrior 盆地中的常规砂岩储层的烃源岩（US EIA，2011），近年来一直是页岩气重点勘探对象。

Neal 页岩主要分布在 Black Warrior 盆地的西南部，与 Pride Mountain 组、Hartselle 砂岩、Bangor 石灰岩和下 Parkwood 组的地层是一个沉积体系。盆地东北部的 Prid Mountain 组—Bangor 层构成了一个前积次级层序组，许多标志层可以向西南追踪到 Neal 页岩。各个次级层序向西南方向逐渐变薄，呈倾斜形态，其中 Prid Mountain 组—Bangor 层次级层序的近海岸相逐渐过渡为 Neal 页岩的沉积受限盆地相带。

Neal 组保持了 Prid Mountain 组—Bangor 层次级层序的电阻率特征，有助于进行区域地层对比和储层评价。Neal 页岩和同期地层被细分为三个主要层序，制作了等厚图来厘定沉积框架，并表征了阿拉巴马州 Black Warrior 盆地的地层演化。第一个层序包括相当于 Prid Mountain 组和 Hartselle 砂岩的地层，从而展示了 Neal 盆地的早期沉积特征。Pride Mountain—Hartselle 层之间包含障壁岛沉积。等厚图定义了盆地东北部障壁岛沉积范围，该层厚度为 25~225ft，厚度等值线向西南倾斜并在 Marion 县西部急转并朝向东南。Neal 沉积受限盆地位于西南部，该层厚度小于 25ft。

第二个层序包括 Bangor 石灰岩的大部分地层，东北部厚度超过 300ft 区域为内斜坡碳酸盐沉积。泥质外斜坡相集中在该层段从 300ft 到 100ft 变薄的地区，Neal 沉积受限盆地的东北边缘是 100ft 厚度等值线。该层包含了绝大多数有勘探潜力层，等厚线表明在 Bangor 沉积期间，斜坡向西南方向延伸了 25mile 以上。

最后一个层序包括下 Parkwood 组，该层将 Neal 页岩和 Bangor 石灰岩的主要部分（包括 Millerella 石灰岩）与以碳酸盐为主的地层分开。下 Parkwood 组是一系列含硅质碎屑的三角洲沉积，分布在研究区的东北部到 Bangor 坡的内缘并深入 Neal 盆地的南部，囊括了 Black Warrior 盆地中最富集的常规储层。下 Parkwood 组在 Bangor 坡的内缘上方厚度小于 25ft，并且包括一个杂色页岩夹层，富含擦痕面和钙质结核，显示有出露地表和形成土壤。区域下 Parkwood 组厚度超过 50ft 的地方是三角洲沉积，包括 Neal 盆地中的构造三角洲相和 Bangor 坡边缘的残余浅水三角洲相。在研究区的南部，在下 Parkwood 组沉积中厚度小于 25ft 为 Neal 残余盆地，中 Parkwoodx 组的碳酸盐岩与 Neal 页岩标志层相距不到 25ft。

3.6.17　New Albany

New Albany 页岩（伊利诺伊盆地）是分布在印第安纳州南部、伊利诺伊州及肯塔基北部的富有机质页岩（US EIA, 2011）。主力产层的埋深在 500~2000ft 之间，厚度约为 100ft。该页岩通常被分成四个层，从顶部到底部分别是：（1）Clegg Creek；（2）Camp Run/Morgan Trail 层；（3）Selmier 层；（4）Blocher 层。

New Albany 页岩可以被视为混合型烃源岩，部分区域生成热成因天然气，其他部分生成生物气，镜质组反射率（0.6%~1.3%）可以体现天然气成因。目前尚不清楚地下水径流是否与生物气有关，无法确定是否是在沉积后不久生成的原始生物成因天然气。

New Albany 页岩的大部分天然气产自肯塔基西北部，以及毗邻印第安纳州南部的大约六十个油田。但产量远远低于 Antrim 页岩或 Ohio 页岩。New Albany 页岩的勘探和开发受到了密歇根州 Antrim 页岩规模开发的影响，但勘探开发效果较差。

New Albany 页岩的生物气的产出伴随着大量的地层水，似乎表明地层渗透性相对较好。天然气赋存和产出的主控因素尚不明确。

3.6.18 Niobrara

Niobrara 页岩层（Denver-Julesburg 盆地，科罗拉多州）是位于 科罗拉多州东北部，堪萨斯州西北部，内布拉斯加州西南部和怀俄明州东南部的一种页岩地层，埋深 3000~14000ft 有油气显示。油田公司钻探了直井和水平钻井进行勘探开发。

Niobrara 页岩层位于 Denver-Julesburg 盆地，通常被称为 DJ 盆地。该层油页岩资源开发可以类比 Bakken 页岩，后者位于北达科他州。

3.6.19 Ohio

Appalachian 盆地的泥盆纪页岩在 1820 年代是被第一个开发的，分布在田纳西州中部延伸至纽约州西南部，同时也包括了 Marcellus 页岩层。中—晚泥盆世页岩层覆盖了约 128000mile^2 的区域，在盆地边缘出现露头。厚度超过 5000 英尺，富含有机质的黑色页岩的净厚度超过 500ft（152m）。

Appalachian 盆地的 Ohio 页岩在许多方面与 Antrim 页岩不同。在盆地范围内，地层层序因沉积环境变化显著。这些页岩层可以进一步分为五个交替出现的碳质页岩层和粗粒的碎屑物沉积地层。这五个页岩层序受 Acadian 造山运动和 Catskill 三角洲向西发展的影响。

Ohio 页岩在泥盆纪页岩中，包括两个主要地层：(1) Chagrin 页岩；(2) 下 Huron 页岩。

Chagrin 页岩由 700~900ft 的灰色页岩组成（Curtis，2002），从东到西逐渐变薄。在下方的 100~150ft 内，黑色和灰色页岩互层是下 Huron 页岩地层的标志层。

下 Huron 页岩由 200~275ft 的黑色页岩组成，其中有适量的灰色页岩和少量的粉砂岩。根据镜质组反射率下 Huron 页岩的有机质达到了热成熟生烃阶段。Ohio 页岩的镜质组反射率在 1%~1.3% 之间变化，表明岩石已经达到了生气窗口。因此，Ohio 页岩中的天然气是热成因气。这种页岩的产能由储集特征和渗透性决定。储集特征既与基质孔隙度有关，也与黏土和非挥发性有机物质的吸附能力有关。渗透性与基质渗透率有关，尽管渗透率极低（10^{-9}~10^{-7}mD）。

3.6.20 Pearsall

Pearsall 页岩位于 Maverick 盆地的得克萨斯州—墨西哥边境附近，在 Eagle Ford 页岩开发之前就有勘探开发工作。Pearsall 页岩位于 Eagle Ford 页岩下方，深度在 7000~12000ft 之间，厚度约为 600~900ft。

该层在 Maverick 盆地以东地区有产油潜力。截至 2012 年，在 Maverick 盆地之外的区域只钻了少数几口井，产气潜力在很大程度上被忽视了。

3.6.21 Pierre

位于科罗拉多州的 Pierre 页岩在 2008 年生产了 $200\times10^4\text{ft}^3$ 的天然气。目前仍在开发，该岩层埋深在 2500~5000ft，需要钻探更多井才能重复了解产气潜力。

Pierre 页岩是晚白垩世岩层，形成于大约一亿四千六百万到六千五百万年前，以南达科他州 Old Fort Pierre 附近的露头命名。除了科罗拉多州，该层还分布在南达科他州、蒙大拿州、明尼苏达州、新墨西哥州、怀俄明州和内布拉斯加州。该地层由约 2000ft 的深灰色页岩、部分砂岩层和多层膨润土层（改性火山灰沉积，近似黏土）组成。在部分地区，Pierre 页岩的厚度可能只有 700ft。

下 Pierre 页岩产生于白垩纪西部内陆海的显著变化时期，构造运动和海平面变化的相互作用十分复杂。对下 Pierre 页岩地层的研究和划分有助于理解盆地动力学。Sharon Springs 组的 Burning Brule 层位于盆地北部，受构造影响较大，是盆地轴线迅速沉降及怀俄明州 Absoroka 逆冲断层活动的结果。与 Burning Brule 层组相关的不整合面反映了 Black Hills 地区周缘凸起运动，与 Absoroka 逆冲断层上的一个构造脉冲相对应。沉积和不整合面的迁移支持了周缘隆起的形成和迁移，以及其与 Williston 盆地的相互作用。

3.6.22　Utah

该页岩有五个富含干酪根的页岩层具有商业开发潜力。它们包括：（1）犹他州东北部的 Mancos 页岩的四个层：Prairie Canyon 层、Juana Lopez 层、Lower Blue Gate 层、Tununk 层；（2）犹他州东南部 Hermosa 组的黑色页岩。

Prairie Canyon 层、Juana Lopez 层都是位于犹他州东北部 Mancos 页岩内的泥岩—粉砂岩—砂岩层序地层。Prairie Canyon 层最厚达 1200ft，但地层上方的 Juana Lopez 层不到 100ft。两者在岩性和盆地环境上与 San Juan 盆地中产气的 Lewis 页岩类似，贫瘠腐殖质类型的干酪根被夹在粉砂岩—砂岩中。石英含量高导致天然裂缝比周边泥岩多，对水力压裂有较好的响应。砂岩隔夹层孔隙度为 5.4%，可以增强气体赋存能力。这两个地层延伸到 Uinta 盆地东南底部，有可能达到产气窗口，需要在白垩纪或侏罗纪的探井中进一步试气。

Lower Blue Gate 页岩和上 Tununk 页岩缺少裂缝性粉砂岩—砂岩夹层，但部分地层有机质丰度超过 2.0%，即 Uinta 盆地南部深层和 Wasatch 高原部分地区。

Paradox 盆地 Hermosa 群的黑色页岩评价难度大。这些页岩包含混合型 II—III 型干酪根，有利于天然气生成，但目前主要产含伴生气的原油。层厚相对较薄，平均只有几十英尺厚，被致密岩石、盐和无水石膏封闭。在盐墙（反斜坡）区域页岩层形态复杂，使用定向井也难以开发。在平缓向斜中埋深较大，但产气潜力大。该页岩储层超压，表明生气时间较近。Prospects 盆地有页岩气开发潜力，但技术经济方面有挑战性。

3.6.23　Utica

Utica 页岩位于 Marcellus 页岩下方，埋深在 4000~14000ft，天然气资源潜力巨大。更深层的 Utica 页岩的地质边界延伸到 Marcellus 页岩地区及其以外。Utica 页岩覆盖了纽约、宾夕法尼亚、西弗吉尼亚、马里兰甚至弗吉尼亚。Utica 页岩比 Marcellus 页岩更厚，已经证明可以商业开发。Utica 页岩的地质边界超越了 Marcellus 页岩的边界。Utica 组的地质形成在 Marcellus 形成之前的古生代，距今四亿至六亿年，位于 Marcellus 之下几千英尺。在 Marcellus 页岩的核心开发区，Utica 页岩的深度使开发成本更高。俄亥俄州 Utica 页岩距 Marcellus 页岩仅有 3000ft，宾夕法尼亚州的某些地区 Utica 页岩距 Marcellus 页岩有 7000ft。因此俄亥俄州的 Utica 页岩更容易开发。此外，Marcellus 页岩已有的基础设施投资也减少了 Utica 页岩的开发投资。

尽管 Marcellus 页岩是宾夕法尼亚州目前的页岩主力产层，但在其下方几千英尺处仍有另一个潜力层。

Utica 页岩广泛分布在肯塔基、马里兰、纽约、俄亥俄、宾夕法尼亚、田纳西、西弗吉尼亚和弗吉尼亚的部分地区，安大略湖、伊利湖和加拿大安大略省的一些地区也有发现，与宾夕法尼亚州中部的 Antes 页岩和 Point Pleasant 页岩相当。根据美国地质调查局的首次评价研究，Utica 页岩至少含有 38×10^{12} ft^3 的技术可采天然气。

除了天然气，Utica 页岩西部部分区域还赋存大量的凝析油和原油，估算含有约 940×10^6 bbl 的页岩油资源和约 208×10^6 bbl 的凝析油。粗略估算 Utica 页岩的天然气资源为（2~69）$\times 10^{12}$ ft^3，与 Barnett 页岩、Marcellus 页岩和 Haynesville 页岩相当。

3.6.24　Woodford

Woodford 页岩位于美国俄克拉荷马州中南部，深度范围从 6000ft 到 11000ft（US EIA，2011）。Woodford 页岩是一种泥盆纪页岩，在其上方有石灰岩（Osage 石灰岩），下方为基岩。Woodford 页岩的天然气开发在 2003—2004 年开始，最初只通过直井开发。由于 Barnett 页岩等其他页岩气水平井开发的成功，Woodford 页岩也已经采用了该技术。

Woodford 页岩气田涵盖了将近 11000mile^2 的区域，处于早期开发阶段，每口井评价范围为 640acre。Woodford 页岩的平均厚度为 120~220ft。Woodford 页岩中的含气量较其他页岩气藏更高，为每吨 200~300ft^3。Woodford 页岩的资源量与 Fayetteville 页岩相当，为 23×10^{12}ft^3，技术可采资源量为 11.4×10^{12}ft^3。

Woodford 页岩的地层及有机物含量已经进行了评价研究，但与 Barnett 页岩相比地层更复杂，钻井和压裂难度更大。与 Barnett 页岩一样采用水平井钻探，并使用油基钻井液。地层除了含有石英和黄铁矿外，断层较发育，钻井轨迹有时需要穿越几个断层。

尽管 Woodford 页岩的破裂梯度更高、埋深更大，与 Barnett 页岩一样，Woodford 组硅质含量高的区域适合压裂。由于断层发育，三维地震技术更为重要，同时 Woodford 页岩水平段超过 3000ft、压裂规模更大，压裂段数更多。随着 Woodford 页岩地层的开发扩展到阿德莫尔盆地和俄克拉何马州加拿大县的西中部，平台钻井也将增加。

3.7　全球页岩气资源

其他国家中也赋存大量的页岩气资源。最初评价在 32 个国家中页岩气可采资源为 5760×10^{12}ft^3（US EIA，2011）。加上美国页岩气可采资源估计为 862×10^{12}ft^3，则美国和其他 32 个国家的页岩气资源基础估计总共为 6622×10^{12}ft^3。全球范围内天然气可采资源大约为 16000×10^{12}ft^3，其中不包括页岩气（US EIA，2011）。因此，将已评价的页岩气资源与其他气体资源相加，全球总的天然气可采资源增加量超过 40%，达到 22600×10^{12}ft^3（US EIA，2011）。

在国家层面上，有两类国家会开展页岩气勘探开发。第一类包括那些目前天然气高度依赖进口、有一定天然气生产基础设施的国家，而且评价的页岩气资源量相对于当前的天然气消耗是可观的。对于这些国家，页岩气开发可能会显著改变其未来的天然气产业结构，促使其尽快开发。第二组包括那些页岩气资源量很大（大于 200×10^{12}ft^3），并且已经存在天然气生产基础设施供内部使用或出口的国家。现有的基础设施将有助于及时将资源量转化为产量，但也导致了与其他天然气供应来源的竞争。针对具体国家来说情况可能更加复杂。

主要的页岩气资源分布在以下国家（按字母顺序排列）：

3.7.1　阿根廷

阿根廷拥有 774×10^{12}ft^3 的页岩气可采资源，世界排名第三，仅次于美国和中国。位于阿根廷与智利边界的 Neuquén 盆地富含烃源岩，拥有阿根廷天然气储量的 47% 和原油储量的 35%。在盆地内，Vaca Muerta 页岩可能储藏着多达 240×10^{12}ft^3 的页岩气可采资源量。

阿根廷最大的能源公司 YPF 在门多萨省发现了非常规的致密天然气和原油，是 Vaca Muerta 页岩的延伸。对 Payun Oeste 和 Valle del Rio Grande 区块的勘探表明，门多萨省油当量约 $1×10^9$bbl，阿根廷西部的安第斯山脉油当量为 $685×10^6$bbl。

3.7.2 加拿大

最近的估计（NEB，2009）表明，加拿大不同地区页岩地层中可能存在 $1×10^{15}$ft^3 的天然气储量（图 3.5），主要在西部加拿大沉积盆地（WCSB）。然而，由于页岩气仍处于初步评价阶段，结果存在较大的不确定性（NEB，2009）。

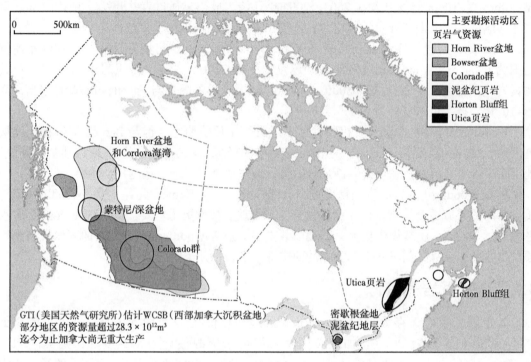

图 3.5 加拿大页岩气分布（WCSB）。改编自 NEB(2009)。了解加拿大页岩气的入门书。国家能源委员会，
卡尔加里，艾伯塔省，加拿大。十一月

3.7.2.1 Colorado

Colorado 群包括在中白垩世全球海平面上涨期间沉积在艾伯塔南部和萨斯喀彻温省的页岩层，包括 Medicine Hat 页岩和已生产天然气超过 100 年的 Milk River 含页岩砂岩，以及已生产天然气数十年的 Second White Speckled 页岩（Beaton et al.，2009）。

在艾伯塔省的 Wildmere 地区，Colorado 页岩厚度约为 650ft，其中有五个潜在天然气产层。与 Horn River 盆地和魁北克 Utica 群的页岩地层不同，Colorado 群的页岩通过薄砂层和层理产气，与 Montney 页岩类似。此外，Colorado 群产出的天然气是生物成因，意味着凝析气的潜力非常低，且储层为低压，更难进行水力压裂。Colorado 群页岩地层对水非常敏感，这使得它们对压裂液非常敏感。

Colorado 群页岩分布宽广、储层非均质性强、勘探资料较少，天然气总储量难以评价。估算至少有 $100×10^{12}$ft^3 的天然气储量。

3.7.2.2　Duvernay

Duvernay 页岩位于加拿大艾伯塔省（Kaybob 地区），并延伸至不列颠哥伦比亚省，赋存石油和天然气。加拿大艾伯塔省的 Duvernay 组（泥盆系—Frasnian 阶）是一种已被证实为 II 型海相烃源岩，为邻近的泥盆纪石灰岩和碳酸盐台地提供了大部分的油气资源。这些常规油气的产量正在下降，勘探和开发现已转向它们的烃源岩，即 Duvernay 页岩。泥盆系被认为是 Leduc（加拿大艾伯塔省）礁体轻质油资源的烃源岩，1947 年的勘探发现是西加拿大天然气和原油产业的里程碑。

Duvernay 页岩位于 Montney 页岩以北，分布在艾伯塔省的中部大部分地区，由少量的钙质泥岩（一种由碳酸盐岩细微颗粒形成的白云石或石灰岩，通常不含硅）形成。在盆地东部的剖面中页岩厚度为 174ft，向东和东南方向增厚至 246ft，延伸至南艾伯塔大陆架。向东北方向该层厚度达到 394ft，延伸至前白垩系不整合面下。在西部页岩盆地平均厚度为 197ft，向北方增厚，东部 Lesser Slave 湖以东达到 820ft 以上。

该岩层由交替分布的深褐色含沥青页岩沉积，深褐色、黑色和少量灰绿色的钙质页岩沉积物，以及致密黏土状石灰岩沉积组成。这些页岩地层具有油苗显示，平行层理发育。当页岩的含碳物质大于 1% 时，岩石呈黑色。棕色、红色和绿色表明存在氧化铁。黏土矿物占页岩的主要部分，例如蒙皂土、高岭土和伊利石。在极端情况下，泥岩和页岩含有约 95% 的有机物。

根据与岩心和岩屑样本校准的岩石物理学数据，Duvernay 组的孔隙度为 6.0%~7.5%，渗透率为 236~805nD，总有机碳含量为 2.0%~7.5%。来自岩心和岩屑样本的 X 射线衍射结果表明该岩层脆性较强，黏土矿物含量较低（26%）、非晶态生物来源二氧化硅较多（47%），以及方解石和白云石基质约占 20%（Switzer，1994；Fowler et al.，2003）。

3.7.2.3　Horn River

泥盆纪的 Horn River 盆地页岩是在不列颠哥伦比亚东北部的 Slave Point 碳酸盐台地以下的深水环境中沉积的，该台地几十年来一直开发常规天然气。Horn River 盆地的页岩含有丰富的硅（约占 55%），厚度约为 450ft。总有机碳含量为 1%~6%。岩石成熟度达到热成因气体生气窗口。位于不列颠哥伦比亚省的 Horn River 页岩是加拿大最大的页岩气田（Ross and Bustin，2008）。

需要指出的是，Horn River 盆地的页岩气开发层系还包括 Cordova Embayment 组，其延伸到育空地区和西北地区，向北延伸范围尚不明确。

3.7.2.4　Horton Bluff

加拿大海事省的 Horton Bluff 群湖泊泥岩是在早二叠世（约三亿六千万年前）的区域性沉降过程中沉积的。新不伦瑞克省 Horton Bluff 群的 Frederick Brook 页岩的硅含量平均为 38%，但黏土含量也很高，约为 42%（质量分数）。有迹象表明，新斯科舍省 Frederick Brook 组的有机质含量比其他加拿大页岩气田的含量高得多，质量百分比达到 10%，主力产层厚度超过 500ft，新不伦瑞克省部分区域过 2500ft。

该区大部分天然气吸附在黏土和有机物上，需要高效的储层改造措施才能实现产能规模。目前尚不清楚新不伦瑞克省页岩吸附气资源量。

初步评价新不伦瑞克省南部的 Sussex/Elgin 次盆地的 Frederick Brook 页岩有 $67 \times 10^{12} ft^3$

的游离气，新斯科舍省温莎区块有 $69\times10^{12}\mathrm{ft}^3$ 的天然气。

3.7.2.5 Montney

Montney 页岩是加拿大不列颠哥伦比亚深处的页岩岩层，位于 Horn River 页岩层和 Duvernay 页岩层的南部道森克里克地区，有大量的天然气赋存。

该层介于致密气和页岩气之间，砂质泥岩层形成于三叠纪时期，位于 Doig 组以下，埋深 5500~13500ft，在某些地方厚度可达 1000ft。因此，Montney 页岩有望成为加拿大最重要的页岩气资源之一。然而，Montney 页岩上部和下部的矿物成分不同，地层特征复杂，评价难度大。以往认为 Montney 下部地层非常致密，孔隙度低于 Montney 上部，但取心数据显示孔隙度高于预期。

预测该层有高达 $50\times10^{12}\mathrm{ft}^3$ 的天然气资源，赋存在低渗透性的页岩和泥岩中。水平井井深 5500~13500ft，水力压裂使天然气更容易产出。微地震监测技术可用于评估压裂裂缝，通过定位人工裂缝每个压裂段的地震事件测算人工裂缝的尺寸、几何形状和改造体积。Montney 页岩是一种独特的资源，是致密气和页岩气的混合体。

Montney 组富含泥质和砂（与致密气的特征类似），但气源与页岩气一样，来自自身的有机质。Montney 组的渗透率极低，需要更大规模的压裂改造。

3.7.2.6 Utica

上奥陶统的 Utica 页岩位于蒙特利尔和魁北克市之间，沉积于 Trenton 碳酸盐台地下部的深水环境中。后来受 Appalachian 山脉的隆升影响东南侧发育断层和褶皱。Utica 页岩厚约 500ft，总有机质含量 1%~3%，几十年来一直被认为是常规油藏的烃源岩。

但与其他加拿大页岩气田不同，Utica 群方解石含量高，硅质含量相对低。尽管方解石有一定脆性，但水力压裂难度较大。

3.7.3 中国

2011 年评价中国四川盆地和塔里木盆地有 $1275\times10^{12}\mathrm{ft}^3$ 的页岩气可采资源量。地质调查确认了总计 $882\times10^{12}\mathrm{ft}^3$ 的可采资源量（不包括西藏）。中国中南部的四川盆地页岩气资源占中国的 40%。

3.7.4 波兰

东欧可能拥有高达 $250\times10^{12}\mathrm{ft}^3$ 的页岩气资源，其中志留纪页岩气资源可能高达 $187\times10^{12}\mathrm{ft}^3$。这些页岩气资源可以减少欧洲国家（即欧盟国家）对天然气进口的依赖。这将促使波兰（Baltic-Podlasie-Lublin 盆地）能源独立，其预计储量可满足约 300 年的能源消耗。

3.7.5 南非

Karoo 叠合群（南非）除了是一个富含化石的地区外，也可能是世界上最丰富的页岩气富集区。该地区地层主要由页岩和砂岩组成，覆盖了南非整个面积的三分之二以上，预测有 $485\times10^{12}\mathrm{ft}^3$ 的可采资源。页岩气可以减少南非对煤炭的依赖，满足其能源需求的 85%。

参 考 文 献

Aguilera, R., 2008. Role of natural fractures and slot porosity on tight gas sands. Paper No. SPE 114174. In: Proceedings. SPE Unconventional Reservoirs Conference, Keystone, Colorado. Society of Petroleum

Engineers, Richardson, Texas.

Aguilera, R., Harding, T.G., 2008. State-of-the-art tight gas sands characterization and production technology. J. Can. Pet. Technol. 47(12), 37e41.

Ahmed, U., Crary, S.F., Coates, G.R., 1991. Permeability estimation: the various sources and their interrelationships. J. Pet. Technol. 43 (5), 578e587. Paper No. SPE-19604-PA. Society of Petroleum Engineers, Richardson, Texas.

Akanji, L.T., Matthai, S.K., 2010. Finite element-based characterization of pore-scale geometry and its impact on fluid flow. Transp. Porous Media 81, 241e259.

Akanji, L.T., Nasr, G.G., Bageri, M., 2013. Core-scale characterization of flow in tight Arabian formations. J. Pet. Explor. Prod. Technol. 3, 233e241.

Al-Kharusi, A.S., Blunt, M.J., 2007. Network extraction from sandstone and carbonate pore space images. J. Pet. Sci. Eng. 56(4), 219e231.

Alreshedan, F., Kantzas, A., 2015. Investigationofpermeability, formation factor, andporosityrelationships forMesaverde tight gas sandstones using random network models. J. Pet. Explor. Prod. Technol. https://doi.org/10.1007/s13202-015-0202-x. Published on line September 22, 2015.

Altindag, R., 2003. Correlation of specific energy with rock brittleness concepts on rock cutting. J. S. Afr. Inst. Min. Metall 103(3), 163e172.

Anderson, W.G., October 1986. Wettability literature survey: part 1. rock-oil-brine interactions and the effects of core handling on wettability. J. Pet. Technol. 1125e1144.

ASTM D2638, 2019. Standard Test Method for Real Density of Calcined Petroleum Coke by Helium Pycnometer. Annual Book of Standards. American Society for Testing and Materials, West Conshohocken, Pennsylvania.

Bakke, S., Ören, P.E., 1997. 3-D pore-scale modelling of sandstones and flow simulations in the pore networks. SPE J. 2, 136e149. Society of Petroleum Engineers, Richardson, Texas.

Beaton, A.P., Pawlowicz, J.G., Anderson, S.D.A., Rokosh, C.D., 2009. Rock Eval Total Organic Carbon, Adsorption Isotherms and Organic Petrography of the Colorado Group: Shale Gas Data Release. Open File Report No. ERCB/AGS 2008-11. Energy Resources Conservation Board, Calgary, Alberta, Canada.

Berg, R.R., 1970. Method for Determining Permeability from Reservoir Rock Properties. Transactions of the GCAGS, vol. 20. Gulf Coast Association of Geological Societies, Houston, Texas, p. 303.

Berg, R.R., 1986. Sandstone Reservoirs. Prentice-Hall, Pearson Education Group, Upper Saddle River, New Jersey.

Bergaya, F., Theng, B.K.G., Lagaly, G., 2011. Handbook of Clay Science. Elsevier, Amsterdam, Netherlands.

Blatt, H., Tracy, R.J., 1996. Petrology: Igneous, Sedimentary, and Metamorphic, second ed. W.H. Freeman and Company, Macmillan Publishers, New York.

Bloch, S., Lander, R.H., Bonnell, L., 2002. Anomalously high porosity and permeability in deeply buried sandstone reservoirs: origin and predictability. AAPG Bull. 86(2), 301e328. American Association of Petroleum Geologists, Tulsa, Oklahoma.

Bloomfield, J.P., Williams, A.T., 1995. An empirical liquid permeability e gas permeability correlation for use in aquifer properties studies. Q. J. Eng. Geol. Hydrogeol. 28(2), S143eS150.

Blunt, M.J., 2001. Flow in porous media e pore-network models and multiphase flow. Curr. Opin. Colloid Interface Sci. 6(3), 197e207.

Blunt, M.J., Jackson, M.D., Piri, M., Valvatne, P.H., 2002. Detailed physics, predictive capabilities and macroscopic consequences for pore network models of multiphase flow. Adv. Water Resour. 25(8), 1069e1089.

Bonnell, L.M., Lander, R.H., Sundhaug, C., 1998. Grain coatings and reservoir quality preservation: role of coating completeness, grain size and thermal history. Proc. AAPG Annu. Conv. 7, A81.

Bowker, K.A., 2007. Development of the Barnett shale play, Fort Worth basin. W. Tex. Geol. Soc. Bull. 42 (6), 4e11. www.searchanddiscovery.net/documents/2007/07023bowker/index.htm.

Bustin, R.M., Bustin, A.M.M., Cui, X., Ross, D.J.K., Murthy Pathi, V.S., 2008. Impact of shale properties on pore structure and storage characteristics. Paper No. SPE 119892. In: Proceedings. SPE Conference on Shale Gas Production, Fort Worth, Texas, November 16e18. Society of Petroleum Engineers, Richardson, Texas.

Byrnes, A.P., 1997. Reservoir characteristics of low-permeability sandstones in the Rocky mountains. Mt. Geol. 34(i), 39e51.

Byrnes, A.P., 2003. Aspects of permeability, capillary pressure, and relative permeability properties and distribution in low-permeability rocks important to evaluation, damage, and stimulation. In: Proceedings of the Rocky Mountain Association of Geologists e Petroleum Systems and Reservoirs of Southwest Wyoming Symposium, Denver, Colorado, p. 12.

Byrnes, P.A., Cluff, R.M., Webb, J.C., 2009. Analysis of Critical Permeability, Capillary and Electrical Properties for Mesaverde Tight Gas Sandstones from Western US Basins. Technical Report. US Department of Energy and the National Energy Technology Laboratory, Washington, DC.

Caruana, A., Dawe, R.A., 1996a. Effect of heterogeneities on miscible and immiscible flow processes in porous media. Trends Chem. Eng. 3, 185e203.

Caruana, A., Dawe, R.A., 1996b. Flow behavior in the presence of wettability heterogeneities. Transp. Porous Media 25, 217e233.

Chatzis, I., Dullien, F.A.L., 1977. Modelling pore structure by 2-D and 3-D networks with application to sandstones. J. Can. Pet. Technol. 16(1), 97e108.

Cipolla, C.L., Lolon, E.P., Erdle, J.C., Rubin, B., 2010. Reservoir modelling in shale gas reservoirs. SPE Paper No. 125530. In: Proceedings. SPE Eastern Regional Meeting, Charleston, West Virginia. September 23e25. Society of Petroleum Engineers, Richardson, Texas.

Cluff, R.M., Byrnes, A.P., 2010. Relative permeability in tight gas sandstone reservoirs e the permeability jail model. In: SPWLA 51st Annual Logging Symposium. Society of Petrophysicists and Well-Log Analysts, Houston, Texas.

Cramer, D.D., 2008. Stimulating unconventional reservoirs: lessons learned, successful practices, areas for improvement. SPE Paper No. 114172. In: Proceedings. Unconventional Gas Conference, Keystone, Colorado. February 10e12, 2008.

Cui, X., Bustin, A.M.M., Bustin, R.M., 2009. Measurements of gas permeability and diffusivity of tight reservoir rocks: different approaches and their applications. Geofluids 9, 208e223.

Curtis, J.B., 2002. Fracture Shale-Gas Systems. AAPG Bulletin, vol. 86. American Association of Petroleum Geologists, Tulsa, Oklahoma, p. 1921.

Dandekar, A.Y., 2013. Petroleum Reservoir Rock and Fluid Properties, second ed. CRC Press, Taylor & Francis Group, Boca Raton, Florida.

Davis Jr., R., 1992. Depositional Systems: An Introduction to Sedimentology and Stratigraphy, second ed. Prentice Hall, New York.

Dawe, R.A., 2004. Miscible displacement in heterogeneous porous media. In: Proceedings. Sixth Caribbean Congress of Fluid Dynamics, University of the West Indies, Augustine, Trinidad. January 22e23.

Dong, H., Blunt, M.J., 2009. Pore-network extraction from microcomputerized- tomography images. Phys. Rev.

E 80(3), 036307.

Dutton, S.P., 1993. Major Low-Permeability Sandstone Gas Reservoirs in the Continental United States Report No. 211. Bureau of Economic Geology, University of Texas, Austin, Texas.

Fatt, I., 1956. The network model of porous media. Soc. Pet. Eng. AIME 207, 144e181.

GAO, September 2012. Information on Shale Resources, Development, and Environmental and Public Health Risks. Report No. GAO-12-732. Report to Congressional Requesters. United States Government Accountability Office, Washington, DC.

Goodway, B., Perez, M., Varsek, J., Abaco, C., 2010. Seismic petrophysics and isotropic-anisotropic AVO methods for unconventional gas exploration. Lead. Edge 29 (12), 1500e1508. Society of Exploration Geophysicists, Tulsa, Oklahoma.

Ghanizadeh, A., Gasparik, M., Amann-Hildenbrand, A., Gensterblum, Y., Krooss, B.M., 2014. Experimental study of fluid transport processes in the matrix system of the European organic-rich shales: I. Scandinavian Alum. Shale. Mar. Pet. Geol. 51, 79e99.

Grattoni, C.A., Dawe, R.A., 2003. Consideration of wetting and spreading in three-phase flow in porous media. In: Lakatos, I. (Ed.), Progress in Mining and Oilfield Chemistry, Volume 5. Recent Advances in Enhanced Oil and Gas Recovery. Akad. Kiado, Budapest, Hungary.

Grattoni, C.A., Dawe, R.A., 1994. Pore structure influence on the electrical resistivity of saturated porous media. Paper No. SPE 27044. In: Proceedings. SPE Latin America/Caribbean Petroleum Engineering Conference. Society of Petroleum Engineers, Richardson, Texas, pp. 1247e1255.

Gruse, W.A., Stevens, D.R., 1960. The Chemical Technology of Petroleum. McGraw-Hill, New York.

Guha, R., Chowdhury, M., Singh, S., Herold, B., 2013. Application of geomechanics and rock property analysis for a tight oil reservoir development: a case study from Barmer basin, India. In: Proceedings. 10th Biennial International Conference & Exposition e KOCHI 2013. Society of Petroleum Geophysicists (SPG) India, Kochi, Kerala, India. November 23e25.

Gutierrez, C., Felipe, T., Osorio, N., Restrepo, R., Patricia, D., 2009. Unconventional natural gas reserves. Energ. Núm. 41, 61e72.

Hamada, G.H., Sundeep, R., Singh, S.R., 2018. Mineralogical description and pore size description characterization of shale gas core samples, Malaysia. Am. J. Eng. Res. 7(7), 1e10.

Herwanger, J.V., Bottrill, A.D., Mildren, S.D., 2015. Uses and abuses of the brittleness index with applications to hydraulic stimulation. Paper No. URTeC 2172545. In: Proceedings. Unconventional Resources Technology Conference, San Antonio, Texas. July 20e22. Society of Petroleum Engineers, Richardson, Texas.

Hillier, S., 2003. Clay mineralogy. In: Middleton, G.V., Church, M.J., Coniglio, M., Hardie, L.A., Longstaffe, F.J. (Eds.), Encyclopedia of Sediments and Sedimentary Rocks. Kluwer Academic Publishers, Dordrecht, Netherlands, pp. 139e142.

Huang, H., Larter, S.R., Love, G.D., 2003. Analysis of wax hydrocarbons in petroleum source rocks from the damintun depression, eastern China, using high temperature gas chromatography. Org. Geochem. 34, 1673e1687.

Hunt, J.M., 1996. Petroleum Geochemistry and Geology, second ed. W.H. Freeman and Co., New York.

Hunter, C.D., Young, D.M., 1953. Relationship of natural gas occurrence and production in eastern Kentucky(big sandy gas field)to joints and fractures in Devonian bituminous shales. AAPG Bull. 37(2), 282e299.

Jarvie, D.M., Hill, R.J., Ruble, T.E., Pollastro, R.M., 2007. Unconventional shale-gas systems: the Mississippian Barnett shale of north-central Texas as one model for thermogenic shale-gas assessment. AAPG

Bull. 91, 475e499.

Jarvie, D.M., Jarvie, B., Courson, D., Garza, A., Jarvie, J., Rocher, D., 2011. Geochemical tools for assessment of tight oil reservoirs. Article No. 90122/2011. In: AAPG Hedberg Conference, Austin, Texas. December 5e10, 2010. American Association of Petroleum Geologists, Tulsa, Oklahoma.

Javadpour, F., Fisher, D., Unsworth, M., 2007. Nanoscale gas flow in shale gas sediments. J. Can. Pet. Technol. 46(10), 55e61.

Jones, F.O., Owens, W.W., 1980. A laboratory study of low-permeability gas sands. J. Pet. Technol. 32(9), 1631e1640.

Jerauld, G.R., Salter, S.J., 1990. The effect of pore-structure on hysteresis in relative permeability and capillary pressure: pore-level modeling. Transp. Porous Media 5(2), 103e151.

Knudsen, M., 1909. Die Gesetze der Molukularstrommung und der inneren. Reibungsstrornung der Gase durch Rohren. Ann. Phys. 28, 75e130.

Kovscek, A.R., 2002. Heavy and Thermal Oil Recovery Production Mechanisms. Quarterly Technical Progress Report. Reporting Period: April 1 through June 30, 2002. DOE Contract Number: DE-FC26-00BC15311. July.

Lancaster, D.E., Holditch, S.A., Hill, D.G., 1993. A multi-laboratory comparison of isotherm measurements on Antrim shale samples. In: Proceedings. Paper Number 9303. The Society of Core Analysis Conference, Houston, Texas. October 3e6.

Ma, Y.Z., Moore, W.R., Gomez, E., Clark, W.J., Zhang, Y., 2016. Tight gas sandstone reservoirs, part 1: overview and lithofacies. In: Ma, Y.Z., Holditch, S., Royer, J.J. (Eds.), Unconventional Oil and Gas Resources Handbook. Elsevier, Amsterdam, Netherlands(Chapter 14).

Magoon, L.B., Dow, W.G., 1994. The Petroleum System e from Source to Trap. Memoir No. 60. American Association of Petroleum Geologists, Tulsa, Oklahoma.

Marshak, S., 2012. Essentials of Geology, fourth ed. W.W. Norton & Company, New York.

Maxwell, S., Norton, M., 2012. The impact of reservoir heterogeneity on hydraulic fracture geometry: integration of microseismic and seismic reservoir characterization. In: Proceedings. AAPG Annual Convention and Exhibition, Long Beach, California. April 22e25. http://www.searchanddiscovery.com/documents/2012/40993maxwell/ ndx_maxwell.pdf.

Mehmani, A., Prodanovic, M., 2014. The effect of microporosity on transport properties in porous media. Adv. Water Resour. 63, 104e119.

Moore, W.R., Ma, Y.Z., Pirie, I., Zhang, Y., 2016. Tight gas sandstone reservoirs, part 2: petrophysical analysis and reservoir modeling. In: Ma, Y.Z., Holditch, S., Royer, J.J. (Eds.), Unconventional Oil and Gas Resources Handbook. Elsevier, Amsterdam, Netherlands(Chapter 15).

Moslow, T.F., 1993. Evaluating tight gas reservoirs. In: Development Geology Reference Manual. American Association of Petroleum Geologists, Tulsa, Oklahoma.

Musser, B.J., Kilpatrick, P.K., 1998. Molecular characterization of wax isolated from a variety of crude oils. Energy Fuels 12(4), 715e725.

Neasham, J.W., 1977a. Applications of scanning electron microscopy to the characterization of hydrocarbon-bearing rocks. Scanning Electron Microsc. 7, 101e108.

Neasham, J.W., 1977b. The morphology of dispersed clay in sandstone reservoirs and its effect on sandstone shaliness, pore space and fluid flow properties. Paper No. SPE 6858. In: Proceedings. 52nd Annual Fall Technical Conference and Exhibition of the Society of Petroleum Engineers. October 9e12. Society of Petroleum

Engineers, Richardson, Texas.

Newsham, K.E., Rushing, J.A., 2001. An integrated work-flow process to characterize unconventional gas resources part 1: geological assessment and petrophysical evaluation. Paper No. SPE 71351. In: Proceedings. SPE Annual Technical Conference and Exhibition. New Orleans, Louisiana. September 30eOctober 3. Society of Petroleum Engineers, Richardson, Texas.

Okabe, H., Blunt, M.J., 2005. Pore space reconstruction using multiple point statistics. J. Pet. Sci. Eng. 46 (1), 121e137.

Ören, P.E., Bakke, S., 2002. Process based reconstruction of sandstones and prediction of transport properties. Transp. Porous Media 46 (2e3), 311e343. Ören, P.E., Bakke, S., 2003. Reconstruction of Berea sandstone and pore-scale modelling of wettability effects. J. Pet. Sci. Eng. 39 (3), 177e199.

Ören, P.E., Bakke, S., Arntzen, O.J., 1998. Extending predictive capabilities to network models. SPE J. 3, 324e336. Society of Petroleum Engineers, Richardson, Texas.

Pashin, J.C., Grace, R.L.B., Kopaska-Merkel, D.C., 2010. Devonian shale plays in the black Warrior basin and appalachian thrust belt of Alabama. In: Proceedings. 2010 International Coalbed & Shale Gas Symposium. Tuscaloosa, Alabama. May 17e21.

Patzek, T.W., 2001. Verification of a complete pore network simulator of drainage and imbibition. SPE J. 6 (02), 144e156. Society of Petroleum Engineers, Richardson, Texas.

Pedersen, K.S., Christiansen, P.L., 2006. Phase Behavior of Petroleum Reservoir Fluids. CRC Press, Taylor & Francis Group, Boca Raton, Florida.

Piri, M., Blunt, M.J., 2005a. Three-dimensional mixed-wet random pore-scale network modeling of two-and three-phase flow in porous media I. Model description. Phys. Rev. E 71 (2), 026301.

Piri, M., Blunt, M.J., 2005b. Three-dimensional mixed-wet random pore-scale network modeling of two- and three-phase flow in porous media II. Results. Phys. Rev. E 71 (2), 026302.

Pittman, E.D., Larese, R.E., Heald, M.T., 1992. Clay coats: occurrence and relevance to preservation of porosity in sandstones. In: Houseknecht, D.W., Pittman, E.D. (Eds.), Origin, Diagenesis, and Petrophysics of Clay Minerals, vol. 47. SEPM Society for Sedimentary Geology, Tulsa, Oklahoma. Special Publication.

Radlinski, A.P., Ioannidis, M.A., Hinde, A.L., Hainbuchner, M., Baron, M., Rauch, H., Kline, S.R., 2004. Angstrom-tomillimeter characterization of sedimentary rock microstructure. J. Colloid Interface Sci. 274, 607e612.

Ramm, M., Bjørlykke, K., 1994. Porosity/depth trends in reservoir sandstones: assessing the quantitative effects of varying pore-pressure, temperature history and mineralogy, Norwegian shelf data. Clay Miner. 29, 475e490.

Rickman, R., Mullen, M.J., Petre, J.E., Grieser, W.V., 2008. A practical use of shale petrophysics for stimulation design optimization: all shale plays are not clones of the Barnett shale. Paper No. SPE 115258. In: SPE Annual Technical Conference and Exhibition, Denver, Colorado. September 21e24. Society of Petroleum Engineers, Richardson, Texas.

Rose, P.R., 1992. Chance of success and its use in petroleum exploration. In: Steinmetz, R. (Ed.), The Business of Petroleum Exploration. AAPG Treatise of Petroleum Geology, pp. 71e86.

Ross, D., Bustin, M., 2008. The importance of shale composition and pore structure upon gas storage potential of shale gas reservoirs. Mar. Pet. Geol. 44, 233e244.

Rushing, J.A., Newsham, K.E., 2001. n integrated work-flow process to characterize unconventional gas resources part 2: formation Evaluation and reservoir modeling. Paper No. SPE 71352. In: Proceedings. SPE Annual Technical Conference and Exhibition. New Orleans, Louisiana. September 30eOctober 3. Society of

Petroleum Engineers, Richardson, Texas.

Rushing, J.A., Newsham, K.E., Blasingame, T.A., 2008. Rock typing e keys to understanding productivity in tight gas sands. Paper No. SPE 114164. In: Proceedings. 2008 SPE Unconventional Reservoirs Conference, Keystone, Colorado. February 10e-12. Society of Petroleum Engineers, Richardson, Texas.

Salman, A.M., Wattenbarger, R.A., 2011. Accounting for adsorbed gas in shale gas reservoirs. SPE Paper No. 141085. In: Proceedings. SPE Middle East Oil and Gas Show and Conference, Manama, Bahrain, September 25e28. Society of Petroleum Engineers, Richardson, Texas.

Selley, R.C., 1998. Elements of Petroleum Geology, second ed. Academic Press, London, United Kingdom, pp. 268e269 (Chapter 6).

Shanley, K.W., Cluff, R.M., Robinson, J.W., 2004. Factors controlling prolific gas production from low-permeability sandstone reservoirs: implications for resource assessment, prospect development, and risk analysis. AAPG Bull. 88 (8), 1083e1121.

Soeder, D.J., Randolph, P.L., 1987. Porosity, permeability, and pore structure of the tight Mesaverde sandstone, Piceance basin, Colorado. SPE Form. Eval. 2 (2), 129e136. Society of Petroleum Engineers, Richardson, Texas.

Solano, N.A., Clarkson, C.R., Krause, F.F., Aquino, S.D., Wiseman, A., 2013. On the characterization of unconventional oil reservoirs. CSEG Rec. 38 (4), 42e47. http: //csegrecorder.com/articles/view/on-the-characterizationof-unconventional-oil-reservoirs.

Sondergeld, C.H., Newsham, K.E., Comisky, J.T., Rice, M.C., Rai, C.S., 2010. Petrophysical considerations in evaluating and producing shale gas resources. In: Proceedings. Paper No. SPE-131768-MS. Unconventional Gas Conference Held in Pittsburgh, Pennsylvania. Society of Petroleum Engineers, Richardson, Texas. US, 2010.

Sone, H., 2012. Mechanical properties of shale gas reservoir rocks and its relation to the in-situ stress variation observed in shale gas reservoirs. In: A Dissertation Submitted to the Department of Geophysics and the Committee on Graduate Studies of Stanford University in Partial Fulfillment of the Requirements for the Degree of Doctor of Philosophy. Stanford University, Stanford, California. SRB vol. 128.

Sone, H., Zoback, M.D., 2013a. Mechanical properties of shale-gas reservoir rocks e part 1: static and dynamic elastic properties and anisotropy. Geophysics 78 (5), D381eD392.

Sone, H., Zoback, M.D., 2013b. Mechanical properties of shale-gas reservoir rocks e part 2: ductile creep, brittle strength, and their relation to the elastic modulus. Geophysics 78 (5), D393eD402.

Speight, J.G., 2007. Natural Gas: A Basic Handbook. GPC Books, Gulf Publishing Company, Houston, Texas.

Speight, J.G., 2013. The Chemistry and Technology of Coal, third ed. CRC Press, Taylor & Francis Group, Boca Raton, Florida.

Speight, J.G., 2014. The Chemistry and Technology of Petroleum, fifth ed. CRC Press, Taylor & Francis Group, Boca Raton, Florida.

Speight, J.G., 2015. Fouling in Refineries. Gulf Professional Publishing, Elsevier, Oxford, United Kingdom.

Stonecipher, S.A., May, J.A., 1990. Facies controls on early diagenesis: Wilcox group, Texas Gulf coast. In: Ortoleva, P.J. (Ed.), Prediction of Reservoir Quality through Chemical Modeling. AAPG Memoir No. 49. I.D. Meshri and. American Association of Petroleum Geologists, Tulsa, Oklahoma, pp. 25e44.

Sunjay, B., Kothari, N., 2011. Unconventional energy sources: shale gas. In: Proceedings. 10th Offshore Mediterranean Conference and Exhibition. Ravenna, Italy. March 23e25.

Thomas, R.D., Ward, D.C., 1972. Effect of overburden pressure and water saturation on gas permeability of tight sandstone cores. J. Pet. Technol. 24 (2), 120e124.

Tucker, M.E., Wright, V.P., 1990. Carbonate Sedimentology. Blackwell Scientific Publications, Wiley-Blackwell, John Wiley & Sons Inc., Hoboken, New Jersey.

US EIA, July 2011. Review of Emerging Resources. US Shale Gas and Shale Oil Plays. Energy Information Administration, United States Department of Energy, Washington, DC.

Valvatne, P.H., Blunt, M.J., 2003. Predictive pore-scale network modeling. Paper No. SPE 84550. In: Proceedings. SPE Annual Technical Conference and Exhibition. Society of Petroleum Engineers, Richardson, Texas.

Walderhaug, O., 1996. Kinetic modelling of quartz cementation and porosity loss in deeply buried sandstone reservoirs. AAPG Bull. 80, 731e745.

Weimer, R.J., Sonnenberg, S.A., 1994. Low resistivity pays in J sandstone, deep basin center accumulations, Denver basin. Proc. AAPG Annu. Conv. 3, 280.

Wescott, W.A., 1983. Diagenesis of Cotton Valley sandstone (upper Jurassic), east Texas: implications for tight gas formation pay recognition. AAPG Bull. 67, 1002e1013.

Wheaton, R., Zhang, H., 2000. Condensate banking dynamics in gas condensate fields: compositional changes and condensate accumulation around production wells. Paper No. 62930. In: Proceedings. SPE Annual Technical Conference and Exhibition, Dallas, Texas. October 1e4. Society of Petroleum Engineers, Richardson, Texas.

White, D.A., 1993. Geologic risking guide for prospects and plays. AAPG Bull. 77, 2048e2061.

Wilhelms, A., Larter, S.R., 1994a. Origin of tar mats in petroleum reservoirs. Part I: introduction and case studies. Mar. Pet. Geol. 11 (4), 418e441.

Wilhelms, A., Larter, S.R., 1994b. Origin of tar mats in petroleum reservoirs. Part II: formation mechanisms for tar mats. Mar. Pet. Geol. 11 (4), 442e456.

Wilson, M.D., Pittman, E.D., 1977. Authigenic clays in sandstones: recognition and influence on reservoir properties and paleoenvironmental analysis. J. Sediment. Petrol. 47, 3e31.

Wilson, M.D., 1982. Origins of clays controlling permeability and porosity in tight gas sands. J. Pet. Technol. 2871e2876.

Wollrab, V., Streibl, M., 1969. Earth waxes, peat, montan wax, and other organic brown coal constituents. In: Eglinton, G., Murphy, M.T.J. (Eds.), Organic Geochemistry. Springer-Verlag, New York, p. 576.

Wylie, G., 2012. Shale gas. In: World Petroleum Council Guide: Unconventional Gas. World Petroleum Council, London, United Kingdom, pp. 46e51. http: //www.world-petroleum.org/docs/docs/gasbook/unconventionalgaswpc2012. pdf.

Yao, C.Y., Holditch, S.A., 1996. Reservoir permeability estimation from time-lapse log data. Paper No. SPE-25513-PA Proc. SPE Symp. Form. Eval. 11 (1), 69e74. Society of Petroleum Engineers, Richardson, Texas.

Yu, W., Sepehrnoori, K., 2013. Optimization of multiple hydraulically fractured horizontal wells in unconventional gas reservoirs. Paper No. SPE 164509. In: Proceedings. SPE Production and Operations Symposium, Tulsa, Oklahoma. March 23e26. Society of Petroleum Engineers, Richardson, Texas.

Zhang, M., Zhang, J., 1999. Geochemical characteristics and origin of tar mats from the Yaha field in the Tarim basin, China. Chin. J. Geochem. 18 (3), 250e257.

Ziarani, A.S., Aguilera, R., 2012. Knudsen's permeability correction for tight porous media. Transp. Porous Media 91 (1), 239e260.

第4章　开发和生产

4.1　引言

油藏开发涉及储层连通性、渗流能力、时变性等关键科学问题，需重点研究控制储层开发的地质因素形成机理与分布模式、地质因素对油气产量的控制机理、开发过程中储层动态演化规律，以及储层表征与建模技术（Li et al., 2017）。油藏开发地质理论与技术在高含水油藏、低渗透致密页岩油藏、缝洞型油藏等方面取得了重要进展，油藏开发地质已经发展为一门独立的学科。随着深层、深水、非常规油气藏（即致密储层）开发领域的扩大和高含水油气藏开发难度的增加，为支撑致密气和致密油储层的高效开发及可持续地增长，油藏开发地质理论与技术亟待发展。

目前美国和加拿大在致密油气资源开发方面处于领先地位，除此之外，国际上一些主要的油气公司也对致密油气资源的开发逐年重视。因此，提高此类油气藏的采收率和降低运营成本对油公司来说既是战略性的挑战，也是他们努力的主要目标。致密储层中的天然气和原油资源具有扩大和促进当前天然气和原油天然气行业增长的潜力。虽然致密油气资源的开发和炼化过程也极具挑战，但未来致密油藏的开发和生产前景广阔，甚至可能有助于阻止持续存在的能源峰值（即石油和天然气峰值）神话（Islam and Speight, 2016）。

尽管世界范围内的致密储层有时与常规天然气和原油资源相关联，但由于从这些储层中开采天然气和原油的难度很大，因此它们长期以来是次要开采目标。就美国而言，直到常规资源开始减少，运营商才在财政激励措施的刺激下转向有开发潜力的致密气和致密油。目前，美国约40%的天然气产自非常规致密储层。在其他国家和地区，探明储量的持续增加加上生产技术的改进（如水平钻井和水力压裂）（见第5章），使得从其他致密储层生产其他天然气和原油具有经济可行性（见第3章）。

水力压裂是一种在岩石中形成裂缝的工艺，其目的是提高油井或储层的产量（Kundert and Mullen, 2009）。水力压裂用于提高或恢复致密储层内的流体渗流能力，水平钻井可创造与页岩接触的最大井眼表面积。复杂的水力压裂缝网是释放页岩开采潜力的关键。

目前，致密气储层和致密油储层（统称为非常规储层）通常用来指生产干天然气或轻质致密油的低渗透地层（即低渗透储层）（见第1章和第2章）。过去开发的许多低渗透储层都是砂岩，但也有大量的天然气产自低渗透碳酸盐岩、页岩和煤层。

非常规储层需增产改造才能获得商业化生产。致密气和致密油储层需要进行压裂改造才能从渗透率极低的地层中释放天然气（见第5章）。由于压裂改造是完井的一个重要方面，生产企业需要了解与裂缝相关的基本信息，如裂缝是否会打开（以及保持打开状态）、裂缝扩展方向、裂缝的尺寸和类型，以及能否在储层内保持不闭合。越来越多的地震勘探资料能够提供此类信息，并指导钻井和完井。清楚地了解地质力学性质及其分布，可以解释储层的非均质性，进而解释井间经济可采储量（EUR）的差异。

此外，天然裂缝也会影响储层渗透率的整体水平。如果储层存在天然裂缝，那么水平井或多分支井可能比水力压裂后的直井产气效果更好。如果在含有大量天然裂缝的储层中进行水力压裂，在压裂处理过程中会出现近井地带产生多级水力裂缝、裂缝弯曲，以及压裂液过度滤失等问题。

致密储层具有一个共同的特征，即开采天然气或石油需对生产井采取有效的增产措施，以获得商业化的采气速度和采气量。此外，直井开采并不总是致密油气藏开发最有效的方式，还需要采取其他措施才能实现资源的商业化开发。因此，为了维持能源的可持续供应，非常规油气资源正在不断地被研究和开发。

近年来，随着水平钻井和水力压裂等地层评价和模拟新技术的发展（见第5章），特别是在美国和加拿大，已将低产的非常规致密页岩地层和其他致密地层（包括致密砂岩层和致密碳酸盐岩层）及煤层气地层（见第1章）作为生产天然气、凝析气和原油的有吸引力的资源。然而，尽管页岩储层和致密砂岩（或碳酸盐岩）储层具有相同数量级的渗透率，但致密天然气和致密原油储层的渗透率在微达西范围内（图4.1），这使其经济生产具有挑战性。虽然存在渗透率低和流体不能在储层内流动的缺点，但这些储层及天然气和（或）原油含量却为当前和未来的能源生产提供了巨大的潜力。

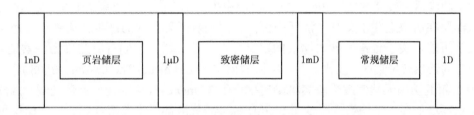

图4.1　页岩储层、致密储层和常规储层渗透率差异的表征

与常规的天然气和原油储层（见第2章）不同，页岩地层和致密砂岩或碳酸盐岩地层被认为是有机质演化的烃源岩，也因其低渗透率而成为储集岩。

烃源岩对于所有的油气资源的聚集都很重要。对于致密含气砂岩，烃源岩应靠近相对多孔的沉积物，这样驱替作用才能驱使气体进入多孔地层并形成储层（Meckel and Thomasson，2008）。烃源岩的总有机碳含量应足够大，以生成大量的烃类衍生物。此外，烃源岩应在埋藏历史条件下的生气时间窗口内进行热转化。因此，靠近富含有机质的层段通常为更优的勘探目标（Coleman，2008）。因此，人们认为天然气和原油很可能仍留在最初生产它们的地层中。页岩储层系统和致密砂岩（或碳酸盐岩）储层系统的岩石基质孔隙中都储存有游离气体，不过致密储层系统与常规储层系统不同，其在与有机质含量和黏土相关的表面区域具有吸附天然气或石油的特性（见第2章）。吸附态和游离态油气的相对重要性受以下因素影响：（1）有机质含量；（2）矿物类型；（3）孔隙大小及分布；（4）成岩作用；（5）岩石结构；（6）储层压力和温度（Bustin et al.，2008）。

地质上，页岩是一种沉积岩，主要由沉积在薄层结构中极细的黏土颗粒组成，而致密地层是指由极不透水的硬质砂岩或碳酸盐岩组成的地层。与页岩地层一样，致密砂岩和碳酸盐岩地层也是渗透率相对较低的沉积地层，可以含有天然气和原油。当沉积物中沉积了大量的有机质时，页岩中就可能含有有机固体物质，称之为干酪根（Scouten，1990；Lee，

1991；Speight，2008，2012，2014，2016）。

泥页岩地层和其他致密地层最初是在潮滩和沼泽等低能沉积环境中作为泥浆沉积的，其中黏土颗粒和其他无机颗粒是从悬浮液中沉积的。在这些沉积物的沉积过程中，有机质也被沉积下来，沉积物的深埋形成了多矿物层状岩石（页岩、砂岩或碳酸盐岩），这有助于形成沉积物的非均质性质和层理性质，并且在页岩层系之间可能存在显著的差异。

4.2 致密储层与常规储层

简而言之，常规天然气储层和常规原油储层在相互连接的孔隙中分别含有游离的天然气和原油，可以很容易地流向井筒，即可以自然流动（见第 1 章和第 2 章）。这些储层是通过区分含有天然气或原油的多孔岩石与构成渗透屏障的盖层和基岩来识别的。

另一方面，非常规气藏（即页岩气储层）产自低渗透（致密和现在的超致密）地层（见第 1 章和第 2 章）。这类气体通常在储层岩石内生成后，就近吸附在基质上。尽管近年来页岩气备受关注，但致密砂岩中的天然气实际上也是一种重要的油气资源。

致密砂岩储层是常规砂岩储层的延伸，其渗透率和有效孔隙度更低。传统上，油气是从孔隙度和渗透率较高的砂岩和碳酸盐岩储层中生产出来的。渗透率低于 0.1 毫达西（mD）的砂岩储层在历史上并不具有经济开采价值，但随着开采技术的进步，这些致密地层的生产已成为可能。关于致密气砂岩储层的定义存在一些混淆，它们有时被称为深盆地（以盆地为中心的天然气聚集区）或普遍存在的砂岩储层（Meckel and Thomasson，2008）。

1978 年的美国天然气政策法案将渗透率小于 0.1mD 的气藏定义为致密气藏。因此，无论其沉积环境如何，平均渗透率低于 0.1mD 的砂岩气藏都属于致密气藏。这些储层可能出现在多种环境中，包括河道化的河流系统，如大格林河流域（Law，2002；Shanley，2004；Ma et al.，2011），冲积扇、三角洲扇、斜坡和海底扇河道沉积环境，如花岗砂岩（Wei and Xu，2015），或陆架边缘，如博西尔砂岩（Rushing et al.，2008）。一些致密气砂岩包含不同的沉积相，以棉谷组为例，包括堆积的滨岸/障壁沙坝沉积、潮道、潮汐三角洲、内陆架和障壁后沉积。由于砂岩沉积环境的多样性和其他变化因素，因此没有典型的致密气砂岩储层（Holditch，2006）。尽管致密砂岩储层的钻井、井身结构设计和完井技术手段通常与页岩气储层相似，但它们的勘探和资源评价方式却存在显著差异（Kennedy et al.，2012）。

在许多情况下，致密气砂岩资源比页岩气藏更容易开发，因为这种岩石一般石英含量较高，更脆，更容易完成生产。典型的致密气藏的产能普遍较低，通常难以实现经济开发。解决办法是尽可能多地增大储层与气井的接触面积（前提是这样做具有经济效益），从而减少需要的钻井数。最佳油井设计（经济最优）可根据对储层的识别和评估来确定。由于这些地层的渗透率较低，因此需要通过创造裂缝网络来改造储层，以提供足够的表面积，使其能够从额外增加的储层渗透率中获得足够的产量。可选方案包括含单级或多级水力裂缝的直井、水平井或大斜度井、多分支井，以及多级裂缝的多分支井完井（见第 5 章）。

由于致密储层识别的不确定性及致密储层之间存在的差异性，使得天然气田或油田的开发一直面临着挑战。例如，作为储层的曲流型地层可能在不同程度上发生重叠，也可能在不同程度上相互连通。因此，在天然气或原油储层与其他区域连接有限或没有连接的情况下钻井开采，只能获得少量天然气。关键是要在已知与其他储层有广泛联系的区域选址打井，使每口井都能生产出足够的天然气，从而具有经济可行性。要应对这一挑战，需要对储层系统的空间分布进行全面成像。对产能测试数据的分析提供了关于砂岩透镜体发育程度的有价值的信息。基于这些数据，地质学家和油藏工程师可以建立地质模型，并根据储层的空间结构和连通情况判断油井产能的差异。

因此，对任何储层（包括致密储层）进行分析时，都应首先全面了解地层的地质特征（见第2章）。一个油气区或盆地的重要地质参数包括：（1）构造和构造体系；（2）地温梯度；（3）压力梯度。此外，了解盆地的地层也是资源开发的一个重要方面，这会影响钻井评估、完井和增产作业。例如，每个地层单元需要研究的重要（如果不是必不可少的）地质参数有：（1）沉积体系；（2）成因相；（3）结构成熟度；（4）矿物学；（5）任何成岩过程；（6）储层尺寸；（7）天然裂缝的存在。大多数砂岩沉积物在沉积时，孔隙和孔喉是连通的，因此沉积物的渗透率很高。砂岩的原始孔隙度和渗透率由矿物成分、孔隙类型、粒度、结构等特征决定。沉积和埋藏后，颗粒和基质通常会因压实的物理效应和化学变化（成岩作用）而发生改变。

为了从致密储层中完井、压裂并开采天然气或原油，必须利用测井、岩心、试井和任何钻井记录的数据，对地层的每一层，以及含气或含油层系上下的地层进行全面评估：（1）地层厚度；（2）孔隙度；（3）渗透率；（4）含水饱和度；（5）压力；（6）地应力；（7）杨氏模量。由于致密储层通常也是低孔隙度储层，因此详细的测井分析对了解储层的重要性变得至关重要。

致密气藏中最难评估的参数之一是典型井的泄气面积大小和形状。在致密储层中，通常需要数月或数年的生产，才能使压力瞬态受到储层边界或井间干扰的影响。因此，为了估算储量，必须对典型井的泄气面积大小和形状进行估算。此外，还需要了解沉积体系和成岩作用对岩石的影响，以估计特定井的泄气面积大小和形状。在致密储层中，一口井的典型泄气面积在很大程度上取决于所钻的井的数量、对井进行压裂处理的规模，以及所考虑的时间范围。在透镜体或封隔体致密油气藏中，平均泄气面积很可能是砂岩透镜体平均尺寸或封隔体平均尺寸的函数，而可能不是压裂处理尺寸的函数。

一般而言，陆相沉积的单井储层排液量较小，海相沉积的单井储层排液量较大。河流相系统多为透镜状。屏障—滩—平原系统更趋向于毯状化和连续化。海相沉积也更趋向于毯状化和连续化。大多数成功开发的致密气藏都是那些地层厚且连续的海相沉积。通俗地说，滨岸平原是指沿海岸线分布的宽阔沙带，其表面有清晰的平行或半平行的沙脊，沙脊之间被浅滩隔开。滨岸平原与障壁岛的不同之处在于，它缺少将障壁岛与滨岸平原直接相连的海岸线分隔开来的潟湖或潮汐沼泽。同时，穿过障壁岛的潮汐水道和进水口也不存在。滨岸平原通常是由河口两侧的粗泥沙在波浪和沿岸流的再分配作用下形成的。

确定沉积体系的最佳方法是切割和分析岩心（见第2章）。建议从致密地层和主要含油层上面和下面的非储层岩石中取岩心。从测试数据中可以获得与沉积体系有关的重要信息，岩心分析结果可以与裸眼测井数据相关联，从而确定各种沉积环境。一旦建立了这些关联，就可以对其他井的测井数据进行分析，从而生成特定区域的沉积模式图，并据此制定油田优化计划。

为满足未来几十年不断增长的能源需求，来自页岩层和其他致密岩层的天然气和原油正成为越来越重要的能源。水平井钻井和水力压裂技术的发展对于致密储层的经济生产至关重要，但必须谨慎进行，并采用多学科方法（King，2010；Speight，2016）。美国巴尼特页岩的成功表明，天然气可以从以前被认为是烃源岩或盖层（而不是储层）的岩石中经济地生产出来。这影响了许多其他致密储层的开发，包括（按字母顺序排列，不分先后）费耶特维尔地层、海恩斯维尔地层、马塞勒斯地层和伍德福特地层。巴尼特页岩是目前最大的天然气生产区，美国在巴尼特页岩和其他页岩区取得的商业上成功，使致密储层的勘探不仅成为可能，而且具有经济性，并已经开始在世界各地传播。在大多数情况下，只有形成非常复杂、高度非线性的裂缝网络，并将一个大的储层表面积与井筒有效连接起来，才有可能实现经济生产（Upolla et al.，2009）。

然而，许多非常规天然气开发项目的经济可行性需要通过水平钻井和水力压裂对渗透率极低的岩石进行有效改造（见第 5 章）。在这一过程中，钻井路径起初是垂直的，然后钻杆会偏离（因此也被称为斜井钻进）并进入储层。当井筒沿最小水平应力方向钻进时，一旦储层穿透效果良好，就会在储层中产生水力裂缝，将较大的含气或含油区域有效地连通到井筒中。最大限度地提高改造气藏体积（SRV）对经济产气的成功起主要作用（Yu and Sepehrnoori，2013）。尽管近年来致密储层的开发取得了成功，但由于涉及高风险和不确定性，因此很难准确预测其他页岩资源的生产井性能并评估其经济可行性。

因此，储层物性和裂缝参数的不确定性对致密页岩和致密地层的油气开采具有重要影响，使得水力压裂工艺的设计和工艺优化过程对于天然气或石油的经济开采变得更加复杂。因此，确定必要和重要的工艺参数，并评估这些参数对生产井性能的影响是极其重要的。作为优化过程的一部分，影响每个井筒的详细储层特性应由科学家和工程师组成的多学科团队进行评估。例如，控制生产井性能的关键水力压裂参数如裂缝间距、裂缝半长和裂缝导流能力的优化对于获得最经济的开发方案至关重要。水平井水力压裂成本是昂贵的。因此，开发一种量化不确定性的方法，并通过高效实用的经济分析来优化天然气和原油生产，显然是可取的（Zhang et al.，2007）。

一般来说，致密地层的超低渗透率从 1nD（10^{-9}D）到 1mD 不等，这说明致密储层需要进行人工压裂，才能使低渗透储层产生经济效益。通常情况下，巴尼特页岩储层的净厚度为 50~600ft，孔隙度为 2%~8%，总有机碳（TOC）为 1%~14%，深度在 1000~13000ft 之间（Cipolla et al.，2010）。此外，据报道，在三口巴尼特页岩井的实际水力压裂作业中，压裂间距从 100ft 到 700ft 不等（Grieser et al.，2009），巴尼特页岩井的性能会随着以下因素发生显著变化：（1）产出流体的性质变化；（2）流体类型；（3）地层深度；（4）地层厚度（Hale and William，2010）。此外，更为复杂的是，巴尼特页岩井的产能在很大程度上取决于完井方法的类型，以及大型水力压裂处理（Ezisi et al.，2012）。为了优化致密气藏的开发，科学家和工程师必须优化钻井数量，以及每口井的钻井和完井程序。使问题更加复杂的是，并不是每口井在生产行为和产能方面都等同于相邻的一口井。与渗透率较高的常规储层相比，要了解和开发致密储层往往需要更多的科学和工程数据。例如，就单井而言，致密气藏中的井在较长时间内的产气量要低于在渗透率较高的常规气藏气井。因此，与常规储层相比，必须在致密页岩储层或其他形式的致密储层（砂岩或碳酸盐岩）中钻探更多的井（井间距更小），才能有效地开采原始地层气量（OGIP）或原始地层油量（OOIP）。综上所述，每口井的最优钻井、完井和增产方式是储层特征和经济参数的函数。钻井、完井和增产的成本，加上气价或油价，以及天然气市场或石油市场都会影响致密油藏的开发。

回顾一下，页岩是一种沉积岩，主要由沉积在薄层结构中的极细黏土颗粒组成（见第1章）。这些地层最初是在滩涂和沼泽等低能沉积环境中作为泥浆沉积的，其中黏土颗粒从悬浮物中脱落。在这些沉积物的沉积过程中，也有有机质的沉积。这种泥浆的深埋导致形成了层状岩石（页岩），它实际上描述了沉积物的非常细的颗粒和层理性质，而不是岩石组成，这在页岩地层之间可能会有很大的差异。

页岩气资源正在成为满足未来几十年不断增长的能源需求的重要能源。开发水平钻井和水力压裂技术对页岩气储层的经济生产至关重要，但必须谨慎从事，并采用多学科方法（King，2010）。美国目前产量最大的天然气田——巴尼特页岩和其他页岩区在商业上的成功使页岩气勘探成为可能，页岩气的开发也开始遍布全球。在美国，页岩气的生产始于20世纪90年代末和21世纪初得克萨斯州东部的巴尼特页岩区。从2003年开始，随着水平井钻井和水力压裂技术的广泛应用，产量迅速增长。路易斯安那州和得克萨斯州东部的海恩斯维尔页岩气田在2007年时还不为人所知，而在2011年末成为美国最大的页岩气田并达到顶峰，但随后产量有所下降。

当井筒沿最小水平应力方向钻进时，会产生大量的水力裂缝，并将巨大的储层区域有效地连接到井筒。最大限度地提高储层改造总体积（SRV）对成功实现经济产气具有重要作用（Yu and Sepehrnoori，2013）。尽管近年来页岩气的开发取得了成功，但由于涉及高风险和不确定性，因此很难对其他页岩资源进行确定性的生产井性能预测和经济可行性评价。

简而言之，常规气藏在连通的孔隙空间中含有游离气，游离气可以很容易地流向井筒，即自然流动是可能的（见第1章）。另外，非常规气藏（即页岩气储层）天然气产自低渗透（致密和现在的超致密）地层（见第1章）。气体往往来源于储层岩石本身，并吸附在基质上。由于这些地层的渗透率较低，因此需要通过创造裂缝网络来改造储层，以提供足够的表面积，以便从额外提高的储层渗透率中获得足够的产量。

因此，储层性质和压裂参数的不确定性对页岩气生产有重大影响，使得优化水力压裂设计以实现经济产气的过程变得更加复杂。由于难以获得每个井筒的详细储层性质，因此确定这些不确定性参数的合理范围并评估其对生产井性能的影响极为重要。

关键水力压裂参数的优化，如裂缝间距、裂缝半长和裂缝导流能力，对获得最佳经济的方案至关重要。水平井水力压裂成本昂贵。因此，开发一种以高效实用的方式量化不确定性和优化页岩气经济生产的分析方法显然是可取的（Zhang et al.，2007）。

实际上，页岩的超低渗透率为10~100nD，这说明页岩气藏需要进行人工压裂，才能使低渗透储层产生经济效益。典型的巴尼特页岩储层净厚度为50~600ft，孔隙度为2%~8%，总有机碳（TOC）为1%~14%，深度在1000~13000ft之间（Cipolla et al.，2010）。此外，据报道，在三口巴尼特页岩井的实际水力压裂作业中，压裂间距从100ft到700ft不等（Grieser et al.，2009），巴尼特页岩的井性能会随着以下因素发生显著变化：（1）产出流体的性质变化；（2）流体类型；（3）地层深度；（4）地层厚度（Hale and William，2010）。此外，更为复杂的是，巴尼特页岩井的产能在很大程度上取决于完井方法的类型，以及大型水力压裂处理（Ezisi et al.，2012）。

如前所述（见第 1 章），页岩的渗透率非常低（以纳达西为计量单位）。因此，需要大量的井来开采储层，并需要特殊的井身结构设计和井增产技术来提供足够产量，使开发具有经济效益（Schweitzer and Bilgesu，2009）。水平钻井和压裂改造在页岩气行业的发展中都起到了至关重要的作用（Houston et al.，2009）。

由于页岩的渗透率低，天然气不容易流向垂直井。钻水平井可以克服这一问题，在水平井中，钻头从向下的轨迹转向沿水平轨迹运行 1~2mile，从而使井筒尽可能多地接触到储层。

水平钻井与水力压裂技术的结合使用大大提高了生产商从低渗透地质区块中开采天然气和石油的盈利能力，尤其是页岩资源（US EIA，2011）。应用压裂技术来刺激石油和天然气生产在 20 世纪 50 年代开始迅速增长，尽管试验可追溯到 19 世纪。从 20 世纪 70 年代中期开始，私营运营商、美国能源部（US DOE）及其前身机构和美国天然气研究院（GRI）合作，致力于开发从美国东部相对较浅的泥盆系（Huron）页岩中商业化生产天然气的技术。这种合作关系有助于促进从页岩中生产天然气的关键技术，包括水平井、多级压裂和滑溜水压裂。水平钻井在石油生产中的实际应用始于 20 世纪 80 年代初，当时，改进型井下钻井电机的出现，以及其他必要辅助设备、材料和技术（尤其是井下遥测设备）的发明，使一些应用进入了商业可行性领域（US EIA，2011）。

所有页岩气藏都需要进行裂缝改造，从而将天然裂缝网络连接到井筒（Gale et al.，2007）。钻井完成后，在井筒周围放置多层金属套管和水泥环。完井后，在高压下注入由水、砂和化学物质组成的流体，使页岩破裂，增加岩石的渗透率，促进天然气的流动。一部分压裂液会由于井下压力的作用而通过井口返至地面（返排）。流体的体积将稳步减少，取而代之的是天然气产量。

压裂过程中产生的裂缝被砂粒撑开，从而使页岩内部的天然气能够通过生产井向上流动。一旦通过井口释放，天然气被捕获、储存并输送到相关现场处理。此外，每个含气页岩盆地都是不同的，每个盆地都有一套独特的勘探标准和实践挑战。该技术最初是在得克萨斯州巴尼特页岩中开发的，并应用于其他页岩层系资源，通常采用一刀切的方法。但是，现在已经认识到，巴尼特页岩技术需要在科学的技术结构上与其他页岩气资源相适应。

例如，美国目前商业化生产天然气的页岩层在以下五个关键参数值上表现出出人意料的巨大差异：（1）热成熟度，以镜质组反射率表示；（2）被吸附的气体的分数；（3）储层厚度；（4）总有机碳含量；（5）天然气的体积。在基质渗透率较低的页岩储层中，天然裂缝的发育程度是影响天然气产量的一个控制因素。迄今为止，只有一小部分页岩气井，即那些位于天然裂缝网络中的页岩气井，实现了未经改造的商业化生产。在其他大多数情况下，一口成功的页岩气井需要水力压裂。

非常规资源需要非常规技术，尽管这可能是一条经验法则，但显然，越贫瘠的储层越需要技术和数据的准确性，才能够充分表征和开发每个储层（资源）（Grieser and Bray，2007）。事实上，随着页岩气资源作为一种可开采的能源形式出现，利用地球物理方法对其进行表征具有重要意义。这些页岩层中的有机物含量（以总有机碳含量衡量）会影响这些岩层的压缩速度和剪切速度，以及密度和各向异性。因此，从地表地震响应中检测总有机碳含量的变化是储层表征的必要步骤。并且，除总有机碳含量外，不同页岩层系在成熟度、原地气量、渗透率、易断性等方面具有不同的性质。与常规储层相比，典型的页岩储层成本更高、劳动强度更大，而且表征储层和增产措施所需的专业知识高度专业化。

在正式开采之前，要钻探和压裂一些垂直井（可能只有2口或3口），以确定页岩气是否存在，以及是否可以开采。勘探阶段可能包括一个评估阶段，即钻探和压裂更多的井（可能10~15口），以确定页岩的特征、研究裂缝的扩展趋势，并确定页岩是否能以经济的方式生产天然气。为了确定页岩的长期经济可行性，可能还要钻更多的井（可能达到30口）。

一旦确定了储层的性质和内容，就可以开始实施钻井计划和开采作业。

4.3   钻井和完井

如前所述（见第1章），页岩地层和致密地层具有非常低的渗透率（以纳达西或至多毫达西为计量单位）（图4.1）。此外，由于地层渗透率低，致密地层中的天然气和原油不易流向直井。这可以通过钻水平井来克服，其中钻头从下行轨迹转向水平轨迹，以达到必要的距离（通常为1~2mile），从而使井筒尽可能多地接触到储层。因此，需要大量的井来创造可接受的和有效的产能，还需要特殊的井身结构设计和增产技术来提供足够的产量，使开发具有经济效益（Schweitzer and Bilgesu，2009）。因此，水平钻井和水力压裂技术对致密储层资源的开发至关重要，这一点都不足为奇（Houston et al.，2009）。

由于页岩的渗透率低，致密地层中的天然气和原油不易流向任何垂直井。通过水平钻井可以在一定程度上克服这一问题。在水平钻井中，钻头从向下的轨迹转向水平轨迹1mile或更长，从而使井筒接触到尽可能多的储层。通过水平钻井，井筒可能会与储层中更多的天然裂缝相交，因为钻井路径的方向是根据每个区域已知的裂缝趋势来抉择的。然而，由于井眼有坍塌的风险，一些页岩储层只能用垂直井钻探。

因此，页岩储层的天然气生产是一个多规模、多机制的过程。裂缝为天然气的流动提供了渗透性，但对整体储气能力的贡献很小。基质的孔隙度提供了大部分储气能力，但基质的渗透率非常低。裂缝中的气体流动与基质中的气体流动属于不同的流动机制。由于这些不同的流动机制，裂缝性页岩储层的生产性能建模比常规储层复杂得多，将建模结果放大到油田水平非常具有挑战性。这反过来又使研究人员难以有把握地预测页岩资源的生产性能并制定最佳开采策略。

因此，为了确保页岩气资源的优化开发，有必要全面了解各种页岩区的地球化学、地质历史、多相流特征、裂缝特性（包括对裂缝网络的了解）和生产行为。同样重要的是，要开发能够将孔隙级别物理性质放大到储层尺度的产能预测知识，并努力改进岩心分析技术，从而精准确定可采资源量。

例如，非常规资源需要较高的井网密度才能充分开发。开发能够降低井成本和增加井筒与储层接触的技术，这对成本、产量和最终采收率都会产生重大影响。多分支钻井（即从一个垂直井筒钻出多个水平井段）和低成本的连续油管钻井是未来非常规天然气开发的潜在选择。钢套管和水泥环在井中的组合提供了一个必不可少的屏障，以确保较深层的高压气体或液体不会逃逸到较浅的岩层或含水层中。这种屏障的设计必须能够承受在随后水力压裂过程中的周期应力，而不会出现任何裂缝。

水力压裂已经被石油和天然气行业广泛用于改善低渗透储层。向井内泵入流体（常见的有水、二氧化碳、氮气、丙烷等），直至压力超过岩石强度，导致储层开裂。从井内泵入的压裂液中装载着渗入地层的支撑剂（通常为100t及以上的陶粒或砂粒），帮助支撑裂缝开启，一旦泄压就有闭合的风险。压裂施工中所使用流体的选择取决于许多因素，包括储层中的黏土是否对水敏感（一些黏土在淡水的存在下膨胀，例如在科罗拉多页岩中），或者储层是否对特定的流体有更好的反应，通常只能通过实验来确定。有两个因素会增强页岩的压裂能力。第一个因素与硬质矿物的存在有关，如硅石和方解石，它们会像玻璃一样破裂。而黏土则倾向于吸收更多的压力，在水压作用下往往会弯曲而不会破裂。因此，像在霍恩河盆地发现的富含硅质的页岩是水力压裂的理想选择。

第二个因素是页岩地层的内部压力。超压页岩在天然气生成过程中发育：由于渗透率低，大部分气体无法逸出并原地积聚，从而增加了岩石内部压力。因此，与正常受压的页岩相比，由于页岩已经接近破裂点，人工形成的裂缝网络可以进一步深入地层。霍恩河页岩层、蒙特尼页岩层和尤蒂卡页岩层都被认为处于超压状态，而科罗拉多页岩层则处于欠压状态。此外，在一种称为多级压裂的技术中，通过沿生产井的水平部分隔离井段，可以实现一次压裂一个井段。通过对地面和邻近井的监测，可以确定页岩在多大程度、多大范围，以及在哪个方向受到诱发压力而破裂。最后，页岩地层可以在产量下降几年后重新压裂，这样可以让井进入更多在最初的水力压裂过程中可能被遗漏的储层，或重新打开因储层开采后压力下降而关闭的裂缝。

然而，即使采用水力压裂，钻遇低渗透储层的井在地层中也存在沟通困难的问题。因此，必须钻更多的井，以获得尽可能多的天然气，通常是每段3口或4口，但最多为8口水平井。相比之下，对于常规天然气藏，通常每段仅钻1口井。然而，这并不一定意味着与常规钻井相比，页岩气井会占用更多的土地。在一个面积为一公顷的场地上，可以钻出几口水平长度长达1mile的页岩气井，从而将每个区段的占地面积减少到一个井场或更少。在常规储层中，高达95%的天然气可以被采出。而对于页岩地层，尽管进行了高密度的水平钻井和广泛的水力压裂，但由于渗透率较低，预计采收率将达到20%。

确保一口密封井的最重要设计环节包括：所钻井眼的规格（没有额外的扭曲、转动或空隙），在套管固井之前将套管定位在井筒中央（在套管下入井时，沿套管固定间隔放置扶正器，以使其远离岩壁），以及正确选择水泥。水泥的设计既要适合其在泵送过程中的液体特性（确保水泥到达正确的位置），又要适合其机械强度和柔韧性。水泥的凝结时间也是一个关键因素，如果水泥凝结时间过长，可能会降低其强度；同样，在水泥完全泵入之前就开始凝结的水泥，需要采取艰难的补救措施。

大多数页岩气资源位于地下6000ft或更深的地方，而且厚度相对较薄（例如，马塞勒斯页岩层的厚度在50~200ft之间，具体取决于所处位置）。要从如此薄的岩层中有效开采天然气，就需要在页岩中进行水平钻探，具体方法是垂直向下钻探，直到钻头钻到距离页岩层约900ft的地方。此时，使用定向钻头钻出一个90°的渐变曲线，使井筒在页岩中达到最佳深度时变成水平状态。然后，井筒沿着页岩层水平延伸5000ft或更长。在一个钻井平台上可以钻出多口水平井，进入页岩地层的不同部分。因此，水平钻井可以从一个钻井平台进入大面积的页岩，从而减少了这些作业的占地面积。

在这个过程中，岩石中产生了大量的裂缝，从而使地下地层中的天然气或原油能够通过这些裂缝进入井筒，然后流向地表。压裂既可以提高产量，又可以增加从给定体积的页岩中可以采出的气体总量。泵压使岩石破裂，水携带砂（支撑剂）进入水力裂缝支撑其张开，使气体流动。而水和砂是水力压裂液的主要成分，为了提高压裂性能，往往会在较小的浓度下加入化学添加剂。

在钻井过程中的各个阶段，会停止钻井，并在井筒中安装钢套管。水泥被泵入环空，即套管与周围矿物地层之间的空隙空间。当井筒到达最深的淡水含水层以下时，安装套管和固井以保护水体免受钻井过程造成的污染。在钻井达到水平全长后，再沿整个井筒安装套管和固井。该工艺旨在防止天然气从井中泄漏到页岩地层与地表之间的岩层中，以及防止天然气通过环空逸散到地表。然后，使用小型炸药对穿过页岩地层的井水平段周围的套管进行射孔，使水力压裂液从井中流出进入页岩，并最终使天然气从页岩中流出进入井中。

4.3.1　储层特征

在开始钻探之前，必须认真考虑储油层的特性。这需要通过调查和考虑以下因素来实现：（1）储层地质；（2）储层连续性；（3）区域构造；（4）储层；（5）测井数据；（6）岩心数据。

致密储层的分析总是要从深入了解地层的地质特征开始。一个走向或盆地的重要地质参数是构造和构造体系、区域地温梯度和区域压力梯度。了解一个盆地的地层非常重要，可以影响钻井、评估、完井和增产活动。每个地层单元需要研究的重要地质参数包括沉积体系、成因相、结构成熟度、矿物学、成岩过程、胶结物、储层尺寸和天然裂缝的存在（Berg，1986）。在致密气储层中最难评价的参数之一是泄气面积的大小和形状。在致密储层中，压力瞬态在受到储层边界或井间干扰的影响之前，通常需要数月或数年的生产时间。因此，工程师往往需要通过一口典型井的泄气面积大小和形状来估算储量。

了解沉积系统及成岩作用对岩石的影响对于估计特定井的泄气面积和形状也是必要的。椭圆形（或非圆形）的泄气面积很可能是由沉积或断裂走向，以及水力裂缝的走向造成的。在毯状致密储层中，一口井的平均泄气面积在很大程度上取决于所钻井的数量、注入井的压裂规模，以及所考虑的时间范围。在透镜体或封隔体致密气藏中，平均泄气面积可能是透镜体或封隔体平均尺寸的函数，而可能不是裂缝处理尺寸的强函数。

沉积过程中的构造活动会影响储层的连续性和形态。此外，区域构造还会影响所有岩层的水平应力。水平应力反过来又会影响断层、岩石强度、钻井参数、水力压裂扩展、天然裂缝和井壁稳定性。致密气储层的主要问题是区域构造地层中水力裂缝扩展和自然裂缝的影响。

一般来说，致密储层可以被描述为一个层状系统。在碎屑岩沉积体系中，地层由砂岩、粉砂岩、泥岩和页岩组成。为了优化致密气储层的开发，必须对储层中产层之上、产层之内和产层之下的所有岩层进行充分的表征。要使用三维（3D）储层和裂缝扩展模型来评估地层、设计裂缝处理方案、预测产量和最终采收率，就必须获得所有岩层的总厚度、净厚度、渗透率、孔隙度、含水饱和度、压力、地应力和杨氏模量等数据。用于估算这些参数值的原始数据来自测井、岩心、试井、钻井记录，以及邻井的生产情况。

在测井资料方面，裸眼测井为评价层状、低孔致密气藏提供了最经济、最完整的数据来源。致密储层的最小测井系列包括自然电位、伽马射线、地层密度、中子、声波和双（或阵列）感应测井。其他测井曲线，如井筒成像测井或核磁共振测井，也可能在某些储层中提供有用的信息。所有的裸眼井测井数据在用于任何详细的计算之前都需要进行预处理。对测井数据进行预处理的步骤见 Howard and Hunt（1986）。

最后，岩心的获取和分析对于正确认识任何一个层状复杂储层系统至关重要。为了解并获得特定储层的流体流动性质、力学性质和沉积环境所需的数据，就需要对岩心进行切割，正确处理岩心，并在实验室中用现代和先进的实验室方法进行测试。最重要的是恢复储层条件下岩石性质的测量。为了从岩心中获得最准确的定量信息，必须在实验室中再现净覆盖层（NOB）压力的影响。

4.3.2 钻井

在致密气藏或致密油藏中钻井最重要的部分是钻一口标准井，这是获得足够的裸眼测井记录和初级固井作业所必需的。在低孔隙度页岩储层中，通过分析自然伽马（GR）、自然电位（SP）、孔隙度和电阻率测井来确定页岩含量、孔隙度和含水饱和度的准确估计值是很困难的。如果井眼被冲刷，测井读数将受到影响，那么将更难区分地层中的产层和非产层。如果井眼被冲刷，就很难获得初级水泥密封，这可能会影响层间隔离，导致在进行测试或泵送增产处理之前必须对井进行水泥挤压。

地层损害和钻井速度应作为次要考虑因素。部分井采用欠平衡钻井，以提高钻头机械钻速或尽量减少钻井液滤液侵入。然而，如果因为钻井欠平衡而导致井筒被严重冲刷，很可能会因为测井不准确和初级固井作业不充分而浪费大量资金。为尽量减少井眼冲刷和钻井液滤液侵入，最好在接近平衡状态下钻一口致密气井。

由于页岩的低渗透性，致密地层中的天然气和原油不容易流入直井中。在一定程度上，这可以通过钻水平井来克服。在水平井中，钻头从向下的轨迹转向沿着水平轨道钻进 1mile 或更长距离，从而使井筒尽可能多地暴露在储层中。通过水平钻井，井筒可以与储层中天然存在的大量裂缝相交，并根据每个区域已知的裂缝趋势选择钻进路径的方向。然而，由于存在井眼坍塌的风险，一些页岩地层只能通过垂直井进行钻探。

水平井钻井结合水力压裂技术的使用，极大地拓展了生产商从低渗透地层中高效开采天然气和原油的能力，特别是页岩资源（US EIA，2011）。应用水力压裂技术增产原油和天然气的历史可以追溯到 20 世纪甚至 19 世纪，但在 20 世纪 50 年代开始迅速发展。从那时起，美国的石油和天然气工业已经完成了低渗透井的压裂处理。然而，正是 20 世纪 70 年代天然气价格上涨刺激了低渗透气藏的大量开采活动，此后天然气价格和原油价格持续上涨，加上评估、完井和增产技术的进步，使得含有天然气和原油的致密地层得到了大量开发。

此外，从 20 世纪 70 年代中期开始，私营运营商与美国能源部（US DOE）及其前身机构、美国天然气研究院（GRI）合作，努力开发从美国东部相对较浅的上泥盆统（Huron）页岩（位于马塞勒斯页岩之上，马塞勒斯页岩属于中泥盆统的一部分）中商业化生产天然气的技术。这种伙伴关系极大地促进了技术的发展，这些技术最终成为从页岩地层生产天然气的关键，包括钻水平井，以及多级水力压裂和滑溜水压裂（见第 5 章）。继这一发展之后，水平钻井在石油生产中的实际应用始于 20 世纪 80 年代初，当时，改进型井下钻井电机的出现，以及其他必要辅助设备、材料和技术（尤其是井下遥测设备）的发明，使一些应用进入了商业可行性领域（US EIA，2011）。此时，人们已经认识到致密储层需要压裂改造来将任何天然裂缝网络连接到井筒（Gale et al.，2007）。水力压裂工艺产生的裂缝被砂粒撑开，以便致密（但已压裂）地层中的储层流体能够通过井流上来。一旦从井中释放出来，天然气、原油和水就会被捕获、储存并运输到相关的现场处理作业中。

该采收技术最初是在得克萨斯州巴尼特页岩中开发的，并应用于其他页岩层系资源，通常采用一刀切的方法。然而，在任何生产天然气或原油的作业中遇到的致密地层都是不同的，每种地层都有一套独特的勘探标准和作业挑战，现在人们意识到，巴尼特页岩技术需要以科学的技术结构方式适应其他致密资源。因此，尽管人们可能认为非常规资源（致密地层中的资源）需要应用非常规采收技术，但很明显，质量较差的储层需要改进的技术及高度精确的数据，以便能够以高效和有效的方式充分描述和开发每个储层（资源）（Griese and Bray，2007）。

事实上，在过去的十年中，来自致密地层的资源已经成为一种可开采的能源，利用地球物理方法对整个资源（储层加上储层流体）的准确表征具有重要意义（Chopra et al.，2012）。这些地层中蕴含的天然气和原油储量是通过地层中的总有机碳含量估算出来的，会影响地层的压缩速度、剪切速度，以及密度和各向异性。因此，从地表地震响应中探测总有机碳含量的变化是储层（和资源）特征描述的必要步骤（见第2章）。此外，除了总有机碳含量外，不同的页岩地层在成熟度、原地气量、渗透率和易断性方面具有不同的性质。因此，人们也认识到，典型的致密储层（如果存在这样的储层）比常规储层成本更高，劳动强度更大，而且表征储层和增产措施所需的专业知识也更加专业化。

在储层特征描述过程中，以及在开始采油作业之前，会钻探一些垂直井（可能是2口或3口探井），并对地层采用水力压裂工艺，以确定是否存在天然气或原油，以及是否可以开采。勘探阶段可能包括一个评估阶段，即钻探更多的井（可能10~15口）并进行压裂，以确定地层特征。此时，需要（或应该）研究形态发育的方式、裂缝的扩展方式，以及天然气或原油是否可以经济地生产。最后，可能会钻探更多的井（也许总共会钻探达30口井），以确定页岩的长期可开采性和经济可行性。一旦确定了储层性质和内容，就可以开始钻井计划和开采作业，而且成功率相对较高。

巴尼特页岩一直是致密储层天然气和原油开采开发的领导者和推动者，其结果是，截至目前，致密资源开发的重点已经转移到美国和加拿大的其他致密储层，如（按字母顺序排列，不分时间或偏好）：（1）费耶特维尔页岩（位于阿肯色州）；（2）海恩斯维尔页岩（位于得克萨斯州与路易斯安那州交界处）；（3）霍恩河盆地页岩（位于加拿大不列颠哥伦比亚省）；（4）马塞勒斯页岩（位于美国东北部）。致密页岩气藏和其他致密地层之间，以及内部的物理和地球物理性质都具有显著差异。

此外，由于致密地层（尤其是页岩地层）覆盖面积大，与常规储层的开发相比，它们还要求更多的井更紧密地钻在一起，这就导致钻井和生产作业所影响的地表面积更大。例如，有些地区可能要求每15~20acre钻一口井。在许多情况下，为了减少对地表的环境影响，往往从单一的地表位置钻出二三十口井，并钻出长达一到两英里的长距离水平井筒。未来技术的突破将进一步减少对地表环境的影响，从而促进更多致密地层的开发，尤其是在人口密集或环境更敏感地区，这将成为许多国家资源开发的关键因素。

4.3.2.1　水平井

在石油和天然气工业存在的几百年时间里，在这期间，钻井技术得到了长足发展。当钻头精确地位于狭窄定向和垂直范围内时，将其放置在水平轨道上，钻机就可以转过拐角。由于钻机的水平段很容易控制，因此该井能够从比同一页岩地层中单口直井更大的地理区域抽取页岩气资源。

现代页岩气开发与常规天然气开发的主要区别在于水平钻井和大排量水力压裂技术的广泛应用。水平钻井的使用并没有引入任何新的环境问题。事实上，所需的水平井数量减少，再加上可以在一个钻井平台上钻多口井，这大大减少了对地表的干扰，以及对野生动物、尘土、噪声和交通的相关影响。在页岩气开发与城市和工业环境相交的地方，监管机构和工业界已经制定了特殊的做法，以减轻滋扰影响、对敏感环境资源的影响，以及对现有企业的干扰。

以宾夕法尼亚州的马塞勒斯页岩资源为例，一口直井只能排干直径1320ft、高达50ft的页岩圆柱体。相比之下，水平井可以从2000ft延伸到6000ft，排采量可达6000ft×1320ft×50ft，面积约为直井的4000倍。排采量的增加为水平井带来了许多优于垂直井的重要优势，特别是在相关的环境问题上。

因此，与垂直钻井相比，水平钻井技术可以使井筒接触到更大面积的含油气岩石。由于接触面积增大，产量和采收率也随之提高。随着水平钻井和压裂技术的不断改进，水平钻井的使用率也大幅增加。水平钻井的一个重要作用是开发页岩天然气资源。这些低渗透率的岩石单元含有大量天然气，存在于北美很大部分地区的地下。

一般来说，在致密气藏中钻完的垂直井必须经过成功的增产处理，才能以商业气流速度生产，并产生商业气量。通常情况下，需要进行水力压裂处理才能经济地生产天然气。此外，在一些存在天然裂缝的致密气藏中，可以钻水平井，但这些井也需要进行增产。为了优化致密气藏的开发，除了优化每口井的钻井和完井程序外，还必须优化钻井的数量和位置。就单井而言，致密气藏中的井在较长时间内的产气量要低于在渗透率较高的常规气藏中的井。因此，与常规储层相比，致密气藏必须钻探更多的井（更近的井间距），才能开采大量的原始天然气。

大多数水平井都是从地表垂直井开始的。直井钻探至距离目标层位数百英尺位置。在造斜点位置钻柱整体提升至地面，将液压马达安装在钻头和钻杆之间。液压马达由沿钻杆向下流动的钻井液提供动力。液压马达可通过不旋转钻头和钻杆之间的部分而调整钻头方向，这也能够让钻头沿着既定方向钻进。钻头和钻柱通过倾斜在数百英尺垂深范围内将井眼钻进方向由垂直调整为水平方向。当钻头被导向至指定方向后将沿着水平方向继续钻进，并且追踪目标地层方向进行钻进。旋转导向保持在给定目标地层范围内是一项挑战，井下仪器主要用于确定钻井的方位角和方向。该信息也用于操纵钻头钻进方向。

得克萨斯州巴尼特页岩、阿肯色州费耶特维尔页岩、路易斯安那州和得克萨斯州的海恩斯维尔页岩，以及阿巴拉契亚盆地的马塞勒斯页岩都是典型页岩油气资源。该类页岩油气资源开发面临的主要挑战是从极其微小的孔隙和低渗透率岩石中实现油气开采（Gubelin，2004）。为了提高富有机质页岩储层产能，石油公司规模应用水平井钻完井技术和水力压裂增产措施。与直井相比，水平井钻完井和水力压裂措施结合能够实现更高的产量。

实际上，直至其他非常规油气产区证实了水平井钻完井和水力压裂技术的适应性，海恩斯维尔页岩气藏的开发潜力才得以展现。水力压裂是通过高压将水或凝胶注入井中破碎岩石。水力压裂措施诱导裂缝能够为气体产出提供通道并获取比直井更大的控制面积。在特定地面条件下，定向钻井 "S" 形井能够大幅度减少地表条件影响。"S" 形井垂直钻进数千英尺，然后在目标地层中呈弧形延伸。

钻井过程中，移动钻井设备可在一个井场内不同井间移动。钻井设备在平台内不同井间移动可减少设备拆卸和组装时间，从而提高作业效率。

4.3.2.2 平台钻井

在同一个井场钻多口井时通常称为平台钻井，通常每个井场可钻 6~8 口井。

平台钻井的井场通常为巨型，尺寸约为半英里宽和两英里长。钻井作业区域位于矩形中心位置。矩形井场大部分地表不需要使用。井场面积为 4~5acre，经过清理、平整和地面处理用于放置钻井设备、卡车和其他配套设备。这种方法允许钻井公司在两个独立的间隔单元上同时开发两个独立的地层，从而提高生产效率。它还能使公司从储层中开采更多的可用资源。

平台钻井可通过使用活动伸缩或适合用途的钻机来完成，目的是在经济可行的情况下在平台上钻尽可能多的井。在钻台上钻更多的井被认为有助于将钻井作业的环境影响降到最低。

在页岩钻探中，使用单个钻台开发尽可能大的地下区域是一种非常普遍的行为。一个地表位置可钻多口井。钻井平台提高了天然气生产的运营效率，并降低了基础设施成本，减少了土地使用。因此，任何对地表环境的负面影响都会减轻。工业界开发的这些技术和实践有助于减少页岩气开采对环境的影响。

4.3.2.3 叠置井

在页岩足够厚或发现多个页岩层叠置的情况下，可以考虑钻探叠式水平井。一个垂直的井眼可以用来从不同深度的水平井中生产天然气。与平台钻井一样，由于减少了土地使用，对地表环境的影响也得到了缓解。这种技术对较厚的页岩尤其有益。

得克萨斯州南部的皮尔索尔和伊格尔福特油田就是采用这种技术的地区之一。由于共用地面设施，因此可以实现更高的效率。与平台钻井一样，由于减少了土地使用，所以对地表的环境影响也得到了缓解。

4.3.2.4 多分支井

多分支井钻井与叠式钻井类似，都是从同一个垂直井眼钻两口或多口水平井。在多分支井钻井中，水平井在同一深度从不同方向进入页岩的不同区域。多分支井钻井可以降低增量成本，大幅提高产量。

非常规钻井在全球钻井活动中的比重越来越高。在过去几年中，使用非常规钻井技术成功钻探了定向井、水平井、延伸水平井和多分支井。由于常规技术无法完全有效地保持开发利润，因此非常规钻井技术在当今发挥着关键作用。这些技术不仅能让运营商提高单井产量，还能提高储层的最终采收率（RF）。作为非常规钻井技术之一的多分支井钻井技术出现于 20 世纪 90 年代初。多分支井钻井的一般定义是从单侧（母井眼）钻出一口以上水平井或近水平侧向井，并与单井眼相连接。

20 世纪 80 年代，水平钻井技术的进步在中东得到迅速应用，这极大地提高了单井的产量。波斯湾地区的许多作业者将多分支井钻井技术视为水平钻井技术的下一步。这些运营商在成功钻探水平井后，开始钻探多分支井。自 1992 年以来，中东地区多分支井钻井技术的使用有了显著增长，中东已成为世界上多分支井钻井技术应用最活跃的地区之一。据估计，1996 年在中东地区钻探的多分支井超过了 35 口（Mirzaei Paiaman and Moghadasi, 2009; Mirzaei et al., 2009）。

使用多分支井可以减少对环境的影响，因为石油和天然气钻井行业的主要问题之一是钻井液和产生的岩屑对环境的有害影响，尤其是在使用油基钻井液时。多分支井钻探过程中消耗的钻井液和产生的岩屑量要少于分隔开的井。因此，多分支井对环境的影响也就减少了。

使用多分支井还有助于分散地质风险。在每次钻探新井时都可能面临盐丘构造和页岩层等地质问题。但在多分支井钻探时，由于并不是每次钻新井时都要面对这些地质问题，因此地质风险将被分散和降低。此外，与在储层中钻几口井相比，在一口井中钻几条分支将大大节省时间和成本，从而可以在储层中钻更多的井。多分支井的长水平段有助于从不经济的油藏、薄砂层和盲区开采天然气或石油。在以薄储层为目标的情况下，直井与储层的接触面较小。

在这种薄储层中钻几个分支井，可以增加井与储层的接触面积，从而提高采收率和可采储量。此外，井的分支在生产地层中的位置为水层和气层提供了足够的距离。因此，可以防止或减少气/水窜流。此外，与井筒附近压力较高的垂直井相比，多分支水平段沿水平段方向的压力分布更为均匀。因此，多分支井可以在不出现锥进的情况下实现高产。换句话说，多分支井的临界产量更高。

在多分支井的帮助下，波及效率将得到提高，同时由于生产所覆盖面积大，因此采收率也会提高。与此同时，天然气或石油的开采速度也会加快。多分支井系统的产量比单个垂直井甚至水平井的产量都要高，因此多分支井系统的储层接触面积更大。由于多分支渗流通常用于增加储层的有效排采面积，因此可采储量也会增加。通过在储层中钻探多条分支，储层与分支的接触面积相当大。由于多分支井在储层中的分布程度高，能实现较好的注采控制，因此通过适当的安置可以实现更好的注采控制。

4.3.2.5 钻井耗水量

钻井和水力压裂是耗水量很大的过程。例如，在得克萨斯州沃思堡盆地的巴尼特页岩中，每口井估计需要 $300 \times 10^4 gal$ 的淡水。不过，并非所有天然气页岩的水力压裂作业都需要用水。例如，蒙德尼地区的许多压裂作业都使用二氧化碳作为压裂液。此外，在艾伯塔省东南部和萨斯喀彻温省西南部科罗拉多组的浅层页岩中，由于地层对水的敏感性，水并不适合用作压裂液。那里的运营商似乎使用氮气或丙烷和丁烷的混合物作为压裂液。

压裂水中通常含有化学添加剂，以帮助携带支撑剂，在注入页岩层后可能会变得富含盐分。因此，天然气生产过程中返排的压裂液必须以安全的方式进行处理或处置。压裂液的处理方式通常是通过一口或多口专门为此钻探的井注入深层高盐分地层。在一些地区，井在生产常规天然气和原油的同时通常也会生产水，这种做法在现场很常见，并受到明确规定的条例管辖。

返排水很少在其他压裂作业中重复使用，因为可能会发生腐蚀或结垢，而溶解的盐分可能会从水中析出，从而堵塞井或地层的某些部分。处理巴尼特页岩返排水的项目需要蒸馏，蒸馏后的水可重新用于其他压裂作业，以减少对淡水的需求。更重要的是，运营商要避免将返排的压裂液排放到流域中。此外，裂缝性储层通常在一英里或更深的深度，裂缝和压裂液不能通过如此厚的岩石延伸到达浅层的含水层，而浅层是提取饮用水的地方。对于较浅的页岩，如艾伯塔省东南部和萨斯喀彻温省西南部的页岩，裂缝的尺寸会大大减小，而且页岩的柔性很可能会阻止裂缝的广泛渗透，这也可能会对最终的产量产生负面影响。

最后，从天然气页岩中产出的含盐地层水量差别很大，从每天一桶到数百桶不等。这些水来自天然气页岩本身或通过裂缝诱导缝网连通的相邻地层。与返排水一样，这些水通常含盐量很高，必须进行处理，通常是注入深层的盐碱地层。

4.3.3 完井

致密页岩储层或致密砂岩（或碳酸盐岩）储层所需的增产策略和完井策略在很大程度上取决于净产气层数和储层的整体经济性评价。几乎在所有情况下，致密气藏中的井都不具有经济效益，除非设计出最佳的压裂处理剂并将其泵入地层。该井可以钻得很好，套管和射孔都很完美，但在泵入最佳压裂处理剂之前，这口井是不经济的。因此，整个井预测都应集中于如何钻井和完井，以便成功进行压裂处理。钻孔尺寸、套管尺寸、油管尺寸、井口、管线和射孔方案的设计都应满足压裂处理的需要。

通过水平钻进地层，井筒可能会与储层中更多的天然裂缝相交。不过，由于井眼有坍塌的风险，有些页岩层只能用垂直井钻探。因此，在钻井过程中，会在井眼周围放置多层金属套管和水泥环。钻井完成后，在高压下注入由水、砂和化学物质组成的液体，使页岩破裂，增加岩石的渗透性，促进天然气的流动。由于地下压力的作用，一部分压裂液将通过井返回地面（返排）。流体体积将逐渐减少，并被天然气产量所取代。

钻井完成后，必须在含气岩石上射孔，以便在岩石和井之间建立联系（Leonard et al.，2007；Britt and Smith，2009；LeCompte et al.，2009）。井中的压力随之降低，这样烃类衍生物就能在压力差的作用下从岩石流向井。在致密储层中，由于岩石渗透率低，流体流向井的速度非常慢。而且，由于流体流经储层的流量直接决定了井的经济可行性，低流速可能意味着没有足够的收入来支付运营费用和投资回报。如果不采取额外措施加速烃类衍生物流向井内，那么该作业就不经济。

多年来，已开发出多种技术来提高低渗透储层的流动性。酸处理可能是最古老的技术，但目前仍在广泛使用，尤其是在碳酸盐岩储层。水平或横向较长的水平井可以显著增加储层岩石与井筒之间的接触面积，这在提高项目经济效益方面也同样有效。水力压裂技术最初开发于20世纪40年代末，是另一种针对低渗透储层的有效且常用的技术。当岩石渗透率极低时，如天然气（页岩气）或致密地层中的原油（轻质致密油），往往需要水平井和水力压裂相结合才能达到商业产量。

即使油井套管已射孔，页岩中的天然气也很少能自由流入油井。必须在页岩中形成裂缝网络，让天然气从岩石孔隙和天然裂缝中排出。这需要通过水力压裂工艺来实现。在这一过程中，通常会将几百万加仑由水和支撑剂（通常是砂粒）组成（占比98%~99%）的液体以高压泵入井中。压裂液的其余部分（0.5%~2% 体积占比）由化学物质（通常是专有化学物质）混合而成，可增强压裂液的性能。这些化学物质通常包括：用于清洁页岩以改善气体流动的酸性物质；用于防止有机物生长并堵塞地层裂缝的杀菌剂；用于保护油井完整性的阻垢缓蚀剂；用于增加流体黏度并使支撑剂悬浮的凝胶或胶质；以及用于增强流动性并提高流体渗透能力以将支撑剂带入页岩细小裂缝中的减摩剂。

这些流体穿过套管中的射孔，迫使地层中的裂缝打开，将孔隙和现有裂缝连接起来，为天然气流回井中创造了通道。一旦压力降低，流体流回井口，支撑剂就会固定在裂缝中，使裂缝保持畅通。每次水力压裂的井筒长度约为 1000ft，因此每口井都必须从井筒最远端开始，分多个阶段进行水力压裂。水泥塞将每个水力压裂阶段隔离开来，在所有水力压裂完成后，必须钻除水泥塞，使天然气能够流入井中。因此，从页岩地层中开采天然气和原油是一个多尺度、多机制的过程，更是一个多学科的过程，需要多个工程学科的科学家交叉合作。如果缺乏合作，该项目注定会以技术失败告终，并带来严重的环境问题（见第18章）。

压力释放后，流体（通常称为返排水）从井口流出。回收的流体不仅含有水力压裂液中专有的混合化学物质，还可能含有储层中天然存在的化学物质，包括从页岩中渗入流体的烃类衍生物、盐类、矿物质和天然放射性物质（NORM），或者水力压裂液与地层中已经存在的盐水（如咸水）混合后产生的化学物质。井中产出水的化学成分因地层和完井后的时间不同而有很大差异，早期的返排水类似于水力压裂液，但后期返排水的性质更接近于地层中天然存在的盐水。

简而言之，返排是指水基溶液在水力压裂期间和完成后流向地表的过程。返排水由用于压裂地层的流体组成，含有黏土矿物、化学添加剂、溶解的金属离子，以及溶解的固体[以总溶解固体（TDS）测量]。通常情况下，返排水的返排率为最初注入量的0~40%。相比之下，采出水是页岩层中天然存在的水，在气井的整个生命周期中都会流向地表。这种水的总溶解固体含量很高，并从地层中滤出矿物质，如含钡、钙、铁和镁的矿物质。采出水还可能含有溶解的烃类衍生物，如甲烷、乙烷和丙烷，以及天然放射性物质（NORM），如镭同位素。

在许多情况下，返排水可以在随后的水力压裂作业中重复使用，这取决于返排水的质量及其他管理替代方案的经济性。未被重新利用的返排水则会被处理掉。过去的处理方式有时是直接倾倒在地表水中，有时是沉积在设备不完善的废水处理厂，而现在大多数处置是在美国环境保护局监管的Ⅱ类注水井中进行的。这些注水井将返排水注入与饮用水源隔离的地下地层。

水力压裂作业（见第5章）为天然气或原油流向井筒提供了渗流通道，但对天然气或原油的总体储存能力贡献不大。基质的孔隙度提供了大部分的存储能力，但基质的渗透率非常低，裂缝中的天然气或石油流动与基质中的天然气或石油流动的流态不同。由于这些不同的流动机制，裂缝致密地层生产动态模型要比常规储层的生产动态模型复杂得多，尽管许多人声称取得了成功，但将任何建模结果放大到油田作业中，不仅具有挑战性，而且可能非常困难。这反过来又使研究人员难以预测生产性能，并为致密资源制定最佳开采策略。油田作业的结果证明了油田数据与建模企业预测数据之间的平衡。

因此，为了确保致密天然气和原油资源的最佳开发，有必要全面了解各种页岩区的地球化学、地质历史、多相流特征、裂缝特性（包括对裂缝网络的了解）和生产行为。同样重要的是，要开发能够将孔隙水平的物理性质放大到储层规模的动态预测，并努力改进岩心分析技术，以精准确定可采资源量。

例如，非常规资源的全面开发需要较高的井密度。而能够降低井成本、增加井筒与储油层接触的技术可以对成本、产量和最终采收率产生重大影响。多分支钻井（即从一个垂直井筒钻出多个水平井段）和降低成本的连续油管钻井是未来非常规天然气开发的潜在选择。

如上所述，井中钢套管和水泥环的组合提供了一个重要的屏障，以确保从较深的致密岩层中开采出的高压天然气或原油液体不会泄漏到较浅的岩层或含水层中。套管和支撑屏障的设计必须能够承受水力压裂过程中无疑会产生的各种周期应力（而不会出现任何裂缝或诱发断层）（见第 5 章）。在这方面，确保密封井的最重要设计方面包括：（1）按规范钻井（无任何额外的扭曲、转弯或空洞）；（2）在固井前将套管定位在井筒中心，在套管进入钻筒时，沿套管每隔一定距离放置扶正器，使其远离岩石表面；（3）正确选择水泥。水泥的设计既要适合其在泵送过程中的液体特性（确保水泥到达正确的位置），又要适合其机械强度和柔韧性。至关重要的是水泥必须保持完好。水泥的凝结时间也是一个关键因素，凝结时间过长的水泥可能强度会降低；同样重要的是，如果水泥在完全泵送到位之前就已凝结，则需要采取困难的补救措施。

尽管完井成本很高，但水平井和水力压裂技术的结合有助于释放页岩气资源。因此，完井设计的信息质量必须足够高，以证明成本的合理性：（1）完井类型（裸眼或套管井）；（2）压裂起始位置；（3）套管或射孔；（4）级数；（5）流体类型 / 体积 / 速率；（6）尺寸 / 强度 / 支撑剂选择；（7）整体压裂设计；（8）压裂设计和生产结果与模型的比较。这些项目是通过对垂直勘探井的完井、增产和评估来确定的。通过这一过程，可以确定最低的储层条件，并了解初始产量和递减曲线。这些信息被传送到水平评价井中，然后可以确定压裂级数和最佳水平段长度。

在完井设计中，一个关键性考虑因素是选择使用爆炸射孔枪和桥塞，或是套管滑套完井作为裸眼完井的一部分。完井的其他组成部分是生产设备，包括油管尺寸、脱液 / 举升设计和优化，也包括地面设施，用于高效的井流回注、分离、管道、压缩和水处理。成功的压裂作业取决于压裂返排，这对于最大限度地提高液体回收率和帮助天然气生产至关重要。上述每个组件都是在对储层参数和经济性进行深入分析后选定的。

最近在完井技术方面的一项创新是在巴尼特页岩的诱导压裂中添加 3% 盐酸，这似乎可以通过提高基质渗透率来增加日产量，只要满足环境的限制条件，就可以增加预估的最终采收率（Grieser et al.，2007）。此外，对储层进行重复压裂也是一种越来越普遍的选择，可以获得更多的可采储量（Cramer，2008）。

4.3.4　井筒完整性

任何钻入地下的井都有可能成为地下的液体和气体进入地表的潜在通道。水平钻井和水力压裂等技术有助于非常规天然气和原油资源的开采，但同样也为保持井身完整性带来了挑战。就从致密地层中开采天然气和原油而言，生产井通常更长，还必须从垂直面偏离到水平面：（1）以便横向移动；（2）进入（至少可能）超压储层；（3）承受更强的水力压裂压力；（4）承受比传统常规天然气和原油井更大的水量。因此，井的完整性差会严重影响人类健康和环境（见第 18 章）。

例如，由于井泄漏，地层流体（液体或气体）和注入流体会通过钢套管上的孔洞或缺陷、套管之间的接缝，以及井内或井外有缺陷的机械密封或水泥环而迁移。事实上，井眼环空内部压力的积累（持续的套管压力）会迫使流体流出井筒，进入周围地层。由于这种泄漏，流体会从没有或没有完全施加水泥的油管和岩壁之间流出，泄漏的流体会进入浅层地下水或大气中。此外，井作业和时间的推移也会严重影响井的完整性。例如，射孔、水力压裂和压力完整性测试会导致热量和压力变化，并破坏水泥与相邻钢套管或岩石之间的黏结，或导致水泥环和周围盖岩破裂。此外，化学磨损还可以通过与盐水或其他流体反应降解钢铁和水泥，这些流体会在水中形成腐蚀性酸（如二氧化碳或氢氧化物衍生的碳酸或硫酸）：

$$CO_2 + H_2O \longrightarrow H_2CO_3 \tag{4.1}$$

$$2H_2S + 3O_2 \longrightarrow 2SO_2 + 2H_2O \tag{4.2}$$

$$2SO_2 + O_2 \longrightarrow 2SO_3 \tag{4.3}$$

$$SO_2 + H_2O \longrightarrow H_2SO_3 \tag{4.4}$$

$$SO_3 + H_2O \longrightarrow H_2SO_4 \tag{4.5}$$

在大气中，这些酸（以及水与氮氧化物 NO 和 NO_2 反应形成的亚硝酸和硝酸）会形成对环境有害的酸雨。

4.3.5 生产、废弃和重复利用

一旦井与加工设施连接后，就将开始主要的生产阶段。在生产过程中，井会产生烃类衍生物和废液，这些都必须加以管理。但现在井场本身已不那么明显，因为在井的顶部留下了一个采油树阀门，通常有 3~4ft 高，可以将生产的油气通过管道输送到服务于几口井的加工设施；井场的其余部分可以被回收利用（Speight，2014）。

页岩气井现场会产生各种废液。钻井过程中产生的废钻井液和岩屑必须加以管理。钻井液量与钻井的规模大致相关，因此一口马塞勒斯水平井产生的钻井废料可能是一口垂直井的两倍；不过，如上所述，它将取代四个这样的垂直井。钻井废料可以在坑内或钢罐中进行现场处理。每个坑的设计都是为了防止液体渗入脆弱的水资源。现场坑槽是石油和天然气行业的一种标准，但并非在任何地方都适用；现场坑槽可能很大，而且会长期扰动土地。在某些环境中，可能需要使用钢罐来储存钻井液，以尽量减小井场的"占地面积"，或为敏感环境提供额外的保护。当然，钢罐也并非适用于所有环境。在农村地区或坑塘中，通常不需要钢罐。

在某些情况中，经营者可能会决定在生产井的后期重复进行水力压裂过程，这一过程称为重复压裂。这种情况在垂直井中较为常见，但目前在水平井中相对少见，在美国钻探的水平页岩气井中，这种情况不到 10%。生产阶段是开采生命周期中最长的阶段。对于常

规油井，生产可能持续 30 年或更长时间。而对于非常规开发而言，井的生产寿命预计与此类似，但致密页岩中的井通常会出现初期产量激增，然后急剧下降，随后是长时间的相对低产量。在生产的第一年，产量通常会下降 50%~75%，而大部分可采天然气通常在短短几年后就会被开采出来。

在生产过程中，从油井中开采出的天然气被输送到小口径集输管道，再连接到从生产井网络中收集天然气的大管道。由于从致密地层中大规模生产天然气和轻质致密油只是在过去十年间才开始，因此致密地层中井的生产寿命尚未完全确定。

尽管在这个问题上存在大量争论，但人们普遍认为，致密地层中的井比常规天然气生产井的产量下降更快。在阿肯色州中北部的费耶特维尔地区，据估计，一口生产井的半衰期（即预计最终采收率的一半）发生在该井的头五年。一旦一口井不再以经济速度生产，井口将被拆除，井筒将被水泥填满，以防止天然气泄漏到空气中，地表被回收（要么恢复到井前状态，要么恢复到与土地所有者商定的其他条件），该场地将被遗弃给土地的地面权利持有人。

在致密地层钻探的井一旦到了生产年限，即开采不再经济或不可能生产时，就会被废弃。与任何天然气井一样，在其经济寿命结束时，需要将井安全废弃，拆除设施，将土地恢复到自然状态或用于新的适当的生产用途。特别重要的是，要长期防止油气向含水层或地面的泄漏。井段会用水泥填充，防止残余气或残余油流入含水区域或流至地表。

由于大部分的弃井作业要到停产后才会进行，因此监管机构需要确保相关公司提供必要的资金，并在超出油藏经济寿命之后保持技术能力，以确保弃置工作圆满完成，并长期保持良好的完整性。

4.4　水力压裂

水力压裂是一项使页岩气成为国家能源供应中负担得起的新增能源关键技术，而该技术已被证明是一种有效的开采技术（Arthur et al.，2009；Spellman，2013）。尽管在水资源的可获得性和水资源管理方面存在一些挑战（见第 5 章），但创新性的区域解决方案正在出现，这使得页岩气开发得以继续进行，同时确保其他用户的用水需求不受影响，以及地表水和地下水质量得到保护。

完井过程的第一阶段是射孔，即在套管或衬管上爆破打孔，将井筒与储层连接起来。该过程的最后一步是将射孔枪（一段聚能药包）下放到所需的深度，然后在所需深度对套管或衬管进行射孔。第二阶段是通过泵入流体和支撑剂，并以足够高的压力对井进行水力压裂。

页岩是一种沉积岩，主要由非常细粒的黏土颗粒沉积而成，呈薄层状结构，在页岩地层中呈细颗粒和层状，且不同页岩地层之间可能会有显著的差异。这些岩石最初是以泥浆的形式沉积在低能沉积环境中，如滩涂和沼泽，其中的黏土颗粒从悬浮物中脱落。在这些沉积物的沉积过程中，有机质也在沉积，这可以用总有机碳含量（TOC）来衡量。

与传统的油气藏相比，典型页岩层的渗透率（即流体通过页岩的能力）非常低（实际上是超低），页岩层的渗透率为纳达西级别，即 $10^{-9}D$，而传统砂岩层的渗透率为 $10^{-2}mD$。实际上，烃类衍生物在正常情况下无法在页岩中流动，通常只能随着地质时间的推移向外迁移。烃类衍生物从页岩地层缓慢迁移到较浅的砂岩储层和碳酸盐岩储层，这也是大多数常规油气田的来源，因此页岩地层历来被认为是烃源岩和盖层，而不是潜在的储层，但大部分烃类仍被束缚在页岩中。

从历史上看，尽管人们一直怀疑页岩气可能蕴藏着巨大的资源，但由于页岩气在经济上不具吸引力，因此很少去尝试开发低生产力的页岩储藏。然而，最近美国积极开发页岩气（即使是在资源充足的时期），以确保未来天然气的低风险和低成本。

对于叠置砂岩储层，水力压裂处理的设计应基于地层评价，尤其是岩相分层的几何形态，因为完井是以垂直隔流层隔开的产层为基础的（Holditch，2006）。例如，可以根据砂体和页岩隔流层几何形状的叠置方式来确定级数。根据砂层和页岩层的厚度及地层应力剖面，有时可以用一次压裂处理来对多个层段进行改造，即单井一次完成改造，不同层段合采。另一方面，当厚厚的页岩屏障将两个产层分隔开来时，就需要产生多级水力裂缝，尤其是在当地应力对比度较高时。

简而言之，水力压裂就是按照事先计算好的速度和压力，将压裂液泵入地层，使页岩破裂，并在地层中形成裂缝。页岩气开发通常使用水或水基流体作为压裂液，并与少量各种添加剂混合（见下文）。

砂粒是常用的支撑剂材料，一旦流体泵送停止，流体进入地层，就需要砂粒来保持裂缝张开。最初，人们认为裂缝的生长是相对有规律的，在任何时间点的形状和大小都是相同的。然而，通过对压裂技术的不断深入了解，现在很明显，裂缝的生长是复杂的，而且要复杂得多。

50多年来，水力压裂技术一直被石油和天然气行业广泛用于低渗透储层的改造。流体（通常是水、二氧化碳、氮气或丙烷）被泵入井中，直到压力超过岩石强度，导致储层裂开。泵入井中的流体中装有支撑剂（通常为100t至$20×10^4$lb）或更多的陶瓷珠或砂粒，这些支撑剂渗入地层，有助于将裂缝撑开，一旦压力释放，裂缝就有可能闭合。所用流体的选择取决于很多因素，包括储层中的黏土是否对水敏感（有些黏土在淡水存在的情况下会膨胀），或者储层是否对特定流体有更好的反应，这些通常只能通过实验来确定。

有两个因素会增强页岩的破裂能力：（1）硬矿物质的存在；（2）页岩的内部压力。

硅石（以及少量方解石）等硬矿物质在压力下会像玻璃一样破碎，从而导致页岩破裂。而黏土则倾向于吸收更多的压力，在水压作用下往往会弯曲而不会断裂。因此，富含硅石的页岩层是水力压裂的理想选择。就页岩内部压力而言，在天然气生成过程中发育的超压页岩地层是由于渗透率较低，大部分气体无法逃逸并就地生成，从而增加了岩石内部压力。因此，人工形成的裂缝网络可以进一步延伸到地层中，而这正是因为页岩已经比正常受压的地层更接近于破裂点。

4.4.1 简介

页岩气的渗透率很低甚至超低，而水力压裂技术是页岩气开发的主要驱动力之一。页岩气开发的另一个关键因素在于天然裂缝和薄弱平面的存在，它们会在增产改造过程中导致复杂的裂缝几何形状（Reddy and Nair，2012）。此外，原生和次生天然裂缝系统的存在及其打开和保持流动的能力对页岩气的生产至关重要（King，2010）。

水力压裂是一种将水、砂和少量化学添加剂泵入井中，使岩石破裂，从而释放天然气的技术。这种技术在石油和天然气开发中很常见，自 20 世纪 40 年代以来，美国已有 100 多万口井采用了这种技术。事实上，美国 90% 的石油和天然气井都采用了水力压裂技术来提高产量。

大规模页岩气生产的发展正在改变美国的能源市场，使人们对天然气在发电和运输等领域的应用产生了更大的兴趣。与此同时，水力压裂技术对环境的影响，以及页岩地层天然气生产的快速扩张还存在很多不确定性。

用于压裂的水可以来自地表水源（如河流、湖泊或海洋），也可以来自当地的钻井（可能取自浅层或深层含水层，可能已经为支持生产作业而钻孔），或者来自更远的地方（一般需要卡车运输）。而将水从水源地运到处理地点是一项大规模的活动。

在缺水地区，钻井和水力压裂提取水（甚至在煤层气生产中提取水）会对环境产生广泛而严重的影响。它会降低地下水位，影响生物多样性，损害当地生态系统，并且还会减少当地社区和农业等其他生产活动的用水量。

在一些缺水地区，用于水力压裂的水源有限，这可能成为致密气和页岩气开发的重要制约因素。例如，在中国，新疆维吾尔自治区的塔里木盆地拥有中国最大的页岩气矿藏，但该地区也严重缺水。虽然在资源禀赋或水资源压力方面的规模不同，但其他一些潜在矿藏所在的地区已经经历了激烈的水资源竞争。迄今为止，中国页岩气产业的发展主要集中在四川盆地，部分原因是该地区水资源更为丰富。

水力压裂主导了非常规气井的淡水需求，而"滑溜水"的低成本性使其成为页岩气压裂液的主要选择。虽然在某些页岩储层中还可能带来一些产气效益，但实际上水力压裂的需水量最大。因此，减少压裂用水量的方法备受关注。通过使用更传统的高黏度压裂液（使用聚合物或表面活性剂），可以减少总泵送水量（因此也减少了所需水量），但这需要添加复杂的化学混合物。

泡沫是指水在表面活性剂（如洗碗液中使用的表面活性剂）的帮助下，与氮气或二氧化碳一起发泡而成的流体，这种流体很有吸引力，因为其中 90% 的流体可以是气体，而且这种流体具有很好的支撑剂承载特性。事实上，使用丙烷或胶状烃类衍生物等烃基压裂液可以完全不含水，但其易燃性使其更难在井场中安全处理。在返排阶段，压裂液的返排比例因使用的压裂液类型（以及页岩特征）而异，因此压裂液的最佳选择取决于许多因素：水的可用性、项目中是否包括水循环、正在开采的页岩储层的特性、减少化学品使用的意愿，以及经济性（Blauch et al.，2009）。

与含有天然气矿藏的传统矿层不同，页岩的渗透率低，自然限制了天然气或水的流动。在页岩层中，天然气主要蕴藏在互不相连的孔隙和天然裂缝中。水力压裂技术是连接这些孔隙并使天然气流动的常用方法。从页岩沉积物中生产天然气的过程除了水力压裂外还涉及许多步骤，所有这些步骤都可能对环境造成影响。水力压裂技术经常被误用为一个总括术语，包括页岩气生产的所有步骤。这些步骤包括道路和井场建设、钻井、套管、射孔、水力压裂、完井、生产、废弃和复垦。

在天然气页岩地层进行水力压裂作业时遇到的一个常见问题是水力压裂结果的多变性和不可预测性。行业经验表明，压裂地层所需的注入压力（压裂梯度）往往沿井方向变化很大，可能会出现注入流体无法成功压裂地层的情况。实时裂缝测绘的使用允许在裂缝设计中进行实时更改。测绘还能影响射孔策略和再增产设计，从而最大限度地提高有效增产体积（ESV，即根据微地震事件的位置和密度确定增产处理中有效接触的储层体积）。将微地震活动与测井数据相关联，可以对裂缝几何形状进行估算，然后利用这些数据来设计出能最大限度提高产量的增产方案（Fisher et al.，2004；Baihly et al.，2006；Daniels et al.，2007）。

页岩气储层对流体注入也有多种响应模式。正如通过微地震监测所观察到的那样，激活地震活动的分布可以局限于一个宏观的断裂面，但大多数情况下它们分散在储层的广泛区域，反映了复杂裂缝网络的发展情况（Waters et al.，2006；Cipolla et al.，2009；Das and Zoback，2011；Maxwell，2011）。

近年来，人们在优化页岩气藏水平井横向裂缝设计方面进行了各种尝试（Britt and Smith，2009；Marongiu-Porcu et al.，2009；Meyer et al.，2010；Bhattacharya and Nikolaou，2011；Gorucu and Ertekin，2011）。在大多数情况下，最佳设计是通过局部敏感性分析确定的，通常是改变一个变量，同时保持所有其他变量固定不变。然而，这些优化方法可能无法提供足够的洞察力来筛选不重要的参数并考虑参数之间的相互作用。因此，页岩气生产水力压裂措施的优化设计仍然是一项挑战。

另一个需要考虑的因素是页岩厚度。如果页岩的厚度大（主要原因之一），再加上细粒沉积物和有机质吸附天然气的表面积很大，就会导致页岩资源评估得出的总有机碳含量和潜在产气量数值非常高。一个普遍的经验法则是，更厚的页岩是一个较好的目标。然而，威利斯顿盆地的巴肯油田等页岩开采目标（本身就是一种常规与非常规混合资源）在许多地区的厚度都不足 150ft，却产生了明显的经济天然气流量和采收率。随着钻井和完井技术的改进，非常规开采目标的孔隙度和渗透率检测技术的进步，以及天然气价格的上涨，经济开发目标页岩气所需的厚度可能会减少。这种情况将为页岩气层增加大量的资源和储量。

另外一个需要考虑的因素是气体组分，以及原油组分的脱附（Kok and Merey，2014）。页岩储层中大量天然气或石油以吸附或凝结相的形式存储。吸附量取决于储层温度、压力、颗粒大小和类型。页岩的总有机碳含量（TOC）和黏土含量也是吸附的重要参数（Lu et al.，1993）。页岩储层具有天然裂缝系统，基质为层状结构，石油中的气体或低沸点组分被吸附在微孔页岩基质的表面。一些气体以游离相的形式储存在页岩基质的裂缝和孔隙内。在吸附过程中，页岩—烃界面上的范德华型相互作用会增加页岩表面附近的气体分子浓度，其密度与液体密度相当。因此，页岩储层实际上可以比同等体积的常规气藏储存更多的天然气（Song et al.，2011）。

解吸是页岩储层吸附的逆过程，当储层压力因吸附物质的生产而降低时就会发生（Song et al.，2011）。在页岩储层中，解吸机制对生产非常重要，而为了提供解吸，压力则是页岩储层系统的一个重要参数。通过降低储层压力，页岩储层中就会产生解吸作用。当降低储层压力，页岩气储层中会产生大量游离气体或水，然后孔隙中的吸附气体开始大量解吸。而页岩气储层开始生产时，基质孔隙系统和裂缝系统中会产生游离气体（Song et al.，2011），从而导致压力下降。压力下降会导致基质孔隙中的气体解吸，解吸的气体和游离气体通过裂缝系统生产。然而，成功的水力压裂操作对于页岩基质中解吸气体通过裂缝的扩散的能力至关重要。

在致密气藏和致密储层中，关键是要保证储层岩石中的气、油组分得到尽可能好的解吸（见第 1 章）。致密储层中处于吸附状态的天然气和石油组分的比例是可变的，这取决于多种因素，如：（1）压力；（2）温度；（3）页岩成分；（4）水分；（5）页岩气组分以及页岩岩石系统的热成熟度（见第 1 章）。被吸附的组分必须先从页岩表面解吸，然后才能进入大孔隙和裂缝。事实上，解吸是页岩气开采的主要来源。在早期开发阶段，游离气体流动速度快，产量高（Lewis and Hughes，2008；Cipolla，2009；Anderson，2010）。然而，随着产量迅速下降，生产周期趋于稳定。在稳产期，产量主要来自吸附组分的解吸和扩散。由于压力衰竭机制，解吸和扩散速度非常缓慢。因此页岩气生产周期长、采收率低。所以加快解吸是维持页岩储层高效开发的关键。而这需要在吸附／解吸机理和影响因素研究的基础上，专门开发高温混合气体注入技术以加速解吸过程。

4.4.2 压裂液

前期注入井中的压裂液不含任何支撑剂（前置液），以形成多方向的裂缝并四处扩散。当前置液形成的裂缝足够宽时，就可以开始接受支撑剂材料。前置液之后是压裂液支撑剂，即载体流体和支撑剂材料的混合物。支撑剂的作用是在泵入作业停止、裂缝闭合时支撑裂缝打开。

在深层储层中，有时会使用人造陶粒来支撑裂缝，但在浅层储层中，砂粒是最常用的支撑剂。一旦压裂开始，就会不断向井筒泵入流体，从而延长已形成的裂缝并形成裂缝网络。每种地层都有不同的性质和地应力，因此每种水力压裂作业都是独特的、不同的，需要水力压裂专家针对该井进行专门设计。水力压裂处理设计过程包括确定目标地层的性质、估算压裂处理压力、支撑剂材料用量和最佳经济效益所需的时间。

压裂液应具有一些特性，这些特性是为每个地层量身定制和优化的，即，压裂液应：（1）与地层岩石相兼容；（2）与地层流体相兼容；（3）沿裂缝产生足够的压降，以形成足够宽的裂缝；（4）具有足够低的黏度，以便在压裂后进行清理；（5）具有成本效益。页岩储层压裂过程中水基压裂液应用较为普遍，而滑溜水是最常用的流体。滑溜水中添加的主要化学物质是表面活性剂聚合物，用于降低表面张力或摩擦力，从而可以在较低的压力下泵入井中。其他已使用的流体还包括油基压裂液、增能压裂液、泡沫压裂液和乳化压裂液等。

环境问题主要集中在水力压裂所用的液体，以及液体渗入地下水造成水污染的风险上。水和砂粒、陶粒（支撑剂）占典型压裂液的 99% 以上，但为了使压裂液具有压裂所需的特性，还需使用含化学添加剂的混合物。这些特性因地层类型而异。添加剂（并非所有压裂液都使用添加剂）通常有助于完成以下四项任务：

（1）在将支撑剂泵入井中时，通过胶凝使支撑剂悬浮在流体中，并确保支撑剂最终进入正在形成的裂缝中。如果没有这种作用，较重的支撑剂颗粒在重力作用下会在流体中分布不均，因此效果较差。胶凝聚合物，如瓜尔胶或纤维素（类似于食品和化妆品中使用的聚合物）的使用浓度约为 1%。交联剂，如硼酸盐或金属盐，通常也以极低的浓度使用，以形成更强的凝胶。交联剂在高浓度时可能是有毒的，不过，在矿泉水中经常会发现较低天然浓度的交联剂。

（2）改变液体随时间变化的特性。将支撑剂输送到地下裂缝深处所需的特性在水力压裂的其他阶段并不理想，因此有一些添加剂可以使流体具有随时间变化的特性，例如，在压裂后使流体的黏性降低，从而使烃类衍生物更容易沿裂缝流入井中。通常情况下，会使用小浓度的螯合剂（如用于去除水垢的螯合剂），以及小浓度的氧化剂或酶（在一系列工业加工使用），以便在压裂结束时分解胶凝聚合物。

（3）减少摩擦，从而降低向井中注入流体所需的功率。典型的减阻聚合物是聚丙烯酰胺（广泛用作婴儿尿布的吸收剂等）。

（4）降低水中天然存在的细菌对压裂液性能的影响或在储层中产生硫化氢的风险；这往往是通过使用消毒剂（杀菌剂）来实现的，类似于医院或清洁用品中常用的消毒剂。

直到最近，压裂液的化学成分仍被视为商业机密，不得公开。而这一立场与公众的坚持越来越不一致。公众坚持认为，社区有权知道正在向地下注入的是什么。自 2010 年以来，自愿披露压裂液的化学成分已成为美国大部分地区的常态。该行业还在研究如何在不使用可能有害化学品的情况下达到预期效果。在美国，由水、支撑剂、简单的减阻聚合物和杀菌剂组成的"滑溜水"作为压裂液越来越受欢迎，尽管它需要高速泵送，并且只能携带非常细的支撑剂。此外，人们的注意力也集中在减少意外的地表泄漏上，大多数专家认为这会对地下水造成更大的污染风险。

此外，由于页岩层的特性（如上文所述），如存在硬矿物质，以及页岩的内部压力，也许可以沿着井的水平部分隔离部分井段，形成一次性压裂（多级压裂）。通过对地面和邻井的监测，可以确定页岩从负载压力下破裂的程度、范围和方向。

最后，页岩地层可以在产量下降多年后重新压裂，这可能使井进入储层中较大的区域，而这些区域在最初的水力压裂过程中可能被遗漏；或者重新打开由于储层压力下降而关闭的裂缝。此外，即使采用水力压裂，钻入低渗透储层的井也很难接触更深的地层。因此，必须钻更多的井，以获取尽可能多的天然气，通常每个区段钻 3~4 口水平井，最多可达 8 口。

4.4.3 压裂液添加剂

压裂液中可能使用的添加剂是根据当前的任务（即储层的特性）来选择的。这些添加剂包括：（1）聚合物，与交联剂一起使用可增加压裂液的黏度；（2）交联剂，可增加线性聚合物基凝胶的黏度；（3）破胶剂，用于在地层温度下打破聚合物和交联剂，以便更好地清理；（4）杀菌剂，用于杀灭混合水中的细菌；（5）缓冲剂，用于控制 pH 值；（6）降滤失剂，用于控制过多的流体渗入地层中；（7）稳定剂，用于在较高温度下保持流体的黏滞性。

然而，必须强调的是，添加剂虽然在每个地点都要使用，但一般来说添加剂使用量越少越好，以避免潜在的环境污染和储层的生产问题。

最近在完井技术方面取得了一项创新，该方法在巴尼特页岩的诱导压裂中添加了3% 盐酸，这似乎可以通过提高基质渗透率来增加日产量，并可能增加最终估算采收量（Grieser et al.，2007）。此外，对储层进行重复压裂也是一种越来越普遍的选择（Cramer，2008），这可以获得更多的可采储量。

层状页岩和粉砂岩是页岩气开采的目标岩层（例如，新墨西哥州的刘易斯页岩；艾伯塔省的科罗拉多组），这对测井、完井和钻井方面提出了新的技术要求。若粉砂层太薄，则无法在测井记录中检测到，也无法准确确定特定区间有多少层。此外，测井记录也无法准确确定页岩或层理中的孔隙度百分比、储层中的水饱和度或每个层理中的相对渗透率。层理既储存气体（游离气体），也是气体从页岩向井筒扩散的运输通道（Beaton et al.，2009；Pawlowicz et al.，2009；Rokosh et al.，2009）。

薄层完井特别困难。通常情况下，储层中的诱导裂缝是横向延伸而不是纵向延伸，但薄层却可能在纵向上延伸几十至上百英尺。因此，水平压裂可能会错过许多高产页岩和粉砂薄层。所以，对于这种类型的页岩地层，必须改变诱导压裂技术或开发新技术。

4.4.4 裂缝诊断

裂缝诊断是用于分析所形成裂缝的技术，包括水力压裂处理前（压裂前分析）、压裂过程中（实时）和压裂后的数据分析（Barree et al., 2002; Vulgamore et al., 2007）。其存在的理由是确定所形成裂缝的尺寸，以及是否有效维持张开型（支撑型）裂缝。诊断技术一般细分为三类：（1）直接远场技术；（2）直接近井筒技术；（3）间接裂缝诊断技术。

4.4.4.1 远程监测

直接远场技术包括倾斜仪（一种用于测量地面或地下结构中水平面极小变化的仪器）和微震裂缝测绘技术。该技术要求将精密仪器放置在气井周围需要压裂的钻孔中。微震裂缝测绘技术主要依赖于井下加速度检波器或地震检波器的接收系统，并通过其查找水力压裂周围由天然裂缝剪切滑动而引起的微地震。然而，与所有的监测和数据收集技术一样，在资源被探明之前，对边际井的检查都是没有意义的。不过，如果在油田开发初期使用该技术，所获得的数据和知识有助于保证页岩资源的有效开发。

4.4.4.2 近井筒监测

直接近井筒技术包括示踪剂测井、温度测井、生产测井、井眼成像测井、井下视频测井和井径测井等，用于正在压裂的井，以确定非常靠近井筒的裂缝部分。在页岩气藏中，可能存在多级裂缝，这些裂缝可能对直接近井筒技术的可靠性产生影响。因此，该技术很少被用于常规的水力压裂形态评估，即使要用，通常也是与其他更可靠的技术相结合使用。

4.4.4.3 间接裂缝诊断

间接裂缝诊断技术包括水力压裂建模和表面净压力匹配技术，以及随后的压力瞬态测试分析和生产数据分析。由于每口井通常都有压裂处理数据和压裂后的生产数据，因此这一技术被广泛应用在确定水力裂缝形状和尺寸上。

4.5 开发趋势

过去开发的许多低渗透储层都是砂岩储层，但目前从低渗透页岩储层、碳酸盐岩储层和煤层中也生产出大量天然气和原油。致密气藏有一个共同点：在致密气藏中钻完的垂直井必须经过成功的增产，才能以商业产量和流量进行生产。通常情况下，需要进行大规模的水力压裂处理以生产天然气或原油，并使用水平井或多分支井来提供天然气或原油开采所需的增产措施。

为了优化致密储层的开发，开采团队必须优化钻井数量，以及每口井的钻井和完井程序。就单井而言，致密储层中的井在较长时间内的天然气产量，将低于高渗透率常规储层中的井。因此，与常规储层相比，致密气藏必须钻探更多的井（或以更小的井间距钻探），才能采出更大比例的原始地层气量（OGIP）或原始地层油量（OOIP）。

因此，非常规致密储层中天然气的经济开采是通过水平井钻井和多级滑溜水压裂增产相结合的方式来实现的。理想情况下，井在每个阶段的每次压裂处理中都是成功的，但巴尼特页岩和其他页岩气藏的经验表明，并非所有阶段的压裂效果都相同。不同阶段的增产储层体积区域在大小和形状上可能不同，有时受平面限制，有时则广泛分散在储层中（Waters et al., 2006; Maxwell, 2011）。

运营商还发现，不同阶段的压裂压力（压裂梯度）可能不同，有时甚至泵入压力无法达到裂缝扩展所需的压裂压力（Daniels et al., 2007）。这些变化的水力压裂结果是由岩石力学、岩石变形性质的非均质性、天然裂缝的存在和储层内地应力的变化而引起的。

不过，随着大型石油公司越来越多地参与到北美页岩气和致密油资源的开采，这对钻探和加工过程中最佳操作和技术的使用产生了积极影响。北美及其他拥有大量页岩气和致密油资源的国家相继开发页岩气和致密油资源，将对全球天然气市场产生影响，但预计这种影响在中短期内保持适中，因为没有哪个国家的页岩气发展能与美国的相提并论（LEGS, 2011）。

页岩气和轻质致密油使用量的增加将主要影响发电、交通燃料和石化工业。事实上，全球已探明的页岩气储量正在增加，而且随着勘探的继续，储量还将继续增加。此外，页岩气和轻质致密油的开采会影响天然气和原油的供应和价格，尤其是在北美。

4.5.1 开发技术

优化致密储层的生产需要复杂的开发几何，有时需要几十口多排井或水平井。在致密储层中，保持井附近储层的渗透率很低是钻井项目的必要条件。一种方法是使用欠平衡钻井，这是一种用于钻探油气井的程序，井筒内的压力保持低于所钻探地层中的流体压力。在钻井过程中，地层流体流入井筒并向上流动至地面，这与通常情况相反。通常情况下，井筒压力高于地层压力，以防止地层流体进入井筒。在传统的过平衡钻井中，如果不关闭井口，可能会导致井喷，从而造成危险。而在欠平衡钻井中，地表有一个旋转头，它是一个密封装置，可将产生的流体导入分离器，同时允许钻杆继续旋转。如果地层压力相对较高，使用密度较低的钻井液可以将井筒压力降低到地层孔隙压力以下。有时会在钻井液中注入惰性气体，以降低其等效密度，从而降低整个井深的静水压力。这种气体通常是氮气，因为它不可燃，而且很容易获得，但空气、减氧空气、处理过的烟道气和天然气也都被使用过。另外，连续油管钻井利用了油管的既定概念，并将其与使用钻井液马达的定向钻井相结合，创建了一种可连续钻井和泵送的储层钻井系统，因此可以利用欠平衡钻井，从而提高机械钻速（ROP）。

在欠平衡钻井技术中，钻井液压力保持在低于地层压力的水平，从而防止侵入性地层损害和相关的堵塞风险。2006年下半年在阿尔及利亚的哈西·雅库尔（Hassi Yakour）致密气田实施的这项复杂技术需要专业的技术：必须不断调整钻井液性质，以适应由土壤特性差异引起的压力变化。将井投入生产是另一个关键时刻。需要通过压裂来改造致密基质，以确保足够的流速。通过高压注入和泵送含水流体来破碎岩石，可以改善气体聚集能力。然而，流体的毛细管力会改变储层的渗透性；压裂液可能会被困住，从而阻碍天然气的有效流动。为了克服这一缺点，道达尔公司在压裂液中加入甲醇等挥发性物质，以帮助液体更快地排出。最后一步是注入颗粒状支撑剂（支撑剂通常是砂粒等材料），以保持诱导裂缝的特性，使天然气或原油能够进入生产井。

致密地层中天然气和原油资源的开发是一种现代技术驱动的天然气资源生产过程。目前，致密页岩储层和其他致密储层的钻井和完井包括垂直井和水平井。在这两种井中，都要安装套管和水泥环，以保护淡水和含水层。新兴的页岩气和致密油盆地预计将遵循与巴尼特页岩油气区类似的趋势，随着油气区的成熟，水平井的数量将不断增加。运营商越来越依赖水平完井来优化采收率和井经济性。与垂直钻井相比，水平钻井能提供更多与地层接触的机会。

与垂直钻井相比，水平钻井增加了与储层的接触面，从而创造了许多优势。仅从一个平台钻 6~8 口水平井，就能获得与 16 口垂直井相同的储层体积。使用多平台还可以大大减少所需的平台、通道、管道线路和生产设施的总数量，从而最大限度地减少对栖息地的干扰、对公众及对环境的总体影响（见第 5 章）。

从致密储层中经济开采天然气和原油的另一个关键技术是水力压裂，即在高压下向页岩层中注入压裂液，使目标岩层产生裂缝。这样，天然气就能以经济的开采方式从页岩中流出并进入井中。在水力压裂过程中，钻井时安装的套管和水泥环，以及裂缝区与任何淡水或含水层之间数千英尺的岩石，都会对地下水起到保护作用。在致密储层中开发天然气和原油时，压裂液主要是水基压裂液，并掺有添加剂，以帮助水将支撑砂带入裂缝。水和砂占压裂液的 98% 以上，其余部分由各种化学添加剂组成，可提高压裂作业的效果。每次水力压裂处理都是一个高度受控的过程，必须根据目标地层的具体条件进行设计。

改进的技术和针对页岩的独有经验相结合，导致了采收率的提高和递减率的降低。每种页岩资源都需要特定的完井技术，这可以通过对岩石性质的仔细分析来确定。气井定位、增产设备、裂缝尺寸和压裂液的正确选择都会影响一口井的性能。特定井的初始产量在很大程度上取决于压裂和完井的质量。在美国，随着资源的成熟，补充井的初始产量随着时间的推移而增加。初始产量可以通过几种技术提高，特别是通过增加压裂次数和增加每个压裂阶段的射孔数。随着压裂液性能的提高，裂缝的质量也会得到改善。微地震数据也可用于提高水力压裂工艺的效率。

现代致密储层与常规储层的主要开发区别在于水平钻井和大容量水力压裂技术的广泛使用。水平钻井的使用并没有带来任何新的环境问题。事实上，所需的水平井数量减少，以及具备从一个钻井平台上钻多口井的能力，对减少地表、野生动物、尘土、噪声和交通的影响具有重要意义。在页岩气和致密油开发与城市、工业环境相交的地方，监管机构和行业已经制定了特殊措施，以减轻滋扰影响、对敏感环境资源的影响，以及对现有企业的干扰。

水力压裂是一项关键技术，它使页岩气和致密油成为美国能源供应中负担得起的新增能源，而且该技术已被证明是一种有效的增产技术。虽然在水资源供应和管理方面存在一些挑战，但创新的区域解决方案正在出现，这使页岩气和致密油开发得以继续，同时确保其他行业的用水需求不受影响，并保护地表水和地下水的质量。总之，国家和联邦政府的要求，以及行业开发的技术和实践有助于减少页岩气和致密油开采对环境的影响。

4.5.2 产品稳定性

泥盆系页岩井的气体组分分析表明，该井在生产过程中，产出的气体组分发生了变化（Schettler et al.，1989）。这些组分的变化表明，所产天然气的不同组分具有不同的递减曲线。因此，总的递减曲线是各天然气组分递减曲线的总和。用这种经典机制来解释观测到的分馏现象的方法，是假设井筒内总流量有多个来源，每个来源具有不同的特征组分和递减曲线。也可以认为，在井筒观测到的气体组分变化至少反映了部分气源自身的气体组分变化。该方案要求生产机制包括吸附、溶解和扩散。

吸附作用的出现与储层中存在的某些矿物（如黏土）有关。同样，溶解与原油的存在有关，而扩散则与通过小孔隙（如微孔储层中的小孔隙）的扩散有关。由于这些因素的普遍存在，因此这种方案可能用于解释许多储层的分馏作用。

4.5.3 发展前景

西欧地区（包括斯堪的纳维亚半岛和波兰）页岩气和致密油资源的开发有可能减少西欧国家对俄罗斯资源的严重依赖，除非俄罗斯公司通过公司行动或入侵行动获得对这些资源的控制权。此外，南美页岩气资源的发现有可能重新调整欧洲大陆的能源关系。阿根廷、巴西和智利都有可能从中受益，从而减少对玻利维亚天然气的依赖。

尽管一些国家实行环境禁令，但页岩气和致密油仍将在世界许多地区得到应用。这将对天然气价格产生下行压力，而较低的天然气价格可能会导致发电和交通燃料行业的重大改变。

液态页岩气对北美的石化工业也产生了重大影响，并波及欧洲、中东和亚洲。此外，与许多传统的干气气藏相比，液态页岩气具有更大的经济效益。

尽管已经证明了该生产技术的成熟性，但其对环境的影响仍然受到质疑，特别是对地下水资源的影响，以及与现有生产技术相关的甲烷泄漏问题。目前，这些问题正受到密切关注。页岩气和致密原油的供应和使用已经显示出对化石燃料能源行业的影响，而并不受全球天然气价格前景的束缚，其发展已经与全球能源结构、能源—气候—水的新兴关系，以及全球能源对环境的影响交织在一起。

世界各地的财产权和矿产权各不相同。在美国，个人可以拥有自己土地的采矿权。而在亚洲、欧洲和南美洲的许多地方，情况并非如此。因此，尚未解决的法律问题仍然是全球许多国家页岩气和致密油开采的障碍。由于开发页岩气盆地几乎对基础设施没有投资要求，因此，法律问题对于吸引勘探和开采所需的投资至关重要。

综上所述，致密储层具有非均质地质和地质力学的特点，这对准确预测水力压裂的响应带来了挑战。在含有天然气和轻质致密油的致密地层中的开发经验表明，水力压裂往往会形成复杂的裂缝结构，而不是与最大主应力一致的平面裂缝。裂缝的复杂性源于岩石完整性、岩体的结构特征、地层应力及其与外加载荷的相互作用。打开并开采岩石接缝、界面，以及岩层间的接触在裂缝网络的复杂性中起着重要作用，而裂缝网络的复杂性会影响岩体渗透率及其随时间的变化。

目前，对这些裂缝系统的形成机制尚不完全清楚，一般可归因于缺乏地层应力对比、岩石易断性、矿化裂缝切变再生，以及非均质结构的信息。这清楚地表明了将矿物学、岩石力学和地质力学联系起来以确定非常规页岩资源前景的重要性。

参 考 文 献

Anderson, D.M., 2010. Analysis of production data from fractured shale gas wells. Paper No. SPE 131787. In: Proceedings. SPE Unconventional Gas Conference. Pittsburgh, Pennsylvania. February 23e25. Society of Petroleum Engineers, Richardson, Texas, pp. 1e15.

Arthur, J.D., Bohm, B., Coughlin, B.J., Layne, M., 2009. Evaluating implications of hydraulic fracturing in shale gas reservoirs. Paper No. SPE 121038. In: Proceedings. SPE Americas Environmental and Safety Conference, San Antonio, Texas. March 23e25.

Baihly, J., Laursen, P., Ogrin, J., Le Calvez, J.H., Villarreal, R., Tanner, K., Bennett, L., 2006. Using microseismic monitoring and advanced stimulation technology to understand fracture geometry and eliminate screenout problems in the Bossier sand of east Texas. Paper No. SPE 102493. In: Proceedings. SPE Annual ⁻Conference and Exhibition, San Antonio, Texas. September 24e27.

Barree, R.D., Fisher, M.K., Woodrood, R.A., 2002. A practical guide to hydraulic fracture diagnostics technologies. Paper No. SPE 77442. In: Proceedings. SPE Annual Technical Conference and Exhibition, San Antonio, TX, USA, 29 September 29eOctober 2.

Beaton, A.P., Pawlowicz, J.G., Anderson, S.D.A., Rokosh, C.D., 2009. Rock Eval Total Organic Carbon, Adsorption Isotherms and Organic Petrography of the Colorado Group: Shale Gas Data Release. Open File Report No. ERCB/AGS 2008-11. Energy Resources Conservation Board, Calgary, Alberta, Canada.

Berg, R.R., 1986. Reservoir Sandstones. Prentice-Hall Inc., Englewood Cliffs, New Jersey.

Bhattacharya, S., Nikolaou, M., 2011. Optimal fracture spacing and stimulation design for horizontal wells in unconventional gas reservoirs. Paper No. SPE 147622. In: Proceedings. SPE Annual Technical Conference and Exhibition, Denver, CO, October 30eNovember 2.

Blauch, M.E., Myers, R.R., Moore, T.R., Houston, N.A., 2009. Marcellus shale post-frac flowback waters e where is all the salt coming from and what are the implications. Paper No. SPE 125740. In: Proceedings. SPE Regional Meeting, Charleston, West Virginia. September 23e25.

Britt, L.K., Smith, M.B., 2009. Horizontal well completion, stimulation optimization, and risk mitigation. Paper No. SPE 125526. In: Proceedings. SPE Eastern Regional Meeting, Charleston, WV, September 23e25.

Bustin, A.M.M., Bustin, R.M., Cui, X., 2008. Importance of fabric on the production of gas shales. SPE Paper No. 114167. In: Proceedings. Unconventional Gas Conference, Keystone, Colorado. February 10e12.

Chopra, S., Sharma, R.K., Keay, J., Marfurt, K.J., 2012. Shale gas reservoir characterization workflows. In: Proceedings. SEG Annual Meeting, Las Vegas, Nevada. Society of Exploration Geophysicists, Tulsa, Oklahoma.

Cipolla, C.L., September 2009. Modeling production and evaluating fracture performance in unconventional gas reservoirs. J. Pet. Technol. 84e90.

Cipolla, C.L., Lolon, E.P., Mayerhofer, M.J., Warpinski, N.R., 2009. Fracture design considerations in horizontal wells drilled in unconventional gas reservoirs. Paper No. SPE 119366. In: Proceedings. SPE Hydraulic Fracturing Technology Conference, the Woodlands, Texas. January 19e21.

Cipolla, C.L., Lolon, E.P., Erdle, J.C., Rubin, B., 2010. Reservoir modeling in shale-gas reservoirs. Paper No. SPE 125530 SPE Reserv. Eval. Eng. 13(4), 638e653.

Coleman, J.L., 2008. Tight gas sandstone reservoirs: 25 years of searching for "the answer". In: Cumella, S.P., Shanley, K.W., Camp, W.K. (Eds.), Understanding, Exploring, and Developing Tight Gas Sands, AAPG Hedberg Series, vol. 3. American Association of Petroleum Geologists, Tulsa, Oklahoma, pp. 221e250.

Cramer, D.D., 2008. Stimulating unconventional reservoirs: lessons learned, successful practices, areas for improvement. SPE Paper No. 114172. In: 2008 Unconventional Gas Conference, Keystone, Colorado. February 10e12.

Curtis, J.B., 2002. Fractured Shale-Gas Systems. AAPG Bulletin, vol. 86. American Association of Petroleum Geologists, Tulsa, Oklahoma, pp. 1921e1938(11).

Daniels, J., Waters, G., LeCalvez, J., Lassek, J., Bentley, D., 2007. Contacting more of the Barnett shale through an integration of real-time microseismic monitoring, petrophysics and hydraulic fracture design. SPE Paper No. 110562. In: Proceedings. SPE Annual Technical Conference and Exhibition, Anaheim, California, p. 110562.

Das, I., Zoback, M.D., 2011. Long-period, long-duration seismic events during hydraulic fracture stimulation of a shale gas reservoir. Lead. Edge 30, 778e786.

Ezisi, L.B., Hale, B.W., William, M., Watson, M.C., Heinze, L., 2012. Assessment of probabilistic parameters for Barnett shale recoverable volumes. Paper No. SPE 162915. In: Proceedings. SPE Hydrocarbon, Economics, and Evaluation Symposium, Calgary, Canada, September 24e25.

Fisher, M.K., Heinze, J.R., Harris, C.D., McDavidson, B.M., Wright, C.A., Dunn, K.P., 2004. Optimizing horizontal completion techniques in the Barnett shale using microseismic fracture mapping. Paper No. SPE 90051. In: Proceedings. SPE Annual Technical Conference and Exhibition, Houston, Texas. September 26e29.

Gale, J.F.W., Reed, R.M., Holder, J., 2007. Natural fractures in the Barnett shale and their importance for hydraulic fracture treatments. AAPG Bull. 91, 603e622.

Gorucu, S.E., Ertekin, T., 2011. Optimization of the design of transverse hydraulic fractures in horizontal wells placed in dual porosity tight gas reservoirs. Paper No. SPE 142040. In: Proceedings. SPE Middle East Unconventional Gas Conference and Exhibition, Muscat, Oman, January 31eFebruary 2.

Grieser, B., Bray, J., 2007. Identification of production potential in unconventional reservoirs. Paper No. SPE 106623. In: Proceedings. SPE Production and Operations Symposium, Oklahoma City, Oklahoma. March 31eApril 3.

Grieser, B., Wheaton, B., Magness, B., Blauch, M., Loghry, R., 2007. Surface reactive fluid's effect on shale. SPE Paper No. 106815. In: Proceedings. SPE Production and Operations Symposium. Society of Petroleum Engineers, Oklahoma City, Oklahoma.

Grieser, B., Shelley, B., Soliman, M., 2009. Predicting production outcome from multi-stage, horizontal Barnett completions. Paper No. SPE 120271. In: Proceedings. SPE Production and Operation Symposium, Oklahoma City, OK, April 4e8.

Gubelin, G., 2004. Improving gas recovery factor in the Barnett shale through the application of reservoir characterization and simulation answers. In: Proceedings. Gas Shales: Production & Potential. Denver, Colorado. July 29e30.

Holditch, S.A., June 2006. Tight gas sands. J. Pet. Technol. 86e93.

Houston, N., Blauch, M., Weaver III, D., Miller, D.S., O'Hara, D., 2009. Fracture-stimulation in the Marcellus shalelessons learned in fluid selection and execution. Paper No. SPE 125987. In: Proceedings. SPE Regional Meeting, Charleston, West Virginia. September 23e25. Society of Petroleum Engineers, Richardson, Texas.

Howard, W.E., Hunt, E.R., 1986. Travis peak: an integrated approach to formation evaluation. Paper SPE No. 15208. In: Proceedings. SPE Unconventional Gas Technology Symposium, Louisville, Kentucky. May 18e21. Society of Petroleum Engineers, Richardson, Texas.

Hale, B.W., William, M., 2010. Barnett shale: a resource play e locally random and regionally complex. Paper No. SPE 138987. In: Proceedings. SPE Eastern Regional Meeting, Morgantown, WV, October 12e14.

Islam, M.R., Speight, J.G., 2016. Peak Energy e Myth or Reality? Scrivener Publishing, Beverly, Massachusetts.

Kennedy, R.L., Knecht, W.N., Georgi, D.T., 2012. Comparison and contrasts of shale gas and tight gas developments, North American experience and trends. SPE Paper No. 160855. In: Proceedings. SPE Saudi

Arabia Section Technical and Exhibition, Al-Khobar, Saudi Arabia, 8e11 April. Society of Petroleum Engineers, Richardson, Texas.

King, G.E., 2010. Thirty years of gas shale fracturing: what have we learned? Paper No. SPE 133456. In: Proceedings. SPE Annual Technical Conference and Exhibition Florence, Italy. September 19e22. Society of Petroleum Engineers, Richardson, Texas.

Kok, M.V., Merey, S., 2014. Shale gas: current perspectives and future prospects in Turkey and the world. Energy Sources Part A 36, 2492e2501.

Kundert, D., Mullen, M., 2009. Proper evaluation of shale gas reservoirs leads to a more effective hydraulic fracture stimulation. SPE Paper No. 123586. In: Proceedings. Rocky Mountain Petroleum Technology Conference. Denver, Colorado. April 4-e16. Society of Petroleum Engineers, Richardson, Texas.

Law, B.E., 2002. basin-centered gas systems. AAPG Bull. 86 (11), 1891e1919. American Association of Petroleum Geologists, Tulsa, Oklahoma.

LeCompte, B., Franquet, J.A., Jacobi, D., 2009. Evaluation of Haynesville shale vertical well completions with a mineralogy based approach to reservoir geomechanics. Paper No. SPE 124227. In: Proceedings. SPE Annual Technical Meeting, New Orleans, Louisiana. October 4e7.

Lee, S., 1991. Oil Shale Technology. CRC Press, Taylor & Francis Group, Boca Raton, Florida.

LEGS, 2011. An Introduction to Shale Gas. LEGS Resources, Isle of Man, United Kingdom. https: //assets. documentcloud.org/documents/741205/an-introduction-to-shale-gas-3legs-resources.pdf.

Leonard, R., Woodroof, R.A., Bullard, K., Middlebrook, M., Wilson, R., 2007. Barnett shale completions: a method for assessing new completion strategies. Paper No. SPE 110809. In: Proceedings. SPE Annual Technical Conference and Exhibition, Anaheim, California. November 11e14. Society of Petroleum Engineers, Richarson, Texas.

Lewis, A.M., Hughes, R.G., 2008. Production data analysis of shale gas reservoirs. Paper No. SPE 116688. In: Proceedings. SPE Annual Technical Conference and Exhibition, Denver, Colorado. September 21e24. Society of Petroleum Engineers, Richarson, Texas, pp. 1e15.

Li, Y., Wu, S., Hou, J., Liu, J., 2017. Progress and prospects of reservoir development geology. Pet. Explor. Dev. 44 (4), 603e614. https: //reader.elsevier.com/reader/sd/pii/S1876380417300691?token¼275168AF50BB D0087B956F5 B0D02D42FD110868DD41F52CC79D64C76C88A371027EE07EC0D79706EF73C411ABEE0 3B42.

Lu, X.C., Li, F.C., Watson, A.T., 1993. Adsorption studies of natural gas storage in Devonian shales. SPE Paper No. 26632. In: Proceedings. SPE Annual Technical Conference and Exhibition, Houston, Texas. October 3e6. Society of Petroleum Engineers, Richarson, Texas.

Ma, Y.Z., Gomez, E., Young, T.L., Cox, D.L., Luneau, B., Iwere, F., 2011. Integrated reservoir modeling of a Pinedale tight gas reservoir in the greater Green River basin, Wyoming. In: Ma, Y.Z., LaPointe, P. (Eds.), Uncertainty Analysis and Reservoir Modeling, AAPG Memoir No. 96. American Association of Petroleum Geologists, Tulsa, Oklahoma.

Marongiu-Porcu, M., Wang, X., Economides, M.J., 2009. Delineation of application: physical and economic optimization of fractured gas wells. Paper No. SPE 120114. In: Proceedings. SPE Production and Operations Symposium, Oklahoma, OK, April 4e8.

Maxwell, S., 2011. Microseismic hydraulic fracture imaging: the path toward optimizing shale gas production. Lead. Edge 30, 340e346.

Meckel, L.D., Thomasson, M.R., 2008. Pervasive tight gas sandstone reservoirs: an overview. In: Cumella, S.P.,

Shanley, K.W., Camp, W.K. (Eds.), Understanding, Exploring, and Developing Tight Gas Sands, AAPG Hedberg Series, vol. 3. American Association of Petroleum Geologists, Tulsa, Oklahoma, pp. 13e27.

Meyer, B.R., Bazan, L.W., Jacot, R.H., Lattibeaudiere, M.G., 2010. Optimization of multiple transverse hydraulic fractures in horizontal wellbores. Paper No. SPE 131732. In: Proceedings. SPE Unconventional Gas Conference, Pittsburgh, PA, February 23e25.

Mirzaei Paiaman, A., Moghadasi, J., 2009. An overview to applicability of multilateral drilling in the Middle East fields. Paper No. SPE 123955. In: Proceedings. SPE Offshore Europe Oil & Gas Conference & Exhibition, UK, 8e11 September. Society of Petroleum Engineers, Richardson, Texas, pp. 8e11.

Mirzaei Paiaman, A., Al-Anazi, B.D., Safian, G.A., Moghadasi, J., 2009. The role of multilateral drilling technology in increasing productivity in the Middle East fields. Paper No. SPE/IADC 125302. In: Proceedings. SPE/IADC Middle East Drilling Technology Conference & Exhibition. Manama, Bahrain. October 26e28. Society of Petroleum Engineers, Richardson, Texas.

Pawlowicz, J.G., Anderson, S.D.A., Rokosh, C.D., Beaton, A.P., 2009. Mineralogy, Permeametry, Mercury Porosimetry and Scanning Electron Microscope Imaging of the Colorado Group: Shale Gas Data Release. Open File Report No. ERCB/AGS Report 2008-14. Energy Resources Conservation Board, Calgary, Alberta, Canada.

Reddy, T.R., Nair, R.R., 2012. Fracture characterization of shale gas reservoir using connected e cluster DFN simulation. In: Sharma, R., Sundaravadivelu, R., Bhattacharyya, S.K., Subramanian, S.P. (Eds.), Proceedings. 2nd International Conference on Drilling Technology 2012 (ICDT-2012) and 1st National Symposium on Petroleum Science and Engineering 2012 (NSPSE-2012), pp. 133e136. December 6e8.

Rokosh, C.D., Pawlowicz, J.G., Berhane, H., Anderson, S.D.A., Beaton, A.P., 2009. Geochemical and Sedimentological Investigation of the Colorado Group for Shale Gas Potential: Initial Results. Open File Report No. ERCB/AGS 2008-09. Energy Resources Conservation Board, Calgary, Alberta, Canada.

Rushing, J.A., Newsham, K.E., Blasingame, T.A., 2008. Rock Typing e Keys to Understanding Productivity in Tight Gas Sands. SPE Paper No. 114164. Society of Petroleum Engineers, Richardson, Texas.

Schettler Jr., P.D., Parmely, C.R., Juniata, C., 1989. Gas composition shifts in devonian shales. SPE Reserv. Eng. 4(3), 283e287. Society of Petroleum Engineers, Richardson, Texas.

Schweitzer, R., Bilgesu, H.I., 2009. The role of economics on well and fracture design completions of Marcellus shale wells. Paper No. SPE 125975. In: Proceedings. SPE Eastern Regional Meeting, Charleston, WV, September 23e25.

Scouten, C.S., 1990. Oil shale. In: Fuel Science and Technology Handbook. Marcel Dekker Inc., New York, pp. 795e1053(Chapters 25e31) .

Shanley, K.W., 2004. Fluvial Reservoir Description for a Giant Low-Permeability Gas Field, Jonah Field, Green River Basin, Wyoming. AAPG Studies in Geology No. 52. American Association of Petroleum Geologists, Tulsa, Oklahoma, pp. 159e182.

Song, B., Economides, M.J., Economides, C.E., 2011. Design of multiple fracture horizontal wells in shale gas reservoirs. SPE Paper No. 140555. In: SPE Hydraulic Fracturing Technology Conference and Exhibition, Woodlands, Texas. January 24e26. Society of Petroleum Engineers, Richardson, Texas.

Speight, J.G., 2008. Synthetic Fuels Handbook: Properties, Processes, and Performance. McGraw-Hill, New York.

Speight, J.G., 2012. Shale Oil Production Processes. Gulf Professional Publishing, Elsevier, Oxford, United Kingdom.

Speight, J.G., 2014. The Chemistry and Technology of Petroleum, fifth ed. CRC Press, Taylor & Francis Group, Boca Raton, Florida.

Speight, J.G., 2016. Handbook of Hydraulic Fracturing. John Wiley & Sons Inc., Hoboken, New Jersey.

Spellman, F.R., 2013. Environmental Impacts of Hydraulic Fracturing. CRC Press, Taylor & Francis Group, Boca Raton, Florida.

Upolla, C.L., Lolon, E., Erdle, J., Tathed, V.S., 2009. Modeling well performance in shale gas reservoirs. Paper No. SPE 125532. In: Proceedings. SPE/EAGE Reservoir Characterization and Simulation Conference, Abu Dhabi, United Arab Emirates. October 19e21. Society of Petroleum Engineers, Richardson, Texas.

US EIA, July 2011. Review of Emerging Resources: US Shale Gas and Shale Oil Plays. Energy Information Administration, United States Department of Energy, Washington, DC.

Vulgamore, T., Clawson, T., Pope, C., Wolhart, S., Mayerhofer, M., Machovoe, S., Waltman, C., 2007. Applying hydraulic fracture diagnostics to optimize stimulations in the Woodford shale. Paper No. SPE 110029. In: Proceedings. SPE Annual Technical Conference and Exhibition, Anaheim, California. November 11e14.

Waters, G., Heinze, J., Jackson, R., Ketter, A., Daniels, J., Bentley, D., 2006. Use of horizontal well image tools to optimize Barnett shale reservoir exploitation. SPE Paper No. 103202. In: Proceedings. SPE Annual Technical Conference and Exhibition, San Antonio, Texas.

Wei, Y., Xu, J., 2015. Development of liquid-rich tight gas sand plays – granite wash example. In: Ma, Y.Z., Holditch, S., Royer, J.J. (Eds.), Unconventional Resource Handbook: Evaluation and Development. Elsevier, Amsterdam, Netherlands.

Yu, W., Sepehrnoori, K., 2013. Optimization of multiple hydraulically fractured horizontal wells in unconventional gas reservoirs. Paper No. SPE 164509. In: Proceedings. SPE Production and Operations Symposium, Oklahoma, OK, March 23e26.

Zhang, J., Delshad, M., Sepehrnoori, K., 2007. Development of a framework for optimization of reservoir simulation studies. J. Pet. Sci. Eng. 59, 135e146.

第5章　水力压裂

5.1　引言

第4章提到了水力压裂（水力压裂增产、压裂、增产措施）是致密油气开发的关键技术，本章将进行详细论述。

常规储层油气及重油和油砂沥青的开采，需要采用钻井技术钻入地下油气储层圈闭（见第3章）（Speight，2014，2016a）。随着钻井过程中的压力变化，常规原油得以采出。常规油藏受到气顶和溶解气的压力驱动从而举升至地面。边底水油藏具有天然的水压驱动（水驱）。由气驱和水驱的综合压力实现油藏开采被称为常规驱动开采。当油藏产量递减时，需要采用机械举升或人工举升的方式将远井地带原油采出，就像抽水一样。

然而，并非所有油气都储存在常规储层和高渗透储层中。很多油气资源储存在含孔隙与裂缝的渗透性极低的沉积岩中，例如页岩储层、致密砂岩储层和致密碳酸盐岩储层等。这些储层的厚度差异较大，例如页岩储层埋藏较深，相对厚度较薄，但是覆盖较为广阔的平面区域，因此受储层天然物性差的影响，直井开采只能控制很小的储层区域。然而，当从直井转为水平井钻井开采，更多的油气资源可以实现动用。

过去的三四十年间，水力压裂技术在以往技术经济难以动用的致密气储层得到广泛而快速地应用。虽然水力压裂试验可以追溯到19世纪，但直到在1950年左右，实现油气增产的水力压裂技术应用才开始迅速增加。从20世纪70年代中期开始，各种私营油气服务商、美国能源部（DOE）和天然气研究院（GRI）构建合作伙伴关系，致力于研发从美国东部相对较浅的泥盆系（Huron）页岩中商业化开发天然气的开采技术。这项合作促进了技术研发，包括水平井、多级压裂和滑溜水压裂等，最终对页岩气开采起到至关重要的作用。水平钻井技术的实际应用始于20世纪80年代初，当时改进的井下动力钻具和其他必要的配套设备、材料和技术的发明（特别是井下遥测设备）已经使水平井钻井具有商业可行性（表5.1）。

表5.1　水力压裂发展重要历程

时间	事件
1900年代早期	页岩气开采；直井泡沫压裂
1947	Klepper天然气1号单元，第一口以增产为目标的压裂井
1949	Stephens县，Oklahoma，第一口商业压裂井
1950	添加支撑剂压裂
1950年代	裂缝几何形态研究，实现油气增产
1960年代	压裂泵车和混砂车
1970年代	大规模水力压裂，提高可采储量，欧洲实施水力压裂
1983	得克萨斯州Barnett页岩钻探第一口气井

续表

时间	事件
1980 年代	支撑剂运移理论研究，裂缝导流能力试验，交联冻胶压裂液的研发与直井应用
1990 年代	Barnett 页岩钻探第一口水平井，识别诱导裂缝的方位，泡沫压裂
1996	压后微地震监测
1997	Barnett 页岩水力压裂，滑溜水压裂技术发展
1998	原冻胶压裂老井采用滑溜水重复压裂
2002	水平井多段滑溜水压裂
2003	Marcellus 页岩首次水力压裂
2004	水平井成为新钻井主体
2005	加大对提高采收率重视
2007	平台多井钻井和水平井段内多簇压裂技术

　　对于页岩气开发而言，天然裂缝和层理薄弱面的存在也是关键因素，这些因素在改造过程中可以形成复杂的裂缝几何形态（Reddy and Nair，2012）。此外，能够开启并保持主、次天然裂缝系统中的导流能力对页岩气开发也至关重要（King，2010）。这项技术需要将含少量化学添加剂的水、支撑剂例如石英砂（表 5.2）泵送至地层，迫使并保持裂缝张开，从而建立储层与井筒的油气流动通道。事实上，水平钻井与水力压裂的结合极大提高了生产商从低渗透储层，特别是页岩和其他致密油气藏中，油气生产的盈利能力（Speight，2016b）。

表 5.2　支撑剂分类

名称	描述
石英砂	涵盖所有类型石英砂
覆膜砂	仅指内核为石英砂的覆膜支撑剂，不包括上述石英砂类支撑剂
陶粒	包括所有陶粒支撑剂或其他人造支撑剂，以及覆膜陶粒支撑剂

　　在水力压裂过程中，泵入液体的压力超过了岩石的强度，从而实现岩石破裂或张开裂缝。当地层破裂后，将支撑剂（石英砂或陶粒）泵入裂缝中，以防停止泵注后压力下降地层裂缝闭合。施工结束后，压裂液（水和化学添加剂）返排至地表。油气通过岩石孔隙和裂缝流入井筒，随后被采出到地面。常见的支撑剂包括天然石英砂或人造陶粒。纳米支撑剂是一种低密度、高强度的陶粒，通常尺寸均匀，可以均匀地堆积并产生孔隙，为油气流动提供足够的空间。相比而言，支撑剂的形状和尺寸差异较大时，例如常用的相对便宜的石英砂，砂粒将更加紧密地堆积，油气通过的孔隙较小，导致油气流动更慢。另一方面，井下注入时，不同大小的支撑剂颗粒，其堆积程度会限制支撑剂铺置距离。

　　致密油气的大规模开采正在改变美国及其他国家的能源市场（见第 2 章），更引起天然气在电力和交通等领域扩大使用的趋势。与此同时，水力压裂和页岩气的快速开采对环境的影响存在很多不确定性。例如，水力压裂过程中使用的水可以是地表水源（如河流、湖泊或海洋），也可以是当地的水井（浅层或深层的含水层），或者是来自较远的地方，需要卡车运输，水从源头到措施地点的运输可能是一项大规模的活动。尽管如此，水力压裂技术是使页岩气成为保障国家能源供应的一种关键技术，并且该技术已被证明是一种有效的增产技术（Arthur et al.，2009；Spellman，2013，2016）。

一方面水资源的可用性和管理方面存在挑战（见第6章和第18章），另一方面制定水资源区域解决方案并不断创新改进，在保障其他用户的用水需求不影响，以及地表水和地下水质量得到保护的前提下，确保油气持续开采。在20世纪40年代末，钻探公司开始通过井筒泵注，水压破裂产层，从而有效地增加了井与储层的接触面积，实现产量提升。此外，定向钻井技术的发展使得井可以从接近垂直的角度偏转，进而延伸到储层中，进一步增加了井与储层的接触面积。定向钻井技术（也称为造斜钻井技术）还可以从同一井位钻探多口井，从而降低成本，减少对环境影响。水力压裂技术与定向钻井的结合，开启了致密（渗透性较差）油气储层的增产上产，特别是像Marcellus页岩这样的非常规页岩气储层。

水力压裂技术的应用使致密砂岩储层的老油田焕发新生，并重建新油田。在页岩储层开辟了新的油气开发区域，包括美国东部的Marcellus页岩、得克萨斯州的Barnett页岩和阿肯色州的Fayetteville页岩等。页岩油气的产量提升促使油气价格向更低（目前）更稳定的趋势发展（Fisher，2012；Scanlon et al.，2014；US EIA，2014）。具体来讲，水平井采用分段压裂措施，段与段之间下入桥塞，当完成所有压裂段实施后，钻磨桥塞，油气流经打通的井筒通道采出地面生产。

简而言之，水平井压裂前需要将射孔枪沿着新钻水平井井筒，精准下入到采用地震成像、测井、全球定位系统和其他监测方法识别的含油气"甜点"层段（致密页岩、砂岩或碳酸盐岩储层）。射孔时，射孔枪在井筒、水泥环和岩石中射开孔眼，然后在水力高压下将压裂液从孔眼处挤入地层，从而在地层中压出裂缝，促使油气从储层中流入井筒。压裂液中含有石英砂或其他类似材料支撑剂，以保持压后裂缝处于张开状态，防止在施工结束后裂缝闭合。压裂液（滑溜水）的主要成分是水，但也含有除支撑剂外的化学物质，可能会影响环境（Green，2014，2015）。

因此，水力压裂已成为油气开采的关键性技术，特别适用于低渗透（页岩、砂岩和碳酸盐岩）储层油气开采（Agarwal et al.，1979）。通过水力压裂措施，提高了油气在地层中的流动性，从而实现提产。结合水平井钻井技术的发展，水平井水力压裂使得开发储量巨大的非常规资源成为可能。

如果没有水平井钻井与压裂技术的发展，致密储层中的油气资源将难以动用，以致很多现代化的油田生产措施都无法问世。全球油气供需平衡的发展趋势，促使油气行业向非常规资源进军，包括Barnett、Haynesville、Bossier和Marcellus等页岩储层，水力压裂将继续在以往难以动用的资源开采方面扮演重要角色。

油气束缚在致密砂岩和页岩的微小孔隙中，而不是像人们想象中的大型油湖或孔隙发育的多孔岩石中，水力压裂技术实现了致密砂岩和页岩储层的油气增产。尽管水力压裂技术受到一些负面影响，但这是一项已经经历了数十年现场验证的油气增产措施。然而，水力压裂技术也需要借助多学科的团队开展更为精细化的设计与实施，类似于其他油藏管理措施（Speight，2016b）。以个人掌握一切的方式操作将引起许多问题，从而导致实施失败。

最后，含天然裂缝油气藏中除了岩石基质孔隙，还包括次生或诱导的孔/缝隙。诱导

孔 / 缝隙是由稳定性或脆性地层受拉张或剪切应力影响所形成的，孔隙度通常比较小，一般为岩石体积的 0.0001~0.001 之间（0.01%~0.1%）。在花岗岩或碳酸盐岩油藏中，溶蚀孔隙或裂缝的孔隙度较大，但实际裂缝中的孔隙度仍然非常小。当然也有特殊情况，例如侵入矿物或表面熔岩流的冷却，天然裂缝的孔隙度可能超过 10%。当被埋藏并填充了烃类物质时，将形成非常特殊的油气藏。

5.2 储层评价

开展压裂设计时，必须首先分析储层及隔层的特征（Veatch，1983；Smith and Hannah，1996；Reinicke et al.，2010）。具体来说，在致密储层中裂缝长度是提高产量和采收率的决定性因素。一般常规油气储层的渗透率为 0.01~1D，而致密储层（致密油气藏）的渗透率在毫达西（$1×10^{-3}$D）或微达西（$1×10^{-6}$D）级别，甚至达到纳达西（$1×10^{-9}$D）水平（图 5.1）。此外，页岩储层的孔隙度和渗透率之间没有明确的关系（图 5.2）。

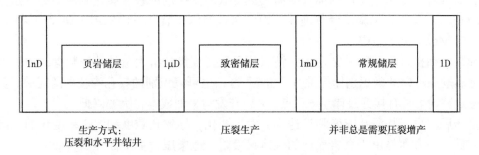

图 5.1　基于渗透率和生产方式来区分油藏类型

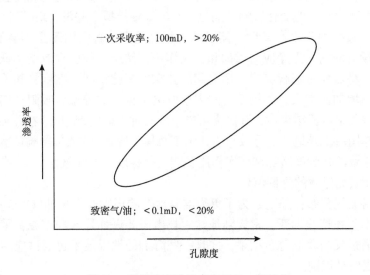

图 5.2　孔隙度和渗透率之间的一般趋势

从油藏开发的角度来看，认识裂缝的几何形态和方向对于井距优化是至关重要的（Holditch et al.，1978）。因此，为了实现油气储层的最大化动用，油田开发方案中一般需要考虑水力压裂裂缝几何形态的预测，以及其对产量和注水的影响。

水力压裂措施的成功或失败通常取决于选井质量。为了优选措施井，压裂设计工程师必须考虑许多因素。其中最关键的油藏参数有：（1）地层渗透率；（2）原始应力分布；（3）油藏流体黏度；（4）油藏压力；（5）油藏深度；（6）井筒质量；（7）表皮系数。表皮系数是指油藏是否采取增产措施或者受到近井带污染的指标。表皮系数的取值范围从 -6 到 100 以上，其中 -6 代表具有无限导流能力的大规模水力压裂改造，100 以上则井筒周围形成封堵的砾石或污染层带。

致密储层的特性差异很大，因此没有一种水力压裂技术能够普遍适用。针对特定的储层特征，需要开展压裂优化设计获得最优压裂方案。例如，仅在 Appalachian 盆地就采用了许多压裂工艺技术，包括二氧化碳压裂、氮气压裂、二氧化碳泡沫压裂和水力压裂技术等。压裂液配方必须根据特定的储层岩性和配液条件进行调整。水力压裂技术广泛应用于美国和加拿大的页岩盆地，适用于脆性和含天然裂缝的复杂的油气藏，并且能够承担大量水的注入。而具有一定塑性特征的油气藏需要更有效的支撑剂铺置才能达到所需的渗透率。其他压裂技术，如二氧化碳聚合物泡沫压裂和氮气泡沫压裂，也偶尔用于韧性储层（例如在加拿大的 Montney 页岩中）。

油气井钻探最重要的是钻遇率，钻探公司需要收集分析大量的地震数据，明确地层分布。地震勘探可以准确识别储层油气"甜点"区，也可以识别油气孔渗较高的区域。如果钻井轨迹足够精准地直接穿过储层"甜点"区，开发与采油成本将大幅降低。

投产后，页岩基质孔隙度和渗透率会发生变化。导致孔隙度和渗透率变化的原因主要有两方面，一方面是由于页岩表面的气体解吸附，地层压力下降而导致有效应力增加。当气体分子从页岩表面脱离并移动到孔隙空间时，岩石基质骨架体积减小从而导致孔隙体积增加。另一方面，与解吸附效应相反，随着净应力的增加，页岩的孔隙度会随着生产而减小。尽管孔隙度和渗透率的变化影响长期生产，油气藏模拟中并没有对其进行研究。

一般而言，页岩油气投产初期，储层压力相对较高，解吸附现象不会发生。换言之，在投产后的一段时间内，受净应力增加和压实作用，储层孔隙度会有所降低。一旦达到解吸附临界状态，将需要考虑解吸附作用引起的孔隙度变化，即孔隙度将随着岩石骨架体积减小、孔隙体积增加而增大。其持续时间主要取决于页岩的等温解吸附作用，可以通过实验进行测试。解吸附阶段结束后，孔隙度可能呈现三种不同情况：（1）在孔隙度变化的影响因素中，压实作用占主导地位，导致页岩孔隙度总体下降；（2）两种影响可能相互抵消，即由解吸附作用导致的孔隙度增加和压实作用影响的孔隙度降低相抵消；（3）孔隙度增加的数量级远大于受压实而导致的降低值。

大部分致密油气分布在陆上，为了更为准确地探测识别非常规油气的钻探开发"甜点"位置，地震技术正在持续创新。常规陆地地震技术需要爆炸炸药和震源，采用专业的设备测量地震波，通过反演获取分析结果，并且一些海上的地震技术也尝试应用于陆地地震监测，增强了地层信息识别。

压裂即指将地层岩石破裂分开，新井完钻和完井后进行射孔，然后通过将压裂液在高压下泵入井筒憋压来实现水力压裂，打破储层岩石并提高渗透性，即油气通过的导流能力。此外，酸化技术也用于致密储层提高渗透性和油气采出程度，技术思路是通过向井筒中注入可溶解石灰岩、白云石和方解石等胶结物的酸来实现增产，通过重新沟通地层压实和胶结之前已存在的天然裂隙，从而提高渗透性。

虽然直井钻井更简单且成本低，但并不是致密油气开发的最优选择。提高井筒与储层的接触面积在致密油气开发中至关重要，因此水平井钻井技术成为实现这一目标的关键技术。致密油气开发的常用技术之一是加密布井或小井距布井，多井与裂缝可提高储层控制程度，实现最大化的油气运移与采出程度，平台多井技术实现减少占地面积、降低成本。地震反演分析在最佳井位布井并完钻，确保获得最佳致密油气生产，采用压裂和酸化技术措施，实现致密油气增产。

储层评价是分析井筒内测试数据的过程，可以通过检测和量化分析，预测油气储量。储层由具有相似特性的岩石层（地层）组成（见第 1 章），因此，储层评价是压裂设计的重要环节，特别是强非均质性的低渗透储层。储层评价的参数主要有：储层厚度、流体饱和度、孔隙度、杨氏模量、原始应力、渗透率、储层导流能力（Holditch et al.，1987）。

因此，通过储层评价可初步确定油气井产能。油气井采用旋转钻机钻井，钻井过程中使用钻井液作为润滑剂和封闭钻井井筒平衡地层压力的手段，以防止井喷。井喷是指在钻井、完井或油气生产过程中流体失控喷出的现象。以往油井井喷被称为涌流，场景非常壮观，但是浪费原油并对环境造成灾难性影响（除了好莱坞电影之外）。

井喷发生时，一般是井下遇到异常高压、阀门故障或其他机械故障。井喷可能发生在地表（井口或其他地方）或井下（地层高压或者在完井操作期间人为诱导高压）。导致井喷的常见原因是套管或水泥失效，导致高压流体溢出到井筒中并流入地下地层。井喷对环境的影响取决于：(1)根据井喷时间确定溢流液体是压裂液还是油气；(2)返出固体物质类型分析确定发生位置是靠近地面的套管还是井筒深部；(3)影响对象，如是淡水含水层或水井。

井喷控制可能会有不利影响，例如：(1)钻井液渗入井筒附近的地层中；(2)井壁被滤饼覆盖。可能导致无法获取多孔渗透性储层的油气或大部分沉积岩储层中的少量原油的油气显示，增加地层复杂性。在实际中如果沉积岩层没有任何油气显示迹象，将终止钻井作业。

5.2.1　地质工程评价

岩性观测是评估水力压裂可行性的首要步骤，通过连续钻探取样的岩性样品检查表征地质参数、岩性的宏观和微观变化，通过分析地质剖面，显示目标区域的沉积层和污染物的特征。在特定深度连续采样收集的岩心（直径为 3~4in，长达 60ft）还需要检测渗透性，例如粗粒的沉积物包裹体和天然裂缝。需要评估的地质参数包括：(1)土壤 / 岩石类型；(2)沉积类型；(3)地下水位点，包括含水层的深度和尺寸；(4)压裂前的可能污染；(5)污染类型；(6)污染的深度和范围。前三项是压前评价必要条件，也是衡量水力压裂实施与压后效果控制的措施。

储层地质学和岩石力学的表征包含两方面的因素：(1)孔隙度和渗透率的下限，以及含水饱和度的上限，这决定了储层生产效益；(2)考虑地层是否超过这些下限。目标区域岩样评估包含：(1)粒度分析；(2)地层流体和塑性限制；(3)含水量；(4)抗压强度。

从粒度分析可以认识到，虽然可以在沉积岩和粒度较大的岩石中产生裂缝，但预期最高的渗透率改善程度一般从更细粒的岩石中得到。粒度分析一般采用筛析法或比重计分析法（ASTM D421；ASTM D422）。地层的液塑限（Atterberg 极限是对细粒土的临界含水量的一种度量，如收缩极限、塑限和液限）可表征地层的塑性（ASTM D4318）。水分含量（ASTM D2216）可以影响压裂过程，因为通过压裂可以实现渗透率的提高，但气态流动也受到水分的控制。通过高饱和地层的气态流动不能通过单独的压裂来实现改善，可能需要其他的除气手段才能在压后获得预期的效果。

无侧限抗压强度（ASTM D2166）的测量数据可用于预测裂缝的方向和扩展方向。由于水力压裂通常用于特低渗透储层，因此必须提供渗透率的基准估计值（气测或液测），一般是在现场完成测试，渗透率的基准估计为评价压裂的必要性、压后效益和有效性提供了基础。初始渗透性较低的地层压后会对气相或流体流动，以及径向流动产生很大影响和改善。在黏聚力方面，岩石黏聚力越大，越容易压裂开。当裂缝应力松弛时，裂缝的寿命在黏性地层中很高，在黏性地层（如粉质黏土）中压裂特别成功。

5.2.2 地层完整性

地层完整性试验主要是在下完套管后进行，通过泵入钻井液增大井底压力，测试套管鞋以下地层能否承受设计压力。在行业术语中容易将地层完整性试验（FIT）与地层漏失压力试验（LOT）（API RP 13M-4）混淆。地层漏失压力试验，也称为压力完整性测试（PIT），主要用于确定地层的破裂梯度。低滤失率是实现流体通过泵注增压，物理性地压开裂缝，产生并影响裂缝面积大小的性质，滤失速率取决于流体的黏度和造壁特性（API RP 13M）。为了使注入的流体在地层中不堵塞油气的流通，需要进行裂缝端部破裂。而地层完整性试验是为了确保，对下一层开钻时地层井底的高压不会把地层给压破，地层不会发生坍塌（Lee and Holditch，1981）。一般在中间套管管柱下入后开钻不久进行试验，其目的是确定在无地层破裂风险下的最大安全实施压力，并且在裸眼井试验中井筒最大压力不能超过最小主应力或不足以迫使井壁破裂（Zoback，2010）。

5.2.3 孔渗特征

渗透率是优选压裂井非常关键的参数。实施压裂的主要原因是开采不能自动流向井筒的天然气或原油。地层的渗透率也会影响地层破裂压力，相同条件下，较高渗透性岩石通常比低渗透性岩石具有更低的破裂压力（Postler，1997）。

常规岩心分析中测量渗透率的标准方法是使用干燥气体流通岩样，一般采用氮气、氦气或空气。尽管气测渗透率方法的有效性有所争议（Unalmiser and Funk，2008），与使用液体测量渗透率相比，气测方法具有以下优点：减少了流体与岩石之间的相互作用，更容易实施，更快，更便宜。气测方法的一个缺点是必须对气体滑脱（Klinkenberg效应）进行校正，其与使用的气体类型和测量时岩心样品中的平均压力有关。

孔隙度（孔隙体积占总体积的比例）由孔隙体积（PV）、堆积体积（BV）和颗粒体积（GV）3个参数中的任意2个测量得到。在测量颗粒密度时，校准标准温度和大气压力是非常重要的。选择孔隙度的测试方法主要取决于取样地层，例如溶洞地层，即储集岩中存在小溶洞的地层，如碳酸盐岩地层，则需要采用特殊的测量程序。此外，孔隙度测量与渗透率测量一样，对干燥时间也很敏感。

如前所述，孔隙度和渗透率之间没有明确的有规律的关系，特别是对于页岩岩石，虽然通常以图形的方式将孔隙度和渗透率进行比较，可能会出现一些趋势（图5.2），但随着黏土矿物含量的增加，孔隙度有增大的趋势，可能是由于地层中的孔隙体积主要存在于黏土矿物和固体有机质中（Loucks et al.，2009；Sondergeld et al.，2010）。

5.2.4　相渗特征

残余流体饱和度和毛细管力是表征相渗特征的主要参数。残余流体饱和度的常规测量方法主要有：（1）干馏法，岩样被加热后，干馏蒸出油和水，通过冷凝收集到量筒；（2）蒸馏抽提法，将抽提过程分为两部分，其中水的体积通过蒸馏后冷凝收集测量，然后使用油溶性的溶剂抽提原油（Speight，2015）。目前，利用流体示踪剂研究、驱替混相流体分析（减少对黏土的破坏）和改进的地球化学技术等方法获取饱和度（Unalmiser and Funk，2008）。流体饱和度通常为孔隙体积的百分之一，测量的准确性在很大程度上取决于样品恢复过程中的条件（Holditch et al.，1987）。

润湿性是初始渗流阶段中非常重要的参数，影响断裂特性（Fernø et al.，2008），是流体，即水或油，在岩石表面铺展倾向性的量度。润湿性综合了岩石表面、流体界面和孔隙形状的相互作用。另一种分析涉及地质力学性质的测量，如泊松比、杨氏模量、断裂韧性（Holditch et al.，1987）。毛细管压力是指两相流体界面上的压力差。相对渗透率和毛细管压力关系用于估算储层中的油气量，预测储层在整个生命周期中油、水、气的流动能力。相对渗透率和毛细管压力在同一储层中是有差异和变化的，因为两者是储层中流固结构与化学性质的复杂函数。

因此，毛细管压力通过指示含水饱和度、孔隙通道大小，以及是否为产层来表征储层特征（Keelan，1982；Slattery，2001）。

5.2.5　力学性质

随着对非常规致密油气藏的高度关注，了解岩石物理和力学性质越来越必要（Sone and Zoback，2013a，b）。事实上，沉积岩非均质性非常强，并且其岩石特征与矿物成分有很强的相关性。此外，富含有机质的岩石（页岩、砂岩和碳酸盐岩）因其显著的差异性，表征非常困难。

例如，Barnett 储层的沉积物富含硅，而 Eagle Ford 页岩储层则富含碳酸盐，相对来说含硅矿物和黏土矿物较少。许多（致密）页岩储层的岩性和物性具有显著差异（Passey et al.，2010）。黏土矿物（Hornby et al.，1994；Johnston and Christensen，1995；Sondergeld and Rai，2011）和弹塑性矿物成分（Vernik and Nur，1992；Vernik and Liu，1997；Vernik and Milovac，2011）的分布造成储层岩石力学特征的各向异性。一些研究发现，不仅是黏土矿物或有机成分的含量，页岩层系的成熟度也可能会影响富含有机质页岩的各项物性（Vanorio et al.，2008；Ahmadov et al.，2009）。由于其极大地影响地震勘探、声波测井和微震监测的分析和解释，因此了解各向异性及其成因至关重要（Sone and Zoback，2013a，b）。

许多致密气藏是厚层、层状系统，必须进行水力压裂才能实现商业开采，为了优化生产，必须了解产层上、中、下所有层段的力学特性。开展压裂设计需要地应力、杨氏模量和泊松比等岩石力学参数。每个岩层的地应力影响裂缝在储层内起裂和扩展的压力。杨氏模量与岩石的刚度相关，用于确定水力裂缝的宽度。泊松比与岩石在受力时的横向变形有关，是开展压裂设计与模拟所需的参数。

最重要的力学特性是原始应力，一般是最小主应力或裂缝闭合压力，了解获取各层位最小主应力，以开展油气开发方案优化。一般来说，当裂缝内的压力大于最小主应力时，裂缝张开；当裂缝内的压力小于最小主应力时，裂缝闭合。这些力学特征数据可以通过岩性测试获取。

5.3 压裂

水力压裂是实现页岩油气藏经济开发的关键技术之一。大规模页岩气开发正在改变美国的能源市场格局，在发电和交通运输等领域使用天然气，引起了人们的广泛兴趣。同时，水力压裂对环境影响和页岩气快速开发存在许多不确定性（Speight，2016b）。

不同于富含油气的传统砂岩、碳酸盐岩等储层，页岩及其他致密沉积岩层的渗透性很低，直接限制了气体或水的流动。在页岩气藏中，天然气主要存在于不相互连通的孔隙和天然裂缝中。水力压裂是连通这些孔隙，使气体能够流动的常用方法。页岩气开采过程除了水力压裂外，还包括许多工艺环节，所有这些环节都可能给环境带来影响。水力压裂作为笼统的说法经常被错误地使用，页岩气开采的环节还包括道路和井场建设、钻井、下套管、射孔、完井、生产、废弃和重新利用。

水力压裂并不是钻井或建井措施，而是通过井筒注入高压液体，克服岩层最小主应力，以在多孔介质岩石中形成一条或多条裂缝的过程。为了实现岩石破裂，需要通过井筒向地层注入液体以产生能量。水力压裂的有效性既取决于水力裂缝方向与裂缝面积，也取决于裂缝形成后增产程度。

水力压裂是在完井后进行的，以促使储层流体流向井筒和地面。实现油气增产的同时，需要使用大量的水和压裂液，通过井筒大规模、高压泵注。因此，压裂通常包括以下步骤：（1）酸预处理阶段；（2）前置液阶段；（3）携砂液阶段；（4）顶替液阶段。

酸预处理阶段需要将数千加仑水与稀盐酸或盐酸等稀酸混合，用以清除井筒内的水泥碎屑，溶解碳酸盐矿物并在井周开启裂缝。

钻井需要准备好井场（平台），为支撑钻井平台、储水池、储水罐、装载区域、相关管线、泵车、仪表控制车等设备，提供稳定的场地。完钻后，井场或平台用于安装井口和其他设备。平台的准备涉及清理和平整数英亩的土地。平台的大小取决于井深和预计钻井的数量。除了用于建造井场平台的土地外，还需要三到四英亩的土地用于道路和公用设施的建设。

前置液阶段需要使用大约十万加仑或更多的水，用于充满井筒，压开地层形成裂缝，为携砂液阶段支撑剂铺置做好准备。携砂液阶段可以由多个泵注段组成，压裂液和支撑剂混合，支撑剂由细砂或陶粒组成，用于停泵后保持裂缝张开，该阶段可能需要使用几十万加仑的水。支撑剂粒径可能由小粒径向大粒径逐渐变化。顶替液阶段需要使用足够的水将井筒中多余的支撑剂冲洗掉，使用的水量取决于实际情况与地层特征。

水力压裂中使用的大部分液体是水和化学品（与水的体积比例通常为1%）。压裂液的配方针对煤层气或油层而有所差异，部分取决于油气层中的矿物质组成。此外，一些化学添加剂如果处理不当可能会有危害（请参见表5.3），因此应谨慎使用，并遵守危险物品处理相关法规中规定的化学物用量。即使化学物是地下天然存在的，可能因为天然存在而认为是无害的，其用量也不得超过天然量。一些情况下，超过某种化学物的天然存在量可能会引起环境问题。

表 5.3　压裂过程中的添加剂

水和石英砂：98% 的体积比		
水	迫使地层压开并实现裂缝扩展	一些残留在地层中，残留水和地层中天然含水一起作为产出水产出，产量因井而异
石英砂	支撑裂缝保持张开，从而保障油气流通通道	滞留在地层中，铺置在裂缝中，保持裂缝张开
其他添加剂：2% 的体积比		
酸液	帮助溶解碳酸盐岩等矿物，以及裂缝起裂	与储层中的矿物反复反应产生盐类、水和二氧化碳
杀菌剂	消除水中产生腐蚀性细菌	与压裂液中和地层中可能存在的微生物发生反应
破胶剂	延迟破胶	与地层中的交联剂和凝胶发生反应，使压裂液更容易返排
黏土稳定剂	防止地层中的黏土膨胀	与地层中的黏土钠钾离子交换发生反应
防腐剂	防止管道腐蚀	与管道的金属表面结合；任何未被反应的剩余产物都会被微生物分解
交联剂	随温度增加保持流体黏度	与地层中的破胶剂结合，生成盐类，随产出水返排
降阻剂	降低摩阻	残存于地层中；与破胶剂反应，可以使其被地层中的微生物分解
稠化剂	稠化携砂	与地层中的破胶剂结合，使压裂液容易返排
铁离子稳定剂	防止管柱中金属离子析出	与地层中的矿物发生反应，生成简单的盐类、二氧化碳和水
防乳化剂	防止或分离油水混合物（乳液）	一般随产出水返排；在一些地层中，可能会进入采出的油气中
pH 值调节剂	保持其他成分的有效性，如交联剂	与压裂液中的酸性成分反应，保持中性 pH 值（非酸性，非碱性）

在现场，安全处理所有水和其他液体，包括所有添加的化学品，必须是高优先级，并且必须遵守有关封闭、运输和泄漏处理的所有法规。在液体处理方面，有几种选项可供选择，例如，在对环境不会造成不良影响的情况下，流体可以用于同一区块内的其他井，从而减少水的总使用量，同时减少必须处理或处置的回收水和化学品的用量。然而，在这种情况下，需要确定区块的地质或矿物成分相似性或差异性，以确保对环境影响降到最低。此外，现场必须有存储回收水的储罐（或带衬垫的存储池），一直到水可以注入注水井进行处理或送往处理厂进行处理。这类储水池的衬里必须符合当地环保法规。

所有注水井设计都必须满足国家机构（例如美国环境保护局）或相关当地机构的规定，以保护地下水。生产区应有多个遮挡层，以保持注入的液体在目标储层内。此外，应使用多套管和水泥固井，定期进行井筒完整性测试以验证套管和水泥是否有漏失。应监测液体注入量和压力（按每个井许可证中规定），以及套管间环空压力以检查和验证注入井的井筒完整性。

最后，为了达到增产效果，压裂裂缝必须实现储层充分改造，以实现有效开采。如果没有压裂体积，很多裂缝起不到增产效果，除非与裂缝连通的溶蚀孔隙比较多，足以经济地开采储量。可以通过正常的测井分析技术来确定不含天然裂缝的储层渗透率，从而估算产能（Speight，2014，2016b），但不适用于裂缝性储层。虽然通过测井可以确定裂缝和储层的存在，但需要进行生产测试以确定产能。而且必须详细分析测试结果，以避免受裂缝系统影响而过于乐观预测产量。测试得到的裂缝密度与产能之间的关系也可以预测同区井产量。

当储层与裂缝没有有效连通时，它们可能被不同流体所饱和。在高 TOC 含量的高含水裂缝性储层，一开始产量可能非常好，但非常短暂。相比而言，更理想的情况是储层 TOC 较高，而靠近井筒的裂缝系统充满水。在压裂过程中必须考虑以下几个问题：（1）设备；（2）井开发阶段；（3）压裂裂缝形态；（4）压裂优化；（5）裂缝监测。

5.3.1 压裂设备

压裂施工最早用的是传统的水泥泵和酸泵设备。具有 1~3 套设备，其中每个设备配套一个具有 75~125 水马力 ❶ 的压力泵，基本可以满足低排量小规模的泵注需求。然而，随着水力压裂规模的增加及对更高施工排量的需求，发明并改进了特种的压裂泵车和混砂车等装备。

早期的支撑剂是通过倒入压裂液的液罐中进行混合加入的。近年来，随着低黏液体的应用，混合设备使用了带状或桨型的间歇式搅拌器，之后开发了一种利用螺杆将支撑剂螺旋输送至混合容器中的连续混配器。随着技术的发展，混配设备也必须不断改进以满足大规模压裂液配液需要，以及携砂液混配。水力压裂一般是完钻和完井后实施（Hubbert and Willis，1957；Hibbeler and Rae，2005；Arthur et al.，2009）。

在压裂项目的初始阶段，钻井一般与传统储层钻井相同，首先垂直钻井，然后下入套管，之后泵入水泥和钻井液到环空中，形成井筒和地层之间的水泥环。然后继续钻井，达到与储层相邻层位或者储层内，作为造斜点，井筒逐渐造斜，直到弯曲成水平角度，并钻进 1000~5000ft 的距离（Arthur et al.，2009）。

然后开始实施水力压裂，由于很难或者说几乎不可能沿着 1000~5000ft 长的水平段全井筒施加压力，因此需要将水平段分成隔离的段，可使用封隔器隔离压裂段，并在封隔器封隔的间隔范围内在井筒内射孔（Arthur et al.，2009）。在一些压裂实施中，前置酸液通过井筒与射孔孔眼泵入井周地层，以实现近井带的解堵。

压裂方案设计非常复杂，整个过程中涉及对不同阶段的分析、规划、经验总结和严谨的观察。为了实现油气产层开发，井筒一般会穿过岩层逐步钻探。完成设计井筒的钻探后，钻井装置就被拆除，下入套管并用水泥固定在地层中。套管和水泥的环空形成隔离，以保护地下水资源不会受到井筒内流动的液体的影响。接下来，在套管与储层位置的相应位置射孔，实现油气生产。

此时，井筒已具备水力压裂和射孔的条件。压裂液泵注压力超过破裂压力，在地层形成裂缝和微小裂隙。压裂液主要由水、支撑剂（石英砂或陶粒），以及少量（大约 1% 体积比）的化学添加剂组成。停泵后，压力向地层扩展，失去流体压力的裂缝逐渐闭合。因此必须泵入支撑剂，在裂缝内充填支撑，实现狭窄裂缝的张开，为油气及压裂液体提供更易流动到井的通道。在套管内下入桥塞封堵已压裂井段，然后在下一目标油层实施射孔、压

---

❶1 水马力约为 735.5W。

裂和封隔。最后，钻掉井筒内的桥塞，允许油气和其他液体流入套管并采出地面。油气和压裂液混合物在地表分离，压裂液（也称为返排液）则被排放到液罐或者带衬垫的水坑内。然后，按照监管批准的方法处理压裂液。

对于产出水和返排液，存在几个不同的定义，术语使用上容易混淆。常见的定义是：（1）产出水是从油气井中生产的许多类型水的统称；（2）返排液是在水力压裂完成后返排至地表的压裂液。

水平井和直井的裂缝有可能穿透储层垂向延伸，会导致增产效果降低、支撑剂和压裂液的浪费，还有可能与其他层位的水力压裂裂缝或无关的水层或气层连接，从而引起各种环境问题（见第 18 章）。水力裂缝扩展的方向主要由水平应力关系决定，在两向应力差较低的储层或者裂缝性储层中，裂缝扩展形态复杂且难以预测（Hammack et al.，2014）。在浅层，受垂向应力小于水平两向应力的影响，可能会产生水平裂缝。水平裂缝很可能沿着弱面和层理延伸，而储层垂向渗透率一般比水平渗透率低很多，也会降低增产改造效果。

具体来说，水力压裂裂缝沿水平或垂直方向扩展的程度受许多因素影响，例如三向应力、裂缝内液体的滤失、液体黏度、断裂韧性和储层天然裂缝的数量。开展压裂方案设计时如果使用的参数和假设条件不正确，很难甚至无法准确预测裂缝扩展形态。

水力压裂裂缝扩展与岩石强度、层间压力差，以及缝内压力有非常复杂的关系。裂缝的尺寸定义包括高度、渗透深度（翼长或裂缝长度）和缝宽（或开度）。岩石强度的表征参数是泊松比，当一种材料在一个方向上受压缩时，它通常会在与压缩方向垂直的另外两个方向上膨胀（泊松效应），而泊松比（υ，扩张变形量与压缩变形量的百分比）是衡量这种效应的一个指标。对于大多数砂岩和碳酸盐岩等脆性矿物，泊松比较低（0.10~0.30）。页岩、砂岩和煤等弹塑性、更难破裂的岩石，泊松比较高（0.35~0.45）。在传统砂岩中，页岩通常是裂缝高度延伸的上下界。

单独的气体压裂通过以下步骤完成：（1）钻进到目的层段并上提钻杆；（2）将泵射器定位在压裂目的层；（3）通过向泵射器上的柔性封隔器注入氮气以封闭 1ft 或 2ft 的间隔；（4）注入约 30s 的压缩空气；（5）将泵射器重新定位到下一个目的层并重复该过程。一般压裂周期大约需要 15min，一个钻机可以达到每天 15~20 条裂缝的压裂速度。

气体压裂过程通常不包括支撑剂运移铺置以促使裂缝有效张开，其产生的裂缝被认为是自支撑的，由于断裂面存在的凸起和泵注过程中发生的岩石错位，气体压裂形成的裂缝间隙或厚度一般为 0.5~1mm。到目前为止测试的已经确认裂缝的可行性超过了 2 年，其寿命预计依赖于现场实施效果。

由于气体压裂中没有使用液体，因此不会出现液体分解特性方面的问题。与水力压裂相比，气体压裂形成的裂缝内部渗透性更高，因为这些裂缝实质上是空的，不含有支撑剂。气体压裂形成的开放式自支撑裂缝能够促使大量的流体流动。

5.3.2 钻完井工程

钻完井是水力压裂过程中不可或缺的一部分，通常分为两个阶段：钻井阶段和完井阶段。为了成功实施压裂、维护钻井设备，钻井过程中不超过其额定功率是非常重要的。

大部分致密气和致密油储层埋深超过 6000ft，而且厚度较薄（例如，Marcellus 页岩储层的厚度在 50~200ft 之间）。从这样一层薄的岩石中高效地生产天然气需要通过在页岩储层打水平井实现，通过先钻直井，钻头到达距离页岩储层约 900ft 时，使用定向钻井逐步实现 90° 的井斜角，使井筒在达到页岩的最佳深度时变为水平。然后，井筒水平段在页岩延伸超过 5000ft。可以在单个平台钻多口水平井，以控制页岩储层不同区域。因此，水平井平台多井可以控制页岩储层更大的区域，而减少了地面的占用区域。

钻井作业中，钻井设备的地下钻探是最重要的，选择钻机主要考虑的因素包括：（1）噪声，可以使用电动钻机减小噪声；（2）粉尘，如果使用空气钻井，需要控制空气和岩屑；（3）外观，非常规井钻机的高度通常在 50ft 以上，外观不佳且安装时间更长，较低的钻机适用于较浅的井，综合考虑方案是较大的钻机施工速度更快；（4）水和钻井液存储罐，需要确定水坑或钢质储罐的大小，以及考虑与钻井液混合的化学品存储；（5）压力控制设备，设备必须定期维修和检查。完井也是建井的最后阶段，包括套管和水泥设计。

在不同套管的下入阶段需要停止钻井，并在井筒内下入套管。水泥泵入环空，即套管和岩石之间形成的空隙。井筒穿过淡水等含水层的深度后，下入套管和水泥以保护水源不受钻探过程的污染。在井筒完全下入水平段后，在整个井筒范围内进行固定套管和水泥操作，以防止天然气从井泄漏到页岩与地表之间的岩层中，通过环空逃逸到地表。水平井筒套管随后使用射孔枪进行射孔，以使水力压裂流体从井中流入页岩，最终使天然气从页岩中流出到井筒中。

直井或定向井的旋转钻探涉及以下几个过程：（1）在钻头上方向下施加力；（2）钻头旋转；（3）钻井液从地表通过钻杆管道循环到井筒内，再通过钻杆和井筒（套管）之间的环空回流到地表（Azar and Samuel，2007）。而水平钻井则是将钻头定向沿着与储层岩石大约呈 90° 垂直的水平路径进行钻探（Azar and Samuel，2007）。多年来，水力压裂技术已经在直井、定向井和水平井实施。然而，水平井和水力压裂技术的结合证明能够提高油气储层井的产能（Britt et al.，2010；Devereux，2012），减少直井的数量，油气采出程度大幅提高，在油气田开发中发挥作用。在当前的背景下，水平井已经在 Barnett、Marcellus 页岩，以及其他页岩油气储层中得到广泛应用。

尽管套管射孔，但是有很少的油气能够自然地从页岩中流入井内，必须通过水力压裂在页岩中创造裂缝网络，使气体从岩石中束缚的孔隙和天然裂缝中逃逸出来。在这个过程中，一般会将数百万加仑的由压裂液和支撑剂组成的混合液以高压泵入井内。压裂液由 98%~99.5% 的水和（0.5%~2%）的混合物组成，用于增强液体性能。这些化学物质包括酸，可用于清洁页岩以改善气体或油的流动性；杀菌剂，防止有机物生长并阻塞页岩裂缝；防腐蚀和防垢剂，保护井的完整性；交联剂，用于增加液体的黏度并悬浮支撑剂；降阻剂，减小摩阻，增强流动性并改善液体渗透和将支撑剂运入页岩的能力（Speight，2016b）。

压裂液通过固井套管的射孔孔眼挤入页岩地层迫使裂缝张开，从而连通孔隙和天然裂缝，为油气创造流通到井口的通道。支撑剂在裂缝中铺置，确保缝内压力降低后裂缝仍然张开。一个压裂段指大约长 1000ft 的水平井段，因此每口水平井需要对趾端到跟部的井筒进行多段水力压裂。坐封桥塞隔离每个压裂段，压裂完成后必须钻磨全部桥塞，打通井筒内通道。

一旦泄压后，返排液从井口流出，返排液不仅包含压裂液的混合物，还可能包含储层中的化学成分，包括碳氢化合物衍生物、盐、矿物质和天然存在的放射性物质（NORM），这些物质从页岩中渗入流体中，或者是由于压裂液与地层中的碱性水（咸水）混合产生。返排水的化学成分随返排时间而变化，早期返排液几乎大部分是压裂液，后面会越来越接近地层水的特性。

大部分情况下，返排液可以根据液体质量和经济性而循环使用。未经过处理循环使用的返排液按规定处理和管理。

相比传统直井井筒，水平井井筒大大增加了与地层的接触面积，在页岩等直井生产不能实现油气效益开发的致密储层中发挥重要作用。此外，完井类型影响压裂段数与压裂位置。在北美的页岩储层均采用水平井钻井与压裂实现效益开发，如 Bakken、Barnett、Montney、Haynesville、Marcellus，以及近期的 Eagle Ford、Niobrara 和 Utica 等页岩油气藏。完井方式主要有：（1）速钻桥塞＋射孔联作；（2）滑套。

桥塞射孔联作的井筒通常由钻井结束后下入的标准的钢套管组成，井筒可以是固井或裸眼的。井筒内的钻井工具移除后，首先在井筒趾端射孔，然后实施压裂。完成一段压裂后，下入桥塞封堵已压裂井段，然后实施下一个压裂段，根据需要沿水平井筒重复这一过程。

另一方面，滑套完井有很大不同，在下入套管时按照一定间距（间隔）加入滑套。滑套初始状态是关闭的，当准备好压裂施工后，打开最底部的滑套并进行第一段压裂，施工结束后，打开下一个滑套并封隔第一段，然后重复这个过程。根据需求，水平井单井的滑套设置与压裂段数可超过 30 个，比直井改造段数要多得多（Mooney，2011）。

最后，为了优化完井方式，必须了解产层及上下隔层的力学性质。基本的岩石特性，例如原始应力、杨氏模量和泊松比，用于开展压裂设计。每个岩石层的原始应力影响裂缝在该层起裂和扩展所需的压力。杨氏模量的值与岩石的刚度有关，有助于确定压开裂缝的宽度。泊松比的值与受力时岩石的横向变形有关。泊松比是几种压裂设计公式所需的参数。

最重要的岩石力学性质是初始应力，通常称为最小主应力或裂缝闭合压力。当裂缝内部的压力大于初始应力时，裂缝是张开的。当裂缝内部的压力小于初始应力时，裂缝是闭合的。了解每个岩层中初始应力对于完井优化非常重要。

5.3.3 压裂液

早期的压裂液不含支撑剂，高压泵注后在地层产生多方向的裂缝扩展。当产生的裂缝宽度足以铺置支撑剂时，支撑剂以携砂液的形式被混合注入。在浅层中，通常使用石英砂作为支撑剂，但在深层中，为了避免支撑剂破碎，可使用陶粒支撑剂。裂缝起裂后，将持续向井筒泵注压裂液，以实现裂缝扩展及形成裂缝网络。但是，受不同地层特征，如初始应力的影响，没有两个压裂实施是相同的，必须通过分析地层特征、估算裂缝起裂压力、优化压裂规模、模拟裂缝长度等开展压裂设计。此外，压裂液应具有适合地层特性的一些属性，例如：（1）与地层岩石的配伍性；（2）与地层流体的配伍性；（3）缝内压力满足支撑缝宽；（4）低黏便于返排液处理。常用的压裂液是水基压裂液，对于页岩气压裂来说，最常用的压裂液是滑溜水，其主要添加剂是表面活性剂聚合物，以减少表面张力或摩擦力，从而实现高排量注入。其他类型的压裂液包括油基压裂液、泡沫和乳化压裂液，使用非水基压裂液时需要满足相关标准及环保要求（见第 18 章）。

根据油气储层的性质优选压裂液，包括（表 5.3）：（1）聚合物，与交联剂一起使用实现压裂液黏度增加；（2）交联剂，可以实现线性聚合物基液交联；（3）破胶剂，用于在地层温度下交联聚合物破胶，便于返排；（4）杀菌剂，用于杀灭混合水中的细菌；（5）缓冲剂，用于控制 pH 值；（6）阻水剂，用于控制液体过量渗透到地层中；（7）稳定剂，用于在较高温度下保持液体的黏度。然而，为了避免可能造成的环境污染和与储层的生产相关的问题，必须控制添加剂用量和添加类别。

压裂液在地层中可能发生的地下水污染是环保重点关注的问题（见第 6 和第 18 章）。最典型的压裂液是水、石英砂和陶粒混合使用，化学添加剂可根据储层类型优化流体特性。添加剂（表 5.3）通常起到四方面作用：（1）维持支撑剂悬浮状态；（2）允许水力压裂液的性质随时间变化；（3）减少摩阻；（4）减少细菌影响。

首要作用是维持支撑剂在流体中的悬浮状态，通过在泵入井口的流体中添加凝胶聚合物（如瓜尔胶或纤维素）来实现，确保支撑剂最终铺置到裂缝中。如果不能达到要求，堆积的支撑剂颗粒将受到重力的影响，沉降在井筒及近井地带，导致导流能力的有效性缺失。为确保支撑剂在流体中的悬浮状态，可使用约 1% 的凝胶聚合物，如瓜尔胶或纤维素，同时也可以使用交联剂，如较低浓度的硼酸盐或金属盐，以形成黏度更大的冻胶。

其次，允许水力压裂液的性质随时间变化，在井筒内需要将支撑剂悬浮泵入，但在注入地层后需要降黏破胶，实现压裂液返排，以及不能阻碍油气的产出。

降低摩阻，以保障裂缝扩展的泵注压力，需要的典型减阻聚合物是聚丙烯酰胺。最后，为了降低水中细菌对水力压裂液性能影响，或在储层中繁殖并产生硫化氢的风险，通常使用杀菌剂添加剂。

5.3.4 裂缝形态

直井压裂一般是封隔层位实施，水平井则是水平井段上分隔数个压裂段，一般是 4~20 段，受应力与裂缝方位影响，每个段进行独立压裂。

设计压裂方案和模拟裂缝形态的重要参数有：（1）原始应力剖面；（2）地层渗透性；（3）压裂液滤失特性；（4）注入压裂液规模；（5）支撑剂类型和用量；（6）压裂液的黏度；（7）泵注排量；（8）地层模量。必须量化改造储层的应力剖面和渗透率剖面，并识别目标区域上下隔层，其影响裂缝扩展高度。为了设计最优压裂方案，必须确定裂缝长度和裂缝导流能力对井的产能和最终采出程度的影响。

压裂液选择是至关重要的，一般的评价参数有（Economides and Nolte，2000）：（1）储层温度；（2）储层压力；（3）预期的裂缝长度；（4）水敏影响。储层水敏和伤害的原因不明确。大多数储层含有水，而且大多数天然气或原油储层是水驱储层。因此，大多数压裂措施应该使用水基压裂液。酸液可以用于碳酸盐岩，但许多深层碳酸盐岩储层已经成功地实施水基压裂液携砂改造。优选支撑剂必须确定作用其上的最大有效应力。最大有效应力取决于预测的井底流动压力最小值。为了优选压裂支撑剂，压裂工程师要预测地层渗透性和最优裂缝半长度（Cinco-Ley et al.，1978），设计的压裂方案形成足够的裂缝，以实现支撑剂的泵入，达到支撑裂缝导流能力实现增产。为了防止近井带地层伤害，需要优化裂缝缝长和导流能力（Holditch，1979）。裂缝缝长和导流能力降低对压裂井的产能产生不利影响。理想情况下，实现最优裂缝长度和导流能力，同时地层伤害最小。

最后，在水平井中，横切裂缝相对于垂直裂缝来说相对较难实现。然而，对于低渗透油气藏，在水平井中实现横切裂缝可以带来更大的产出效益（Valko et al., 1998）。横切垂直裂缝沿最小水平应力的法线方向。在水平井或斜井中，井筒附近会导致横切裂缝在与水平应力法线一致之前，沿不可预测的路径扩展。这些影响受到地层中天然裂缝的存在和水平井与最小水平应力不一致的角度的影响而加剧。

在设计泵注程序时，大多数以产量为目标的优化流程都基于压裂尺寸。不同压裂设计方法的区别在于以下因素的假设：（1）裂缝几何形状；（2）液体效率；（3）储层特征；（4）分层；（5）应力强度。非常规储层压裂时，裂缝几何形状预测难点包括：裂缝方位和倾角，未达到预期长度，脆性和弹塑性岩石，复杂和简单的网络，井筒轴线（垂直或水平钻探）（Kennedy et al., 2012）。然而，在所有情况下，了解现有原始应力对于开发描述如何获得所需的压裂裂缝几何形状的裂缝扩展模型至关重要，包括裂缝（半）长度、宽度、高度和裂缝复杂程度。

理想的地层评价是指，压裂测试获得的原始应力值与通过测井和岩心分析计算出的应力值形成一致的应力分布（Holditch et al., 1987）。压裂测试方法也是确定深部（大于160ft）地层原始应力最可靠的方法（Amadei and Stephansson, 1997）。水力压裂裂缝的方向是垂直于最小应力方向的方向。通常，水平裂缝埋深小于2000ft，因为上覆主应力最小。如果在这些相对浅的条件下施加压力到储层，裂缝最可能产生水平平面，因为岩石在这个方向上更容易开裂。因此，一般来说，这些裂缝通常平行于地层的层理面。

随着深度超过大约2000ft，上覆层压力每英尺增加约1lb/in^2，使上覆层压力成为最大主压力。这意味着水平应力是最小主应力，由于水力诱导裂缝是垂直于最小主应力方向形成的，因此深度大于约2000ft的裂缝将是垂直方向。如果裂缝可能穿过主应力方向改变的方向，则裂缝扩展方向改变，垂直于最小主应力方向。因此，如果裂缝从深层向浅层岩层扩展，它将从垂直方向重新扩展为水平方向，并沿着岩层的层理面扩散。水力裂缝扩展范围由上部隔层或地层，以及泵注流体的体积、排量和压力控制。隔层将限制裂缝的垂向扩展，因为隔层应力大于泵注压力，或者泵注压裂液不足。因为破裂地层与地下饮用水源之间的距离越大，就越有可能出现阻止裂缝纵向穿透的多个地层。但是，应注意到，裂缝长度也可能受到天然裂缝或断层的影响，由于泵注压力的扩散和泵送流体的体积限制，裂缝扩展受到阻碍。

5.3.5 压裂优化

水力驱替是决定地下储层油气及热能驱替采出率的关键因素。驱替效率是衡量油气及热能采出过程的有效指标，取决于注入流体所接触的储层体积（Britt, 2012）。人工水力裂缝一般是通过向井筒中注入流体，在高压流体持续注入下导致岩石发生拉伸破坏，迫使岩石起裂并产生沿垂直于最小主应力方向扩展的裂缝。水力压裂一般需要注入带有支撑剂的压裂液，以更好地扩展裂缝并保持其张开（Britt, 2012）。压裂方案的设计应包括施工参数的优化，如压裂液的黏度、排量和泵注时间，以及支撑剂浓度，以实现有利于提高驱替效率的裂缝几何形态。一般用净现值用作压裂优化设计的目标。一些研究中使用基于敏感性的优化程序耦合裂缝扩展模型和经济模型来优化设计参数，以获得最大的净现值（Hareland et al., 1993; Rueda et al., 1994; Aggour and Economides, 1998; Mohaghegh et al., 1999; Chen et al., 2013）。

总之，裂缝几何形态优化以实现产量最大化为目标，包括裂缝半长、裂缝宽度和导流能力的优化，优化方法有多种，但都需要评价裂缝导流能力与储层渗透性的匹配关系。在低渗透岩层中，裂缝一般作为高渗透通道，但如果裂缝中填充了方解石（碳酸钙，$CaCO_3$）等胶结物，将会导致裂缝导流能力的下降或无导流能力。因此，储层评价中需要区分张开裂缝和闭合裂缝。与储层的总孔隙体积相比，裂缝的总体积往往较小。因此，储层岩石，特别是在致密储层中的天然裂缝对天然气或原油产量具有重要贡献。因此，通过在裸眼井中开展一些测试手段收集压裂相关的信息非常重要，如测井、地层微观扫描、井下电视等。

大多数天然裂缝是垂直的，水平裂缝一般比较短，并通过不规则岩石表面的桥接而支撑张开，大多数水平裂缝受上覆压力影响而闭合。水平裂缝和半垂直裂缝都可以通过各种测井仪器进行检测。裂缝的垂向延伸范围往往受薄层的塑性岩性限制，如页岩层或层理，或受弱层岩石控制，如碳酸盐岩层序中的接触面。这些层的厚度非常小，因此压裂裂缝表现出突然的扩展和停止。

水力压裂的起裂和扩展主要受局部原始应力场、岩石强度和孔隙流体压力的控制。温度、弹性性质、地下水化学性质和泵注排量对压裂也有影响（Secor，1965；Phillips，1972；Sone and Zoback，2013a，b）。压裂裂缝可以分为张性裂缝、剪切裂缝，以及张性与剪切的混合型裂缝。如果裂缝两侧围岩的主要位移垂直于裂缝面，则认为裂缝是张性的。当岩石中孔隙流体压力超过垂直于裂缝壁面方向作用的应力与岩石抗拉强度之和时，形成新的张性裂隙。需要注意的是，当缝内压力超过垂直于裂缝壁面方向的应力时，任何未胶结的预制裂缝都可以张开。

对于特殊的岩石类型，剪切裂缝的形成与延展取决于剪切应力、法向应力、孔隙流体压力和摩擦系数。需要注意的是，剪切裂缝不是水力压裂过程能控制产生或重新激活的裂缝类型。其产生和（或）重新激活，或重新张开的裂缝取决于地应力、局部岩石体积和天然裂缝的物理性质，以及孔隙流体压力的复杂相互作用（Phillips，1972）。水力压裂作业可能会对地下水的污染风险产生影响，因为水力压裂可能产生难以预测的复杂裂缝网络。水力压裂产生的渗透性流动通道最终控制了水力压裂液的返排和页岩气的产出。因此，裂缝类型与模式需要利用地质力学模型进行充分的测试。

在致密地层，特别是在页岩地层中，水力压裂作业中遇到的一个普遍问题是压裂过程和结果的可变性和不可预测性。一口井分段压裂的破裂压力都有显著变化，导致注入流体无法成功压开地层。实时裂缝监测允许通过实时观察裂缝调整和重新开展压裂设计，以实现最大限度地提高有效改造体积（ESV，为经过增产措施处理后有效接触的储层体积）。微地震监测与测井数据的相关性实现对裂缝几何形状预估，可以使用这些数据来设计具有最可能实现最大化改造的方案（Fisher et al.，2004；Baihly et al.，2006；Daniels et al.，2007）。页岩气储层也以多种模式响应流体注入，虽然微地震事件的分布可以被限制在宏观裂缝平面上，但大多数时候它们是分散的。

近年来，针对页岩气藏水平井横切裂缝优化设计进行了各种尝试。然而，这些优化方法可能无法提供最优的设计方案。因此，页岩气开采的水力压裂优化设计仍然是一个挑战。

最后，早期关于裂缝分析的文献表明，裂缝对孔隙度的贡献可能高达少量到几个百分点，但最近使用裂缝开度（根据电阻率微扫描测井曲线计算）的工作表明，裂缝对地层孔隙度的贡献要低得多。次生孔隙还包括由于白云石化作用引起的岩石体积收缩、由于溶解或重结晶引起的孔隙度增加，以及其他地质过程。次生孔隙度不应与裂缝孔隙度相混淆，裂缝孔隙度可通过处理裂缝开度和裂缝频率（裂缝强度）的地层微扫描曲线来确定。然而，裂缝孔隙度对储层性能的影响非常大，因为它对渗透率的贡献很大。因此，由于次生孔隙系统具有相对较高的流速和容量，天然裂缝性储层表现出不同于具有相似孔隙度的非裂缝性储层的特征。这提供了很高的初始产量，可能会导致非常乐观的产量预测，但有时在储层非均质性强的情况下也会导致生产效益不达预期。

5.3.6　压裂监测

在水力压裂过程中，压裂液从裂缝漏失到周围岩层中会发生流体滤失。如果控制不当，流体损失可能超过注入液体体积的 70%，可能导致地层基质伤害、不利的地层流体相互作用或改变裂缝几何形状，从而降低生产效率。因此，裂缝几何形态和裂缝监测是水力压裂过程中的重要环节。

监测技术用于预测压裂过程中发生压裂的位置，包括微地震裂缝事件监测和测斜仪测量等技术（Arthur et al.，2008）。这些技术可以用来确定压裂裂缝的扩展和方向，监测水力裂缝扩展过程中的压力和排量，以及了解注入井筒中的流体和支撑剂的性质，是监测水力裂缝处理的最常见和最简单的方法。这些数据及地层参数可以用来模拟支撑裂缝的长度、宽度和导流能力等信息。

微地震监测是对储层压裂过程中产生的地震波进行监测并用于绘制产生裂缝的位置的过程。采用类似于监测地震及其他自然过程有关的自然地震事件的技术。

微地震监测是在水力裂缝处理过程中进行的主动监测过程。微地震监测作为一种直接监测过程，可以用来辅助实时调整压裂方案。微地震监测通过在邻井中智能放置监测源，为工程师提供了储层监测和裂缝结果预测。

微地震理论与成像是以地震学为基础的。与地震相似，但在更高的频率下（200~2000Hz），微地震事件发出弹性 P 波（压缩波）和 S 波（剪切波）（Jones and Britt，2009）。在水力压裂过程中，缝内净压力增加值与地层应力正相关，以及由于压裂液滤失，导致地层孔隙压力增加。裂隙尖端应力和孔隙压力的增加会导致剪切滑移的发生。因此，微地震技术利用地震学方法来探测和定位水力压裂引起的剪切滑移，即微地震。微地震事件或微地震伴随着裂缝的起裂而发生，并通过像井下倾斜仪一样放置在邻井中的接收器进行观测。

微地震成像技术是将一系列三轴检波器或加速度计接收器安装在裂缝深度附近的邻井中，对接收器（检波器）进行定向并记录地震数据，在数据中发现微地震并进行定位。确定地震事件的位置需要确定压缩波（P）和剪切波（S）的到达时间，并对 P-S 波的速度进行声学解释（Davis et al.，2008；Jones and Britt，2009）。标准微地震成像采用 P-S 到达时间分离进行距离定位。利用水平面全息图和垂直面全息图确定方位角和倾角（Warpinski et al.，2005）。

倾斜仪是一种间接监测技术，记录水力压裂过程引起的岩石变形。倾斜仪可以放置在远离井口的地面或井下的近井地带，紧紧地压入岩石中。倾斜仪测量两个正交方向的倾角变化，然后可以将其转化为水力压裂产生的应变旋转。然后，工程师可以根据应变旋转来确定引起应变旋转的水力压裂事件的位置。

井下倾斜仪成像技术是为了绕过地面倾斜仪的局限性，通过给出裂缝尺寸的估计值而开发的。井下测斜仪具有与地面测斜仪相同的工作原理，但倾斜仪不在地面，而是通过电缆在水力裂缝深度处的一个或多个邻井中进行定位。通常，该阵列由 7~12 个倾斜仪与标准扶正器弹簧固定到井筒上（Wright et al.，1999）。

井下倾斜仪可以给出水力裂缝附近地层形变的地图。因此，得到的是一个最接近裂缝尺寸的椭球体的估计。井下倾斜仪比地面倾斜仪更靠近裂缝，因此对裂缝尺寸更敏感（Cipolla and Wright，2002）。井下倾斜仪距离裂缝越近，获得的裂缝高度的数据质量越好（Jones and Britt，2009），无论流体是否与断层发生相互作用，都可能受到水力压裂液体积的限制（Flewelling et al.，2013）。地面和井下倾斜仪裂缝成像的最大优点是，对于给定的裂缝几何形态，诱导变形场几乎与地层性质完全无关。此外，在倾斜仪成像中，所需的地层描述程度比微地震成像低（如速度剖面和衰减阈值等），这将在后面的章节中描述。复杂的裂缝扩展会产生不同方位或不同深度的独立裂缝，但在倾斜仪成像中需要简单的分析。

在增产作业完成后，20%~30% 的水返排到井筒中，并在后续的完井作业中回收。在井的生产周期中，其他的"产出"水慢慢地到达地面，并被收集到现场的储液罐中，运送到规定的处理设施。

5.3.7　压裂诊断

作为压裂过程的一部分，需要通过压裂测试环节来分析裂缝，这些分析程序是用来分析压前地层原始状态和产生裂缝，以及水力裂缝扩展后（裂缝后分析）的技术（Barree et al.，2002；Vulgamore et al.，2007）。这些数据可以确定所产生的裂缝的尺寸，以及裂缝是否有效地保持在张开状态。

因此，裂缝诊断技术可以方便地细分为 3 类：（1）直接远场技术；（2）直接近井技术；（3）间接裂缝技术。

5.3.7.1　远程监测

直接远场技术需要使用倾斜仪，一种从水平面上测量非常小形变的仪器，无论是在地面还是在地下井筒中，以及微地震裂缝成像技术，这些技术要求将仪器放置在井周围，并靠近将实施压裂的井。微地震裂缝成像技术使用井下检波器接收器阵列，以定位在水力裂缝周围的任何天然裂缝中由运动触发的任何微地震事件。

5.3.7.2　近井监测

在正在压裂的井中使用直接近井技术来定位近井筒裂缝。这些技术包括示踪测井、温度测井、生产测井、井中成像测井、井下视频测井、井径测井等。井径测井提供了钻井孔眼沿其深度的尺寸和形状的连续测量，常用于钻井时检测含油气层位。所记录的测量数据可以作为井筒坍塌或膨胀的重要指标，从而影响其他测井曲线的结果。

5.3.7.3　裂缝分析

间接压裂分析技术包括模拟水力压裂过程，然后拟合施工净压力，以及后续的压力瞬态测试分析和生产数据分析。由于每口井的裂缝处理数据和压裂后的生产数据可以获取，因此间接裂缝分析技术被广泛用于确定（或估计）所产生的裂缝和支撑裂缝的形状和尺寸。

5.3.8　压后返排

返排液是指在水力压裂过程中和压裂完成后返排到地面的水基液，由含有黏土矿物、化学添加剂、溶解的金属离子和总溶解固体（TDS）的压裂液组成。

液体由高含量的悬浮颗粒组成，呈现浑浊的状态。大部分的返排发生在前 7~10d，其余的可以发生在 3~4 周的时间段内。返排程度为初始注入液量的 20%~40%，其余的流体残留在地层中被吸收。

相比之下，产出水不同于返排液，是在页岩地层中发现的天然水，在井的整个周期内流向地表。地层水具有较高的溶解性固体含量，并从页岩中浸出钡、钙、铁和镁等矿物质。它还含有甲烷、乙烷和丙烷等溶解碳氢化合物，以及镭同位素等天然放射性物质（NORM）。

5.4　支撑剂

水力压裂是人工迫使岩石破裂产生大量裂缝的过程，从而促使储层中油气通过裂缝流入井筒并采出地面。水力压裂既可以提高产量，又可以增加页岩中的油气总动用量。

水力泵压导致岩石破裂，压裂液携砂进入水力裂缝，迫使裂缝张开产生流动通道。压裂液的主要组成是水和石英砂或者其他支撑剂，以及用于提高压裂液性能的化学添加剂。

支撑剂是一种固体材料，通常是天然石英砂、处理过的石英砂或人造陶粒，用于在压裂过程中压裂后，保持诱导水力裂缝张开，防止裂缝坍塌和闭合（Veatch and Moschovidis，1986；Mader，1989）。支撑剂通常由砂或铝矾土等人造陶粒组成。支撑剂可以通过树脂包覆来改善充填性，有助于支撑剂留在地层不回流至井筒。树脂涂层还有助于使支撑剂上应力分布均匀。

支撑剂规定的粒径尺寸小于 1/16in。常见的粒径目数有 16/20、20/40、30/50、40/70、100 等。压裂实施过程中可以使用一种或多种支撑剂，较小目数的支撑剂更容易接近裂缝尖端。支撑裂缝导流能力和渗透性远大于基质。增产措施中面临的挑战包括支撑剂的有效铺置、防止破碎或嵌入、一定条件下的封堵防止支撑剂返排入井筒。在压裂过程中，不同类型的压裂液中添加支撑剂不同，压裂液包括水基、泡沫基、凝胶基、滑溜水基或一些复合流体。

支撑剂加入到压裂液中，根据压裂工艺类型的不同，其压裂液组成也可能不同，可以是冻胶、泡沫或滑溜水为主。此外，还可能使用非常规压裂液。除支撑剂外，滑溜水压裂液主要成分是水（通常为 99%），凝胶基压裂液中的聚合物与表面活性剂浓度可高达 7%。其他常见的添加剂还有酸液、降阻剂、杀菌剂、乳化剂、破乳剂等。

5.4.1　支撑剂类型

由于支撑剂的作用是在停泵后保持裂缝处于张开状态，防止裂缝闭合，因此理想的支撑剂必须具有强度高、耐压碎、耐腐蚀、密度低、价格低廉等优点。目前最为符合这些要求的产品是石英砂、树脂覆膜砂（RCS）和陶粒支撑剂。

5.4.1.1　石英砂

砂石一般指许多类型的细碎矿物，这里用于支撑剂的石英砂是由二氧化硅和其他矿物组成，其粒度一般不规则。世界上的砂石品种繁多，各有其独特的组成和性质。例如，许多海滩的白色沙子主要由石灰岩（$CaCO_3$）组成，还有黑色沙子可能起源于火山作用，由磁铁矿（Fe_3O_4 或 $FeO \cdot Fe_2O_3$）组成，而黄色沙子可能具有较高的铁含量。

作为支撑剂使用的砂石类型为石英砂，石英砂是最常用的支撑剂类型，是一种自然资源而不是人工制品。石英砂（工业砂）是经自然沉积而成的高纯石英砂（SiO_2）。在石油工业中，石英砂被用作水力压裂支撑剂，压裂作业时将砂子泵入井内。砂粒随流体携带进入裂缝，当泵注压力消失后，砂粒将继续留在裂缝中，使裂缝保持张开状态，为油气向井筒流动提供了良好的通道。

渥太华白砂，起源于伊利诺伊州的渥太华市，靠近圣彼得堡市中心，作为压裂用支撑剂性能优越，是理想的砂型之一。由于圆度、球度和高破碎强度方面的优异性能，使石英砂能够承受水力压裂过程中的高压。石英砂的化学纯度确保其与压裂液不发生化学反应。棕砂的性价比排名第二，较渥太华白砂的耐压性低，但在地应力环境下，棕砂成本低，适用于浅层井水力压裂。

5.4.1.2 树脂覆膜支撑剂

石英砂是常用的支撑剂，但未经处理的石英砂容易破碎产生较多的细小颗粒，生成细粉量常以初始进料的质量百分比来衡量。在保持足够强度同时达到理想目数的方法之一是选择足够强度的支撑剂；树脂包覆石英砂，形成可固化树脂覆膜砂（CRCS）或预固化树脂覆膜砂（PRCS）。在一些情况下，可以选择不同的支撑剂材料，常见的替代品包括陶瓷材料和烧结铝矾土［主要有三水铝石 $Al(OH)_3$、勃姆石 γ-AlO(OH)和一水硬铝石 α-AlO(OH)］。

因此，树脂覆膜支撑剂通常是用树脂覆膜石英砂，其主要功能有两个：（1）更均匀地分散压力载荷，提高石英砂颗粒的抗破碎能力；（2）将从井下压力和温度中破碎的碎屑包覆在一起，既防止碎屑流入井筒，又防止在返排生产过程中随流体返回地面。树脂覆膜砂是将已干燥的石英砂在带有催化剂的间歇混合系统中涂覆液态树脂，然后将覆膜砂通过加热室进行完全固化。液体树脂的使用使砂粒表面形成了均匀的涂层，使砂粒表面均匀。

覆膜支撑剂主要有两大类：（1）预固化覆膜支撑剂；（2）可固化覆膜支撑剂。预固化覆膜支撑剂技术是将树脂涂覆在石英砂颗粒上，待树脂完全固化后再注入裂缝。目前的可固化树脂涂层支撑剂技术是树脂在使用前不完全固化，当支撑剂被泵入井下时，受井下压力和温度的影响，支撑剂在裂缝中完成固化。使用可固化树脂涂层支撑剂技术的优点是单个支撑剂颗粒在裂缝中黏结在一起，当温度和压力达到适当的水平时，涂层二氧化硅颗粒均匀地黏结在一起

5.4.1.3 陶粒

第三类常用的支撑剂是人造陶粒，如典型的非金属铝土矿或高岭土。在制造过程中，陶粒支撑剂采用铝矾土与其他添加剂混合烧结而成，陶粒支撑剂的矿物组成为氧化铝、硅酸盐和铁，并含有一定量的氧化钛。支撑剂一般为均一的圆形支撑剂，其强度远高于石英砂和覆膜树脂砂，适用于深层高闭合应力油气层的压裂施工。对于中深井作业，可以采用陶瓷支撑剂作为尾追支撑剂来增强导流能力。与其他支撑剂材料相比，陶粒支撑剂具有表面光滑、压裂强度高、耐酸、耐碱、导流能力强等优点。陶粒支撑剂被广泛用于替代天然石英砂、玻璃球和金属球等其他支撑剂材料。

陶粒支撑剂具有较高的强度，主要用于油田压裂提高产量，是一种环保型产品。采用优质铝矾土等原料烧结，是天然石英砂、玻璃球、金属球等低强度支撑剂的替代产品。陶瓷支

撑剂通常具有：（1）高抗压碎性；（2）低酸溶解度；（3）高圆球度。与其他支撑剂材料相比，陶粒支撑剂具有表面光滑、压裂强度高、耐酸耐碱、导流能力强等优点（Vincent，2002）。

陶粒支撑剂一般呈圆形，性质均匀，强度远高于石英砂和覆膜砂，适用于深部高闭合压力油气层的压裂改造。对于中深井，可采用陶粒支撑剂作为尾追支撑剂增强导流能力。与其他支撑剂材料相比，陶粒支撑剂具有表面光滑、压裂强度高、耐酸耐碱、导流能力强等优点。

5.4.1.4 其他类型支撑剂

近年来，油气井钻井返出的废料如玻璃、金属碎屑、岩屑等有作为支撑剂使用的发展趋势。钻井中产生的岩屑是比较常见的废料，其来源于原始地层，是没有污染的可回收利用材料，并且可减少废料的处理费用。

铝土矿是铝提取率最高的铝矿石，主要由三水铝石 $[Al(OH)_3]$、勃姆石 $[\gamma\text{-}AlO(OH)]$ 和一水硬铝石 $[\alpha\text{-}AlO(OH)]$ 与两种铁氧化物针铁矿 $[FeO(OH)]$ 和赤铁矿 (Fe_2O_3) 混合而成，且包含黏土矿物高岭石 $[Al_2Si_2O_5(OH)_4]$ 和少量锐钛矿（二氧化钛，TiO_2）。高岭土是黏土矿物高岭石 $[Al_2Si_2O_5(OH)_4]$ 的统称。高岭土是最常见的矿物之一，在热带雨林地区炎热、潮湿的气候土壤中大量存在，产生于岩石的化学风化作用。

铝矾土和高岭土因其优越的强度特性而被用作支撑剂，并通过烧结进一步增强强度。烧结过程是在高温窑中进行，将铝矾土或高岭土粉末制成特定尺寸的颗粒后进行烘烤。该工艺降低了铝土矿和高岭土中的水含量，使其形状更加均匀，尺寸圆整，形状为球形。烧结工艺所制造的陶粒支撑剂能够承受较高的井下压力或闭合应力。

近年来，低密度支撑剂的研发引起行业广泛关注，低密度支撑剂在改善裂缝中支撑剂的输送和铺置方面具有较好的应用优势（Parker and Sanchez，2012）。低密度支撑剂对携砂液的黏度要求较低，也可以利用基液的密度来改善携砂液。研究人员对各种低密度材料进行了研究，如核桃壳、空心玻璃球、多孔陶瓷、低密度塑料等。核桃壳和低密度塑料在受力时往往会随着时间的推移而发生变形和减小支撑。玻璃球和多孔陶瓷均为脆性材料，在特定应力下容易发生破碎。传统的支撑剂，如石英砂和人造支撑剂，具有一定的脆性，在一定条件下破碎。支撑剂颗粒之间有多个接触点的支撑空间，可降低破碎的概率，但仍会导致部分颗粒破碎、支撑缝宽减小、导流能力降低。目前开发了一种新型的热塑性合金（TPA），由具有化学稳定性优势的晶相和具有强度和耐热性优势的非晶相组成。

5.4.2 支撑剂性质

支撑剂的性能和优选对油气井产能优化至关重要。虽然现场用支撑剂都有严格的实验室测试指标，但支撑剂在实际井下条件承受压力、温度和流体（API RP 19C；API RP 19D）的作用时，往往不能达到预期的效果。就支撑剂硬度而言，如果支撑剂没有嵌入地层，则会出现点载荷，虽使导流能力提高，但是支撑剂更容易破碎。相反，如果支撑剂嵌入到地层中，其结果是负载压力在支撑剂嵌入区域分散，提高了支撑剂的破断点，但同时也降低了导流能力。

在考虑支撑剂对目标地层的适用性时，需要结合实际情况综合考虑。

5.4.2.1 井下结垢

水垢是在金属、岩石或其他材料表面形成的沉淀物或涂层，是由于水中矿物受压力、温度和溶液成分的变化，而与物质表面发生化学反应而产生的沉淀。典型的垢有碳酸钙（$CaCO_3$）、硫酸钙（$CaSO_4$）、硫酸钡（$BaSO_4$）、硫酸锶（$SrSO_4$）、硫化亚铁（FeS）、铁氧化物（FeO 和 Fe_2O_3）、碳酸亚铁（$FeCO_3$）、各种硅酸盐和磷酸盐，或一些不溶于水或微溶于水的化合物。

结垢也是一种矿物盐沉积，可能发生在井筒管柱和构件上，因为产出水的饱和度受生产管道中温度和压力条件变化的影响。在特定的条件下，结垢会对生产油管造成很大的抑制，甚至堵塞。除垢是常见的干预工艺，具有多样的机械、化学和阻垢剂处理选择（Sorbie and Laing，2004）。

井下支撑剂结垢是在高压/高温井中，特别是在潮湿、高温的井下裂缝环境中，发生的一种化学反应，俗称支撑剂结垢或支撑剂成岩。

在未涂层的陶粒上形成晶体材料，像地层岩屑一样堵塞支撑剂中的孔隙度和渗透率，从而降低导流能力。结垢是缓慢发生的，随着长期结垢量的增加，产量下降得更快，产生不利影响。树脂涂层通过防止水溶解支撑剂表面形成垢，极大地减少了支撑剂结垢。阻垢剂种类繁多，包括磷酸酯类和膦酸盐类（表 5.4）。

表 5.4 阻垢剂

缩写	化学物名称
ATMP	氨基﹣三亚甲基膦酸
CMI	羧甲基菊粉衍生物
HEDP	羟基﹣1,1﹣亚乙基二磷酸
MAP	马来酸类聚合物
MAT	马来酸三元共聚物衍生物
PAA	聚丙烯酸
PASP	多质子酸
PBTC	磷酸丁烷﹣1,2,4﹣三羧酸
PCA	聚羧酸衍生物
PMA	聚马来酸衍生物
PPCA	膦酰基聚丙烯酸酯类衍生物
SPOCA	磺化膦酸羧酸

5.4.2.2 支撑剂嵌入

支撑剂嵌入是支撑剂嵌入到裂缝面，特别是嵌入到软页岩地层中，导致裂缝宽度减小、裂缝导流能力降低（Wen et al.，2007；Akrad et al.，2011；Zhang et al.，2015）。在支撑剂铺置过程中，支撑剂受流体拖拽和重力作用，部分或全部下沉到地层中。

支撑剂的嵌入是裂缝面地层与支撑剂之间的相互挤压造成导流能力的损失。支撑剂嵌入是需要解决的问题，也可能发生在硬岩地层（Jones and Britt，2009）。支撑剂嵌入的另一方面影响是通过地层嵌入产生岩屑，可能迁移并进一步降低导流能力（Terracina et al.，2010）。虽然支撑剂嵌入是导流能力降低的主要原因，但支撑剂嵌入也减少了支撑剂回流的可能性。

嵌入压力是岩石中支撑剂嵌入到目标深度所需最大压力的量度（Rixe et al.，1963），表明了地层对支撑剂嵌入的阻力，以及岩石对支撑剂变形的影响。压痕试验是测量岩石强度的一种实验方法。确定嵌入压力的实验流程是采用直径 0.05in 的钢球点（模拟支撑剂）附着在液压试验机的上压板上移动，对岩石试件（直径 3.5in）进行液压加载（Howard and Fast，1970）。理想情况下从井中获得岩心进行水力压裂。钢球点埋入深度为 0.0125in，使用应变记录仪观察结果。记录目标嵌入处的载荷 W_p，并在试件上至少再做 2 个压痕，间距约为 0.5in。

5.4.2.3 回流

与在注入流体的情况下发生返排一样，支撑剂回流是支撑剂回到井筒的运动（流动），排量越高，发生回流的概率越大。此外，支撑剂回流是造成油井产量下降、设备损坏，以及修井卡钻的主要原因。因此，回流降低了井筒处的导流能力，降低了与储层的连通性（Terracina et al.，2010）。

支撑剂从压裂井回流会导致高昂的作业成本，并有安全风险。树脂涂层支撑剂可以用于预防支撑剂回流。支撑剂回流是造成油井产量下降、设备损坏、关井返修的主要原因。未涂覆或预固化的树脂覆膜支撑剂可以从裂缝中流出，并随着油井的生产进入井筒。支撑剂回流会对井下工具及地面设备造成伤害。在水平井中，未覆膜支撑剂的回流可以沿着侧向裂缝进行沉积。以上问题均可能导致昂贵的井下维修和清理费用。支撑剂回流也会造成近井地带导流能力的损失和储层连通性的降低。如果应用合适的具有颗粒间黏结作用的树脂涂层支撑剂，可以通过在裂缝中形成固结支撑剂包来消除支撑剂返排。

5.4.2.4 裂缝导流能力

裂缝导流能力是衡量支撑剂性能的重要指标，支撑剂优选要求支撑剂在特定条件下能够达到目标裂缝导流能力。裂缝导流能力（简称导流能力）取决于裂缝宽度、支撑剂分布和支撑剂浓度。裂缝宽度受支撑剂尺寸、分布和浓度影响。支撑剂分布比较难以控制（Howard and Fast，1970）。

5.4.2.5 重新铺置

支撑剂在裂缝中的重新排布会引起支撑宽度的显著减小，也会导致裂缝流动能力和与井筒的连通性降低。随着油井的生产，支撑微裂缝中的高流速可能导致未覆膜或预固化的支撑剂的排布发生偏移或重新排列，导致微裂缝变窄或完全闭合。固化的覆膜支撑剂可以阻止支撑剂颗粒的移动，使支撑的微裂缝保持张开状态。这种特殊的黏接技术在井的寿命期间提供了额外的支撑剂排列完整性，增强了裂缝流动能力，并提高了产量（Terracina et al.，2010）。

5.4.2.6 渗透性

用于压裂过程的支撑剂应在高压下对气体具有渗透性，且颗粒间的空隙足够大，同时具有承受闭合应力的机械强度，以便在破裂压力降低后保持裂缝张开。然而，强度的提高往往以密度的增加为代价，反过来又要求压裂过程中更高的排量、压裂液黏度或泵注压力。

低密度支撑剂比砂更轻（约为 $2.5g/cm^3$），可以在较低的压力或较低的流体速度下进行泵送。

低密度支撑剂不易沉降，但多孔材料可以打破强度与密度的相关性，甚至提供更大的导流能力。支撑剂几何形状也很重要，某些形状或形态放大了支撑剂颗粒上的应力，使其特别容易破碎。

5.4.2.7 生产过程颗粒运移

细粒是指在闭合应力作用下，支撑剂表面发生破碎的小颗粒。细小的碎屑降低了支撑剂堆积体的孔隙度和渗透率，并导致支撑剂堆积体的导流能力大幅下降。当支撑剂细粒沿支撑剂堆积向井筒运移时，支撑剂细粒堆积并降低流动能力。

细粒矿物不仅存在于大部分砂岩地层中，也存在于部分碳酸盐岩地层中。支撑剂中细小颗粒的产生及在裂缝中的迁移是导致不具有良好性能的主要因素之一。例如，仅 5% 的细粉含量可降低高达 60% 的导流能力。当细粒物质运移至井筒时，更为严重地降低导流能力。

一般来说，尽量避免细粉颗粒降低裂缝导流能力，支撑剂的最高细粉颗粒含量为 1%（即通过 200 目筛的百分比）（Jones and Britt, 2009）。建议当 90% 的测试样品落在指定筛孔尺寸之间时，可以简单地对支撑剂进行分类，并应满足最高细粉颗粒含量的要求。

5.4.2.8 形状、大小和浓度

支撑剂形状的定义包括两个主要的描述：圆度和球度。圆度是衡量支撑剂光滑程度的指标，而球度则与球形的相似程度有关（Jone and Britt, 2009）。

在高应力下，支撑剂圆球度越高，渗透率越大；在低应力下，支撑剂越棱角，渗透率越大。棱状支撑剂在高应力条件下易发生破碎，产生细小颗粒，导致导流能力降低。

支撑剂材料使用前需要经过仔细的圆球度分选，为流体从储层到井筒的生产提供高效的通道。粒度至关重要，因为支撑剂必须可靠地落在一定的尺寸范围内，以配合井下条件（如裂缝尺寸和形态等）和完井设计。支撑剂的形状和硬度质量对压裂作业的效率和效果也非常重要。较粗的支撑剂由于颗粒间较大的孔隙空间而具有较高的流动能力，但在高闭合应力下，支撑剂可能更容易破裂或破碎，此时更圆、更光滑的支撑剂具有更好的渗透性。

大粒径支撑剂在低闭合应力下具有比小粒径支撑剂更大的渗透率，但在高闭合应力下会因压碎而发生机械失效并产生极细的颗粒（细小颗粒），使得小粒径支撑剂在一定的门槛应力后渗透率超过大粒径支撑剂。支撑剂网眼尺寸也会影响裂缝长度：如果裂缝宽度减小到支撑剂直径尺寸的两倍以下，支撑剂可以被桥接出来。由于支撑剂沉积在裂缝中，支撑剂可以抵抗流体的进一步流动或其他支撑剂的流动，从而抑制裂缝的进一步扩展。此外，闭合应力（一旦外部流体压力被释放）会导致支撑剂重组或挤出，即使不产生细小颗粒，也会导致裂缝有效宽度变小、渗透率降低。为了防止这种重组，一些公司试图在支撑剂颗粒之间造成弱的静息结合。

5.4.2.9 支撑剂粒径和浓度

支撑剂的粒径和浓度影响支撑剂的铺置（Phatak et al., 2013）。例如，较大目数的支撑剂沉降速度较快，更容易沉降到井筒附近，较大的支撑剂更容易发生支撑剂桥接。此外，较小的支撑剂输送更远的距离，提高压裂改造范围。支撑剂粒径越小，初期产量越低，但

产量递减越慢。初始产量取决于导流能力引起的近井带压差（Phatak et al.，2013）。在生产稳产时间方面，支撑剂粒径较大时的产量取决于基质渗透率，其下降速度较快。而支撑剂粒径越小，其递减时间越长，既取决于地层基质渗透率，又取决于裂缝网络的导流能力。对于单井压裂，泵注过程中可以逐渐增大支撑剂粒径（Phatak et al.，2013）。

支撑剂的浓度是通过使用颗粒隔离材料实现的。间隔材料应具有以下特性：（1）与支撑剂具有相似的密度；（2）易于运输；（3）基本不溶于压裂液，但易溶于压后注入的溶剂，便于处理；（4）抗破碎，便于储存和搬运（Howard and Fast，1970）。

5.4.2.10　应力

支撑剂所承受的应力是支撑剂优选时需要考虑的重要因素，选择标准是在目标储层闭合应力作用下支撑剂不发生破碎。在对比支撑剂时，必须考虑的一个因素是支撑剂在闭合应力变化下的性能。

支撑剂上的有效应力为地应力与裂缝内流动压力之差。随着油气井的生产，支撑剂上的有效应力受井底压力降低的影响，通常会有所增加。但随着储层压力的降低，地应力有随时间降低的趋势。随着有效应力增加到较大值，必须使用更高强度、更昂贵的支撑剂来形成高导流能力的裂缝。

与应力相关的是支撑剂的强度。必须通过试验确定石英砂具有在任何特定情况下所需的抗压强度。一般情况下，在浅层中用石英砂支撑张开型裂缝。石英砂比树脂包覆二氧化硅或陶粒支撑剂的价格要低得多。树脂包覆二氧化硅比石英砂更坚固，在需要更高的抗压强度的地方使用，以最大限度地减少支撑剂的破碎。一些树脂可以在裂缝中形成固结包裹体，这将有助于消除支撑剂返排进入井筒。虽然树脂包覆二氧化硅比石英砂更昂贵，但有效密度小于石英砂。陶粒支撑剂的强度与密度成正比，而且较高强度的支撑剂，如烧结铝矾土，可以用于深井压裂（大于 8000ft），因为高地应力会对支撑剂产生很大的作用力。

5.5　页岩储层压裂

大多数致密页岩储层是较厚的层状储层，必须通过水力压裂才能实现商业油气生产。与常规储层一样，在致密页岩储层中，高排量注入压裂液产生裂缝，当泵注压力达到或大于地层破裂压力（地应力与岩石抗拉强度之和）的值时，地层发生破裂。一旦裂缝张开，可利用持续泵注压力（裂缝扩展压力）迫使裂缝扩展，裂缝扩展压力等于：地应力、净压降、近井筒压降之和。净压降相当于由于裂缝内压裂液流动导致的沿裂缝方向的压降，加上其他作用导致的任何压力升高。另一方面，近井地带的压降可以是压裂液流经射孔的压降和（或）井筒裂缝之间的迁曲度（如地层内的裂缝）引起的压降之和。

总体而言，水力压裂为储层流体从储层流向井筒创造高导流通道（表 5.5）。此外，在水力压裂过程中（Cho et al.，2013），由于应力变化，除了水力裂缝外，还产生了水力压裂应力诱导的天然裂缝，从而形成了次生裂缝网络。原生裂缝，即水力裂缝，与次生裂缝的主要区别在于次生裂缝网络不含支撑剂，因此是无支撑的。与水力裂缝相比（Cipolla et al.，2010；Shkalak et al.，2014），由于天然裂缝缺乏支撑剂，压力对其导流能力的影响更强。

表 5.5 水力压裂相关标准规范

序号	编号	名称
1	API Spec 4F	钻井和修井结构
2	API RP 4G	钻井井服务结构的使用方法和检查、维护和修理的推荐流程
3	API RP 5A3	套管、油管和管串的螺纹连接推荐做法
4	API RP 5A5	新型套管、油管、平头钻杆的现场检验
5	API Spec 5B	套管、油管和管串的螺纹加工、测量和检验规范
6	API RP 5B1	套管、油管、管线管螺纹的测量和检验
7	API RP 5C1	套管和油管的使用推荐
8	API TR 5C3	作为套管或油管使用的套管、油管和管串的计算的技术报告，以及套管和油管的性能特性表
9	API RP 5C5	测试套管和油管连接的推荐流程
10	API RP 5C6	与管道的焊接连接
11	API Spec 5CT	套管和油管规范
12	API Spec 6A	井口及采油树设备规范
13	API Spec 7B-11C	油田用内燃往复式发动机技术条件
14	API RP 7C-11F	内燃机的安装、维护和操作推荐建议
15	API Spec 10A	固井水泥和固井材料规范
16	API RP 10B-2	测试油井水泥的推荐做法
17	API RP 10B-3	深井水泥配方试验的推荐实践方法
18	API RP 10B-4	在大气压下制备和测试泡沫和水泥浆液的推荐实践
19	API RP 10B-5	在常压下测定油井水泥配方收缩和膨胀的推荐做法
20	API RP 10B-6	测定水泥配方静态凝胶强度的推荐方法
21	API Spec 10D	弓形弹簧套管扶正器的规格
22	API Spec 10D	扶正器放置和止动环试验的推荐做法
23	API RP 10F	固井漂浮设备的性能检测建议做法
24	API TR 10TR1	水泥环评价
25	API TR 10TR2	油井水泥中的收缩和膨胀
26	API TR 10TR3	温度对 API 水泥稠化时间的影响试验
27	API TR 10TR4	一次固井作业选择扶正器注意事项的技术报告
28	API TR 10TR5	固体和刚性扶正器试验方法技术报告
29	API RP 11ER	抽油机的维护建议做法

续表

序号	编号	名称
30	API Bulletin 11K	数据空气交换冷却器设计说明书
31	API Spec 11N	规范租赁自动保管移交（LACT）设备
32	API Spec 12B	生产液体储存用螺栓连接罐的规范
33	API Spec 12D	生产液体储存用现场焊接罐规范
34	API Spec 12F	贮存生产液体的车间焊接罐规范
35	API Spec 12J	油气分离器规范
36	API Spec 12K	间接式油田加热器的规格
37	API Spec 12L	立式和卧式乳化液处理机的规范
38	API RP 12N	阻火器的操作、维护和测试建议
39	API Spec 12P	玻璃钢储罐规范
40	API RP 12R1	生产服务中储罐的设置、维护、检查、操作和修理建议
41	API Spec 13A	钻井液材料规范
42	API RP 13B-1	水基钻井液现场试验推荐做法
43	API RP 13B-2	油基钻井液现场测试推荐做法
44	API RP 13C	钻井液处理系统评价建议
45	API RP-13D	油井钻井液的流变学和水力学建议
46	API RP 13I	实验室测试钻井液的推荐做法
47	API RP 13J	加重液的测试
48	API RP 13M	完井液黏性性质测量的推荐实践方法
49	API RP 13M-4	静态下测量模拟和 Gravel‑Pack 流体泄漏的推荐做法
50	API RP 19B	油井射孔器的评价
51	API RP 19C	在水力压裂和砾石充填作业中使用的支撑剂性能的推荐测量实践
52	API RP 19D	支撑剂长期电导率的推荐测量方法
53	API RP 49	含硫化氢的钻井和修井作业推荐做法
54	API RP 53	钻井作业防喷设备系统推荐做法
55	API RP 54	油气井钻井和修井作业的职业安全
56	API RP 55	含硫化氢的油气生产和气体处理作业推荐做法
57	API RP 65	深井浅层流动带的固井
58	API RP 67	油田炸药研究推荐实践方法

序号	编号	名称
59	API RP 74	油气井钻井和修井作业的职业安全
60	API RP 75L	陆上石油和天然气生产操作和相关活动的安全和环境管理系统的指导文件
61	API RP 76	承包商对油气钻采作业的安全管理
62	API RP 90	海上井环空套管压力管理
63	API RP 2350	石油设施中储油罐的超充保护
64	API Publication 4663	油气生产设施盐渍化土壤的修复
65	API Bulletin E2	石油天然气生产中天然放射性废物材料管理通报（规范）
66	API Bulletin E3	环境指导文件：美国勘探和生产作业的弃井和不活跃的钻井实践
67	API Environmental Guidance Doucument E5	勘探和生产作业中的废物管理
68	API	商业勘探和生产废物管理设施指南

注：（1）这些做法是为了满足或超过联邦要求，同时保持足够的灵活性，以适应由于区域地质和其他因素的差异而产生的监管框架的变化。

（2）引自美国石油学会。

在物理上，岩石中的裂缝表现为结构面（内聚力损失）的狭窄区域，是机械破裂的产物。脆性破坏是指上述变形模式，而在较高温度和较高压力下，韧性破坏（由于压力而产生永久变形，但不丧失内聚力）可能发生在脆性破坏点之前（Lei et al.，2015）。裂缝可能是张性的，即 I 型裂缝，也可能表现出与裂缝前缘扩展方向平行的 II 型或垂直 III 型的剪切分量，剪切裂缝也被称为断层。

在碳酸盐岩中，天然裂缝比在砂岩中更常见，一些较好的裂缝性储层出现在花岗岩地层中，也常被称为非常规储层。裂缝产生的方向由区域应力方向决定，通常平行于附近断层或褶皱的方向，但在逆断层的情况下，可能垂直于断层，也可能有两个正交的方向。诱导裂缝通常垂直于天然裂缝。

5.5.1 选层

水力裂缝的成功与否往往取决于所选择的目标储层质量，选择优质的目标储层进行改造能确保水力压裂成功，相反地，目标储层较差时，通常会导致压裂技术和效益上的失败。为了选择最佳的改造方案，设计工程师必须考虑许多变量，其中水力压裂最关键的参数是：（1）储层渗透率；（2）地应力分布；（3）储层流体的黏度；（4）储层压力；（5）储层深度；（6）井筒条件；（7）表皮系数。如上所述，表皮系数表征储层是否已经被改造，或者是伤害情况，表皮系数的范围从 −6 表征无限导流能力的矩形水力裂缝，到 100 以上表征储层伤害。如果表皮系数为正值，表明储层受到损害，可能成为水力压裂改造的目标对象。

从致密页岩储层中开采油气的水力压裂目标候选井，需要具有较高的原始含气量（OGIP）或含油量（OOIP），并且在净产层段上方和下方具有良好的裂缝扩展遮挡。如果原油储层含气，有助于原油流入井筒。这类油藏具有以下特征：（1）厚产层；（2）中高压；

（3）地应力遮挡，以减少缝高的增长；（4）较大的储层面积范围。不适合水力压裂的储层是：（1）薄层而导致的含气量少；（2）储层压力低；（3）储层面积范围小。

此外，在产层段之上或之下没有足以抑制裂缝缝高发育的纯页岩储层，认为是较差的候选储层。此外，即使储层改造成功实施，渗透率极低的储层可能无法生产满足经济效益的油气产量，因此，这类储层也不是水力压裂改造的良好对象。

5.5.2　压裂施工设计

压裂工艺设计工程师的目标是针对低渗透油气储层（Holditch et al.，1978，1987），通过优化支撑裂缝长度和泄油面积（井间距），为每口井设计最优的压裂改造方式。随着裂缝支撑长度的增加，累计产量增加导致收入增加。但随着裂缝长度的增加，财务效益增量（支撑裂缝长度每增加1ft的收入）减小。随着改造体积的增加，支撑裂缝长度增加。随着裂缝长度的增加，每条裂缝增量成本增加。当改造的增加成本与增加改造量的效益增量进行比较时，可以评估获得最佳的支撑裂缝长度。

5.5.3　优化设计流程

设计水力压裂方案的最重要的数据是：（1）地应力剖面；（2）地层的渗透率；（3）流体滤失特性；（4）泵送的总液量；（5）支撑剂类型；（6）支撑剂的用量；（7）携砂液体积；（8）压裂液的黏度；（9）泵注排量；（10）岩石杨氏模量。如果杨氏模量较大，则岩石是刚性的。在水力压裂中，坚硬的岩石产生更窄的裂缝。若杨氏模量较低，则裂缝较宽。岩石的杨氏模量是岩性、孔隙度、流体类型等变量的函数。因此，计算压裂地层的地应力剖面和渗透率剖面，对计算裂缝高度极其重要。

为了设计最佳的压裂方案，首先需要确定裂缝长度和裂缝导流能力对产能和最终采收率的影响。工程问题采用敏感性分析来评估不确定性，如地层渗透率和驱替面积的预测。然后，通过裂缝扩展模型来设计裂缝方案，以最小的成本实现需要的裂缝长度和导流能力。需要建立水力裂缝扩展模型，根据泵注程序所需的压裂液和支撑剂规模，计算得到支撑裂缝长度和裂缝导流能力的最佳值，井与井有所区别。有助于确定哪些变量是最不确定的，例如，在许多情况下，无法确定地应力、杨氏模量、渗透率和流体滤失系数的准确值，必须进行估计，从而导致不确定性。必须认识到这些不确定性对裂缝扩展模型的敏感性，以便注意这些不确定性对设计过程的影响。数据量的逐步增加，不确定性的数量和大小应该会减少。只有在大量水力裂缝模拟的情况下才能实现，这有助于设计改进，同时也建立了特定变量影响所产生的裂缝和支撑裂缝的尺寸的方法。

5.5.4　压裂液优选

水力压裂关键环节之一是压裂液优选，根据以下因素选择压裂液类别：（1）储层温度；（2）储层压力；（3）裂缝半长的预计值；（4）确定储层是否水敏（Economides and Nolte，2000）。

支撑剂的选择是根据油气井生产周期内作用在支撑剂上的最大有效应力来确定的。最大有效应力取决于井底流压的最小值。例如，当最大有效应力小于6000psi，通常使用石英砂作为支撑剂；当最大有效应力在6000～12000psi，则根据温度的不同，优先使用覆膜砂或中等强度支撑剂；当最大有效应力大于12000psi时，应使用高强度陶粒作为支撑剂。也有一些特殊情况，例如，即使最大有效应力小于6000psi，但存在支撑剂回流问题时，可以优先选用树脂覆膜砂或其他有效包裹支撑剂的添加剂。另外，在高流速气井中，需要使用中等强度的支撑剂。石英砂的最大成本是运输成本。因此，当需要考虑进口石英砂支撑剂时，本地中等强度支撑剂可考虑替代，前提是本地中等强度支撑剂和石英砂的运输成本更经济。

压裂液的优选性能与地层岩石、地层流体的配伍性紧密相关，确保在裂缝中传递足够的压力，形成宽裂缝，并且能够将支撑剂输送到裂缝中，同时在返排处理后分解为低黏度的流体进行清理。最重要的剪切流变性能必须满足必要的指标要求。

5.5.5 支撑剂优选

支撑剂（压裂砂或支撑剂）必须具有一系列特性，这些特性可以激活支撑剂，从而确定支撑剂的类型，主要技术标准有：（1）筛分目数尺寸；（2）圆球度；（3）密度；（4）在酸性溶液中的溶解度；（5）浊度，即肉眼通常看不见的大量单个颗粒引起的流体的浑浊；（6）破碎试验；（7）导流能力试验，与支撑剂的铺置导流能力有关，而铺置导流能力与支撑剂的尺寸相关。在特殊应用中，一些不同类型的支撑剂作为标志物，确定支撑剂的回流来源。示踪陶粒支撑剂用于确定支撑剂的位置。

合成陶粒支撑剂一般由铝矾土和高岭石黏土烧结而成。另外，将高岭土经700℃（1290°F）热处理形成的偏高岭土与碱剂混合制备。根据配方中硅和铝的比例，聚合物可分为聚唾液酸盐（比例：1）、聚唾液酸硅氧烷（比例：2）和聚唾液酸二硅氧烷（比例：3）。

聚合物活化反应为放热反应，可分为以下几个阶段：

反应物的溶解：

$$Al_2O_3 + 3H_2O + 2OH^- \longrightarrow 2Al[(OH)_4] \tag{5.1}$$

固体从固体表面转移到凝胶相：

$$SiO_2 + H_2O + OH^- \longrightarrow [SiO(OH)_3] \tag{5.2}$$

凝胶相的缩聚：

$$SiO_2 + 2OH^- \longrightarrow [SiO_2(OH)_2] \tag{5.3}$$

自2004年以来，纳米碳在水泥基材料中已经开展应用，在一些研究中观察到抗压强度增加高达50%。在聚合物基体中掺入CNT，抗变形强度增加了40%，甚至在某些情况下增加了3倍。

5.5.5.1 支撑剂优选

非常规储层中最常见的完井方式是水平井分段多簇压裂。此外，考虑到裂缝导流能力，优选支撑剂时还必须解决其他几个问题，包括横切裂缝中的流动受阻、低黏度流体支撑剂输送，以及低浓度支撑剂容易破碎。

从横切裂缝进入水平井筒的产量在沿裂缝向下运移的过程中会在远井带表现出线性流动。然而，由于流体汇聚在相对较小的井筒直径上，该区域的流体速度急剧增加。

此外，与全连通的垂直井相比，横切裂缝中的压降可能是显著的。一般来说，为了满足这些要求，优先考虑高导流能力和粒径形状均匀的陶粒支撑剂。

在选择支撑剂时，必须选择即使全部破碎和嵌入后仍能保持足够导流能力的支撑剂（Terracina et al.，2010）。还应考虑非达西流、多相流和冻胶残渣损伤的影响。因此，支撑剂的选择依据是在油井寿命期内施加在支撑剂上的最大有效应力。最大有效应力取决于在油井寿命期内所期望的井底流压的最小值。若最大有效应力小于6000psi，通常推荐砂作为支撑剂。若最大有效应力在6000~12000psi之间，则根据温度的不同，应选用覆膜砂或中等强度支撑剂。对于最大有效应力大于12000psi的情况，应采用高强度铝矾土陶粒作为支撑剂。

一旦确定了最佳裂缝半长，并选择了压裂液和裂缝支撑剂，压裂设计工程师就需要利用数值模型来确定设计的细节，如最佳泵注排量。

支撑剂强度的增加往往以密度的增加为代价，而密度的增加反过来又要求压裂过程中更高的排量、压裂液黏度或泵注压力，这就导致了环境和经济方面的压裂成本增加。反过来，低密度支撑剂比石英砂（密度2.5g/cm^3）更低，从而实现较低的压力或排量下泵送。低密度支撑剂沉降的可能性较小。多孔材料可以打破强度—密度关系，甚至可以提供更大的渗透率。支撑剂几何形状也很重要，某些形状或形态放大了支撑剂颗粒的应力，使其特别容易破碎，例如一个尖锐的不连续面可以导致线弹性岩石变形中的无限应力。

支撑剂尺寸也会影响裂缝长度：如果裂缝宽度减小到支撑剂直径尺寸的两倍以下，支撑剂出现"桥接"。由于支撑剂沉降在裂缝中，支撑剂可以抵抗流体的流动或其他支撑剂的流动，从而抑制裂缝的持续扩展。此外，一旦外部流体压力被释放，闭合应力可能导致支撑剂反向流动。

通常，在致密页岩地层中，支撑剂在压裂施工过程中会发生破碎。包括从生产场地运输到压裂现场的过程中，会发生支撑剂的开裂和崩裂。应尽量减少支撑剂在运输过程中暴露于崩裂和开裂的风险。支撑剂破碎的主要来源是地层闭合，特别是在支撑剂分布不均匀的地方。对支撑剂包进行的导流能力测试显示，在壁面或界面处破碎最为普遍，而对堆积在中间的支撑剂的影响较小。

水力裂缝内的碎屑颗粒主要有两个来源：支撑剂堆积颗粒中产生，或储层本身产生。当支撑剂嵌入裂缝表面时，会因岩石剥落而产生碎屑，而支撑剂碎屑是由于支撑剂破碎而产生的。虽然所有支撑剂都会破碎，但其破碎的方式却取决于材质。当砂基支撑剂破碎时，它会像玻璃一样破碎，并破碎成许多小碎片（Palisch et al., 2007）。

过大的碎屑颗粒及那些小到足以流过支撑剂堆积的碎屑都不会对支撑剂堆积造成损害。然而，足够小的颗粒进入支撑剂堆积，但足够大的颗粒会堵塞支撑剂堆的孔喉，不利于支撑剂堆的导流能力。当支撑剂粉碎并产生能堵塞支撑剂堆积的细小颗粒时，支撑剂堆积的孔隙度降低，从而降低了支撑剂堆积的渗透率。支撑剂堆积内渗透率的降低会因此降低裂缝导流能力。

最后，通常用于非常规气藏的水力裂缝中泵注的低支撑剂浓度会导致裂缝中支撑剂的面浓度较低。这些较窄的裂缝会对支撑剂的破碎产生影响。在破碎堆内，内部颗粒受到保护，因为它们与6~12个相邻的颗粒接触。然而，外部颗粒接触点较少，导致接触点处应力较大，最终发生断裂。因此，随着支撑剂铺置宽度和面积浓度的减小，支撑剂的外壁颗粒尺寸减小。

5.5.5.2 支撑剂输送和铺置

流体以高排量和高压力注入井筒，并挤入井筒连通的地层中产生水力裂缝。裂缝内的黏性流体流动及其他效应产生了形成裂缝宽度和裂缝高度所需的净压力。泵入的流体规模会影响产生的裂缝长度，但在裂缝中泵入支撑剂的情况下，一旦停止泵入，产生的裂缝就会闭合。油气从地层流入裂缝的流量取决于支撑裂缝的尺寸。裂缝真正重要的特征是支撑的宽度、高度和长度分布；因此，在设计水力裂缝实施方案时，支撑剂的输送非常重要。

支撑剂在裂缝中的铺置受压裂液和支撑剂之间相互作用的一系列机理控制。例如，支撑剂密度和尺寸对支撑剂沉降有决定性影响，进而影响支撑剂在裂缝中的铺置。支撑剂的沉降速率与压裂液和支撑剂的密度差成正比，与流体黏度成反比。在页岩储层压裂泵送低黏度牛顿流体时，重要考虑因素是沉降。然而，由于沉降速度与黏性流体中的颗粒直径平方成正比（斯托克定律，是对小雷诺数，即非常小的颗粒的球形物体施加的摩擦力，也称为拖曳力的表达式），因此在压裂施工设计中，支撑剂直径可能更为重要，对沉降速度的影响比流体黏度大得多。

在压裂实施时泵入井内的第一段流体，即不含支撑剂的前置液，用于：（1）填充套管和油管；（2）测试地层压力；（3）压开地层。泵注前置液的目的是产生一个足够高和宽的裂缝，以挤入支撑剂。在前置液泵注完成之后，泵送含有支撑剂的携砂液进入裂缝。支撑剂颗粒随携砂液在裂缝中向上、向外和向下移动，并由于重力作用而在裂缝中沉降。沉降速度随支撑剂直径和密度的增大而增大，随压裂液密度和黏度的增大而减小。为了尽量减少支撑剂沉降，可以使用直径较小或密度较小的支撑剂，以及黏性较大的压裂液。

在计算支撑裂缝尺寸时，还必须考虑其他因素。例如，压裂液的类型会影响支撑剂在线弹性压裂液中的运移，如交联压裂液或黏弹性表面活性剂流体。也要考虑地质情况，例如，裂缝是否垂直，裂缝的壁面粗糙度。如果沿裂缝壁面存在转向和拐弯，与光滑壁面和平行平板系统中的理论公式相比，这些地质特征往往会降低支撑剂的沉降。还需考虑其他问题，如：（1）泵注期间的裂缝高度增长；（2）层状地层中的液体滤失；（3）压裂液黏度也会影响支撑裂缝尺寸（Gidley et al.，1989；Smith et al.，1997）。

5.5.6 压后评估

分析压裂后的产量和压力数据需要确定储层中的流动类型。选用正确的流态分析数据。对于含有有限导流水力裂缝的井，发生的流态包括：（1）双线性流；（2）线性流；（3）过渡流；（4）拟径向流。这些流型可以用无量纲时间来定义。

包含双线性流、线性流和过渡流的流态可以称为瞬变流。拟径向流数据可以采用半稳态方法进行分析。在大多数含有有限导流水力裂缝的致密气藏中，试井过程中测得的流量和压力数据一般属于瞬变流范畴。

在含有水力裂缝的致密储层中，很少能利用半稳态分析技术成功分析试井数据。因此，通常优先采用瞬变流分析方法对此类数据进行分析。如果有长期（数年）的生产数据，半稳态方法可以成功地用于分析生产和压力数据。

在很多情况下，压后初期压裂液被返排到返排坑中，经过处理压裂液使其足够干净再回收。压裂井停止返排支撑剂和压裂液后，通常会安装测试分离器来监测油气的流量。随后对流量和流动压力进行分析，以估计储层和裂缝属性的值。

如果使用有限差分油藏数值模拟器进行现场分析，显然，如果准确地测量生产和压力瞬态数据，就可以更好地表征储层和水力裂缝。早期的流量数据大多受裂缝导流能力的影响，通常称为双线性流。在生产后期，线性流动时，流量数据受裂缝半长的影响最大。若达到拟径向流，则流量数据受地层渗透率影响最大。因此，如果在最初的几天和几周内没有准确测量早期的流量和压力数据，就有可能对水力裂缝的性质预测错误。

最后，在生产过程中，将从井中生产的油气输送到集输管道。由于大规模的致密页岩油气近期投入生产，井的生产寿命并没有完全确定。然而，普遍认为，与常规油气井生产相比，非常规油气井的产量下降速度更快。例如，在 Arkansas 州中北部的 Fayetteville 储层中，据估计，压裂井投产后的前五年累计产量占整个生命周期的一半（Maso，2011）。一旦油气井不再以经济的速度生产，将拆除井口，用水泥填充井筒以防止气体泄漏到空气中，回收地面，场地被废弃，收回至地面矿权持有人。

<h1 style="text-align:center">参 考 文 献</h1>

Agarwal, R.G., Carter, R.D., Pollock, C.B., 1979. Evaluation and performance prediction of low-permeability gas wells stimulated by massive hydraulic fracturing. J. Pet. Technol. 31（3）, 362e372. SPE-6838-PA. Society of Petroleum Engineers, Richardson, Texas.

Aggour, T.M., Economides, M.J., 1998. Optimization of the performance of high-permeability fractured wells. Paper No. 39474. In: Proceedings. SPE International Symposium on Formation Damage Control. Lafayette, Louisiana. Society of Petroleum Engineers, Richardson, Texas.

Ahmadov, R., Vanorio, T., Mavko, G., 2009. Confocal laser scanning and atomic-force microscopy in estimation of elastic properties of the organic-rich Bazhenov formation. Lead. Edge 28, 18e23.

Akrad, O., Miskimins, J., Prasad, M., 2011. The effects of fracturing fluids on shale rock-mechanical properties and proppant embedment. Paper No. SPE 146658. In: Proceedings. SPE Annual Technical Conference and Exhibition, Denver, Colorado. October 30eNovember 2. Society of Petroleum Engineers, Richardson, Texas.

Amadei, B., Stephansson, O., 1997. Rock Stress and its Measurement. Cambridge University Press, Cambridge, United Kingdom.

API RP 13M, 2004. Recommended practice for the measurement of viscous properties of completion fluids. In: Industry Guidance/Best Practices on Hydraulic Fracturing（HF）. American Petroleum Institute, Washington, DC.

API RP 19C, 2015. Recommended Practice for Measurement of Properties of Proppants Used in Hydraulic Fracturing and Gravel-Packing Operations. American Petroleum Institute, Washington, DC.

API RP 19D, 2015. Recommended Practice for Measuring the Long-Term Conductivity of Proppants. American Petroleum Institute, Washington, DC.

API RP 13M-4, 2015. Recommended Practice for Measuring Stimulation and Gravel-Pack Fluid Leak-Off under Static Conditions. American Petroleum Institute, Washington, DC.

Arthur, J.D., Bohm, B., Layne, M., 2008. Hydraulic fracturing considerations for natural gas wells of the Marcellus shale. In: ALL Consulting. Presented at the GWPC Annual Forum in Cincinnati, OH. September. Groundwater Protection Council, Oklahoma City, Oklahoma.

Arthur, J.D., Bohm, B., Coughlin, B.J., Layne, M., 2009. Evaluating implications of hydraulic fracturing in shale gas reservoirs. Paper No. SPE 121038. In: Proceedings., 2009 SPE Americas Environmental and Safety Conference, San Antonio, Texas. March 23e25. Society of Petroleum Engineers, Richardson, Texas.

ASTM D421, 2015. Standard Practice for Dry Preparation of Soil Samples for Particle-Size Analysis and Determination of Soil Constants. Annual Book of Standards. ASTM International, West Conshohocken, Pennsylvania.

ASTM D422, 2015. Standard Test Method for Particle-Size Analysis of Soils. Annual Book of Standards. ASTM International, West Conshohocken, Pennsylvania.

ASTM D2166, 2015. Standard Test Method for Unconfined Compressive Strength of Cohesive Soil. Annual Book of Standards. ASTM International, West Conshohocken, Pennsylvania.

ASTM D2216, 2015. Standard Test Methods for Laboratory Determination of Water (Moisture) Content of Soil and Rock by Mass. Annual Book of Standards. ASTM International, West Conshohocken, Pennsylvania.

ASTM D4318, 2015. Standard Test Methods for Liquid Limit, Plastic Limit, and Plasticity Index of Soils. Annual Book of Standards. ASTM International, West Conshohocken, Pennsylvania.

Azar, J.J., Samuel, G.R., 2007. Drilling Engineering. PennWell Corporation, Tulsa, Oklahoma.

Baihly, J., Laursen, P., Ogrin, J., Le Calvez, J.H., Villarreal, R., Tanner, K., Bennett, L., 2006. Using microseismic monitoring and advanced stimulation technology to understand fracture geometry and eliminate screenout problems in the Bossier sand of east Texas. Paper No. SPE 102493. In: Proceedings. SPE Annual -Conference and Exhibition, San Antonio, Texas. September 24-27.

Barree, R.D., Fisher, M.K., Woodrood, R.A., 2002. A practical guide to hydraulic fracture diagnostics technologies. Paper No. SPE 77442. In: Proceedings. SPE Annual Technical Conference and Exhibition, San Antonio, TX, USA, 29 September 29eOctober 2.

Britt, L.K., Jones, J.R., Miller, W.K., 2010. Defining horizontal well objectives in tight and unconventional gas reservoirs. Paper No. CSUG/SPE 137839. In: Proceedings. Canadian Unconventional Resources & International Petroleum Conference, Calgary Alberta, Canada. October 19e21. Society of Petroleum Engineers, Richardson, Texas.

Britt, L.K., 2012. Fracture stimulation fundamentals. J. Nat. Gas Sci. Eng. 8, 34e51.

Chen, M., Sun, Y., Fu, P., Carrigan, C.R., Lu, Z., Tong, C.H., Buscheck, T.A., 2013. Surrogate-based optimization of hydraulic fracturing in pre-existing fracture networks. Comput. Geosci. 58, 69e79.

Cho, Y., Ozkan, E., Apaydin, O.G., 2013. Pressure-dependent natural-fracture permeability in shale and its effect on shale-gas well production. SPE Reserv. Eval. Eng. 16(02), 216e228.

Cinco-Ley, H., Samaniego, V.F., Dominguez-A, N., 1978. Transient pressure behavior for a well with a finiteconductivity vertical fracture. SPE J. 18(4), 253e264.

Cipolla, C., Wright, C.A., 2002. Diagnostic techniques to understand hydraulic fracturing: what? Why and how?. In: Proceedings. 2002 SPE/CERI Gas Technology Symposium, Calgary, Canada. April 3e5. Society of Petroleum Engineers, Richardson, Texas.

Cipolla, C.L., Lolon, E.P., Mayerhofer, M.J., Warpinski, N.R., 2009. Fracture design considerations in horizontal wells drilled in unconventional gas reservoirs. Paper No. SPE 119366. In: Proceedings. SPE Hydraulic Fracturing Technology Conference, the Woodlands, Texas. January 19e21.

Cipolla, C.L., Lolon, E.P., Erdle, J.C., Rubin, B., 2010. Reservoir modeling in shale-gas reservoirs. SPE Reserv. Eval. Eng. 13(4), 638e653. Also paper no. SPE 125530-PA, Society of Petroleum Engineers, Richardson, Texas.

Daniels, J., Waters, G., LeCalvez, J., Lassek, J., Bentley, D., 2007. Contacting more of the Barnett shale through an integration of real-time microseismic monitoring, petrophysics and hydraulic fracture design. Paper No. 110562. In: Proceedings. SPE Annual Technical Conference and Exhibition, Anaheim, California.

Das, I., Zoback, M.D., 2011. Long-period, long-duration seismic events during hydraulic fracture stimulation of a shale gas reservoir. Lead. Edge 30, 778e786.

Davis, J., Warpinski, N.R., Davis, E.J., Griffin, Malone, S.L.G., 2008. Joint inversion of downhole tiltmeter and microseismic data and its application to hydraulic fracture mapping in tight gas sand formation. Paper No. ARMA 08-344. In: Proceedings. 42nd US Rock Mechanics Symposium and 2nd US-Canada Rock Mechanics Symposium. San Francisco, June 29eJuly 2.

Devereux, S., 2012. Drilling Technology in Non-technical Language, second ed. PennWell Publishing Corporation, Tulsa, Oklahoma.

Economides, M.J., Nolte, K.G., 2000. Reservoir Stimulation, third ed. John Wiley & Sons Inc., Hoboken, New Jersey.

Ely, J.W., 1985. Handbook of Stimulation Engineering. PennWell Publishing, Tulsa, Oklahoma.

Eshkalak, M.O., Aybar, U., Sepehrnoori, K., 2014. An integrated reservoir model for unconventional resources, coupling pressure dependent phenomena. Paper No. SPE 171008. In: Proceedings. 2014 SPE Eastern Regional Meeting, Charleston, West Virginia. October 21e23. Society of Petroleum Engineers, Richardson, Texas.

Fernø, M.A., Haugen, Å., Graue, A., Howard, J.J., 2008. The significance of wettability and fracture properties on oil recovery efficiency in fractured carbonates. Paper No. SCA2008-22. In: Proceedings. International Symposium of the Society of Core Analysts Held in Abu Dhabi, United Arab Emirates. October 29eNovember 2. http://www.researchgate.net/publication/267678303_The_significance_of_wettability_and_fracture_ properties_on_oil_ recovery_efficiency_in_fractured_carbonates.

Fisher, M.K., Heinze, J.R., Harris, C.D., McDavidson, B.M., Wright, C.A., Dunn, K.P., 2004. Optimizing horizontal completion techniques in the Barnett shale using microseismic fracture mapping. Paper No. SPE 90051. In: Proceedings. SPE Annual Technical Conference and Exhibition, Houston, Texas. September 26e29.

Fisher, K., 2012. Trends take fracturing back to the future. Am. Oil Gas Rep. 55(8), 86e97.

Flewelling, S.A., Tymchak, M.P., Warpinski, N., 2013. Hydraulic fracture height limits and fault interactions in tight oil and gas formations. Geophys. Res. Lett. 40, 3602e3606.

Gidley, J.L., Holditch, S.A., Nierode, D.E., 1989. Proppant transport. In: Recent Advances in Hydraulic Fracturing. SPE Monograph No. 12. Chapter 10, Page 210. Monograph Series, Society of Petroleum Engineers, Richardson, Texas.

Gidley, J.L., Holditch, S.A., Nierode, D.E., Veatch, R.W., 1990. Hydraulic fracturing to improve production. In: Monograph Series SPE 12, Society of Petroleum Engineers, Richardson, Texas.

Green, K.P., 2014. Managing the Risks of Hydraulic Fracturing. Fraser Institute, Vancouver, British Columbia, Canada. http://catskillcitizens.org/learnmore/managing-the-risks-of-hydraulic-fracturing.pdf.

Green, K.P., 2015. Managing the Risks of Hydraulic Fracturing: An Update. Fraser Institute, Vancouver, British Columbia, Canada. https://www.fraserinstitute.org/studies/managing-the-risks-of-hydraulic-fracturing-anupdate.

Hammack, R., Harbert, W., Sharma, S., Stewart, B., Capo, R., Wall, A., Wells, A., Diehl, R., Blaushild, D., Sams, J., Veloski, G., 2014. An evaluation of fracture growth and gas/fluid migration as horizontal Marcellus shale gas wells are hydraulically fractured in Greene county, Pennsylvania. Report No. NETL-TRS-3-2014. In: EPAct Technical Report Series. National Energy Technology, Laboratory, Pittsburgh, Pennsylvania. US Department of Energy, Washington, DC.

Hareland, G.I., Rampersad, P., Dharaphop, J., Sasnanand, S., 1993. Hydraulic fracturing design optimization. Paper No. 26950. In: Proceedings. SPE Eastern Regional Conference and Exhibition, Pittsburgh, Pennsylvania. Society of Petroleum Engineers, Richardson, Texas, pp. 493e500.

Hibbeler, J., Rae, P., 2005. Simplifying hydraulic fracturing: theory and practice. Paper No. SPE 97311. In: Proceedings. 2005 SPE Technical Conference and Exhibition, Dallas, Texas. October 9e12. Society of

Petroleum Engineers, Richardson, Texas.

Holditch, S.A., Jennings, J.W., Neuse, S.H., 1978. The optimization of well spacing and fracture length in low permeability gas reservoirs. Paper No. SPE-7496. In: Proceedings. SPE Annual Fall Technical Conference and Exhibition, Houston, Texas, October 1e3. Society of Petroleum Engineers, Richardson, Texas.

Holditch, S.A., 1979. Factors affecting water blocking and gas flow from hydraulically fractured gas wells. J. Pet. Technol. 31 (12), 1515e1524.

Holditch, S.A., Robinson, B.M., Whitehead, W.S., 1987. Prefracture and postfracture formation evaluation necessary to characterize the three dimensional shape of the hydraulic fracture. In: Proceedings. SPE Formation Evaluation. December 1987. Society of Petroleum Engineers, Richardson, Texas.

Hornby, B.E., Schwartz, L.M., Hudson, J.A., 1994. Anisotropic effective-medium modeling of the elastic properties of shales. Geophysics 59, 1570e1583.

Howard, G.C., Fast, C.R., 1970. Hydraulic Fracturing. American Institute of Mining, Metallurgical and Petroleum Engineers, Inc. (AIME) and Society of Petroleum Engineers (SPE), Richardson, Texas.

Hubbert, M.K., Willis, D.G., 1957. Mechanics of hydraulic fracturing. Pet. Trans. AIME 210, 153.

Johnston, J.E., Christensen, N.I., 1995. Seismic anisotropy of shales. J. Geophys. Res. 100, 5991e6003.

Jones, J.R., Britt, L.K., 2009. Design and Appraisal of Hydraulic Fractures. Society of Petroleum Engineers, Richardson, Texas.

Keelan, D.K., 1982. Core Analysis for Aid in Reservoir Description. Society of Petroleum Engineers (SPE) of AIME Distinguished Author Series. Society of Petroleum Engineers, Richardson, Texas.

Kennedy, R.L., Gupta, R., Kotov, S.V., Burton, W.A., Knecht, W.N., Ahmed, U., 2012. Optimized shale resource development: proper placement of wells and hydraulic fracture stages. Paper No. 162534. In: Proceedings. Abu Dhabi International Petroleum Conference and Exhibition. Abu Dhabi, United Arab Emirates. November 11e14. Society of Petroleum Engineers, Richardson, Texas.

King, G.E., 2010. Thirty years of gas shale fracturing: what have we learned? Paper No. SPE 133456. In: Proceedings. SPE Annual Technical Conference and Exhibition Florence, Italy. September.

King, G.E., 2012. What every representative, environmentalist, regulator, reporter, investor, university researcher, neighbor and engineer should know about estimating frac risk and improving frac performance in unconventional gas and oil wells. In: Proceedings. SPE Hydraulic Fracturing Technology Conference, Woodlands, Texas. February 6e8. Paper No. SPE 152596. Society of Petroleum Engineers, Richardson, Texas.

Lee, W.J., Holditch, S.A., 1981. Fracture evaluation with pressure transient testing in low-permeability gas reservoirs. J. Pet. Technol. 33 (9), 1776e1792. SPE-9975. Society of Petroleum Engineers, Richardson, Texas.

Lei, X., Zhang, S., Guo, T., Xiao, B., 2015. New evaluation method of the ability of forming fracture network in tight sandstone reservoir. Int. J. Environ. Sustain. Dev. 6 (9), 688e692.

Loucks, R.G., Reed, R.M., Ruppel, S.C., Jarvie, D.M., 2009. Morphology, genesis, and distribution of nanometer-scale pores in siliceous mudstones of the Mississippian Barnett shale. J. Sediment. Res. 79, 848e861.

Mader, D., 1989. Hydraulic Proppant Fracturing and Gravel Packing. Elsevier, Amsterdam, Netherlands.

Mason, J., April 4, 2011. Well production profiles for the Fayetteville shale gas play. Oil Gas J.

Maxwell, S., 2011. Microseismic hydraulic fracture imaging: the path toward optimizing shale gas production. Lead. Edge 30, 340e346.

Mohaghegh, S., Balanb, B., Platon, V., Ameri, S., 1999. Hydraulic fracture design and optimization of gas storage wells. J. Pet. Sci. Eng. 23, 161e171.

Mooney, C., 2011. The truth about fracking. Sci. Am. 305, 80e85.

Palisch, T., Duenckel, R., Bazan, L., Heidt, H., Turk, G., 2007. Determining realistic fracture conductivity and understanding its impact on well performance e theory and field examples. Paper No. SPE-106301-MS. In: Proceedings. SPE Hydraulic Fracturing Technology Conference, College Station, Texas. January 29-31. Society of Petroleum Engineers, Richardson, Texas.

Parker, M.A., Sanchez, P.W., 2012. New proppant for hydraulic fracturing improves well performance and decreases environmental impact of hydraulic fracturing operations. Paper No. SPE-161344-MS. In: Proceedings. SPE Eastern Regional Meeting, Lexington, Kentucky. October 3e5. Society of Petroleum Engineers, Richardson, Texas.

Passey, Q.R., Bohacs, K.M., Esch, W.L., Klimentidis, R., Sinha, S., 2010. From oil-prone source rocks to gas-producing shale reservoir e geologic and petrophysical characterization of unconventional shale-gas reservoir. Paper No. SPE 131350. In: Proceedings. CPS/SPE International Oil & Gas Conference and Exhibition. Society of Petroleum Engineers, Richardson, Texas.

Phatak, A., Kresse, O., Nevvonen, O.V., Abad, C., Cohen, C.E., Lafitte, V., Abivin, P., Weng, X., England, K.W., 2013. Optimum fluid and proppant selection for hydraulic fracturing in shale gas reservoirs: a parametric study based on fracturing-to-production simulations. Paper No. SPE163876. In: Proceedings. SPE Hydraulic Fracturing Technology Conference, 4e6 February, the Woodlands, Texas. Society of Petroleum Engineers, Richardson, Texas.

Phillips, W.J., 1972. Hydraulic fracturing and mineralization. J. Geol. Soc. Lond. 128, 337e359.

Postler, D.P., 1997. Pressure integrity test interpretation. Paper No. SPE/IADC 37589. In: Proceedings. 1997 SPE/ IADC Conference, Amsterdam, Netherlands, March 4e6. Society of Petroleum Engineers, Richardson, Texas.

Reinicke, A., Rybacki, E., Stanchits, S., Huenges, E., Dresen, G., 2010. Hydraulic fracturing stimulation techniques and formation damage mechanisms: implications from laboratory testing of tight sandstoneeproppant systems. Chem. Erde 70(S3), 107e117.

Reddy, T.R., Nair, R.R., 2012. Fracture characterization of shale gas reservoir using connected - cluster DFN simulation. In: Sharma, R., Sundaravadivelu, R., Bhattacharyya, S.K., Subramanian, S.P. (Eds.), Proceedings. 2nd International Conference on Drilling Technology 2012 (ICDT-2012) and 1st National Symposium on Petroleum Science and Engineering 2012(NSPSE-2012) . Page 133e136. December 6e8.

Rixe, F.H., Fast, C.R., Howard, G.C., April 1963. Selection of propping agents for hydraulic fracturing. In: Proceedings. Spring Meeting, Rocky Mountain District, API Division of Production. American Petroleum Institute, Washington, DC.

Rueda, J.I., Rahim, Z., Holditch, S.A., 1994. Using a mixed integer linear programming technique to optimize a fracture treatment design. Paper No. 29184. In: Proceedings. SPE Eastern Regional Meeting, Charleston, South Carolina. Society of Petroleum Engineers, Richardson, Texas, pp. 233e244.

Scanlon, B.R., Reedy, R.C., Nicot, J.P., 2014. Comparison of water use for hydraulic fracturing for oil and gas versus conventional oil. Environ. Sci. Technol. 48, 12386e12393.

Secor, D.T., 1965. Role of fluid pressure in jointing. Am. J. Sci. 263, 633e646.

Slattery, J.C., 2001. Tw-phase flow through porous media. AIChE J. 16(3), 345e352.

Smith, M.B., Hannah, R.R., 1996. High-permeability fracturing: the evolution of a technology. SPE J. Pet. Technol. 48(7), 628e633.

Smith, M.B., Bale, A., Britt, L.K., 1997. Enhanced 2D proppant transport simulation: the key to understanding proppant flowback and post-frac productivity. Paper No. SPE-38610-MS. In: Proceedings. SPE Annual

Technical Conference and Exhibition, San Antonio, Texas. October 5e8. Society of Petroleum Engineers, Richardson, Texas.

Sondergeld, C.H., Ambrose, R.J., Rai, C.S., Moncrieff, J., 2010. Microstructural studies of gas shales. Paper No. 131771. In: Proceedings. SPE Unconventional Gas Conference. Society of Petroleum Engineers, Richardson, Texas.

Sondergeld, C.H., Rai, C.S., 2011. Elastic anisotropy of shales. Lead. Edge 30, 324e331.

Sone, H., Zoback, M.D., 2013a. Mechanical properties of shale-gas reservoir rocks e part 1: static and dynamic elastic properties and anisotropy. Geophysics 78(5), D381eD392.

Sone, H., Zoback, M.D., 2013b. Mechanical properties of shale-gas reservoir rocks e part 2: ductile creep, brittle strength, and their relation to the elastic modulus. Geophysics 78(5), D393eD402.

Sorbie, K.S., Laing, N., 2004. How scale inhibitors work: mechanisms of selected barium sulfate scale inhibitors across a wide temperature range. Paper No. SPE 87470. In: Proceedings. SPE 6th International Symposium on Oilfield Scale. Aberdeen, Scotland. May 26e27. Society of Petroleum Engineers, Richardson, Texas.

Speight, 2014. The Chemistry and Technology of Petroleum, fifth ed. CRC Press, Taylor & Francis Group, Boca Raton, Florida.

Speight, J.G., 2015. Handbook of Petroleum Product Analysis, second ed. John Wiley & Sons Inc., Hoboken, New Jersey.

Speight, J.G., 2016a. Introduction to Enhanced Recovery Methods for Heavy Oil and Tar Sands, second ed. Gulf Professional Publishing, Elsevier, Oxford, United Kingdom.

Speight, J.G., 2016b. Handbook of Hydraulic Fracturing. John Wiley & Sons Inc., Hoboken, New Jersey.

Spellman, F.R., 2013. Environmental Impacts of Hydraulic Fracturing. CRC Press, Taylor & Francis Group, Boca Raton, Florida.

Spellman, F.R., 2016. Handbook of Environmental Engineering. CRC Press, Taylor & Francis Group, Boca Raton, Florida.

Terracina, J.M., Turner, J.M., Collins, D.H., Spillars, S.E., 2010. Proppant selection and its effects on the results of fracturing treatments performed in shale formations. Paper No. SPE 135502. In: Proceedings. SPE Annual Technical Conference and Exhibition, Florence, Italy. September 19e22. Society of Petroleum Engineers, Richardson, Texas.

Unalmiser, S., Funk, J.J., 2008. Engineering Core Analysis. SPE Distinguished Author Series. Paper No. SPE 36780. Society of Petroleum Engineers, Richardson, Texas.

US, E.I.A., 2014. United States Energy Information Administration, May 7, 2014, Annual Energy Outlook 2014. Energy Information Administration, US Department of Energy, Washington, DC. http://www.eia.gov/forecasts/aeo/index.cfm.

Valko, P.P., Oligney, R.E., Economides, M.J., 1998. High permeability fracturing of gas wells. Pet. Eng. Int. 71 (1), 75e88.

Vanorio, T., Mukerji, T., Mavko, G., 2008. Emerging methodologies to characterize the rock physics properties of organic-rich shales. Lead. Edge 27, 780e787.

Veatch Jr., R.W., 1983. Overview of current hydraulic fracturing design and treatment technology, part 1. J. Pet. Technol. 35(4), 677e687. Paper SPE-10039-PA, Society of Petroleum Engineers, Richardson, Texas.

Veatch Jr., R.W., Moschovidis, Z.A., 1986. An overview of recent advances in hydraulic fracturing technology. Paper No. SPE-14085-MS. In: Proceedings. International Meeting on Petroleum Engineering, Beijing, China. March 17e20. Society of Petroleum Engineers, Richardson, Texas.

Vernik, L., Liu, X., 1997. Velocity anisotropy in shales: a petrophysical study. Geophysics 62, 521e532.

Vernik, L., Milovac, J., 2011. Rock physics of organic shales. Lead. Edge 30, 318e323.

Vernik, L., Nur, A., 1992. Ultrasonic velocity and anisotropy of hydrocarbon source rocks. Geophysics 57, 727e735.

Vincent, M.C., 2002. Proving it – a review of 80 published field studies demonstrating the importance of increased fracture conductivity. Paper No. SPE 77675. In: Proceedings. SPE Annual Technical Conference and Exhibition, San Antonio, Texas. September 29eOctober 2. Society of Petroleum Engineers, Richardson, Texas.

Vulgamore, T., Clawson, T., Pope, C., Wolhart, S., Mayerhofer, M., Machovoe, S., Waltman, C., 2007. Applying hydraulic fracture diagnostics to optimize stimulations in the woodford shale. Paper No. SPE 110029. In: Proceedings. SPE Annual Technical Conference and Exhibition, Anaheim, California. November 11e14.

Warpinski, N.R., Engler, B.P., Young, C.J., Peterson, R., Branagan, P.T., Fix, J.E., 2005. Microseismic mapping of hydraulic fractures using multi-level wireline receivers. Paper No. SPE 30507. In: Proceedings. 2005 SPE Annual Technical Conference and Exhibition, Dallas, Texas. October 22e25. Society of Petroleum Engineers, Richardson, Texas.

Waters, G., Heinze, J., Jackson, R., Ketter, A., Daniels, J., Bentley, D., 2006. Use of horizontal well image tools to optimize Barnett shale reservoir exploitation. SPE Paper No. 103202. In: Proceedings. SPE Annual Technical Conference and Exhibition, San Antonio, Texas.

Weaver, J., Parker, M., Batenburg, D., Nguyen, P.D., 2007. Fracture-related diagenesis may impact conductivity. SPE J. 12 (3), 272e281. Paper No. SPE 98236. Society of Petroleum Engineers, Richardson, Texas.

Wen, Q., Zhang, S., Wang, L., Liu, Y., Li, X., 2007. The effect of proppant embedment upon the long-term conductivity of fractures. J. Pet. Sci. Eng. 55 (3e4), 221e227.

Wright, C.A., Davis, E.J., Wang, G., Weijers, L., 1999. Downhole tiltmeter fracture mapping: a new tool for direct measurement of hydraulic fracturing growth. In: Amadei, B., Krantz, R.L., Scott, G.A., Smeallie, P.H. (Eds.), Rock Mechanics for Industry. Balkema Publishers, Rotterdam, Netherlands.

Zhang, J., Ouyang, L., Zhu, D., Hill, A.D., 2015. Experimental and numerical studies of reduced fracture conductivity due to proppant embedment in the shale reservoir. J. Pet. Sci. Eng. 130, 37e45.

Zoback, M.D., 2010. Reservoir Geomechanics. Cambridge University Press, Cambridge, United Kingdom.

第6章 流体管理

6.1 引言

在本章中，术语"流体"是指引入地层用于开采天然气或原油的任何液体物质，以及从压裂层中采集的任何液体物质（表 6.1）。另外需要注意，为避免混淆，在本章中"含油页岩"一词是指任何含有不溶性烃类物质（干酪根）的烃源岩，上述烃类物质在无氧条件下被加热至 500℃（930℉）以上时，会热解转化为可燃的液态合成物质（见第 11 章和第 13 章）（Scouten，1990；Lee et al.，2007；Speight，2012，2014a，2016a）。

表 6.1 致密储层和页岩储层中典型有机流体的化学组分 单位：%（体积分数）

化学组分	干气	湿气	冷凝物	挥发油[①]
甲烷（CH_4）	86.12	92.46	73.19	57.60
乙烷（C_2H_6）	5.91	3.18	7.80	7.35
丙烷（C_3H_8）	3.58	1.01	3.55	4.21
丁烷衍生物（C_4H_{10}）	1.72	0.52	2.16	2.84
戊烷衍生物（C_5H_{12}）	0.50	0.21	1.32	1.84
己烷衍生物（C_6H_{14}）		0.14	1.09	1.92
庚烷衍生物（C_7H_{16}）		0.82	8.21	22.57

①致密储层和页岩储层中的原油。

在本书阐述的各类页岩油气开发生产工艺流程中（见第 14 章和第 15 章），含油页岩均需被加热至约 500℃（930℉），干酪根在此温度下会发生热解，从而生成油蒸气与天然气。上述油蒸气气流冷却后会生成液态油与非冷凝轻烃气体。用含油页岩干酪根生产油气等有价值产品的过程中，地下干馏（原位干馏）或地表干馏（离原位干馏）必不可少。然而，目前业界对于油气开发的研究主要采用将页岩开采至地表，并在地表设施内进行进一步处理的方法。根据加热方式的不同，可以对地表干馏工艺进行细化分类（Scouten，1990；Lee，1991；Lee et al.，2007；Speight，2012，2014a，2016a）。

在当前业界的概念中，源自致密页岩储层的原油（致密油）并非页岩油，因为其生产方式是开采（水力压裂），而非通过热转化从干酪根中生产合成原油（见第 13 章）。这里必须再次强调：从生产方式的角度出发，致密页岩储层开采出的原油与干酪根分解产生的原油有很大差别，尤其是因为致密页岩中的原油（与天然气）存在形态与其开采时的形态一致，所以前述两种原油的生产过程完全不同。因此，需要注意天然气/原油开采流程与干酪根原位干馏/离原位干馏生产流程中，二者所需用水条件与用水量并不相同。

直到近期为止，受限于比较老旧的技术条件，致密储层中大量天然气与原油无法进行开采。然而，通过采用近年改良的水平钻井技术，结合水力压裂工艺，美国极为丰富的深层致密储层中的油气储量得以"解锁"。实际而言，由于致密储层本身的密度，通过水力压裂为油气创造通向油气产出井的通道是不可或缺的工艺步骤（见第5章）。另外，致密储层油气开发在高速发展的同时，也在受到日益严格的审查检验——这主要是出于开发作业对环境造成的各种影响，包括且不限于水力压裂致密储层所需的较大用水量。水平钻井水力压裂技术的革新推动了美国和加拿大致密储层资源（包括页岩气、液态天然气与致密油）的快速开发。实际而言，致密储层的油气资源开发确实显著丰裕了美国的天然气与原油资源。在世界范围内，很多国家政府（特别是阿根廷，加拿大，智利，中国，墨西哥，波兰，南非与英国）已经开始了对各自页岩油气储藏的经济性勘探评价。随着近年致密储层的天然气和原油储量的陆续探明并计入已知资源储量，可以认为油气资源储量具有真实不虚的增长潜力。

然而，对于致密储层油气资源的开发而言，水是不可或缺的，但是随着业界加大对可用致密储层的勘探开发，可用水资源将会（或已经）成为开发工作的限制因素。开采致密储层油气资源的钻井工程需要用到大量的水，其中水力压裂工程用水要求尤其高（见第5章），大部分情况下，上述工程的用水需要就地解决——异地运水在成本上是不可取的。不论如何，致密储层油气资源的开发团队一般也是当地或区域内的水资源消耗大户与水资源管理方，因此，这也造成了水—能源相互依存的局面。举例来说，提升开发工作的用水效率会降低对额外水资源的开发、运输、抽送、处理与分配需求，因此会减少油气资源开采能耗。另一方面而言，提升能源利用率会降低运输水所需的电力和燃料消耗，进而减少发电用冷却水与燃料加工用水的消耗，并因此减少开采原油与天然气的水资源用量。

因此，要开发深层致密、低渗透性页岩、砂岩或碳酸盐储层中的天然气和原油资源——这些储层通常位于数千英尺深的地下，需要消耗非常大量的水，而这种水消耗会对包括人类在内的动植物群体造成深刻影响。

最后，地下致密储层所在区域的水文条件往往随季节与位置而变化，不光是相邻储层，有些情况下单个储层的地表水文条件也会发生变化。前述水文条件多样性导致了开发工程的水资源需求存在差别，也因此使得油气开发团队难以稳定确保水平钻井与水力压裂工程的用水条件。因此，对于处于勘探阶段的待开发致密储层而言，有可能无法直接采用基于已开发储层的工程用水情况与季节性用水情况计算的预计用水量。每个储层的开发工作必须要因地制宜——除了深度、储层特性与储层流体情况之外（见第3章），季节性用水条件也要纳入考量。更进一步而言，基于油气资源开发对水资源的消耗，民众对当地民生用水的潜在影响有所顾虑（包括无污染饮用水的供应），这种顾虑会影响到运营许可的授予和开发工作的开展，且可能进一步导致政府相关法规的变更，并由此影响到开发工程短期和长期的经济性。因此，负责的用水管理对于获取运营许可的授权十分重要，在油气资源储藏位于水资源匮乏区域时这一点更是尤为关键，例如得克萨斯州与北达科他州的部分区域。

对于工程用水管理方案设计来说，配制压裂液用水的水质，以及压裂液对油气产量的影响是关键因素之一（Vidic et al., 2013）。此外，监管要求（出自联邦、州和地级的监管机构法规）通常会对用水管理方式有所限制。同时在美国国内，多个州级与地级的用水管理机构也具有保障水质与用水供应的职责。实际上，对于所有有权管理用水/排水方案的当局机构来说，只有在联邦或州政府下发许可后，才能批准工程用水的取用和采用井注入法处理回流水及其他生产用水，因此可采用标准文本分析法来处理相关许可的申请（Blauch，2009；Lest et al., 2015）。不论在联邦级别还是州府级别，设立前述用水管理规定的主要目的都在于保护地下饮用水水源，但是在多数情况下，相关权责机构应在制定工程用水的取用与排放方案时加以考量。例如：地表直接排放与地下注水排放可能由不同的部门负责监管。因此，（企业）无论是否已经从相关部门取得地下注水授权，设立新的注水井都需要取得符合州府或联邦法规的许可。

综上所述，本章的主要目的在于向读者介绍当下致密储层油气资源开发的各方面进展，水资源在致密油气资源开发中的必要性，以及相关进展对水的取用、开采和水质方面造成的影响。

另外，本章的目的还在于展示原油与天然气的各种特性，以及这些特性对其开采的影响。实际上，储层流体特性（尤其是原油）是开采工程中很重要的一个方面。油气的开采并非只是在油气藏（出产储层）上钻井并让油气经井上升至地面。在当前的技术条件下，油气藏的可用储量取决于一系列因素，包括岩体渗透率、自然驱动力的强度（油气压力，邻近水压，重力），以及原油的黏度。常规砂岩储层一般具有中等到高等的渗透率，所以天然气与原油能不受阻碍地流动至井并进而上升至地面。

6.2 流体评价

对储层流体的有效管理可以最大化提升油气藏内原有石油的采收率。制定适宜的流体管理策略需要准确了解储层流体的各种特性。这些流体特性需要使用和储层流体具有充分相关性的流体样本进行实验室测试来获取（见第 4 章）。

每处油气藏内的流体都具有独自的组分，可以通过其物理或化学特征进行分辨。为了充分认识储层流体这一概念，以及基于不同油气藏采用的各类开采方法，有必要了解各类不同的原油、重油，以及焦油沥青砂。在沥青砂地层的开发中，需要对岩体进行压裂以形成通道，从而使加热的沥青能够流动到井筒中，而本节的目的便是介绍对储层流体评价方法。

油气藏中包含的流体往往是复杂的混合物，其流动行为在很大程度上取决于化学组分及储层本身的特性。常规原油是由复杂碳氢化合物和非碳氢化合物组成的混合物，其分子量从 16（甲烷）到几百甚至几千（树脂和沥青质成分）不等。在一般情况下，储层流体通常包含三类主要流体组成部分：（1）天然气；（2）原油；（3）非烃类液体，比如水；其次要组成部分的主体为酸性气体（比如二氧化碳和硫化氢）。本节将不对油气藏中的近固体和固体物质（例如沉积蜡质和沥青胶块）进行探讨。主要关注点在于油气藏中的气体和液体物质，在各个油气藏中这些物质在成分及组成比例上表现出了相当大的差异性。

储层流体的总体物理构成是流体表征、评价，以及油气藏内分布的一部分，有助于确定油气藏内部的连续性及区域之间的连通程度。测井数据解读与地面设施设计都需要精确的流体信息，以及其随时间发生的变化。因此，除了原始储层流体样本外，油气藏监测也需要进行定期采样。

储层流体表征包含以下几个关键步骤：（1）采集具有代表性的样本；（2）寻找可靠实验

室进行 PVT 测试;(3)采取 QA/QC 措施以保证数据质量;(4)建立数学模型以准确掌握流体特性随压力、温度和组分不同而发生的变化。其中所需的数据类别和数量取决于流体的类型和生产过程。本章列出了推荐采用的取样工艺、PVT 数据采集方案和建模方法,并且提供了数个实际案例,这些案例涵盖了包括从重油到贫气凝结物在内的各类流体,以及包括衰竭开发、压力维持和混相开采在内的生产流程。

不论是源自传统地层还是致密储层,天然气与原油都能为无处不在的塑料等化工制品提供原材料,与此同时也为发电、工业、供热和运输行业提供了燃料。从化学角度来看,原油是一种极其复杂的碳氢化合物混合物,含有少量的氮、氧和硫化合物,以及微量的金属化合物(Parkash,2003;Gary et al.,2007;Mokhatab et al.,2016;Speight,2014a,2017;Hsu and Robinson,2017,2019)。在致密储层和页岩储层等岩体渗透率较低的油气藏中,天然气与原油无法流动(或仅能在受驱动时流动)到井筒,因此在开发中需要额外进行水力压裂。

致密储层和页岩储层渗透率普遍低于 1mD,同时该类储层的流动特性往往具有很强的应力敏感性,生产过程中的应力变化会导致其油气产量显著下降。此外,在典型的常规油气藏中,压力瞬变在多孔介质中的传导速度不仅与储层渗透率有关,也和流体黏度、流体压缩率,以及其他流体特性相关。例如,在一个高渗透率(如 100mD)储层内,一次压力瞬变会在较短的时间内(数小时至数天)传导至储层边界。然而,在低渗透率(如 0.1mD)储层内,压力瞬变的传导非常缓慢,也许需要数年时间才能引发井间干涉,或者储层边界反馈至压力瞬变 / 油气产量数据上。所以流体(气态与液态)特性可对致密储层和页岩储层的生产效率发挥显著影响。

为满足原油和天然气开采中的特定需求,以及产出油气的检测需求,ASTM International 等组织提供了多种标准测试法(Speight,2014a,2015)。因此,在对储层流体的物理特性进行讨论时,应以上述测试为基准,并在文章中写明相应的测试数据编号。用标准测试法对储层流体进行检测,以及对检测数据进行审阅,可以为储层开发方式的合理选用提供指导。实际上,物理性质数据评估是储层流体初步研究的主要组成部分;同时,对原油检验数据的正确解读需要了解数据的意义和重要性(Speight,2014a,2015)。但是在进行数据分析前,必须确保样本与储层流体具有一致性,同时测试数据可以在准确度范围内复现。

6.2.1 天然气

无论是源自常规油气藏还是源自致密油气藏,天然气都是一种气态饱和烃衍生物的混合物,主要为 C_1—C_4,也有可能包括最高 C_{10} 级别的烃衍生物。天然气也有可能含有一些无机成分,例如氢气、氮气、硫化氢、一氧化碳与二氧化碳。天然气各成分的分离加工过程一般从井口开始,井中出产天然气的成分取决于地下油气藏的类型、深度,以及地理位置(见第 7 章)(Mokhatab et al.,2006;Speight,2008,2014)。

原始天然气的成分非常多样化,一般包括数种烃类和非烃类成分(表 6.2)。另外,天然气流中一般会含有很大一部分天然气凝液(NGL),并因此被称之为富气。天然气凝液的成分包括乙烷、丙烷、丁烷、戊烷,以及更高分子量的烃类物质。其中更高分子量的烃类物质(即 C_5 或以上成分)通常被称为天然汽油。富气具有较高的热值和烃露点。在讨论天然气流中的天然气液体时，采用"加仑每千立方英尺"这一单位衡量高分子量烃成分。另一方面，非伴生天然气（又被称为"井气"）中不含天然气凝液，产出该类天然气的地层的液态烃含量一般很小或没有。

表 6.2　油气井产出天然气组分

类别	组分	含量
石蜡族	甲烷（CH_4）	70%~98%
	乙烷（C_2H_6）	1%~10%
	丙烷（C_3H_8）	微量至 5%
	丁烷（C_4H_{10}）	微量至 2%
	戊烷（C_5H_{12}）	微量至 1%
	己烷（C_6H_{14}）	微量至 0.5%
	庚烷及以上（C_{7+}）	无至微量
环烷烃	环丙烷（C_3H_6）	微量
	环己烷（C_6H_{12}）	微量
芳香族	苯（B_6H_6），其他芳香烃	微量
非碳氢化合物	氮气（N_2）	微量至 15%
	二氧化碳（CO_2）	微量至 1%
	硫化氢（H_2S）	偶有踪迹
	氦气（He）	微量至 5%
	其他硫和氮化合物	偶有踪迹
	水（H_2O）	微量至 5%

从非常规页岩油气藏（例如致密页岩储层）开采在过去的十年里得到了一定程度的普及。从化学成分来看，页岩气一般为主要由甲烷（60%~95%，体积分数）组成的干气，但是有些储层会产出湿气。在安特里姆与新奥尔巴尼处一般会同时产出水和天然气。天然气页岩层是富含有机物的页岩地层，之前被认为仅仅是近砂岩地层储集天然气的烃源岩和密封层，以及传统陆上天然气的碳储藏。

迄今为止，页岩气在组分上表现出较大的差异。与管线运输规格或采买合同规格相比，天然气原气往往在成分上更复杂，具有更大的最大/最小热值跨度，或含有更多的水蒸气及其他成分。由于天然气原气具有上述组分上的差异，各个页岩储层出产的天然气都需要经过不同的加工流程以达到市场销售标准。

从工艺角度来看，乙烷和二氧化碳可以分别通过低温萃取和洗涤法去除。然而在实际生产中，并不一定有必要（或有可能）将页岩气加工到和常规管线输送气在组分上一致的程度。相反，页岩气加工处理应保证产品与最终用户从其他来源获取的天然气可以互换。上述页岩气—常规气间的可互换性是页岩气被美国市场接受并广泛应用的关键。

一般而言，页岩气中的硫化氢含量不高，因此其酸性不强。但是在不同气藏，乃至于同一气藏的不同井之间，出产页岩气的硫化氢和二氧化碳含量具有很大差异。这种页岩气在加工处理上的主要挑战在于其较低（或不同）的硫化氢/二氧化碳比率，以及如何满足管道输送规格要求。在常规天然气加工厂中，一般会采用 N-甲基二乙醇胺（MDEA）作为硫化氢去除剂（Mokhatab et al.，2006；Speight，2008，2014）。但是问题在于这种醇胺是否能在充分去除硫化氢的同时不过量去除二氧化碳。

天然气的加工处理可以从井口开始——冷凝液和液态水通常在井口进行机械分离。天然气、冷凝液和水在现场进行分流，其中天然气进入集气系统，而后两者分别进入不同的独立储罐。去除液态水后的天然气仍然具有饱和水蒸气，基于其气流的压力和温度，可能需要进行脱水或加入甲醇以避免发生水合反应。然而在实际生产中上述情况不一定发生。

6.2.2 原油

常规原油具有很多物理性质，不同的物理性质间具有多种关系（Speight，2014a）。虽然不同原油在黏度、密度、沸程等性质上可能差异很大，但对大量样本的分析表明其构成化学元素仅在小范围内变化。因此有必要对致密油进行初步检验（采用标准方法测定物理特性），从而推断其开发难度。事实上，对所有的原油储藏来说，储层流体初步检验的关键就在于物理性质检测，其检测结果会用于开发工艺流程的制定。

与原油的物理特性相比，其化学组分能更加准确地反映油井开发特性。原油的化学组分分析结果的表达方式可以是化合物类型，或更常见的通用化合物类别；不论是其表达方式，还是化学组分分析都有助于分析原油与储层岩体间的相互作用，或用于确定原油组分因压力与温度变动而可能产生的潜在变化（Speight，2014）。因此，化学组分分析在评估原油品质方面有很重要的作用。与此同时，化学组分分析也有助于制定原油加工方案（Speight，2014），这一点在决定原油是否要进行部分升级加工（原位加工）时尤为重要。

6.2.3 非烃流体

水力压裂工艺中产生的非烃流体的主要成分为水、多种化学物质，以及为了开采油气而高压注入地下页岩层的砂子。水力压裂工艺流程会产生两类废水，即回流水与开采水（见第 5 章）。回流水是指从水力压裂完成后到生产开采前回流到地表的流体。开采水则是指井开始产出油气后回流到地表的流体。回流水和开采水中都含有页岩层中既存的液体（地层盐水）。其中主要的差别在于回流水主要由压裂液及其相关化学物质构成。

油井经过水力压裂后，回流到地表的流体通常会由于浸出作用携带一部分地层中的原生化学物质。基于不同地质的压裂需求，压裂液的构成往往具有很大差异。然而，一般情况下压裂液都是由高含量的溶解固体和其他各类化学物质构成。注入钻孔前的压裂液成分比较纯净，但是压裂后回流的压裂液则含有更多不同的物质，其中包括大量的可溶有机物。因此，对压裂液的分析是很困难的。尽管如此，由于储层流体的复杂性，探明使用前和使用后压裂液中的金属成分是一项重要工作。上述分析的结果会被用于决定压裂液可重复利用的次数，以及制定废液处理的方案（Elliot et al.，2016）。

水中含有的成分可能会随着重复使用而变得更加复杂。例如，水在重复使用前需要进行淡化处理来去除盐分，这些盐分会抑制添加剂的有效性，并且会导致结垢。再举个例子，钙、钡和锶等阳离子可能会导致泵和管道内壁结垢，降低采收效率。为了预防这种情况，压裂液在重复使用前需要加入防垢剂。在少数情况下，压裂液需要加入有机酸（例如甲酸盐和醋酸盐）以控制其 pH 值（即酸碱度）。这些有机酸会为细菌生长提供碳源，而压裂液中有细菌滋生可能会导致有毒且有腐蚀性的硫化氢（H_2S）产生。因此，需要在压裂液中添加抗菌剂以抑制细菌生长。水的检测有一系列标准方法（API，2016；ASTM，2019），在基于安全、健康和环境考量对水中污染物的各项特性进行测试时，这些标准方法在选择和评估测试方法和测试单位时能发挥重要作用。石油天然气开采公司、政府相关部门、配水设施和环境监测实验室可以采用上述标准方法来对水进行检测以确保饮用水安全。不过，在本节不会讨论各组检测方法（表 6.3 至表 6.5）的优劣，仅对水检测中一些必须要说明的事项进行论述。对原油等储层流体的评估在本书的其他章节有详细阐述（见第 4 章）（Speight，2014a，2015），在这里仅对这些储层流体评估方法进行概述。

表 6.3　用于检测水中有机质的 EPA 检测方法节选

EPA 编号	方　法
600777113	淡水系统中选定化学品的环境途径：第 1 部分：背景和实验程序
600479019	水和废水实验室分析质量控制手册
625673002	工业废水监测手册
815B97001	认证实验室分析饮用水的标准和程序质量保证手册
815D03008	膜过滤指导手册
821R96013	方法 1632：氢化物发生火焰原子吸收法测定水中无机砷
821R95031	方法 1638：电感耦合等离子体质谱法测定环境水中微量元素
821R96005	方法 1638：电感耦合等离子体质谱法测定环境水中微量元素
821R96006	方法 1639：用稳定温度石墨炉原子吸收法测定环境水中微量元素
821R96007	方法 1640：通过在线螯合预富集—电感耦合等离子体质谱法测定环境水中微量元素
600479020	水和废物的化学分析方法
821B96005	城市和工业废水的有机化学分析方法
600488039	饮用水中有机化合物的测定方法

表 6.4　ERA 水污染物分析法节选

方法	技术	标题
150.1	pH 值，电化学	水和废物的化学分析方法（EPA/600/4-79/020）
200.7 Rev4.4	ICP/ 原子发射光谱法测定金属和微量元素	环境样品中金属的测定方法补充 1（EPA/600/r-94/111）
200.8 Rev5.4	ICP/ 质谱法测定微量元素	环境样品中金属的测定方法补充 1（EPA/600/r-94/111）
200.9 Rev2.2	稳定温度石墨炉 AA 光谱法测定微量元素	环境样品中金属的测定方法补充 1（EPA/600/r-94/111）

续表

方法	技术	标题
245.1 Rev3.0	冷蒸气 AA 光谱手动测定汞	环境样品中金属的测定方法补充 1（EPA/600/r-94/111）
245.2	冷蒸气 AA 光谱自动测定汞	水和废水化学分析方法（EPA/600/4-79/020）
300.0 Rev2.1	离子色谱法测定无机阴离子	环境样品中无机物的测定方法（EPA/600/r-93/100）
300.1 Rev1.0	离子色谱法测定饮用水中无机阴离子	饮用水中有机和无机化合物的测定方法，第 1 卷（EPA 815-R-00-014）
375.2 Rev2.0	硫酸盐自动比色法	环境样品中无机物质的测定方法（EPA/600/r-93/100）
525.2 Rev2.0	液固萃取和毛细管柱 GC/ 质谱分析测定有机化合物	饮用水中有机化合物的测定方法补充Ⅲ（EPA 600/r-95-131）
550	液液萃取和紫外荧光耦合高效液相色谱检测法测定多环芳香烃衍生物（PAH）	饮用水中有机化合物的测定方法补充 1（EPA/600/4-90/020）
550.1	液固萃取和紫外荧光耦合高效液相色谱检测法测定多环芳香烃衍生物（PAH）	饮用水中有机化合物的测定方法补充 1（EPA/600/4-90/020）

　　井下的水（盐水）会和原油混杂，并随着原油一并开采至地表。由于井下水与原油存在接触，所以这些水会具有部分与原油 / 地层相同的化学特征。油气井出产的水比其出产的原油更多（部分区域的井出产的水油比可高达 7∶1）。上述与油同时产出的水所含成分（含盐量）决定了防垢剂的用法用量。关于油田产出水的处理与利用有着非常严格的法律限制，以限制其对环境造成的影响。

　　油气藏中的温度最高可超过 90℃（165℉），与此同时其地表温度一般为 20~30℃（68~86℉）。而油气藏的压力则从大气压（减压蒸馏时压力会低于大气压）到数千磅每平方英尺（psi）不等。由于油气藏中的温度波动幅度巨大，其中的储层流体往往会经历巨大变化，其存在形式既可能是单相的（气态，液态或固态），也可能是多相并存的（液—气并存，固—液并存，固—气并存乃至于液—液组合）。

　　从井下开采至地面的储层流体一般为原油—天然气—水混合物，需要先送至地表生产设施进行处理，然后再送去进一步加工或销售给下游厂商（例如炼油厂）。这里的地表生产设施是指一套用于分离井口蒸汽流体的系统，流体在这一系统中被分离为原油、天然气和水三类单相成分，并被处理至可销售的状态，或在满足环保要求的情况下进行废弃处置。在完成分离后，油、天然气和水会经由不同方式进行处置。其中，水一般会被重新注入以保持油气藏地下压力环境。原油一般会进行脱水以去除其中的基本沉积物，而剩下的烃类流体一般会认为其中包含了两种成分——储罐油和地表气体。

表 6.5　饮用水污染物标准检测法节选

污染物	EPA	ASTM[①]	AWWA[②]
铝	200.7, 200.8, 200.9		3120B, 3113B, 3111D
氯	300.0	D4327, D512	411B, 4500-Cl-D, 4500-Cl-B
颜色			2120B

污染物	EPA	ASTM[1]	AWWA[2]		
铜	200.7，200.8，200.9	D1688，D1688	3120B，3111B，3113B		
氟化物	300.0	D4327，D1179	4110B，4500-F-B，4500-F-D，4500-F-C，4500-F-E		
起泡剂			5540C		
铁	200.7，200.9		3120B，3111B，3113B		
锰	200.7，200.8，200.9		3120B，3111B，3113B		
气味			2150B		
pH 值	150.1，150.2	D1293	4500-H+B		
银	200.7，200.8，200.9		3120B，3111B，3113B		
硫酸盐	300.0，375.2	D4327，D516	4110B，4500-SO4 F，4500-SO4 C，4500-SO4-D，4500-SO4 E		
总溶解固体			2540C		
锌	200.7，200.8		3120B，3111B		

① ASTM 国际，ASTM 标准年鉴，2019 年，宾夕法尼亚州西康肖霍肯。
② AWWA，水和废水检验标准方法，美国水务协会，华盛顿特区。

此外，世界范围内出产的原油和重油可分为很多种类，这些油品的质量一般取决于一系列特性，如含硫量和 API 重度值（Speight，2014，2015）。轻质原油（API 重度相对更高）与低硫原油比重质原油（API 重度相对较低）和高硫原油更受青睐——这是由于轻质低硫原油开采工艺简单且能耗较低。

在油气藏从勘探到废弃的全生命周期中，储层流体的 PVT 特征始终是高效油气藏管理的关键因素（Honarpour et al.，2006；Nagarajan et al.，2007）。实际上，对于储量和采收率的计算而言，精确的油气藏原始流体特征相关数据是必不可少的；而油气藏开发—衰竭方案也需要这些数据。此外，储层内流体特征和分布情况也有助于确定储层的连续性，以及不同区域之间的连通情况（Moffatt et al.，2013）。

水的最基本检测应包括采用标准检测法测试 pH 值、氯化物含量、硫酸盐含量、硝酸盐含量和总溶解固体含量，同时需要通过一系列方法对各类金属含量进行检测。但是，由于水力压裂项目产出的流体中化学物质的成分复杂且含量变化区间很大，对其组分检测往往需要投入很多人力物力。因此，应首先检测分析其中各种成分含量的下限，并基于这一检测分析采用的方法来确定其检测极限（Method Detection Limits，MDL）。此外，对于前述检测的各个方法，应提前采用标准物质样品进行回收率测试以评估其准确度。如所有标准物质的回收率偏差值都在 5% 区间内，则可以确认方法具有准确性。在方法的检测极限和准确性得到确认后（包括其可重复性和可复现性测试）（Speight，2016b；ASTM，2019），可以通过这些方法对流体样本进行检测分析，并得到具备高可信度的数据。

在进行项目分析时，质量保障与质量控制是必须解决的课题。在环保行业中，"质量保障"与"质量控制"这两个术语时常被混淆。在本章中，"质量保障"（QA）是指广义上实验室为保障产品可靠性所做的一切工作。由于实验室产出的产品是数据信息，因此为增加数据可靠性而进行的任何工作都属于质量保障的范畴。而本章中的"质量控制"是指一种与每次实验分析同时进行的独立流程，其目的在于对每次实验分析的成功与否进行量化评估。质量控制方法的示例包括空白实验、设备校准、校准验证、替代添加、基体加标、实验对照样本、性能评估用样本，以及检测限值测试。质量控制是否有效的依据取决于验收限值标准，而这一验收限值标准的制定属于质量保障工作，而并非质量控制。

质量保障的范畴内包含了所有质量控制工作、质量控制指标（验收限度）的制定，以及其他大量的工作内容。一部分这些其他工作内容的示例包括：实验分析人员的培训与认证，数据审查与评估，成品分析报告的编撰，向客户提供法律法规规定所需实验的相关信息，规定实验室可做测试列表，获取并维护实验室所需的认证和许可证，安排内部与外部审计工作，制定对审计报告的回复，对样本的接收、储存与追踪管理，制定试剂和标准样本的采购方案。而质量控制仅是整个质量保障体系的一角。

质量保障的价值主要体现在两个方面：分析有效性和法理正当性。分析的有效性是指对分析目标经过了下列流程：（1）正确识别；（2）通过定标测试定量；（3）测量了实验灵敏度（即方法检测极限）；（4）分析人员具有实验所需的专业技能；（5）对特定样本实验准确性和精确性的掌握，并且通过空白实验等方法评估了假阳性和假阴性的发生概率。

6.3 用水要求，方式和来源

水力压裂是致密原油和致密天然气开发中关键的一环，而这一必要流程包含了：（1）对可靠水源的搜寻；（2）确保水源的可用窗口期；（3）设法满足相关法律要求以取得用水许可（API，2009，2010）。凡事预则立，不预则废。因此，在对水力压裂所需的潜在水源展开调研时，其中关键的一步在于了解竞争性用水需求、用水管理中可能遇到的问题，以及当地用水相关法律法规和许可证申请发放情况。由于水资源管理部门一般具有对水资源的保护和管理（包括发放用水许可）的最高级权责，因此在用水这一方面咨询上述部门是十分必要的。

油气开发团队必须与水资源规划部门展开积极且透明的沟通（并确保民众知情），以确保油气开采不会对当地民生供水产生影响。如果油气开发团队对当地民众的用水需求具有充分了解，那么在制定水源获取和管理方案时，就能更容易地取得油气田附近当地居民的认可。因此在开发方案的制定中，必须提前调研当地民生用水需求和油气开采用水需求间的潜在矛盾。事实上，和其他用水需求相比，水平钻井和水力压裂的用水量并不大；然而长时间、大规模开发项目中的持续取水可能会对当地地下水和地表水体产生显著影响。通过与水资源管理部门合作制定取水区域与取水时间的管理方案，开发团队可有效减轻或避免前述项目取水对地下水和地表水域的影响。

一般而言，流域（该词有时可指排水盆地/集水区）是指一片将域内所有水流与降水集中到一个共同流出口的区域，例如水库排水口、港湾出口或河道范围内任意区域。流域内包含地表水体（湖泊、河流、水库与湿地）及地下水。基于其中不同的排水点，一处大的流域可能包含数个小流域。此外，分隔两片流域的山岭和丘陵经常被称为分水岭。所有将水导流至排水口的土地均为该排水口的流域。流域的区分十分重要，因为河流的水流和水质都会受到河流上游区域内的人为和非人为事件的影响。

因此，尽管水力压裂技术是非常规油气资源（即致密油气资源）开发成功的关键，基于对其所用化学物质和其他未证实影响的担忧，这一技术受到了严格的审查和批判。目前业界正在努力提高透明度，并推进与土地主、矿主、立法机构和民主的合作。

因此，在考虑评估采用水平钻井和水力压裂技术的项目时，必须充分且严谨地调研河流位置和河水流量。其中的关键在于界定河流流域，并确认将降水排至共同出水口的地块。需要注意的是，流域可小至一处小水塘，大至包含一整个湾区的排水地块。

为确保水力压裂项目取水用水顺利开展，在与各相关方充分沟通后，开发团队应对区域内可用水源进行仔细审查评估，并做好记录。审查评估中应当考量的因素包括：（1）水源要求评估；（2）流体的储存与处理；（3）运输相关因素。

6.3.1 用水需求

在致密油气储层的开发中有数个阶段需要用水，一般而言大部分水会消耗在开采生产阶段。这主要是由于对致密储层进行水力压裂产生的巨大用水量（$2300 \times 10^4 \sim 5500 \times 10^4$ gal）（Clark et al.，2011）。此外，在钻井阶段中，钻井与固井需要 $19 \times 10^4 \sim 31 \times 10^4$ gal 的水（Clark et al.，2011）。在原油和天然气被开采出来后，它们会经过加工、运输并分发给买家，并最终被使用消耗掉。上述各个流程中都需要用水，其中最大的非生产类潜在用水发生在最终使用阶段。

除了水质影响以外，限制致密油气资源深度开发的一大因素在于可用水源；与其他国家和地区相比，这一因素的影响在美国西部地区尤为显著。项目现场附近的河流可用于向钻井工程和水力压裂工程供水，但在制定取水用水方案时必须考虑河水中潜在的含盐量。如果没有实施预防或治理措施，则致密油气藏开发工程附近的河流的年平均盐度会上升。经济学界对这种盐度上升现象进行了充分研究，认为其对当地经济可能造成显著损害。

尽管在水力压裂项目中存在广泛的用水需求，但是深层非常规油气藏开发的平均用水量仅为数百万加仑。尽管水力压裂项目用水量看起来十分巨大，但一般而言上述用水量仅为水力压裂作业区域全体用水量的一小部分（Satterfield et al.，2008）。水力压力工程用水可从多个来源获取，其中包括：（1）地表水体；（2）市政供水；（3）地下水；（4）污/废水源；（5）其他项目的回收水，包括对既存水力压裂项目用水的回收再利用。

无论如何，获取水力压裂用水可能会面临一系列困难，在干旱地域取水用水的情况下尤为如此。水难以运输，所以大部分商业的活动用水是从现场附近抽取的。如果大量地下水被用于水力压裂，则当地的地下水位和生态环境会受到影响，同时也会使在同一地域内的其他经济社会活动的用水受到限制。实际上，足量获取水力压裂用水正变得愈发困难，水力压裂项目团队必须探寻新的方式方法来确保可靠且成本适宜的用水供给。在部分地域，项目团队需要建立大型水库，使项目可以在丰水期时，在水利资源管理部门的许可和监控下从当地河流取水备用；水库也可用于之后从水力压裂项目接收回流水。从业者们也研究了将既存井的产出水处理后用于水力压裂这一潜在选项。所有水力压裂取水用水工程（或任何工程取水用水）中，项目团队都必须确保取水用水符合当地法律法规。

水力压裂项目废水的管理与排放也可能构成对项目团队的额外挑战。在水力压裂增产工程完成后的 $7 \sim 14$ d 内井中产出的液体（一般称之为回流液）一般需要经过处理才能回收、再利用或注入地下处置。上述回流液可能会含有地层溶解成分，以及最初注入井中压裂液的部分成分。

一般而言，水力压裂用水是从一处地点或流域内，用数日时间抽取的（Veil，2010）。另外在一些情况下，水力压裂项目需要从偏远，且往往具有环境敏感性的上游区域取水。而在这些区域内，哪怕少量取水也会对整个流域环境造成显著影响。因此，尽管水力压裂用水量可能仅占区域内总用水量的一小部分，项目用水也能对当地环境造成严重影响。此外，注入地下的大部分水要么无法回收，要么回流之后无法进行后续利用，往往需要通过地下注入井来处置。此类无法在采取地重复利用的水为消耗性用水。另外，该类水也许可以在经过处理后用于后续水力压裂项目（US GAO，2012）。

从地方，尤其是缺水区域的角度来看，为了钻井和水力压裂而采取水（哪怕是为了采收地下水，例如煤层气开发生产）会造成广泛且严峻的环境影响。采收水可能（且更接近于"会"）导致当地水位降低，从而影响生物多样性（例如花卉和真菌种群数量），伤害生态系统，并减少农业等当地其他社会生产活动的可用水量。因此，在水资源紧张的区域，有限开发用水会是油气资源水力压裂开发的重大制约。实际上，水资源缺乏（即水荒）现象正在世界范围内发展蔓延，而所有的工业与生产用水户也正在面临愈发严格的用水审查。所以，用水管理与地下水保护是油气开发行业所面临的关键课题。

在将要进行水力压裂项目用水需求评估时（应尽早进行），有必要针对单井总计用水需求进行一次综合性前期评估，该评估应对单井做出分工程阶段与分时间点分析。其中应考量以下用水需求：（1）钻井工程；（2）扬尘抑制；（3）应急用水；（4）水力压裂工程用水。项目团队必须判断现有水源能否支持整个项目的用水需求，水质是否达标，以及能否按项目计划需求进行供水。

6.3.2　工程用水

作为页岩储层和致密储层开采油气资源的主流工艺，水力压裂单井用水量一般在（120~350）×10^4gal（US），而大型项目的单井用水量可高达 500×10^4gal。通常情况下，一口井的全生命周期用水量为（300~800）×10^4gal（US）。在水力压裂项目的工艺流程中，主要用水环节为：（1）钻井工程；（2）开采及加工裂缝支撑剂用砂；（3）测试天然气输送管线；（4）天然气加工厂的建设和运营。一般而言，大部分页岩带的开采用水都是从当地水源获取的，包括：（1）河流、湖泊、水洼等地表水体；（2）地下含水层；（3）市政供水；（4）市政及工业废水处理设施；（5）井中开采水和回流水回收—加工—再利用。开发团队应详尽调查记录水力压裂项目当地的水源。

尽管在水力压裂项目中有数个阶段需要用水，然而一般情况下，大部分用水都是在生产阶段发生的。这主要是因为对油气井进行水力压裂所需的巨大水量（基于储层深度和特征，用水量可达数百万加仑）（Clark et al.，2011）。同时在建井工程中，钻井和固井环节也要消耗数十万加仑的水（Clark et al.，2011）。对井进行水力压裂后的两周内，原注入量 5%~20% 的液体会作为回流水返上地表。之后在井的全生命周期中，还会有原注入量 10%~300% 的液体作为产出水从井中返上地表。需要注意的是回流水和产出水之间并没有明确的区分，这两个称谓一般是由项目运营团队基于其出产时间、流速或成分自行定义的。

深层油气资源开发项目主要在钻井和压裂环节用水，而天然气井在其约 20 年的生命周期中会产出海量能源（Mantell，2009）。因此，水是深层页岩气开发的一个关键要素。在钻井环节中，项目施工团队需要用水—黏土混合液将岩屑从井中带至地表，并对钻头进行冷却和润滑。一般而言，钻一口深层页岩井需要消耗（65~100）×10^{4}gal 的水。同时，在水力压裂环节中也需要用水，施工团队需要将水—砂混合液以高压注入深层页岩储层中，以此在岩体上创造小型裂隙，从而使天然气可以不受阻碍地流向地表。一般而言，对一口页岩井进行水力压裂平均需要消耗 350×10^{4}gal 的水。

深层页岩气开发往往需要独立的水源供给，这是因为页岩气井只在钻井和开发阶段大量用水，且页岩气井会分布在整个页岩带上。换句话说，一处页岩带上的页岩气井并不会从单个水源取水。页岩气井有可能会需要进行重复水力压裂以重新提高产量，但这一工艺的使用需求取决于特定的储层特征及气田内井的排布状况。另一方面，原油提高采收率（EOR）用水量相对较大，因为该工艺需要用水进行漫灌，从而将原油从油气藏中强制驱替。开采页岩油和油砂的用水量也明显更大，因为需要采用原位蒸汽开采工艺流程，同时液体燃料加工也需要用水（Mantell，2009）。

决定燃料的用水效率的一个关键因素是地理位置。举例来说，外国进口石油、阿拉斯加产油气，乃至离岸产油气等进口燃料，其用水效率基于其产地与终端使用地的距离下降而下降。一般而言，非常规原油与合成煤的开采与加工过程与传统资源相比更加耗水。用水效率最低的燃料源为灌溉生产类生物燃料，例如乙醇和生物柴油。生物燃料的原料作物每单位产能需要大量水用于灌溉。同时将燃料原料加工成可用的能源也需要消耗很多水。采用非灌溉作物作为原料可将生产生物燃料的用水效率提升至合成煤同等水平，然而由于非灌溉作物只能在有限的地区生长，其产量会显著限制生物燃料的原料供给。

致密储层油气资源开发中，大部分用水产生于早期勘探和钻井阶段。在项目中水资源是一种必要投入，钻井的用水量相对较少，而完井或水力压裂工程的用水量非常巨大（见第 5 章）。就工程用水量管理而言，问题就在于采用水力压裂工艺采收油气资源——即采用大水量水力压裂以在岩体上制造裂缝，从而释放封闭在内的原油和天然气。因此，页岩钻井中用水问题正在引发导致愈发复杂严格的政策管理、法律限制和环保要求，这一情况会对页岩油气资源领域的发展构成潜在挑战，并增加运营成本。

水力压裂（见第 5 章）是一项在原油和天然气开发中用于增加产量的技术。在钻井至含有油、气和水的储存岩体内之后，下一步就是尽全力提升井的油气产量（Speight，2014a）。在水力压裂工艺中，压裂液（一般为含有特殊高黏度添加剂的水）被高压注入地下。压裂液的水压超过岩体强度，从而在岩体上制造并扩大裂缝。大型的人造裂缝从井口产生，并深入至地下储层岩体。在压裂裂缝产生后，支撑剂（一般为高黏度添加剂中携带的砂子）被注入裂缝，以确保释放注入压力之后裂缝不会恢复至闭合状态。上述流程使得原油和天然气可从岩体孔隙不受阻碍地流向产出井并最终抵达地表。

尽管水力压裂（以及配套的水平钻井）被视作暂时性的中间流程，它的用水量却不可小觑。举例而言，一口井的钻井和完井阶段（包括水力压裂在内，直到油气开采之前的工程）所用时间不多，一般仅为 2~8 个星期，与之相比油气井预计生产周期一般为 20~40 年。对于每一桶原油产出，其水力压裂的预估用水量在 0.2~4 bbl 之间（Bakken 油田的用水数据接近于这一下限）（IEA，2013）。就总用水量而言，每一口井的钻井与压裂用水量最高可达

$17×10^4$bbl，在压裂阶段结束后注入水的 30%~70% 会从井中回流，回流水量取决于储层特征（例如尺寸和矿物特性），这些回流水必须经过处理才能排放或再利用。这种级别的用水量会对项目当地的水源构成巨大负担。因此只有节水科技得到发展，致密油气资源的产量才能达到业界期望的标准。另一个重大用水方向是多段井压裂，一般对一口多段井进行水力压裂需要消耗（300~500）$×10^4$gal 的水。同时工程用水量与所需水质也取决于油气藏特征（不同油气田间可能会有巨大差异）和井的工程设计。

6.3.3 来源

油气工业（用于水力压裂）使用的水源类型通常分为三类：（1）饮用水（淡水）；（2）油气开发过程产生的水（生产水和返排水）；（3）公众通常无法使用的替代水源（咸水或非饮用水）。水源的选择取决于多种因素，如水量、可用性、水源水质、竞争性用水、经济和监管要求等。

饮用水来源通常包括来自地下水源的淡水、地表水（来自湖泊或河流）和市政供水。随着时间的推移，根据协议和监管要求，从这些水源取水，并储存起来以备用水量增大时使用。定期和缓慢的取水率可以最大限度地减少对社区使用的水源的影响。

油气作业中使用的采出水（再利用和循环水）通常是来自油田作业的返排水和采出水。很少有运营商使用其他生产水源，如市政和工业水源。为了减少淡水资源的使用，该行业正在增加水力压裂中的返排量、产出水和微咸水。关于采出水的再利用，运营商必须考虑几个关键因素，包括：采出水量，采出水的持久性和一致性，采出水质量，目标储层特征，水力压裂规模和再利用水的成本。压裂流程，如流体处理能力、运输注意事项、储存能力和进入压裂地点或现场压裂方案，将影响采出水的再利用能力。返排水和采出水的可用性取决于从压裂过程和地层返回的水量。

目前，来自水力压裂作业的大部分返排流体要么从井场运输以进行处置，要么经过处理以在进一步的作业中重新使用。在再次使用之前，必须将水中的悬浮固体去除。回收返排水可能成本高昂，并且是许多环保组织和环境监管机构的主要关注点。已经开发了新的、更有效的技术，促使压裂液以更低的成本在现场回收。然而，水力压裂用水无须达到饮用水质量。回收废水有助于节约用水，并提供节约成本的可能。在 Marcellus 致密储层的天然气开发中，有公司重复使用高达 96% 的采出水的例子。其他回收和再利用的例子包括（KPMG，2012）：

（1）在 Barnett 致密储层中使用便携式蒸馏设备处理的循环水，特别是在得克萨斯州北部的 Granite Wash 油田等地，因为该储层对水资源的要求比美国其他致密储层盆地更严格。

（2）水净化处理中心每天可以回收几千桶从致密储层中开发油气产生的返排水和采出水。此方法正在 Eagle Ford 致密储层和 Marcellus 致密储层中使用。

（3）Marcellus 致密储层还采用蒸汽再压缩技术，通过利用废热来降低回收压裂水的成本。该装置产生水蒸气和固体残留物，在废物处理设施中处理。此外，为了降低致密储层压裂过程中的污染风险，许多天然气公司在开发 Marcellus 致密储层油气时，正在减少压裂液中使用的化学添加剂的量。

（4）一家专门从事油气行业废水处理的公司设计了一种用于水力压裂的移动集成处理系统，允许水在将来钻井中重复使用。使用溶解气浮选技术，该系统每分钟可以处理高达

900gal 的水力压裂返排水。加速水处理减少了传统处理方法的设备负担和流程，并可以显著降低运营成本。

（5）采出水可能具有很高的总溶解固体（TDS）浓度，这可能难以处理。热蒸馏、反渗透（RO）和其他基于膜的脱盐技术可用于将采出水脱盐至合乎要求的水平。

除水之外的流体也可用于水力压裂过程，包括二氧化碳、氮气或丙烷，尽管它们的使用目前远不如水广泛。返排水和采出水的使用也取决于该区块使用的压裂液类型。水力压裂液（见第 5 章）是包含许多成分的复杂混合物，旨在执行各种功能并适应各种条件，包括当地地质、井深和水平段长度。虽然精确的配方对地层而言是独特的，但流体通常由支撑剂（通常是砂子）和化学剂组成，支撑剂用于保持裂缝张开并允许天然气流入井中，化学剂包括：减摩剂、胶凝剂、破胶剂、生物杀灭剂、腐蚀抑制剂和阻垢剂。行业代表指出，化学剂只占压裂液组成的一小部分；平均而言，页岩气压裂液由 99% 以上的水和砂组成。然而，考虑到注入地下的大量流体，一小部分就足以说明大量的化学剂。

水力压裂项目的供水来源将取决于规划的长期项目所需的累计水量。水源需要契合预测的开发速度和水平。因此，水源的选择（或者，更可能的是，由于所需的水量、水源）最终取决于：（1）所需水量；（2）水质要求；（3）监管问题；（4）物理可用性；（5）水的竞争性用途；（6）待压裂储层的特征，包括水质和兼容性考虑。如果可能，来自工业设施（或多个工业设施）的废水应被视为水源，其次是地下水源和地表水源（优先于非饮用水源），最不理想的（至少对于长期、大规模开发）是任何市政供水。

然而，关于水源的选择，将取决于当地条件，以及计划作业附近地下水和地表水资源的可用性。最重要的是，并非所有选项都适用于所有情况，偏好的顺序可能因地区而异。此外，对于诸如工业废水、发电厂冷却水、循环返排水和（或）采出水的水源，在用于水力压裂之前可能需要进行再处理。如果水中的污染物不能去除以达到再注入所需的标准，那么它可能会在钻井现场和油藏及其周围产生地下污染，并带来地下水污染，以及可能污染市政供水的含水层，这种结果不能保证项目成功实施。

因此，水力压裂项目的水源包括：（1）地表水；（2）地下水；（3）市政供水；（4）废水和发电厂冷却水；（5）地层水和循环返排水。

6.3.3.1 地表水

许多城市的主要供水来自地表水源，所以大规模使用地表水源进行水力压裂作业不仅会影响市政用水，还会影响其他竞争性用水，因此会引起当地水管理单位和其他政府官员的关注。在某些情况下，需要确定能够满足垂直和水平钻井，以及水力压裂用水需求的供水来源，此外，必须向相关单位明确说明，钻井 / 压裂项目的用水需求不会对社区需求及现有用途产生竞争或干扰。

因此，在评估地表水源的供水需求时，必要的考虑因素不仅包括所需的供水量，还包括获取这些供水的顺序和时间表。从地表水体（如河流、小溪、湖泊、天然池塘和私人池塘）取水可能需要州政府机构或多州监管机构的许可，以及相关土地所有者的许可。在某些地区，水权也是一个关键的考虑因素。此外，由各种监管机构建立的水质标准和法规可以禁止改变水流（例如，与河流流量和溪流流量，以及流入湖泊的流量相关），这将损害淡水（地表水）的高优先使用权，而这通常由当地水管理机构定义。还应考虑确保在河流和

（或）溪流低流量期间从河流和溪流中取水不会影响鱼类和其他水生生物、捕鱼和其他娱乐活动、市政供水，以及其他现有工业设施（如发电厂）的用水需求。

在考虑申请用水许可的选项时，申请人必须知道取水许可可能要求符合特定的计量、监控、报告、记录保存和其他消耗性使用要求。此外，合规性还可以包括为取水而必须通过取水口下游特定点的最小测量水量的规格。此外，在河流流量小于规定的最小量的情况下，可能需要减少甚至停止取水。因此，有必要考虑抽水时间和地点可能产生的各种问题，因为受影响的流域可能很敏感，特别是在干旱年份和在项目年份流量较低或减少，或者在一年中农业灌溉等活动对地表供水提出额外需求的时期。

为了充分认识水利用的潜力，提取地表水的请求（或使用建议）应考虑以下可能控制时间和可用水量的潜在影响：（1）现有水资源的所有权、分配或挪用；（2）可用于其他需求的水量，包括公共供水；（3）导致河流或水道特定的最佳用途退化；（4）对下游生态环境和用户的影响；（5）对鱼类和野生动物的影响；（6）含水层体积减小；（7）防止入侵物种从一个地表水体转移到另一个地表水体的缓解措施（由于提取水并随后排入另一个地表水体）。

此外，州、地区或地方水管理当局可以要求申请人确定用于供应水力压裂作业的水源，并提供与先前未批准使用的任何新提议的地表水源相关的详细信息。必须提供的信息可能包括取水源位置和上游排水区域的大小，以及可用的流量测量数据，也包括符合河流流量标准的证明。为了获得用水批准，并与监管机构、使用所考虑区域用水的附近当地社区，以及其他利益相关方保持良好关系，这显然应仔细考虑从敏感流域取水的请求的总体影响。此外，在一些管辖区，通过管道、运河或溪流运输水，以及用油罐车运输水可能需要各种许可证。同时，用于抽取地表水的设备或装置，如竖管，也可能需要许可证。

随着致密储层中资源的不断开发，额外的监管要求可能与水的使用和要求相关联。例如，在高流量期间，水可以被送到蓄水库，以便在水供应高峰时取水。然而，这种方法通常需要开发储水能力，以满足钻井和水力压裂项目在项目过程中的总体需求，项目过程甚至可能需要多年时间，以适应可能的干旱时期。

确保充足供水的另一个替代方法是使用废弃的露天煤矿坑来储存水，这为安装综合供水系统提供了更永久的设施。然而，这些储存区的水质必须符合操作要求和所有监管要求，这些要求取决于露天覆盖层的性质，这些覆盖层可能会在暴雨或冬季径流期间使不良化学物质受到淋溶。为了与使用地表煤矿坑的概念保持一致，另一种选择是挖掘低洼地区，以便收集雨水。同样，这种选择必须得到州、地区或地方水管理当局的批准，以确保符合雨水径流计划的要素。

6.3.3.2 地下水

为了将地下水用于钻井和水力压裂项目，需要解决地下水和地表水的许多相同类型的考虑因素。关于地下水抽取的主要问题是水量减少，在一些地区，新鲜地下水的供应有限，因此可以实施抽取限制。为了克服这些问题，在可能的情况下，应考虑将非饮用水用于钻井和水力压裂项目。另一个适用于保护地下水源的方法是将用于油气作业的水源井设置在离市政井、公共井或私人供水井适当距离的地方。此外，应确定供水井的任何拟议钻井/压裂项目规定距离内的公共井或私人供水井和淡水泉，并评估井的生产能力和水质特征。作为油井评估的一部分，可能还需要测试这些水源目前可用的水。这将需要确定公共和私人水井的位置，并收集与以下方面相关的信息：（1）水井深度；（2）完井段和使用，包括水井是公共的还是私人的，社区的还是非社区的；（3）设施或机构的类型（如果不是私人住宅）。

与钻井和水力压裂作业相关的地下水保护指南是可用的（API，2009，2010），保持井的完整性是所有油气井的关键设计原则，这是必不可少的，主要原因有两个：（1）将井的内部管道与地表和地下环境隔离；（2）将采出的流体从井中隔离并输送到井内的生产管道中。

6.3.3.3 市政供水

可以考虑从市政供水商处获得供水，但同样，压裂的用水需求需要与其他用途和社区需求相平衡。这种选择可能是有限的，因为一些地区目前可能受到供水限制，特别是在干旱期间，因此需要仔细评估市政供水商供水的长期可靠性。

6.3.3.4 废水及电厂冷却水

可以考虑的支持水力压裂作业的水源的其他可能选择是城市废水、工业废水和（或）发电厂冷却水。然而，该水源的特性或规格需要与目标储层和压裂方案相兼容，以及处理在技术上是否可行，处理能否带来整个项目的成功。在某些情况下，通过将这些水源的供水与地表水或地下水水源的供水适当混合，可以达到所需的水规格。

6.3.3.5 地层水与循环返排水

根据水的质量，生产的地层水和循环返排水可以被处理并重新用于压裂。天然地层水已经与储层接触了数百万年，因此含有储层岩石中的天然矿物质。这些地层水中的一部分在水力压裂后与返排水一起回收，因此两者都具有返排水的特性。然而，盐度、总溶解固体（TDS，有时称为总溶解盐）和这种地层/返排水混合物的整体质量可能因盆地地质和特定岩层而异。此外，可能影响压裂作业水管理方案的其他水质特征包括有机化合物（通常是烃衍生物），通过分析（使用标准测试方法）油和油脂、悬浮固体、可溶性有机物、铁、钙、镁和微量成分（如苯、硼、硅酸盐和可能的其他成分）的浓度来测定（ASTM，2019）。

最后，每当水被循环和（或）再利用，或者额外的工业废水源被用于钻井和水力压裂作业供水时，可能需要额外的补充水。在这种情况下，要考虑的水管理替代方案将取决于循环水和补充水的体积和质量，以确保彼此兼容，以及与被压裂地层兼容。

最近政策决定的大部分重点是鉴定和披露水力压裂液中使用的化学成分。此外，如果在压裂液中使用有毒化学添加剂，许多监管机构要求公开披露必要的信息，并且在许多情况下，要求披露压裂项目中使用的化学物质。然而，一些权威机构确实要求完整披露压裂液的化学成分，以及这些化学物质的浓度和体积。此外，一些法规要求向国家监管机构披露，而不是向公众披露，大多数监管机构允许公司申请商业秘密豁免。关于所用化学品的浓度和体积，在这一点上值得注意的是，许多被归类为无毒的化学品低于规定剂量。例如，许多人在用餐时使用食盐（氯化钠），但建议不要试图一次食用1lb（454g），否则可能会致命。因此，在水力压裂液中使用有毒化学品的法律需要调整，以规定化学品的使用量。这也适用于使用环境中固有的化学品，因为高于固有量的化学品浓度可能会对环境产生毒性。

主要的水力压裂液体系是滑溜水，因为化学物质被添加到水中以增加流体流量并增加加压流体被泵入井筒的速度。这些化学品包括交联或交联凝胶。然而，该工艺不是（也不能是）标准化的，因为压裂液的选择是基于各种因素，并且流体体系是基于几个因素设计的，例如：（1）目标储层特性；（2）入地液；（3）补给水源的来源。此外，在滑溜水水力压裂中更有可能使用循环返排水和采出水。

6.3.3.6　其他来源

　　微咸水或非饮用水被认为在没有显著处理的情况下不能用于水力压裂项目。通常，微咸水的盐度较高，但其盐度低于高盐盐水，并且总溶解固体（TDS）水平约为百万分之一千，甚至更高。减摩剂的类型和剂量可以调整，以适应更高的总溶解固体（TDS）水。

　　在早期勘探阶段，总溶解固体含量相对较低的水将用于水力压裂。然而，对于超出早期勘探阶段的致密储层（尤其是页岩区块），由于化学添加剂和水处理技术的进步，使用微咸水和循环采出水正成为越来越可行的选择。水力压裂项目也考虑了其他废水来源。例如，酸性矿山排水经常被考虑用于水力压裂项目。然而，酸性矿井排水是对水最严重的威胁之一，因为排出酸性水的矿井会在几十年内长时间破坏河流、小溪和水生生物，建议在考虑使用这种水时格外谨慎。还正在探索预处理海水作为水力压裂的替代水源。然而，任何替代水源的可行性取决于压裂液类型的考虑因素、水处理和水运输成本（例如靠近海洋）等因素。

6.3.4　水污染

　　水污染，特别是从致密储层中开采油气造成的地下水污染，可以（并且经常）通过各种途径产生。虽然储层可能位于不同的深度，通常（但不总是）在地下很远的地方，但必须谨慎确保饮用水源不受污染，并且必须在项目规划的早期阶段对储层进行准确的地质评估。必须承认该项目是一个多学科项目，而不仅仅是一个油气开发工程项目。然而，如果必须通过任何饮用水源钻一口从地表到储层的井，以开发天然气或原油，则保证井的完整性必须是钻井作业的重要部分。与钻井相关的振动和压力脉冲会对地下水质量（至少）造成短期影响，包括颜色、浊度和气味的变化。如果没有正确密封套管，化学物质（来自钻井液）、油气可能会从井筒中逸出（见第4章和第18章），即使在大多数情况下有对井套管和井完整性的法规要求，事故和故障仍可能发生。此外，没有正确密封的老井和废弃井也有可能成为污染物进入地下水系统的迁移通道。地下储层中的天然裂缝及压裂过程中产生的裂缝也可能成为地下水污染的通道。最后，煤层气（见第1章）通常埋藏在较浅的深度，并且更靠近地下饮用水源，因此从该水源获取天然气可能会带来更大的污染风险。

　　压裂液中的细菌会导致地层生物污损，降低储层渗透率和天然气产量。硫酸盐还原菌的存在会形成硫化氢，使油井酸化，产生安全问题并增加成本。水中的金属，特别是铁，会氧化并形成沉积物，以及压裂液中的悬浮固体，如砂子、淤泥、黏土和水垢颗粒，会降低渗透率和天然气产量。由于一些页岩储层是碳酸盐页岩和盐晶体的复合物，使用总溶解固体含量低的压裂液将增加储层盐的溶解，潜在地增加储层渗透率和天然气产量。在考虑水处理技术以制定良好的水管理计划时，了解压裂液水质和长期油井产量之间的关系至关重要。

　　另一个影响，水源水的结垢趋势，通常是由水源水与地层水的不良相容性和回用水的不良相容性引起的，是另一个考虑因素。结垢可能发生在储层内，潜在地造成储层渗透率降低，并最终减少天然气产量。结垢还会损坏设备外壳，降低功能。水中的多价离子和氯化物会限制减摩剂的有效性，并提高水力压裂项目中泵送的马力成本。当盐水、油和（或）气体从地层进入地表时，压力和温度会发生变化，某些溶解的盐会沉淀（称为自结垢）。如果将盐水注入地层以保持压力并将油驱替至生产井，最终将与地层水混合。额外的盐可能会沉淀在地层或井筒中（不相容水的水垢）和其他因素中（表6.6）。这些结垢过程中的许多情况可以同时发生，并且确实是同时发生。因此，出水井很可能形成无机水垢沉积物。水垢可以覆盖射孔、套管、生产管、阀门、泵和井下完井设备，如安全设备和气举心轴。如果允许继续进行，这种结垢将限制产量，最终会导致油井废弃。然而，水垢修复技术可用于从管道、出油管、阀门和表面设备去除水垢，至少恢复部分损失的生产水平。该技术也适用于暂时防止水垢的发生或再次出现。

表 6.6　水垢形成的相关因素

悬浮固体堆积	预处理系统中未去除的残留悬浮固体会在低速点沉淀或沉积在表面上；随着温度和浓度的升高，悬浮物质也会沉淀（凝结、絮凝）
有机污染	随着浓度和（或）温度的增加，给水中的有机物质会沉淀；这种材料可以沉积在表面上和（或）凝结更小的悬浮固体颗粒，否则不会发生结垢
碳酸钙水垢	足够浓度的钙和碳酸盐会引起碳酸钙（$CaCO_3$）结垢；随着温度和浓度的增加，碳酸钙结垢的可能性增加；通常，碳酸盐鳞片是白色、白垩质和酸溶性固体
硫酸盐水垢	硫酸盐和钡、锶和（或）钙的存在会导致硫酸钡（$BaSO_4$）、硫酸锶（$SrSO_4$）和（或）硫酸钙（$CaSO_4$）水垢的形成；形成硫酸盐型结垢物质的可能性随着浓度的增加而增加；硫酸盐鳞片通常是白色、坚硬或玻璃状的酸不溶性固体
硅垢	二氧化硅可以通过四种方式形成固体：表面沉积（直接沉积到表面）、体沉淀（颗粒碰撞形成更大的颗粒）、络合（金属氢氧化物与二氧化硅结合形成颗粒）和二氧化硅聚合（二氧化硅分子结合形成长串）；由于二氧化硅结垢受金属氢氧化物沉淀的影响，硅酸盐结垢的可能性随着温度、浓度的增加而增加，并且受 pH 值的影响很大；二氧化硅沉积物的范围从石英状硬鳞片到细长沉积物（通常为白色、灰色、绿色或棕色固体，颜色可根据所涉及的金属氢氧化物的类型而变化）

水垢修复技术必须快速且不损害井筒、油管和储层。如果水垢在井筒中，可以用机械方法清除或用化学方法溶解。为特定井选择最佳除垢技术取决于对水垢类型和数量、物理成分及其质地的了解。作为结垢的一个简单例子，海水可以降低由具有高碳酸钙（$CaCO_3$）结垢潜力的地层盐水引起的结垢的可能性。海水经常被注入储层以保持地层压力和提高采收率。当海水与地层盐水混合时，可显著降低混合物的碳酸钙结垢趋势。随着混合物中海水百分比的增加，结垢潜力下降，甚至可能变为负值。一旦结垢电位变为负，采出水可以溶解可能已经在管线上形成的碳酸钙结垢。

在油田开发的早期阶段，还应适当考虑与水处理相关的因素，认识到随着项目的进行，水处理的需求将随着活动的增加而增加。此外，就水量而言，水处理的需求可能令人惊讶！因此，随着项目的发展和长期供水水源的考虑，应同等考虑与所有用水总量相关的水的处理。事实上，水处理问题在大多数项目区都具有挑战性。接受返排水的设施可以被设计成接受其他水处理流程，从而降低总的处理成本并产生更多的补充水用于再利用。

6.4　水资源影响

非常规油气开发（通过水力压裂）有可能在该过程的许多阶段影响水质。从最早的时候起，地下的水就被开发用于家庭、牲畜和灌溉。虽然它发生的确切性质不一定被理解，但已经开发出成功地将水带到地表的方法。事实上，如果家庭用水是从私人水井中获得的，就应该敏锐地意识到与水质相关的增值税问题。私人井水质量在美国不受监管，井主自己负责进行监测。

油气钻探，如果进行得当，不一定会污染地下水。虽然正确钻探的气井应该可以防止污染物渗入地下含水层，但一些井却没有做到这一点，让甲烷和其他化学物质进入饮用水供应源。来自管理不善的钻井现场、渗漏的废水坑、意外泄漏和地面上发生的卡车事故的不可预测的化学物质释放也会影响井水的质量。

压裂后，一定比例的水以废水的形式迅速返回地表（返排）。长期存在于地下并在油井持续生产期间出现的盐水被称为"采出水"，可能含有天然产生的污染物，如放射性元素镭，以及其他重金属和盐。所有这些废水都是有毒的，必须收集和储存；然后必须对其进行处理或排放，或重新注入深层处理井中。

废水通常被泵入蓄水池，通常会泄漏并沉淀到周围的地下水中，影响野生动物。地下水污染是那些居住在钻井作业附近并依赖饮用水井的人的主要关切。此外，在距离任何天然气钻井地点数百英里的城市中，为数百万人提供饮用水的流域的污染也构成了重大威胁。此外，在天然气开发过程中泵入地下的一些流体返排到地表。这种废水被称为"返排液"，可能被工业和天然产生的有毒物质污染。一些污染物会改变井水的气味或透明度，而另一些则难以检测。由于地表水排放、受污染废水处理不足，以及水力压裂污染物和消毒剂之间的反应在饮用水处理设施中形成的副产品，市政供水也可能受到水力压裂的潜在威胁。

油藏管理是一项多方面的作业（图6.1），虽然现场环境管理是与水力压裂相关的典型实践，但应将其视为特定场地。此外，水力压裂基液（其本身的组成是可变的），最常见的

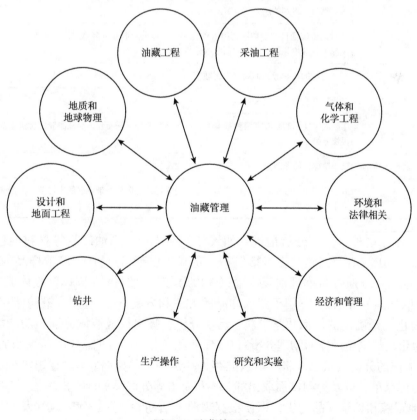

图6.1 油藏管理内容

是水，通常储存在油田现场井处的储罐中，而添加剂可以储存在装有许多容器的平板卡车或货车围挡上。在压裂作业开始时，压裂液和任何化学添加剂被送到搅拌机进行混合，然后流体被转移到井口进行注入。正是在流体和添加剂在井场周围及通过各种设备转移和移动的过程中，故障设备或人为错误会导致压裂液各种添加剂的溢出。

现场储存的流体和化学品的类型和数量在很大程度上取决于待压裂储层的地质特征，以及生产目标和化学添加剂。1%~2%（体积分数）或更少体积的水基压裂液由化学添加剂组成，这表明 500~260000gal 或更少的化学添加剂可用于水力压裂现场（US EPA，2015a）。化学添加剂可由一种或多种化学品组成，并可作为酸、减摩剂、表面活性剂、阻垢剂、铁控制剂、腐蚀抑制剂和生物杀灭剂用于水力压裂液中（表 6.7）（Arthur et al.，2009；Gregory et al.，2011；US EPA，2015a）。此外，对于任何一套分析程序，以下做法必须是通过使用标准测试方法对任何化学品进行取样和鉴定的严格测试协议的一部分，这些标准测试方法不会受到激烈的批评，并且经得起法庭的审查。

表 6.7 压裂液中使用的添加剂类型

类型	复合物	评论
酸	盐酸（盐酸）	在注入压裂液之前，用于清除套管射孔中的水泥和堵塞天然储层孔隙的钻井液（如果有的话）［稀酸浓度通常在 15%（体积分数）酸的数量级］
杀菌剂	戊二醛	压裂液通常含有有机凝胶，因此可以为细菌生长提供培养基。细菌可以分解胶凝剂，降低其黏度和携带支撑剂的能力
破胶剂	氯化钠	通常向压裂项目的后期序列引入的化学品，以分解胶凝剂降低黏度，从而更好地从流体中释放支撑剂，并增强压裂流体的回收或返排
腐蚀	N，N－二甲基	用于含酸的压裂液；抑制钢的腐蚀
抑制剂	甲酰胺	油管、井套管、工具和储罐
交联剂	硼酸盐	压裂液中使用的凝胶有两种基本类型：线性凝胶和交联凝胶。交联凝胶的优点是黏度较高，不会很快分解
减阻剂	原油馏分（矿物油）	减小摩擦，使压裂液以最佳速率和压力注入
凝胶	瓜尔胶	凝胶用于压裂液中，以增加流体黏度，使其比纯水溶液携带更多的支撑剂。一般来说，胶凝剂是可生物降解的

为了经受住这种审查，分析记录，如天然气、原油、原油产品等材料的任何分析过程（Speight，2015）必须完整并应包括但不一定限于以下信息：（1）获取样品的准确位置；（地理或其他）；（2）通过名称识别该位置；（3）取样时分散材料（固体、液体或气体）的特性；（4）获取样品的方法；（5）用于获取样品的方法和方案；（6）日期，最初储存的样品量；（7）迄今为止已经确定的任何化学分析（元素分析、吸附剂或液体分馏、功能类型分析）；（8）迄今为止已经确定的任何物理分析；（9）任何此类分析的日期；（10）所采用的分析方法；（11）进行工作的分析员；（12）将样本从贮存处移走的人的姓名（连同移走等分试样的日期及理由）的记录单，以及为测试而取出的每个样品（等分试样）的量。总之，必须有一种方法来准确地跟踪和识别样品历史，以便根据来源、活动和上述任何阶段涉及的人员来跟踪和定义每个样品。因此，如果出现与含水地层污染有关的法律问题，使用样本的任何后续

程序和测试的数据的准确性将不容置疑，并将在法庭上经受时间的考验。

许多页岩地层含有大量潜在有害的化学元素和化合物，这些元素和化合物可以溶解到水力压裂液中，然后在返排过程中流向地面。其中包括汞、砷和铅等微量元素，天然存在的放射性物质（镭、钍、铀），以及挥发性有机化合物（VOC）。因此，需要对水力压裂液（包括返排液和采出水）进行仔细的化学监测，以减轻水源污染的风险。

一般来说，水力压裂生产的水的质量比原始的要差一些，如果没有事先处理，就不能轻易用于其他方面。事实上，更正确的做法是，将任何水力压裂项目的采出水的质量视为普遍较差，并且在大多数情况下，未经事先处理，不能轻易用于其他方面，尽管这些质量是可变的。采出水可能含有各种不同数量的污染物，其中一些天然存在于采出水中，但另一些是通过水力压裂过程中添加的。采出水中发现的污染物范围包括：（1）盐，包括钙、镁和钠的氯化物、溴化物和硫化物；（2）金属，包括钡、锰、铁和锶等；（3）油、油脂和溶解有机物，包括苯和甲苯等；（4）生产化学品，可能包括增加水流动能力的减摩剂、防止微生物生长的生物杀灭剂、防止腐蚀的添加剂，以及各种其他化学品（表 6.7 和表 6.8）。

表 6.8 水力压裂液中使用的化学品示例[①]

化学药品	用途
醋酸	pH 值缓冲液
丙烯酸共聚物	润滑剂
过硫酸铵	用于降低黏度的破胶剂
硼酸	增黏交联剂
氧化硼酸	增黏交联剂
2- 丁氧基乙醇	降低表面张力以辅助气体流动
碳酸	增黏交联剂
羧甲基羟丙基瓜尔胶	胶凝剂（增稠流体）
结晶二氧化硅（方石英）	支撑剂（保持裂缝开度）
结晶二氧化硅（石英）	支撑剂（保持裂缝开度）
柠檬酸	控铁或用于清理井眼
过氧化硫酸二铵	用于降低黏度的破胶剂
四水八硼酸二钠	增黏剂
加氢处理的瓦斯油（原油）	瓜尔胶液化器
富马酸	pH 值缓冲液
明胶	缓蚀剂或胶凝剂
瓜尔胶	胶凝剂
半纤维素酶	用于降低黏度的破胶剂

化学药品	用途
盐酸	水力压裂前的井筒清理
羟乙基纤维素	胶凝剂
羟丙基瓜尔胶	胶凝剂
水合硅酸镁	胶凝剂
甲醇	胶凝剂
单乙醇胺	降低表面张力以辅助气体流动
乙二醇单丁基醚	胶凝剂
盐酸	互溶剂
非晶态二氧化硅	支撑剂
聚氧基-1，2-乙二基	支撑剂
聚二甲基二烯丙基氯化铵	黏土控制
碳酸钾	pH 值缓冲液
氯化钾	黏土抑制剂
1-丙醇	络合剂
季聚胺	黏土控制
乙酸钠	pH 值缓冲液
硼酸钠	pH 值缓冲液
碳酸氢钠	pH 值缓冲液
碳酸钠（纯碱）	pH 值缓冲液
氯化钠	降黏剂
次氯酸钠	杀菌剂
过硫酸钠	降黏剂
萜类	降低表面张力以辅助气体流动
四甲基氯化铵	黏土控制
锆配合物	增黏交联剂

注：见 Ve：1（2010）和 Waxman et al.（2011）以获得更全面的水力压裂项目中使用的化学品清单。
①按字母顺序排列，而不是按偏好顺序排列。这些添加剂是水基压裂液中相对常见的成分，但不一定用于每一次水力压裂作业。添加剂的确切混合和比例将根据目标储层的特定深度、厚度和其他特征而变化。

然而，特定水力压裂项目采出水的具体质量可能变化很大，并且在处理后，一些生产水被生产者以其他方式处置或再利用，例如：（1）将其排放到地表水中；（2）将其储存在地表蓄水池或池塘中以便其可以蒸发；（3）灌溉作物；（4）将其再用于进一步的水力压裂项目。

以这些方式管理采出水可能需要更先进的处理方法，如蒸馏，但管理和处理采出水的方式必须是在联邦和州法规范围内做出的决定。

　　然而，事实上，根据影响井出水量的三个因素，一口井的出水质量可能会有很大的不同：开采的油气、井地理位置和使用的开发方法。通常，由于发现油气储层的地质差异，烃的类型是采出水质量的关键驱动因素。具体来说，发现油气的深度影响采出水的盐和矿物质含量，并且通常储层越深，盐和矿物质含量就越高。此外，与被带到地表的采出水混合的原油或天然气的量也可以有很大的变化。

　　到目前为止，当地最严重的环境问题，也可能是最有争议的，是地下水污染。地下水的潜在风险来自两个来源：注入的流体（水加上化学添加剂）和释放的天然气。然而，通常不被科学确定的主要问题是这种污染的确切位置：（1）来自深层水力压裂储层的渗透或扩散；（2）来自更靠近地表的有缺陷井筒的泄漏。

　　水力压裂过程的性质决定了水力压裂会产生大量的水作为副产品。此外，在缺水地区，用于水力压裂的水量越来越多，这引起了人们的关注。将水用于水力压裂可以从溪流、市政和工业（如发电工业），以及娱乐和水生生物的供水中分流出来。最常见的水力压裂方法需要大量的水，这也引起了干旱地区的关注，干旱地区可能需要从远处的陆上管道供水（表 6.9）（Nicot and Scanlon，2012）。

表 6.9　水力压裂作业中与水的获取、使用和管理相关的考虑因素

水源采集	包括规划获得水力压裂作业所需水源的地点
运输	包括规划水从源头到水力压裂现场的运输，以及在水作为返排水回收后，从水力压裂现场到水处理和（或）水处置点的运输
贮存	涉及水力压裂现场储水可能存在的水需求和限制的规划；还包括现场规划，考虑水源水和压裂液要求，影响储存要求
使用	包括规划用水方法、所需水量，以及实现压裂目标必须采取的步骤（如添加支撑剂和添加剂）
处理及再利用 / 再循环	包括规划压裂作业产生的水的处理，以及处理后的水是否可以回收再利用
处理及处置	如果水不被回收和（或）再利用，则需要规划水的处理和处置；还需要决定在处置或处理任何副产品之前需要采取什么步骤

　　压裂液不仅是水，也是水、支撑剂和化学添加剂的混合物。添加剂的精确混合取决于要压裂的地层，这决定了操作工艺，以及流体和支撑剂的成分（Speight，2016c）。添加剂通常包括将支撑剂带入裂缝的凝胶、减少摩擦的表面活性剂、帮助溶解矿物质和诱发裂缝的盐酸、防止管道腐蚀和结垢的抑制剂，以及限制细菌生长的生物杀灭剂（表 6.7 和 6.8）。化学添加剂通常占井压裂液体积的约 0.5%，但可高达 2%。即使化学添加剂的浓度很低，但一些潜在的添加剂对人体健康仍有害。

　　生产井通常延伸到地表以下一英里或更远，通常穿过地下水含水层到达富含原油和天然气的储层，然后在储层中钻水平井。地下水含水层通常由几千英尺的岩石与页岩地层隔开，限制了任何未返排的压裂液影响饮用水供应的可能性。此外，井套管和水泥的设计是为了防止污染任何可能钻探井的地下水含水层。

　　在作业过程中，有可能使油井超压，这可能导致上覆地层破裂，可能成为地层流体和

压裂流体泄漏到上覆地层（包括含水层）的渠道。还有一种可能性是，压力过大的水力压裂作业可能导致通过钻孔迅速向上渗漏到上覆地层，包括含水层，甚至可能渗漏到地表。根据大多数州和省已经存在的规则和条例，应用正确的油井设计、完井、作业和监控将确保水力压裂作业不会对地下或地面环境产生负面影响。缓解努力的结果是，对当地地下水资源没有可量化的影响。

此外，超重的钻井液会导致井筒破裂而失效。钻井液的密度（重量）控制着沿井壁施加的流体压力。如果钻井液压力超过破裂压力（局部最小主应力加上岩石的破裂强度），就会形成裂缝，钻井液就会溢出。然而，超过超重钻井液产生的岩石破裂强度的压力只可能出现在很深的地方（在一些页岩储层深处几千英尺内产生超压），远远超出任何地下水含水层的范围，并且不正确的钻井液成分造成污染的风险可能是有限的。

为了保护地下水，适当的水井设计、施工和监测至关重要。在井施工期间，多层伸缩管（或套管）被安装并黏固到位，目的是在井内和围岩之间形成不可渗透的屏障。

通常的做法是对套管和岩石之间的水泥密封进行压力测试，或者检查油井的完整性。延伸穿过含有高压气体的岩层的井在稳定井筒和稳定水泥时需要特别小心，否则其完整性会被破坏。此外，油井完整性数据集的类型和大小的差异增加了一般井完整性失效率的挑战（Davies et al.，2014，2015）。

然而，水力压裂液流入裂缝可能是显著的，并且当返排水返回地表时，压裂液和天然存在的物质（已经从含油或含气地层中提取）可能通过天然断层或人工穿透（例如其他不相关的井和地下矿山）找到进入其他地质层的路径。地下水资源可以通过适当的水井设计、建造、操作和维护来保护。许多州要求定期进行水井完整性测试。然而，在某些地质环境中，甲烷可以自然地来自含水层以下和附近的产气岩层，与更深的断裂带无关。原油和天然气的分析可用于确定地下水中原油和天然气的来源（Warner et al.，2012；Darrah et al.，2014）。

压裂液污染水的潜在途径包括以下类型：(1)注入前的地表溢出；(2)注入流体的迁移；(3)返排水的地表溢出；(4)采出水的地表溢出（US EPA，2015c）。由于压裂液在高压下注入储层，并且由于一些流体滞留在地下，人们担心这种混合物可能会穿过因水力压裂在储层岩石中产生的裂缝或井筒，并最终向上迁移并进入作为淡水来源的浅层地层（含水层）（Cooley and Donnelly，2012）。还有一种可能性是，地质断层、以前存在的裂缝（由于地质调查不充分，尚未确定）和堵塞不良的废弃油井可能为含水层提供可及的流体（Osborn et al.，2011；Cooley and Donnelly，2012；Molofsky et al.，2013；Vidic et al.，2013）。

因此，一个挑战是在压裂作业开始之前建立水质基线。这将识别和区分地下水中天然污染物的类型和水平、非地下水固有的污染物，以及地下水中固有污染物的数量。然后，作为事后一系列测试，有可能确定原油和天然气开发导致的任何新污染物或新水平的现场污染物。不幸的是，通常情况下，在水力压裂之前没有可用于提供基线比较的水质分析（Vidic et al.，2013）。

在原油和天然气钻探之前进行的水质基线测试有助于记录当地天然地下水的质量，并可能在原油和天然气钻探开采开始之前识别天然或预先存在的污染或不存在污染。如果没有这样的基线测试，就很难知道污染是在钻井之前就存在了，还是自然发生的，或者是原油和天然气开发活动导致的结果。许多天然成分，包括甲烷、高氯化物和微量元素，天然存在于产油和产气地区的浅层地下水中，与钻井活动无关。私人水井的水质不受州或联邦政府的监管，许多业主没有对他们的井水进行污染物检测。各州处理污染问题的方式不同。

目前的观点是，所有科学记录的与水力压裂相关的地下水污染案例都与不良的井套管及其水泥有关，或者与地表流体泄漏有关，而不是与水力压裂过程本身有关。尽管水力压裂已经在一些地区进行了几十年，但缺乏缝网泄漏的证据可能是因为可用于监测污染迹象的时间跨度相对较短，以及在相当深度压裂的储层的流体流速可能较低。

与水力压裂相关的流体地表溢出有可能使溢出的化学物质渗入水系统，主要是由于设备故障、工程或人为判断失误而发生的。废水蒸发池中的挥发性化学物质会蒸发到大气中，或者溢出。径流也可能最终进入地下水系统。如果运载水力压裂化学品和废水的卡车在前往水力压裂现场或处理目的地的途中发生事故，地下水可能会受到污染。此外，大量的化学品必须储存在钻井现场，可能产生大量的液体和固体废物，必须非常小心，这些材料在运输、储存和处理过程中不会污染地表水和土壤。

用于滑溜水水力压裂的流体通常是98%以上的淡水和砂，其余由提高压裂作业效果的化学物质组成，如增稠剂和减摩剂，也包括保护生产套管的缓蚀剂和生物杀灭剂。这些流体是由油田服务公司设计的，这些公司根据特定项目的需要设计压裂液体系。因为每次压裂作业中的流体将包含这些化学物质的不同子集，并且因为这些化学物质在足够的浓度下可能是危险的，所以水基线测试是必要的，以使监管机构能够在发生污染或暴露时进行适当的处理和响应。使用更环保的压裂液也有助于在污染的情况下限制压裂液带来的环境和健康风险。压裂液中使用的化学品通常储存在钻井现场的储罐中，然后与水混合，为压裂项目做好准备。

事实上，要评估水力压裂项目对动植物的影响，最重要的要求是在钻井前和钻井开始后定期对空气和水进行全面测试。这包括钻井液、压裂液和任何工艺废水中使用的化学品（后者含有通常在页岩地层中发现的重金属和放射性化合物）。目前，测试范围（特别是有机化合物）经常不足，并且由于测试不充分，缺乏钻井过程中使用的物质的信息而受到限制（Bamberger and Oswald，2012）。

在每段压裂后，压裂液及最初存在于页岩储层中的任何水通过井筒返排到地表。返排期通常持续数小时至数周，尽管在生产开始几个月后，一些注入的水可以与气体一起继续生产。循环水可以最大限度地减少压裂所用的总水量和必须处理的水量。

目前正在研究许多水处理工艺，这些工艺有可能大规模使用，并对这一问题产生重大影响（图6.2）。

在井的寿命期间产生的返排水和采出水可能包含数百万年前的自然生成的地层水，因此可能显示高浓度的盐、自然生成的放射性物质（NORM）和包括砷、苯和汞在内的其他污染物。因此，水力压裂过程中产生的水必须得到适当的管理和处理。最后，处理返排水的一个有问题的方面是在处理或处置之前临时储存和运输这种流体。在许多情况下，流体可以储存在有衬里甚至无衬里的开放式蒸发坑中。即使采出水没有直接渗入土壤，大雨也会导致矿坑溢出，产生受污染的径流。将采出水储存在封闭的钢罐中，这是一些油井已经采用的做法，可以降低污染的风险，同时提高水的保留率，以便随后再利用。此外，必须定期监测和测试用于在储罐或矿坑与井口之间移动流体的设备，以防止溢出，并且在通过管道或卡车将采出水运输到注入或处理地点时必须采取预防措施。

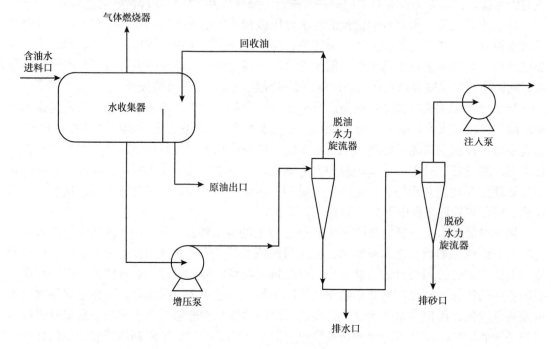

图 6.2   水处理工艺示意图

一旦生产作业到位，油井开始生产，生产的水和油通常储存在现场的大储罐中，等待运出现场。为保护环境和公众免受储罐释放而采取的安全措施包括泵的一致性测量、高水平关闭传感器、持续的设备观察和维护，以及储罐周围的二次安全壳，以容纳任何可能从储罐中排放的流体。二次安全壳可以由适当包装和完整性测试的土制材料构成，或者由专门设计和制造的带有塑料衬里的金属安全壳构成。无论建筑中使用何种材料，二次安全壳都必须足够大，足以容纳所有可能从储罐中溢出的液体。

即使试图最大限度地减少现场储存的数量，一些化学品和产品的储存也是不可避免的，并且存在非常合理的担忧，包括潜在的溢出、泄漏、储罐或容器溢出，甚至在现场或道路上发生交通事故导致化学品和（或）产品排放的可能性。排放事件的规模可能从设备泄漏的相对少量到储罐可能排放达数百桶。

6.5   水处理

来自水力压裂项目的水通常含有化学添加剂来协助携带支撑剂，并且在注入致密储层后可能富含盐。因此，在油气开采过程中从致密储层中回收的水必须以安全的方式处理或处置。处置这种水的建议通常是通过专门为此目的钻的一口或多口井将水注入深的高盐度地层中，但处置方法必须遵循明确规范的规定。由于潜在的腐蚀或结垢，返排水很少在水力压裂中重新使用，其中溶解的盐可能从水中沉淀出来并堵塞部分井或储层，从而干扰和影响流体的流动。

除了添加到压裂液中的化学剂之外，来自油气采出的废水可能含有高水平的总溶解固体（TDS），其可能是无机化合物的复杂集合。此外，从致密储层中产生的盐水量可以从零到（至少，取决于储层特征）每天几百桶变化。水可以来自致密储层或通过天然缝网或更可能通过压裂过程诱发缝网连接到储层的任何相邻地层。这种水像返排水一样，是高盐的，并且必须通过注入深盐地层来处理或送去处置，这也受到明确规定的法规的约束。事实上，在一些监管油气生产的监管机构中，已经实施了关于披露水力压裂过程中使用的化学品的法规，以确保当把这些化学品再注入作为处置方法时，地下环境必须得到保护。

在用水管理方面，各州及油气生产项目正在寻求的一个替代方案是利用河流流量的季节性变化，在地表水流量最大时取水。利用季节性流量差异可以规划取水，以避免对市政饮用水供应或水生或河岸社区的潜在影响。还包括监测溪流水质，以及取水口周围河流中的野味和非野味鱼类。此外，新的处理技术使得从水力压裂中回收的水循环利用成为可能。来自水力压裂的经处理的返排流体的再利用正在被用于（或至少考虑用于）各种项目。

简而言之，河岸群落是存在于河岸带（河岸区）的群落，河岸区是土地和河流之间的界面。沿着河流边缘、溪流边缘、河岸（河岸植被）的植物栖息地和群落，以亲水植物的集合为特征。河岸带在生态学和环境管理中很重要，这是由于它们在土壤保持中的作用、它们的生境生物多样性，以及它们对动物和水生生态系统的影响，包括草地、林地、湿地，甚至非植物种植区。在一些地区，术语河岸林地、河岸森林、河岸缓冲区和河岸带被用来描述河岸带。

水返回地表的速度在很大程度上取决于地层的地质情况。在一些地层中，返排水的再循环利用可高达返排水的95%（体积分数），而在其他地层中，再循环作业可能只涉及返排水的20%（体积分数）。因此，根据本章其他地方的类似陈述可以预见，水管理和水再利用是项目所在地特有的问题，也是含气或含油储层的深度和特征、水的质量和数量，以及管理方案的可用性和可负担性特有的问题（Veil，2010）。在30年的生命周期中，假设一口典型的井在这段时间内被水力压裂三次，每口页岩气井的压裂和生产通常会消耗（700~1700）$\times 10^4$gal的水。

一旦天然气或原油被开采出来，它就会被加工，并被运输用于进一步加工（净化、精炼）（见第7~10章）。水的消耗也发生在这些过程的每一个阶段，最重要的非生产性消耗可能发生在最终使用期间。通常，来自水力压裂项目的原油被运输到炼油厂，用作与其他原油的混合原料，作为炼油厂原料，这可能构成三种或更多种其他原油的混合物（见第10章），并可能引起混合物成分不相容的问题（见第17章）（Speight，2014a）。炼油厂需要额外的用水量，但这种额外的用水量与水力压裂项目期间的用水量没有直接关系。另一方面，虽然天然气可以直接燃烧而不需要额外的水消耗，但是如果气体的最终用途是运输燃料的形式，则需要储存在车辆油箱中，并且天然气很可能必须通过电动压缩机进行压缩（King and Webber，2008；Wu et al.，2011）。然后，剩下的是选择一个（或多个）方案来处理水，以便再利用或处置。

简而言之，水处理是从水中去除污染物或降低污染物浓度以使水更适合特定最终用途的任何过程。在目前的情况下，最终用途可以是工业供水、灌溉、河流维护、水上娱乐或许多其他用途，包括安全返回到环境中。在某些情况下，对水进行特殊和细致的处理可以生产出适合用作饮用水的水。因此，返排水的管理通常可以通过任何一种（或多种）管理策略来实现：（1）处置；（2）再利用；（3）回收（Halldorson and Horner，2012）。

关于水的处置方案，可返排被输送到注入井进行处置。如果附近有现成的、相对便宜的、充足的淡水供应，并且最重要的是，附近的注入井能够根据相关监管准则或法律处理返排水处置量，则通常会选择这种处置方案。然而，随着淡水供应的减少，成本增加和（或）到注入井进行处置的距离增加，使得处置方案不那么有吸引力。

再利用方案（这可能是最便宜的策略）包括对返排水进行细致处理，以去除悬浮固体和可溶性有机成分（如某些原油中存在的环烷酸）（Speight，2014b），然后将处理后的水与淡水混合，以产生适合用于新井水力压裂项目的流体。这一方案减少了项目所需的淡水量，如果所有返排水都可以处理和再利用，就不需要处置方案。

最后，选择循环处理返排水，以此来生产通常具有淡水质量的产品。在这种情况下，循环水与来自淡水来源的补充水混合，产生总溶解固体含量低的水力压裂液。这种情况发生在：（1）淡水成本高、质量高；（2）需要总溶解固体含量低的压裂液；（3）其他情况下（如水力压裂计划）不允许重复使用水时。如果压裂液通过临时地上管道（快速管道）输送，则可以循环使用水，以最大限度地减少管道泄漏或破裂对环境的潜在影响。

水中总溶解固体的问题是一个持续的问题，并且在涉及油气生产的水力压裂项目期间，持续受到不一致的返排水的影响。返排水包含范围为 5000~200000mg/L 的总溶解固体（TDS）和（或）范围为 100~3000mg/L 的总悬浮固体（TSS）。为了消除这种杂质，可以使用澄清罐泵将返排水从源头（例如压裂罐或矿坑）泵入使用固体沉降系统的单元，该固体沉降系统使得悬浮固体能够沉降到单元的底部，在那里它们被收集和脱水。再利用水的一个主要好处是，它降低了与水运输相关的财务、社会和环境成本。

此外，蒸发技术可用于回收被污染的水。该过程包括使溶液沸腾，让污染物留在液相中，而纯水蒸气蒸发并可冷凝成蒸馏水。此外，机械蒸汽再压缩（MVR）蒸发是处理废水的主要手段。该过程不同于传统的蒸发，因为压缩机用于产生蒸汽，而不是热源，如锅炉。通过利用冷凝蒸汽的潜热作为煮沸废水的一次能源，实现了高能效。

6.6　废液

油气生产井现场会产生各种废液，保护水资源免受致密储层油气活动影响的最大挑战之一是生产过程中产生的废水。根据《资源保护和回收法》第 C 子标题，美国环境保护局将原油及天然气勘探、开发及生产过程中产生的钻屑及废水等废弃物视为不受联邦危险废物法规约束的特殊废物。

水平钻井开发可以减少井场的数量，并将其分组，以便将蓄水池等管理设施用于多口井。补给水在整个开发过程中用于钻井，并形成水力压裂液的基础。可能需要大量的水，这些水通常储存在井场的坑或水箱中。例如，地表水可以在高水位径流期间通过管道输送到矿坑中，并在一年中用于附近油井的钻井和压裂作业。展品 14 展示了宾夕法尼亚州 Marcellus 开发项目中的一个大型蓄水池。储存池并不适合页岩气区的所有地方；像钢罐一样，它们适用于某些地方，而不适用于其他地方。

在水力压裂作业之后，当泵送压力已经从井中卸载时，水基压裂液开始通过套管返排到井口。这种水被称为返排水，由用过的压裂液组成，在某些情况下，还包括地层本身的溶解成分（页岩中存在的矿物质，以及页岩中任何天然孔隙空间中可能存在的盐水）。大多数返排水是在几个小时到几个星期的时间范围内产生的。在各种盆地和页岩气藏中，这种返排水体积规模可能占压裂流体原始体积的 30% 以下至 70% 以上。

在某些情况下，在天然气开采开始后，返排水的生产可以持续几个月。流入油井的天然地层水被称为采出水。无论水源、返排水或地层水如何，这些与气体一起通过井口产出的水代表了必须管理的生产流，统称为采出水。页岩气运营商通过各种机制管理采出水，包括地下注入、处理、排放，以及回收。地下注水不可能在每个油气田中进行，因为可能没有合适的注水区。与生产油藏类似，在油气田附近必须有能够接收注入流体的多孔和可渗透储层。如果当地没有，可以将采出水输送到更远的注入点。通过井场或油田的独立系统，或通过城市废水处理厂或商业处理设施，处理采出水可能是可行的。城市或商业处理厂的可利用性可能仅限于较大的城市地区，在这些地区已经存在具有足够可用能力的处理设施；与地下注入一样，运输到处理设施可能可行，也可能不可行。

流体管理涉及过量流体的环境友好处理或再利用，并且是致密储层开发（以及从致密储层中开采天然气或原油）项目中不可或缺的重要阶段，因为天然水道（河流、小溪，某些情况下还有海洋）中的污染物会导致水中含氧量的减少，从而对水生生物产生严重影响（甚至消灭）。这不仅引起了水净化的需要，而且引起了节水的需要。

此外，一个重要的挑战是流体管理，包括：（1）处理；（2）回收；（3）再利用；（4）返排水和采出水的处置。这种水混合物通常含有残余压裂液，也可能含有在储层中发现的物质，如微量的重金属元素，甚至天然存在的放射性物质（NORM）。此外，还必须尽量减少油气开发对陆地和空中的影响。生产井需要管道来连接钻井平台，需要管道或卡车或两者来运输天然气、原油或工艺废物，还需要储存装置和水处理设施。由于每个井场可能需要数百辆卡车，管道的使用有可能最大限度地减少地面干扰。

油气勘探产生的废水一般分为返排水和采出水。返排水是在水力压裂步骤之后、油气生产开始之前返排到地面的流体，主要是在完井的几天到几周内。这种流体可以由 10%~40%（体积分数）的注入压裂液和泵入地下的化学物质组成，这些化学物质随着时间的推移与来自致密储层的越来越多的天然盐水混合返回地面。

采出水是在油气长期生产过程中流向地表的流体，主要反映深层地层水和毛细管流体的化学和成分。这些天然存在的盐水通常是从低盐到高盐的，并且含有潜在毒性水平的元素，如钡、砷和放射性镭。水力压裂作业产生的废水以几种方式处理。在美国，废水的深层地下注入占所有废水处理的 95% 以上。相比之下，欧洲不允许深度注入废水，除非水用于提高天然气和原油采收率。在美国，废水也被送到私人处理设施，或者越来越多地被回收或再利用（见上文）。最近，废水越来越多地被送往采用先进处理技术的设施，如海水淡化，再利用率接近 90%。

目前，控制水流的做法已经到位，在排水积聚的地方提供池塘和水池，在那里悬浮的矿物质（例如页岩和黏土颗粒）最终可以被去除。使用或不使用絮凝剂的沉淀可用于处理潟湖中的水。在其他情况下，节水计划主要旨在限制水流通过含水层中的多孔结构、钻孔和裂缝渗出。此外，饮用水源的保护也是必要的。

水管理的第一步包括使用水泥和几套不同的钢套管进行适当的井施工以隔离井筒（见第4章），这是油气行业保护地下水源的关键步骤。套管单独胶结到井筒中，以提供将井筒流体与岩层隔离的屏障。在该过程中，水泥被泵入套管的中心，以便在井中安装每段套管（管柱）后，水泥循环回到套管外部空间（环空）中的地面。这些步骤完成后，必须让水泥凝固，然后再继续钻井。进行地球物理测井，以确定套管周围水泥的完整性。这有助于确保井筒充分胶结，并能够承受与水力压裂相关的压力。增产前，对油井进行压力测试，以确保安装在地下的套管系统的完整性。

因此，根据各种条例，制定了全面的规则，以确保以保护淡水供应的方式建造水井（水井完整性）（见第4章）。不同监管机构之间的具体指导方针各不相同，但在所有情况下，钢套管和水泥都用于隔离和保护地下水区与更深的石油、天然气和盐水区。

6.6.1 压裂液要求

影响与水力压裂相关的水管理的主要因素与成功的水力压裂作业的流体需求有关。水管理的所有阶段最终取决于成功实施压裂项目所需的水力压裂特性的要求。这些要求是油藏地层和油藏上下地层的地质、作业环境、水力压裂工艺的设计、开发过程的规模，以及整个项目成功所需的结果的综合。

认识水力压裂项目水管理的主要问题包括对必要的储层岩石知识的了解，以及压裂过程完成后岩石将发生什么变化。压裂液的选择决定了压裂设计，以及所需压裂液和添加剂的类型。此外，压裂液的选择决定了压裂作业中使用的压裂液的运输和最终结果，以及需要管理和处置返排流体的方式。

典型的水力压裂实践（如果有这样一个可以被描述为典型的过程）被设计成在特定的岩层中产生单个裂缝或多个裂缝。这些水力压裂作业是针对油藏现场特定条件设计的控制和监控过程。此外，工艺条件由：（1）目标产物即开采天然气或原油；（2）目标产物的各自性质；（3）包括目标储层的矿物学特征；（4）储层岩石压裂特征；（5）地层水的性质；（6）预期的水产量，即地层水相对于压裂返排水；（7）钻入地层的井的类型（水平或垂直）来指导。

因此，了解现场油藏条件对于成功的增产、压裂施工和所用流体的设计，以及水管理至关重要。随着时间的推移，水力压裂设计在压裂增产过程中不断发展，人们对目标储层压裂的了解也越来越多，同时这种理解也在不断发展。因此，虽然概念和一般实践是相似的，但具体压裂作业的细节可能因资源不同、区域不同，甚至井型不同而有很大差异。

6.6.2 压裂液成分

压裂液混合物中可以包含各种各样的添加剂，以实现成功的压裂（见第5章）。这些包括支撑剂、凝胶、发泡剂、盐、酸和其他流体添加剂，并且存在最大化利用环境无害添加剂和最小化所需添加剂量的可能（和需求）。

目标资源的特性决定了水力压裂液组成的所需成分，这反过来会影响水管理。例如，致密储层可能含有各种天然存在的微量金属和化合物，这些金属和化合物由于诱发的裂缝而变得活跃，并且通过酸性水、通过氧化转化为可溶性物质，以及通过卤水中出现的离子物质的作用从储层岩石中浸出。许多无机和有机化合物已经自然形成并出现在致密储层中，泵入井中的增产流体可能需要各种化学物质来抵消这些化合物在井或储层中可能具有的任何负面影响。例如，铁化合物需要铁螯合剂，使得铁化合物不会从压裂液中沉淀出来并沉积在储层的孔隙空间内，从而降低储层的渗透率并进一步增加水管理的复杂性。

水管理的一个主要方面是，在制定水力压裂项目计划时，除了与成功压裂目标储层相关的考虑因素之外，还应主要考虑项目的流体管理和处置影响，以及压裂液配方。最佳的水管理实践是使用对可能的不利环境影响风险最小的添加剂，以尽可能达到压裂作业所需的效果。虽然这是一个非常可取的选择，但产品替代不是在所有情况下都可能，因为不是所有添加剂都存在有效的替代品。

6.6.3　压裂液处理和储存

在考虑水管理方案时，压裂液处理和储存可能是出现的主要问题。压裂液要求和压裂液成分都是有助于水管理的流体处理和储存的两个方面。水力压裂前后在井场处理的流体通常必须储存在现场，并且必须从供应源运输到最终处理和（或）处置点。用于水力压裂的流体通常储存在现场的储罐或内衬地面蓄水池中。返回或返排的流体也可以被输送到储罐或内衬坑中。此外，在水力压裂作业完成后的第一个月左右，这期间回收的初始返排水的体积可占压裂液原始体积的 10%~70%。绝大多数注入的压裂液在很短的时间内被回收，通常最长可达数月。

因此，压裂液的所有成分，尤其包括水、添加剂和支撑剂，应在水力压裂过程之前、期间和之后在现场进行适当管理。如果可能，为了有助于水管理，压裂液的成分应根据需要全部混合到复合压裂液中。此外，任何未使用的产品应尽快从压裂位置移走。此外，项目规划过程应考虑压裂作业中意外延迟的可能性，并确保水和添加剂材料得到正确管理。

如果衬砌蓄水池或矿坑用于储存压裂液或返排水，矿坑必须符合适用的规则、法规、良好行业规范和衬砌规范。因此，这些蓄水池的设计和建造必须确保其运行寿命的结构完整性。正确的设计对于防止故障或意外排放是必不可少的。如果流体要储存在储罐中，这些储罐必须符合相关州和联邦标准，这些标准对于特定储罐的使用具有指导意义，例如，如果储罐用作返排水储存或生产更永久的蓄电池的储存。

6.6.4　运输

在压裂开始前，水、砂和任何其他添加剂通常单独运送到井场。水通常用油罐车运送，可能需要几天或几周才能到达，或者通过管道从供应源或处理/回收设施运送。因此，供水和管理办法应考虑到与流体运输有关的要求和规定。

将水运往和运出井场可能是一项重大支出和工程。虽然卡车运输成本可能是水管理费用的最大支出部分，但作为卡车运输的替代方案，可以考虑使用临时或永久的地面管道，但通过地面管道运输与水力压裂相关的流体可能不实用、不划算，甚至不可行。此外，当压裂液通过卡车运输时，项目将需要制定一个整个油田的卡车运输计划，包括：(1)所需运输卡车的大致数量；(2)作业时间；(3)适当的路外停车/中转区；(4)卡车运输路线。此外，大量压裂液卡车运输计划的考虑因素包括以下内容：(1)公众对路线选择的意见，以最大限度地提高有效驾驶和公共安全；(2)避免高峰交通时间、校车时间、社区活动和夜间安静期；(3)与当地应急管理机构和公路部门的协调；(4)升级和改善经常往返于许多不同井场的道路；(5)提前发布任何必要绕行或道路/车道封闭的公告；(6)现场足够的越野停车场和交付区。

多井平台的使用（见第 4 章）让中央储水更容易利用，减少了卡车交通，并允许更容易和集中地管理返排水。在某些情况下，它可以增加管道运输水的选择。此外，为了使卡车运输更有效并对周围环境产生影响的程度最低，值得考虑与任何非项目（但感兴趣）的私有财产所有者合作建造蓄水池和钻探源井。建造或改善现有池塘、钻水井和（或）改善其地界上的道路的机会对于运营商和土地所有者来说是一个非常有益的（甚至可能是双赢的）局面，因为它为项目提供了接近水源的通道，并增加了对附近地面的改善，从而使地产所有者受益。

在钻井过程中，会产生使用过的钻井液和饱和的岩屑，必须对其进行管理。钻井液的体积与所钻井的大小大致相关，因此一口水平井所产生的钻井废弃物可能是单口直井的两倍，而一口水平井可以取代多达四口直井。钻井废物可以在矿坑或钢罐中进行现场管理。每个坑的设计都是为了防止液体渗入脆弱的水源。现场矿坑符合油气行业的标准，但并不适合所有地方；它们可能很大，会在很长一段时间内改变土地规划。在某些环境中，可能需要钢罐来储存钻井液，以最小化井场占地面积或为敏感环境提供额外保护。当然，钢罐也不适合所有环境，但在农村地区、矿坑或池塘，井场有足够空间，通常不需要钢罐（Arthur et al., 2008）。

钻屑被视为受控或危险废物，可通过以下方式处置：（1）净化处理；（2）注入油井；（3）转移至受控危险废物填埋场。固体处理对环境的影响最低，特别是海上作业，先去污处理，然后排放。然而，通过传统的去污技术，处理后的岩屑中大于 1% 的油含量仍然存在于干燥的固体中，这不符合一些国家严格的环境法规。

水平钻井开发能够减少井场的数量，并将它们分组，以便管理设施，如蓄水池，可以用于多口井。补给水在整个开发过程中用于钻井，并形成水力压裂液的基础。可能需要大量的水，这些水通常储存在井场的矿坑或水箱中。例如，地表水可以在高水位径流期间通过管道输送到矿坑中，并在一年中用于附近油井的钻井和压裂作业。储存池并不适合油气资源区的所有地方，就像钢罐在某些地方适用，但在其他地方不适用一样。最后，对于任何水力压裂项目来说，考虑利用农业技术来输送水源附近使用的水可能是合适的。大直径铝制农用管道有时用于将淡水从源头输送到几英里内正在进行钻井和水力压裂作业的地方。油气行业在努力从致密储层中回收这些资源时的用水，刺激了涉及供应临时管道、泵、安装和项目后拆除这些设施的形成或扩张业务。

6.7 水资源管理和处理

当水从致密储层钻井作业返回地面时，它可以根据致密储层盆地以多种方式被处置：（1）在新井中再利用，经过或不经过处理；（2）注入由美国环境保护局监管的现场或场外处置井；（3）从城市污水处理厂或商业工业污水处理设施来看，大多数污水处理厂无法处理油气废水中的污染物；（4）排放到附近的地表水体。

位于宾夕法尼亚州和纽约州的 Marcellus 致密储层是美国最大的致密储层盆地之一，在该储层中，大部分压裂液通常在钻井后回收并储存在现场蒸发坑中。回收的流体可以用卡车运到场外，用于另一个水力压裂作业，或者在地表水、地下水库或废水处理设施中进行处理和处置。剩余的流体滞留在地下（Veil, 2010）。然而，在得克萨斯州缺水的致密储层盆地（如 Eagle Ford），更多的水力压裂液可能留在地下。这种水比地表水更难追踪，这可能会增加油气公司的短期和长期风险。

虽然在一些管辖区，对一些水力压裂项目产生的流体（包括水）进行处理仍然是一种选择，但与此相关的要求可能会受到严格的联邦、州或地区法规的约束。该项目应充分规划，以适应与水力压裂作业相关的流体的适当管理和处置（表 6.7）。此外，流体管理的考虑因素应包括返排水处置的规定，包括从井场（卡车或管道）运输水的计划，以及与任何拟建管道和水处置计划相关的信息（如处理设施、处置井、水再利用、集中式地面蓄水或集中式水箱设施）。还应为任何拟议的处理设施或处置井提供明确的标识和许可证编号，以及任何拟议的集中回流水面蓄水的位置、施工和操作信息。

通常，油井许可证会规定所有流体（通常是有必要的细节），包括压裂液和返排水，必须从井场清除。此外，作为回收的一部分，任何用于压裂液的临时储存坑都必须拆除。更具体地说，水力压裂过程中使用的水通常以下三种方式之一进行管理和处置：（1）根据监管计划注入许可的处置井中；（2）根据许可法规输送到水处理设施，在一些地区，许可法规允许对水进行处理以去除污染物并达到所有监管规范，然后将水排放到地表；（3）如果水质足够纯净，则再利用，或者在再利用之前通过再循环操作。然而，水处理方案取决于各种因素，包括是否有合适的注入井和是否有可能获得向这些区注入水的许可，商业和（或）市政水处理设施的能力，以及运营商或此类工厂成功获得地表水排放许可的能力。

项目计划的一部分还应确保详细描述地表水和地下水质量，其中可能包括任何必要的取样／分析程序，这些程序将用于采集样本以供分析设备使用。这些信息将提供客观的分析数据，以便在开始大规模钻井和水力压裂之前更好地了解水质，并且（更恰当地说）将提供基线数据，帮助当地社区了解现有地下水质量。如果现有信息不充分，还应在钻探特定水井之前，从水力压裂作业附近的公共和私人水井，以及附近的地表水体（河流、小溪、湖泊、池塘）收集任何有必要的额外现场特定基线水样。要测试的实际参数及所需的分析数据在很大程度上取决于现场特定的地质、水文和水化学信息。通常，用于测试的参数应包括但不限于总溶解固体、总悬浮固体、氯离子浓度、碳酸盐浓度、碳酸氢盐浓度，以及硫酸盐、钡、锶、砷、表面活性剂衍生物、甲烷、硫化氢、苯和天然存在的放射性物质（NORM）的浓度。

返排／采出流体的主要潜在目的地通常包括以下内容：（1）受州或联邦计划监管的注入井；（2）城市废水处理设施；（3）工业废物处理设施；（4）其他工业用途；（5）压裂返排水循环／再利用。

6.7.1　注水井

在有注入井的情况下，通过注入处理返排流体被广泛认为是一种流体处理方式，前提是该操作对环境无害、监管良好，并被证明是有效的（API，2009，2010）。然而，为了管理与大规模开发相关的预期水量，可能需要在一个区域钻探额外的注入井，并且必须通过相关许可程序获得授权。用于处理与油气开采作业相关的盐水的注入井需要州或联邦许可。因此，无论美国环境保护局还是州监管机构是否拥有地下注入控制计划（UIC）的权力，新注入井都需要获得符合相应州和（或）联邦监管要求的注入井许可证。

6.7.2　城市污水处理设施

城市废水处理厂或商业处理设施可用作处理压裂液返排和（或）其他采出水的处理中心

和处置方案。然而，必须已经有足够大的规模来处理返排水，因此，市政处理厂或商业处理厂的可用性可能仅限于大型处理设施已经在运行的较大的城市地区。此外，在任何规划过程中，都必须认真考虑地下注入项目中流体运输的实用性。

如果处理厂的规模意味着流体的处理是正常的，那么处理厂（特别是如果该工厂是POTW的公有处理厂）必须有一个国家批准的预处理工艺来接受任何工业废物。此外，公有处理厂还必须将其设施计划接收的任何新工业废物通知适当的监管机构，并证明该设施有能力处理该工业废物中预期存在的污染物。此外，公有处理厂通常需要进行特定的分析，以确保工厂能够处理废物，而不会干扰（不平衡）系统或在接收水中造成问题。最后，此分析需要获得批准，而公有滤水厂现有的许可证也需要修改，以确保接收水域的水质标准始终保持不变。因此，为了协助这一审查，公有处理厂可能会要求水力压裂项目的运营商提供与压裂液添加剂的化学成分有关的信息，特别是检查混合物中潜在的环境危害，以及混合物可能存在的毒性。

6.7.3 工业废物处理设施

由于目前的监管限制及未来的监管限制，公有污水处理厂不太可能满足未来的处置需求。因此，建造私人或工业拥有的处理设施，也许由工业合作社或环境服务公司来建造和经营，是一种替代解决办法。在一些地区，目前和不断发展的做法是在活跃的钻井开发区建立临时处理设施，或使用移动设施现场处理工业废物。临时设施可以通过使用服务于当地水井的临时管道系统来减轻/减少废物流的卡车运输压力。

6.7.4 其他工业用途

就流体处理而言，返排水可能还有其他值得思考的工业用途，但每种提议的用途都高度依赖于现场的具体规划，并且（很可能）需要某种程度的处理，以使流体特性与现场需求相匹配。两个典型的例子是：（1）使用返排水来协助钻井作业；（2）使用该水作为水驱作业的水源水，其中水被注入部分衰竭的油藏以置换额外的油并提高采收率（Speight，2014，2016）。

简而言之，注水作业受州法规和（或）美国环境保护局的地下注入控制计划的监管，该计划保护了水源，如饮用水源（US EPA，2015）。这些当局将审查水力压裂作业返排流体的拟议用途，以确定其是否适合注水作业。通常，注水作业、水或水源发生变化的作业通常需要修改其许可证，以从新水源注水。任何时候水甚至水源发生变化，供水商都必须提交对要注入的水的分析。

6.7.5 返排水循环再利用

返排水的有效管理需要了解水的特性。通常，返排水中含有地层中的盐、金属和有机化合物，以及许多作为添加剂引入进水流的化合物。因此，需要相关用于进行水力压裂的返排水和流入水流的成分和性质的信息库。

在某些情况下，将返排水处理至规定的水质，使其可再用于随后的水力压裂项目，可能比处理水以满足使水适合地面排放的必要要求更契合实际。因此，压裂作业返排流体的再循环选择应该是早期考虑的因素，因为水的再利用和水的再循环可能是实现未来大规模油气采收的关键，这些作业使用水力压裂作为获取和释放油气的方法。虽然这种方法已经在一些地区进行并取得了成功，但水力压裂液的重复使用能力在很大程度上取决于所需的处理类型和作业所需的补充水量。

　　要考虑的各种选择将取决于：（1）待处理水的总量；（2）需要处理的水中的可溶性成分；（3）可溶性成分的浓度；（4）所述成分的溶解度及其可处理性，以及所述处理是否会除去这些成分；（5）水再利用要求；（6）水排放要求。如果所有上述问题都可以得到满足，以允许返排水的再利用，这种再利用可以提供一种实用的解决方案，其克服由有限的水源供应，以及难以处理再利用的水所施加的许多限制。

　　例如，水处理技术的发展正在适应水力压裂产生的高盐水。这些技术包括反渗透技术的创新和膜技术的创新。此外，蒸馏技术正在不断完善过程中，以提高目前水回用的75%~80%的处理效率。然而，蒸馏也是一个非常耗能的过程，并且它可能只成为所有操作的一种选择，通过技术改进（作为一种附带技术，即作为一种辅助技术）来提高处理效果和该过程的整体效率。

　　寻求任何此类水处理替代方案确实需要仔细规划和了解返排水和（或）采出的地层水的成分。此外，找到正确的路线还需要仔细选择不会带来重大水处理问题的化学添加剂和设计。成功与否将取决于处理技术的效率，以及该技术是否能够更经济地处理这些水力压裂液，并在处理后的水质量方面产生更好的结果。这些压裂液的处理可以大大提高可接受的可再利用流体的量，并为再利用水的最终处置提供更多选择。这种处理设施既可以作为水力压裂项目的组成部分运行，也可以作为独立的商业企业运行。

　　在这种情况下，存在许多水处理创新方法，许多其他方案仍在开发和改进中，以解决来自不同地点和不同操作区域的返排水的特定处理需求。可用于水处理的方法（这适用于返排水的处理）包括但不限于：（1）过滤；（2）曝气和沉淀；（3）生物处理；（4）脱矿；（5）热蒸馏；（6）冷凝；（7）反渗透；（8）电离；（9）自然蒸发；（10）冷冻/解冻工艺；（11）结晶；（12）臭氧化。这绝不是一份详尽无遗的技术清单，正在不断考虑和评估新的替代方案。

　　由于水力压裂过程的复杂性和返排水的不同质量，在许多情况下，可能需要多个过程。一些工艺将作为主要工艺选项的附带工艺（二级工艺），确保水的有效处理，这是单靠一个工艺无法实现的。选择处理工艺的关键考虑因素将是：（1）一级工艺的效率；（2）对附带二级工艺的需求；（3）有和没有二级工艺的一级工艺的性能；（4）特定时间间隔内的水处理量；（5）与所得处理水相关的环境考虑因素；（6）就有和没有二级工艺附带选项的一级工艺而言，水处理工艺的成本效益。

参 考 文 献

API, 2009. Hydraulic Fracturing Operations e Well Construction and Integrity Guidelines, first ed. American Petroleum Institute, Washington, DC. Guidance Document HF1.

API, 2010. Water Management Associated with Hydraulic Fracturing. API Guidance Document HF2. American Petroleum Institute, Washington, DC.

Arthur, J., Bohm, B., Coughlin, B.J., Layne, M., Cornue, D., 2009. Evaluating the environmental implications of hydraulic fracturing in shale gas reservoirs. In: Proceedings. SPE Americas Environmental and Safety Conference, San Antonio, Texas. March 23-25. Society of Petroleum Engineers, Richardson, Texas.

ASTM, 2019. Annual Book of Standards. ASTM International, West Conshohocken, Pennsylvania.

Bamberger, M., Oswald, R.E., 2012. Impacts of gas drilling on human and animal health. New Solut. 22 (1), 51e77.

Blauch, M.E., Myers, R.R., Moore, T.R., Houston, N.A., 2009. Marcellus shale post-frac flowback waters e where is all the salt coming from and what are the implications? Paper No. SPE 125740. In: Proceedings. SPE Regional Meeting, Charleston, West Virginia. September 23-25.

Clark, C., Han, J., Burnham, A., Dunn, J., Wang, M., 2011. Life-cycle analysis of shale gas and natural gas. Report No. ANL/ESD/11-11. Argonne National Laboratory, Argonne, Illinois.

Cooley, H., Donnelly, K., 2012. Hydraulic Fracturing and Water Resources: Separating the Frack from the Fiction. Pacific Institute, Oakland, California.

Darrah, T.H., Vengosh, A., Jackson, R.B., Warner, N.R., Poreda, R.J., 2014. Noble gases identify the mechanisms of fugitive gas contamination in drinking-water wells overlying the Marcellus and Barnett shales. Proc. Natl. Acad. Sci. 111 (39), 14076e14081.

Davies, R.J., Almond, S., Ward, R., Jackson, R.B., Adams, C., Worrall, F., Herringshaw, L.G., Gluyas, J.G., Whitehead, M.A., 2014. Oil and Gas Wells and their integrity: implications for Shale and unconventional resource exploitation. Mar. Pet. Geol. 56, 239e254.

Davies, R.J., Almond, S., Ward, R., Jackson, R.B., Adams, C., Worrall, F., Herringshaw, L.G., Gluyas, J.G., 2015. Oil and gas wells and their integrity: implications for shale and unconventional resource exploitation. Mar. Pet. Geol. 59, 674e675.

Elliott, E.G., Ettinger, A.S., Leaderer, B.P., Bracken, M.B., Deziel, N.C., 2016. A systematic evaluation of chemicals in hydraulic-fracturing wastewater for reproductive and developmental toxicity. J. Expo. Sci. Environ. Epidemiol. 1e10.

Gary, J.G., Handwerk, G.E., Kaiser, M.J., 2007. Petroleum Refining: Technology and Economics, fifth ed. CRC Press, Taylor & Francis Group, Boca Raton, Florida.

Gregory, K.B., Vidic, R.D., Dzombak, D.A., 2011. Water management challenges associated with the production of shale gas by hydraulic fracturing. Elements 7, 181e186.

Halldorson, B., Horner, P., 2012. Shale gas water management. In: World Petroleum Council Guide: Unconventional Gas. World Petroleum Council, London, United Kingdom, pp. 58e63 accessed March 15, 2015. http: //www. world-petroleum.org/docs/docs/gasbook/unconventionalgaswpc2012.pdf.

Honarpour, M.M., Nagarajan, N.R., Sampath, K., 2006. Rock/fluid characterization and their integration e implication on reservoir management. J. Pet. Technol. 58 (9), 120.

Hsu, C.S., Robinson, P.R. (Eds.), 2017. Practical Advances in Petroleum Processing Volume 1 and Volume 2. Springer Science, Chaim, Switzerland.

IEA, 2013. Resources to Reserves 2013: Oil, Gas and Coal Technologies for the Energy Markets of the Future. OECD Publishing. International Energy Agency, Paris, France.

King, C.W., Webber, M.E., 2008. Water intensity of transportation. Environ. Sci. Technol. 42 (21), 7866e7872.

KPMG, 2012. Watered-Down: Minimizing Water Risks in Natural Gas and Crude Oil and Oil Drilling. KPMG Global Energy Institute, KPMG International, Houston, Texas.

Lee, S., 1991. Oil Shale Technology. CRC Press, Taylor & Francis Group, Boca Raton, Florida.

Lee, S., Speight, J.G., Loyalka, S.K., 2007. Handbook of Alternative Fuel Technologies. CRC-Taylor & Francis Group, Boca Raton, Florida.

Lester, Y., Ferrer, I., Thurman, E.M., Sitterley, K.A., Korak, J.S., Kinden, K.G., 2015. Characterization of hydraulic fracturing flowback water in Colorado: implications for water treatment. Sci. Total Environ. 512e513, 637e644.

Mantell, M.E., 2009. Deep shale natural gas: abundant, affordable, and surprisingly water efficient. In: Proceedings. 2009 GWPC Water/Energy Sustainability Symposium. Salt Lake City, Utah. September 13-16.

Moffatt, B., Fawcett, M., Maurera, J., Bruzco, A., 2013. Reservoir fluid characterization from tests on tight formations. Paper No. SPE-164887-MS. In: Proceedings. EAGE Annual Conference & Exhibition Incorporating SPE Europec, London, United Kingdom. June 10-13. Society of Petroleum Engineers, Richardson, Texas.

Mokhatab, S., Poe, W.A., Speight, J.G., 2006. Handbook of Natural Gas Transmission and Processing. Elsevier, Amsterdam, Netherlands.

Molofsky, L., Conner, J.A., Wylie, A.S., Wagner, T., Farhat, S., 2013. Evaluation of methane sources in groundwater in northeast Pennsylvania. Gr. Water 51（3）, 333e349.

Nagarajan, N.R., Honarpour, M.M., Sampath, K., 2007. Reservoir‒Fluid Sampling and CharacterizationdKey to Efficient Reservoir Management. SPE 103501 and 101517. In: Presented at the 2006 Abu Dhabi International Petroleum Exhibition & Conference, Abu Dhabi, 5‒8 November.

Nicot, J.‒P., Scanlon, B.R., 2012. Water use for shale‒gas production in Texas, U.S. Environ. Sci. Technol. 46, 3580e3586.

Osborn, S.G., Vengosh, A., Warner, N.R., Jackson, R.B., 2011. Methane contamination of drinking water accompanying gas‒well drilling and hydraulic fracturing: proceedings. Natl. Acad. Sci. 108（20）, 8172‒8176.

Parkash, S., 2003. Refining Processes Handbook. Gulf Professional Publishing, Elsevier, Amsterdam, Netherlands.

Satterfield, J.M., Mantell, D., Kathol, F., Hiebert, K., Patterson, Lee, R., 2008. Managing water resource's challenges in select natural gas shale plays. In: Proceedings. GWPC Annual Meeting. September. Groundwater Protection Council, Oklahoma City, Oklahoma.

Scouten, C.S., 1990. Oil shale. In: Fuel Science and Technology Handbook. Marcel Dekker Inc., New York, pp. 795e1053. Chapters 25 to 31.

Speight, J.G., 2008. Synthetic Fuels Handbook: Properties, Processes, and Performance. McGraw‒Hill, New York.

Speight, J.G., 2012. Shale Oil Production Processes. Gulf Professional Publishing, Elsevier, Oxford, United Kingdom.

Speight, J.G., 2014a. The Chemistry and Technology of Petroleum, fifth ed. CRC Press, Taylor & Francis Group, Boca Raton, Florida.

Speight, J.G., 2014b. High Acid Crudes. Gulf Professional Publishing, Elsevier, Oxford, United Kingdom.

Speight, J.G., 2015. Handbook of Petroleum Product Analysis, second ed. John Wiley & Sons Inc., Hoboken, New Jersey.

Speight, J.G., 2016a. Introduction to Enhanced Recovery Methods for Heavy Oil and Tar Sands, second ed. Gulf Publishing Company, Taylor & Francis Group, Waltham Massachusetts.

Speight, J.G., 2016b. Handbook of Petroleum Product Analysis, second ed. John Wiley & Sons Inc., Hoboken, New Jersey.

Speight, J.G., 2016c. Handbook of Hydraulic Fracturing. John Wiley & Sons Inc., Hoboken, New Jersey.

Speight, J.G., 2017. Handbook of Petroleum Refining. CRC Press, Taylor & Francis Group, Boca Raton, Florida.

Speight, J.G., 2018. Handbook of Natural Gas Analysis. John Wiley & Sons Inc., Hoboken, New Jersey.

Speight, J.G., 2019. Natural Gas: A Basic Handbook, second ed. Gulf Publishing Company, Elsevier, Cambridge, Massachusetts.

Stillwell, A.S., King, C.W., Webber, M.E., Duncan, I.J., Herzberger, A., 2010. The energy‒water nexus in Texas. Ecol. Soc. 16（1）, 2.

US EPA, 2015a. Underground Injection Control Regulations and Safe Drinking Water Act Provisions accessed May 1, 2016. https://www.epa.gov/uic/underground‒injection‒control‒regulations‒and‒safe‒drinking‒water‒actprovisions.

US EPA, 2015b. Analysis of Hydraulic Fracturing Fluid Data from the FracFocus Chemical Disclosure Registry 1.0. Report No. EPA/601/R‒14/003. United States Environmental Protection Agency, Washington, DC（March）.

US EPA, 2015c. Review of State and Industry Spill Data: Characterization of Hydraulic Fracturing‒Related Spills. Report No. EPA/601/R‒14/001. Office of Research and Development, US Environmental Protection Agency, Washington, DC（May）.

US GAO, 2012. Information on the Quantity, Quality, and Management of Water Produced during Oil and Gas Production. Report No. GAO‒12‒256. United States Government Accountability Office, Washington, D.C.

Veil, J.A., 2010. Water Management Technologies Used by Marcellus Shale Gas Producers. Report No. ANL/EVR/R‒10/3. Argonne National Laboratory, Argonne, Illinois. United states Department of Energy, Washington, DC. July.

Vidic, R.D., Brantley, S.L., Venderbossche, J.K., Yoxtheimer, D., Abad, J.D., 2013. Impact of shale gas development on regional water quality. Science 340（6134）, 1e10.

Warner, N.R., Jackson, R.B., Darrah, T.H., Osborn, S.G., Down, A., Zhao, K., White, A., Vengosh, A., 2012. Geochemical evidence for possible natural migration of Marcellus formation brine to shallow aquifers in pennsylvanian. Proc. Natl. Acad. Sci. 109（30）, 11961e11966.

Waxman, H.A., Markey, E.J., Degette, D., 2011. Chemicals Used in Hydraulic Fracturing. Committee on Energy and Commerce, United States House of Representatives, Washington, DC（April）.

Wu, M., Mintz, M., Wang, M., Arora, S., Chiu, Y., 2011. Consumptive Water Use in the Production of Ethanol and Petroleum Gasoline e 2011 Update. Report No. ANL/ESD/09−1. Argonne National Laboratory, Argonne, Illinois.

第7章 页岩气和凝析油分析

7.1 引言

致密储层产出的天然气[也称为致密气和(或)页岩气],是一种含有碳氢化合物衍生物的天然气,其中碳氢化合物衍生物主要是甲烷(C_1)至己烷(C_6)等烃类衍生物。致密气中还可能含有无机化合物,如氮气、硫化氢、一氧化碳和二氧化碳。因此,致密气的成分通常是不确定的和变化的(除非从地下采出后即满足了可销售产品的规格),并且对植物和动物有毒(API,2009)。不同储层产出的致密气在成分和分析上存在很大差异,常规储层产出的天然气也是如此,其非碳氢化合物成分的比重区间变化很广(Speight,2014a)。

天然气中的非碳氢化合物成分可分成两类物质:(1)稀释剂,如氮气、二氧化碳和水蒸气;(2)污染物,如硫化氢和(或)其他含硫化合物。因此,一个特定的天然气田所需的生产、加工和处理方案可能与其他气田所采用的不同。此外,致密气流是在炼油厂天然气处理工段或作为单独的天然气进行处理之前混合的几种气流之一。基于这个原因,有必要了解进入气体处理系统的其他气流的组成成分和性质。

气流的稀释剂通常是可降低气体热值的不可燃气体,当需要降低气体的热含量时有时也用作填充剂。另一方面,气流中的污染物不仅会造成令人厌恶的污染,还对生产和运输设备有害。因此,天然气精炼的主要目的是去除天然气中不需要的成分,并将其分离成多种组分。该过程类似于炼油厂中的蒸馏装置,在进一步加工成产品之前,原料被分离成各种组分。天然气的主要稀释剂或污染物是:(1)酸性气体,主要是硫化氢,也会存在少量的二氧化碳;(2)水,包括所有游离水或冷凝形态的水;(3)气体中的液体,如沸点较高的碳氢化合物及泵润滑油、洗涤器油,有时还有甲醇;(4)可能存在的任何固体物质,如粉质的二氧化硅(沙子)和管道结垢。因此,与炼厂的其他任何产品一样,致密气在最终使用之前必须经过加工处理,并确定可造成环境破坏的污染物的严重程度。此外,天然气处理是一个复杂的工业过程,旨在通过分离杂质、各种非甲烷气体和液体来使原始的(脏的,受污染的)天然气变清洁,以生产出所谓的管道质量的干天然气。

天然气处理通常从井口开始,从生产井中开采的原始天然气的成分取决于天然气类型、埋藏深度,以及地下储层的地质情况和位置(Speight,2014a,2017)。气体处理厂通过去除原始天然气中水、二氧化碳和氢气等常见的污染物来实现净化目的。但气体中的一些污染物具有经济价值,可通过进一步加工进行销售或在炼化厂中使用。另一方面,从某种意义上说,炼化过程中产生的气体要复杂得多,其成分往往无法预测。这种气体中含有更多种类的有用碳氢化合物及更多的硫化氢(来自加氢脱硫装置)。用作石化原料的乙烷等气体必须严格遵守成分控制的规程,而控制规程取决于工艺过程。例如,水分含量(ASTM D1142)、氧气含量(ASTM D1945)、二氧化碳含量(ASTM D1945)和硫含量(ASTM D1072)都必须要进行监测,因为它们都会影响石化过程中的催化剂性能。

在处理和精炼天然气的过程中存在很多变量。一个给定过程的精确控制范围是很难定义的，必须考虑以下几个因素：（1）气体中污染物的类型；（2）气体中污染物的浓度；（3）期望的污染物去除程度；（4）去除酸性气体的必要性；（5）待处理气体的温度；（6）待处理气体的压力；（7）待处理气体的体积；（8）待处理气体的成分；（9）气体中二氧化碳和硫化氢的比值；（10）由于工艺经济或环境问题，硫回收的可取性。

因此，在许多情况下，由于需要回收用于去除污染物的材料，甚至需要以原始或改变的形态回收气体中的污染物，天然气加工处理过程变得更加复杂。在任何情况下，无论气体来源于哪里，在处理前进行仔细分析都是必要的（Speight，2013；Mokhatab et al.，2006；Speight，2014a，2019）。

7.2 气体类型

炼化厂中出现的气态产品包括从天然气到炼化过程气（炼厂气，工业废气）的混合物，在炼化加工之前，致密气可能与之混合。每种气体的组分类型可能是相似的（除了热加工过程中产生的烯烃类气体），但这些组分的含量变化范围很广。炼厂的气体产品有：（1）液化石油气；（2）天然气；（3）页岩气；（4）炼厂气（包括釜馏气和工业废气）。尽管高沸点的碳氢化合物衍生物和二氧化碳与硫化氢等非碳氢化合物衍生物都存在，但每种类型的气体都可以采用相似的方法进行分析，只需对各种分析测试方法进行轻微的修改（表7.1）。

表 7.1　气体质量测定的常用标准试验方法

ASTM D1945，2019，气相色谱法分析天然气的标准测试方法
ASTM D3588，2019，气体燃料热值、压缩系数和相对密度计算的标准实施规程
ASTM D1826，2019，连续记录热量计测定天然气范围内气体热值的标准测试方法
ASTM D1070，2019，气体燃料相对密度的标准测试方法
ASTM D4084，2019，乙酸铅反应速率法分析气体燃料中硫化氢的标准测试方法
ASTM 5199，2019，土工合成材料公称厚度测量的标准测试方法
ASTM D5454，2019，电子水分分析仪测定气体燃料中水蒸气含量的标准测试方法

然而，在开始时，分析师有必要确定要分析的气体类型。上述各种成分的混合物通常在材料测试中遇到，其成分组成因材料的来源和预期用途而异。这些混合物中的其他非烃组分是重要的分析物，因为它们可能是有价值的产品或者成为一些工艺难题的根源。其中一些组分包括氦、氢、氩、氧、氮、一氧化碳、二氧化碳、硫和含氮化合物，以及更高分子量的碳氢化合物衍生物。此外，原始致密气（在井口经过初步处理变得适合输送以后）在加工处理前也可能与常规天然气、炼厂气和（在某些情况下）煤气混合。

因此，在进入炼厂的气体处理（气体精炼）工段之前，以及在去除杂质处理之后，识别气流的组分更重要。在这一阶段，将应用测试方法以确保气流满足运输或买方的规格要求。基于这个原因，在此提到这些潜在的气流。气流中的水分必须尽快去除，甚至在井口就去除。虽然水的存在本身并不是一种灾难，但水与酸性气体（如二氧化碳和硫化氢）结合会导致气体处理设备受到严重腐蚀（Speight，2014c）。

碳氢化合物混合物（通常包含非碳氢化合物成分）的理想测试包括：（1）气体组分形态识别和定量分析；（2）组分的影响，不仅是对气体物理或化学性质的影响，更重要的是，当炼厂处理不同来源的混合气流时，组分对测试方法测试结果和各气流组分兼容性的影响。

7.2.1　页岩气

页岩气（也称为致密气）是对天然气聚集并锁定在页岩等层状低渗透沉积岩内的微小气泡状孔隙中的气田的描述。页岩气和致密气这两个术语经常互换使用，但两者存在差异——页岩气束缚在岩石中，而致密气是指游离在低孔隙度的泥岩或砂岩中的天然气，泥岩或砂岩为天然气创造了一个相对密闭的储存环境。通常，致密气是指运移到具有高孔隙度但低渗透率的储层岩石中的天然气。这些储层中通常不含石油，普遍需要水平井钻井工艺和水力压裂技术来提高气井产量以达到效益开发水平。通常，能够实现页岩气有效开发的钻井和完井技术同样也可以用于开发致密气。壳牌公司采用成熟的技术，以可靠的方式获取这种所需的资源。

页岩气是当前开发的几种非常规天然气资源中的一种。当前开发的非常规天然气资源包括：（1）深层天然气——埋藏深度大于常规钻井深度，通常埋藏在地下 15000ft 或更深的天然气；（2）页岩气——存储在低渗透页岩储层中的天然气；（3）致密天然气——存储在低渗透储层中的天然气；（4）地质压力区——异常高压的天然地下储层；（5）煤层气——与煤层伴生的天然气；（6）甲烷水合物——存在于如海床等低温度和高压力区域的天然气，由冻结状态下的水组成晶格结构，在甲烷周围形成一个笼状结构。

页岩气是从页岩地层产出的天然气，页岩通常作为天然气的储层和烃源岩。就化学组成而言，页岩气通常是主要由甲烷组成的干气（甲烷体积占 60%~95%），但有些储层也生产湿气，Antrim 和 New Albany 油田通常生产水和天然气。含气页岩地层是富含有机质的页岩地层，以前仅被视为邻近天然气聚集的砂岩储层和碳酸盐岩储层的烃源岩和盖层，而砂岩和碳酸盐岩是传统的陆上天然气聚集层。

根据定义，页岩气是存在于富含有机质的细粒沉积岩（页岩和相关岩相）中的烃类气体。页岩气在页岩中原位生成和存储，包括吸附气（吸附在有机物上）和游离气（在裂缝或孔隙中）两种形式。因此，含气页岩是一种自生自储型的气藏。低渗透的页岩需要大量的裂缝（天然裂缝或诱导裂缝）来实现气体的商业开发。

页岩是一种非常细粒的沉积岩，很容易破碎成薄的、平行的小层。页岩是一种非常软的岩石，但当水湿后不会解体。通常，当两层厚厚的黑色页岩夹着一层较薄的页岩时，页岩地层中可能含有天然气。由于页岩储层的某些特征，从页岩地层中开采天然气比常规天然气更困难，成本往往也更高。页岩盆地在美国各地广泛分布。

致密气是一种非常规天然气，存在于地下极低渗透性的地层中，通常是坚硬的岩石或砂岩或诸如致密砂这样的不渗透（致密）、无孔隙的石灰岩地层。在常规天然气沉积层钻井后，天然气通常可以很容易地开采出来（Speight，2019）。像页岩气藏一样，致密藏通常被定义为具有低渗透率（在许多情况下，小于 0.1mD）的气藏。致密气占天然气资源的很大一部分——美国可开采天然气总量的 21%（体积分数）以上处于致密地层中，是天然气资源的一个极其重要的部分。在致密气砂层（低孔隙度砂岩和碳酸盐岩储层）中，天然气最初源于储层外部，并随着地质时间推移进入储层中，现在通过气井被开采出来。人们发现，一些致密气藏的烃源岩也位于伏煤层和页岩地层，盆地中心气藏似乎就是这样。

受益于近几年的技术发展，致密气成为美国和全球增长最快的天然气资源。水平井钻井技术的进步增加了单井与页岩气藏的接触面积，从而提高了单井产气量。水力压裂技术的发展也促进了页岩气藏的开发。压裂过程中需要在高压下向井中注入大量混合了砂和流体化学物质的水，以使储层破裂产生裂缝，从而提高地层渗透率和产气速度。

为了开采致密气，生产井需要垂直地钻到页岩层，然后沿着页岩层转变成水平方向钻进。在钻井过程中，页岩井段需要内衬钢管（套管）。钻井完成后，在实施水力压裂的目标位置段，间断引爆小量炸药在套管上制造孔眼。水力压裂作业中，压裂液在谨慎控制的压力下泵入地层，将岩石压裂到离井几百英尺的地方。后续返排压裂液时，与压裂液混合泵入的砂子起到支撑和保持裂缝张开的作用。压裂结束后，天然气将从地层流入到井筒、再上升到地面，然后经收集进行加工和销售。

为了防止裂缝在压力降低时闭合，将重达几吨的砂子或其他支撑剂从井口泵入到加压区域。当压裂发生时，数以百万计的砂粒被挤进裂缝中。如果裂缝中沉积了足够多的砂粒，当压力降低时，裂缝将被部分支撑和保持张开。这改善了渗透性，有利于气体向井筒流动（见第5章）。然而，开发致密储层的天然气面临着更苛刻的开采条件，因此需要更有效的方法。目前确实存在几种可以开发致密气的方法，包括水力压裂和酸化技术。据预测，对于渗透率低至1nD的页岩地层和含天然气和原油的致密地层，可通过优化分段压裂间距和完井来实现经济开采，从而在合适的成本范围内实现产量最大化。无论如何，不像更容易开发的常规天然气或石油，对于所有的非常规天然气藏和油藏，必须有经济激励措施来鼓励企业开采这类天然气和石油。

从化学组成上而言，页岩气通常是主要由甲烷组成的干气（甲烷体积含量60%~95%），但确实有一些储层生产湿气——美国的Antrim和New Albany油田通常产水和天然气。含气页岩储层是富含有机质的页岩地层，早期仅被看作是邻近天然气聚集的砂岩气藏和碳酸盐岩气藏的烃源岩和密封盖层，而砂岩和碳酸盐岩是传统的陆上天然气开发层。用于页岩气的分析测试方法与用于典型油藏中产出的天然气的分析方法相同。类似地，相同的测试方法也可以应用于煤气、沼气和垃圾填埋气，但由于存在一定数量的碳氢化合物和非碳氢化合物气体，所以测试方法需要稍做修改（Speight，2011，2013）。

在过去十年中，从非常规页岩气藏（如致密页岩地层）开采的天然气变得更加普遍。目前，已经发现页岩气的组成成分差别很大，其中一些页岩气的组分范围更广，最小和最大热值间的跨度更大，水蒸气和其他物质的含量高于管道关税或采购合同通常允许的水平。事实上，由于气体组分的这些变化，对于每个页岩储层产出的页岩气可能都需要进行特定的加工处理，使其达到可销售的品质。

乙烷可以通过低温萃取法去除，而二氧化碳可以通过洗涤处理法去除。然而，处理页岩气使其成分达到常规传输质量气体的标准并不总是必要的（或实际的）。相反地，页岩气应该能够与目前供应给最终用户的其他天然气源实现互换。页岩气与常规气体的互换性对于其可接受性和最终在美国的广泛使用至关重要。

虽然硫化氢含量高并不意味着就具有一般意义上的强酸性，而且不同资源之间，甚至同一类资源的不同井（因为即使压裂后页岩渗透率仍然极低）之间，页岩气中的硫化氢和二氧化碳含量也有很大差异，气体从页岩储层采出后不能立即进入输送管道。

处理此类气体的挑战在于硫化氢 / 二氧化碳的比值低（或不同），并且需要满足管道的相关要求。在传统的气体处理工厂，硫化氢的去除剂是 N- 甲基二乙醇胺（MDEA）（Mokhatab et al.，2006；Speight，2014a，2019），但这种醇胺能否在不去除过量二氧化碳的情况下去除硫化氢是另一个问题。

对气体的处理从井口开始——凝析物和游离水通常在井口使用机械分离器进行分离。在该处理过程中，一般在尽可能高的压力下分离井口气体，从而减少气体用于气举或输送至管道时的气体压缩成本。气体井口分离后，根据需要去除低分子量的烃类衍生物和硫化氢，以获得蒸汽压力适合运输的产品，同时保留其大部分的天然汽油组分。除了成分和热含量（Btu/ft^3）外，天然气还可以根据在被发现的储层中是否含有少量原油来表征。

天然气、凝析物和水在现场分离器中分离后被引导至单独的储罐，天然气流入集输系统。当游离水被去除后，气体中仍然饱和水蒸气，根据气流的温度和压力，可能需要脱水或用甲醇处理，以防止温度下降时产生水合物。但实际情况中可能并不总是如此。

7.2.2 天然气

天然气是石油伴生的气体混合物，其主要成分是甲烷，但也含有其他可燃碳氢化合物和非碳氢化合物（Mokhatab et al.，2006；Speight，2014a，2019）。事实上，伴生天然气被认为是经济效益最高的乙烷存在形式。通常，天然气单独存在于地壳的多孔岩石中，或与原油一起共存（见第 1 章）。当两者共存时，天然气夹在液态原油和原油储层的不渗透盖层之间，形成气顶。当储层中的压力足够高时，天然气可溶解于原油中，并在钻井过程中钻机钻透储层时释放出来。

天然气的主要成分是甲烷，其化学式为 CH_4，是所有碳氢化合物衍生物中沸点最低且结构最简单的有机化合物。来自地下储层的天然气在被带到地表时可能含有其他更高沸点的碳氢化合物衍生物，通常被称为湿气。通常，湿气需经过处理，以去除其夹带的沸点高于甲烷的烃类衍生物。分离时，较高沸点的烃类衍生物可能会液化，这些液体被称为天然气凝析油。

通常，天然气在原油储层中以游离气（伴生气）的形式存在，或者在储层中与原油形成溶液（溶解气），或者在仅包含气态成分且不含（或几乎不含）原油（非伴生气）的储层中单独存在（Cranmore and Stanton，2000；Speight，2014a）。碳氢化合物的组成多种多样，包括由甲烷、乙烷及其他微量成分组成的混合物（干气），以及由从甲烷到戊烷甚至己烷（C_6H_{14}）、庚烷（C_7H_{16}）等各种烃类衍生物所组成的混合物（湿气）。这两种情况下的混合气通常都会含有一些二氧化碳（CO_2）和惰性气体［包括氦气（He）］，以及硫化氢（H_2S）和少量有机硫。

这里干气和湿气是两个有必要了解的术语。干气（或贫气）的主要成分是甲烷，湿气含有大量拥有较高分子量和较高沸点的碳氢化合物衍生物（Mokhatab et al.，2006；Speight，2014a，2019）。"酸气"含有高比例的硫化氢，而"甜气"含有很少或几乎不含硫化氢。残余气是较高分子量的链烷烃被提取后剩余的气体（主要为甲烷）。油井气是地表抽油作业从油井中提取的气体。天然气没有明显的气味，主要用作燃料，但也可用于制造化学品和液化石油气。

本章中，"石油气"一词也用于描述溶解在原油和天然气中的主要由甲烷到丁烷（C_1到C_4烃类衍生物）等烷烃组成的气相和液相混合物，以及对原油进行热处理以转换成其他产品的过程中所产生的气体。然而，需要知道的是，除了碳氢化合物衍生物外，原油精炼过程中还会产生二氧化碳、硫化氢和氨气等气体，这些气体将成为必须去除的炼厂气的组成成分。烯烃也存在于各种工艺的气流中，不包含在液化原油气中，但可以在去除后用于石油化工生产（Crawford et al.，1993）。

就像炼厂气和非碳氢化合物衍生物（表7.3）一样，原始天然气的组分差异很大（表7.2），其组分可以是从甲烷到丁烷的一组碳氢化合物衍生物中的几种。天然气经过处理后可作为燃料输送给工业或家庭用户，相关处理方法根据用途和环保法规都有明确规定。简而言之，天然气含有碳氢化合物衍生物和非碳氢化合物气体。碳氢化合物气体包括甲烷（CH_4）、乙烷（C_2H_6）、丙烷（C_3H_8）、丁烷（C_4H_{10}）、戊烷（C_5H_{12}）、己烷（C_6H_{14}）、庚烷（C_7H_{16}），有时还有微量辛烷（C_8H_{18}），以及更高分子量的碳氢化合物衍生物。一些芳香烃[BTX——苯（C_6H_6）、甲苯（$C_6H_5CH_3$）和二甲苯（$CH_3C_6H_4CH_3$）]也可能存在，并因其毒性而引发安全问题。天然气的非烃气体部分有氮气（N_2）、二氧化碳（CO_2）、氦气（He）、硫化氢（H_2S）、水蒸气（H_2O）和其他含硫化合物[如羰基硫（COS）]和硫醇（例如甲硫醇，CH_3SH）和其他微量气体。

表 7.2 油井伴生天然气组分

类别	成分	含量
链烷烃	甲烷（CH_4）	70%~98%
	乙烷（C_2H_6）	1%~10%
	丙烷（C_3H_8）	微量至5%
	丁烷（C_4H_{10}）	微量至2%
	戊烷（C_5H_{12}）	微量至1%
	己烷（C_6H_{14}）	微量至0.5%
	庚烷及更高碳数（C_{7+}）	无
环烷烃	环丙烷（C_3H_6）	微量
	环己烷（C_6H_{12}）	微量
芳香烃	苯（B_6H_6）和其他	微量
非烃类	氮气（N_2）	微量至15%
	二氧化碳（CO_2）	微量至1%
	硫化氢（H_2S）	偶尔微量
	氦气（He）	微量至5%
	其他硫氮化合物	偶尔微量
	水蒸气（H_2O）	微量至5%

表 7.3　天然气和炼厂气的可能成分

气体	分子量	1 atm 时的沸点 [℃（℉）]	在 60℉（15.6℃）时的密度，1 atm	
			g/L	相对密度（空气密度为 1）
甲烷	16.043	−161.5（−258.7）	0.6786	0.5547
乙烯	28.054	−103.7（−154.7）	1.1949	0.9768
乙烷	30.068	−88.6（−127.5）	1.2795	1.0460
丙烯	42.081	−47.7（−53.9）	1.8052	1.4757
丙烷	44.097	−42.1（−43.8）	1.8917	1.5464
1，2-丁二烯	54.088	10.9（51.6）	2.3451	1.9172
1，3-丁二烯	54.088	−4.4（24.1）	2.3491	1.9203
1-丁烯	56.108	−6.3（20.7）	2.4442	1.9981
顺-2-丁烯	56.108	3.7（38.7）	2.4543	2.0063
反-2-丁烯	56.108	0.9（33.6）	2.4543	2.0063
异丁烯	56.104	−6.9（19.6）	2.4442	1.9981
正丁烷	58.124	−0.5（31.1）	2.5320	2.0698
异丁烷	58.124	−11.7（10.9）	2.5268	2.0656

　　微量气体通常是以下气体中的一种或多种：氩气、氢气，也可能含有氦气。通常，在将天然气用作燃料之前，需要将分子量高于甲烷、二氧化碳和硫化氢的烃类衍生物从天然气中除去。炼油厂生产的气体通常含有甲烷、乙烷、乙烯、丙烯、氢气、一氧化碳、二氧化碳和氮气，以及低浓度的水蒸气、氧气和其他气体。

　　二氧化碳和硫化氢通常被称为酸性气体，因为它们溶于水时会形成腐蚀性化合物。氮气、氢气和二氧化碳也被称为稀释气体，因为它们都不会燃烧，所以这些气体没有热值。汞也可以以气态金属或液态有机金属化合物的形式存在。汞的浓度通常非常低，但即使在非常低的浓度下，汞也是有害的，因为它具有毒性和腐蚀性（与铝合金反应）。

　　传统上，天然气具有高比例的天然气凝析液（NGL），并被称为富气。天然气凝析液通常由诸如乙烷、丙烷、丁烷和戊烷，以及更高分子量的烃等组分构成。其中，分子量较高的成分（即 C_{5+} 产品）通常被称为天然汽油。富气具有高热值和高碳氢化合物露点（ASTM D1142，2019）。当提到气流中的天然气液体时，通常使用每千立方英尺加仑数这一术语来衡量高分子量碳氢化合物的含量。另一方面，非伴生气（有时称为井气）的成分缺乏天然气凝析液。这种气体通常产自不含大量（如果有的话）碳氢化合物液体的地质构造中。

　　当二氧化碳（ASTM D1945；ASTM D4984）的浓度超过 3% 时，为了防腐蚀，通常会将其除去（ASTM D1838）。在计算样品的物理性质（例如热值和相对密度）或监测混合物中一种或多种成分的浓度方面，第一种测试方法（ASTM D1945）可用于提供所需数据，因而具有重要的意义。该方法包括测定天然气和类似气体混合物的化学成分，也即对含有可忽略量的己烷衍生物和高级烃衍生物的贫天然气进行简略分析，以及根据需要简略测定其中一种或多种成分。第二种测试方法（ASTM D4984）可用于对天然气管道中的二氧化碳进行快速、简单的现场测定。可用的检测管提供 100μL/L 至 60%（体积分数）的总测量范围，尽管大多数应用将处于该范围的下限，即低于 5%（体积分数）。第三种测量方法（ASTM D1838）采用了不同于前两种方法的做法，即检测液化石油气中是否存在可腐蚀铜的成分。铜腐蚀极限保证了在多种使用、储存和运输设备中常用的铜、铜合金配件及连接件不会出现被腐蚀的情况。

硫化氢（ASTM D2420；ASTM D4084；ASTM D4810）也要被除去，并且为了让该气体不释放出令人厌恶的气味（ASTM D6273），确定硫醇含量（ASTM D1988）十分重要。一种简单的醋酸铅测试（ASTM D2420；ASTM D4084）可用于检测硫化氢的存在，也是硫化氢被彻底清除的额外保障（ASTM D1835）。该测试方法还包含了针对由丙烷、丙烯、丁烷及其混合物组成的液化石油气的相关规范。当天然气产品用于家用、商用和工业供暖及发动机燃料时，该方法尤为重要。然而，在对液化气体取样时必须小心谨慎，以确保测试结果的可靠性和重要性（见第 5 章）。这里提到的规范所涵盖的四种液化石油气均应符合蒸气压、挥发残留物、残留物、相对密度和腐蚀的相关规定要求。

许多天然气和原油都含有硫化物，这些硫化物有气味、腐蚀性并且对气体燃料加工过程中使用的催化剂有毒性。通常，出于安全目的，天然气和液化石油气中会人为添加硫气味剂（在百万分之一范围内，即为 1~4μL/L）。有些硫气味剂是不稳定的并且会与具有较低嗅觉阈值的化合物发生反应。对这些添味气体进行定量分析可确保加味剂注入设备符合规定。然而，如果硫醇衍生物存在于气流中，可能只会在醋酸铅试纸上产生短暂的黄色污渍，该污渍会在 5min 内完全褪色（ASTM D2420；ASTM D4084）。在醋酸铅测试（ASTM D2420）中，汽化气体会在受控条件下通过潮湿的醋酸铅试纸，硫化氢与乙酸铅反应形成硫化铅，在纸上留下黄色或黑色的污渍，颜色的不同取决于硫化氢的含量。其他污染物可通过气相色谱法（ASTM D5504；ASTM D6228）测定。

第一种测试方法（ASTM D5504），虽然原本并不用于天然气及相关燃料以外的气体，但该测试方法目前已成功应用于多种燃料型气体，包括炼油厂、垃圾填埋场、热电联产和污水沼气池产生的气体。炼油厂、垃圾填埋场、污水沼气池产生的气体及其他相关燃料气本身就含有受联邦、州或地方管控的挥发性硫化物。这些燃料型气体中的甲烷偶尔会出售给天然气经销商。鉴于这些原因，监管机构及生产和分销设施可能需要准确测定硫含量以满足监管、生产或分销等方面的要求。燃料气也用于能源生产或利用催化剂（会因原料气中含有过量硫而中毒）转化为新产品。这里重申一下，气相色谱法常用于测定天然气中的固定气体和有机成分（ASTM D1945）。其他用于分析燃料气中硫的标准测试方法包括总硫含量测试法和硫化氢含量标准测试法（ASTM D4468）。

第二种测试方法（ASTM D6228）介绍了一种通过计算确定气态燃料中某种硫类物质和总硫含量的技术。气相色谱法通常被广泛用于测定气态燃料中包括固定气体和有机成分在内的其他成分（ASTM D1945）。该测试方法规定使用一种特定的气相色谱技术和一种较常见的检测器进行测量。该测试方法通过使用火焰光度检测器（FPD）或脉冲火焰光度检测器（PFPD）的气相色谱法（GC）测定气体燃料中的某种挥发性含硫化物。检测范围是 20 至 20000 皮克（pg）的硫含量（1pg=1×10⁻¹²g=0.001ng）。

该测试方法（ASTM D1142）通过测量露点温度来计算水蒸气含量，以此确定气体燃料的水蒸气含量。当有必要（合同要求）应用于天然气管道运输时，该方法是相当重要的，因为它规定了允许的最大水蒸气浓度。过多的水蒸气会形成腐蚀条件，使管道和设备被腐蚀，此外，水还会凝结和冻结，或者形成甲烷水合物，从而导致管道堵塞。水汽含量还影响着天然气的热值，从而影响天然气的品质。由于露点可以根据成分计算，直接测定液化石油气样品的露点就成为评价成分的一种手段。当然，在一些情况下，直接测量更加实用。如果存在少量较高分子量的成分，最好使用直接测量方法。

碳氢化合物露点需降低到反冷凝的水平，即，在输气系统可能遇到的最恶劣条件下不会由压降引起冷凝。类似地，将水露点降低到足以阻止系统中形成 C₁ 至 C₄ 水合物的水平。经过降低酸性气体含量、加臭、碳氢化合物和水分露点调整（ASTM D1142）等适当处理后的天然气，将在规定的压力、热值和可能的 Wobbe 指数（也称为 Wobbe 数，沃泊数，Wo，$cv/\sqrt{sp.gr.}$）范围内出售，其中 cv 是热值，sp.gr. 是相对密度。

7.2.3　炼厂气

炼厂气或者石油气这两个术语通常用于分辨液化石油气或者从常压蒸馏设备或运用某种其他精炼工艺分离出来的轻馏分（气体和挥发性液体）。在本节中，炼厂气不仅指液化石油气，也包括天然气和炼厂气（Parkash，2003；Mokhatab et al.，2006；Gary et al.，2007；Speight，2014a；Hsu and Robinson，2017；Speight，2017）。在本章中，每种气体均以其名字来指代，而不是泛泛地以石油气指代。但是，由于各种气体的组分是不同的，在选择和运用相关的试验方法之前，识别其组分十分重要。鉴于此，炼厂气（燃料气）指从原油蒸馏或者原油加工（裂化、热解）过程中获得的不凝气体（Robinson and Faulkner，2000；Parkash，2003；Pandey et al.，2004；Gary et al.，2007；Speight，2014a，2017；Hsu and Robinson，2017）。

不同的精炼工艺过程会产生大量的炼厂气，它们除了被炼厂自身用作燃料外，也是生产石油化工产品的重要原料。炼厂气主要由氢气（H₂）、甲烷（CH₄）、乙烷（C₂H₆）、丙烷（C₃H₈）、丁烷（C₄H₁₀）和烯烃类（RCH=CHR¹，其中 R 和 R¹ 可能是氢或者甲基）组成，也可能含有石油化工过程产生的废气（Parkash，2003；Pandey et al.，2004；Gary et al.，2007；Speight，2014a，2017；Hsu and Robinson，2017）。各种精炼过程会生成乙烯（CH₂=CH₂，沸点：104℃，-155℉）、丙烯（CH₃CH=CH₂，沸点：47℃，-53℉）、丁烯（丁烯-1，CH₃CH₂CH=CH₂，沸点 5℃，23℉）、异丁烯［（CH₃）₂C=CH₂，-6℃，21℉］，顺和反丁烯-2（CH₃CH=CHCH₃，沸点：1℃，30℉）、丁二烯（CH₂=CHCH=CH₂，沸点：4℃，24℉）等烯烃，以及沸点更高的烯烃类。

蒸馏气体指广义的低沸点碳氢化合物混合气，是从炼厂蒸馏设备分离出来的沸点最低的馏分（Speight，2014a，2017）。如果蒸馏设备正在分离低沸点碳氢化合物馏分，那么产生的蒸馏气体几乎全部是甲烷，只有微量的乙烷（CH₃CH₃）和乙烯（CH₂=CH₂）。如果蒸馏设备正在处理沸点较高的馏分，那么产生的蒸馏气体可能还含有丙烷（CH₃CH₂CH₃）、丁烷（CH₃CH₂CH₂CH₃），以及它们的同分异构体。燃料气和蒸馏气体这两个术语通常会互换使用，不过，燃料气是从生成物的目标用途来定义的，比如用作锅炉、熔炉或者加热器的燃料。

热裂解和催化裂化是有助于气体生产的一组精炼工艺。热裂解过程（例如焦化过程）会产生各种气体，其中一些气体可能含有烯烃类衍生物（>C=C<）。减黏裂化过程中，让燃料油通过外燃管，发生液相裂化反应，生成低沸点燃料油的组分。焦化过程（包括流化焦化和延迟焦化）中，除了中间馏分和石脑油，还会生成大量的气体和碳。对某种残渣燃料油或者重柴油进行焦化时，预热原料，使原料和热碳（焦炭）发生接触，原料中分子量较高的各种组分大量裂化，生成各种分子量较低的产物，包括从甲烷到液化石油气和石脑油，再到瓦斯油和燃料油等。焦化过程形成的产物通常是不饱和的，其废气以烯烃类物质为主。

在各种催化裂化过程中，原料和热的催化剂接触，沸点较高的瓦斯油馏分被转化成各种气体产物、石脑油馏分、燃料油和焦炭等。从中可以看出，无论是催化裂化还是热裂化——后者目前主要用于生产化学原料，都会生成不饱和碳氢化合物衍生物，尤其是乙烯（$CH_2=CH_2$），也会有丙烯（$CH_3CH=CH_2$）、异丁烯 [（CH_3）$_2C=CH_2$] 和正丁烯（$CH_3CH_2CH=CH_2$ 和 $CH_3CH=CHCH_3$），还有氢气（H_2）、甲烷（CH_4）和相对少量的乙烷（CH_3CH_3）、丙烷（$CH_3CH_2CH_3$）、丁烷同分异构体 [$CH_3CH_2CH_2CH_3$，（CH_3）$_3CH$]，也会有丁二烯（$CH_2=CHCH=CH_2$）之类的二烯烃。

在一系列的重整过程中，蒸馏馏分，包括石蜡衍生物和环烷烃衍生物（环族非芳香类），在有氢气和某种催化剂的环境中被加工，生成分子量更低的产物，或者被异构化成支链更多的碳氢化合物衍生物。另外，催化重整过程不仅生成辛烷值更高的液态产物，还会生成大量的气态产物。受加工程度和原料性质的影响，生成的这些气体的组分是不同的。这些气态产物不仅富含氢气，还含有碳氢化合物衍生物，包括从甲烷到丁烷衍生物，主要是丙烷（$CH_3CH_2CH_3$）、正丁烷（$CH_3CH_2CH_2CH_3$）和异丁烷 [（CH_3）$_3CH$]。由于所有的催化重整过程均需要大量地重复利用氢气流，因此将重整气分离成丙烷（$CH_3CH_2CH_3$）和（或）丁烷 [$CH_3CH_2CH_2CH_3$，（CH_3）$_3CH$] 流与沸点更低部分被回收的气态馏分是常见做法，丙烷流或丁烷流成为炼厂液化石油气产量的一部分。

加氢裂化是一种高压裂解工艺，在新氢和再循环氢环境中进行，进一步生成炼厂气。加氢裂化的原料也是重柴油或者残渣燃料油，采用这项工艺的主要目的是生成额外的中间馏分和汽油。因为氢气要循环利用，加氢裂化过程生成的气体也必须分离成沸点较低和沸点较高的气流。加氢裂化过程产生的任何过剩的循环利用气流和液化石油气均是饱和的。

无论是从加氢裂解器还是从催化重整装置产生的尾气，都用于催化脱硫过程（Speight，2014a，2017）。在催化重整装置中，从低沸点石脑油到减压瓦斯油，都可作为原料，它们在500~1000psi的压力下和氢气一起通过一种氢化提纯催化剂，经过这样的过程，主要目的是将有机硫化物转化成硫化氢。

$$[S]_{原料} + H_2 \longrightarrow H_2S + 碳氢化合物衍生物 \tag{7.1}$$

这个过程也有可能生成加氢裂化过程所生成的沸点较低的碳氢化合物衍生物。

炼厂气通常不只包含一种气流，加工时一般会除去硫化氢，出售时经常按照热含量（热值）划分，并会针对不同的热值和碳氢化合物类型要求做一些调整（Canmore and

Stanton，2000；Speight，2014a）。

7.2.4 煤气

高热值煤气由低温或者中温条件下煤的碳化作用生成。在某个给定的温度条件下，煤气的组分在碳化过程中也会发生变化，挥发性产物发生的二次反应在确定气体组分时具有重要意义（Speight，2013）。

煤气的标准试验方法在进行天然气和其他气体燃料测试和化学分析时是有用的（ASTM，2019）。这些标准方法还涵盖甲烷、乙烷、丙烷、正丁烷和异丁烷的热物理性质表，实验室和其他化工设施还可以运用这些试验方法检查和评价这些燃料，以确保处理和使用它们的安全性。

随着可再生能源的兴起，不得不提及由生物质和废料所产生的重要气体，即生物气和填埋气。这两类气体含有甲烷和二氧化碳，以及各种其他的组分，通常会采用和天然气一样的试验方法。

7.3 气体性质

天然气的特征由纯碳氢化合物衍生物的特征和性质决定。混合气的性质由其各种组分的性质决定。不过，运用平均计算的方法来计算混合气的性质时，会忽略各种组分之间任何的相互作用。

本部分内容定义了纯化合物的首要基本参数和性质。这些性质要么与温度无关，要么是某个恒定温度下的一些基本性质的数值。

然而，由于天然气通常产自多个油气田，它的组分并不总是保持不变。由管道输送的天然气的组分变化可由如下的原因引起：（1）在给定的供气点，不同来源的天然气的占比发生了变化；（2）给定气源的供气时间发生了变化。这些变化主要涉及碳氢化合物混合物的组分，除了热值和沃泊指数方面的限制，并不受通用管输天然气标准的约束。例如，在整个美国范围内，天然气组分的变化可导致热值变化14%，密度变化14%，沃泊指数变化20%，化学计量空燃比变化25%。因此，对于某个具体来源或者某个具体供气点的天然气，其组分也会随时间发生变化，导致运用标准试验方法解析数据时遇到困难（Klimstra，1978；Liss and Thrasher，1992）。

天然气的实际组分主要取决于开采它的油田，因此，必须接受天然气组分在有限范围内的变化。全世界在天然气质量规范上存在着各种大的差异。这些规范的制定，主要是为了符合管道方面的要求，以及满足工业和家庭用户的需求。天然气质量规范建立在气体组分和其他性质的基础上，这些性质可以通过运用一系列标准的天然气试验方法来确定。通过改变气体的质量可以提升天然气行业的运营效率，但是在制定质量标准时，必须考虑到对终端燃气设备性能的影响。一些常见的气体质量参数包括：（1）含水量；（2）烃露点，即气体开始凝结的温度；（3）含硫量；（4）沃泊指数，也称作沃泊数。

天然气的主要用途是燃烧，但它也是一种重要的化工生产原料。燃烧是一种复杂的化学和物理现象。作为燃料，在燃烧的过程中，天然气中的化学能被释放，产生热量并发光，燃料被转化成稳定性更高的生成物。为了保证不同的天然气在燃烧系统里的表现相似，它们必须具备相似的燃烧参数（如热值、沃泊指数和相对密度等）。众所周知，气体的质量会影响到燃烧操作和效率，并且为了使用某种特定组分的气体需优化燃烧系统。如果气体的质量发生变化，燃烧系统的性能可能会下降。如果用一种天然气替换另一种天然气，燃烧情况未发生实质性变化，尤其是在安全、效率和排放方面，则表明两者具有互换性。

气体质量主要涉及两个主要技术层面：（1）管道规范，其中严格规定了含水量和烃露点，以及对硫等污染物的限制，目的是保证管道材料的完整性，进而确保能够可靠地输气；（2）互换性规范，可能包括热值和相对密度等分析数据，目的是保证终端设备能很好地发挥性能。

气体互换性是气体质量规范中的一个要素，可保证供给家庭用户的气体能够安全且有效地燃烧。沃泊数（见第 7.3.2 节）是一个常见但并不通用的衡量互换性的指标，用于比较不同组分的燃料气在燃烧设备中的燃烧能量输出率。沃泊指数相同的两种燃料，在给定的压力和阀门设置情况下，能量输出是相同的。

最后，从性质（以及任何用于天然气的试验方法）的角度而言，有必要识别出产自某个储层的天然气流的其他组分。天然气凝析液是天然气中除甲烷以外的产物：乙烷、丁烷、异丁烷和丙烷。天然汽油也可能包含在内。

事实上，天然气凝析液是一些天然气流中含有的分离的、独特的碳氢化合物衍生物。天然气凝析液含量达到商业数量的天然气流被称作"湿气"，几乎不含或者不含凝析液的天然气流被称作"干气"。化工企业在生产一种重要的石油化工产品——乙烯时用到乙烷。丁烷和丙烷，以及两者的混合物，被划分为液化石油气（LPG），其主要用于工业和家庭生热燃料。戊烷、己烷和庚烷合称为气体凝析油（天然汽油、油井汽油、天然气汽油）。但是，在高压下，存在于较深地层的油气，气体的密度随着压力的升高而变大，油的密度则随着压力的升高而变小，直到它们在储层中呈单相状态。

湿天然气中含有的天然汽油呈汽化物状态。湿气，也称作套管头气，主要是甲烷、乙烷与易挥发的碳氢化合物衍生物丙烷、丁烷、戊烷（C_5H_{12}）、己烷（C_6H_{14}）、庚烷（C_7H_{16}）所组成的混合物。后三个碳氢化合物衍生物是天然汽油的主要成分，在炼油厂以液态的形式回收，回收方式主要是吸收法或者压缩法。戊烷、己烷和庚烷在标准大气条件下呈液态，它们是普通炼油厂汽油的主要组分。天然汽油用作炼油厂汽油的调和原料，也可以经过裂化生成沸点更低的产品，如乙烯、丙烯和丁烯。此处需要提醒的是，不要将天然汽油和直馏汽油（通常也被错误地称作天然汽油）相混淆，后者是从原油中蒸馏得来的汽油，成分未变化。用于本组低沸点液体的各种试验见与液化石油气和凝析油有关的章节。

因此，确定气体的类型具有重要意义，更为重要的是气体经过了某种形式（至少是初步）的分离（从液化石油气和凝析油中分离）后，可以运用合适的试验方法来确定气体的性质和特征。

7.3.1 化学性质

在所有的碳氢化合物衍生物中，用化学结构 CH_4 表示的天然气（主要成分是甲烷）是沸点和复杂度最低的。天然气来自地下储层，被开采出地表时，可能含有其他沸点较高的碳氢化合物衍生物，通常被称作湿气。通常对湿气进行处理以除去其中夹带的沸点高于甲烷的碳氢化合物衍生物，分离出来的沸点高的碳氢化合物衍生物有时会液化，被称作"天然气凝析油"。

　　天然气以游离气（伴生气）的形式存在于原油储层中，或与原油溶解在储层中（溶解气），或独立存在于只含有气态成分、不含（或者几乎不含）原油的储层中（非伴生气）（Cranmore and Stanton，2000；Speight，2014a）。从含有极少量其他成分的甲烷和乙烷混合物（干气）到含有各种碳氢化合物衍生物——从甲烷到戊烷，甚至己烷（C_6H_{14}）和庚烷（C_7H_{16}）——的混合物（湿气），碳氢化合物的含量是不同的。无论干气还是湿气，均含有一些二氧化碳（CO_2）和包括氦气（He）在内的惰性气体，还有硫化氢和少量的有机硫。

　　在本章中，"石油气"也用于描述溶于原油和天然气中的主要由甲烷至丁烷（C_1 到 C_4 碳氢化合物衍生物）组成的各种气相和液相混合物，以及在原油转化为其他产品的热处理过程中产生的气体。然而，有必要承认的一点是，除了碳氢化合物衍生物，在提炼原油的过程中，也会产生二氧化碳、硫化氢和氨气等气体，它们是必须除去的炼厂气的组成成分。烯烃也会出现在各种工艺过程产生的气流中，但不包含在液化石油气中，它们也要被除去以用于石油化工生产（Crawford et al.，1993）。

　　未经处理的天然气的组分有很大区别，可能由从甲烷到丁烷这组饱和碳氢化合物衍生物中的几种（表7.2）和非碳氢化合物衍生物组成。将天然气处理为工业或者家庭燃料的方法从用途和环保法规角度都有明确规定。

　　简而言之，天然气含有碳氢化合物衍生物和非碳氢化合物气体。碳氢化合物气体包括甲烷（CH_4）、乙烷（C_2H_6）、丙烷（C_3H_8）、丁烷（C_4H_{10}）、戊烷（C_5H_{12}）、己烷（C_6H_{14}）、庚烷（C_7H_{16}），有时有微量辛烷（C_8H_{18}），还有分子量更高的碳氢化合物衍生物。也可能有一些芳香族化合物 [BTX——苯（C_6H_6）、甲苯（$C_6H_5CH_3$）和二甲苯（$CH_3C_6H_4CH_3$）]，因为它们是有毒物质，所以带来了安全方面的问题。天然气中的非碳氢化合物气体包括氮气（N_2）、二氧化碳（CO_2）、氦气（He）、硫化氢（H_2S）、水蒸气（H_2O）、其他硫化物 [羰基硫化物（COS）和硫醇（如甲硫醇，CH_3SH）等]，以及微量的其他气体。二氧化碳和硫化氢一般被称作"酸性气体"，因为它们遇水会形成腐蚀性化合物。氮气、氦气和二氧化碳也被称作"稀释剂"，因为它们均不燃烧，没有热值。还可能出现汞，以蒸汽状态的金属或者液体状态的有机金属化合物呈现。汞的含量一般极小，但是即便如此，由于其毒性和腐蚀性（能与铝合金发生反应），依然可能造成危害。

　　一般而言，在天然气流中，天然气凝析液（NGL）占比高，被称作富气。天然气凝析液由乙烷、丙烷、丁烷和戊烷，以及分子量更高的碳氢化合物组成。其中分子量较高的成分（即 C_{5+} 产品）一般被称作天然汽油。富气的热值高，碳氢化合物露点高。提及气流中的天然气凝析液，用加仑每千立方英尺来衡量高分子量碳氢化合物的含量。另一方面，非伴生气（有时称作气井气）中缺乏天然气凝析液，因为此类气体产自通常几乎不含烃液的地质层。

　　非伴生天然气存在于不含或者充其量仅含极少量原油的储层中（见第1章），通常富含甲烷，但是分子量高于甲烷的碳氢化合物衍生物和凝析液的含量明显较少。与此相反的是，伴生天然气（溶解天然气）以游离气或者溶解于原油中的状态存在。溶解于原油中的气体是溶解气，与原油发生接触的气体（气帽）是伴生气（见第1章）。和非伴生气相比，伴生气中甲烷的含量通常更低一些，但更富含高分子量成分。

最受欢迎的天然气类型是非伴生气。非伴生天然气可在高压下开采，而伴生或者溶解气则必须在较低的分离器压力下从原油中分离出来，这通常会增加压缩方面的支出。因此，不奇怪的是，此类气体（在不具备经济效益的情况下）通常会做燃烧处理或者放空。

研究人员通常采用气相色谱法分析天然气样品的分子组成，采用同位素比质谱分析法分析其稳定同位素组成。测定甲烷（CH_4）、乙烷（C_2H_6）、丙烷（C_3H_8）和丁烷（C_4H_{10}），尤其是异丁烷（ASTM D1945）的碳同位素组成。二氧化碳（ASTM D1945；ASTM D4984）含量高于3%时，为了防腐蚀，通常会将其除去（ASTM D1838）。硫化氢（ASTM D2420；ASTM D4084；ASTM D4810）也会被除去，而且处理后的气体不能有令人厌恶的气味（ASTM D6273），因此，硫醇的含量（ASTM D1988）具有重要意义。可通过简单的醋酸铅试验（ASTM D2420；ASTM D4084）检测是否含有硫化氢，进一步保证天然气中不含硫化氢（ASTM D1835）。天然气的气味不能令人厌恶。如果含有甲硫醇，在醋酸铅试纸上会短暂地出现黄斑，在5min内完全消失。液化石油气中含有其他硫化物（ASTM D5504；ASTM D6228）的话，不会影响试验。

在醋酸铅试验中（ASTM D2420），在控制条件下让汽化状态的气体通过潮湿的醋酸铅试纸。硫化氢与醋酸铅发生反应，生成硫化铅，在试纸上形成斑点，受硫化氢含量的影响，斑点的颜色从黄到黑有所不同。可采用气相色谱法（ASTM D5504；ASTM D6228）测定其他的污染物。总含硫量（ASTM D1072；ASTM D2784）正常情况下较低，处于可接受的范围内，而且往往是极低，为了将气味维持在合格的安全水平上，需要使用硫醚衍生物、硫醇衍生物或者噻吩衍生物进行增度。运用相关试验方法（ASTM D1072）测定可燃燃料气的总含硫量，这种试验方法适用于天然气、合成气、混合煤气和其他各种气体燃料，尤其适合测定含硫量在25~700mg/m³ 的可燃燃料气的总含硫量。

本节探讨的气流的另一项重要性质是碳氢化合物露点。将碳氢化合物露点降低到一定程度，以便在输气系统遭遇最坏的可能情况时阻止反凝析的发生，即压力下降导致的凝析。同样地，将天然气水露点降低到一定程度，防止在输气系统内形成 C_1 到 C_4 的水合物。一般而言，管道业主愿意采用的做法是——在天然气输气规范中对允许的最高水汽含量进行限制。多余的水汽会形成腐蚀性环境，降低管道和设备的质量。水还会凝结和结冰，或者形成甲烷水合物（见第8章），造成管道堵塞。水汽含量也会影响天然气的热值，从而影响其质量。

运用一种相关试验方法（ASTM D1142）可以测定天然气中的含水量。这种方法包括通过测量露点温度确定气体燃料的水汽含量和计算水汽含量。但是，如果可冷凝碳氢化合物衍生物的露点高于水汽露点，而且这种碳氢化合物衍生物的含量很高，则会干扰测试结果。

液化石油气、天然气和炼厂气是各种产品或者天然存在的物质组成的混合物，所幸它们是相对简单的混合物，不像分子量更高的碳氢化合物衍生物那样有着复杂的同分异构体变化（表7.4）（Drews，1998；Speight，2014a）。由于这些气体的分子量较低，且具有挥发性，因此气相色谱法一直是确定气体和碳氢化合物形态分析的首选技术。质谱分析法也是一种可供选择的方法，用于分析低分子量碳氢化合物衍生物的成分（ASTM D2421；ASTM D2602）。

表 7.4　部分碳氢化合物同分异构体的数量

碳原子数	同分异构体的数量
1	1
2	1
3	1
4	2
5	3
6	5
7	9
8	18
9	35
10	75
15	4347
20	366319
25	36797588
30	4111846763
40	62491178805831

试验方法（ASTM D2421）描述了将 C_5 和分子量更低的碳氢化合物混合物的分析结果转换成基于气体体积（摩尔）、液体体积或者质量基础的步骤。为了方便存储交接和其他目的，经常需要将某种低沸点碳氢化合物混合物的组分分析结果从一种形式（气体体积、液体体积或者质量）转换成另一种形式。可根据低沸点碳氢化合物混合物的组分分布数据，计算相对密度、蒸气压力和热值等物理性质。业界已开发出较新的背式法（如气相色谱法 / 质谱分析法和其他双重技术法），用于鉴别混合物中的气态组分和低沸点液态组分。限制碳氢化合物组分，设置为乙烷、丁烷或者戊烷和乙烯的总量，以及二烯烃总量。

通过限制沸点低于主要组分的碳氢化合物衍生物的数量，加强对蒸气压力的控制。对沸点较高的碳氢化合物衍生物数量的限制是出于对挥发性的考虑。如果碳氢化合物的组分正确，则通常能自动满足蒸气压力和挥发性方面的要求。液化石油天然气产品的蒸气压力与所选的贮存容器、海运集装箱和客户设备等因素有关，它们需要设计合理，以便能够安全地处理这些产品。

出于安全考虑，为了保证贮存、处理和燃料系统在正常运行温度条件下不超过最大运行设计压力，确定液化石油气的蒸气压力具有重要意义。对于液化石油气，蒸气压力是判断其是否处在最极端低温条件的一项间接衡量标准，在这样的低温条件下，液化石油气可能发生初步汽化。可将它看作一个半定量性质的测量方法，用于测量产品中挥发性最强的物质。有种试验方法（ASTM D1267）可在 37.8℃（100°F）至 70℃（158°F）的温度条件下测定液化石油气的仪表蒸气压力。

气流中的乙烯的数量有所限制，因为需要限制不饱和组分的数量，避免因烯烃组分发生聚合作用而形成沉淀物。另外，乙烯（沸点：104℃，-155℉）比乙烷（沸点：88℃，-127℉）更易挥发，因此，和主要组分是乙烷的产品相比，含有大量乙烯的产品，其蒸气压力和挥发性均更高。丁二烯也是不受欢迎的组分，因为它也能生成聚合物，形成沉淀物，堵塞管线。

目前，分析液化石油气，事实上是分析大多数与原油相关的气体，首选气相色谱法（ASTM D2163）。采用这种试验方法，可以定量测定液化石油气、丙烷和丙烯混合物（不包括 C_1 到 C_5 范围内高纯度的丙烯）中的各种碳氢化合物衍生物。组分含量的测定范围为0.01%~100%（体积分数）。这种方法可用于鉴别和测量主要组分和微量组分。然而，采用这种方法并不能充分测定分子量高于 C_5 的碳氢化合物衍生物和非碳氢化合物组分，为了充分地描述某个液化石油气样品的特征，可能需要附加试验。因此，受样品在所处环境中相对挥发度的影响，在测量沸点较高的组分时，可能存在准确度方面的问题。

毛细管气相色谱法是一种更快的方法，而且准确度与气相色谱法相当。质谱分析法也是一种适合分析原油气的方法。在其他的光谱学方法中，针对一些专门应用，也可能运用红外线和紫外线吸收法分析原油气。气相色谱法已经在很大程度上取代了各种化学吸收法，但化学吸收法的专业应用是有限的。一旦测定了某种混合物的组分，就有可能计算它的各种性质，如相对密度、蒸气压力、热值和露点等。

将简易的蒸发试验和蒸气压力测量值相结合，可以进一步掌握气体组分。在蒸发试验里，将液化石油气样品放在一个带刻度的敞口容器中，让其自然蒸发。根据体积/温度的变化记录试验结果，如95%（体积分数）蒸发掉时，温度是多少，或者在某个特定温度时剩余气体体积是多少（ASTM D1837）。采用此试验方法可以测量各种类型液化石油气的相对纯度，在保证挥发性方面具有优势。将蒸发试验的结果恰当地和蒸气压力、产品密度相结合，可以表征丙烷类液化石油气中是否存在丁烷和高分子量组分，以及丙烷/丁烷类燃料气和丁烷类燃料气中是否存在戊烷和高分子量组分。如果95%（体积分数）蒸发量对应的温度升高，说明液化石油气中含有挥发性低于其主要组分的碳氢化合物。如果需要测定沸点较高的组分的类型和含量，应进行色谱分析。

相对密度可以计算出来，不过，如果需要测量相对密度，有几种仪器可以使用。有两种方法可以测定呈液态的液化石油气的密度或者相对密度，其中需要用到一个金属压力比重瓶。可以使用一个压力液体比重计（ASTM D1267）测量相对密度，也可以根据组分分析结果计算相对密度（ASTM D2598）。两种方法（ASTM D1070）给出了测量气态液化石油气相对密度或者密度的各种操作和记录程序。根据液化石油气的成分，可以采用四个模式中的任意一个来计算密度（ASTM D4784）。

对于用于石油化学用途的天然汽油，其碳氢化合物组分（尽管并不是一种确切的气体）必须经过组分分析（ASTM D2427）和总含硫量测试（ASTM D1266）。对液化石油气进行表征的过程中，遇到的一个问题是如何准确地测定其中的重残渣（即分子量较高的碳氢化合物衍生物，甚至是油）。有一些可采用的试验方法，其操作步骤和气相色谱模拟蒸馏类似。事实上，任何挥发性远远低于液化石油气主要成分的组分均会影响到试验。残渣会使产品不符合要求，但对其数量和性质加以限制是有难度的。显而易见，少量的油状物质即可堵塞调节器和阀门。在液体汽化器进料系统中，即便是汽油类物质也能造成问题。由终馏点指数（EPI）（ASTM D2158）测定的残渣，可以衡量液化石油气中可能含有的沸点高于37.8℃（100°F）的污染物的含量。还有一些其他方法，能更直接地测量残渣，可用于特定的用途，可能的情况是，将由这些方法得出的值和需要的性能相结合，从而设定满足要求的范围。

有一些标准形式的分析方法，可用于测定挥发性硫含量和某些可能存在的特定的腐蚀性含硫化合物。挥发性硫的测定是通过一种燃烧过程（ASTM D1266）实现的，该燃烧过程会用到一种改良版的标准芯灯。很多实验室运用快速燃烧技术，该技术会使用由 Wickbold 或者 Martin-Floret 燃烧器产生的氢氧焰（ASTM D2784）。

第一种试验方法（ASTM D1266）提供了一种监测各种原油产品和添加剂中硫含量的方法，可以测定浓度为 0.01%~0.4%（质量分数）的液态原油产品中的总含硫量。这种试验方法中描述的直接燃烧法适用于分析石脑油、汽油、煤油和其他可在芯灯内完全燃烧的液体。混合法适用于分析瓦斯油和蒸馏燃料油、含硫量高的原油产品，以及许多其他采用直接燃烧法无法实现理想燃烧效果的物质。商品汽油通常含有的含磷化合物不会干扰试验。对于少量的由汽油中的铅抗爆液燃烧生成的酸类物质，可通过校准避免干扰。如果采用滴定法，其他原因导致的成酸或者成碱元素的含量比较明显的话，则会干扰试验，因为在这些情况下无法校准。

该试验方法还描述了一种特殊的分析硫酸盐的过程，可以测定含量低至 5mg/kg 的硫。根据测定数据可以预测性能、操作或者加工特性。有些情况下，含有硫组分对产品是有益的，监测硫化物的损耗情况可以得到有用的信息。另一些情况下，硫化物的存在不利于产品的加工或者使用。

用于测定液化石油气中硫物质的比较燃灯法（ASTM D2784）也适合测定硫。对于无法在灯中燃烧的沸点较高的原油产品中硫的测定，可用其他的标准试验方法。比较燃灯法（ASTM D2784）适用于液化石油气中含硫量大于 $1\mu g/g$ 的硫的测定，但样品中氯含量不能高于 $100\mu g/g$。试验过程中，将样品放在一个氢氧燃烧器内燃烧，或者放在二氧化碳—氧气封闭系统中燃烧，后者不建议用于微量硫的测定，因为燃烧时间要求非常长。试验生成的硫的氧化物被吸收并在过氧化氢溶液中氧化生成硫酸。然后使用 Thorin 甲基蓝混合指示剂进行高氯酸钡溶液滴定，或者沉淀成硫酸钡并使用测光仪测量沉淀物的浑浊度，以此测定硫酸根离子的浓度。

可视作污染物的微量碳氢化合物衍生物可运用前文探讨过的气相色谱法来测定。少量的分子量较高的碳氢化合物衍生物可能无法完全从色谱柱上除去。如果需要得到与较高沸点组分的性质和含量有关的准确信息，则可以采用程序升温法或者浓缩工序。

现已知一些用来测定各种其他微量杂质（例如氯化物）的分析方法（ASTM D2384）。如果在使用产品时氯化物会产生危害，那么测定氯化物是有用的；此外，在涉及这种材料需要进一步加工的情况下，氯化物会导致加工装置的腐蚀。尽管炼厂气中含有乙炔衍生物的可能性不大，但这也需要考虑。乙炔衍生物可以通过化学试验方法来测定，羰基化合物则通过经典的盐酸羟胺反应来确定。

微量的沸点较高的碳氢化合物衍生物和油状物的测定涉及一种残留物初步风化的方法。将风化后的残留物溶解在一种溶剂中，然后将溶剂涂在滤纸上，如果有油渍形成，说明有残留物。这种方法可以加以扩展，将油污观测结果与其他观测值相结合可计算终馏点指数。这种方法不是很精确，有几家实验室正在着手开发更好的测定油状残留物的方法。

为了避免发生爆炸，液化石油气的气味必须能够被检测到。气味的衡量标准有很强的主观性，没有标准的检测方法。可取的做法是构建某种系统，在这种系统里可以测量气体的含量，并和爆炸极限做对比，系统里的一些变量可以标准化，如流量和孔口尺寸等，这样可以保证在任意地点，尽管时间不同，液化石油气都在类似的条件下进行评估。

丙烷、异丁烷（沸点：12℃，11℉）和丁烷通常构成这种样品类型，并用于供热、发动机燃料和化工原料（ASTM D2504；ASTM D2505；ASTM D2597）等。试验方法 ASTM D2597 可以用于分析含有氮气/空气和二氧化碳的脱甲烷的液态碳氢化合物和乙烷/丙烷混合物等纯度产品。此试验方法仅限于含量低于5%（摩尔分数）的庚烷和更高分子量组分的混合物。如果样品中含有庚烷衍生物和较高沸点馏分，它们的分析方法如下：（1）正己烷和峰分组后载气回流；（2）预切割色谱柱，以单峰的形式先洗脱庚烷衍生物和沸点更高、分子量更高的碳氢化合物衍生物。对于不含庚烷衍生物和分子量更高的碳氢化合物衍生物的纯度混合物，不需要对载气进行回流。如果是未知样品，高沸点组分的含量相对较高，且需要得出精确的结果，可取的方法是测定这些组分的分子量（或者相关的物理性质）。此试验方法不能确定物理性质，需要了解的物理性质可通过进一步的分析来确定，或者按照合约方的约定执行。

可运用填充柱气相色谱法测定天然气和重整气中的氢气、氦气、氧气、氮气、一氧化碳、二氧化碳、甲烷、乙烷、乙烯、丙烷、丁烷、戊烷、己烷，以及分子量更高的碳氢化合物衍生物（ASTM D1945；ASTM D1946）。这两种试验方法得出的组分分析结果可用于计算气体的许多其他特性，如密度、热值和可压缩性等。由分子筛填充柱测定列出前五种组分（氩载气），其他组分则利用聚二甲基硅氧烷分离法或者多孔聚合物色谱柱测定。分子量高于己烷的碳氢化合物衍生物则通过洗脱戊烷之后反向冲洗色谱柱来分析，或者使用反向冲洗过的预柱。

这些分析中未考虑天然气的一些重要组分——湿气（水）和硫化氢，以及其他的硫化物（ASTM D1142；ASTM D1988；ASTM D4888；ASTM D5504；ASTM D5454；ASTM D6228）。炼厂（工艺）气中的烯烃类（乙烯、丙烯、丁烯衍生物和戊二烯衍生物）具有独特的特征，需要采用特殊的试验方法（ASTM D5234；ASTM D5273；ASTM D5274）。

乙烯的碳氢化合物分析有两种方法（ASTM D2505；ASTM D6159），其中一种方法（ASTM D6159）使用大口径（0.53mm）毛细管柱，包括一个氧化铝—氯化钾（Al_2O_3/KCl）PLOT柱。根据建议，另一种方法（ASTM D2504）用于测定不凝性气体，还有一种方法（ASTM D2505）用于测定二氧化碳。

丙烯中的碳氢化合物杂质可采用气相色谱法（ASTM D2712；ASTM D2163）测定，丙烯中含有的微量甲醇可采用另一种试验方法（ASTM D4864）测定。气相色谱法（ASTM D5303）可用于测定丙烯中微量的羰基硫，试验要用到一个火焰光度检测器。此外，原油气中的硫可采用氧化微库仑法（ASTM D3246）测定。

商品丁烯、高纯度丁烯和丁烷—丁烯混合物作为碳氢化合物组分进行分析（ASTM D4424），1，3-丁二烯中的碳氢化合物杂质也可采用气相色谱法（ASTM D2593）测定。丁二烯中含有的丁二烯二聚物和苯乙烯采用气相色谱法（ASTM D2426）测定。

总体而言，气相色谱法无疑会继续成为表征低沸点碳氢化合物类物质的首选方法。经过改进的新的检测装置和技术，如化学发光法、原子发射法和质谱法等，可增强选择性，提高检测极限，提升分析效率。通过自动采样、计算机控制和数据处理等实现实验室自动化将提高精确度和生产效率，并简化试验操作。

组分分析结果可用来计算热值、相对密度和压缩系数等（ASTM D3588）。

天然气中的汞也可运用原子荧光光谱法（ASTM D6350）和原子吸收光谱法（ASTM D5954）进行测量。

7.3.2　物理性质

气体燃料试验方法的开发已有多年的历史，可以追溯到20世纪30年代。在当时，密度、热值和一些组分测试等大量的物理性质试验，如奥氏分析和用于测定不饱和性的硝酸汞法等，得到了广泛的应用。距今更近一些，质谱分析法俨然已成为低分子量组分分析的普遍方法，替代了几种旧方法（ASTM D2421；ASTM D2650）。鉴别气体中碳氢化合物组分的另一种方法是气相色谱法（ASTM D1945）。

事实上，各种形式的气相色谱法将继续作为表征低分子量碳氢化合物衍生物的方法。随着使用气相色谱法仪器和数据处理方法的快速试验方法的发展，已经出现了新的改进版的试验方法。化学发光法、原子发射法和质谱分析法等其他检测技术无疑会增强选择性，扩大检测极限，提高分析效率。另外，结合了自动选样和数据处理的实验室自动化将提高试验结果的精确度和试验效率，同时简化试验操作。

针对原油气而制定的规范通常以液化石油气、丙烷和丁烷为主，这些规范概括性地定义了适用于自用、商用或者工业用途的液化石油气的物理性质和特征，其目的并非针对各种可能的应用场景的全部可能的要求给出具体的定义，因此，提醒用户在针对具体的应用场景制定最终规范时应加以判断。

无论是天然气加工者协会（Gas Processors Association）的管理人员还是支持协会的企业，均不针对制造商和用户如何生产、处理、贮存、转移或者消费本章所定义的产品给出明确的指导，因此，无论是直接地或者间接地由使用液化石油气或者采用与液化石油气有关的这些规范而造成的人身伤亡和（或）财产损失，协会管理人员和支持协会的企业均不对任何的索赔、诉讼理由、责任、损失或费用承担责任（GPA，1997）。

液化石油气由碳氢化合物组成，主要是丙烷和丁烷，在加工天然气的过程中产生，在常规加工原油的过程中也会产生（Mokhatab et al.，2006；Speight，2014a，2019）。受来源及丙烷和丁烷相对含量的影响，液化石油气的组分可能会发生变化。在常压和环境温度条件下，这些碳氢化合物衍生物呈气态，但是，在适度的压力作用下，会迅速液化，方便运输和利用。液化石油气有很多种用途，其中比较主要的用途包括两个方面：（1）石油化工产品、合成橡胶、动力汽油原料等；（2）商品燃料、家用燃料和工业燃料。

以下可作为针对这些规范所涵盖的四种燃料类型常见用途的概括性指南：（1）商品甲烷是家用燃料、商品燃料和工业燃料的首选燃料类型，它还是一种适合作为低烈度内燃机的燃料；（2）商品丁烷主要用作石油化工产品、合成橡胶的原料和生产动力汽油时用到的调和料或者原料，作为燃料，商品丁烷的用途通常限于工业，因为不会遇到蒸发问题，不过也有少量的丁烷用作家用燃料；（3）商品丁烷—丙烷混合物的涵盖范围很广，可以按照具体需求专门配制成各种燃料或者原料；（4）和规范所覆盖的其他产品相比，丙烷在组分和燃烧特征上变化性要小一些，它也适合用作中到高烈度内燃机的燃料。

碳氢化合物气体可运用各种分析技术进行分析，这是趋势，对于分子量较高的碳氢化合物衍生物，需要测定其主要组分和微量组分。从各种原油馏分的沸点和原油产品可以看出混合物的复杂度，复杂度增大，使得很多组分难以鉴别，甚至无法鉴别。另外，业界已经开发出了通过分析混合碳氢化合物气体来测定热值、相对密度和热焓等物理特性的方法，但是和运用直接测定这些性质的方法所得出的数据相比，其精确度要差一些。

大量的物理性质试验，包括密度试验、热值试验和一些组分试验等，仍在被研究人员所沿用，如奥氏分析（通过选择性吸收二氧化碳、氧气和一氧化碳测量数量）和用于测定不饱和性的硝酸汞法等。

然而，选择哪种特定的试验应由分析人员决定，而分析人员的决定取决于受试气体的性质。例如，在非碳氢化合物组分含量极低的情况下，有必要由分析人员判断用于液化石油气的试验是否适合用于天然气。

7.3.2.1　热值

热值（燃烧热）表示碳氢化合物气体是否能够产生令人满意的燃烧效果，它取决于燃烧器和装置的设计与特定气体特性之间的匹配性。热值指的是单位质量的气体充分燃烧所产生的热量。美国单位制用英国热量单位（Btu）每磅表示，如果按照体积计算，则以英国热量单位每标准立方英尺表示。该项性质表示气体在指定的发动机配置中的性能和扭矩潜力。有不同类型的试验方法可以直接测定热值（ASTM D1826；ASTM D3588）。热值用来计算沃泊指数，就此而言，它是一项重要的性质（见第 7.3.2.11 节）。

天然气（或者任何燃料气）的热值可以使用热量计通过实验测定，在这种热量计中，燃料在有空气存在的情况下，在恒压下燃烧。让生成物冷却到初始温度，测量在完全燃烧的过程中所释放的能量。所有含氢气的燃料在燃烧过程中会产生水蒸气，水蒸气随后在热量计中凝结。由此实验测量出的释放的热量即是高热值（HHV），也被称作总热值，它包括水的蒸发热。低热值（LHV），也被称作净热值，其计算方法是——假设燃烧过程产生的全部生成物，包括水，仍然呈气相，从测得的高热值中减去水的蒸发热即为低热值。无论高热值还是低热值，也都可以通过气体组分分析来计算（ASTM D3588）。

热值分为两类：高位热值和低位热值，前者包括排放气体中所含水分的凝结热，用于气体计费，后者不包括凝结热，常用作发动机的首选变量。低位热值还经常被称作低热值（LHV），高位热值被称作高热值（HHV）。

7.3.2.2　组分

致密气是由天然存在的物质形成的混合物，幸运的是，它是相对简单的混合物，不像高分子量碳氢化合物那样有着复杂的同分异构变化（表 7.4）（Drews，1998；Speight，2014）。

因为致密气组分的分子量较低且具有挥发性，所以气相色谱法一直是固定气体和碳氢化合物形态分析的首选技术，质谱分析法也是低分子量碳氢化合物衍生物组分分析的首选方法（ASTM D2421；ASTM D2650）。近来，人们开发出了叠加法（如气相色谱法 / 质谱法和其他双重技术方法等），用于鉴别混合物中的气体和低沸点液体组分。这些方法对碳氢化合物的组分有所限制，限于乙烷、丁烷或者戊烷，以及乙烯和总二烯烃。

通过限制沸点低于主要组分的各种碳氢化合物衍生物的数量，加强对蒸气压力的控制。可在38℃（100℉）和45℃（113℉）下进行蒸气压测试（ASTM D1267）。在温度为37.8~70℃（100~158℉）的条件下，液化石油气产品的蒸气压力与所选的贮存容器、运输集装箱和用户方的使用设备等因素有关，它们需要经过合理设计以便安全地处理这些油气产品。因此，为了保证正常操作温度条件下，蒸气压力不会超过贮存、处理和燃料系统的最大设计工作压力，从安全角度出发，测定液化石油气的蒸气压力具有重要意义。液化石油气的蒸气压力是一项间接的衡量指标，可以判断蒸发过程开始时对应的最极端低温条件。运用本试验方法测定的蒸气压力，可看作是对产品中挥发性最强的物质的半定量性质的测量结果（估算结果或者具有指导作用的指标）。沸腾的碳氢化合物衍生物满足挥发性规格要求。如果碳氢化合物的组分符合规格，则通常会自动满足蒸气压力和挥发性方面的要求。如上文所述，之所以限制乙烯的数量，不仅因为需要限制不饱和组分（烯烃）的数量，以避免烯烃发生聚合反应，生成沉淀物，还为了控制样品的挥发性。乙烯（沸点：104℃，−155℉）的挥发性高于乙烷（沸点：88℃，−127℉），因此，和成分主要是乙烷的产品相比，乙烯含量高的产品，其蒸气压力和挥发性更高。丁二烯也是不良组分，它可能会生成聚合物，形成沉淀，堵塞管线。

当前，分析致密气的首选方法（也是分析大多数原油相关气体的方法），是气相色谱法（ASTM D2136）。可以运用此方法鉴别和测量主要组分和微量组分。但是，测量沸点较高的组分时，由于样品在所处条件下的相对挥发性，可能会遇到精确性方面的问题。

然而，假设由此试验方法得出的数据是可靠的，在终端销售时，通常需要掌握液化石油气和丙烯混合物的碳氢化合物组分分布。用作化学原料或者燃料等应用场景时，需要掌握精确的组分数据，以保证质量的一致性。这些材料如果含有微量的某些碳氢化合物杂质，会对使用和加工造成不利影响。另外，掌握液化石油气和丙烯混合物的组分分布，可以计算相对密度、蒸气压力和马达法辛烷值等物理性质（ASTM D2598）。运用本试验方法，通过组分分析，可以大致测定商品丙烷、特种规格丙烷、商品丙烷 / 丁烷混合物和商品丁烷的以下物理特性（ASTM D1835）：蒸气压力、相对密度和马达法辛烷值（MON）。

蒸气压力是商品丙烷、特种规格丙烷、丙烷 / 丁烷混合物和商品丁烷的一项须符合规范要求的重要性质。对蒸气压力做出规定，可以保证产品在蒸发性能、安全和兼容性方面能够满足商业设备的要求。尽管相对密度不是常见的纳入规范的评价标准，但在测定填充物密度和输油监测时会用到它。马达法辛烷值（MON）在确定用作燃料的某个产品是否和内燃机相匹配时是有用的。根据组分数据计算这些原油产品的各种性质时，数据的精确度和准确度非常重要。

毛细管柱气相色谱法是一种更快速的方法，而且准确度与气相色谱法相当。质谱分析法也是一种适合分析原油气的方法。在其他光谱分析技术中，针对一些专门的应用场景，也可能采用红外线和紫外线吸收法分析原油气。气相色谱法已经在很大程度上取代了各种化学吸收法，但化学吸收法依然有一些专门的用途，尽管是有限的。一旦测定了某种混合物的组分，就有可能计算它的各种性质，如相对密度、蒸气压力、热值和露点等。对于液化石油气而言，鉴于其组分情况，碳氢化合物露点较低，采用露点法可以检测是否存在微量的水（ASTM D1142）。

无论是哪种类型的气体采样，通常都认为碳氢化合物露点是最重要的因素。按照最简单的说法，碳氢化合物露点指的是气体组分开始从气相转为液相的点。当发生相变时，气流中的某些组分会析出并形成液体，导致无法获得精确的气样。碳氢化合物露点受气体组分和压力的影响。碳氢化合物露点曲线是一种参考图表，根据它可以确定气体发生凝结时的具体压力和温度。由于气体组分的差异，不存在两条相同的碳氢化合物露点曲线。但是，因为露点可以根据组分计算出来，所以，针对某个特定的液化石油气样品，直接测定露点可以判断样品的组分。当然，这种做法更为直接和实际，如果样品中含有少量分子量较高的物质，则直接测量的方法更好。

将简易的蒸发试验和蒸气压力测量值相结合，可以进一步掌握气体的组分。在蒸发试验里，让液化石油气样品在一个敞口的带刻度的容器中自然蒸发。根据体积/温度的变化记录试验结果，如95%（体积分数）蒸发时，温度是多少，或者在某个具体温度时剩余体积是多少（ASTM D1837）。如上所述，采用此试验方法可以测量各种类型液化石油气的相对纯度，在保证挥发性方面具有优势。将蒸发试验的结果恰当地和产品的蒸气压力、密度相结合，可以鉴别丙烷类液化石油气中的丁烷和分子量更高的组分，以及丙烷/丁烷类燃料气和丁烷类燃料气中的戊烷和分子量更高的组分。如果95%（体积分数）蒸发量对应的温度升高，说明液化石油气中含有挥发性低于其主要组分的碳氢化合物。如果需要测定沸点较高的组分的类型和含量，应进行色谱分析。

相对密度可以计算出来，不过，如果需要测量相对密度，有几种仪器可以使用。使用金属压力比重瓶，有两种方法可以测定呈液态的液化石油气的密度或者相对密度。可以使用压力液体比重计（ASTM D1267）测量相对密度，也可以根据组分分析结果计算相对密度（ASTM D2598）。对于呈气态的液化石油气，有各种手动或者记录程序可以测量相对密度或者密度，这些程序归结为两种方法（ASTM D1070）。采用这种试验方法（ASTM D1070），有精确可靠的试验方案，间歇地或者连续地测量气体燃料的相对密度。这些试验方案涵盖了在常温常压下呈气态下气体燃料（包括液化石油气）的相对密度的测定。这两种试验方法在性质上差异很大，在实验室、控制、参考、气体测量方面可以采用一种或多种方法，或者事实上，只要是想掌握一种或多种气体与干燥空气在同温同压下的相对密度，都可以采用这些方法。这些测量结果经常被用于监管或者合同合规、储存交接和过程控制等。

用于石油化工用途的致密气凝析液（尽管并不是一种具体的气体）的碳氢化合物组分必须经过组分分析（ASTM D2427），并进行总含硫量试验（ASTM D1266）。使用馏分组分分析方法（ASTM D2427）时，石脑油和汽油馏分（低沸点高挥发性燃料）的烃类型分析是在分析前通过脱戊烷实现稳定化完成的。

掌握脱戊烷工艺蒸馏塔塔顶馏出物中低沸点碳氢化合物衍生物的组分有助于将分析脱戊烷后的馏分转化为分析整体样品。汽油、石脑油和类似的原油馏分中的戊烷和分子量更低的碳氢化合物衍生物可能会对试验方法的结果产生不利影响。使用本试验方法可以将戊烷和沸点低于戊烷的碳氢化合物衍生物分离出来，这样可以分析脱戊烷后的残余物，根据需要，还可以通过其他方法分析戊烷和分子量更低的碳氢化合物衍生物。

表征致密气的过程中，会遇到一个和精确地测定气体中沸点相对较高的残余物（即分子量较高的碳氢化合物衍生物，甚至是油类）有关的问题。有一些可采用的试验方法，它们的操作步骤和气相色谱模拟蒸馏类似。事实上，任何挥发性远远低于液化石油气主要成分的组分均会影响到试验。残余物会使产品不符合要求，但对其数量和性质加以限制是有难度的。例如，含有某些防冻剂的液化石油气，采用本试验方法会产生错误的结果。

在液化石油气的终端使用场景中，对残余物含量的控制（ASTM D1835）非常重要。在液体进料系统中，残余物会导致麻烦的沉积物，而在蒸汽回收系统中，遗留的残余物会污染调节设备。任何遗留在蒸汽回收系统里的残余物均会聚集，具有腐蚀性，污染随后的生成物。水，尤其如果是碱性的，可能造成调节设备故障，还会腐蚀金属。一个明显的事实是，少量的油状物质即可堵塞调节器和阀门。在液体蒸发器进料系统里，汽油类型的材料会造成问题。

通过终馏点指数（EPI）（ASTM D2158）测定残余物，可以衡量气体中可能含有的沸点高于37.8℃（100℉）的污染物的含量。还有一些其他方法，能更直接地测量残余物，当用于特定的用途时，可能将由这些方法得出的值和需要的性能相结合，从而设定满足要求的范围。

有一些标准形式的分析方法，可以测定挥发性硫的含量和某些可能存在的特定的腐蚀性硫化物。许多实验室在威克堡（Wickbold）或马丁—弗洛特（Martin-Floret）燃烧器中使用氢氧火焰快速燃烧技术（ASTM D2784）。本试验方法（ASTM D2784）对于含硫量大于1μg/g的液化石油气有效，但试验样品中氯的含量不能高于100μg/g。试验过程中，将样品放在氢氧灯内燃烧，或者在二氧化碳—氧气环境中，将样品放在处于封闭系统的灯中，后者不建议用于微量硫的测定，因为要求燃烧时间非常长。试验生成的硫的氧化物被吸收并在过氧化氢溶液中氧化生成硫酸。然后使用甲基蓝混合指示剂进行高氯酸钡溶液滴定，或者沉淀成硫酸钡并使用测光仪测量沉淀物的浑浊度，以此测定硫酸根离子。

可视作污染物的微量碳氢化合物衍生物可运用前文探讨过的气相色谱法来测定。少量的分子量较高的碳氢化合物衍生物可能无法完全从色谱柱上除去。如果需要得到与沸点较高组分的性质和数量有关的准确信息，则可以采用程序升温法或者一种涉及组分浓度的方法。

有一些已知正在使用的用来测定微量氯化物等各种其他杂质的分析方法（ASTM D2384）。尽管可能性不大，炼厂气中是否含有乙炔是必须考虑的问题。乙炔可以通过化学试验的方法来测定，羰基类则通过经典的盐酸羟胺反应来测定。

微量的沸点较高的碳氢化合物衍生物和油状物的测定涉及一种需经过初步风化的残余物测定方法。将风化作用后的残余物溶解在一种溶剂中，然后用滤纸过滤，如果有油渍形成，说明有残余物。这种方法可以加以扩展，观测油渍，并与其他观测值相结合，计算终馏点指数。这种方法不是很精确，有几家实验室正在着手开发更好的测定油状残余物的方法。

因其组分的特征，致密气样品的碳氢化合物露点比较低，采用露点法可以检测是否含有微量的水（ASTM D1142）。

为了避免发生爆炸，液化石油气的气味必须能够检测到。气味的判断标准具有很强的主观性，没有标准的方法。可取的做法是构建某种系统，在这种系统里可以测量气体的含量，并和爆炸极限做对比，系统里的一些变量可以标准化，如流量和孔口尺寸等，这样可以保证在任意地点，尽管时间不同，液化石油气都在类似的条件下进行评估。

丙烷、异丁烷（沸点：12℃，11℉）和丁烷通常是这类样品的组成成分，它们的用途包括供热、发动机燃料和化工原料（ASTM D2597；ASTM D2504；ASTM D2505）等。

可运用填充柱气相色谱法测定天然气和重整气中的氢气、氦气、氧气、氮气、一氧化碳、二氧化碳、甲烷、乙烷、乙烯、丙烷、丁烷、戊烷、己烷，以及分子量更高的碳氢化合物衍生物（ASTM D1945；ASTM D1946）。这两种试验方法得出的组分分析结果可用于计算气体的许多其他性质，如密度、热值和可压缩性等。由分子筛填充柱测定列出前五种组分（氩载气），其他组分则利用聚二甲基硅氧烷分离法或者多孔聚合物色谱柱测定。分子量高于己烷的碳氢化合物衍生物则通过洗脱戊烷之后反向冲洗色谱柱来分析，或者使用反向冲洗过的预柱。

这些分析中未考虑天然气的一些重要组分——湿气（水）和硫化氢，以及其他的硫化物（ASTM D1142；ASTM D1988；ASTM D4888；ASTM D5504；ASTM D5454；ASTM D6228）。

炼厂（工艺）气中的烯烃类（乙烯、丙烯、丁烯衍生物和戊二烯衍生物）具有独特的特征，需要采用特殊的试验方法（ASTM D5234；ASTM D5273；ASTM D5274）。乙烯是世界上产量最高的化工产品之一，每年全球的产量超过 $1 \times 10^8 t$。乙烯主要用于生产聚乙烯、环氧乙烷、二氯乙烷和许多其他的低产量产品。生产这些产品的过程中，大多数需要使用各种催化剂来提高产品质量和合格率。乙烯中含有的杂质会破坏催化剂，从而产生大量的重置成本，降低产品质量，造成停工，减少收益。

通常情况下，采用蒸汽裂解法来生产乙烯。在生产过程中，气态的或者低沸点液态碳氢化合物衍生物和蒸汽结合，在裂解炉中加热到 750~950℃（1380~1740℉），发生大量的自由基反应，大分子碳氢化合物衍生物被转化为分子量较低的碳氢化合物衍生物。同时，蒸汽裂解在高温下进行，会形成不饱和的烯烃类化合物，如乙烯。乙烯原料必须经过测试，以保证交付用于后续化学加工的只有高纯度乙烯。

高纯度乙烯样品一般只包含两种少量的杂质，即甲烷和乙烷，可以检测到，杂质含量很低。不过，蒸汽裂解工艺也会生成分子量更高的碳氢化合物衍生物，尤其当使用了丙烷、丁烷或者低沸点液态碳氢化合物衍生物作为原材料时。尽管在生产的最后阶段会运用分馏法来生成高纯度的乙烯产品，鉴别并量化乙烯样品中含有的任何其他碳氢化合物衍生物仍然是很重要的。彻底地分辨全部这类化合物是有难度的，因为它们具有相似的沸点和化学结构。

分析乙烯有两种方法（ASTM D2505；ASTM D6159），其中一种方法（ASTM D6159）使用大口径（0.53mm）毛细管柱，包括一个氧化铝—氯化钾（Al_2O_3/KCl）PLOT柱。建议采用另一种方法（ASTM D2504）测定不凝性气体，还有一种方法（ASTM D2505）用于测定二氧化碳。

丙烯中的碳氢化合物杂质可采用气相色谱法（ASTM D2712；ASTM D2163）测定，丙烯中含有的微量甲醇可采用另一种试验方法（ASTM D4864）测定。有一种气相色谱法（ASTM D5303）可用于测定丙烯中微量的羰基硫，试验要用到一个火焰光度检测器。此外，原油气中的硫可采用氧化微库仑法（ASTM D3246）测定。

商品丁烯、高纯度丁烯和丁烷—丁烯混合物作为碳氢化合物组分进行分析（ASTM D4424），1，3-丁二烯中的碳氢化合物杂质也可采用气相色谱法（ASTM D2593）测定。丁二烯中含有的丁二烯二聚物和苯乙烯采用气相色谱法（ASTM D2426）测定。C_4 碳氢化合物衍生物中的羰基衍生物可采用一种过氧化物法（ASTM D5799）测定。

总体而言，气相色谱法无疑将继续是表征低沸点碳氢化合物类物质的首选方法。经过改进的新的检测装置和技术，如化学发光法、原子发射法和质谱法等，可增强选择性，提高检测极限，提升分析效率。通过自动采样、计算机控制和数据处理等实现实验室自动化将提高精确度和生产效率，并简化试验操作。

组分分析结果可用于计算热值、相对密度和压缩系数（ASTM D3588）。

致密气中的汞也可运用原子荧光光谱法（ASTM D6350）和原子吸收光谱法（ASTM D5954）进行测量。

7.3.2.3 密度和相对密度

低沸点碳氢化合物衍生物的密度有几种方法可以测定（ASTM D1070），包括比重计法（ASTM D1298）或者压力比重计法（ASTM D1657）。和在较高分子量液态原油产品上的用途相比，相对密度（ASTM D1070；ASTM D1657）本身不具备意义，仅仅在将其与挥发度和蒸气压力值相结合时，能够说明质量特征。在计算库存数量时，它具有重要性，与运输和贮存有关。

相对密度通常指的是天然气密度与空气密度的相对值（表7.5），不过，有些情况下，会以氢气密度作为天然气密度的比较对象。作为衡量参比条件下气体和空气的密度比，相对密度在互换性规范中使用，以限制天然气中高级烃的含量。高级烃的含量高于规范的话，会造成各种燃烧问题，如一氧化碳排放量增大，形成烟炱，发动机爆震或者燃气轮机自燃等，即便沃泊指数是相同的。

表 7.5 天然气中各种碳氢化合物和空气的相对密度

气体	相对密度
空气	1.0000
甲烷（CH_4）	0.5537
乙烷（C_2H_6）	1.0378
丙烷（C_3H_8）	1.5219
丁烷（C_4H_{10}）	2.0061
戊烷（C_5H_{12}）	2.4870
己烷（C_6H_{14}）	2.9730

常见的说法是天然气比空气轻（比空气密度小），这是因为工程师和科学家们一直主张混合物的性质由该混合物中各种组分性质的数学平均值确定。这种数学方法和思维差异对于安全问题是有害的，需要加以限制。

相对密度指的是一种物质的密度（单位体积的质量）与某种给定参考物质的密度之比。相对密度通常指（液体）相对于水的密度。

$$相对密度 = [密度（某种物质）] / [密度（参考物质）] \qquad (7.2)$$

关于气体，尤其出于对美国商业和工业设施安全问题的考虑，通常以和空气做对比来定义一种气体的相对密度，规定空气的蒸气密度为 1（单位）。按照这个定义，蒸气密度表示某种气体的密度是大于空气（值大于 1）还是小于空气（值小于 1）。蒸气密度对于容器储存和人员安全具有指导意义——如果容器可以释放出密度大的气体，其蒸气可能会下沉，如果是可燃的，则会聚集，直到达到足以点燃的浓度。即便是不可燃的，气体也可能会聚集在密闭空间的较低位置或者水平面，替换掉空气，可能对进入该空间较低位置的人造成窒息危险。

根据蒸气密度的不同，可以将气体分为两类：（1）密度大于空气的气体；（2）密度和空气相等或者小于空气的气体。蒸气密度大于 1 的气体，在贮存罐的底部位置，会向下移动，然后聚集在低洼区域。蒸气密度和空气蒸气密度相等或者小于空气蒸气密度的气体，会迅速消散在周围环境中。另外，当蒸气密度和空气蒸气密度（1.0）相等的化学物质储存于容器中或者释放到敞开的空间时，往往会均匀地消散到周围的空气里，密度小于空气的化学物质则会向上升，远离地面。

在天然气的各种组分里，甲烷是唯一密度小于空气的组分（表 7.5）。分子量高于甲烷的碳氢化合物衍生物的蒸气密度高于空气，释放后，可能聚集在低洼区，给（释放它们的）研究人员造成危险。但是，未精炼天然气中的其他碳氢化合物组分（即乙烷、丙烷、丁烷等）的密度高于空气，因此，如果在野外操作时发生天然气泄漏，尤其如果天然气中含有甲烷以外的组分，只有甲烷会迅速消散到空气中，其他密度高于空气的碳氢化合物组分则不容易消散到大气中。如果错误地假定天然气的密度比空气小，那么这些不容易消散的组分聚集或者沉淀在地面，就会造成巨大的风险。

7.3.2.4 露点

气体的露点或者露点温度指的是该气体中含有的水汽（ASTM D2029）或者低沸点碳氢化合物衍生物变成液态时的温度。形成的液体是凝析液，在低于露点温度时以液态存在，高于露点温度时，该液体成为这种气体的气态组分。

7.3.2.5 可燃性

可燃性范围：一种温度范围，在这个温度范围内，天然气可燃。天然气在空气中的可燃性极限以空气中的百分比浓度（按照体积计算）表示，包括下限和上限。这些极限值表明了天然气的相对可燃性。下限和上限有时也被称作爆炸下限（LEL）和爆炸上限（UEL）。

起火或者发生爆炸，必须同时满足三个条件：某种燃料（即某种可燃性气体）和氧气（空气）必须以特定的比例存在，有点火源，如火花或者火焰。不同的可燃性气体或者蒸气，需要不同的燃料和氧气比。某种特定的可燃性气体或者蒸气在空气中燃烧需要的最低浓度即是这种气体的爆炸下限（LEL），低于这个值，则这种混合物由于浓度过低而无法燃烧。一种气体或者蒸气在空气中能够燃烧的最大浓度是这种气体的爆炸上限（UEL），高于这个值，则这种混合物会因为浓度过高而无法燃烧。爆炸下限和爆炸上限之间的范围即是这种气体或者蒸气的可燃范围。一般情况下，爆炸上限和爆炸下限的值（表7.6）仅在测定这些值时所处的各种条件下有效（通常是常温，常压，使用带火花点火功能的2in管）。大多数材料的可燃性范围会随着温度、压力和容器直径的增大而增大。

表 7.6　气体、凝析气和天然汽油各种组分的爆炸下限（LEL）和爆炸上限（UEL）

组分	爆炸下限	爆炸上限
苯	1.3	7.9
1，3- 丁二烯	2.0	12.0
丁烷	1.8	8.4
正丁醇	1.7	12.0
异丁烯	1.6	10.0
顺 -2- 丁烯	1.7	9.7
反 -2- 丁烯	1.7	9.7
一氧化碳	12.5	74.0
羰基硫	12.0	29.0
环己烷	1.3	7.8
环丙烷	2.4	10.4
二乙基苯	0.8	
2，2- 二甲基丙烷	1.4	7.5
乙烷	3.0	12.4
乙苯	1.0	6.7
乙烯	2.7	36.0
汽油	1.2	7.1
庚烷	1.1	6.7
己烷	1.2	7.4
氢气	4.0	75.0
硫化氢	4.0	44.0
异丁烷	1.8	8.4
异丁烯	1.8	9.6
甲烷	5.0	15.0

续表

组分	爆炸下限	爆炸上限
3-甲基-1-丁烯	1.5	9.1
甲硫醇	3.9	21.8
戊烷	1.4	7.8
丙烷	2.1	9.5
丙烯	2.4	11.0
甲苯	1.2	7.1
二甲苯	1.1	6.6

蒸气密度对于贮存期间的可燃性具有指导意义。如果容器可以释放出密度大的气体，其蒸气可能会下沉，如果是可燃的，则会聚集，直到达到足以点燃的浓度。即便是不可燃的，气体也可能会聚集在密闭空间的较低位置或者水平面，替换掉空气，可能对进入该空间较低位置的人造成窒息危险。

7.3.2.6 高分子量碳氢化合物衍生物

致密气和任何主要成分是甲烷的天然气流通常含有不同数量的分子量较高的其他碳氢化合物衍生物，从乙烷到辛烷不等。因此，有必要在本部分介绍一下分子量高于甲烷的碳氢化合物衍生物产生的影响。

由于天然气不是一种纯净的产品，当在超临界（压力/温度）条件下从一处气田抽取非伴生气体时，随着储层压力下降，分子量较高的组分在恒温降压作用下会部分地发生凝结（反凝析现象）。在运输过程中，由于气藏的孔隙被耗尽或消失，因此形成的液体可能会被困在管道中。为了避免发生这种问题，有一种方法是再注入不含凝析液的干燥气体，以维持储层、输送或者贮存系统的气体压力，使凝析液能够再蒸发，进而被抽取。更常见的情况是，液体在地面凝结，各种气体处理操作的任务之一即是收集这种凝析液，通常被称作天然气凝析液（NGL）。

有一些天然气设施会在用气高峰期向天然气中添加丙烷/空气混合物。丙烷的蒸气压力低，如果大量出现，在高压和低温条件下会形成液相。由于这种液态凝析液在储气瓶压力降低时的蒸发作用，燃料具有变化性，这会导致难以控制空气—燃料比。而且，气体混合物中出现大量的分子量较高的碳氢化合物衍生物会降低其爆震率，可能造成发动机损坏。

在压缩过程中，也可能向天然气中加入大量的油，随后发生凝结，干扰压缩天然气发动机部件的运行，如气体压力调节器。另一方面，为了保持气体喷射器的持久运行，需要保留最低量的携带油。不同的喷射器生产商会推荐不同的最低油量。

压缩器排出的气体中含有的油通常会使用凝聚式过滤器除去，但是，很多情况下，仅仅这样做是不够的，因为高达50%的携带油以蒸汽的形式存在于温的（或者热的）压缩器排出气中。需要考虑采取更多的措施，例如，进一步冷却排出的气体，或者使用合成油或矿物油，或者在使用矿物油的同时在凝聚式过滤器的下游安装一个合适的吸附过滤器（Czachorski et al., 1995）。

7.3.2.7 甲烷值

划分气体燃料抗爆震性能等级的主要参数是甲烷数（MN），类似于衡量汽油抗爆震性能的辛烷值。各种合适的用来测定气体燃料甲烷值的试验方法正在被开发（Malenshek and Olsen，2009）。

已经有不同的方法来划分压缩天然气的抗爆震等级，包括马达法辛烷值（MON）和甲烷值。这些等级划分的差异在于所使用的和天然气做对比的参考混合燃料。甲烷值以甲烷为参考混合燃料，其甲烷值为100，氢的甲烷值为0。反应性氢碳比（H/C）和马达法辛烷值之间，以及马达法辛烷值和甲烷值之间的相关性如下：

$$MON=-406.14+508.04\times(H/C)-173.55\times(H/C)\times2+20.17\times(H/C)$$
$$\times3MN=1.624\times MON-119.1 \tag{7.3}$$

因此，如果某种气体混合物的甲烷值为70，那么它的抗爆震性和由70%甲烷与30%氢气组成的气体混合物的抗爆震性相同。

为了保证发动机的安全运转，甲烷值必须始终至少等于燃气发动机的甲烷值要求（MNR）。发动机要求的甲烷值受设计和运行参数的影响，可通过改变发动机的运行来调整甲烷值要求。改变点火定时、空气/燃料比和输出功率等是有效降低甲烷值要求的措施。

7.3.2.8 含硫量

天然气中的硫化物以硫醇、硫化氢和增味剂的形式存在。其中硫醇和硫化氢是在源头（气田）天然存在的，在天然气处理厂经过处理后可以降低其含量。

液化石油气加工过程的设计满足这样的要求——经过加工，大部分甚至全部的硫化物被除去。因此，和其他原油燃料相比，液化石油气的总含硫量要低很多，最大含硫量限定值有助于更全面地定义产品。会造成腐蚀的硫化物主要是硫化氢、羰基硫，有时是元素硫。硫化氢和硫醇有独特的难闻的气味。控制总含硫量、硫化氢含量和硫醇含量可保证产品没有腐蚀性或者不难闻。明确要求铜带试验取得满意结果可进一步保证对腐蚀性的控制。

气体的总含硫量可由以下方法测定：燃烧法（ASTM D1072），燃灯法（ASTM D1266），或者氢化法（ASTM D4468）等。测定微量有机氮和固氮的总含量（ASTM D4629）。目前对液化石油气中重残留物的试验方法（ASTM D2158）是先蒸发液化石油气样品，然后测量残余物的体积，并观察滤纸上的油斑。

腐蚀性硫化物可通过与铜的反应来检测，检测形式和将原油产品常规铜带腐蚀试验（ASTM D1838）运用于液化石油气一样。硫化氢可通过对湿润的醋酸铅试纸的作用来检测，这个方法也可以判断是否含有硫化物。此试验方法符合博士法试验（ASTM D4952）的原则。

7.3.2.9 挥发度和蒸气压力

正常应用场景中，液化石油气的蒸发和燃烧特性由挥发性、蒸气压力和相对密度确定，其中相对密度的影响要小一些。

挥发度以样品蒸发95%时的温度来表示，根据挥发度可以判断挥发性最小的组分（ASTM D1873）。蒸气压力用来判断开始蒸发时的最低温度条件。在规范中将蒸气压力和挥发度放在一起共同设置范围，有助于确保丁烷和丙烷等级的基本单组分产品（ASTM

D1267；ASTM D2598）。对于丙烷—丁烷混合物，将蒸气压力 / 挥发度的限制范围与相对密度相结合，基本上可保证双组分系统。残余物（ASTM D1025；ASTM D2158），即不挥发性物质，可以衡量天然气中可能出现的沸点高于 37.8℃（100°F）的污染物的浓度。

在密闭的容器中，纯化合物的蒸气压力指的是液体气化部分作用于单位面积容器壁上的力。蒸气压力还可以定义成纯物质的蒸气相和液相处于平衡状态时的压力。蒸气压力也被称作饱和压力，相应的温度被称作饱和温度。在户外，大气压下，任何温度低于其沸点的液体，其自身的蒸气压力都小于 1 个标准大气压。如果蒸气压力达到 1 个标准大气压（14.7psi），则饱和温度变为正常沸点。蒸气压力随着温度的升高而变大，物质蒸气压力的最高值是它的临界压力，其相应的温度是临界温度。

对于任何物质而言，蒸气压力都是一项很重要的热力学性质，它是液体挥发度的衡量标准。越易蒸发的化合物，蒸气压力越高。沸点低的化合物挥发性较强，被称作轻质化合物。例如，丙烷（C_3）的沸点低于正丁烷（n-C_4），因此它的挥发性更高一些。在一定温度下，丙烷的蒸气压力高于丁烷。这种情况下，丙烷被称作轻质化合物（挥发性较高的化合物），丁烷被称作重质化合物（挥发性较低的化合物）。总体上，和挥发性较低的化合物（分子量更高的化合物）相比，挥发性更高的化合物，临界压力更高，临界温度更低，密度更低，沸点也更低，不过，一些同分异构体化合物是例外。

在计算碳氢化合物损失和碳氢化合物蒸气在空气中的可燃性时，蒸气压力是一项有用的参数。和分子量较高的化合物相比，挥发性更高的化合物可燃性更强。例如，往汽油中加正丁烷可以提高汽油的点燃特性。蒸气压力低的化合物可以降低蒸发损失，减少汽塞现象。因此，对于一种燃料来说，应该在低蒸气压力和高蒸气压力之间进行折中。然而，蒸气压力的主要应用之一是在相平衡计算中计算平衡比。美国石油学会（API）提供了 100°F（38℃）参考温度下纯碳氢化合物衍生物的蒸气压力值。对于天然气，采用雷德（Reid）法在 100°F 条件下测量蒸气压力，可运用 ASTM D323 测量雷德蒸气压（RVP），大约相当于100°F（38℃）条件下的蒸气压力。

天然汽油的主要评价标准是挥发度（蒸气压力和抗爆震性能），测定蒸气压力（ASTM D323；ASTM D4953；ASTM D5191）和蒸馏特性（ASTM D216）很重要。抗爆震性能根据马达法（ASTM D2700）和研究法（ASTM D2699）得出的爆震试验机的等级确定。液化石油气的抗爆震特性也可以测定。天然汽油需要考虑的其他因素包括铜腐蚀性（ASTM D130）和相对密度（ASTM D1298），其中确定相对密度是为了满足测量和运输的要求。

7.3.2.10 含水量

使用含水量高的天然气，在低工作温度和高压下，可能会形成液态水、冰粒或者水合物，使燃料不能顺利地流入发动机，造成驾驶性能差甚至发动机故障等问题。因此，液化石油气不能含自由水是一个基本的要求（ASTM D2713）。溶解态的水可能形成水合物，产生湿润的气相蒸汽，造成问题。这些都会导致堵塞。有一些试验方法可以测定是否含水：使用电子水分测定仪（ASTM D5454）测定，根据露点温度（ASTM D1142）判断，使用染色长度检测管（ASTM D4888）测定。

7.3.2.11 Wobbe 指数

沃泊指数（也称作沃泊数）可以衡量给定气体压力下通过给定孔隙输入到器具的热量。

以沃泊指数作为纵坐标，以火焰速度系数为横坐标，配合适当的试验气体，可以构建出某个或者多个器具的燃烧曲线图。对沃泊指数进行定义，理念是建立一个判断气体互换性的标准，也就是说，在规定的压力条件下，沃泊指数相同的各种气体在燃烧过程中会产生相等的热量输出。但是，根据使用的是高位热值还是低位热值，可以将沃泊指数划分为高沃泊指数和低沃泊指数。

经过脱酸、加臭，以及碳氢化合物和水分露点调整（ASTM D1142）等适当处理的天然气，将按照规定的压力范围、热值范围、沃泊指数（热值除以相对密度）范围和火焰速度范围出售。通常，沃泊指数以系数或者随意比例尺来表示，在比例尺上，氢气的沃泊指数为100。作为系数，沃泊指数可以通过气体分析计算出来，事实上，热值和相对密度可以根据组分分析结果计算出来（ASTM D3588）。计算公式如下：

$$WI = CV/\sqrt{SG} \tag{7.4}$$

式中，WI 指沃泊指数，以英国热量单位/标准立方英尺（Btu/ft^3）表示，CV 指热值（高热值，HHV），SG 指相对密度。

受多个因素的影响，燃烧设备可能对天然气组分的变化比较敏感，比如，供应新的天然气会影响到某些燃烧设备的性能。使用沃泊数更高的天然气可能会产生以下影响：（1）能量输入（点火率）可能增大；（2）过剩空气的量可能下降；（3）一氧化碳排放量可能增多；（4）产生的烟灰量可能增大；（5）氮氧化物的排放量可能变化。相反，使用沃泊指数更低的天然气可能会产生相反的影响。从这个角度来说，某些页岩气中乙烷、丙烷、二氧化碳或者氮气的含量升高，和常规天然气供应的互换性不高，因此，向用户供气时必须根据情况调整天然气的组分。

例如，某种天然气的相对密度为 0.6，按照英国热量单位/立方英尺计算，热值为1000，那么，该天然气的沃泊指数计算如下：沃泊指数 =1000/$\sqrt{0.6}$ =1291。某种天然气的相对密度为 0.6，英国热量单位/立方英尺的热值为 1050，其沃泊指数 =1050/$\sqrt{0.6}$ =1356，这种天然气很好地位于美国燃气协会（AGA）公告提到的常见范围内。事实上，纯甲烷和紧随其后的两种分子量较高的碳氢化合物衍生物——乙烷和丙烷——具有以下性质：

气体	热值（Btu/ft^3）	相对密度	沃泊数
甲烷	1012	0.55	1365
乙烷	1773	1.04	1739
丙烷	2522	1.52	2046

天然气中的乙烷含量是一个重要的考虑因素，因为液化天然气通常比家用天然气源中的乙烷含量高很多。含有乙烷的混合气，沃泊指数可能远远高于1400，超出一些气动设备的额定值。为了减小沃泊数，天然气公司必须确保液化天然气中混有其他气源。致密气中乙烷和丙烷的含量更高，用于为加工以甲烷为主的常规天然气而设计的燃烧设备之前，可能需要更严格的处理（见第 8 章）。

燃气轮机可使用很多种燃料，但是特定的装置只能容纳有限的燃料变化。修正沃泊指数（MWI）将燃料的温度考虑在内，是燃气轮机制造商专门使用的一个指标。修正沃泊指数是低热值和相对密度与绝对气体温度乘积的平方根的比值：

$$MWI = LHV / \sqrt{SG_{气} \times T_{气}} \qquad (7.5)$$

相当于：

$$MWI = LHV / \sqrt{(MW_{气} / 28.96) \times T_{气}} \qquad (7.6)$$

式中，LHV 指燃料气的低热值（Btu/ft³），$SG_{气}$ 指燃料气相对于空气的密度，$MW_{气}$ 指燃料气的分子量，$T_{气}$ 指燃料气的绝对温度（°R），28.96 是干空气的分子量。

天然气热值出现任何变化，都需要流入机器的燃料的流速发生相应的变化。涡轮机的输入温度可能出现很大的变化，计算涡轮机内的能流时，加入温度影响具有重要意义。为了保证在所有的燃烧/涡轮机工作模式下需要的燃料喷嘴压力比能够得以维持，确立了修正沃泊指数许可范围。对于较旧的扩散型燃烧室，燃气轮机控制系统通常能够调节修正沃泊指数的各种变化，最高调节范围达 ±15%。但是较新的干式低氮燃烧室，修正沃泊指数变化范围仅为 ±3% 就有可能造成问题。燃料的不稳定性可由通过尺寸精确确定的燃油喷嘴孔的速度变化引起，速度变化造成火焰不稳定，导致压力脉冲和（或）燃烧动力学的变化，最坏的情形是损坏燃烧系统。

另外，因为沃泊指数代表着各种燃料气的互换性，所以它（单独地或者与其他分析结果相结合）可以用于控制燃料气的调配。各种燃料气的沃泊指数和英国热量单位值具有相似的曲线，两者均可以用于控制燃料气的调配，控制混合燃料的含氮量（Segers et al.，2011）。另一个重要的判断燃烧情况的标准是气模量，$M = P/W$，其中，P 指气体压力，W 指气体的沃泊指数。常压下，在使用空气的完全预混式燃烧器中，为了保持给定的含气度，气模量必须保持不变。

最后，尽管沃泊指数被普遍地作为衡量互换性的主要参数，但在世界范围内，使用的是各种各样的单位和参考温度。

7.4 分析方法

因为致密储层油气化学和物理性质变化范围大，所以人们研发了各种各样的测试方法来测定气体指标，以便确定具体天然气的处理方法（表 7.7）。某些测试方法相比其他方法应用更为普遍（表 7.1），同时人们也在继续研发更多的测试方法。

表 7.7　气态燃料和低沸点碳氢化合物的测试方法

ASTM D130	石油产品对铜的腐蚀性检测：铜带生锈试验法
ASTM D216	天然汽油蒸馏
ASTM D323	石油产品蒸气压的测定（雷德法）
ASTM D1025	聚合级丁二烯中不挥发残留物质的测定
ASTM D1070	气态燃料相对密度的测定

ASTM D1072	燃料气体中总硫的测定
ASTM D1142	气态燃料水蒸气含量测定：露点温度法
ASTM D1265	液化石油气取样
ASTM D1267	液化石油气蒸气压（LPG法）
ASTM D1657	轻烃的密度或相对密度测定：压力密度计法
ASTM D1837	液化石油气挥发性测定
ASTM D1838	液化石油气对铜带腐蚀性测定
ASTM D2158	液化石油气中残留物质的测定
ASTM D2163	液化石油气和丙烯浓缩物分析：气相色谱法
ASTM D2384	丁烷—丁烯混合物中痕量挥发性氯化物的测定
ASTM D2421	丁二烯中丁二烯与苯乙烯的测定：气相色谱法
ASTM D2427	汽油中 C_2 至 C_3 烃的测定：气相色谱法
ASTM D2504	C_2 和轻质烃类产品中不凝缩气体的测定：气相色谱法
ASTM D2505	高纯度乙烯中乙烯、其他烃类和二氧化碳的测定：气相色谱法
ASTM D2593	丁二烯纯度和烃类杂质的测定：气相色谱法
ASTM D2597	气相色谱法分析含氮和二氧化碳的脱甲烷烃类液体混合物的标准试验方法
ASTM D2598	从成分分析中计算液化石油气的某些物理特性的方法
ASTM D2699	汽油辛烷值测定法（研究法）
ASTM D2700	汽油辛烷值测定法（马达法）
ASTM D2712	丙烯浓缩物中痕量烃的测定：气相色谱法
ASTM D2713	丙烷干燥度的测定（阀门冷冻法）
ASTM D2784	液化石油气中硫的测定（氢氧燃烧器或燃灯法）
ASTM D3246	石油气中硫的测定：氧化微量库仑法
ASTM D4953	汽油—含氧物混合物蒸气压的试验方法（干式法）
ASTM D5191	石油产品蒸气压试验法（迷你法）

通过对原油的性质进行初步检测，可得到炼化方法相关方面最科学的结论，或明确各项性质与存在的结构类型间的关系，从而进一步尝试对原油进行分类。要对原油检验数据进行适当解释，需要对数据含义有所认识。在决定了哪些是必要特征之后，还需要按一定规范对产品进行描述。这需要选择合适的试验方法并设置合理的限制。许多广泛使用的规范通常是依靠添加额外的条款来实现更选演变的（删除条款是较为罕见的情况），这导致规范中存在不必要的限制，这些限制又反过来增加了被规定的产品的成本。

气体燃料测试方法的研发有着较长的历史，可追溯至20世纪30年代。综合物理性质测试（如密度、热值等）及一些成分测试（如用于测定不饱和度的奥萨特分析和硝酸银法测试）有着广泛的应用。近来，质谱分析已成为低分子量样品成分分析的常用方法，相应替代了一些古早的方法（ASTM D2421；ASTM D2650）。气相色谱分析（ASTM D1945）是气体碳氢化合物识别的另一可选方法。

事实上，气相色谱将在某种形式上继续作为低分子量碳氢化合物表征的首选方法。随着基于气相色谱仪器的高速测试方法和数据处理技术的发展，已形成了新的或改进的测试方法。其他检测技术，如化学发光法、原子发射光谱和质谱分析等，无疑将继续提高测试的敏感度、检出限和分析速度。此外，利用自动采样和数据处理技术，实验室自动化在简化测试操作的同时可提供更高的精度和速度。

石油气体的规范通常聚焦于液化石油气、丙烷和丁烷，这些规范通常对液化石油气的物理性质和特性做出规定，使其适用于个人、商业或工业应用。这些规范并不对所有可能的要求做出具体规定来满足所有潜在应用，并告诫使用者在编制特定应用规范时应做出判断。

天然气加工者协会、协会管理层和支持企业表示，对制造商和用户如何生产、处理、储存、输送和消费本文件中规定的产品并不知情，因此，对由使用液化石油气或与液化石油气相关的这些规范直接或间接造成的任何关于人员伤亡和（或）财产损失的声明、诉因、负债、损失或支出均不负责（GPA，1997）。

液化石油气由碳氢化合物组成，主要是天然气处理和原油常规处理中产生的丙烷和丁烷（Mokhatab et al.，2006；Speight，2014a，2019）。根据来源及丙烷和丁烷相对含量的不同，液化石油气的成分变化较大。在大气压力和环境温度下，这些碳氢化合物衍生物呈气态，但经过一定加压可轻松液化以便运输和利用。

液化石油气用途广泛，主要用于：（1）作为石油化工、合成橡胶和车用汽油的原料；（2）商业、家用和工业燃料。以下可作为本章规范包括的 4 种燃料类型常见用法的一般指南：（1）商业丙烷是家用、商业和工业燃料的首选燃料类型，也是低严重度内燃机的适用燃料；（2）商业丁烷主要作为石油化工、合成橡胶的原料，车用汽油生产的掺合料或原料；作为燃料，其使用通常限于不存在蒸发问题的工业应用，少量用于家用燃料；（3）商业丁烷—丙烷混合物的包含范围广，可对燃料或原料进行调整以满足特定需要；（4）相比这些规范包含的其他产品，丙烷的组分和燃烧特征更为稳定，也适合作为中等—高严重度工况下运行的内燃机燃料。

烃类气体可用一定的分析技术进行检测，且相比于高分子量烃类衍生物，无论是对主量和痕量组分的测定，这种技术趋势仍将保持。随着原油馏分和原油产品沸点的增加，混合物复杂程度显著上升，这使得对许多组分进行单独识别变得困难，甚至不可能。另外，已经开发了一定方法来测定物理特征，比如通过混合烃气体分析测定发热量、相对密度和焓，但与直接测定这些性质的方法所得出的数据相比，其准确度较低。然而，分析师是根据所研究的气体的性质来选用特定试验方法的。

规范通常对杂质的浓度有规定，如氧气、总硫和硫化氢的最大值，以及水和烃衍生物露点的最大值。少量国家对最大氢气含量进行了规定。这些杂质规定对于保护管道和（或）用户设施，避免腐蚀、机械和其他损害是必要的。通常，气体质量规范也包括一项一般性的"杂质条款"，对未进行监测但如果存在于气体中，可造成对最终用户操作和（或）其他问题的（痕量）组分做出规定。

可在气体中加入一定物质来保护管网中的管道结构或仪表。铸铁管铅口接头缠纱线，添加乙二醇使纱线保持膨胀，维持密封。机械或橡胶接头通过向气流中注入馏分油来保持膨胀。随着聚乙烯管道的出现，对以上添加剂的需求稳步下降。其他添加剂包括在维保程序中使用的阀门冲洗剂。

7.4.1 采样

体积测量（ASTM D1071）和采样（ASTM D1265）是低沸点碳氢化合物分析的关键方面。但是，由于存在两相流体（气体和液体）且上层蒸气相的组分很可能与液相组分大为不同，所以采样较为复杂。此外，样品从某一相态或两种相态中采出后，两相的组分也会发生变化。只有在罐体充液期间采样或从完全充满的罐体中采样，才能对组分进行准确分析。

对于由致密地层和页岩地层组成的油气藏，当赋存的天然气可能含有压力高于露点压力的凝析气成分时，保证所采样品为单相流体是至关重要的（事实上，这是必需的）。一旦流体压力降至露点以下，重组样品可能要耗费大量时间。此外，从井筒到地面，样品发生的变化可能是不可逆的。因此，对采样时为单相状态的样品，应保证其带至地面时仍为单相状态。目前已有可满足此要求的采样瓶。单相采样瓶利用氮气垫提高样品的压力，尽管在被运至地面过程中，样品会发生冷却，但氮气垫可保持样品压力始终高于露点压力。露点压力是样品从气相到两相混合状态转变中开始形成液滴的压力。

另外，天然气在一定情况下可出现称之为反凝析的现象。该现象与气体混合物在临界条件下的情况有关，即在恒定温度下，由于压力降低，与液相接触的气相可能发生凝析；或在恒定压力下，由于温度升高，气相发生凝析。在面对致密储层和致密页岩层产出气体时应小心谨慎。在这两类储层中，气相析出液相可堵塞流动通道，从而抵消水力压裂措施所带来的有益效果（增加产气量）。

总的来说，气相成分和液化气体采样包括各种各样的采样方法（ASTM D5503），如人工法（ASTM D1265；ASTM D4057）、移动活塞气瓶法（ASTM D3700）和自动采样法（ASTM D4177；ASTM D5287）。目前也有制备气、液混合样的方法（ASTM D4051；ASTM D4307），包括为了挥发性测定的燃料采样和处理（ASTM D5842）。

甲烷（CH_4）和乙烷（C_2H_6）碳氢化合物采样通常使用不锈钢气瓶，气瓶既可有衬里也可以没有。但是，根据具体情况，也可采用其他容器。比如，可采用玻璃瓶容器或聚氟乙烯（PVT）采样包，但显然这两种容器不能承受远超环境压力的内压。丙烷（C_3H_8）和丁烷（C_4H_{10}）碳氢化合物采样的首选方法是用活塞气瓶（ASTM D3700），尽管对这两类材料来说，许多情况下采出气态样品也是可以接受的。丙烷及沸点更高的碳氢化合物采样需考虑样品的蒸气压（IP 410）。对高蒸气压采样，推荐采用活塞气瓶或加压钢瓶，该情况下样品中存在大量低沸点气体；对低蒸气压样品，可采用常压采样。

7.4.2 气相色谱

气相色谱分析细致测定天然气的组分，从而计算气体的物理性质（如燃气互换性参数沃泊指数和热值）。ASTM对评价气相色谱性能的方法进行了规定。用仪器对成分已知的气体（这些气体可溯源至国家或国际标准，其成分范围包含了各个组分）进行检测，可反映检测器的线性度和任何单点校正带来的偏差。

7.4.3 红外吸收

气体可吸收红外辐射（IR，波长范围为米级），如一氧化碳（CO）、二氧化碳（CO_2）、二氧化硫（SO_2）或一氧化氮（NO）等气体可各自吸收对应波长的光线。当红外光照射穿过充满需分析气体的测量室时，气体浓度增加会引起红外光吸收的相应增加，而红外光照射检测器接收到的照射强度则相应降低。为保证对某一气体组分的敏感性，可采用两种不同原理。其一是分光原理，使用的照射光线在进入测量室前通过棱镜或光栅进行色散分光。在整个光谱中，只使用只有两个波长（或两个狭窄的波长范围）的光，其中一个波长的光会被测试气体吸收，而另一个不会被吸收，则作为基准。用两个波长的吸收之比来表示气体浓度。另一种为非分光原理（NDIR），以灯或白炽灯丝为光源进行照射，波长范围宽，进入测量室前不进行色散分光。当样品中存在不吸收红外光线的组分时，对光谱特定部分，检测器接收到的照射强度降低。

有两种方法可用于检测吸收程度。

（1）将气体检测器充满某一待测气体组分，当宽波长范围照射光线穿过测量室，该检测器只会检测该组分，即穿过测量室的气体样品中该组分浓度变化引起的相应变化。光线吸收对检测室中的气体压力有影响。这种压力变化形成了一种检测器信号，可作为待测气体浓度的度量。

（2）第二种方法则将固态 IR 检测器和窄波长范围干扰过滤器相结合。对宽波长范围红外光线照射，该过滤器仅允许指定组分（如，CO_2）对应的波长范围的光线通过。当红外光线照射穿过测量室，CO_2 的浓度变化会成比例地产生红外光线吸收的变化，反映在接收检测器上。

7.4.4 紫外吸收

某些气体组分可吸收紫外（UV）光线，如二氧化硫或一氧化氮。对这些气体组分，紫外法比红外法更具优势——水在紫外吸收范围不会产生任何干扰。但是，与红外（IR）光源相比，紫外光源更为昂贵，因此紫外线方法最好用于特定应用。

7.4.5 化学发光检测器

化学发光检测器法（Chemiluminescence Detector，CLD）主要用于测定低浓度的一氧化氮和二氧化氮。该方法是基于一氧化氮会与臭氧发生反应的特点，该反应会发射特征光（化学发光），发射光线的强度与一氧化氮成比例。这类分析仪器（CLD）在汽车尾气分析中应用非常普遍，主要由臭氧发生器、富集反应室和光电倍增管检测器构成。

7.4.6 热导率

该原理（主要应用于氢气分析）基于两种气体（样品气和标准气）不同的热导率值开展分析。在分析仪中，加热丝内包含一个惠斯通（Wheatstone）电桥电路，与热源和温变检测器变化同步工作。该电桥一部分在样品气内，另一部分在标准气内。由于气体成分不同，加热丝的冷却变化不同，由此产生的电信号则可用于进一步分析。

7.4.7 火焰电离检测

将含有烃类衍生物的样品气体通入火焰（通常是燃烧氢气/空气），此时烃类衍生物会发生电离。利用带负电的收集电极收集正电离子，收集电极产生的电流大小与碳氢化合物浓度成比例。在数据评价中，引入不同的响应因子来反映该反应原理对不同碳氢化合物的敏感度。

7.5 凝析油

由原生碳氢化合物衍生物组成的混合物从周围的烃源岩运移到圈闭，随着时间的推移，受一系列压力和温度等热力学变化的影响，在此过程中在储层中形成流体（见第 2 章）。在一口生产井的生命周期里，原油的组分会发生变化（Whiston and Belery, 1994; Speight, 2014a），与此相同，一旦流动井底压力下降到露点压力以下，凝析气井也会出现生产能力大幅下降和凝析气组分发生变化的情况（Wheaton and Zhang, 2000; Fahimpour and Jamiolahmady, 2014）。而且，储层压力和温度随着深度的增加而升高，它们之间的相对关系会影响到储层流体可能包含的各种低沸点和高沸点组分的动态（Wheaton, 1991）。通常，一种碳氢化合物衍生物混合物中低沸点组分的含量随着温度的升高和深度的增加而升高，这可能使储层接近临界点状态，凝析气藏即属于这种流体。

天然气气藏被划分为三类：（1）干气藏；（2）湿气藏；（3）反凝析气藏（见第 1 章）。干气藏指的是产生单一组分的气体而且在油气田整个生命周期里无论是从储层、井筒还是井场分离设备出来的均是同样气体的气藏，在天然气处理装置中进行处理时，可能会采收到一些液体。湿气藏指的是在生产井的生命周期里产生单一气体组分流向射孔的气藏。凝析油在流向地表的过程中或者在井场分离设备中形成（Thornton, 1946）。

术语凝析油（或者凝析液）通常指气井产出的任何的由低沸点碳氢化合物衍生物组成的液体（表 7.8）。但是，凝析气藏应仅指因反凝析行为而在储层中形成凝析油的气藏。湿气藏往往可以按照储层含单相气体来处理，而反凝析气藏则不这样。一般情况下，湿气藏产出的低沸点液体的相对密度和反凝析液相似，但是产量低于 $20\,bbl/10^6ft^3$。与当前内容更相关的一点是，和常规气井一样，凝析油也是致密地层产出物的一个重要组成部分。

表 7.8　凝析油的典型化学和物理性质

性质	描述/数值
外观	琥珀色至深褐色
物理形态	液态
气味	因为含硫化氢而有气味
蒸气压力	37.8℃（100°F）条件下 5~15psia（雷德蒸气压）
初沸点/范围	−29~427℃（−20~800°F）
水溶性	可忽略不计
相对密度（水 =1）	15.6℃（60°F）时 0.78~0.825
API 重度	40~50°API
闪点	−46℃（−51°F）
爆炸下限（空气中体积分数，%）	1.1
爆炸上限（空气中体积分数，%）	6.0
自燃温度	310℃（590°F）

总体而言，凝析气田通常是由包括低沸点碳氢化合物衍生物（C_5 至 C_8）在内的气态碳氢化合物衍生物形成的单一地下聚集构造，较少情况下会含有分子量更高的组分（一般指 C_9 至 C_{12} 碳氢化合物衍生物）（Owens，2019）。如果遇到地层压力等温下降的情况，一些组分会发生凝析，形成凝析油。每立方米凝析油相对量不低于 5~10g 的油气藏通常被称作凝析气藏。凝析气藏可能封闭在任何形成了合适圈闭的地层中，有两种定义方式：（1）在深度超过地面以下 10000ft 的位置形成的原生凝析气藏，和原油聚集区相互分离；（2）由原油组分部分蒸发而形成的次生凝析气藏。根据温压条件，可分为饱和凝析气田（初始凝析压力等于地层压力）和不饱和凝析气田（初始凝析压力低于地层压力）。

凝析油（有时被称作石脑油、低沸点石脑油或者石油醚）包含大量的 C_{5+} 组分（通常是 C_8 或者 C_{10} 组分，具体由源头决定），在储层条件下，这些组分会出现反凝析现象，换言之，随着压力的下降（低至大约 2000psia），越来越多的液体在储层中聚集。反凝析现象导致原位凝析油储量大量地损失，仅在更低的压力条件下能部分地通过稳定措施进行采收。

有一种炼厂产出的碳氢化合物产品，和天然汽油及伴生气凝析油具有一定程度的互换性，这就是石脑油，尤其是低沸点石脑油（也称作轻石脑油）。大多数石脑油在精炼过程的第一步，即蒸馏过程中从原油中生成（Parkash，2003；Pandey et al.，2004；Gary et al.，2007；Speight，2014a，2017；Hsu and Robinson，2017）。低沸点石脑油主要由戊烷和己烷碳氢化合物衍生物组成，含有少量的分子量更高的碳氢化合物衍生物。凝析油可使用一个分离器（实际上是一个独立式的小型原油蒸馏塔）进行处理，将凝析油沸腾范围内的物质与沸点更低一些的天然气凝析液及沸点更高一些的碳氢化合物分开，获取干净的可用作炼厂提质过程原料和石油化工产品生产原料的凝析油产品。低沸点石脑油馏分在性质上与常见的伴生气凝析油及天然汽油相似，因此，在本章节里，将其用于对比目的。

反凝析气藏最初含的是单相流体，当储层压力下降时，在储层中变成两相（凝析液和气体）。随着管内压力和温度的变化，以及在井场分离过程中，会进一步形成凝析油。从储层的角度来说，干气和湿气在开采特性、压力动态和开采潜能方面可相似对待。研究反凝析气藏时，必须考虑的是，随着储层压力的下降凝析油的产量会发生变化，随着靠近井筒位置液体饱和度的升高，井的产能可能会下降，还有两相流对井筒水力学因素的影响。

然而，探讨凝析油时所使用的术语并未正式地被作为标准术语，更多是一种对凝析油的一般描述，而不是化学描述。例如，蒸馏液和凝析油同义，均用来描述天然气开采过程中采出的低沸点液体，随意采用一套术语，解释每个术语的意义，以避免语义混乱，这已经成为标准的程序。总体上，有些井会伴随大量气体产出外观似汽油或者煤油的无色或者淡麦秸色液体，因其和炼厂在蒸馏原油的挥发性组分时获得的生成物相似，这种液体曾被称作蒸馏液。还因为这种液体从井中所产气体里凝析出来，它也曾被称作凝析油。本章全文均使用凝析油这个术语。

凝析油和常规原油有着天壤之别：（1）原油的颜色通常呈深绿色到黑色，而凝析油一般几乎是无色的；（2）原油通常含有一些石脑油，这些石脑油经常被误称作汽油，而凝析油与原油的低沸点石脑油馏分的沸腾范围相同；（3）原油通常含有深色的高分子量非挥发性组分，而凝析油则不含任何深色的高分子量非挥发性组分；（4）原油的 API 重度（用来衡量每个单位体积的重量或者密度）一般低于 45°API，而凝析油的 API 重度接近 50°API 甚至更高

（Speight，2014a，2015）。另外，虽然反凝析气和湿气之间的差别是明显的，但是湿气和干气之间的差异性要小很多。无论是湿气还是干气，油藏工程计算均在一种单相储层气的基础上进行。唯一的问题在于采出液的量是否足够大，是否在做物质平衡或者井内水力学计算时将其考虑在内。反凝析系统需要进行更为复杂的计算，要运用状态方程，而状态方程受分析或者研究实验室得出的数据的影响。

开始开发一处油气藏时，为了确定油藏中流体的类型，以及它们主要的物理化学特征，进行分析很重要（Speight，2014a，2015）。总体上，对该油藏的流体样品进行压力体积温度（PVT）关系分析，以及其他与相态特性及其他现象有关的物理分析，尤其是黏温关系分析（Whitson et al.，1999；Loskutova et al.，2014）。常规的开采测量结果，如钻杆测试（DST），是完井后能立即测得的唯一的一批参数（Breiman and Friedman，1985；Kleyweg，1989；Dandekar and Stenby，1997）。

从油藏工程的角度来看，必须通过分析来解决的凝析气藏的问题包括：（1）在油藏开采期限内，凝析油产量的变化；（2）近井筒位置的两相（气/油）流如何影响气体产量（Whitson et al.，1999）。这两个问题与流体系统的压力体积温度特性有着紧密的关联（虽然产量更多是受相对渗透率的影响）。

在凝析气藏开发领域，分析数据的重要性达到了最高水平。凝析气藏组分分级在以下几个方面具有重要意义：（1）生产井井位设计；（2）地表体积和地质储量估算；（3）（不同地质层之间）纵向流体通道和（不同断块之间）横向流体通道的预测（Organik and Golding，1952；Niemstschik et al.，1993）。发现井通常需要预测原油储量，它们位于构造顶部，只能钻遇近饱和气体。在这种情况下，精确取样，精确分析（采用标准的试验方法）（Speight，2015，2018；ASTM，2019），并进行压力体积温度关系模拟，具有极其重要的意义（Pedersen and Fredenslund，1987；McCain，1990；Marruffo et al.，2001）。压力体积温度关系模型应能准确地描述关键物相、体积和黏性特征，因为这些会影响到产量—时间性能和井口的最终油气开采量。

然而，压力体积温度关系模型也许并不能以相同的精确性描述压力体积温度关系的各种性质。基于状态方程的模型往往难以拟合反凝析现象（气体的组分变化和液体从气体中析出），尤其如果系统处于近临界状态或者在略低于露点的情况下仅发生少量的凝析（尾状反凝析）。另外，对于储层里的凝析油而言，黏性通常是一项难以预测的物理性质，一般没有办法通过测量黏度来调整黏度模型。因此，针对一处具体的油气田开发项目，确定压力体积温度关系中哪些性质对准确地开展油藏工程和获得精确的井动态最关键具有重要意义。不同的油气田对压力体积温度关系中不同的性质有不同的准确度方面的要求，这取决于多项因素：油气田开发战略（衰减还是气体回注采油），低渗透率还是高渗透率，饱和还是高度不饱和，地理位置（海上还是陆上），探边井和开发井的数量等。

对于凝析气藏工程来说，比较重要的压力体积温度关系性质包括：（1）Z系数；（2）气体黏度；（3）凝析油组分（C_{7+}）随着压力的变化；（4）油和任何析出液的黏度（Lee et al.，1966；Hall and Yarborough，1973）。对于采用压力衰减法开采的油藏而言，这些性质尤其重要。对于采用气体回注法开发的凝析气藏，可能还需要量化相态特性（蒸发、凝析和近临界混溶性），这些相态特性在露点以下呈现。

因此，在估算储层流体时，一个重要的方面是获得以下性质的初步值：（1）庚烷和沸点更高的组分（C_{7+}）的数量；（2）原生流体的分子量；（3）反凝析的最高程度；（4）露点压力，p_d（Nemeth and Kennedy，1967；Breiman and Friedman，1985；Potsch and Bräuer，1996；Dandekar and Stenby，1997；Elsharkawy，2001；Marruffo et al.，2001）。在开发凝析气藏时，这些性质中的大多数是非常重要的，及早获得这类数据有助于工程师们开展储层研究，从而保证开发效率，尽可能提高最终的采收率。利用这些相关性时，唯一需要的参数是开采早期流体的凝析气油比（GCR）（Paredes et al.，2014）。虽然为了使相关性的使用效果更好，提出了一个可用性范围，但是，假设输入数据是令人满意的，那么对于任何凝析气藏来说，经验公式应该都是有效的。

7.5.1 类型

下述段落中描述的碳氢化合物类产品多年以来曾被用作以下工艺过程的原料：（1）炼厂提质；（2）汽油调和；（3）石油化工过程等。概括地说，凝析油家族里所有的这些产品类别，包括伴生凝析油、天然气加工厂凝析油（天然汽油）和低沸点石脑油，均由相同的碳氢化合物组分组成（Sujan et al.，2015；Speight，2018，2019）。但是，只有伴生气凝析油是直接从井口采出的，不经过进一步加工。将通过标准的分析试验方法得出的产品规范用于这些产品时，这一区别是重要的考虑因素。

7.5.1.1 天然气凝析油

天然气凝析油是由碳氢化合物类液体组成的低密度混合物（和天然气凝析液不同，天然气凝析液一般是低沸点碳氢化合物衍生物，包括乙烷、丙烷和丁烷的同分异构体，它们在环境温度和压力条件下呈气态），在未经加工的天然气中呈气态。在某个设定的压力条件下，如果温度降到碳氢化合物露点温度以下，那么未经加工的天然气中含有的某些低分子量碳氢化合物衍生物会发生凝析，呈液态。

通常，天然气凝析油可能和大量的天然气一起产出，在常温常压下从井口采收。原生（未经精炼的）天然气凝析油从某个储层采出，以各种碳氢化合物混合物的形式从地下采出来，包括天然气凝析液、戊烷衍生物（C_5）、己烷衍生物（C_6），根据凝析油的不同，还有分子量更高的碳氢化合物衍生物组成的混合物，从庚烷（C_7）到癸烷（C_{10}），甚至十二烷（C_{12}）。

7.5.1.2 伴生气凝析油

伴生气凝析油在井口以未经加工（未精炼）的状态采出，只在井口或者靠近井口的位置进行稳定处理。伴生气凝析油的 API 重度范围比较宽泛，从 45°API 到 75°API。美国有很多井场产伴生气凝析油，尤其是在靠近美国墨西哥湾的地方，比如那里的鹰滩（Eagle Ford）和其他页岩气盆地。

伴生气凝析油可能和大量的天然气一起采出，通常在常温常压下从井口采出。原生的伴生气凝析油以各种碳氢化合物混合物的形式从地下采出，包括天然气凝析液（NGL）、戊烷衍生物（C_5）、己烷衍生物（C_6），根据凝析液的不同，还含有不同数量的 C_7 和 C_8 甚至分子量更高的碳氢化合物衍生物。

伴生气凝析油的 API 重度范围是 45~75°API。API 重度高的伴生气凝析油（通常呈透明或半透明色）含有大量的天然气凝析液（包括乙烷、丙烷和丁烷），并没有很多分子量更高的碳氢化合物衍生物。API 重度低的伴生气凝析油（接近 45°API）看起来更像原油，高沸点高分子量碳氢化合物衍生物（C_7，C_{8+}）的含量要高很多。在这两者之间，存在大量的不同颜色的各种凝析油。

由于蒸气压力高，API 重度高的凝析油可能比较难处理，通常在井口进行稳定处理。在这种井口处理过程（相对更深入的处理工艺而言）中，让凝析油通过一种稳定装置，有可能只是一个大油罐（图 7.1）或者一系列油罐（图 7.2），让蒸气压力高的组分（天然气凝析液）蒸发并收集，作为天然气凝析液处理。经过这个过程，剩下的稳定后的凝析液蒸气压力较低，更容易处理，尤其如果必须用卡车或者火车装运的话。

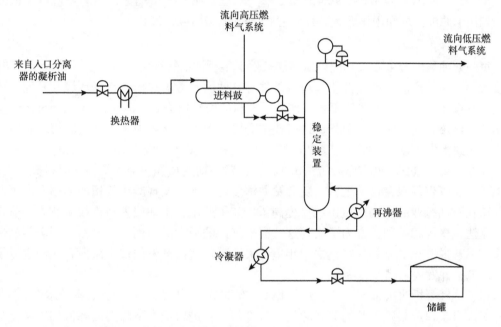

图 7.1　分馏法稳定凝析油单塔工艺（Mokhatab et al.，2006）

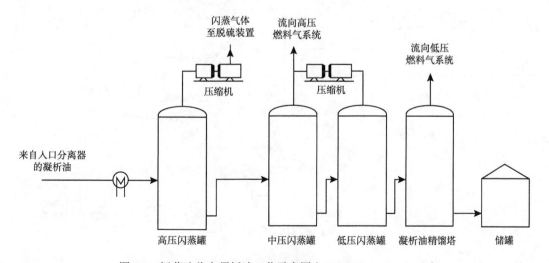

图 7.2　闪蒸法稳定凝析油工艺示意图（Mokhatab et al.，2006）

7.5.1.3 天然气加工厂凝析油

天然气加工厂凝析油由处理天然气凝析液的工厂产出，几乎等同于天然汽油。天然气加工厂凝析油是一个替代词，可以用来指代天然汽油，天然汽油的碳氢化合物组分和伴生气凝析油的碳氢化合物组分相似，即戊烷衍生物（C_5）、一些己烷衍生物（C_6）和少量的分子量更高的碳氢化合物衍生物。由于出自加工厂，所以天然气加工厂凝析油被认为是加工过的产品，而不是天然产品。

此外，天然气加工厂凝析油（或者天然汽油）是加工厂产品，和伴生气凝析油相比，天然汽油（由规范定义）的质量要求范围更窄。不过，在一些市场上，两者是可以互换使用的，如用于原油混炼和用作沥青砂稀释剂（Speight，2014a，2017）。

7.5.2 开采

每一处油藏的开采方式都应该以储层条件下凝析油的特征为基础，必须将天然气丰度、储量大小、井的产能、储层性质和埋藏条件等其他因素考虑在内，市场环境和其他经济因素也具有重要性。由于天然气市场规模的增长和使用费托法（Fischer Tropsch process）实现气体和液体燃料化学转化的前景，许多业主需要在保持完整压力和天然气销售之间做出选择或者找到折中的办法，而采用一些已知的评价方法可以巧妙地解决这一问题。

现今，凝析气田（也称作凝析油田）在美国路易斯安那和得克萨斯海湾是极其常见的，但也不一定仅仅局限在这个地区。随着钻井深度的增加，发现凝析气田的频率升高了，凝析气田在石油行业的经济地位也明显提高了。如果业主、土地或者特许权所有人、监管机构和立法机构等相关利益方为了实现这些凝析气田的最大潜力而相互合作，则需要就最佳操作实践达成共识。尤其是在过去十年里，关于凝析气田开发的多个阶段，人们进行了大量的研究，并发表了相关文章。

将天然气凝析油从原天然气中分离出来，有很多种不同的设备配置。本节示例（图 7.3）中，对来自某口或某组气井的原天然气进行冷却，在进料压力下将温度降低到碳氢化合物

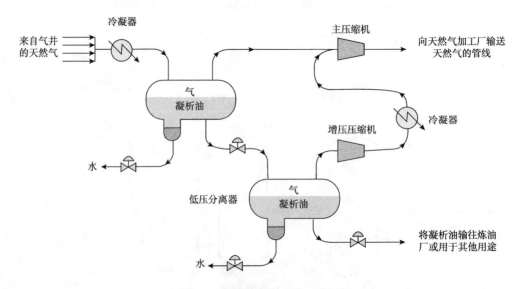

图 7.3　天然气凝析油分离工艺示例

露点以下，使大部分凝析气类碳氢化合物衍生物发生凝析。然后将由天然气、液态凝析油和水组成的进料混合物导向一个高压分离器壳体，水和原天然气被分离出去。从高压分离器出来的原天然气被送往主压缩机。高压分离器里面的凝析油经过一个节流控制阀流入低压分离器。经过控制阀后压力的下降使凝析油部分蒸发（闪蒸）。从低压分离器出来的原天然气被送往增压机，增压机增大气体压力后将它送往一个冷却器，然后送往主压缩机。主压缩机对来自高压和低压分离器的天然气加压，使天然气能够通过管道输送到天然气加工厂。

在加工厂，对原天然气进行脱水处理，并将酸气和其他杂质从天然气流中除去，然后再除去乙烷、丙烷、丁烷同分异构体、戊烷衍生物，以及任何高分子量的碳氢化合物衍生物，这些作为有价值的副产品进行回收。从高压和低压分离器分离出来的水可能需要进行处理，除去硫化氢（H_2S），然后排放到地下或者以某种方式重复利用。一些原天然气可能会被回注到产层，帮助维持储层压力，或者储存在储层，等着随后安装输气管线。

但是，由于某些凝析油对压力敏感，凝析油的开采可能比较复杂。在开采过程中，存在这样的风险——如果储层压力降到露点压力以下，凝析油会由气态变为液态。如果开采气体比开采液体更可取，可以采用流体注入的方法保持储层压力。

7.5.3 稳定性

凝析油的分子量比原油低，比天然气凝析液高，在其自然形态下，无论是储存还是运输都可能存在安全隐患，因此，为了满足安全方面的规范——通常根据蒸气压力来判断，经常需要对凝析油进行稳定处理。另外，凝析油常常被认为是品质极高的轻质（低密度，高挥发性）原油。和普通原油相比，凝析油需要经历的精炼过程少，因此，从一开始就非常具有经济性。由于涉及的复杂精炼过程少，而且可用作各种产品的混合原料，凝析油是一种需求度极高的资源。

凝析油从井里采出的时候，因为要分离出来然后进一步利用，面临的一个主要问题是其含有挥发性更高的组分，如甲烷、乙烷、丙烷和丁烷同分异构体等溶于凝析油液体的各种碳氢化合物气体。在有些情况下，从天然气中回收的凝析油可能不经过进一步的加工就运输，但通常会进行稳定后才混入原油流，作为原油出售。如果是未经加工的凝析油，除了加工方面的要求，针对产品本身并没有相关的规范。

凝析油稳定指的是一个过程，通过这个过程，增加凝析油中分子量中等（C_3 至 C_5 碳氢化合物衍生物）和分子量较高（C_6 及 C_{6+} 碳氢化合物衍生物）的组分的数量。稳定凝析油的主要目的是降低凝析油液体的蒸气压力，在闪蒸流入常压储罐时不会产生蒸气相。换言之，稳定过程的作用是将沸点极低的碳氢化合物气体——尤其是甲烷和乙烷——和沸点较高的碳氢化合物组分（C_{3+}）分开。

因此，稳定凝析油的其中一个做法是采用闪蒸的方法除去沸点较低的碳氢化合物衍生物。例如，在生产分离过程中进行脱气脱水处理后，经过加压处理的液态凝析油进入凝析油稳定装置，然后流经换热器，热的、经过稳定处理的凝析油被用来预热未经稳定处理的凝析油。预热后，未经稳定处理的凝析油流入管线加热炉，经过加热达到 90~120℃（205~250℉）的稳定状态温度。将受热后的未稳定的凝析油送入凝析油分离器，在 35~45psig 条件下进行闪蒸，除去低密度碳氢化合物蒸气和残留水分。经过稳定后的凝析油流经板式换热器，进行冷却，然后进入常压储罐。从凝析油分离器中出来的蒸气经过一个空冷凝结器进入天然气凝析液分离器，从天然气凝析液分离器中回收冷凝后的甲烷和乙烷。

因为稳定后的液态凝析油要注入管道或者用于运输的压力容器，而这些设备有明确的压力极限，所以稳定的液态凝析油通常会有针对蒸气压力方面的规范。凝析油中中间组分的含量可能相对较高，同时由于黏度比水低，密度比水高，可以轻松地和夹带水分离。因此，每一处气井生产设施均应考虑进行凝析油稳定。有两种稳定凝析油流的方法：闪蒸法和分馏法。

7.5.3.1 闪蒸法

闪蒸法是一种操作简便的稳定方法，只需要用到两个或三个闪蒸罐。闪蒸过程和分级分离类似，后者利用的是蒸气和凝析相之间的平衡原则。在分离温度和压力条件下，当蒸气和凝析相处于平衡状态时，平衡蒸发就发生了。

在稳定过程中（图 7.1 和图 7.2），来自入口分离器的凝析油在通过换热器之后进入高压闪蒸罐，高压闪蒸罐的压力保持在 600psia。压力下降接近 300psia，有助于闪蒸大量分子量较低的组分，这些分子量较低的组分经过再压缩后进入酸性蒸气流。蒸气可以经过进一步处理后放入供出售的天然气中，或者再循环到储层中用于气举，开采更多的原油。来自高压罐的底部液体流到在 300psia 压力下工作的中压闪蒸罐。甲烷和乙烷在该罐中进一步释放。将罐底产物再次抽取到在 65psia 压力下工作的低压罐中。为确保有效分离，在储存之前，在汽提塔容器中以尽可能低的压力对凝析油进行脱气处理，这减少了凝析油在储罐中发生过度闪蒸的可能性，并降低了储罐中所需的惰性气体覆盖层压力。

7.5.3.2 分馏法

在这种单塔工艺中（图 7.1），低沸点组分如甲烷、乙烷、丙烷和丁烷异构体等被除去并回收，残留在塔底的残余物（在工艺条件下是不挥发的）主要由戊烷和分子量更高的碳氢化合物衍生物组成。因此，塔底的产物是不含任何气体组分的液体，可以在大气压力条件下安全地储存。

分馏法由炼厂用于蒸馏原油的常压塔衍变而来，利用的是回流蒸馏的原理，操作简单。随着液体在塔内降落，低沸点组分的含量减少，高沸点组分的含量升高。在塔的底部，通过再沸器对一些液体进行循环，给蒸馏塔增加热量。随着气体从一个塔盘上升到另一个塔盘，越来越多的重质终馏分在每个塔盘处从气体中剥离出来，气体中轻馏分的含量升高，重质终馏分的含量降低。

稳定装置产生的塔顶气很少能满足天然气市场的要求，通过将塔压力维持在设定值的背压控制阀将塔顶气送到低压燃料气系统。离开塔底部的液体在不断升高的温度下经历一系列的分级闪蒸，将低沸点组分排出塔顶。这些液体必须冷却到足够低的温度，以防止蒸气在凝析油储罐中闪蒸到大气中。

在一些情况下，分馏塔可能以非回流塔的方式运转，这比回流塔的操作更为简单，但效率要低一些，因为具有回流功能的凝析油稳定塔从气流中回收的中间组分更多。

7.5.3.3 凝析油储存

经过稳定处理的凝析油，在出售之前可能需要储存。在生产之后和运输之前，凝析油储存在凝析油储罐中，储罐通常为浮顶型（外浮顶罐和内浮顶罐）。如果凝析油不符合规范，则可能被输送至用于储存不符合规范的凝析油的固定顶罐（立式罐和卧式罐），直到通过相关的循环泵（如果加工厂有循环泵）将其循环至凝析油稳定装置。

7.5.4　特征

此处简要地做一些与液体性质有关的解释，凝析油是通过碳氢化合物的凝析而获得的由各种低沸点碳氢化合物液体组成的混合物：主要是丁烷、丙烷和戊烷，还有一些分子量更高的碳氢化合物衍生物和相对少量的甲烷或乙烷。天然气凝析液（NGL）是在加工处理从石油或天然气储层中采出的碳氢化合物气体的过程中凝结而成的烃液，天然汽油是从天然气中提取的液态碳氢化合物衍生物的混合物，适合于各种炼油厂流混合，以生产最终销售的汽油（Speight，2014a，2017）。

凝析油通常被认为是碳氢化合物衍生物的集合，不好归入主流产品的类别。其他的定义将凝析油作为介于原油和天然气凝析液（NGL）之间的液态碳氢化合物衍生物。从技术上讲，所有的凝析油都和天然汽油相似，天然汽油是天然气凝析液中沸点最高的组分。但是，凝析油这个术语可以指由类似的碳氢化合物组成的几种产品。和石脑油一样，凝析油的主要用途包括：（1）用作汽油和其他液体燃料的混合原料；（2）用作溶剂的混合原料。

另一方面，石脑油在炼厂有几种生产方法，包括：（1）分馏直馏、裂解和重整馏出物，甚至分馏原油；（2）溶剂萃取；（3）氢化裂解馏出物；（4）聚合不饱和化合物，即烯烃衍生物；（5）烷基化。事实上，沸点范围由低至高（0~200℃，32~390℉）的石脑油通常是这些生产过程中的多个产品流的组合，可能含有在天然（非热）凝析油中不存在的成分（例如烯烃，甚至二烯烃）。有时，根据可用性，在生产汽油时，会将凝析油、天然气凝析液和天然汽油与石脑油流结合，以补充产品的组分，满足挥发性方面的要求。此外，石脑油的用途类型要求与配制石脑油所使用的许多其他材料（包括凝析油和天然汽油）兼容。因此，必须仔细判断和控制给定馏分的溶剂性质。对于大多数的用途而言，挥发性具有重要意义，而且，由于石脑油在工业和回收装置的广泛使用，在装置设计时，需要一些其他的基本特性方面的信息。

当气流中含有某种凝析液（例如凝析油）时，分析起来会更为复杂。在含有凝析油的情况下，除了做整体分析之外，可能会对表面组分感兴趣（表面组分通常与体相完全不同）。组分分析，即鉴别混合物的组分，可通过以下方法实现：（1）物理方法，测量各种物理性质；（2）纯化学方法，测量各种化学性质；（3）物理—化学方法，这是更常用的方法。如果组分完全未知，进行气体分析可能更加危险和困难。但是，如果已知一些主要组分，并去除已知组分，则分析结果就更准确（并且分析起来可能更容易），这在有水蒸气的情况下尤其重要，因为水蒸气可能凝结在仪器上，或者含有的组分的分子活动有可能使光谱分析变得复杂。更全面的性质列表和描述见其他部分的内容（Speight，2018）。

最后，术语"石油溶剂"在使用时通常与石脑油同义。但是，石脑油也可以由其他方式获得：热处理沥青砂、煤焦油和页岩油母，分解蒸馏木材，由合成气［由煤和（或）生物质或其他原料气化产生的一氧化碳和氢气的混合物］产生，合成气通过费托法转化为液体产物（Davis and Occelli，2010；Chadeesingh，2011；Speight，2011，2013，2014a，2014b）。出于这个原因，在本书范围内，本章仅涉及炼油厂加工原油产生的低沸点石脑油馏分（Speight，2014a，2017，2015；Hsu and Robinson，2017，2018）。

7.5.4.1 化学成分

就组分而言，天然气凝析油是由碳氢化合物类液体组成的低密度混合物，这些碳氢化合物类液体以气态组分的形式存在于许多天然气田生产的原天然气中。天然气凝析油也被称作凝析油或气体冷凝物，有时也被称作天然汽油，因为它含有石脑油沸程内的碳氢化合物衍生物（正构和异构）（表7.4）。在设定压力下将温度降低至这些碳氢化合物露点温度以下，原天然气中的一些气体物质会冷凝成液态（Elsharkawy，2001）。因此，凝析油是一组与标准的炼厂产品类别不匹配的碳氢化合物衍生物，已被定义为是处于原油和天然气凝析液（NGL）之间的液态碳氢化合物衍生物。然而，现实的情况是，大多数凝析油与原油有着显著的差异，和天然气凝析液也不一样，而只是类似于天然汽油，是天然气凝析液中的沸点最高的组分。另一方面，凝析油和天然汽油通常与石脑油的低沸点馏分差不多。

从更广义的角度，石脑油是从原油中获得的中间烃液流，通常会进行脱硫处理，然后催化重整，产生高辛烷值石脑油，掺到构成汽油的液流中。由于原油组成和质量的变化，以及炼厂操作的差异，难以（甚至不可能）为术语石脑油提供单一、明确的定义，因为每个炼厂生产的特定地点的石脑油通常具有独特的沸程（独特的初沸点和终沸点）和其他物理和组分特征。从化学角度而言，原油石脑油很难精确地进行定义，因为除了石脑油沸程（C_5 至 C_8 沸程或者 C_5 至 C_{10} 沸程）内的链烷烃衍生物潜在的同分异构体，它可以包含各种不同数量的组分（链烷烃衍生物、环烷烃衍生物、芳香族衍生物和烯烃衍生物）（表7.4）。

在炼厂，石脑油是一种未精炼的或精炼过的低沸点馏分，一般在250℃（480℉）以下沸腾，但它的沸程范围通常很广，具体沸程取决于用来生产石脑油的原油及生产方法的影响。更具体地说，存在一系列的可以被描述为石脑油的特殊用途碳氢化合物馏分。例如，蒸馏原油得到的 0~100℃（32~212℉）的馏分被称作直馏轻石脑油，100~200℃（212~390℉）的馏分被称为直馏重汽油馏分。由流体催化裂化装置产生的产品流通常被划分为三种：（1）沸点小于105℃（220℉）是轻质流体催化裂化石脑油；（2）沸点为105~160℃（220~320℉）是中间流体催化裂化石脑油；（3）沸点为 160~200℃（320~390℉）被称为重质流体催化裂化石脑油（Occelli，2010）。不同炼厂生产的石脑油，其沸程可能是不同的，即便是同一家炼厂，如果原油原料有变化或者使用原油混合物作为原料，生产出来的石脑油的沸程也是不一样的。

被称作石油醚的溶剂是特定沸程的石脑油溶剂。术语石油溶剂描述了从石脑油中获得的用于工业过程和配方的特殊液态碳氢化合物馏分，这些馏分也称为工业石脑油。其他溶剂包括被细分为工业酒精的石油溶剂（在 30~200℃ 蒸馏，即86~390℉）和其他石油溶剂（轻质油，馏程为135~200℃，即275~390℉）。石脑油作为溶剂的特殊价值在于其稳定性和纯度。

基于法规方面的要求，为了控制汽油的生产和分配，对提升试验方法的需求增多了。为了满足空气质量标准，在汽油中加入乙醇和乙醚，作为重要的调和组分，这迫使改变一些现有的试验方法，开发新的试验步骤。为了降低制造成本，加上监管方面的要求，推动了更划算的试验方法的应用，包括快速筛选法和在线分析仪，后者的应用越来越广泛。在20世纪50年代早期，仪器分析技术，如质谱分析法、红外光谱法和紫外光谱法等，被开发并用于碳氢化合物组成和结构分析。从20世纪50年代中期开始，有关气相色谱法的文章开始出现在文献中，这种新技术很快被用于分析各种碳氢化合物流。随着商用仪器的发展，气相色谱法的应用迅速增长，从一开始到现在，有大量的资料发表。最近，红外光谱法、近红外光谱法和联用分析技术等更为快速的光谱分析方法已成功地应用于低沸点馏分的表征，例如气相色谱—质谱联用仪（GC-MS）。

碳氢化合物类液体中芳香族组分的占比是影响油的各种性质的关键特性，包括油的沸程、黏度、稳定性和油与聚合物的相容性等。对于本章探讨的凝析油和天然汽油而言更是如此，芳香族组分可能影响凝析油或天然汽油作为调和原料与其他炼厂液体的相容性。运用标准的试验方法测定芳族氢和芳族碳的含量，试验结果可用于评估由于加工条件的变化引起的碳氢油类芳香族含量的变化，还可用于开发加工模型，在这些模型里碳氢油类中的芳香族含量是一项关键的加工指标。现有的用于估算芳香族成分含量的方法采用的是物理测量结果，例如折射率、密度和数均分子量或红外吸光度等，并且通常取决于是否有合适的标准可用。这些方法不需要知道芳族氢或芳族碳的含量，并且适用于各种不同的碳氢化合物液体，条件是碳氢化合物液体必须在环境温度下可溶于氯仿。

但是，必须承认的是，组分随着原油储层的深度而变化（Speight，2014a），重力作用导致组分隔离通常被作为组分变化的物理解释。重力分选的结果是深度越深，则凝析油的含量越高，C_{7+} 的摩尔分数越高（露点压力越高）（Whitson and Belery，1994）。然而，并不是所有的油气田都符合等温模型的预测结果，即随着深度变化而出现的组分梯度，实际上，有些油田在很大的深度区间里并没有出现组分梯度，而有些油田的组分梯度比等温模型预测的结果要大（Høier and Whitson，1998）。与根据固定组分计算出的结果相比，C_{7+} 组分随深度的变化会明显地影响到初始地面凝析油储量的计算结果。

对于硫化合物，最常见的做法是用碱液、检硫试液、氯化铜或类似的处理剂进行化学处理，将其去除或转化成无害物质（Mokhatab et al.，2006；Speight，2014a，2017，2019）。加氢精制工艺（Speight，2014a，2017）也经常被采用，代替化学处理。当用作溶剂时，凝析油和天然汽油可以与石脑油混合［受不相容性限制（见第 6 章）（Speight，2014a）］，而且因为含硫成分的含量低而被选择。这种混合物也含有少量的芳香族衍生物，可能有淡淡的气味，但是芳香族衍生物提高了混合物的溶解能力，所以并不是所有的情况下均需将其从混合物中除去（或者在掺混操作之前将其除去），除非指定的是无气味产品。

7.5.4.2 物理性质

正如预期的那样，凝析油的物理性质取决于这些液体中含有的碳氢化合物衍生物的类型。一般来说，芳香族碳氢化合物衍生物的溶解能力最高，直链脂肪族化合物的溶解能力最低。可以通过估算含有的各类碳氢化合物的量来评估溶剂性质。运用这种方法能够了解凝析油的溶解能力，其依据是芳香族组分和环烷类组分具备溶解能力，而石蜡族组分不具备溶解能力。

当发现一处油气藏时，掌握其中含有的流体的类型及其主要的物理化学特性具有重要意义，通常通过对该储层代表性流体样品进行压力—体积—温度分析来实现。在大多数情况下，开展压力—体积—温度分析可能需要几个月的时间，这限制了在此期间可以进行的储层研究的数量和类型（Paredes et al.，2014）。完井之后可以马上获得的唯一参数是常规的产量测量值。某些情况下，可以在完井之前通过钻杆测试（DST）等专门的测试或测量设备来获得产量测量值。

获得一些性质的初步值具有重要意义，例如：庚烷和分子量更高的组分的摩尔百分比（C_{7+} 的摩尔百分比）、原生流体的分子量（MW）、最大反凝析（MRC）和露点压力（p_d）等。这些性质中的大多数对于开采凝析气藏非常重要，及早掌握这些性质会方便工程师进行储层研究，确保有效开采，并最大限度地提高储层中凝析油的最终采收率。

油藏中含有的流体是由原生碳氢化合物衍生物混合物随时间推移，以及在其从烃源岩迁移到圈闭期间受到一系列压力和温度的热力学变化而形成的。储层压力和温度随着深度的增加而升高，它们之间的相对关系会影响到流体流可能包含的各种低沸点和高沸点组分的状态。一般来说，碳氢化合物衍生物混合物中低沸点组分的含量会随温度和深度的增加而增加，这可能导致在临界点附近形成储层，凝析气藏即属于这种流体（Ovalle et al.，2007）。

与凝析气藏管理或凝析油储量预测相关的研究需要用到一些流体性质方面的数据。通常，此类研究在有可用的实验室数据之前就必须开始，甚至在没有实验室数据的情况下开展。用来估算这些性质的具体数值的相关关系已经被开发出来了，仅仅基于常用的现场数据。这些性质包括：储层流体的露点压力、随着储层压力下降凝析油地面产量的变化、随着储层压力下降储层气相对密度的变化等（Gold et al.，1989）。对于这类性质，还没有仅仅基于现场数据而得出的相关关系方面的文献。

储层流体的各种性质用于表征流体在给定状态下的状况。对碳氢化合物混合物性质的可靠估计和描述是原油和天然气工程分析与设计的基础。流体的各种性质不是孤立的，就像压力、温度和体积之间不是相互独立的一样。状态方程提供了估计压力—体积—温度关系的方法，从中可以推导出许多其他的热力学性质。计算各种相的性质时，通常需要掌握组分信息。

需要用到的现场数据包括：来自一级分离器的初始采出气 / 凝析油比、初始储罐液体重度（以 °API 为单位）、初始储层气体相对密度、储层温度和选定的储层压力值等。露点压力的相关性是基于 615 个源自世界各地的凝析油样品的数据得出的。另外两个相关性是基于 190 个凝析油样品的 851 行定容衰竭数据得出的，这些样品也来自世界各地。

凝析油源有很多，产自每个凝析油源的凝析油都有其独特的组分。总体上，凝析油的相对密度范围为 0.5~0.8，由丙烷、丁烷、戊烷、己烷等组成，通常还含有直至癸烷的分子量更高的碳氢化合物衍生物。具有更多碳原子的天然气化合物（例如戊烷，或丁烷、戊烷和具有更多碳原子的其他碳氢化合物衍生物的混合物）在环境温度下呈液态。此外，凝析油可能含有其他杂质，例如：（1）硫化氢，H_2S；（2）硫醇，用 RSH 表示，其中 R 是有机基团，例如甲基、乙基、丙基等；（3）二氧化碳，CO_2；（4）具有 2~10 个碳原子的直链烷烃衍生物，表示为 C_2 至 C_{10}；（5）环己烷，可能还有其他的环烷烃衍生物；（6）芳香族衍生物，例如苯、甲苯、二甲苯同分异构体和乙苯（Pedersen et al.，1989）。

开采凝析油气藏面临的主要困难如下：（1）井筒附近的液体沉积导致产气能力降低，在渗透率小于 50mD 的储层中可接近 100%；（2）大量最有价值的碳氢化合物组分被留在储层中，无法采出。可对凝析油进行组分分析，以组分为基础来描述流体的构成，包括气体英国热量单位（Btu）（能量含量）的计算和为了获得液体产量而优化分离器条件。此外，凝析油是否适合汽油厂用作掺混料（Speight，2014a，2015，2017）是确定凝析油与混合料中其他组分的相容性的重要方面。

研究人员基于现成的现场数据已经开发出了适用于凝析油的相关方程。利用相关性可以预测露点压力、储层压力下降到露点压力以下地面凝析油产量的下降情况、储层压力低于露点压力时储层气相对密度的下降情况。露点压力值是任何油藏研究的基本数据。在无法使用实验室数据的情况下，或在获得实验室数据之前，对特定储层流体的露点压力进行合理准确的估算是必要的。利用采自世界各地的 615 份凝析油的露点压力实验室测量值和其他的气体性质，根据初始采出气/凝析油比、初始储罐油的重度和原生储层气的相对密度，建立了露点压力相关性。这是首次无须实验室测量数据而得出露点压力的相关性。

为了准确地预测凝析油储量，需要估算储层压力下降到露点压力以下后产量的下降情况。刚开始开采一处凝析油时，地面产量的降低量可高达 75%。在预测凝析油的最终采收率时必须考虑这种产量上的减少。根据选定的储层压力、初始储罐油重度、原生储层气相对密度和储层温度，开发出了地面产量的相关性。数据集包括 190 个凝析油样品的实验室研究结果。这在与石油有关的文献中是首次提出的用于估算地面产量下降的相关性建议。

区分原油、凝析油和挥发油的决定性性质是平衡气的含量。天然气中挥发油（也被称作伴生气凝析油或馏分油）的含量代表其中可凝液体部分。可凝指的是在减压的过程中凝结或析出并最终作为储罐液的部分。天然气通过井场分离器的时候，储层内可能发生凝析现象。事实上，中间烃组分，通常为 C_2 至 C_7，在这种馏分中占主导地位。凝析油和湿气也含有挥发油。按照惯例，挥发油作为原油储量和产量的一部分报告，不应与天然气凝析液混淆，它和天然气凝析液有明显的不同。天然气凝析液来自天然气加工厂，因此是天然气加工厂的产品。天然气中挥发油的含量用挥发油/气比来量化，通常以标准桶/百万标准立方英尺或储罐立方米/标准立方米分离器气体为单位来表示。

最后，对凝析油的采样和分析做一些评论，凝析油采样和分析的原理和天然气一样（Speight，2018；ASTM，2019）。在开始开发一处油田之前，取样的主要目的是获得初始条件下储层中发现的任何流体（包括天然气和凝析油）的代表性样品（见第 5 章）。由于井筒附近的两相流效应，可能难以获得具有代表性的样品。当井底流动压力低于储层流体的饱和压力时，会出现这种情况。通常还认为，如果在取样过程中发生气体锥进（或液体锥进），则储层样品不具有代表性。

简单地说，锥进是生产过程中遇到的问题，发生锥进现象时，气顶气体或底水渗入到近井筒区域的射孔段，降低油的产量。气锥进与自然膨胀气顶所引起的游离气的产出有明显的不同，不应与之混淆。同样，水锥进不应与因水注入使油水界面升高而产生的出水量混淆。锥进是一种速度敏感现象，通常与开采速度高有关。一般情况下，锥进是近井筒现象，只有当将流体抽到井筒内的压力大于将气、水和油分离的自然浮力时才出现。

最具有代表性的原位样品通常在采样位置的储层流体为单相时获得，无论是在井底还是在地面。然而，即使满足这种条件，也可能无法保证取得的是代表性样品。另外，如果遵循适当的实验室步骤，那么即便是在气体锥进期间取得的样品，也可以是准确的具有代表性的样品（Fevang and Whitson，1994）。

由于储层流体的组分在不同的断块之间呈横向变化，而且会受到深度的影响，所以必须取得能够代表测试期间泄油区储层流体的样品。遗憾的是，按照代表性样品的概念，它通常指的是能正确地反映所测试的一个或多个深度处储层流体组分的样品。如果对某个样品是否具有代表性存疑（根据上述定义），则通常最好不使用该样品。如果使用这样的样品开展分析，那么压力—体积—温度分析会建立在不具有代表性的样品上，因此，在开发压力—体积—温度模型时不应使用由这样的样品得到的测量数据。

7.5.4.3　颜色

凝析油液体一般呈无色（水白色）或接近无色，或呈淡色（棕色、橘黄色或者绿色），API重度通常为 $40\sim60°API$（表7.9）。凝析油的产量可高达 $300bbl/10^6ft^3$。曾有人提出（McCain，1990），如果凝析油的产量低于大约 $20bbl/10^6ft^3$，即使相态特性显示有反转现象，储层内的液体析出量也可能非常少。

表 7.9　干气、湿气和凝析油大致组分示例　　　　　　单位：%

组分或性质	干气	湿气	凝析油
二氧化碳，CO_2	0.10	1.41	2.37
氮气，N_2	2.07	0.25	0.31
甲烷，CH_4	86.12	92.46	73.19
乙烷，C_2H_6	5.91	3.18	7.80
丙烷，C_3H_8	3.58	1.01	3.55
异丁烷，iC_4H_{10}	1.72	0.28	0.71
正丁烷，nC_4H_{10}	—	0.24	1.45
异戊烷，iC_5H_{12}	—	0.13	0.64
正戊烷，nC_5H_{12}	—	0.08	0.68
己烷衍生物，C_6H_{14}	—	0.14	1.09
庚烷及以上，$\geq C_7H_{16}$	—	0.82	8.21

7.5.4.4　密度

密度（15℃条件下每单位体积液体的质量或每单位体积流体包含的质量）、相对密度（15℃条件下给定体积的某种液体的质量与同等温度条件下相同体积纯水质量的比值）是原油产品的重要性质，它们是产品销售规范的一部分，尽管在研究产品组分的时候作用较小。通常，在所有的这些标准里，会使用液体比重计、比重瓶或者数字密度计测定密度、相对密度。

密度是流体最重要的一项性质（表7.10），凝析油的密度取决于各种碳氢化合物组分的密度和相对量。液体密度大，分子浓度非常高，分子间距小；气体密度小，分子浓度低，分子间距大（Rayes et al.，1992；Piper et al.，1999）。

密度是凝析油和相关液体的一项重要参数，通过测定密度（相对密度）可以检查凝析油的均匀性，还可以计算每加仑凝析油的重量。测定密度时，需要知道对应的温度，做计算时也要知道对应的温度，而且要考虑样品的挥发度。采用这种方法必须考虑蒸气压力方面的制约因素，而且为了防止处理样品和测量密度的过程中出现蒸气损失，需要采取恰当的预防措施。另外，如果样品颜色饱满，而且不确定样品盒里是否有气泡，则不能运用某些试验方法。气泡可能严重影响试验数据的可靠性。

表 7.10　各种碳氢化合物液体（凝析油和天然汽油可能含有的组分）的密度

碳氢化合物（相）	分子式	分子量	密度（g/cm³）
苯	C_6H_6	78.114	0.877
癸烷	$C_{10}H_{18}$	142.285	0.730
庚烷	C_7H_{16}	100.204	0.684
己烷	C_6H_{14}	86.177	0.660
己烯	C_6H_{12}	84.161	0.673
异戊烷	C_5H_{12}	72.150	0.626
辛烷	C_8H_{18}	114.231	0.703
甲苯	C_7H_8	92.141	0.867

无论是液相还是蒸气相，在计算密度时，极为重要的参数是 Z 因子。在数字计算机问世以前，就开发出了各种 Z 因子经验关系式。尽管这些经验关系式被使用得越来越少，但是它们仍然可以用来快速估算 Z 因子。这些方法都建立在某种对应状态开发的基础上，根据对应状态理论，处于对应状态的各种物质会呈现相同的状态（因此，它们的 Z 因子也相同）（Standing and Katz，1942；Hall and Yarborough，1973）。

相对密度指的是在相同的压力和温度条件下流体密度和某种参考物质密度的比值，通常是标准条件下（14.7psia 和 60°F）的密度。对于凝析油、油或者某种液体来说，参考物质是水。按照定义，水的相对密度为 1，根据 API 重度，水的 API 重度为 10°。轻质原油的 API 重度大于或者等于 45°API，凝析油的 API 重度为 50~70°API。

7.5.4.5　露点压力

露点压力指的是气相开始凝析形成液相时的压力。实际上，露点压力表示：（1）储层内气相组分发生变化，含量减少；（2）凝析油开始在储层内聚集。这两种变化会对储层和井的动态产生深刻的影响，或者，可能几乎不会产生影响。

对于不同的储层而言，实际露点压力的重要性有所不同，但是，在大多数情况下，测定精确的露点并不重要。首先，在组分随压力变化的背景下（随之发生的是凝析油产量随压力发生变化），准确地测定热力学露点压力没有实际意义。事实上，只要明确知道组分（C_{7+} 含量）随压力的变化在热力学露点"附近"，就可以知道具体的露点。其次，当井底流动压力（BHFP）下降到露点以下并且两相开始在井筒附近流动时，气体相对渗透率下降，井产能下降。

另一种不常见的需要知道露点压力的情形是——可能存在下伏饱和油层，利用压力—

体积—温度模型预测气—油界面（GOC）是否存在及具体位置。在这种情形下，压力—体积—温度模型中使用的露点值应是精确测量到的露点压力。因为压力—体积—温度模型中使用的露点压力值不确定而导致气—油界面预测结果相差甚远，这种情况并不少见。因此，精确地描述露点压力有助于预测原始石油和天然气储量，设计探边井的位置，制定可能的油田开发策略。这种情况下，应注意获得准确的露点值，并准确地模拟。

7.5.4.6 可燃性

凝析油和天然汽油与石脑油一样：（1）易燃；（2）会从大多数表面迅速蒸发；（3）在任何时候都必须非常小心地存放。凝析油可因受热、火花、火焰或其他点火源（例如静电、信号灯、机械/电气设备和手机之类的电子设备）点燃。蒸气可传播相当长的距离到达引燃源，在那里它们可点燃、回闪或爆炸。凝析油蒸气比空气密度大，可能积聚在低洼区域。如果容器没有适当地冷却，它可能会在火焰的高温下破裂。当暴露于热或火时，材料可能会释放危险的燃烧/分解产物，包括硫化氢。如果凝析油中芳香族成分的含量比较高，那么它还会冒烟，产生有毒和致癌物质。一些基于凝析油的燃料降低了芳香族成分的含量，但是许多这种燃料天然地含有大量的芳香族衍生物或者人为地与芳香族石脑油混合使芳香族衍生物含量增加。

闪点指的是在规定的试验条件下，试验火焰使某种样品的蒸气在大气压力（760mmHg，101.3kPa）下发生燃烧的最低温度。当出现大的火焰而且火焰瞬间在样品表面扩散，则认为样品已达到闪点。运输和安全方面的法规会用到闪点数据，定义易燃和可燃材料。闪点数据还可以表示在相对不挥发或不易燃的材料中可能存在高挥发性和易燃成分。由于凝析油和天然汽油的闪点较低，因此运用这种试验方法还可以检验这两种液体中可能存在的更易挥发和易燃的组分。

某种碳氢化合物或燃料的闪点指的是该种碳氢化合物的蒸气压力能够产生足量蒸气使得该碳氢化合物在有外源性点火源——火花或者火焰的情况下能在空气中自燃所对应的最低温度。显然，从定义可以看出，蒸气压力较高的碳氢化合物衍生物（分子量较低的化合物），其闪点较低。通常，闪点随着沸点的升高而升高。从安全的角度考虑，闪点是一项重要的参数，对于挥发性原油产品（即液化石油气、轻石脑油、汽油等）的储存和运输而言，更是如此。

储罐内和储罐周围的普遍性温度应一直低于燃料的闪点，防止发生燃烧。闪点是判断原油产品发生燃烧和爆炸的可能性的一项指标。闪点和燃点不应相混淆，燃点指的是碳氢化合物被火焰点燃后能持续燃烧至少5s所对应的最低温度。对于此类物质来说，是否被点燃取决于分解过程的热量和动力学性质、样品质量和系统热传递特征。另外，经过适当的改进，这种方法可以用于常温常压下呈气态的化学物质，例如凝析油和天然汽油。

7.5.4.7 溶解度

适用于碳氢化合物类液体的其他方法通常包括测定表面张力，根据表面张力计算溶解度参数，从而提供溶解能力和相容性方面的信息。运用类似的原理，使用正戊烷测定润滑油中不溶性物质的量，这种原理还可以用于液体燃料。测定的不溶性组分还可以帮助评估液体燃料的性能特征，以确定设备故障和管线堵塞的原因（Speight，2014a；Speight and Exall，2014）。

水溶性范围从水溶性极低的最长链烷烃跨越到水溶性比较高的最简单的单芳香族组分。通常，芳香族化合物比相同大小的烷烃、异构烷烃和环烷烃可溶性更高。这表明可能残留在水中的组分是单环和双环芳香族衍生物（ C_6 至 C_{12} ）。 C_9 至 C_{16} 烷烃、异构烷烃，以及单环与双环环烷烃可能发生沉淀，因为它们的水溶性低，辛醇—水分配系数（ $\log K_{ow}$ ）和有机碳—水分配系数（ $\log K_{oc}$ ）值中等偏高。

7.5.4.8 溶解能力

对于碳氢化合物液体，为了保证向客户供应的产品的质量，一般会开展溶剂试验。在这种情形中，试验的目的是向炼油商提供与凝析油和天然汽油性质有关的数据，掌握在炼厂将凝析油或天然汽油作为调和油使用时潜在的优势或者不利影响。许多溶剂试验都具有几分经验主义的性质，如苯胺点和混合苯胺点。规范中经常引用这些试验方法得到的数据和对试验方法的需求，并作为对照试验发挥有益作用。不过，溶剂纯度通常主要通过气相色谱法来监测，而相关行业一般采用独立的非标准化试验。

7.5.4.9 含硫量

某些凝析油和天然汽油样品中有含硫组分。可以通过试验确定各种含硫组分（ASTM，2019），这种试验方法用到一个气相色谱毛细管柱，结合硫化学发光检测器或者原子发射检测器（AED）使用。总含硫量（尤其是硫化氢的含量）是用作液体燃料或者供出售的调和油的碳氢化合物液体的一项重要的试验参数（Kazerooni et al.，2016）。

7.5.4.10 表面张力

当存在两相时，会出现表面张力和界面张力，两相可以是气/油、油/水或气/水。天然气和原油之间的表面张力范围从接近零到大约34dyn/cm[1]，表面张力的大小受压力、温度和各相组分的影响。界面张力是将特定相的表面保持在一起的力，通常以达因/厘米（dyn/cm）来表示。

更确切地说，表面张力是衡量液体表面自由能的量度，即，储存在液体表面的能量的范围。虽然它也被称为界面力或界面张力，但表面张力这个名称通常用于液体与气体接触的系统中。从定性的角度看，它被描述成作用于液体表面上的力，该力倾向于使液体的表面面积最小化，举例来说，它可使液体形成球状的液滴。从定量的角度看，表面张力是单位长度上受的力（英制单位表达为磅力/英尺），表示使一英尺长的薄膜破裂所需要的力的大小（磅力）。等效地，它可以被表述为每平方英尺的表面能量（以磅力·英尺为单位）。

界面张力类似于表面张力，因为也涉及附着力。但是，界面张力中涉及的主要力是一种物质的液相与另一种物质的固相、液相或气相之间的黏附力（张力）。相互作用发生在所涉及的物质的表面，即在它们的界面处。

高压下的气液界面张力通常通过悬滴装置（ASTM，2019）测量。在该方法中，液滴悬挂在位于高压观察容器内的毛细管的尖端，高压观察容器内充满处于平衡状态的该液体的蒸气。在静态条件下，确定受重力和表面力平衡作用控制的液滴形状并且与气液界面张力相关联。悬滴法也可用于测定碳氢化合物—水体系的界面张力。

随着井筒周边凝析油的储藏量发生变化，凝析油井的产量可能出现显著下降。使用

---

[1] 1dyn/cm=1mN/m。

防液体含氟化学制品改变地层矿物质的湿润性，使其从极富液体湿润性转为中等程度的气体湿润性，这种方法已经取得了满意的效果，可缓解此类液体堵塞问题（Fahimpour and Jamiolahmady，2014）。

7.5.4.11 挥发性

作为一种确定原油和原油产品沸程（从而确定挥发性）的手段，分馏法自原油行业伊始即被采用，在产品规范方面有着重要意义。根据分馏装置的设计，可以生成一种或两种石脑油蒸气：（1）一种石脑油，终馏点大约为205℃（400℉），和直馏汽油相似；（2）将这种馏分细分为低沸点石脑油（轻质石脑油）和高沸点石脑油（重质石脑油）。为了满足更进一步的细分要求，轻质石脑油的终馏点会有所变化，可能大约为120℃（250℉）。另一方面，凝析油差不多一直相当于低沸点石脑油馏分。

石脑油在240℃（465℉）以下分馏，它是一个通用术语，用于精炼的、部分精炼的或者未精炼的原油产品，以及从天然气流中分离出来的液态产品。石脑油是原油中的挥发性馏分，作为溶剂或者汽油的前体物质使用。事实上，在标准分馏条件下，温度在75℃（167℉）以下，分馏出来的物质应不低于10%体积百分比，温度在240℃（465℉）以下，分馏出来的物质应不低于95%体积百分比，尽管在如此宽的沸程内有不同等级的石脑油，其沸程也不同（Hori，2000；Parkash，2003；Pandey et al.，2004；Gary et al.，2007；Speight，2014a，2017；Hsu and Robinson，2017）。本章的重点是天然气流中的低沸点液态馏分（凝析油和天然汽油），它们通常相当于石脑油中的低沸点馏分（沸程0~200℃，32~390℉）。

提及凝析油、天然汽油和石脑油，通常会以沸程来区分，沸程指的是分馏某种馏分所对应的明确的温度范围。沸程由标准的方法测定（ASTM，2019），尤其需要采用公认的方法，因为试验程序会影响到初沸点和终沸点，而初沸点和终沸点可以保证满足挥发性方面的要求，没有重质终馏分。因此，凝析油和天然汽油最重要的物理参数之一是沸程分布。掌握沸程分布的意义在于了解它们的挥发性，而挥发性代表着蒸发速度，对于用于涂料和类似用途的凝析油和天然汽油来说，蒸发速度是一项重要的性质，凝析油和天然汽油在这种场景里使用，正是基于这样的前提——它们会随着时间蒸发。

因为最终用途决定了凝析油与天然汽油、从原油中提取的石脑油的混合物的组分，所以大多数混合物都可以分为高溶解力和低溶解力两类，而且不同的试验方法对某些用途的产品会有较大影响，对另一些用途的产品则影响较小。因此，必须考虑用途和试验产生的影响，因为试验得出的数据有助于确定产品的最终用途。为了强调这一点，石脑油包含不同数量的组分，除了可能含有石脑油沸程内的石蜡同分异构体外，还有石蜡衍生物、环烷烃衍生物、芳香族衍生物和烯烃等。石脑油在沸程和碳数上和汽油相似，是汽油的前体物质。石脑油的用途是汽车燃料、发动机燃料和jet-B（石脑油类）等。

挥发性、溶解性（溶解能力）、纯度和气味等决定了凝析油是否适合某种具体的用途。凝析油（更确切地说，石脑油）在公元1200年的时候就在战争中用作燃烧类武器，也用于照明。像石脑油一样，凝析油可以划分为贫凝析油（石蜡含量高）和富凝析油（石蜡含量低）两类。环烷烃含量较高的富石脑油在铂重整设备中更易于加工（Parkash，2003；Gary et al.，2007；Speight，2014a，2017；Hsu and Robinson，2017）。

凝析油的组分有毒性，如果逸出或者排放到环境中，会对土地和（或）水生生物造成威胁，大量的逸出可能对水生环境产生长期的有害影响。石脑油的组分主要是碳原子数范围为 C_5 至 C_{12} 的烷烃，一些环烷烃，可能还有芳香族衍生物。另一方面，还有一种可能，在石脑油中占优势的是芳香族组分（含量可高达 65%），也可能烯烃含量达 40%，也可能全是脂肪族，含量达 100%。

运用气相色谱法（ASTM，2019）测定凝析油和天然汽油之类的馏分的沸程范围不仅有助于确定组分，还有助于在炼厂进行线上控制。此试验方法的设计目的是测量凝析油和天然汽油的完整沸程，无论雷德蒸气压是高还是低（ASTM，2019）。运用这种试验方法时，将样品注入一个气相色谱柱内，气相色谱柱按照沸点顺序将各种碳氢化合物衍生物分开。

虽然戊烷、己烷、庚烷、苯、甲苯、二甲苯和乙苯等纯碳氢化合物衍生物可能具有固定的沸点，但凝析油和天然汽油（由许多碳氢化合物衍生物组成的混合物）的组分通常更不容易鉴别。不过，通过蒸馏试验确实可以得出它们的挥发性。由蒸馏试验得出的数据应包括蒸馏的初始温度和最终温度，还有足量的温度和体积方面的观察结果，以绘制出典型的蒸馏曲线。

如果某个配方产品中含有其他的挥发性液体，那么获得挥发度方面的信息尤其重要，因为产品的性能会受到各种组分的相对挥发度的影响。以纤维素清漆中使用的石脑油为例，纤维素清漆可能会含有酯类、醇类和其他溶剂组成的混合物，它使用的是特定沸点的石脑油，这个例子可以说明掌握挥发度的重要性。在纤维素酯中，石脑油并不是作为溶剂，而是作为稀释剂，用来控制混合物的黏度和流动性能。如果溶剂蒸发过快，表面涂层可能起泡；如果溶剂蒸发不均衡，造成石脑油的占比较高，纤维素可能会沉淀，导致出现乳白色不透明效果，称作白化。受组分的影响，通常会禁止将凝析油用于这样的用途，除非以正确的方式将凝析油作为混合料使用，而且不给产品规格带来不良影响。

尽管通过蒸馏法评价挥发度具有很重要的意义，但是某些规范需要使用滤纸或者滤盘进行蒸发来确定，包括干燥时间。实验室测量值表示为蒸发速度，通过参考在与测试样品相似的条件下蒸发的纯化合物或通过在标准条件下构建时间重量损失曲线来表示。尽管掌握凝析油的蒸发速度可以提供有用的指导，但是，在评估配方时，最好能针对最终产品开展性能测试。

针对特定的目的而挑选凝析油和（或）天然汽油时，有必要将挥发性与使用、储存、运输，以及与在这些过程中对产品进行处理相关的火灾危险关联起来。这种关联通常建立在使用闪点极限对凝析油或者天然汽油溶剂进行表征的基础上。

蒸气压或平衡蒸气压是在一个封闭系统中，在给定温度下，由与凝聚相（固相或液相）处于热力学平衡的蒸气所施加的压力。平衡蒸气压可以代表液体的蒸发速度。在常温下蒸气压高的物质通常被称作挥发性物质。

任何物质的蒸气压都随温度呈非线性增大趋势，液体的大气沸点（也称作标准沸点）是蒸气压等于环境大气压时对应的温度。随着温度升高越来越快，蒸气压力超过大气压力，液体上升，在物质的主体内形成蒸气泡。在液体的更深处形成气泡则需要更高的压力，因此需要更高的温度，因为随着深度的增加，液体压力增大到大气压力以上。对于低沸点碳氢化合物混合物，如凝析油，混合物中的单一组分的蒸气压力称为分压，是总压力的一部分。

　　凝析油、天然汽油和汽油等液体的蒸气压力是一项极其重要的物理试验参数。从定义上讲，一种物质的蒸气压力指的是蒸气在封闭系统内与其凝聚相处于热力学平衡状态时的压力。雷德蒸气压（RVP）是在37.8℃（100°F）条件下，蒸气和液体的比率为4∶1时，某种液体产生的绝对压力。真实蒸气压（TVP）指的是蒸气和液体的比率为0时某种混合物的平衡蒸气压，如浮顶罐。

　　通常，分子量较低的凝析油（API重度较高）会比较难以处理，因为它们的蒸气压力高，一般在井口对这种凝析油进行稳定（常常称作井场稳定），稳定的过程中，凝析油流经一个稳定装置——可能仅仅只是一个大的储罐，其中蒸气压力高的组分（天然气凝析液）发生蒸发，将蒸发的组分收集起来，作为天然气凝析液进行加工。蒸发后剩下的是稳定后的凝析油，蒸气压力较低，易于处理，尤其如果必须用卡车或者铁路装运的话。

　　凝析油蒸气压力的主要评价标准是雷德蒸气压（RVP），它是衡量凝析油、天然汽油、石脑油和汽油等挥发性的常见指标，指的是在37.8℃（100°F）条件下某种液体产生的绝对蒸气压力（Speight，2015；Speight，2018；ASTM，2019）。雷德蒸气压受大气压力（加工厂海拔）和最高周边温度的影响。因此，使用浮顶储罐储存凝析油时，将雷德蒸气压控制在期望水平上极其重要（尤其在温暖的季节）。通常，从储罐中排放出来的凝析油被分为长期储存损失或操作损失（有时称为呼吸损失，这可能有些令人费解）。呼吸损失是指在储罐内的液位没有任何相应变化的情况下产生的排放。

　　由于样品会有少量蒸发，而且试验设备的有限空间里有水蒸气和空气，液体的雷德蒸气压力和真实蒸气压力（TVP）略有不同。更确切地说，雷德蒸气压是绝对蒸气压，而真实蒸气压是分蒸气压。

参 考 文 献

API, 2009. Refinery Gases Category Analysis and Hazard Characterization. Submitted to the EPA by the American Petroleum Institute, Petroleum HPV Testing Group. HPV Consortium Registration # 1100997. United States Environmental Protection Agency, Washington, DC. June 10.

ASTM, 2019. Annual Book of Standards. ASTM International, West Conshohocken, Pennsylvania.

ASTM D1025, 2019. Standard Test Method for Nonvolatile Residue of Polymerization-Grade Butadiene. Annual Book of Standards. ASTM International, West Conshohocken, Pennsylvania.

ASTM D1070, 2019. Standard Test Methods for Relative Density of Gaseous Fuels. Annual Book of Standards. ASTM International, West Conshohocken, Pennsylvania.

ASTM D1071, 2019. Standard Test Methods for Volumetric Measurement of Gaseous Fuel Samples. Annual Book of Standards. ASTM International, West Conshohocken, Pennsylvania.

ASTM D1072, 2019. Standard Test Method for Total Sulfur in Fuel Gases by Combustion and Barium Chloride Titration. Annual Book of Standards. ASTM International, West Conshohocken, Pennsylvania.

ASTM D1142, 2019. Standard Test Method for Water Vapor Content of Gaseous Fuels by Measurement of Dew-Point Temperature. Annual Book of Standards. ASTM International, West Conshohocken, Pennsylvania.

ASTM D1265, 2019. Standard Practice for Sampling Liquefied Petroleum (LP) Gases, Manual Method. Annual Book of Standards. ASTM International, West Conshohocken, Pennsylvania.

ASTM D1266, 2019. Standard Test Method for Sulfur in Petroleum Products (Lamp Method). Annual Book of Standards.

ASTM International, West Conshohocken, Pennsylvania.

ASTM D1267, 2019. Standard Test Method for Gage Vapor Pressure of Liquefied Petroleum (LP) Gases (LP-Gas

Method). Annual Book of Standards. ASTM International, West Conshohocken, Pennsylvania.

ASTM D1298, 2019. Standard Test Method for Density, Relative Density, or API Gravity of Crude Petroleum and Liquid Petroleum Products by Hydrometer Method. Annual Book of Standards. ASTM International, West Conshohocken, Pennsylvania.

ASTM D130, 2019. Standard Test Method for Corrosiveness to Copper from Petroleum Products by Copper Strip Test. Annual Book of Standards. ASTM International, West Conshohocken, Pennsylvania.

ASTM D1657, 2019. Standard Test Method for Density or Relative Density of Light Hydrocarbons by Pressure Hydrometer. Annual Book of Standards. ASTM International, West Conshohocken, Pennsylvania.

ASTM D1826, 2019. Standard Test Method for Calorific (Heating) Value of Gases in Natural Gas Range by Continuous Recording Calorimeter. Annual Book of Standards. ASTM International, West Conshohocken, Pennsylvania.

ASTM D1835, 2019. Standard Specification for Liquefied Petroleum (LP) Gases. Annual Book of Standards. ASTM International, West Conshohocken, Pennsylvania.

ASTM D1837, 2019. Standard Test Method for Volatility of Liquefied Petroleum (LP) Gases. Annual Book of Standards.

ASTM International, West Conshohocken, Pennsylvania.

ASTM D1838, 2019. Standard Test Method for Copper Strip Corrosion by Liquefied Petroleum (LP) Gases. Annual Book of Standards. ASTM International, West Conshohocken, Pennsylvania.

ASTM D1945, 2019. Standard Test Method for Analysis of Natural Gas by Gas Chromatography. Annual Book of Standards. ASTM International, West Conshohocken, Pennsylvania.

ASTM D1946, 2019. Standard Practice for Analysis of Reformed Gas by Gas Chromatography. Annual Book of Standards.

ASTM International, West Conshohocken, Pennsylvania.

ASTM D1988, 2019. Standard Test Method for Mercaptans in Natural Gas Using Length-Of-Stain Detector Tubes. Annual Book of Standards. ASTM International, West Conshohocken, Pennsylvania.

ASTM D2029, 2019. Standard Test Methods for Water Vapor Content of Electrical Insulating Gases by Measurement of Dew Point. Annual Book of Standards. ASTM International, West Conshohocken, Pennsylvania.

ASTM D2158, 2019. Standard Test Method for Residues in Liquefied Petroleum (LP) Gases. Annual Book of Standards.

ASTM International, West Conshohocken, Pennsylvania.

ASTM D216, 2019. Standard Practice for Conversion of Kinematic Viscosity to Saybolt Universal Viscosity or to Saybolt Furol Viscosity. Annual Book of Standards. ASTM International, West Conshohocken, Pennsylvania.

ASTM D2163, 2019. Standard Test Method for Determination of Hydrocarbons in Liquefied Petroleum (LP) Gases and Propane/Propene Mixtures by Gas Chromatography. Annual Book of Standards. ASTM International, West Conshohocken, Pennsylvania.

ASTM D2384, 2019. Standard Test Methods for Traces of Volatile Chlorides in Butane-Butene Mixtures. Annual Book of Standards. ASTM International, West Conshohocken, Pennsylvania.

ASTM D2420, 2019. Standard Test Method for Hydrogen Sulfide in Liquefied Petroleum (LP) Gases (Lead Acetate Method). Annual Book of Standards. ASTM International, West Conshohocken, Pennsylvania.

ASTM D2421, 2019. Standard Practice for Interconversion of Analysis of C5 and Lighter Hydrocarbons to Gas-Volume, Liquid-Volume, or Mass Basis. Annual Book of Standards. ASTM International, West Conshohocken, Pennsylvania.

ASTM D2426, 2019. Standard Test Method for Butadiene Dimer and Styrene in Butadiene Concentrates by Gas Chromatography. Annual Book of Standards. ASTM International, West Conshohocken, Pennsylvania.

ASTM D2427, 2019. Standard Test Method for Determination of C2 through C5 Hydrocarbons in Gasolines by Gas Chromatography. Annual Book of Standards. ASTM International, West Conshohocken, Pennsylvania.

ASTM D2504, 2019. Standard Test Method for Non-condensable Gases in C2 and Lighter Hydrocarbon Products by Gas Chromatography. Annual Book of Standards. ASTM International, West Conshohocken, Pennsylvania.

ASTM D2505, 2019. Standard Test Method for Ethylene, Other Hydrocarbons, and Carbon Dioxide in High-Purity Ethylene by Gas Chromatography. Annual Book of Standards. ASTM International, West Conshohocken, Pennsylvania.

ASTM D2593, 2019. Standard Test Method for Butadiene Purity and Hydrocarbon Impurities by Gas Chromatography. Annual Book of Standards. ASTM International, West Conshohocken, Pennsylvania.

ASTM D2597, 2019. Standard Test Method for Analysis of Demethanized Hydrocarbon Liquid Mixtures Containing Nitrogen and Carbon Dioxide by Gas Chromatography. Annual Book of Standards. ASTM International, West Conshohocken, Pennsylvania.

ASTM D2598, 2019. Standard Practice for Calculation of Certain Physical Properties of Liquefied Petroleum (LP) Gases from Compositional Analysis. Annual Book of Standards. ASTM International, West Conshohocken, Pennsylvania.

ASTM D2650, 2019. Standard Test Method for Chemical Composition of Gases by Mass Spectrometry. Annual Book of Standards. ASTM International, West Conshohocken, Pennsylvania.

ASTM D2699, 2019. Standard Test Method for Research Octane Number of Spark-Ignition Engine Fuel. Annual Book of Standards. ASTM International, West Conshohocken, Pennsylvania.

ASTM D2700, 2019. Standard Test Method for Motor Octane Number of Spark-Ignition Engine Fuel. Annual Book of Standards. ASTM International, West Conshohocken, Pennsylvania.

ASTM D2712, 2019. Standard Test Method for Hydrocarbon Traces in Propylene Concentrates by Gas Chromatography. Annual Book of Standards. ASTM International, West Conshohocken, Pennsylvania.

ASTM D2713, 2019. Standard Test Method for Dryness of Propane (Valve Freeze Method) . Annual Book of Standards.

ASTM International, West Conshohocken, Pennsylvania.

ASTM D2784, 2019. Standard Test Method for Sulfur in Liquefied Petroleum Gases (Oxy-Hydrogen Burner or Lamp) . Annual Book of Standards. ASTM International, West Conshohocken, Pennsylvania.

ASTM D323, 2019. Standard Test Method for Vapor Pressure of Petroleum Products (Reid Method) . Annual Book of Standards. ASTM International, West Conshohocken, Pennsylvania.

ASTM D3246, 2019. Standard Test Method for Sulfur in Petroleum Gas by Oxidative Microcoulometry. Annual Book of Standards. ASTM International, West Conshohocken, Pennsylvania.

ASTM D3588, 2019. Standard Practice for Calculating Heat Value, Compressibility Factor, and Relative Density of Gaseous Fuels. Annual Book of Standards. ASTM International, West Conshohocken, Pennsylvania.

ASTM D3700, 2019. Standard Practice for Obtaining LPG Samples Using a Floating Piston Cylinder. Annual Book of Standards. ASTM International, West Conshohocken, Pennsylvania.

ASTM D4051, 2019. Standard Practice for Preparation of Low-Pressure Gas Blends. Annual Book of Standards. ASTM International, West Conshohocken, Pennsylvania.

ASTM D4057, 2019. Standard Practice for Manual Sampling of Petroleum and Petroleum Products. Annual Book of Standards. ASTM International, West Conshohocken, Pennsylvania.

ASTM D4084, 2019. Standard Test Method for Analysis of Hydrogen Sulfide in Gaseous Fuels (Lead Acetate Reaction Rate Method) . Annual Book of Standards. ASTM International, West Conshohocken, Pennsylvania.

ASTM D4177, 2019. Standard Practice for Automatic Sampling of Petroleum and Petroleum Products. Annual Book of Standards. ASTM International, West Conshohocken, Pennsylvania.

ASTM D4307, 2019. Standard Practice for Preparation of Liquid Blends for Use as Analytical Standards. Annual Book of Standards. ASTM International, West Conshohocken, Pennsylvania.

ASTM D4424, 2019. Standard Test Method for Butylene Analysis by Gas Chromatography. Annual Book of Standards.

ASTM International, West Conshohocken, Pennsylvania.

ASTM D4468, 2019. Standard Test Method for Total Sulfur in Gaseous Fuels by Hydrogenolysis and Rateometric Colorimetry. Annual Book of Standards. ASTM International, West Conshohocken, Pennsylvania.

ASTM D4629, 2019. Standard Test Method for Trace Nitrogen in Liquid Petroleum Hydrocarbons by Syringe/Inlet Oxidative Combustion and Chemiluminescence Detection. Annual Book of Standards. ASTM International,

West Conshohocken, Pennsylvania.

ASTM D4784, 2019. Standard for LNG Density Calculation Models. Annual Book of Standards. ASTM International, West Conshohocken, Pennsylvania.

ASTM D4810, 2019. Standard Test Method for Hydrogen Sulfide in Natural Gas Using Length-Of-Stain Detector Tubes. Annual Book of Standards. ASTM International, West Conshohocken, Pennsylvania.

ASTM D4864, 2019. Standard Test Method for Determination of Traces of Methanol in Propylene Concentrates by Gas Chromatography. Annual Book of Standards. ASTM International, West Conshohocken, Pennsylvania.

ASTM D4888, 2019. Standard Test Method for Water Vapor in Natural Gas Using Length-Of-Stain Detector Tubes. Annual Book of Standards. ASTM International, West Conshohocken, Pennsylvania.

ASTM D4952, 2019. Standard Test Method for Qualitative Analysis for Active Sulfur Species in Fuels and Solvents(Doctor Test). Annual Book of Standards. ASTM International, West Conshohocken, Pennsylvania.

ASTM D4953, 2019. Standard Test Method for Vapor Pressure of Gasoline and Gasoline-Oxygenate Blends(Dry Method). Annual Book of Standards. ASTM International, West Conshohocken, Pennsylvania.

ASTM D4984, 2019. Standard Test Method for Carbon Dioxide in Natural Gas Using Length-Of-Stain Detector Tubes. Annual Book of Standards. ASTM International, West Conshohocken, Pennsylvania.

ASTM D5191, 2019. Standard Test Method for Vapor Pressure of Petroleum Products(Mini Method). Annual Book of Standards. ASTM International, West Conshohocken, Pennsylvania.

ASTM D5234, 2019. Standard Guide for Analysis of Ethylene Product. Annual Book of Standards. ASTM International, West Conshohocken, Pennsylvania.

ASTM D5273, 2019. Standard Guide for Analysis of Propylene Concentrates. Annual Book of Standards. ASTM International, West Conshohocken, Pennsylvania.

ASTM D5274, 2019. Standard Guide for Analysis of 1, 3-Butadiene Product. Annual Book of Standards. ASTM International, West Conshohocken, Pennsylvania.

ASTM D5287, 2019. Standard Practice for Automatic Sampling of Gaseous Fuels. Annual Book of Standards. ASTM International, West Conshohocken, Pennsylvania.

ASTM D5303, 2019. Standard Test Method for Trace Carbonyl Sulfide in Propylene by Gas Chromatography. Annual Book of Standards. ASTM International, West Conshohocken, Pennsylvania.

ASTM D5454, 2019. Standard Test Method for Water Vapor Content of Gaseous Fuels Using Electronic Moisture Analyzers. Annual Book of Standards. ASTM International, West Conshohocken, Pennsylvania.

ASTM D5503, 2019. Standard Practice for Natural Gas Sample-Handling and Conditioning Systems for Pipeline Instrumentation. Annual Book of Standards. ASTM International, West Conshohocken, Pennsylvania.

ASTM D5504, 2019. Standard Test Method for Determination of Sulfur Compounds in Natural Gas and Gaseous Fuels by Gas Chromatography and Chemiluminescence. Annual Book of Standards. ASTM International, West Conshohocken, Pennsylvania.

ASTM D5799, 2019. Standard Test Method for Determination of Peroxides in Butadiene. Annual Book of Standards. ASTM International, West Conshohocken, Pennsylvania.

ASTM D5842, 2019. Standard Practice for Sampling and Handling of Fuels for Volatility Measurement. Annual Book of Standards. ASTM International, West Conshohocken, Pennsylvania.

ASTM D5954, 2019. Standard Test Method for Mercury Sampling and Measurement in Natural Gas by Atomic Absorption Spectroscopy. Annual Book of Standards. ASTM International, West Conshohocken, Pennsylvania.

ASTM D6159, 2019. Standard Test Method for Determination of Hydrocarbon Impurities in Ethylene by Gas Chromatography. Annual Book of Standards. ASTM International, West Conshohocken, Pennsylvania.

ASTM D6228, 2019. Standard Test Method for Determination of Sulfur Compounds in Natural Gas and Gaseous Fuels by Gas Chromatography and Flame Photometric Detection. Annual Book of Standards. ASTM International, West Conshohocken, Pennsylvania.

ASTM D6273, 2019. Standard Test Methods for Natural Gas Odor Intensity. Annual Book of Standards. ASTM International, West Conshohocken, Pennsylvania.

ASTM D6350, 2019. Standard Test Method for Mercury Sampling and Analysis in Natural Gas by Atomic

Fluorescence Spectroscopy. Annual Book of Standards. ASTM International, West Conshohocken, Pennsylvania.

Breiman, L., Friedman, J.H., 1985. Estimating optimal transformations for multiple regression and correlation. J. Am. Stat. Assoc. 80 (391), 580e619.

Chadeesingh, R., 2011. The fischer-tropsch process. In: Speight, J.G. (Ed.), The Biofuels Handbook, The Royal Society of Chemistry, London, United Kingdom. Part 3, Chapter 5, pp. 476e517.

Cranmore, R.E., Stanton, E., 2000. Upstream. In: Dawe, R.A. (Ed.), Modern Petroleum Technology, vol. 1. John Wiley & Sons Inc., New York (Chapter 9) .

Crawford, D.B., Durr, C.A., Finneran, J.A., Turner, W., 1993. Chemicals from natural gas. In: McKetta, J.J. (Ed.), Chemical Processing Handbook. Marcel Dekker Inc., New York, p. 2.

Czachorski, M., Blazek, C., Chao, S., Kriha, K., Koncar, G., 1995. NGV Fueling Station Compressor Oil Carryover Measurement and Control, Report No. GRI-95/0483, 1995. Gas Research Institute, Chicago, Illinois.

Dandekar, A.Y., Stenby, E.H., 1997. Measurement of phase behavior of hydrocarbon mixtures using fiber optical detection techniques. Paper No. SPE38845. In: Proceedings. SPE Annual Technical Conference and Exhibition, San Antonio, Texas. Society of Petroleum Engineers, Richardson, Texas, pp. 5e8. October 5-8.

Davis, B.H., Occelli, M.L., 2010. Advances in Fischer-Tropsch Synthesis, Catalysts, and Catalysis. CRC Press, Taylor & Francis Group, Boca Raton, Florida.

Drews, A.W., 1998. In: Drews, A.W. (Ed.), Manual on Hydrocarbon Analysis, sixth ed. American Society for Testing and Materials, West Conshohocken, PA. Introduction) .

Elsharkawy, A.M., 2001. Characterization of the C7 plus fraction and prediction of the dew point pressure for gas condensate reservoirs. Paper No. SPE 68776. In: Proceedings. SPE Western Regional Meeting, Bakersfield, California. Society of Petroleum Engineers, Richardson, Texas, pp. 26e39. March. 26-29.

Fahimpour, J., Jamiolahmady, M., 2014. Impact of gas-condensate composition and interfacial tension on oilrepellency strength of wettability modifiers. Energy Fuels 28 (11), 6714e6722.

Fevang, Ø., Whitson, C.H., 1994. Accurate in-situ compositions in petroleum reservoirs. Paper No. SPE 28829. In: Proceedings. EUROPEC Petroleum Conference, in London, United Kingdom. October 25e27. Society of Petroleum Engineers, Richardson, Texas.

Gary, J.G., Handwerk, G.E., Kaiser, M.J., 2007. Petroleum Refining: Technology and Economics, fifth ed. CRC Press, Taylor & Francis Group, Boca Raton, Florida.

Gold, D.K., McCain Jr., W.D., Jennings, J.W., 1989. An improved method of the determination of the reservoir gas specific gravity for retrograde gases. J. Pet. Technol. 41 (7), 747e752. Paper No. SPE-17310-PA. Society of Petroleum Engineers, Richardson, Texas.

GPA, 1997. Liquefied Petroleum Gas Specifications and Test Methods. GPA Standard 2140. Gas Processors Association, Tulsa, Oklahoma.

Hall, K.R., Yarborough, L., 1973. A new equation of state for Z-factor calculations. Oil Gas J. 71 (18), 82e92.

Høier, L., Whitson, C.H., 1998. Miscibility variation in compositional grading reservoirs. Paper No. SPE 49269. In: Proceedings. SPE Annual Technical Conference and Exhibition, New Orleans, Louisiana. September 27e30, 1998. Society of Petroleum Engineers, Richardson, Texas.

Hori, Y., 2000. Downstream. In: Lucas, A.G. (Ed.), Modern Petroleum Technology, vol. 2. John Wiley & Sons Inc., New York (Chapter 2) .

Hsu, C.S., Robinson, P.R. (Eds.), 2017. Handbook of Petroleum Technology. Springer International Publishing AG, Cham, Switzerland.

Kazerooni, N.M., Adib, H., Sabet, A., Adhami, M.A., Adib, M., 2016. Toward an intelligent approach for H2S content and vapor pressure of sour condensate of south pars natural gas processing plant. J. Nat. Gas Sci. Eng. 28, 365e371.

Kleyweg, D., 1989. A Set of Constant PVT Correlations for Gas Condensate Systems. Paper No. SPE 19509. Society of Petroleum Engineers, Richardson, Texas.

Klimstra, J., 1978. Interchangeability of Gaseous Fuels e the Importance of the Wobbe-Index. Report No. SAE

861578. Society of Automotive Engineers, SAE International, Warrendale, Pennsylvania.

Lee, A., Gonzalez, M., Eakin, B., 1966. The viscosity of natural gases. J. Pet. Technol. 18, 997e1000. SPE Paper No. 1340, Society of Petroleum Engineers, Richardson, Texas.

Liss, W.E., Thrasher, W.R., 1992. Variability of Natural Gas Composition in Select Major Metropolitan Areas of the U.S. Report No. GRI-92/0123. Gas Research Institute, Chicago, Illinois.

Loskutova, Y.V., Yadrevskaya, N.N., Yudina, N.V., Usheva, N.V., 2014. Study of viscosity-temperature properties of oil and gas-condensate mixtures in critical temperature ranges of phase transitions. Procedia Chemistry 10, 343e348.

Malenshek, M., Olsen, D.B., 2009. Methane number testing of alternative gaseous fuels. Fuel 88, 650e656.

Marruffo, I., Maita, J., Him, J., Rojas, G., 2001. Statistical forecast models to determine retrograde dew point pressure and the C7þ percentage of gas condensate on the basis of production test data from Eastern Venezuelan reservoirs. In: Paper No. SPE69393. Proceedings. SPE Latin American and Caribbean Petroleum Engineering Conference, Buenos Aires, 25e28. March. Society of Petroleum Engineers, Richardson, Texas.

McCain Jr., W.D., 1990. The Properties of Petroleum Fluids, second ed. PennWell Books, Tulsa, Oklahoma.

Mokhatab, S., Poe, W.A., Speight, J.G., 2006. Handbook of Natural Gas Transmission and Processing. Elsevier, Amsterdam, Netherlands.

Nemeth, L.K., Kennedy, H.T., 1967. A Correlation of Dew Point Pressure with Fluid Composition and Temperature. Paper No. SPE-1477-PA. Society of Petroleum Engineers, Richardson, Texas.

Niemstschik, G.E., Poettmann, F.H., Thompson, R.S., 1993. Correlation for determining gas condensate composition. In: Paper No. SPE 26183. Proceedings. SPE Gas Technology Symposium, Calgary. June 28e30. Society of Petroleum Engineers, Richardson, Texas.

Occelli, M.L., 2010. Advances in Fluid Catalytic Cracking: Testing, Characterization, and Environmental Regulations. CRC Press, Taylor & Francis Group, Boca Raton, Florida.

Organick, E.I., Golding, B.H., 1952. Prediction of saturation pressures for condensate-gas and volatile-oil mixtures. Transactions AIME 195, 135e148.

Ovalle, A.P., Lenn, C.P., McCain, W.D., 2007. Tools to manage gas/condensate reservoirs; novel fluid-property correlations on the basis of commonly available field data. Paper No. SPE-112977-PA. In: SPE Reservoir Evaluation & Engineering Volume. Society of Petroleum Engineers, Richardson, Texas.

Owens, B., 2019. Equinor issues aasta hansteen condensate assay. Oil & Gas Jounral 117(7), 56e58. July 1.

Pandey, S.C., Ralli, D.K., Saxena, A.K., Alamkhan, W.K., 2004. Physicochemical characterization and application of naphtha. J. Sci. Ind. Res. 63, 276e282.

Paredes, J.E., Perez, R., Perez, L.P., Larez, C.J., 2014. Correlations to estimate key gas condensate properties through field measurement of gas condensate ratio. In: Paper No. SPE-170601-MS. Proceedings. SPE Annual Technical Conference and Exhibition, Amsterdam, Netherlands. October 27e29. Society of Petroleum Engineers, Richardson, Texas.

Parkash, S., 2003. Refining Processes Handbook. Gulf Professional Publishing, Elsevier, Amsterdam, Netherlands.

Pedersen, K.S., Fredenslund, A., 1987. An improved corresponding states model for the prediction of oil and gas viscosities and thermal conductivities. Chem. Eng. Sci. 42, 182e186.

Pedersen, K.S., Thomassen, P., Fredenslund, A., 1989. Characterization of gas condensate mixtures, C7þ fraction characterization. In: Chorn, L.G., Mansoori, G.A. (Eds.), Advances in Thermodynamics. Taylor & Francis Publishers, New York.

Piper, L.D., McCain Jr., W.D., Corredor, J.H., 1999. Compressibility factors for naturally occurring petroleum gases. Gas Reservoir Engineering 52, 23e33 (SPE Reprint Series Society of Petroleum Engineers, Richardson, Texas) .

Potsch, K.T., Bräuer, L., 1996. A novel graphical method for determining dew point pressures of gas condensates. In: Paper No. SPE 36919. Proceedings. SPE European Petroleum Conference, Milan, Italy. October 22e24. Society of Petroleum Engineers, Richardson, Texas.

Rayes, D.G., Piper, L.D., McCain Jr., W.D., Poston, S.W., 1992. Two-Phase Compressibility Factors for

Retrograde Gases. Paper No. SPE-20055-PA. Society of Petroleum Engineers, Richardson, Texas.

Robinson, J.D., Faulkner, R.P., 2000. Downstream. In: Lucas, A.G. (Ed.), Modern Petroleum Technology, vol. 2. John Wiley & Sons Inc., New York (Chapter 1).

Segers, M., Sanchez, R., Cannon, P., Binkowski, R., Hailey, D., 2011. Blending fuel gas to optimize use of off-spec natural gas. In: Proceedings. Presented at ISA Power Industry Division 54th Annual I&C Symposium, Concord, North Carolina.

Speight, J.G., 2013. Shale Gas Production Processes. Gulf Professional Publishing Company, Elsevier, Oxford, United Kingdom.

Speight, J.G. (Ed.), 2011. The Biofuels Handbook. Royal Society of Chemistry, London, United Kingdom.

Speight, J.G., 2013. The Chemistry and Technology of Coal, third ed. CRC Press, Taylor & Francis Group, Boca Raton, Florida.

Speight, J.G., 2014a. The Chemistry and Technology of Petroleum, fifth ed. CRC Press, Taylor & Francis Group, Boca Raton, Florida.

Speight, J.G., 2014b. Gasification of Unconventional Feedstocks. Gulf Professional Publishing, Elsevier, Oxford, United Kingdom.

Speight, J.G., 2014c. Oil and Gas Corrosion Prevention. Gulf Professional Publishing Company, Elsevier, Oxford, United Kingdom.

Speight, J.G., 2015. Handbook of Petroleum Product Analysis, second ed. John Wiley & Sons Inc., Hoboken, New Jersey.

Speight, J.G., 2017. Handbook of Petroleum Refining. CRC Press, Taylor & Francis Group, Boca Raton, Florida.

Speight, J.G., 2018. Handbook of Natural Gas Analysis. John Wiley & Sons Inc., Hoboken, New Jersey.

Speight, J.G., 2019. Natural Gas: A Basic Handbook, second ed. Gulf Publishing Company, Elsevier, Cambridge, Massachusetts.

Speight, J.G., Exall, D.I., 2014. Refining Used Lubricating Oils. CRC Press, Taylor & Francis Group, Boca Raton, Florida.

Standing, M.B., Katz, D.L., 1942. Density of natural gases. Transactions AIME 146, 140e149.

Sujan, S.M.A., Jamal, M.S., Hossain, M., Khanam, M., Ismail, M., 2015. Analysis of gas condensate and its different fractions of bibiyana gas field to produce valuable products. Bangladesh J. Sci. Ind. Res. 50 (1), 59e64.

Thornton, O.F., 1946. Gas-condensate reservoirs-A review. In: Paper No API-46-150. Proceedings. API Drilling and Production Practice, New York, 1 January. API-46-150. https://www.onepetro.org/conference-paper/API-46-150.

Wheaton, R.J., 1991. Treatment of Variations of Composition with Depth in Gas-Condensate Reservoirs. Paper No. SPE 18267. Society of Petroleum Engineers, Richardson, Texas.

Wheaton, R.J., Zhang, H.R., 2000. Condensate banking dynamics in gas condensate fields: compositional changes and condensate accumulation around production wells. In: Proceedings. Paper No. SPE 62930. SPE Annual Technical Conference and Exhibition, Dallas, Texas. October 1e4. Society of Petroleum Engineers, Richardson, Texas.

Whitson, C.H., Belery, P., 1994. Compositional gradients in petroleum reservoirs. Paper No. SPE 28000. In: Proceedings. SPE Centennial Petroleum Engineering Symposium Held in Tulsa, Oklahoma. August 29e31. Society of Petroleum Engineers, Richardson, Texas.

Whitson, C.H., Fevang, Ø., Yang, T., 1999. Gas condensate PVT: what's really important and why?. In: Proceedings. IBC Conference on the Optimization of Gas Condensate Fields. London, United Kingdom. January 28e29. IBC UK Conferences Ltd., Gilmoora House, 57-61 Mortimer Street, London W1N 81X, UK, United Kingdom. http://www.ibc-uk.com.

第8章 页岩气处理

8.1 引言

在北美的致密储层中，页岩和其他致密储层天然气的开采已经被证明是可行的，但这些非常规储层的充分开发仍然面临许多挑战。由于储层岩石的渗透率极低，阻碍了天然气的自然运移，因此生产过程需要通过水平钻井和水力压裂进行增产。此外，只有深入了解页岩气资源的产状和性质（见第1章和第2章），以及页岩气的可产性（见第3章）才能实现储层产能的最大化或优化（Kundert and Mullen，2009）。这些需求表明精细描述页岩储层（表8.1）及理解地质时期地下地层变形的方式，以及这种变形对地层内应力的影响都非常重要（Scouten，1990；Speight，2012，2013a；Sone，2012，2014a，2019b）。

表 8.1 不同页岩储层特征对比表

样品来源	密度 （g/cm³）	碳质含量 （%，质量分数）	黏土含量 （%，质量分数）	孔隙度 （%）	干酪根含量[①] （%，质量分数）
Barnett	2.37~2.67	0~60	3~39	1~9	2~11
Haynesville	2.49~2.62	20~53	20~39	4~8	3~6
Eagle Ford	2.43~2.54	46~78	6~21	0~5	4~11

①干酪根是指未经鉴定的有机物质，通常不溶于有机溶剂。

作为对命名问题的复习（见第1章），有几个适用于常规地层天然气的通用定义，也适用于致密地层天然气（表8.2）。因此，贫气是以甲烷为主要成分的气体。湿气中含有相当数量的高分子量烃类衍生物。酸性气体中含有硫化氢，甜气中硫化氢含量极少。残渣气是从高分子量烃类衍生物中提取出来的天然气，而套管气来自原油，在井口的分离设施中进行分离。凝析气（有时称为凝析油）是一种低沸点碳氢化合物液体的混合物，由碳氢化合物蒸气凝结而成。凝析油主要是丙烷（C_3H_8）、丁烷（C_4H_{10}）和戊烷（C_5H_{12}），还有少量的高沸点碳氢化合物衍生物（高达C_8H_{18}），但甲烷和乙烷相对较少。根据凝析液的来源，苯（C_6H_6）、甲苯（$C_6H_5CH_3$）、二甲苯异构体（$CH_3C_6H_4CH_3$）和乙苯（$C_6H_5C_2H_5$）也可能存在（Speight，2014a，2019a）。

页岩气资源（见第2章）对美国资源基础做出了主要贡献（Nehring，2008）。然而，值得注意的是，无论是页岩气资源内部还是页岩气资源之间，其资源质量都存在相当大的差异。

来自页岩地层的某些气体中乙烷、丙烷、二氧化碳或氮气的含量的升高，与传统天然气供应的互换性有关。单井产能的变化显然会对单井经济效益的可变性产生影响。并非所有页岩气区块都是相同的，因此，一个区块的页岩气可能会有很大的不同（就必要的天然气处理要求而言），而且页岩气的处理要求也会因地区而异。对页岩气生产而言，南部的 Barnett、Haynesville 和 Fayetteville 页岩，以及东部和中西部的 Marcellus、New Albany 和 Antrim 页岩是最有利的勘探区块（图 8.1）。这些区块代表了当前和未来天然气生产的很大一部分。

表 8.2　致密地层天然气典型组分构成　　　　单位: %（体积分数）

组分	干气	湿气	凝析气
CO_2	0.1	1.4	2.4
N_2	2.1	0.3	0.3
C_1	86.1	92.5	73.2
C_2	5.9	3.2	7.8
C_3	3.6	1.1	3.6
C_4	1.7	0.3	0.7
C_5	0.5	0.1	0.6
C_6	—	0.1	1.1
C_{7+}	—	0.8	8.2

　　然而，由于页岩主要由微小颗粒的黏土矿物和石英组成，因此泥质矿物组成和页岩储层组成可能会发生变化，特别是岩石性质，如孔隙度、渗透率、毛细管压力、孔隙体积压缩性、孔隙大小分布和流动路径（统称为岩石物理学）可能会发生很大变化（Sone，2012）。这些物质作为沉积物沉积在水中，然后被埋藏，被上覆沉积物的重量压实，并胶结在一起形成岩石（石化）。黏土矿物是一种与云母有关的片状硅酸盐，通常以薄板或薄片的形式存在。随着沉积物的沉积，黏土薄片倾向于堆叠在一起，就像一副纸牌一样，因此，页岩通常具有分裂成纸薄片的特性。这也是识别页岩与其他细粒岩石如石灰岩或粉砂岩的一种方便的方法。

　　页岩形成过程中，虽然在上述的描述中看起来是有序的，但实际上页岩形成受到了地质无序性的影响，因此导致有机质富集方式不同，分解方式或速率不同，气体形成速率及页岩气组成也存在差异。本小节的主要观点是，每个储层的地球化学和地质特征都是比较独特的，必须仔细核查以确定资源特征。此外，非常规钻井和完井技术的创新为原本不经济的地区增加了大量储量，这也是美国、加拿大和墨西哥邻近地区页岩气资源安全高效开发的关键（Cramer，2008；Grieser et al.，2007）。这同时会影响页岩气生产和气体净化的经济性（Mokhatab et al.，2006；Kidnay et al.，2011；Speight，2014a，2019a）。

　　页岩经济的一个主要驱动力是与天然气一起生产的碳氢化合物液体的数量。一些地区含有相当数量的液体湿气，这可能对盈亏平衡经济产生相当大的影响，特别是在石油价格高于天然气价格的情况下。气体中的液体含量通常用凝析油比来衡量，它的单位是每百万立方英尺气体中所含液体桶数（$bbl/10^6ft^3$）。在某些作业中，例如在凝析油比超过 $50\,bbl/10^6ft^3$ 的情况下，即使天然气无法获利，仅液体产量就可以提供足够的投资回报。

图 8.1 美国、加拿大和墨西哥页岩气藏分布（改编自 EIA）

本章的目的是回顾适用于正在生产和计划生产的各种气体处理技术。重点是简要描述生产可供向消费者销售的管道产品（甲烷）的过程（表 8.3）。

表 8.3 天然气管道规范示例

组分	最小值	最大值
甲烷	75	
乙烷	—	10
丙烷	—	5
丁烷	—	2

续表

组分	最小值	最大值
戊烷+	—	0.5
氮气和其他惰性物质	—	3~4
二氧化碳	—	3~4
硫化氢	—	0.25~1.0gr[①]/100ft³
硫醇硫	—	0.25~1.0gr/100ft³
总硫	—	5~20gr/100ft³
水蒸气	—	7.0lb/mmft³
氧气	—	0.2~1.0μL/L（体积分数）
热值	950Btu/ft³	1150Btu/ft³

注：表中未给出单位的数据，其单位为%（摩尔分数）。
① 1gr≈0.0648g。

如果页岩气要成为美国能源资源（或任何国家的能源计划）的主要贡献者，就必须解决当前天然气处理方案中天然气的适应性问题（Mokhatab et al.，2006；Speight，2019）。考虑到页岩气储层在成因、渗透率和孔隙度等性质上有所差异，其产出的页岩气性质必然也有所不同（Bustin et al.，2008）（见第1章和第2章）。虽然页岩气资源占当前和未来产量的很大一部分，但所有页岩气的成分并不是恒定的，页岩气的天然气加工要求也因地而异（Bullin and Krouskop，2008；Weiland and Hatcher，2012）。

此外，对泥盆系页岩井的天然气组成进行分析，采出气成分在井的生产过程中发生了变化（Schettler et al.，1989）。生产过程中气体成分的变化表明，不同组分的天然气产量有不同的递减曲线。因此，总下降曲线是各个气体组分下降曲线之和。经典的黏性流动和理想气体孔隙体积储存机制并不能解释气井中的气体分馏。事实上，用这种经典机制解释观测到的分馏现象的唯一方法是假设井筒内总流量有多个来源，每个来源都有不同的特征组成和递减曲线。

8.2 致密气组成和特征

简言之，与大多数常规储层（通常是砂岩储层）相比，页岩气储层的渗透率非常低（见第2章）。事实上，致密页岩储层的有效体积渗透率通常远小于0.1mD，分布范围在1μD~1mD（图8.1），但在岩石自然破裂的情况下也存在例外，正如在美国密歇根盆地的Antrim页岩裂缝井中观察到的那样。然而，天然微裂缝在从致密储层中开采天然气或原油或辅助人工压裂开采方面的作用尚未完全清楚（见第4章和第5章）。在大多数情况下，通常需要对储层进行人工改造，如水平钻井和水力压裂（图8.1），以提高储层的渗透率，从而以经济的方式生产天然气。然而，从储层中生产天然气并不意味着故事的结束，其他一些问题（如气体成分的变化等）随着成分变化对气体生产工艺的影响也油然而生。

页岩气是一种宝贵的自然资源，人们正热切地寻找并利用压裂技术钻探页岩气。这种气体主要由甲烷组成，但也含有其他一些成分，需要从甲烷中分离出来，才能使页岩气具有商业用途。在页岩气中发现的其他化合物包括天然气液体（天然气凝析液），这是一种性质较重的碳氢化合物衍生物，将作为液体在加工厂中进行分离。这些液体包括乙烷（C_2H_6）、丙烷（C_3H_8）、丁烷（C_4H_{10}）、戊烷（C_5H_{12}）、己烷（C_6H_{14}）、庚烷（C_7H_{16}）和辛烷（C_8H_{18}），以及沸点较高的碳氢化合物混合物（凝析气，其中可能包括上述 C_{6+} 烃类衍生物）和水。原始页岩气的气态成分包括二氧化硫、硫化氢、氦、氮和二氧化碳。在大多数开采天然气的储层中，汞也可能以较小的浓度被发现。发现的汞浓度将被降低，直到低于万亿分之一的可检测阈值。页岩气的组成各不相同，但在不同的地区，可能含有不同数量的相同化合物。天然气组成的可变性不仅取决于气源区，还取决于储层的性质。

页岩气是一种从页岩地层中产出的天然气，页岩地层通常作为天然气的储层和烃源岩（Speight，2013b）。就化学组成而言，页岩气通常是一种主要由甲烷（60%~95%，体积分数）组成的干气，但某些地层也会产生湿气。Antrim 和 New Albany 区块通常生产水和天然气。产气页岩是一种富含有机质的地层，以前仅被认为是传统陆上砂岩和碳酸盐岩储层中天然气的烃源岩和天然气聚集的盖层。

二氧化碳和硫化氢等污染物在油田附近的处理设施或天然气处理厂去除。这通常是使用一种称为胺溶液的物理溶剂来实现的。二氧化碳和硫化氢都具有很强的腐蚀性，特别是当气流中存在水时，会产生酸性环境，增加设备或管道的腐蚀风险（Speight，2014b）。如果使用胺溶液处理气体，后期必须进行脱水处理至管道运输标准。脱水可以通过吸收或吸附方法来完成，这些分离和脱水步骤对所有气体都是类似的（Mokhatab et al.，2006；Speight，2014a，2019a）。如果氮气大量存在，则必须在低温工厂中使用过冷设备将其除去，以使气体满足管道所需的最低热值。

在过去十年中，非常规页岩气藏（如致密页岩地层）中天然气生产变得越来越普遍。迄今为止，产出页岩气在成分组成上有很大的变化，其中一些页岩气的成分分布范围更广，最小和最大热值的跨度更大，有些水蒸气和其他物质的含量甚至高于管道关税或购买合同通常允许的水平。实际上，由于天然气成分差异，每个页岩地层产出的页岩气都有独特的加工要求，以使生产的页岩气能够满足市场交易要求。

乙烷可以通过低温萃取去除，二氧化碳可以通过清洗技术去除。然而，并不总是需要（或实际）对页岩气进行处理，使其成分与常规运输气体品质相同。对页岩气进行处理以使其成分与常规输送质量气体相同并不总是必要的（或实际的）。相反，这种天然气应该与目前提供给终端用户的其他天然气具有兼容性。页岩气与常规天然气的可代用性对其在美国的可接受性和最终的广泛使用至关重要。

尽管硫化氢含量通常并不高，而且在不同的储层、不同的资源，甚至同一资源内的不同井之间都有很大的差异（因为即使在压裂后，页岩的渗透率也极低）（Speight，2013b），但页岩气通常含有不同数量的硫化氢，二氧化碳含量也有很大的差异。天然气在离开页岩地层后还不能立即进行管道输送。

处理此类气体的挑战在于硫化氢 / 二氧化碳的比例较低（或不同），并且需要满足管道输送规范。在传统的气体处理厂中，用于去除硫化氢的醇胺为 n- 甲基二乙醇胺（MDEA）

（Mokhatab et al.，2006；Speight，2014a，2019a），但这种醇胺是否足以在不去除过量二氧化碳的情况下脱除硫化氢还值得探讨。

气体处理从井口气开始，而凝析油和自由水通常在井口使用机械分离器进行分离。气体、凝析油和水在现场分离器中分离，并被引导到单独的储罐中，气体流向集输系统。在自由水被去除后，气体仍然被水蒸气饱和，根据气流的温度和压力，可能还需要脱水或用甲醇处理，以防止温度下降时产生水合物。但在实际实践中可能并不总是如此。

产出到地面的致密气（井口气）不同于消费者接收的天然气，井口气纯度要低得多。事实上，不同储层之间的天然气成分存在差异，同一气田的两口井也可能产出组分不同的气态产物（表 8.4）（Mokhatab et al.，2006；Kidnay et al.，2011；Speight，2014a，2019a）。事实上，无论天然气的来源如何，都没有一种成分可以被称为典型的天然气。与来自常规储层的天然气一样（表 8.5），甲烷（与不同数量的乙烷）构成了可燃组分的主体；二氧化碳（CO_2）和氮气（N_2）是页岩气的主要不可燃（惰性）成分（表 8.4）。其他成分，如氢硫化物（H_2S），硫醇（RSH），以及微量的其他含硫成分也可能存在。

表 8.4 不同地层页岩气成分对比表（Martini et al.，2003；Hill et al.，2007；

Bullin and Krouskop，2008）[1]　　　　　　单位：%（体积分数）

页岩气来源	甲烷	乙烷	丙烷	二氧化碳	氮气
Antrim 页岩	27~86	3~5	0.4~1	0~9	1~65
Barnett 页岩	80~94	2~12	0.3~3	0.3~3	1~8
Fayetteville 页岩	97	1	0	1	1
Haynesville 页岩	95	< 1	0	5	0.1
Marcellus 页岩	79~96	3~16	1~4	0.1~1	0.2~0.4
New Albany 页岩	93~97	1~2	0.6~3	5~11	0[2]

①样品取自每个地层内不同井，成分范围表明页岩地层内不同井的成分变化。

②目前没有记录显示有比丙烷更高分子量的产出烃组分。

表 8.5 常规储层天然气组分范围统计表

甲烷	CH_4	70%~90%
乙烷	C_2H_6	0~20%
丙烷	C_3H_8	
丁烷	C_4H_{10}	
戊烷或高分子量烃	C_5H_{12}	0~10%
二氧化碳	CO_2	0~8%
氧气	O_2	0~0.2%
氮气	N_2	0~5%
硫化氢、羰基硫化物	H_2S，COS	0~5%
稀有气体：氩、氦、氖、氙	Ar、He、Ne、Xe	微量

致密气是指在细粒、富含有机质的岩石（页岩、砂岩和碳酸盐岩）中发现的天然气（主要是甲烷）（见第 1 章和第 2 章）（Holditch，2006）。此外，页岩并不是指特定类型的岩石，除了页岩（泥岩）之外，也可以用来描述细粒（比砂子小）比粗粒多的岩石，例如：（1）粉砂岩；（2）与页岩互层的细粒砂岩；（3）碳酸盐岩。因此，页岩［包括上述其他类型的岩石（致密砂层和致密碳酸盐岩层）］是一种未释放所有生成烃类衍生物的烃源岩。事实上，致密或排烃效率低的烃源岩可能是页岩气（或页岩油）最有潜力的层段。因此，在页岩气中，页岩既是储集岩，又是烃源岩，还是天然气的盖层。在这些岩石中发现的天然气被认为是非常规气，类似于煤层气。

页岩气成因主要有三种方式：（1）有机质一次热成因降解；（2）原油的二次热成因分解；（3）有机质的生物降解。热成因气和生物成因气可能同时存在于同一页岩储层中。页岩气生成后，以三种不同的方式储存在页岩（致密）地层中：（1）吸附气，通过吸附作用，即物理吸附或化学吸附作用吸附在有机质或黏土矿物上；（2）游离气，也称为非伴生气，储集在储层岩石孔隙空间内或岩石开裂（裂缝或微裂缝）形成的空间内；（3）溶解气，它指的是以溶液形式存在于原油、重质原油等液体中的气体（也称为伴生气体），以及（在地层条件下）存在于某些致密储层凝析油中（Speight，2014a）。吸附气（通常是甲烷）含量通常随着有机质和（或）黏土的表面积的增加而增加。从有利的方面来看，非常规致密储层中较高的游离气（非伴生气）含量通常会导致较高的初始产量，因为游离气存在于裂缝和孔隙中，当生产开始时，相对于吸附气，游离气更容易通过裂缝（诱导通道）。然而，随着非伴生气体的产生，高的初始流速将迅速下降到低的稳定流速，使吸附气体从页岩中缓慢释放，并运移到井中。气体混合物中单个组分的流量可以通过将总流量乘以单个组分的摩尔分数来得到。即使假设每个气源的气体成分不变，如果相对流量随时间变化，井筒中的气体成分也会随时间变化（Schettler et al.，1989）。

8.2.1　气体组成

不同地区的致密气组成存在差异。例如，来自 Antrim 页岩的天然气含有较高的氮气浓度，Barnett 页岩中至少有一口测试井的天然气也同样具有高氮气浓度。产自 New Albany 页岩的天然气具有高浓度二氧化碳，而 Marcellus 页岩的几口井的天然气中乙烷体积浓度能高达 16%。想要经济性加工处理这些页岩气，除了需要与常规天然气相同的技术，还需要具备应对天然气成分大幅度波动的能力。

可以通过气体中所含的纯成分来表征气体，并且需要对每种物质进行说明，例如以分子计数为依据，说明每种气体在混合物中的比例。要做到这一点，需要有明确的分析方法。大多数气体中含有烃类衍生物、水、二氧化碳、硫化氢、氮、氧等杂质。在过去五十年中，由于天然气的使用量增加，应用分析技术来确定天然气和其他气体，例如沼气和填埋气体性质的需求也相应增加了。此外，对天然气的性质进行分析是气体安全使用的重要环节，因此天然气分析必不可少。

气体成分是选择适合气体处理方式的关键（Mokhatab et al.，2006；Kidnay et al.，2011；Speight，2014a，2019a）。事实上，如果页岩气要成为美国能源资源（或任何国家的能源计划）的主要贡献者，当前常规气的处理方案对页岩气的适用性是一个必须解决的问题（Mokhatab et al.，2006；Kidnay et al.，2011；Speight，2014a，2019a）。鉴于页岩气储层由于矿物成分的变化（表 8.1）会在成因、渗透率和孔隙度等性质上有所不同。页岩储层的差异会导致页岩气的性质不同，不仅不同地层的页岩气性质不同，甚至在同一地层不同钻井位置也会导致页岩气性质的差异（见第 1 章和第 2 章）（Bustin et al.，2008）。

致密地层中天然气的组成受以下几个因素的影响：（1）气源岩中有机质的组成特征；（2）气源岩的有机质热成熟度；（3）天然气生成过程，具体包括天然气是通过干酪根的一次裂解、由油的二次裂解生成天然气，还是由湿气的二次裂解生成干气；（4）天然气从烃源岩到储层运移过程中的分馏；（5）储层渗漏；（6）气体氧化引起的细菌改变。此外，致密地层中的矿物通过催化加速、延迟或改变任何成熟反应对气体组成的影响也不能忽视。天然气的生成过程可以使多组分混合气在成分上发生大幅度变化，尽管其中一些过程难以识别和描述，但最终的结果是，气体成分会影响对气体处理方式的选择。

此外，致密储层由于其低渗透性，气体在其中可动性差，以致气体成分在垂向和水平方向存在明显变化（Harris et al.，2013）。致密气随着埋藏深度的增加，含水量减少（也就是说，越深层的气越干燥），但在一定深度下，气体组成仍可能具有较大范围的波动。在某些情况下，深层气体密度明显降低，这表明低分子量碳氢化合物成分占优势，以至于一些致密气可能是纯甲烷（Harris et al.，2013）。

此外，除了致密气形成过程外，还有热成熟过程（即特定的化学反应过程）也会影响致密气组成。这些热成熟过程包括：（1）初次裂解天然气与石油二次裂解天然气的混合，然而，目前并没有证据表明湿气二次裂解为干气过程中能产生天然气；（2）相同烃源岩在不同热成熟度下初次裂解产生天然气；（3）烃类气体通过细菌氧化改变气体组成，从而产生干气。此外，某些地层中气体成分的明显地层变异性和特征深度的气体成分变化，表明了气体经过了复杂的运移路径，这些路径有可能是裂缝系统，也可能是局部相对高渗透通道（Cumella and Scheevel，2008）。然而，气体成分的变化不能归因于气体无处不在的垂直扩散，也不能归因于高压效应导致的裂缝中气体的快速运移（Harris et al.，2013）。

虽然致密页岩地层和其他致密地层的天然气资源确实占了当前和未来产量的很大一部分，但必须认识到，所有页岩气的成分并不是固定的，而且页岩气的加工处理要根据天然气的生产区域因地制宜（Bullin and Krouskop，2008；Weiland and Hatcher，2012）。此外，对泥盆系页岩井的天然气成分分析表明，在该井的生产历史中，产出气的成分发生了变化（Schettler et al.，1989）。这可能表明，在生产过程中，天然气的组成发生了变化，因为天然气的不同组分有不同的递减曲线，总递减曲线是气体各组分递减曲线的综合。这也表明，由于吸附或吸收现象，储层内气体发生了分馏，而经典的黏性流动和理想气体孔隙体积存储机制并不能解释储层内及生产井中气体的分馏效应。事实上，为了解释这种明显的分馏现象，可以假设从储层到地面设施的总天然气来自储层内多个气源，并且每个来源产出的天然气具有不同的成分和不同的递减曲线。此外，混合气体中单个组分的流量可以通过总流量乘以单个组分的摩尔分数得到，即假设每个来源的气体组成保持不变，如果相对流量随时间变化，井筒内天然气的组成也会随时间变化（Schettler et al.，1989）。

另一种可以用来描述气体成分变化的方法是假设在井筒观察到的气体成分变化至少反映了部分气源本身成分变化。这种气体组成差异的可能因素包括：（1）气体组分在储层岩石上发生吸附；（2）气体组分在储层中非气态有机物质上发生吸附；（3）气体组分在储层中有机或无机液体中发生溶解;(4)气体组分在储层岩石孔隙系统中发生吸附和扩散。

气体组分吸附性能与储层中某些特定类型矿物存在有关,如黏土矿物能为吸附发生提供吸附(点位)比表面。同样,储层中的有机物质也可以为吸附提供点位。储层中任何有机或无机液体中气体组分的溶解都与常规原油、重质原油甚至凝析油的存在有关,而吸附/扩散现象则与气体组分通过微孔等小孔隙的扩散有关,这些小孔隙为具有特定分子尺寸的气体组分提供了通道。由于这些因素普遍存在,任何因素或因素的组合都可以解释许多储层中的分馏作用(Schettler et al., 1989; Mokhatab et al., 2006; Kidnay et al., 2011; Speight, 2014a, 2019a)。因此,随着储层枯竭的发生,所产气体的成分可能接近储层中原始气体的成分。生产过程中天然气组分必然发生实时变化,但组分变化难以准确识别。这种特异性可以归结于以下因素,但不仅限于这些因素,如:(1)气体成分;(2)储层矿物学;(3)储层温度;(4)储层压力。

因此,假定井筒中观察到的气体组分变化反映了至少部分气源本身成分发生了变化。除非有证据证明上述假设不成立,否则依旧认为上述假设可行。这种气体成分差异的可能因素包括吸附、溶解和(或)扩散。吸附的发生与储层中某些矿物(如黏土)的存在有关。同理,气体溶解与常规原油或重质原油甚至凝析油有关。扩散现象与小孔隙(如微孔储层)的扩散有关。由于这些因素普遍存在,第二种解释则是与许多油藏的分馏作用有关(Schettler et al., 1989)。因此,随着储层枯竭的发生,所产气体的成分可能接近储层中原始气体的成分。因此,随着生产进行,气体组分必然会发生变化,但是如果气体在储层中仅存在于基质孔隙中,则随着生产进行并不会发生气体成分的改变。

由于多种因素均可能导致气体成分发生变化,页岩气处理加工商必须关注整个气田中乙烷和氮气含量的升高现象。另一个值得关注的问题是,城市对燃气的处理提高了要求。此外,新兴页岩地区产量的快速增长也可能会给页岩气加工带来挑战。

8.2.2 气体性质

页岩气是指在细粒、富含有机质的岩石(气页岩)中发现的天然气(主要成分是甲烷)(见第1章和第2章)。此外,描述词页岩并不是指特定类型的岩石,除了页岩(泥岩)之外,也可以用来描述细颗粒比粗粒颗粒更多的岩石,例如:(1)粉砂岩;(2)细粒砂岩与页岩夹层;(3)碳酸盐岩。因此,页岩(包括上述其他类型的岩石)是一种里面还赋存生成的烃类衍生物的烃源岩。事实上,致密或排烃效率低的烃源岩可能是页岩气潜力最佳的富集岩层。因此,在页岩气中,页岩既是储集岩,又是烃源岩,同时也是圈闭岩。在这些岩石中发现的天然气类似于煤层气,被称为非常规气。

页岩气的来源通常是三种成因方式的任意组合,即:(1)有机质的一次热成因降解;(2)原油的二次热成因分解;(3)有机质的生物成因降解。在同一页岩储层中,热成因气和生物成因气可能同时存在。

页岩中天然气的赋存有三种方式:(1)吸附气体,即以物理吸附或化学吸附方式赋存在有机质或黏土矿物上;(2)游离气体,也称为非伴生气(Speight, 2014),这主要赋存在岩石孔隙空间或岩石裂开产生的空间内(断裂或微裂缝);(3)溶解气,也称为伴生气(Speight, 2014),主要存在于原油、重质原油等液体溶液中。甲烷的吸附量通常随有机质和(或)黏土表面积的增加而增加。

非常规页岩气藏中游离气含量越高，初始产量越高，因为游离气存在于裂缝和孔隙中，相对于吸附气更容易排出。在大约一年内，随着吸附气体从页岩中缓慢释放，高的初始流速迅速下降到低的稳定流速。

与大多数常规储层（通常是砂岩储层）相比，页岩气储层的渗透率极低。事实上，页岩气的有效储集体渗透率通常远小于 0.1 毫达西（mD），但在岩石发生自然破裂的情况下，渗透率会较高，例如，美国密歇根盆地的 Antrim 页岩。在大多数情况下，为了提高井的渗透率，需要进行压裂等增产改造措施。这种改造有利于气井产气具有经济性，然而天然微裂缝在储层开发或人工压裂中的作用尚不清楚。

近几年，页岩气对美国增产作出了重大贡献。预计在不久的将来，世界上其他地区也能实现页岩气的快速开发。目前，美国商业开发的几套页岩地层在 5 个关键参数，即：（1）热成熟度，以镜质组反射率表示；（2）吸附气含量；（3）储层厚度；（4）总有机碳含量；（5）原地气体体积（见第 2 章）表现出巨大差异。此外，低基质渗透率页岩储层中天然裂缝发育程度是天然气产量的控制因素，也可能是天然气性质的控制因素。

储层性质的大幅度波动（见第 2 章）控制着页岩气产出速率和页岩储层中气体含量，主要表现为储层的 5 个参数特征不同，即：（1）热成熟度；（2）含气量；（3）总有机碳含量；（4）储层厚度；（5）吸附气比例。为了提高极低的页岩基质渗透率，需要天然裂缝网络。因此，在钻井前后评估，以及给出页岩气处理加工方案时，必须同时考虑页岩储层地质和地球化学特征。此外，不仅储层中页岩气的含量和分布，而且页岩气的组成都可能受控于以下三个因素，即：（1）初始储层压力；（2）岩石的岩石物理性质；（3）岩石的吸附特征。考虑到上述三个因素，页岩气的生产过程可以分为三个阶段。

初始产气量受控于裂缝网络衰竭式供气能力。初始产气量由于裂缝储集空间有限而迅速下降。在初始递减率稳定后，储存在基质孔隙中的气体成为生产的主体。基质含气量取决于页岩储层的特殊性质，其含气量很难估计。储层中气体衰竭开发除游离气外，其次还有吸附气的解吸。随着储层压力的下降，吸附气体从岩石中解吸出来。解吸过程的产气速率取决于储层压力的大幅下降程度。同时，初始储层压力、岩石的岩石物理性质，以及岩石的吸附特征在上述生产过程中任何一个参数，或两个参数，甚至三个参数发生变化，必将毫无疑问地导致气体组成发生变化。

此外，在加拿大西部沉积盆地（WCSB），Ross 和 Bullin（2009）通过低压二氧化碳和氮气吸附发现，泥盆系—密西西比系和侏罗系页岩地层具有复杂、不均匀的孔隙体积分布特征。事实上，在干燥和水分平衡的页岩样品上，高压甲烷等温吸附显示，随着总有机碳（TOC）含量的增加，气体吸附普遍增加。泥盆系—密西西比系甲烷吸附量随总有机碳含量和微孔体积的增加而增加，表明与有机组分相关的微孔孔隙不仅是甲烷吸附的主要控制因素，也是页岩气组成主要控制因素。

侏罗系页岩的吸附能力可能与微孔体积无关，而富含有机质的侏罗系页岩的大吸附气量与表面积无关，这意味着有一部分甲烷以溶液形式储存在基质沥青质中（Ross and Bullin，2009）。溶解甲烷似乎不是泥盆系—密西西比系页岩储气的重要贡献者（Ross and Bullin，2009）。实际上，泥盆系—密西西比系有机质在热成岩过程中可能发生了结构的变化，形成和（或）打开微孔隙，使气体可以吸附在微孔隙上，从而影响页岩气的组成。此外，无机组分通过影响孔隙众数分布、总孔隙度和吸附特征，从而增加了影响页岩气组成特征的新参数。众所周知，黏土可以为原油成分提供良好的吸附表面（Speight，2014a），并且还能够将气体吸附到内部结构中，其吸附数量取决于黏土类型。

由于储层性质和裂缝参数的不确定性（见第 2 章和第 3 章）对页岩气的性质和产量影响显著，使得以实现经济产气为目的而进行的水力压裂优化设计过程更为复杂。由于很难获得每个井筒的详细储层属性，因此确定储层性质和裂缝这些不确定性参数的合理范围并评估其对气井性能的影响至关重要。

在过去的十年里，非常规页岩气藏的天然气生产变得越来越普遍，对这些岩石的地球物理和力学性质的了解也越来越多。由于这些岩石性质差异大（Passey et al.，2010），例如，Barnett 页岩地层富含二氧化硅，而 Eagle Ford 页岩通常富含碳酸盐，二氧化硅和黏土含量相对较少，导致对这些富有机质页岩进行表征具有很强挑战性。这些页岩储层即便在单一储层内，其矿物组成也存在大幅度变化。有资料表明，不仅黏土或有机物的数量，而且页岩地层的成熟度也控制着这些富有机质页岩地层的各向异性（Vanorio et al.，2008；Ahmadov et al.，2009）。

不足为奇的是，含气页岩为复杂储层（孔隙度 4%~6%，总有机碳含量不小于 4%），其储层特征（即矿物学、孔隙度、渗透率、含气量和压力）变化显著。此外，不同地区、不同地层的页岩孔隙度变化速率也有很大差异。这些页岩地层中的气体既可以在孔隙和裂缝中以游离气存在，也可以以吸附气形式赋存在有机质上。毫无疑问，根据页岩储层性质的不同，页岩气的组成和性质也会有所不同。

因此，尽管页岩气是一种巨大的天然气和液化天然气（NGL）的新来源，但页岩气在各地并不是一样的。迄今为止，生产的页岩气在成分组成上有很大的变化，有些页岩气的成分范围更广，最小和最大热值的跨度更大，水蒸气和其他物质的含量高于管道关税或购买合同通常允许的水平。实际上，由于天然气成分的变化，每个页岩气地层都有独特的加工要求，以使生产的页岩气能够市场化。乙烷可以通过低温萃取去除，而二氧化碳可以通过清洗技术去除。然而，对页岩气进行处理以使其成分与常规输送气体品质相同并不总是必要的（或实际的）。相反，这种天然气应该与现在提供给终端用户消费的其他天然气具有互换性。页岩气与常规天然气的互换性对其在美国的可接受性和最终的广泛使用至关重要。

尽管通常意义上硫化氢含量并不高，而且在不同油气藏、不同资源，甚至同一资源内的不同井之间都有很大差异（因为即使在压裂后，页岩的渗透率也极低），但页岩气通常含有不同数量的硫化氢，二氧化碳含量也有很大差异。天然气在离开页岩地层后还不能立即进行管道输送。

处理此类气体的挑战在于硫化氢 / 二氧化碳的比例较低，且需要满足管道输送规范。在传统的气体处理厂中，用于去除硫化氢的醇胺为 n- 甲基二乙醇胺（MDEA）（Mokhatab et al.，2006；Kidnay et al.，2011；Speight，2014a，2019a），但这种醇胺是否足以在不去除过量二氧化碳的情况下去除硫化氢还值得探讨。

从井口开始进行天然气的处理，凝析油和自由水通常在井口使用机械分离器进行分离。气体、凝析油和水在现场分离器中分离，凝析油和自由水被引导到单独的储罐中，气体流向集输系统。在自由水被去除后，气体仍然被水蒸气饱和，根据气流的温度和压力，可能还需要脱水或用甲醇处理，以防止温度下降时产生水合物。但在实际实践中可能并不总是如此。因此，有必要评估天然气加工作业和加工厂处理各种页岩气以使其满足管道输送标准的能力。溶剂的选择，强度，温度和循环速率，接触器所用的内件种类和数量，都是加工处理过程中参数设置和设计必须考虑的因素（Weiland and Hatcher, 2012）。

8.2.2.1　Antrim

Antrim 页岩是密歇根州的浅层页岩气资源。Antrim 页岩与其他页岩相比具有独特性，因为天然气主要是生物成因：甲烷是细菌消耗页岩中的有机物质时产生的副产品。大量伴生水的生产需要中央生产设施进行脱水、压缩和处理。这些样品中的二氧化碳含量从 0 到 11%（体积分数）不等（表 8.4）。二氧化碳是页岩气解吸过程中自然产生的副产品，因此，在井的生产周期中，页岩气中的二氧化碳含量会增加。单口井的日产量从 $5\times10^4ft^3$ 到 $6\times10^4ft^3$ 不等。大量伴生水随页岩气的生产，需要中央生产设施进行脱水、压缩和处理（Bullin and Krouskop, 2008）。

Antrim 页岩气含氮浓度很高，Barnett 页岩至少有一口测试井其生产的天然气也具有高氮气浓度。New Albany 页岩气显示具有较高的二氧化碳浓度，而 Marcellus 页岩的几口井的天然气中乙烷体积浓度能高达 16%。想要经济性加工处理这些页岩气，除了需要与常规天然气相同的技术，还需要具备应对天然气成分大幅度波动的能力。由于页岩气成分和性质的可变性，页岩气品质上的这些差异在天然气加工过程中引起了注意（Bullin and Krouskop, 2008; Weiland and Hatcher, 2012）。

8.2.2.2　Barnett

得克萨斯州北部的 Barnett 页岩地层是人们较为熟悉的页岩气资源，也是页岩气产区的鼻祖。许多用于页岩气钻探和生产的技术都是针对这一资源开发的。Barnett 页岩层位于 Dallas-Ft 附近。在得克萨斯州沃思地区，页岩气的产出深度主要位于 6500~9500ft。Barnett 页岩气最初的发现区域位于沃思区块东侧的一个核心区域。随着钻探向西推进，Barnett 页岩中烃类衍生物的存在形式发生了变化，由东部的干气型向西部的油型转变。由于烃类成分的变化，适当进行烃类的混合可能是平衡变化的最适当的方法。由于天然气储量丰富，Barnett 工厂每天都要清除大量的天然气液体。

Barnett 页岩地层是最著名的页岩气地层（见第 2 章）。许多用于页岩气钻井和生产的技术都是从 Barnett 页岩中开发出来的（Bullin and Krouskop, 2008; Weiland and Hatcher, 2012）。Barnett 页岩地层的生产深度为 6500~9500ft，产量约为 $55.4\times10^4ft^3/d$，预计每吨页岩含气量为 300~550ft^3。Barnett 页岩气最初发现区域位于资源东侧的核心区，随着钻井和采气的西移，页岩气的组成由东部的干气生产逐渐向西转变为湿气和石油生产。

以 Barnett 页岩气储层为例，其中硫化氢含量体积占比为百万分之几百，二氧化碳含量体积占比则高得多。在其他页岩气资源中，如 Haynesville 和 Eagleville 气田（Eagle Ford 储层），天然气中也存在硫化氢。在其他页岩气储层中，如 Antrim 和 New Albany，下覆泥盆纪地层可能与上覆页岩地层沟通并对上覆地层产气特征有所影响。此外，部分页岩气储层二氧化碳含量较低，但硫化氢含量很高，需要对天然气进行处理。因此，即使在去除天然气液体后，页岩气仍然有必要进行进一步处理，以去除硫化氢和二氧化碳，以满足管道运输规范。

8.2.2.3 Fayetteville

Fayetteville 页岩是位于阿科马盆地阿肯色州的非常规气藏，厚度在 50~550ft 之间，埋藏深度在 1500~6500ft 之间。气体（表 8.4）只需要脱水即可满足管道运输规范。据估计，该地层的储量约为每平方英尺（58~65）×10^6ft^3，直井的初始产量为（20~60）×10^4ft^3/d，水平井的初始产量为（100~350）×10^4ft^3/d。2003 年，单个地区的产量超过了 5×10^8ft^3/d（Bullin and Krouskop，2008）。

8.2.2.4 Haynesville

Haynesville 页岩气储层是最新开发的页岩区。它位于路易斯安那州北部和得克萨斯州东部。地层埋深大（约 1×10^4ft），井底温度高（175℃，350℉），压力高（3000~4000psi）。这些井的初始产量高达 200×10^4ft^3/d 或更高，每吨页岩估计有 100~330ft^3 的天然气（Bullin and Krouskop，2008）。

该气体需要处理以去除二氧化碳（表 8.4）。天然气加工处理商正在使用胺处理来去除二氧化碳，同时对尾气用清除剂处理以去除硫化氢。

8.2.2.5 Marcellus

Marcellus 页岩位于宾夕法尼亚州西部、俄亥俄州和西弗吉尼亚州。地层埋藏浅，深度为 2000~8000ft，厚度为 300~1000ft。整个气区的天然气成分不同，就像在 Barnette 地区一样，从东到西，天然气组成不同（表 8.4）。据报道，该油田的初始产量为（0.5~400）×10^4ft^3/d，估计每吨页岩中天然气含量为 60~100ft^3（Bullin and Krouskop，2008）。

Marcellus 页岩气含有相对较少的二氧化碳和氮气。此外，天然气为干气，不需要去除天然气液体就能进行管道运输。然而早期迹象表明，Marcellus 天然气富含液体，需要进行处理加工。

8.2.2.6 New Albany

New Albany 页岩是伊利诺伊州南部的黑色页岩，延伸至印第安纳州和肯塔基州。地层有 500~4900ft 深，100~400ft 厚。天然气成分不稳定，存在可变性（表 8.4），由于 New Albany 页岩井底流速低，需要将多口井产量集中后再进行统一天然气加工处理。直井通常每天生产（2.5~7.5）×10^4ft^3，而水平井初始产量可达 200×10^4ft^3/d（Bullin and Krouskop，2008）。

8.3 天然气处理

气体加工净化（也称气体净化和气体精炼）是生产符合各种规格产品的必要程序。天然气加工是天然气价值链必不可少的环节。气体处理实际上是一个单元过程的综合系统，这个系统用于去除酸性气体（例如二氧化碳和硫化氢）等有害产物，并将天然气分离成其他有用的气体流。因此，天然气处理有助于确保所使用的天然气尽可能清洁和纯净，也使天然气成为清洁燃烧和环境友好的能源选择。

处理通常从井口开始，使用机械分离器将凝析油和游离水在井口分离。气体、凝析油和水在现场分离器中分离。提取出来的凝析油和游离水被引导到单独的储罐中，气体流向集输系统。在除去游离水后，气体仍然被水蒸气饱和。根据气流的温度和压力，可能需要脱水或用甲醇处理，以防止温度下降时产生水合物。

二氧化碳和硫化氢等污染物在油田附近的处理设施或天然气处理厂去除。在气田附近处理设施去除二氧化碳主要是为了保护天然气运输的管道。去除二氧化碳通常是使用物理溶剂（通常称为醇胺或胺溶液）来实现的。二氧化碳和硫化氢都具有很强的腐蚀性（当气流中有水时腐蚀性更强）。如果使用醇胺溶液处理气体，之后必须进行脱水使其满足管道运输规定。脱水可以通过吸收或吸附的方法来完成。这些分离和脱水步骤对所有气体都是相似的。如果氮气大量存在，就必须在具有过冷设备的低温装置中进行脱除，使气体达到管道运输所需的最低热值。

工艺选择性表示工艺去除一种酸性气体成分相对于（或优先于）另一种酸性气体成分的择优性。例如，有些工艺可以同时去除硫化氢和二氧化碳；其他的工艺设计只为去除硫化氢。重要的是要考虑去除硫化氢与去除二氧化碳的工艺选择性，以确保产品中这些成分浓度最低。在工艺选择时需要考虑气流中二氧化碳和硫化氢含量。

消费者使用的天然气几乎完全由甲烷组成，与存在于储层和被输送到井口的天然气有很大不同。尽管天然气的加工在许多方面不如原油的加工和精炼复杂，但在最终用户使用天然气之前，天然气加工同样是必要的。消费者使用的天然气几乎全部由甲烷组成，但井口生产的天然气虽然仍主要由甲烷组成，但绝不是纯净的。原始（未经处理的）天然气由三种类型的井生产：（1）生产原油和天然气的井；（2）只生产天然气的井；（3）生产凝析油和天然气的井。

气体处理（Mokhatab et al.，2006；Kidnay et al.，2011；Speight，2014a，2019a）包括从纯天然气中分离各种烃类衍生物和流体（图8.2）。主要的运输管道通常对允许进入管道的天然气的组成有所限制，因此，天然气在运输之前必须经过净化处理。也因此必须要对天然气进行加工处理，以确保拟使用的天然气尽可能清洁和纯净。

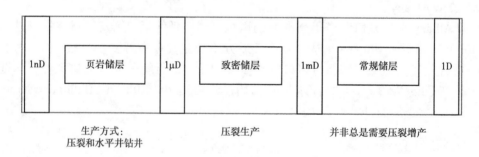

图8.2　基于渗透率和生产方式来区分油藏类型

管道质量标准限制了气体流中二氧化碳、氮气、氧气和水蒸气的含量，并设定了热值上限为每立方英尺（1035±50）Btu。在某些情况下，例如当工厂还没有建成时，会在有限的时间内给予豁免，使生产商能够在加工厂建成时开始销售新气田的天然气。如果气体不满足管道运输要求，通常需要在制冷或低温工厂进行处理。在制冷装置中，气体被冷却以分离天然气液体，去除90%以上的丙烷和大约40%的乙烷。其他沸点较高的成分几乎完全被去除。在低温装置中，气体温度降低到-100~-85℃（-150~-120℉）。温度下降导致乙烷和其他较重的烃类衍生物冷凝，去除更多的天然气液体和90%~95%体积比的乙烷。

将气体处理到管道干气质量级别的实际过程可能相当复杂，但通常涉及四个主要过程以去除各种杂质。在原油和天然气精炼过程中产生的气流，虽然表面上是碳氢化合物，但可能含有大量的酸性气体，如硫化氢和二氧化碳。大多数商业工厂采用加氢方法将有机硫化物转化为硫化氢。加氢作用是通过回收的含氢气体或外部氢在钼酸镍或钼酸钴催化剂作用下进行的（Mokhatab et al.，2006；Kidnay et al.，2011；Speight，2014a，2019a）。

天然气加工是天然气价值链的一个重要组成部分，因为它有助于确保天然气尽可能清洁和纯净（天然气符合使用的标准和规范），使天然气成为清洁燃烧和环境友好的能源选择。一旦天然气经过充分的加工并已经达到使用标准，它必将从天然气生产区运输到那些需要使用它的地区。

在天然气加工处理厂，工艺选择性在气体处理中起着重要作用。工艺选择性表示工艺去除一种酸性气体成分相对于（或优先于）另一种酸性气体成分的择优性。例如，有些工艺可以同时去除硫化氢和二氧化碳；其他的工艺设计只去除硫化氢。重要的是要考虑去除硫化氢与去除二氧化碳的工艺选择性，以确保产品中这些成分的浓度最低，因此，在工艺选择时需要考虑气流中二氧化碳和硫化氢含量。

尽管天然气的加工在许多方面不如原油的加工和精炼复杂，但在最终用户使用之前对天然气进行加工处理同样是必要的。消费者使用的天然气几乎全部由甲烷组成。然而，在井口发现的天然气，尽管仍主要由甲烷组成，但绝不是纯净的。通常，天然气处理厂的操作包括：（1）水去除；（2）天然气液体分离；（3）硫和二氧化碳去除。

综上所述，精炼气体中除烃类衍生物外，还可能含有其他污染物，如碳氧化物（CO_x，其中 $x=1$ 或者 2）、硫氧化物（SO_x，其中 $x=2$ 或 3），以及氨（NH_3）、硫醇（RSH）和羰基硫化物（COS）。这些杂质的存在可能会消除一些甜化过程，因为有些工艺会去除大量的酸性气体，但不会使其浓度足够低。另一方面，有些工艺并不是为了去除（或不能去除）大量的酸性气体而设计的，然而当这些酸性气体仅以低—中等浓度存在于气体中时，这些工艺能够使酸性气体中的杂质含量降到很低水平（Mokhatab et al.，2006；Kidnay et al.，2011；Speight，2014a，2019a）。

8.3.1 脱水

除了从气流中分离原油和凝析油外，还必须除去与气流伴生的水。在井口处或井口附近，可以通过简单的分离方法去除与开采出的天然气相关的大部分液体和游离水，但要去除仍残留在天然气中的水则需要更复杂的处理方法。该处理包括气体处理厂的脱水步骤，涉及两个过程之一，即吸收，或吸附。吸收发生在脱水剂为气流除去水蒸气时，而吸附发生在水蒸气冷凝并收集在脱水剂表面时。来自致密地层的天然气通常不像来自常规储层的天然气含有那么多的水，但在天然气处理厂进行水处理仍然是必要的。

8.3.1.1 吸收

在本章中，经常使用两个术语：吸收和吸附。吸收是通过溶解（一种物理现象）或反应（一种化学现象）来实现的，是一种被吸收气体最终分布在吸收剂（液体）中的方法。该过程仅取决于物理溶解度，并可能包括液相中的化学反应（化学吸附）。常用的吸收介质有水、胺水溶液、苛性钠、碳酸钠和非挥发性碳氢化合物油，具体取决于所吸收气体的类型。通常采用的气液接触器设计为板式柱或填充床。吸收通过溶解（一种物理现象）或反应（一种化学现象）来实现。化学吸附过程将二氧化硫吸附到碳表面，在那里它被氧化（通过烟道中的氧气），并吸收水分，使硫酸浸渍在吸附剂上。

　　吸收不同于吸附，它不是一种物理化学表面现象，而是被吸收的气体最终分布在整个吸收剂（液体）中的一种方法。该过程仅取决于物理溶解度，并可能包括液相中的化学反应（化学吸附）。常用的吸收介质有水、胺水溶液、苛性钠、碳酸钠和非挥发性碳氢化合物油，具体取决于所吸收气体的类型。通常，采用的气液接触器设计是板式柱或填充床（Mokhatab et al.，2006；Speight，2014a，2019a）。因此，吸收是通过溶解（一种物理现象）或反应（一种化学现象）实现的（Barbouteau and Galaud，1972；Mokhatab et al.，2006；Speight，2014a，2019a）。化学吸附过程将二氧化硫吸附到碳表面，在那里它被氧化（被烟道气中的氧气），并吸收水分，使硫酸浸渍在吸附剂中和吸附在吸附剂上。

　　用于生产符合管道运输要求天然气的步骤数量和工艺类型通常取决于井口天然气的来源和组成特征。在某些情况下，几个步骤（图 8.2）可以集成到一个单元或操作中，以不同的顺序执行，或在其他位置执行，或根本不需要进行上述处理（Mokhatab et al.，2006；Kidnay et al.，2011；Speight，2014a，2019a）。

　　液体吸收过程（通常使用温度低于 50℃）被分为物理溶剂过程和化学溶剂过程。前一种方法使用有机溶剂，通过低温或高压或两者兼用来增强吸收。溶剂的再生通常很容易完成（Staton et al.，1985；Mokhatab et al.，2006；Speight，2014a，2019a）。在化学溶剂工艺中，吸收酸性气体主要是通过使用碱性溶液，如胺或碳酸盐（Kohl and Riesenfeld，1985）来实现。再生（解吸）可以通过降低压力和（或）高温来实现，从而将酸性气体从溶剂中剥离。

　　用于排放控制过程的溶剂应具有：（1）酸性气体溶解度大；（2）不易溶解氢；（3）不易溶解低分子量碳氢化合物衍生物；（4）在操作温度下蒸气压低，能尽量减少溶剂损失；（5）黏度低；（6）热稳定性低；（7）对气体组分没有反应活性；（8）低污染倾向；（9）低腐蚀倾向；（10）经济上可接受（Mokhatab et al.，2006；Speight，2014a，2014b，2019a）。气体排放的胺清洗涉及胺与任何酸性气体的化学反应，释放出可观的热量，并有必要补偿热量的吸收。胺类衍生物，如乙醇胺（单乙醇胺，MEA）、二乙醇胺（DEA）、三乙醇胺（TEA）、甲基二乙醇胺（MDEA）、二异丙醇胺（DIPA）和二甘醇胺（DGA）已用于商业应用（Katz，1959；Kohl and Riesenfeld，1985；Maddox et al.，1985；Polasek and Bullin，1985；Jou et al.，1985；Pitsinigos and Lygeros，1989；Mokhatab et al.，2006；Speight，2014a，2019a）。

　　化学反应可以用酸性气体低分压的简单方程表示：

$$2RNH_2 + H_2S \longrightarrow (RNH_3)_2 S \tag{8.1}$$

$$2RNH_2 + CO_2 + H_2O \longrightarrow (RNH_3)_2 CO_3 \tag{8.2}$$

　　在高酸性气体分压下，反应会导致其他产物的形成：

$$(RNH_3)_2 S + H_2S \longrightarrow 2RNH_3HS \tag{8.3}$$

$$(RNH_3)_2 CO_3 + H_2O \longrightarrow 2RNH_3HCO_3 \tag{8.4}$$

反应非常快，硫化氢的吸收仅受到传质的限制；二氧化碳却不是这样。溶液的再生使二氧化碳和硫化氢几乎完全解吸。单乙醇胺、二乙醇胺和二异丙醇胺的比较表明，单乙醇胺是三种中最便宜的，但反应热和腐蚀热最高；二异丙醇胺的情况则正好相反。

吸收脱水的一个例子是乙二醇脱水，该过程中的主剂二甘醇（DEG，$HOCH_2CH_2CH_2CH_2OH$），对水具有化学亲和力，能够在气流中除去水。乙二醇脱水过程是提供吸收式脱水过程的一个例子，在该过程中，液体干燥剂提供了从气流中吸收水分的方法。乙二醇（$HOCH_2CH_2OH$）最初是这一过程中的主要化学剂，对水有很强的亲和力，当乙二醇与水湿的天然气流接触时，乙二醇会从天然气流中吸收水分。最初，该工艺使用乙二醇作为吸附剂，但随着技术的进步，乙二醇脱水现在多使用乙二醇衍生物的水溶液，其中乙二醇要么是二甘醇（DEG），要么是三甘醇（TEG）（表8.6），在接触器内与湿气流接触。乙二醇溶液会从湿气中吸收水分，一旦吸收水分，乙二醇就会下沉到接触器的底部，而天然气由于脱水则从脱水器中输送出去。乙二醇溶液中含有从天然气吸收的所有水，将其置于专门的锅炉中，该锅炉的设计仅使溶液中的水汽化，其中沸点差有利于水的去除，使乙二醇溶液中的水相对容易去除，之后乙二醇被循环到接触器继续使用。

表8.6　Olamine 天然气处理

Olamine	化学式	缩写	分子量	相对密度	熔点（℃）	沸点（℃）	闪点（℃）
乙醇胺（单乙醇胺）	$HOC_2H_4NH_2$	MEA	61.08	1.010	10	170	85
二乙醇胺	$(HOC_2H_4)_2NH$	DEA	105.14	1.097	27	217	169
三乙醇胺	$(HOC_2H_4)_3NH$	TEA	148.19	1.124	18	335	185
二甘醇胺（羟基乙醇胺）	$(HOC_2H_4)_2NH_2$	DGA	105.14	1.057	−11	223	127
二异丙醇胺	$(HOC_3H_6)_2NH$	DIPA	133.19	0.990	42	248	127
甲基二乙醇胺及分解物	$(HOC_2H_4)_2NCH_3$	MDEA	119.17	1.030	−21	247	127

在这个过程中，液体干燥剂脱水器的作用是从气流中吸收水蒸气。在此过程中，乙二醇脱水涉及使用乙二醇溶液，通常是二甘醇或三甘醇（TEG，$HOCH_2CH_2CH_2CH_2CH_2CH_2OH$），将其与接触器中的湿气流接触。乙二醇溶液从湿气体中吸收水分，一旦水分被吸收，乙二醇—混合物的密度增加（变得更重），并下沉到接触器的底部，从而实现水分和天然气的分离。

天然气脱去大部分水后被输送出脱水器。乙二醇溶液中含有从天然气中分离出来的所有水，通过专门设计的锅炉将溶液中的水蒸发出来。水（100℃，212℉）和乙二醇（204℃，400℉）之间的沸点差使得从乙二醇溶液中除去水相对容易，从而使得乙二醇在脱水的过程中能循环使用。

除了能从湿气中吸收水分外，乙二醇溶液偶尔会携带少量甲烷和其他一些湿气中的化合物。在过去，这些甲烷只是简单地从锅炉中排出。除了损失一部分提取的天然气外，这种排放还会造成空气污染和温室效应。为了减少甲烷和其他化合物的损失量，闪蒸罐分离—冷凝器在乙二醇溶液到达锅炉之前将这些化合物去除。从本质上讲，闪蒸罐分离器由一个降低乙二醇溶液流压力的装置组成，这就能使甲烷和其他碳氢化合物衍生物汽化（闪蒸），从而除去这些物质。

在某些情况下，在装置中增加了闪蒸罐分离—冷凝器，除了从气流中吸收水分外，还会再生少量的甲烷和其他化合物，乙二醇溶液偶尔从接触器阶段携带了从气流中吸收的这些成分。在过去，这些甲烷可能会被排放到产品流中，并造成大气污染（见第9章）。为了减少甲烷和其他化合物的损失，闪蒸罐分离—冷凝器可以在乙二醇溶液到达锅炉之前去除吸收的碳氢化合物成分。在闪蒸罐分离器中，压力降低，使得较低沸点的碳氢化合物成分（即沸点比乙二醇溶剂低）分离，从而使甲烷和其他碳氢化合物衍生物从溶液中汽化（闪蒸）。然后乙二醇溶液被送到锅炉，锅炉也可以安装空气或水冷冷凝器，此时剩余的碳氢化合物衍生物被捕获，与其他碳氢化合物流结合，分馏，并被送到各种产品流中。由于致密地层天然气中含有比甲烷更高分子量的烃类组分（表8.4），在处理过程中插入闪蒸分离—冷凝器系统，以便更好地适应这类天然气的处理。

脱水后，乙二醇溶液进入锅炉，锅炉还可以安装空气或水冷式冷凝器，用于捕获可能残留在乙二醇溶液中的任何剩余有机化合物。乙二醇的再生（汽提）受到温度的限制：二甘醇和三甘醇在各自的沸点或之前分解。推荐采用干气或减压蒸馏等技术来分离热三甘醇。在实际应用中，吸收系统回收了90%~99%体积占比的甲烷，如果不回收，这些甲烷将在空气中进行燃烧，造成环境污染。

8.3.1.2 吸附

吸附是一种物理化学现象，其中气体被集中在固体或液体表面以去除杂质。通过在固体吸附剂上吸附水来去除水（通常称为固体干燥剂脱水）是气体流脱水的另一种工艺选择。

在这个过程中，通常将炭作为吸附媒介（Fulker，1972；Mokhatab et al.，2006；Speight，2014a，2019a），可以通过解吸附来回收利用。物质吸附量与固体的表面积成正比，因此，吸附剂通常是粒状固体，每单位质量有很大的表面积。随后，被吸附的气体可以用热空气或蒸汽来处理，从而达到回收或者是热降解的目的。

除非入口气流中的气体浓度非常高，否则吸附器装置广泛用于在焚烧前增加气体浓度。吸附也用于减少气体中的气味。使用吸附系统有几个限制，但人们普遍认为，主要的限制是要求尽量减少微粒物质和（或）液体（如水蒸气）的冷凝，这些物质可能会掩盖吸附表面并大大降低其效率。因此，在任何气体处理厂，不仅需要知道进入系统的气体成分，还需要知道进入（和输出）气体处理厂的每个单元过程的气体的成分，涉及气相色谱分析的方法特别有用（ASTM D1945；ASTM D1946；ASTM D2597）。这种类型的分析数据可以防止单元过程过载，并（通过去除腐蚀性成分）减轻设备腐蚀的可能性。

固体吸附剂或固体干燥剂脱水是脱水的主要形式。天然气采用吸附法，通常由两个或多个吸附塔组成，吸附塔内填充固体干燥剂。典型的干燥剂包括活性氧化铝或颗粒状硅胶材料。湿天然气从上到下通过这些塔。当湿气体经过干燥剂颗粒时，水被保留在这些干燥剂颗粒的表面上。通过整个干燥剂床层，几乎所有的水都被吸附在干燥剂材料上，留下干燥气体从塔底排出。

分子筛是一种铝硅酸盐，它产生最低的水露点，可用于同时脱硫、干燥气体和液体（Maple and Williams，2008）。通常用于工厂线的脱水器，旨在回收乙烷和其他天然气液体。这些工厂在非常寒冷的温度下运行，需要非常干燥的原料气来防止水合物的形成。用分子

筛脱水到 -100℃（-148℉）露点是可能的。水露点小于 -100℃（-148℉）可以通过特殊的设计和确定的操作参数实现（Mokhatab et al.，2006；Speight，2014a，2019a）。

虽然两床吸附剂处理已变得更普遍（一床层从气体中除去水，另一个床层经历交替的加热和冷却），有时，使用三层床系统：一层吸附，一层加热，一层冷却。三床系统的另一个优点是可以方便地将两床系统转换为第三床系统，从而可以维护或更换第三床系统，从而确保作业的连续性，并降低昂贵的工厂停工风险。

硅胶（SiO_2）和氧化铝（Al_2O_3）具有良好的水吸附能力（高达 8% 的质量分数）。铝土矿（粗氧化铝，Al_2O_3）的吸附性可达 6%，分子筛的吸附性可达 15%。由于二氧化硅对硫化氢的耐受性高，并且可以保护分子筛床不被硫堵塞，因此通常选择二氧化硅用于酸性气体的脱水。氧化铝保护床（通过摩擦作用作为保护层，可称为摩擦催化剂）（Speight，2000）可放置在分子筛前面以去除硫化合物。下行反应器通常用于吸附过程，吸附剂向上流动回收，并沿吸附的同一方向冷却。

固体干燥剂装置通常比乙二醇装置的购买和操作成本更高。因此，它们的使用通常仅限于硫化氢含量高、水露点要求很低、同时控制水和碳氢化合物露点的气体。在遇到低温的过程中，固体干燥剂脱水通常优于传统的甲醇注射，以防止水合物和冰的形成（Kindlay and Parrish，2006）。

8.3.1.3　化学处理

在化学转化过程中，气体排放中的污染物被转化为无害的化合物，或比原始成分更容易从气流中清除的化合物。例如，已经开发了许多工艺，通过在碱性溶液中吸收方式去除气流中的硫化氢和硫的氧化物。碳酸盐清洗是一种温和的碱洗工艺，通过去除气流中的酸性气体（如二氧化碳和硫化氢）来控制排放（Mokhatab et al.，2006；Speight，2014a，2019a），在这个工艺中主要利用碳酸钾对二氧化碳的吸收速率随温度升高而增加的原理。实验证明，该过程在反应可逆温度附近效果最好：

$$K_2CO_3+CO_2+H_2O \longrightarrow 2KHCO_3 \tag{8.5}$$

$$K_2CO_3+H_2S \longrightarrow KHS+KHCO_3 \tag{8.6}$$

就结果而言，水洗与碳酸钾洗涤类似（Kohl and Riesenfeld，1985；Mokhatab et al.，2006；Speight，2014a，2019a），也可以通过降压进行分步解吸。吸收是纯物理的，烃类衍生物的吸收强度也相对较高，这些烃类衍生物将与酸性气体同时释放。

催化氧化是一种化学转化过程，主要用于挥发性有机化合物和一氧化碳的降解。这些体系在有催化剂的条件下，主要运行温度为 205~595℃（400~1100℉）。如果没有催化剂，系统将需要更高的温度运行。通常，所使用的催化剂是以多种构型（例如，蜂巢状）覆盖在陶瓷基底上的贵金属组合，以增强良好的表面接触。

催化系统通常根据床层的类型进行分类，如固定床（或填充床）和流化床。这些体系通常对大多数挥发性有机化合物具有非常高的破坏效率，从而形成二氧化碳、水和不同数量的氯化氢（来自卤代烃衍生物）。化学物质的排放，如重金属、磷、硫、氯，以及大多数卤素如果进入气流，会对催化系统产生破坏，并会污染催化剂。

热氧化系统，不使用催化剂，也涉及化学转化（更准确地说，化学破坏），热氧化系统的运行温度高于催化系统运行温度，通常超过815℃（1500℉），或220~610℃（395~1100℉）。

8.3.1.4 过滤和洗涤

从时间轴上看，颗粒物的控制（粉尘控制）（Mody and Jakhete，1988）一直是工业的主要关注点之一，因为颗粒物的排放很容易通过飞灰和烟尘的沉积，以及能见度的降低而被观察到。使用不同类型的设备可以实现不同范围的控制。通过对特定工艺排放的颗粒物进行适当的表征，可以选择大小合适的设备，进行安装和性能测试。颗粒物控制装置的一般类别如下：

旋风除尘器是惯性收集器中最常见的一类。旋风除尘器可以有效地去除较粗的颗粒物质。所述颗粒气体流切向进入上部圆柱形部分，并通过锥形部分向下推进。颗粒通过离心力迁移，离心力主要是因为载气在运移路径上受到了类似漩涡的自旋而产生。颗粒被挤压到壁面上，并通过倒锥顶部的密封被去除。反向涡旋通过旋风分离器向上移动，并通过顶部中心开口排出。由于旋风收集器的效率相对较低（通常为50%~90%），因此通常被用作初级收集器。一些小直径高效旋流器在使用过程中，既可以并联布置，也可串联布置，这样既提高效率又降低压降。这些用于颗粒物质的装置通过使气体流中的颗粒与液体接触来工作。原理是，当颗粒被并入液体浴或液体颗粒中时，液体颗粒会增大，因此也更容易收集。

织物过滤器通常采用非一次性滤袋设计。当含尘排放物流经过滤介质（通常是棉、聚丙烯、特氟龙或玻璃纤维）时，颗粒物质被收集在布袋表面，形成尘饼。织物过滤器一般根据所采用的滤袋处理机制进行分类。织物过滤器的收集效率高达99.9%，除了高效收集率，其他优势也非常明显。

湿式洗涤器是利用逆流喷雾液体从气流中去除颗粒物的装置。设备配置包括平板洗涤器、填料床、孔板洗涤器、文丘里洗涤器、喷雾塔，这些配置可以单独使用也可以进行不同组合联用。其他除尘方法包括使用高能输入文丘里洗涤器或静电洗涤器，其中粒子或水滴带电，以及通量力/冷凝洗涤器，其中湿热气体与冷却液体接触或将蒸汽注入饱和气体。在后一种洗涤器中，水汽携带着颗粒与之一起向冷水表面运动（扩散泳动），而水蒸气在颗粒上的凝结使颗粒粒径增大，从而有利于细颗粒物的收集。泡沫洗涤器是对湿式洗涤器的改造，其中含有颗粒的气体通过泡沫发生器，在泡沫发生器中，气体和颗粒被小泡沫包围，从而达到收集颗粒物的目的。

静电除尘器的工作原理是将电荷传递给进入气流中的颗粒，然后将其收集在高压场对面的带电板上。高电阻率颗粒是最难收集的。三氧化硫（SO_3）等调节剂已被用于降低电阻率。静电除尘器重要的参数包括电极的设计，收集板的间距，最小化空气通道和收集电极振击技术（用于去除颗粒）。正在研究的技术包括使用高压脉冲能量来增强粒子充电、电子束电离和宽板间距。在最佳条件下，静电除尘器能够达到99%以上的除尘效率，但是在一些新的情况下，其性能则仍难以预测。

8.3.1.5 组分分离

膜分离工艺用途广泛，可以处理多种原料，并为从天然气中去除和回收高沸点碳氢化合物衍生物（天然气液体）（Foglietta，2004），以及清洁其他气体，如沼气，提供了简单的解决方案（Foglietta，2004；Schweigkofler and Niessner，2001；Popat and Deshusses，2008；

Deng and Hagg，2010；Matsui and Imamura，2010）。合成膜由多种聚合物制成，包括聚乙烯、醋酸纤维素、聚砜和聚二甲基硅氧烷（Isalski，1989；Robeson，1991）。制造膜的材料对膜提供所需功能的能力方面起着重要作用。为了优化工艺，膜应具有高的渗透性和足够的选择性。同样重要的是使膜的特性与系统的操作条件相匹配（例如压力和气体成分）。

分离过程基于高通量膜，该膜选择性地渗透沸点较高的碳氢化合物衍生物（与甲烷相比），并在再压缩和冷凝后作为液体回收。从膜中流出的残渣流是被部分消耗掉较高沸点的碳氢化合物衍生物，这些被送入销售气流中。气体渗透膜通常采用具有良好选择性的玻璃质聚合物制成，但为了有效性，膜必须在分离过程中具有非常高的渗透性。

聚合物膜是从烟道气中分离二氧化碳的常用选择，因为该技术在各种工业，如石化工业中已经成熟。理想的聚合物膜具有高的选择性和渗透性。聚合物膜是由溶液—扩散机制主导的系统的例子。膜被认为具有气体可以溶解的孔（溶解度），分子可以从一个腔移动到另一个腔（扩散）。

可以制备出高均匀性的二氧化硅膜（整个膜的结构相同），这些膜的高孔隙率伴随着高渗透性。合成的膜具有光滑的表面，可以在表面上进行修饰，以大幅度提高选择性。例如，通过引入胺（在表面）对二氧化硅膜表面进行功能化，可以使膜更有效地从烟道气流中分离二氧化碳（Jang et al.，2011）。

沸石（结晶铝硅酸盐矿物）具有规则的重复结构分子大小的孔隙，也可以用于生产可操作的膜。这些膜根据孔径大小和极性选择性地分离分子，因此对特定的气体分离过程具有高度可调性。一般来说，较小的分子和具有较强的沸石吸附性能的分子以较大的选择性吸附在沸石膜上。基于分子大小和吸附亲和力的差别，使沸石膜成为从天然气中分离二氧化碳的一个有吸引力的候选者。

8.3.2 液体清除

从井中（包括从致密地层中生产天然气的井）直接采出的天然气含有许多烃类成分（表8.4和表8.5），这些烃类成分被归类为天然气凝析液（NGL）（在甲烷仍为气体的条件下为液态），这类凝析液通常被去除。在大多数情况下，天然气凝析液作为单独的产品流（即分离的乙烷、甲烷、丙烷、丁烷和戊烷及以上）具有更高的价值，因此，从天然气流中去除这些成分是经济的。天然气凝析液的去除通常在一个相对集中的加工厂进行，并使用类似于天然气脱水的技术。在致密气井口也能通过一定工艺去除天然气中较高分子量的烃类组分，但是这种处理方式是否可行取决于分离和运输单个烃类流体的经济性。总而言之，从天然气流中提取天然气凝析液既能生产更清洁、更纯净的天然气，也能生产有价值的烃类衍生物，这些烃类衍生物是天然气凝析液的组成成分。

将天然气凝析液从天然气流中分离有两个步骤：（1）必须从天然气中提取天然气凝析液，即烃类成分；（2）必须单独分离天然气凝析液以产生单独的成分。

为了处理和运输伴生的溶解天然气，第一步必须将天然气从溶解天然气的原油中分离出来。天然气与原油的分离通常是通过安装在井口或井口附近的设备来完成的。从原油中分离天然气的实际过程，以及所使用的设备，可能差别很大。虽然管道质量的天然气在不同的地理区域可能是相同的（或几乎相同），但来自不同地区的未经处理的天然气可能有不同的成分和分离要求（见第1章）。最基本的分离器被称为传统分离器，由一个封闭的罐体组成，在其中依靠重力作用将较重的液体（如石油）和较轻的气体（如天然气）分离开来。

低温分离器是该类型分离器的一种，通常用于生产轻质原油或凝析油的高压井。这些分离器利用压差对湿气进行冷却，并分离石油和凝析油。

在这个过程中，湿气体进入分离器，通过热交换器进行微冷却。然后，气体通过一个高压液体喷射塔，这个喷射塔能将所有液体移入低温分离器中。然后气体通过节流装置进入低温分离器，当气体进入分离器时，节流装置使气体膨胀。这种气体的快速膨胀可以降低分离器内的温度。在液体去除后，干气体再通过热交换器返回，并被进入的湿气加热。通过改变分离器各个部分的气体压力，可以改变温度，从而使油和部分水从湿气流中冷凝出来。

处理天然气流中的天然气凝析液有两个基本步骤：（1）必须从天然气中提取天然气凝析液，即烃类成分；（2）天然气凝析液必须进行分离以产生单一组分。这两个过程约占天然气凝析液总产量的90%。

从天然气中去除天然气凝析液有两种主要技术：（1）吸收法；（2）低温膨胀法。

8.3.2.1 吸收法

从气流中提取天然气凝析液的吸收过程在原理上类似于吸收脱水过程，但是由于吸收的是天然气凝析液，所以使用的吸收介质是吸收油而不是乙二醇或衍生物（二甘醇或三甘醇）。在这个过程中，天然气流通过一个吸收塔，在那里它与溶解高比例天然气凝析液的吸收油进行接触。含烃类组分的吸收油（富吸收油、脂肪吸收油）通过底座底部排出吸收塔。将吸收油—烃混合物（吸收油加上乙烷、丙烷、丁烷、戊烷和其他高分子量烃衍生物）注入贫油蒸馏器中，在那里将混合物加热到高于天然气凝析液最高沸点成分的沸点，但低于石油的沸点，以回收烃衍生物混合物。该工艺可回收约75%体积分数的低沸点烃类衍生物和约90%体积分数的高分子量烃类衍生物

可以对上述吸收工艺进行改进，以提高工艺效果、效率或促进特定烃衍生物的提取。例如，在冷冻油吸收过程中，在将气体流引入接触器之前，通过制冷冷却贫油，使丙烷回收率高达90%体积比，并且可以从天然气流中提取大约40%体积分数的乙烷。此外，使用这种制冷方法，其他高分子量烃类衍生物的提取可以接近100%。

萃取天然气凝析液的吸收方法与脱水的吸收方法非常相似。主要的区别是，在吸收天然气凝析液时，使用的吸附介质是吸收油而不是乙二醇。这种吸收油对天然气凝析液具有亲和力，就像乙二醇对水具有亲和力一样。在油吸收任何天然气凝析液之前，它被称为贫吸收油。当天然气通过吸收塔时，它与吸收油接触，吸收油吸收了大量的天然气凝析液。这时富含天然气凝析液的富吸收油从吸收塔底部排出吸收塔。此时的吸收油是吸收油、丙烷、丁烷、戊烷和其他较重的烃类衍生物的混合物。富吸收油被注入贫油蒸馏器，在那里混合物被加热到高于天然气凝析液的沸点，但低于石油的沸点的温度。通过该工艺可从天然气中回收约75%体积分数的丁烷衍生物、85%~90%体积分数的戊烷衍生物及更高分子量的烃类衍生物。

8.3.2.2 低温处理法

低温工艺是从天然气流中提取天然气凝析液的工艺。吸收过程可以提取天然气凝析液中几乎所有高分子量的成分，但低分子量的烃类衍生物，如乙烷，则很难从天然气中回收。

然而，如果从气流中提取乙烷和其他低分子量烃类衍生物在经济上是有利的，那么低温工艺通常可以提供更高的回收率。

低温法涉及将气流温度降低到 -85℃（-120℉）的温度。可以通过不同的方法来减少气流的膨胀，但最有效的方法之一是涡轮膨胀器工艺，其中使用外部制冷剂来冷却天然气流。然后，使用膨胀涡轮快速膨胀冷却气体，导致温度显著下降，并使乙烷和其他烃类衍生物冷凝析出气流，同时保持甲烷以气态形式存在。这一工艺可回收初始气流中 90%~95% 体积分数的乙烷，此外，膨胀涡轮可将（天然气流膨胀时）释放的部分能量用于气态甲烷流出物的再压缩，从而节省与提取乙烷有关的能源成本。

该工艺可以回收初始气流中的 90%~95% 体积分数的乙烷。从天然气流中提取天然气凝析液既可以生产更清洁、更纯净的天然气，还能生产有价值的烃类衍生物，即天然气凝析液本身。

8.3.3 天然气凝析液分馏

随着页岩气产量的增加和价格的下降，液化天然气已经成为一个新的焦点。由于天然气价格一直处于低位，石油公司的兴趣已经从干气生产转向液态烃生产。NGL 是天然气加工厂从天然气中分离出的所有液体产品的总称，包括乙烷、丙烷、丁烷和戊烷异构体。当天然气凝析液与甲烷（天然气的主要成分）一起存在时，天然气被称为湿气（有时用不寻常的术语热气体来代替湿气）。一旦天然气凝析液从甲烷中除去后，天然气被称为干气，也就是被送到消费者手中的气体。在商业世界中同样重要的是，每一种天然成分都有自己的市场和价值。

一旦天然气凝析液从天然气流中提取出来，下一步必须将它们分离成散装馏分的各个组分。用于完成分离的分馏过程是基于天然气凝析液中不同的烃类衍生物沸点不同，分馏过程分阶段进行，根据沸点的不同，逐级提升温度，分离不同烃类衍生物。

因此，从天然气流中分离出来的天然气凝析液，必须分解成其基本成分才有用。也就是说，不同天然气凝析液的混合流必须分离。用于完成这一任务的过程被称为分馏，它是基于天然气凝析液中不同烃类衍生物沸点不同来实现。从本质上讲，分馏是分阶段进行的，根据不同衍生物沸点不同，逐个进行分离。

分馏过程是分阶段进行的，根据不同衍生物沸点不同，逐个进行分离。特定分馏器的名称一般表示了其具体的用途，因为分馏器通常以被分馏的烃类衍生化合物命名。从脱除气流中沸点较低的天然气凝析液开始，整个分馏过程分步骤进行。分馏器的使用顺序如下：（1）脱乙烷器，它将乙烷从天然气凝析液中分离出来；（2）脱丙烷器，它将丙烷从脱乙烷流中分离出来；（3）脱丁烷化器，它将丁烷异构体从脱乙烷—脱丙烷流中除去，并将戊烷衍生物和更高分子量的烃类衍生物留在天然气凝析液中。在脱丁烷步骤之后，丁烷流被送到丁烷分离器（也称为脱异丁烷分离器），用于分离异丁烷和正丁烷。

分离过程产生了一系列适合作为石化原料的馏分（或替代或附加，取决于异丁烷的产量），异丁烷也可以被送到烷基化装置生产烷基化产品，用于汽油的生产（Speight，2014a）。

8.3.4 脱氮

天然气中经常含有足够数量的氮气，因而降低了天然气的热值。因此，已经建立了几种用于天然气脱氮的工厂，但必须认识到，脱氮需要对整个气流进行液化和分馏，这可能会影响工艺经济。在许多情况下，含氮天然气与热值较高的气体混合，并根据热值（Btu/ft³）以较低价格出售。

8.3.5　脱酸性气体

除了水和天然气凝析液的去除，气体处理中最重要的部分之一是硫化氢和二氧化碳的去除。一些井的天然气含有大量的硫化氢和二氧化碳，通常被称为酸性气体。酸性气体是不可取的，因为它所含的硫化物对呼吸是极其有害的，甚至是致命的，而且这种气体也具有极强的腐蚀性。从酸性气体中去除硫化氢的过程通常被称为气体甜化。

8.3.5.1　脱硫化氢与二氧化碳

对含硫天然气进行甜化处理的主要过程与乙二醇脱水和通过吸收去除天然气凝析液的过程非常相似。然而，在这种情况下，胺（醇胺）溶液被用来去除硫化氢（胺工艺），主要使用两种胺溶液，单乙醇胺（MEA）和二乙醇胺（DEA）。酸性气体通过含有醇胺溶液的塔，这时胺溶液就会吸收气体中的硫化物。从塔中出来的气体几乎不含硫化合物。就像提取天然气凝析液和乙二醇脱水的过程一样，所使用的胺溶液可回收再利用。虽然大多数酸性气体脱硫涉及胺吸收过程，但也可以使用海绵铁等固体干燥剂去除硫化氢和二氧化碳。

去除酸性气体成分（硫化氢和二氧化碳）通常是通过将天然气与碱性溶液接触来完成的。最常用的处理溶液是乙醇胺或碱碳酸盐的水溶液，尽管近年来已经开发了相当数量的其他处理剂（Mokhatab et al.，2006；Speight，2014a，2019a）。这些新型处理剂大多依靠物理吸收和化学反应。当只需要大量去除二氧化碳或只需要部分去除二氧化碳时，采用热碳酸盐溶液或物理溶剂才是最经济的选择。

最著名的硫化氢脱除工艺是基于硫化氢与氧化铁的反应（通常也称为铁海绵法或干箱法），其中气体通过浸渍氧化铁的木屑床。氧化铁法是目前最古老、应用最广泛的天然气及天然气凝析液甜化处理工艺（Duckworth and Geddes，1965；Anerousis and Whitman，1984；Zapffe，1963）。这一工艺始于19世纪。在这个工艺中，酸性气体通过床层向下运移。在处理之前需要向酸性气体中添加少量的空气。这些空气可用于连续再生与硫化氢反应的氧化铁，这有助于延长给定塔的运行寿命，但可能会减少给定重量的床层将去除的硫总量。

该工艺通常最适用于含有中低浓度（300μL/L）硫化氢或硫醇的气体。这个过程往往具有高度选择性，通常不会去除大量的二氧化碳。因此，该工艺生产的硫化氢流通常纯度较高。采用铁海绵工艺甜化气体，主要是基于固体脱硫剂表面对酸性气体的吸附，以及氧化铁（Fe_2O_3）与硫化氢之间会发生化学反应：

$$2Fe_2O_3 + 6H_2S \longrightarrow 2Fe_2S_3 + 6H_2O \tag{8.7}$$

该反应需要微碱性水的存在，温度低于43℃（110°F），床的碱度（pH值为8~10）应定期检查，通常是每天检查一次。水的pH值应通过注入烧碱来维持。如果气体中没有足够的水蒸气，则可能需要向入口气流中注入水。

硫化氢与氧化铁反应生成的硫化铁可与空气氧化生成硫并再生氧化铁：

$$2Fe_2S_3 + 3O_2 \longrightarrow 2Fe_2O_3 + 6S \tag{8.8}$$

$$S_2 + 2O_2 \longrightarrow 2SO_2 \qquad (8.9)$$

再生步骤是放热的，因此必须缓慢地引入空气，以便反应的热量可以散去。如果迅速通入空气，反应热可能使床层着火。再生步骤中产生的部分单质硫残留在床层中。这种硫经过多次循环后会在氧化铁表面形成滤饼，降低床层的反应活性。通常情况下，10 次循环后必须移除床层，并在容器中引入新的床层。

氧化铁工艺是通过与固体化学吸附剂（Kohl and Riesenfeld, 1985; Mokhatab et al., 2006; Speight, 2014a, 2019a）反应，从气流中清除硫化氢和有机硫化合物（硫醇）的几种基于金属氧化物的工艺之一。它们通常是不可回收再利用，虽然有些是部分可回收利用，但在每次再生周期中都会失去一部分活性。大多数过程由金属氧化物与硫化氢反应生成金属硫化物控制。对于再生，金属氧化物与氧气反应生成单质硫和再生的金属氧化物。此外，对于氧化铁，用于干法吸附过程的主要金属氧化物是氧化锌。

浆液工艺作为氧化铁（海绵铁工艺）替代品被开发出来，氧化铁浆已被用于选择性吸收硫化氢气体，这些工艺主要包括：（1）化学脱硫工艺（Chemsweet）；（2）硫代工艺（Sulfa-Check 工艺）（Mokhatab et al., 2006）。

化学脱硫工艺是一种从天然气流中间歇式脱除硫化氢的工艺。所涉及的化学物质是氧化锌（ZnO）、醋酸锌 [Zn（CH₃COO）₂，或 ZnAc₂] 和水的混合物，分散剂可以保持氧化锌颗粒呈悬浮状态。当一份醋酸盐与五份水混合时，醋酸盐溶解并提供一个可控的锌离子源，即时与硫氢根离子（HS⁻）和硫离子（S²⁻）反应，这些离子是硫化氢溶解于水中时形成的。氧化锌从反应中形成的醋酸（CH₃COOH 或 HAc）中补充乙酸锌。化学反应如下：

脱硫（甜化）反应：

$$ZnAc_2 + H_2S \longrightarrow ZnS + 2HAc \qquad (8.10)$$

再生反应：

$$ZnO + 2HAc \longrightarrow ZnAc_2 + H_2O \qquad (8.11)$$

总反应：

$$ZnO + H_2S \longrightarrow ZnS + H_2O \qquad (8.12)$$

在整个反应过程中，二氧化碳的存在对过程的影响很小，因为化学脱硫浆液的 pH 值很低，即使当二氧化碳与硫化氢的比例非常高时，也能阻止二氧化碳的显著吸收（Manning and Thompson, 1991），所以二氧化碳的存在对该过程几乎没有影响。

硫代工艺是一种选择性脱除天然气中硫化氢和硫醇衍生物（RSH）的工艺（Mokhatab et al., 2006）。该过程采用一步法单容器设计，使用亚硝酸钠（NaNO₂）缓冲溶液将 pH 值稳定在 8 以上。此外，有足够的强碱将新鲜材料的 pH 值提高到 12.5。工艺反应涉及硫化氢向单质硫的转化：

$$NaNO_2 + 3H_2S \longrightarrow NaOH + NH_3 + 3S + H_2O \qquad (8.13)$$

气流中的二氧化碳与氢氧化钠反应形成碳酸盐和碳酸氢盐，可以简单地表示为：

$$CO_2 + NaOH \longrightarrow NaHCO_3 \tag{8.14}$$

$$NaHCO_3 + NaOH \longrightarrow Na_2CO_3 + H_2O \tag{8.15}$$

废溶液是细硫颗粒在钠盐和铵盐溶液中的浆液（Manning and Thompson，1991）。

采用烷醇胺水溶液的化学吸收工艺处理含硫化氢和二氧化碳的气流（有时也称为醇胺过程或胺化过程）（图8.3）。但根据原料气的组成和操作条件，可以选择不同的胺来满足产品气规格需求。根据有机基团对中心氮的取代程度，胺被分为一级、二级和三级。伯胺直接与硫化氢、二氧化碳和羰基硫（COS）反应。伯胺的例子包括单乙醇胺（MEA）和专有的二甘醇胺试剂（DGA）。仲胺与硫化氢和二氧化碳直接反应，并与部分羰基硫化物直接反应。

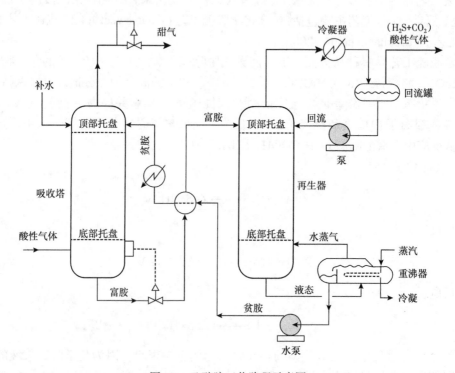

图8.3　乙醇胺工艺路程示意图

最常见的仲胺是二乙醇胺（DEA），而二异丙醇胺（DIPA）是仲胺的另一个例子，在胺处理系统中不常见。叔胺与H_2S直接反应，与CO_2间接反应，与少量COS间接反应。叔胺最常见的例子是甲基二乙醇胺（MDEA）和活化的甲基二乙醇胺（简称a-MDEA）（Mokhatab et al.，2006；Speight，2019a）。根据实际应用情况，特殊溶液如胺类混合物、含有环丁砜和哌嗪等物理溶剂的胺，以及被磷酸等酸部分中和胺均可以使用（Bullin，2003）。

胺吸收器（图8.3）利用逆流流经塔板或填料塔，使胺溶剂与酸性气体紧密接触，从而使硫化氢和二氧化碳从气相转移到溶剂液相。在托盘塔中，每个托盘上通过一个通常为

2in 或 3in 高的堰来维持液位。气体从塔板下方通过托盘上的开口（如穿孔、气泡帽或阀门）向上传递，并通过液体分散成气泡，形成泡沫。

气体从泡沫中脱离，穿过蒸汽空间，为夹带的胺液回落到塔板上提供时间，气体穿过蒸汽并通过上方的下一个塔板。在填料塔中，液体溶剂分散在气流中，通过在填料上形成薄膜，为硫化氢和二氧化碳从气体转移到液体溶剂提供了大的表面积。气体达到的甜化程度在很大程度上取决于塔板的数量或吸收器中可用的填料高度。

胺的选择对脱硫醇装置的性能有重要影响。要考虑胺化学和类型的所有方面，因为忽略单个问题可能会导致操作问题。虽然许多操作都集中于 MDEA 对旧的通用胺的使用，但最近也有许多案例表明，这些旧的通用胺是最好的，甚至可能是最近新工厂设计的唯一选择（Jenkins and Haws，2002）。MEA 和 DEA 是最普遍使用的脱硫醇化胺。

MEA 是一种稳定的化合物，在没有其他化学物质的情况下，在达到其正常沸点的温度下不会发生降解或分解。MEA 与 H_2S 和 CO_2 的反应如下：

$$2(RNH_2) + H_2S \longrightarrow (RNH_3)_2 S \qquad (8.16)$$

$$(RNH_3)_2 S + H_2S \longrightarrow 2(RNH_3)HS \qquad (8.17)$$

$$2(RNH_2) + CO_2 \longrightarrow RNHCOONH_3R \qquad (8.18)$$

通过改变系统温度，这些反应是可逆的。MEA 还与羰基硫醚（COS）和二硫化碳（CS_2）反应，形成不能再生的热稳定盐。

另一方面，DEA 是一个比 MEA 弱的基础，因此 DEA 系统通常不会遭受相同的腐蚀问题。DEA 与 H_2S 和 CO_2 的反应如下：

$$2R_2NH + H_2S \longrightarrow (R_2NH_2)_2 S \qquad (8.19)$$

$$(R_2NH_2)_2 S + H_2S \longrightarrow 2(R_2NH_2)HS \qquad (8.20)$$

$$2R_2NH + CO_2 \longrightarrow R_2NCOONH_2R_2 \qquad (8.21)$$

该工艺除了将水胺溶液作为甜味剂，其他流程方案变化并不大。

含硫化氢和（或）二氧化碳的酸性气流通常通过入口分离器（洗涤器）进入工厂，以除去任何自由液体和（或）夹带的固体，然后气流通过吸收器进入吸收塔底部，与胺水溶液紧密逆流接触，其中胺从气流中吸收酸性气体成分。除去酸性气体的气流离开吸收塔顶部，通过出口分离器，然后流向脱水装置（和压缩装置，如果有必要），最后才考虑准备出售。

在许多装置中，富胺溶液从吸收器底部被送到闪蒸罐，以回收可能在吸收器胺溶液中溶解或冷凝的碳氢化合物衍生物。对富胺溶剂进行预热，然后进入汽提塔塔顶。胺—胺换热器作为保温装置，降低了工艺对总热量的要求。部分吸收的酸性气体会从汽提塔顶部塔板上加热的富胺液中闪蒸出来。余下的溶液通过汽提器逆流向下流动，与再沸器中产生的蒸汽接触。再沸器蒸汽从富胺液中带走酸性气体。酸性气体和蒸汽离开汽提塔顶部并通过冷凝器通过塔顶，其中大部分蒸汽被冷凝和冷却以备再利用。

来自汽提塔塔底的贫胺液通过胺—胺换热器泵入，然后通过冷却器泵入到吸收塔塔顶。胺冷却器的作用是将贫胺温度降至38℃（100°F），温度过高会导致胺通过汽化而过度损失，同时由于温度的影响，溶液中酸性气体的携带量也会降低。

分子筛对脱除气流中的硫化氢（以及其他含硫化合物）具有较高的选择性，且具有较高的连续吸收效率。它们也是一种有效的除水手段，从而为气体的同步脱水和脱硫提供了有效手段。含水量过高的气体可能需要上游脱水（Mokhatab et al., 2006；Speight, 2014a, 2019a）。

分子筛工艺与氧化铁工艺类似。床层的再生是通过在床层上方通入加热的清洁气体来实现的。随着床层温度的升高，其将吸附的硫化氢释放到再生气流中。酸性废液再生气送至火炬烟囱，再生过程中可损失高达2%（体积分数）的气体。部分天然气也可能因筛孔吸附烃类组分而损失（Mokhatab et al., 2006；Speight, 2014a, 2019a）。

在此过程中，不饱和烃类组分，如烯烃、芳香烃等易被分子筛强烈吸附。分子筛容易被乙二醇等化学物质毒化，在吸附步骤之前需要进行彻底的气体前处理。另外，筛网可以通过使用防护装置来提供一定程度的保护，在气体与筛网接触之前，将成本较低的催化剂放置在气流中，从而使催化剂免于中毒。这一概念类似于防护层或磨损催化剂在原油工业中的使用（Speight, 2000）。

总之，选择气体处理工艺的决策可以通过气体成分和操作条件多次简化。酸性气体的高分压（50psia）提高了使用物理溶剂的概率。原料中大量高沸点烃类衍生物的存在不利于使用物理溶剂。低酸气分压和低出口规格通常需要使用胺进行充分处理。工艺的选择并不容易，在进行工艺选择之前必须权衡多个变量。在初步评估后，通常需要对相关备选方案进行研究。

8.3.5.2 硫回收

酸性气处理装置的副产品主要由硫化氢和（或）二氧化碳组成。二氧化碳通常被排放到大气中，但有时会通过二氧化碳驱油技术回收二氧化碳以提高原油采收率。硫化氢可以进入焚烧炉或火炬，将硫化氢转化为二氧化硫。再生循环中向大气排放或燃烧硫化氢的释放受到环境法规的严重制约。

硫化氢是一种有毒气体，来源于原油，在炼焦、催化裂化、加氢精制、加氢裂化等过程中也会产生，其处理是很多炼油企业面临的问题。将硫化氢作为燃料气组分或火炬气组分燃烧，由于燃烧产物之一是剧毒的二氧化硫（SO_2），也是有毒的，出于安全和环保的考虑，燃烧法被排除。如上所述，硫化氢通常通过醇胺工艺从炼厂气流中去除，之后应用热再生醇胺并形成酸性气流。

硫回收工艺大多采用化学反应氧化硫化氢，生成单质硫。这些过程一般基于硫化氢与氧气或硫化氢与二氧化硫的反应。两个反应均生成水和单质硫。这些过程都是经过许可的，涉及专门的催化剂和（或）溶剂。这些工艺可以直接在生产的气流上使用。当遇到大流速时，更常见的是将产生的气体流与化学或物理溶剂接触，并对再生步骤中释放的酸性气体采用直接转化工艺。

常见的硫回收方法有两种，即液体氧化还原法和克劳斯硫回收法。

8.3.5.2.1　液体氧化还原法

硫回收的液相氧化还原工艺是使用铁或钒的稀水溶液，通过化学吸收从酸性气流中选择性地去除硫化氢。这些工艺可用于含量相对较小或较稀的硫化氢气流，以从酸性气体流中回收硫。在某些情况下，它们可用于代替酸性气体去除工艺。弱碱性的稀液体在气流入口处对硫化氢进行洗涤，催化剂将硫化氢氧化为单质硫，还原后的催化剂通过与氧化剂中的空气接触进行回收。根据工艺的不同，可通过浮选或沉淀的方法将硫从溶液中除去。

8.3.5.2.2　克劳斯工艺

克劳斯硫回收工艺是目前应用最广泛的硫回收技术。克劳斯法用于从含有大量硫的工厂的胺再生器排气流中回收硫。然而，该工艺用于处理最大硫化氢含量为15%（体积分数）左右的气流。这些装置的化学作用包括硫化氢部分氧化为二氧化硫，以及催化促进硫化氢和二氧化硫反应生成单质硫。克劳斯过程包括将大约三分之一的硫化氢燃烧成二氧化硫，然后在活性氧化铝、钴钼催化剂的固定床存在下，将二氧化硫与剩余的硫化氢反应，形成单质硫。

$$2H_2S+3O_2 \longrightarrow 2SO_2 + 2H_2O \qquad (8.22)$$

$$2H_2S+SO_2 \longrightarrow 3S+2H_2O \qquad (8.23)$$

该工艺的第一阶段通过在反应炉中用空气燃烧酸气流，将硫化氢转化为二氧化硫和硫。这一阶段为反应的下一催化阶段提供二氧化硫。为实现硫化氢更完全的转化，该阶段包含多个催化阶段，每个催化级由气体再热器、反应器和冷凝器组成。每一级后都装有冷凝器，用于冷凝硫蒸汽并将其与主流分离。为了在转化反应器中达到正确的硫化氢/二氧化硫比例，采用了不同的工艺流程配置。

硫的回收率取决于原料组成、催化剂的使用年限和反应器级数等因素。克劳斯工厂的典型硫回收效率为两级工厂90%~96%，三级工厂95%~98%。由于平衡限制和其他硫损失，克劳斯装置的总硫回收效率通常不超过98%。

过去，克劳斯工厂排出的废气（被称为尾气）被燃烧，将未反应的硫化氢转化成二氧化硫，然后排放到大气中，后者的毒性限值要高得多。然而，环保压力所要求的效率标准越来越高，导致基于不同概念的大量克劳斯尾气净化（TGCU）装置的开发，以去除最后剩余的硫种。选择合适的尾气净化装置对操作人员来说非常重要，而不同的性能水平和生命周期成本使选择变得复杂。选择最流行的尾气净化工艺是基于硫的回收效率，最重要的是再回收（Gall and Gadelle，2003）。

8.3.6　浓缩

浓缩目的是生产用于销售的天然气和浓缩的储罐油。储罐油比天然原油含有更多的低沸点烃类液体，残余气更干燥（含有较少的高分子量烃类衍生物）。因此，该工艺本质上是将烃类液体从甲烷中分离出来，生产高分子量更少，更为干燥的气体。

当低沸点碳氢化合物液体没有单独的市场时，或者当原油API重度的增加导致单位体积和储罐油体积的价格大幅增加时，就会使用原油富集。一种非常方便的富集方法是通过控制油气分离器的数量和操作压力。然而，必须认识到，分离器压力的改变或操作影响气体压缩操作，也影响其他加工步骤。

去除轻质组分的一种方法是使用降压（真空）系统。一般来说，轻质组分的分离是在低压下完成的，之后，分离完轻质组分后，剩余原油的压力升高，使原油起到吸收剂的作用。通过这一过程得到富集的原油随后被分阶段或利用分馏（精馏）将其降低到常压。

目前广泛使用的燃料种类繁多，其中最简单的成分是天然气，主要由甲烷组成，但包括从乙烷到丁烷（统称为天然气液体），以及从戊烷到辛烷（C_8H_{18}）或在某些情况下到十二烷（$C_{12}H_{26}$）的高沸点烃类衍生物（统称为凝析气，一般简称为 C_{5+} 馏分）。此外，过程气、沼气和垃圾填埋气也是本研究关注的气体。

天然气成分（包括凝析油）通常比液体燃料的成分更容易获得。因为液体燃料包含大量的（有时无法确定的）碳氢化合物种类，因此很少有液体燃料的分子组成是已知的。由于液体燃料的复杂性（含有大量无法确定碳氢化合物组成），最常见的成分数据包括燃料元素组成的测量，通常以碳、氢、硫、氧、氮和灰的质量分数表示，并酌情考虑潜在的低沸点（甚至气态）碳氢化合物衍生物（ASTM D2427）（Nadkarni，2005）。通过适当选择色谱柱和仪器参数，还可以测定烯烃成分（ASTM D2163）。

例如，有一种测试方法（ASTM D2427）可用于气相色谱法测定汽油中 C_2 至 C_5 碳氢化合物衍生物（由此推断，低沸点石脑油、凝析油和天然汽油）。然而，本测试方法不包括环烯烃衍生物、二烯烃衍生物或乙炔衍生物的测定，尽管在低沸点石脑油馏分（以及凝析气和天然汽油）中不太可能存在乙炔衍生物，但它们通常是成品汽油中的次要成分。用这种测试方法测定的各种成分的浓度报告为：

乙烯 + 乙烷；丙烷；丙烯；异丁烷；正丁烷；丁烯 -1+ 异丁烯；反 -2- 丁烯；顺 -2-丁烯；异戊烷；3- 甲基 -1- 丁烯；正戊烷；戊烯 -1；2- 甲基 -1- 丁烯；反 -2- 戊烯；顺 -2-戊烯；2- 甲基 -2- 丁烯。

然而，尽管该方法适用的测量样品范围很广，但它不适用于分析含有大量沸点低于乙烯的物质样品。

除了上述测试方法（ASTM D2427），各种元素分析技术，如原子吸收光谱法（AAS），电感耦合等离子体原子发射光谱法（ICP-AES），X 射线荧光（XRF），或石墨炉原子吸收光谱法（GFAAS）均可以用于成分的分析。

另一种测试方法可用于原油产品的元素分析，特别是当样品中存在微量元素时。该方法涵盖了馏分原油产品中 7 种元素的快速测定，并描述了采用电感耦合等离子体质谱法（ICP-MS）测定低沸点和中馏分原油产品中微量元素的方法。每个测试样品的测试时间约为几分钟，大多数元素的定量精度在低至亚 ng/g（十亿分之一级别）范围内。对于一些其他技术难以测定的元素，可以达到较高的分析灵敏度。

热值（也称为热含量）是完全燃烧过程中热量释放的量度，其值也随着最终分析一起报告。此外，对于液体燃料，经常会测量影响处理和使用的特定性质，例如液体燃料的相对密度或 API 重度、黏度（不同温度点）、闪点（燃料充分挥发以达到容易点燃的温度）和蒸馏曲线（作为温度函数的汽化部分）。从这些数据中可以估计燃料在使用中的可预测性。

另一方面，以甲烷为主的天然气提供了更多的信息数据，从这些数据中可以比液体燃料更准确地预测天然气在使用中的行为。正是由于这个原因，人们常常错误地认为天然气的行为与甲烷相同，但在使用天然气和将天然气释放到环境中时，却遇到了问题。例如，与空气的密度相比，任何气体的密度都是蒸气密度，这是天然气和天然气成分的一个非常重要的特征。原料天然气的 C_{3+} 成分（丙烷和更高分子量的气体成分）具有蒸气密度，表明这些成分比空气重。因此，当未经加工的天然气无意中被释放到大气中时，这些较高分子量的成分将聚集在地球表面的低洼处（洼地），容易发生爆炸。

因此，经常有人说天然气比空气轻（因为一些工程师和科学家一直坚持认为混合物的性质是由混合物中各个成分的性质的数学平均值决定的），这种说法是不正确的。这种数学上的武断和思想上的不一致对安全生产是有害的，需要通过考虑现有的分析数据来加以限制。

事实上，在天然气生产的每个阶段，通过标准的测试方法对天然气进行井口处理、运输和加工分析是天然气化学和技术的重要组成部分。分析方法的使用提供了天然气在开采、井口处理、运输、天然气处理和使用过程中行为相关的重要信息。本节列出了分析数据所服务的各种目的，并估计了每种气体的每种成分为了服务于每个特定目的而必须具备的精度。这些估计为判断分析方法和仪器的适用性提供了标准，但当已知更多与分析方法的极限可达到的准确度相关的信息时，可以对这些标准进行修订。

总的来说，90% 以上的陆上井口都采用批处理和胺工艺。当操作成本较低时，胺法工艺是首选，该工艺的化学成本高昂，设备成本较高。但当原料气的硫含量低于每天 20 lb 的硫，批处理更经济，但当每天超过 100 lb 的硫含量，则胺工艺是首选（Manning and Thompson，1991）。

因此，由于天然气在世界范围内的使用，以及不同井的天然气组成不同，需要对天然气进行一系列的标准测试，以满足销售规范（见第 9 章）。天然气测试包括对常规气和页岩气、液化天然气和其他烃类凝析物和组分的分析。此外，与政府或行业的一刀切管理相比，对天然气开发相关的环境实践监管可以更容易地解决活动的区域和州特殊性。其中一些因素包括：（1）地质；（2）水文；（3）气候和气候变化；（4）地形；（5）工业特征；（6）发展历史；（7）国家法律结构；（8）人口密度；（9）当地经济。因此，天然气的产量调控是通过州一级的诸多控制，对（生产、井口处理、运输、天然气处理设施和销售）发展的各个阶段进行详细监控。

由于天然气在世界范围内的使用，以及不同井（甚至同一储层内的井）的天然气成分不同，因此需要对天然气进行一系列标准测试，以使其符合销售规范。天然气测试包括对常规气和页岩气、液化天然气、其他烃类凝析物和组分，以及沼气和垃圾填埋气的分析。天然气技术的每一个方面都需要对天然气的特性进行详细的分析（并因此获得知识），了解分析方法的适用性，这有助于读者理解：（1）天然气的起源；（2）天然气的生产；（3）天然气的运输；（4）天然气的精炼，包括气体的清洁；（5）天然气对环境的影响。因此，下面介绍天然气的形成、生产、井口加工、运输、天然气加工和使用的要点。

当沼气被送去进行除杂处理时，净化后的沼气具有接近作为天然气的特性。在这种情况下，沼气的生产者可以利用当地的气体分配网络。气体必须非常清洁才能达到管道运输质量要求。如果存在高浓度的水（H_2O）、硫化氢（H_2S）和微粒，需要对气体进行净化，除去这些组成。二氧化碳的去除频率较低，但也必须将其分离，以达到管道优质气要求。如果在不进行净化情况下使用天然气，就以与天然气共燃方式来改善燃烧。净化后达到管道质量的沼气被称为可再生天然气，这种形式的气体可用于任何使用天然气的场合。原料沼气的热值约为 600Btu/ft^3（5340cal/m^3）。原料气体将在发动机中燃烧，除非选择适当的结构材料，否则可能发生腐蚀。

前几节已向读者介绍天然气回收和加工处理的各个方面，这些方面涉及使天然气满足供消费者使用的要求。对所涉及的各种过程的了解将有助于分析人员设计测试程序，从而为客户产生所需的数据。也有人引用了 ASTM 标准测试方法，该方法通过使用高选择性敏感的分析设备产生数据，例如所谓的气相色谱 / 质谱（GC/MS）组合的背载技术。作为一个质量控制步骤，在使用气相色谱（GC）或气相色谱 / 质谱（GC/MS）这两种最常用的仪器分析方法进行分析之前，可能有必要（在工艺气体、沼气和垃圾填埋气的情况下）对非挥发性和热降解的目标化学品进行衍生化（化学修饰）。

在对天然气组成的描述中，C$_{5+}$（凝析油）馏分是一个相对较窄的沸腾范围馏分，现有表征方法可用于确定该馏分的各种性质。然而，与天然气的 C$_{5+}$ 馏分相反，适用于这种凝析油的标准测试方法并不是应用于原油液体的典型标准测试方法，而应酌情从适用于低沸点石脑油的测试方法中选择，即使有选择性，也可能需要进行一些修改才能适用于凝析油。

大气压条件下的气体分子间的自由空间比液体大得多。因此，在气态下各种相似和不相似分子之间的相互作用小于类似液体混合物中的分子相互作用。因此，天然气成分对气体混合物性质的作用不像液体那样明显。然而，组成对气体混合物性质的影响随着压力的增加和分子间自由空间的减少而增加。成分对致密气体性质的作用是不容忽视的。在低压条件下，大多数气体表现得像理想气体，所有的气体混合物，无论其成分如何，在相同的温度和压力下具有相同的摩尔密度。

一般来说，体积分数和摩尔分数对于所有类型的混合气体都可以互换使用。混合气体的组成很少以质量分数表示，这类组成对于气体系统的应用非常有限。当气体混合物中的成分仅以百分比表示时，应考虑为摩尔分数或体积分数。

在天然气分析（以及其他气体产品和燃料的分析）技术的各个方面，包括物理性质的计算，气体混合物的准确表征需要：（1）确保使用了正确的采样方法（见第 5 章）（ASTM F307《气体分析加压气体取样标准操作规程》）；（2）适当类型的设备（ASTM E355《气相色谱术语和关系的标准实施规范》），可以对已知气体摩尔分数和碳数的混合物进行完整的成分分析（ASTM D7833《气相色谱法测定气态混合物中碳氢化合物衍生物和非碳氢化合物气体的标准试验方法》），以及物理性质的计算方法（例如：ASTM D3588《计算热值的标准操作规程，压缩系数和气体燃料的相对密度》），以帮助设计最合适的气体处理顺序（Zhu et al.，2014；El-Rahman et al.，2017）。

对天然气的分析，不仅要确定其存在，而且要确定不同组分的相对含量，天然气分析是目前广泛应用于天然气的技术。当天然气从气源中开采出来时，在作为工业或家庭的能源使用之前，需要在天然气加工处理厂进行处理。气体中的硫化氢、二氧化碳和其他成分被除去，留下甲烷作为主要气体。天然气组成中杂质去除的必要性是基于以下几个方面的原因：（1）生产增值产品；（2）硫化氢有毒性；（3）硫化氢和二氧化碳在存在水的情况下增强金属腐蚀的倾向；（4）使用气体时可能造成环境污染。

非甲烷成分的测量方法很多，但分析方法的选择取决于天然气的范围和成分，以及选择时可用的分析技术。第二部分提供了方法选择时有用的信息。通过对天然气应用适当的标准测试方法（如第二部分所述），可以确定甲烷组分到凝析油组分的分布，从而可以评估储层特征及不同井气体成分特征。

8.4 致密气处理

消费者所使用的天然气与从地下致密地层产出到井口的天然气有很大的不同，虽然井口天然气的主要成分是甲烷，但其并没有像销售给消费者使用的天然气那样纯净。天然气通常与其他碳氢化合物衍生物混合存在，主要成分为乙烷、丙烷、丁烷和戊烷。此外，原始天然气还含有水蒸气、硫化氢（H_2S）、二氧化碳、氦、氮等其他化合物。

8.4.1 井口处理

天然气的处理通常从井口开始，在离开气井后，处理的第一步是去除油、水和凝析油。加热器和洗涤器分别用于防止气体温度降得太低和去除大颗粒杂质（Manning and Thompson，1991）。从各方面来看，井口处理都没有天然气厂的处理复杂，因为天然气厂的加工、净化和精炼是生产纯甲烷的最终步骤。消费者使用的天然气几乎完全由甲烷组成。

在许多情况下，井口压力降低会导致天然气与石油的自然分离（使用传统的密闭储罐，其中重力分异会将气体烃类衍生物从高沸点原油中分离出来）。然而，在某些情况下，需要采用多级油气分离工艺将气流与原油分离。这些油气分离器通常具有封闭的圆柱形外壳，水平安装，一端有入口，顶部有出口，用于排出气体，底部有出口，用于排出油。分离是通过多步交替加热和冷却（通过压缩）来完成的；一些水和冷凝物，如果存在的话，也会在这个过程中被提取出来。

如果气流需要冷却，有三种类型的气体冷却器可供选择：（1）自然对流冷却器；（2）强制对流冷却器；（3）水冷器。要考虑的主要因素是气体中的显热、气体的水蒸气含量及其冷凝热，以及冷却器结垢的影响。自然对流冷却器由简单的长管道组成，使用和清洁简单，不需要额外的能量输入。强制对流冷却器需配备一个风扇，迫使冷却空气环绕气体管道周围流动，通常比自然对流冷却器小得多。强制对流冷却器的缺点有两点：一是需要额外的能量输入，二是需要使用小管径的气体冷却管，这可能导致结垢问题。在某些情况下，第一个缺点可以通过使用发动机风扇提供的冷却空气来充当额外的能量输入。

水冷却器有两种类型：洗涤器和热交换器，当使用水洗涤器或起泡器时，目的通常是在同一操作中冷却和清洁气体。存在许多不同类型的洗涤器，但原理是相同的：气体与流体介质（通常是水）直接接触，通过适当的喷嘴装置将流体介质喷射到气流中。该系统的优点是体积小，但缺点是需要淡水，增加了维护的复杂性，并且由于使用水泵而产生额外功耗。也可以通过水冷式热交换器来冷却气体。如果淡水资源是可持续的，这种方法比较合适，适当的水泵额外投资和电力消耗也是合理的。

在井口，气体通过除水、除凝析油和原油等工艺后就可以输送了。

8.4.1.1 脱水

水是气流中常见的杂质，为了防止水的凝结成冰或天然气水合物的形成，必须除去水。液相中的水会对管道和设备造成腐蚀或侵蚀问题，特别是当气体中存在二氧化碳和硫化氢时（Speight，2014b）。最简单的除水方法（脱水）是将气体冷却（制冷或低温分离）到至少等于或低于（优先）露点的温度。

除了从湿气流中分离原油和一些凝析油外，还需要除去大部分伴生水。在井口或井口附近，通过简单的分离方法可以除去与开采天然气相关的大部分液体和游离水。然而，去除存在于天然气溶液中的水蒸气需要更复杂的处理。这种处理包括对天然气脱水，通常涉及两种过程中的一种：吸收或吸附。当水蒸气被脱水剂带走时发生吸收，而当水蒸气从气流中冷凝并收集在表面时发生吸附。

在大多数情况下，仅靠冷却是不够的，而且在大多数情况下，在现场操作中使用是不切实际的。其他更方便的脱水方案可以选择使用：（1）吸湿性液体（例如，二甘醇或三甘醇）；（2）固体吸附剂或干燥剂（例如，氧化铝，硅胶和分子筛）。在制冷装置中，乙二醇可以直接注入到气流中。

由于水和气流会形成天然气水合物，因此需要从井口的气流中除去水。工艺的选择性（Mokhatab et al.，2006；Kidnay et al.，2011；Speight，2014a，2019a），取决于水量和工艺效率。除水过程的一个例子是机械式制冷装置，冷却气流会促进气体的形成。如果气体水含量超过百万分之一百（体积分数），低温液体回收装置就会冻结（形成水合物）。最常用的气体干燥方法是：（1）将气体与99%的三甘醇接触以干燥气体；（2）将80%（体积分数）的乙二醇注入机械制冷装置以防止水合物的形成；（3）在低温装置上游的分子筛装置中处理气体，将气体干燥到百万分之一百级别以下。

此外，通常在井口或井口附近安装加热器和洗涤器，用于去除砂和其他颗粒杂质。加热器确保当天然气中水含量较低时，气体的温度不会下降太低，因为低温更容易形成天然气水合物（见第1章）。天然气水合物是以烃类衍生物为中心的固体或半固体化合物，水合物的聚集会阻碍天然气通过各种管道阀门和集输系统。为了减少水合物的发生，在有可能形成水合物的地方，可以沿着集输管道安装小型天然气供热装置。

而乙烷、丙烷、丁烷衍生物、戊烷衍生物和天然汽油（一种高分子量烃衍生物的混合物，高达 C_{10} 左右，有时被称为凝析气）必须从天然气中去除。天然气液体单独销售，其具有多种不同用途，包括提高油井的采收率，为炼油厂或石化厂提供原料，以及作为能源来源。

因此，虽然一些必要的处理操作可以在井口或井口附近完成（现场处理），但天然气的完全加工是在加工厂进行的，井口处理的天然气通过集输管道网络输送到这些加工厂，这些管道是小口径的低压管道。然而，除了在井口和集中处理厂进行的处理外，一些最终处理有时也在位于主要管道系统的跨接抽提厂完成。虽然到达这些跨接工厂的天然气已经具有管道运输质量，但在某些情况下，从跨接厂提取的天然气中仍可能存在少量的天然气液体。

一旦进入天然气加工厂，天然气流将被进一步处理到适合销售给消费者的纯度水平。为了去除各种剩余的杂质，处理顺序通常有四个主要过程：（1）除油和冷凝水；（2）除水；（3）分离天然气液体；（4）去除硫和二氧化碳。

天然气处理设施是一个专用的分离设备，首先需要除去酸性气体（二氧化碳、硫化氢和有机硫化合物）（图8.4）（Mokhatab et al.，2006；Kidnay et al.，2011；Speight，2014a，

2019a）。当 H_2S/CO_2 比值较低，以及在二氧化碳含量满足管道运输规范的条件下（Weiland and Hatcher，2012），天然气处理仍面临挑战。单质硫通常可以从该工艺的废气处理中回收。去除酸性气体的最合适技术取决于进料中的量和产品中所需的污染物水平。去除二氧化碳最常见的工艺有胺法、膜法和分子筛法。

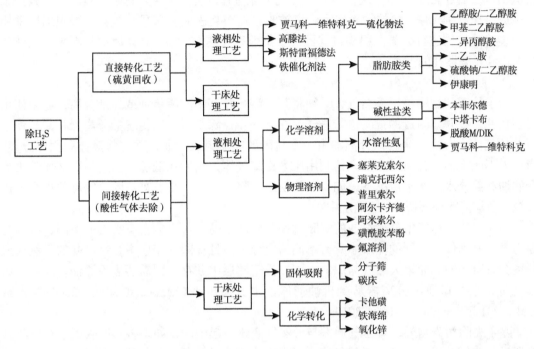

图 8.4　天然气处理工艺流程图

在气流处理的某个阶段，气流被引导到一个包含一系列过滤管的装置。随着机组内水流速度的降低，由于重力作用，剩余污染物因重力作用发生初级分离。当气体流过管道时，较小的颗粒发生分离，在那里它们结合成大颗粒，流到装置的下部。此外，当气流继续通过一系列管道时，产生离心力，进一步去除剩余的水和小固体颗粒物质。

气体中颗粒物质的含量取决于页岩储层的性质。在过去的几十年里，自第二次世界大战以来，使用了一系列干式过滤器，其中包括木棉、剑麻纤维、玻璃棉、浸泡在油中的木屑和其他类型的纤维或颗粒材料，用于去除颗粒物质（平均粒径 60mm 以下），但过滤效果非常有限。湿式净化器，如水和油洗涤器和起泡器也只是在一定范围内有效。

去除颗粒物质最有效的方法是采用布式过滤器，但普通的布式过滤器对气体温度非常敏感，在高温下，这些过滤器很可能在热气流中烧焦和分解。另一个缺点是过滤器容易迅速积聚颗粒物质，如果不与预过滤步骤一起使用，则需要经常清洗。

诺德斯特龙（Nordstrom）提出使用玻璃棉编织过滤袋可以部分抵消使用布式过滤器的缺点。这种玻璃棉材料可以在高达 300℃（570℉）的温度下使用。通过利用来自气化炉的热气流加热（绝缘）过滤器外壳，可以在过滤器中保持 100℃（212℉）以上的温度，从而避免冷凝和增强压降。如果采用由旋流器和（或）冲击过滤器组成的预过滤步骤，可以将维修和维护间隔保持在合理的范围内。众所周知，静电过滤器也具有非常好的颗粒分离性能，并且很可能它们也可以用于生产质量合格的气体。

通常，根据用于除水的工艺，颗粒物质与气体／凝析油／油之间的密度差也有助于颗粒物质与水的去除。或者，可以在井口安装一个简单的过滤系统。这种系统使用织物过滤器，而织物过滤器通常是用非一次性滤袋。当气流流过过滤介质（通常是棉、聚丙烯、聚四氟乙烯或玻璃纤维）时，颗粒物质作为尘饼被收集在布袋表面。布袋除尘器一般根据所采用的滤袋清洗机构进行分类。织物过滤器的收集效率可达 99.9%，具体取决于颗粒物质颗粒的大小和过滤器孔的大小。

8.4.1.2 脱凝析油

为了处理和运输伴生天然气，必须将其与溶解在其中的凝析油或原油分离，通常使用安装在井口或井口附近的设备进行输送。在下一步，除水后，用传统的分离器将凝析油或原油从气体中分离出来，该分离器由一个封闭的容器组成，通过重力将液体和固体分离。当重力不能将两者分离时，分离器利用压力冷却气体，然后在低温下通过高压液体除去剩余的油和部分水。通常情况下，如果颗粒物质在除水过程中没有被清除，密度差也会促进颗粒物质被清除到凝析油／原油层中。

然而，从天然气中分离石油的实际过程及所使用的设备可能会有很大的不同，特别是因为页岩气不仅在不同的储层中具有不同的成分，而且在同一储层中，每口井的天然气成分也会有所不同。如果天然气与原油在同一致密储层中共存，则需要去除原油。通常，天然气可以在井口通过分离器从凝析油或原油中分离出来（Mokhatab et al., 2006; Kidnay et al., 2011; Speight, 2014a, 2019a）。

除了去除污染物外，页岩气通常与天然气液体一起生产，如果将其回收用于石化或其他超过其热值的用途，则在天然气流中可以带来更高的价值。根据进口气体条件（如气体丰度、压力、温度和产品规格），将选择最佳的液体回收工艺。对于预期相当丰富的天然气和丙烷回收，以及通常较小的体积生产情况，最合适的是选择注入乙二醇的机械制冷工艺。当气体每 1000ft^3 含有 5gal 或更高的液态烃衍生物时，丙烷的回收率较高。在贫气或富气和乙烷比例非常小的情况下，用分子筛脱水的焦耳—汤姆逊工艺是一种明智的解决方案。最后，在贫气或富气、丙烷或乙烷采收率高、中大型气量的情况下，应选择深冷工艺。

在许多情况下，液态原油／凝析油与天然气的分离相对简单，然后两种碳氢化合物流（分别）被送去进一步处理。最基本的分离器类型是一个封闭的罐体，在那里重力用于分离较重的液体，如油和较低沸点的气体，如天然气。在更困难的情况下，可以使用压力分离器或温度分离器来分离液体和气体流。这些分离器通常用于生产高压或高温天然气，以及轻质原油或凝析油的井。

压力分离器利用压差来冷却湿天然气并分离油和凝析油。在这个过程中，湿气进入分离器，在热交换器中发生一定的冷却。然后，气体通过高压液体分离罐，该容器用于将所有液体移入低温分离器中。然后，气体通过节流装置流入低温分离器，当气体进入分离器时，节流装置使气体膨胀，气体的快速膨胀使分离器内的温度降低。除去液体后，干气体通过热交换器返回，并被进入的湿气体加热。通过改变分离器各部分的气体压力，可以改变温度，这使得油和部分水从湿气流中冷凝出来。这种基本的压力—温度关系也可以反向起作用，从液体油流中提取天然气，例如从致密储层中提取含有溶解气的原油流。

像使用原油一样，使用致密气作为燃料和石化原料将至少持续 3~50 年（Speight，2011）。此外，还可以预测，由于出行增加抵消了效率的提高，运输部门对天然气的使用将会增加。因此，生产无污染产品需要制备天然气供各种家庭和工业消费者使用。

8.4.2 其他方面

无论天然气来自哪个致密储层，一旦与凝析油和原油（如果存在）分离，天然气通常与其他碳氢化合物衍生物混合存在；这些衍生物主要有乙烷，丙烷，丁烷和戊烷。此外，原始天然气含有水蒸气、硫化氢（H_2S）、二氧化碳，甚至可能含有氦气、氮气和其他化合物。此外，酸性气体腐蚀炼化设备，损害催化剂，污染大气，并阻碍烃类组分在石化生产中的使用。当硫化氢含量较高时，它可以从气流中除去并转化为硫或硫酸。

由于组分数量和气体成分的变化，在处理炼厂气或天然气时存在许多变数。一个给定过程的精确应用领域是很难定义的。必须考虑几个因素（不一定按重要性排序）：（1）气体中污染物的类型；（2）气体中污染物的浓度；（3）期望的污染物去除程度；（4）所需的酸性气体去除的选择性；（5）待处理气体的温度；（6）待处理的气体压力；（7）待处理气体的体积；（8）待处理气体的组成；（9）气体中二氧化碳与硫化氢的比例；（10）由于工艺经济或环境问题而对硫回收的期望。

除了硫化氢（H_2S）和二氧化碳（CO_2），来自致密储层的天然气还可能含有其他污染物，如硫醇（RSH）和羰基硫化物（COS）。这些杂质的存在可能会消除一些甜化过程，因为有些过程会去除大量的酸性气体，但不会达到足够低的浓度。另一方面，有些工艺并不是为了去除（或不能去除）大量酸性气体而设计的。然而，当酸性气体在气体中以低至中等浓度存在时，这些工艺也能够将酸性气体杂质降低到非常低的水平。

天然气加工包括从纯天然气中分离所有各种碳氢化合物衍生物和流体，以生产所谓的管道质量（有时称为销售质量）干天然气。主要的运输管道通常对允许进入管道的天然气的成分进行限制。因此，当天然气从生产的致密储层中释放出来（被带到地面）后，通常会在井口或井口附近从原料天然气中除去水和凝析油（高碳氢化合物液体）。然后，集输管线将剩余的天然气输送到天然气处理设施，在那里去除其他成分，使处理后的天然气符合管道规格，从而使这些天然气液体（NGL）等成分的价值最大化（Weiland and Hatcher，2012）。

天然气处理是天然气价值链的一个必要环节，因为一系列的处理流程确保了用于使用的天然气尽可能清洁和纯净，并符合清洁燃烧和环保能源选择的规范。一旦天然气经过充分的加工，并准备好被消费，它就必须从生产天然气的地区运输到需要天然气的地区。

就像气体处理是气体价值链的必要环节一样，化学分析是通过化学和物理方法来确定给定样品的定性或定量含量。实际上，分析天然气的化学和物理性质是利用天然气的化学和技术的重要组成部分。来自分析方法的数据（第二部分）提供了与天然气在采收、井口处理、运输、天然气处理和使用过程中的行为相关的重要信息。

天然气通常是富含甲烷的低沸点烃类气体的混合物，天然气的甲烷含量通常在 75% 以上，C_{5+} 馏分（即通常称为凝析气的馏分）小于 1%（体积分数）。如果天然气中硫化氢的摩尔分数小于 4μmol/mol，则称为"甜"气。干气则不含 C_{5+}，甲烷含量超过 90%。天然气与其他储层流体的主要区别是混合物中 C_{5+} 的含量很低，主要成分是低沸点的烷烃衍生物。

另一种在储层条件下处于气相的储层流体类型是凝析气（C_{5+} 馏分）。混合物的 C_{5+} 馏分应作为一个未定义的馏分处理，其性质可通过一系列标准测试方法来确定，这些测试方法不同于用于各种气体及气流中的液体成分的测试方法。凝析气中 C_{5+} 含量高于天然气，在几个百分点左右，而甲烷含量低于天然气的甲烷含量。然而，这些储层流体通常含有二氧化碳（CO_2）、硫化氢（H_2S）或氮（N_2）等成分。这些化合物的存在会影响气体混合物的性质。

主要的运输管道通常对允许进入管道的天然气的成分进行限制。这意味着天然气在运输之前必须经过净化。这可以从井口开始，尽力去除（至少）水、二氧化碳和硫化氢，以防止管道和相关设备的损坏（腐蚀）（Speight，2014b）。天然气处理的第一阶段的目标是分离（部分或全部）各种碳氢化合物衍生物（C_{2+} 和天然汽油），这些衍生物可能在管道中分离并导致液体堵塞，这取决于碳氢化合物的露点和管道中的条件。

这些相关的碳氢化合物衍生物，被称为天然气液体（NGL），是天然气加工过程中非常有价值的副产品。液化天然气可在天然气加工厂进一步分离，单独出售，并具有各种不同的用途，包括为原油精炼厂或石化厂提供原料，以及作为能源来源。同样在井口，二氧化碳和硫化氢等有害物质也从燃气蒸汽中分离出来，生产管道质量的干燥天然气。虽然乙烷、丙烷、丁烷和戊烷必须从天然气中去除，但这并不意味着它们没有使用价值，它们同样都是有价值的副产品（Speight，2014a，2017）。

简单地说，气体处理（Mokhatab et al.，2006；Speight，2014a，2019a）包括从甲烷中分离各种碳氢化合物衍生物和杂质（图 8.4）。天然气必须经过处理，以确保使用的天然气尽可能清洁和纯净，符合天然气作为清洁燃烧和无害环境的能源要求。虽然天然气的必要预处理可以在井口或井口附近完成（现场处理），但天然气的完整处理是在加工厂进行的，通常位于天然气生产区。井口生产的天然气通过集输管道网络输送到这些加工厂，集输管道通常是直径较小的低压管道。

一个复杂的集输系统可能由数千英里长的管道组成，这些管道将处理厂与该地区的100 多口井连接起来。除了在井口和集中处理厂进行的处理外，一些最后的处理有时也会跨采气厂完成。这些工厂位于主要的管道系统上，尽管到达这些跨接工厂的天然气已经达到管道质量，但在某些情况下，仍然存在少量从跨接工厂中提取出来的天然气液体。

硫和各种含硫化合物，如硫化氢（H_2S）、硫醇（RSH）和羰基硫化物（COS）存在于气体中。这些化合物是有害的（特别是在有水存在的情况下），会对管道造成腐蚀，并可能导致气体处理系统中使用的催化剂失活。天然气中的硫含量（任何气流中的硫含量）是气体处理的重要参数。因此，必须从气流中除去硫化氢等含硫化合物（以及二氧化碳等酸性气体），并将其转化为更有用的产品，如硫或硫酸（Bartoo，1985；Mokhatab et al.，2006；Speight，2014a，2019a）。

为了满足天然气燃烧的化学原理，了解各种成分的浓度是必不可少的。天然气以不同的形式存在（见第 1 章），气体组成（ASTM D1945）和热值是最优化经济分离各组分的重要参数。在这种情况下，术语浓度描述了一种物质的量，表示为单位质量或体积气体的质量或体积。此外，热值可以表示为 Btu/lb（美国常用的单位）或与 SI 单位制一致的单位。

尽管在许多方面，天然气的加工不如原油的加工和精炼复杂，但在最终用户使用天然气之前，加工也是同样必要的。消费者使用的天然气几乎全部由甲烷组成。然而，在井口生产的天然气，虽然主要由甲烷组成，但绝非纯净的。

无论天然气的来源是什么，一旦从原油中分离出来（如果存在的话），它通常与其他碳氢化合物衍生物混合存在；这些衍生物主要是乙烷，丙烷，丁烷和戊烷。此外，原始天然气含有水蒸气、硫化氢（H_2S）、二氧化碳、氦、氮和其他化合物。事实上，伴生的烃类衍生物（天然气液体）可能是天然气加工过程中非常有价值的副产品。天然气液体包括乙烷、丙烷、丁烷、异丁烷和天然汽油，它们单独销售，具有各种不同的用途：包括提高油井的采收率，为炼油厂或石化厂提供原料，以及作为能源来源。

最后，还值得注意的是，由于气体体积随温度和压力的变化而变化，因此在描述浓度值时有必要使用下列方案之一进行描述：（1）对测量时存在的气体温度和压力值进行附加规范；（2）将测量的浓度值转换为标准零条件下的相应值。

在气体处理方面（图 8.4），天然气及其成分的分析（见第 10 章）包括与化学和冶金过程控制、环境控制和安全控制领域有关的气体和蒸气的检测。气体分析有一整套的分析仪器，它们采用物理或物理化学检测方法。虽然分析仪被认为是电工仪器，但要了解其工作原理并获得准确的测量结果，需要一些化学知识。

与实验室分析相比，过程分析包括所有用于实时测定过程流中的物理和化学性质，以及浓度的连续测量方法。包括分析仪在内的采样装置连续工作的测点位于气体处理厂的选定位置点。与实验室分析的不同之处在于，分析仪安装在实验室最佳操作条件下，样品从过程中不连续地取出并带到实验室。实验室分析仪通常设计用于复杂的测量，需要训练有素的操作人员。

井口和气体处理厂的气体处理分析结果（图 8.4）用于：（1）过程控制，例如，通过优化工艺步骤来控制／监测原料和产品的特性；（2）安全问题，例如，通过控制有毒气体混合物或爆炸性气体混合物的工厂环境来保护人员和工厂设备；（3）通过监测生产过程步骤和控制最终产品规格来控制产品质量；（4）通过监测废气是否符合污染物种类的规定限值来保护环境。

对于那些可能对燃烧过程或销售规范产生有害影响的成分，必须了解并给予关注。正因为如此，天然气处理（也称为天然气处理或天然气精炼）、天然气原料的相关分析测试方法，以及分离产品的性能都是天然气技术的一个重要方面。

以甲烷为例，当天然气作为可燃燃料气体使用时，不可燃（惰性）成分的存在降低了气体的总热值和净热值，并增加了炉壁的污染。增加含水量会提高水的露点，并消耗能量来蒸发烟气中的水。气体中所含的硫被燃烧（氧化）为二氧化硫（SO_2）和三氧化硫（SO_3），在露点以下的温度下，可能导致形成腐蚀性的亚硫酸和硫酸：

$$SO_2 + H_2O \longrightarrow H_2SO_3 \,(亚硫酸) \tag{8.24}$$

$$SO_3 + H_2O \longrightarrow H_2SO_4 \,(硫酸) \tag{8.25}$$

$$2SO_2 + 2O_2 + 2H_2O \longrightarrow 2H_2SO_4 \text{(硫酸)} \qquad (8.26)$$

因此，天然气成分分析包括与气体处理过程控制、环境排放控制，以及安全控制领域有关的气体和蒸气的检测。天然气生产后，分析从运输开始（检测和去除腐蚀性污染物），并在天然气加工装置中清除所有可能的污染物，准备供家庭和工业消费者使用。

此外，天然气燃烧过程所需的氧气是作为燃烧空气的一部分提供的，燃烧空气由氮气（N_2）、氧气（O_2）、不同数量的二氧化碳和稀有气体，以及不同含量的水蒸气组成。在某些过程中，纯氧或空气/氧气混合物可用于燃烧。完全燃烧所有可燃成分所需的最小氧气量取决于燃料成分。天然气燃烧所需的实际空气体积可以根据：（1）气体的组成；（2）所需的过量氧值；（3）所用空气或空气/氧气混合物的相对氧含量计算得到。但是，如果环境空气不干燥，则必须考虑水的含量，以便正确计算风量。

将天然气加工成供消费者使用的高质量管道气体的实际做法通常涉及4个主要过程，以去除各种杂质：（1）除水；（2）除液；（3）富集；（4）分馏；（5）硫化氢转化为硫的过程（克劳斯过程）。

页岩气资源（见第2章）对美国的资源基础作出了重大贡献。然而，值得注意的是，无论是在页岩气资源内部还是在页岩气资源之间，资源品质都存在相当大的差异。某些页岩气中乙烷、丙烷、二氧化碳或氮含量较高，这会影响它们与传统天然气供应的互换性。单井产能高低差异性会对单井经济效益产生明显影响。

气体处理（气体精炼）是从回收的（收获的）气体中去除一种或多种成分，以制备可供使用的气体过程。气体处理（气体精炼）通常涉及以下几个过程来去除：（1）油；（2）水；（3）硫、氦和二氧化碳等物质；（4）天然气液体（见第6章）。此外，通常需要在井口或井口附近安装洗涤器和加热器，主要用于去除砂粒和其他大颗粒杂质。加热器确保了天然气的温度不会降得太低，从而阻止与气流中的水蒸气形成水合物（Mokhatab et al.，2006；Speight，2014a，2019a）。

天然气处理是天然气价值链的重要组成部分，需要确保使用的天然气尽可能清洁和纯净，使其成为清洁燃烧和环保的能源选择。在处理过程中，为了满足管道、安全、环境和质量规范，去除的常见组分包括硫化氢、二氧化碳、氮、分子量高于甲烷的烃衍生物和水（Mokhatab et al.，2006；Kidney et al.，2011；Speight，2014a，2019a）。一旦天然气经过充分的加工，准备消费，就必须将其从生产天然气的地区运输到提供天然气市场的地区。

无论天然气来源于哪种岩层（致密页岩、致密砂岩、致密碳酸盐岩），由于稀释剂和污染物的存在，天然气在使用前都需要经过处理。该工艺侧重于硫的去除和二氧化碳的去除。为实现气体净化而开发的工艺从简单的一次清洗操作发展到复杂的多步骤回收系统。在许多情况下，由于需要回收用于去除污染物的材料，甚至需要回收原始或改变形态的污染物，导致工艺更为复杂。然而，由于致密地层的气体组成不同，在工艺选择方面也会出现复杂性。事实上，在处理致密地层天然气的过程中存在许多变数，并且很难确定特定工艺的精确应用范围。除硫化氢和二氧化碳外，气体还可能含有其他污染物，如硫醇（RSH）和羰基硫化物（COS）。这些杂质的存在可能会消除一些增甜过程，因为有些过程会去除大量的酸性气体，但浓度不够低。另一方面，有些工艺并不是为了去除（或不能去除）大量酸性气体而设计的。然而，当酸性气体在气体中以低至中等浓度存在时，这些工艺也能够将酸性气体杂质去除到非常低的水平。工艺选择性表明该工艺去除一种酸性气体组分相对于（或优先于）另一种组分的偏好。例如，有些工艺可以同时去除硫化氢和二氧化碳；其他工艺的设计只是为了去除硫化氢。工艺的选择性非常重要，因为这能确保产品中这些成分浓度最低，因此需要考虑气流中二氧化碳和硫化氢的含量。

有许多化学方法可用于加工或提炼天然气。然而，在选择精炼顺序的过程中有许多变量，这些变量决定了过程或工序的选择。在这种选择中，必须考虑几个因素：（1）气体中污染物的类型和浓度；（2）期望的污染物去除程度；（3）所需的酸性气体去除的选择性；（4）要处理的气体的温度、压力、体积和组成；（5）气体中二氧化碳与硫化氢的比例；（6）由于工艺经济性或环境问题，硫黄回收的可取性。

已开发的完成气体净化的工艺从简单的一次性洗涤操作到复杂的多步骤回收系统各不相同（Mokhatab et al., 2006; Kidney et al., 2011; Speight, 2014a, 2019a）。在许多情况下，由于需要回收用于去除污染物的材料，甚至需要回收原始或改变形式的污染物，从而导致工艺具有复杂性（Kohl and Riesenfeld, 1985; Newman, 1985; Mokhatab et al., 2006）。此外，通常需要在井口或井口附近安装洗涤器和加热器，主要用于去除砂和其他大颗粒杂质。加热器确保天然气的温度不会下降过低，以避免与气流中的水蒸气形成水合物（Mokhatab et al., 2006; Kidney et al., 2011; Speight, 2014a, 2019a）。

用于去除气体中不需要的组分的工艺单元随气流的组成而变化。例如，酸气的去除通常是通过将硫化氢、二氧化碳吸收到胺类衍生物（如乙醇胺、2-氨基乙醇、2-羟基乙胺、$HOCH_2CH_2NH_2$）的水溶液中。该工艺对高压气流和那些具有中等到高浓度的酸性气体成分（硫化氢和二氧化碳）的气流具有良好的处理效果。物理溶剂如甲醇（CH_3OH）或聚乙二醇二甲醚（Selexol）在某些情况也可以使用，因为聚乙二醇二甲醚溶剂是聚乙二醇二甲醚的混合物。如果致密气来源于碳酸盐（$CaCO_3$）地层，那么酸性气体的去除尤其重要。

与氨基工艺不同，聚乙二醇二甲醚工艺是利用一种物理溶剂，不依赖与酸性气体的化学反应。由于不涉及化学反应，Selexol工艺通常比基于胺的工艺需要更少的能量。然而，当进料气压力低于约300psi时，Selexol溶剂容量（每体积溶剂吸收的酸性气体量）会降低，而氨基工艺通常会更占优势。因此，Selexol溶剂通常用在相对较高的压力下（通常为300~2000psi）从原料气中溶解（吸收）酸性气体。然后将富含酸性气体的溶剂降低压力和（或）剥离蒸汽以释放和回收酸性气体。Selexol工艺可以选择性地将硫化氢和二氧化碳单独回收，这样硫化氢就可以被送到克劳斯（Claus）装置转化为单质硫或湿法硫酸工艺（WSA工艺）装置转化为硫酸，同时，二氧化碳可以被收集或用于提高石油采收率。低温甲醇工艺，使用冷藏甲醇作为溶剂，在原理上与Selexol工艺相似。然而，如果二氧化碳含量较高，例如在二氧化碳淹没的储层中，膜技术可以在用另一种方法处理之前将大量二氧化碳去除。对于气体流中少量的硫化氢，利用清除剂去除硫化氢则是一种经济有效的方法。

被水饱和的气体需要脱水，以增加气体的热值，防止管道腐蚀和固体水合物的形成。在大多数情况下，采用乙二醇脱水。富水乙二醇可通过降压和加热回收。另一种可行的脱水方法是使用分子筛，将气体与固体吸附剂接触以除去水分。分子筛可将气体中的水降到低温分离所需的最低含量。

　　蒸馏是利用高分子量烃衍生物和氮气沸点不同进行分离。分离氮气和甲烷所需的低温是通过膨胀器对气体进行制冷和膨胀来实现的。高沸点烃衍生物的去除取决于管道质量要求，而深度去除则取决于天然气液体（NGL）生产的经济性。

　　气体中除了硫化氢和二氧化碳，可能还含有其他污染物，如硫醇（RSH）和羰基硫化物（COS）。这些杂质的存在可能会消除一些增甜过程，因为有些过程会去除大量的酸性气体，但浓度不够低。另一方面，有些工艺并不是为了去除（或不能去除）大量酸性气体而设计的。然而，当酸性气体在气体中以低—中等浓度存在时，这些工艺也能够将酸性气体杂质去除到非常低的水平。

　　工艺选择性表明该工艺去除一种酸性气体组分相对于（或优先于）另一种组分的偏好。例如，有些工艺可以同时去除硫化氢和二氧化碳；其他工艺的设计只是为了去除硫化氢。考虑工艺的选择性是非常重要的，因为这能确保将气体产品中的硫化氢和二氧化碳浓度降到最低，因此有必要考虑气流中二氧化碳和硫化氢的浓度。

　　无论是在现场还是在加工／处理厂，气体处理设备都可以确保将硫化氢、二氧化碳浓度降到最低的要求。在大多数情况下，处理设施都是从气流中提取污染物和更高分子量的碳氢化合物衍生物（天然气液体）。然而，在某些情况下，可以将分子量较高的烃衍生物混入气流中，使其达到可接受的热值水平。无论何种情况，都需要将气体净化到满足运输和在家庭、商业使用的标准。天然气加工从井口就已经开始了。由于从生产井中生产的原始天然气的成分取决于地下气藏的类型、深度和位置，以及该地区的地质情况，因此加工工艺必须具有多样性（即使每种工艺只能在某种程度上适用），以适应提取气体成分的差异性。

　　在少数情况下，管道质量的天然气实际上是在井口或现场设施生产的（Manning and Thompson，1991），天然气被直接输送到管道系统。在其他情况下，特别是在非伴生天然气的生产中，在井场附近安装被称为橇装装置的现场或租赁设施，将原始天然气脱水、净化成满足管道质量的天然气，以便直接输送至管道系统。这些橇装装置通常是专门定制的，以处理该地区生产的天然气，是将天然气运输到遥远的大型工厂进行进一步加工的一种相对廉价的替代方法。

　　天然气处理（Mokhatab et al.，2006；Kidney et al.，2011；Speight，2014a，2019a）包括从甲烷组分中分离所有各种碳氢化合物衍生物、非碳氢化合物衍生物（如二氧化碳和硫化氢）和更高分子量的碳氢化合物衍生物（表8.4和图8.4）。主要的运输管道通常对允许进入管道的天然气的成分进行限制。这意味着天然气在运输之前必须经过净化。虽然乙烷、丙烷、丁烷和戊烷必须从天然气中去除，但这并不意味着它们都是废物。为确保拟使用的天然气是清洁燃烧和环境可接受的，天然气处理是必要的。消费者使用的天然气几乎完全由甲烷组成，但从井口储层中生产的天然气绝不是纯甲烷（表8.4）（见第3章）。尽管天然气的加工在许多方面不如原油的加工和精炼复杂，但在最终用户使用天然气之前，加工和精炼同样是必要的。

　　原始天然气来自三种类型的井：油井、气井和凝析气井（见第2章和第4章）。伴生气（见第1章），即来自原油井的气，可以在地层中与石油分离存在（自由气），也可以溶解在原油中（溶解气）。非伴生气，即来自气井或凝析气井的游离天然气，并伴有半液态凝析油。无论天然气的来源如何，一旦从原油中分离出来（如果存在的话），它通常与其他碳氢化合物衍生物混合存在；这些衍生物主要是乙烷，丙烷，丁烷和戊烷。此外，还有水蒸气、硫化氢（H_2S）、二氧化碳、氦、氮和其他化合物。事实上，伴生的碳氢化合物衍生物（天然气液体，NGL）可能是天然气加工过程中非常有价值的副产品。天然气液体包括乙烷、丙烷、丁烷、异丁烷和天然汽油，它们单独销售，有各种不同的用途，包括提高油井的采收率，为炼油厂或石化厂提供原料，以及作为能源来源。

将天然气加工成供消费者使用的高质量管道气体的实际做法通常涉及 5 个主要过程，以去除各种杂质：（1）除水；（2）除液；（3）富集；（4）分馏；（5）硫化氢转化为硫的过程（克劳斯过程）。工艺选择性是指该工艺去除一种酸性气体组分相对于（或优先于）另一种组分的偏好。例如，一些工艺可以同时去除硫化氢和二氧化碳，而另一些工艺只能去除硫化氢。考虑工艺的选择性是非常重要的，因为这能确保将气体产品中的硫化氢和二氧化碳浓度降到最低，因此有必要考虑气流中二氧化碳和硫化氢的相对比例（Maddox，1982；Kohl and Riesenfeld，1985；Newman，1985；Sound and Takeshita，1994）。

最初，天然气在井口得到一定程度的净化。净化的程度取决于气体进入管道系统必须满足的规格。例如，来自高压井的天然气通常通过井内的现场分离器去除烃类凝析油和水（图 8.5）。天然气中通常含有天然汽油、丁烷和丙烷，为了回收这些可液化成分，需要进入气体加工厂进行进一步处理。

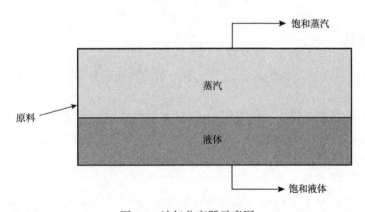

图 8.5　油气分离器示意图

油气分离器是一种压力容器，用于将井口流体分离成气体和液体组分，分离器安装在井口附近，可分为卧式、立式或球形分离器。对于要分离的流体，油气分离器可分为气/液两相分离器或油/气/水三相分离器。为了满足各种工艺要求，油气分离器通常采用分段设计，其中第一级分离器用于初步相分离，而第二级和第三级分离器用于进一步处理每个单独的相（气、油和水）。根据具体应用，油气分离器可用于从大宗气流中去除分散的液滴，或用于从大宗液体流中去除污染气泡。

8.4.3　致密气中化学物质

如果页岩气带来的变化在化工行业占据主导地位，它们将创造对特种钢、处理装置、分离柱、管道、压缩机、泵、阀门、配件、控制系统、储罐和其他化学加工设备，以及工程和建筑公司的服务的需求。

考虑到供需规律，乙烯产能的提高可能会导致化学品价格的下降。由于大约 90% 的制成品都使用化学品，化学品价格的降低可能会降低美国制造商的成本。另一个可能的结果是，化学产品将越来越多地成为昂贵材料的替代品，如金属、玻璃、木材、皮革和纺织品。

部分替代可能发生在复杂的制成品中。例如，目前汽车的化学成分含量为 20%，随着一些制造商重新设计零部件以增加化学含量，从而降低重量和成本，这一比例可能会上升。更低的能源成本也有可能将一些制造业带回美国。陶氏化学公司决定在得克萨斯州建立乙烯工厂，部分原因是基于低成本的竞争优势，天然气为某些产品的生产带来了竞争优势，如塑料、高性能材料和先进材料。最有可能实现的是相对简单的产品，如牙膏管、一次性医疗注射器或笔，采用机器人在高速生产线上生产而不再需要人工。在电子设备行业，高精度产品如触摸屏、高强度薄膜、移动设备和小型化组件的制造都回到了美国。此外，向美国客户提供美国制造的产品简化了漫长而昂贵的供应链。

所有这些情况都为制造企业带来了挑战和机遇。目前已经看到了天然气价格的变化，以及这些变化是如何影响化工行业的。这些机会能否实现将取决于下游制造商如何定位以抓住成本节约的机会。成功的制造公司已经在重新审视它们的战略、产品创新组合、供应连锁规划等领域。制造商企业所面临的变化可能和目前化工行业所发生的变化一样具有挑战性。

8.5　产品评估

处理致密气的目的是将甲烷从石化工业中使用的其他成分（乙烷、丙烷和丁烷）中分离出来。

本节的目的是向读者简要介绍用于化学品生产的致密气体成分。甲烷（CH_4）、乙烷、丙烷和丁烯的详细化学、物理性质，以及这些气体在石化工业中的使用途径见其他章节（Speight，2019c）。

8.5.1　甲烷

甲烷（CH_4）是最简单的烷烃，是致密气的主要成分，无色无味，燃烧效率高，副产品少。它也被称为沼气或甲基氢化物，很容易点燃。甲烷密度小于空气（表 8.7）。在长时间暴露于火或高温下，存放甲烷的容器可能在剧烈爆炸中破裂。

表 8.7　甲烷特征参数表

化学式	CH_4
摩尔质量	16.04g/mol
外观	无色气体
气味	无味
密度	0.656g/L（气态，25℃，1atm）、0.716g/L（气态，0℃，1atm）、0.42262g/cm³（液态，-162℃）
液态密度	0.42262g/cm³

续表

蒸汽相对密度	0.55
熔点	−182.5℃、−296.4°F、90.7K
沸点	−161.49℃、−258.68°F、111.66K
水溶解度	22.7mg/L
溶解性	可溶于乙醇、乙醚、苯、甲苯、甲醇、丙酮
闪点	−188℃（−306.4°F、85.1K）
自燃温度	537℃（999°F、810K）
爆炸界限	4.4%~17%（空气环境体积浓度）

以甲烷为原料制备的化学品和化工中间体不应仅限于此处描述的化学品和化学中间体，而应将其视为石化工业的组成部分（Speight，2019c）。除了甲烷是致密气的主要成分外，碳质原料的气化产物也含有甲烷。从碳质原料合成甲烷的常用方法是氢和一氧化碳的催化反应：

$$CO+3H_2 \longrightarrow CH_4+H_2O \tag{8.27}$$

多种金属已被用作甲烷化反应的催化剂；最常见的，在某种程度上也是最有效的甲烷化催化剂是镍和钌，其中镍的应用最为广泛。因为含硫化合物会迅速使催化剂失活（毒化），因此在甲烷化步骤之前必须对合成气进行脱硫处理。此外，气化过程产品的组成是不同的，因为气体组成随原料和所采用的系统而变化。需要强调的是，在进一步使用之前，必须首先将气体产品从颗粒物质和硫化合物等任何污染物中释放出来，特别是当预期用途是水气转换或甲烷化时（Mokhatab et al.，2006；Speight，2013，2014）。甲烷是许多化学过程的主要原料，甲烷可以产生的化学物质的潜在数量几乎是无限的（Speight，2019c）。事实上，甲烷除了作为合成气的来源外，还可以转化为多种化学物质。这导致涉及化学的化学物质种类繁多（即甲烷和其他单碳化合物）。

在化学工业中，甲烷是生产氢、甲醇、醋酸和醋酸酐的首选原料。要产生这些化学物质中的任何一种，首先要使甲烷在镍催化剂的存在下在高温下（700~1100℃，1290~2010°F）与水蒸气反应。

$$CH_4+H_2O \longrightarrow CO+3H_2 \tag{8.28}$$

然后，合成气以各种方式反应，产生各种各样的产品。此外，乙炔是由甲烷通过电弧制备的。当甲烷与氯（气体）反应时，会产生各种氯甲烷衍生物：氯甲烷（CH_3Cl）、二氯甲烷（CH_2Cl_2）、氯仿（$CHCl_3$）和四氯化碳（CCl_4）。然而，这些化学品的使用正在减少，乙炔可能被成本较低的替代品所取代，氯甲烷衍生物的使用也由于健康和环境方面的考虑而减少。

必须认识到，通过间接途径从甲烷中形成化学中间体和化学品还有许多其他选择，即从甲烷中制备其他化合物，然后将其用作石化产品的进一步来源。

综上所述，甲烷是石油化工中间体和溶剂的重要来源。

8.5.2　乙烷

乙烷（C_2H_6）是一种二碳烷烃，在标准温度和压力下，是一种无色无味的气体。乙烷在工业规模上是从天然气中分离出来的，也是石油炼制的副产品（表 8.8）。它的主要用途是作为石化原料生产乙烯，通常通过热解生产（Vincent et al.，2008）。

$$CH_3CH_3 \longrightarrow CH_2{=}CH_2 + H_2 \tag{8.29}$$

表 8.8　乙烷特征参数表

化学式	C_2H_6
摩尔质量	30.07g/mol
外观	无色气体
气味	无味
密度	1.3562g/L（0℃）、0.5446g/L（184K）
液态密度	0.446g/cm³（0℃）
蒸汽相对密度	1.05
熔点	−182.8℃、−296.9℉、90.4K
沸点	−88.5℃、−127.4℉、184.6K
闪点	−94.4℃、−137.9℉
水溶解度	56.8mg/L
爆炸界限	4.4%~17%（空气环境体积浓度）

就碳氢化合物成分而言，乙烷是致密气中仅次于甲烷的第二大成分。不同气田的天然气乙烷含量从小于 1% 到大于 6%（体积分数）不等。在 20 世纪 60 年代之前，乙烷和更高分子量的气体没有从天然气的甲烷成分中分离出来，而是作为燃料与甲烷一起燃烧。目前，乙烷是一种重要的石油化工原料，在大多数天然气加工厂中，乙烷是从天然气的其他组分中分离出来的。乙烷也可以从石油天然气中分离出来，石油天然气是石油炼制的副产品，是一种气态烃衍生物的混合物。

乙烷的主要来源是被称为气液的馏分，它们是在加工操作过程中从致密气中分离出来的较高分子量的碳氢化合物衍生物（Mokhatab et al.，2006；Kidney et al.，2011；Speight，2014a，2019a）。大约 40% 的可用乙烷被回收用于化学用途。乙烷的唯一消费大户是用于乙烯生产的蒸汽裂解过程。

乙烷从甲烷中分离的最有效方法是在低温下液化甲烷。存在多种制冷策略：目前广泛使用的最经济的方法是涡轮膨胀，它可以回收天然气中 90% 以上的乙烷。在这个过程中，冷冻气体通过涡轮机膨胀，当它膨胀时，它的温度下降到大约100℃（212°F）。在这种低温下，气态甲烷可以通过蒸馏从液化乙烷和较重的烃衍生物中分离出来。然后进一步蒸馏将乙烷从丙烷和更高分子量的烃衍生物中分离出来。

8.5.3 丙烷

丙烷是另外两个过程的副产品：（1）气体处理；（2）石油精炼（表8.9）。天然气的加工包括从原料气中去除丁烷、丙烷和大量乙烷，以防止这些挥发物在天然气管道中凝结。此外，原油炼油厂生产一些丙烷作为裂解过程的副产品（Gary et al.，2007；Speight，2014，2017；Hsu and Robinson，2017）。丙烷也可以作为生物燃料，通过各种类型的生物质的热转化生产（Speight，2011）。

表8.9 丙烷特征参数表

化学式	C_3H_8
摩尔质量	44.10g/mol
外观	无色气体
气味	无味
密度	2.0098kg/m³（0℃，101.3kPa）
液态密度	0.493g/cm³（25℃）
蒸汽相对密度	2.05
熔点	−187.7℃、−305.8°F、85.5K
沸点	−42.25~42.04℃、−44.05~−43.67°F
闪点	−104℃、−155°F
水溶解度	47mg/L（0℃）
爆炸界限	2.3%~9.5%（空气环境体积浓度）

丙烷是由原油精炼和天然气加工生产的。丙烷的产生不是为了其本身，而是这两个过程的副产品。天然气工厂生产丙烷主要包括从天然气中提取丙烷和丁烷等物质，以防止这些液体凝结并导致天然气管道运行问题。同样，当炼油厂生产汽车用汽油、柴油和取暖油等主要产品时，会产生一些丙烷作为这些过程的副产品。

丙烷在世界范围内有广泛的用途，包括小型家庭加热应用到大型工业和制造过程。丙烷的一些更常见的用途是用于住宅和商业供暖和烹饪、汽车燃料、灌溉泵和发电、农作物干燥和杂草控制，以及作为石化工业的原材料制造塑料、酒精、纤维和化妆品等产品。

8.5.4 丁烷异构体

像丙烷一样，丁烷同分异构体可以从天然气液体和炼油厂气流中获得。C_4 无环石蜡由两个异构体组成：正丁烷和异丁烷（2-甲基丙烷）。由于结构的不同，这两种异构体的物理性质和化学性质都有很大的不同（图8.6）。

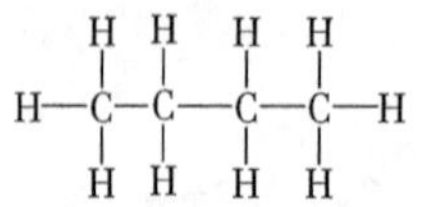

(b)异丁烷(b)异丁烷(b)异丁烷(b)异丁烷(b)异丁烷(b)异丁烷

(a)正丁烷 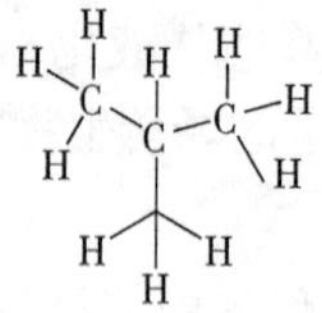　　　　　　　　　　(b)异丁烷

图 8.6　丁烷的两种异构体

　　然而，在 IUPAC 的命名系统中，丁烷这个名字只指正丁烷异构体 $CH_3CH_2CH_2CH_3$。丁烷衍生物是高度易燃、无色、易液化的气体，在室温下迅速蒸发。

　　如果存在于致密气体中的丁烷异构体可以通过在轻质油中的吸收，从大量的低沸点气体成分（如甲烷和乙烷）中分离出来，这样得到的丁烷可以与丙烷一起从吸收剂中剥离出来，作为符合要求规格的液化石油气销售，或者它们可以通过分馏从丙烷中分离出来：正丁烷在 0.5℃（31.1°F）沸腾（表 8.10）；异丁烷在 11.7℃（10.9°F）时沸腾（表 8.11）。通过催化裂化和其他炼油过程形成的丁烷衍生物可以通过吸收到轻质油中回收（Parkash，2003；Gary et al.，2007；Speight，2007，2014，2017；Hsu and Robinson，2017）。

表 8.10　正丁烷特征参数表

化学式	C_4H_{10}
摩尔质量	58.12g/mol
外观	无色气体
气味	似于汽油或天然气
密度	2.48kg/m³（15℃，59°F）
液态密度	0.573g/cm³（25℃）
蒸汽相对密度	2.1
熔点	−140~−134℃、−220~−209°F
沸点	−1~1℃、30~40°F
水溶解度	61mg/L（20℃、68°F）
爆炸界限	1.9%~8.5%（空气环境体积浓度）

　　商业上，正丁烷可以添加到汽油中，以增加其在寒冷气候下的挥发性（作为助燃）。在称为异构化的炼油过程中转化为异丁烷，它可以与某些其他碳氢化合物衍生物（如丁烯）反应，形成有价值的高辛烷值汽油成分。

　　和丙烷一样，正丁烷主要是从液化天然气中获得的。它也是不同炼油厂操作的副产品。

目前，正丁烷的主要用途是控制成品油的蒸气压。由于限制汽油蒸气压力的新规定，这种用途预计将大大减少。剩余的正丁烷可以异构化成异丁烷，目前异丁烯的需求量很大。异丁烯是甲基叔丁基醚和乙基叔丁基醚的前体，它们是重要的辛烷值助推器。剩余正丁烷的另一种用途是氧化成马来酸酐。

表 8.11　异丁烷特征参数表

化学式	C_4H_{10}
摩尔质量	58.12g/mol
外观	无色气体
气味	无味
密度	2.51kg/m³（15℃，100kPa）
液态密度	0.551g/cm³（25℃）
蒸汽相对密度	2.01
熔点	−159.42℃、−254.96°F
沸点	−11.7℃、10.9°F
水溶解度	48.9mg/L（25℃、77°F）
爆炸界限	1.8%~8.4%（空气环境体积浓度）

几乎所有新的马来酸酐工艺都是基于丁烷氧化。正丁烷一直是生产丁二烯的主要原料。然而，这一过程已被蒸汽裂解烃类衍生物所取代，这将产生大量的副产物丁二烯。

参 考 文 献

Ahmadov, R., Vanorio, T., Mavko, G., 2009. Confocal laser scanning and atomic-force microscopy in estimation of elastic properties of the organic-rich bazhenov formation. Lead. Edge 28, 18e23.

Anerousis, J.P., Whitman, S.K., 1984. An Updated Examination of Gas Sweetening by the Iron Sponge Process. SPE Annual Technical Conference and Exhibition, Houston, Texas. September. Paper No. SPE 13280.

ASTM D1945, 2019. Standard Test Method for Analysis of Natural Gas by Gas Chromatography. Annual Book of Standards. ASTM International, West Conshohocken, Pennsylvania.

ASTM D1946, 2019. Standard Practice for Analysis of Reformed Gas by Gas Chromatography. Annual Book of Standards. ASTM International, West Conshohocken, Pennsylvania.

ASTM D2163, 2019. Standard Test Method for Determination of Hydrocarbons in Liquefied Petroleum（LP） Gases and Propane/Propene Mixtures by Gas Chromatography. Annual Book of Standards. ASTM International, West Conshohocken, Pennsylvania.

ASTM D2427, 2019. Standard Test Method for Determination of C2 through C5 Hydrocarbons in Gasolines by Gas Chromatography. Annual Book of Standards. ASTM International, West Conshohocken, Pennsylvania.

ASTM D2597, 2019. Standard Test Method for Analysis of Demethanized Hydrocarbon Liquid Mixtures Containing Nitrogen and Carbon Dioxide by Gas Chromatography. Annual Book of Standards. ASTM International, West Conshohocken, Pennsylvania.

ASTM D3588, 2019. Standard Practice for Calculating Heat Value, Compressibility Factor, and Relative Density of Gaseous Fuels. Annual Book of Standards. ASTM International, West Conshohocken, Pennsylvania.

ASTM D7833, 2019. Standard Test Method for Determination of Hydrocarbons and Non-hydrocarbon Gases in Gaseous Mixtures by Gas Chromatography. Annual Book of Standards. ASTM International, West Conshohocken, Pennsylvania.

ASTM E355, 2019. Practice for Gas Chromatography Terms and Relationships. Annual Book of Standards. ASTM International, West Conshohocken, Pennsylvania.

ASTM F307, 2019. Practice for Sampling Pressurized Gas for Gas Analysis. Annual Book of Standards. ASTM International, West Conshohocken, Pennsylvania.

Barbouteau, L., Dalaud, R., 1972. In: Nonhebel, G. (Ed.), Gas Purification Processes for Air Pollution Control. Butterworth and Co., London, United Kingdom (Chapter 7).

Bartoo, R.K., 1985. In: Newman, S.A. (Ed.), Acid and Sour Gas Treating Processes. Gulf Publishing, Houston Texas.

Bullin, J.A., 2003. Why not optimize your amine sweetening unit?. In: Proceedings. GPA Europe Annual Conference, Heidelberg, Germany. September 25-27. GPA Midstream Association Tulsa, Oklahoma.

Bullin, K., Krouskop, P., 2008. Composition variety complicates processing plans for US shale gas. In: Proceedings. Annual Forum, Gas Processors Association e Houston Chapter, Houston, Texas. October 7.

Bustin, R.M., Bustin, A.M.M., Cui, X., Ross, D.J.K., Pathi, V.S.M., 2008. Impact of shale properties on pore structure and storage characteristics. Paper No. SPE 119892. In: Proceedings. SPE Shale Gas Production Conference, Ft. Worth, Texas. November 16-18.

Cramer, D.D., 2008. Stimulating unconventional reservoirs: lessons learned, successful practices, areas for improvement. SPE Paper No. 114172. In: Proceedings. Unconventional Gas Conference, Keystone, Colorado. February 10-12, 2008.

Cumella, S.P., Scheevel, J., 2008. The influence of stratigraphy and rock mechanics on mesaverde gas distribution, piceance basin, Colorado. In: Cumella, S.P., Shanley, K.W., Camp, W.K. (Eds.), Understanding, Exploring, and Developing Tight-Gas Sands, Proceedings. 2005 Vail Hedberg Conference: AAPG Hedberg Series, vol. 3, pp. 137e155.

Deng, L., Hagg, M.B., 2010. Techno-economic evaluation of biogas upgrading process using CO_2 facilitated transport membrane. International Journal of Greenhouse Gas Control 4 (4), 638e646.

Duckworth, G.L., Geddes, J.H., 1965. Natural gas desulfurization by the iron sponge process. Oil Gas J. 63 (37), 94e96.

El-Rahman Sayed, A., Ashour, I., Gadalla, M., 2017. Integrated process development for an optimum gas processing plant. Chem. Eng. Res. Des. 124, 114e123.

Foglietta, J.H., 2004. Dew point turboexpander process: a solution for high pressure fields. Proceedings. IAPG Gas Conditioning Conference, Neuquen, Argentina. October 18.

Fulker, R.D., 1972. In: Nonhebel, G. (Ed.), Gas Purification Processes for Air Pollution Control. Butterworth and Co., London, United Kingdom (Chapter 9).

Gall, A.L., Gadelle, D., 2003. Technical and commercial evaluation of processes for Claus tail gas treatment. In: Proceedings. GPA Europe Technical Meeting, Paris, France. GPA Midstream Association Tulsa, Oklahoma.

Gary, J.G., Handwerk, G.E., Kaiser, M.J., 2007. Petroleum Refining: Technology and Economics, fifth ed. CRC Press, Taylor & Francis Group, Boca Raton, Florida.

Grieser, B., Wheaton, B., Magness, B., Blauch, M., Loghry, R., 2007. Surface reactive fluid's effect on shale. SPE Paper No. 106825. In: SPE Production and Operations Symposium, Society of Petroleum Engineers, Oklahoma City, Oklahoma, March 31-April.

Harris, N.B., Ko, T., Philp, R.P., Lewan, M.D., Ballentine, C.J., Zhou, Z., Hall, D.L., 2013. Geochemistry of Natural Gases from Tight- Gas-Sand Fields in the Rocky Mountains. RPSEA Report No. 07122-09. Research Partnership to Secure Energy for America. National Energy Technology Laboratory, Unites States Department of Energy, Washington, DC. HYPERLINK ". https://www.netl.doe.gov/file%20library/Research/Oil-Gas/Natural%20-Gas/shale%20gas/07122-09-final-report.pdf.

Hill, R.J., Jarvie, D.M., Zumberge, J., Henry, M., Pollastro, R.M., 2007. Oil and gas geochemistry and petroleum systems of the fort worth basin. AAPG (Am. Assoc. Pet. Geol.) Bull. 91 (4), 445e473.

Holditch, S.A., 2006. Tight gas sands. J. Pet. Technol. 58 (6), 86e94. Paper No. 103356. Society of Petroleum Engineers, Richardson, Texas.

Hsu, C.S., Robinson, P.R. (Eds.), 2017. Handbook of Petroleum Technology. Springer International Publishing AG, Cham, Switzerland.

Isalski, W.H., 1989. Separation of Gases. Monograph on Cryogenics No. 5. Oxford University Press, Oxford, United Kingdom, pp. 228e233.

Jang, K.-S., Kim, H.-J., Johnson, J.R., Kim, W., Koros, W.J., Jones, C.W., Nair, S., 2011. Modified mesoporous silica gas separation membranes on polymeric hollow fibers. Chem. Mater. 23 (12), 3025e3028.

Jenkins, J.L., Haws, R., 2002. Understanding gas treating fundamentals. Petroleum Technology Quarterly, January 61e71.

Jou, F.Y., Otto, F.D., Mather, A.E., 1985. In: Newman, S.A. (Ed.), Acid and Sour Gas Treating Processes. Gulf Publishing Company, Houston, Texas (Chapter 10).

Katz, D.K., 1959. Handbook of Natural Gas Engineering. McGraw-Hill Book Company, New York.

Kidnay, A., McCartney, D., Parrish, W., 2011. Fundamentals of Natural Gas Processing. CRC Press, Taylor & Francis Group, Boca Raton, Florida.

Kindlay, A.J., Parrish, W.R., 2006. Fundamentals of Natural Gas Processing. CRC Press, Taylor & Francis Group, Boca Raton, Florida.

Kohl, A.L., Riesenfeld, F.C., 1985. Gas Purification, fourth ed. Gulf Publishing Company, Houston, Texas.

Kundert, D., Mullen, M., 2009. Proper evaluation of shale gas reservoirs leads to a more effective hydraulic-fracture stimulation. Paper No. SPE 123586. In: Proceedings. SPE Rocky Mountain Petroleum Technology Conference, Denver, Colorado. April 14-16.

Maddox, R.N., 1982. Gas conditioning and processing. In: Gas and Liquid Sweetening, vol. 4. Campbell Publishing Co., Norman, Oklahoma.

Maddox, R.N., Bhairi, A., Mains, G.J., Shariat, A., 1985. In: Newman, S.A. (Ed.), Acid and Sour Gas Treating Processes. Gulf Publishing Company, Houston, Texas (Chapter 8).

Manning, F., Thompson, R., 1991. Oilfield Processing of Petroleum Volume One: Natural Gas. PennWell Books, Tulsa Oklahoma, pp. 339e340.

Maple, M.J., Williams, C.D., 2008. Separating nitrogen/methane on zeolite-like molecular sieves. Microporous Mesoporous Mater. 111, 627e631.

Martini, A.M., Walter, L.M., Ku, T.C.W., Budai, J.M., McIntosh, J.C., Schoell, M., 2003. Microbial production and modification of gases in sedimentary basins: a geochemical case study from a devonian shale gas play, Michigan basin. AAPG (Am. Assoc. Pet. Geol.) Bull. 87 (8), 1355e1375.

Matsui, T., Imamura, S., 2010. Removal of siloxane from digestion gas of sewage sludge. Bioresour. Technol. 101 (1 Suppl. L), S29eS32.

Mody, V., Jakhete, R., 1988. Dust Control Handbook. Noyes Data Corp., Park Ridge, New Jersey.

Mokhatab, S., Poe, W.A., Speight, J.G., 2006. Handbook of Natural Gas Transmission and Processing. Elsevier, Amsterdam, Netherlands.

Nadkarni, R.A.K., 2005. Elemental Analysis of Fuels and Lubricants: Recent Advances and Future Prospects. ASTM International, West Conshohocken, Pennsylvania. Publication No. STP1468.

Nehring, R., 2008. Growing and indispensable: the contribution of production from tight-gas sands to U.S. Gas production. In: Cumella, S.P., Shanley, K.W., Camp, W.K. (Eds.), Understanding, Exploring, and Developing Tight-Gas Sands, Proceedings. 2005 Vail Hedberg Conference: AAPG Hedberg Series, vol. 3, pp. 5e12.

Newman, S.A., 1985. Acid and Sour Gas Treating Processes. Gulf Publishing, Houston, Texas.

Passey, Q.R., Bohacs, K.M., Esch, W.L., Klimentidis, R., Sinha, S., 2010. From oil-prone source rocks to gas-producing shale reservoir e geologic and petrophysical characterization of unconventional shale-gas reservoir. SPE Paper No. 131350. In: Proceedings. CPS/SPE International Oil & Gas Conference and

Exhibition, Beijing, China. June 8-10.

Pitsinigos, V.D., Lygeros, A.I., 1989. Predicting H2S-MEA equilibria. Hydrocarb. Process. 58（4）, 43e44.

Polasek, J., Bullin, J., 1985. In: Newman, S.A.（Ed.）, Acid and Sour Gas Treating Processes. Gulf Publishing Company, Houston, Texas（Chapter 7）.

Popat, S.C., Deshusses, M.A., 2008. Biological removal of siloxanes from landfill and digester gases: opportunities and challenges. Environ. Sci. Technol. 42（22）, 8510e8515.

Robeson, L.M., 1991. Correlation of separation factor versus permeability for polymeric membranes. J. Membr. Sci. 62, 165.

Ross, D.J.K., Bustin, R.M., 2009. The importance of shale composition and pore structure upon gas storage potential of shale gas reservoirs. Mar. Pet. Geol. 26（6）, 916e927.

Schettler Jr., P.D., Parmely, C.R., Juniata, C., 1989. Gas composition shifts in devonian shales. SPE Reserv. Eng. 4（3）, 283e287.

Schweigkofler, M., Niessner, R., 2001. Removal of siloxanes in biogases. J. Hazard Mater. 83（3）, 183e196.

Scouten, C.S., 1990. Oil shale. In: Fuel Science and Technology Handbook. Marcel Dekker Inc., New York. Chapters 25 to 31, pp. 795e1053.

Sone, H., 2012. Mechanical properties of shale gas reservoir rocks and its relation to the in-situ stress variation observed in shale gas reservoirs. In: A Dissertation Submitted to the Department of Geophysics and the Committee on Graduate Studies of Stanford University in Partial Fulfillment of the Requirements for the Degree of Doctor of Philosophy. SRB, vol. 128. Stanford University, Stanford, California.

Soud, H., Takeshita, M., 1994. FGD Handbook. No. IEACR/65. International Energy Agency Coal Research, London, England.

Speight, J.G., 2000. The Desulfurization of Heavy Oils and Residua, second ed. Marcel Dekker Inc., New York.

Speight, J.G., 2011. An Introduction to Petroleum Technology, Economics, and Politics. Scrivener Publishing, Salem, Massachusetts.

Speight, J.G., 2012. Shale Oil Production Processes. Gulf Professional Publishing, Elsevier, Oxford, United Kingdom.

Speight, J.G., 2013a. The Chemistry and Technology of Coal, fifth ed. CRC Press, Taylor & Francis Group, Boca Raton, Florida.

Speight, J.G., 2013b. Shale Gas Production Processes. Gulf Professional Publishing, Elsevier, Oxford, United Kingdom.

Speight, J.G., 2014a. The Chemistry and Technology of Petroleum, fifth ed. CRC Press, Taylor & Francis Group, Boca Raton, Florida.

Speight, J.G., 2014b. Oil and Gas Corrosion Prevention. Gulf Professional Publishing, Elsevier, Oxford, United Kingdom.

Speight, J.G., 2017. Handbook of Crude Oil Refining. CRC Press, Taylor & Francis Group, Boca Raton, Florida.

Speight, J.G., 2019a. Natural Gas: A Basic Handbook, second ed. Gulf Publishing Company, Elsevier, Cambridge, Massachusetts.

Speight, J.G., 2019b. Synthetic Fuels Handbook: Properties, Processes, and Performance, second ed. McGraw-Hill, New York.

Speight, J.G., 2019c. Handbook of Petrochemical Processes. CRC Press, Taylor & Francis Group, Boca Raton, Florida.

Staton, J.S., Rousseau, R.W., Ferrell, J.K., 1985. In: Newman, S.A.（Ed.）, Acid and Sour Gas Treating Processes. Gulf Publishing Company, Houston, Texas（Chapter 5）.

Vanorio, T., Mukerji, T., Mavko, G., 2008. Emerging methodologies to characterize the rock physics properties of organic-rich shales. Lead. Edge 27, 780e787.

Vincent, R.S., Lindstedt, R.P., Malika, N.A., Reid, I.A.B., Messenger, B.E., 2008. The chemistry of ethane dehydrogenation over a supported platinum catalyst. J. Catal. 260, 37e64.

Ward, E.R., 1972. In: Nonhebel, G.（Ed.）, n Gas Purification Processes for Air Pollution Control. Butterworth and Co., London, United Kingdom（Chapter 8）.

Weiland, R.H., Hatcher, N.A., 2012. Overcome challenges in treating shale gas. Hydrocarb. Process. 91 (1), 45e48.

Zapffe, F., 1963. Iron sponge process removes mercaptans. Oil Gas J. 61 (33), 103e104.

Zhu, L., Li, L., Zhu, J., Qin, L., Fan, J., 2014. Analytical methods to calculate water content in natural gas. Chem. Eng. Res. Des. 93, 148e162.

第9章 页岩油分析

9.1 引言

回顾第1章，致密油是另一种原油类型，从气体凝析物型液体到高挥发性液体不等（McCain，1990；Dandekar，2013；Speight，2014a，2016；Terry and Rogers，2014）。致密油是指保存在低基质渗透率的致密砂岩或致密碳酸盐岩中的油，这些储层的单井通常没有自然产能或其自然产能低于工业油流的下限，但在特定的经济条件和技术措施下可以进行工业石油生产。这些措施包括酸化压裂、多级压裂、水平井和多侧钻井（Akrad et al.，2011；Speight，2016）。

轻质致密油这一术语也用于描述来自页岩储层和致密储层的油，因为从这些地层生产出的原油是轻质原油。轻质原油是指在室温下自由流动的低密度原油，这些轻质原油含有更高比例的轻质烃分数，从而具有较高的 API 重度（在 37~42°API 之间）（Speight，2014a）。然而，储存在页岩储层和致密储层中的原油如果不采用先进的钻井（如水平钻井）和压裂（水力压裂）技术是无法流向井筒的。一直以来，人们倾向于将这种油称为页岩油。这种术语的使用是错误的，因为它会使人产生困惑。应该反对使用这种不合逻辑的术语，因为页岩油一直（几十年甚至几个世纪以来）是石油页岩通过热分解生产的馏分的名称（见第11章）。最近（也是合乎逻辑的）有人建议将页岩油称为干酪根油（IEA，2013）。

从页岩地层生产原油所面临的挑战与它们被发现的成分复杂性和各种地质构造有关。这些油是轻质的，但它们通常含有高比例的蜡质组分，大部分存储在亲油地层中。这些现象造成了从页岩地层提取原油所面临的一些主要困难，包括：（1）菌垢生成；（2）盐析；（3）石蜡沉积；（4）不稳定的沥青质成分；（5）设备腐蚀；（6）细菌生长。因此，需要向增产液中添加多组分化学添加剂来控制这些问题。

北美最显著的致密油层包括巴肯页岩、尼奥布拉拉组、巴内特页岩、鹰滩页岩，以及位于美国圣华金盆地（加利福尼亚州）的 Miocene Monterey 气区和位于加拿大艾伯塔省的卡迪翁油田。在这些致密层中的大部分，大量油藏已知存在了数十年，对这些资源的商业生产时断时续但通常结果令人失望。然而，从 20 世纪中期开始，钻井和增产技术的进步，以及高油价的结合，已将致密油资源转变为北美最活跃的勘探和开采目标之一。

此外，在所有致密油区中，或许认识最深的是跨越加拿大和美国北达科他州、蒙大拿州和萨斯喀彻温省边境的巴肯油气区。关于开发致密油资源的许多已知信息都来自在巴肯地区的工业经验，而本研究对未来致密油资源开发的预测也主要基于这些认识。历史上，巴肯致密油地层包括巴肯组的三个层位或单元。巴肯组的上层和下层为富含有机质的页岩，是油源岩，而中间层可能是粉砂岩、砂岩或是碳酸盐岩，通常具有低渗透率和高含油量。自 2008 年以来，另一个直接位于巴肯组下层页岩下面的致密油富集地层——三叉井地层，也产出了极为高产的油井。三叉井地层的钻探、完井和增产策略与巴肯地区相似，两者产出的轻甜原油在地球化学上被确定为基本相同。一般来说，三叉井地层被认为是巴肯地层的一部分，尽管已发表的文章作者有时会将其称为巴肯—三叉井地区。

其他已知的致密油藏（在全球范围内）包括叙利亚的 R'Mah 沉积岩层、波斯湾北部地区的 Sargelu 沉积岩层、阿曼的 Athel 沉积岩层、俄罗斯西伯利亚的 Bazhenov 和 Achimov 沉积岩层、澳大利亚的 Coober Pedy、墨西哥的 Chicontepex 沉积岩层，以及阿根廷的 Vaca Muerta 油田（US EIA，2011，2013，2014）。然而，致密油藏是异质性的，即使在单个水平钻孔中，采收的油量也会有所不同，在一个油田甚至相邻井之间的采收率也可能不同。这使得页岩气区的评估和某个租赁井盈利能力的决策变得困难，而仅含原油（没有天然气作为压力剂）的致密油藏无法经济地生产（US EIA，2011，2013）。

就精炼而言，尽管致密油被认为是甜的（低硫含量）且适于精炼处理，但实际情况并非总是如此。硫化氢气体与原油一起从地下涌出，这种气体易燃有毒，因此必须在钻井现场及运输过程中进行监测。在原油运往炼油厂之前，会加入基于胺的硫化氢清除剂。然而，由于运动引起的运输过程中的混合，以及温度变化提高了油的蒸汽压力，在卸货期间可能释放带有硫化氢的包含物，从而造成安全隐患。例如，在冬季装载到铁路车辆上然后运往更温暖的气候区的原油因其更高的蒸汽压力而变得危险。油品的发货人和收货人应意识到这些风险。

致密油中含有石蜡，会残留在铁路车厢、储罐和管道壁上。这些石蜡也会污染原油换热器的预热段（在原油除盐器之前）。黏附在管道和容器壁上的石蜡会将胺固定在壁面上，从而导致局部腐蚀（Speight，2014c）。可过滤固体物也会导致原油预热器的污垢问题，致密油中可过滤固体物的含量是传统原油的七倍以上。为了避免滤芯堵塞，需要对炼油厂入口处的滤网进行自动监控，因为这些滤网需要捕集大量的固体颗粒。此外，需要在除盐器中添加润湿剂以帮助将多余的固体物质固定在水中，而不是让这些不必要的固体物质继续流到下游过程中。

在许多炼油厂中，将两种或更多种原油混合作为炼油原料已成为标准操作程序，这使得炼油厂可以实现正确的原料质量平衡。然而，如果混合的原油不兼容（见第 17 章）（Mushrush and Speight，1995；Speight，2014），则可能会引起问题。当原油不兼容时，沥青质组分的沉积增加（Speight，2014），这加速了在原油除盐器下游的换热器序列中的污垢问题（Speight，2014c）。加速的污垢问题增加了必须由原油燃烧加热器提供的能量，当燃烧加热器达到最大功率时，这限制了生产能力，并可能需要提前关闭机器进行清洁。

将稳定的原油混合物与沥青质和石蜡油混合可能会导致不稳定的沥青质组分沉淀，而在致密油中高含量的石蜡烷也会为沥青质组分的沉淀创造有利条件（Speight，2014a，2014c）。值得注意的是，混合物中原油的比例可能会影响原油的兼容性。例如，混合物中低含量的致密油可能不会导致加速产生污垢，而含有更多致密油的混合物可能导致加速产生污垢。关键是要分离任何可能导致污垢问题的组分（Speight，2014c）。

致密页岩油具有低渣和低硫的特点，但其中可能含有大量的蜡成分，这些成分的分子量分布很广，比如可以找到碳链长达 C_{10} 到 C_{60} 的石蜡，甚至 C_{72} 的碳氢化合物。尽管这相对于高沥青质重油（高密度、低 API 重度）的回收来说是一种缓解，但这种缓解作用只是暂时的，因为蜡质成分的沉积会导致与沥青不相容一样多的问题。为了控制由于石蜡引起的沉积和堵塞问题，在上游应用中，可使用各种蜡分散剂。在多功能添加剂包中，蜡分散剂可以同时解决沥青稳定性和防腐问题，更加方便。在生产过程中必须控制方解石、碳酸盐和硅酸盐的积垢，否则就会出现堵塞问题。有各种规格的防垢添加剂可供选择，只要恰当地选用，它们就可以非常有效。根据井的性质和操作条件的不同，建议选择特定的化学品或使用混合产品来解决积垢问题。

致密页岩油具有低沥青质含量、低硫含量和石蜡分子量分布范围广的特点。已经发现了碳链长达 C_{10} 到 C_{60} 的石蜡，一些页岩油中甚至含有碳链长达 C_{72} 的化合物。为了控制由于石蜡衍生物引起的沉积和堵塞问题，通常使用分散剂。在上游应用中，这些石蜡分散剂作为多功能添加剂包的一部分使用，同时也解决了沥青稳定性和防腐问题。此外，在生产过程中必须控制方解石（$CaCO_3$）、其他碳酸盐矿物（含有碳酸根离子 CO_3^{2-} 的矿物）和硅酸盐矿物（基于硅酸基团结构分类的矿物，其中含有不同比例的硅和氧）的大量沉淀。有各种规格的防垢添加剂可供选择，只要恰当地选用，它们就可以非常有效。根据井的性质和操作条件的不同，建议选择特定的化学品或使用混合产品来解决积垢问题。

尽管从一个地区到另一个地区开发致密油田的基本方法预计是相似的，但特定策略的应用，尤其是关于完井和增产技术方面的策略，几乎肯定会因不同油田而异，有时甚至在同一油田内也可能不同。这些差异取决于地质情况（即使在同一油田中，地质情况也可能非常异质），并且随着经验和可用性的增加，技术的演变也会带来策略差异性。

本章介绍可应用于致密油作为炼厂原料的分析方法。适用于致密油四种主要产品的分馏：（1）汽油；（2）煤油；（3）柴油；（4）渣油。测试方法已在其他章节介绍（见第 10 章）。大部分情况下，致密油通常不被认为具有渣油，如果需要确定渣油属性的测试方法，可在其他地方找到这些方法的详细介绍（Speight，2014，2015）。

9.2 致密油

含有原油（致密油）的地层，如页岩地层，是不均匀的，并且在相对较短的距离内变化范围很大。因此，从这样的储层中提取的油的组成和性质应该是多样的。因此，致密油评价是炼厂原料预精制检查，以及直接将其用作燃料时的重要方面。

在这种情况下的致密油评价是指确定原油、重油和油砂沥青的物理和化学特征，因为从这些原料生产的产品或馏分的产量和性质变化很大，并且取决于各种类型的碳氢化合物衍生物的浓度及杂原子化合物（即含有氮、氧、硫、金属的分子组成部分）的含量。某些类型的原料具有经济优势，可作为具有高度限制性的燃料和润滑剂的来源，因为它们比许多类型的原油生产相同产品所需的专业加工步骤要少。其他类型原油可能含有极低浓度的理想燃料组分或润滑剂成分，从这些原油中生产这些产品可能不够经济可行。

由于致密油呈现出广泛的物理性质，因此各种原料在这些炼油操作中的表现并不简单，这并不令人意外。从最终分析中得出的原子比可以表明原料的性质和满足精炼化学所需的通用氢需求，但是无法预测原料在精炼过程中的行为。从这些数据中得出的任何推论都是纯粹的猜测，并且存在很大的可疑性。

例如，可以在常压下蒸馏的油含量可能接近致密油的 80% 体积分数，而残留物的量可能低至 5% 体积分数。此外，由于 n- 烷基衍生物含量高，致密油的蜡含量可能很高。因此，混合致密油和（或）由致密油衍生的产品需要注意，因为混合物成分可能不相容（见第 17 章）。另外，由于甲烷到丁烷（CH_4，C_2H_6，C_3H_8，C_4H_{10}）烃类含量高，处理致密油的所有阶段必须采取安全预防措施（Olsen，2015）。

大多数炼油厂加工许多不同的原油，美国沿海炼油厂一年内可能会处理 50 多种不同的原油（Olsen，2015）。每种原油在主要工艺装置中都需要略微不同的加工条件。通常，炼油厂被设计用于加工特定组成的原油，并根据诸如泵、换热器，以及处理装置内特定催化剂等设备的能力，生产具有指定性质和灵活性的产品。如果没有符合要求的单一原油或者经济条件不允许的情况下，炼油厂通常通过混合两种或更多种原油来使原油组成与炼油厂配置相匹配。

回顾第 1 章和第 10 章，美国石油学会（API）重度是由石油行业开发的一种重度刻度，用于根据石油产品相对密度的大小将原油和其他石油液体进行分类。它以度数（°API）表示，并且是石油产品相对密度与水密度的倒数测量。轻质原油的 API 重度高于 31°API，中质原油的 API 重度介于 20~31°API 之间，而重质原油的 API 重度低于 20°API。致密油的 API 重度为 40~45°API，硫含量低于 0.5%（质量分数），属于轻质甜味（低硫）类别。

致密油萘的加氢处理通常是必要的，以提高辛烷值和中间馏分的辛烷值，以达到柴油所需的必要冷流动性能。此外，致密油残渣的加氢处理可以产生额外的萘和中间馏分。由于物性变化很大，对于致密油原料的预处理可能是必要的，以最小化对催化剂的潜在不良影响。在大气馏出物的加氢处理过程中，加氢异构化是主要反应，而在致密油残渣的加氢处理过程中，加氢裂化和环开裂是主要反应。

此外，原料的化学组成也是精炼反应的一个指标（Parkash，2003；Gary et al.，2007；Speight，2014，2015，2017；Hsu and Robinson，2017）。无论组成是以化合物类型还是通用化合物类表示，它都可以使精炼工厂确定反应的性质。因此，化学组成在确定从精炼操作中产生的产品性质方面可以发挥重要作用。它还可以在确定特定原料应该如何加工方面发挥作用（Parkash，2003；Gary et al.，2007；Speight，2014，2017；Hsu and Robinson，2006）。

因此，明智地选择原油以生产任何给定的产品与为任何特定用途选择产品一样重要。因此，对致密油性质的初步检查将提供有关最合理精炼手段的推论。事实上，通过物性数据仔细评估致密油是任何作为炼油原料的致密油初始研究的重要组成部分。正确解释从原油检查结果得出的数据需要理解其意义。

致密油表现出广泛的物性范围，各种物性间存在多种关系（Speight，2001）。尽管致密油的黏度、密度、沸点和颜色等物性可能差异很大，但是已经注意到，对于大量致密油样品，最终或元素分析结果变化范围很小。碳含量相对恒定，而氢和杂原子含量则是导致致密油之间主要差异的原因。再加上炼油操作对原料成分带来的变化，致密油的表征是一项艰巨的任务是一个不争的事实。

虽然可以使用三个通用术语来分类炼油操作：（1）分离；（2）转化；（3）精制，但原料的化学成分是一个更真实的炼油反应指标。无论用化合物类型还是通用化合物类别来表示组成，都可以使炼油厂确定反应的性质。因此，化学成分可以在确定由炼油操作产生的产品性质方面发挥重要作用。其还可以在确定应如何处理特定原料的手段方面发挥作用（Wallace et al.，1988；Speight，2001，2014，2017；Parkash，2003；Gary et al.，2007，

2015；Hsu and Robinson，2017）。

原油的物理和化学特性，以及从中制备的产品或组分的产量和性质差异很大，这取决于各种类型的碳氢化合物衍生物和微量成分的浓度。某些致密油具有作为高度限制性特征的燃料和润滑剂来源的经济优势，因为它们需要较少专业加工，而从许多类型的原油中生产相同产品需要专业加工。其他原油成分中，可能含有所需燃料或润滑剂组分的浓度异常低，从这种原油生产这些产品可能不具备经济可行性。

评估致密油作为原料的使用通常涉及对物质的一个或多个物理性质进行检查。通过这种方式，可以获得一组基本特征，可以用其与实用性相关联。致密油和致密油产品的物理特性通常等同于碳氢衍生物的物理特性。原因在于，虽然致密油确实是一个非常复杂的混合物，但有汽油通过非破坏性蒸馏生产获得，其中不到十种碳氢衍生物的含量占至少 50%（Speight，2014a，2015）。

为了满足特定的需求，包括处理的致密油类型和产品性质，大多数炼油厂投入时间开发了自己的致密油分析和评估方法。但是，这些方法被认为是专有的，通常不可获得并使用。因此，各种标准组织，例如在北美的美国材料试验协会，已经花费了相当多的时间和精力来协调和标准化致密油和致密油产品的检查和评估方法。有关可供致密油进行的大量例行测试的完整讨论占据了一整本书内容（Speight，2015）。然而，在任何有关原油和原油产品物理特性的讨论中，似乎应该提及对应的测试，并且相应的测试编号已包含在文本中。

致密油藏的原油（提出了致密轻质油和致密页岩油作为替代术语）的典型示例是巴肯原油，这是一种轻质高挥发性原油。简而言之，巴肯原油是一种轻甜（低硫）原油，具有相对较高的挥发成分含量。生产该油也会产生大量挥发性气体（包括丙烷和丁烷）和低沸点液体（如戊烷和天然汽油），通常统称为（低沸点或轻质）石脑油。根据定义，天然汽油（有时也称为气态凝析油）是从原油和天然气井中分离出来适合与轻质石脑油和（或）精制汽油混合的低沸点液态碳氢衍生物的混合物（Mokhatab et al.，2006；Speight，2014a）。由于存在低沸点烃衍生物，低沸点石脑油（轻质石脑油）在相对较低的环境温度下可能变得极易爆炸。其中的一些气体可能会在现场油井口燃烧（燃放），但其他气体则会留在从井中提取的液态产品中（Speight，2014a）。

致密页岩形成的油具有低沥青质含量、低硫含量和富含显著不同分子量分布的正构蜡（Speight，2014a，2015a）。已经发现了碳链长度为 C_{10} 到 C_{60} 的正构烷烃，其中一些页岩油含有长达 C_{72} 的碳链。最后，致密油的性质高度可变。密度和其他性质可能会在同一油田内显示出很大的变化。巴肯原油是轻质甜原油，API 重度为 42°API，硫含量为 0.19%（质量分数）。同样，鹰滩也产出轻甜原油，硫含量约为 0.1%（质量分数），已发布的 API 重度在 40~62°API 之间。

本章的目的是概述可应用于原油、重油和沥青砂沥青，以及它们各自的产品甚至原油产品的测试，并呈现由此得出的化学性质和物理性质，以评估原料或产品（Speight，2014a，2015）。为此，已包括了涉及各种化学物理性质的数据作为示例，但认为讨论烃衍生物的物理性质的理论与该部分内容不相关，因此被省略。在很多部分，为避免重复，用于确定石脑油性质的测试方法可应用于确定致密油的性质。

9.3　原油分析

原油在成分和性质上存在很大的变化，这种变化不仅存在于来自不同油田的原油之间，还存在于来自同一口井的不同生产深度中的原油。历史上，物理性质如沸点、密度（相对密度）和黏度已被用来描述原油，但随着越来越多的高黏度原料进入炼油厂，需求变得更加广泛（表 9.1）。

表 9.1　建议的传统原油分析检测与重质原料要求之间的比较

原油	重质原料 / 渣油
成分	
碳（%，质量分数）	碳（%，质量分数）
氢（%，质量分数）	氢（%，质量分数）
硫（%，质量分数）	硫（%，质量分数）
氮（%，质量分数）	氮（%，质量分数）
	镍（μg/g）
	钒（μg/g）
	铁（μg/g）
	灰（%，质量分数）
蜡质组成	
	沥青质（%，质量分数）
	树脂（%，质量分数）
	芳香烃（%，质量分数）
	饱和烃（%，质量分数）
物理性质	
炭渣（%，质量分数）[a]	炭渣（%，质量分数）
密度 / 相对密度 /API 重度	密度 / 相对密度 /API 重度
蒸馏剖面	蒸馏剖面
流点	流点
黏度	黏度
析蜡点	

[a] 相对于残渣。

原油分析不仅包括确定试验物质的成分，更恰当的是确定原油是否适合精炼或产品是否可用。在这个意义上，原油分析（或测试）的最终产品是一系列数据，允许调查人员指定所研究物质的特性和质量。因此，为原油及其产品确定了一系列规格说明。

由于原油组成的差异，应高度重视对含有低沸点碳氢化合物衍生物的原油的正确取样。相对密度、蒸馏曲线、蒸气压、硫化氢含量和汽油辛烷值等的性质受低沸点烃类含量的影响，因此必须使用适当的冷却或压力取样方法，并在随后处理油时注意避免任何挥发性成分的损失。此外，必须记录取样期间的情况和条件。例如，应记录从油田分离器中取样时的温度和压力、分离工厂的温度和压力，以及大气温度。

因此，数据的获取侧重于：（1）测量；（2）准确度；（3）精度；（4）方法验证。所有这些都取决于用于获取样品的取样协议。如果没有严格的取样协议，就必须提前预计到变异和准确度（或精度）的损失。例如，在储存或运输罐中对产品的正确取样非常重要，从而获得代表性的样品，进行实验室测试，这对于将测量数量转换为标准体积至关重要。

原油的元素分析表明，它主要含有碳和氢。少量的氮、氧和硫（杂原子），以及微量的钒、镍等元素也存在。在杂原子中，硫是最重要的。烃类衍生物的混合物非常复杂。同一分子中可能同时存在蜡烷基、环烷基和芳香族结构，并且随着沸程的增加，复杂性也会增加。试图根据这三种主要结构类型对原油进行分类的尝试已被证明是不充分的。

9.3.1 分析

在原油工业中，化验是对原油、重油、超重油或焦油砂沥青应用一系列测试的过程，以提供数据，从而可以估计进料的特性和可加工性（表9.1）。由于原油是一种天然存在的碳氢化合物衍生物混合物，通常处于液态状态，可能还包括硫、氮、氧、金属和其他元素的化合物（ASTM D4175），因此，不难理解原油在组成属性上存在差异，可能会产生广泛的精炼行为和产品属性变化。因此，在精炼之前进行进料化验是必要的初步步骤。

在炼油厂加工的原油变得越来越重（残渣含量更高、硫含量更高）（Speight，1999，2002，以及其中引用的文献）。市场需求（市场推动）要求残留物必须升级为更高价值的产品（Parkash，2003；Gary et al.，2007；Speight，2014a，2017；Hsu and Robinson，2017）。简而言之，原油的价值取决于其是否适合精炼，以及是否可以获得符合市场需求的产品组成。

因此，炼油厂的处理单元需要能够充分评估进料和监测产品质量的分析测试方法。此外，原油中高含量的硫和规定燃料最大硫含量的法规使得硫的去除成为炼油加工的优先事项。在这里，分析方法学再次成为成功确定存在的硫化合物类型及随后对其去除的关键。

升级残渣涉及加工（通常是转化）成为更易销售、更高价值的产品。改进的表征方法对于过程设计、原油评估和操作控制至关重要。在高沸点馏分和残渣中定义沸点范围和碳氢化合物类型分布变得越来越重要。提供量化沸程分布（考虑非洗脱组分）及粗柴油和更高沸程材料中碳氢化合物类型分布的进料分析对于评估进一步加工的进料非常重要。

降低硫含量的过程对于需要去除的硫化合物的数量和结构都非常敏感。能够提供这两方面信息的测试变得越来越重要，而提供有关其他人们关注的组分（如氮、有机金属成分）信息的分析测试也很有价值，并正在用于表征。

但在深入了解原油分析的详细方面之前，有必要了解原油的性质和特性，以及用于生产原油产品的方法。这将向读者介绍理解原油和将其转化为产品所使用的过程所必需的背景知识。这里不介绍化学细节，如有需要可以在其他地方找到（Speight，2014a，2017）。

原油的元素分析表明，其主要成分是碳和氢，同时存在少量的硫（质量分数0.1%~8%）、氮（质量分数0.1%~1.0%）和氧（质量分数0.1%~3%）等杂原子元素，此外还包含百万分之一浓度级别的钒、镍、铁和铜等微量元素。在非烃类（杂原子）元素中，硫往往含量最高，并经常被精炼商视为最重要的元素。然而，氮和微量金属对炼厂催化剂也具有不良影响，不能因相对低的丰度而被忽视。例如，容量为50000bbl/d并持续运行的加工单元很快就会反映出微量元素的存在造成的影响。氧的存在也会对精炼催化剂产生作用，但与其他杂原子相比，它受到的研究略少，但在精炼过程中也同样重要。

石油是否适宜用于炼油（以生产一系列预定产品）取决于应用一系列分析方法（Speight，2014a）的评估结果，这些方法提供的信息足以评估原油作为原料的潜在质量，并指示在处理、炼制或运输方面是否可能出现任何困难。可以通过以下方式获取此类信息：（1）对原油进行初步化验；（2）对原油进行全面化验，其中包括呈现真正的沸点曲线并分析原油整个沸点范围内的馏分。

此外，无法假定原油产品适用于特定用途，必须通过一系列分析测试数据来确定其适用性，并且这些测试数据必须与规格说明中提供的数据一致（或在其范围内）。因此，有效的化验方法源于一系列测试数据，它们准确描述了原油质量和原油产品质量，并能够指示其在精炼或使用过程中的行为。当然，第一步是通过使用规定的协议（ASTM D4057）来确保足够的（正确的）取样。

因此，分析被执行以确定精炼厂收到的每批原油或每批产品是否适用于精炼目的或指定用途。这些测试也被用来确定在存储或运输过程中是否发生了任何污染，这可能会增加处理难度（成本）。所需信息通常针对特定的炼油厂，并且还取决于炼油操作和所需产品种类。

为获取必要的信息，通常使用两种不同的分析方案：（1）检验化验；（2）全面化验。

检验化验通常涉及测定样品的几个主要批量特性（例如API重度、硫含量、凝点和馏分范围），作为确定自上次进行全面化验以来，特性是否发生了重大变化的手段。例如，更详细的检验化验可能包括以下测试：API重度（或密度或相对密度）、硫含量、凝点、黏度、盐含量、水和沉积物含量、微量金属（或有机卤化物）分析。这些测试的结果及全面化验的存档数据提供了任何可能对炼油厂操作至关重要的原油中出现的变化的估计值。检验化验通常对精炼厂接收到的所有原油进行例行检查。

另一方面，全面（或完整）化验更加复杂（同时耗时和昂贵），通常仅在新领域投产时或检验化验表明原油组成发生了重大变化时才进行。很不幸的是，除非出现这些情况，否则对特定原油流的全面化验可能数年都不会更新。

原油中个别低沸点碳氢化合物馏分（甲烷至丁烷或戊烷）的含量通常作为初步化验的一部分进行测定。出于安全考虑，在处理和运输原油之前了解其中低沸点馏分的含量是至关重要的。例如，巴肯原油是一种低沸点的低硫甜原油，具有相对较高的挥发成分含量。这种油的生产不仅产生原油，还产生大量挥发气体（包括丙烷和丁烷）和低沸点液体（如戊烷和天然汽油），通常统称为低沸点汽油。根据定义，天然汽油（有时也称为气态凝析油）是从原油和天然气井中分离出来适合与低沸点汽油和（或）炼厂汽油混合使用的低沸点液态碳氢衍生物混合物（Mokhatab et al.，2006；Speight，2014a，2019）。由于存在低沸点馏分，低沸点汽油在环境温度较低的情况下也可能变得极其易爆。一些这类气体可能会在野外井口燃尽（燃烧），但其他气体残余物仍然存在于从井中提取的液体产品中。

尽管可以采用较为传统的蒸馏程序之一，但最好使用气相色谱法（ASTM D2427）来测定原油中低沸点馏分的含量。

由于镍和钒等金属对催化裂化和脱硫过程中使用的催化剂具有不良影响，因此原油化验通常包括镍和钒含量的检测。了解原料或产品的金属含量（ASTM D5185）可以提供关于精炼过程中可能出现的问题，以及含金属产品的性能的信息。

9.3.2 规格说明

进料规格或产品规格说明是为了在精炼过程中合格控制原料行为或产品质量而给出的数据。更准确地说，规格说明源于适用于原油或成品的一系列测试和数据限制，以确保每批产品在发布销售时都具有令人满意和一致的质量。规格说明应包括所有关键参数，这些参数的变化可能会影响产品的安全性和实际使用情况，实际上它们是化验的一部分。

通常，在发布销售前对成品进行测试的规格被称为批次发布规格。这些是产品数据，用于测试成品以确保其具有令人满意的质量。如果产品在某个日期之前必须投入使用，则购买者将通过产品上的到期规格说明来得知（法律要求），如果在功能寿命期内的任何时候测试该产品，则其必须符合到期规格要求。

就整个原油而言，规格说明提供了在精炼过程中预测原料行为或预测产品质量（因此称为产品行为）与市场需求相关性的奢侈品。最终，通过对性能进行评估来判断原料行为和（或）产品质量。而性能是质量的最终标准。因此，有必要确定那些可以通过控制实验室的检验测试精确地确定并相对简单地与重要性能属性密切相关的属性值。

对于炼油厂而言，原油的价值取决于其质量，以及是否能够经济地获得符合市场需求（市场吸引力）的满意产品模式。在大多数情况下，炼油商并不关心实际物质的化学性质，而是关心提供足够信息以评估油的潜在质量、提供初步工程数据，并指示在处理、精炼或运输原油或其产品时是否可能出现任何困难的分析方法。这些信息可以通过两种方式之一获得：（1）初步化验的检验数据；（2）全面化验的检验数据，其中涉及确定实际沸点曲线和分馏系列及产品混合物的分析，覆盖原油的全部范围。

初步化验提供了有关原油的一般数据，基于简单的测试，例如蒸馏范围、水含量、相对密度和硫含量，可以观察到期望或不希望的特征。这种类型的化验只需要少量样品，因此特别适用于从岩心、钻杆测试或渗漏中产生的油田样本的表征。

初步分析中的测试相对简单，可以在短时间内进行，并且通常是例行性的。这种分析可以提供原油质量的有用概述，但它不能涵盖为设计炼油设备所需的充分数据，也不能产生足够数量的各种产品，以便进行质量检查。原油的全面分析基于真正的沸点蒸馏，获取足够的数据以评估直接加工产品的收率和性质，包括低沸点碳氢化合物衍生物、中高沸点蒸馏物、润滑油、残留燃料油和渣。通常，在初步分析和全面分析之间达成折中，但要求也可能取决于原料的类型（表9.1）。

有时检验测试试图测量这些特性，例如原料的碳残渣，这是在炼油过程中将形成的热焦炭的近似量。或者，研究辛烷值测试旨在衡量电动机燃料的性能。在其他情况下，必须间接地从一系列测试结果中确定性能。

原油和原油产品的碳残留物是样品在受热影响下形成碳质沉积物（热焦炭）的倾向的指标。

康拉德森碳残留测试（ASTM D189，IP 13）测试，拉姆斯博德碳残留测试（ASTM D524，IP 14），微量碳残留物测试（ASTM D4530，IP 398），以及沥青质含量测试（ASTM D893，ASTM D2007，ASTM D3279，ASTM D4124，ASTM D6560，IP 143），这些测试有时包括在原油检验数据中，可以指示热处理过程中将形成的焦炭量，以及原油中高沸点组分的含量。

测定原油或原油产品的碳残留物适用于在大气压下蒸馏时分解的相对非挥发性样品。含有产生灰分成分的样品将具有错误的高含量碳残留物，这取决于形成的灰分量。所有三种方法都适用于在大气压下部分分解的相对不挥发的原油产品。具有低碳残留物的原油可以蒸馏至指定残留物，然后选择碳残留物测试方法进行测试。

在康拉德森碳残留测试（ASTM D189，IP 13）中，取一定质量的样品置于坩埚中，并在严格加热的固定时间内进行破坏性蒸馏。在指定的加热时间结束时，将含有碳质残留物的测试坩埚在干燥器中冷却、称重，并将残渣报告为原始样品的百分比（质量分数）（即康拉德森碳残留）。

在拉姆斯博德碳残留测试（ASTM D524，IP 14）中，将样品称入一个带有毛细孔的玻璃球中，并将其放入炉中（温度为550℃，1020℉）。挥发性物质从球中蒸馏出来，而留在球中的非挥发性物质则会裂解成热焦炭。经过一定的加热时间后，从浴中取出球，在干燥器中冷却、称重，以原始样品的百分比（质量分数）报告残留物（即拉姆斯博德碳残留）。

在微碳残留测试（ASTM D4530，IP 398）中，将一定质量的样品放置在玻璃瓶中，在惰性气体（氮气）环境下以控制的方式加热至500℃（930℉）并保持一定时间，然后将产生的碳残留物（微碳残留物）以质量百分比的形式报告，表示为原始样品的百分比。

微碳测试（ASTM D4530，IP 398）产生的数据与康拉德森碳方法（ASTM D189，IP 13）的数据是等效的。然而，这种微碳测试方法能够更好地控制测试条件，并且所需样品更小，最多可以同时运行十二个样品。该测试方法适用于原油和在大气压下蒸馏时部分分解的原油产品，并适用于产生一系列热焦炭产量（0.01%~30%，质量百分比）的各种样品。

正如所指出的，在任何碳残留测试中，样品中的灰分成分（ASTM D482）或非挥发性添加剂将被计入报告的总碳残留中，从而导致更高的碳残留值和关于样品焦化倾向的错误结论。

沥青质组分（ASTM D893，ASTM D2007，ASTM D3279，ASTM D4124，ASTM D6560，IP 143）是原油中分子量最高、最复杂的组分。沥青质组分的产量可以预示在加工过程中可能产生的焦炭量（Speight，2014a，2017）。

在确定沥青质含量的任何方法中，原油或产品（如沥青）与过量（通常每体积样品的30体积以上烃类）的低沸点烃类（如正戊烷或正庚烷）混合。对于极为黏稠的样品，可以在添加低沸点烃类之前使用甲苯等溶剂，但必须添加额外的烃类（通常每体积样品的30体积以上的溶剂）以补偿溶剂的存在。经过一定时间后，不溶性物质（沥青质组分）被分离（通过过滤）并干燥。产量以原始样品的质量百分比报告。

必须承认，在任何这些测试中，不同的碳氢化合物衍生物（如正戊烷或正庚烷）将给出不同的沥青质分离产率，如果溶剂的存在没有通过使用额外的碳氢化合物进行补偿，产率将是错误的。此外，如果碳氢化合物不是以大量甚至过量存在的，沥青质分离产率将会变化并且是错误的（Speight，1999）。

沉淀数常被等同于沥青质含量，但在这个目的上仍存在一些明显的问题。例如，确定沉淀数的方法（ASTM D91）建议使用石脑油与黑油或润滑油混合，并以不溶性物质的量（作为样品的体积百分比）作为沉淀数。在测试中，将 10mL 样品与 90mL ASTM 指定的沉淀石脑油（可能具有不同的化学组成）混合在一个刻度离心锥中，并在 600~700r/min 的条件下离心 10min。记录离心锥底部的物质体积，直到重复离心得到一个在 0.1mL 范围内的值（即沉淀数）。显然，这与沥青质分离产率可能存在很大差异。

为了弄清楚，有必要了解在定义原油密度时用到的各种基本定义。密度是指在 15℃ 下单位体积液体的质量，而相对密度是指在 15℃ 下一定体积液体的质量与相同温度下等体积纯水的质量之比，而比重与相对密度相同，这些术语可以互换使用。

密度（ASTM D1298，IP 160）是原油产品的重要性质，因为原油和尤其是原油产品通常是根据密度来买卖的，或者如果是基于体积的话，则通过密度测量转换为质量基础。这个属性几乎可以与密度、相对密度、重度等同，所有这些术语都是相关的。通常使用比重计、比重瓶或更现代化的数字密度计来确定密度或相对密度（ASTM 2013；Speight，2014a）。

在最常用的方法中（ASTM D1298，IP 160），样品被加热到规定的温度，并以大致相同的温度转移到一个圆筒中。适当的比重计被放入样品中，并允许其沉降，在达到温度平衡后，读取比重计刻度并记录样品的温度。

尽管由于原油本身的不同性质和不同的产品而存在许多测定密度的方法，但有一种测试方法（ASTM D5002）用于测定在 15~35℃（59~95°F）的测试温度下可以以液体形式正常处理的原油的密度或相对密度。该测试方法适用于具有高蒸气压的原油，只要在将样品转移到密度分析仪时采取适当的预防措施以防止蒸汽损失。在该方法中，大约 0.7mL 的原油样品被引入到一个振荡样品管中，通过管的质量变化引起的振荡频率变化与校准数据结合使用，以确定样品的密度。

另一种测试方法是通过数字密度计（ASTM D4052，IP 365）测定密度和相对密度。在测试中，将少量（约 0.7mL）液体样品引入振荡样品管中，利用管的质量变化引起的振荡频率变化与校准数据结合使用，以确定样品的密度。该测试通常适用于在 15~35℃（59~95°F）之间以液体形式存在、蒸气压力低于 600mm 汞柱且黏度在测试温度下约为 15000 cSt[1] 以下的原油、原油馏分和原油产品。然而，该方法不适用于颜色过于深黑以至于无法确定样品池中是否存在气泡的样品。

准确确定原油及其产品的 API 重度是将测量体积转换为标准温度 60°F（15.56℃）的体积所必需的。重度是决定原油质量的一个因素。然而，原油产品的重度并不确定地指示其

---

[1] 1cSt=1Pa·s。

质量。与其他性质相关联，重度可以用于给出近似的烃组成和燃烧热。这通常是通过使用从相对密度导出的 API 重度来实现的。

$$API\ 重度 = (141.5\ /\ 相对密度\ @60°F) - 131.5 \tag{9.1}$$

API 重度也是评估原油质量和可炼性的重要指标。

API 重度或密度或相对密度可以使用两种浮力计方法（ASTM D287，ASTM D1298）之一来确定。使用数字分析仪（ASTM D5002）来测量密度和相对密度的方法越来越广泛使用。

在方法（ASTM D287）中，使用玻璃浮力计来确定通常作为液体处理且具有 Reid 蒸气压力不大于26psi(180kPa)的原油和原油产品的 API 重度。API 重度在15.6℃（60°F）下确定，或通过标准表格转换为 60°F 的值。这些表格不适用于非烃衍生物或基本纯烃衍生物，如芳香烃。

这种测试方法基于一个原理，即液体的重力与其中漂浮物体的浸没深度成正比。使用浮力计，通过观察自由浮动的 API 浮力计，并在温度平衡达到后，注意到液体的水平面与浮力计的垂直刻度的视觉交点最近的刻度，来确定 API 重度。样品的温度是使用浸入样品中的标准测试温度计或作为浮力计（热浮力计）的一部分的温度计来确定的。

9.4 化学和物理特性

由于出现了致密油和其他高度可变原料的大量供应，原油领域正在发生变化。除了与传统原料相比越来越丰富外，这些机会原油可能会打折，因此不能被忽视。由于它们的性质如此多变，传统的原油分析对它们已经不再有意义。因此，需要实时分析来提供原油供应的即时混合和智能过程控制所需的数据，这两者共同构成了一个解决方案。鉴于炼油厂如今所面临的现实，实施这样的优化解决方案非常重要。同样重要的是，在这样做时，必须有深厚的专业知识的支持，因为这是成功处理复杂和不断变化的情况的最佳方式。

由于来自致密岩层的轻质甜原油的涌入，原油的性质正在发生变化，炼油行业必须随之改变。曾经，原油井可以通过原油分析来充分描述，这种分析结果在时间上变化缓慢，因此炼油厂可以依赖相对稳定的原料。然而，情况已经不再如此，来自致密岩层的轻质甜原油的到来导致了炼油原料的更大变异性。应对这种情况需要三个组成部分：（1）能够进行准确、即时、快速地分析；（2）能够根据需要调整原料混合；（3）智能过程控制，以实现最佳加工效果。

原油和原油产品的化学组成复杂（见第 1 章），因此必须从广泛的方法和技术列表中选择最合适的分析方法。这些方法和技术用于样品分析（Dean，1998；Miller，2000；Budde，2001；Speight，2001，2014a，2005；Speight and Arjoon，2012）。其次，样品在采样、储存和预处理过程中可能会受到干扰。此外，大多数实验室实验都在稳定的环境条件下进行，而在室外气候中，这些条件表现出动态行为（Speight and Arjoon，2012）。然而，所应用的校正方法必须无可挑剔，否则数据被指控为伪造的可能性非常大（Speight and Foote，2011）。

在原油加工的早期阶段，并不需要像现在这样详细了解原油的性质和行为。炼油相对简单，只涉及对有价值的煤油组分进行蒸馏，然后将其作为照明用途出售。在内燃机商业化之后，所需产品变为汽油，也是通过蒸馏获得的。即使使用含有少量天然汽油的原油，裂化（即热分解并同时去除馏分）也成为主要操作方式。

然而，在第二次世界大战期间和之后，原油工业需要生产甚至在战前十年都没有考虑过的材料，以及石化和塑料时代的出现，原油工业面临着惊人的需求。因此，原油炼制承担起了技术创新者的角色，新的和更好的工艺被发明出来，反应器材料的使用也得到了进一步的发展。此外，有必要更多地了解原油，以便炼油厂能够享受可预测性的便利，并根据市场需求制定产品组合。当原油的性质未知时，这是一项困难的任务！原油炼制应该是一种试错的做法的想法是不可接受的。

原油的加工不仅需要了解其化学和物理性质，还需要了解其化学和物理反应性。前者在本章中进行讨论，而后者由于原油的结构，在本书的其他地方进行讨论（见第 18 章）。由于不同来源原油的性质和组成有明显的差异，它的化学和物理反应性也会有所不同。因此，了解原油的反应性对于优化现有工艺及开发和设计新工艺是必要的。

例如，可以从真沸点（TBP）曲线中获得有价值的信息，该曲线是根据蒸馏质量百分比和温度的函数得出的，即沸点分布（Speight，2001，2014a）。然而，沸点范围并不能提供与原油的化学反应性相关的详细信息。除了沸点分布外，还可以测量一些宏观物理性质，如相对密度和黏度，这些性质有助于建立一些经验关系，用于从真沸点曲线进行原油加工。其中许多关系是基于对一系列原料的经验假设的。然而，对于含有不同化学成分比例的炼油原料的化学方面，强调了需要更确切的数据，以便更真实地预测原油在炼油操作中的行为。

因此，本章介绍了一些通常用于研究原料的化学结构及可能更适合炼油的方法。当然，有许多分析方法可以用于原油和原油产品的分析，但它们会随着样品的条件和组成而有所不同。更具体地说，本章涉及了用于定义样品的化学和物理性质的常见方法。这里描述的任何方法也可以应用于环境目的的样品分析。然而，用于分析目的的方法并不是本章的重点，它们在其他地方有描述（Speight，2005；Speight and Arjoon，2012）。

此外，本节是接下来的一章（第 10 章）的一般性延续，在第 10 章中，致密油的三个馏分（汽油、煤油和柴油）被用作可能的独立炼油原料的示例，并以分析测试方法进行描述，同时还介绍了一些通常用于研究原料化学结构及可能更适合炼油的方法。当然，有许多分析方法可以用于原油和原油产品的分析，但它们会随着样品的条件和组成而有所不同。更具体地说，本章涉及了用于定义样品化学和物理性质的更常见的方法。此外，本章所描述的任何方法也可以应用于环境目的的样品分析（见第 18 章）。

9.4.1　取样

通过获取代表性的流体样品来确定任何储层流体的组成。地表样品可以相对容易地通过从测试或生产分离器收集液体和气体样品来获得，然后在实验室中重新组合样品。然而，结果可能不代表地下储层条件，特别是在从气体凝析储层采样时。一些潜在问题的例子包括：（1）以不正确的比例重新组合气体和液体样品；（2）在采样前或采样过程中改变生产条件；（3）混合来自具有不同性质的不同区域的样品。如果在获取地面样品时液体含量较低，那么在生产管道或分离器中少量液体的损失将使凝析油样品不代表地层流体。

另一方面，在气体凝析储层或挥发性原油储层（如储存在致密地层和页岩地层中的原油）中，也可以从井筒流体中采集样品（表 9.2），如果井筒流动压力高于露点压力，这是可行的，但如果管道中的任何地方的压力低于露点压力，则通常不建议这样做。如果井筒中存在两相流动，在采样期间或之前在管道中形成的任何液体可能会分离到管柱底部，底孔采样器会收集流体，这可能导致样品不具代表性，含有过多的重组分。对于高度挥发性的原油（如巴肯原油），这将产生异常数据，数据会表明原油的挥发性（和危险性）不如实际情况。

表 9.2　致密地层和页岩地层中流体的典型性质　　　　单位：%（体积分数）

组成	干气	湿气	凝析物	挥发油[1]
CO_2	0.10	1.41	2.37	1.82
N_2	2.07	0.25	0.31	0.24
C_1	86.12	92.46	73.19	57.60
C_2	5.91	3.18	7.80	7.35
C_3	3.58	1.01	3.55	4.21
丁烷类（C_4）	1.72	0.52	2.16	2.84
戊烷类（C_5）	0.50	0.21	1.32	1.48
己烷类（C_6）		0.14	1.09	1.92
庚烷类（C_{7+}）		0.82	8.21	22.57

[1]致密地层和致密页岩地层原油的代表。

事实上，由于石油的复杂性（和组成的变化），以及储层（或沉积物）中的条件，正确采样的重要性不可低估（Wallace et al.，1988；Speight，2014，2015）。样品的均匀性（或异质性）会影响元素分析、金属含量、密度（相对密度）和黏度等性质。此外，必须记录采样过程中的情况和条件，例如，在从油田分离器中采样时，要记录分离装置的温度和压力及大气温度。应该保持准确的样品处理和存储记录，其中应包括以下信息：（1）样品的确切来源，即获得样品的精确地理位置或地点；（2）获得样品的方法的描述；（3）用于存储样品的协议；（4）化学分析，如元素组成；（5）物理性质分析，如 API 重度，凝固点和蒸馏曲线；（6）用于确定第（4）项和第（5）项性质的标准测试方法；（7）从存储中取出样品的次数，即样品暴露在空气或氧气中的指示，关注这些因素可以在后续从存储材料中取样时进行标准化比较。

然而，在进行初始隔离和清理样品之前，需要遵循几个协议。实际上，水或沉淀物在原油中的存在非常重要（ASTM D1796，ASTM D4007），因为它们会导致运输和精炼过程中的困难，例如管道和设备的腐蚀，蒸馏装置的不均匀运行，换热器的堵塞，以及对产品质量的不利影响。通常，沉淀物由精细分类的分散在油中或携带在水滴中的固体组成。这些固体可能是钻井液、沙子或在输送油过程中附带的垢，也可能是油中溴化物蒸发产生的氯化物。无论如何，沉淀物都可能导致设备严重堵塞，由于氯化物分解而引起腐蚀，并降低残留燃料的质量。

水可能以乳化形式或大水滴形式存在于原油中，这可能导致蒸馏装置的淹没和储罐中积聚过多的泥浆。管道公司和炼油厂通常限制水的含量，并且通常在井口采取措施将水含量降至最低。然而，在运输过程中可能会引入水，而且无论以何种形式，水和沉淀物在炼油原料中都是非常不可取的，相关测试在原油质量检查中被视为重要。在进行化验之前，有时需要将原油样品中的水分离出来，这通常通过原油的初级蒸馏中描述的其中一种程序来进行。此外，一些原油和重质油形成持久的（难以破碎的）乳化物，在测试含蜡原油的沉淀物和水时可能会产生干扰，因为样品中悬浮的蜡（除非在测试之前溶解）将被记录为沉淀物。

原油的盐含量因原油来源不同而有很大的变化，可能还取决于储层或油田内的生产井或区域。此外，在炼油厂，油罐运输过程中引入的盐水可能会增加总盐含量。这些盐对炼油厂的运营有不利影响，特别是在原油装置和热交换器中腐蚀后增加了维护工作。在生产油田中监测高含盐量的井是常见做法，而在炼油厂进行脱盐处理也是普遍做法。通常会对原油的盐含量进行测定，但与水和沉淀物测试一样，需要进行仔细地取样。

9.4.2　化学和物理分析

化学和物理性质的重要性取决于原油或原油产品的纯度。严格来说，原油和原油产品是复杂的化学混合物。这些混合物含有烃衍生物和非烃化合物，这些化合物赋予混合物特性，这些特性可能在组成中无法反映出来。因此，需要应用各种测试方法来确定原油和原油产品是否适合加工，并且（对于产品而言）是否适合以指定用途销售。下面的子章节介绍了一些常见的测试方法，这些测试按字母顺序排列，没有对任何特定的测试方法给予偏好。

9.4.2.1　沸点分布

在原油炼制行业中，沸点范围分布数据被用于以下方面：（1）在购买前评估原油的质量；（2）在运输过程中监测原油的质量；（3）评估用于炼制的原油；（4）为优化炼油工艺提供信息。

传统上，通过蒸馏确定各种馏分的沸点范围分布。原油分析文献中仍广泛报告原油收率数据，提供通过蒸馏获得特定馏分的收率信息。在实验室中，大气和减压蒸馏技术在某种程度上已被模拟蒸馏方法取代，该方法使用低分辨率气相色谱，并将保留时间与烃类沸点相关联。

蒸馏测试可以提供从原油中获得的产品类型和产品质量的指示，并通过对300℃（570°F）残渣馏分的收率和质量进行比较，可以用来比较不同原油。例如，该馏分的蜡质或黏度可以指示从原油中获得的残留燃料的数量、类型和质量。在这方面，可以使用苯胺点（ASTM D611，IP 2）来确定原油的芳香或脂肪性质。虽然与蜡含量不一定相同，但可以从数据中得出相关关系。

蒸馏的基本方法（ASTM D86）是还在使用的最古老的方法之一，因为烃类衍生物的蒸馏特性对安全性和性能有重要影响，特别是对于燃料和溶剂而言。沸点范围提供了有关原油及其衍生产品在储存和使用过程中的组成、性质和行为的信息。挥发性是确定烃类混合物产生潜在爆炸蒸汽倾向的主要因素。有几种方法可用于定义原油及其各种原油产品的蒸馏特性。除了这些物理方法外，还可以使用基于气相色谱的其他测试方法来推导样品的沸点分布（ASTM D2887，ASTM D3710，ASTM D6352）。

在原油的初步分析中，常常使用蒸馏法来粗略确定原油的沸点范围（ASTM D2892，IP 123）。该测试方法用于将稳定（去除气体）的原油蒸馏至最终切割温度高达400℃（750℉）的大气当量温度（AET）。原油被加热并通过蒸馏柱分离成较低沸点的产品，如汽油和煤油。蒸馏液和残渣可以进一步通过相对密度（ASTM D1298，IP 160）、硫含量（ASTM D129，IP 61）和黏度（ASTM D445，IP 71）等测试进行检查。事实上，使用一种用于确定沥青蒸馏特性的方法（ASTM D2569）可以进一步详细检查残渣。

除了作为检验分析的一部分进行的整体原油测试外，全面或完整的分析要求对原油进行分馏，并通过相关测试对各个馏分进行表征。原油的分馏始于使用具有14~18个理论板的分馏柱进行真实沸点（TBP）蒸馏，并以5∶1的回流比运行（ASTM D2892）。TBP蒸馏可用于最高切割点约为350℃的所有馏分，但需要在蒸馏器中保持低停留时间（或降低压力）以最小化裂解。

通常有必要将沸点数据扩展到比之前描述的分馏蒸馏方法更高的温度范围，为此可以进行无分馏柱的简单蒸馏（ASTM D1160）。这种蒸馏在相当于一个理论板的分馏条件下进行，可以将沸点数据扩展到大约600℃（1110℉），适用于许多原油。这种方法提供了有用的比较和可重复的结果，通常对炼油目的来说足够准确，前提是不发生显著的裂解反应。

通常，七个馏分为对原料的蒸馏性质进行相对全面的评估提供了基础：（1）气体，沸点范围：小于15.6℃/60℉；（2）汽油（低沸点石脑油），沸点范围：15.6~150℃/60~300℉；（3）煤油（中沸点石脑油），沸点范围：150~230℃/300~450℉；（4）粗柴油，沸点范围：230~345℃/450~650℉；（5）低沸点真空粗柴油，沸点范围：345~370℃/650~700℉；（6）高沸点真空粗柴油，沸点范围：370~565℃/700~1050℉；（7）残渣，沸点范围：大于565℃/1050℉。根据需要进行的切割数量和对馏分进行的测试，完成一次完整的分析需要使用5~50L的原油。

一种较新的测试方法（ASTM D5236）越来越多地被使用，并且似乎是原油分析减压蒸馏的首选方法。该方法采用了一个低压降的减压蒸馏器，在总蒸馏条件下操作，配备了一个低压降的分离器。降低的压力使得挥发物在相比大气条件下较低的温度下挥发，允许样品达到最高565℃（1050℉），从而避免了油品的热分解（裂解）（由于长时间暴露在超过350℃，650℉的温度下引起）。该测试方法适用于原油中的高沸点馏分，包括汽油和润滑油范围，以及重质原油和残渣。

ASTM D2887（通过气相色谱法测定原油馏分的沸点范围分布的标准测试方法）和ASTM D3710（通过气相色谱法测定汽油和汽油馏分的沸点范围分布的标准测试方法）使用由正构烷烃组成的外部标准。ASTM D5307（通过气相色谱法测定原油的沸点范围分布的标准测试方法）与ASTM D2887非常相似，但要求对每个样品进行两次测定，其中一次使用内部标准。通过两次测定之间的差异计算出在540℃（1000℉）以上的物质量（以残留物形式报告）。

可以使用擦壁或薄膜分子蒸馏器在最小化裂解条件下分离较高沸点的馏分。然而，在这些装置中，无法直接选择切割点，因为在操作条件下无法准确测量蒸馏柱中的蒸汽温度。相反，通过与传统蒸馏（ASTM D1160，ASTM D5236）之间的产量匹配，使用内部相关性确定将产生具有给定终点的馏分的壁（膜）温度、压力和进料速率。擦壁蒸馏器经常被使用，因为它们允许更高的终点，并且可以轻松提供足够数量的馏分进行表征目的。

从环境目的来看，对于原油和原油产品的分析，沸点范围分布提供了挥发性和组分分布的指示。此外，沸点范围分布数据还有助于开发用于预测蒸发损失的方程（Speight，2005；Speight and Arjoon，2012）。

9.4.2.2　密度、相对密度和 API 重度

密度是物质的质量与体积的比值，油的密度通常以 g/mL 或 g/cm^3 为单位报告，较少以 kg/m^3 为单位。密度与温度有关，对于原油和原油产品来说，密度是一个重要的性质，因为它可以给调查人员提供有关污染物是否会漂浮在水上的指示。

原油和原油产品常用的两个与密度相关的性质是：（1）相对密度；（2）美国石油学会（API）重度。相对密度是在指定温度下，油的密度与纯水密度的比值。API 重度标定（以 °API 表示）将纯水的 API 重度设定为 10°API，因此：

$$API 重度 =141.5/（15.6℃ 下的相对密度）-131.5 \qquad (9.2)$$

这个刻度在商业上对原油质量的排序非常重要，重油通常具有小于 20°API 的 API 重度；中质原油通常具有 20~35°API 之间的 API 重度；轻质原油通常具有 35~45°API 之间的 API 重度；而另一方面，气体凝析油和液体原油产品的 API 重度可以高达 65°API。

原油（除非是特定的重油）和原油产品（除非是残留燃料油或沥青）在原油或原油产品的密度小于水的密度时会浮在水上。这种行为对于所有原油和蒸馏产品在咸水和淡水中都是典型的。一些重油、沥青砂油砂和残留燃料油的密度可能大于 1.0 g/mL，它们的浮力行为取决于水的盐度和温度（Speight，2009）。

9.4.2.3　乳化液形成

油包水乳化液是一种稳定的小水滴分散在油中。当从海上泄漏的原油形成这些乳化液时，它们可能具有与其母体原油非常不同的特性。这对于原油的命运和行为，以及后续的清理工作有重要的影响。因此，有必要确定油是否可能形成乳化液，如果是，该乳化液是否稳定，以及乳化液的物理特性。

在一种较旧的测试方法中，使用基于旋转烧瓶装置的方法（Mackay and Zagorski，1982）测量原油形成水包油乳化液的倾向。所有基于该方法的数值（主要是 1 或 0）随后被分别缩减为是或否，并指示在沉淀后 24h 内乳化液是否保持稳定。在一种较新的变体中，可重复性得到了显著改善，并发现几个参数：（1）水与油的比例；（2）填充体积；（3）容器的方向是影响乳化液形成的重要参数。

然而，这些影响并不持久。乳化液的形成和行为受到原油成分的氧化作用的影响（Speight，2014a），包括极性功能，如羟基（—OH）或羰基（—C=O）（氧化过程的结果），会导致乳化液的密度增加（相对于原始未氧化的原油）并增加形成乳化液的倾向。因此，乳化液会下沉到不同的深度甚至海底，这取决于氧化程度和产生的密度。这可能会给人一种错误的印象（导致错误的推断，造成灾难性后果），即原油泄漏（从水面上残留的原油可以证明）比实际上少。所谓的缺失油将经历进一步的化学变化，并最终重新出现在水面上或远离的海滩上。

9.4.2.4　蒸发

蒸发是在常温条件下或者在当前讨论背景中的泄漏现场普遍存在的条件下，从原油或原油产品中去除较低沸点成分的过程。蒸发速率和油成分的损失对于原油和原油产品的所有挥发性成分都非常重要。虽然通常使用标准测试方法（如用于蒸馏和蒸气压测定的方法）来确定蒸发性能（ASTM，2019），但也有用于确定蒸发损失的测试方法适用于较高沸点的原油产品（ASTM D972：润滑脂和油蒸发损失的标准测试方法；ASTM D2595：润滑脂在宽温度范围内的蒸发损失的标准测试方法）。虽然不一定适用于一般的原油和原油产品，但可以在 93~315℃（200~600℉）范围内获取蒸发损失数据。黏稠样品可以使用水蒸发器附件进行分析，该附件将样品加热到蒸发室中，蒸发的水由干燥的惰性载气带入卡尔·费歇尔滴定电池中。

原油和原油产品的蒸发速率随时间呈对数增长（Fingas，1998）。这归因于许多成分以不同的线性速率蒸发而呈现出的整体对数外观。成分较少的原油产品（如柴油）的蒸发速率与时间成平方根关系，这是成分蒸发的结果。原油和原油产品的蒸发过程并不严格受边界层调节，这主要是由于油成分在空气中的高饱和浓度，与高边界层调节速率相关。一些挥发性的原油和原油产品在蒸发过程开始时显示出一定的边界层调节效应，但几分钟后，由于挥发性成分的损失，蒸发速率减慢，此时蒸发不再受边界层调节。

必须认识到，随着蒸发的发生，残留原油或残留原油产品的密度和黏度增加，从而导致污染物的行为变化。这种变化可能表现为污染物成分与土壤或岩石的黏附性增加。

9.4.2.5　燃点和闪点

燃点是指在一个大气压力（14.7psi）下，将测试火焰施加到原油或原油产品样品表面时，使油蒸气点燃并燃烧至少 5s 的最低温度。在原油或原油产品泄漏后的任何时候，火灾都应被视为即将发生的危险。与燃点相关的闪点是在受控实验室条件下，衡量原油或原油产品与空气形成可燃混合物的倾向的一种指标。它只是评估泄漏物质整体易燃性危险的一系列性质之一（ASTM D92）。点火温度（有时称为自燃温度）是指在没有火花或火焰存在的情况下，物质点燃的最低温度。其测量方法由 ASTM E659（液体化学品自燃温度标准测试方法）给出。与燃点相关的空气中蒸汽的可燃限是根据空气中的百分比浓度（体积百分比）提出，用于下限和上限。这些值提供了相对易燃性的指示。这些限制有时被称为下限爆炸限（LEL）和上限爆炸限（UEL）。

原油或原油产品的闪点是指在指定的测试条件下，样品必须加热到能产生可燃的蒸汽/空气混合物，当暴露在明火下时能够点燃液体燃料的温度。在北美，闪点被用作火灾危险的指标，对于溢油清理操作的安全来说是一个非常重要的因素。汽油和其他低沸点液体燃料在大多数环境条件下都能够点燃，因此在泄漏时会带来严重的危险。许多新泄漏的原油在较低沸点组分蒸发或分散之前也具有较低的闪点。

有几种 ASTM 方法可用于测量闪点（ASTM D56，ASTM D93 是两个最常用的方法）。可以确定的最低闪点（ASTM D93）为 10℃（50℉）。一种方法（ASTM D56）适用于在 25℃（77℉）下黏度小于 9.5 cSt 的液体。润滑油的闪点和燃点是通过单独的方法（ASTM D92）确定的。

9.4.2.6 分馏

与将复杂的原油烃类混合物量化为一个单一数值不同，原油分馏方法将混合物分解为离散的组分，从而提供可用于风险评估和表征风化过程（如氧化）中可能出现的产品类型和组成变化的数据。分馏方法可用于测量挥发性成分和可提取成分。

与传统的总原油烃衍生物的方法针对复杂混合物报告单一浓度数值不同，该分馏方法针对离散的脂肪族和芳香族分馏物分别报告浓度。现有的原油分馏方法基于气相色谱，并且对广泛的烃衍生物具有敏感性。鉴定和定量脂肪族和芳香族分馏物可以用于识别原油产品并评估产品风化程度。这些分馏数据还可以用于风险评估。

9.4.2.7 金属含量

从油田中提取的原油含有金属成分，但在采集、运输和储存过程中也会吸附金属成分。即使是微量的，这些金属也可能对精炼过程产生不利影响，特别是在使用催化剂的过程中。微量金属成分，还可能通过引起腐蚀或影响精炼产品的质量来产生不良影响。

因此，拥有能够检测微量和高浓度金属的测试方法非常重要。因此，已经发展出了用于确定特定金属，以及使用原子吸收光谱法、电感耦合等离子体原子发射光谱法和 X 射线荧光光谱法等技术进行多元素方法确定的测试方法。

镍和钒，以及铁和钠（来自卤水）是原油中主要的金属成分。这些金属可以通过原子吸收光谱法（ASTM D5863，IP 285，IP 465），波长色散 X 射线荧光光谱法（IP 433）和电感耦合等离子体发射光谱法（ICP-AES）进行测定。还有其他几种分析方法可用于常规测定原油中的微量元素，其中一些方法允许直接吸入样品（稀释在溶剂中），而不需要耗时的样品制备过程，如湿灰化（酸分解）或火焰或干灰化（去除挥发性/可燃成分）（ASTM D5863）。用于微量元素测定的技术包括电导率（IP 265），无火焰，火焰原子吸收（AA）光谱法（ASTM D5863）和电感耦合氩等离子体（ICP）光谱法（ASTM D5708）。

电感应耦合氩等离子体发射光谱法（ASTM D5708）相对于原子吸收光谱法（ASTM D4628，ASTM D5863）具有优势，因为它可以提供比原子吸收法更完整的元素组成数据。火焰发射光谱法通常与原子吸收光谱法（ASTM D3605）成功结合使用。X 射线荧光光谱法（ASTM D4927，ASTM D6443）有时也会被使用，但基质效应可能是一个问题。

在原油中选择确定金属成分的方法往往是个人偏好的问题。

9.4.2.8 倾点

原油或原油产品的倾点是在标准测试条件下油液刚刚开始流动的最低温度（ASTM D97）。在倾点处无法流动通常归因于蜡从油中分离出来，但对于非常黏稠的油而言，也可能是由于黏度的影响。此外，特别是对于残留燃料油，倾点可能会受到样品的热历史的影响，即样品所经历的加热和冷却的程度和持续时间。

在最初（仍广泛使用）的倾点测试方法（ASTM D97，IP 15）中，样品以指定的速率冷却，并在每隔 3°C（5.4°F）的间隔进行观察以确定其流动特性。观察到油液移动的最低温度被记录为倾点。后来的测试方法（ASTM D5853）包括两种程序，用于确定原油的倾点，最低可达 -36°C（-33°F）。其中一种方法提供了最大（上限）倾点温度的测量。第二种方法测量最小（下限）倾点温度。在这些方法中，测试样品在预热后以指定的速率冷却，并在每隔 3°C（5.4°F）的间隔进行观察以确定其流动特性。同样，观察到测试样品移动的最低温度被记录为倾点。

在确定倾点时，含有蜡的原油在蜡开始分离时会产生不规则的流动行为。这种原油在管道操作中具有难以预测的黏度关系。此外，一些含蜡的原油对热处理敏感，这也会影响黏度特性。这种复杂的行为限制了对含蜡原油进行黏度和倾点测试的价值。然而，实验室的泵送性测试（ASTM D3829，ASTM D7528）可以提供最低处理温度和最低输送或储存温度的估计。

从运输或泄漏应对的角度来看，必须强调油液流动的倾向会受到容器的大小和形状、油液的压力，以及固化油的物理结构的影响。因此，油液的倾点只是温度停止流动的指示，而不是精确的测量（Dyroff，1993）。

9.4.2.9　盐含量

原油中的盐含量变化很大，主要是由于野外生产实践，以及将原油运送到终端的油轮操作所导致的。大部分存在的盐会溶解在共存的水中，并可以在脱盐器中去除，但是少量的盐可能溶解在原油本身中。盐可能来自储层或地层水，也可能来自二次采油作业中使用的其他水源。在油罐车上，不同盐度的压载水也可能是盐污染的来源。

原油中的盐可能以多种方式对其产生不利影响。即使浓度较小，盐也会在蒸馏器、加热器和换热器中积累，导致堵塞问题，需要昂贵的清理工作。更重要的是，在原油的闪蒸过程中，某些金属盐可以水解生成盐酸，反应如下：

$$2NaCl+H_2O \longrightarrow 2HCl+Na_2O \tag{9.3}$$

$$MgCl_2+H_2O \longrightarrow 2HCl+MgO \tag{9.4}$$

生成的盐酸具有极强的腐蚀性，需要向顶部管道注入碱性化合物，如氨，以最大程度地减少腐蚀损害。盐和生成的酸也可能污染顶部和残留产品，某些金属盐还可能使催化剂失去活性。因此，了解原油中的盐含量对于决定是否脱盐，以及在何种程度上进行脱盐是很重要的。

盐含量是通过在非水溶液中进行电位滴定来确定的，其中将原油在极性溶剂中的溶液的电导率与相同溶剂中一系列标准盐溶液的电导率进行比较（ASTM D3230）。在该方法中，样品被溶解在混合溶剂中，并放置在由一个烧杯和两个平行不锈钢板组成的测试电池中。通过在两个板之间施加交变电压，并参考已知混合物的盐含量与电流之间的校准曲线，可以得到盐含量。

然而，为了确定存在的盐的组成，还需要采用其他方法，如原子吸收、感应耦合氩等离子体光谱法和离子色谱法。还使用了一种涉及萃取和容量滴定的方法（IP 77）。

9.4.2.10　硫含量

硫以硫化物、噻吩衍生物、苯并噻吩衍生物和二苯并噻吩衍生物的形式存在于原油中。在大多数情况下，硫的存在对加工过程是有害的，因为硫在加工过程中可以使催化剂中毒。

原油的硫含量是一个重要的性质，在粗略范围内变化很大，从质量分数 0.1%~3.0% 不等，沥青砂中的硫含量可高达 8.0%。含有硫的化合物是原油中最不可取的成分之一，因为它们会导致植物腐蚀和大气污染。原油在蒸馏过程中可能会释放出硫化氢及低沸点的硫化合物。

在蒸馏过程中，氢化硫可能会从原料中的游离氢化硫或由于低温热分解硫化合物而释放出来；后者比前者不太可能发生。然而，一般来说，硫化合物会在蒸馏残渣中浓缩（Speight，2000），蒸馏液中的挥发性硫化合物会通过水合裂化和碱洗等过程去除（Speight，1999）。原油残渣中燃料的硫含量，以及使用这些燃料产生的大气污染是原油应用的重要考虑因素，因此对低硫含量燃油的要求不断增加，低硫原油的价值也随之提高。

硫化合物会导致炼油设备腐蚀和催化剂中毒，使精炼产品具有腐蚀性，并在燃烧燃料产品时对环境造成污染。硫化合物可能存在于原油的整个沸程范围内，尽管通常在较高沸点的馏分中更为丰富。在某些原油中，热不稳定的硫化合物在加热时会分解产生具有腐蚀性和毒性的硫化氢。

有很多测试方法可用于估计原油中的硫含量或研究其对各种产品的影响。通常通过将溶解在原油中的硫化氢吸收到适当的溶液中，然后进行化学分析（Doctor 方法）（ASTM，D4952，IP 30）或通过形成硫酸镉（IP 103）来确定。

Doctor 试验测量在试验温度下与金属表面反应的可用硫的量。反应速率取决于金属类型、温度和时间。在试验中，样品在 150℃（300℉）下与铜粉作用。铜粉从混合物中过滤出来。活性硫的计算是通过样品（ASTM D129）在与铜处理前后的硫含量之差得出的。

作为原油有机成分的硫通常是通过在炸弹中氧化样品并将硫化合物转化为重量法测定的硫酸钡来估计（ASTM D129，IP 61）。该方法适用于任何具有足够低挥发性（例如残渣或沥青砂）的样品，可以在开放样品皿中准确称重，并且含有至少 0.1% 的硫。在该方法中，样品在含有氧气的压力容器（炸弹）中通过燃烧氧化。样品中的硫被转化为硫酸盐，并且通过炸弹清洗转化为硫酸钡以重量法测定。然而，该方法不适用于含有产生除硫酸钡以外的残留物的元素的样品，这些残留物在稀盐酸中不溶并且会干扰沉淀步骤。此外，该方法还容易受到原油中固有沉淀物的干扰而产生不准确性。

直到最近，确定总硫含量的最常用方法之一是将样品在氧气中燃烧，将硫转化为二氧化硫，然后通过碘量法滴定或通过非分散红外检测（ASTM D1552）收集和检测。该方法特别适用于较重的油和沥青残渣等沸点高于 175℃（350℉）且含有超过 0.06%（质量百分比）硫的馏分。此外，还可以确定含有高达 8%（质量百分比）硫的原油焦炭。

在碘酸盐检测系统中，样品在高温下在氧气流中燃烧，将硫转化为二氧化硫。燃烧产物经过一个含有酸性碘化钾溶液和淀粉指示剂的吸收器。通过加入标准碘酸钾溶液，吸收器溶液中会出现淡蓝色，随着燃烧的进行，蓝色会褪去，需要加入更多的碘酸盐。通过燃烧过程中消耗的标准碘酸盐的量，可以计算出样品中的硫含量。

在红外检测系统中，样品被称量到一个特殊的陶瓷皿中，然后放入一个燃烧炉中，在 1370℃（2500℉）的氧气环境中进行燃烧。使用捕集器去除水分和灰尘，并使用红外探测器测量二氧化硫。

其他方法，如燃灯法（ASTM D1266，IP 107）和 Wickbold 燃烧法（IP 243），用于测定原油中的硫含量及原油产品中微量总硫，并与其他各种方法相关（ASTM D2384，ASTM D2784，ASTM D4045）。

在燃灯法（ASTM D1266，IP 107）中，样品在一个封闭系统中燃烧，使用适当的灯和由 70% 二氧化碳和 30% 氧气组成的人工气氛，以防止氮氧化物的形成。硫氧化物被吸收并通过过氧化氢（H_2O_2）溶液氧化为硫酸（H_2SO_4），然后用空气冲洗以去除溶解的二氧化碳。通过标准氢氧化钠（NaOH）溶液滴定，以酸度法测定吸收剂中的硫酸盐。或者，样品可以在空气中燃烧，并通过沉淀后测定吸收剂中的硫酸盐，以重量法测定硫酸钡（$BaSO_4$）。如果样品的硫含量低于 0.01%（质量百分比），则需要以硫酸钡的浊度法测定吸收剂溶液中的硫酸盐。

传统的测定硫含量的老旧技术正在被两种仪器方法（ASTM D2622，ASTM D4294，IP 447）所取代。在前一种方法（ASTM D2622）中，样品被放置在 X 射线束中，测量硫的 $K\alpha$ 线在 5.373Å 处的峰强度。在 5.190Å 处测量的背景强度减去峰强度，然后将所得的净计数率与之前制备的校准曲线或方程进行比较，以获得硫的浓度（以质量百分比表示）。

后一种方法（ASTM D4294，IP 477）采用能量色散 X 射线荧光光谱法，与高温法相比，具有更好的重复性和可再现性，并且适用于现场应用，但可能受到一些常见的干扰物质（如卤化物）的影响。在该方法中，样品被放置在 X 射线源发出的光束中。测量所得的激发特征 X 射线辐射，并将累计计数与之前制备的校准标准的计数进行比较，以获得硫的浓度。需要两组校准标准来覆盖浓度范围，一组标准的硫浓度范围从质量浓度 0.015%~0.1%，另一组标准的硫浓度范围从质量浓度 0.1%~5.0%。

9.4.2.11　表面张力和界面张力

界面张力是两种流体界面上分子之间的吸引力。在空气/液体界面上，这种力通常被称为表面张力。界面张力的国际单位是毫牛顿/米（mN/m）。这相当于以前的达因/厘米（dyn/cm）。原油（或原油产品）的表面张力及其黏度会影响油污扩散的速度。空气/油和油/水界面张力可以用来计算扩散系数，这可以指示油的扩散倾向。其定义为：

$$扩散系数 = S_{WA} - S_{OA} - S_{WO} \tag{9.5}$$

式中：S_{WA} 是水/空气界面张力，S_{OA} 是油/空气界面张力，S_{WO} 是水/油界面张力。

单一测试方法（ASTM D971）适用于测量油/水界面张力。与手动操作的环形张力计不同，电子方式检测到薄膜的最大变形，并在环完全穿过界面之前发生。这导致测量到的界面张力略低于手动测量的结果。与密度和黏度不同，它们在温度和蒸发程度上显示出系统性变化，原油和原油产品的界面张力没有这样的相关性。

9.4.2.12　黏度

黏度是衡量流体抵抗流动程度的指标；流体的黏度越低，流动越容易。与密度一样，黏度受温度影响。温度降低时，黏度增加。黏度是油的一个非常重要的特性，因为它影响溢出的油蔓延速度、渗透到岸线底物的程度，以及机械溢油应急设备的选择。

黏度测量可以是绝对的或相对的（有时称为"表观"）。绝对黏度是通过标准方法测量的，其结果可追溯到基本单位。绝对黏度与使用测量流体中的黏性阻力的仪器进行的相对测量有所区别，这些仪器没有已知和（或）均匀的应用剪切速率（Schramm，1992）。绝对黏度测量的一个重要优点是测试结果与所使用的黏度计的特定类型或品牌无关。绝对黏度数据可以很容易地在全球各实验室之间进行比较。

现代旋转黏度计能够在各种良好控制的、已知和（或）均匀的剪切速率下对牛顿流体和非牛顿流体进行绝对黏度测量。遗憾的是，目前没有 ASTM 标准方法利用这些黏度计。尽管如此，这些仪器仍在许多行业广泛使用。

有标准测试方法用于测量油的黏度（例如 ASTM D445 和 ASTM D4486），这些方法利用玻璃毛细管运动黏度计，并且只对表现出牛顿流动行为（黏度与剪切速率无关）的油进行绝对测量，单位为厘斯特（cSt）。虽然现在已经过时，但曾经原油行业依赖于使用 Saybolt 黏度计测量运动黏度，并用 Saybolt 通用秒（SUS）或 Saybolt Furol 秒（SFS）表示运动黏度。偶尔，文献中仍然使用官方方程将 SUS 和 SFS 与运动黏度相关联来报告 Saybolt 黏度（ASTM D2161）。

在测试方法（ASTM D445）中，测量在可重复的驱动头和严格控制的温度下，固定体积的液体通过校准黏度计的毛细管在重力作用下流动所需的时间，单位为秒。运动黏度是测量的流动时间与黏度计的校准常数的乘积。将任意温度下的运动黏度转换为相同温度下的 Saybolt 通用黏度（SUS），以及将 122°F 和 210°F 下的运动黏度转换为相同温度下的 Saybolt Furol 黏度（SFS）（ASTM D2161）。

黏度指数（ASTM D2270，IP 226）是一种广泛使用的测量指标，用于衡量原油在 40~100°C（104~212°F）温度变化下运动黏度的变化。对于具有相似运动黏度的原油来说，黏度指数越高，温度对其运动黏度的影响越小。计算得出的黏度指数的准确性仅取决于原始黏度测定的准确性。

9.4.2.13 水和沉淀物

原油中存在水或沉淀物非常重要，因为它们会导致炼油厂出现困难，例如设备腐蚀、蒸馏装置运行不平稳、换热器堵塞，以及对产品质量产生不利影响。

原油中的水和沉淀物含量，就像盐一样，是由生产和运输过程中的实践所导致的。水及其中溶解的盐，可以以易于去除的悬浮液滴或乳状物的形式存在。分散在原油中的沉淀物可能由生产层或钻井液中的无机矿物质，以及用于油品运输和储存的管道和储罐中的水垢和锈所组成。通常情况下，水的含量远远超过沉淀物，但总体上来说，它们在交付基础上很少超过原油的百分之一。与盐一样，水和沉淀物会污染加热器、蒸馏器和换热器，并对产品质量产生腐蚀和有害的影响。此外，水和沉淀物是储罐中积累的污泥的主要组成部分，必须定期以符合环境要求的方式进行处理。了解水和沉淀物的含量对于准确确定原油在销售、税收、交换和保管转移中的净体积也非常重要。

沉淀物由细分的固体组成，可能是钻井液、沙子或在输送过程中油中携带的杂质，也可能由油中的卤水滴蒸发产生的氯化物组成。这些固体可能分散在油中或携带在水滴中。原油中的沉淀物可能导致设备严重堵塞，由于氯化物分解而引起腐蚀，并降低残留燃料的质量。

水在原油中可能以乳化形式或大水滴形式存在，可能导致蒸馏装置的淹没和储罐中积聚过多的污泥。炼油厂通常限制水的含量，尽管在油田通常采取措施将水含量降低到尽可能低，但在运输过程中可能会引入水。无论以何种形式，水和沉淀物在炼油原料中都是极不可取的，与蒸馏（ASTM D95，ASTM D4006，IP 74，IP 358）、离心（ASTM D4007）、萃取（ASTM D473，IP 53）和卡尔费休滴定（ASTM D4377，ASTM D4928，IP 356，IP 386，IP 438，IP 439）相关的测试被认为是原油质量检查中的重要内容。

在进行化验之前，有时需要将原油样品中的水分离出来。某些类型的原油，尤其是重质油，常常形成难以分离的持久乳状液。另一方面，对含蜡原油进行沉淀物和水的测试时，必须注意确保在测试之前将样品中悬浮的蜡溶解，否则将被记录为沉淀物。

卡尔·费歇尔测试方法（ASTM D1364，ASTM D6304）涵盖了直接测定原油中水分的方法。在测试中，可以根据体积或质量的基础进行滴定容器中的样品注射。黏稠样品可以使用水蒸气化附件进行分析，该附件将样品加热到蒸发室中，蒸发的水分通过干燥的惰性载气带入卡尔·费歇尔滴定电池中。

原油中的水和沉淀物可以通过离心法（ASTM D4007）同时确定。已知体积的原油和溶剂被放置在离心管中，并加热至 60℃（140℉）。离心后，读取管底的沉淀物和水层的体积。对于含有蜡的原油，可能需要高于 71℃（160℉）的温度才能完全熔化蜡晶体，以免将其测量为沉淀物。

沉淀物还可以通过萃取法（ASTM D473，IP 53）或膜过滤法（ASTM D4807）进行测定。在前一种方法（ASTM D473，IP 53）中，将耐火瓶中的油样用热甲苯提取，直到残留物达到恒定质量。在后一种测试中，样品在热甲苯中溶解，并在真空下通过 0.45mm 孔径的膜过滤器过滤。将带有残留物的滤纸洗净、干燥并称重。

9.4.2.14 其他性质

上述检测方法并不是详尽无遗的，但它们是最常用的，可以提供有关杂质和可能回收的产品的数据。根据需要，还可以确定其他性质，包括但不限于以下几个方面：（1）蜡含量；（2）蒸气压力（Reid 法）；（3）总酸值，这在与原油和原油产品中酸性物质含量相关的数据方面变得越来越重要（Speight，2014b）；（4）氯含量；（5）苯胺点（或混合苯胺点）。

并非每种原油都含有大量的蜡成分。然而，高蜡含量的原油在处理和泵送过程中会遇到困难，同时也会产生高凝点的馏分和残留燃料，以及昂贵的脱蜡润滑油。所有用于确定蜡含量的标准方法都涉及在规定的溶剂 / 油比和温度条件下，从溶剂（如二氯甲烷或丙酮）中沉淀蜡。这些测量结果通常用于比较，对于表征原油的蜡含量或研究与流动问题有关的因素往往很有用。另一方面，云点（ASTM D2500，ASTM D5772，ASTM D7397，ASTM D7689）通常用于指示蜡从油中沉积的温度，可以通过在规定条件下搅拌冷却样品来确定。蜡首次出现的温度即为蜡出现点。

Reid 蒸气压力测试方法（ASTM D323，IP 69）测量挥发性原油的蒸气压力。由于一些小样品蒸发和封闭空间中存在水蒸气和空气，Reid 蒸气压力与样品的真实蒸气压力不同。

酸值是以毫克氢氧化钾 / 克样品表示的碱的数量，测定时该碱在这种溶剂中滴定样品至绿 / 绿褐终点，使用 p- 萘酚苯酚指示剂溶液。强酸值是以毫克氢氧化钾 / 克样品表示的碱的数量，该碱在溶剂中从初始计量读数滴定样品至与新鲜制备的非水酸性缓冲溶液或测试方法中指定的明确定义的拐点相对应的计量读数（ASTM D664，IP 177）。

通过颜色指示剂法（ASTM D974，IP 139）确定酸值时，样品溶解在甲苯和异丙醇的混合物中，其中含有少量水，然后在室温下用标准酒精碱溶液或酒精酸溶液滴定得到的单相溶液，直到加入的 p- 萘酚苯酚溶液的颜色发生变化（酸性为橙色，碱性为绿褐色）。为了确定强酸值，将样品的另一部分用热水提取，然后用氢氧化钾溶液滴定水相提取物，使用甲基橙作为指示剂。

通过电位滴定法（ASTM D664，IP 177）确定酸值时，样品溶解在甲苯和异丙醇的混合物中，其中含有少量水，然后用玻璃指示电极和氯化亚汞参比电极在酒精钾溶液中进行电位滴定。计量读数手动或自动绘制在滴定溶液的体积上，并且仅在结果曲线中明确定义的拐点处取终点。当无法获得明确的拐点时，终点取决于与新鲜制备的非水酸性和碱性缓冲溶液相对应的计量读数。

通过颜色指示剂测试方法（ASTM D974，IP 139）获得的酸值与电位滴定法（ASTM D664，IP 177）获得的酸值可能相同或可能不相同。此外，原油样品的颜色可能会干扰使用颜色指示剂法观察终点。酸值的测定更适用于强酸性原油、重质油和油砂沥青（通常酸含量较高），以及各种原油产品（Speight，2014b）。

通过颜色指示滴定法（ASTM D3339，IP 431）确定酸值的测试方法，测量了实验室氧化试验（ASTM D943）得到的油的酸值，使用的样品量比其他酸值测试（ASTM D664，ASTM D974，IP 139，IP 177）少。在这个测试中，样品溶解在甲苯、异丙醇和少量水的溶剂混合物中，在室温下在氮气环境下用异丙醇中的标准氢氧化钾（KOH）进行滴定，直到添加的指示剂 p-萘酚苯酚呈稳定的绿色。由于难以检测颜色变化，深色原油（和原油产品）更难以通过这种方法分析。在这种情况下，如果有足够的样品，可以使用电位滴定法（ASTM D664，IP 177）。

酸值不能提供确定单一原油（或原油与其他原油混合）是否能产生所需产品组成的数据。只有在对原油（及其混合物中的其他组分）进行全面分析并将多个测试的数据相互关联时，才能生成这些数据。

原油的氯化物含量（ASTM D4929）与总酸含量一样，尤其在井口和脱盐操作后是必须提供的。就像高酸原油会导致炼油厂腐蚀一样，矿物盐、镁、钙和氯化钠会水解产生挥发性盐酸，在顶部换热器中造成高度腐蚀性条件（Speight，2014c）。因此，这些盐在机会原油中存在着显著的污染。

最后，苯胺点（或混合苯胺点）（ASTM D611，IP 2）已被用于原油的表征，尽管它更适用于纯烃衍生物及其混合物，并用于估计混合物的芳香烃含量。芳香化合物的苯胺点最低，石蜡的苯胺点最高，环烷烃和烯烃的值介于这两个极端之间。在任何烃同系物中，随着分子量的增加，苯胺点增加。

原油分析文献中仍广泛报告原油产量数据，提供了通过蒸馏（ASTM D86；ASTM D1160）获得的特定馏分的产量信息。然而，在实验室中，大气和减压蒸馏技术在很大程度上已被模拟蒸馏方法取代，该方法使用低分辨率气相色谱，并将保留时间与烃沸点相关联（ASTM D2887），通常使用正构烷烃等外部标准。

9.4.3 色谱分析

原油组分分析用于确定原油污染样品中存在的原油化合物类别的数量（例如，饱和烃成分、芳香烃成分和极性成分，如树脂成分）。这种测量方法有时用于识别燃料类型或追踪污染带。对于高沸点产品（如沥青），这种测量方法可能特别有用。组分类型的测试方法包括多维气相色谱法（在环境样品中不常用）、高效液相色谱法（HPLC）和薄层色谱法（TLC）（Miller，2000；Patnaik，2004；Speight，2005；Speight and Arjoon，2012）。

分析单个化合物的测试方法（例如苯—甲苯—乙苯—二甲苯混合物和多环芳香烃衍生

物）通常用于检测添加剂的存在或提供浓度数据，以估计与单个化合物相关的环境和健康风险。常见的成分测量技术包括具有第二柱确认的气相色谱法、具有多个选择性检测器的气相色谱法和具有质谱检测的气相色谱法（GC/MS）（Speight，2005；Speight and Arjoon，2012）。

9.4.3.1　气相色谱法

气相色谱法（GC）基于固定相和流动相的原理，仍然是通过识别单个烃类衍生物来确定原油产品中烃类分布的主要技术。尽管气相色谱法对纯度的测量通常对许多目的来说已经足够，但对于测量绝对纯度来说并不总是足够的，因为并不是所有可能的杂质都会通过色谱柱，也不是所有通过的杂质都会被检测器测量。绝对纯度最好通过蒸馏范围、冷冻或凝固点来测量。尽管存在这个缺点，该技术仍然被广泛使用，并且是目前许多用于确定和测量原油产品中烃类衍生物的标准测试方法的基础。当需要测量烯烃等烃类衍生物类别时，会使用溴值等技术（ASTM D1492，ASTM D2710，ASTM D5776）。

简而言之，气液色谱法（GLC）是一种用于分离各种混合物的挥发性组分的方法（Fowlis，1995；Grob，1995）。实际上，它是一种高效的分馏技术，非常适合在可能组分已知并且研究目的仅在于确定每种组分的数量时进行混合物的定量分析。在这种应用中，气相色谱已经取代了以前由其他技术完成的大部分工作；它现在是分析烃类气体的首选技术，并且气相色谱在线监测器在炼油厂的控制中应用越来越广泛。气液色谱法还广泛用于汽油沸点范围内的单个组分鉴定和百分比组成分析。

流动相是载气，所选择的气体对分辨率有影响。氮气的分辨能力非常差，而氦气或氢气是更好的选择，其中氢气是分辨率最好的载气。然而，氢气具有反应性，可能与所有目标分析物的组合不兼容。每种载气都有一个最佳流速以实现最大分辨率。随着炉温的升高，气体的流速会因气体的热膨胀而发生变化。大多数现代气相色谱仪配备了恒流装置，随着炉温的变化，气体阀门设置会发生变化，因此流速的变化不再是一个问题。一旦在一个温度下优化了流速，它就在所有温度下都是优化的。

9.4.3.2　气相色谱—质谱法

气相色谱—质谱法用于测量挥发性和半挥发性目标原油成分的浓度。通常不用于测量总的原油烃衍生物的数量。该技术的优点是高选择性，即通过保留时间和独特的光谱模式确认化合物的身份。该方法用于鉴定和定量原油馏分和原油产品的成分。

为了减少假阳性的可能性，将 1~3 个选择的离子的强度与同一光谱的一个独特目标离子的强度进行比较。将样品比率与标准比率进行比较。如果样品比率在标准的一定范围内，并且保留时间符合规格要求，则认为分析物存在。定量仅通过积分目标离子的响应来进行。

质谱仪是最具选择性的检测器之一，但仍然容易受到干扰。同分异构体具有相同的光谱，而许多其他化合物具有类似的质谱图。重质原油产品可能含有数千种主要成分，这些成分无法通过气相色谱分离。因此，多种化合物同时进入质谱仪，不同的化合物可能共享许多相同的离子，从而混淆了鉴定过程。在原油产品等复杂混合物中，误鉴定的概率很高。

9.4.3.3　高效液相色谱

高效液相色谱（HPLC）系统可用于测量目标半挥发性和非挥发性原油成分的浓度。该系统只需要将样品溶解在与分离所用溶剂相容的溶剂中。在原油环境分析中，最常用的检测器是荧光检测器。这些检测器对芳香分子特别敏感，尤其是多核芳香烃衍生物。紫外检测器可用于测量不发荧光的化合物。

在该方法中，多核芳香烃衍生物通过适当的溶剂从样品基质中提取出来，然后注入色谱系统。通常需要过滤提取物，因为细微的颗粒物可能会在柱的进样口滤芯上积聚，导致高背压并最终堵塞柱。对于大多数烃类分析，使用反相高效液相色谱（即使用非极性柱填料和极性流动相）是常用的方法。最常见的键合相是十八烷基（C_{18}）相。流动相通常是乙腈或甲醇的水溶液混合物。

在色谱分离后，分析物流经检测器的电池。荧光检测器将特定波长的光（激发波长）照射到电池中。荧光化合物吸收光并重新发射其他更高波长的光（发射波长）。分子的发射波长主要由其结构决定。对于多核芳香烃衍生物，发射波长主要由环的排列确定，在异构体之间差异很大。

一些多核芳香烃衍生物［如菲、芘和苯并（g，h，i）芘］通常出现在沸点在中高沸馏范围内的产品中。在用于检测和分析它们的方法（EPA 8310）中，使用了十八烷基柱和水乙腈流动相。分析物在 280 nm 处激发，并在发射波长大于 389nm 处检测。萘、蒽和芴必须通过灵敏度较低的紫外检测器检测，因为它们在 389 nm 以下的波长发出光。蒽烯也可以通过紫外检测器检测。

使用荧光检测的方法将测量在适当保留时间范围内洗脱的任何化合物，并且在目标发射波长处发出荧光（Falla Sotelo et al.，2008）。在一种方法（EPA 8310）中，激发波长激发大多数芳香化合物。这些化合物包括目标化合物及许多芳香衍生物，如烷基芳香衍生物、酚衍生物、苯胺衍生物和含有各种结构的杂环芳香化合物，例如吡咯（如吲哚和咔唑衍生物）、吡啶（如喹啉和吖啶衍生物）、呋喃（如苯并呋喃和萘并呋喃衍生物）和噻吩（如苯并噻吩和萘并噻吩衍生物）结构。在原油样品中，烷基多核芳香烃衍生物是强烈的干扰化合物。例如，有 5 种甲基菲衍生物和超过 20 种二甲基菲衍生物。烷基取代对菲的荧光波长和强度没有显著影响。在菲的保留时间之后很长一段时间内，烷基菲衍生物将产生干扰，影响所有后来洗脱的目标多核芳香烃衍生物的测量。干扰化合物在不同来源之间会有很大差异，样品可能需要进行各种清洁步骤以达到所需的方法检测限制。使用的发射波长（EPA 8310）对于小环化合物的灵敏度并不理想。使用现代电子控制的单色仪，可以使用波长程序来调整激发和发射波长，以最大限度地提高特定分析物在其保留时间窗口内的灵敏度和（或）选择性。

9.4.3.4 薄层色谱法

在环境领域，薄层色谱法（TLC）最适用于半挥发性和非挥发性原油产品的筛查分析和表征。该技术的精确度不如其他方法（Speight，2005；Speight and Arjoon，2012），但当需要速度和简便性时，薄层色谱法可能是一个合适的替代方法。对于像沥青这样的原油产品的表征，该方法具有将无法通过气相色谱仪的高沸点化合物分离的优势。虽然薄层色谱法没有气相色谱仪的分辨能力，但它能够分离不同类别的化合物。薄层色谱分析相对简单，由于该方法不提供高度准确的结果，因此无须进行最高质量的提取。

在该方法中，土壤样品通过摇动或搅拌与溶剂混合。水样通过在分液漏斗中摇动来提取。如果存在可能干扰方法并使数据可疑的化合物，可以添加硅胶来清洁提取物。将样品提取物等分放置在涂有固定相的玻璃板底部附近。最常用的固定相是由有机烃基与二氧化硅骨架相结合的有机硅胶。

对于原油烃衍生物的分析，适度极性的固定相效果良好。将玻璃板放置在密封的槽中，加入溶剂（流动相）。溶剂沿着板上升，携带样品中存在的化合物。化合物行进的距离取决于其相对于流动相的亲和力与固定相的亲和力。化学结构和极性与溶剂相似的化合物容易进入流动相。例如，在己烷流动相中，饱和烃衍生物在柱上迅速行进。极性化合物如酮类或醇类在己烷中行进的距离略小于饱和烃衍生物。

在玻璃板暴露于流动相溶剂所需的时间后，可以通过几种方法查看存在的化合物。多核芳香烃衍生物、其他具有共轭体系的化合物，以及含有杂原子（氮、氧或硫）的化合物可以通过长波和短波紫外光来观察。肉眼可以看到其他物质，或者可以用碘来显色。碘对大多数原油化合物具有亲和力，包括饱和烃衍生物，并使化合物呈红棕色。

该方法被认为是一种用于快速样品筛查的定性有用工具。该方法的局限性在于其中等的重复性、检测限和分辨能力。操作员之间的变异性可能高达 30%。对于土壤中大多数原油产品，检测限（不进行样品提取物的浓缩）接近 50mg/kg。当样品的芳香烃含量较高时，如 C 燃油，检测限可能接近 100mg/kg。通常无法区分柴油和喷气燃料等类似产品。与所有化学分析一样，应进行质量保证测试以验证方法的准确性和精确性。

9.4.4　光谱分析

化学成分一直被认为是炼油行为的有价值指标。它是否是炼油行为的最终指标还有待观察，这取决于受众！很可能，化学成分研究真正补充了物理性质和物理行为研究，真实的情况是这些研究的综合。

然而，原料的化学成分以化合物类型和（或）通用化合物类别的形式表示，从而使分析化学家、工艺化学家、工艺工程师和炼油商能够确定反应的性质。因此，化学成分在确定炼油操作产生的产品性质方面起着重要作用。它还可以在确定特定原料应该如何加工的方法方面发挥作用（Wallace et al.，1988；Speight，2000）。然而，正确解释由成分研究产生的数据需要对化学结构、其意义和开放的思维有一定的理解！

原油的物理和化学特性，以及由其制备的产品或组分的产量和性质差异很大，并且取决于各种类型的碳氢化合物衍生物和微量成分的浓度。某些类型的原油作为燃料和润滑剂的来源具有经济优势，因为它们需要的加工过程比许多类型的原油生产相同产品所需的加工过程更少。其他原油可能含有不寻常低浓度的理想燃料或润滑剂成分，从这些原油中生产这些产品可能不具备经济可行性。

光谱学研究在过去三十年中在原油和原油产品的评估中发挥了重要作用，许多方法现在被用作炼油原料和产品的标准分析方法。将这些方法应用于原料和产品对于炼油商来说是自然而然的结果。

这些方法包括使用质谱法确定中间馏分中的碳氢化合物类型（ASTM D2425）；使用质谱法确定燃油饱和分馏物中的碳氢化合物类型（ASTM D2786）；使用质谱法确定低烯烃汽油中的碳氢化合物类型（ASTM D2789）；使用质谱法确定燃油芳香烃馏分中的芳香化合物类型（ASTM D3239）；核磁共振光谱法已经发展成为航空涡轮燃料中氢类型的标准方法

（ASTM D3701）；X 射线荧光光谱法已应用于确定选定元素（氮、硫、镍和钒）的分析，以及确定各种原油产品中的硫含量（ASTM D2622，ASTM D4294）。

红外光谱法用于确定机动车和（或）航空汽油中的苯含量，而紫外光谱法用于评估矿物油（ASTM D2269）并确定航空涡轮燃料中萘含量（ASTM D1840）。其他技术包括使用火焰发射光谱法确定燃气涡轮燃料中的微量金属（ASTM D3605），以及使用吸收光谱法确定柴油燃料中的硝酸烷基含量（ASTM D4046）。原子吸收已被用作金属分析的手段（ASTM D1971，ASTM D4698，ASTM D5056），用于确定汽油中的锰含量（ASTM D3831），以及用于确定润滑油中的钡、钙、镁和锌含量（ASTM D4628）。火焰光度法已被用作测量润滑脂中锂/钠含量和残留燃油中钠含量的手段（ASTM D1318）。

光谱学研究在对较重原料的结构类型划分方面的贡献尤为突出。这是因为炼油商对这些原料的性质一无所知。一个特定的例子是 n.d.M. 方法（ASTM D3238），该方法旨在对原油和原油产品的碳分布和结构基团进行分析。后来的研究者对结构基团分析进行了进一步的研究。

此时，对用于鉴定原油成分的其他方法进行简要描述也是合适的。虽然通过适当的分离和分析方法可以提供与高分子量原油组分的组成相关的有用信息，但光谱学方法也可以应用于表征和鉴定问题。例如，与极性功能团的性质相关的信息或钒和镍与分子结合的阐明可以通过各种光谱技术及各种化学技术获得（Speight，2001，2014a）。

这里并不打算传达任何一种方法可以用于完全表征和鉴定高分子量原油组分的信息。尽管这些方法中的任何一种可能无法完全满足作为鉴定原料个别成分的方法的要求，但它们可以作为一种方法，通过这种方法可以获得关于分子类型的原料的整体评估，特别是当这些方法彼此结合使用时。

9.4.4.1 红外光谱学

红外光谱学是一种成熟的方法，用于比较、半定量分析，进而发展到现在的定量分析（ASTM E168，ASTM E204，ASTM E334，ASTM E1252）。红外光谱以百分透射率或吸光度与频率（cm^{-1}）的关系显示。透射率 T 定义为透射光与入射光的比值，或者百分透射率，通常在整个范围内显示更多细节，一般是首选的显示方式。另一方面，吸光度 A 与浓度成正比，因此用于定量测量。

红外光谱学是一种简单的过程，是几种技术之一，可以提供与几个结构和功能团分布相关的快速信息（Drews，1998；Nadkarni，2011；Rand，2003）。与核磁共振光谱学相结合，它将提供关于碳氢基团分布的快速而相当详细的信息。然而，在高分子量原油馏分的背景下，传统的红外光谱学提供了与各种原油成分的功能特征相关的信息。例如，红外光谱学将有助于鉴定亚胺功能（=N—H）和羟基（—O—H）功能，以及各种酮（—C=O）功能的性质。

在旧的红外光谱学中，光通过棱镜或光栅折射，并通过移动的狭缝扫描，一个测量需要几分钟的时间。在傅里叶变换红外（FIR）光谱学中，整个光谱通过干涉仪在几分之一秒内获得。因此，可以在几分钟内进行数百次测量，并由计算机进行平均。这种多路复用使得灵敏度和精度大大提高（约 100 倍），超过了色散仪器的可达到的水平。

因此，随着傅里叶变换红外（FTIR）光谱学的最新进展，也可以对各种功能团进行定量估计。这对于应用于高分子量固体原油成分（即沥青质馏分）和群体分析尤为重要。还可以从红外光谱数据中推导出结构参数，包括：（1）饱和碳氢比；（2）石蜡性质；（3）环烷性质；（4）甲基基团含量；（5）石蜡链长度。结构参数，如石蜡甲基基团与芳香甲基基团的比例，可以与质子磁共振（见第 9.4.4.2 节）结合使用。

新的漫反射红外（DRIR）技术似乎给出了与传统方法从溶液中或溴化钾（KBr）颗粒中获得的光谱一样好的结果。这种技术的另一个同义词是 DRIFT（漫反射红外傅里叶变换）。样品从溶液中沉积到细磨的溴化钾上，然后放入漫反射附件中，在真空烘箱中去除溶剂。相关技术，如可变角度镜面反射，允许旋转样品支架以进行优化。

在高分子量原油成分分析领域，红外光谱学主要用于测量含氧和含氮基团，并评估由于聚集或其他相互作用（如羧酸衍生物、酚衍生物、咔唑衍生物、环酰胺，以及吡啶和吖啶衍生物）引起的某些带的位移。在低沸点原油馏分中，可以通过红外光谱学评估烃骨架的部分。具体来说，可以通过平面外碳氢变形带确定芳香环的烷基取代。

9.4.4.2　质谱

质谱法提供了化合物的分子量和化学式，以及它们在混合物中的相对含量，并且可以对样品进行非破坏性检查（ASTM D2425，ASTM D2650，ASTM D2786，ASTM D2789，ASTM D3239，ASTM E1316）。该技术还可以提供与分子结构相关的重要信息。质谱法的最早和最常见的类型是电子轰击质谱法（El-MS），它给出了显示每种分子类型特征的母离子峰和碎片离子峰的碎裂图谱。

碎裂法常用于区分纯化合物的同分异构体和相对简单混合物中的分子。然而，对于高分子量原油馏分等复杂样品，通常避免使用碎裂法，因为它们由许多密切相关的化合物组成，其碎裂图谱是非特异性的，不能轻易解释。

质谱法可以在实验室或在线上发挥在饲料和产品成分鉴定中的关键作用（ASTM D2425，ASTM D2786，ASTM D2789，ASTM D3239）。质谱法的主要优点是：（1）定量分析的高重复性；（2）在复杂混合物中获得关于各个组分和（或）碳数同系物的详细数据的潜力；（3）分析所需的样品量最小。质谱法识别复杂混合物中的各个组分的能力是任何现代分析技术所无法比拟的，也许唯一的例外是气相色谱法。

然而，质谱法的使用也存在一些缺点，包括：（1）该方法仅限于在高达 300℃（570℉）的温度下挥发和稳定的有机材料；（2）分离同分异构体以进行绝对鉴定的困难。样品通常会被破坏，但这很少是一个缺点。

尽管存在这些限制，质谱法仍然提供了与进料和产品组成相关的有用信息，即使这些信息可能不如所需的那样详尽。结构上的相似性可能会阻碍对个别组分的鉴定。因此，通过类型或同系物进行鉴定将更有意义，因为类似的结构类型可以假定在加工过程中表现出类似的行为。了解同分异构体分布可能只对理解组成和加工参数之间的关系有所帮助。

质谱法应该被有选择地使用，以期望获得最大量的信息。对于较重的非挥发性进料来说，常规质谱法的有用范围已经超出了实际应用的范围。

在需要提高挥发性的升高温度下，进样口会发生热分解，任何后续分析都会偏向低分子量端和热分解产物。高电压电子轰击质谱法（HVEI-MS 或 EI-MS）会导致子离子的重复碎裂。考虑到即使是最简单的碳氢化合物衍生物也会发生重复碎裂，以及原油的较高分子量馏分包含如此广泛的分子量种类（Speight，2001，2014a），从原油馏分中获得的图谱非常复杂，几乎无法解释。因此，更倾向于使用非碎裂的质谱方法。

对于高分子量原油馏分，现在更倾向于使用非碎裂质谱（NF-MS）方法。这些方法也被称为软电离方法，主要产生亲本离子（分子离子）峰，因此谱图比产生碎片的方法简单得多。通过确定样品中每个化合物的分子量及其丰度，非碎裂质谱还可以用于确定分子量分布，即样品的摩尔质量分布。

非碎裂质谱的最大优点是谱图相对简单。缺点是离子的信号强度相对较低。在低电压电子轰击电离中，随着电离电压超过样品中分子的电离势，亲本离子的数量迅速增加。因此，较高的电压会产生更强的信号（取决于化合物类型，最高可达 20~40eV），但较高的电离电压会向样品分子传递更多能量，导致碎裂增加。超过电离势的剩余能量以各种方式平衡和耗散，例如增加分子的内部能量或断裂原子键。

因此，非碎裂质谱的挑战在于最大化亲本离子的数量，同时将碎裂离子的数量保持在可接受的水平。烷烃对碎裂非常敏感；足够高的电离电压可以产生良好的亲本离子谱，但也会断裂许多（烷烃）碳—碳键，产生大量的碎裂离子。

9.4.4.3 核磁共振

核磁共振经常被用于原油和原油产品中氢类型的普遍研究（ASTM D4808），以及原油成分的结构研究（ASTM E386；Speight，1994）。该技术最近已被改进用于测量燃料和其他原油产品的氢含量（ASTM D3701，ASTM D4808）。事实上，质子磁共振（PMR）研究（连同红外光谱研究）可能是现代的第一项研究，允许对原油高分子量成分中出现的多核芳香系统进行结构推断。

因此，核磁共振（NMR）方法在原油馏分的组成和结构分析中占据了重要地位（Speight，1994）。在其基本应用中，NMR 快速且相对廉价。由于其便利性、速度和更丰富的详细信息，特别是来自 C_{13} NMR 的信息，它已经在大多数实验室中取代了 n.d.M. 方法和相关方法（Speight，2001，2014a）。核磁共振可以直接测量芳香碳和脂肪碳，以及氢的分布。除了这些结果，还可以确定分子中各种结构基团中的碳和氢。因此，质子（H）和碳 -13（C_{13}）核是核磁共振光谱中最常用的核；氮（N_{15} 和 N_{14}）和硫（S_{33}）偶尔也被用于特殊应用的原油馏分中。

质子磁共振已被广泛应用于原油馏分的结构分析中。这是一种相对廉价的技术，可以测量芳香族和脂肪族中的氢原子，甚至可以区分与芳香环相邻的氢原子（α 位）和与环较远的氢原子。还可以识别单环和多环芳香化合物中的原子，以及烯烃位置中的原子。

只需要少量（小于 10mg）的样品，将其溶解在氘代氯仿（CD_3Cl）等溶剂中，包含在玻璃管（5 mm 直径）中，并放置在一个或多个线圈包围的高度均匀的磁场中。线圈的作用是将样品置于一个微弱的射频场中。样品的氢原子核可被可视化为磁体，当射频频率等于处理频率时，两者发生共振，通过接收线圈检测到自旋共振。以四甲基硅烷（TMS）为参比差异的样品共振的位置被报告为化学位移，δ，这是一个维度数，以每百万分之一与参比（TMS）的差异表示。

质子磁共振对芳香族和脂肪族氢的定量准确度大约为：蒸馏产物为 1%，残渣为 2%~

3%；对于区分靠近芳香环的脂肪族氢原子 α 和离芳香环较远的 β 及更远的氢原子的准确度略低。甲基（CH_3）、亚甲基（CH_2）和次甲基（CH）氢通常无法区分，除非是离芳香环较远的甲基氢 γ 或更远的氢。即使对于这个甲基峰有时也很难定量，因为存在萘基亚甲基和亚甲基氢的干扰。

通常情况下，附着在单环和多环芳香化合物上的质子可以以相当准确的方式区分，尤其是当样品浓度为 2% 或更低时。在如此低的浓度下，这些质子之间的分界线位于 7.25μg/g。在具有高沸点的样品的光谱中，许多细节会丢失，不同化合物组之间的区分变得困难。

因此，一般来说，原油馏分中的质子（氢）类型可以分为三种类型：（1）芳香环上的氢；（2）与芳香环相邻的脂肪氢；（3）远离芳香环的脂肪氢。在其他情况下，可以确定五种氢位置：（1）芳香氢；（2）邻位取代氢；（3）萘烷氢；（4）亚甲基氢；（5）远离芳香环的末端甲基氢。还可以从中得出其他比率，从而可以计算一系列结构参数。

然而，必须记住，从质子光谱中得出的碳骨架的结构细节是通过推断得出的，但必须认识到，周边位置的质子可能会被分子间相互作用所遮蔽。当然，这可能会导致比率的误差，这些误差可能对计算结果产生重大影响（Ebert et al., 1987；Ebert, 1990）。

在这方面，碳-13 磁共振（CMR）可以发挥有效的作用。由于碳磁共振处理的是分析碳分布类型，因此要确定的明显结构参数是芳香性，f_a。通过从各种碳类型环境中直接确定，是确定芳香性的较好方法之一。因此，通过质子和碳磁共振技术的结合，可以对结构参数进行改进，并且对于固态高分辨率 CMR 技术，还可以获得其他结构参数。

碳-13 核磁共振的基本仪器与质子核磁共振相同，只是在主磁场的正交方向上有两个射频场，一个用于观察碳-13 核，另一个用于解偶质子核。碳-13 同位素的丰度较低（1.1%），碳-13 核的旋磁比较低，使得信号弱了两个数量级以上，而且核的弛豫时间更长。这样的影响是，即使使用傅里叶变换（FT）采集数据，碳-13 核磁共振测量也需要几个小时才能完成。

与质子核磁共振光谱相比，碳-13 核在不同分子位置产生的峰面积通常不与其浓度成比例。定量测量需要克服两个效应：（1）不同化学基团中碳-13 核的弛豫时间不同；（2）核 Overhauser 效应增强（NOE）。后一种效应指的是当 C—H 偶联的质子被解偶场饱和时，信号强度有所增加。

一种方法是添加少量的顺磁弛豫试剂，例如三乙酰基丙酮酸铬（III），Cr（AcAc）$_3$，它将主导的弛豫机制转变为涉及未成对电子和 ^{13}C 核之间相互作用的机制。它还减少了一些碳的长弛豫时间。

在其最简单的形式中，碳-13 核磁共振可以区分脂肪碳和芳香碳。在原油 C_{13} NMR 光谱的脂肪区域，有几个尖锐的峰突出，并用于定量分析。最显著的峰通常在 29.7μg/g 处。它被归因于长烷基链中与芳香环和端基甲基（CH_3）相距四个或更多个碳（>γ）的亚甲基（CH_2）碳原子。

通常，29.5~30.3μg/g 的吸收可以估计长烷基链中碳原子的数量（>C_5）。因为该带代表与芳香环和端基相距两个或更多个碳的亚甲基（CH_2）基团，所以每个链上必须有比这些峰下面的面积所示的碳多四个。长链的数量（n_{CH_2}）可以从 14.2μg/g（ω-CH_3）和 28.1μg/g（CH_2）峰估计，后者位于一个端基分支点旁边，即一个次甲基（CH）基团。一方面，14.2μg/g 处的峰对于此目的给出的结果过高，因为它还指示了支链的 CH_3 基团。通过减去 $37.6\mu g/g$ 峰面积的一半（链内 CH 基团旁边的 CH_2）可以纠正这个特征。另一方面，$14.2\mu g/g$ 处的峰不包括双重 CH_3 基团（如异丙基基团）。这就是为什么需要 $28.1\mu g/g$ 峰（CH 与两个端基甲基相邻）。因此：

$$n_{CH_2 长链} = A(14.2) - 1/2A(37.6) + 1/3A(28.1) \tag{9.6}$$

长链中亚甲基基团的数量是由 $29.7\mu g/g$ 峰值确定的数量，两端的亚甲基基团的数量，即每个端部的长链数量的六倍，以及靠近链内分支点的数量，即靠近它们并且在 CH 基团两侧移除一个碳原子的数量。因此，总数为：

$$n_{CH_2} = C(29.7) + 6n_{CH_2 长链} + 4C(37.6) \tag{9.7}$$

长链中的次甲基（CH）基团的数量可以通过在 $37.6\mu g/g$ 和 $39.5\mu g/g$ 处的吸收度来估计。在 $37.6\mu g/g$ 处的峰值代表与甲烷碳相邻的亚甲基基团，因此并不代表次甲基基团的直接测量。因此：

$$n_{CH 长链} = 1/2C(37.6) + C(39.5) \tag{9.8}$$

甲基基团在碳 -13 谱中产生至少四个峰，即 $11.5\mu g/g$、$14.2\mu g/g$、$19.5\mu g/g$ 和 $22.7\mu g/g$ 的峰。$22.7\mu g/g$ 的峰代表了双甲基基团，如异丙基基团，并且它还有一个来自邻甲基旁边的亚甲基的贡献，不需要再通过 $14.2\mu g/g$ 的峰的贡献来表示。因此：

$$n_{CH_3 长链} = C(11.5) + C(19.5) + C(22.7) \tag{9.9}$$

长链中碳原子的最终估计是这三种类型的总和。长链的平均长度是通过将长链中的碳原子数除以长链数得出的。当然要记住，从磁共振谱中得出的平均值如果过于字面解释，可能会非常误导人（Speight，2014a）。

甲基基团（CH_3）根据其在分子中的位置产生几个峰。在至少有两个或三个亚甲基（CH_2）基团的无支链链段末端定位的甲基基团会在 $14.2\mu g/g$ 处产生一个峰。在至少有两个亚甲基基团的链末端与支点（次甲基基团，CH）相邻的甲基基团会在 $22.7\mu g/g$ 处产生一个峰。离链末端较远的位置，这样的基团会在 $19.8\mu g/g$ 附近产生一个峰。末端的甲基基团也受到这些支点的影响。高分子量原油馏分中的环烷烃碳通常占据了许多略有不同的位置，导致峰无法分辨，并形成在 $25\sim60\mu g/g$ 范围内的宽峰，而石蜡烃峰通常能够很好地分辨出来。

对于环烷烃亚甲基和甲烷（CH_n）基团的确定，评估这个宽峰是唯一的直接方法。然而，其测量结果可能并不总是可靠的。在非常高沸点的原油样品中，如沥青质成分，石蜡型共振可能只能部分分辨出来。虽然这主要导致峰变宽，但在某些情况下，重叠可能会增加宽峰，从而导致对环烷烃碳的错误高估。C_{13} NMR 谱的芳香区域可以通过对主要芳香基团峰的常规积分进行评估。

因此，质子和碳 -13 磁共振光谱技术提供了与原油非挥发性组分中的分子类型相关的潜在信息。通过估计峰面积并进一步应用数学方法，这些技术已被用于获得与结构参数相关的信息，然后将其转化为平均结构。

在大多数情况下，原油馏分等复杂混合物的平均结构与代表性结构不同。正如前面提到的，从磁共振谱中得出的平均结构如果过于字面解释，可能会非常误导人（Speight，2014a）。即使平均结构可能始终存在疑问，但对于结构参数也必须谨慎对待，因为它们是基于自身存在争议的假设推导出来的。

9.4.4.4　紫外—可见光谱法

紫外—可见光谱法（UV-Vis）虽然对于化学基团类型不像红外光谱法和核磁共振光谱法那样具有特异性，但可以区分具有不同环数和构型的芳香族化合物（例如，ASTM D1840，ASTM D2269）。这些模式不足以在复杂混合物中识别或区分这些化合物，但在狭窄的分数中对其进行鉴定是有用的。

紫外—可见光谱法（ASTM E169）可以用作原油样品分馏的检测器，例如，用于芳香族化合物按环数的色谱分离和（或）鉴定，特别是与液相色谱等技术结合使用时（Speight，1986）。因此，紫外—可见光谱法适用于作为在线检测器进行炼油过程研究。

9.4.4.5　X 射线衍射

X 射线衍射已被用于确定原油成分中芳香碳的比例（f_a）。这个比例也可以通过碳 -13 核磁共振光谱法和红外光谱法方便而准确地获得。由于 X 射线衍射数据可以非常误导人（Ebert et al.，1984），特别是当这些数据被用于将（芳香）片层直径的几何数据转化为结构信息时，芳香碳的比例测定可能存在误差（Ebert，1990）。一方面，并非所有芳香原子都对 X 射线衍射所见的堆叠直径有贡献，而另一方面，芳香环上的非芳香原子（如氢芳碳和其他取代基）可能对衍射图案有贡献。因此，对这些测量结果的解释是相当任意的。

扩展 X 射线吸收精细结构（EXAFS）和 X 射线吸收近边结构（XANES）光谱是研究 X 射线吸收元素（如金属和硫）的近邻化学环境的工具。X 射线吸收近边结构和 X 射线光电子能谱（XPS）已被应用于原油样品中硫化合物，以及镍和钒的测定。

9.4.5　分子量

化合物的分子量（分子式质量）是分子中所有原子的原子量之和，可以通过多种方法确定。原油作为一个复杂的混合物（至少）需要将分子量确定为：（1）数平均分子量；（2）重平均分子量。

数平均分子量是各个组分分子量的普通算术平均值或平均值。它通过测量 n 个分子的分子量，将其加和并除以 n 来确定。重平均分子量是描述原油等复杂混合物的分子量的一种方法，即使分子组分不是相同类型且存在不同大小。分子量通常用于炼油厂提供质量平均或数平均测量。因此，有多种方法可用于测量原油和原油产品的分子量。

分子量可以通过黏度数据（ASTM D2502）计算。该测试方法需要不同温度下的黏度数据，通常在 37.8℃ 和 98.9℃（100 和 210℉）下。该方法通常适用于各种原油馏分和产品，但该数字是一个平均数，适用于分子量在 250~700 之间的馏分或产品。具有非典型成分的样品，例如无芳香矿物油或沸点范围非常狭窄的油，可能会给出非典型或可疑的结果。对于具有较高分子量（高达 3000 或更高）且具有非典型成分的样品或聚合物，建议使用另一种测试方法（ASTM D2503）。该方法使用蒸气压渗透计来确定样品的分子量。低沸点样品可能不适合——样品的成分的蒸气压可能会干扰该方法。

第三种方法（ASTM D2878）用于测量润滑油的分子量，提供了一种从蒸发测试数据计算这些性质的程序。该程序基于测量润滑脂和其他高沸点原油产品（ASTM D972）的蒸发损失的测试方法。在该程序中，样品在 250~500℃（480~930℉）的温度下部分蒸发。然而，在该温度范围内不稳定的液体不适合采用该测试方法。

如果分子量测定涉及使用溶剂，建议在三个不同浓度和三个不同温度下进行分子量测定，以消除浓度效应和温度效应。然后将每个温度的数据外推到零浓度，并将每个温度的零浓度数据外推到室温（Speight，2001，2014a）。此外，由于使用方法所做的假设或样品的复杂性，以及分子间和分子内相互作用的性质，每种分子量测定方法都有支持者和反对者。

分子量测定方法也包括在其他更全面的标准中，并且已经提出了几种间接方法来通过与其他更容易测量的物理性质的相关性来估计分子量。当处理传统类型的原油或其馏分和产品时，在需要近似值时这些方法是令人满意的。

9.4.6 发展前景

在原油行业，就像其他化学行业一样，原料和产品分析的重要性不断增长。仪器和自动化方法正在取代实验室中的化学和物理方法。

更严格的产品要求不仅与产品性能有关，还与环境问题、先进的催化加工技术和改进的特定下游工艺的原料净化有关，这些都将杂质含量限制在百万分之一以下，甚至在某些情况下达到十亿分之一的范围。努力提供这个水平的定量分析将继续进行。随着炼油厂原料、产品分布和方法的变化，基于当前仪器技术改进分析方法的努力将继续与炼油厂的发展相辅相成。

随着时间的推移，自 20 世纪 60 年代以来，炼油厂加工的原油变得越来越重（残渣更多）和更酸（硫含量更高）。此外，炼油厂的经济性考量决定了残渣（底部）必须升级为更高价值的产品。为了生产出适用于这些原油的可行产品组合，炼油厂必须增加或扩展现有的处理和加工选项。原油中高含硫量及政府对燃料最大硫含量的限制使得硫去除成为炼油加工的重点。然而，这并不是唯一的问题，含芳香成分的燃料在负载下行驶或上坡时往往会排放黑烟。炼油厂中的新处理和加工装置通常需要新的分析测试方法，以充分评估原料和监测产品质量。

炼油厂中的脱硫过程（加氢脱硫过程）使用对硫含量和被去除的硫化合物结构敏感的催化剂，并且提供与硫相关的这两个问题数据的测试方法一直很重要，并且其重要性将继续增加。这些类型的分析扩展将气相色谱的分离能力与硫选择性检测器相结合，以提供有关硫化合物的沸点分布和特定沸点范围内硫化合物的分子类型的数据。对将这种类型的分析扩展到更高沸点范围的研究也被用于表征。

底部升级和生产高质量产品的特定需求包括更多（如果可能的话全部）的残渣，并生产更多可销售、更高价值、符合规格的产品。随着这种升级的扩大，需要改进的测试方法和表征技术来进行原料评估、工艺设计，以及产品产量和性质的可预测性。

特别是需要继续发展定义沸点范围和分子类型分布的测试方法。例如，高沸点馏分和残渣的沸点范围分布越来越多地使用高温模拟蒸馏（HTSD）作为操作技术来进行。在评估作为进一步加工原料的燃料油和较重材料中，烃类类型的分布是重要的。

任何这类方法的目标都是自动化的仪器分析，这在开发新方法时是首要的选择，并且自动化的趋势似乎在增加。减少分析时间及提高测试结果的质量（消除对分析师手动技能的依赖）是满足所需的准确性和精确性水平所必需的。在技术进步的推动下，炼油行业的分析挑战是必要的。

参 考 文 献

Akrad, O., Miskimins, J., Prasad, M., 2011. The effects of fracturing fluids on shale rock-mechanical properties and proppant embedment. Paper No. SPE 146658. In: Proceedings. SPE Annual Technical Conference and Exhibition, Denver, Colorado. October 30-November 2. Society of Petroleum Engineers, Richardson, Texas.

ASTM, 2019. Annual Book of Standards. ASTM International, West Conshohocken, Pennsylvania.

ASTM D56, 2019. Standard Test Method for Flash Point by Tag Closed Cup Tester. Annual Book of Standards. ASTM International, West Conshohocken, Pennsylvania.

ASTM D86, 2019. Standard Test Method for Distillation of Petroleum Products at Atmospheric Pressure. Annual Book of Standards. ASTM International, West Conshohocken, Pennsylvania.

ASTM D91, 2019. Standard Test Method for Precipitation Number of Lubricating Oils. Annual Book of Standards. ASTM International, West Conshohocken, Pennsylvania.

ASTM D92, 2019. Standard Test Method for Flash and Fire Points by Cleveland Open Cup Tester. Annual Book of Standards. ASTM International, West Conshohocken, Pennsylvania.

ASTM D93, 2019. Standard Test Methods for Flash Point by Pensky-Martens Closed Cup Tester. Annual Book of Standards. ASTM International, West Conshohocken, Pennsylvania.

ASTM D95, 2019. Standard Test Method for Water in Petroleum Products and Bituminous Materials by Distillation. Annual Book of Standards. ASTM International, West Conshohocken, Pennsylvania.

ASTM D97, 2019. Standard Test Method for Pour Point of Petroleum Products. Annual Book of Standards. ASTM International, West Conshohocken, Pennsylvania.

ASTM D129, 2019. Standard Test Method for Sulfur in Petroleum Products (General High Pressure Decomposition Device Method). Annual Book of Standards. ASTM International, West Conshohocken, Pennsylvania.

ASTM D189. Standard Test Method for Conradson Carbon Residue of Petroleum Products. Annual Book of Standards, ASTM International, West Conshohocken, Pennsylvania.

ASTM D287, 2019. Standard Test Method for API Gravity of Crude Petroleum and Petroleum Products (Hydrometer Method). Annual Book of Standards. ASTM International, West Conshohocken, Pennsylvania.

ASTM D323. Standard Test Method for Vapor Pressure of Petroleum Products (Reid Method. Annual Book of Standards, ASTM International, West Conshohocken, Pennsylvania.

ASTM D445, 2019. Standard Test Method for Kinematic Viscosity of Transparent and Opaque Liquids (And Calculation of Dynamic Viscosity). Annual Book of Standards. ASTM International, West Conshohocken, Pennsylvania.

ASTM D473, 2019. Standard Test Method for Sediment in Crude Oils and Fuel Oils by the Extraction Method. Annual Book of Standards. ASTM International, West Conshohocken, Pennsylvania.

ASTM D482, 2019. Standard Test Method for Ash from Petroleum Products. Annual Book of Standards. ASTM International, West Conshohocken, Pennsylvania.

ASTM D524, 2019. Standard Test Method for Ramsbottom Carbon Residue of Petroleum Products. Annual Book of Standards. ASTM International, West Conshohocken, Pennsylvania.

ASTM D611, 2019. Standard Test Methods for Aniline Point and Mixed Aniline Point of Petroleum Products and Hydrocarbon Solvents. Annual Book of Standards. ASTM International, West Conshohocken, Pennsylvania.

ASTM D664, 2019. Standard Test Method for Acid Number of Petroleum Products by Potentiometric Titration. Annual Book of Standards. ASTM International, West Conshohocken, Pennsylvania.

ASTM D893, 2019. Standard Test Method for Insolubles in Used Lubricating Oils. Annual Book of Standards. ASTM International, West Conshohocken, Pennsylvania.

ASTM D943, 2019. Standard Test Method for Oxidation Characteristics of Inhibited Mineral Oils. Annual Book of Standards. ASTM International, West Conshohocken, Pennsylvania.

ASTM D971, 2019. Standard Test Method for Interfacial Tension of Oil against Water by the Ring Method. Annual Book of Standards. ASTM International, West Conshohocken, Pennsylvania.

ASTM D972, 2019. Standard Test Method for Evaporation Loss of Lubricating Greases and Oils. Annual Book of Standards. ASTM International, West Conshohocken, Pennsylvania.

ASTM D974, 2019. Standard Test Method for Acid and Base Number by Color-Indicator Titration. Annual Book of Standards. ASTM International, West Conshohocken, Pennsylvania.

ASTM D1160, 2019. Standard Test Method for Distillation of Petroleum Products at Reduced Pressure. Annual Book of Standards. ASTM International, West Conshohocken, Pennsylvania.

ASTM D1250, 2019. Standard Guide for Use of the Petroleum Measurement Tables. ASTM International, West Conshohocken, Pennsylvania.

ASTM D1266, 2019. Standard Test Method for Sulfur in Petroleum Products (Lamp Method). Annual Book of Standards. ASTM International, West Conshohocken, Pennsylvania.

ASTM D1298, 2019. Standard Test Method for Density, Relative Density, or API Gravity of Crude Petroleum and Liquid Petroleum Products by the Hydrometer Method. ASTM International, West Conshohocken, Pennsylvania.

ASTM D1318, 2019. Standard Test Method for Sodium in Residual Fuel Oil (Flame Photometric Method). Annual Book of Standards. ASTM International, West Conshohocken, Pennsylvania.

ASTM D1364, 2019. Standard Test Method for Water in Volatile Solvents (Karl Fischer Reagent Titration Method). Annual Book of Standards. ASTM International, West Conshohocken, Pennsylvania.

ASTM D1492, 2019. Standard Test Method for Bromine Index of Aromatic Hydrocarbon Derivatives by Coulometric Titration. Annual Book of Standards. ASTM International, West Conshohocken, Pennsylvania.

ASTM D1552, 2019. Standard Test Method for Sulfur in Petroleum Products (High-Temperature Method). Annual Book of Standards. ASTM International, West Conshohocken, Pennsylvania.

ASTM D1840, 2019. Standard Test Method for Naphthalene Hydrocarbon Derivatives in Aviation Turbine Fuels by Ultraviolet Spectrophotometry. Annual Book of Standards. ASTM International, West Conshohocken, Pennsylvania.

ASTM D1971, 2019. Standard Practices for Digestion of Water Samples for Determination of Metals by Flame Atomic Absorption, Graphite Furnace Atomic Absorption, Plasma Emission Spectroscopy, or Plasma Mass Spectrometry. Annual Book of Standards. ASTM International, West Conshohocken, Pennsylvania.

ASTM D2007, 2019. Standard Test Method for Characteristic Groups in Rubber Extender and Processing Oils and Other Petroleum-Derived Oils by the Clay-Gel Absorption Chromatographic Method. Annual Book of Standards. ASTM International, West Conshohocken, Pennsylvania.

ASTM D2013, 2019. Standard Practice for Preparing Coal Samples for Analysis. ASTM International, West Conshohocken, Pennsylvania.

ASTM D2161, 2019. Standard Practice for Conversion of Kinematic Viscosity to Saybolt Universal Viscosity or to Saybolt Furol Viscosity. Annual Book of Standards. ASTM International, West Conshohocken, Pennsylvania.

ASTM D2269, 2019. Standard Test Method for Evaluation of White Mineral Oils by Ultraviolet Absorption. Annual Book of Standards. ASTM International, West Conshohocken, Pennsylvania.

ASTM D2270, 2019. Standard Practice for Calculating Viscosity Index from Kinematic Viscosity at 40 and 100oC. Annual Book of Standards. ASTM International, West Conshohocken, Pennsylvania.

ASTM D2384, 2019. Standard Test Methods for Traces of Volatile Chlorides in Butane-Butene Mixtures. Annual Book of Standards. ASTM International, West Conshohocken, Pennsylvania.

ASTM D2425, 2019. Standard Test Method for Hydrocarbon Types in Middle Distillates by Mass Spectrometry. Annual Book of Standards. ASTM International, West Conshohocken, Pennsylvania.

ASTM D2427, 2019. Standard Test Method for Determination of C2 through C5 Hydrocarbons in Gasolines by Gas Chromatography. Annual Book of Standards. ASTM International, West Conshohocken, Pennsylvania.

ASTM D2500, 2019. Standard Test Method for Cloud Point of Petroleum Products. Annual Book of Standards.

ASTM International, West Conshohocken, Pennsylvania. Annual Book of Standards. ASTM International, West Conshohocken, Pennsylvania.

ASTM D2502, 2019. Standard Test Method for Estimation of Mean Relative Molecular Mass of Petroleum Oils from Viscosity Measurements. Annual Book of Standards. ASTM International, West Conshohocken, Pennsylvania.

ASTM D2503, 2019. Standard Test Method for Relative Molecular Mass (Molecular Weight) of Hydrocarbons by Thermoelectric Measurement of Vapor Pressure. Annual Book of Standards. ASTM International, West Conshohocken, Pennsylvania.

ASTM D2569, 2019. Standard Test Method for Distillation of Pitch (Withdrawn 2006 but Still in Use in Some Laboratories). Annual Book of Standards. ASTM International, West Conshohocken, Pennsylvania.

ASTM D2595, 2019. Standard Test Method for Evaporation Loss of Lubricating Greases over Wide-Temperature Range). Annual Book of Standards. ASTM International, West Conshohocken, Pennsylvania.

ASTM D2622, 2019. Standard Test Method for Sulfur in Petroleum Products by Wavelength Dispersive X-Ray Fluorescence Spectrometry. Annual Book of Standards. ASTM International, West Conshohocken, Pennsylvania.

ASTM D2650, 2019. Standard Test Method for Chemical Composition of Gases by Mass Spectrometry. Annual Book of Standards. ASTM International, West Conshohocken, Pennsylvania.

ASTM D2710, 2019. Standard Test Method for Bromine Index of Petroleum Hydrocarbon Derivatives by Electrometric Titration. Annual Book of Standards. ASTM International, West Conshohocken, Pennsylvania.

ASTM D2784, 2019. Standard Test Method for Sulfur in Liquefied Petroleum Gases (Oxy-Hydrogen Burner or Lamp). Annual Book of Standards. ASTM International, West Conshohocken, Pennsylvania.

ASTM D2786, 2019. Standard Test Method for Hydrocarbon Types Analysis of Gas-Oil Saturates Fractions by High Ionizing Voltage Mass Spectrometry. Annual Book of Standards. ASTM International, West Conshohocken, Pennsylvania.

ASTM D2789, 2019. Standard Test Method for Hydrocarbon Types in Low Olefinic Gasoline by Mass Spectrometry. Annual Book of Standards. ASTM International, West Conshohocken, Pennsylvania.

ASTM D2878, 2019. Method for Estimating Apparent Vapor Pressures and Molecular Weights of Lubricating Oils. Annual Book of Standards. ASTM International, West Conshohocken, Pennsylvania.

ASTM D2887, 2019. Standard Test Method for Boiling Range Distribution of Petroleum Fractions by Gas Chromatography. Annual Book of Standards. ASTM International, West Conshohocken, Pennsylvania.

ASTM D2892, 2019. Standard Test Method for Distillation of Crude Petroleum (15-Theoretical Plate Column). Annual Book of Standards. ASTM International, West Conshohocken, Pennsylvania.

ASTM D3230, 2019. Standard Test Method for Salts in Crude Oil (Electrometric Method). Annual Book of Standards. ASTM International, West Conshohocken, Pennsylvania.

ASTM D3238, 2019. Standard Test Method for Calculation of Carbon Distribution and Structural Group Analysis of Petroleum Oils by the N-D-M Method. Annual Book of Standards. ASTM International, West Conshohocken, Pennsylvania.

ASTM D3239, 2019. Standard Test Method for Aromatic Types Analysis of Gas-Oil Aromatic Fractions by High Ionizing Voltage Mass Spectrometry. Annual Book of Standards. ASTM International, West Conshohocken, Pennsylvania.

ASTM D3279, 2019. Standard Test Method for N-Heptane Insolubles. Annual Book of Standards. ASTM International, West Conshohocken, Pennsylvania.

ASTM D3339, 2019. Standard Test Method for Acid Number of Petroleum Products by Semi-micro Color Indicator Titration. Annual Book of Standards. ASTM International, West Conshohocken, Pennsylvania.

ASTM D3605, 2019. Standard Test Method for Trace Metals in Gas Turbine Fuels by Atomic Absorption and Flame Emission Spectroscopy. Annual Book of Standards. ASTM International, West Conshohocken, Pennsylvania.

ASTM D3701, 2019. Standard Test Method for Hydrogen Content of Aviation Turbine Fuels by Low Resolution Nuclear Magnetic Resonance Spectrometry. Annual Book of Standards. ASTM International, West Conshohocken,

Pennsylvania.

ASTM D3710, 2019. Standard Test Method for Boiling Range Distribution of Gasoline and Gasoline Fractions by Gas Chromatography. Annual Book of Standards. ASTM International, West Conshohocken, Pennsylvania.

ASTM D3829, 2019. Standard Test Method for Predicting the Borderline Pumping Temperature of Engine Oil. Annual Book of Standards. ASTM International, West Conshohocken, Pennsylvania.

ASTM D3831, 2019. Standard Test Method for Manganese in Gasoline by Atomic Absorption Spectroscopy. Annual Book of Standards. ASTM International, West Conshohocken, Pennsylvania.

ASTM D4006, 2019. Standard Test Method for Water in Crude Oil by Distillation. Annual Book of Standards. ASTM International, West Conshohocken, Pennsylvania.

ASTM D4007, 2019. Standard Test Method for Water and Sediment in Crude Oil by the Centrifuge Method (Laboratory Procedure). Annual Book of Standards. ASTM International, West Conshohocken, Pennsylvania.

ASTM D4045, 2019. Standard Test Method for Sulfur in Petroleum Products by Hydrogenolysis and Rateometric Colorimetry. Annual Book of Standards. ASTM International, West Conshohocken, Pennsylvania.

ASTM D4046, 2019. Standard Test Method for Alkyl Nitrate in Diesel Fuels by Spectrophotometry. Annual Book of Standards. ASTM International, West Conshohocken, Pennsylvania.

ASTM D4052, 2019. Standard Test Method for Density, Relative Density, and API Gravity of Liquids by Digital Density Meter. Annual Book of Standards. ASTM International, West Conshohocken, Pennsylvania.

ASTM D4057, 2019. Standard Practice for Manual Sampling of Petroleum and Petroleum Products.. Annual Book of Standards. ASTM International, West Conshohocken, Pennsylvania.

ASTM D4124, 2019. Standard Test Method for Separation of Asphalt into Four Fractions. Annual Book of Standards. ASTM International, West Conshohocken, Pennsylvania.

ASTM D4175, 2019. Standard Terminology Relating to Petroleum, Petroleum Products, and Lubricants. ASTM International, West Conshohocken, Pennsylvania.

ASTM D4294, 2019. Standard Test Method for Sulfur in Petroleum and Petroleum Products by Energy Dispersive XRay Fluorescence Spectrometry. Annual Book of Standards. ASTM International, West Conshohocken, Pennsylvania.

ASTM D4377, 2019. Standard Test Method for Water in Crude Oils by Potentiometric Karl Fischer Titration. Annual Book of Standards. ASTM International, West Conshohocken, Pennsylvania.

ASTM D4486, 2019. Standard Test Method for Kinematic Viscosity of Volatile and Reactive Liquids. Annual Book of Standards. ASTM International, West Conshohocken, Pennsylvania.

ASTM D4530, 2019. Standard Test Method for Determination of Carbon Residue (Micro Method). Annual Book of Standards. ASTM International, West Conshohocken, Pennsylvania.

ASTM D4628, 2019. Standard Test Method for Analysis of Barium, Calcium, Magnesium, and Zinc in Unused Lubricating Oils by Atomic Absorption Spectrometry. Annual Book of Standards. ASTM International, West Conshohocken, Pennsylvania.

ASTM D4698, 2019. Standard Practice for Total Digestion of Sediment Samples for Chemical Analysis of Various Metals. Annual Book of Standards. ASTM International, West Conshohocken, Pennsylvania.

ASTM D4807, 2019. Standard Test Method for Sediment in Crude Oil by Membrane Filtration. Annual Book of Standards. ASTM International, West Conshohocken, Pennsylvania.

ASTM D4808, 2019. Standard Test Methods for Hydrogen Content of Light Distillates, Middle Distillates, Gas Oils, and Residua by Low-Resolution Nuclear Magnetic Resonance Spectroscopy. Annual Book of Standards. ASTM International, West Conshohocken, Pennsylvania.

ASTM D4927, 2019. Standard Test Methods for Elemental Analysis of Lubricant and Additive Components e Barium, Calcium, Phosphorus, Sulfur, and Zinc by Wavelength-Dispersive X-Ray Fluorescence Spectroscopy. Annual Book of Standards. ASTM International, West Conshohocken, Pennsylvania.

ASTM D4928, 2019. Standard Test Method for Water in Crude Oils by Coulometric Karl Fischer Titration. Annual Book of Standards. ASTM International, West Conshohocken, Pennsylvania.

ASTM D4929, 2019. Standard Test Methods for Determination of Organic Chloride Content in Crude Oil. Annual Book of Standards. ASTM International, West Conshohocken, Pennsylvania.

ASTM D4952, 2019. Standard Test Method for Qualitative Analysis for Active Sulfur Species in Fuels and Solvents (Doctor Test). Annual Book of Standards. ASTM International, West Conshohocken, Pennsylvania.

ASTM D5002, 2019. Standard Test Method for Density and Relative Density of Crude Oils by Digital Density Analyzer. Annual Book of Standards. ASTM International, West Conshohocken, Pennsylvania.

ASTM D5056, 2019. Standard Test Method for Trace Metals in Petroleum Coke by Atomic Absorption. Annual Book of Standards. ASTM International, West Conshohocken, Pennsylvania.

ASTM D5185, 2019. Standard Test Method for Multi-Element Determination of Used and Unused Lubricating Oils and Base Oils by Inductively Coupled Plasma Atomic Emission Spectrometry (ICP-AES). Annual Book of Standards. ASTM International, West Conshohocken, Pennsylvania.

ASTM D5236, 2019. Standard Test Method for Distillation of Heavy Hydrocarbon Mixtures (Vacuum Potstill Method). Annual Book of Standards. ASTM International, West Conshohocken, Pennsylvania.

ASTM D5307, 2019. Standard Test Method for Determination of Boiling Range Distribution of Crude Petroleum by Gas Chromatography. Annual Book of Standards. ASTM International, West Conshohocken, Pennsylvania.

ASTM D5708, 2019. Standard Test Methods for Determination of Nickel, Vanadium, and Iron in Crude Oils and Residual Fuels by Inductively Coupled Plasma (ICP) Atomic Emission Spectrometry. Annual Book of Standards. ASTM International, West Conshohocken, Pennsylvania.

ASTM D5772, 2019. Standard Test Method for Cloud Point of Petroleum Products (Linear Cooling Rate Method. Annual Book of Standards. ASTM International, West Conshohocken, Pennsylvania.

ASTM D5776, 2019. Standard Test Method for Bromine Index of Aromatic Hydrocarbon Derivatives by Electrometric Titration. Annual Book of Standards. ASTM International, West Conshohocken, Pennsylvania.

ASTM D5853, 2019. Standard Test Method for Pour Point of Crude Oils. Annual Book of Standards. ASTM International, West Conshohocken, Pennsylvania.

ASTM D6304, 2019. Standard Test Method for Determination of Water in Petroleum Products, Lubricating Oils, and Additives by Coulometric Karl Fischer Titration. Annual Book of Standards. ASTM International, West Conshohocken, Pennsylvania.

ASTM D6352, 2019. Standard Test Method for Boiling Range Distribution of Petroleum Distillates in Boiling Range from 174 to 700C by Gas Chromatography. Annual Book of Standards. ASTM International, West Conshohocken, Pennsylvania.

ASTM D6443, 2019. Standard Test Method for Determination of Calcium, Chlorine, Copper, Magnesium, Phosphorus, Sulfur, and Zinc in Unused Lubricating Oils and Additives by Wavelength Dispersive X-Ray Fluorescence Spectrometry (Mathematical Correction Procedure). Annual Book of Standards. ASTM International, West Conshohocken, Pennsylvania.

ASTM D6560, 2019. Standard Test Method for Determination of Asphaltenes (Heptane Insolubles) in Crude Petroleum and Petroleum Products. Annual Book of Standards. ASTM International, West Conshohocken, Pennsylvania.

ASTM D7397, 2019. Standard Test Method for Cloud Point of Petroleum Products (Miniaturized Optical Method). Annual Book of Standards. Annual Book of Standards. ASTM International, West Conshohocken, Pennsylvania. ASTM International, West Conshohocken, Pennsylvania.

ASTM D7528, 2019. Standard Test Method for Bench Oxidation of Engine Oils by ROBO Apparatus. Annual Book of Standards. ASTM International, West Conshohocken, Pennsylvania.

ASTM D7689, 2019. Standard Test Method for Cloud Point of Petroleum Products (Mini Method). Annual Book of Standards. ASTM International, West Conshohocken, Pennsylvania. Annual Book of Standards. ASTM International, West Conshohocken, Pennsylvania.

ASTM E168, 2019. Standard Practices for General Techniques of Infrared Quantitative Analysis. Annual Book of Standards. ASTM International, West Conshohocken, Pennsylvania.

ASTM E169, 2019. Standard Practices for General Techniques of Ultraviolet-Visible Quantitative Analysis. Annual Book of Standards. ASTM International, West Conshohocken, Pennsylvania.

ASTM E204, 2019. Standard Practices for Identification of Material by Infrared Absorption Spectroscopy, Using the ASTM Coded Band and Chemical Classification Index. Annual Book of Standards. ASTM International,

West Conshohocken, Pennsylvania.

ASTM E334, 2019. Standard Practice for General Techniques of Infrared Microanalysis. Annual Book of Standards. ASTM International, West Conshohocken, Pennsylvania.

ASTM E386, 2019. Standard Practice for Data Presentation Relating to High-Resolution Nuclear Magnetic Resonance (NMR) Spectroscopy. Annual Book of Standards. ASTM International, West Conshohocken, Pennsylvania.

ASTM E659, 2019. Standard Test Method for Autoignition Temperature of Liquid Chemicals. Annual Book of Standards. ASTM International, West Conshohocken.

ASTM E1252, 2019. Standard Practice for General Techniques for Obtaining Infrared Spectra for Qualitative Analysis. Annual Book of Standards. ASTM International, West Conshohocken, Pennsylvania.

ASTM E1316, 2019. Standard Terminology for Nondestructive Examinations. Annual Book of Standards. ASTM International, West Conshohocken, Pennsylvania.

Budde, W.L., 2001. The Manual of Manuals. Office of Research and Development, Environmental Protection Agency, Washington, DC.

Dandekar, A.Y., 2013. Petroleum Reservoir Rock and Fluid Properties, second ed. CRC Press, Taylor & Francis Group, Boca Raton, Florida.

Dean, J.R., 1998. Extraction Methods for Environmental Analysis. John Wiley & Sons, Inc., New York.

Drews, A.W. (Ed.), 1998. Manual on Hydrocarbon Analysis, sixth ed. ASTM International, West Conshohocken, Pennsylvania.

Dyroff, G.V. (Ed.), 1993. Manual on Significance of Tests for Petroleum Products, sixth ed. American Society for Testing and Materials, West Conshohocken, Pennsylvania.

Ebert, L.B., Scanlon, J.C., Mills, D.R., 1984. Liq. Fuels Technol. 2, 257.

Ebert, L.B., Mills, D.R., Scanlon, J.C., 1987. Preprints. Div. Petrol. Chem. Am. Chem. Soc. 32(2), 419.

Ebert, L.B., 1990. Fuel Sci. Technol. Int. 8, 563.

Falla Sotelo, F., Araujo Pantoja, P., López-Gejo, J., Le Roux, J.G.A.C., Quina, F.H., Nascimento, C.A.O., 2008. Application of fluorescence spectroscopy for spectral discrimination of crude oil samples. Braz. J. Petrol. Gas 2(2), 63e71.

Fingas, M.F., 1998. Studies on the evaporation of crude oil and petroleum products. II. Boundary layer regulation. J. Hazard Mater. 57(1e3), 41e58.

Fowlis, I.A., 1995. Gas Chromatography, second ed. John Wiley & Sons Inc., New York.

Gary, J.G., Handwerk, G.E., Kaiser, M.J., 2007. Petroleum Refining: Technology and Economics, fifth ed. CRC Press, Taylor & Francis Group, Boca Raton, Florida.

Grob, R.L., 1995. Modern Practice of Gas Chromatography, third ed. John Wiley & Sons Inc., New York.

Hsu, C.S., Robinson, P.R. (Eds.), 2017. Handbook of Petroleum Technology. Springer International Publishing AG, Cham, Switzerland.

McCain Jr., W.D., 1990. The Properties of Petroleum Fluids, second ed. PennWell Books, Tulsa, Oklahoma.

Mackay, D., Zagorski, W., 1982. Studies of Water-In-Oil Emulsions. Report No. EE-34. Environment Canada, Ottawa, Ontario, Canada.

Miller, M. (Ed.), 2000. Encyclopedia of Analytical Chemistry. John Wiley & Sons Inc., Hoboken, New Jersey.

Mokhatab, S., Poe, W.A., Speight, J.G., 2006. Handbook of Natural Gas Transmission and Processing. Elsevier, Amsterdam, Netherlands.

Mushrush, G.W., Speight, J.G., 1995. Petroleum Products: Instability and Incompatibility. Taylor & Francis, New York.

Nadkarni, R.A.K., 2011. Spectroscopic Analysis of Petroleum Products and Lubricants. ASTM International, West Conshohocken, Pennsylvania.

Olsen, T., 2015. Working with Tight Oil. Chemical Engineering Progress, April: 35-59. HYPERLINK. https://www.emerson.com/documents/automation/article-working-tight-oil-en-38168.pdf.

Parkash, S., 2003. Refining Processes Handbook. Gulf Professional Publishing, Elsevier, Amsterdam, Netherlands.

Patnaik, P. (Ed.), 2004. Dean's Analytical Chemistry Handbook, second ed. McGraw-Hill, New York.

Rand, S., 2003. Signifiance of Tests for Petroleum Products, seventh ed. ASTM International, West Conshohocken,

Pennsylvania.

Schramm, L.L. (Ed.), 1992. Emulsions. Fundamentals and Applications in the Petroleum Industry. American Chemical Society, Washington, DC.

Speight, J.G., 1986. Polynuclear aromatic systems in petroleum. Preprints. Am. Chem. Soc., Div. Petrol. Chem. 31(4), 818.

Speight, J.G., 1994. Application of spectroscopic techniques to the structural analysis of petroleum. Appl. Spectrosc. Rev. 29, 269.

Speight, J.G., 2000. The Desulfurization of Heavy Oils and Residua, second ed. Marcel Dekker, New York.

Speight, J.G., 2001. Handbook of Petroleum Analysis. John Wiley & Sons Inc., Hoboken, New Jersey.

Speight, J.G., 2005. Environmental Analysis and Technology for the Refining Industry. John Wiley & Sons Inc., Hoboken, New Jersey.

Speight, J.G., 2009. Enhanced Recovery Methods for Heavy Oil and Tar Sands. Gulf Publishing Company, Houston, Texas.

Speight, J.G., Foote, R., 2011. Ethics in Science and Engineering. Scrivener Publishing, Beverly, Massachusetts.

Speight, J.G., Arjoon, K.K., 2012. Bioremediation of Petroleum and Petroleum Products. Scrivener Publishing, Salem, Massachusetts.

Speight, J.G., 2014a. The Chemistry and Technology of Petroleum, fifth ed. CRC Press, Taylor & Francis Group, Boca Raton, Florida.

Speight, J.G., 2014b. High Acid Crudes. Gulf Professional Publishing, Elsevier, Oxford, United Kingdom.

Speight, J.G., 2014c. Oil and Gas Corrosion Prevention. Gulf Professional Publishing, Elsevier, Oxford, United Kingdom.

Speight, J.G., 2015. Handbook of Petroleum Product Analysis, second ed. John Wiley & Sons Inc., Hoboken, New Jersey.

Speight, J.G., 2016. Handbook of Hydraulic Fracturing. John Wiley & Sons Inc., Hoboken, New Jersey.

Speight, J.G., 2017. Handbook of Petroleum Refining. CRC Press, Taylor & Francis Group, Boca Raton, Florida.

Speight, J.G., 2019. Natural Gas: A Basic Handbook, second ed. Gulf Publishing Company, Elsevier, Cambridge, Massachusetts.

Terry, R.E., Rogers, J.B., 2014. Applied Petroleum Reservoir Engineering, third ed. Prentice Hall, Upper Saddle River, New Jersey.

US, E.I.A., 2011. Review of Emerging Resources. US Shale Gas and Shale Oil Plays. Energy Information Administration, United States Department of Energy, Washington, DC. July.

US, E.I.A., 2013. Technically Recoverable Shale Oil and Shale Gas Resources: An Assessment of 137 Shale Formations in 41 Countries outside the United States. Energy Information Administration, United States Department of Energy, Washington, DC.

US, E.I.A., 2014. Crude Oils and Different Quality Characteristics. Energy Information Administration, United States Department of Energy, Washington, DC. http: //www.eia.gov/todayinenergy/detail.cfm?id¼7110.

Wallace, D., Starr, J., Thomas, K.P., Dorrence, S.M., 1988. Characterization of Oil Sand Resources. Alberta Oil Sands Technology and Research Authority. Edmonton, Alberta, Canada) .

第 10 章　页岩油炼化

10.1　引言

致密油，有时被称为轻质致密油，是来自页岩或其他低渗透地层的原油（见第 1 章）。渗透率是对地层石油或天然气等流体在其中流动能力的一种测量。从页岩中获取致密油需要水力压裂，通常使用与页岩气生产相同的水平井技术。

致密油被认为是机会原油，因为它们通常比传统钻井方法生产的原油便宜。加工这些更便宜的原油为炼油商提供了经济激励，但致密油也面临着一系列独特的挑战。尽管致密油有许多共同的物理性质，但在大多数情况下，它们之间的区别是原油加工中面临各种挑战的根本原因。

机会原油要么是与加工问题相关的属性未知或了解不足的新原油，要么是具有一般属性和加工问题的现有原油（见第 1 章）。机会原油常是（但不总是）重质原油，因为油中产生的固体（和其他污染物）含量高，酸度高，黏度高，这类原油更难加工。这些原油也可能与炼油厂原料混合物中的其他油不相容，并且在混合物中或单独处理时会导致设备过度结垢。

大多数炼油厂可以加工许多不同类型的原油，每种原油在主要加工装置中需要略微不同的加工条件（Parkash，2003；Gary et al.，2007；Speight，2014a，2017；Hsu and Robinson，2017）。通常，炼油厂设计用于处理特定成分的原油，并生产具有特定属性的产品，但是，处理装置根据设备的能力和特定催化剂具有一定的灵活性。

为了最大限度地提高生产效率和炼油厂的整体效率，如果一种具有所需成分的原油不可用或不经济，炼油厂通常通过混合两种或多种原油来尝试将原油成分与炼油厂的配置相匹配。事实上，在许多炼油厂，只接受一种原油的日子已经是历史。

通过比较，使用一般的识别方法而不是分类方法，传统低密度（轻质）原油的 API 重度超过 30°API，中等原油的 API 重度在 20~30°API 之间，重质原油的 API 重度低于 20°API。低硫原油含硫量低于 0.5%（质量分数），而含硫原油含硫量超过 0.5%（质量分数）。致密油通常是低密度（轻质）和低硫原油，特别值得注意的是 API 重度高，超过 40°API。

通常，非常规致密油资源存在于致密沉积岩层（致密页岩层、致密粉砂岩层、致密砂岩层和致密碳酸盐岩层）的深处，其特征是渗透率非常低（见第 1 章至第 3 章）。北美和世界其他地区这些分散的致密地层有生产大量原油（致密油）的潜力（US EIA，2011，2013；Deepak et al.，2014）。

作为参考，简单地说，页岩区是一个定义的地理区域，包含富含有机物的细粒沉积岩，该沉积岩在成岩过程中经过物理和化学压实，产生以下特征：(1) 黏土到粉砂大小的颗粒；(2) 高含量的二氧化硅，有时还有碳酸盐矿物；(3) 热成熟度高；(4) 含烃孔隙度为 6%~14%；(5) 低渗透率，通常小于 0.1mD；(6) 大面积分布；(7) 经济可采需要压裂增产。在此类储层中发现的原油通常是含硫量较低的轻质（低密度）原油（API 重度高）（图 10.1）。

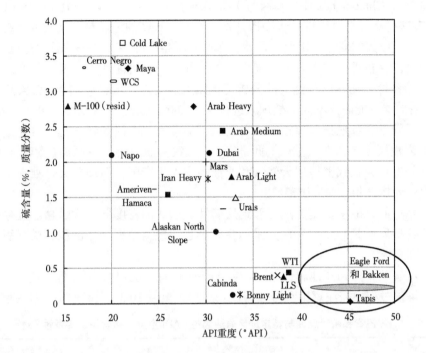

图 10.1　各种原油的 API 重度和硫含量，包括 Eagle Ford 原油和 Bakken 原油

在常规原油储层（例如，常规砂岩储层）中，孔隙空间相互连接，使得天然气和原油可以相对容易地从储层岩石流到井筒。在由致密地层组成的储层中，孔隙较小，连通性较差，孔喉狭窄导致渗透率较低，这些地层的渗透率通常在 1mD 或更低（＜1mD）的数量级，需通过水力压裂进行增产以生产原油。

北美最著名的致密油区块包括 Bakken 页岩、Niobrara 地层、Barnett 页岩、Eagle Ford 页岩、San Joaquin 盆地的中新世 Miocene Monterey 区块（加利福尼亚州）和 Cardium 区块（加拿大阿尔伯塔省）。在许多类似的致密地层中，几十年来，人们一直知道大量原油的存在，这些资源的商业生产极少成功，结果通常是令人失望的。然而从 21 世纪第一个十年中期开始，钻井（如水平钻井）和增产技术（如水力压裂）（见第 4 章和第 5 章）的进步，加上有利的经济条件，使致密油资源成为北美勘探和开发最活跃的原油资源之一（见第 3 章）。Eagle Ford 原油和 Bakken 原油的开发方式是通过水平钻井，然后对地层进行水力压裂。

生产原油的 Bakken 组，是一个自泥盆纪晚期和密西西比阶早期的地层，位于蒙大拿州、北达科他州、萨斯喀彻温省和马尼托巴省部分地区下方的威利斯顿盆地地下，分布约 200000mile^2（520000km^2）（Nordquist，1953；USGS，2008）。Bakken 组的石油是通过水平井和岩层天然裂缝生产的，或者通过水平井和水力压裂产生诱导裂缝，通过高压注入砂子、水和化学品（也可以包括盐酸和乙二醇）来生产，试图采出滞留在岩石中的石油并使其流入井内（见第 5 章）。

其他已知的致密地层（在世界范围内）包括 R′Mah 组（叙利亚）、Sargelu 组（波斯湾北部地区）、Athel 组（阿曼）、Bazenov 组和 Achimov 组（俄罗斯西西伯利亚）、Coober Pedy

组（澳大利亚）、Chicontepex 组（墨西哥）和 Vaca Muerta 油田（阿根廷）（US EIA，2011，2013）。所有这些储层都值得进一步勘探开发。然而，致密油地层是非均质的，在相对较短的距离内会产生极大的变化。因此，即使在单个水平生产井中，开采的石油量也可能变化，一个油田内可能存在可变的采收率，甚至在相邻井之间也可能存在可变采收率。这使得对致密油资源的评价和油井盈利能力的分析变得困难。此外，仅含原油（不含天然气作为增压剂）的致密储层可能需要不同的处理来进行生产和获得效益（US EIA，2011，2013）。

因此，尽管世界各地都有致密油，但美国、加拿大、中国和阿根廷是目前世界上仅有的四个从页岩地层生产商业天然气（页岩气）或从致密油地层生产原油（致密油）的国家。此外，美国是迄今为止致密地层天然气和原油的主要生产国，而加拿大是唯一一个同时从致密地层生产天然气和石油的国家。

致密油生产的挑战主要是其成分和地层属性。这些油密度低、含蜡高，且存在于油湿性地层中。这些属性是导致致密油开采的主要难题，包括结垢、盐沉积、蜡沉积、不稳定沥青质成分和腐蚀。

总之，尽管硫含量和其他属性（包括馏分产率）可能比其他轻质（低密度）原油的类似属性更好，炼油过程中需注意由致密油特征（表 10.1 至表 10.3）引起的不可预见问题。

表 10.1 巴肯和鹰滩原油与特定地区原油属性（API 重度、硫含量、挥发性）对比

原油	API 重度 （°API）	硫含量 （%，质量分数）	轻质含量 （%，体积分数[①]）
巴肯原油	40~43	0.1	7.2
鹰滩原油	48	0.1	8.3
西得克萨斯中间过程原油	37~442	0.4	6.1
路易斯安那轻质低硫原油	36~440	0.4	3.0
巴内特（北海）原油	37~439	0.4	5.3
阿拉伯轻质原油	33	2.0	4.0
阿拉伯重质原油	28	3.0	3.0

①轻质含量：低分子量有机组分，如原油中含有的甲烷、乙烷、丙烷和丁烷；在某些原油样品中，戊烷、己烷也算轻质组分。

表 10.2 轻质油常见特征

优点	API 重度 40~65°API，根据组分不同会变化
	馏分高产
	轻质石脑油高产——对石化产业有用
	高煤油组分——对石化产业有用
	低含硫组分——减少催化剂污染
	低氮组分——减少催化剂污染
	低重金属（镍、钒）组分——减少催化剂污染
	低残渣组分——馏分产量最大

续表

	批次可变性
	存在硫化氢——有毒、腐蚀
	与其他原油混合时不稳定
缺点	高煤油组分——导致蜡沉积、与其他原油不相容
	碱金属含量高
	存在其他污染物（钯、铅）
	可过滤固相——含量多、颗粒体积小——导致堵塞
	存在产出化学成分和污染物——导致堵塞
	低残渣组分和高沥青产量

表 10.3 致密储层（鹰滩、巴肯）原油、传统轻质原油（路易斯安那轻质低硫原油）和巴内特原油属性对比

参数	鹰滩	巴肯	路易斯安那	巴内特（北海）
API 重度（°API）	44~46	42~44	36~38	37~39
硫含量（%，质量分数）	0.2~0.3	0.05~0.10	0.35~0.45	0.35~0.45
氮含量（μg/g）	200~400	300~500	900~1200	900~1100
总酸值（mg KOH/g）	0.05~0.10	0.01~0.05	0.50~0.60	0.05~0.10
轻质含量[1]（%，体积分数）	13~14	15~16	9~11	10~12
石脑油（%，体积分数）	22~24	25~27	19~21	19~21
中间馏分（%，体积分数）	31~33	31~32	33~34	29~31
减压瓦斯油（%，体积分数）	24~26	22~24	28~29	28~30
残渣（%，体积分数）	4~6	3~5	7~9	9~11

①轻质含量：低分子量有机成分，如甲烷、乙烷、丙烷、丁烷等，作为组分包含在石油中；在某些原油鉴定方法中，轻质含量馏分中可能包括戊烷和己烷。

本章还将介绍可应用于致密油精炼产品，即石脑油、煤油、瓦斯油和渣油的方法。

10.2 致密油特征

致密储层中发现的原油通常为轻质低硫原油（API 重度高），原油中低分子量挥发性成分比例相对较高（表 10.1 和图 10.1）。事实上，不同致密地层中的原油属性变化很大（Bryden et al., 2014）。例如，即使在相同的区域，其密度和其他属性变化很大。然而，虽然来自两个不同地层的低密度致密油具有不同的属性，但它们采用相同的原油开发技术。

美国石油学会（API）重度是石油行业的一种密度度量，根据相对密度来识别原油和其

他原油产品。它以度（°API）表示，是原油相对密度和水密度的倒数。因此，API 重度越低，油就越重（密度越高）。虽然指定了 API 重度等来识别不同种类的原油，但这些数字并不能应用于原油的分类（Speight，2014a，2015a）。例如，轻质原油的 API 重度高于 30°API，而中等原油的 API 重度范围为 20~30°API，重质原油的 API 重度低于 20°API。轻质低硫原油含硫量低于 0.5%（质量分数）（含硫原油含硫量高于 0.5%），致密地层的原油通常是轻质（低密度）和低硫的，API 重度为 40~50°API。

致密地层原油的典型代表（致密油、致密轻质油和致密页岩油也可作为替代表达，尽管页岩油一词并不正确，且增加了命名的混乱）（见第 1 章）是 Bakken 原油，它是一种轻质低硫高挥发性原油，API 重度为 40~43°API，硫含量约为 0.2%（质量分数）或更低（表 10.1 和图 10.1）。Bakken 原油质量相对较高，这是一个优势，因为这使油更容易提炼成商业产品；但同时这也是一个劣势，与许多传统原油相比，除非去除轻馏分（低沸点烃类气体）使油稳定，否则它是高度易燃的。Bakken 原油的闪点（即可能发生点火的最低温度）低于许多传统原油，Bakken 原油应该（必须）作为一种易燃原油来看待（事实上，它是高度易燃的）。而且，当易燃气体（甲烷和低沸点碳氢化合物衍生物）溶解在油中时，油在运输前应做稳定处理（脱气）。

10.2.1 基本特征

与大多数传统轻质原油不同，致密油是轻质低硫原油，具有高蜡含量和低酸度。它们还具有较低的沥青质含量和不同含量的可过滤固体、硫化氢（H_2S）和硫醇衍生物。可过滤固体的硫含量存在显著差异。此外，致密油产区生产的原油可能具有显著的差异，其颜色从浅琥珀色到黑色不等。

致密油通常是轻质原油，与常规含气原油相比，这些原油的 API 重度更高，杂质含量更低。然而，致密油的属性与传统原油存在显著不同，因此，为保证致密油的运输和精炼，应对和缓解致密原油的潜在劣势，需要解决一系列的难题（表 10.2）。

相比之下，致密油通常具有比传统原油更高的 API 重度，以及截然不同的属性。例如，Bakken 原油和 Eagle Ford 原油的 API 重度为 42~46°API，而 Louisiana 轻质低硫原油（一种来自美国的轻质低硫原油）和 Brent 原油（以及来自北海的国际原油）的 API 重度为 36~39°API。与较高的 API 重度一致，Bakken 原油和 Eagle Ford 原油的轻馏分（低沸点碳氢化合物气体）和石脑油产量高于 Louisiana 轻质低硫原油或 Brent（北海）原油，渣油产量较低（表 10.3）（Olsen，2015）。

此外，原油分析反映蒸馏物的生产模式，是确定炼油产品的关键信息（表 10.4）。因此，致密地层原油（如 Bakken 原油、Eagle Ford 原油和 Utica 原油）通常具有较低的沸点和较高的 API 重度，具有较高的气体组分和石脑油，高沸点瓦斯油和渣油较少。此外，原油的 API 重度可用于近似估计一些关键的属性，如馏分产率、污染物和石蜡浓度。随着 API 重度的增加，低沸点组分普遍呈增加趋势（Speight，2014a，2015a）。因此，与 API 重度为 40~43°API 的 Bakken 原油相比，API 重度约为 48°API 的 Eagle Ford 石油的石脑油产量较高（沸点范围：50~200℃，120~390℉）。污染物水平也随重度的变化而变化。例如，致密油气田生产的轻质低硫原油的硫和氮浓度通常较低，而重度较低的原油则较高。然而，API 重度较高的原油通常具有较高的石蜡浓度。

表 10.4　鹰滩原油馏分产量

组分	沸点范围		产量
	IBP[①]	FBP[②]	（%，体积分数）
甲烷至丁烷	< 85	< 85	1
轻质石脑油	85	200	14
重质石脑油	200	350	23
煤油	350	450	12
轻质燃料油	450	650	21
减压瓦斯油	650	1050	24
残渣	> 105		5

① IBP：初沸点（initial boiling point）。
② FBP：终沸点（final boiling point）。

　　然而，尽管致密油被认为是低硫的（即原油本身含硫量低），但硫化氢气体会随着原油一起从地下出来。这种气体是易燃的（在燃烧过程中会产生有毒的二氧化硫）且是有毒的。

$$H_2S+O_2 \longrightarrow SO_2+H_2O \tag{10.1}$$

　　因此，必须在钻井现场，以及在井口装载、运输和炼油厂卸载原油期间监测硫化氢含量。在运输之前，在运输至炼油厂之前向原油中添加氨基清除剂。这些清除剂与硫化氢反应产生非挥发性产物：

$$H_2S+RNH_2 \longrightarrow RNH_3^+ +HS^- \tag{10.2}$$

　　然而，由于装载车运输过程中发生混合，再加上温度变化会导致原油蒸气压升高（考虑到原油的挥发性，这是一个容易发生的问题，表 10.1 和表 10.3），可能会导致卸载过程中硫化氢的释放，从而产生安全问题，在温暖气候下处理原油时更为明显。

10.2.1.1　腐蚀性

　　原油中环烷酸引起的腐蚀性是炼油厂需特别关注的问题。这问题在 Keystone XL 管道运输加拿大油砂衍生原油时被发现。腐蚀性主要通过总酸值（TAN）来衡量，其值为中和一克油中的酸所需的氢氧化钾毫克数（mg KOH/g）（Speight，2014b）。根据经验，总酸值大于 0.5mg KOH/g 的原油被认为具有潜在的腐蚀性。Bakken 原油和 Eagle Ford 原油的总酸值均小于每克原油 0.1mg 氢氧化钾（KOH）。此外，Eagle Ford 原油的一些样品已被证明含有烯烃和（或）羰基化合物，这两种化合物都可以作为常规原油中通常没有的污染物（Speight，2015b）。

10.2.1.2　易燃性

　　将任何类型的原油与空气按适当比例混合都有一定的风险，在有火源的情况下，空气会导致原油快速燃烧（易燃范围）或者产生爆炸（爆炸范围）。可燃范围包括空气中所有浓度的可燃蒸气或气体，如果混合物在一定温度或高于一定温度（闪点）时点燃，就会发生燃烧。可燃性下限（LFL）是空气中可燃气体燃烧的最小浓度，低于该浓度，气体在接触火源时不会燃烧。可燃性上限（UFL）是空气中可燃蒸气的最大比例，超过该比例不会发生燃烧。术语气体爆炸下限（LEL）和气体爆炸上限（UEL）可与 LFL 和 UFL 互换使用。根据这些定义，闪点为 100°F（37.8℃）或以上的液体属于易爆炸，闪点低于 100°F（37.8℃）的液体被归类为易燃。然而，原油的燃烧性或可燃性可能因挥发性和易燃成分的比例和属性而异。

可燃性主要包括闪点温度（FPT）、自燃温度（AIT），以及可燃性上限和下限（UFL、LFL），是评估碳氢化合物衍生物潜在危险和整体可燃性时必须考虑的一些重要指标，其定义是在不同的环境条件下点燃或释放能量的难易程度。这些参数的实验值可通过烃衍生物属性的数据表获得。通常，闪点常被作为评估碳氢化合物燃料在各种条件下的可燃性的决定因素。

碳氢燃料的闪点是燃料成分在空气中蒸发形成可燃混合物的最低温度。闪点的概念容易与自燃温度或燃点混淆，自燃温度是不需要点火源的，燃点是蒸气被点燃后持续燃烧的温度。另外，碳氢燃料的自燃温度是指在没有火焰、火花等外部火源的情况下自燃的最低温度，而碳氢燃料的燃点是指在被明火点燃后持续燃烧至少 5s 的温度。

当在高温下或在常温下暴露于催化剂表面时，由 Bakken 原油的低沸点成分组成的可燃气体—空气混合物，会形成大面积的燃烧。例如，从原油中释放的甲烷和其他挥发性烃衍生物，在加热的表面上很容易被氧化，并且在环境温度和压力下，火焰将从点火源向外传播。

10.2.1.3　硫和硫化氢

处理和加工致密地层原油的挑战包括原油中夹带的硫化氢和运输前在管道或轨道车中添加的氨基硫化氢清除剂。此外，原油中游离硫含量是酸性硫化合物（如硫氧化物，SO_x，其中 x 为 2 或 3；亚硫酸和硫酸，H_2SO_3 和 H_2SO_4）形成的潜在腐蚀性的重要指标。精炼原油产品燃烧过程中释放到空气中的硫氧化物，也是一种主要的空气污染物。在一些地质构造中，与碳氢化合物衍生物一起发生的有机物分解过程中，硫可能与氢气产生化学反应，形成硫化氢气体（H_2S），这是一种具有高度腐蚀性、易燃性和毒性的气体。具有高浓度硫化氢的石油和天然气储层的开发可能会面临一些特有的问题。此外，油井建造过程中，硫化氢会导致钢管和阀门出现硫化物应力腐蚀开裂，因此常需要改用昂贵的不锈钢（Speight，2015b）。

硫含量是以原油中游离硫和含硫化合物的总质量分数来衡量的（Speight，2014a，2015a），原油中的总硫含量通常在低于 0.05%~5%（质量分数）的范围内。通常，原油中游离硫或其他含硫化合物低于 0.5% 时被称为"甜"的，高于 0.5% 被称为"酸"的。Bakken 原油和 Eagle Ford 原油均为"甜油"（表 10.1 和表 10.3），但硫化氢含量可能较高。

致密油通常含硫量较低（这是一个优点），但可能含有高浓度的硫化氢（这是缺点）。三嗪硫化氢清除剂通常用于上游环境、健康和安全（EHS）的要求，而三嗪衍生物是一类含氮的杂环化合物，其分子式为 $C_3H_3N_3$：

1, 2, 3-三嗪   1, 2, 4-三嗪   1, 3, 5-三嗪或均三嗪

然而，三嗪会污染原油，产生不利的影响，例如：（1）乳液稳定；（2）卤化胺盐结垢；（3）炼油过程中的沉积物具有腐蚀性。脱盐装置中酸度的调节可以有效地从原油中去除三嗪类衍生物。

不幸的是，这些氨基（三嗪衍生物）会导致腐蚀问题。腐蚀性的产生是三嗪衍生物在常压蒸馏装置中转化为单乙醇胺（$HOCH_2CH_2NH_2$，MEA）引起的。单乙醇胺一旦形成，其与来自原油相关任何残留盐水中的氯迅速反应，形成氯化物盐。这些盐在烃相中溶解度降低，在常压蒸馏塔的处理温度下会变成固体，并在塔板或塔顶系统上形成沉积物。这些沉积物具有一定的吸湿性，一旦水被吸收，沉积物就会变得非常具有腐蚀性。

10.2.1.4　挥发性

挥发性是指原油（和原油产品）的蒸发特性或蒸馏特征，主要包括原油产品和初沸点高于 0℃（32℉）的原油在 37.8℃（100℉）时的蒸气压（ASTM D323）。蒸气压是原油开发商和炼油商在确定一般处理流程和初始炼油对策时的一个重要考量。

Bakken 组产生的液体包括原油、低沸点液体、不可燃烧气体，以及水力压裂过程中的材料和副产品。然后，根据物理性质，这些产物可分为三类：（1）产出的地层盐水，通常被称为盐水；（2）气体；（3）原油，包括凝析组分、液态天然气和低沸点成分，低沸点成分通常被称为轻油。根据由石油开发商所拥有的分离设备的能力，石油中产生的气体仍保持溶解和（或）混合在液体中，随后从分离设备运送到井场储罐，在那里检测挥发性碳氢化合物衍生物的排放。

生产的原油中还会产生大量挥发性气体（包括丙烷和丁烷）和低沸点液体（如戊烷和天然汽油，从技术上讲，天然汽油一词的使用是不正确的，因为汽油是炼油厂生产的一种混合产品），这些气体通常统称为（低沸点或轻质）石脑油。根据定义，天然汽油（有时也称为凝析油）是从原油和天然气井中分离出来的低沸点液态烃类衍生物的混合物，适合与低沸点石脑油和（或）精炼汽油混合（Mokhatab et al., 2006；Speight，2014a）。由于低沸点碳氢化合物衍生物的存在，即使在相对较低的环境温度下，低沸点石脑油（轻质石脑油）也会变得极具爆炸性。其中一些气体可能会在现场井口燃烧（点燃），但其他气体仍留在从井中提取的液体中（Speight，2014a）。

10.2.1.5　无机成分

最初，原油无机成分的组成可能是一个问题：Bakken 原油的样品中盐浓度高达 500mg/L，其中包括不可提炼的盐。与传统含钠盐的原油（70%~80%，质量分数）相比，钙盐和镁盐的浓度（70%~90%，质量分数）较高，它们的存在会影响常压塔式加热器中水解性。水解是盐转化或分解为离子和盐酸，钠盐不容易水解，而镁和钙盐会水解。结果虽然总盐浓度恒定，但常压塔顶氯含量可能较高，会导致更高的腐蚀（Speight，2014c，2015b）。

此外，在开发过程中，必须控制方解石（$CaCO_3$）、其他碳酸盐矿物（含有碳酸盐离子

CO_3^{2-} 的矿物）和硅酸盐矿物（根据硅酸盐组成的结构分类的矿物，其含有不同比例的硅和氧）的水垢沉积，否则会出现油管堵塞的问题。目前，有多种阻垢剂可供选择，如果选择得当，除垢效果较好。根据井的性质和操作条件，建议使用特定的化学物质或使用混合物产品来解决水垢沉积问题。

10.2.2 相容性

简言之，不相容是指当两种或多种液体混合时形成沉淀（或沉积物）或分离相。不稳定常指在一段时间内，由于化学反应，如氧化，液体中颜色变化、形成沉积物或胶质，这个过程是化学的，而不是物理的。与不相容相比，不稳定性沉淀物的形成时间较短（几乎立即）。不稳定现象通常被称为不相容现象，比较常见的有污泥、沉淀或沉积物的形成。在原油及其产品中，不稳定性通常具有多种表现形式（表 10.5）（Stavinoh and Henry，1981；Power and Mathys，1992；Speight，2014a）。因此，通常用不同的方法来定义这些术语，且这些术语通常可以互换使用。上述这两种现象对致密地层的原油生产、运输和精炼都有极其重要的影响。

表 10.5 原油和原油产品与不稳定相关的属性

属性	特征
沥青质成分	影响岩石和原油相互作用
	从含溶解气的原油中分离
	热变会导致相分离
杂原子成分	为原油提供多元性
	容易与氧气反应
	容易发生热变
芳香组分	与石蜡物质不相容
	与石蜡组分产生相分离
非沥青质组分	热变引起多元性
	多源物质引起相分离
蜡组分	与高分子物质没有产生相分离
	引起温度和压力变化
	影响介质可溶性

致密地层中的轻质致密原油含蜡量较高，这会导致蜡沉积形式的不相容性（Speight，2014a）。当这种情况发生时，沉积的蜡会黏附在运输车的罐壁、原油罐壁和管道上。在炼油厂，蜡成分可能会污染原油换热器的预热部分（在原油脱盐器中去除之前）（Speight，2015b）。另外，致密地层的原油沥青质成分含量低，硫含量低，石蜡成分分子链较长。已经观察到 C_{10}—C_{60} 的石蜡碳链，一些致密油含有高达 C_{72} 的碳链，通常使用分散剂控制石蜡在地层中的沉积和堵塞。在上游生产实践中，这些石蜡分散剂通常作为多功能添加剂的一部分。多功能添加剂同时还解决沥青质稳定性和控制腐蚀性。

在处理致密原油的炼油厂中，原油脱盐器上游的每个换热器单元都应配备在线温度传感器，以监测换热器入口和出口的温度，从而在发生热传递时检测热传递速率的变化。此外，可过滤固体也会导致原油预热换热器中的结垢，并且由于致密原油比传统原油含有更多的可过滤固体，因此当从致密地层中精炼原油时，可过滤固体也是一个主要问题。为了减轻过滤器的堵塞，为捕获原料中的固体物质，炼油设备入口处的过滤器需要仔细（自动）监测。此外，可以将润湿剂添加到脱盐器中，以帮助捕获水中多余的固体，防止固体进一步向下游进入其他装置，阻止其在装置内形成滤饼，尤其是在通往蒸馏塔的预热器单元或蒸馏塔内（Speight，2015b）。

当原油与其他原油混合以产生复合炼油原料时，也会出现不相容性。为了有效利用原油，将几种原油混合已成为炼油厂的一种常见做法，包括将致密油与传统原油甚至较重的原油混合，以产生更一致的（就成分而言）原料送往蒸馏装置。如果致密油的炼油原料与较重的原油混合，较低沸点的油可能会在原油塔顶和石脑油处理装置中造成阻塞，并限制底部处理装置（如延迟焦化装置）的生产。

原油中沥青质成分的稳定性在混合含沥青质的原油中影响显著，致密油的高石蜡含量大大增加了混合原油中沥青质的沉淀，对炼油过程产生了不利影响。有几种已建立和正在开发的测试方法可以评估油或混合物的沥青质稳定性。通常，当混合含沥青的原油后，初始混合看起来可能会产生稳定的均匀混合物，但随着时间的推移（根据原油或混合物中其他液体的属性，混合物的性质变化从几分钟到几天不等），沥青质成分开始缔合，在流体中形成单独的可检测相。最后，在发生了显著的缔合（导致团聚）并且沥青质成分形成了更大的颗粒之后，发生了相分离。这些相分离的沥青质成分有助于结垢，也可以稳定脱盐器乳化液。

当原油不相容时，增加的沥青质沉淀会加速原油脱盐器下游换热器的结垢（Speight，2015b），需要计划外停机来进行清洁。此外，致密油中石脑油含量高也为沥青质成分的分离和沉淀创造了有利的条件，但这造成的问题不仅仅是原油的缺失，还有混合物中每种原油的相对量的变化。例如，戊烷是沥青质成分的沉淀介质的一种，当以特定比例混合时，不会导致沥青质成分分离和沉淀（Mitchell and Speight，1973；Speight，2014a，2015b）。热交换器污垢的人工监测通常无法检测到不相容的原油混合物，因此应用一系列测试方法来确定炼油厂原料混合物中各种原油的相容性是有益的。

致密油精炼的另一个问题是蜡成分可能产生相分离。这些蜡可以含有非常长的长链烷烃和 C_{35} 或更高的异链烷烃。形成的蜡质污泥会影响运输过程；在储罐中，影响储罐容量和排水；以及增加低温列车中结垢的可能性。除了沥青质成分和蜡成分外，致密原油还可能包含其他污染物，这些污染物可能会导致结垢，从而对整个炼油过程的传热产生不利影响。化学处理可以有效地解决与处理 Eagle Ford 和 Bakken 混合物的许多问题，尽管一种共混物的最佳处理程序可能与另一种的最佳处理方案大不相同。

致密地层的石油具有沥青质含量低、硫含量低和石蜡分子量范围大的显著的特点（Speight，2014a，2015a）。已经发现具有 C_{10}—C_{60} 碳链的高分子量链烷烃，一些致密油含有高达 C_{72} 的碳链。为了控制石蜡在地层中的沉积和堵塞，通常使用分散剂。在上游生产实践中，这些石蜡分散剂通常作为多功能添加剂的一部分。多功能添加剂同时还解决沥青质稳定性和控制腐蚀性（Speight，2014a，2014b，2014c，2015a，2015a）。

一般来说，含有大量长链石蜡的馏分的原油往往表现出较差的低温流动性，这些原油更适合用于柴油的生产。石蜡组分容易产生絮凝，这种絮凝被视为高浊点，并且随着高倾点结晶。蜡的形成始于小晶体聚集的成核点（浊点）。随着晶体的生长，较大的晶体结合或聚集成较大的聚集物，直到燃料开始凝胶（倾点）。热力学上熔化热可以通过混合物的温差来测定，因此，需要通过化学添加剂、异构化或混合来改善冷流属性。

无论规模或整体配置如何，原油混合和（或）产品混合是许多炼油厂的主要做法。在混合操作中，准备炼化的液体（原油或产品）按不同比例混合，以最低的成本生产出炼油厂所需的混合原料或符合所适用行业和政府标准的所需属性的产品。每种成品的生产都需要多组分原油的混合，因为：（1）炼油厂不生产单一组分来获得初级混合产品（如汽油、航空燃油和柴油燃料）；（2）许多混合组分的属性满足其炼化产品的部分但不是全部相关标准；（3）成本最小化要求炼化产品尽可能满足而不是超过要求的标准。通常，汽油是6~10种燃料的混合物，柴油是4~6种燃料的混合物（Parkash，2003；Gary et al.，2007；Speight，2014a，2017；Hsu and Robinson，2017）。

汽油混合是最复杂和高度自动化的混合操作。在现代炼油体系中，自动化系统计量并混合原料和添加剂，同时在线分析仪（辅以混合样品的实验室分析）持续监测混合料的属性。计算机和数学模型控制混合燃料的组成，以生产所需的（稳定的）产品体积，并确保混合物满足所有的要求。

除运输、精炼和产品（或原油）储存外，从致密地层中开发原油时，蜡沉积尤为明显。由于石蜡含量高，致密地层原油的属性与常规原油的属性具有显著差异。此外，可过滤固体、硫化氢（H_2S）和硫醇衍生物（RSH）的含量变化也给开采、运输和储存带来了挑战。来自同一个生产区的样品的固体含量（以及无机沉积的可能性）变化巨大，与压裂和生产阶段关系密切。

从致密页岩地层生产原油的问题之一是导致蜡沉积的蜡含量。为了控制石蜡在地层中的沉积和堵塞，通常使用分散剂，在上游生产实践中，这些石蜡分散剂通常作为多功能添加剂的一部分。多功能添加剂同时还解决沥青质稳定性和控制腐蚀性。使用化学和物理的方式来减轻蜡组分的沉积，同时也开发了针对蜡沉积问题和预防蜡沉积的控制程序来减少储罐中产生蜡沉积。在生产和储存过程中使用适当的化学处理来控制蜡的积聚，使得储罐可以容纳和运输大量含蜡原油，而不会出现显著的堵塞问题。

轻质致密原油的高石蜡含量是导致油料混合过程中蜡沉积的主要原因。将致密页岩中的油与含沥青质的油混合会导致沥青质成分的不稳定、分离和沉积（沥青质沉积）。此外，致密地层的几种原油具有高含量的硫化氢（H_2S），这可能导致在蒸馏之前需要硫化氢清除剂。清除剂通常是基于胺的产物，如甲基三嗪，其在常压蒸馏装置中转化为单乙醇胺（$HOCH_2CH_2NH_2$，MEA），会对装置产生新的问题。单乙醇胺一旦形成，其与来自原油相关任何残留盐水中的氯迅速反应，形成氯化物盐。这些盐在烃相中溶解度降低，在常压蒸馏塔的处理温度下会变成固体，并在塔板或塔顶系统上形成沉积物。这些沉积物具有一定的吸湿性，一旦水被吸收，沉积物就会变得非常具有腐蚀性。

虽然在不同地区致密油开发的基本方式类似，但在完井和增产技术措施的实施方面存在不同。几乎可以肯定的是，不同的区块，甚至在给定的区块内，也会有所不同。其差异主要取决于地质（即使在相同的储层，其非均质性也很强）工程技术经验和技术可行性随时间的改变。

一般来说，现代炼油厂必须继续适应原油质量的变化。致密油精炼，致密油与常规原油的混合，这使得建立任何形式的标准化炼油程序都很困难，也给炼油厂带来了新的问题。因此，加工困难的原油混合物，包括轻质原油，可能会对炼油厂整体效率产生重大的不利影响，进而影响产品质量、装置可靠性、炼化时间和（最重要的）盈利能力。

确定新原油（特别是轻质致密原油）适合炼化方式需要对原油的物理属性和独特特征具有全面的了解，以及它与其他原油间的相互作用（Speight，2014a，2015a，2015b）。此外，渣油的低产量（表10.3）对于配置为桶底改质的炼油装置来说是一个缺点，并且可能限制作为炼油厂原料的混合油中可添加致密油的量。为了平衡原油蒸馏塔中的产品混合物以适应更多炼油操作，将致密油与重质沥青原油混合可以为炼油厂带来理想的蒸馏曲线，但混合物也可能随着不溶（不相容）相的沉积而表现出不稳定的趋势（见第17章）（Speight，2014a，2015b）。

10.3　井口处理

生产井场是无人值守的，只有执行收集原油或废物、维护设备和测试或进行其他油井操作时，工程人员才会定期到访。由于井场设备在大多数情况下是无人值守的，因此工艺和设备的可靠性至关重要。然而，在某些情况下，通常是当凝析油在井口生成和（或）稳定时，井口需要特殊处理。因此，井口处理（也称为井口稳定和井口调节）是对井口附近原油的处理。在运输之前去除杂质或使原油变得稳定（通过去除高挥发性成分），这些与原油燃烧的相关属性有关。

人们普遍认为（并且普遍接受）没有两口井是相同的。因此，尽管原油调整涉及的基本类型的设备和配置数量有限，但特定井场采用的具体配置和操作条件主要取决于生产地层的性质、油井的位置和条件，以及特定时间点的环境因素。对于许多致密油来说，时间是影响油井动态的一个重要因素，因为描述油井原油生产率随时间变化的压降曲线会随着时间的推移而减小。

调整的目的是去除原油中的杂质，目的是消除原油中缺乏燃料价值或不必要地提高原油危险水平的化合物（通常是非碳氢化合物），例如有毒的硫化氢。与养护相比，稳定的主要目的是去除具有燃料价值但也具有较高蒸气压（即具有较低沸点）的碳氢化合物，并降低原油的挥发性。然而，应该注意的是，稳定也可以去除残留在油中的残余痕量高蒸气压杂质。尽管这两种工艺具有相似的效果，即从原油中去除成分，但它们在井口处理进行分离所需的操作和设备是不同的。从某种意义上说，水和无机气体杂质具有与原油中的烃衍生物形成分离相的倾向，这有助于分离，而低沸点（低分子量）烃衍生物是原油挥发性的主要贡献者，具有阻碍油相分离的趋势。通过这种差异，准确把握流体运动和压力的梯次下降，利用重力和可用的井口压力，以及可能的化学物质和热量添加，设计相对简单可靠的设备，以实现令人满意的低成本调节。

调整是通过重力辅助、多相加压分离器等设备从原油中去除水和固体。这些分离器的数量、尺寸和设计取决于井口条件、产量、杂质的相对含量和原油的性质或成分。不同成分的原油对杂质（如水或沉积物）具有不同的亲和力。例如，根据原油的成分构成，也许只需较少的措施，原油和水就很容易形成两相，或者两者也可能形成乳化液，这样的话就需要通过化学添加剂、加热、静流、离心或其他方法来分离油水两相。经过分离器后，经处理的原油，以及分离的废水和固体物流被保留在现场的储罐中，直到通过卡车或管道，将其收集并运输离开井场。

根据采出水的质量，可以对水进行回收或处理——通常通过深井注入进行处理。油中携带的任何固体废物也需要适当处理。最低限度地说，在井场通过调整后产生的这种液体产品可以安全、经济地运输到炼油厂或其他设施进行进一步加工。

稳定是一种将原油中较高蒸气压组分从稳定原油中去除并单独销售的过程。气体产物包括低分子量碳氢化合物及其衍生物（如甲烷、乙烷、丙烷和丁烷）和无机气体，它们要么形成单独的一相，要么在调整过程中从原油中释放出来。这些气体产品具有一定的经济价值，因此通常在相对低压的管线中收集，这些管线将气体输送到天然气厂，然后天然气厂对气体进行处理，最终将其作为天然气和液化天然气出售，或者在没有管线的情况下，在井场进行现场燃烧。

另一方面，稳定通常需要更复杂的处理流程和设备，以及更严格、耗能更高的原油蒸发和冷凝。此外，虽然稳定生产的原油蒸气压较低，但相比上游调整系统生产的蒸气，它产生的蒸气也含有更高的沸点。由于天然气在管道中具有冷凝的趋势、蒸气状态下的能量密度更大，以及一些其他的原因，天然气管道运营商通常限制这些成分在天然气管道中的量。因此，通过稳定过程生产的低沸点组分流需要：（1）通过工艺流程将不允许在天然气管道中运输的组分从允许的组分中去除；（2）一种将天然气和稳定原油分离的运输系统。

原油稳定的另一种方法涉及多级闪蒸处理。与调整过程类似，可以在井场安装多级闪蒸装置。然而，这些系统不同于传统的稳定系统，因为它具有更多的级次，从而更有效地利用和管理压力和热量。因此，多级闪蒸装置需要更详细的操作流程和更精细的监测，相比于传统的调整设备，其可能具有更严格的操作制度。

通过蒸馏柱进行分馏是进行原油稳定的传统方法。在该过程中，将经过处理的原油送入包含特制结构的垂直柱中，这些结构增强了蒸气和液体的接触，并促进蒸气和流体的混合，使得油中更易挥发的组分转移到气相，而挥发性较低的组分在液相中冷凝。在塔底的再沸腾装置中加热液体会促进油中更易挥发成分的移动，使其蒸发并在塔中向上移动，在塔顶以蒸气形式离开。流程和设备的复杂性使该过程更加昂贵和可靠性较差，且需要比简单的调整过程更多监测。相关设备包括加热再沸腾装置加热介质的炉子、原油冷却器的冷却介质源、蒸气产品的冷却器，以及辅助泵。

10.4　运输和处理

致密油通常通过管道、卡车、驳船或轨道车运输，其成分会影响运输流程和利润。管道是输送常规原油的传统方法，通常也是最经济的方法。在致密油的情况下，管道运输可能会受到结蜡的影响，这些蜡块会增加阻力，降低管道吞吐量，且需要更频繁的管道清洁作业。这将增加清理管道的作业次数，从每年两次增加到每月一次。

需要说明的是，术语清理管道作业是指使用清管器的管道维护作业，用于在不停止管道运行的情况下清洁或检查管道。清管器是一种胶囊状物体，它在管道中移动，通过刷洗动作清洁管道内壁。

　　由于用于运输致密原油的管道中可能会沉积蜡，因此运输方式通常首选驳船和（或）卡车，而不是管道，因为蜡沉淀会带来一定的问题。致密油的运输需要添加石蜡分散剂和降凝剂来保持原油的流动。此外，硫化氢会导致污垢和金属腐蚀（Speight，2015b），并造成严重的健康和安全问题。在驳船和卡车上，炼油厂都有机会通过清除剂处理与硫化氢有关的问题，以提高利润率。然而，清除剂可能含有杂质胺，这些杂质胺可能（或将）导致下游炼油厂设备腐蚀。由于这些问题，轨道车通常被首选为致密油最佳的运输方式。然而，轨道车与管道、驳船和卡车一样容易受到污垢和腐蚀。此外，硫化氢和其他含硫化合物（如硫醇衍生物，RSH）更为关键，因为轨道车可能会经过社区，其暴露的风险最大。

　　致密地层原油遇到的另一项挑战是需要运输（通常是运输到炼油厂）和必要的运输基础设施（Andrews，2014）。为了保持工厂的一定的产量，有必要将低沸点低硫致密油快速运送到炼油厂。为炼油厂提供稳定的供应，需要使用一些管道，也需要建造额外的管道。低沸点低硫原油可能是混合生产炼油厂原料的几种原油之一。在此期间，使用驳船和轨道车，大幅扩大卡车运输，将各种石油运到炼油厂。因此，需要更可靠的基础设施来将这些石油分配到多个不同的地方。据估计，Bakken 原油和其他已确定（可能尚未确定）的致密地层原油的石油产量也出现了类似的运输设施的扩张。

　　因此，鉴于美国致密地层原油产量的急剧增加、铁路原油运输量的增加，针对这些原油的属性（例如，不稳定原油的挥发性导致易燃性问题），尤其是北达科他州的 Bakken 原油是否与其他原油存在差异，需要进行额外的处理。事实上，美国管道和危险材料安全管理局（PHMSA）已经向应急响应人员、托运人、承运人、公众通报了安全事故，最近载有原油的轨道车脱轨及脱轨引发的火灾表明，从北达科他州 Bakken 地区运输的原油可能比传统的轻质、中质和重质原油更易燃。安全预警提醒应急响应人员，轻质低硫原油，如从 Bakken 地区运输的原油，如果在事故中从包装（罐车）中释放出来，会造成重大火灾风险。因此，管道和危险材料安全管理局扩大了实验室测试的范围，将影响原油正确表征和分类的其他因素包括在内，如挥发性、腐蚀性、硫化氢含量，以及不稳定原油中夹带气体（低分子量烃衍生物，如甲烷、乙烷、丙烷和丁烷）的组成 / 浓度。

　　然而，必须记住的是所有原油都是易燃的，可燃性在不同程度上主要取决于原油的成分，尤其是低沸点易燃烃衍生物的存在。越来越多的人认为，轻质低硫高挥发性原油，如 Bakken 原油，是灾难性事件的根本原因，由于其可能过于危险，因此无法通过铁路运输。此外，尽管来自其他来源的同样危险和易燃的液体通常通过铁路、油罐车、驳船和管道运输并非没有事故，原油也表现出其他潜在的危险特性。州和联邦立法者面临的一个关键问题是，Bakken 原油的特性是否使铁路运输变得特别危险，或者是否存在其他运输事故的原因，例如：（1）缺乏必要的规定罐车来运输这些挥发性原油；（2）缺乏正确的维护做法；（3）缺乏足够的安全标准；（4）发生人为错误，这是前三类的问题的集合。

　　近年来，随着北达科他州油田的开发，铁路原油运输量有所增加。随着 Bakken 原油的几次脱轨和燃烧，监管机构和其他人担心，由于它含有低分子量的碳氢化合物成分，这会加剧其挥发性，从而加剧其易燃性。在没有新的管道能力的情况下，铁路是 Bakken 生产商主要的运输渠道，Bakken 原油的火车运输目前为东海岸和西海岸的炼油厂提供服务。

　　然而，美国墨西哥湾沿岸地区（得克萨斯州和路易斯安那州）构成了国内原油产量最高的地区，所生产的原油（如西得克萨斯州中间原油、Eagle Ford 原油和 Louisiana 轻质低硫原油等）在特性上与 Bakken 相似，因此，美国管道和危险材料安全管理局发布的警报已需要特别关注。墨西哥湾沿岸确实受益于现有的管道基础设施，但生产商正依赖铁路进入新市场，Eagle Ford 原油通过铁路从得克萨斯州东部运往路易斯安那州圣詹姆斯就是明证。另一个政策问题是，Bakken 原油是否与标准做法不适用的其他原油有很大不同，如果是这样，则应采取一系列政策措施，以减少事故的可能性并解决安全问题。

在一定程度上，Bakken 原油生产商认为，他们可能因美国管道和危险材料安全管理局发布的警告而受害。无论是真是假，都必须做出积极的应对，并制定安全程序，以减少此类灾难性轨道车脱轨和由此引发的火灾（其中一些是爆炸性的）的可能性。

此外，轻甜（低沸点、低硫）富链烷烃原油的链烷烃含量正影响所有运输系统，在铁路罐车、驳船和卡车的壁上都发现了石蜡沉积物。Bakken 致密油通常用轨道车运输，尽管为满足长期需求，管道扩建项目正在进行中。这些轨道车需要定期进行蒸气处理和清洁才能重复使用。在用于致密油运输的卡车上也遇到了类似的沉积物。蜡沉积物也会在将致密油转移到炼油厂储罐的过程中产生问题。通往炼油厂或炼油厂的管道需要定期清管作业，以保持最大流量。

管道清管是指使用被称为清管器的设备进行各种维护（清洁、脱蜡）的操作，可以在不停止管道中液体流动的情况下完成。清管器的清洁（脱蜡）是通过将清管器插入清管器发射器（发射站）来完成的，清管器原本是大于管道尺寸的物体，随后在管道中减小到正常的管道直径。然后关闭发射器（发射站），利用管道中产品的压力驱动流将其沿管道向下推动，直到到达接收端（清管器捕集器或接收站）。清管器有多种类型，通常清管器是圆柱形或球形的，清管器通过刮擦管道侧面并将碎屑向前推动来清理管线。

可采用多种物理和化学方式来缓解管道中蜡和其他沉积物造成的问题。包括石蜡分散剂和减阻剂在内的化学添加剂处理，在管道中被证明是有效的。蜡分散剂和洗涤溶剂已被用于清洁运输罐和炼油厂储存容器。在管道结垢的情况下，这些技术的结合，再加上频繁的清管，是主要的减少蜡沉积的措施。制定了预防性污垢控制程序来管理储罐中发生的蜡沉积。通过注入适当的化学处理剂来控制储罐中的蜡堆积，这使得生产现场和炼油厂可以处理和转移大量的石油，而不会出现严重的堵塞问题。在储存和运输致密油时遇到的另一个问题是积聚在蒸气空间中的轻馏分（挥发性碳氢化合物气体）的浓度，需要增加安全预警和减压系统。通过驳船运输 Bakken 原油会面临挥发性有机化合物（VOC）含量增加所带来的问题，蒸气控制系统是确保环境安全所必需的。

由于致密油的中烷烃性质，以及缺乏通常形成蒸馏残渣的大量高沸点成分（表 10.3），大多数炼油厂将轻质低硫原油与其他原油原料混合。不幸的是，轻质低硫原油的芳香烃含量较低，因此与传统原油混合往往会导致沥青质不稳定。如果运输混合油，蜡和沥青质可能形成沉淀，从而导致沥青质沉积（不相容）。为这两种类型物质设计的分散剂，可以在运输过程中控制其沉积物的形成。在致密储层轻质低硫原油的安全运输问题得到解决，并建立安全可靠的运输基础设施来减少事故之前，与这些原油的运输有关的重大问题和事故的可能性仍然很明显。除此之外，炼油厂已经面临致密地层轻质低硫原油质量（成分）变化的影响，以及随之而带来的加工挑战。

考虑到致密地层原油（如 Bakken 原油）的挥发性，在装运前必须采取有效的安全预防措施。根据闪点和初始沸点，这些原油是最危险的易燃液体。例如，石脑油（汽油的前体）在相对较低的温度下很容易蒸发，与空气形成易燃混合物。含有石脑油成分的 Bakken 原油也是高度易燃的，在原油运输之前必须采取相关预防措施。此外，在运输过程中，原油可能发生分层，其中较低沸点的较低密度成分可能移动到液体的顶部，由于其低闪点和高易燃性，这些成分是最危险的，当打开容器将液体转移到储存容器时，特别是当运输容器是顶部装载和卸载时，要更加注意、谨慎。

10.5 炼化特征

从通常的说法上来说，原油精炼可以追溯到 5000 多年前，当时沥青和石油发生自然渗漏。根据精炼的一般定义，沥青的任何处理（如使用前在空气中硬化）或油的处理（如在灯使用前，允许更多挥发性成分逸出）都可以被视为精炼。然而，正如人们所知，原油精炼是一门非常新的科学，许多创新都是在 20 世纪发展起来的。

简言之，原油精炼是使用一系列集成工艺将原油分离成馏分，并对这些馏分进行后续处理，以产生适销的产品（Speight，2014a）。事实上，原油精炼厂本质上是一系列加工厂，其数量因生产的产品种类而异（图 10.2）。炼油厂必须选择工艺和制造的产品，以追求一定

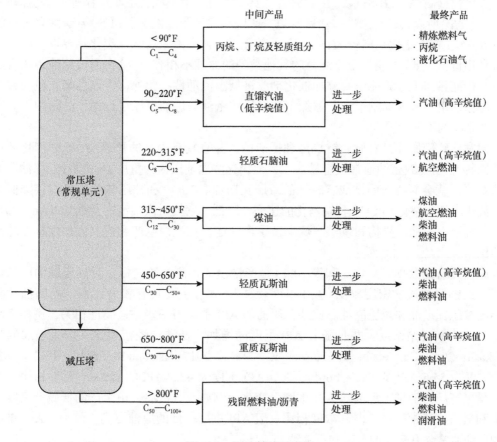

图 10.2 原油精炼示意图

的平衡，在这个过程中，原油被转化为各种各样数量符合需求的产品。例如，从原油生产部分低沸点成分会自动产生一定量的高沸点成分。如果后者不能作为重燃料油出售，这些产品将积累起来，直到炼油厂的储存设施储满为止。为了防止这种情况的发生，炼油厂必须具有一定的灵活性，并能够根据需要改变工艺。这通常意味着需要更多的操作：通过加热，将过量的重质燃料油转化为更多的汽油，其残余产物为焦炭；或通过减压蒸馏，将重油分离为润滑油和沥青。

精炼的第一个主要步骤是通过沸点将原油蒸馏或分离成不同的成分（图 10.2）。轻质原油低沸点组分较多，如轻质（低沸点）石脑油和重质（高沸点）石脑油，而重质原油轻质组分较少，而高沸点和黏性组分较多，如常压塔底中的物质。由于美国炼油厂使用更多的超轻质原油，而使用较少的重质原油，有时必须在原油到达蒸馏装置之前更换处理设备，甚至可能更换原油蒸馏装置。无论如何，更多超轻质原油的使用，将改变原油蒸馏装置的产出。按比例使用更多的轻质原油会导致轻质组分（如石脑油）有更高产量（即体积分数），以及更低产量的高沸点组分。

目前，北美的炼油厂更容易获得致密油。然而，致密油带来了许多挑战，这就是为什么这些原油的成本通常低于布伦特原油（全球原油基准）或西得克萨斯中质原油（美国原油基准）。致密油通常会带来一些独特的挑战，因为它们：（1）缺乏基础管道设施，难以运输；（2）含有硫化氢，H_2S；（3）在运输前需要在管道、卡车或轨道车中添加氨基硫清除剂；（4）由于含蜡所以具有污染性，堵塞管道、罐壁和原油预热换热器；（5）含有大量可过滤固体；（6）API 重度变化范围较大；（7）需要混合原油来平衡原油常压裂化临界点，以最大化下游利用价值；（8）可能与用于混合的其他类型的原油不相容；（9）在通过原油预热换热器时需平衡能量；（10）可能需要添加催化剂改进低温流动性。此外，美国已禁止包括致密油在内的原油出口。这加剧了大量需加工的轻质致密油与炼油厂原设计用于处理中重质原油的设备之间的不匹配。

通常，致密原油是轻质、链烷烃和低硫的，并且具有少量的瓦斯油（流体催化裂化装置的原料），虽然致密油通常很容易加工，但当这些原油成为为重质原油设计的炼油厂的主要原料时，就会面临新的挑战。较低的减压瓦斯油（VGO）和减压渣油产量直接降低了焦化、流化床催化裂化（FCC）和烷基化的速率，降低了它们对汽油池的贡献（Olsen，2015）。相反，轻质石脑油、异构和重整辛烷丰富了汽油池，在汽油生产和盈利方面发挥着越来越大的作用。

原油分析的数据（表 10.3 和表 10.4）是产量模式预测的风向标，对确定炼油产品至关重要。致密原油通常密度较低（API 重度较高），并且主要具有较高比例的石脑油和黏性较小的减压瓦斯油和减压渣油。此外，原油的 API 重度与一些关键属性相关，例如产品产量、污染物和石蜡浓度，并且随着 API 重度的增加，低沸点烃衍生物一般呈增加的趋势（Parkash，2003；Gary et al.，2007；Speight，2014a，2017；Hsu and Robinson，2017）。例如，API 重度为 55.6°API 的 Eagle Ford 原油与 API 重度为 42.3°API 的 Bakken 石油相比，石脑油产量更高。污染物水平也随 API 重度而变化，例如，致密油气田生产的低硫低密度原油的硫和氮浓度通常较低，但其浓度相比一般 API 重度较低的原油更高。然而，API 重度较高的原油通常含有较高的石蜡和石脑油。

此外，致密油和其他轻质低硫原油一样，其常压馏分油（650℉以下）至常压渣油（650℉以上）的比例要高得多。例如，Bakken 原油的馏分油与渣油的比例约为 2∶1，而典型的传统轻质油的比例接近 1∶1（Bryden et al.，2014；Olsen，2015）。因此，接受轻质致密油作为原料的炼油厂需要容纳更高比例的常压蒸馏物，这会导致辅助设备（如石脑油处理装置）过载。同时，轻质致密油不能为催化裂化装置（瓦斯油）和焦化装置（渣油）提供充足的原料。

通过个性化调整，这些问题是可以克服的。例如，形成致密油的石脑油和煤油馏分在性质上比许多其他轻质原油的相同馏分链烷烃性质更明显。从好的方面来看，致密油中的污染物含量通常低于传统轻质油。不利的方面主要是，传统轻质油中的煤油可能含有较低含量的石蜡衍生物，冷流动性较好，十六烷含量较低。

轻质油对原油行业来说绝非新鲜事，但最近从 Bakken 组、Eagle Ford 组和类似致密地层开采原油的扩张，确实代表了原油行业的一个新的、意想不到的发展。对这些类型原油的初步科学和技术反应是，这些原油将很容易提炼并生产有价值的低沸点燃料产品。然而，尽管在一定程度上这是正确的，但这并不一定完整，在原油的生产运输上还存在着一些问题。而且从非常规致密储层开发生产的轻质低硫致密油，其储存、运输和精炼给原油行业带来了一些问题，并且这些问题仍在解决中。

事实上，从罐区开始，炼油厂的许多领域都会受到从致密地层引入轻质低硫油的影响。蜡、固体的存在，以及由于混合而产生的不相容性可能导致卸载、蜡泥堆积和储罐排水堵塞等问题。固体、盐和其他污染物的增加会导致热交换器、熔炉和常压蒸馏塔中结垢（Speight，2014a，2015b）。

大多数炼油厂的工艺不再局限于单一原油作为原料油，每种原油在炼油装置中可能需要不同的加工条件。通常，根据设备（如反应器和辅助设备，如泵和换热器）及反应器内的特定催化剂的能力，炼油厂的设计通常用于处理具有特定成分的原料，并生产具有特定属性的产品，具有一定的灵活性。因此，炼油商通常通过混合几种原油来尝试将原油成分与炼油厂的配置相匹配。然而，在过去的四十年里，许多炼油厂进行了重大投资，使其能够加工来自委内瑞拉和加拿大等来源的较重含硫原油。这些改变是在技术进步之前进行的，技术进步引发了致密地层轻质低硫原油的兴盛。而且由于致密油含有少量的渣油且硫含量低，轻质低硫原油的属性与改造 / 升级炼油厂需要的原油属性往往不匹配。

随着国内非常规油，特别是致密油供应量的增加，二十年来，美国的石油产量首次超过了美国的石油进口量。美国的主要致密油来自 Bakken，Eagle Ford 和二叠盆地地层（Deepak et al.，2014），目前美国致密地层原油总储量估计约为 500 亿桶（50×10⁹ bbl）（这个数字正在不断重新评估中，到本书出版时可能会有很大不同），表明致密油将继续存在，并将在当前和未来的炼油活动和经济中发挥重要作用。因此，对炼油商来说，充分了解致密油将是当前和未来石油资源的重要组成部分。

与轻质致密原油相关的常见认识是，它们生产高价值（高 API 重度）低硫产品，但需要改变工艺以适应原油属性的差异。由于致密地层原油属性的变化，炼油厂能够识别、解释原油原料属性变化并对其做出快速反应的能力变得越来越重要。一般来说，这些原油面临诸多挑战，与布伦特原油（全球基准原油）或西得克萨斯中质原油（美国基准原油）等原油相比，可能主要反映在价格上。致密地层轻质原油面临的挑战包括：（1）由于高挥发性导致运输困难；（2）硫化氢的存在，这需要在运输前在管道、卡车或轨道车中添加氨基清除剂；（3）石蜡的存在，可能堵塞管道、罐壁，以及原油预热交换器；（4）存在相对大量的可过滤固体；（5）通过与其他原油混合来平衡常压蒸馏装置的输入的要求；（6）可能与混合中使用的其他类型原油不相容；（7）由于蜡组分的存在，需要添加催化剂，改善原油的低温流动性。还必须考虑其他问题，如在通过原油预热换热器时需平衡能量。

致密油田轻质低硫原油的特征与黏性、酸性的加拿大焦油砂沥青形成了鲜明对比（Speight，2013；Wier et al.，2016）。就炼油厂运营而言，致密地层原油的属性变化很大（Bryden et al.，2014；Olsen，2015），面临如下问题，因为它们：（1）由于缺乏处理此类挥发性原油的基础管道设施而难以运输；（2）含有硫化氢；（3）在运输过程中需要添加氨基硫化氢清除剂；（4）含石蜡，导致管道、罐壁和原油预热交换器结垢；（5）含有相对高比例的固体；（6）API重度变化范围较大；（7）需要混合原油来平衡原油常压裂化临界点，以最大化下游利用价值；（8）可能与用于混合的其他类型的原油不相容；（9）在通过原油预热换热器时需平衡能量；（10）可能需要添加催化剂改进低温流动性。

这些轻质原油拥有不同的炼化产品的产量、污染物水平，会影响炼化的装置和产品。致密油通常具有更高的轻质石脑油和重质石脑油产量，对石脑油联合处理提出了新的要求，通常包括石脑油加氢处理（NHT）、轻石脑油异构化和催化剂再生平台等装置。更具体地说，来自致密（低渗透）地层的轻质低硫原油常压蒸馏物的产率接近原油的80%（体积分数），而减压渣油的产率可以低至5%（体积分数）（Furimsky，2015）。这些含蜡原油包含高含量的正链烷烃衍生物，因此，致密油和（或）致密油衍生原料的混合需要一系列预混合测试方法（Speight，2014a，2015a）来确定其可能的不相容性。此外，在处理和运输这些原油的所有阶段都必须采取安全预防措施，因为甲烷到丁烷（C_1—C_4）的烃衍生物含量很高。

因此，尽管致密油被认为是低硫的（原油本身含硫量较低），但硫化氢气体会随着原油从地下冒出，而且由于硫化氢的易燃和有毒特性，不仅在生产现场，在去除硫化氢前，在处理致密油的任何地方都需要仔细监测。在运输到炼油厂之前，需将氨基硫化氢清除剂添加到致密原油中。然而，运输过程中的混合及温度的变化（例如冬季将原油装载到运输装置，到温度更高目的地卸载而产生的温度变化）可能会导致硫化氢的释放，从而产生安全隐患。

运输过程中可能发生由于蜡的分离（例如油的C_{17}烷烃成分的分离）而产生污垢，炼油过程中也可能发生结蜡。这些成分一旦沉积，就可以保留在轨道车的壁面、原油罐壁和管道壁上。它们还会污染原油换热器的预热部分（在原油脱盐器中去除之前），附着在管壁和容器壁上的石蜡成分会将胺（例如硫化氢清除剂）截留在壁上，从而产生局部腐蚀（Speight，2015b；Speight and Radovanovi'c，2015）。

原油中可过滤固体的存在可导致预热换热器堵塞。致密原油中可过滤固体含量可能是传统原油的7倍以上。为了缓解过滤器堵塞，炼油厂入口处的过滤器需要安装自动监测装置，因为它们需要捕获大颗粒的固体。此外，将润湿剂添加到脱盐器中，可帮助捕获水中多余的固体，不允许不需要的固体流向下一流程。

此外，为了最好地利用现有的下游装置，致密油必须与较重的原油混合。因为常压蒸馏装置需要更一致原料，从而优化操作和提高炼油效率。如果致密原油不与一种更重的原油混合，较低沸点的油可能会在原油塔顶和石脑油处理装置中形成气顶，影响底部装置（如延迟焦化装置）的运行。此外，将致密原油和较重原油混合可能会导致不相容的问题。众所周知，炼油厂接受两种或多种原油的混合物，以实现原料质量的平衡，但如果混合的原油不相容，这可能会引发新的问题。在这种情况下，沥青质成分会分离（Speight，2015a），这会加速脱盐装置下游催化剂换热器中的结垢。污垢也可能需要停机来进行清洁（Olsen，2015；Speight and Radovanovi′c，2015；Speight，2015b）。

此外，致密油衍生产品的属性并不总是符合市场需求。由于致密油及其衍生产品中石蜡含量高，浊点、倾点和冷滤点等属性超出了所需产品规格的范围，可能需要额外的加工，如催化脱蜡或产品与其他产物流混合，才能满足性能规范。此外，致密油通常比其他原油含有更高水平的钙和铁，这可能导致催化剂失效。在这种情况下，需要改变催化剂以适应原料属性和所需产品质量的变化（Olsen，2015）。

因此，许多因素会影响炼油厂处理这些原油的能力，这种影响不仅包括轻质原油的来源，而且包括非常具体的每个炼油厂和炼油厂内的单个工艺装置。这种影响可以在常压蒸馏装置中表现出来，也可以在将原油的挥发性成分加工成成品的下游过程中表现出来。例如：（1）常压蒸馏装置不能处理含更高挥发组分的原油；（2）加热器或热交换器加热或冷却和冷凝更高体积的轻馏分的能力不足；（3）储气装置饱和，不具有处理额外体积气体的能力；（4）炼油厂的下游加工能力限制了炼油厂将中间产品转化为成品（可销售）的能力。

尽管这些致密油彻底改变了美国的原油供应，但它们也给炼油商带来了新的挑战。这些原油与加氢裂化进料与油砂衍生的进料或传统生产的瓦斯油相比，污染物要少得多，但有报道称，它们可能会导致原油混合后不相容、熔炉和热交换器结垢、产量选择性变化和产品质量等问题。只有通过新一代催化剂和工艺设计等技术进步，炼油厂才能满足优化现有和新设施的需求，以利用轻质低硫原油扩大生产。

10.5.1 脱盐

在将原油分离成各种成分之前，需要清洁原油，在井口和炼油厂内都可能发生清洁过程。这个过程通常被称为除盐和脱水，其目的是在开采作业期间将水和从储层到井口伴随原油的盐水成分去除。在采油作业现场发生的井口分离，是清除地面原油中的气体、水和污垢的第一次尝试。分离器可能只不过是一个较大的容器，它提供了一个相对安静的区域，通过重力分离成三相：气体、原油和含有夹带污垢的水。

脱盐装置是炼油厂原油防止装置腐蚀的第一道防线，而污垢控制是脱盐器的最佳装置（Dion，2014）。大多数原油在质量和加工方面面临的挑战差异很大。此外，原油及其混合物可能是不相容的，会沉淀沥青质成分、高分子量脂肪族化合物（蜡成分）。这种沉淀可以产生稳定的乳化液，并有助于下游流程结垢。原油质量相容性问题进一步表明了有效脱盐装置的重要性和有效性。在处理机遇原油时，对炼油厂流程采取综合管理的方式，有助于预测和消除对下游装置（如废水处理厂）的许多负面影响，并提高整体装置可靠性，例如使用低胺盐锅炉，以最大限度地减少原油装置塔顶胺盐腐蚀的可能性。

致密油是从储层中回收的，储层中混合了各种物质：气体、水和污垢（矿物），从这个意义上说，在最初的原油清洁方面，它与许多机会原油类似（Dion，2014）。因此，炼油实际上是从油井或储层生产原油开始的，然后在炼油厂或运输之前也需要对原油进行预处理。例如，管道运营商对进入管道的流体质量有要求；因此，任何通过管道运输的原油，或者通过任何其他形式运输的原油都必须符合关于水和盐含量的规范。在某些情况下，还可以指定硫含量、氮含量和黏度。

脱盐是在生产和炼油厂进行的一种水洗操作，主要用于额外的原油清理。如果分离器中的原油含有水和污垢，水洗可以去除大部分水溶性矿物和夹带的固体。如果不清除这些原油污染物，它们可能会在炼油厂加工过程中造成问题，如设备堵塞和腐蚀，以及催化剂失活。

通常的做法是混合具有类似特性的原油，尽管个别原油属性的波动可能会在一段时间内导致混合物属性的显著变化。在精炼之前混合几种原油可以消除频繁改变单独处理每种原油所需的加工条件的问题。然而，精炼过程的简化并不总是最终结果。例如，如果链烷烃原油与黏性沥青油混合，可能会出现不同原油的不相容性，这可能会导致未精制原料或产品中形成沉积物，从而使炼油过程复杂化（Mushrush and Speight，1995）。

传统意义上脱盐器的性能是通过除盐、脱油和氯化物控制效率来衡量的。然而，最近从致密地层涌入的石油给原油混合物的质量带来了巨大的变化，促使许多炼油商重新考虑脱盐器的作用。炼油厂现在通常将这种设备更多地用作萃取容器，去除的污染物比盐多得多。虽然单个脱盐器所面临的可能不是特别新的挑战，但多个组合的问题却仍是如此。

高API重度倾向于通过在原油和水之间产生更大的密度差来提高脱盐率，从而增加斯托克斯沉降速度，但由于乳液的形成和大量可过滤固体增加了脱盐器负荷并降低了效率，导致脱盐装置可能存在新的问题。另外，与传统原油相比，为了保持高API重度，石脑油和其他馏分的产率有所增加。然而，冷原油和馏出物中会形成蜡，导致加氢处理预热换热器结垢（Speight，2015b），这会减少传热，并增加压降，导致设备清洁间隔变短。此外，由于存在硫化氢，需要使用硫化氢清除剂，这会导致胺盐的形成和腐蚀。

然而，将高链烷烃原油与沥青质原油混合可能会导致不相容的问题，导致沥青质不稳定，从而产生稳定的乳化液，并加速预热器和炉膛的结垢。致密油会沉淀蜡，从而降低脱盐器的温度并堵塞冷链交换器。由于盐、其他沉积物、水的变化，可以稳定脱盐器中的乳液，并影响整个装置的腐蚀。增加的固体负荷可能会超过脱盐器的设计能力，导致乳液控制、预热装置和熔炉的加速结垢，以及初级废水和污油处理系统下游的相分离更加困难等问题。

润湿辅助化学剂在处理致密油时也很有帮助，主要用于提取致密油水力压裂工艺所增加的固体的量。与传统原油中发现的固体相比，这些固体更小，体积通常也更大。增加的固体负载很容易超过脱盐器去除固体的能力。加工某些致密油时，原始原油的装载量高达每千桶300 lb。较高的负载量会导致稳定的乳化液，这也会导致油和含油废盐水中的水残留。废盐水中夹带的油可能会导致废水处理厂出现问题。固体是包裹在油中的无机颗粒。润湿剂有助于去除颗粒中的油层，使其更容易从脱盐器中去除。

除了与处理致密油相关的脱盐和腐蚀挑战外，脱盐器以外的设备结垢也是一个主要问题。具有低沥青质的低沸点（低密度）原油的加工通常不被认为是存在问题的。然而，与这些原油相关的一些特定问题，已被认定为炼油过程中的问题。例如，当链烷烃致密油与沥青质原油混合时，沥青质成分会不稳定并聚集，导致乳化液稳定、流出物中的油增加，以及预热交换器和炉膛结垢。在精炼致密原油时，相对缺乏沥青质成分，这是一个较小的问题。然而，蜡分离可能是主要问题。此外，低温机组可能会产生蜡沉淀，由此产生的热传递损失除了导致低温机组换热器压降增加之外，还会导致脱盐器温度降低。此外，在预热过程中，由于沥青质沉淀、金属催化络合和（或）固体沉积，会增加结垢的可能性。

因此，致密油在脱盐过程中带来了一系列挑战，包括由沉淀蜡、沥青质成分和可过滤固体形成乳液。随着乳液的形成，除盐和脱水可能会受到影响，导致下游结垢和腐蚀。乳化液也会导致废水中含油，给废水处理厂带来了挑战。因此，需要对致密油的属性，以及正在处理的混合物有一定的了解，以正确解决脱盐器性能差、腐蚀和结垢的问题（Speight，2014c，2015b）。

10.5.2 精炼工艺优选

以经济可行和环境友好的方式将原油转化为所需产品（Bryden et al.，2014）。原油精炼工艺通常分为三类：（1）分馏，主要是蒸馏；（2）转化，主要为焦化和催化裂化；（3）精加工，主要指加氢脱硫处理（Speight，2014a，2017）。

最简单的炼油装置设备是拔顶炼油装置（撇油炼油装置）（表10.6和图10.3），旨在为石化制造或偏远石油生产区的工业燃料生产准备原料。拔顶炼油装置其中的一种形式可以作为井口精炼装置来安装。拔顶炼油装置由储罐、蒸馏装置、气体和轻烃衍生物回收设施，以及必要的公共系统（蒸气、电力和水处理厂）组成。拔顶炼油装置生产大量未完工的石油，并且高度依赖当地市场。但是在这种基本配置中添加加氢处理和重整装置可以形成更灵活的加氢脱硫炼油装置，该炼油装置也可以生产脱硫馏分燃料和高辛烷值汽油。这些炼油装置的产量可能高达其剩余燃料油产量的一半，随着对低硫（甚至无硫）、高硫燃料油的需求增加，它们面临着越来越大的市场损失。

最通用的炼油装置是中等转化装置（也称为裂化炼油装置），它基本都包含在拔顶和加氢炼油装置中，但它也具有汽油转化装置，如催化裂化和加氢裂化装置，烯烃转化装置，如烷基化或聚合装置，但一般不包含焦化装置（表10.6和图10.4）。现代转化装置可以生产三分之二的无铅汽油，其余部分分配在液化石油气、航空燃油、柴油和少量焦炭之间。许多此类炼油厂还采用溶剂萃取工艺生产润滑剂和石化装置，用于回收丙烯、苯、甲苯和二甲苯异构体，从而进一步加工成聚合物。

表 10.6 不同加工装置对比

加工类型	过程	取代装置类型	复杂性	对比范围[①]
拔顶式	蒸馏	蒸发式	低	1
氢气辅助蒸发式	蒸馏	氢气辅助蒸发式	中等	3
	重整			
	加氢处理			
转化式	蒸馏	裂化	高	6
	流化催化裂化			
	加氢裂化			
	重整			
	加氢处理			

续表

加工类型	过程	取代装置类型	复杂性	对比范围①
深转化	蒸馏	焦化	很高	10
	焦化			
	流化催化裂化			
	加氢裂化			
	重整			
	烷基化等			
	加氢处理			

①用 1~10 等数字表征不同复杂性。

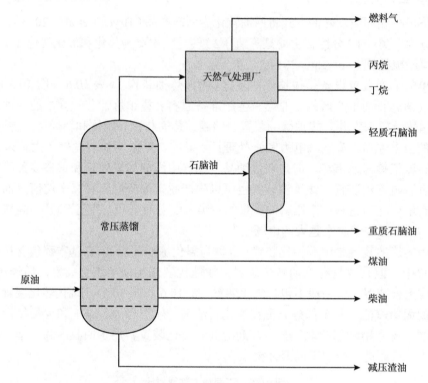

图 10.3　拔顶原油精炼装置

　　顾名思义，高效转化装置（焦化装置）是一类特殊的炼油装置，它不仅包括催化裂化和（或）加氢裂化以转化瓦斯油馏分，还包含一个焦化装置，用于减少或消除残余燃料和渣油（表 10.6 和图 10.5）。焦化装置的功能是将最高沸点和最低价值的原油馏分（渣油）转化为较低沸点的产物流，为生产更有价值的轻质产品作为其他转化过程（如催化裂化装置）的额外原料或升级现有过程（如催化重整装置）。高转化率具有足够焦化能力将转化装置中所有渣油用于生产低沸点产品，或者留下一部分渣油用于沥青生产。美国几乎所有的炼油装置都是中等转化炼油装置或高转化炼油装置，但对低沸点产品的需求增长十分迅速，亚洲、中东、南美和其他地区的新炼油装置也是如此。相比之下，欧洲和日本的大部分炼油装置都是加氢脱硫炼油装置和中等转化炼油装置。

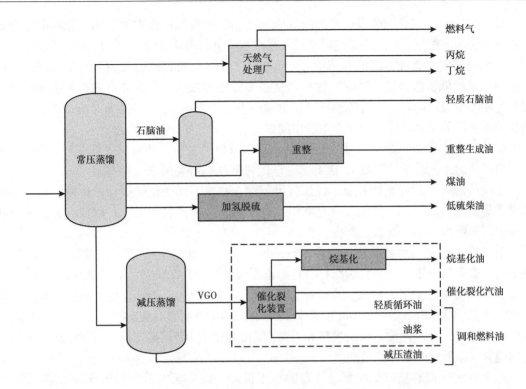

图 10.4　常温转化（裂化）精炼装置

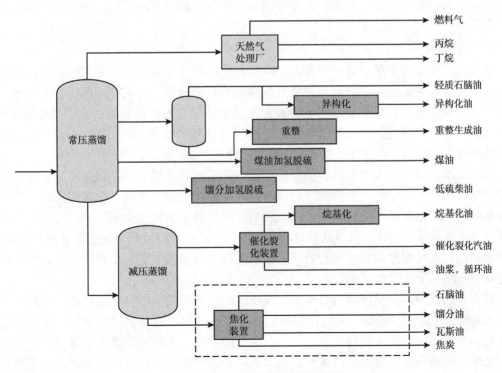

图 10.5　高温转化（焦化）精炼装置

最后，任何特定炼油装置生产的精炼原油产品的产量和质量取决于用作原料的混合原油和炼油设施的配置。轻质／低硫原油通常更昂贵，并且具有较高价值的低沸点产品（如石脑油、汽油、航空燃油、煤油和柴油）的固有高产率。重质含硫原油通常价格较低，并产生更高产量的低价值高沸点产品，这些产品必须转化为低沸点产品才有效益。炼油装置的配置可能因炼油厂而异。一些炼油厂可能更倾向于生产汽油［大型重整和（或）催化裂化］，而其他炼油厂的配置可能更倾向于生产中间馏分，如航空燃油和瓦斯油。

炼油厂生产相关产品的方式不仅取决于原油原料的性质，还取决于其配置（即用于生产所需产品的工艺装置的数量），因此炼油厂配置常受到市场需求的影响。

炼油厂需要不断调整和升级，以保持可行性，并对不断变化的原油供应模式和产品市场需求做出反应。因此，炼油厂一直在引入越来越复杂和昂贵的工艺，以从高沸点馏分和渣油中获得更高产率的低沸点产物。

由于炼油厂是一系列装置的组合（Speight，2014a，2017），这些工厂需平衡生产符合每个工厂需求的可销售产品，因此有必要防止不可销售产品的过渡积累，炼油厂必须灵活，并能够根据需要改变工艺模式。在这里，要特别强调原油的复杂性，因为不同原油的实际产品量差异很大（Speight，2014a）。此外，炼油厂的配置可能因炼油装置而异。一些炼油厂可能更倾向于生产汽油［大型重整和（或）催化裂化］，而其他炼油厂可能更倾向于生产中间馏分，如航空燃油和瓦斯油。

每个炼油厂都有独特的配置、特定的加工目标、设备能力上限和预算的限制。因此，没有实现最大化盈利能力的通用解决方案。位于墨西哥湾沿岸和中西部地区的炼油厂可以更容易地获得和销售产品，其解决方案可能与其他地区的炼油厂不同，因为后者需承担更高的产品运输成本。

10.5.3 炼化污垢

精炼致密油过程中结垢的主要原因之一是将这些油混合后用作炼油厂的原料，以生产用于现有下游装置的混合物。向原油装置提供更一致的进料，有机会降低污垢的生成。如果不混合轻质油进料，低沸点油可能会在常压蒸馏装置和石脑油处理装置中产生溢流（瓶颈）。此外，当轻质致密油与混合物的另一种成分（或混合物的其他成分）不相容时，由于沥青质的分离和沉淀，原油换热器装置中会加速结垢（Speight，2015b）。

在热机组和熔炉中通常有两种类型的污垢——焦炭和无机固体。焦炭可能是由沥青质沉淀或聚合副产物产生的，这些副产物从流体中流经管表面并脱氢。金属催化络合在原油中有些罕见，但由于活性金属水平的偶尔较高，所以偶尔会发生金属络合。最后，原油中通常包含较高含量的固体，以及从脱盐装置中携带的任何产物，都会导致严重的污垢问题。大多数精炼厂在结垢之前都已运行数年，需要停机才能清洗熔炉。最近，一些炼油厂在大修之间，每隔三个月就要清理熔炉。

在许多原油中，未反应的沥青质成分或反应的沥青质成分的分离会导致固体沉积和结垢（Speight，2015b）。炼油厂采用许多性能管理策略来减少或减轻设备结垢，包括特定工艺和物理调节，以及加入防污化学品。一些常见的特定工艺和物理调节是通过优化脱盐器性能来减少固体和盐，增加流体速度以最大限度地减少沉积，以及通过清洁或改变燃烧器尖端来改变炉膛火焰模式，以最大程度地提高性能，并最大限度地降低可能导致焦化的影响因素。

使用适当的分析方法来了解结垢的原因可以帮助确定最合适的应对策略。当开始处理有问题的原油混合物或增加混合物中的有问题原油类型时，有效的基础监测对于了解当前系统的状态，以及预测可能出现的问题极为重要。因此，通过结合基础监测和持续长期监测，定义和实施新的操作流程，并利用多功能化学处理程序，可以克服与加工致密油相关的独特挑战，为炼油厂提供工具和更多的灵活性来解决出现的特定工艺问题。

10.5.4　其他问题

一般来说，致密原油具有低氮和高石蜡含量（表10.1），这可能给炼油商同时带来好处或坏处。重金属，如镍和钒，含量通常较低，但碱金属（钙、钠和镁）含量可能较高，这都是高度可变的，此外，钡和铅等其他污染物可能会升高。可过滤固体可以比传统原油含量更高，体积更大，粒度更小。

从Eagle Ford、Utica和Bakken等油田通过压裂开采的致密油在美国许多地区已经普遍存在。尽管这些原油产量大和成本低，作为炼油原料很有吸引力，但其加工可能会更加困难。致密油的质量变化很大。这些油可以具有高固体含量和高熔点的蜡组分。致密油的轻链烷烃性质在与较重的原油混合时会导致沥青质不稳定。这些组成因素导致了冷预热机组结垢、脱盐器故障，以及热预热换热器和熔炉结垢。在运输和储存、成品质量，以及炼油厂腐蚀方面也存在一些潜在的问题。

除了选择催化剂外，坚实的技术服务支持是将非常规原油作为进料加工的相关的风险和挑战最小化的重要的组成部分（Bryden et al., 2014）。尽早了解进料的影响，有机会优化操作参数和催化剂管理策略，从而实现更稳定、更有利润的操作。

从致密油中提取的石脑油需要进行加氢处理，以提高辛烷值和中间馏分的辛烷值，从而获得具有冷流属性的柴油。此外，对致密油中的常压渣油进行加氢处理，可为其他炼油装置生产额外的石脑油和中间馏分油原料。由于其属性变化很大，可能需要对致密油进料进行预加氢处理。加氢异构化是常压蒸馏物原料加氢处理过程中的主要反应，而加氢裂化和破坏环结构是致密油常压渣油加氢处理的主要反应（Furimsky, 2015）。事实上，通过加氢裂化装置从致密油中加工大量直馏材料的最主要的问题是整体的瓦斯油产量较低。这种较低的瓦斯油产量提供了较少的加氢裂化装置总进料，并且与处理传统较重的原油相比，有可能未充分利用装置产能。

精炼轻质原油不是一个容易的过程，必须考虑脱盐器的性能、控制腐蚀和结垢。此外，虽然致密油有许多共同的物理属性，但在许多情况下，它们之间的区别是导致各种加工存在问题的根本原因。例如，用于开采致密油的方式通常会导致油中含有更多的化学品，并增加比传统原油更小颗粒尺寸的固体。当引入精炼过程时，致密油可以稳定脱盐器中的乳液，增加系统腐蚀和结垢的可能性，并对废水处理产生负面影响。

10.6　降低炼化影响

可过滤固体含量和石蜡含量的变化给处理致密油的炼油厂带来了一些挑战，尤其是由于致密油中轻馏分含量较高，以及固体沉积导致腐蚀，是常压蒸馏装置的关键问题（表10.7和图10.6）（Speight, 2014c; Olsen, 2015; US EIA, 2015）。从罐区到脱盐器、预热交换器和熔炉，都会发现问题，而且会加剧常压蒸馏装置的腐蚀。在炼油厂罐区，夹带的固体会聚集并迅速沉降，增加罐底的污泥层。蜡结晶并沉淀或覆盖罐壁，从而降低储存容量。蜡会稳定储罐中的乳液和悬浮固体，导致污泥进入常压蒸馏装置。蜡还会覆盖输送管道，导致压降增加和流体压力限制。此外，将含沥青质的原油与含石蜡的致密油混合会导致沥青质不稳定，从而通过沥青质沉积形成稳定的乳液和污泥。

表 10.7 致密油加工的挑战和措施

过程		挑战	解决措施
运输	管线	存在硫化氢	硫化氢抑制剂
		蜡沉积	蜡清除剂
		吞吐量	管道清理
		堵塞地层	相容性测试
	驳船、卡车、铁路	存在硫化氢	硫化氢抑制剂
		结蜡	除蜡
		混合时相容性	监控原油相容性
存储	原油罐场	结蜡	除蜡
		固相沉积	去除固相
		硫化氢	硫化氢抑制剂
		混合	监控和增加相容性
加工	冷预热列车	结垢	除垢处理
	热预热列车	结垢	除垢处理
	除盐	产生乳化液	破除乳化液
		存在胺类物质	胺类物质去除
		存在其他污染物	去除其他污染物
	腐蚀	生成铵盐	在除盐过程去除
		增加蜡质酸性腐蚀	缓解措施
生产	生产质量	凝点，冷流动性	测试，添加剂
		分馏产生的水	加盐蒸发合并
		润滑性	测试，添加剂
		硫化氢	硫化氢去除剂
运输	混合不相容性	添加剂	相容性测试
	中间产物低温流动性	添加剂	凝点抑制剂，低温流动性提高剂

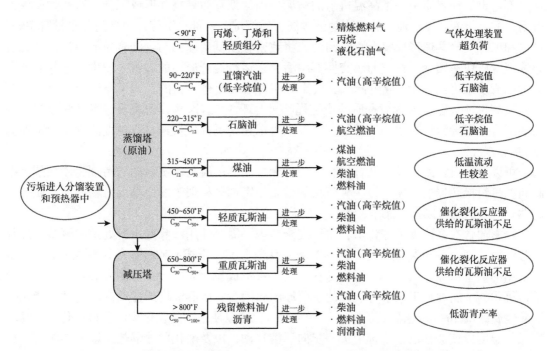

图 10.6　致密储层原油精炼过程中潜在问题的位置（与图 10.4 进行比较）

解决方案包括使用罐区添加剂来控制污泥层的形成，以及专门设计的沥青质分散剂和主动脱盐处理，以确保最佳运行（Parkash，2003；Gary et al.，2007；Speight，2014a，2017；Hsu and Robinson，2017）。预处理加上高性能脱盐器装置，提供了最佳的整体脱盐器性能，提升了脱盐原油的质量；针对上述两个方面的多种处理方案可以保证最佳的处理效果。实施原油储罐预处理程序，破坏储罐中的蜡状乳液，提高原油的水分的分辨率，最大限度地减少了进入脱盐器的污泥和固体。与之前的操作相比，该程序显著改善了释放到脱盐器盐水中的固体。在启动预处理程序之前，盐水中的固体平均为每千桶原油 29 lb 盐（29 PTB），乳液带控制是零星的。在储罐预处理程序开始后，脱盐器乳液带可以用破乳剂程序控制，并且对盐水的固体去除增加了 8 倍，达到平均每千桶原油 218 lb 盐（218 PTB）。

脱盐作业可能会遇到与致密油属性相关的问题。固体的负载可能变化很大，导致固体去除性能发生很大变化。罐区的污泥层可能会引起严重的扰动，包括稳定乳液带的生长和盐水中油的间歇性增加。结块的沥青质可以从储罐中进入脱盐器，也可以在脱盐器碎屑层中絮凝，从而在流出的盐水中产生油浆。

在脱盐装置之前的低温机组和脱盐操作之后的热机组中可观察到预热交换器结垢。低温机组结垢是由于不溶性链烷烃衍生物的沉积，再加上团聚的无机固体造成的。低温机组换热器结垢的解决方案包括添加蜡分散剂和一些其他的操作，以确保固体负载一致，处理污泥最少。原油处理可以添加包括稳定沥青质的添加剂和分解乳液、改善水分离的表面活性剂。实际操作还包括主动的沥青质稳定性测试，以确保待处理的混合原油保持相容（Speight，2014a，2015a）。

不稳定的沥青质引起了高温机组的结垢，因为沥青质聚集并形成沉淀。这些物质将无机物，如硫化铁和生产地层的沉积物带入沥青质沉淀。一部分沉淀，包括高分子量链烷烃，可以和沥青质聚集体形成复合物。因此，将致密轻质低硫原油与含沥青质的原油混合，会导致沥青质快速团聚。快速的热交换器结垢会在运行混合原油的装置中发生，这些混合原油的沥青质浓度约为 1% 或更低。氢碳比与沥青质沉淀是相关的。如果原油混合物中的沥青质没有迅速失稳，那么沥青质的稳定性将远高于 120。这些数据表明，将某些原油与致密油混合可以导致沥青质快速沉积。新技术可以在现场提供快速、高精度沥青质稳定性测量的能力。

可以通过设计用于控制沥青质和夹带的无机固体的凝聚和沉积的防污剂、添加剂来控制高温机组换热器的结垢。另一种防垢的措施是定期分析加工的原油混合物中沥青质的稳定性。这些信息可以指导操作、运行，最大限度地减少污垢问题。

致密油含有高浓度的硫化氢，出于安全考虑，需要使用清除剂进行处理。氨基清除剂通常在原油通过预热装置和熔炉预热时将硫化氢分解，形成胺碎片。单乙醇胺（MEA）是最常用的氨基清除剂之一，它很容易在常压塔中形成氯化胺盐，并沉积在装置的上部。通常，沉积物下腐蚀是工艺系统故障的主要原因，因为常压蒸馏塔的盐腐蚀的速度可能比一般酸性腐蚀快 10~100 倍。缓解策略包括控制氯化物以使塔顶的氯化物流量最小化，提高塔顶操作温度以使盐在塔顶系统中进一步向下游移动，以及酸化脱盐器盐水以增加胺在水相中的去除。

此外，当用清除剂处理页岩油以抑制硫化氢的存在时，产生的胺（有时称为不饱和胺）会在整个精炼过程中影响装置性能和效率。当存在于炼油厂原料（原油混合物）中时，这些胺衍生物可以在脱盐器处分配到油相中。一旦经过脱盐器，它们就可以在常压蒸馏装置和塔顶系统中与氯化氢（HCl）反应，从而导致腐蚀性盐的沉积。

精炼致密油的成品燃料的质量发生了重大变化。由于致密油的轻烃含量较高，其优势是增加了汽油石脑油、稳定的柴油和航空燃油馏分的产量，对炼油厂有利，但由于这些致密油原料的属性（化学性质），可能也会遇到一些问题。这些原油的石蜡含量更高，因此，它们的倾点和浊点属性较差。此外，致密油的硫含量较低，因此预计需要润滑添加剂。可以使用有效的添加剂来改善所有馏出液流的属性，但为了优化任何化学处理程序，需要对特定产品流进行测试，并且应选择定制合适的产品。

具有足够先进的分析能力至关重要，理想情况下，这种分析将能够快速区分不同类型的原油，从而提供与区分特征相关的信息（Speight，2014a，2015a）。这样的数据可以作为任何处理进料计划的来源。但更重要的是，分析还必须获取与原油属性相关的一般数据。通常，炼油厂的工程和运营团队可能并不清楚会导致换热器、蒸馏塔和原油处理装置的其他部件出现问题的原因。

炼油装置是在现实中实际运营的，因此，在如何配置炼油装置方面存在一些限制。然而，由于这个难题优化包含两个方面，因此其可能的解决方案较多。一方面是炼油厂及其能力，另一方面是原料。两者之间的任何不匹配都会造成问题，因此，通过仔细处理进入的混合原料，可以为炼油厂创造一种比任何原油来源本身更匹配的入料。

更重要的是，由于炼油厂的配置和在有利的市场条件下最大化所需的燃料目标，最佳原油混合物会有所不同。有一段时间，可能是汽油。在另一种情况下，可能是超低硫柴油（ULSD）或航空燃料，Jet-A1。润滑剂和沥青是另一类产品，可能是决策的一部分。使用分析仪混合系统驱动的项目表明，可以快速确定原油的重要属性，如真沸点（TBP）。通过尽快了解进入的原油特性，将改善这种混合方案中的配置。这意味着应该在供应链中尽快进行分析。

避免因原料、天气或其他变化而超出规格的一种方法是过度纯化，这可能导致能源浪费和产品产量降低。更好的解决方案是使用先进的过程控制技术，在不违反规定的情况下自动将蒸馏塔参数调整到最佳目标。这样做将减少产品质量变化和不合规格产品，同时最大限度地减少单位入料的能耗。它还将提高更有价值的产品的回收率和吞吐量。在炼油装置可接受多种原料的情况下，因为混合原料可以具有更广泛的属性，炼油装置仍将能够生产所需的产品，这意味着原油的混合将有更多的回旋余地。

分馏过程控制也必须是动态的，因为炼油厂的原料不仅随着时间的推移而变化，而且产品需求也在变化。因此，炼油厂的过程控制应具有适应性，以应对原料和产品类型的变化。同时也必须对产品进行评估，以确保符合规范要求。

10.7　成品评价

将致密油变为产品涉及加工（当油中存在渣油时，进行一些转化）成更畅销、价值更高的产品。表征方法的改进对于工艺设计、原油评估和操作控制管理是必要的。明确重质馏分和渣油中沸点范围和碳氢化合物类型分布越来越重要。对原料进行分析，以提供定量的沸点分布范围（考虑非洗脱组分），以及瓦斯油和高沸点材料中碳氢化合物类型的分布，这对于评估用于进一步加工的原料是很重要的。

即使致密油是炼油装置原料或致密油包含在炼油装置混合原料中，产品也是高度复杂的化学品，需要付出相当大的努力，以高精度和准确表征其化学和物理属性。事实上，有必要对石油产品进行分析，以确定有助于解决工艺问题的属性，以及加工后产品在使用中的功能和性能。

因此本节是本章致密油中四种馏分（石脑油、煤油、瓦斯油和渣油）被用作单独炼油厂原料时的相关后续内容，并对分析测试方法进行了描述，介绍了一些通常用于研究原料化学结构组成的方法，以及可能优选用于精炼的方法。当然，可用于原油和原油产品的分析方法很多，但它们因样品条件和成分而异。更具体地说，本章讨论了用于定义样品化学和物理属性的更常见方法。此外，本节所述的任何方法也可用于环境目的的样品分析（见第18章）。

10.7.1　石脑油

石脑油（石油石脑油）适用于精炼、部分精炼或未精炼的原油产品，以及蒸馏低于240℃（465℉）的天然气液体产品，并且是用作溶剂或汽油的原油的挥发性部分。事实上，在标准蒸馏条件下，不少于10%（体积分数）的材料应在75℃（167℉）以下蒸馏；不低于95%（体积分数）的材料应蒸馏至240℃（465℉）。尽管不同等级的石脑油沸腾范围不同，具有不同的沸点（Hori，2000；Parkash，2003；Pandey et al.，2004；Gary et al.，2007；Speight，2014a，2017；Hsu and Robinson，2017），本章的重点是石脑油的低沸点馏分（沸点 30~200℃，1~392℉），这大约相当于凝析油的沸点和天然汽油的沸点。

更一般地说，石脑油是一种衍生自原油的中间烃液流，通常经过脱硫，然后进行催化重整以生产高辛烷值石脑油，然后再混合到汽油的油流中。由于原油成分和质量的变化，以及炼油厂操作的差异，石脑油一词没有确定的、单一的定义，因为每个炼油厂都生产具有自身特点的石脑油，通常具有独特的沸点范围（独特的起始沸点和最终沸点）及其他物理和成分特征。

从化学角度来看，石脑油也很难有准确的定义，其原因在于石脑油沸点范围（C_5—C_8 或 C_5—C_{10} 沸点范围），它除了潜在的蜡异构体外，还可能含有不同比例的不同数量的成分（石蜡衍生物、环烷衍生物、芳香族衍生物和烯烃衍生物）（表 10.8 和表 10.9）。

表 10.8　产物类型和馏分范围

产物	最低碳数限制	最高碳数限制	最低沸点温度（℃）	最高沸点温度（℃）	最低沸点温度（℉）	最高沸点温度（℉）
精炼气	C_1	C_4	−161	−1	−259	31
液化石油气	C_3	C_4	−42	−1	−44	31
石脑油	C_5	C_{17}	36	302	97	575
汽油	C_4	C_{12}	−1	216	31	421
煤油 / 柴油	C_8	C_{18}	126	258	302	575
航空燃油	C_8	C_{16}	126	287	302	548
燃料油	C_{12}	> C_{20}	216	421	> 343	> 649
润滑油	> C_{20}		> 343		> 649	
蜡	C_{17}	> C_{20}	302	> 343	575	> 649
沥青	C_{20}		> 343		> 649	
焦炭	> C_{50}[a]		> 1000[①]		> 1832[①]	

①不同样品碳数和沸点。

表 10.9　碳原子数与异构体数量

碳原子数	异构体数
1	1
2	1
3	1
4	2
5	3
6	5
7	9

续表

碳原子数	异构体数
8	18
9	35
10	75
15	4347
20	366319
25	36979588
30	4111846763
40	62491178805831

一种测试方法（ASTM D5291）可以使用高分辨率核磁共振光谱仪测定烃类液体的芳香族氢含量和芳香族碳含量。对于脉冲傅里叶变换（FT）光谱仪，检测极限通常为 0.1%（摩尔分数）的芳香族氢原子和 0.5%（摩尔分数）的芳香族碳原子。对于仅适用于测量芳香族氢含量的连续波光谱仪，其检测极限相当高，通常为 0.5%（摩尔分数）的芳香族氢原子。

通常，石脑油由短链碳氢化合物衍生物（C_5—C_8）组成，例如当使用凝析油和天然汽油时，可以是芳香的（气味甜美且致癌），并且可以含有硫酸化合物或其他杂质。在所有原油衍生的液体中，它的沸点最低，这使它的蒸气压最高。因此，石脑油在不装在蒸气密封容器中时会产生易燃蒸气，但如果通风良好，这些蒸气会迅速扩散。气味尤其重要，因为与大多数其他原油液体不同，许多含有石脑油的制成品都用于密闭空间、工厂车间和家中。由于挥发性，石脑油（尤其是含有凝析油和天然汽油的石脑油）：（1）很容易燃烧；（2）会从大多数表面迅速蒸发；（3）必须仔细处理。此外，含有高比例芳香族成分的芳香族石脑油也可能具有烟雾、有毒和致癌作用。一些石脑油基燃料的芳香烃含量降低，但许多燃料的芳香烃衍生物天然含量较高或含量会增加，尤其是当混合原料（凝析油或天然汽油）含有芳香烃衍生物时。

为了满足各种用途的需求，通过沸点范围确定了石脑油的基本等级。为方便起见，石脑油溶剂的整个范围可分为四大类：（1）总蒸馏范围在 30~165℃（86~330°F）范围内的特殊沸点液体；（2）纯芳香族化合物，如苯、甲苯、二甲苯异构体或其混合物（BTX）；（3）白色组分，也称为矿物油和石脑油，通常沸点在 150~210℃（302~410°F）以内；（4）在 160~325℃（320~615°F）范围内沸腾的高沸点原油馏分。

由于最终用途决定了所需的石脑油成分，因此具有不同等级的石脑油，在某些应用中测试方法可能具有重要意义，而在其他应用中则不那么重要。因此，必须根据最终用途来考虑测试的应用和重要性。为了强调这一点，石脑油含有不同数量的成分，即不同比例的石蜡衍生物、环烷衍生物、芳香族衍生物和烯烃衍生物，以及存在于石脑油沸点范围内的潜在石蜡异构体。石脑油在沸点和碳数方面与汽油相似，是汽油的前身。石脑油用作汽车燃料、发动机燃料和 Jet-B（石脑油型）。从广义上讲，石脑油分为轻质石脑油和重质石脑油。轻质石脑油被用作橡胶溶剂、油漆稀释剂，而重质石脑油在染色和清洁行业中被用作清漆溶剂或清洁油剂。

挥发性、溶解性（溶解力）、纯度和气味决定了石脑油对特定用途的适用性。石脑油在战争中作为燃烧装置和照明剂的使用可以追溯到公元 1200 年。石脑油可以划分为贫石脑油（高石蜡含量）或富石脑油（低石蜡含量）两类。环烷烃含量比例较高的富石脑油更容易在铂重整装置中加工（Parkash，2003；Gary et al.，2007；Speight，2014，2017；Hsu and Robinson，2017）。

如果石脑油泄漏或排放到环境中，对陆地和（或）水生生物有毒。重大泄漏可能会对水生环境造成长期不利影响。石脑油的成分主要在 C_5—C_{16} 范围内：烷烃、环烷烃、芳香族衍生物，如果要进行过裂化，成分还包括烯烃。石脑油主要含有芳香族成分（高达 65%），其他成分中可能含有高达 40% 的烯烃，剩余其他都是脂肪族的，高达 100%。

水溶性范围变化较大，包含最长链烷烃的极低溶解度到最简单的单芳香族成分的高溶解度。通常，芳香族化合物比相同大小的烷烃、异烷烃和环烷烃更易溶解。这表明可能留在水中的组分是单环和双环芳香族衍生物（C_6—C_{12}）。C_9—C_{16} 烷烃、异烷烃和一环和二环环烷烃可能因其低水溶性和中高辛醇—水分配系数（log K_{ow}）和有机碳—水分配系数值（log K_{cw}）而被吸引到沉积物中。

原油石脑油的主要用途分为：（1）汽油和其他液体燃料的前身；（2）油漆的溶剂或稀释剂；（3）干洗溶剂；（4）稀释沥青的溶剂；（5）橡胶工业中的溶剂；（6）工业萃取过程中的溶剂。松脂，一种更古老、更传统的油漆溶剂，现在几乎完全被更便宜、更丰富的原油石脑油所取代。基于试验方法可以有效确定石脑油是否适用于上述任何用途。

最后，石脑油用途的性质要求与石脑油配方中使用的许多其他材料兼容，包括凝析油和天然汽油。因此，必须仔细测量和控制给定部分的溶剂属性。在大多数情况下，挥发性是十分重要的，并且由于石脑油在工业和回收中的广泛使用，工厂设计需要考虑一些石脑油的其他基本特征的信息。

冷凝液通常为水色（无色或接近无色）或浅色（棕色、橙色或绿色），API 重度通常在 40~60°API 之间。这些液体的产量可以高达 300 bbl/10^6ft³。有人提出（McCain，1990），当产量低于 20 bbl/10^6ft³ 时，即使考虑到相变，储层中的液体含量也可能微不足道。

凝析油来源很多，每种凝析油都有自己独特的成分。通常，凝析油的相对密度范围为 0.5~0.8，由烃衍生物如丙烷、丁烷、戊烷、己烷和通常高达癸烷的高分子量烃衍生物组成。具有更多碳原子的天然气化合物（例如戊烷，或丁烷、戊烷和其他具有额外碳原子的烃衍生物的混合物）在常温下以液体形式存在。此外，冷凝物可能含有其他杂质，例如：（1）硫化氢，H_2S；（2）硫醇，表示为 RSH，其中 R 是有机基团，如甲基、乙基、丙基等；（3）二氧化碳，CO_2；（4）具有 2~10 个碳原子的直链烷烃衍生物，表示为 C_2 至 C_{10}；（5）环己烷和可能的其他环烷衍生物；（6）芳香族衍生物，如苯、甲苯、二甲苯异构体和乙苯（Pedersen et al.，1989）。

凝析油与传统原油明显不同，因为：（1）原油的颜色通常从深绿色到黑色不等；（2）含有一些石脑油，通常被错误地称为汽油；（3）通常含有深色高分子量非挥发性成分；（4）API 重度（衡量其重量或密度）通常小于 45°API。

当发现油气储层时，了解存在的流体类型及其主要物理化学性质是很重要的，这通常是通过对储层的代表性流体样品进行压力—体积—温度分析来获得的。在大多数情况下，进行压力—体积—温度分析可能需要几个月的时间，这限制了在此期间可以进行研究的数量和类型（Paredes et al.，2014）。在完井后几乎可以立即测量的唯一参数是传统的生产测井。在某些情况下，这种产量测量可以在完井前通过使用特殊的测试或测量设备［如钻杆测试（DST）］获得。

储层中存在原油流体是经历一系列压力和温度的热力学变化后，从岩石迁移到圈闭的过程中由碳氢化合物衍生物组成的原始混合物。储层压力和温度随深度的增加而增加，它们的相对关系将影响流体中可能含有的低沸点和高沸点组分。通常，烃衍生物混合物中低沸点成分的含量随着温度和深度的增加而增加，这可能导致储层接近临界点；凝析油包含在这类流体中（Ovalle et al.，2007）。

储层流体属性用于表征流体在给定状态下的状态。烃类混合物属性的可靠估计和描述是原油和天然气工程分析和设计的基础。流体属性不是独立的，正如压力、温度和体积也不是相互独立的。状态方程提供了估算 PVT 关系的方法，从中可以导出许多其他热力学属性，是计算每相属性的基础。

基于现场数据，已经建立了凝析气的相关方程。这些相关性可用于预测露点压力、储层压力降至露点压力以下后地面凝析油产量的下降，以及储层压力低于露点压力时储层气体相对密度的下降。露点压力值是任何储层研究的重要数据。在实验室数据不可用的情况下或在获得实验室数据之前，有必要对特定储层流体的露点压力进行合理准确的估计。利用实验室测量的 615 种全球来源的凝析油的露点压力和其他气体属性，通过初始产气 / 凝析油比、初始储罐原油重度和原始储层气体的相对密度，建立了露点压力关系。这是第一个不需要实验室测量结果而提出的露点压力的相关性。

在储层压力降至露点压力以下后，对产量下降的估计对于准确预测凝析油储量是必要的。在凝析油生产的初期中，地面产量的递减率可以高达75%。在预测凝析油的最终采收率时，必须考虑到这种减少。建立了地面产量相关性方程，是所选储层压力、初始储罐油重度、原始储层气体相对密度和储层温度的函数。数据集包括 190 个凝析油样本的实验室研究，这是原油文献中首次提出的估算地表产量下降的相关性的方法。

密度通常被定义为单位体积流体中所含的质量。密度是流体唯一最重要的属性（Speight，2014a，2015a），一旦获取便可以获得大多数其他与密度相关的属性。彼此成反比的体积和密度都表示流体中分子之间的距离。对于液体来说，密度很高，这意味着分子浓度很高，分子间距离很短。对于气体，密度较低，这意味着低分子浓度和大的分子间距离（Rayes et al.，1992；Piper et al.，1999）。

相对密度是指流体密度与参考物质密度的比值，两者都是在相同的压力和温度下定义的。这些密度通常在标准条件下定义（14.7psi 和 60°F）。对于冷凝物、油或液体，参考物质是水。根据定义，水的相对密度是 1，若使用 API 重度，水的 API 重度为 10°API。轻质原油的 API 重度大于或等于 45°API，而气体冷凝物的 API 重度在 50~70°API 之间。

天然气的地层体积因子（B_g）将储层条件下 1 磅·摩尔的天然气体积与标准条件下相同磅·摩尔的气体体积联系起来，如下所示：

$$B_g = 储层条件下单位气体的体积 / 标准条件下单位气体体积 \tag{10.3}$$

这些体积显然是给定条件下气体的比摩尔体积。冷凝物的地层体积因子（B_o）将储层条件下 1 磅·摩尔液体的体积与该液体通过表面分离设施后的体积联系起来：

$$B_o = 储层条件下单位液体的体积 / 分离后单位液体体积 \tag{10.4}$$

油层体积系数也可以看作是在储油罐中生产一桶油所需的储层流体体积。

表面张力是液体表面自由能的量度，即储存在液体表面的能量的程度。尽管它也被称为界面力或界面张力，但表面张力这个名称通常用于液体与气体接触的系统。定性地说，它被描述为作用在液体表面上的力，该力倾向于使其表面的面积最小化，导致液体形成球形的液滴。从数量上讲，由于其量纲是长度上的力（lbf/ft，单位为英制），因此它表示为破坏 1ft 长的薄膜所需的力（单位为 lbf）。等效地，它可以重新表述为每平方英尺的表面能（单位：lbf·ft）。

流体黏度是其内部流动阻力的量度，因此，黏度是冷凝液流动属性的指标。最常用的黏度单位是厘泊，它与其他单位的关系如下：

$$1cp = 0.01poise = 0.000672\ lbm/ft·s = 0.001Pa·s \tag{10.5}$$

天然气黏度（见第 7 章）通常会随着压力和温度的增加而增加（Lee et al.，1966）。

以下是对适用测试方法的回顾，这些方法可用于测量碳氢化合物衍生物气体的一些关键参数。

由于石脑油的高标准和高要求（McCann，1998），在取样测试时，对凝析油和天然汽油采用相同的高标准技术是至关重要的（ASTM D4057）。本试验方法涵盖了手动获取液体原油和原油产品和取样点的中间产品样品的程序和设备。凝析油与天然汽油也适用于该测试方法，研究人员和分析人员可以认识到凝析油和天然汽油的潜在高挥发性。进行任何类型的采样都有固有的局限性，其中任何一种都可能影响样本的代表性。例如，点样本（见第 5 章）仅提供储罐、容器隔室或管道中一个特定点的样本。在运行或所有级别的样本的情况下，点样本仅代表从取样点中提取的样本特征。

根据产品和待执行的测试，该测试方法（ASTM D4057）可测试储罐、采气管线、管道、船舶、工艺容器、圆桶、罐、管、袋、釜和进入容器的液态、半液态和固态原油、原油产品。然而，对样品的不当处理或样品中最轻微的污染物痕迹都可能导致误导性的错误结果。因此，必须特别小心，以确保容器严格清洁且无异味。取样时应尽量减少干扰，以避免挥发性成分的损失；在低沸点石脑油的情况下，可能需要冷却样品。并且，在等待检查的过程中，样品应保存在凉爽、避光的地方，以确保它们不会失去挥发性成分或因氧化而变色和产生气味。

评估石脑油溶剂属性的另一种方法是测量在特定条件下用作溶剂时馏分的性能，例如通过 Kauri 丁醇试验方法（ASTM D1133）。该测试方法用于确定 Kauri 丁醇值，该值可用作碳氢化合物液体的溶剂能力的衡量标准。高 Kauri 丁醇数值表明相对较强的溶解能力。然而，由于该方法是专门为应用于初始沸点超过 40℃（104°F）的液态碳氢化合物而设计的，因此在使用该方法时应注意沸点小于 300℃（570℉）的样品。这可能导致大多数凝析油样品不合格，因此此方法仅允许用于更高沸点的天然汽油样品。

适用于烃类液体的其他的测试方法通常包括确定表面张力，用表面张力计算溶解度参数，然后提供溶解能力和相容性的评价。使用正戊烷（ASTM D893；ASTM D4055）测定润滑油中不溶性物质的量应用了类似的原理，并且该方法可以应用于液体燃料。测量的不溶性成分也有助于评估液体燃料的性能特征，以确定设备故障和线路堵塞的原因（见第 13 章）（Speight and Exall，2014）。一种测试方法（ASTM D893）是通过使用戊烷稀释和离心作为分离方法来测定使用过的润滑油中的戊烷和甲苯不溶性成分。另一种测试方法（ASTM D4055）是使用戊烷稀释，然后进行膜过滤，以去除尺寸大于 0.8mm 的不溶性成分。

10.7.1.1 苯胺点和混合苯胺点

烃馏分的苯胺点定义为等体积的液态烃和苯胺可混溶的最低温度。苯胺（C₆H₅NH₂）是一种芳香族化合物，具有苯分子的结构，其中一个氢原子被氨基（—NH₂ 基团）取代。苯胺点是一种重要的测试方法（ASTM D611），可用于原油馏分的表征、分子类型的分析，以及烃衍生物混合物的分析。该试验方法包括多种子试验方法，每种方法都适用于特定的应用条件，其中任何一种方法都不适用于凝析油样品，但有可能将子试验方法（方法 A）应用于天然汽油。该试验方法还包括测定原油产品和烃溶剂的混合苯胺点，其中苯胺点低于苯胺从苯胺样品混合物中结晶的温度。

试验方法 A（ASTM D611）适用于初始沸点高于室温且苯胺点低于苯胺样品混合物的泡点和凝固点的透明样品。测试方法 B 是一种薄膜方法，适用于颜色太深而无法通过测试方法 A 进行测试的样品。测试方法 C 和 D 适用于在苯胺点可能明显蒸发的样品。试验方法 D 特别适用于仅有少量样品的情况。试验方法 E 描述了使用适用于试验方法 A 和 B 所涵盖范围的自动装置的程序。

在烃基中，苯胺点随着分子量或碳数的增加而增加，但对于相同的碳数，苯胺点从芳香烃衍生物到链烷烃衍生物会增大。通常，苯胺点较高的油具有较低的芳香烃含量。与石蜡衍生物相比，芳香族衍生物具有相对低的苯胺点，因为苯胺（C₆H₅NH₂）是芳香族化合物并且与芳香烃衍生物具有更好的混溶性。环烷烃衍生物和烯烃衍生物的苯胺点往往落在芳香烃衍生物的苯胺值的两个极端之间，即烷烃衍生物的苯胺值。

10.7.1.2 苯和芳香族衍生物

汽油中苯和总芳香族衍生物的精确测量是现代溶剂和液体燃料中的常规测试参数（Speight，2015），由于凝析油和天然汽油被用作汽油调和原料，这同样适用于这两种天然气产品。本试验方法包括用气相色谱法测定低沸点烃类液体中的苯和甲苯。苯可以在 0.1%~5%（体积分数）的水平之间测定，甲苯可以在 2%~20%（体积分数）的水平之间检测。无论出于何种原因，因为这些成分不会完全从苯峰分离，测试样品都应含有乙醇或甲醇。改进的方法可用于分析含有乙醇的样品。改进后的方法使用了不同的内标和不同的气相色谱柱，可以更好地分离含乙醇或甲醇的燃料。

用于测定苯、甲苯、乙苯、二甲苯异构体和高沸点芳香族衍生物，以及样品中芳香族衍生物总浓度的另一种测试方法（ASTM D5580）使用气相色谱法，该方法还可以测试含有常见醇和醚的液体燃料。在该方法中，芳香烃衍生物在不受液体样品中其他烃衍生物干扰的情况下被分离。沸点大于正十二烷的非芳香烃衍生物（当相对低沸点的凝析油和天然汽油是正在研究的样品时，这可能不相关）可能会对 C_9 和高分子量芳香烃衍生物的测定造成干扰。对于 C_8 芳香族衍生物，对二甲苯和间二甲苯一起分离，而乙苯和邻二甲苯可以分开分离。任何 C_9 和更高沸点的芳香族衍生物都能被确定为单个基团。本试验方法涵盖了以下浓度范围芳香族衍生物的测定，以液体体积百分比计：（1）苯，0.1%~5%；（2）甲苯，1%~15%；（3）单个 C_8 芳香族衍生物，0.5%~10%。

除了气相色谱法和上述仪器方法之外，用于测定液体样品中的苯、甲苯和总芳香族衍生物的所谓特征分析仪器法（ASTM D5769），如气相色谱—质谱法（GC/MS）、气相色谱傅里叶变换红外光谱法（GC/FTIR），也可用于精确测量任何液体样品中的苯（ASTM D5986；DiSanzo and Giarrocco，1988；De Bakker and Fredericks，1995）。

在第一种测试方法（ASTM D5769）中，涵盖了成品石脑油类烃液体中苯、甲苯、其他指定的单个芳香族化合物和总芳香族衍生物的测定。该方法采用气相色谱—质谱法（GC/MS），该方法可应用于含有以下浓度（体积分数）分析物的烃类液体：（1）苯，0.1%~4%；（2）甲苯，1%~13%；（3）总 C_6—C_{12} 芳香族衍生物，10%~42%。

原油馏分中饱和烃、烯烃衍生物和芳香族衍生物的总体积百分比的测定对于表征作为汽油混合组分和催化重整工艺进料的原油馏分的质量是重要的。

这些信息对于表征催化重整、热裂化和催化裂化的原油馏分，以及汽车和航空燃料产物的混合组分也很重要。该信息作为燃料油质量的衡量标准也很重要，正如在另一种标准测试方法（ASTM D1655）中的相关规定。然而，本试验方法（ASTM D1655）描述了 Jet-A 和 Jet-A1 航空燃油的最低性能要求，并列出了民用发动机和飞机使用燃料油的可接受添加剂。因此，它可能不适用于凝析油或天然汽油，分析员在对样品应用该试验方法之前，应考虑凝析油和天然汽油的所有可能的属性。

10.7.1.3 组成

石脑油沸点范围内潜在的碳氢化合物异构体的数量（表 10.8 和表 10.9）使得石脑油蒸馏范围内不可能只含有单个碳氢化合物衍生物，并且使用了碳氢化合物化学基团类型识别而非单个组分的识别方法。然而，必须认识到，原油储层中的成分随深度而变化（Speight，2104），重力引起的成分"偏析"通常被作为成分变化的物理解释。重力分异的结果是，随着 C_7 摩尔分数（和露点压力）的增加，凝析油在更大的深度变得更丰富（Whitson and Belery，1994）。然而，并不是所有的地区都表现出随深度增加温度变化的等温温度模型。一些油田在较深地区几乎没有温度梯度，而其他油田的梯度大于等温模型预测的梯度（Høier and Whitson，1998）。与基于恒定成分的计算相比，C_7 成分随深度的变化将明显影响原位初始表面冷凝物的计算。

准确测定原油及其产品的密度、相对密度或 API 重度，对于在 15℃ 或 60°F 的标准参考温度下将测得的体积转换为（地面）体积或质量，或两者都转换是十分必要的。因此，来自密度（相对密度）测试方法（ASTM D1298）的数据提供了一种识别石脑油等级的方法，但不能判断其成分，并且只能在与其他测试方法的数据结合使用时，才能用于指示评估产品成分或质量。按照许多相关行业的要求，密度数据主要用于将石脑油体积转换为质量。对于必要的温度校正和体积校正，可以使用原油测量表（ASTM D1250）中的相应部分。

该程序（ASTM D1298）最适用于测定低黏度透明液体的密度、相对密度或 API 重度。此外，该方法还可以用于黏性液体（当该方法应用于凝析油或天然汽油时没有此问题），通过允许液体比重计有足够的时间达到温度平衡，以及用于不透明液体通过采用合适的方法校正。此外，对于透明和不透明流体，在校正到参考温度之前，应校正热玻璃膨胀效应和校准温度效应。

该方法（ASTM D1298）涵盖了使用玻璃比重计结合一系列计算进行的液体样品密度、相对密度或 API 重度的实验室测定方法，适用于具有 101.325kPa（14.696psi）或更小的 Reid 蒸气压的烃类液体。其数值主要在当前温度下确定，通过一系列计算和国际标准表格，并校正为 15℃ 或 60°F 时的值。获得的初始比重计读数是一个未经校正的比重计读数，而不是密度测量值。在参考温度或另一个方便测定的温度下，在比重计上测量读数，并通过原油测量表校正弯液面效应、热玻璃膨胀效应、替代校准温度效应和参考温度的读数。测定的密度、相对密度或 API 重度的数据，可以通过内部转换程序转换为其他量级或者其他温度下的参数（ASTM D1250）。

第一级的组成信息的获取是通过吸附色谱法（ASTM D1319）推导出的基团型总量，以给出沸点低于 315℃（600°F）的材料中饱和物、烯烃衍生物和芳香族衍生物的体积百分比。在这种测试方法中，将少量样品引入装有活性硅胶的玻璃吸附柱中，吸附柱中含有一小层荧光染料的混合物。当样品被吸附在凝胶上时，加入醇将样品解吸到柱下，烃成分根据其亲和力分为三种类型（芳香族衍生物、烯烃衍生物和饱和烃衍生物）。荧光染料还选择性地与碳氢化合物类型反应，并使边界区在紫外光下可见。每种碳氢化合物类型的体积百分比是根据柱中每个区域的长度计算得出的。

设计了一种标准测试方法（ASTM D2427）来测定汽油和低沸点烃类液体中乙烷（C_2）至戊烷（C_5）的烃类含量。该方法是一种成熟的方法，利用填充柱和机械阀进行反冲洗和前冲洗，将挥发性烃衍生物从石脑油样品的其余部分中分离出来。然而，含有大量非烃添加剂（如乙醇）的样品可能会干扰测试，并且可能需要开发一种替代程序来确定低沸点烃衍生物。

还可以从苯胺点（ASTM D611）、冰点或凝固点（ASTM D852；ASTM D1015）、浊点（ASTM D2500）的测定中获得组成的指示。在应用 ASTM D852 测试方法时，分析员应注意该测试方法用于测定苯的纯度，冰点越接近纯苯的冰点，样品就越纯净。凝固点测量（ASTM D1015）与相关碳氢化合物衍生物的物理常数（ASTM D1016）一起使用时，可以测定试样的纯度，上述试验方法的参数不允许将该方法应用于凝析油或天然汽油的散装样品。然而，这些参数确实允许对从凝析油或天然汽油中分离的任何单个样品进行纯度检查（通过凝固点）。通常需要了解这些烃衍生物的纯度，以帮助控制它们的生产，并确定它们是否适合用作试剂化学品或转化为其他化学中间体或成品。

碱度和酸度（ASTM D847；ASTM D1093；ASTM D1613；ASTM D2896）及烯烃含量在所有情况下都应较低，但不能保证都会出现这种情况。从原油井中分离出的凝析油或天然汽油可能会显示出酸度、碱度或烯烃含量的痕迹。此外，其他来源（炼油厂工艺气、煤气、沼气、垃圾填埋气和燃料气）产生的气体可能显示出酸度、碱度或烯烃含量的迹象。使用溴值（ASTM D1159）、溴指数（ASTM D2710）、火焰电离吸收（ASTM D1319）是确保硫化氢及一般含硫化合物（ASTM D130；ASTM D849；ASTM D1266；ASTM D3120；ASTM D4045）的低水平（最大）是很必要的。其中尤其是腐蚀性含硫化合物的含量，可通过博士试验法（ASTM D4952）测定。

天然气凝析油和天然汽油中可能存在芳香成分，因为芳香成分会影响各种属性，包括沸点（ASTM D86）、黏度（ASTM D88；ASTM D445；ASTM D2161）、稳定性（ASTM D525）和与各种溶质的相容性（ASTM D1133），因此可能需要采用相关的试验方法。苯胺点（ASTM D611）和 Kauri 丁醇值（ASTM D1133）等测试具有一定的经验性质，可以作为对照测试，从而发挥有用的作用。然而，凝析油成分和天然汽油成分主要通过气相色谱法监测，尽管大多数方法可能是针对汽油或石脑油开发的（ASTM D2427；ASTM D6296），但测试方法也适用于凝析油组成和天然汽油。

多维气相色谱法（ASTM D5443）用于通过最终沸点低于 200℃（392℉）的低烯烃型烃流中的碳数来测定石蜡衍生物、环烷衍生物和芳香族衍生物。采用多维气相色谱法的试验方法（ASTM D5443）可用于测定沸点高达 200℃（390℉）的原油馏分中的石蜡衍生物、环烷衍生物和芳香烃并且可以用于通过碳数测量碳氢化合物类型，因此可以适用于凝析油和天然汽油的应用。该试验方法（ASTM D5443）适用于碳氢化合物精炼，有助于过程控制和质量保证。该方法适用于各种碳氢化合物混合物，包括原始、催化转化、热转化、烷基化和混合石脑油。该方法包括通过碳数测定最终沸点高达 200℃（392℉）的低烯烃混合物中的石蜡衍生物、环烷烃衍生物和芳香族衍生物。

沸点大于 200℃ 且小于 270℃（392~520℉）的碳氢化合物混合物场显示为单个组。如果存在烯烃衍生物的话，其状态应该是水凝胶化的，并且所得的饱和物主要分布在石蜡和环烷中。在 C_9 及以上沸腾的芳香族衍生物只能显示为单个芳香族基团。然而，与其他基于气相色谱的测试方法相比，该测试方法不旨在测定单独的组分，但苯和甲苯除外，它们分别是唯一的 C_6 和 C_7 芳香族衍生物，环戊烷是唯一的 C_5 环烷烃衍生物。单个碳氢化合物组分的检测下限为 0.05%（质量分数）。

测定芳香族成分含量的其他方法（ASTM D3257）包括各种类型的检测器，并提供了测定石脑油中芳香族化合物的替代途径。然而，该方法（ASTM D3257）涵盖了在蒸馏范围为 149~210℃（300~410℉）的烃液体中浓度范围为 0.1%~30%（体积分数）的乙苯和总八碳（C_8），以及更高沸点的芳香族衍生物的测定，沸点通过标准测试方法（ASTM D86）所确定。该方法仅适用于识别天然汽油中存在的任何高沸点成分，因为凝析油通常不含此类高沸点成分。

与凝析油和天然汽油有关的碳氢化合物成分是通过质谱法测定的，这项技术已广泛用于石脑油和汽油的碳氢化合物类型分析（ASTM D2789），以及鉴定高沸点石脑油馏分中的碳氢化合物组分（ASTM D2425）。

另一种方法（ASTM D2789）允许通过质谱法提交凝析油和石脑油样品用于官能团烃分析。本试验方法包括通过质谱法测定总石蜡衍生物、单环石蜡衍生物、二环石蜡衍生物（不太可能存在于凝析油和天然汽油中）、烷基苯衍生物，以及在凝析油和天然汽油中也不太可能存在的其他高分子量环衍生物。测试的前提是样品的烯烃含量小于 3%（体积分数），95%（体积分数）蒸馏点小于 210℃（410℉）（ASTM D86）。烯烃衍生物可采用替代试验方法（ASTM D1319）进行测定。通常，该方法适用于低沸点烃混合物的样品，其中在基质中含有显著低挥发性或极性组分的样品中测定低沸点烃衍生物。该方法也适用于测定这种混合物的甲烷含量，并且可以扩展到包括更高分子量的烃衍生物。

另一方面，测试方法 ASTM D2425 涵盖了使用质谱仪来确定原始中间馏分中存在的碳氢化合物类型，其沸点在 204~343℃（400~650℉），含量在 5%~95%（体积分数）。该方法可以分析平均碳数值在 C_{12} 和 C_{16} 之间石蜡衍生物和含有来自 C_{10} 和 C_{18} 的石蜡衍生物的样品。通常，该方法不适用于低沸点烃混合物的样品，尤其是含有显著低挥发性的样品或混合物中测定低沸点烃衍生物。在所述参数下，该方法需要进行较大的优化才能应用于凝析油和天然汽油，除非每个样品都含有大量的高沸点（中间馏分类型）物质。

还有一种方法（ASTM D6379）可用，该方法可用于测定沸点范围为 50~300℃（122~570℉）的蒸馏物中的单芳香烃和二芳香烃含量。本试验方法包括一种高性能液相色谱试验方法，用于测定烃类液体［如沸点在 50~300℃（122~570℉）范围内的蒸馏物］中的单芳香烃和二芳香烃含量，并且可以（经过一些修改）应用于凝析油和天然汽油。总芳香族含量是由单个芳香烃类型的总和计算得出的。本试验方法针对含有 10%~25%（质量分数）单芳香烃衍生物和 0~7%（质量分数）二芳香烃衍生物的烃类液体进行校准。含有硫、氮和氧的成分（不是凝析油和天然汽油的常见成分）可能是该测试方法的干扰因素。

另一种方法（ASTM D2425）提供了比色谱分析更多的组成细节（就分子种类而言），并且烃类型根据 Z 系列进行分类，其中 z（在经验式 C_nH_{2n+z} 中）是化合物缺氢的量度。该方法要求在质谱分析（ASTM D2549）之前将样品分离为饱和馏分和芳香馏分，并且该分离适用于某些馏分，而不适用于其他馏分。例如，该方法适用于高沸点石脑油，但不适用于低沸点石脑油，因为不可能在不损失所研究的石脑油的低沸点成分的情况下，蒸发分离使用的溶剂。

芳香族氢原子和芳香族碳原子的百分比可以通过给出芳香族氢或碳原子的摩尔百分比的高分辨率核磁共振波谱（ASTM D5292）来确定。使用连续波或脉冲傅里叶变换高分辨率磁共振波谱仪在氯仿或四氯化碳中的样品溶液上获得质子（氢）磁共振波谱。使用脉冲傅里叶变换高分辨率磁共振在氯仿中的样品溶液上获得碳磁共振光谱。本试验方法包括使用高分辨率核磁共振（NMR）光谱仪测定烃油的芳香族氢含量（程序 A 和 B）和芳香族碳含量（程序 C）。对于脉冲傅里叶变换（FT）光谱仪，检测极限通常为 0.1%（摩尔分数）的芳香族氢原子和 0.5%（摩尔分数）的芳香族碳原子。对于仅适用于测量芳香族氢含量的连续波（CW）光谱仪，检测极限相当高，通常为 0.5%（摩尔分数）的芳香族氢原子。

石脑油中碳氢化合物组分的测定对石油化工、重整过程的过程控制，以及监管目的具有重要意义。通过核磁共振（ASTM D5292）获得的数据可用于评估石脑油，以及煤油、瓦斯油、矿物油和润滑油中芳香烃含量的变化。然而该试验的结果并不等同于色谱法测定的芳香族衍生物的质量百分比或体积百分比，因为色谱法是测定具有一个或多个芳香环和环上烷基取代基的分子的质量百分比或体积百分数。

测试方法（ASTM D3701）专注于航空涡轮燃料的燃烧质量的评价，一般情况下可能适用于凝析油和天然汽油。通常，该测试方法已应用于相关的规范，以及采用相关测试方法来测定烟点（ASTM D1322）。使用另一种测试方法（ASTM D4808）测定原油中的氢含量可能更加合适。

例如，试验方法 ASTM D4808 涵盖了使用连续波低分辨率核磁共振波谱仪测定从常压蒸馏物到减压渣油的原油产品中的氢含量。其中一个子方法（方法 A）用于沸点范围为 15~260℃（59~500℉）的烃类液体。因此，如果可以通过另一种标准测试方法或通过将样品稳定在 15℃，该方法可以适用于凝析油和天然汽油。

尽管许多测试的重点是分析石脑油和其他原油馏分的碳氢化合物成分，但不能忽视含有硫和氮原子的杂原子化合物，并且可以使用其他测定方法。气相色谱法与元素选择性检测的结合提供了与元素分布有关的信息。此外，可以测定许多单独的杂原子化合物。因此，在实验室中使用各种程序，例如凝固点、火焰离子化吸收率、紫外线吸收率、气相色谱法和毛细管气相色谱（ASTM D850；ASTM D852；ASTM D848；ASTM D849；ASTM D1015；ASTM D1016；ASTM D1078；ASTM D1319；ASTM D2008；ASTM D2360；ASTM D5134；ASTM D5917）来确定这些产物的纯度估计值。

气相色谱（GC）已成为测定单个芳香烃衍生物和混合芳香烃衍生物组成中烃类杂质的主要技术。尽管通过气相色谱法测量纯度通常是足够的，但气相色谱不能测量绝对纯度；并不是所有可能的杂质都会通过气相色谱柱，也不是所有通过的杂质都能通过检测器进行测量。尽管存在一些缺点，但气相色谱法是一种标准的、广泛使用的技术，并且是芳香烃衍生物的许多当前测试方法的基础（ASTM D2360；ASTM D3797；ASTM D4492；ASTM D5060；ASTM D4135；ASTM D5713；ASTM D6917；ASTM D6144）。

碳氢化合物衍生物以外的杂质是原油行业关注的问题。例如，许多催化过程对硫污染物很敏感。因此，也有一系列方法来测定含硫化合物的浓度（ASTM D4045；ASTM D4735）。当需要测量烃衍生物类别，例如烯烃衍生物时，使用诸如溴指数的技术（ASTM D1492；ASTM D5776）。含氯化物杂质通过各种测试方法（ASTM D5194；ASTM D5808；ASTM D6069）进行测定，这些方法具有 1 mg/kg 敏感性，反映了工业上测定的这些污染物需要极低的水平。

水也是凝析油和天然汽油中应予以考虑的一种潜在污染物。水含量可以使用卡尔·费歇尔法（ASTM E203；ASTM D1364；ASTM D1744；ASTM D4377；ASTM D4928；ASTM D6304）、蒸馏法（ASTM D4006）或离心法测量，并通过相关的干燥方法去除。

如果凝析油或天然汽油发生了可能导致沉积物形成和石脑油及其产物不稳定的事件（如氧化），也应进行沉积物测试。试验方法可用于通过萃取（ASTM D473）或通过膜过滤（ASTM D4807）测定沉积物，以及通过离心同时用水测定沉积物（ASTM D1796；ASTM D2709；ASTM D4007）。这些测试是否适用于凝析油或天然汽油，取决于每种单独测试方法的实验方案，显然，还取决于从凝析油和天然汽油中去除沉积物的需要。

10.7.1.4　相关方法

长期以来，相关方法一直被用作分析包括石脑油在内的各种原油馏分的复杂性的一种方法。相对容易测量的物理属性，例如密度（或相对密度）（ASTM D3505；ASTM D4052）也是必须的。黏度（ASTM D88；ASTM D445；ASTM D2161），密度（ASTM D287；ASTM D891；ASTM D1217；ASTM D1298；ASTM D1555；ASTM D1657；ASTM D4052；ASTM D5002）、折射率（ASTM D1218）也与碳氢化合物的组成有关（表 10.10）。

以密度为例，密度是一种基本的物理性质，可以与其他属性一起用于表征原油和其他烃类液体的质量。原油的密度或相对密度用于将测得的体积转换为15℃（或60℉）标准温度下的体积及其与质量测量值的比值。将从这一测试方法（ASTM D5002）中获得的密度结果应用于计算容量或储量，该方法可能需要测量在原油地区的类似样本上获得的水和沉积物含量。该方法（ASTM D5002）涵盖了原油密度或相对密度的测定，这些方法可以通过人工或自动采样的方式，测量在15~35℃（59~95℉）的测试温度下为液体的原油。该方法适用于蒸气压较高的原油（以及碳氢化合物液体），前提是在将样品转移到密度分析仪的过程中采取适当的预防措施以防止蒸发损失。

10.7.1.5　密度

密度（15℃时单位体积的液体质量）、相对密度（给定体积的液体在15℃时的质量与相同温度下等体积纯水的质量之比）是原油产品的重要属性，因为它是产品销售的一部分，尽管它在产品组成研究中只起到次要作用。在所有这些标准中，通常使用密度计、比重瓶或数字密度计进行测定。

密度是石脑油和溶剂的一个重要参数，密度（相对密度）的测定（ASTM D287；ASTM D891；ASTM D1217；ASTM D1298；ASTM D1555；ASTM D1657；ASTM D4052；ASTM D5002）可以检查石脑油的均匀性，并可以计算每加仑的质量。进行测定时，计算方法和温度应是已知的，且与样品的挥发性一致（ASTM D86）。任何此类方法都必须受到蒸气压力的限制，并在使用时采取适当的预防措施，以防止样品处理和密度测量过程中的蒸气损失。此外，如果样品颜色足够深，且不能确定样品池中是否存在气泡，则不应采用某些测试方法，因为这种气泡的存在，可能使测试数据的可靠性较差。

10.7.1.6　露点压力

露点压力是初始液相从气相中冷凝的压力。实际上，露点标志着：（1）储层气相组成发生变化并变得更稀；（2）凝析油在储层中开始积聚。这两种变化可能会对储层和油井性能产生深远影响，也可能影响不大。

实际露点压力的重要性因储层而异，但在大多数情况下，准确测定露点并不重要。首先，在成分随压力的变化（以及冷凝物产量随压力的相关变化）的背景下，热力学露点压力的精确测定并不特别重要。事实上，只要成分（C_7含量）随压力的变化在热力学露点“附近”得到较好的定义，就可以知道其具体的露点。其次，当井底流动压力（BHFP）降至露点以下，两相开始在井筒附近流动时，气体相对渗透率下降，井产能下降。

然而，只要井底流动压力“接近”露点，油井就会有过剩的产能，即只是降低井底流动压力，可以生产更多的天然气（即使油井产能较低）。只有当井底流动压力达到最小值（由一些输送压力限制决定）时，油井才能达到输送所需的速率。在这一点上，油井生产率很重要。然而，这主要发生在井底流动压力远低于露点的情况下。

对露点压力的另一个（不太常见）需求是，当可能存在下伏饱和油区时，使用PVT模型来预测气与油接触（GOC）的存在和位置。在这种情况下，应将PVT模型露点精确测定为明确的露点压力。

10.7.1.7　蒸馏

确定汽油沸点范围的主要方法仍然是标准试验方法ASTM D86。自动化仪器的使用已纳入方法 ASTM D3710 中，该方法可用于测定无氧烃馏分的沸点属性。这种测试方法（ASTM D3710）的优点是只需要较小的样本量，并且该方法可以更容易自动化处理，但该方法的数据并不直接等同于通过蒸馏获得（ASTM D86）。此外，一些公司和供应商正在使用该测试方法（ASTM D3710）的数据，通过应用相关性来预测各种炼油装置油流的蒸馏数据（ASTM D86）。一些实验室已经对气相色谱柱模拟蒸馏程序进行了改进，主要改进包括使用非常窄孔径毛细管气相色谱柱的快速气相色谱技术，这会将分析时间缩短到几分钟。

10.7.1.8 蒸发速率

原油产品的蒸发趋势是液体原油燃料（如液化石油气、天然汽油、汽车和航空汽油、石脑油、煤油、瓦斯油、柴油和燃料油）表征的基础。标准测试方法（ASTM D6；ASTM D2715）可用于确定高沸点产品的挥发性，并可通过一些优化适用于低沸点产品。

试验方法 ASTM D6 可在安全和健康的条件下，用于通过在标准条件下加热时的质量损失来表征某些烃类液体蒸发量。另一种经常应用、适用于加热失重研究的方法（ASTM D2715）包括在热真空环境中，在获得可测量的蒸发速率或分解证据所需的压力和温度下，确定润滑剂的挥发速率。该方法不适用于凝析油和天然汽油。

出于一些原因，有必要了解蒸发的初始阶段，以及此类性质可能造成的潜在危险。为了满足这一需求，可以使用闪蒸法和火焰法、蒸气压力和蒸发方法。对于一些其他用途，几种蒸馏方法早期阶段的数据也很有用（Speight，2015），重要的是了解产品部分蒸发或完全蒸发的趋势，并且在某些情况下，了解是否存在少量高沸点组分。为此，主要依靠蒸馏方法。

然而，蒸发速率是石脑油的一个重要特性，尽管蒸馏范围和蒸发率之间存在显著关系，但这种关系并不明显。确定蒸发速率的一个测量方法包括使用至少一对称重的容器，每个容器都装有一定质量的石脑油，无盖容器放置在控制温度和湿度的无通风区域。每隔一段时间重新称量容器，直到样品完全蒸发或留下不会进一步蒸发的残留物（ASTM D381；ASTM D1353）。蒸发速率可以通过使用具有已知蒸发速率的溶剂，绘制时间与质量的关系图，或者从蒸馏曲线（ASTM D86）得出。

上述试验方法（ASTM D381）适用于航空燃料中现有胶质含量的测定，以及汽油或其他挥发性馏分的胶质含量测定，主要包括含有醇和醚类含氧化合物，以及沉积物控制添加剂的汽油或其他挥发性馏分。该方法也对非航空燃料残留物中庚烷不溶部分的测定做出了规定。只有在解决了必要的安全预防措施后，并对测试方案进行了适当的修改，才可适用于凝析油和天然汽油。类似地，另一种测试方法（ASTM D1353）涵盖了对溶剂中残留物质的分析测量，该溶剂在 105℃±5℃（221°F±9°F）下具有 100% 的挥发性。制造过程中使用挥发性溶剂油漆、清漆和其他相关产品的残留物，以及任何残留物的存在，都可能影响产品质量或测量效率。该试验方法（再次进行适当修改并解决安全问题）经修改可适用于凝析油和天然汽油。

10.7.1.9 闪点

闪点是大气压（760mm 汞柱，101.3kPa）下，在规定实验条件下将样品蒸气点燃的最低温度。当出现火焰并瞬间在样品表面传播时，样品被认为已经达到了闪点。闪点数据主要用于运输和安全方面，可定义易燃和可燃材料。闪点数据还可以指示在相对非挥发性或不易燃的材料中可能存在高度挥发性和易燃成分。由于凝析油的闪点和天然汽油的闪点较低，因此试验方法也可以表明这两种液体中可能存在更高挥发性和易燃成分。

碳氢化合物或燃料的闪点是碳氢化合物的蒸气压在存在外部火源（即火花或火焰）的情况下用空气自燃所需的最低温度。从这个定义可以清楚地看出，具有较高蒸气压的烃衍生物（较轻的化合物）具有较低的闪点。通常，闪点会随着沸点的增加而增加。闪点是安全考虑的一个重要参数，尤其是在高温环境中储存和运输挥发性原油产品（即液化石油气、轻质石脑油、汽油）时。储罐周围的温度应始终低于燃料的闪点，以避免燃烧的可能性。闪点被用作原油产品产生火灾和爆炸的预测指标（ASTM D93）。对于闪点大于 80℃ 的油，还有另一种测量闪点的方法，称为开放杯法（ASTM D92）。闪点不应被误认为是燃点，燃点是指碳氢化合物被火焰点燃后继续燃烧至少 5s 的最低温度。

因此，在可用的测试方法中，最常见的确定闪点的方法是在遇见火源之前，使蒸气（封闭杯）密闭（ASTM D56；ASTM D93；ASTM D3828；ASTM D6450）。不密闭蒸气的开放杯法，是另一种方法（ASTM D92；ASTM D1310），可给出更高的闪点值。例如，ASTM D56 描述了通过手动和自动封闭测试仪，测定 40℃（104℉）下黏度低于 5.5 cSt，或在 25℃（77℉）时低于 9.5 cSt 的烃类液体闪点，并且闪点低于 93℃（200℉）。凝析油和天然汽油通常符合这些性能规范。然而，当不采取预防措施以避免挥发性物质的损失时，可能会获得错误的闪点测量值。样品不应储存在塑料瓶中，因为挥发性物质可能会通过容器的壁扩散。也不能不必要地打开容器。除非样品闪点温度低于 11℃（20℉），否则不应在容器之间转移样品。

另一种测试方法（ASTM E659）可用作闪点测试的补充，并涉及自燃温度的测定。自燃温度是碳氢化合物蒸气与空气混合时在没有任何外部来源的情况下可以自燃的最低温度。自燃温度的值通常高于闪点。从矿物来源，可获得典型碳氢化合物液体的自燃温度值在 150~320℃（300~500℉）的范围内，对于汽油大约是 350℃（660℉），对于酒精约为 500℃（930℉）。随着压力的增加，自燃温度降低。从安全的角度来看，当碳氢化合物衍生物被压缩时，这一点尤其重要。然而，不应将闪点与自燃温度混淆，自燃温度是在没有外部火源的情况下自燃的。

本试验方法（ASTM E659）取决于受检液体的化学和物理属性，以及测定方法和仪器。给定方法的自燃温度不一定代表给定材料在空气中自燃的最低温度。所用容器的体积特别重要，因为在较大的容器中将实现较低的自燃温度，并且容器材料也可能是一个重要影响因素。该试验方法不是为评估能够放热分解的材料而设计的。对于此类材料，点火取决于分解的热和动力学属性、样品质量和系统的传热特性。此外，该方法可用于在大气温度和压力下为气态的化学品，例如凝析油和天然汽油。

10.7.1.10　碳氢化合物分析

毛细管气相色谱法，通过正壬烷对原油石脑油进行详细分析，它适用于无烯烃的液态烃混合物，包括粗石脑油（包括凝析油和天然汽油）、重整产物和烷基化物（ASTM D5134）。本试验方法包括原油萘的烃组分、石蜡衍生物、环烷衍生物和单芳香族衍生物（PNA）的测定。正壬烷洗脱后的成分（沸点 150.8℃，约 303.4℉）显示出单个组分。该方法适用于不含烯烃（烯烃衍生物体积分数小于2%）的液态烃混合物，但烯烃含量可通过其他测试方法（ASTM D1319）测定。为了符合测试条件，碳氢化合物混合物必须在250℃（482℉）下蒸馏至98%（质量分数）或通过替代测试方法（ASTM D3710）测定。

如今，高分辨率气相色谱—毛细管柱技术在原油实验室中经常被使用，以详细分析汽油中大多数单个碳氢化合物衍生物，包括许多含氧混合组分。还提供了软件，允许根据碳氢化合物类型数据预测其他参数，如蒸气压和蒸馏。正在考虑将适用于汽油详细分析的高分辨率气相色谱法作为标准ASTM标准测试方法。毛细管气相色谱技术可以与质谱法相结合，以增强对单个组分和碳氢化合物类型的识别（Teng and Williams，1994）。

10.7.1.11 辛烷值

辛烷值是一个用于表征火花点火式发动机燃料（汽油）抗爆特性的参数，液体燃料的辛烷值较高（与其他液体燃料相比）表明性能更好。辛烷值是衡量液体燃料在压缩过程中和点火前抵抗自燃的能力。燃料的辛烷值是基于正庚烷和异辛烷（2，2，4-三甲基戊烷）的两种参考烃衍生物测量的，正庚烷的指定辛烷值为0，异辛烷的指定值为100。70%（体积分数）异辛烷和30%（体积分数）正庚烷的混合物的辛烷值为70。在实验室中有两种测量燃料辛烷值的方法。这些方法被称为马达法辛烷值（MON）和研究法辛烷值（RON）。

马达法辛烷值表征高转速下（900r/min）重型道路使用条件下的性能。研究法辛烷值表示在低转速（600r/min）的城市行驶条件下的正常道路性能。第三类辛烷值定义为油泵辛烷值（PON），它是MON和RON的算术平均值。因此：

$$PON = (MON + RON)/2 \qquad (10.6)$$

一般来说，异构烷烃衍生物比正构烷烃衍生物具有更高的辛烷值。萘衍生物比相应的石蜡衍生物具有相对较高的辛烷值，芳香族衍生物也具有非常高的辛烷值。

燃料的辛烷值可以通过使用色谱数据的主成分回归来预测。基于光谱技术的测试方法，如近红外（NIR）、红外（IR）光谱和核磁共振（NMR），用于测量和（或）预测汽油的辛烷值和其他参数也是较好的（Myers et al.，1975；Ichikawa et al.，1992；Welch et al.，1994；Andrade et al.，1997；Speight，2014，2015）。

如果凝析油或天然汽油是汽油混合物中很少的成分，那么将此类测试方法应用于凝析油和天然汽油的适用性有限。在这种情况下，凝析油或天然汽油可能只是构成销售汽油最终混合物的补充成分，凝析油和天然汽油的辛烷值对最终混合物的辛烷值几乎没有影响。

10.7.1.12 气味和颜色

石脑油纯度是石脑油属性的一个重要方面，所有设备都保持严格间距，以确保所处理产品的严格统一规范。石脑油经过精制，气味较低，以满足使用规范要求。纯化的石脑油需要具有低水平的气味才能满足使用规范。

通常，链烷烃衍生物具有最温和的气味，芳香族衍生物具有最强的气味，气味水平（ASTM D268；ASTM D1296）与成分的化学性质和挥发性有关。由于含硫化合物或不饱和成分的存在而产生的气味不在规定范围内，除了某些高沸点芳香族馏分，通常因挥发性而被排除在大多数石脑油馏分之外，其颜色可能为淡黄色，石脑油通常为无色（水白色）。

通常，凝析油和天然汽油几乎没有颜色（如果含有该成分的话）（在这种情况下，液体色被描述为标准色），但含有大量芳香成分的凝析油或天然汽油可能是淡黄色。颜色测量（ASTM D156；ASTM D848；ASTM D1209；ASTM D1555；ASTM D5386）提供了一种检查油污染程度的快速方法。对蒸发残留物测试的观察（ASTM D381；ASTM D1353）提供了对预防偶然污染的保证。

假设样品的挥发性不会对测试方法的结果产生不利影响，在测试方法中，可以通过适用于透明液体样品颜色测量的方法（ASTM D5386）对接近透明的液体进行颜色测试，该方法适用于具有类似于无雾、标准颜色溶液的光吸收特性的非荧光液体。

10.7.1.13　硫含量

一些凝析油和天然汽油样品中存在含硫成分。可以对单个硫组分进行确定（ASTM D5623），并且该方法使用与硫化学发光检测器或原子发射检测器（AED）耦合的气相色谱毛细管柱。液体燃料或用作销售汽油的调和原料总硫含量是碳氢化合物液体中的一个重要测试参数（ASTM D2622；ASTM D4045；ASTM D5453）。

10.7.1.14　蒸气压力

汽油的蒸气压是烃类液体的关键物理测试参数（ASTM D323；ASTM D5191）。前一种测试方法（ASTM D323）适用于挥发性烃液体如汽油、挥发性原油和其他挥发性原油产品蒸气压，以及蒸气压小于 26psi 的其他原油相关液体的测定（程序 A）。然而，其中一个子程序（程序 C）可以应用于蒸气压大于 26psi 的碳氢化合物液体。凝析油和天然汽油可以适用于这两种程序中的任何一种。由于外部大气压力被最初存在于蒸气室中的大气压力抵消，因此雷德蒸气压力是 37.8℃（100℉）的绝对压力，单位为 kPa（lbf/in²）。雷德蒸气压与样品的真实蒸气压不同，这是由于一些小的样品蒸发，以及密闭空间中存在水蒸气和空气。然而，本试验方法（ASTM D323）不适用于液化原油气体或含有甲基叔丁基醚（MTBE）以外含氧化合物的燃料，上述燃料建议采用其他试验方法。

最后一种测试方法（ASTM D5191）描述了使用自动蒸气压力仪器来确定含有空气的挥发性液体原油产品在真空中施加的总蒸气压力，包括带有或不带有含氧化合物的汽车燃料。此测试方法适用于测试沸点高于 0℃（32℉）的样品，其在 37.8℃（100℉）时施加介于 7 kPa 和 130 kPa（1.0 psi 和 18.6 psi）之间的蒸气压，在汽液比为 4∶1 时，这些参数可适用于凝析油和天然汽油。

10.7.1.15　黏度

在"凝析油堵塞"中正确建立油黏度模型十分重要，即两相气/油流对井筒周围区域气体相对渗透率的影响。储层冷凝物的油黏度通常较低，在近井筒区域为 0.1~1cp[1]。冷凝液黏度的测量不是在常规实验室测试中进行的，并且可能很难获得贫冷凝液的测量值（在冷凝液体积较小的情况下）。

油黏度模型可以调整为在 1500~6000psi 范围内的储层温度和压力下分离器冷凝液样品的测量黏度。可以使用更合适的凝析油黏度测量（费用更高），但需要从分离器油样中获得油黏度数据来调整黏度相关性，应确保在井底流动压力降至露点以下时，对实际在近井筒区域流动的凝析液进行合理准确的油黏度预测。

---

[1] 1cp=1mPa·s。

对于所有压力条件，大多数系统的气体黏度将在 0.02~0.03cp 之间变化。对于近临界气体冷凝物和高压气体，黏度最初可能为 0.05cp，但在经历显著压力损失的大部分近井筒区域，黏度将在 0.02~0.03cp 的较低范围内。因此，对于给定的气体或不同的气体系统，黏度的绝对值变化不大。黏度相关性在预测准确的气体黏度方面相当可靠，在大多数情况下误差在 5%~10% 以内。

10.7.1.16 挥发性

石脑油馏分（包括凝析油和天然汽油）等级通常指的是沸点范围，即馏分蒸馏的规定温度范围。该范围由标准方法（ASTM D86）确定。沸点范围的确定有必要使用公认的方法，因为初始沸点和最终沸点需满足挥发性要求，且不存在重馏分，上述原因会影响测量结果的准确性。可以通过下述方法对石脑油（包括凝析油和天然汽油，并对试验方法进行任何适当的修改）的蒸发属性进行简单测试（ASTM D381）。作为石脑油沸点范围确定的一种方法（ASTM D1160），不需要减压蒸馏。凝析油和天然汽油（如果有的话）很少具有如此高的沸点。

因此，凝析油和天然汽油最重要的物理参数之一是沸点范围分布（ASTM D86；ASTM D1078；ASTM D2268；ASTM D2887；ASTM D2892）。蒸馏试验的意义在于明确挥发性，它决定了蒸发速率，这是涂料和类似应用中使用的凝析油和天然汽油的一个重要特性。使用该方法的前提是凝析油或天然汽油会随着时间的推移而蒸发。在基本测试方法（ASTM D86）中，在规定的条件下蒸馏（手动或自动）100 mL 样品，定期记录凝析油或天然汽油的温度和体积，由此得出沸腾曲线。

通过气相色谱法（ASTM D3710）测定馏分如凝析油和天然汽油的沸点分布不仅有助于识别成分，而且还有助于炼油厂的控制。该测试方法旨在测量高或低雷德蒸气压下的凝析油和天然汽油的整个沸点分布范围（ASTM D323）。在该方法中，将样品注入气相色谱柱，该柱按沸点顺序分离碳氢化合物衍生物，以可重复的速率升高柱温度，并在整个运行过程中记录色谱图下的面积，还需使用覆盖样品沸点分布范围的碳氢化合物衍生物的已知混合物进行校准。

另一种方法是用于确定碳数分布的方法（ASTM D2887），并且通过该测试方法得到的数据基本上等同于通过真实沸点（TBP）蒸馏获得的数据（ASTM D2892）。将样品引入气相色谱柱，该柱按沸点顺序分离碳氢化合物衍生物，以可重复的速率升高柱温度，记录整个运行过程中色谱图下的面积，通过运行覆盖样品中预期沸腾范围的已知碳氢化合物衍生物混合物，在相同条件下获得校准曲线，绘制沸腾温度和时间的曲线。根据这些数据，可以获得沸点分布范围。然而，该测试方法仅限于沸点范围大于 55℃（100℉）的样品，并且具有足够低的蒸气压（ASTM D323；ASTM D4953；ASTM D5191；ASTM D5482；ASTM D6377；ASTM D6378），以允许样品在环境温度下取样而不受污染。

然而，ASTM D2887 的沸点范围测试方法描述了适用于大气压条件下最终沸点低于538℃（1000℉）的烃类液体（和原油馏分）。此测试方法仅限于沸点范围大于 55.5℃（100℉）的样品，并且具有足够低的蒸气压以允许在环境温度下进行采样。如果不经过适当修改，该方法可能不适用于凝析油和天然汽油。

另一方面，ASTM D2892 描述了将稳定的烃类液体（如原油）蒸馏至最终切割温度在大气等效温度（AET）下为 400℃（750℉）的测量方式。该方法还提供了生产液化气、馏出物馏分和标准质量渣油的测量细节，在这些过程中可以获得分析数据，并通过质量和体积确定上述馏分的产率。

10.7.2 煤油

煤油，也称为石蜡或石蜡油，是一种易燃的淡黄色或无色油性液体，其特征气味介于汽油和天然气/柴油之间，馏分在 125℃（257℉）和 260℃（500℉）之间（表 10.8 和图 10.7）（Parkash，2003；Pandey et al.，2004；Gary et al.，2007；Speight，2014，2017；Hsu and Robinson，2017）。

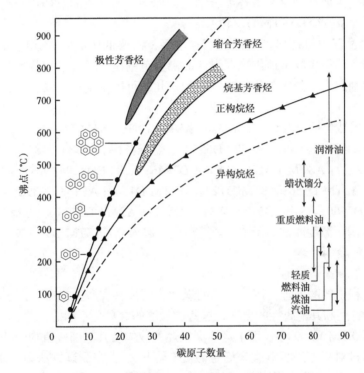

图 10.7 不同烃类产品的碳原子数量和沸点

煤油最早是在 19 世纪 50 年代由煤焦油制造的，因此煤制油这个名字经常用于煤油，但 1859 年后，原油成为主要来源。从那时起，煤油一直是原油的蒸馏馏分。然而，其数量和质量因原油类型而异，尽管大部分原油生产的煤油成分比较简单，但另一些原油生产的煤油则需要精炼。

煤油的挥发性比汽油低（沸点范围：140~320℃，285~610℉），并通过原油的分馏获得（Parkash，2003；Pandey et al.，2004；Gary et al.，2007；Speight，2014，2017；Hsu and Robinson，2017）。为了减少烟雾的产生，石蜡通常用于制造照明和加热用煤油。出于同样的原因，避免使用芳香族原料和裂化成分，一些原油，特别是链烷烃原油，含有非常高质量的煤油馏分，但其他原油，如具有沥青基的原油，必须彻底精炼，以去除芳香族衍生物和硫化合物，然后才能获得令人满意的煤油馏分。裂解原油中挥发性较低的成分现在也是煤油生产的一个主要过程。

在化学上，煤油是碳氢化合物衍生物的混合物，其成分包括正十二烷（n-$C_{12}H_{26}$）、烷基苯和萘及其衍生物（ASTM D1840）。化学成分取决于其来源，可能存在大量（大于10000）异构体（表 10.9）。煤油中化合物的实际数量要低得多，成分不到 100 种，但这同样取决于来源和工艺。

煤油主要由每个分子含有 12 个或更多碳原子的烃衍生物组成。尽管煤油成分主要是饱和物质，但有证据表明其中存在取代的四氢萘，双环烷烃衍生物也大量存在于煤油中。在同一分子中同时具有芳香环和环烷环的其他烃衍生物，如取代的茚，也存在于煤油中。双核芳香族衍生物的主要结构是芳香环缩合结构，如萘，而分离的双环化合物，如联苯，如果有的话，总体含量较少（ASTM D1840）。

为了在燃烧过程中保持尽可能低的烟雾水平，需要低比例的芳香烃和不饱和烃衍生物。尽管一些芳香族衍生物可能出现在煤油的沸点范围内，但过量的芳香族衍生物可以通过萃取去除；煤油通常不是由裂化产物制备的，几乎可以肯定地排除了不饱和烃衍生物的存在。

煤油的基本属性包括闪点（ASTM D56；ASTM D93；ASTM D3828）、馏程（ASTM DD 86；ASTM D1160；ASTM D2887；ASTM D6352）、燃烧特性（ASTM D187）、硫含量（ASTM D129；ASTM D2622；ASTM D3120；ASTM D3246；ASTM D4294；ASTM D5453；ASTM D5623）、颜色（ASTM D156；ASTM D1209；ASTM D1500；ASTM D2392；ASTM D 6045）和浊点（ASTM D2500；ASTM D5772；ASTM D5771；ASTM D5773）。考虑其闪点（ASTM D56），煤油最低闪蒸温度通常高于主要环境温度，起火点（ASTM D92）决定了与其处理和使用相关的火灾危险。

10.7.2.1 酸度

由于生产过程中的酸处理，用于航空的煤油中可能存在酸性成分。由于存在金属腐蚀的可能性、燃烧特性和其他属性的损害，这些微量酸的含量是不利的。

测试方法（ASTM D1093）仅用于定性测定烃类液体及其蒸馏残留物的酸度，结果是定性的。也可以通过对程序进行调整来确定碱度（见下文）。在测试方法中，用水摇动样品，并使用甲基橙指示剂（红色）测试水层的酸度，也可用酚酞指示剂（粉红色）代替甲基橙指示剂测定碱度。

另一种测试方法（ASTM D3242）涵盖了航空燃料中酸度的测定，其范围为 0~0.1mg KOH/g 航空燃料，但该测试不适用于测定显著的酸污染。在测试中，将样品溶解在溶剂混合物（甲苯加异丙醇和少量水）中，并在氮气流下用标准醇 KOH 滴定，通过添加指示剂对萘酚 – 苯甲酸溶液，使颜色从酸的橙色变为碱的绿色。

10.7.2.2 可燃性

煤油在长时间内稳定、清洁燃烧的能力（ASTM D187）是它的一个重要的特性，也可以表征其产品纯度或组成。作为可燃烧油的煤油质量与其燃烧特性有关，并取决于其成分、挥发性、黏度、热值、硫和无腐蚀性物质或污染物等因素含量。本试验方法包括定性测定照明用煤油的燃烧属性，将煤油样品在规定的条件下燃烧 16h，记录平均燃烧速率、火焰形状的变化，以及烟囱沉积物的密度和颜色。

　　然而，与火焰颜色为蓝色相比，火焰颜色为黄色的碳氢化合物类型组成更复杂。对于前者，主要是链烷烃的煤油在通风不良情况下燃烧，而在相同的条件下，含有高比例芳香烃衍生物和环烷烃衍生物的煤油燃烧时火焰呈红色甚至冒烟。

　　烟点测试（ASTM D1319；ASTM D1322）能够测量该特性。在这个测试中，油在标准的灯芯灯中燃烧，在该灯中，火焰高度可以在刻度的背景下变化，在标准条件下，油在不吸烟的情况下燃烧时的最大火焰高度（毫米）称为烟点。即使没有充分利用最大非吸烟火焰高度，高烟点的特性也确保了在突发气流导致火焰高度延长的情况下，产生烟雾的可能性较小。烟点试验也用于评估某些航空燃料煤油的燃烧特性。

　　24h燃烧试验（ASTM D187）包括记录平均油耗、火焰尺寸的变化，以及灯芯和烟囱的最终外观。在这种方法中，油在标准灯中燃烧24h，火焰最初调整到指定的尺寸，在试验结束时，确定油的消耗量、在灯芯上形成的炭量，并以每千克消耗的油的毫克数计算炭值，还对玻璃烟囱的外观进行定性评估。

　　在焦值为10mg/kg（00001%）的煤油中加入0.01%的黏性润滑油，可以使焦值翻倍，这一事实证明，即使是微量高沸点污染物也会对焦值产生相当大的影响。

10.7.2.3　热值

　　热值（燃烧热）（ASTM D240；ASTM D1405；ASTM D2890；ASTM D3338；ASTM D4529；ASTM D4809）是燃料能量含量的直接测量值，为在标准炸弹量热计中单位量的燃料与氧气燃烧所释放的热量。用于加热目的的油显然需要高热值，然而，热值在石蜡型煤油（ASTM D240）的范围内变化不大。

　　当燃烧热的实验测定不可用且不方便进行时，该方法（ASTM D3338）是可行的。在该实验方法中，根据密度、硫和氢含量计算净燃烧热，但只有当燃料类别明确时，这种计算才是合理的，因为这些含量的数量之间的关系是通过对代表性样品的精确实验测量得出的。氢含量（ASTM D1018；ASTM D1217；ASTM D1298；ASTM D3701；ASTM D4052；ASTM D4808；ASTM D5291）、密度（ASTM D129；ASTM D1250；ASTM D1266；ASTM D2622；ASTM D3120）和硫含量（ASTM D2622；ASTM D3120；ASTM D3246；ASTM D4294；ASTM D5453；ASTM D5623）通过实验测试方法确定，并使用通过这些测试方法获得的相关数值来计算净燃烧热。

　　可用于计算燃烧热的另一个方程基于煤油的相对密度：

$$Q = 12400 - 2100d^2 \qquad\qquad (10.7)$$

　　式中：Q是燃烧热，d是相对密度。然而，用于此类性质的任何计算方法的准确性都无法保证，只能用作测量值的估计或近似评价。

　　能量含量的另一个标准是与热值有关的苯胺重度产物（AGP）（ASTM D1405）。苯胺重度产物是产物的API重度（ASTM D287；ASTM D1298）和燃料的苯胺点（ASTM D611）。苯胺点是燃料与等体积苯胺混溶的最低温度，与芳香族含量成反比。该方法给出了苯胺重度产物与热值之间的关系。在另一种方法（ASTM D3338）中，根据燃料密度、10%、50%和90%的蒸馏温度，以及芳香族含量来计算燃烧热。然而，这两种方法在法律上不可行，最好使用其他方法（ASTM D240；ASTM D1655；ASTM D4809）。

10.7.2.4 组成

由于该碳数范围内异构体的估计（或实际）数量（表 10.9），中间馏分不可能完全划分成独立的单个碳氢化合物衍生物。中间馏分的组成分析是根据烃基类型的总和来获得的，这些基团通常通过色谱分离来定义。

因此，第一级的组成信息是通过吸附色谱法推导出的基团型总量，即沸点低于315℃（600°F）的材料中饱和物、烯烃衍生物和芳香族衍生物的分布（ASTM D1319）。吸附法（ASTM D2007）也可用于确定煤油中的碳氢化合物类型，对于所有吸附法，须考虑到在处理过程中挥发性成分的损失。因此，柱色谱法最好使用稳定的（去除挥发性至预定温度）原料。

燃烧煤油含有三种主要类型的烃衍生物——链烷烃、环烷烃和芳香烃，以链烷烃类为主。这与动力煤油或拖拉机蒸发油不同，后者具有相对较高的芳香烃衍生物和环烷烃衍生物含量，辛烷值高。在各种有机化合物的形式中，它含有少量的硫。

煤油蒸馏物的组成分析也可以根据 Z 系列质谱（ASTM D2425；ASTM D2789；ASTM D3239；ASTM D6379）获得。质谱法是一种用于中间馏分烃类型分析的强大技术，可以提供比色谱分析更多的成分细节信息。碳氢化合物类型按照 Z 系列进行分类，经验式 C_nH_{2n+z} 中的 z 是化合物的氢缺乏量（ASTM D2425）。该方法要求在质谱分析之前将样品分离为饱和馏分和芳香馏分。这种分离是标准化的（ASTM D2549），也适用于煤油。

芳香族氢原子和芳香族碳原子的百分比可以通过高分辨率核磁共振光谱法（ASTM D5292）测定，但该试验的结果不等于通过色谱法测定的芳香族衍生物的质量百分比或体积百分比。色谱法测定具有一个或多个芳香环的分子的质量百分比（或体积百分比）。环上的任何烷基取代基（图 10.8）都有助于通过色谱技术测定芳香族衍生物的百分比，但芳香环的存在（无论烷基侧链的长度如何）表明该化合物会被分离为芳香族，从而导致对芳香族衍生物中碳原子的错误估计。

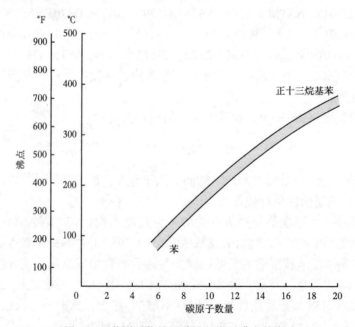

图 10.8　苯同系物烷基碳链长度对沸点的影响

由于航空燃料的芳香烃含量影响其燃烧特性和烟雾形成趋势，因此芳香烃衍生物（ASTM D1319）的量是有限的。芳香成分还会增加燃烧火焰的强度，这可能对燃烧室的使用寿命产生不利影响。

煤油中芳香族衍生物的含量也可以通过试验方法（ASTM D5186）测定，其中将小份样品注入填充二氧化硅吸附柱上，并使用超临界二氧化碳作为流动相洗脱。将样品中的单核芳香衍生物和多核芳香衍生物与非芳香衍生物分离，并使用火焰离子化检测器进行检测。确定与单核、多核和非芳香族组分相对应的色谱面积，并且这些组分中每一个的质量百分比含量通过面积归一化计算。通过该方法获得的结果至少在统计学上比通过其他测试方法（ASTM D1319；ASTM D2425）获得的结果更精确。

在用于测定苯胺点和混合苯胺点的另一种测试方法（ASTM D611）中，可以测定煤油的各种烃成分的比例。该测试最常用于估计煤油的芳香族含量。芳香化合物表现出最低的苯胺点，而石蜡化合物具有最高的苯胺点。其中环烷烃衍生物和烯烃衍生物的苯胺点在两者之间。在任何同源系列中，苯胺点都随着分子量的增加而增加。

试验（ASTM D611）中有五个子方法用于测定苯胺点：（1）方法 A 用于初始沸点高于室温且苯胺点低于苯胺样品混合物的泡点和凝固点的透明样品；（2）方法 B，薄膜法，适用于太暗而无法通过方法 A 进行测试的样品；（3）当苯胺点存在样品蒸发的可能性时，使用方法 C 和 D；（4）方法 D 特别适用于只有少量样品可用的情况；（5）方法 E 使用适用于方法 A 和 B 所涵盖范围的自动测量装置。

煤油中的烯烃衍生物也会影响燃烧性，并且可以通过溴值来确定（ASTM D1159；ASTM D2710）。溴值是在测试条件下与 100g 样品反应的溴的克数。溴值的大小是溴反应性成分数量的指示，而不是成分的识别。它被用作原油样品中脂肪族不饱和度的测量，以及沸点高达约 315℃（600℉）的原油馏分中烯烃衍生物的百分比。在测试中，溶解在特定溶剂中的样品的已知重量保持在 0~5℃（32~41℉），用标准溴化物溴酸盐溶液滴定。结果的确定主要取决于方法。

气相色谱法（ASTM D2427；ASTM D5443；ASTM D5580）仍然是测定煤油和类似沸点馏分中碳氢化合物类型［包括烯烃衍生物（ASTM D6296）］的最可靠方法。特别地，其中气相色谱和傅里叶变换红外光谱（GC-FTIR）（ASTM D5986），以及气相色谱—质谱（GC-MS）（ASTM D5769）的组合的方法越来越多地被使用。事实上，傅里叶变换红外光谱已被用于预测密度、冰点、闪点、芳香烃含量、初始沸点、最终沸点和黏度等属性。

煤油总硫含量的重要性因油的类型和用途而异。当要燃烧的油产生硫氧化物污染周围环境时，硫含量非常重要。精炼后的煤油中只剩下少量的含硫化合物。精炼处理的目的包括去除硫化氢、硫醇和游离或腐蚀性硫等不良产物。硫化氢和硫醇会产生令人反感的气味，而且两者都具有腐蚀性。它们的存在可以通过博士测试（ASTM D4952）来检测。博士测试（适用于原油产品规范，ASTM D235）确保这些化合物的浓度不足以在正常使用中引起此类问题。在试验中，用亚硫酸氢钠溶液摇动样品，加入少量硫，然后再次摇动混合物，硫醇或通过漂浮在油水界面上的硫的变色或通过任一相的变色来指示硫化氢或两者。

大量的游离硫或腐蚀性硫可能会对电器的金属部件产生腐蚀作用。在高温且压力燃烧器蒸发管运行的情况下，腐蚀作用尤为明显。这方面常用的测试是腐蚀（铜带）测试

（ASTM D130；ASTM D849）。

　　铜带试验方法用于测定汽油、柴油、润滑油或其他碳氢化合物衍生物对铜的腐蚀性。原油中的大多数含硫化合物在精炼过程中被去除。然而，一些残留的硫化物可能对各种金属具有腐蚀作用。这种影响取决于存在的含硫化合物的类型。铜带腐蚀试验可以测量原油产品的相对腐蚀程度。

　　一种方法（ASTM D130）是使用抛光的铜带，将其浸入给定量的样品中，并在被测试材料的温度下加热一段时间。结束后，将铜带移除、清洗并与铜带腐蚀标准进行比较。这是一个通过 / 不通过测试。在另一种方法（ASTM D849）中，将抛光的铜带浸入装有冷凝器的烧瓶的 200 mL 试样中，并将其置于沸水中 30min。在结束时，将铜带移除，并与 ASTM 铜带腐蚀标准进行比较。这也是一个通过或不通过测试类型。

　　重要的是，燃烧油的总硫含量应较低（ASTM D1266）。油中存在的所有含硫化合物在燃烧过程中都会转化为硫的氧化物。

　　硫化学发光检测或原子发射检测的气相色谱法已被用于硫的选择性检测。选择硫和氮气相色谱检测器，例如经常使用的火焰光度检测器（FPD）和氮磷检测器（NPD）。然而，这些检测器对元素相对于碳的选择性有限，表现出不均匀的响应，并且存在限制其有用性的其他问题。

　　化学发光法可以选择性地检测中间馏分中的氮化合物。单个氮化合物可以检测到低至 100ng/g 的氮。

　　长期以来，相关方法一直被用作处理原油馏分复杂性的一种方法。相对容易测量的物理属性，如密度、黏度和折射率（ASTM D1218）与碳氢化合物结构（表 10.10）具有潜在的相关性；将折射率数据与原油产品的成分的性质相关联。近年来，一类全新的方法得到了发展。这些仪器使用近红外（NIR）或中红外光谱，以及复杂的化学计量技术来预测原油的各种属性。上述方法已成功预测了原油的属性，如组成（饱和烃、芳香族衍生物）、凝固点、密度、黏度、芳香族衍生物和燃烧热。然而，更重要的是要认识到，这些方法间的相关性，不能用于估计校准集以外的属性。

表 10.10　碳氢衍生物反射率

成分	反射率，n_D^{20}
正戊烷	1.3578
正己烷	1.3750
正十六烷	1.4340
环戊烷	1.4065
环戊烯	1.4224
1- 戊烯	1.3714
1, 3- 戊二烯	1.4309
苯	1.5011
顺 - 十氢化萘	1.4814
二甲胺	1.6150

煤油的颜色意义不大，但是，如果煤油比通常颜色更深的话，可能是由于污染或老化导致的成分变化造成的。事实上，比规定颜色更深的颜色（ASTM D156）可能存在一定的问题。最后，煤油的浊点（ASTM D2500）给出了温度的指示，在该温度下，油芯可能被蜡颗粒覆盖，从而降低油的燃烧质量。

或者，蜡出现点也可以由浊点（ASTM D2500）来估计，浊点是一种根据蜡（正链烷烃衍生物）含量来估计煤油的组成的手段。蜡出现点是指蜡晶体开始从燃料中沉淀的温度，并根据浊点进行估计。在该试验中（ASTM D2500；ASTM D5771；ASTM D5772；ASTMD5773），在规定条件下搅拌冷却样品，蜡首次出现的温度为蜡出现点。

10.7.2.5 密度

密度（相对密度）是原油产品的一个重要特性，通常是产品规格的一部分（表10.11）。原油通常在此基础上买卖，或者如果是以体积为基础，则通过密度测量将其转换为质量。这种性质几乎被同义地称为密度（每单位体积的液体质量）、相对密度（在相同温度下，给定体积的液体的质量与相等体积的纯水的质量的比值）。这些标准通常使用密度计、比重瓶或数字密度计（ASTM，2013）来计算。

表 10.11　原油及其产品的相对密度和 API 重度

材料	60°F 时相对密度	API 重度（°API）
原油	0.65~1.06	87~2
套管返排液体	0.62~0.70	97~70
汽油	0.70~0.77	70~52
煤油	0.77~0.82	52~40
润滑油	0.88~0.98	29~13
残渣和裂化残渣	0.88~1.06	29~2

相对密度与燃烧质量无关，但有助于检查特定等级产品生产的一致性。煤油的相对密度可以通过比重计法（ASTM D1298）非常方便地测定。

10.7.2.6 闪点

闪点测试是与使用煤油相关的火灾危险的指南，可以通过几种测试方法来确定，结果并不总是严格可比的。通常，出于生产和安全考虑，煤油的闪点被规定为超过38℃（100°F）。

最小闪点通常由 Pensky-Martens 方法（ASTM D93）获取。TAG 方法（ASTM D56）用于获取闪点的最小和最大限值，而某些军事规范也通过 Pensky-Martens 方法（ASTM D93）给出了闪点的最小限值。

10.7.2.7 冰点

煤油的冰点（凝固点）与航空燃料的冰点重要性不同，但由于其对煤油使用的影响，也值得一提。有两种 ASTM 测试方法可用于测定凝固点。

在第一种测试方法（ASTM D2386）中，将测量的燃料样品放置在夹套样品管中，同时保持温度和搅拌。将该管放置在装有冷却介质的真空烧瓶中。使用各种冷却剂，如丙酮、甲醇、乙醇或异丙醇、固体二氧化碳或液氮。当样品冷却时，不断搅拌，记录碳氢化合物晶体出现的温度。将夹套样品从冷却剂中取出，让其加热，不断搅拌。记录晶体完全消失的温度。

在第二种方法（ASTM D5972）中，在 -80~20℃（-112~68℉）的温度范围内使用自动相变方法。在这个测试中，样品以（15±5）℃/min 的速率冷却，同时由光源持续照明。样品由光学探测器阵列连续监测，首次形成固体碳氢化合物晶体之后，以（10±0.5）℃/min 的速率对样品进行加热，直到所有晶体返回液相，并且记录该温度。

倾点不应与凝固点混淆。倾点是原油在特定条件下流动的最低温度。最高和最低倾点温度提供了一个温度窗口，根据其热历史，原油可能出现在液体和固体中。倾点数据可用于补充测量其低温流动性，并且该数据对于筛选蜡相互作用改性剂对原油流动性的影响特别有用。

在最初（并且仍然广泛使用）的倾点测试（ASTM D97）中，样品以规定的速率冷却，并以 3℃（5.4℉）的间隔进行流量检查，观察到机油移动的最低温度记录为倾点。

随后的测试方法（ASTM D5853）涵盖了至 -36℃ 两种测定原油倾点的程序。一种方法提供了最高（上）倾点温度的测量。第二种方法测量最低（下）倾点温度。在该方法中，试样以规定的速率冷却（初步加热后），并以 3℃（5.4℉）的间隔检查流量特性。同样，将观察到试样移动的最低温度记录为倾点。

在任何倾点测定中，当蜡开始分离时，含有蜡的原油都会产生不规则的流动行为。这种原油具有在管道运行中难以预测的黏度特征。此外，一些含蜡原油对热处理很敏感，这也会影响黏度特性。这种复杂的行为限制了含蜡原油的黏度和倾点测试值。

10.7.2.8　烟点

虽然低烟点是不可取的，因为它可能不能提供令人满意的无烟性能范围，但高烟点也并不能保证煤油具有较好的燃烧特性。正如上述所说，烟点测试充分反映了碳氢化合物类型成分与燃烧特性相关的基本特征，因此在燃烧油的正常评估中不需要对成分进行分析。

通过碳沉积、烟雾形成和火焰辐射测量，煤油的燃烧质量差异很大。这是碳氢化合物组成的函数——与芳香族衍生物（尤其是多核芳香族烃衍生物）相比，石蜡衍生物具有优异的燃烧属性。烟点测试（ASTM D1322）给出了燃料在规定条件下在灯芯灯中燃烧的最大无烟火焰高度，单位为毫米。当燃料包括挥发性组分时，宽馏分燃料的燃烧性能与烟点密切相关，因为碳的形成往往随着沸点的增加而增加。规定了最小烟雾挥发性指数（SVI）值，并将其定义为：

$$SVI = 烟点 + 0.42（温度低于 204℃：400℉ 的馏分百分比）\qquad (10.8)$$

然而，烟点测试并不总是燃烧性能的可靠指标，它应与其他属性结合使用。先前已经指定了各种替代的实验室测试方法，例如灯燃烧测试（ASTM D187）和对多核芳香族含量的测试（ASTM D1840），该测试设备是一种烟点灯，经过改装，包括用于火焰辐射测量的光电电池和用于测量火焰温升的热电偶。

10.7.2.9　黏度

许多原油燃料的运动黏度对于它们的使用很重要，例如，燃料通过管道、喷嘴和孔口的流动，以及确定燃烧器中燃料正确操作的温度范围。

油芯向上流动的油量与油芯顶部高于容器中油液位的高度及油的黏度和表面张力有关。黏度（ASTM D445）在这方面比表面张力更重要，因为在不同的煤油和温度变化下，黏度的变化幅度比表面张力大。

10.7.2.10　挥发性

煤油的异常高的最终沸点和残余百分比可能表明其受到了更高沸点成分的污染，尽管这些特征可能不一定揭示出微量的足以导致高焦值的极重油的存在。因此，煤油的沸点范围是煤油属性的一个重要方面。沸点范围（ASTM D86）对煤油的重要性不如汽油，但它是产品黏度的衡量，虽然在黏度上对煤油没有要求。蒸馏范围的性质对于燃烧特性具有重要意义，初始沸点和10%点主要影响闪点和易燃性，而中沸点与黏度更相关。

可用于产品规格测试的另一种测试方法（ASTM D6352）适用于在大气压下初始沸点低于700℃（小于1290℉）的原油馏分。该测试方法将其他测试方法（ASTM D86; ASTM D1160; ASTM D2887）的范围扩展到通过气相色谱法进行的沸程测定。在该方法中，使用非极性开放性毛细管气相色谱柱，按照沸点增加的顺序洗脱样品中的碳氢化合物成分。用黏度降低溶剂稀释的样品等分试样引入色谱系统，柱烘箱温度以指定的线性速率升高以实现烃组分的分离。在分析期间，在保持一定时间间隔的条件下，连续记录检测器信号。试验方法范围的已知正构烷烃衍生物的保留时间用于归一化未知混合物的保留时间。

定义这些产物的最重要的物理参数之一是它们的沸程分布，该沸程分布可以使用低效率的单理论板式蒸馏程序（ASTM D86）来确定。该精度对于大多数产品分类而言已经足够了；然而，工程研究则需要真实沸点（TBP）数据（ASTM D2887; ASTM D2892）。

原油产品在不同气液比下的蒸气压是运输和储存的重要物理性质。尽管测定煤油的挥发性通常通过沸腾范围分布（ASTM D86）来完成，但也可以使用其他方法，例如测定雷德蒸气压（ASTM D323），以及几种其他方法（ASTM D5482; ASTM D6378）。

10.7.2.11　水和沉积物

煤油由于其较高的密度和黏度，往往比汽油在悬浮液中保留细颗粒物和水滴的时间更长。煤油中的游离水可以通过使用 Dean 和 Stark 适配器（ASTM D4006）、卡尔·费休滴定法（ASTM D1744; ASTM D6304）、蒸馏法（ASTM D95）或通过一系列其他测试（ASTM D4176; ASTM D4860）来检测。也可以使用标准的水反应测试方法（ASTM D1094）。

除水外，还可能出现沉积物，并会导致燃料处理设施和燃料系统结垢。在使用过程中，储罐和滤网中的沉积物堆积会阻碍煤油的流动，可以使用一种测试方法来确定燃料中的水和沉积物（ASTM D2709）。在测试方法中，煤油样品在21~32℃下以800rcf的离心力离心10min，离心管的测量精度为0.005 mL，测量范围为0.01 mL。离心后，沉降到离心管尖端的水和沉积物的体积读数精确到0.005 mL。

10.7.2.12　瓦斯油

瓦斯油是一种在常规（常压或真空）蒸馏操作中产生的原油馏分，作为原油单独或与轻组分混合进行炼油蒸馏后留下的深色黏性残余物质，它可以用于蒸气生成和各种工业过程。该术语有时用于指淡琥珀色的中间馏分，其与残余馏分的区别在于其被表征为馏分燃料油（ASTM D396）。

曾经，瓦斯油的制造主要涉及使用从原油中去除所需产品后剩下的东西。尽管各种燃料等级的一般质量受到油的制造和使用标准所限制，但瓦斯油的质量和性能要求差异很大。这些质量通常涉及诸如蒸气压（ASTM D323）和金属含量（ASTM D5184；ASTM D4951；ASTM D5185；ASTM D5708；ASTM D6863）等方面的要求。

瓦斯油的应用十分广泛，用于评估用途（通常作为催化裂化装置的原料）的测试程序的选择，必须取决于所需的产品种类。

10.7.2.13　酸度

炼油厂处理产生的瓦斯油中不太可能存在无机酸。如果需要，酸度是通过酸值来确定的，酸值是指在溶剂中滴定样品所需的碱的量，单位为每克样品氢氧化钾的毫克数，从初始的仪表读数到对应于新制备的非水碱性缓冲溶液的仪表读数或测试方法中规定的明确的拐点。试验方法包括指示剂滴定法（ASTM D974）。

其中一种测试方法（ASTM D974）将成分分解为弱酸性和强酸性电离属性组。然而，瓦斯油通常是深色的，并且由于颜色指示剂终点的模糊而不能通过该测试方法进行分析，应当通过另一种测试方法（ASTM D664）进行分析。不管油的颜色或其他属性如何，该试验方法可用于指示油在氧化条件下使用期间发生的相对变化。在该方法的实践中，将样品溶解在含有少量水的甲苯和异丙醇的混合物中，并使用玻璃指示电极和甘汞参考电极用醇氢氧化钾进行电位滴定，并在所得曲线中明确的拐点处取终点。

10.7.2.14　灰分

灰分是在规定的高温下（ASTM D482）燃烧燃油后残留的不含有机物（或不含碳）的残留物。在燃料油中发现少量不可燃物质，其形式为可溶性金属皂和固体，这些物质被称为灰分，尽管形成灰烬的成分是一个更正确的术语。在灰分形成成分的定量测定试验（ASTM D482）中，在称重容器中燃烧少量燃油样品，直到残渣和容器达到恒定质量所示的所有可燃物质都被消耗掉。未燃烧残留物的量是灰分产量，并以样品的质量百分比记录。

10.7.2.15　热值

由于瓦斯油用作燃料油时的功能是产生热量，因此热值或燃烧值（ASTM D240）是重要的属性之一，了解这一点对于获取有关所有类型燃油燃烧设备的燃烧效率和性能是必要的。

在特定条件下，在炸弹量热计中进行测定，在燃料点火之前，炸弹中的氧气被水蒸气饱和，从而使燃烧过程中形成的水冷凝。如此确定的热值将包括测试温度下的水潜热，称为恒定体积下的总热值。在恒定压力下，相应的净热值是通过扣除氢气燃烧过程中形成的水的潜热而获得的。热值通常以每磅英国热量单位（Btu/lb）或每克卡路里（cal/g）表示。在欧洲，在计算燃烧器效率时更经常使用净热值，因为在燃烧过程中形成的水与烟气一起以水蒸气的形式排出，因此其冷凝潜热不能作为有用的热量。在英国，总热值通常用于此目的。

当实验测定不可用或不能方便地进行时，热值的另一种计算方法包括根据密度、硫、氢含量换算，但只有当燃料属于明确定义的成分时，这种计算才是合理的，对于该类别，这些量之间的关系是从对代表性样品的精确实验测量中得出的。

10.7.2.16　碳残留物

原油产品的碳残留物指示该产品在热条件下形成碳质残留物的倾向。碳质残留物应称为碳残留物，但也经常被称为焦炭或热焦炭。

使用碳残留物测试来评估瓦斯油的碳形成趋势。测试方法为：康拉德森碳残留物（ASTM D189）、拉姆斯博德碳残留物（ASTMD524）和微碳残留物（STMD4530）。这些数据表明了在热处理过程中将形成的焦炭量。

10.7.2.17 组成

瓦斯油的化学成分极其复杂，可以存在大量化合物，包含多种烃类型、异构烃衍生物的范围（表 10.9），以及杂原子成分的各种类型和异构体等。因此，进行单独的化合物分析是不实际的，但通常有助于定义广泛分类的化合物，如芳香族衍生物、石蜡衍生物、环烷烃衍生物和烯烃衍生物。

因此，第一级的组成信息是通过吸附色谱法（ASTM D1319；ASTM D2007）或乳液色谱法（ASTMD2549）推导的基团型总量，以在沸点低于 315℃（600°F）的材料中给出体积百分比的饱和烃、烯烃衍生物和芳香族衍生物。此外，根据燃料油的特性，气相色谱法也可用于烯烃衍生物的定量测定（ASTM D6296）。在色谱分离之后，还保证通过质谱 Z 系列对组成进行分析，其中经验式 C_nH_{2n+z} 中的 z 是化合物的氢缺乏的量度（ASTM D2425；ASTM D2786；ASTM D3239；ASTM D6379）。

可以测定芳香族氢原子和芳香族碳原子的百分比（ASTM D5292）。该试验的结果与色谱法测定的芳香族衍生物的质量百分比或体积百分比不相等。色谱法测定具有一个或多个芳香环的分子的质量百分比或体积百分比。环上的任何烷基取代基，都有助于通过色谱技术测定芳香族衍生物的百分比。

长期以来，相关方法一直被用作处理原油馏分复杂性的一种方法。这样的方法包括使用黏度—温度图表（ASTM D341）、黏度指数计算（ASTM D2270）、黏度—重力常数计算（ASTMD2501）、真实蒸气压计算（STM D2889）和燃烧热估计（ASTM D3338）。

有机硫化合物（如硫醇、硫化物、多硫化物、噻吩）或多或少存在于原油产品中，这取决于原油来源和炼油厂处理方式。燃料油的硫含量（ASTM D396）可以通过多种方法（ASTM D129；ASTM D1552；ASTM D2622；ASTM D4294）测定，其中裂化原料中的硫醇硫对于评估是特别必要的（ASTM D3227）。

如果允许燃油燃烧形成的硫氧化物在烟道系统的冷却器部件上冷凝，则可能会发生加热设备的腐蚀。燃料系统金属部件的腐蚀也可能反映出燃料中存在腐蚀性硫成分。燃料的腐蚀倾向可以通过铜带测试（ASTM D130；ASTM D849）来检测，这些硫化合物的影响通过铜带的变色来指示。

氮可以通过元素分析来测定（ASTM D3228；ASTM D5291；ASTM D5762）。可以通过化学发光（ASTM D4629）选择性地检测中间馏分中的氮化合物。单个氮化合物的检测下限低至 100ng/g。

10.7.2.18 密度

瓦斯油的密度（相对密度）是产品的测量体积的质量指数（ASTM D287；ASTM D1250；ASTM D1298；ASTM D1480；ASTM D1481；ASTM D4052）。

密度是在任何给定温度下单位体积燃料油的质量（真空下的质量）（ASTM D1298）。另一方面，燃料油的相对密度是在 15.6℃（60°F）的温度下给定体积的材料的质量与相同温度下相等体积蒸馏水的质量的比值，两种质量都根据空气浮力进行校正。

API 重度（ASTM D1298）是一个与 Baumé 重度和相对密度有关的度量（Speight，2014a）：

$$API 重度 = 141.5/（相对密度 @60 ℉）-131.5 \tag{10.9}$$

10.7.2.19　金属成分

燃油中的金属会严重影响燃油系统的使用和产出。即使是微量的金属也可能对燃料油的使用有害。因此，重要的是要有能够在微量和主要浓度下测定金属含量的测试方法。燃料油中的金属成分可以通过多种方法测定，包括原子吸收分光光度法（ASTM D5863；ASTM D5863）、X 射线荧光光谱法（ASTM D4927）、波长色散 X 射线荧光光谱法（ASTM D6443）和电感耦合等离子体发射光谱法（ICPAES）（ASTM D5708）。

电感耦合氩等离子体发射分光光度法（ASTM D5708）比原子吸收分光光度计（ASTM D4628；ASTM D5863）具有优势，因为它可以提供比原子吸收法更完整的元素组成数据。火焰发射光谱法通常成功地与原子吸收分光光度法（ASTM D3605）结合使用。有时也使用 X 射线荧光分光光度法（ASTM D4927；ASTM D6443），但基质效应可能是一个问题。

用于测定原油中金属成分的方法通常是方法选择的问题。

10.7.2.20　倾点

倾点（ASTM D97）是燃油在特定条件下流动的最低温度。最高和最低倾点温度提供了一个温度窗口，根据其热历史，原油产品可能出现在液体和固体中。倾点数据可用于补充低温流动性的测量，并且该数据对于筛选蜡相互作用改性剂对原油流动行为的影响特别有用。不应将倾点与凝固点混淆，凝固点是原油在特定条件下流动的最低温度指标。凝固点的测试方法（ASTM D2386；ASTM D5972）通常不适用于燃油，但更适用于柴油和航空燃料。

在任何倾点测定中，当蜡开始分离时，含有蜡的原油都会产生不规则的流动行为。这种原油的黏度关系在燃料管线操作中难以预测。此外，一些含蜡原油对热处理很敏感，这也会影响黏度特性。这种复杂的行为限制了含蜡原油的黏度和倾点测试值。

10.7.2.21　稳定性

燃料油必须能够储存数月而不会发生重大变化，并且不应分解形成胶质或不溶性沉积物或颜色变暗（ASTM D156；ASTM D381；ASTM D1209；ASTM D1500；ASTM D1544）。换句话说，燃油必须是稳定的。燃料油氧化的程度通过测量氢过氧化物数（ASTM D6447）和过氧化物数（ASTM D3703）来确定。燃料油的变质导致过氧化物及其他含氧化合物的形成，并且这些含量表明样品中存在的氧化成分的数量，这是通过测量会氧化碘化钾的化合物来确定的。

此外，热处理可能导致在瓦斯油中形成沥青质（庚烷不溶性）材料。沥青质馏分（ASTM D893；ASTM D2007；ASTM D3279；ASTM D4124；ASTM D6560）是原油中分子量最高、最复杂的馏分。沥青质含量是在热使用或进一步加工过程中预期的碳质残渣量（ASTM D189；ASTM D524；ASTM D4530）（Parkash，2003；Pandey et al.，2004；Gary et al.，2007；Speight，2014a，2017；Hsu and Robinson，2017）。

在用于测定沥青质含量的方法（ASTM D893；ASTM D2007；ASTM D3279；ASTM D4124；ASTM D6560）中，将原油或产物（例如沥青）与大量过量（通常每体积样品超过 30 体积烃）的低沸点烃如正戊烷或正庚烷混合。对于黏性极高的样品可以在加入低沸点烃之前使用如甲苯的溶剂，但必须加入额外量的烃（通常每体积溶剂超过 30 体积烃）以补偿溶剂的存在。在指定的时间后，将不溶性物质（沥青质部分）分离（通过过滤）并干燥。产率以原始样品的质量百分比表示。

必须认识到，在任何测试中，不同的碳氢化合物衍生物（如正戊烷或正庚烷）将产生不同的沥青质馏分产率，如果溶剂的存在不能通过使用额外的碳氢化合物来补偿，则测量结果将是错误的。此外，如果碳氢化合物没有过量存在，沥青质馏分的产率将发生变化，测量结果也将是错误的（Speight，2014a，2015）。

10.7.2.22   黏度

流体的黏度是衡量其流动阻力的指标，表示为赛氏通用秒（SUS）、赛氏富罗秒（SFS）或厘斯特（cSt，运动黏度）。黏度是加热油的重要特性之一，因为它指示油在燃料系统中流动的速率，以及油在给定类型的燃烧器中雾化的容易程度。

为了测定原油产品的黏度，可以使用各种方法，例如 Saybolt（ASTM D88）和 Engler 方法，这些方法已经使用了很多年，所有这些方法都是经验性质的，测量给定体积的燃料流过指定尺寸的孔口所需的时间（以秒为单位）。

这些经验方法正被更精确的运动黏度测量方法（ASTM D445）所取代，在该方法中，固定体积的燃料在精确可重复和严格控制的温度下，流过校准的玻璃毛细管黏度计。该结果由燃料在毛细管上的两个蚀刻标记之间流动所花费的时间与黏度计的校准因子的乘积获得，并以厘泊为单位。由于黏度随着温度的升高而降低，为了使测量结果有意义，还必须记录测试温度。对于馏分燃料油，通常的测试温度为 38℃（100°F）。

黏度指数（ASTM D2270）是一种广泛使用的测量由于原油和原油产品的温度在 40℃ 和 100℃（104°F 和 212°F）之间的变化而引起的运动黏度变化的方法。对于运动黏度相似的样品，黏度指数越高，温度对其运动黏度的影响就越小，计算出的黏度指数的准确性仅取决于原始黏度测定的准确性。

10.7.2.23   水和沉积物

燃油中的水或沉积物非常重要，因为它们会导致原油的使用存在困难，如设备腐蚀和燃油管路堵塞。沉积物由细碎的固体组成，这些固体可能是钻井液、砂子或在石油运输过程中拾取的水垢，也可能由油中盐水滴蒸发产生的氯化物组成。固体可以分散在油中或以水滴的形式携带。原油中的沉积物会导致设备严重堵塞，氯化物分解导致腐蚀，并降低剩余燃料质量。在任何形式下，水和沉积物在燃料油中都是不希望存在的，并且通过蒸馏（ASTM D95；ASTM D4006）、离心（ASTM D4007）、萃取（ASTM D473）和卡尔·费歇尔滴定（ASTM D4377；ASTM D4928）等方法测试，都是十分必要的。

卡尔·费歇尔试验方法（ASTM D1364；ASTM D6304）涵盖了原油产品中水的直接测定。在测试中，可以在体积或质量的基础上在滴定容器中注入样品。黏性样品可以使用水蒸发器附件进行分析，该附件在蒸发室中加热样品，蒸发的水通过干燥的惰性载气携带到卡尔·费歇尔滴定池中。

水和沉积物可以通过离心法同时测定（ASTM D4007）。将已知体积的燃料油和溶剂放入离心管中，加热至 60℃（140°F），离心后，读取管底部沉积物和水层的体积。对于含有蜡的燃油，可能需要温度为 71℃（160°F）或更高的温度来完全熔化蜡晶体，使得它们不被测量为沉积物。沉积物也通过提取法（ASTM D473）或膜过滤（ASTM D4807）测定。在前一种方法（ASTM D473）中，用热甲苯提取耐火套管中的油样品，直到残留物达到恒定质量。在后一种测试中，将样品溶解在热甲苯中，并在真空下通过 0.45 mm 多孔膜过滤器过滤，对带有残留物的过滤器进行洗涤、干燥和称重。

10.7.3 渣油

来自致密油的高沸点物质（渣油）代表致密油中沸点最高的产物。回想一下，渣油是指从原油中经过无损蒸馏去除所有挥发性物质后获得的残留物。蒸馏的温度通常保持在 350℃（660℉）以下。由于原油成分的热分解速率在该温度以下是最小的，但原油成分的热分解速率基本上在 350℃（660℉）以上，保持在该温度以上从而发生热分解的渣油被称为裂化渣油。

渣油通常是深色、有时是黑色的黏性物质，通过在常压（常压渣油）或减压（减压渣油）下蒸馏原油而获得。根据原油的性质，它们可以是室温下的液体（通常是常压渣油）或几乎是固体（通常是减压渣油）（Parkash，2003；Gary et al.，2007；Speight，2014a，2017）。当从原油中获得渣油并开始热分解时，通常将该产品称为沥青（Speight，2014a）。原油母体和渣油之间的差异是由于存在的各种成分的相对含量决定的，这些成分由于其相对挥发性而被去除或保留。

渣油的化学成分很复杂（Speight，2014a，2015a），物理分馏方法通常表明沥青质和胶质成分的比例很高，甚至高达渣油的 50%（或更高）。此外，形成灰分的金属成分的存在，包括钒和镍等有机金属化合物，也是渣油和重油的一个显著特征。此外，原油处理加工程度越高，渣油中的硫和金属浓度越高，物理属性的恶化程度越大（Parkash，2003；Gary et al.，2007；Speight，2014a，2017；Hsu and Robinson，2006）。

10.7.3.1 生产和属性

渣油是沥青制造的起始材料，因此沥青的属性取决于制造沥青的渣油的属性。根据渣油的分割点，渣油属性可能会有所不同（Parkash，2003；Gary et al.，2007；Speight，2014a，2015a，2017；Hsu and Robinson，2017）。

有一段时间，炼油厂生产的渣油被认为是炼油厂的垃圾，除了作为（在某些情况下可以通过，但并非在所有情况下都可以通过）道路油外，几乎没有价值和用途。事实上，延迟焦化（曾经被称为炼油厂垃圾）的发展是为了将渣油转化为液体（有价值的产品）和焦炭（燃料）。

通过特定测试的重要性并不总是显而易见的，有时只能通过熟悉的测试来获得，以下测试通常用于表征渣油。

10.7.3.2 酸值

酸值是产品酸度的量度，用于指导渣油属性的质量控制。渣油通常含有少量的有机酸和皂化物质，这些物质主要由原油中最初存在的高分子量环烷酸（环烷烃）的百分比决定。酸性成分也可以作为添加剂或在使用过程中形成的降解产物存在，例如氧化产物（ASTM D5770）。这些物质的相对量可以通过用碱滴定来确定。酸值被用作润滑油质量控制的指标，它有时也被用作润滑剂在使用中退化的衡量标准，任何限制指标都必须根据经验确定。

以类似于酸值的方式，碱值（通常称为中和值）是在测试条件下油中基本成分的量度。基数被用作油配方质量控制的指南，也被用作油在使用中降解的衡量标准。中和数用基数表示，基数是在试验条件下油中碱性物质含量的量度，中和数被用作润滑油配方质量控制的指标，它有时也被用作润滑剂在使用中退化的衡量标准，然而，任何限制指标都必须根据经验确定。

皂化值表示当以特定方式加热时将与 1g 样品反应的碱的量。由于某些元素有时添加到沥青中，还消耗碱和酸，所获得的结果表明，除了存在的皂化材料外，这些外来材料也会产生影响。在测试方法 ASTM D94 中，将已知质量的样品溶解在甲基乙酮或合适溶剂的混合物中，并用已知量的标准醇氢氧化钾在 80℃（176℉）下加热该混合物 30~90min，用标准盐酸滴定过量的碱，并计算皂化值。

10.7.3.3 沥青质含量

沥青质馏分（ASTM D2007；ASTM D3279；ASTM D4124；ASTM D6560）是原油中分子量最高、最复杂的馏分。沥青质含量表明了加工过程中预计的焦炭量（Speight，1999，2001，2014a，2017）。

在任何测定沥青质含量的方法中，都需将渣油与过量（通常每体积样品超过 30 体积碳氢化合物）的低沸点碳氢化合物（如正戊烷或正庚烷）混合。对于黏性极高的样品，可以在添加低沸点烃之前使用如甲苯的溶剂，但必须添加额外量的烃（通常每体积溶剂中超过 30 体积的烃）以补偿溶剂的存在。在指定的时间后，将不溶性物质（沥青质部分）分离（通过过滤）并干燥，以原始样品的质量百分比表示。

必须认识到，在任何这些测试中，不同的碳氢化合物衍生物（如正戊烷或正庚烷）将产生不同的沥青质馏分产率，如果溶剂的存在不能通过使用额外的碳氢化合物来补偿，则测量结果将是错误的。此外，如果碳氢化合物没有过量存在，沥青质馏分的产率将发生变化，测量结果也将是错误的（Speight，1999）。

沉淀数通常等于沥青质含量，但仍有几个很明显的问题。例如，测定沉淀数的方法（ASTM D91）提倡石脑油与黑油或润滑油一起使用，并且不溶性物质的量（以样品的体积分数计）是沉淀数。在测试中，将 10mL 样品与 90mL ASTM 沉淀石脑油（其可能具有或可能不具有恒定的化学成分）在分级离心锥中混合，并以 600~700 r/min 的速度离心 10min，记录离心锥底部的材料体积，直到重复离心得到 0.1 mL 以内的值（沉淀数），显然，这可能与沥青质含量有很大不同。

在另一种测试方法（ASTM D4055）中，可以测定尺寸大于 0.8mm 的戊烷不溶性材料。在试验方法中，将油样品与戊烷在容量瓶中混合，并通过 0.8mm 膜过滤器过滤油溶液。用戊烷洗涤烧瓶、漏斗和过滤器，将颗粒完全转移到过滤器上，然后干燥并称重，得到戊烷不溶性材料的产率。

最初设计用于测定用过的润滑油中的戊烷和甲苯不溶性物质的另一种测试方法（ASTM D893）也可以应用于渣油。然而，该方法可能需要通过在添加戊烷（或庚烷）之前先向沥青中添加溶剂（如甲苯）来进行修正（Speight，2014，2015），戊烷不溶性成分可以包括油不溶性材料。

还有两种测试方法，方法 A 涵盖了在戊烷中不使用混凝剂的情况下测定不溶性成分，并提供了可以通过离心从树脂溶剂混合物中容易分离的材料的方法。方法 B 包括测定含有添加剂的渣油中的不溶性成分（在回收操作过程中可能已添加到致密油中），并使用混凝剂。除了使用方法 A 分离的材料外，该混凝程序还分离出一些可能悬浮在残渣中的精细分离材料。方法 A 和 B 获得的结果不应进行比较，因为它们通常给出不同的值，在比较定期获得的使用中的油的结果时，或在比较不同实验室确定的结果时应采用相同的程序。

在方法 A 中，将样品与戊烷混合并离心，倾析树脂溶液，并用戊烷洗涤沉淀物两次，干燥并称重。对于甲苯不溶性成分，将树脂的单独样品与戊烷混合并离心，沉淀物用戊烷洗涤两次，一次用甲苯醇溶液洗涤，一次用水甲苯洗涤。然后将不溶性材料干燥并称重。在方法 B 中，除了使用戊烷混凝剂溶液代替戊烷外，其他流程与方法 A 相同。

10.7.3.4 二硫化碳不溶性成分

渣油是一种含烃材料，由完全可溶于二硫化碳的成分（含有碳、氢、氮、氧和硫）制成。碳含量最高的成分是称为类碳的部分，由不溶于二硫化碳或吡啶的物质组成。被称为卡宾的馏分含有可溶于二硫化碳、可溶于吡啶但不溶于甲苯的分子物质（Speight，2014a，2015a）。

卡宾和类碳馏分是通过热降解或氧化降解产生的，不是胶质的天然成分。测定焦油和沥青中甲苯不溶性成分的试验方法（ASTM D4072；ASTM D4312）可用于测定渣油中卡宾和类卡宾（均为不明确的成分）的量（Parkash，2003；Gary et al.，2007；Speight，2014a，2017；Hsu and Robinson，2006）。

10.7.3.5 碳残留物

渣油的碳残留物用作样品在热影响下形成碳质沉积物（热焦炭）的指标，还经常用于提供热数据，以指示胶质的成分（Speight，2014a，2015a）。

原油中碳残留物检验可包括康拉德森残碳（ASTM D189）、拉姆斯博德残碳（ASTMD524）、微碳残碳（ASTD4530）和沥青质含量（ASTM D2007；ASTM D3279；ASTM D4124；ASTM D6560）的测试。这些数据表明了在热处理过程中将形成的焦炭的量，以及原油中高沸点成分的量。在康拉德森残碳试验（ASTM D189）中，将称重的样品置于坩埚中，并进行破坏性蒸馏，并以持续固定的时间加热。在规定的加热期结束时，将含碳残留物在干燥器中冷却并称重，并将残留物（康拉德森碳残留物或 Con 碳）以原始样品的百分比（质量分数）记录。在拉姆斯博德碳残留物测试（ASTM D524）中，将样品称重，放置到具有毛细管开口的玻璃球形容器中，并将其放入熔炉中（550℃，1020℉）加热。挥发性物质从玻璃球形容器中蒸馏出来，留在玻璃球形容器中的非挥发性物质裂解形成热焦炭。在指定的加热时间后，将玻璃球形容器从加热环境中取出，在干燥器中冷却，并称重以记录残留物（拉姆斯博德碳残留物）原始样本的百分比（质量分数）。

在微量碳残留物测试（ASTM D4530）中，将放置在玻璃小瓶中的样品称重并加热至500℃（930℉），在惰性气体（氮气）下以受控方式持续加热特定时间，并且碳质残留物（微量）以原始样品的百分比（质量分数）记录。

10.7.3.6 密度

为了防止混淆，有必要理解所使用的基本定义：（1）密度是指 15.6℃（60℉）时每单位体积的液体质量；（2）相对密度是给定体积的液体在 15.6℃（60℉）时的质量与相同温度下等体积纯水的质量之比，并且这些术语可以互换使用。

密度（ASTM D1298）是原油产品的一个重要特性，因为原油，尤其是原油产品通常是基于该属性买卖的，或者如果是在体积基础上买卖，那么通过密度可将其转换为质量。这种性质几乎被同义地称为密度、相对密度和重度，所有这些术语都是相互关联的。通常使用比重计、比重瓶或更现代的数字密度计来测定密度或相对密度。

在最常用的方法（ASTM D1298）中，将样品加热到规定的温度，并在大致相同的温度下转移到圆柱体中。将适当的比重计放入样品中，使其沉降，在达到温度平衡后，读取比重计刻度，并记录样品的温度。

准确测定原油及其产品的 API 重度（ASTM D287）对于将测得的体积转换为 60°F（15.6°C）标准温度下的体积是必要的。相对密度是决定原油质量的一个因素。然而，原油产品的重度是其质量的不确定指标。由于 API 重度与其他属性相关，可以用来给出近似的碳氢化合物组成和燃烧热。这通常是通过使用由相对密度得出的 API 重度来实现的：

$$API \text{ 重度} = 141.5/（相对密度 @60°F）-131.5 \qquad (10.10)$$

API 重度也是反映原油质量的关键指标。

API 重度、密度或相对密度可以使用两种比重计方法中的一种来确定（ASTM D287；ASTM D1298）。数字分析仪（ASTM D5002）在测量密度和相对密度方面越来越受欢迎。

对于固体和半固体渣油馏分，通常使用比重瓶，液体渣油适用比重计（ASTM D3142）。

参 考 文 献

Andrade, J.M., Muniategui, S., Prada, D., 1997. Prediction of clean octane numbers of catalytic reformed naphtha using FT-MIR and PLS. Fuel 76, 1035e1042.

Andrews, A., 2014. Crude Oil Properties Relevant to Rail Transport Safety: In Brief. Report No. 7-5700. Prepared for Members and Committees of Congress. Congressional Research Service, Washington, DC.

ASTM D1015, 2019. Standard Test Method for Freezing Points of High-Purity Hydrocarbon Derivatives. Annual Book of Standards. ASTM International, West Conshohocken, Pennsylvania.

ASTM D1016, 2019. Standard Test Method for Purity of Hydrocarbon Derivatives from Freezing Points. Annual Book of Standards. ASTM International, West Conshohocken, Pennsylvania.

ASTM D1018, 2019. Standard Test Method for Hydrogen in Petroleum Fractions. Annual Book of Standards. ASTM International, West Conshohocken, Pennsylvania.

ASTM D1078, 2019. Standard Test Method for Hydrogen in Petroleum Fractions. Annual Book of Standards. ASTM International, West Conshohocken, Pennsylvania.

ASTM D1093, 2019. Standard Test Method for Acidity of Hydrocarbon Liquids and Their Distillation Residues. Annual Book of Standards. ASTM International, West Conshohocken, Pennsylvania.

ASTM D1094, 2019. Standard Test Method for Water Reaction of Aviation Fuels. Annual Book of Standards. ASTM International, West Conshohocken, Pennsylvania.

ASTM D1133, 2019. Standard Test Method for Kauri-Butanol Value of Hydrocarbon Solvents. Annual Book of Standards. ASTM International, West Conshohocken, Pennsylvania.

ASTM D1159, 2019. Standard Test Method for Bromine Numbers of Petroleum Distillates and Commercial Aliphatic Olefins by Electrometric Titration. Annual Book of Standards. ASTM International, West Conshohocken, Pennsylvania.

ASTM D1160, 2019. Standard Test Method for Distillation of Petroleum Products at Reduced Pressure. Annual Book of Standards. ASTM International, West Conshohocken, Pennsylvania.

ASTM D1209, 2019. Standard Test Method for Color of Clear Liquids (Platinum-Cobalt Scale). Annual Book of Standards. ASTM International, West Conshohocken, Pennsylvania.

ASTM D1217, 2019. Standard Test Method for Density and Relative Density (Specific Gravity) of Liquids by Bingham Pycnometer. Annual Book of Standards. ASTM International, West Conshohocken, Pennsylvania.

ASTM D1218, 2019. Standard Test Method for Refractive Index and Refractive Dispersion of Hydrocarbon Liquids. Annual Book of Standards. ASTM International, West Conshohocken, Pennsylvania.

ASTM D1250, 2019. Standard Guide for Use of the Petroleum Measurement Tables. Annual Book of Standards. ASTM International, West Conshohocken, Pennsylvania.

ASTM D1266, 2019. Standard Test Method for Sulfur in Petroleum Products (Lamp Method). Annual Book of Standards. ASTM International, West Conshohocken, Pennsylvania.

ASTM D129, 2019. Standard Test Method for Sulfur in Petroleum Products. Annual Book of Standards. ASTM International, West Conshohocken, Pennsylvania.

ASTM D1296, 2019. Standard Test Method for Odor of Volatile Solvents and Diluents. Annual Book of Standards. ASTM International, West Conshohocken, Pennsylvania.

ASTM D1298, 2019. Standard Test Method for Density, Relative Density, or API Gravity of Crude Petroleum and Liquid Petroleum Products by Hydrometer Method. Annual Book of Standards. ASTM International, West Conshohocken, Pennsylvania.

ASTM D130, 2019. Standard Test Method for Corrosiveness to Copper from Petroleum Products by Copper Strip Test. Annual Book of Standards. ASTM International, West Conshohocken, Pennsylvania.

ASTM D1310, 2019. Standard Test Method for Flash Point and Fire Point of Liquids by Tag Open-Cup Apparatus. Annual Book of Standards. ASTM International, West Conshohocken, Pennsylvania.

ASTM D1319, 2019. Standard Test Method for Hydrocarbon Types in Liquid Petroleum Products by Fluorescent Indicator Adsorption. Annual Book of Standards. ASTM International, West Conshohocken, Pennsylvania.

ASTM D1322, 2019. Standard Test Method for Smoke Point of Kerosene and Aviation Turbine Fuel. Annual Book of Standards. ASTM International, West Conshohocken, Pennsylvania.

ASTM D1353, 2019. Standard Test Method for Nonvolatile Matter in Volatile Solvents for Use in Paint, Varnish, Lacquer, and Related Products. Annual Book of Standards. ASTM International, West Conshohocken, Pennsylvania.

ASTM D1364, 2019. Standard Test Method for Water in Volatile Solvents (Karl Fischer Reagent Titration Method). Annual Book of Standards. ASTM International, West Conshohocken, Pennsylvania.

ASTM D1405, 2019. Standard Test Method for Estimation of Net Heat of Combustion of Aviation Fuels. Annual Book of Standards. ASTM International, West Conshohocken, Pennsylvania.

ASTM D1480, 2019. Standard Test Method for Density and Relative Density (Specific Gravity) of Viscous Materials by Bingham Pycnometer. Annual Book of Standards. ASTM International, West Conshohocken, Pennsylvania.

ASTM D1481, 2019. Standard Test Method for Density and Relative Density (Specific Gravity) of Viscous Materials by Lipkin Bicapillary Pycnometer. Annual Book of Standards. ASTM International, West Conshohocken, Pennsylvania.

ASTM D1492, 2019. Standard Test Method for Bromine Index of Aromatic Hydrocarbons by Coulometric Titration. Annual Book of Standards. ASTM International, West Conshohocken, Pennsylvania.

ASTM D1500, 2019. Standard Test Method for ASTM Color of Petroleum Products (ASTM Color Scale). Annual Book of Standards. ASTM International, West Conshohocken, Pennsylvania.

ASTM D1544, 2019. Standard Test Method for Color of Transparent Liquids (Gardner Color Scale). Annual Book of Standards. ASTM International, West Conshohocken, Pennsylvania.

ASTM D1552, 2019. Standard Test Method for Sulfur in Petroleum Products (High-Temperature Method). Annual Book of Standards. ASTM International, West Conshohocken, Pennsylvania.

ASTM D1555, 2019. Standard Test Method for Calculation of Volume and Weight of Industrial Aromatic Hydrocarbon Derivatives and Cyclohexane [Metric]. Annual Book of Standards. ASTM International, West Conshohocken, Pennsylvania.

ASTM D156, 2019. Standard Test Method for Saybolt Color of Petroleum Products (Saybolt Chromometer Method). Annual Book of Standards. ASTM International, West Conshohocken, Pennsylvania.

ASTM D1613, 2019. Standard Test Method for Acidity in Volatile Solvents and Chemical Intermediates Used in Paint, Varnish, Lacquer, and Related Products. Annual Book of Standards. ASTM International, West

Conshohocken, Pennsylvania.

ASTM D1655, 2019. Standard Specification for Aviation Turbine Fuels. Annual Book of Standards. ASTM International, West Conshohocken, Pennsylvania.

ASTM D1657, 2019. Standard Test Method for Density or Relative Density of Light Hydrocarbon Derivatives by Pressure Hydrometer. Annual Book of Standards. ASTM International, West Conshohocken, Pennsylvania.

ASTM D1744, 2019. Standard Test Method for Determination of Water in Liquid Petroleum Products by Karl Fischer Reagent. Annual Book of Standards. ASTM International, West Conshohocken, Pennsylvania.

ASTM D1796, 2019. Standard Test Method for Water and Sediment in Fuel Oils by the Centrifuge Method (Laboratory Procedure). Annual Book of Standards. ASTM International, West Conshohocken, Pennsylvania.

ASTM D1840, 2019. Standard Test Method for Naphthalene Hydrocarbons in Aviation Turbine Fuels by Ultraviolet Spectrophotometry. Annual Book of Standards. ASTM International, West Conshohocken, Pennsylvania.

ASTM D187, 2019. Standard Test Method for Burning Quality of Kerosene. Annual Book of Standards. ASTM International, West Conshohocken, Pennsylvania.

ASTM D189, 2019. Standard Test Method for Conradson Carbon Residue of Petroleum Products. Annual Book of Standards. ASTM International, West Conshohocken, Pennsylvania.

ASTM D2007, 2019. Standard Test Method for Characteristic Groups in Rubber Extender and Processing Oils and Other Petroleum-Derived Oils by the Clay-Gel Absorption Chromatographic Method. Annual Book of Standards. ASTM International, West Conshohocken, Pennsylvania.

ASTM D2008, 2019. Standard Test Method for Ultraviolet Absorbance and Absorptivity of Petroleum Products. Annual Book of Standards. ASTM International, West Conshohocken, Pennsylvania.

ASTM D2161, 2019. Standard Practice for Conversion of Kinematic Viscosity to Saybolt Universal Viscosity or to Saybolt Furol Viscosity. Annual Book of Standards. ASTM International, West Conshohocken, Pennsylvania.

ASTM D2268, 2019. Standard Test Method for Analysis of High-Purity N-Heptane and Isooctane by Capillary Gas Chromatograph. Annual Book of Standards. ASTM International, West Conshohocken, Pennsylvania.

ASTM D2270, 2019. Standard Practice for Calculating Viscosity Index from Kinematic Viscosity at 40 and 100C. Annual Book of Standards. ASTM International, West Conshohocken, Pennsylvania.

ASTM D235, 2019. Standard Specifications for Mineral Spirits (Petroleum Spirits)(Hydrocarbon Dry Cleaning Solvent). Annual Book of Standards. ASTM International, West Conshohocken, Pennsylvania.

ASTM D2360, 2019. Standard Test Method for Trace Impurities in Monocyclic Aromatic Hydrocarbon Derivatives by Gas Chromatography. Annual Book of Standards. ASTM International, West Conshohocken, Pennsylvania.

ASTM D2386, 2019. Standard Test Method for Freezing Point of Aviation Fuels. Annual Book of Standards. ASTM International, West Conshohocken, Pennsylvania.

ASTM D2392, 2019. Standard Test Method for Color of Dyed Aviation Gasoline. Annual Book of Standards. ASTM International, West Conshohocken, Pennsylvania.

ASTM D240, 2019. Standard Test Method for Heat of Combustion of Liquid Hydrocarbon Fuels by Bomb Calorimeter. Annual Book of Standards. ASTM International, West Conshohocken, Pennsylvania.

ASTM D2425, 2019. Standard Test Method for Hydrocarbon Types in Middle Distillates by Mass Spectrometry. Annual Book of Standards. ASTM International, West Conshohocken, Pennsylvania.

ASTM D2427, 2019. Standard Test Method for Determination of C2 through C5 Hydrocarbon Derivatives in Gasolines by Gas Chromatography. Annual Book of Standards. ASTM International, West Conshohocken, Pennsylvania.

ASTM D2500, 2019. Standard Test Method for Cloud Point of Petroleum Products. Annual Book of Standards. ASTM International, West Conshohocken, Pennsylvania.

ASTM D2501, 2019. Standard Test Method for Calculation of Viscosity-Gravity Constant (VGC) of Petroleum Oils. Annual Book of Standards. ASTM International, West Conshohocken, Pennsylvania.

ASTM D2549, 2019. Standard Test Method for Separation of Representative Aromatic Derivatives and Nonaromatic Derivatives Fractions of High-Boiling Oils by Elution Chromatography. Annual Book of Standards. ASTM International, West Conshohocken, Pennsylvania.

ASTM D2622, 2019. Standard Test Method for Sulfur in Petroleum Products by Wavelength Dispersive X-Ray Fluorescence Spectrometry. Annual Book of Standards. ASTM International, West Conshohocken, Pennsylvania.

ASTM D268, 2019. Standard Guide for Sampling and Testing Volatile Solvents and Chemical Intermediates for Use in Paint and Related Coatings and Materials. Annual Book of Standards. ASTM International, West Conshohocken, Pennsylvania.

ASTM D2709, 2019. Standard Test Method for Water and Sediment in Middle Distillate Fuels by Centrifuge. Annual Book of Standards. ASTM International, West Conshohocken, Pennsylvania.

ASTM D2710, 2019. Standard Test Method for Bromine Index of Petroleum Hydrocarbons by Electrometric Titration. Annual Book of Standards. ASTM International, West Conshohocken, Pennsylvania.

ASTM D2715, 2019. Standard Test Method for Volatilization Rates of Lubricants in Vacuum. Annual Book of Standards. ASTM International, West Conshohocken, Pennsylvania.

ASTM D2786, 2019. Standard Test Method for Hydrocarbon Types Analysis of Gas-Oil Saturates Fractions by High Ionizing Voltage Mass Spectrometry. Annual Book of Standards. ASTM International, West Conshohocken, Pennsylvania.

ASTM D2789, 2019. Standard Test Method for Hydrocarbon Types in Low Olefinic Gasoline by Mass Spectrometry. Annual Book of Standards. ASTM International, West Conshohocken, Pennsylvania.

ASTM D287, 2019. Standard Test Method for API Gravity of Crude Petroleum and Petroleum Products (Hydrometer Method). Annual Book of Standards. ASTM International, West Conshohocken, Pennsylvania.

ASTM D2887, 2019. Standard Test Method for Boiling Range Distribution of Petroleum Fractions by Gas Chromatography. Annual Book of Standards. ASTM International, West Conshohocken, Pennsylvania.

ASTM D2889, 2019. Standard Test Method for Calculation of True Vapor Pressures of Petroleum Distillate Fuels. Annual Book of Standards. ASTM International, West Conshohocken, Pennsylvania.

ASTM D2890, 2019. Standard Test Method for Calculation of Liquid Heat Capacity of Petroleum Distillate Fuels. Annual Book of Standards. ASTM International, West Conshohocken, Pennsylvania.

ASTM D2892, 2019. Standard Test Method for Distillation of Crude Petroleum (15-Theoretical Plate Column). Annual Book of Standards. ASTM International, West Conshohocken, Pennsylvania.

ASTM D2896, 2019. Standard Test Method for Base Number of Petroleum Products by Potentiometric Perchloric Acid Titration. Annual Book of Standards. ASTM International, West Conshohocken, Pennsylvania.

ASTM D3120, 2019. Standard Test Method for Trace Quantities of Sulfur in Light Liquid Petroleum Hydrocarbons by Oxidative Microcoulometry. Annual Book of Standards. ASTM International, West Conshohocken, Pennsylvania.

ASTM D3142. Standard Test Method for Specific Gravity, API Gravity, or Density of Cutback Asphalts by Hydrometer Method. Annual Book of Standards. ASTM International, West Conshohocken, Pennsylvania.

ASTM D3227, 2019. Standard Test Method for Lead in Gasoline by Atomic Absorption Spectroscopy. Annual Book of Standards. ASTM International, West Conshohocken, Pennsylvania.

ASTM D3228, 2019. Standard Test Method for Total Nitrogen in Lubricating Oils and Fuel Oils by Modified Kjeldahl Method. Annual Book of Standards. ASTM International, West Conshohocken, Pennsylvania.

ASTM D323, 2019. Standard Test Method for Vapor Pressure of Petroleum Products. Annual Book of Standards. ASTM International, West Conshohocken, Pennsylvania.

ASTM D3239, 2019. Standard Test Method for Aromatic Types Analysis of Gas-Oil Aromatic Fractions by High Ionizing Voltage Mass Spectrometry. Annual Book of Standards. ASTM International, West Conshohocken, Pennsylvania.

ASTM D3242, 2019. Standard Test Method for Acidity in Aviation Turbine Fuel. Annual Book of Standards. ASTM International, West Conshohocken, Pennsylvania.

ASTM D3246, 2019. Standard Test Method for Sulfur in Petroleum Gas by Oxidative Microcoulometry. Annual Book of Standards. ASTM International, West Conshohocken, Pennsylvania.

ASTM D3257, 2019. Standard Test Methods for Aromatic Derivatives in Mineral Spirits by Gas Chromatography. Annual Book of Standards. ASTM International, West Conshohocken, Pennsylvania.

ASTM D3279, 2019. Standard Test Method for N-Heptane Insolubles. Annual Book of Standards. ASTM International, West Conshohocken, Pennsylvania.

ASTM D3338, 2019. Standard Test Method for Estimation of Net Heat of Combustion of Aviation Fuels. Annual Book of Standards. ASTM International, West Conshohocken, Pennsylvania.

ASTM D341, 2019. Standard Practice for Viscosity-Temperature Charts for Liquid Petroleum Products. Annual Book of Standards. ASTM International, West Conshohocken, Pennsylvania.

ASTM D3505, 2019. Standard Test Method for Density or Relative Density of Pure Liquid Chemicals. Annual Book of Standards. ASTM International, West Conshohocken, Pennsylvania.

ASTM D3605, 2019. Standard Test Method for Trace Metals in Gas Turbine Fuels by Atomic Absorption and Flame Emission Spectroscopy. Annual Book of Standards. ASTM International, West Conshohocken, Pennsylvania.

ASTM D3701, 2019. Standard Test Method for Hydrogen Content of Aviation Turbine Fuels by Low Resolution Nuclear Magnetic Resonance Spectrometry. Annual Book of Standards. ASTM International, West Conshohocken, Pennsylvania.

ASTM D3703, 2019. Standard Test Method for Hydroperoxide Number of Aviation Turbine Fuels, Gasoline and Diesel Fuels. Annual Book of Standards. ASTM International, West Conshohocken, Pennsylvania.

ASTM D3710, 2019. Standard Test Method for Boiling Range Distribution of Gasoline and Gasoline Fractions by Gas Chromatography. Annual Book of Standards. ASTM International, West Conshohocken, Pennsylvania.

ASTM D3797, 2019. Standard Test Method for Analysis of O-Xylene by Gas Chromatography. Annual Book of Standards. ASTM International, West Conshohocken, Pennsylvania.

ASTM D381, 2019. Standard Test Method for Gum Content in Fuels by Jet Evaporation. Annual Book of Standards. ASTM International, West Conshohocken, Pennsylvania.

ASTM D3828. Standard Test Method for pH of Activated Carbon. Annual Book of Standards. ASTM International, West Conshohocken, Pennsylvania.

ASTM D396, 2019. Standard Specification for Fuel Oils. Annual Book of Standards. ASTM International, West Conshohocken, Pennsylvania.

ASTM D4006, 2019. Standard Test Method for Water in Crude Oil by Distillation. Annual Book of Standards. ASTM International, West Conshohocken, Pennsylvania.

ASTM D4007, 2019. Standard Test Method for Water and Sediment in Crude Oil by the Centrifuge Method (Laboratory Procedure). Annual Book of Standards. ASTM International, West Conshohocken, Pennsylvania.

ASTM D4045, 2019. Standard Test Method for Sulfur in Petroleum Products by Hydrogenolysis and Rateometric Colorimetry. Annual Book of Standards. ASTM International, West Conshohocken, Pennsylvania.

ASTM D4052, 2019. Standard Test Method for Density, Relative Density, and API Gravity of Liquids by Digital Density Meter. Annual Book of Standards. ASTM International, West Conshohocken, Pennsylvania.

ASTM D4055, 2019. Standard Test Method for Pentane Insolubles by Membrane Filtration. Annual Book of Standards. ASTM International, West Conshohocken, Pennsylvania.

ASTM D4057, 2019. Standard Practice for Manual Sampling of Petroleum and Petroleum Products. Annual Book of Standards. ASTM International, West Conshohocken, Pennsylvania.

ASTM D4072. Standard Test Method for Toluene-Insoluble (TI) Content of Tar and Pitch. Annual Book of Standards, ASTM International, West Conshohocken, Pennsylvania.

ASTM D4124, 2019. Standard Test Method for Separation of Asphalt into Four Fractions. Annual Book of Standards. ASTM International, West Conshohocken, Pennsylvania.

ASTM D4176, 2019. Standard Test Method for Free Water and Particulate Contamination in Distillate Fuels (Visual Inspection Procedures). Annual Book of Standards. ASTM International, West Conshohocken, Pennsylvania.

ASTM D4294, 2019. Standard Test Method for Sulfur in Petroleum and Petroleum Products by Energy Dispersive X-Ray Fluorescence Spectrometry. Annual Book of Standards. ASTM International, West Conshohocken, Pennsylvania.

ASTM D4294, 2019. Standard Test Method for Sulfur in Petroleum Products by Energy-Dispersive X-Ray Fluorescence Spectroscopy. Annual Book of Standards. ASTM International, West Conshohocken,

Pennsylvania.

ASTM D4312. Standard Test Method for Toluene-Insoluble（TI）Content of Tar and Pitch（Short Method）. Annual Book of Standards, ASTM International, West Conshohocken, Pennsylvania.

ASTM D4377, 2019. Standard Test Method for Water in Crude Oils by Potentiometric Karl Fischer Titration. Annual Book of Standards. ASTM International, West Conshohocken, Pennsylvania.

ASTM D445, 2019. Standard Test Method for Kinematic Viscosity of Transparent and Opaque Liquids. Annual Book of Standards. ASTM International, West Conshohocken, Pennsylvania.

ASTM D4492, 2019. Standard Test Method for Analysis of Benzene by Gas Chromatography. Annual Book of Standards. ASTM International, West Conshohocken, Pennsylvania.

ASTM D4529, 2019. Standard Test Method for Estimation of Net Heat of Combustion of Aviation Fuels. Annual Book of Standards. ASTM International, West Conshohocken, Pennsylvania.

ASTM D4530, 2019. Standard Test Method for Determining Carbon Residue（Micro Method）. Annual Book of Standards. ASTM International, West Conshohocken, Pennsylvania.

ASTM D4628, 2019. Standard Test Method for Analysis of Barium, Calcium, Magnesium, and Zinc in Unused Lubricating Oils by Atomic Absorption Spectrometry. Annual Book of Standards. ASTM International, West Conshohocken, Pennsylvania.

ASTM D4629, 2019. Standard Test Method for Trace Nitrogen in Liquid Petroleum Hydrocarbons by Syringe/Inlet Oxidative Combustion and Chemiluminescence Detection. Annual Book of Standards. ASTM International, West Conshohocken, Pennsylvania.

ASTM D473, 2019. Standard Test Method for Sediment in Crude Oils and Fuel Oils by the Extraction Method. Annual Book of Standards. ASTM International, West Conshohocken, Pennsylvania.

ASTM D4807, 2019. Standard Test Method for Sediment in Crude Oil by Membrane Filtration. Annual Book of Standards. ASTM International, West Conshohocken, Pennsylvania.

ASTM D4808, 2019. Standard Test Methods for Hydrogen Content of Light Distillates, Middle Distillates, Gas Oils, and Residua by Low-Resolution Nuclear Magnetic Resonance Spectroscopy. Annual Book of Standards. ASTM International, West Conshohocken, Pennsylvania.

ASTM D4809, 2019. Standard Test Method for Heat of Combustion of Liquid Hydrocarbon Fuels by Bomb Calorimeter（Precision Method. Annual Book of Standards. ASTM International, West Conshohocken, Pennsylvania.

ASTM D482, 2019. Standard Test Method for Ash from Petroleum Products. Annual Book of Standards. ASTM International, West Conshohocken, Pennsylvania.

ASTM D4860, 2019. Standard Test Method for Free Water and Particulate Contamination in Middle Distillate Fuels Clear and Bright Numerical Rating）. Annual Book of Standards. ASTM International, West Conshohocken, Pennsylvania.

ASTM D4927, 2019. Standard Test Methods for Elemental Analysis of Lubricant and Additive Components e Barium, Calcium, Phosphorus, Sulfur, and Zinc by Wavelength-Dispersive X-Ray Fluorescence Spectroscopy. Annual Book of Standards. ASTM International, West Conshohocken, Pennsylvania.

ASTM D4928, 2019. Standard Test Method for Water in Crude Oils by Coulometric Karl Fischer Titration. Annual Book of Standards. ASTM International, West.

ASTM D4951, 2019. Standard Test Method for Determination of Additive Elements in Lubricating Oils by Inductively Coupled Plasma Atomic Emission Spectrometry. Annual Book of Standards. ASTM International, West Conshohocken, Pennsylvania.

ASTM D4952, 2019. Standard Test Method for Qualitative Analysis for Active Sulfur Species in Fuels and Solvents（Doctor Test）. Annual Book of Standards. ASTM International, West Conshohocken, Pennsylvania.

ASTM D4953, 2019. Standard Test Method for Vapor Pressure of Gasoline and Gasoline-Oxygenate Blends（Dry Method）. Annual Book of Standards. ASTM International, West Conshohocken, Pennsylvania.

ASTM D5002, 2019. Standard Test Method for Density and Relative Density of Crude Oils by Digital Density Analyzer. Annual Book of Standards. ASTM International, West Conshohocken, Pennsylvania.

ASTM D5060, 2019. Standard Test Method for Determining Impurities in High-Purity Ethylbenzene by Gas

Chromatography. Annual Book of Standards. ASTM International, West Conshohocken, Pennsylvania.

ASTM D5134, 2019. Standard Test Method for Detailed Analysis of Petroleum Naphthas through N-Nonane by Capillary Gas Chromatography. Annual Book of Standards. ASTM International, West Conshohocken, Pennsylvania.

ASTM D5135, 2019. Standard Test Method for Analysis of Styrene by Capillary Gas Chromatography. Annual Book of Standards. ASTM International, West Conshohocken, Pennsylvania.

ASTM D5184, 2019. Standard Test Methods for Determination of Aluminum and Silicon in Fuel Oils by Ashing, Fusion, Inductively Coupled Plasma Atomic Emission Spectrometry, and Atomic Absorption Spectrometry. Annual Book of Standards. ASTM International, West Conshohocken, Pennsylvania.

ASTM D5185, 2019. Standard Test Method for Determination of Additive Elements, Wear Metals, and Contaminants in Used Lubricating Oils and Determination of Selected Elements in Base Oils by Inductively Coupled Plasma Atomic Emission Spectrometry (ICP-AES). Annual Book of Standards. ASTM International, West Conshohocken, Pennsylvania.

ASTM D5186, 2019. Standard Test Method for Determination of Aromatic Content and Polynuclear Aromatic Content of Diesel Fuels and Aviation Turbine Fuels by Supercritical Fluid Chromatography. Annual Book of Standards. ASTM International, West Conshohocken, Pennsylvania.

ASTM D5191, 2019. Standard Test Method for Vapor Pressure of Petroleum Products (Mini Method). Annual Book of Standards. ASTM International, West Conshohocken, Pennsylvania.

ASTM D5194, 2019. Standard Test Method for Trace Chloride in Liquid Aromatic Hydrocarbons. Annual Book of Standards. ASTM International, West Conshohocken, Pennsylvania.

ASTM D524, 2019. Standard Test Method for Ramsbottom Carbon Residue of Petroleum Products. Annual Book of Standards. ASTM International, West Conshohocken, Pennsylvania.

ASTM D525, 2019. Standard Test Method for Oxidation Stability of Gasoline (Induction Period Method). Annual Book of Standards. ASTM International, West Conshohocken, Pennsylvania.

ASTM D5291, 2019. Standard Test Methods for Instrumental Determination of Carbon, Hydrogen, and Nitrogen in Petroleum Products and Lubricants. Annual Book of Standards. ASTM International, West Conshohocken, Pennsylvania.

ASTM D5292, 2019. Standard Test Method for Aromatic Carbon Contents of Hydrocarbon Oils by High Resolution Nuclear Magnetic Resonance Spectroscopy. Annual Book of Standards. ASTM International, West Conshohocken, Pennsylvania.

ASTM D5386, 2019. Standard Test Method for Color of Liquids Using Tristimulus Colorimetry. Annual Book of Standards. ASTM International, West Conshohocken, Pennsylvania.

ASTM D5443, 2019. Standard Test Method for Paraffin, Naphthene, and Aromatic Hydrocarbon Type Analysis in Petroleum Distillates through 200C by Multi-Dimensional Gas Chromatography. Annual Book of Standards. ASTM International, West Conshohocken, Pennsylvania.

ASTM D5453, 2019. Standard Test Method for Determination of Total Sulfur in Light Hydrocarbons, Spark Ignition Engine Fuel, Diesel Engine Fuel, and Engine Oil by Ultraviolet Fluorescence. Annual Book of Standards. ASTM International, West Conshohocken, Pennsylvania.

ASTM D5482, 2019. Standard Test Method for Vapor Pressure of Petroleum Products (Mini MethoddAtmospheric). Annual Book of Standards. ASTM International, West Conshohocken, Pennsylvania.

ASTM D5580, 2019. Standard Test Method for Determination of Benzene, Toluene, Ethylbenzene, P/m-Xylene, OXylene, C9 and Heavier Aromatic Derivatives, and Total Aromatic Derivatives in Finished Gasoline by Gas Chromatography. Annual Book of Standards. ASTM International, West Conshohocken, Pennsylvania.

ASTM D56, 2019. Standard Test Method for Flash Point by Tag Closed Tester. Annual Book of Standards. ASTM International, West Conshohocken, Pennsylvania.

ASTM D5623, 2019. Standard Test Method for Sulfur Compounds in Light Petroleum Liquids by Gas Chromatography and Sulfur Selective Detection. Annual Book of Standards. ASTM International, West Conshohocken, Pennsylvania.

ASTM D5708, 2019. Standard Test Methods for Determination of Nickel, Vanadium, and Iron in Crude Oils and Residual Fuels by Inductively Coupled Plasma (ICP) Atomic Emission Spectrometry. Annual Book of Standards. ASTM International, West Conshohocken, Pennsylvania.

ASTM D5713, 2019. Standard Test Method for Analysis of High Purity Benzene for Cyclohexane Feedstock by Capillary Gas Chromatography. Annual Book of Standards. ASTM International, West Conshohocken, Pennsylvania.

ASTM D5762, 2019. Standard Test Method for Nitrogen in Petroleum and Petroleum Products by Boat-Inlet Chemiluminescence. Annual Book of Standards. ASTM International, West Conshohocken, Pennsylvania.

ASTM D5769, 2019. Standard Test Method for Determination of Benzene, Toluene, and Total Aromatic Derivatives in Finished Gasolines by Gas Chromatography/Mass Spectrometry. Annual Book of Standards. ASTM International, West Conshohocken, Pennsylvania.

ASTM D5770. Standard Test Method for Semiquantitative Micro Determination of Acid Number of Lubricating Oils during Oxidation Testing. Annual Book of Standards. ASTM International, West Conshohocken, Pennsylvania.

ASTM D5771, 2019. Standard Test Method for Cloud Point of Petroleum Products (Optical Detection Stepped Cooling Method). Annual Book of Standards. ASTM International, West Conshohocken, Pennsylvania.

ASTM D5772, 2019. Standard Test Method for Cloud Point of Petroleum Products (Linear Cooling Rate Method). Annual Book of Standards. ASTM International, West Conshohocken, Pennsylvania.

ASTM D5773, 2019. Standard Test Method for Cloud Point of Petroleum Products (Constant Cooling Rate Method). Annual Book of Standards. ASTM International, West Conshohocken, Pennsylvania.

ASTM D5776, 2019. Standard Test Method for Bromine Index of Aromatic Hydrocarbons by Electrometric Titration. Annual Book of Standards. ASTM International, West Conshohocken, Pennsylvania.

ASTM D5808, 2019. Standard Test Method for Determining Chloride in Aromatic Hydrocarbon Derivatives and Related Chemicals by Microcoulometry. Annual Book of Standards. ASTM International, West Conshohocken, Pennsylvania.

ASTM D5853, 2019. Standard Test Method for Pour Point of Crude Oils. Annual Book of Standards. ASTM International, West Conshohocken, Pennsylvania.

ASTM D5863, 2019. Standard Test Methods for Determination of Nickel, Vanadium, Iron, and Sodium in Crude Oils and Residual Fuels by Flame Atomic Absorption Spectrometry. Annual Book of Standards. ASTM International, West Conshohocken, Pennsylvania.

ASTM D5917, 2019. Standard Test Method for Trace Impurities in Monocyclic Aromatic Hydrocarbon Derivatives by Gas Chromatography and External Calibration. Annual Book of Standards. ASTM International, West Conshohocken, Pennsylvania.

ASTM D5972, 2019. Standard Test Method for Freezing Point of Aviation Fuels (Automatic Phase Transition Method). Annual Book of Standards. ASTM International, West Conshohocken, Pennsylvania.

ASTM D5986, 2019. Standard Test Method for Determination of Oxygenates, Benzene, Toluene, C8-C12 Aromatic Derivatives and Total Aromatic Derivatives in Finished Gasoline by Gas Chromatography/Fourier Transform Infrared Spectroscopy. Annual Book of Standards. ASTM International, West Conshohocken, Pennsylvania.

ASTM D6, 2019. Standard Test Method for Loss on Heating of Oil and Asphaltic Compounds. Annual Book of Standards. ASTM International, West Conshohocken, Pennsylvania.

ASTM D6045, 2019. Standard Test Method for Color of Petroleum Products by the Automatic Tristimulus Method. Annual Book of Standards. ASTM International, West Conshohocken, Pennsylvania.

ASTM D6069, 2019. Standard Test Method for Trace Nitrogen in Aromatic Hydrocarbon Derivatives by Oxidative Combustion and Reduced Pressure Chemiluminescence Detection. Annual Book of Standards. ASTM International, West Conshohocken, Pennsylvania.

ASTM D611, 2019. Standard Test Methods for Aniline Point and Mixed Aniline Point of Petroleum Products and Hydrocarbon Solvents. Annual Book of Standards. ASTM International, West Conshohocken, Pennsylvania.

ASTM D6144, 2019. Standard Test Method for Analysis of AMS (a-Methyl Styrene) by Capillary Gas Chromatography. Annual Book of Standards. ASTM International, West Conshohocken, Pennsylvania.

ASTM D6296, 2019. Standard Test Method for Total Olefins in Spark-Ignition Engine Fuels by Multidimensional Gas Chromatography. Annual Book of Standards. ASTM International, West Conshohocken, Pennsylvania.

ASTM D6304, 2019. Standard Test Method for Determination of Water in Petroleum Products, Lubricating Oils, and Additives by Coulometric Karl Fischer Titration. Annual Book of Standards. ASTM International, West Conshohocken, Pennsylvania.

ASTM D6352, 2019. Standard Test Method for Boiling Range Distribution of Petroleum Distillates in Boiling Range from 174 to 700C by Gas Chromatography. Annual Book of Standards. ASTM International, West Conshohocken, Pennsylvania.

ASTM D6377, 2019. Standard Test Method for Determination of Vapor Pressure of Crude Oil: VPCRx(Expansion Method). Annual Book of Standards. ASTM International, West Conshohocken, Pennsylvania.

ASTM D6378, 2019. Standard Test Method for Determination of Vapor Pressure(VPX) of Petroleum Products, Hydrocarbon Derivatives, and Hydrocarbon-Oxygenate Mixtures(Triple Expansion Method). Annual Book of Standards. ASTM International, West Conshohocken, Pennsylvania.

ASTM D6379, 2019. Standard Test Method for Determination of Aromatic Hydrocarbon Types in Aviation Fuels and Petroleum DistillatesdHigh Performance Liquid Chromatography Method with Refractive Index Detection. Annual Book of Standards. ASTM International, West Conshohocken, Pennsylvania.

ASTM D6443, 2019. Standard Test Method for Determination of Calcium, Chlorine, Copper, Magnesium, Phosphorus, Sulfur, and Zinc in Unused Lubricating Oils and Additives by Wavelength Dispersive X-Ray Fluorescence Spectrometry(Mathematical Correction Procedure). Annual Book of Standards. ASTM International, West Conshohocken, Pennsylvania.

ASTM D6447, 2019. Standard Test Method for Hydroperoxide Number of Aviation Turbine Fuels by Voltammetric Analysis. Annual Book of Standards. ASTM International, West Conshohocken, Pennsylvania.

ASTM D6450, 2019. Standard Test Method for Flash Point by Continuously Closed Cup(CCCFP)Tester. Annual Book of Standards. ASTM International, West Conshohocken, Pennsylvania.

ASTM D6560, 2019. Standard Test Method for Determination of Asphaltenes(Heptane Insolubles)in Crude Petroleum and Petroleum Products. Annual Book of Standards. ASTM International, West Conshohocken, Pennsylvania.

ASTM D664, 2019. Standard Test Method for Acid Number of Petroleum Products by Potentiometric Titration. Annual Book of Standards. ASTM International, West Conshohocken, Pennsylvania.

ASTM D847, 2019. Standard Test Method for Acidity of Benzene, Toluene, Xylenes, Solvent Naphtha, and Similar Industrial Aromatic Hydrocarbon Derivatives. Annual Book of Standards. ASTM International, West Conshohocken, Pennsylvania.

ASTM D848, 2019. Standard Test Method for Acid Wash Color of Industrial Aromatic Hydrocarbon Derivatives. Annual Book of Standards. ASTM International, West Conshohocken, Pennsylvania.

ASTM D849, 2019. Standard Test Method for Copper Strip Corrosion by Industrial Aromatic Hydrocarbon Derivatives. Annual Book of Standards. ASTM International, West Conshohocken, Pennsylvania.

ASTM D850, 2019. Standard Test Method for Distillation of Industrial Aromatic Hydrocarbon Derivatives and Related Materials. Annual Book of Standards. ASTM International, West Conshohocken, Pennsylvania.

ASTM D852, 2019. Standard Test Method for Solidification Point of Benzene. Annual Book of Standards. ASTM International, West Conshohocken, Pennsylvania.

ASTM D86, 2019. Standard Test Method for Distillation of Petroleum Products at Atmospheric Pressure. Annual Book of Standards. ASTM International, West Conshohocken, Pennsylvania.

ASTM D88, 2019. Standard Test Method for Saybolt Viscosity. Annual Book of Standards. ASTM International, West Conshohocken, Pennsylvania.

ASTM D891, 2019. Standard Test Methods for Specific Gravity, Apparent, of Liquid Industrial Chemicals. Annual Book of Standards. ASTM International, West Conshohocken, Pennsylvania.

ASTM D893, 2019. Standard Test Method for Insolubles in Used Lubricating Oils. Annual Book of Standards. ASTM International, West Conshohocken, Pennsylvania.

ASTM D91, 2019. Standard Test Method for Precipitation Number of Lubricating Oils. Annual Book of Standards.

ASTM International, West Conshohocken, Pennsylvania.

ASTM D92, 2019. Standard Test Method for Flash and Fire Points by Cleveland Open Cup. Annual Book of Standards. ASTM International, West Conshohocken, Pennsylvania.

ASTM D93, 2019. Standard Test Methods for Flash Point by Pensky-Martens Closed Tester. Annual Book of Standards. ASTM International, West Conshohocken, Pennsylvania.

ASTM D94, 2019. Standard Test Methods for Saponification Number of Petroleum Products. Annual Book of Standards. ASTM International, West Conshohocken, Pennsylvania.

ASTM D95, 2019. Standard Test Method for Water in Petroleum Products and Bituminous Materials by Distillation. Annual Book of Standards. ASTM International, West Conshohocken, Pennsylvania.

ASTM D97, 2019. Standard Test Method for Pour Point of Petroleum Products. Annual Book of Standards. ASTM International, West Conshohocken, Pennsylvania.

ASTM D974, 2019. Standard Test Method for Acid and Base Number by Color-Indicator Titration. Annual Book of Standards. ASTM International, West Conshohocken, Pennsylvania.

ASTM E203, 2019. Standard Test Method for Water Using Volumetric Karl Fischer Titration. Annual Book of Standards. ASTM International, West Conshohocken, Pennsylvania.

ASTM E659, 2019. Standard Test Method for Autoignition Temperature of Liquid Chemicals. Annual Book of Standards. ASTM International, West Conshohocken, Pennsylvania.

De Bakker, C.J., Fredericks, P.M., 1995. Determination of petroleum properties by fiber-optic fourier transform Raman spectrometry and partial least-squares analysis. Appl. Spectrosc. 49(12), 1766e1771.

Bryden, K., Federspiel, M., Habib Jr., E.T., Schiller, R., 2014. Processing tight oils in FCC: issues, opportunities and flexible catalytic solutions. Grace Catal. Technol. Catalagram(114), 1e22 accessed February 18, 2016. https: // grace.com/catalysts-and-fuels/en-us/Documents/114-Processing%20Tight%20Oils%20 in%20FCC.pdf.

Deepak, R.D., Whitecotton, W., Goodman, M., Moreland, A., 2014. Challenges of processing feeds derived from tight oil crudes in the hydrocracker. Paper np. AM-14-15. In: Proceedings. American Fuel & Petrochemical Manufacturers Meeting, Orlando, Florida, March 23-26. American Fuel & Petrochemical Manufacturers, Washington, DC.

Dion, M., 2014. Challenges and solutions for processing opportunity crudes. Paper No. AM-14-13. In: Proceedings. AFPM Annual Meeting, Orlando, Florida. March 23-25. American Fuel & Petrochemical Manufacturers, Washington, DC.

DiSanzo, F.P., Giarrocco, V.J., 1988. Analysis of pressurized gasoline-range liquid hydrocarbon samples by capillary column and PIONA analyzer gas chromatography. J. Chromatogr. Sci. 26, 258e401.

Furimsky, E., 2015. Properties of tight oils and selection of catalysts for hydroprocessing. Energy Fuel. 29(4), 2043e2058.

Gary, J.G., Handwerk, G.E., Kaiser, M.J., 2007. Petroleum Refining: Technology and Economics, fifth ed. CRC Press, Taylor & Francis Group, Boca Raton, Florida.

Høier, L., Whitson, C.H., 1998. Miscibility variation in compositional grading reservoirs. Paper No. SPE 49269. In: Proceedings. SPE Annual Technical Conference and Exhibition, New Orleans, Louisiana. September. 27-30, 1998. Society of Petroleum Engineers, Richardson, Texas.

Hori, Y., 2000. In: Lucas, A.G.(Ed.), Modern Petroleum Technology, Downstream, vol. 2. John Wiley & Sons Inc., New York(Chapter 2).

Hsu, C.S., Robinson, P.R.(Eds.), 2017. Handbook of Petroleum Technology. Springer International Publishing AG, Cham, Switzerland.

Ichikawa, M., Nonaka, N., Amono, H., Takada, 1., Ishimori, H., Andoh, H., Kumamoto, K., 1992. Proton NMR analysis of octane number for motor gasoline: Part IV. Appl. Spectrosc. 46(8), 1294.

Lee, A., Gonzalez, M., Eakin, B., 1966. The viscosity of natural gases. J. Pet. Technol. 18, 997e1000. SPE Paper No. 1340, Society of Petroleum Engineers, Richardson, Texas.

McCain Jr., W.D., 1990. The Properties of Petroleum Fluids, second ed. PennWell Books, Tulsa, Oklahoma.

McCann, J.M., 1998. In: Drews, A.W.(Ed.), Manual on Hydrocarbon Analysis, sixth ed. American Society for

Testing and Materials, West Conshohocken, PA(Chapter 2).

Mitchell, D.L., Speight, J.G., 1973. The solubility of asphaltenes in hydrocarbon solvents. Fuel 52, 149.

Mokhatab, S., Poe, W.A., Speight, J.G., 2006. Handbook of Natural Gas Transmission and Processing. Elsevier, Amsterdam, Netherlands.

Mushrush, G.W., Speight, J.G., 1995. Petroleum Products: Instability and Incompatibility. Taylor & Francis, New York.

Myers, M.E., Stollsteirner, J., Wims, A.M., 1975. Determination of gasoline octane numbers from chemical composition. Anal. Chem. 47(13), 2301e2304.

Nordquist, J.W., 1953. Mississippian Stratigraphy of Northern Montana. 4th Annual Field Conference Guidebook. Billings Geological Society, pp. 68e82.

Olsen, T., 2015. Working with tight oil. Chem. Eng. Prog. April, 35e38.

Ovalle, A.P., Lenn, C.P., McCain, W.D., 2007. Tools to manage gas/condensate reservoirs; novel fluid-property correlations on the basis of commonly available field data. Paper No. SPE-112977-PA. In: SPE Reservoir Evaluation & Engineering Volume. Society of Petroleum Engineers, Richardson, Texas.

Pandey, S.C., Ralli, D.K., Saxena, A.K., Alamkhan, W.K., 2004. Physicochemical characterization and application of naphtha. J. Sci. Ind. Res. 63, 276e282.

Paredes, J.E., Perez, R., Perez, L.P., Larez, C.J., 2014. Correlations to estimate key gas condensate properties through field measurement of gas condensate ratio. Paper No. SPE-170601-MS. In: Proceedings. SPE Annual Technical Conference and Exhibition, Amsterdam, Netherlands. October 27-29. Society of Petroleum Engineers, Richardson, Texas.

Parkash, S., 2003. Refining Processes Handbook. Gulf Professional Publishing, Elsevier, Amsterdam, Netherlands.

Pedersen, K.S., Thomassen, P., Fredenslund, A., 1989. Characterization of gas condensate mixtures, C7þ fraction characterization. In: Chorn, L.G., Mansoori, G.A. (Eds.), Advances in Thermodynamics. Taylor & Francis Publishers, New York.

Piper, L.D., McCain Jr., W.D., Corredor, J.H., 1999. Compressibility factors for naturally occurring petroleum gases. Gas Reser. Eng. 52, 23e33. SPE Reprint Series Society of Petroleum Engineers, Richardson, Texas.

Power, A.J., Mathys, G.I., 1992. Characterization of distillate fuel sediment molecules: functional group derivatization. Fuel 71, 903e908.

Rayes, D.G., Piper, L.D., McCain Jr., W.D., Poston, S.W., 1992. Two-Phase Compressibility Factors for Retrograde Gases. Paper No. SPE-20055-PA. Society of Petroleum Engineers, Richardson, Texas.

Speight, J.G., 2001. Handbook of Petroleum Analysis. John Wiley & Sons Inc., Hoboken, New Jersey.

Speight, J.G., 2013. Heavy and Extra Heavy Oil Upgrading Technologies. Gulf Professional Publishing, Elsevier, Oxford, United Kingdom.

Speight, J.G., 2014a. The Chemistry and Technology of Petroleum, fifth ed. CRC Press, Taylor and Francis Group, Boca Raton, Florida.

Speight, J.G., 2014b. High Acid Crudes. Gulf Professional Publishing, Elsevier, Oxford, United Kingdom.

Speight, J.G., 2014c. Oil and Gas Corrosion Prevention. Gulf Professional Publishing, Elsevier, Oxford, United Kingdom.

Speight, J.G., 2015a. Handbook of Petroleum Product Analysis, second ed. John Wiley & Sons Inc., Hoboken, New Jersey.

Speight, J.G., 2015b. Fouling in Refineries. Gulf Professional Publishing, Elsevier, Oxford, United Kingdom.

Speight, J.G., 2017. Handbook of Petroleum Refining. CRC Press, Taylor and Francis Group, Boca Raton, Florida.

Speight, J.G., Exall, D.I., 2014. Refining Used Lubricating Oils. CRC Press, Taylor & Francis Group, Boca Raton, Florida.

Speight, J.G., Radovanovic, L., 2015. Fouling in refineries e causes, treatment, and control. In: Proceedings. V International Conference Industrial Engineering and Environmental Protection 2015 (IIZS 2015), October 30th, 2015, Zrenjanin, Serbia.

Special Technical Publication No. 751. In: Stavinoha, L.L., Henry, C.P. (Eds.), 1981. Distillate Fuel Stability and Cleanliness. American Society for Testing and Materials, Philadelphia.

Teng, S.T., Williams, A.D., 1994. Detailed hydrocarbon analysis of gasoline by GC-MS (SI-PIONA). J. High Resolut. Chromatogr. 19, 469e475.

US EIA, 2011. Review of Emerging Resources. US Shale Gas and Shale Oil Plays. Energy Information Administration, United States Department of Energy, Washington, DC.

US EIA, 2013. Technically Recoverable Shale Oil and Shale Gas Resources: An Assessment of 137 Shale Formations in 41 Countries outside the United States. Energy Information Administration, United States Department of Energy, Washington, DC.

US EIA, 2015. Technical Options for Processing Light Tight Oil Volumes within the United States. Energy Information Administration, United States Department of Energy, Washington, DC.

USGS, 2008. Assessment of Undiscovered Oil Resources in the Devonian-Mississippian Bakken Formation, Williston Basin Province, Montana and North Dakota. Fact Sheet 2008-2031. United States Geological Survey, Reston, Virginia. April.

Welch, W.T., Bain, M.L., Russell, K., Maggard, S.M., May, J.M., 1994. Experience leads to accurate design of a NIR gasoline analysis systems. Oil & Gas Journal, June 27, 48e56.

Whitson, C.H., Belery, P., 1994. Compositional gradients in petroleum reservoirs. Paper No. SPE 28000. In: Proceedings. SPE Centennial Petroleum Engineering Symposium Held in Tulsa, Oklahoma. August 29-31. Society of Petroleum Engineers, Richardson, Texas.

Wier, M.J., Sioui, D., Metro, S., 2016. Catalysts Optimize Tight Oil Refining. American Oil & Gas Reporter. April 11. http://www.aogr.com/web-exclusives/exclusive-story/catalysts-optimize-tight-oil-refining.

Zabetakis, M., 1965. Flammability Characteristics of Combustible Gases and Vapors. Bulletin No. 727. Bureau of Mines, United States. Department of the Interior, Washington, DC.

第二部分　油页岩

第 11 章　油页岩成因和性质

11.1　引言

页岩油是从一种特殊的含干酪根的岩石（有时被称为沥青岩，但这个术语更适合应用于焦油砂地层，如加拿大的油砂地层）中生产出来的。具有一定资源价值的沥青岩称为油页岩，它是一种泥质层状沉积物，通常有机质含量高，可以热分解产生相当数量的石油，通常被称为页岩油。如果没有高温和随后页岩中有机物质（干酪根）的热分解，那么油页岩不会产生页岩油。干酪根在高温下（大于 500℃）通过热分解产生液态产物（页岩油）。页岩油还含有杂原子物质（含氮、氧和硫的有机化合物）。杂原子含量已降低到可接受的水平的精制（加氢处理）页岩油（见第 16 章），也可称为合成原油，可送往炼油厂进一步加工成各种产品。原始油页岩甚至可以直接用作类似于低质量煤的燃料。事实上，油页岩已经被开采了几个世纪，自 19 世纪以来，人们就开始从油页岩中生产页岩油。

自 20 世纪 70 年代石油禁运以来，人们对从油页岩中产出石油产品以便生产出价格具有竞争力的合成燃料的兴趣日益浓厚，其商业利益在 20 世纪 70 年代和 80 年代一度非常高，但在 20 世纪 90 年代，由于原油价格稳定和低廉，从油页岩中生产石油产品商业利益大幅下降。进入 21 世纪，人们对油页岩这一清洁液体燃料来源的兴趣重新燃起，这主要是由于原油价格的不断上涨，以及全球市场原油短缺所引发的。但需要指出的是，油页岩作为液体和（或）固体燃料在某些地区已经使用了很长一段时间，对其研究也有相当长的历史。经过漫长的地质时期，页岩与各种沉积物混合，形成了一种坚硬、致密的岩石，颜色从浅棕色到黑色不等。根据其表面颜色，页岩通常被称为黑色页岩或棕色页岩，其颜色取决于页岩中有机质的含量，页岩越深有机质含量越高。

油页岩广泛分布在世界各地，各大洲都有已知的油页岩矿床。在这一点上，油页岩与更集中分布于世界上某些特定区域的原油有着很大的不同。过去，油页岩在世界各地都被用作液体燃料的来源，包括（按英文首字母顺序）澳大利亚、巴西、中国、法国、苏格兰、俄罗斯、南非、瑞典和美国。然而，由于政治、社会经济、市场和环境等各种原因，油页岩行业经历了几次起伏。

尽管没有文字记载的历史明确证明或解释，但人们相信，油页岩在世界上的许多地区已经被直接用作固体燃料，特别是在那些地表出露大量页岩的地区。早在 1839 年，法国奥顿（Autun）的一个油页岩矿床就被商业化开采。早在 19 世纪 50 年代，页岩油就被奉为美国能源所依赖的木材的替代品。从逻辑上讲，在 1859 年发现原油之前，美国的油页岩工业就已经是美国经济的重要组成部分。随着德雷克上校在宾夕法尼亚州泰特斯维尔（Titusville）开采了他的第一口油井，页岩油及其商业生产开始逐渐被遗忘，随着大量廉价液体燃料（即原油）的供应，页岩油几乎消失了。同样，苏格兰在 1850 年至 1864 年间也有页岩产业，但由于进口原油价格低廉，被迫停止了开采。在俄罗斯，来自爱沙尼亚的油页岩曾经为列宁格勒提供天然气燃料。

1912 年，美国总统通过行政命令，建立了海军石油和油页岩储备。从那时起，美国能源部的化石能源办公室一直在监督美国在油页岩方面的战略利益。20 世纪 20 年代，由于发现美国国内原油储量下降，人们对油页岩的兴趣短暂复苏。但是，在得克萨斯州发现的大量石油储藏再次使油页岩工业的萌芽希望落空。在 20 世纪 70 年代和 80 年代，由于阿拉伯的石油禁运给世界能源供应带来了恐慌，并影响了世界经济，人们又一次认真考虑了对油页岩商业化和开发兴趣。1974 年，Unocal 开发了 Union B 干馏过程（Union B retort process），后来在 1976 年当投资被认为具有经济效益时计划在 Parachute Creek 建造一个具备商业规模的工厂。许多其他公司开始了自己的油页岩开发，包括 Exxon、Shell、Dow Chemical、Sohio、TOSCO ARCO、AMOCO、Paraho，以及其他公司等。1981 年，Unocal 在它们的 Union B 干馏技术的基础上，开始建造了 Long Ridge 50000 bbl/d 装置。AMOCO 分别于 1980 年和 1981 年完成了 1900 bbl 和 24400 bbl 页岩油的原位干馏示范项目。

1980 年，Exxon 收购了 ARCO Colony 的股份，并于 1981 年开始建造 Colony II 装置，目标是基于 TOSCO-II 工艺实现 47000 bbl/d 的产量。然而，随着能源形势的变化，由于低需求和高成本，Exxon 于 1982 年宣布关闭 Colony II。壳牌一直在 Red Pinnacle 进行原位实验，直到 1983 年，在 40 年的时间里投资了 80 亿美元后，美国国会废除了合成液体燃料项目。

1980 年，Unocal 在美国西部经营了最后一个大型试验性采矿和干馏设施，直到 1991 年关闭 Long Ridge 项目。在此期间，Unocal 共从油页岩中生产了 450×10^4 bbl 页岩油，在项目的全生命周期内，每吨岩石平均生产 34 gal 页岩油。自 1992 年 Unocal 停产以来，美国再没有油页岩生产。在 20 世纪 80 年代和 90 年代，稳定的原油价格再次成为油页岩领域兴趣下降的主要原因。

壳牌公司继续尝试油页岩领域，其中包括在科罗拉多州 Mahogany 的原位加热技术，并在 1997 年进行了一项引人注目的原位加热试验。虽然美国的油页岩开采活动几乎已经停止，但巴西和爱沙尼亚的一些重大试验仍在继续。

由于包括天然气和原油产品在内的原油价格在 21 世纪初在世界大多数发达地区都经历了波动和不稳定，人们再次对油页岩产生了兴趣。能源相关危机的例子包括，2000 年和 2001 年美国各地汽油价格飙升，2001 年加州停电，2004 年原油供应短缺导致汽油价格走高，2005 年和 2006 年过高的原油价格，2000 年和 2001 年及 2005 年和 2006 年住宅能源成本急剧增加。然而，最近人们对致密油的高度兴趣使油页岩的受欢迎程度有所下降，对能源自给自足或独立的渴望是否会再次使天平向有利于美国西部油页岩地层开发的方向倾斜，还有待观察。

综上所述，以供求关系为基础的市场力量将极大地影响油页岩的商业化开发。除了与传统原油和天然气竞争外，页岩油还必须在类似的市场上与煤衍生燃料展开有利的竞争。然而，石油进口国应该对此感到警惕，因为从煤中提取的液体燃料将是甲醇、其他间接液化产品、费托合成烃类衍生物或含氧衍生物。

11.2 油页岩开采历史

油页岩的利用有着悠久的历史，可以一直追溯到古代。事实上，人类从史前时代就开始使用油页岩作为燃料，因为它通常不经过任何处理就可以燃烧。油页岩也被用于装饰和建筑。在铁器时代的英国（公元前 800 年至公元 100 年），油页岩被用来打磨并制成油页岩装饰品。在希腊时期（公元前 800 年至公元前 400 年）、罗马时期（公元前 700 年）、倭马亚时期（公元 660 年至公元 750 年）和阿拔斯时期（公元 750 年至 1250 年），油页岩也被用作装饰宫殿、教堂和清真寺的马赛克和地板的材料。油页岩的使用在 1350 年的奥地利有记载。到 17 世纪，有几个国家开始开采油页岩。早在 1637 年，矾土页岩就被放在柴火上烘烤，以提取硫酸铝钾———一种用于制革和织物固定颜色的盐。

第一个页岩油专利，即英国皇家专利第 330 号，于 1694 年颁发给马丁·埃尔、托马斯·汉考克和威廉·波特洛克，他们"在经历了许多痛苦和花销之后，确实找到了一种从一种岩石中提取并制造大量沥青、焦油和油的方法"。然而，油页岩的工业规模利用并没有立即出现。1838 年，第一个工业油页岩工厂才在法国奥顿投入使用。很快，苏格兰（1850 年）、澳大利亚（1865 年）和巴西（1881 年）的工厂也纷纷效仿。

除了油页岩可作为精炼页岩油产品的来源外，人们很快发现托班油页岩（Torbanite）（一种特别富有机质的油页岩）有助于增加照明气体火焰的亮度。这为早期苏格兰油页岩工业提供了一个重要的市场，后来，随着苏格兰托班油页岩矿床的枯竭，这又为早期澳大利亚页岩工业提供了一个重要的市场。

现代利用油页岩开采石油可以追溯到 19 世纪 50 年代的苏格兰。1847 年，詹姆斯·杨博士从煤中制备了点灯油、润滑油和蜡。随后，他将业务转移到发现油页岩矿床的爱丁堡。1850 年，他申请了将石油裂解成其组分相关工艺的专利。到 19 世纪 70 年代，澳大利亚的托班油页岩不仅出口到英国，还出口到美国、意大利、法国和荷兰。韦尔斯巴赫汽灯纱罩的发明和从原油中提取的低成本、高质量的美国煤油的出现，结束了这一时期。随着对液体运输燃料需求的增加，澳大利亚的油页岩业务得到了整合。在其他地方，油页岩工厂相继在新西兰（1900 年）、瑞士（1915 年）、瑞典（1921 年）、爱沙尼亚（现苏联，1921 年）、西班牙（1922 年）、中国（1929 年）和南非（1935 年）建立。

这一阶段油页岩开发的高潮是在第二次世界大战期间或战后的时期。然而，爱沙尼亚和邻近的列宁格勒省的油页岩工业仍然蓬勃发展，大部分开采的页岩直接在发电厂燃烧，剩下的 10% 左右被转化为化学原料和少量的精炼产品。1926 年，日本开始占用中国在东北抚顺的大型油页岩矿床进行页岩油的商业化生产。1941 年，日本为了在第二次世界大战期间为侵略行径提供必不可少的液体燃料供应，在该综合设施安装了改进的干馏器。在被其占领的华南地区的茂名，日本开发了第二个油页岩项目。中国页岩油产量在 1975 年达到顶峰，此后随着重点转向新发现的原油供应，页岩油产量开始下降。

1838 年，由于未能成功从油页岩中提炼石油，爱沙尼亚首次使用油页岩作为低品位燃料。然而，直到第一次世界大战期间燃料短缺时期，油页岩才被开采出来。采矿始于 1918 年，并一直持续到现在，随着需求的增加，作业规模也在增加。第二次世界大战后，列宁格勒和爱沙尼亚北部的城市使用爱沙尼亚生产的油页岩气作为天然气的替代品。两座大型油页岩发电厂投入使用，一座是 1965 年的 1400 MW 发电厂，一座是 1973 年的 1600 MW 发电厂。油页岩产量在 1980 年达到峰值的 3135×10^4 t。然而，1981 年，位于俄罗斯列宁格勒州附近的 Sosnovy Bor 核电站的第四个反应堆的投入使用，使得对爱沙尼亚页岩的需求减少。油页岩产量持续减少，直到 1995 年起产量才再次增加，尽管只是轻微增加。1999 年，

该国使用了 1100×10^4 t 页岩用于原油生产，并计划在 2010 年将一次能源生产的份额从 62% 降至 47%~50%。

澳大利亚在政府停止支持采矿的 1862 年至 1952 年间开采了 400×10^4 t 油页岩。从 20 世纪 70 年代开始，石油公司一直在勘探潜在的储量。自 1995 年以来，南太平洋石油公司（SPP）和中太平洋矿业公司（CPM）一直在研究昆士兰州 Gladstone 附近的 Stuart 矿床（加拿大 Suncor 公司曾一度加入研究），该矿床具有 26×10^8 bbl 石油的潜在产量。从 2001 年 6 月到 2003 年 3 月，Gladstone 地区生产了 703000 bbl 石油，62860 bbl 低密度燃料油和 88040 bbl 超低硫石脑油。经过深加工后，生产出来的油将适用于低排放汽油的生产。2003 年，南太平洋石油公司进入破产管理，到 2004 年 7 月，昆士兰能源公司（QER）宣布结束澳大利亚 Stuart 页岩油项目。

巴西从 1935 年开始从油页岩中开采石油。小型示范性石油生产工厂建于 20 世纪 70 年代和 80 年代，在撰写本书时仍在进行小规模生产。自 20 世纪 20 年代以来，中国一直在抚顺附近有限程度地开采油页岩，但原油价格低迷使生产水平一直处于低位。自 20 世纪 30 年代以来，俄罗斯一直在小规模开采其石油储备。

由于已知资源的丰富和地理位置的集中，早在 1859 年，德雷克上校在宾夕法尼亚州 Titusville 完工了他的第一口油井时，美国就认识到油页岩是一种潜在的有价值的能源资源。从页岩油中提取的早期产品包括煤油和灯油、石蜡、燃料油、润滑油和润滑脂、石脑油、照明气体和硫酸铵肥料。

从页岩中提取的油在 19 世纪首次被用于园艺用途，但直到 20 世纪美国才对其进行了更大规模的调查，并于 1912 年成立了海军石油和油页岩储备办公室。油页岩储备被视为一个潜在的应急军事燃料来源，特别是美国海军——此前在 20 世纪初美国海军舰用燃料从煤炭转向燃料油。以汽油为燃料的汽车和以柴油为燃料的卡车和火车的出现改变了美国的经济，随之也出现了对能否以合理的价格保证液体燃料充足供应来满足日益增长的国家和消费者需求的担心。

美国丰富的油页岩资源最初被视为这些燃料的主要来源。许多商业实体寻求开发油页岩资源。1920 年的《矿产租赁法》规定，联邦土地上的原油和油页岩资源可根据联邦矿产租赁条款进行开发。然而不久后，更具经济效益和可提炼的工业规模液态原油的发现，导致了人们对油页岩的兴趣下降。

第二次世界大战后，军事燃料需求和国内燃料配给，以及燃料价格上涨使得油页岩资源的经济和战略重要性更加明显（DOE，2004a，2004b，2004c）。战后，繁荣的战后经济推动了对燃料更高的需求。公共和个人力量开始着手致力于相关的研究和发展，包括 1946 年美国矿业局在科罗拉多州 Anvil Point 的油页岩示范项目。大量投资用于资源的寻找和开发，以及探索商业上可行的技术和工艺用于对油页岩进行开采、生产、干馏并将其升级为可行的炼油厂原料和副产品。然而，美国本土 48 个州、近海、阿拉斯加，以及世界其他地区的重大原油发现再次减少了对页岩油的可预见需求，开采兴趣和相关活动再次减少。美国原油储量在 1959 年达到顶峰，产量在 1970 年达到顶峰。

到 1970 年，石油新发现的速率放缓，需求上升，原油进口（主要来自中东国家）的增加使得原油需求得到满足。全球油价虽然仍然相对较低，但也在上涨，这也反映出市场环境的变化。正在进行的油页岩研究和测试项目被重新激活，许多正在寻找替代燃料原料的能源公司设想了新的项目。这些努力在 1973 年阿拉伯石油禁运的影响下被显著放大了——这表明了美国在原油进口供应中断面前的脆弱性——并且这些努力被与 1979 年伊朗国民革命和美国大使馆遇袭相关的又一次原油进口供应中断所再次强调。

然而到了 1982 年，技术的进步和北海及其他地方海上石油资源的新发现为美国的石油进口提供了新的和多样化的来源，并抑制了全球能源价格。世界政治格局的变化有望让以前受到限制的地区开放石油和天然气的勘探活动，并引发经济学家和其他专家做出"在未来很长一段时间里油价将保持相对较低和稳定水平"的预测。尽管美国能源公司进行了大量投资，在开采、恢复、干馏和原位工艺方面也有许多变化和进步，但相对于可预见的低油价，油页岩生产的成本使大多数商业努力无法继续下去。

总之，油页岩的近期前景是不确定的，很明显将受到国际原油价格和供应的影响。事实上，在 20 世纪 70 年代末，人们对油页岩兴趣的上升主要是由于原油价格高企和供应紧张。随着原油价格的下跌和原油过剩的增长，人们对油页岩和其他合成燃料的兴趣减弱了。这种情况会持续多久很难预测。目前，商业油页岩开发前景很难预见，除非政治或安全方面的考虑提供了动力。几个相关项目由于技术和设计原因失败了。联邦研究、开发、租赁和其他活动被大大削减，大多数商业项目被放弃。1984 年世界油价的暴跌似乎决定了油页岩未来注定将成为美国能源战略的重要组成部分。

虽然开发活动业已停顿，但却为科学研究提供了一个绝好的机会，可以来研究开发活动后期可能暴露或凸显的许多化学、物理和材料问题。

11.3 成因

页岩地层通常由黏土矿物和石英颗粒组成，通常是灰色的。不同数量的次要成分的加入会改变岩石的颜色。黑色页岩的颜色是由含量大于 1% 的碳质物质决定的，指示还原环境。红色、棕色和绿色指示氧化铁（Fe_2O_3，赤铁矿，红色）、氢氧化铁（针铁矿，褐色；褐铁矿，黄色）或含云母矿物（绿泥石、黑云母和伊利石，绿色）（Blatt and Tracy，1996）。

黏土矿物（主要为高岭石、蒙皂石和伊利石）是页岩和其他泥岩的主要成分。新近纪泥岩的黏土矿物主要为可膨胀的蒙皂石矿物，而在更古老的岩石中，特别是中古生代至早古生代的页岩中，以伊利石矿物为主。蒙皂石转化成伊利石产生二氧化硅、钠、钙、镁、铁和水。在形成页岩的岩石循环中的压实过程，构成页岩的细粒物质可以在较大的砂质颗粒沉积后的很长时间内依然悬浮在水中。页岩地层通常沉积在流动非常缓慢的水中，通常在湖泊和潟湖、河流三角洲、洪泛平原和近海沙滩附近发现。

它们也可以沉积在沉积盆地和大陆架上相对较深、安静的水体中，此时有机物可能共同沉积，从而生成最终成为干酪根的有机成分。

黑色页岩地层颜色较深，因为它们富含未氧化的碳（有机物质），通常沉积在缺氧还原环境中，如静滞水体中。一些黑色页岩地层含有丰富的重金属，如钼、铀、钒和锌。这些富集物的来源有争议，有人认为是沉积期间或之后热液的输入，也有人认为是长期沉积过程中海水的缓慢积聚（Vine and Tourtelot，1970）。

油页岩是一种数量巨大且大部分尚未开发的资源，可以帮助满足未来对碳氢化合物燃料的需求。与焦油砂（加拿大的油砂）和煤一样，油页岩被认为是非常规资源，因为其中的石油不能通过钻井和泵采直接开采出来。油页岩中的石油必须通过加热才能从页岩中开采出来。页岩中包含的有机物质被称为干酪根，一种与矿物基质紧密结合的固体物质（Baughman, 1978; Allred, 1982; Scouten, 1990; Lee, 1991; Speight, 2013, 2014, 2019）。

油页岩在世界范围内分布广泛，各大洲均有已知的油页岩沉积。世界上许多地方都发育有从寒武纪到古近—新近纪的油页岩（表 11.1）。矿床范围从很少或没有经济价值的小规模到占地数千平方英里、蕴藏数十亿桶潜在可开采页岩油的巨大规模。

然而，由于开采和从油页岩中提取能源的额外成本的存在，所以原油和基于原油的产品的生产成本比页岩油和页岩油衍生产品要低。由于这些较高的成本，目前在中国、巴西和爱沙尼亚只有少量的油页岩储量被开采。然而，随着原油供应的持续下降，伴随着基于原油的产品成本的增加，油页岩未来有机会满足世界上一些化石能源的供应需求（Culbertson and Pitman, 1973; Bartis et al., 2005; Andrews, 2006）。地质学家通常认为油页岩不是真正的页岩，也不含有可观数量的游离油（Scouten, 1990; Speight, 2019b）。所有油页岩的抗断裂性是随单个层理的有机质含量不同而变化，裂缝优先沿沉积层较薄的水平层理发育和扩展。

表 11.1　油页岩储量估算　　　　　　　　　　　单位：10^6t

区域	页岩储量	干酪根储量	干酪根原始地质储量
非洲	12373	500	5900
亚洲	20570	1100	—
澳大利亚	32400	1700	37000
欧洲	54180	600	12000
中东	35360	4600	24000
北美洲	3340000	80000	140000
南美洲	—	400	10000

注：1t=2204lb。

将吨换算成桶，乘以 7 表示大约有 6200 亿桶（620×10^9bbl）的已知可采干酪根，据估计能够生产 2600 亿桶（2600×10^9bbl 或 2.6×10^{12}bbl）的页岩油。相比之下，全球已知的石油储量为 1200 亿桶（来源：BP 世界能源统计评论，2006 年）。

资料来源：世界能源理事会《世界经济论坛能源调查》。

油页岩的沉积环境多种多样，包括从淡水到咸水的池塘和湖泊、陆表海盆地，以及相关的潮下陆架，以及与成煤泥炭有关的浅水池塘或湖泊。大多数油页岩含有来自各种类型的海洋和湖泊藻类的有机物，还有一些陆地植物的碎屑，这取决于沉积环境和沉积物来源，但最重要的是，油页岩沉积物在成因、组成、热值和产油量等方面有所不同。目前还没有对全球油页岩资源及其分布的全面概述，因此不可能得出适用于整个油页岩的详细结论。例如，在一些非常高品位的矿床（如爱沙尼亚的Kukersite矿床）中，油页岩的有机质含量可高达50%，在大多数情况下，有机质含量分布在5%~25%之间。因此，油页岩的热值变化很大，但在大多数情况下，热值基本上低于3000kcal/kg。与其他传统固体燃料相比，油页岩的热值是有限的。在最好的情况下，它与褐煤或平均林业剩余物相当，但不到平均烟煤的一半。这就产生了各种不同的油页岩类型，这些油页岩以沉积模式作为区分标准，分为陆相、湖相和海相油页岩三大类（表11.2）。然后根据壳质组的类型和丰度将这三组再细分为烛煤、托班油页岩（Torbanite）、层状藻类体油页岩（Lamosite）（进一步细分为Rundle型和Green river型）、海生油页岩（Marinite）、塔斯马尼亚油页岩（Tasmanite）和库克油页岩（Kukersite）（Hutton，1987，1991）。因此，油页岩表现出广泛的有机质和矿物组成也就不足为奇了（Scouten，1990；Mason，2006；Ots，2007；Wang et al.，2009）。

表11.2　富有机质沉积岩的各种名称

富有机质沉积岩		
一级	二级	三级
腐殖煤		
沥青砂（油砂）		
油页岩	陆相油页岩	烛煤
	湖相油页岩	层状藻类体油页岩
		托班油页岩
	海相油页岩	库克油页岩
		塔斯马尼亚油页岩
		海生油页岩

油页岩中的有机物是一种复杂的混合物，来源于含碳残留物的藻类、孢子、花粉、植物角质层和草本及木本植物的软木碎片、植物树脂、植物蜡，以及其他湖相、海洋和陆地植物的细胞残留物（Scouten，1990；Dyni，2003，2006）。这些物质主要由碳、氢、氧、氮和硫组成。一般来说，有机物质是非结构化的，最好被描述为无定形的（沥青质体），其起源尚未最终确定，但理论上是降解的藻类或细菌残留物的混合物。其他含碳物质，如磷酸盐和碳酸盐矿物也可能存在，尽管它们是有机来源，但不包括在油页岩有机质的定义中，而被认为是油页岩矿物基质的一部分。

油页岩常被称为高矿质煤，但事实并非如此。煤和干酪根的成熟路径不同，事实上，油页岩和煤中有机质的前体也不同（Tissot and Welte，1978；Durand，1980；Scouten，1990；Hunt，1996；Speight，2013b）。此外，油页岩中一些有机物的来源是模糊的，因为缺乏可辨识的生物结构以有助于识别前体生物，而煤中具有可辨识的生物结构（Speight，

2013）。这些物质可能是：（1）细菌来源；（2）藻类细菌降解的产物；（3）其他有机物；（4）上述所有物质。

在成因方面，油页岩的成因与原油的成因有明显的区别。在原油的形成过程中，烃源岩（含有机碎屑的沉积物）被自然地质过程所掩埋，随着地质时间的推移，有机质转化为气体和液体，这些气体和液体可以通过岩石的裂缝和孔隙运移，直到到达地表或被上方致密的地层所圈闭，其结果是形成天然气和（或）原油储层。这两种类型的储层都可以作为独立储层存在，也可以作为同时含有天然气和原油的储层存在（Speight，2014，2019a）。

富含有机碳沉积物的油页岩是和有机物质和无机物质一同沉积形成的，即由一同沉降到相对停滞的水体底部的微生物、藻类与粒径非常小的矿物颗粒形成。这些类型的沉积物仍然在墨西哥湾或其他水体的深水中形成。这些水体混合不良，低氧（厌氧）低温，分解速度慢，阻止了碳再循环进入活性碳循环过程。这些烃源岩中的碳只能通过以下方式自然释放：（1）风化作用，构造作用将岩石推到陆地表面，在数十亿年的时间里，降雨、生物或直接氧化可以使碳回到活跃的循环中（缓慢的碳循环）；（2）通过俯冲到地下（数百万年），在热作用下由于深层埋藏的热量和压力使碳转化为气态或液态烃衍生物（天然气或原油）；（3）生物发生，或埋藏后通过缓慢的原位生物活动转化为天然气。

油页岩中的干酪根是一种有机物质，其性质取决于原始有机物质沉积的位置、油页岩的形成方式。以及它们在地质时期所处的地层温度、压力和其他条件。干酪根的类型，以及干酪根中氢、碳和氧的相对含量，将影响从干酪根中自然生成或通过加工油页岩生产的原油类型（表11.3）。

表 11.3 不同物质来源的干酪根分类

干酪根类型	物质来源、成分、生成的天然烃类	一般沉积环境
I	主要为藻类——富氢、低氧	湖相背景
II	主要为浮游生物，部分来自藻类——富氢、低碳	海相背景
III	主要为高等植物——低氢、高氧；倾向生气	陆相背景
IV	可以是成熟的I、II、III；高碳、贫氢	多种背景

将有机前体转化为常规原油（和天然气）的过程有：（1）成岩作用；（2）深成作用；（3）准变质作用（Peters and Cassa，1994；Speight，2014）。

成岩作用是指在沉积物沉积期间和之后，但在达到大于60℃的埋藏温度之前，有机质发生的所有化学、生物和物理变化。沉积层在成岩作用过程中保存和改变的有机质的数量和质量最终决定了岩石产出石油和（或）天然气的潜力。

深成作用发生在50~150℃之间，此温度下化学键被破坏，原油在通常所谓的生油窗中生成。温度进一步升高和石油的二次"裂解"将产生湿气和凝析油。该过程可分为油带和更成熟的湿气带，油带对应的是产油窗口期，液态油的生成伴随着天然气的形成，而湿气带则通过裂解产生低沸点的烃类衍生物，其比例迅速增加（Peters and Cassa，1994）。湿气（甲烷体积分数小于98%）含有甲烷和大量乙烷、丙烷和高沸点烃类衍生物。生气窗对应于从湿气带顶部到干气带底部的区间。

准变质作用是发生在进一步升温到 150~200℃ 的过程，此时任何剩余的干酪根将转化为固体碳渣和干气甲烷，其中也可能含有二氧化碳（CO_2），氮（N_2）和硫化氢（H_2S）。这也对应于 98%（体积分数）干气的干气区。在缺氧条件下，产甲烷细菌在有机物成岩过程中也可以产生细菌成因（微生物）的干气。

通过自然过程生成天然气和原油需要相当长的时间，即使在温度足以发生转化的岩石中，也只有一小部分干酪根会被转化，并且仍然很难制造足够的渗透性（通过压裂）使产品流入圈闭或井中。人为地提高干酪根的成熟过程，无论是在原位还是开采后的非原位，都可以加速和增强自然过程，并从给定体积的油页岩中获得更高的可分馏油产量。然而，通过提高温度来人为地增强成熟过程也会改变过程的化学性质，之后的数据解释必然是有问题的和极具风险性的。

与自然界一样，将干酪根加工成液体、气体和固体燃料主要是通过加热油页岩来完成的。生产的燃料的质量和数量不仅取决于页岩的性质，还取决于所使用的重整过程（有时称为破坏性蒸馏或热解）。每个页岩在一个特定的过程中，会产生不同的产品和体积，这取决于它所含的干酪根的类型，它的组成和已经发生的自然成熟过程的程度。人们已经开发了许多的重整工艺，根据原始页岩暴露在重整温度下的方法对其进行一般分类。

另一个值得考虑的术语是热成熟度，热成熟度指的是温度驱动和时间驱动反应的程度，这些反应将沉积有机质（烃源岩）转化为油、湿气，最后转化为干气和一种称为焦沥青（一种固体、无定形有机物，不溶于有机溶剂）的不明确产物。

尚未热成熟的烃源岩可能受到成岩作用的影响，但温度的影响不明显，是产生微生物成因气的烃源岩。热成熟有机质在生油窗内，并受到热过程的影响，热过程覆盖了原油生成的温度范围，温度为 60~150℃。过成熟的有机质在湿气区和干气区（生气窗）内，并被加热到很高的温度（150~200℃），以至于它被缩聚成只能产生少量碳氢化合物气体的贫氢残留物。人们普遍认为（Peters and Cassa，1994），原油在较高温度下不稳定，会逐渐分解为气体和焦沥青（一种热变质的固化沥青）。

烃源岩指的是正在生成、可能生成或已经能够生成原油的沉积岩，而有效烃源岩指正在生成或已经生成并排出原油的烃源岩。这一定义排除了储层必须具有重大商业意义的要求，因为：（1）"重大"和"商业"这两个术语难以量化，并且随着经济因素在变化；（2）油—烃源岩的关系从未得到证实，因为现有数据总是存在一定程度的不确定性。然而，有效烃源岩满足三个地球化学要求，这些要求更容易定义，它们是：（1）有机质的数量；（2）有机质的质量或类型；（3）热成熟度或埋藏加热的程度。

潜在烃源岩含有含量足以生成原油的有机质，但只有在低温条件下生成细菌成因气或原油，或达到适宜生产原油的热成熟度时才能成为有效的烃源岩。活跃的烃源岩在关键时刻产生并排出原油，最常见的原因是它处于生油窗内（Peters and Cassa，1994）。

活跃的烃源岩包括不经过热成熟就产生天然气和原油的岩石或沉积物。例如，泥炭沼泽可能会产生微生物成因的气体（沼气主要由细菌产生的甲烷组成），由于埋藏较浅，没有明显的地温加热。根据这个定义，被圈困的甲烷和附近生成甲烷的未固结的沼泽泥浆代表原油系统。

另一方面，不活跃的烃源岩已经停止生产原油，尽管它仍然显示出生油潜力。例如，不活跃的烃源岩可能被抬升到温度不足以进一步产生原油的位置。乏油烃源岩已达到成熟后阶段，不能再生油，但仍有可能生成干湿气。

油页岩的沉积环境多种多样，包括从淡水到咸水的池塘和湖泊、陆表海盆地和相关的潮下陆架。它们还沉积在与形成于湖沼和海岸沼泽沉积环境的成煤泥炭有关的浅水池塘或湖泊中。因此，油页岩表现出广泛的有机质和矿物组成就不足为奇了。根据沉积环境和沉积物来源的不同，大多数油页岩含有来自海相和湖相的不同类型藻类的有机质，还有一些陆地植物的碎屑。

油页岩没有经历这种自然成熟过程，而是产生了被称为干酪根的物质（Scouten，1990）。事实上，有迹象表明，与原油不同，干酪根可能是成熟过程的副产品。油页岩中残留的干酪根残渣是在成熟过程中形成的，由于其在成熟条件下的不溶性和相对不易反应性，因此被有机基质排斥（Speight，2014）。此外，即使干酪根在实验室高温热解作用下形成烃类产物，也不能保证油页岩干酪根是原油的前体。

世界上许多地方都发育有从寒武纪到古近—新近纪的油页岩（见第 12 章）。矿床范围从很少或没有经济价值的小型矿床到占地数千平方英里、蕴藏数十亿桶潜在可开采页岩油的巨大矿床。据保守估计，全球潜在页岩油资源量为 2.6×10^{12} bbl（表 11.1）。原油供应量的持续下降和基于原油的产品的成本上升，使得油页岩未来有机会满足世界上一些化石能源的供应需求。

油页岩热成熟度是指油页岩有机质在地温加热作用下的变化程度。如果油页岩被加热到足够高的温度——页岩被加热所达到的实际历史温度是未知的，而且通常是推测出来的——那就类似如果油页岩被深埋那么有机物就可能会热分解形成液体和气体的情况一样。在这种情况下，有关油页岩沉积物可能是天然气或原油的烃源岩的猜测（除了高温实验室实验）很多都是毫无根据的。

油页岩地层的热成熟度可在实验室中通过几种方法测定。一种技术是观察从井中不同深度采集的样品中有机质的颜色变化。假设有机质是受地温加热控制关于深度的函数，那么某些类型的有机质的颜色会从较浅的颜色变化到较深的颜色，并可以使用光度测定技术对之进行测量。

油页岩中有机质的地热成熟度也由镜质组（一种来自维管陆生植物的煤的常见成分）的反射率决定，如果岩石中存在镜质组的话。镜质组反射率在原油勘探中常用来确定沉积盆地烃源岩的地热增温作用下的变化程度。镜质组反射率的测量已经被开发出来用来指示沉积岩中的有机物何时达到足以产生石油和天然气的温度。然而，对于油页岩，这种方法可能会带来一个问题，因为镜质组反射率可能会因富脂有机质的存在而降低。油页岩中的镜质组可能难以识别，因为它与其他藻类来源的有机物质相似，并且可能没有与镜质组相同的反射响应，从而导致错误的结论。因此可能有必要测量缺乏藻类物质的横向等效含镜质组岩石的镜质组反射率。

在岩石受到复杂褶皱、断裂或岩浆岩侵入等作用的地区，应对油页岩的地热成熟度进行评价，以准确确定矿床的经济潜力。

此外，如上所述，（在实验室中）干酪根高温热分解产生类似原油的物质这一事实并不能保证干酪根是或曾经是原油的前体。干酪根在原油形成中的隐含作用本质上是隐含而没有确凿的实验依据。然而，在选择正确的干酪根定义时应谨慎，因为干酪根很可能不是原油的前体，而是原油生成和成熟过程的副产品之一，即不是原油的直接前体。

由于地温梯度的作用，原油前体和原油本身确实会受到地下地层温度升高（地温梯度）的影响。虽然地温梯度因地而异，但一般为 25~30℃/km。这就留下了一个严重的问题，即材料是否经受过超过 250℃ 的高温。

这样的实验工作是有趣的，因为它显示了干酪根和原油具有相似的分子组成（从而证实了干酪根和原油的相似起源）。由于实验室无法复现地质时间，所以实验室中会提高实验温度以得到理想结果，然而对反应施加高温（大于 250℃）不仅会提高反应速率（从而弥补地质时间的缺乏），而且还会改变反应的化学性质。在这种情况下，地球化学就发生了变化，因此此类实验是具有局限性的。此外，相关研究会引入一个伪活化能（pseudo-activation energy），使干酪根演化反应的活化能降低，而开发这个伪活化能方程所需的假设，还有很多需要改进的地方。事实上，不仅生油窗（产油阶段）会因干酪根类型而异，而且在每一组实验中使用一套固定的动力学参数也是不合理的。

据称，油页岩的热成熟度可以用几种方法中的任何一种在实验室中确定。一种方法是观察从不同深度采集的样品中有机质的颜色变化——假设有机物受到地温加热（温度是深度的函数），有机物的颜色可能会从较浅的颜色（在相对较浅的深度）变为较深的颜色（在相对较深的深度）。然后，另一个未知因素——沉积地层的移动问题——开始发挥作用。

尽管人们尚未完全了解干酪根在原油成熟过程中所起的作用（Tissot and Welte，1978；Durand，1980；Hunt，1996；Scouten，1990；Speight，2014），但就有关干酪根参与原油生成的研究而言，显然需要更充分地解决的问题是，应通过低温过程去研究干酪根生产原油的潜力而不是通过温度超过 250℃ 的过程（Burnham and McConaghy，2006；Speight，2014）。

如果要进行这样的地球化学研究，就需要进行彻底的调查，以确定在原油生成的主要阶段甚至各个阶段是否可能存在这种高温，以便更有力地表明干酪根是原油的前体（Speight，2014）。许多在油页岩上进行的工作都是参考了美国西部 Green River 组的油页岩。因此，除非另有说明，以下文本中引用的页岩均为 Green River 页岩。

在科罗拉多州、怀俄明州和犹他州的 Green River 组中发现的油页岩矿床是美国储量最大的，也是展开研究最多的。据估计，这些地层能够产出多达 $2×10^{12}$ bbl 的页岩油。需要谨记的是，油页岩不含油，但含有干酪根，干酪根可以热分解成石油产品。由于该地区页岩资源丰富，含油量高，长期以来一直是最具吸引力的油页岩产区。泥盆系—密西西比阶东部黑色页岩矿床广泛分布于阿巴拉契亚山脉和落基山脉之间。尽管这些油页岩层也代表着巨大的化石燃料资源，但它们的品位（每单位质量页岩的含油量）通常低于 Green River 组油页岩（Lee，1991）。

11.4 油页岩类型

经过漫长的地质时期，页岩与各种沉积物混合，形成了一种坚硬、致密的岩石，颜色从浅棕色到黑色不等。根据其明显的颜色，页岩可以被称为黑色页岩或棕色页岩。油页岩在不同地区也有不同的名称（表 11.2）（Smith and Jensen，2007）。例如，犹特印第安人观察到裸露的岩石在被闪电击中后突然燃烧起来，称其为燃烧的岩石。

因此，油页岩类型的定义多种多样到令人困惑的地步也就不足为奇了。有必要对定义的来源和页岩类型进行限定，以符合该特定定义。例如，有一种定义是根据矿物含量确定的，可分为三类，即：（1）富碳酸盐油页岩，含碳酸盐矿物（如方解石和白云石）比例高，通常在富碳酸盐层之间夹有富有机质层，这些页岩质地坚硬，抗风化能力强，难以用采矿（非原地）方式进行加工；（2）硅质油页岩，通常是深棕色或黑色的页岩，缺乏碳酸盐矿物，但硅质矿物（如石英、长石、黏土、燧石和蛋白石）含量丰富，这些页岩不像碳酸盐页岩那样坚硬和抗风化，可能更适合通过采矿（非原位）的方式获得；（3）烛煤型油页岩（cannel oil shales），通常是深棕色或黑色的页岩，由完全包裹其他矿物颗粒的有机质组成，这些页岩适合通过采矿（非原位）获得。然而，除了矿物含量之外，更常见的是根据页岩的来源和形成模式，以及页岩有机质含量的特征来定义油页岩。更具体地说，命名法与页岩是否是陆相，海相，或湖相沉积有关（Hutton，1987，1991）。这种分类反映了有机质组成和可从页岩中提取的可蒸馏产物的差异。这种分类也反映了沉积物中有机质与有机前体沉积环境之间的关系。

11.4.1　陆相油页岩

陆相油页岩是指产煤的林沼和泥沼中常见的由树脂孢子、蜡质角质层、根的木栓质组织和维管陆生植物的茎等富含脂质的有机质组成的油页岩。湖相油页岩包含富含脂质的有机物，这些有机物来源于生活在淡水湖、半咸水湖或咸水湖中的藻类。海相油页岩由富含脂质的有机物组成，这些有机物来源于海藻、疑源类（来源成疑的单细胞生物）和海洋腰鞭毛虫。陆相油页岩（有时被称为烛煤）的前体沉积在陆地上停滞的、缺氧的水中（如成煤的林沼和泥沼）。

烛煤是一种褐色至黑色的油页岩，由树脂、孢子、蜡、来自陆生维管植物的角质和木栓质组织，以及不同数量的镜质组和惰质组组成。烛煤起源于形成泥炭的林沼和泥沼中的缺氧池塘或浅湖。这类页岩通常富含植物树脂、花粉、孢子、植物蜡和维管植物的木栓质组织等生油的富脂有机质。单个矿床通常规模较小，但它们的品位可能非常高。

后者也适用于湖相油页岩。这套油页岩沉积于淡水湖、半咸水湖或咸水湖。富有机质矿床的规模可能很小，也可能分布在数万平方英里的范围内，比如科罗拉多州、犹他州和怀俄明州的 Green River 组。在这些沉积物中发现的主要生油有机化合物来自藻类和（或）细菌。此外，可能还存在数量不等的高等植物残骸。

11.4.2　湖相油页岩

湖相油页岩（湖底沉积的页岩）包含富含脂质的有机物，其来源是生活在淡水湖、半咸水湖或咸水湖中的藻类。

上文讨论的 Green River 组的湖相油页岩是研究最广泛的沉积物之一。然而，其强碱性沉积环境即使不是独特的，也肯定是不寻常的。因此，探讨其他湖相页岩中有机质的特征是具有一定指导意义的。

法国 Autun 地区二叠系油页岩和苏格兰 Caithness 地区泥盆系含沥青薄层砂岩的湖相序列显示，这些页岩的提取物具有一系列显著的生物标志物：藿烷、甾烷和类胡萝卜素。两套页岩中都含有丰富的藻类残留物。在泥盆纪页岩中发现了蓝绿藻，类似于对 Green River 组油页岩干酪根有很大贡献的蓝绿藻，因此基于这项发现可以提出类似于 Green River 组的分层湖泊环境的观点（Donovan and Scott，1980）。

相比之下，在二叠系 Autun 页岩中发现了被认为是有机质的主要来源的葡萄藻遗骸，除了一个样本外。该样品中未发现葡萄藻的残留物，并且对其进行重整生产的油几乎没有发现在葡萄藻衍生的页岩油中显著的直链烷烃和 1- 烯烃。显然，一些尚未明确的藻类对该地层的有机质有所贡献。不能排除生物降解的可能性，但由于缺乏显著的异构烷烃和反异构烷烃，生物降解的可能性似乎也不大。直链烷烃和 1- 烯烃在泥盆系页岩油的气相色谱中也很突出。然而，在这种情况下，一个明显的驼峰——通常表示多环衍生物——也很突出。泥盆纪页岩的提取物和油中均含有丰富的甾烷和三环化合物。二萜类和三萜类化合物被认为是许多油页岩中发现的二环和三环化合物的前体。岩石热解结果表明，这些页岩具有较高的氢指数；干酪根均为Ⅰ型或Ⅱ型，其中一个泥盆系样品明显为Ⅰ型。

层状藻类体油页岩（Lamosite）是一种浅灰色、灰褐色和深灰色至黑色的油页岩，其主要有机成分为源自湖相浮游藻类的层状藻类体，其他次要成分包括镜质组、惰质组、结构藻类体和沥青。美国西部的 Green River 油页岩沉积和澳大利亚昆士兰东部的一些古近—新近系湖相沉积均为层状藻类体油页岩。其他主要的湖相油页岩沉积包括扎伊尔 Stanleyville 盆地的三叠系页岩和加拿大 New Brunswick 的 Albert 页岩（密西西比阶）。

托班油页岩（Torbanite），以苏格兰 Torbane 山命名，是一种黑色油页岩，其有机质主要由淡水到半咸水湖泊中发现的结构藻类体组成，起源于形态上可辨认的陆生和淡水藻类群落。托班油页岩呈透镜状沉积体，与二叠纪煤伴生，通常体积较小，但品位极高。

通过进一步的定义，结构藻类体是腐泥中一种具有结构的有机物（藻类体），由大量离散出现的在蓝光／紫外光下发出明亮的黄色荧光的群体或厚壁单细胞藻类组成（Dyni，2006）。层状藻类体是腐泥中一种具有类似结构的有机质（藻类体），它是由薄壁群体或单细胞藻类组成的，呈现出明晰的层状结构，与矿物质隐蔽地互层。它很少或无法显示出可识别的生物结构。在蓝光／紫外光下，层状藻类体也会发出明亮的黄色荧光（Dyni，2006）。最后，腐泥是海洋地质学中用来描述富含有机物的深色沉积物的术语。

11.4.3　海相油页岩

海相油页岩（海底沉积的页岩）由富含脂质的有机物组成，这些有机物来源于海藻、疑源类（来源可疑的单细胞生物）和海生腰鞭毛虫。

海相油页岩通常与两种环境中的一种相关联（图 11.1）。图 11.1a 所示的缺氧局限盆地可能出现在大陆架的浅水环境中。海平面附近浮游植物生长速度快，沉积速率也快。岩床保护槽海不受携氧水体循环的影响。在这种条件下，有机沉积物的分解会迅速耗尽盆地范围内的氧气，从而提供有机质有效保存所需的强缺氧（还原，低 Eh 值）环境。

上升流区域的缺氧区（图 11.1b）是由寒冷、缺氧的底层开放洋流环流产生的。富含营养物质的洋流，如墨西哥湾洋流，混合到富含二氧化碳和富光照的富营养区里，提供了一个能够维持非常高有机生产力的环境。今天，这样的环境出现在非洲和美洲的西海岸，在那里有良好的渔业和富含有机物的沉积物（Debyser and Deroo，1969）。

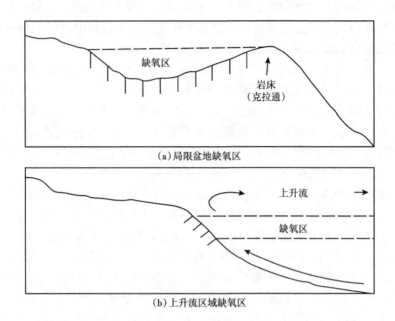

图 11.1 缺氧淤积盆地示意图（Scouten，1990）

对现代沉积物和当代海洋的研究可以提供与海洋环境中有机物性质有关的信息（Bader et al.，1960；Bordovskiy，1965）。只有一小部分海洋初级生产物能到达海底。据估计，在每年 9×10^{19}t 干物质的生产量中，约有 2% 落到浅海，只有约 0.02% 在公海到达海底。大部分海洋初级生产物被捕食者消耗；其余部分中的大多数是由微生物消耗的。食腐海洋微生物主要是自由生活在水中或附着在有机颗粒上的细菌。在海水中，有机物以颗粒物质的形式存于溶液、胶体悬浮液中，包括活的和死的有机体的躯体和躯体碎片。溶解的有机物通常占主导地位，除了海草或浮游生物"繁盛"的区域外。因此，海洋细菌只在水体的最上层和最底部的有机碎屑中是最丰富的。即使在海洋中，无机碎屑（如硅藻的二氧化硅部分）对有机物的吸附作用，也在沉积中起着重要作用。

当有机沉积物到达底部后就开始被"重新加工"。底栖生物以沉积物和溶解的有机物为食，反过来又成为捕食者（如甲壳类动物）的食物。在这个领域，底栖细菌主要负责有机物的分解，以及通过酶转化合成新的有机物。在这一过程中，60%~70% 的沉积有机碳以二氧化碳的形式被释放出来，而其余的大部分则转化为新的化合物，进而形成极其复杂的混合物。

油页岩中的有机化合物种类繁多，包括碳水化合物、木质素、腐殖酸盐和腐殖酸、脂质衍生的蜡质和藻类脂质中可作为这些蜡质前体的饱和酸和多烯酸，以及生物色素及其衍生物（如类胡萝卜素、卟啉）。只有后三者被认为具有足够的惰性，可成为油页岩干酪根的主要贡献者（Cane，1976）。

海洋沉积物中存在蛋白质、碳水化合物和腐殖酸盐。蛋白质衍生物包括原始的和转化的蛋白质及其分解产物（胺，氨基酸，氨基复合物）。碳水化合物被迅速水解，因此在油页岩中通常不重要。与碳水化合物不同，腐殖酸盐的作用是很重要的，即使在近海沉积的海洋页岩中也是如此，尽管在远离陆地的海洋沉积物中发现了腐殖质物质。有些腐殖质可能来源于蛋白质和（或）碳水化合物，也许当这些物质在中等氧化环境中吸附在无机颗粒（如黏土和火山灰）上时。在中等氧化环境中，吸附在无机颗粒上（如黏土和火山灰）的蛋白质和（或）碳水化合物也可能转化成腐殖质。

脂质可以由浮游植物产生，也可以通过微生物活动从碳水化合物中合成（Bordovskiy，1965）。就油页岩而言，多烯脂肪酸尤其令人感兴趣。众所周知，不利的条件会导致藻类产生非常高的脂质。例如，在低温和缺氧条件下，Chlarella 藻可能产生超过自重 75% 的脂质。这些脂质大多是不饱和的。正如预期的那样，由于一些脱羧和其他化学反应，如聚合，脂质中的多烯酸在加热时消失，而饱和酸保持不变。在澳大利亚南部的 Coorong，不饱和脂肪酸在布朗葡萄藻（Batryococcus braunii）繁殖下所起的作用涉及不饱和脂质残留物的聚合，以产生弹性藻沥青（Coorongite）——一种有弹性的、不溶的物质，在许多方面类似于干酪根。在一些油页岩中发现了异脂肪酸和反异脂肪酸，但这些可能是次生产物。事实上，细菌在将正烷酸转化为支链异酸和反异酸方面很活跃。其他细菌诱导的转化包括油酸和亚油酸的氢化，烷酸的脱羧和聚合，以及脂质的水解。

在许多油页岩、原油和煤中都发现了类胡萝卜素。在 DSDP（深海钻探计划）中，研究人员从 Cariaco 海沟岩心第四纪沉积物里分离出的类胡萝卜素的研究表明，这些物质的化学性质在很大程度上是还原性，并且可以追溯到 5 万至 35 万年前（Watts and Maxwell，1977；Watts et al.，1977）。该研究对海相油页岩中部分和全氢化类胡萝卜素的成岩转化提供了有益的见解。

在浅海中形成的黑色海相页岩被广泛研究，因为它们在许多地方都有出现。这些页岩沉积在宽阔、近乎平坦的海底，因此通常形成较薄的沉积物（10~50m 厚），但可能在数千平方英里的范围里延伸。巴西的 Irati 页岩（二叠系）从北向南延伸超过 1000mile。西欧的侏罗系海相页岩、北非的志留系页岩、西伯利亚北部和北欧的寒武系页岩都是这种海相油页岩（Tissot and Welte，1978）。

油页岩中有机质几个重要的定量岩相组分——结构藻类体、层状藻类体和沥青质体——都是煤岩学概念。结构藻类体是一种来自大群体或厚壁单细胞藻类的有机物，典型的属如葡萄藻。层状藻类体包括薄壁群体或单细胞藻类，它们以薄层的形式出现，几乎没有或没有可识别的生物结构。在蓝光/紫外光下，结构藻类体和层状藻类体发出明亮的黄色荧光。另一方面，沥青质体在很大程度上是无定形的，缺乏可识别的生物结构，在蓝光下发出微弱的荧光。它通常以含有细粒矿物的有机地质体的形式出现。这种材料的成分来源尚未完全确定，但它通常是海相油页岩的重要组成部分。镜质组、惰质组等煤质物质是油页岩中的罕见组分；两者都来源于陆地植物的腐殖质，在显微镜下分别具有中等反射率和高反射率。

海生油页岩（Marinite）是一种灰色、深灰色至黑色的海相油页岩，其主要有机成分为大部分来源于海洋浮游植物的层状藻类体和沥青质体。海生油页岩也可能含有少量的沥青、结构藻类体和镜质组。海生油页岩通常沉积在陆表海（从大陆边缘向内陆延伸的海），如宽阔的浅海架或内海，那里波浪作用有限，水流最小。美国东部泥盆系—密西西比阶油页岩是典型的海相油页岩。这种沉积物通常分布广泛，覆盖数百到数千平方千米，但它们相对较薄，厚度通常不到 300ft。

塔斯马尼亚油页岩（Tasmanite）得名于塔斯马尼亚的油页岩沉积，是一种棕色到黑色的油页岩。有机质由主要来自海生单细胞藻类的结构藻类体组成，还有少量的镜质组、层状藻类体和惰质组。塔斯马尼亚油页岩由被认为是具有某种密切关系的藻类组成。塔斯马尼亚油页岩是海相成因的层状沉积。

库克油页岩（Kukersite）的名字来源于爱沙尼亚 Kohtla-Järve 镇附近的 Kukruse 庄园，是一种浅棕色的海相油页岩。它的主要有机成分是由绿藻演化来的结构藻类体。库克油页岩是爱沙尼亚和俄罗斯西部油页岩的主要类型，爱沙尼亚的库克油页岩层是夹在石灰岩层之间的（见第 2 章）。库克油页岩的有机质被认为完全是海生的，并且几乎完全是由离散的躯体堆积组成的，层状藻类体来源于一种称为黏球形藻（*Gloeocapsomorpha prisca*）的群落微生物。与其他含层状藻类体的岩石相比，库克油页岩具有较低的 H/C 原子比（1.48）和较高的 O/C 原子比（0.14），在范氏图上一般标记为 II 型干酪根（Cook and Sherwood，1991）。爱沙尼亚的另一种油页岩类型是铝土页岩（alum shale），亦称作网格笔石页岩（dictyonema argillite），有机质含量较低，但由于金属含量高而仍具有开采价值。

一些油页岩（黑色页岩）具有相当的金属含量。还原条件下金属化合物（尤其是硫化物矿物）更易沉淀，铝土页岩就是这类油页岩的一个很好的例子。铀、钒、锑、钼、银、金、镍、镉和锌是黑色页岩地层中常见的金属。

11.5 油页岩组成和性质

油页岩通常是一种细粒沉积岩，含有相对大量的有机质（干酪根），通过热沉积和随后的蒸馏可以从反应区域提取大量的页岩油和可燃气体。然而，油页岩不含任何油，必须通过干酪根热分解（裂解）来生产液体产品（页岩油）。因此，对页岩油储量的任何估计都只能基于对从油页岩中提取的（通常）非代表性样品应用 Fischer 分析测试方法的推测性估计，并且分析数据（以加仑/吨为单位的石油产量）不得作为探明储量。

事实上，油页岩一词描述的是一种富含有机物的岩石，其中很少有碳质物质可以通过萃取（用普通的原油基溶剂）去除，但当页岩中的有机质（通常称为干酪根）被加热到350℃ 以上的温度时，会产生不同数量的馏分油（页岩油）（见第 13 章）。因此，通过将油页岩加热到 500℃ 的测试方法（Fischer 分析方法），以加仑/吨（gal/t）为单位，根据矿物产生页岩油的能力来评估油页岩。

就矿物和元素含量而言，油页岩在几个方面与煤不同。油页岩通常比煤含有更多的惰性矿物（60%~90%，质量分数），煤被定义为矿物含量小于 40%。油页岩有机质（干酪根）是液态和气态烃的来源，其氢含量通常高于褐煤和烟煤，氧含量较低。一般来说，油页岩和煤中有机质的前体也不同。油页岩中的大部分有机物来源于藻类，但也可能包括维管陆生植物的残留物，这些植物通常构成煤中的大部分有机物（Scouten，1990；Lee，1991；Speight，2013）。油页岩中一些有机物的来源是模糊的，因为缺乏可识别的生物结构来帮助识别前体生物。这些物质可能是细菌来源，也可能是藻类或其他有机物的细菌降解产物。

油页岩矿物成分多变，部分油页岩主要由方解石（$CaCO_3$）、白云石（$CaCO_3 \cdot MgCO_3$）、橄榄石（$FeCO_3$）等碳酸盐矿物组成，铝硅酸盐矿物含量较少。其他油页岩则相反，石英、长石、黏土矿物等硅酸盐矿物占主导地位，碳酸盐矿物占次要成分。许多油页岩矿床含有少量但普遍存在的硫化物矿物，包括黄铁矿（FeS_2）和白铁矿（白铁矿与黄铁矿分子式相同，但晶体形式与黄铁矿不同），表明沉积物可能积聚在贫氧或缺氧的水体中，避免了穴居生物和氧化对有机物的破坏。

在美国有两种主要的油页岩类型，一种是来自科罗拉多州、犹他州和怀俄明州的Green River 组的页岩，另一种是东部和中西部的泥盆系—密西西比阶黑色页岩（表 11.4）（Baughman，1978）。Green River 组页岩相当丰富，其存在于较厚的煤层中，并且作为合成燃料受到了最多的关注。矿物（页岩）由细粒硅酸盐和碳酸盐矿物组成。作为对比，商业级别油页岩的干酪根与页岩的比值通常在 0.75:5~1.5:5 之间，而煤炭的有机质与矿物的比值通常大于 4.75:5（Speight，2013）。

这两类油页岩的共同特征是存在不明确的干酪根。干酪根的化学成分一直是许多研究的主题（Scouten，1990），但这些数据是否真的能够表明干酪根的真实性质，是很值得推敲的。然而，基于在各种溶剂中的溶解性/不溶解性（Koel et al.，2001）是一个合理的前提（需要记住的是作为干酪根的前体的区域和局部的植物群的差异），因为这会导致不同页岩样品的干酪根组成和性质的差异，类似于不同储层原油的质量、组成和性质的差异（Speight，2014）。

油页岩的另一组分是有机组分，称为干酪根，它不溶于普通有机溶剂（但也含有可溶组分，称为沥青），据推测，干酪根是在沉积有机质形成原油的过程中产生的。虽然这可能是正确的，但随后的推论，即干酪根是原油的前体，还没有得到确凿的证明，有机质转化为原油的第一阶段的理论仅仅是猜测（Speight，2014）。

成岩作用（低温）阶段后尚未热成熟的干酪根通常是由于埋藏深度相对较浅。科罗拉多的 Green River 组油页岩已经成熟到杂环成分形成并占主导地位的阶段，在包括天然石脑油和汽油组分的范围内，高达 10% 的正烷烃和异烷烃汽化。相对较高的氢碳比（1.6）是生成高质量燃料的一个重要因素。然而，相对较高的氮含量（1%~3%，质量分数）是生产稳定燃料（未精炼原油通常含氮量低于 0.5%）的主要问题，并且在燃烧过程中产生对环境有害的氮氧化物。

表 11.4　Mahogany 和 New Albany 页岩有机质组成（Baughman，1978）　单位：%（质量分数）

成分	Green River 组的 Mahogany	New Albany
碳	80.5	82.0
氢	10.3	7.4
氮	2.4	2.3
硫	1.0	2.0
氧	5.8	6.3
总量	100.0	100.0
H/C 原子比	1.54	1.08

原始有机质被认为来源于各种类型的海洋和湖泊藻类，并有一些陆地植物的碎屑，这在很大程度上取决于沉积环境和沉积物来源。在大多数油页岩沉积和早期成岩过程中，细

菌过程可能很重要，因为这些过程可以产生大量的生物甲烷、二氧化碳、硫化氢和氨。这些气体反过来又可以与水中的溶解离子反应，形成自生矿物（在发现或观察到它们的地方产生的矿物），如方解石（$CaCO_3$）、白云石（$CaCO_3 \cdot MgCO_3$）、黄铁矿（FeS_2），甚至罕见的自生矿物，如铵长石（$NH_4 \cdot Al \cdot Si_3O_8 \cdot 0.5H_2O$）。

油页岩中的有机物主要由碳、氢和氧组成，还有少量的硫和氮。由于油页岩干酪根的高分子量（估计在几千左右）和分子复杂性，它几乎完全不溶于原油基溶剂和传统有机溶剂（如二硫化碳）（Tissot and Welte，1978；Durand，1980；Scouten，1990；Hunt，1996；Speight，2014）。油页岩中的一部分有机物是可溶的，被（不正确和混淆地）称为沥青。沥青是可溶的，分散在干酪根网络中，尽管即使在细碎的页岩中，大部分沥青也可能无法被溶剂接近。因此，传统的溶剂萃取技术只能去除油页岩中一小部分烃类物质。

简而言之，沥青一词在用于描述焦油砂（油砂）沉积物的有机含量时更为正确，尽管该名称在欧洲和其他地区也用于道路沥青（Speight，2014，2019b）。使用这个名称来指代油页岩有机成分的可溶部分，更多的是为了方便，而不是为了科学的正确性。在一些油页岩中存在少量可溶于有机溶剂的沥青。由于其不溶性，有机质必须在 500 ℃ 左右的温度下进行重整，将其分解成页岩油气。有机物热分解后，一些碳（以碳质沉积物的形式）在重整后留在页岩残渣中，但可以燃烧以获得额外的能量。

库克油页岩（Kukersite）的有机物质被认为完全是海洋来源，并且几乎完全由离散的躯体的堆积组成，结构藻类体来自一种叫作 *G. prisca* 的群落微生物。与其他含结构藻类体的岩石相比，库克油页岩具有较低的氢碳原子比（H/C=1.48）和较高的氧碳原子比（O/C=0.14），在范氏图（图 11.2）上一般属于 Ⅱ 型干酪根（Cook and Sherwood，1991）。

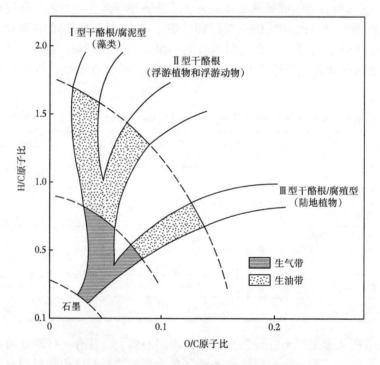

图 11.2　Van Krevelen 干酪根类型示意图

基于原始氢碳原子比（H/C），用范氏图定义了热未成熟煤和沉积岩中的四种干酪根类型（Peters and Cassa，1994）：

（1）倾油型干酪根，Ⅰ型干酪根：显微组分以壳质组为主；具有高氢碳原子比（H/C ≥ 1.5）和低氧碳原子比（O/C ≤ 0.1）特征。

（2）倾油型干酪根，Ⅱ型干酪根：与Ⅲ型和Ⅳ型干酪根相比，具有中等的氢碳原子比（H/C=1.2 ~ 1.5）和较低的氧碳原子比（O/C）；部分干酪根还含有丰富的有机硫（8%~14%，质量分数；S/C ≥ 0.04），并指定为ⅡS类型。

（3）倾气型干酪根，Ⅲ型干酪根：具有较低的氢碳原子比（H/C < 1.0）和较高的氧碳原子比（O/C ≤ 0.3）；由于Ⅲ型干酪根通常比Ⅰ型或Ⅱ型干酪根产生更少的气体，因此"倾气型"一词具有误导性。

（4）死碳，Ⅳ型干酪根：表现为低氢碳原子比（H/C=0.5~0.6）和不定的氧碳原子比（O/C ≤ 0.3）。

介于Ⅰ型、Ⅱ型、Ⅲ型和Ⅳ型之间的中间成分在范氏图上很常见。例如，Ⅲ型干酪根可能主要由倾气的镜质组显微组分组成，也可能是Ⅱ型和Ⅳ型干酪根的混合，因此具有明显的倾油特征。此外，干酪根类型在任何沉积环境中都可能发生变化。例如，一套湖相烃源岩可能含有Ⅰ型、Ⅱ型、Ⅲ型和Ⅳ型干酪根，这取决于有机质在盆地内的位置和沉积环境。其他常见的误解是，Ⅰ型干酪根起源于湖相烃源岩，如 Green River 组的 Mahogany 矿层单元，而Ⅱ型干酪根均来自海相烃源岩，如巴黎盆地的 Toarcian 页岩地层。这种干酪根的主要成分是具有直链烷基侧链的酚基。尽管酚基占主导地位，但由于存在相关的直链烷基长链，库克油页岩（Kukersite）仍表现为高度脂肪族的Ⅱ型—Ⅰ型干酪根（Derenne et al.，1989）。Kukersite 干酪根的形成被认为是在选择性保存的途径中发生的，酚基的存在则与高分子抗性材料的重要基本结构相对应（Derenne et al.，1994）。库克油页岩的沥青产率在不同的提取方法下分布在 1%~3%（质量分数）之间。

慢速干馏条件下的油气产率与 Fischer 测定法不同。缓慢、适度压力下进行的干馏的气体成分报告表明，气体的能量含量可能比 Fischer 测定法高出 70%（Burnham and Singleton，1983）。这种增加至少有三个不确定性来源：（1）在高压下加热速度最慢的情况下，天然气收集系统可能会泄漏；（2）在高压下很难回收溶解在石油中的低沸点烃类衍生物；（3）在较高地层压力下，石油在液相中裂解的可能性小于在自净化反应器中裂解的可能性，自净化反应器需要挥发才能排出。然而，由于油的焦化反应，甲烷的产气量可能会更高，这也是气体能量含量增加 70% 的主要原因，因此，缓慢的干馏可能会产生具有热值更高的气体（Burnham，2003）。

最后，以干重计算的油页岩的总热值约为每千克岩石 500~4000 千卡（kcal/kg）。可为几个发电厂提供燃料的爱沙尼亚高品位库克油页岩，其热值为 2000~2200kcal/kg。相比之下，在无干矿物的基础上，褐煤的热值在 3500~4600kcal/kg 之间（Speight，2013）。

11.5.1 矿物成分

油页岩经常被称为（不正确的，出于各种不合逻辑的原因）高矿质煤，这是一个极其偏离事实的误导性术语。煤和油页岩充满了相当大的差异（Speight，2013，2019b）。此外，油页岩和煤中有机质的前体也存在差异。油页岩中的大部分有机物来源于藻类，但也可能包括维管陆地植物的残留物，而煤中的大部分有机物通常都来源于维管陆地植物（Scouten，1990；Dyni，2003，2006；Speight，2013）。此外，油页岩中缺乏可识别的生物结构，因此很难识别油页岩中的前体生物，这给确定有机质的来源带来了困难。

在矿物和元素含量方面，油页岩与煤有几个明显的不同。相较于煤，油页岩通常含有大量的惰性矿物（60%~90%，质量分数）（表 11.5）（Scouten，1990；Lee，1991），煤通常含有少于 40% 的矿物质（Speight，2013）。油页岩有机质是液态和气态烃衍生物的来源，其氢含量高于褐煤和烟煤，氧含量低于烟煤。

表 11.5 油页岩中的矿物类型

矿物	化学式
方解石	$CaCO_3$
白云石	$CaCO_3 \cdot MgCO_3$
方沸石	$NaAlSi_2O_6 \cdot H_2O$
碳酸钠钙石	$Na_2Ca(CO_3)_3$
碳酸钠石	$Na_2CO_3 \cdot NaHCO_3 \cdot 2H_2O$
黄铁矿	FeS_2
钾长石	$KAlSi_3O_8$
斜钠钙石	$CaNa_2(CO_3)_2 \cdot 5H_2O$
伊利石	$K_{0.6}(H_3O)_{0.4}Al_{1.3}Mg_{0.3}Fe^{2+}_{0.1}Si_{3.5}O_{10}(OH)_2 \cdot (H_2O)$（经验公式）
斜长石	$NaAlSi_3O_8$—$CaAl_2Si_2O_8$
苏打石	$NaHCO_3$
片钠铝石	$NaAl(OH)_2CO_3$
三水铝矿	$\gamma\text{-}Al(OH)_3$
铁白云石	$Ca(Mg, Mn, Fe)(CO_3)_2$
菱铁矿	$FeCO_3$
钠长石	$NaAlSi_3O_8$
石英	SiO_2

某些油页岩的矿物成分由方解石（$CaCO_3$）、白云石（$CaCO_3 \cdot MgCO_3$）、菱铁矿（$FeCO_3$）、苏打石（$NaHCO_3$）、片钠铝石［$NaAl(OH)_2CO_3$］等碳酸盐组成，还含有少量的铝硅酸盐（如明矾［$KAl(SO_4)_2 \cdot 12H_2O$］）和硫、硫酸铵、钒、锌、铜和铀，它们增加了副产品价值（Beard et al.，1974）。对于其他油页岩则相反，矿物成分以硅酸盐为主，包括石英（SiO_2），长石［$xAl(Al \cdot Si)_3O_8$，其中 x 可以是钠（Na）和（或）钙（Ca）和（或）钾（K）］，黏土矿物占主导地位，碳酸盐是次要成分。许多油页岩沉积物含有少量但普遍存在的硫化物，包括黄铁矿（FeS_2）和白铁矿（FeS_2，分子式相同，但在物理和晶体学上与黄

铁矿不同），表明沉积物可能在缺氧水体（每升水溶解氧 $0.1 \sim 1.0$ mL 的沉积环境）中聚集，从而防止了穴居生物和氧化对有机物的破坏。

油页岩的形成需要在可以保存有机物的条件下同时获得细粒矿物和有机物。除了这些碎屑、碎屑成分外，大多数页岩中还存在生物矿物和自生矿物。碎屑矿物通常包括石英、长石和黏土（通常包括伊利石、蒙皂石和高岭石），有时也包括火山灰。

生物矿物（由生命形式产生或由生命形式构成的矿物）包括无定形二氧化硅和碳酸钙，通常含量非常少。自生矿物——即在海底和沉积物柱内的原位无机沉淀作用下形成的矿物——通常包括黄铁矿和其他金属硫化物、碳酸盐（方解石、白云石、菱铁矿）、燧石和磷酸盐。黏土成岩作用中的自生二氧化硅也是许多页岩中的重要矿物，其可将较大的碎屑颗粒胶结在一起。对于形成于分层湖泊环境的油页岩（如 Green River 页岩）而言，盐类矿物碳酸钠石（Na_2CO_3）、苏打石（$NaHCO_3$）、片钠铝石 [$NaAlCO_3(OH)_2$] 和石盐（$NaCl$）往往是重要的。

然而，矿物组合在不同页岩之间、在同一油页岩矿床的顶部和底部之间，甚至在同一地层的样品之间都存在差异，这使得矿物学研究变得复杂。因此，对油页岩的综合矿物学研究很少，大多数研究都集中在某一特定矿物或矿物类型的存在或成因上，而其他研究则集中在具有经济价值的矿物上。

Green River 页岩中含有丰富的碳酸盐矿物，包括白云石、苏打石和片钠铝石。后两种矿物具有潜在的副产品价值，可以通过测定其纯碱和矾土含量来评估。片钠铝石在热作用下的影响特别引人关注，因为在页岩干馏过程中，可以在采收石油的同时获得铝。片钠铝石在 370℃ 下分解，方程式为（Huggins and Green，1973）：

$$NaAl(OH)_2CO_3 \longrightarrow H_2O + CO_2 + NaAlO_2 \tag{11.1}$$

1973 年，Huggins 和 Green 提出了另一种在 290~330℃ 下的分解途径：

$$2NaAl(OH)_2CO_3 \longrightarrow Na_2CO_3 + Al_2O_3 + 2H_2O + CO_2 \tag{11.2}$$

美国东部的页岩沉积物中碳酸盐含量较低，但含有大量的金属，包括铀、钒、钼等，这些金属可以为这些沉积物增加重要的副产品价值。

由于天然存在的碳酸盐矿物质，潜在的低排放是可能的。页岩灰中存在的碳酸钙可以捕集二氧化硫，因此不需要添加石灰来进行脱硫：

$$CaCO_3 \longrightarrow CaO + CO_2 \tag{11.3}$$

$$2CaO + SO_2 + O_2 \longrightarrow CaSO_4 \tag{11.4}$$

伊利石（一种层状铝硅酸盐矿物，[$(K,H_3O)(Al,Mg,Fe)_2(Si,Al)_4O_{10}(OH)_2,(H_2O)$]）在 Green River 油页岩中普遍存在，通常与其他黏土矿物相关，但经常作为唯一的黏土矿物出现在油页岩中（Tank，1972）。蒙皂石族矿物（一类包括蒙皂石在内的黏土矿物，当接触水时容易膨胀）在 Green River 组的全部三个段中均有发育，但其存在往往与方沸石（一种白色、灰色或无色的架状硅酸盐矿物，由水合钠铝硅酸盐 $NaAlSi_2O_6 \cdot H_2O$ 组成）和丝硅镁石（一种镁硅酸盐，$Na_2Mg_3Si_6O_{16} \cdot 8H_2O$）呈反相关。绿泥石（一类主要为单斜晶系，也有三斜或斜方晶系的层状硅酸盐矿物）只在 Tipton 段的粉砂质或砂质层中发育。随机混合层结构和无定形物质的分布是不规律的。多个独立的证据链表明许多黏土矿物是原位形成的。显然，有利于油页岩积聚的地球化学条件也有利于原位生成伊利石。

最后，美国东部的油页岩中含有大量的贵金属和铀。这些矿物资源的回收可能不会在不久的将来进行，因为尚未开发出一种具有商业价值的回收方法。然而，通过浸出、沉淀和煅烧等方法从含片钠铝石层 [$NaAl(CO_3)(OH)_2$] 中回收氧化铝的专利有很多。

11.5.2 品位

已通过许多用于确定油页岩品位的不同方法，其结果以各种单位表示（Scouten，1990；Dyni，2003，2006）。例如，热值对于确定用于发电厂直接燃烧发电的油页岩的质量是有用的。虽然给定油页岩的热值是岩石的一个有用的基本属性，但它并不能提供通过干馏（破坏性蒸馏）产生的页岩油或可燃气体数量的相关信息。

油页岩的资源评价尤其困难，因为所使用分析单位种类比较繁多。矿床的品位可以用美制或英制加仑页岩油 / 短吨页岩，升页岩油 / 吨页岩（L/t），桶、短吨或吨页岩油、油页岩的热值 / 质量（kcal/kg）或千兆焦耳（GJ）每单位质量油页岩来表示。为了使评估更加统一，本报告中的油页岩资源以吨页岩油和当量桶（美国桶）页岩油为单位，油页岩的品位（如已知）以升页岩油 / 吨页岩（L/t）表示。如果资源的大小仅以体积单位（桶、升、立方米等）表示，则必须知道或估计页岩油的密度，才能将这些值转换为吨。根据改良的 Fischer 测定法，大多数油页岩产出的页岩油相对密度在 0.85~0.97 之间。在页岩油相对密度未知的情况下，假设估计值为 0.910。

在美国常用的方法是改良的 *Fischer* 测定法（ASTM D3904）。标准的 Fischer 分析测试方法（ASTM D3904）现已过时，但仍在许多实验室中使用，具体为将 100g 粉碎并使用 8 目（2.38mm）筛网过筛的样品在一个小型铝制干馏器中以 12℃/min 的速率加热至 500℃，并在该温度下保持 40min。油、气、水的蒸汽通过冷凝器用冰水冷却后进入一个分级离心管。然后通过离心作用分离油和水。所得结果是页岩油（及其相对密度）、水、页岩残渣和（不同的）气体及其损失的质量百分比。为了更好地评价不同类型的油页岩和不同的油页岩加工方法，一些实验室对 Fischer 法进行了进一步的改进。

Fischer 测定法是一种简单而具有代表性的测定方法，适用于各种油页岩，只需在氮气环境下按照标准化的干馏程序即可得到。然而，Fischer 测定法不是一个标准的分析程序。更确切地说，Fischer 测定法是一种性能测试，因为它是一种化验———一种性能测试——即获得的数据取决于测试程序。在以前被广泛接受的美国矿产局 Fischer 测定法中，允许范围内的测试程序差异确实会导致所获得的数据存在显著差异。

此外，在该测试方法中，油页岩中的实际含油量在理论上和名义上都超过了 Fischer 测定法，并且根据处理过程和油页岩的类型，油页岩的产油量往往超过 Fischer 测定值多达 50%。此类提取过程的示例包括：（1）在富氢环境中干馏；（2）在二氧化碳冲洗气体环境中干馏；（3）油页岩的超临界流体萃取。油页岩 Fischer 测定程序由煤低温干馏 Fischer 测定程序衍生而来（Stanfield and Frost，1949；Goodfellow et al.，1968）。

然而，Fischer 测定法并不能完全采收页岩中原有的所有有机物，同时会在岩石基质中留下与灰分相关的焦炭，以及较大分子量的碳氢化合物衍生物堵塞孔隙。尽管如此，该方法仍被视作一种非常方便的可以采收加热产油的测量方法，并为不同油页岩类型之间的比较提供了一个共同的基础。如果这个值高于每吨 26 美制加仑（100L），则通常认为该页岩是富油页岩，但如果油产量低于每吨 8 美制加仑（30L），则认为该页岩是贫油页岩。

此外，Fischer 测定法不能测量油页岩样品的总能量含量，因为气体——包括甲烷、乙烷、丙烷、丁烷、氢气、硫化氢和二氧化碳——虽然具有显著的能量含量，但没有具体指定是哪种气体，并且是通过"气体和损失"的差值来确定的而非直接测量。同时，一些液体烃类衍生物也会以雾状的形式而损失。因此，这些油页岩产品中重要的组成部分的产量只能通过推断得出（Scouten，1990；Allix et al.，2011）。

此外，油的产量不仅取决于加热温度，还取决于加热速率。快速加热到最适温度通常可以获得较高的油产量。在这种情况下，Fischer 测定法在产油量评估方面并不实用。这导致了替代热测定方法的发展（其中 Rock-Eval 方法值得关注）（Scouten，1990）。此外，一些加热速率或时间不同，或者对岩石进行更细磨碎的加热方法可能会比 Fischer 测定法生成更多的油，因此，该方法只能用作参考，最多只能利用 Fischer 测定法的数据来近似估计油页岩储量的能源潜力。

其他干馏方法，如 Tosco II 工艺，已知其产油量超过 Fischer 测定法的产油量。实际上，一些干馏方法可以将某些油页岩的产油量提高到 Fischer 测定法获得的产油量的 3~4 倍（Scouten，1990；Dyni，2003，2006）。

另一种表征页岩有机质丰度的方法是由法国石油研究院（Institut Français du Pétrole）开发的热解试验（Allix et al.，2011）。Rock-Eval 试验通过对 50~100mg 的样品进行几个温度阶段的加热，以确定产生的烃类和二氧化碳的量。结果可以用于解释干酪根类型和油气生成潜力。该方法比 Fischer 测定法更快，并且需要的样品材料更少（Kalkreuth and Macauley，1987）。

11.5.3　物理性质

油页岩的物理特性基于以下事实：油页岩是一种含有丰富有机质的细粒沉积岩，其含有可以生产液体烃衍生物的干酪根（一种固体有机物）。油页岩的无机成分与传统页岩相比几乎没有区别，其中包含石英（SiO_2）、长石（硅酸盐矿物，$KAlSi_3O_8$、$NaAlSi_3O_8$、$CaAl_2Si_2O_8$）和云母（一类水合钾、铝、硅酸盐矿物）等碎屑颗粒的框架结构，同时大量的黏土矿物存在，既有碎屑絮凝物，也有自生晶体。同时存在各种碳酸盐矿物，包括生物碎屑方解石（$CaCO_3$）和自生方解石、白云石（$CaCO_3 \cdot MgCO_3$）、铁白云石［一种具有菱面体结构的碳酸盐矿物，化学式为 $Ca(Fe \cdot Mg \cdot Mn)(CO_3)_2$］和菱铁矿（$FeCO_3$）。油页岩的一大特点是含有自生黄铁矿（$FeS_2$），这是由于其起源于厌氧环境。这种硫的存在是油页岩精炼过程中的一个主要问题。

毫不奇怪，不同国家的页岩其性质亦不相同（表 11.6），这一点会在物理性质上体现出来。此外，尽管许多页岩形成过程相似，但由于缺乏可识别的生物结构来帮助确定前体有机物，因此页岩中的一些有机物的起源是不明确的。这些物质可能是细菌起源，也可能是藻类或其他有机物的细菌降解产物（Dyni，2006）。此外，热处理页岩得到的产物（页岩油）不应与致密油混淆，致密油是指在没有热分解的情况下从致密地层（如页岩、砂岩和碳酸盐岩地层）中生产的油。

此外，油页岩与沥青浸渍岩（沥青砂岩地层，也称为油砂地层，但不含油）、腐殖煤和碳质页岩有所不同。油页岩的组成一般包括无机基质、沥青（可溶性有机物质，与沥青砂岩中的沥青不同）和干酪根。虽然油页岩中的沥青部分可溶于二硫化碳（CS_2），但干酪根部分不溶于二硫化碳，且可能含有铁、钒、镍和钼（Cane，1976；Scouten，1990）。在具商业价值的油页岩中，有机质与矿物质的比例大致在 0.75 : 5~1.5 : 5 之间，而油页岩中有机物的氢碳原子比（H/C）比原油低 1.2~1.8 倍。

此外，油页岩地层中还发育有许多不同种类的碳酸盐和硅酸盐矿物。怀俄明州的天然碱层 [$Na_5(CO_3)(HCO_3)_3$] 是纯碱（碳酸钠，Na_2CO_3）的主要来源，而苏打石（$NaHCO_3$）是犹他州和科罗拉多州油页岩开采的潜在副产品。美国东部页岩地层中含有大量的贵金属和铀。这些矿物资源的采收可能不会在不久的将来进行，因为尚未开发出一种具有商业价值的采收方法。然而，应该注意的是，有许多关于从含片钠铝石层中采收氧化铝的专利，如浸出、沉淀和煅烧。片钠铝石的化学式是 $NaAl(CO_3)(OH)_2$（Lee，1991）。

干重油页岩的总热值为每千克矿物 500~4000 千卡（kcal/kg）。为数个发电厂提供燃料的爱沙尼亚高品位 Kukersite 油页岩，其热值为 2000~2200kcal/kg。相比之下，褐煤（最低等级的煤）在干燥、无矿物质的前提下的热值为 3500~4600kcal/kg。

表 11.6　不同国家油页岩的性质

国家	位置	油页岩类型	地层	有机碳（%，质量分数）	油田（%，质量分数）
澳大利亚	New South Wales	托班油页岩（Torbanite）	二叠系	40	31
	Tasmania	塔斯马尼亚油页岩（Tasmanite）	二叠系	81	75
巴西	Irati 组，Irati	海生油页岩（Marinite）	二叠系		
	Paraíba valley	湖相油页岩	二叠系	13~16.5	6.8~11.5
加拿大	Nova Scotia	托班油页岩；层状藻类体油页岩（Lamosite）	二叠系	8~26	3.6~19
中国	抚顺	烛煤；湖相油页岩	始新统	7.9	3
爱沙尼亚	Estonia deposit	库克油页岩（Kukersite）	奥陶系	77	22
法国	Autun, St. Hilarie	托班油页岩	二叠系	8~22	5~10
	Creveney, Severac		托尔阶	5~10	4~5
南非	Ermelo	托班油页岩	二叠系	44~52	18~35
西班牙	Puertollano	湖相油页岩	二叠系	26	18
瑞典	Kvarntorp	海生油页岩	下古生界	19	6
英国	Scotland	托班油页岩	石炭系	12	8
美国	Alaska		侏罗系	25~55	0.4~0.5
	Green River 组	层状藻类体油页岩	中下始新统	11~16	9~13
	Mississippi	海生油页岩	泥盆系		

11.5.3.1 渗透率

渗透率是指岩石地层传输流体的能力，或对其传输能力的测量，通常以达西或毫达西为单位。渗透率是达西定律中比例常数的一部分，达西定律将流体的流速和流体黏度与施加在多孔介质上的压力梯度联系起来。

达西定律基于动量守恒原理，描述了流体通过多孔介质的流动。用一个简单的关系将多孔介质中的瞬时排放率（局部体积流量）与局部水力梯度（单位距离内的水头变化，即 $\Delta h/L$，dh/dL 或 ∇h），以及该点的渗透率（K）相关联。

$$Q = -KA\frac{h_a - h_b}{L} \tag{11.5}$$

将公式（11.5）两边均除以面积 A，得到：

$$q = -K\nabla h \tag{11.6}$$

在这个方程中，q 是达西通量，它表示单位面积的排放速率，以［长度/时间］的形式表示。尽管达西通量的最终单位与速度相同，但必须意识到这两者之间存在明显的概念差异。基于达西定律和泊肃叶定律之间的类比，渗透率一项可以根据固有渗透率和流体性质进行因式分解，表示为：

$$K = (K') \cdot (\rho g/\mu) \tag{11.7}$$

K' 是具有长度的平方的维度的固有渗透率。术语 $[\rho g/\mu]$ 描述了渗透流体的性质，固有渗透率（K'）总结了多孔介质的性质。渗透率的通常单位是达西（Darcy），或者更常见的是毫达西（milli-Darcy 或 mD）（1 Darcy = 10^{-12}m^2）。

原始油页岩的渗透率基本为零，因为其孔隙被不可移动的有机质填充。总体而言，油页岩构成了一个高度不透水的系统。因此，所有原位加热炼制项目面临的主要挑战之一就是如何在地层中创造适当程度的渗透性。这就是为什么适当使用碎石化技术（rubbelization technique）对于原位热解项目的成功至关重要。

有实际意义的是孔隙度或渗透率与温度和有机质含量的相关性。当加热至 510℃ 时，可以明显观察到页岩孔隙度的增加。这些孔隙度从初始页岩体积的 3%~6% 体积比不等，实际上代表了在热解处理之前有机物所占据的体积。因此，随着裂解反应的进行，页岩的孔隙度增加。

在 Fischer 测定法中产油量低的油页岩中（贫油页岩），岩心的结构破裂不显著，孔隙保持完整的多孔结构。然而，在 Fischer 测定法中产油量高的油页岩中，即富油页岩，情况并非如此，由于加热处理导致广泛的结构破裂和机械破碎，矿物基质不再完整。碳酸盐矿物如碳酸镁（$MgCO_3$）和碳酸钙（$CaCO_3$），在 380~900℃ 之间热分解，也会导致孔隙度增加。

从低 Fischer 测定值油页岩到高 Fischer 测定值油页岩，孔隙度的增加范围为 2.82%~50%（表 11.7）（Chilingarian and Yen，1978）。这些增加的孔隙度主要由有机质的热解和碳酸盐矿物的分解所代表的空间组合构成。矿物颗粒的爆裂也是由于有机质的脱挥发增加了大型不可渗透孔隙的内部蒸气压力，使得颗粒的机械强度无法再容纳。碳酸盐矿物分解释放的二氧化碳也有助于油页岩孔隙中的压力积累。

表 11.7　原始和热处理过的油页岩的孔隙度和渗透率（Chilingarian and Yen，1978）

Fischer 测定值	孔隙度		面	渗透率	
	原始	加热至 815℃		原始	加热至 815℃
1.0[①]	9.0[②]	11.9	A[③]		0.36[④]
			B		0.56
6.5	5.5	12.5	A		0.21
			B		
13.5	0.5	16.4	A		4.53
			B		8.02
20.0	< 0.03	25.0	A		
			B		
40.0	< 0.03	50.0	A		
			B		

① Fischer 测定值（gal/t）。
②数字以初始体积的百分比表示。孔隙度被视为各向同性的性质，即与测量方向无关。
③ A 面垂直于层理面；B 面平行于层理面。
④单位为 mD。

　　三种 Fischer 测定值低的油页岩在加热至 815℃ 时，矿物基质在两个平面上的气体渗透性都较低。在某些类型的油页岩中，在无应力环境下，矿物基质的结构破坏可能非常严重，这可能会妨碍对高 Fischer 测定值油页岩的渗透性进行的测量（Lee，1991）。在高于 380℃ 的温度下，白云石（$CaCO_3 \cdot MgCO_3$）的半煅烧和全煅烧分解反应非常活跃，且此温度下碳酸镁（$MgCO_3$）开始变得易分解，并释放二氧化碳。一旦温度升至 890℃ 以上，方解石（$CaCO_3$）煅烧反应的分解变得非常活跃并且在热力学上更为有利。

$$MgCO_3 \longrightarrow MgO + CO_2 \qquad (11.8)$$

$$CaCO_3 \longrightarrow CaO + CO_2 \qquad (11.9)$$

　　就美国东部地层的油页岩（特别是泥盆系油页岩）而言，干酪根分解产生的烃类衍生物比其他页岩的烃类衍生物的沸点更低（Lee，1991）。这通常会导致固体基质中的挥发压力大幅增加，从而导致固体结构的开裂和机械破碎。这也是为什么东部油页岩热解过程中通过类似于 Fischer 测定法的方法得到的产油量不一定是页岩有机质含量的准确值。

11.5.3.2　孔隙度

　　孔隙度（空隙率）是衡量材料中孔隙空间的指标，如储层岩石，是指孔隙体积与总体积之间的比例，通常用 0~1 之间的小数或 0~100 之间的百分比表示。然而，多孔材料的孔隙度可以根据所观察的具体孔隙及测量的孔隙体积的方式而有不同的定义。它们包括：（1）粒间孔隙度（inter-particle porosity）；（2）粒内孔隙度（intra-particle porosity）；（3）内部孔隙度（internal porosity）；（4）液体渗透孔隙度（porosity by liquid penetration）；（5）饱和孔隙度（porosity by saturation）；（6）液体吸收孔隙度（porosity by liquid absorption）；（7）表面孔隙度（superficial porosity）；（8）总开放孔隙度（total open porosity）；（9）岩层孔隙度（bed porosity）；（10）填充孔隙度（packing porosity）。

页岩矿物基质的孔隙度无法通过用于测量原油储层岩石孔隙度的方法来确定，因为页岩中的有机物以固体形式存在且基本上不溶解。然而，无机颗粒含有一些微孔结构，为 2.36%~2.66% 体积比，尽管矿物颗粒具有可观的表面积（4.24~4.73m²/g），足以使油页岩测得产生每吨 29~75gal 的 Fischer 测定值，但孔隙度的测量可能仅限于外部表面的特征而不是实际的孔隙结构。

除了两个低产油量油页岩样品外，原始油页岩中天然存在的孔隙几乎可以忽略不计，并且气体无法进入（表 11.7）。在发育裂缝、断层或其他构造破坏的油页岩地层中，可能存在一定程度的孔隙。人们还认为，大部分孔隙要么是闭塞的，要么是非常难以进入的。裂隙和裂缝或其他构造通常会产生新的孔隙，但也会破坏一些盲孔——即使在高压下，孔隙度压汞测定法通常也无法测定闭合孔或盲孔。由于汞具有毒性，目前已不再使用基于压汞法测孔隙度。

在从油页岩中生产页岩油的过程中，油页岩的化学和物理特性都起着重要作用。油页岩岩石基质的低孔隙度、低渗透性和高机械强度使得提取过程效率较低，因为这些特性使得反应物和产物的质量传输变得更加困难，同时也降低了过程的效率（Scouten，1990）。

此外，温度和压力变化对性质的影响对于原位开发和盆地模拟具有重要意义。尽管室温下的力学性质已经被广泛研究，但现有数据表明，油页岩品位（有机质含量）与泊松比呈正相关，而与抗拉强度和抗压强度及弹性模量呈负相关。

简而言之，泊松比是泊松效应的度量，即物质在被压缩方向的垂直方向上有膨胀趋势的现象。相反地，如果物质被拉伸而不是压缩，通常会在与拉伸方向垂直的方向上收缩。在某些罕见情况下，当物质被压缩时（或被拉伸时），它可能实际在垂向上收缩（或扩张），这将产生一个负的泊松比值。

这些性质受温度影响较大，温度升高会导致强度降低和杨氏模量减小（Scouten，1990）。强度随温度增加呈对数减小的趋势，具体取决于品位。高温会大大增强蠕变现象。据实验室数据推测，在原油生成过程中拉伸断裂可能更容易发生，并且在等深的地壳中页岩蠕变现象比其他岩石更突出（Eseme et al.，2007）。

11.5.3.3　抗压强度

原始油页岩在垂直和平行于层理面的方向上都具有较高的抗压强度（Lee，1991）。低 Fischer 测定值的油页岩的无机基质在加热后在垂直平面和平行平面的方向上均保持较高的抗压强度。这表明组成各层的矿物颗粒之间，以及相邻层之间存在高度的无机胶结作用。随着油页岩有机质含量的增加，相应的自由有机矿物基质抗压强度降低，富油页岩的抗压强度变得很低（Lee，1991）。

同样值得注意的是结构转换点的存在。加热后，油页岩在无应力环境下逐渐膨胀（体积膨胀）。在大约 380℃ 时，样品的抗压强度发生了剧烈变化。达到屈服点时抗压强度损失较大，油页岩在再加热时采收率较低，这都归因于广泛的塑性变形影响。油页岩的塑性变形程度与有机质含量成正比。温度低于屈服温度时压力图中出现的不连续性可能是油页岩基质孔隙水的演化所致。

因此，380℃处的明显过渡点代表了富油页岩抗压强度的显著变化。有趣的是，在这个温度附近，大多数煤也表现出类似的塑性特性。油页岩与煤的塑性特性相似，可能与有机质的大分子结构有关。

11.5.4 热性质

热性质是指与热量（热能）的传输、吸收或释放等直接（甚至间接）相关的性质。这些性质包括热导率、热扩散率、焓、密度和热容等。对于经历热分解或相变的材料（一般情况下，油页岩就属于这种情况），需要通过热分析方法如热重分析（TGA）和差热分析（DTA）来表征其热行为（Lee，1991；Hill，2005）。

11.5.4.1 热导率

油页岩加热过程是一种热过程，因此油页岩的热导率是一个重要的性质（Tisot，1967；Prats and O'Brien，1975）。在研究油页岩岩石的温度分布之前，需要对热导率有详细的了解。油页岩的热导率可以随温度和干酪根含量，以及矿物基质成分的变化而变化，因此期望两个品位相同但矿物组成不同的油页岩样品具有相同的热导率和电导率是不合理的。

一般来说，油页岩的热导率测量结果显示，页岩块在与层面相关的方向上具有各向异性，热导率与温度、页岩组分和热流方向有关。与层理面平行方向（对于平坦的页岩层来说，即与地表平行）上的页岩热导率略高于与层理面垂直方向上的页岩热导率（Lee，1991）。由于在漫长的地质年代中，一层层物质堆积形成了页岩层，因此形成的连续地层在垂直于地层的方向上的热阻比平行于地层的方向上要略高一些（表11.8）。

经过干馏和燃烧的页岩的热导率低于它们所来源的原始页岩（表11.8）。这是因为矿物质能比有机物更好地传导热量，而有机物则比其去除后所形成的空隙能更好地传导热量。当考虑到晶格热导率对总体数值的贡献时，上述第一个假设是合理的。然而，由有机物分解形成的无定形碳也可能会导致干馏和燃烧的页岩样品的热导率的显著差异。孔隙在决定有效热导率大小方面的作用可能只在有机质含量高的样品中比较显著。

表 11.8　Green River 油页岩热导率数值对比

温度范围（℃）	Fischer 测定值（gal/t）	面[①]	热导率 [J/（m·s·℃）]
38~593	7.2~47.9	—	0.69~1.56（原始页岩）
			0.26~1.38（干馏页岩）
			0.16~1.21（燃烧页岩）
25~420	7.7~57.5	A	0.92~1.92
		平均	1.00~1.82（燃烧页岩）
38~205	10.3~45.3	A	0.30~0.47
		B	0.22~0.28
20~380	5.5~62.3	A	1.00~1.42（原始页岩）
		B	0.25~1.75（原始页岩）

① A 面—平行于层理面的面；B 面—垂直于层理面的面；平均—两个方向的均值。

油页岩的热导率在一定程度上取决于温度。然而，解释接近页岩有机物分解温度时的结果需要极度谨慎。这是因为干酪根分解反应（或热解反应）是吸热反应，因此温度瞬变可能会混淆真实的热传导速率和反应热速率。

11.5.4.2 热分解

与煤相比，油页岩干酪根氢含量更丰富，因此可以在热转化作用下产生更多的可蒸馏油和气体。这与化石燃料中的与氢含量相关的挥发性产品，以及是否在油页岩灰的存在下对油页岩进行热解相关（Scouten，1990；Lee，1991；Oja et al.，2007；Van Puyvelde，2007；Speight，2013，2014，2019b）。

高产油页岩能够维持燃烧，因此被称为"燃烧的岩石"，但在无空气（氧气）存在的情况下，油页岩在热分解时会产生三种碳质终产物。可蒸馏油和不可燃气体被生成出来，而一种碳质（富含碳）的残留物会附着在岩石表面或孔隙中，类似于焦炭残留物。油、气和残炭的相对比例会随着热解温度的变化而不同，并在一定程度上受原始页岩的有机质含量影响。所有三种产品都含有非烃类化合物，并且这些污染物的量也随着热解温度的变化而不同（Bozak and Garcia，1976；Scouten，1990）。

页岩油的热分解严重依赖于干酪根含量和干酪根的性质（Maaten et al.，2016）。此外，干酪根热解产生气体的成分和性质随着热解过程参数的变化而变化。Fischer 干馏炉中产生的气体通常具有与天然气相当的热值（每立方英尺甲烷约为 1030 Btu），但其组成与天然气的组成差异很大。这种高质量的气体可以用作油页岩设施的燃料，也可以通过管道输送到其他地区用于商业或工业应用。相比之下，从商业化的直接加热炉中产生的气体受到二氧化碳（来自燃烧和碳酸盐矿物的分解）和氮气的严重稀释，其热值可能仅相当于天然气的10% 左右。这种气体在油页岩设施内可能有用处，但无法经济地输送到别处，也无法以合理的成本升级到更高的热值。如果将多余的干馏气体用于发电，它们可能成为有价值的副产品。

然而，热分解过程可以表示为三个主要过程：（1）在较低温度（小于 200℃）下的水蒸发；（2）在 200~600℃ 范围内的干酪根热解；（3）在高于 700℃ 的温度下的碳酸盐矿物分解（Bai et al.，2014；Liu et al.，2014）。通常，热解过程在惰性保护气中进行，例如氮气，以避免样品的氧化。大多数热分解动力学速率模型将干酪根在热解过程中的分解视为一级反应（Rajeshwar，1981；Jaber and Probert，2000；Williams and Ahmad，2000；Bai et al.，2014）。

在 500~520℃ 的温度下，油页岩将出产页岩油，而此时油页岩的矿物质成分并未分解。页岩油产品的产量和质量取决于许多因素，其中一些因素已经在一些矿床中得到了确定和量化，特别是美国 Green River 矿床和爱沙尼亚矿床（Miknis，1990；Brendow，2003，2009）。一个主要因素是不同油页岩的有机质含量和油产量差异很大。根据页岩油产量，确定具有商业价值的油页岩为每吨岩石 25~50gal（通常使用 Fischer 测定法）。

关于页岩油产量与油页岩和（或）干酪根的化学物理性质之间的相关性，已经有许多不同类型的测量方法，从简单的定性测试（可在野外进行）到实验室中更复杂的测量均有涉及。

关于干酪根热分解，可以简单地用有机氢含量与氮含量之间的关系，以及通过 Fischer

测定法确定的馏分油产量进行分析。化学计量学表明，有机氢碳原子比较高的干酪根可以比相对贫氢的干酪根每单位质量碳产生更多的油（Scouten，1990）。然而，氢碳原子比并不是唯一重要的因素。南非干酪根的氢碳原子比为1.35，其产油量低于氢碳原子比为1.57的巴西干酪根。一般来说，页岩油转化率较高的油页岩干酪根含有相对较低水平的氮（Scouten，1990）。

在干馏过程中，干酪根分解为三种有机组分：（1）页岩油；（2）气体；（3）残炭。油页岩分解开始于相对较低的加热温度（300℃），但在较高温度下，分解速率变得更快且分解地更完全（Scouten，1990）。干酪根分解的最高速率出现在480~520℃的加热温度下。一般来说，随着分解温度的升高，页岩油产量会减少，气体产量会增加，油的芳香度会增加（Dinneen，1976；Scouten，1990）。此外，反应区域中产物分布随时间的变化可能导致产物分布的改变（图11.3）（Hubbard and Robinson，1950）。

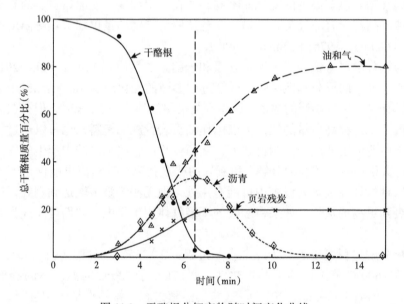

图11.3 干酪根分解产物随时间变化曲线

然而，如果温度过高，页岩的矿物质含量可能会分解，因此最佳干馏温度存在上限。例如，爱沙尼亚库克油页岩的主要矿物组分是碳酸钙，这种化合物在高温下分解（白云石的分解温度为600~750℃，方解石的分解温度为600~900℃）。因此，碳必须被视为油页岩分解过程的产物，如此将稀释从炼制过程产生的废气，减少排放问题。离开干馏器的气体和蒸气被冷却以凝结反应产物，包括油和水。

就动力学而言，油页岩活跃的脱挥发作用始于350~400℃，在大约425℃达到石油演化速率的峰值，而在470~500℃范围内基本完成脱挥发（Hubbard and Robinson，1950；Shih and Sohn，1980）。在接近500℃的温度下，主要由碳酸钙和碳酸镁组成的矿物开始分解，主要产物为二氧化碳。原始页岩油的特性取决于干馏温度，但更重要的是取决于温度—时间历史，因为液态和气态产物的演化会伴随着二次反应发生。生成的页岩油为深棕色、有气味且倾向于蜡质油。

　　动力学研究（Scouten，1990）表明，温度在 500℃ 以下时，干酪根（有机质）分解为可提取的产物（沥青），随后分解为油、气和残炭。由于有机质分散在矿物基质中，并且考虑到基质不分解，产物向外扩散时受到的阻力会增加，从而使得对有机质的加热需要更长时间，这会使得实际的动力学图像有所不同。从油页岩干馏的实际角度来看，产油速率是干酪根分解的一个重大方面。

　　从油页岩中提取石油的过程涉及加热（干馏）页岩，以将干酪根转化为原始页岩油（Janka and Dennison，1979；Rattien and Eaton，1976；Burnham and McConaghy，2006）。尚未有证明在没有热作用的情况下将干酪根转化为石油是商业上可行的，虽然有实现这一任务的计划，尽管有相反的说法，但这些计划尚未进入可行的商业或示范阶段。

　　然而，使用 Fischer 测定法来确定页岩潜在油气产量时，需要考虑一些问题，与加热速率相关的其他问题也需要考虑（Dyni，1989；Allix et al.，2011）。将干酪根转化为油气的反应是可以被广泛理解的，但并不是在精确的分子层面的细节上，并且只能用简单的方程表示。生成的烃类衍生物的数量和组成取决于加热条件：温度的升高速率、暴露于热力下的时间，以及干酪根分解时存在气体的组成。

　　一般而言，地面干馏炉可以快速加热页岩。干馏加热的时间尺度与页岩颗粒大小有直接关系，这就是为什么在地面干馏炉中加热前要将岩石粉碎的原因。毫米级颗粒的热解在 500℃ 的温度下几分钟内即可完成，而几十厘米大小颗粒的热解则需要更长时间。

　　原位加热页岩的速率较慢。然而，缓慢加热也有其优势，可以大幅提高油品质量。地下的焦化和裂化反应往往会将分子量较高（沸点较高）的不理想组分留在地下。因此，与地面加工相比，原位加工过程可以生产出沸点较低、污染物较少的产品。

　　从页岩油作为原油替代品的角度来看，其组分非常重要。石蜡型油类似于石蜡原油。然而，爱沙尼亚库克页岩油的组成更加复杂和特殊，其中含有丰富的含氧化合物，特别是酚类化合物，可以从油中提取出来。这样的油不能直接用作高质量发动机燃料的原油，但可以作为很好的供暖燃料。它具有一些特殊性质，如较低的黏度和凝点，以及相对较低的硫含量，使其适用于其他用途，如船舶燃料。

　　与其他页岩相反，从库克油页岩中获得高产率可蒸馏油需要特定的加工条件。这可以通过以下事实来解释：在库克油页岩的热处理过程中，其较高的含水量和矿物部分中优势含量的碳酸钙导致了热处理过程中特定耗热量较高（Yefimov and Purre，1993）。此外，由于页岩富含有机物质，因此热处理过程必须以相对较高的速率跨过热沥青形成和焦化的温度范围，以避免石油的热黏结和二次热解。

　　库克油页岩的一个特征是在缓慢加热过程中会转化为类似沥青的物质，并在温度范围为 350~400℃ 内转变为塑性状态，这给其商业规模加工带来了相当大的困难。热沥青的最大产量出现在 390~395℃ 时，其占有机产物的质量百分比达到 55%~57%。在这个温度范围下，固体残渣中（在使用乙醇—苯混合物提取后的剩余物）的碳含量达到最小值。然而，随着加热温度继续升高到 510~520℃，残渣中的碳含量增加了 2~3 倍。因此，半焦中大部分的残炭是由不稳定组分（如含氧化合物）在热解过程中形成的次生产物构成（Yefimov and Purre，1993）。

　　对澳大利亚油页岩的热特性研究涉及使用化学和物理技术分离油页岩的独特组分，即干酪根（有机成分）和黏土矿物（无机成分）（Berkovich et al., 2000）。使用非等温调制差示扫描量热法，测量了干酪根和黏土矿物在 25~500℃ 范围内热容和焓变化。在一次实验中，获得了跨越几百摄氏度温度范围的热容数据。在涉及质量损失的热反应区域，结合热重数据估计了热容。还确定了干酪根的脱水和热解的焓数据（Scouten, 1990; Berkovich et al., 2000）。

Green River 组原始油页岩在受到极端温度的处理后发生了根本性的变化（Milton, 1977; Smith et al., 1978; Essington et al., 1987）。油页岩高温干馏过程中的矿物反应可以概括为两个步骤，即:(1)原始矿物的分解;(2)熔体的结晶。碳酸盐矿物和硅酸盐矿物完全分解形成高热变质熔体，其中含有主要离子: Ca^{2+}、Na^+、Mg^{2+}、Fe^{2+}、Fe^{3+}、K^+、Si^{4+}、Al^{3+} 和 O^{2+}（Park et al., 1979; Mason, 2006）。Green River 组中有含量丰富的微量元素，毫无疑问也存在于熔体中，但由于丰度低而被认为对新矿物结晶的贡献可以忽略不计，尽管已经记录到了一些元素的分配（Shendrikar and Faudel, 1978）。

页岩高温加工产生的硅酸盐矿物产品可分为几类: 橄榄石类、黄长石类、斜方辉石和单斜辉石、闪石、长石类、石英和黏土矿物。无晶形的二氧化硅（玻璃）也是经过高温处理后迅速冷却的页岩中常见的产物。尽管矿物群体内的不同可能部分归因于原始油页岩成分的轻微差异，但在考察来自不同加工过程和地点的材料时，最终的矿物组合似乎变化很小。然而，一些页岩矿床中含有可以产生副产物的片钠铝石 [$NaAl(OH)_2CO_3$]、硫、硫酸铵、钒、锌、铜和铀等矿物和金属。

在油页岩文献中通常不会提到的一个方面是，富含干酪根的油页岩在干馏过程中往往会变得塑性并集聚在一起。这种聚集现象可能导致气体和固体流动不均匀，甚至在极端情况下会造成干馏炉堵塞（固体干馏炉内的流动由重力驱动）。由于总有可以把页岩从干馏炉升起的机械力可用，因此可以使页岩避免发生整体集聚。此外，可以选择不同的反应条件使得干馏过程发生在岩层顶部附近的位置，这样粒间压力较低，把集聚的倾向降到最小。因此，即使是非常富含干酪根的油页岩，集聚通常也不是一个问题，但在规划干馏过程时应予以考虑。

11.5.5 燃烧

油页岩可以通过直接燃烧或油气萃取等多种技术加以利用（Al Asfar et al., 2012）。其中直接燃烧是指油页岩通过直接燃烧产生热量，循环流化床燃烧是用于提高效率和减少环境有害气体排放的新技术之一（Hammad et al., 2006）。这项技术在许多国家得到应用，取得了令人满意的结果。在油页岩燃烧过程中，油页岩经历了点火、脱挥发分和固体炭颗粒燃烧三个阶段。点火是引发燃烧现象的过程，它对火焰的稳定性、污染物的形成和排放，以及火焰的熄灭都有重要的影响。脱挥发分过程包括挥发性气态物质的排放，这些物质被点燃并加热到一定温度后进行均匀燃烧。固体炭颗粒燃烧是通过挥发分燃烧点燃的，随后是一个非均相反应，包括氧气与固体颗粒的直接接触（Jaber and Probert, 1999）。

油页岩燃烧会产生大量的污染物，如导致酸雨和光化学烟雾的二氧化硫和氮氧化物。油页岩的燃烧也形成了大量的灰区。二氧化硫浓度随床温的升高而升高，在 750℃ 时达到最大值。在此温度以上，气体中二氧化硫浓度随床温的升高而降低，随循环比的增大而急剧降低，同时随二次空气比的增大和粒径的增大而升高。随着床温的升高，一氧化氮

（NO）和二氧化氮（NO$_2$）的浓度逐渐升高，在 850℃ 时达到最大值，超过此温度后，这些气体的排放量随着床温的升高而降低。此外，一氧化氮和二氧化氮的排放量随着二次空气比的增加而减少（Jaber and Probert，1999）。

　　最后，油页岩加工最主要有两种类型（见第 14 章和第 15 章），这两种类型根据油页岩开采的过程进行区分，一些较浅的矿床可以通过直接开采（露天条带开采或地下开采）获得，但大多数油页岩如果深度太大，或开采具有危险性，需要通过原地处理的方式进行处理。基于矿井的开采过程是迄今为止最常用的方法，用于局部的地表或近地表露头油页岩，并且已经使用了数百年。最近，一些主要的石油和天然气生产商投入了大量的精力来评估各种就地蒸馏方法，这些方法可以应用于任何自然成熟的天然气或原油枯竭后的页岩油和油页岩地层。对于较浅的油页岩资源，通常采用非原位处理方式（见第 14 章），而对于较深的矿藏，更倾向于采用原位处理方式（见第 15 章）。

参 考 文 献

Al Asfar, J., Hammad, A., Sakhrieh, A., Hamdan, M., 2012. Theoretical investigation of direct burning of oil shale. In: Proceedings. 12th International Combustion Symposium. Kocaeli, Turkey. May 24e26, pp. 552e559.

Allix, P., Burnham, A., Fowler, T., Herron, M., Kleinberg, R., Symington, B., 2011. Coaxing oil from shale. Oilfield Review, Winter 2010/2011, 5015.

Allred, V.D. (Ed.), 1982. Oil Shale Processing Technology. Center for Professional Advancement, East Brunswick, New Jersey.

Andrews, A., 2006. Oil Shale: History, Incentives, and Policy. In: Specialist, Industrial Engineering and Infrastructure Policy Resources, Science, and Industry Division. Congressional Research Service, the Library of Congress, Washington, DC.

ASTM D3904, 1996. Test Method for Oil from Oil Shale (Resource Evaluation by the Fischer Assay Procedure) (Withdrawn 1996 e No Replacement). ASTM International, West Conshocken, Pennsylvania.

Bader, R.G., Hood, D.H., Smith, J.B., 1960. Recovery of dissolved organic matter in sea-water and organic sorption by particulate. Material. Geochim. Cosmochim. Acta 19, 236e243.

Bai, F., Sun, Y., Liu, Y., Liu, B., Guo, M., Lu, X., Guo, W., Li, Q., Hou, C., Wang, Q., 2014. Kinetic investigation on partially oxidized huadian oil shale by thermogravimetric analysis. Oil Shale 31(4), 377e393.

Bartis, J.T., LaTourrette, T., Dixon, L., 2005. Oil Shale Development in the United States: Prospects and Policy Issues. Prepared for the National Energy Technology of the United States Department of Energy. Rand Corporation, Santa Monica, California.

Baughman, G.L., 1978. Synthetic Fuels Data Handbook, second ed. Cameron Engineers, Inc., Denver, Colorado.

Beard, T.M., Tait, D.B., Smith, J.W., 1974. Nahcolite and dawsonite resources in the Green river formation, Piceance Creek basin, Colorado. In: Guidebook to the Energy Resources of the Piceance Creek Basin, 25th Field Conference. Rocky Mountain Association of Geologists, Denver, Colorado, pp. 101e109.

Berkovich, A.J., John, H., Levy, J.H., Schmidt, S.J., Young, B.R., 2000. Heat capacities and enthalpies for some Australian oil shales from non-isothermal modulated DSC. Thermochim. Acta 357e358, 41e45.

Blatt, H., Tracy, R.J., 1996. Petrology: Igneous, Sedimentary and Metamorphic, second ed. W.H. Freeman Publishers, San Francisco, pp. 281e292.

Bordovskiy, O.K., 1965. Accumulation and transformation of organic substances in marine sediments. Mar. Geol. 3, 3e114.

Bozak, R.E., Garcia Jr., M., 1976. Chemistry in the oil shales. J. Chem. Educ. 53(3), 154e155.

Brendow, K., 2003. Global oil shale issues and perspectives. Oil Shale 20(1), 81e92.

Brendow, K., 2009. Oil shale e a local asset under global constraint. Oil Shale 26(3), 357e372.

Burnham, A.K., McConaghy, J.R., 2006. Comparison of the acceptability of various oil shale processes. In: Proceedings. AICHE 2006 Spring National Meeting, Orlando, FL, March 23, 2006 through March 27.

Burnham, A.K., Singleton, M.F., 1983. High-pressure pyrolysis of Green river oil shale. In: Miknis, F.P. (Ed.), Chemistry and Geochemistry of Oil Shale. Symp. Series No. 230, pp. 335e351. Washington, DC.

Burnham, A.K., 2003. Slow Radio-Frequency Processing of Large Oil Shale Volumes to Produce Petroleum-like Shale Oil. Report No. UCRL-ID-155045. Lawrence Livermore National Laboratory, US Department of Energy, Livermore, California.

Cane, R.F., 1976. The origin and formation of oil shale. In: Yen, T.F., Chilingarian, G.V. (Eds.), Oil Shale. Elsevier, Amsterdam, Netherlands.

Chilingarian, G.V., Yen, T.F., 1978. Bitumens, Asphalts, and Tar Sands. Elsevier, Amsterdam, Netherlands (Chapter 1).

Cook, A.C., Sherwood, N.R., 1991. Classification of oil shales, coals and other organic-rich rocks. Org. Geochem. 17(2), 211e222.

Culbertson, W.C., Pitman, J.K., 1973. Oil Shale in United States Mineral Resources. Paper No. 820. United States Geological Survey, Washington, DC.

Debyser, J., Deroo, G., 1969. Observations on the genesis of petroleum. Rev. Institut Français du Pétrole. 24(1), 21e48.

Derenne, S., Largeau, C., Casadevall, E., Sinninghie Damste, J.S., Tegelaar, E.W., deLeeuw, J.W., 1989. Characterization of Estonian kukersite by spectroscopy and pyrolysis: evidence for abundant alkyl phenolic moieties in an ordovician, marine, type II/I kerogen. Org. Geochem. 16(4e6), 873e888.

Derenne, S., Largeau, C., Landais, P., Rochdi, A., 1994. Spectroscopic features of Gloeocapsomorpha prisca colonies and of intersyitial matrix in kukersite as revealed by transmission micro-FT-IR: location of phenolic moieties. Fuel 73(4), 626e628.

Dinneen, G.U., 1976. Retorting technology of oil shale. In: Yen, T.F., Chilingar, G.V. (Eds.), Oil Shale. Elsevier Science Publishing Company, Amsterdam, Netherlands, pp. 181e198.

Donovan, R.N., Scott, J., 1980. Lacustrine cycles, fish ecology and stratigraphic zonation in the Middle devonian of caithness. J. Geol. 16, 35e50.

Durand, B., 1980. Kerogen: Insoluble Organic Matter from Sedimentary Rocks. Editions Technip, Paris, France.

Dyni, J.R., Anders, D.E., Rex, R.C., 1989. Comparison of hydroretorting, fischer assay, and rock-eval analyses of some world oil shales. In: Proceedings 1989 Eastern Oil Shale Symposium. Institute for Mining and Minerals Research, University of Kentucky, Lexington, Kentucky, pp. 270e286.

Dyni, J.R., 2003. Geology and resources of some world oil-shale deposits. Oil Shale 20(3), 193e252.

Dyni, J.R., 2006. Geology and Resources of Some World Oil Shale Deposits. Report of Investigations 2005-5295. United States Geological Survey, Reston, Virginia.

Eseme, E., Urai, J.L., Krooss, B.M., Littke, R., 2007. Review of mechanical properties of oil shales: implications for exploitation and basin modelling. Oil Shale 24(2), 159e174.

Essington, M.E., Spackman, L.K., Harbour, J.D., Hartman, K.D., 1987. Physical and Chemical Characteristics of Retorted and Combusted Western Reference Oil Shale. Report No. DOE/MC/11076-2453. United States Department of Energy, Washington, DC.

Goodfellow, L., Haberman, C.E., Atwood, M.T., 1968. Modified Fischer Assay Equipment, Procedures and Product Balance Determinations. Preprints. In: Division of Petroleum Chemistry. Joint Symposium on Oil Shale, Tar Sands, and Related Material. San Francisco Meeting, April 2-5. American Chemical Society, Washington DC.

Hammad, M., Zurigat, Y., Khzai, S., Hammad, Z., Mubydeem, O., 2006. Fluidized bed combustion unit for oil shale. Paper RTOS-a109. In: Proceedings. International Oil Shale Conference: Recent Trends in Oil Shale. Amman, Jordan. November 7-9.

Hill, J.O., 2005. Thermogravimetric analysis. In: Lee, S. (Ed.), Encyclopedia of Chemical Processing, vol. 5. Taylor & Francis, New York, pp. 3017e3029.

Hubbard, A.B., Robinson, W.E., 1950. A Thermal Decomposition Study of Colorado Oil Shale. Report of

Investigations No. 4744. United States Bureau of Mines, Washington, DC.

Huggins, C.W., Green, T.E., 1973. Thermal decomposition of dawsonite. Am. Mineral. 58, 548e550.

Hunt, J.M., 1996. Petroleum Geochemistry and Geology, second ed. W.H. Freeman, San Francisco.

Hutton, A.C., 1987. Petrographic classification of oil shales. Int. J. Coal Geol. 8, 203e231.

Hutton, A.C., 1991. Classification, organic petrography and geochemistry of oil shale. In: Proceedings. 1990 Eastern Oil Shale Symposium. Institute for Mining and Minerals Research, University of Kentucky, Lexington, Kentucky, pp. 163e172.

Jaber, J.O., Probert, S.D., 1999. Pyrolysis and gasification kinetics of Jordanian oil-shales. Appl. Energy 63 (4), 269e286.

Jaber, J.O., Probert, S.D., 2000. Non-isothermal thermogravimetry and decomposition kinetics of two Jordanian oil shales under different processing conditions. Fuel Process. Technol. 63 (1), 57e70.

Janka, J.C., Dennison, J.M., 1979. In: Devonian Oil Shale in Symposium Papers: Synthetic Fuels from Oil Shale, Atlanta, Georgia. December 3-6, pp. 21e116.

Kalkreuth, W.D., Macauley, G., 1987. Organic petrology and geochemical (Rock-Eval) studies on oil shales and coals from the pictou and antigonish areas, Nova scotia, Canada. Canad. Petrol. Geol. Bull. 35, 263e295.

Koel, M., Ljovin, S., Hollis, K., Rubin, J., 2001. Using neoteric solvents in oil shale studies. Pure Appl. Chem. 73 (1), 153e159.

Lee, S., 1991. Oil Shale Technology. CRC Press, Taylor & Francis Group, Boca Raton, Florida.

Liu, Q.Q., Han, X.X., Li, Q.Y., Huang, Y.R., Jiang, X.M., 2014. TG-DSC analysis of pyrolysis process of two Chinese oil shales. J. Therm. Anal. Calorim. 116 (1), 511e517.

Maaten, B., Loo, L., Konist, A., Nesumajev, D., Pihu, T., Külaots, I., 2016. Decomposition kinetics of American, Chinese and Estonian oil shales kerogen. Oil Shale 33 (2), 167e183.

Mason, G.M., 2006. Fractional differentiation of silicate minerals during oil shale processing: a tool for prediction of retort temperatures. In: Proceedings. 26th Oil Shale Symposium. Colorado School of Mines, Golden Colorado. October 16-19.

Miknis, F.P., 1990. Conversion characteristics of selected foreign and domestic oil shales. In: Proceedings. 23rd Oil Shale Symposium. Colorado School of Mines, Golden, Colorado, pp. 100e109.

Milton, C., 1977. Mineralogy of the Green river formation. Mineral. Rec. 8, 368e379.

Oja, V., Elenurm, A., Rohtla, I., Tali, E., Tearo, E., Yanchilin, A., 2007. Comparison of oil shales from different deposits: oil shale pyrolysis and Co-pyrolysis with ash. Oil Shale 24 (2), 101e108.

Ots, A., 2007. Estonian oil shale properties and utilization in power plants. Energetika 53 (2), 8e18.

Park, W.C., Linderamanis, A.E., Robb, G.A., 1979. Mineral changes during oil shale retorting. In Situ 3 (4), 353e381.

Peters, K.E., Cassa, M.R., 1994. Applied source rock geochemistry. In: Magoon, Dow, W.G. (Eds.), The Petroleum System e from Source to Trap. American Association of Petroleum Geologists, Tulsa, Oklahoma. AAPG Memoir 60.

Prats, M., O'Brien, S., 1975. Thermal conductivity and diffusivity of Green river oil shale. J. Pet. Technol. 97e106. January.

Rajeshwar, K., 1981. The kinetics of the thermal decomposition of Green river oil shale kerogen by non-isothermal thermogravimetry. Thermochim. Acta 45 (3), 253e263.

Rattien, S., Eaton, D., 1976. Oil shale: the prospects and problems of an emerging energy industry. In: Hollander, J.M., Simmons, M.K. (Eds.), Annual Review of Energy, vol. 1, pp. 183e212.

Scouten, C.S., 1990. Oil shale. In: Fuel Science and Technology Handbook. Marcel Dekker Inc., New York, pp. 795e1053. Chapters 25 to 31.

Shendrikar, A.D., Faudel, G.B., 1978. Distribution of trace metals during oil shale retorting. Environmetnal Science & Technology 12 (3), 332e334.

Shih, S.M., Sohn, H.Y., 1980. Non-isothermal determination of the intrinsic kinetics of oil generation from oil shale. Ind. Eng. Chem. Process Des. Dev. 19, 420e426.

Smith, J.W., Robb, W.A., Young, N.B., 1978. High temperature mineral reactions of oil shale minerals and their benefit to oil shale processing in place. In: Proceedings. 11th Oil Shale Symposium. Colorado School of Miners, Golden, Colorado, pp. 100e112.

Smith, J.W., Jensen, H.B., 2007. Oil shale. In: McGraw Hill Encyclopedia of Science and Technology, tenth ed., vol. 12. McGraw-Hill, New York, pp. 330e335.

Speight, J.G., 2013. The Chemistry and Technology of Coal, third ed. CRC-Taylor and Francis Group, Boca Raton, Florida.

Speight, J.G., 2014. The Chemistry and Technology of Petroleum, fifth ed. CRC-Taylor and Francis Group, Boca Raton, Florida.

Speight, J.G., 2019a. Natural Gas: A Basic Handbook, second ed. Gulf Publishing Company, Elsevier, Cambridge, Massachusetts.

Speight, J.G., 2019b. Synthetic Fuels Handbook: Properties, Processes, and Performance. McGraw-Hill, New York.

Stanfield, K.E., Frost, I.C., 1949. The Fischer Assay. Report of Investigations No. 4477. United States Bureau of Mines, Department of the Interior, Washington, DC.

Tank, R.W., 1972. Clay minerals of the Green river formation (eocene) of Wyoming. Clay Miner. 9, 297.

Tisot, P.R., 1967. Alterations in structure and physical properties of Green river oil shale by thermal treatment. J. Chem. Eng. Data 12(3), 405.

Tissot, B., Welte, D.H., 1978. Petroleum Formation and Occurrence. Springer-Verlag, New York.

US, D.O.E., 2004a. Strategic Significance of America's Oil Shale Reserves, I. Assessment of Strategic Issues. March. http://www.fe.doe.gov/programs/reserves/publications.

US, D.O.E., 2004b. Strategic significance of America's oil shale reserves, II. In: Oil Shale Resources, Technology, and Economics; March. http://www.fe.doe.gov/programs/reserves/publications.

US, D.O.E., 2004c. America's Oil Shale: A Roadmap for Federal Decision Making; USDOE Office of US Naval Petroleum and Oil Shale Reserves. http://www.fe.doe.gov/programs/reserves/publications.

Van Puyvelde, D.R., 2007. Dynamic modelling of retort thermodynamics of oil shales. Oil Shale 24 (4), 509e525.

Vine, J.B., Tourtelot, E.B., 1970. Geochemistry of black shale deposits e a summary report. Econ. Geol. 65(3), 253e273.

Wang, D.-M., Xu, Y.-M., He, D.-M., Guan, J., Zhang, O.-M., 2009. Investigation of mineral composition of oil shale. Asia-pac. J. Chem. Eng. 4, 691e697.

Watts, R.L., Maxwell, J.R., 1977. Carotenoid diagenesis in a marine sediment. Geochem. Cosmochim. Acta 41, 493e497.

Watts, R.L., Miller, R.C., Kjosen, H., 1977. The potential of carotenoids as environmental indicators. In: Campos, R., Goni, J. (Eds.), Advances in Organic Geochemistry e 1975. Enadimsa, Madrid, Spain, pp. 391e413.

Williams, P.T., Ahmad, N., 2000. Investigation of oil shale pyrolysis processing conditions using thermogravimetric analysis. Appl. Energy 66(2), 113e133.

Yefimov, V., Purre, T., 1993. Characteristics of kukersite oil shale, some regularities and features of its retorting. Oil Shale 10(4), 313e319.

第12章　油页岩资源

12.1　引言

油页岩是指在加热到高温时能够产出石油的含有干酪根的页岩，是一种资源量巨大、尚未被开发利用的化石能源。随着易开采原油资源的减少，利用油页岩资源来满足全球对能源和化学原料的需求将变得必要且具有经济吸引力。据估计，世界范围内的页岩油储量超过 30 万亿桶（$30×10^{12}$ bbl），但利用现有技术仅能开采出其中一小部分。因此，利用油页岩来替代原油将意味着找到经济有效且环境可接受的方法来提取封存在油页岩基质中的富含能量的有机质，并对已开采的页岩油进行品质升级。

油页岩的定义具有严格的经济含义，在此限定下油页岩是一种致密层状的，能够产生超过 33% 质量分数矿物灰分，且其含有的有机质可以通过干馏产出石油的沉积岩，但普通溶剂萃取原油的方法对于油页岩效果甚微。因此，油页岩一词在本书中用来表示不含游离油的富含有机质（干酪根）的岩石。此外，页岩油是指通过加热油页岩而生成的石油。

另外三个术语将在本书中被广泛使用，因此它们的定义十分重要。与沥青砂地层中的沥青不同，本书中的沥青是一种可以通过有机溶剂（如苯、甲苯、四氢呋喃和氯仿）或者苯—甲醇的共沸混合物（60:40）从油页岩中提取出来的有机质。干酪根是有机质的主要组成部分，它不溶于此类溶剂。

这些是具有操作性的定义，沥青和干酪根的相对比例取决于溶剂和提取条件的选择。另一个定义是指通过油页岩的选矿或化学脱矿而产生的有机浓缩物，称为干酪根富集体。

严格地说，这个术语应该只指有机浓缩物中不溶于有机溶剂的那部分。然而，通常情况下干酪根富集体是指通过去除油页岩中的无机矿物组分而获得的总有机物质（干酪根＋沥青）。除非另有说明，本书将遵循一般用法。

因此，本书中的油页岩是指富含有机质（即干酪根）的沉积型泥灰岩，主要由黏土矿物和方解石组成。油页岩是有机质和无机物的复杂混合体，其组成和性质变化很大。从地质学角度来看，某些油页岩并非真正的页岩（如 Green River 组油页岩），而美国的油页岩有机质含量可达 15%。

通过高温加热，油页岩中的干酪根可以释放并转化为液体，进一步提炼成各种液体燃料、气体，以及高价值的化学原料和无机副产品。因此油页岩代表了一种资源量巨大、尚未被开发利用的烃类资源。同油砂一样，油页岩是一种不含石油的非常规或替代燃料来源。石油是由干酪根热解产生的，干酪根与页岩基质紧密结合，不易提取。

许多关于油页岩储量（实际上是资源量）的评估已经公布，但各国的排名因时间和作者而异，然而无论如何，美国资源量第一，巴西第二。美国油页岩主要集中在科罗拉多州、怀俄明州和犹他州的 Green River 组，占据了近 3/4 的资源量。

事实上，页岩油储量的估算因几个因素而变得复杂。首先，油页岩中干酪根含量差异大。其次，一些国家报告的储量是原地干酪根总量，包括所有干酪根，未考虑技术或经济限制；这些估算没有考虑在现有技术和指定经济条件下从已识别和测定的油页岩中可能提取的干酪根量。根据大多数定义，储量仅指在当前经济条件下技术上可开采和经济上可行的资源量。另一方面，"资源量"一词可以指所有含有干酪根的沉积物。再次，页岩油开采技术（在北美也尚未普遍使用）仍在发展中，因此可采干酪根的总量还是未知。

提取页岩油的方法很多，不同方法得到的有效石油量具有很大差异，因此估算的资源量和储量相差很大。油页岩地层中干酪根含量差异很大，其开采的经济可行性高度依赖于国际和当地的石油成本。目前可以采用多种方法来确定从页岩油中提取物的数量和质量。在最好的情况下，这些方法能够确定出油页岩能源潜力的近似值。其中一种标准方法是 Fischer 测定法（见第 1 章和第 11 章），它可以确定石油产量。这种方法经过了修改、标准化和调整，但是并不能给出从油页岩样品中可以提取的确切油量。因此，一些处理方法产生的页岩油产品比 Fischer 测定法给出的要有用得多（Heistand，1976）。总之，任何对页岩油储量的估算都只能基于 Fischer 测定法对从油页岩中获取的不具代表性样品的推测性估算。既然是估算，那分析数据（以加仑/吨为单位的石油产量）就绝不能被视为已探明的储量。然而可以肯定地说，世界上的油页岩资源和潜在可产的页岩油储量是巨大的！

全球范围内油页岩地层在各大洲均有发现，这些沉积物含有一种固体烃类物质，即干酪根（见第 1 章和第 13 章），可以通过热分解转化为页岩油重油（见第 14 章和第 15 章）。科罗拉多州、怀俄明州和犹他州的 Green River 组含有固体烃类物质（干酪根）和钠矿物，前者可以通过热分解转化为页岩油重油，后者可以用来控制空气污染、玻璃制造及生产铝。在其他地方也发现了化学成分和地质情况略有不同的油页岩沉积，苏格兰、西班牙和澳大利亚等国家过去一直处于小规模开采状态。其他国家，如巴西、俄罗斯和中国等，要么处于小规模开采状态，要么正处于资源开发的不同阶段。尽管目前已有公布一些数据和预测，但页岩油或者油页岩真实的生产数据很难获得。在多数情况下，对总资源和可采储量估计所做出的假设会导致储量百分比和产量百分比之间存在重大差异。由于存在多种假设条件，在收集所谓的油页岩资源量数据时要格外谨慎。因此，需要认真审查油页岩相关技术。

美国东西部油页岩在化学组分和地质演化史上存在差异，此外澳大利亚、巴西、爱沙尼亚、中国、俄罗斯、苏格兰和西班牙等国家的油页岩在化学和地质特征等方面也与美国油页岩存在差异。然而这些国家过去一直是小型油页岩工业所在地，各级政府和私营企业已经意识到油页岩作为液体燃料来源的潜力，正在继续尝试建立油页岩工业或者正在认真考虑这个想法（Brendow，2003，2009）。世界上许多地方都发育有油页岩地层，从寒武系到古近—新近系均有分布，这些油页岩地层有的具有很少或者不具有经济价值，有的也可能是分布数千平方千米且厚度达 2000ft 或以上的巨型沉积层系。油页岩地层沉积环境多样化，包括淡水—高盐度湖泊、陆表海盆地和潮下陆架，以及通常发育煤系地层的湖沼沼泽和海岸沼泽。油页岩分布与原油有很大不同所影响，后者更集中在世界上的某些地区。受数据源和年度报告不同所影响，统计结果存在差异。事实上，在讨论各国的资源量和储量之前，有必要先了解原地资源量和探明储量的不同含义（Speight，2007，2008，2011，2013）。

原地资源量与潜在储量有关，而探明储量是指可开采的化石燃料储量。例如，具有经济潜力的油页岩地层通常位于或接近地表，可通过露天开采、常规地下开采或原地开采方法进行开发（Scouten，1990；Dyni，2003，2006）。尽管科罗拉多州的一些油页岩地层位于地表（如 Colony 矿床），但多数通常位于地表以下 1000~2000ft。

地层剖面显示油页岩干酪根含量差异很大，某些层段干酪根含量较高（油页岩占比高），而其他层段干酪根含量较低（油页岩占比低）。据估计，整个油田在其生产周期内每英亩产量约为 $100×10^4$ bbl，但这只是一个估计并且基于多因素考虑，其中一些因素由于化学和地质因素而超出了开发商的控制范围，或者可能受到政治因素的影响，从而导致资源难以准确评估（Speight，2011）。

通过油页岩与其他类型的烃类化石燃料和生烃化石燃料对比发现，可以使用类似方法进行油页岩开采。然而，油页岩不能直接与原油、煤炭或者焦油砂沥青相提并论，尽管其可能与后三者有相似之处（Speight，2008）。每吨油页岩———一种碳酸盐岩，通常是泥岩或粉砂岩（见第 1 章），含有大量的固态有机沉积物（即干酪根）和少量可提取的有机质（可大致认为是沥青，但并不准确），以及天然气。部分油页岩富含碳酸盐（泥灰岩或钙质泥岩，其中含有不同含量的黏土和粉砂），而其他沉积物则相对富含黏土矿物（Scouten，1990；Dyni，2006）。以上这些因素使得油页岩资源评估（尤其是页岩油生油潜力）变得更加困难。如前面所指，资源量数据的可靠性可高可低。

对于已经通过岩心钻探进行了广泛勘探的油页岩层系，获得的数据优于其他未进行过钻探的层系，如科罗拉多州 Green River 油页岩、爱沙尼亚 Kukersite 油页岩，以及澳大利亚昆士兰东部的古近—新近纪沉积。许多其他资源量数据都存在疑问、推测和启发性的猜测。

因此，值得注意的是对各国油页岩进行地质研究后得出的数字好坏参半。由于分析单位种类繁多，所以对世界油页岩资源的评价尤其困难，甚至比对原油资源或煤炭资源的评价还要困难（Speight，2011，2013）。此外，部分资源量以原地页岩油储量表示，充其量只是一个潜在的、推测成分很大的数字，而另一些则以原地有机质质量百分比表示，是一个估值，但仍然比前者更加准确，因为这些地层均不含页岩油。而且，地层中页岩油的产量是推测的，并且会受干酪根热条件下行为的影响。此外，页岩油的性质具有很大的差异（表 12.1 和表 12.2），这使得原油精炼成为一项重要的任务（见第 16 章）。

表 12.1 不同来源页岩油性质

地点	相对密度（API 重度，°API）	元素分析（%，质量分数）					组分（低于 350℃）（%，质量分数）		
		C	H	O	N	S	饱和烃	烯烃	芳香烃
美国科罗拉多州	0.943（18.6）	84.90	11.50	0.80	2.19	0.61	27	44	29
爱沙尼亚库克油页岩	1.010（9.0）	82.85	9.20	6.79	0.30	0.86	22	25	53
澳大利亚蓝道	0.64（0.91）	79.50	11.50	7.60	0.99	0.41	48	2	50
巴西伊拉蒂	0.92（22.5）	84.30	12.00	1.96	1.06	0.68	23	41	36
中国茂名	0.903（24.0）	84.82	11.40	2.20	1.10	0.48	55	20	25
中国抚顺	0.912（26.0）	85.39	12.09	0.71	1.27	0.54	38	37	25

表 12.2   中国不同地层中页岩油性质

产区	辽宁抚顺	广东茂名	吉林桦甸	甘肃窑街
性质				
相对密度	0.9033	0.9122	0.8789	0.93
凝固点（℃）	33	30	26	26
蜡含量（%，质量分数）	20.2	13.2	5.9	10
残渣（%，质量分数）	0.85	1.54	0.9	5
沸程（℃）				
初沸点	216	214	173	211
10% @	264	259	221	258
20% @	293	283	250	284
30% @	318	306	278	311
40% @	343	330	301	334
50% @	362	3540	331	366
元素组成（%，质量分数）				
碳	85.39	84.82	85.17	84.84
氢	12.1	11.4	12.2	11.1
硫	0.54	0.48	0.42	0.7
氮	1.27	1.1	0.75	0.97
氧	0.71	2.2	1.43	2.4

12.2   资源量

　　油页岩（指岩石或地层）和页岩油（指转化产物）这两个术语在一百多年前就已为人们所熟知（WEC，2016）。这两个术语一直适用于那些只有加热才能产出石油的地面或地下深处含有机质的细粒岩。

　　油页岩最常用的分类方法是根据其形成方式分为三类：（1）陆相油页岩；（2）湖相油页岩；（3）海相油页岩（见第11章）。大多数已知的油页岩在水体底部沉积，属于前两类。除爱沙尼亚 Kukersite 油页岩外，Tasmanite 和 Marinite 也是海相型油页岩。油页岩按其组成也可分为三类：（1）以方解石、白云石等矿物为主的富碳酸盐页岩；（2）含碳酸盐和黏土矿物的泥灰质页岩；（3）以陆源黏土矿物为主的黏土质页岩。爱沙尼亚 Kukersite 油页岩就是富碳酸盐页岩中的一种，而美国 Green River 油页岩是泥灰质页岩的一种。巴西、中国抚顺，以及澳大利亚 Stuart 油页岩均是黏土质页岩。

　　全球油页岩潜在资源巨大，由于评价方法很多，对其进行精确评价和评价原油资源一样是很困难的（Speight，2011；WEC，2016）。虽然许多油页岩矿床勘探程度小，但部分油页岩矿床已通过钻探和分析得到了相当好的刻画（Scouten，1990；Dyni，2003，2006），其中包括美国 Green River 油页岩、澳大利亚昆士兰古近—新近系油页岩、爱沙尼亚和瑞典油页岩、约旦 El-Lajjun 油页岩，以及巴西、法国、德国和俄罗斯的部分油页岩。其余的油页岩刻画很差，需要进一步调查和分析以充分确定其资源潜力。

目前已知最大的油页岩产于美国西部 Green River 组，占据了科罗拉多州西北部、怀俄明州西南部和犹他州东北部约 34000mile^2 的面积。这套地层分布在多个沉积盆地，包括怀俄明州的 Green River、Great Divide 和 Washakie 盆地，以及科罗拉多州西部的 Sand Wash 盆地，共计约 14000mile^2，这些盆地在 3500 万年前是一个巨大且长期存在的淡水湖泊。据估计该套地层包含的原地资源量可生产约 5 万亿桶（5×10^{12} bbl）页岩油。仅在科罗拉多州，页岩油原地资源量可达 1.5 万亿桶（1.5×10^{12} bbl）。据估计美国东部泥盆系黑色页岩可生产约 1890 亿桶（189×10^9 bbl）石油。

据 2016 年估计，全球页岩油总资源量相当于 6.05 万亿桶（6.05×10^{12} bbl）页岩油，其中美国的资源量最大，占世界总资源量的 80% 以上（WEC，2016）。相比之下，目前世界已探明的常规原油储量约为 16976 亿桶（1.6976×10^{12} bbl）。世界上最大的油页岩矿产位于美国 Green River 组，它覆盖了科罗拉多州、犹他州和怀俄明州的大部分地区，其中约 70% 的资源位于美国联邦政府拥有或管理的土地上。尽管美国页岩油资源占全球 80% 以上，但是中国、俄罗斯和巴西也占有较大资源。

由于某些国家的油页岩资源没有公布且许多已知的油页岩矿床没有得到充分调查，进而全球油页岩实际资源量可能要高得多（或者低很多）。另一方面，许多油页岩地层在地热条件下已经降解，如 Heath 组、Phosphoria 组，以及瑞典部分明矾油页岩，因此公布的此类油页岩资源很可能具有误导性夸大。油页岩中可采的页岩油量（可采储量）受多种因素影响，其中最重要的是地层沉积特征和评价方法。

要确定油页岩矿床沉积特征，需要周密的钻井和地球化学调查，而油页岩评价方法常常存在争议。油页岩的品位通过重量、体积和热值确定，由于其通常以加仑 / 吨或升 / 吨表示，如果油页岩的品位以体积单位（加仑 / 吨或升 / 吨）表示，则必须知道油的相对密度（密度）才能将加仑换算成质量百分比（Scouten，1990；Dyni，2003，2005，2006；Speight，2008）。一个值得进行商业勘察的油页岩矿床其每吨页岩油的产量至少为 10gal。

页岩油及其附加价值产物的经济开采显然需要新的、改进的方法，但原油价格一直是油页岩开发的决定因素。近几十年来，原油价格的波动（通常在价格区间的高位波动）和地缘政治促使全球各国政府重新审视本国的能源供应及国家安全问题（Speight，2011）。全球都得出了同样的结论：能源安全只能通过开发本地自然资源（如油页岩）来实现。

目前，巴西、中国、爱沙尼亚和澳大利亚等几个国家对油页岩进行了商业开采。巴西的油页岩开发历史悠久，据悉巴西的油页岩开采始于 19 世纪末。在中国，又新增 80 台干馏器（抚顺干馏器）用于页岩油生产（Qian et al.，2003）。据称中国的油页岩储量位居世界第四，仅次于美国、巴西和俄罗斯。

油页岩储量是指在现有经济条件和技术能力下具有经济可采性的油页岩资源量。油页岩矿床定义很宽泛，从目前经济上无法开采的小型矿床到潜在可开采的大型资源矿床。由于不同油页岩的化学成分、干酪根含量和提取技术差异很大，所以确定油页岩储量是很困难的。页岩油生产和开采的经济可行性在很大程度上取决于常规石油的价格；如果每桶原油的价格低于页岩油的生产价格，则是不经济的。

作为大多数常规原油储层的烃源岩，世界上所有产油区都发现了油页岩矿床，尽管它们大多埋深大，无法进行经济开发。目前世界上已知的油页岩矿床有 600 多个，虽然许多国家都有油页岩资源，但只有 33 个国家的油页岩可能具有经济价值。许多矿床需要更多的勘探才能确定其潜在储量，那些经过充分勘探的油页岩矿床最终可被归为储量，包括美国西部的 Green River 油页岩、澳大利亚昆士兰古近—新近系油页岩、约旦 El-Lajjun 油页岩，以及瑞典、爱沙尼亚、法国、德国、巴西、中国和俄罗斯等国家的油页岩。根据 Fischer 分析数据，这些油页岩沉积每吨至少可产出 0.25bbl 页岩油。

12.3 油页岩发展现状

油页岩是一种资源量巨大、尚未被开发利用的烃类能源，如沥青砂（加拿大油砂），它是一种非常规和（或）替代燃料来源，本身不含有石油。石油是由干酪根热分解产生的，由于干酪根与页岩矿物基质紧密结合，因此不易提取。

许多关于油页岩储量（实际上是资源量）的估计已经公布，但各国的排名因时间和作者而异，第一名是美国（全球资源量占比超过 60%），巴西排名第二。美国拥有大量已知的油页岩资源，可转化为多达 2.2 万亿桶（$2.2×10^{12}$ bbl）的原地石油当量。事实上，世界上已知最大的油页岩矿床位于 Green River 组，它覆盖了科罗拉多州、犹他州和怀俄明州的部分地区。据估计 Green River 组的石油资源量为（1.5~1.8）万亿桶 [（1.5~1.8）$×10^{12}$ bbl]（Scouten，1990；Dyni，2005，2006），但是并非所有的资源量都是可采的，而出于政策规划的目的，光是知道如此高的资源量就足够了。例如，估计的中间值 [（8000~9000）亿桶，即（800~900）$×10^{9}$ bbl] 是沙特阿拉伯已探明石油储量的三倍多。目前美国对原油产品的需求为（1700~2000）$×10^{4}$ bbl/d，油页岩（仅满足需求的四分之一）资源量可满足 400 多年的原油需求。

油页岩分布在全球 27 个国家的近 100 个主要矿床中（Duncan and Swanson，1965；Culbertson and Pitman，1973；Culbertson et al.，1980；Bauert，1994），埋深（小于 3000ft）通常浅于形成石油所需的更深和温度更高的地质带。在全球范围内，油页岩资源量约 2.6 万亿桶（$2.6×10^{12}$ bbl），其中绝大多数，约 2.2 万亿桶（$2.2×10^{12}$ bbl），位于美国境内东部和西部页岩中。

12.3.1 澳大利亚

澳大利亚在多个盆地内的油页岩矿床中具有大量的潜在非常规石油资源（图 12.1），从小型的非经济矿床到能够商业开发的大型矿床不等。澳大利亚已探明的油页岩资源总量为 580 亿吨（$58×10^{9}$t），其中可采页岩油约 240 亿桶（$24×10^{9}$bbl）（Crisp et al.，1987；Cook and Sherwood，1989；Australian Government，2010）。

澳大利亚东南部油页岩矿床的开采始于 19 世纪 60 年代，但由于政府资金的停止，该项目于 1952 年停止。1865 年至 1952 年间，约有 400 万吨（$4×10^{6}$t）油页岩被加工。澳大利亚早期生产的油页岩大部分来自新南威尔士州的富碳油页岩矿床。在采矿的早期，澳大利亚和海外的富碳油页岩用于天然气开采，但同时也有生产石蜡、煤油、木材防腐油和润滑油。在新南威尔士州的 30 个油页岩矿床中，有 16 个已被商业开采（Crisp et al.，1987）。昆士兰已经有 2 处小规模富碳油页岩矿床被勘测，包括 1 处规模小但优质的 Alpha 油页岩矿床，其潜在储量为 1900 万桶（$19×10^6$ bbl）（Noon，1984），另一处为规模更小的 Carnarvon Creek 油页岩矿床。20 世纪初，多家公司试图开发澳大利亚塔斯马尼亚州二叠纪的海相 Tasmanite 油页岩矿床，1910—1932 年期间通过几次间歇作业，共生产了 1100m³（约 7600 bbl）页岩油。除非找到新的资源，否则不可能有进一步的开发（Crisp et al.，1987）。

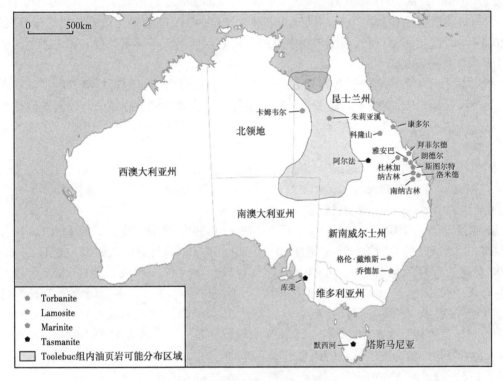

图 12.1   澳大利亚油页岩矿床分布

在昆士兰及邻近各州的 Eromanga 和 Carpenteria 盆地的部分地区，早白垩世的海相 Toolebuc 组油页岩分布面积约为 18000mile²（约 1200×10⁴ acre），油页岩区厚度可达 25ft，但平均每吨产量仅为 10gal。然而，据估计 Toolebuc 组蕴藏着可以通过露天开采采出的约 1.7 万亿桶（$1.7×10^{12}$ bbl）原地页岩油（Ozimic and Saxby，1983；Sherwood and Cook，1983）。该有机质的氢碳原子比（H/C）为 1.1±0.2，具有较高的芳香度（大于 50%）。然而，只有大约 25% 的有机质可以通过常规干馏转化为石油（Ozimic and Saxby，1983），这大大降低了页岩油的潜在产量。

由于 1973 年和 1974 年的石油危机导致原油价格上涨，澳大利亚的油页岩勘探在 20 世纪 70 年代末和 80 年代初大大加速。然而，到 1986 年原油价格急剧下跌，油页岩的开采利润减少（Crisp et al.，1987）。

在 20 世纪 70 年代末和 80 年代初，两家澳大利亚公司，南太平洋石油公司（SPP）和中太平洋矿产公司（CPM），进行了现代勘探计划，其目的是在基础设施和深水港附近地区寻找适合露天开采的高质量油页岩矿床。该项目成功在昆士兰海岸发现了一批具有商业价值的以硅质为主的油页岩矿床。通过对澳大利亚布里斯班北部地区的 10 个矿床群勘测，发现油页岩资源量超过 200 亿桶（$20×10^9$ bbl）（基于零水分条件下 50L/t 的临界值），可以支撑超 $100×10^4$ bbl/d 的页岩油产量。

自 1995 年以来，南太平洋石油公司（SPP）和中太平洋矿产公司（CPM）一直在研究昆士兰 Gladstone 附近的斯图尔特（Stuart）油页岩矿床，据估计该矿床的石油储量为 26 亿桶（$2.6×10^9$ bbl）。从 2001 年 6 月到 2003 年 3 月，Gladstone 地区生产了 703000 bbl 石油、62860 bbl 轻质燃料油和 88040 bbl 超低硫石脑油。经过加工，页岩油可以转化为低排放汽油。在 2001 年 4 月，Suncor 担任斯图尔特项目的运营商，而南太平洋石油公司和中太平洋矿业公司购买了 Suncor 的产权。

南太平洋石油公司实施了各种计划确保斯图尔特油页岩项目的可持续发展，以实现其既定的环境目标，于 1998 年启动了一个特别项目——造林碳汇，在昆士兰中部被砍伐的土地上种植了大约 25 万棵树。2000 年 9 月，南太平洋石油公司和昆士兰州政府宣布了首个基于造林试验的碳交易。

图尔特油页岩项目［原地页岩油储量为 26 亿桶（$2.6×10^9$ bbl），产能超过 $20×10^4$ bbl/d］引入了 Alberta-Taciuk Processor（ATP）干馏法技术（Schmidt，2003），该技术涉及一个旋转窑（最初为 Alberta 沥青砂项目开发）。

该项目分为三个阶段：（1）示范工厂于 1997—1999 年建成，生产含硫量 0.4% 和含氮量 1.0% 的 42°API 的页岩油，产量超过 $50×10^4$ bbl，该工厂设计日处理原矿（湿页岩）6000t（6600 美吨）、日产页岩油产品 4500 bbl；（2）规模扩大 4 倍，形成日处理 23500t（27600 美吨）、日产页岩油 15500 bbl 的商业化模块，预计 2010 年 3 月，多个商业化 Taciuk 处理装置将投入使用，使该工厂日处理油页岩高达 $38×10^4$ t（41900 美吨），日产页岩油高达 $20×10^4$ bbl，且可持续生产 30 多年；（3）第 3 阶段预计日加工油页岩 $12.5×10^4$ t、日产页岩油产品 $6.5×10^4$ bbl，使斯图尔特页岩油总产量达到每天约 $8.5×10^4$ bbl。总体上，页岩油生产已运行了 87d，峰值为 3700 bbl/d。

然而，该项目在 2003 年随南太平洋石油公司进入破产管理后终止。2004 年 2 月，昆士兰能源有限公司（QER）收购了南太平洋石油公司的油页岩资产，并在示范工厂开展了最终试验。

然而后续并没有继续生产，直到 2004 年年中工厂关闭，环境保护署才对其运营进行监管。该设施目前正在维护中，处于可操作状态。昆士兰能源公司继续评估了斯图尔特项目未来商业运营的可能性。2005—2007 年期间，QER 公司在科罗拉多州的一家试验工厂通过 Paraho 工艺测试了澳大利亚本土的油页岩，并成功证实了在昆士兰经营页岩油生产及液体产品业务的可行性。

2008 年 8 月，昆士兰州政府颁布了一项为期 20 年的禁令，禁止昆士兰能源公司开发 McFarlane 油页岩资源。McFarlane 油页岩矿床位于昆士兰中部 Proserpine 地区以南约 10mile 处，具有重要的战略资源意义，其潜在石油储量超过 16 亿桶（$1.6×10^9$ bbl）。经过超过四分之一个世纪的测试开采，昆士兰能源公司在 2009 年第三季度宣布，已与昆士兰政府达成协议，对 McFarlane 油页岩开挖槽进行回填和修复。

同样在 2008 年，昆士兰能源公司宣布由于 Taciuk 技术在扩大到商业规模方面存在潜在问题，因此该公司已决定不再使用该技术。公司决定采用 Paraho II 技术开发昆士兰东海岸的油页岩矿床。该公司还指出，油页岩矿床（统称为 McFarlane 油页岩）在未来 40 年内可生产页岩油 16 亿桶（1.6×10^9 bbl）。

2009 年，昆士兰能源公司对该基地进行了翻新并拆除了 Taciuk 干馏器。2010 年 5 月，该公司宣布将在 Gladstone 北部的 Yarwun 地区建设一座示范工厂，将采用 Paraho II 技术（见第 4 章），预计该工厂建成后每小时处理页岩 2.5t（2.8 美吨），每天生产 37~40 bbl 合成原油。

2011 年 9 月，昆士兰能源有限公司（QER）在位于昆士兰中部 Gladstone 附近的 Stuart 矿床示范 Paraho II 立式竖窑加工厂中生产了第一批原油。人们热切地期待着进一步的消息。

12.3.2　巴西

作为世界上拥有最大油页岩资源之一的国家，巴西国内已经发现了 9 处泥盆系—古近—新近系的油页岩矿床（Padula，1969）。其中 2 处油页岩矿床获得了最大的收益：（1）圣保罗州东北部 Paraíba 山谷古近—新近纪的湖相油页岩；（2）广泛出露于巴西南部的二叠系 Irati 组海相油页岩，估算石油储量超过 7 亿桶（700×10^6 bbl）、天然气 8800 亿立方英尺（880×10^9 ft^3）。

Paraíba 山谷的油页岩潜在产量为 8.4 亿桶（840×10^6 bbl），总资源量约为 20 亿桶（2×10^9 bbl）。该油页岩矿床（厚约 145ft）包括几种类型的油页岩：（1）棕色—深棕色含有化石薄层状页岩；（2）棕色—深棕色不完全薄层状页岩；（3）深橄榄色偶见化石、断面呈半贝壳状的低品位油页岩（Dyni，2006）。

Irati 油页岩呈深灰色、棕色和黑色，颗粒非常细，呈层状，黏土矿物占页岩的60%~70%，其余大部分为有机质，碎屑石英、长石、黄铁矿和其他矿物含量较少，偶有碳酸盐矿物。与多数海相油页岩不同（如美国东部泥盆系油页岩），Irati 组油页岩的金属含量并不明显。

巴西于 1881 年开始生产页岩油，资源分布均匀，仅次于美国，产量仅次于爱沙尼亚。1935 年巴拉那州 Sìo Mateus do Sul 地区的一个小工厂开始生产页岩油，1950 年在政府的支持下，圣保罗州 Tremembé 油页岩区每天生产 10000 bbl 页岩油。巴西开发了世界上最大的地面油页岩热解反应器——Petrosix 公司的 11m 立井气体燃烧反应器。

1935 年，巴拉那州 Sìo Mateus do Sul 地区的一家小工厂开始了页岩油生产，随后 1950年在政府支持下，圣保罗州 Tremembé 油页岩区每天生产 10000 bbl 页岩油。油页岩资源基础丰富，于 19 世纪末在巴伊亚州首次开采（Dyni，2006）。随后 20 世纪 70—80 年代建立了更多的示范工厂，从那时起页岩油的生产一直延续至今。

在 Petrosix 页岩油生产工艺发展之后，开采作业集中在 Sìo Mateus do Sul 油页岩区，并于 1982 年投入使用了一个试验厂（8in 内径的干馏塔）。随后 1984 年，一个 6ft 内径的干馏塔示范工厂建成，用于优化 Petrosix 技术。1972 年，一个每天生产 2200t 页岩油、内径 18ft 的原型干馏器（Irati Profile Plant）投入使用，并于 1981 年开始短暂的商业规模运行；1991年 12 月，商业工厂进一步扩大，投入使用了一个内径 36ft 的干馏器。

位于巴拉那州 Sìo Mateus do Sul 地区的地面设备每天能够处理 7800t 油页岩，以生产燃料油、石脑油、液化石油气（LPG）、页岩气、硫和沥青添加剂。可以确定的是，油页岩经过 Petrosix 干馏处理后能够日产约 3870bbl 页岩油，以及燃料气和硫。

有报道称，巴西国家石油公司打算保持技术专长和发展其本土能力，但不扩张。

12.3.3 加拿大

加拿大各地均有油页岩分布，目前已确定 19 个油页岩矿床。然而，大多数潜在可采油页岩资源仍然不明确，其中以新斯科舍省和新不伦瑞克省的油页岩勘探程度最大（Macauley，1981；Hyde，1984；Ball and Macauley，1988；Kalkreuth and Macauley，1987）。

美国东部泥盆系—下密西西比阶油页岩分布面积大，向北延伸至安大略省和魁北克省，富含大量有机质（Matthews et al.，1980；Matthews，1983）。加拿大奥陶系情况类似，但富有机质页岩总量要低一些。泥盆纪和奥陶纪期间，加拿大北极地区发生了大陆边缘淹没，在西北地区沉积了该时期的富有机质页岩。石炭纪时期，加拿大东部的新斯科舍、新不伦瑞克和纽芬兰等地发育了一系列裂谷盆地。其中几个盆地发育富有机质湖相页岩层段，但油页岩总体积尚未完全确定，页岩油的生产潜力可能有限（Hyde，1984）。

从奥陶纪到白垩纪，油页岩均有沉积，包括湖相沉积和海相沉积，目前已确定的油页岩矿床多达 19 处（Macauley，1981；Davies and Nassichuk，1988）。20 世纪 80 年代，通过岩心钻探对一些油页岩矿床进行了勘探（Macauley，1981，1984a，1984b；Macauley et al.，1985；Smith and Naylor，1990）。

下石炭统湖相油页岩（位于格林内尔半岛、德文岛、加拿大北极群岛等地）露头厚达300ft，每吨油页岩可产页岩油高达 100gal。然而，对于大多数加拿大油页岩矿床，原地页岩油资源量仍然知之甚少（Dyni，2006）。

在新斯科舍省油页岩区，已经尝试对两个矿床进行开发，即 Stellarton 和 Antigonish 油页岩，分别于 1852—1859 年、1929 年和 1930 年在 Stellarton，以及 1865 年在 Antigonish 进行过油页岩开采。据估计，Stellarton 盆地油页岩储量约为 8.25×10^8t（909×10^6 美吨），预估的原地含油量约为 1.68×10^8 bbl。Antigonish 盆地拥有新斯科舍省第二大油页岩资源，估算油页岩为 7.38×10^8t（813×10^6 美吨），可生产约 7600×10^4 bbl 页岩油。

对新不伦瑞克省 Albert Mines 油页岩的干馏和共燃烧（用煤发电）进行了调查，包括1988 年在巴西 Petrobras 工厂进行的一些实验性处理。研究人员对新不伦瑞克省的油页岩矿床表现出了兴趣，可以通过在发电站中将富含碳酸盐的页岩残渣与高含硫量的煤混合燃烧来减少硫的排放。

2006 年年中，总部位于纽芬兰的加拿大公司 Altius 获得了在艾伯塔矿业公司探区开展油页岩勘探的许可证，并于 2008—2009 年期间，在 240acre 的许可区域内进行了钻井计划。油页岩资源可能很重要，但在做出任何合理估算之前，有必要进行详细评估。

Alberta 油田、Athabasca（位于 Alberta）和 Lloydminster（位于 Alberta 和 Saskatchewan 边界）沥青砂的开发已占据领先地位（Speight，2007，2009），对于油页岩矿床的开发还需要再接再厉。

12.3.4　中国

中国油页岩矿床分布广泛，地层地质年代跨度大，从古生代的石炭纪和二叠纪、中生代的三叠纪和侏罗纪到新生代的古近—新近纪均有分布（Hou，1984；Han et al.，2006；Liu et al.，2017）。中国油页岩沉积年代广泛，从晚古生代到新生代均有分布，而石炭纪—二叠纪、侏罗纪、白垩纪和古近纪是油页岩最重要的成藏期。受古亚洲洋、特提斯古太平洋和印度—太平洋三大地球动力学体系的控制，油页岩沉积年龄由西北向东南逐渐年轻化。上古生界油页岩包括主要分布在准噶尔盆地南部博格达山北部的妖魔山、水磨沟和芦草沟盆地的下二叠统油页岩，少数分布在西北地区集宁和六盘山盆地上石炭统。

中生代油页岩矿床形成于侏罗纪和白垩纪时期：中侏罗统油页岩分布于中国西部羌塘、柴达木和河套盆地；下白垩统油页岩主要集中在中国东北部的几个小型盆地，如大杨树、老黑山、罗子沟、杨树沟、朝阳、阜新等盆地；上白垩统油页岩主要集中在松辽等大型盆地。

地质年代最新的油页岩矿床产于始新世和渐新世地层，主要分布在中国东部的抚顺、桦甸、宜兰、舒兰和黄县盆地，在中国南部的茂名和北部湾盆地有部分次生矿床，在西藏北部伦坡拉盆地的西部也有少量分布。古新世油页岩仅分布于湘县盆地，中新世新近纪油页岩仅分布于茂名盆地。

中国油页岩资源丰富，以陆相为主，其次为海陆过渡相。油页岩的颜色为黑色—灰黑色、黑色—灰褐色或灰色—深灰色，一般来说颜色越深，油页岩的品质越高。油页岩中最常见的矿物是黏土矿物、石英和长石。中国油页岩有机碳含量较高，为 7.48%~38.02%。油页岩按有机质成因类型可分为腐泥质油页岩、腐殖腐泥油页岩和腐泥腐殖油页岩。工业用油页岩具有中高产油率和高灰分含量。中国油页岩资源主要集中在 20 个省区、50 个盆地和 83 个含油页岩区。据估计，中国油页岩总资源量约为 $9780×10^8$ t，即潜在可采页岩油储量约为 610 亿吨（$61×10^9$ t，约 $40×10^9$ bbl），主要分布在中国东部和中部及西部的青藏高原地区。中国中—新生代油页岩主要沉积于伸展和板块内盆地，盆地大小随沉积物从老到新而逐渐减小。页岩油产量大于 5%（质量分数）的油页岩资源约占全国总资源量的 72%（Liu et al.，2017）。两个主要的油页岩资源分布在辽宁抚顺和广东茂名（Baker and Hook，1979；Shi，1988；Liu et al.，2017）。

2003—2006 年期间，中国首次对国内油页岩资源进行了评估，将评价区域划分为东部、中部、南部、西部及青藏高原 5 个区域。实际上，中国综合考虑了地质、经济和可行性等因素，建立了国家油页岩资源评价体系和基本术语，并且采用了与国际接轨的三维资源分类概念。资源评价方法主要采用传统的体积法和地质类比法，边界评价参数为产油量大于 3.5%、埋深小于 3000ft、目的层油页岩厚度大于 2ft。2006 年以后，随着油页岩勘探力度的提高，中国油页岩资源规模发生了较大变化，特别是东北地区。吉林省地质调查院于 2006—2010 年期间对松辽盆地东南隆起油页岩进行了详细调查，发现了扶余—长春岭、前郭—农安、三井子—大林子、深井子 4 个大型油页岩矿床。

根据吉林省地质档案数据，2007 年吐哈油田在内蒙古自治区巴音淖尔市发现了新的巴格毛德油页岩区；2006 年大庆油田对黑龙江林口盆地进行了深入调查，油页岩资源有所增加；2006—2008 年期间，荷兰皇家壳牌公司在桦甸、梅河等盆地进行了一系列钻井作业。

结果表明，这些油页岩区资源预测精度显著提高。结合新的勘探进展，评价结果表明中国油页岩资源丰富、分布广泛。

中国油页岩资源集中在 20 个省及自治区的 50 个盆地，全国共有 83 个含油气页岩区。中国的油页岩资源丰富，尽管近年来开展了广泛的勘探工作并发现了一些新的油页岩矿床，但只开发了一部分资源。虽然新发现的油页岩资源量增加了很多，但总体勘探程度还很低，只有 14% 的油页岩资源得到了调查。

油页岩主要分布在中国东部、中部和西部的青藏高原地区，其中东部油页岩资源最丰富，约为 6020 亿吨（$602×10^9t$），占中国油页岩资源总量的 62%。中国中部、西部、南部和青藏高原地区油页岩资源量分别约为 $170×10^9t$、$75×10^9t$、$19×10^9t$ 和 $120×10^9t$，分别占中国油页岩资源量的 17%、8%、2% 和 12%。根据板块特征和沉积盆地类型，将中国含油页岩盆地划分为伸展盆地、挠曲盆地、板内盆地和走滑盆地 4 种类型。

中国东部和南部的中—新生代含油页岩盆地具有伸展盆地构造特征，典型代表为松辽盆地、渤海湾盆地、茂名盆地、沁县盆地、句容盆地和北部湾盆地。伸展盆地油页岩资源最为丰富，占中国油页岩资源总量的 65%，油页岩总资源量约为 6320 亿吨（$632×10^9t$）。在 6320 亿吨（$632×10^9t$）资源量中，伸展盆地的油页岩资源量约为 1250 亿吨（$125×10^9t$），约 60 亿吨（$6×10^9t$，约 $43×10^9bbl$）的潜在可采页岩油。

板内油页岩盆地主要分布在中部地区，自北向南从大到小依次是鄂尔多斯盆地、四川盆地和楚雄盆地。这类盆地的油页岩资源量估计约为 1610 亿吨（$161×10^9t$），占油页岩总资源量的 16.5%，潜在可采页岩油约为 98 亿吨（$9.8×10^9t$）。在这 $1610×10^8t$ 资源量中，已发现的油页岩资源量约为 $19×10^8t$，潜在可采页岩油约为 $1×10^8t$（Liu et al.，2017）。中国西部地区多为挠曲油页岩盆地，典型的为准噶尔盆地和羌塘盆地，这类盆地的油页岩资源量估计约为 $990×10^8t$，占油页岩总资源量的 10%，潜在可采页岩油储量约为 $100×10^8t$。在这 990 亿吨（$99×10^9t$）资源量中，已发现的油页岩资源量约为 6 亿吨（$600×10^6t$），潜在可采页岩油 0.4 亿吨（$40×10^6t$，约 $280×10^6bbl$）。

中国走滑油页岩盆地主要集中在西部青藏高原板块和东部郯庐断裂带及其两个分支，目前发现的主要有西部的伦坡拉盆地、南部的北部湾盆地和兰坪—思茅盆地及东部的胶莱盆地、依兰—伊通盆地、抚顺盆地、桦甸盆地和梅河盆地。与上述盆地类型相比，这类盆地规模较小，油页岩资源量约为 850 亿吨（$85×10^9t$），占油页岩资源总量的 9%，潜在可采页岩油约为 90 亿吨（$9×10^9t$，约 $63×10^9bbl$）（Liu et al.，2017）。

抚顺地区计军屯组为一套广泛分布的始新世含煤湖相油页岩层，厚 49~90ft（15~58m），产油量为 5%~16%（质量分数），平均开采产油量为 19~25gal/t。在该油页岩矿区，约有 $2.6×10^8t$ 油页岩资源，其中可采 $2.35×10^8t$，占总资源量的 90%。抚顺地区油页岩总资源量约为 $36×10^8t$（$3.6×10^9$ 美吨）（Dyni，2006；Fanf et al.，2008）。

计军屯组油页岩根据组分不同可分为两类：下部 49ft（15m）为浅棕色低品位油页岩；上部 330ft（100m）为棕色—深棕色薄层状油页岩。低品位油页岩含油量小于 4.7%（质量分数），高品位油页岩含油量大于 4.7%（质量分数）。然而，油页岩不同位置含油量不同，最大含油量高达 16%（质量分数）。据报道，每吨油页岩的平均产油量为 78~89L（假设页岩油相对密度为 0.9）。

茂名油柑窝组油页岩矿床总储量约 50 亿吨（5×10^9 t），其中金塘油页岩矿区储量为 8.6×10^8 t。Fischer 实验法认为油页岩采收率为 4%~12%（质量分数）。茂名始新统油页岩呈横向均匀分布，沉积有褐煤、镜质组透镜体（产于上覆黏土岩）和 4 段块状油页岩。通过产油量评价确定页岩油资源，为油页岩的合理开发利用提供解决方案。含油量在 3.5%~5% 之间的油页岩资源约有 3900×10^8 t，潜在可采页岩油为 170×10^8 t（119×10^9 bbl），分别占全国油页岩和页岩油资源量的 40% 和 27%。含油量在 5%~10% 之间的油页岩资源量约有 4610×10^8 t，潜在可采页岩油 300×10^8 t（210×10^9 bbl），分别占全国油页岩和页岩油资源量的 47% 和 50%。含油量大于 10% 的油页岩资源为 1260×10^8 t，潜在可采页岩油 140×10^8 t（98×10^9 bbl），分别占全国油页岩和页岩油资源量的 2% 和 23%。产油比重大于 5% 的潜在可采页岩油资源占全国资源总量的 73%。研究结果表明，中国油页岩属中—高品位油页岩。

晚古生代—中生代—新生代地层中，油页岩品位增加，原油产量增加，但油页岩沉积规模减小。研究发现，目前多数晚古生代和中生代盆地的油页岩产油率较低（一般为 4%~5%，质量分数），少数盆地的油页岩产油率较高（大于 8%）。多数新生代含油页岩盆地的油页岩产量中等（平均为 6%~8%），个别盆地的油页岩产量较高（超过 8%）（Liu et al., 2017）。

在少数晚古生代含油页岩盆地中，济宁盆地的油页岩产量最高（16.5%），但盆地面积很小。准噶尔盆地妖魔山油页岩产油中等，而六盘山油页岩产油很低。中国已发现众多中生代含油页岩盆地，如松辽、民河、杨树沟、黑山、楚雄、阜新、建昌、河套等，但油页岩产量很低。而在老黑山、羌塘、柴达木等盆地，油页岩产量较高，其中老黑山盆地的油页岩产量高达 15%。新生代含油页岩盆地中，黄新盆地、伦坡拉盆地、林口盆地和桦甸盆地的油页岩产油率较高，以桦甸盆地最高，达 24.8%。其他中生代盆地，如宜兰、茂名、沁县、那彭、渤海湾、抚顺、舒兰等，油页岩油产率中等，一般平均在 6%~8%（质量分数）之间。

油页岩的矿物组成主要来源于陆源碎屑和生物化学作用形成的沉积物。中国陆相油页岩中最常见的矿物为黏土矿物、石英、长石、方解石、橄榄石和黄铁矿，其中石英和长石平均占 47.6%，黏土矿物和碳酸盐矿物分别占 46.1% 和 14.1%。黏土矿物中高岭石含量较高，其次为伊利石和伊/蒙混层，达连河油页岩高岭石含量高于茂名、姚街和东胜油页岩（57%），而蒙皂石是桦甸油页岩中最丰富的黏土矿物。

与此同时，准噶尔盆地油页岩缺乏黏土矿物，但含有大量白云石。相比之下，油页岩黏土矿物含量与有机质呈良好的线性关系，黏土矿物含量越高，有机质丰度越高；总有机碳含量与陆源碎屑矿物含量相关性较差，而与黏土矿物含量相关性较好。相关系数表明，黏土矿物在有机质的富集中起决定性作用。

1929 年，抚顺开始进行油页岩干馏工艺，建成了该时期三个工厂中的第一个。第二次世界大战后，1 号炼油厂有 200 个干馏器，每个干馏器每天加工 100~200t 油页岩。随着炼油工艺推进，2 号炼油厂于 1954 年建立。3 号炼油厂对页岩油进行加氢处理，生产轻质液体燃料。20 世纪 60 年代，广东茂名也曾露天开采页岩油，并投产 64 座干馏器。

第二家炼油厂于 1954 年开始生产，第三家于 1963 年在茂名开始生产页岩油。20 世纪

60 年代初，抚顺 1 号、2 号炼油厂共有 266 台干馏器在运行生产页岩油。然而，到 20 世纪 90 年代初，更加廉价的原油供应导致茂名炼油厂和抚顺 1 号、2 号炼油厂关闭。据估计，20 世纪 70 年代中期，中国油页岩工业的产量已扩大到每天（5.5~8）×10^4 bbl 页岩油。1992 年，在抚顺矿务局的管理下，新的抚顺油页岩干馏厂投入运行，60 台抚顺式干馏装置投入使用，每台日加工 100t 油页岩，每年抚顺生产约 41.5×10^4 bbl 页岩油（Zhou，1995）。

2004—2006 年，中国进行了第一次全国油页岩资源评价，认为国内油页岩资源分布广泛且丰富，全国油页岩资源总量约为 7200×10^8t（795×10^9 美吨），分布在 22 个省、47 个盆地的 80 个油页岩矿床。其中约 70% 的油页岩矿床分布在东部和中部，其余大部分分布在青藏高原地区和西部。据估计，潜在可采页岩油资源约为 480×10^8t（354×10^9bbl）。

2007 年，抚顺矿业集团有限公司运营着 180 个干馏器，每个干馏器每天能处理 100t 油页岩，页岩灰分被用来生产建筑材料。于 2009 年底引进并投入使用的 6000t/d Taciuk 干馏器在 2010 年初被暂停运行。在甘肃、广东、海南、黑龙江和吉林等省，还有许多其他类型的干馏器正在运营或正在规划中。2008 年中国页岩油的总产量约为 7600 bbl/d，到 2010 年页岩油的产量已经上升到 1×10^4 bbl/d。此外，有几家公司正在研究处理油页岩粉状或颗粒状的新干馏技术，并有可能建造一个中试规模的示范工厂（Qian et al.，2003；Liang，2006）。

2015 年，中国油页岩原位开采技术取得重大突破，结合国内油页岩特点自主研发了两种油页岩原位开采技术，并初步成功开采出页岩油。Unity & Strength 有限公司开发研究了页岩油气的原位压裂和化学干馏开采技术，吉林大学开发研究了页岩油气的 TS-A 法开采技术，这是继壳牌公司油页岩原位开采技术之后的两个成功案例。原位开采技术的初步试验成功，消除了油页岩技术发展的瓶颈，激发了油页岩研究的热情，为进一步发展油页岩产业提供了强大的动力。这不仅免除了传统开采浅层、厚层或高品位油页岩的要求，还解决了目前地面干馏技术带来的严重的环境问题。Unity & Strength 有限公司和吉林大学正在寻找开展原位开采技术试验和系统评价提取页岩油的新途径。原位开采技术的开发和应用可能标志着中国油页岩工业的一场新技术革命。

中国油页岩行业的发展得以持续，部分原因在于原油和原油产品的高程度进口，这对于支持国内中产阶级的形成，以及随之而来的汽车需求是必要的。面对国际高油价，中国也倾向于利用本国资源。这与从几个重油油田中寻求更高产量的目标相匹配，重油页岩油的生产一直维持在较低水平。

12.3.5 埃及

20 世纪 40 年代磷矿开采时发生油页岩自燃，进而发现了油页岩，该磷矿位于阿拉伯沙漠萨法加—库塞尔地区靠近红海的地方。

在埃及，富含有机质的白垩系坎帕阶—丹尼阶 Duwi 组和 Dakhla 组，通常被认为是占据该国中纬度地区但也可能向南延伸到 Kurkur 绿洲的 Boil 页岩。该油页岩地层在全球范围内具有广泛的分布，在许多地方被认为是主要的烃源岩，特别是在中东地区。晚白垩世的大海侵事件沉积了该套油页岩，这套富有机质沉积物的岩性、干酪根类型、有机质丰度和厚度在横向和纵向上都有显著差异。在库塞尔地区，热值为 800kcal/kg 的油页岩其潜在可采地质储量估计超过 90 亿吨（9×10^9t），每吨油页岩通过干馏可生产 5.48 bbl 页岩油。未开发的尼罗河谷地区预计会有非常可观的资源量。通过对 1176 个岩心样品数据的排序因子分析和 58 个主微量元素分析，认为油页岩沉积有 5 个主控因素。陆源指标（Al_2O_3、TiO_2、Fe_2O_3、K_2O）与海源指标（Ca、Sr）是第一个主控因素；第二个因素是海相富有机质沉积物沉积时普遍存在的还原条件；第三个因素是硫化物与钒的相互作用；第四个因素是白云化作用；第五个因素是微不足道的氧化作用。考虑到岩心样品的度量标准，Abu Tartur 高原钻孔记录的 TOC 含量最高为 3.6%，而库塞尔地区的 TOC 含量约为 14%，最高测量值约 24%。Abu Tartur 地区不仅 TOC 含量低，而且干酪根类型为 Ⅱ + Ⅲ 型，以陆源为主（易生气），岩性以泥质岩为主。库塞尔—萨法加地区有机质丰富度高，160m 厚地层平均 TOC 含量约为 5%，干酪根类型为 Ⅰ 型或 Ⅰ + Ⅱ 型混合，主要为海相有机质（易生油）。其中 Dakhla 组（麦斯里希特阶—达宁阶）有机质含量最高，Quseir 组（坎帕阶）有机质含量最低，干酪根质量最差。生物标志化合物的详细研究证实了海侵与有机质丰度、干酪根类型和缺氧条件之间的关系。有机质未成熟表现为低 S_1 值（平均小于 5%）、低 T_{max}（小于 430℃）、低镜质组反射率（小于 0.4%）和生物标志化合物特征。与红海裂谷相关的构造活动导致 S_1 值在 1%~9% 之间变化。在库塞尔—萨法加地区，油页岩层位较多，可以通过不同的燃烧和干馏技术加以利用。重金属和铀的含量，以及消耗量，是一个显著的好处。库塞尔—萨法加地区地层的断裂、牵引和倒转仍然是估算潜在可采地质储量的严峻挑战（El-Kammar，2017）。

1958 年在苏联首先进行了相关分析，随后在 20 世纪 70 年代末在柏林进行了进一步的研究。后一项工作集中在阿拉伯沙漠、尼罗河谷和西部沙漠南部的磷酸盐区域。结果表明，红海地区潜在可采页岩油大约 45 亿桶（4.5×10^9 bbl），而在西部沙漠 Abu Tartour 地区的油页岩（可以在开采磷酸盐的同时开采）有可能生产高达 12 亿桶（1.2×10^9 bbl）的潜在可采页岩油。

尽管油页岩资源评估仍在继续确定（或估计）埃及的资源潜力，但埃及政府已与约旦、摩洛哥、叙利亚和土耳其，以及地区公司和国际公司签署了一项联合协议，将以提供"联合环境和能源框架"为中心，以研究和利用油页岩资源的共同标准，并吸引投资者进入该领域。

虽然协议表明中心总部将设在约旦，但由于最近埃及和叙利亚的动乱，中心和协议的未来在撰写本书时仍然处于未知。

12.3.6 爱沙尼亚

爱沙尼亚因为将 80% 以上开采的油页岩用于发电，所以在世界上显得独一无二。爱沙尼亚的页岩油储量占世界的 0.5%~1%，只占美国储量的一小部分，但自 1921 年以来，爱沙尼亚就开始全面生产页岩油，油页岩产量在 20 世纪 80 年代初达到峰值，但此后油页岩产量不断下降。

波罗的海油页岩盆地位于东欧地台的西北边界附近（图 12.2）（Baker and Hook，1979；Lippmaa and Maramäe，1999，2000，2001；Loog et al.，1996）。爱沙尼亚和 Tapa 油页岩矿床都位于盆地西部，前者包含盆地内最大、品质最高的矿床。爱沙尼亚目前的油页岩资源量为 50×10^8t（5.5×10^9 美吨），其中可采储量约 15×10^8t（1.65×10^9 美吨）。到 2020 年，该行业的电力生产部分可能会消失，油页岩资源可能会维持 30~50 年，但也可能会发生油页岩被替代资源取代的情况。

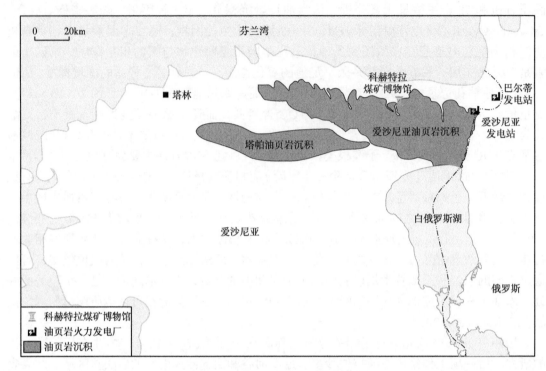

图 12.2　爱沙尼亚油页岩矿床分布

Kukersite 页岩是爱沙尼亚最重要的矿产资源。共和国有两个主要油页岩矿床：爱沙尼亚位于共和国的东北部。从北部到南部和西部，油页岩产层厚度从约 10ft 减少到约 6ft。Tapa 油页岩矿床位于爱沙尼亚西南部，煤层深度在地下 200~600ft。在矿床的中心部分，煤层的最大厚度为 6~7ft（Reinsalu，1998）。

爱沙尼亚 Kukersite 页岩包含三个主要成分：有机质（干酪根）、碳质和陆源物质，后两者为 Kukersite 页岩的主要矿物。干酪根（Kukersite 页岩有机质）含量为 10%~65%，有机质中碳含量较低（76.7%），氧碳质量比为 0.13，氢含量高（9.7%），氮含量低（0.3%），氢碳原子比（H/C）约为 1.25，而有机质中硫含量为 1.6%。

爱沙尼亚油页岩的科学研究始于 18 世纪（Kattai and Lokk，1998），1838 年 Rakvere 镇附近建立了一个露天矿厂，并试图通过干馏获得石油。尽管当时认为这种岩石可以用作固体燃料，经过加工后可以用作液体或气体燃料，但直到第一次世界大战造成燃料短缺开始，Kukersite 页岩（起源于当地地名）才被开发利用。

永久采矿始于 1918 年，一直持续到今天，随着需求的增加，产能（地下和露天）也在增加。1955 年，油页岩产量已达到 700×10^4 t（7.7×10^6 美吨），主要用作发电站 / 化工厂的燃料和生产水泥。1965 年 1400MW 的波罗的海热电站开通，随后在 1973 年 1600MW 的爱沙尼亚热电站再次提高了产量，到 1980 年（最大产量的一年）这个数字已经上升到 3135 万吨（31.35×10^6 t）。然而，随着 1981 年俄罗斯列宁格勒地区 Sosnovy Bor 核电站第四个反应堆的投入使用，对爱沙尼亚油页岩的需求减少，因此爱沙尼亚油页岩的产量下降，并且维持在低于 1980 年的产量水平，一直持续到 1995 年，随后每年的产量都在增加。

2009 年 12 月，经过两年半的建设，日产量 3000t 的油页岩加工厂正式投产。该工厂位于 Kohtla-Järve，设计生产超过 $10×10^4$t 页岩油、$3000×10^4$m^3 富化气体和 150GW·h 蒸汽。Eesti 能源技术工业公司目前正在纳尔瓦建造一座年产 $226×10^4$t 油页岩的工厂，该工厂计划每年生产 $29×10^4$t 石油，将于 2012 年投产。另外三台 Enefit 280 机组和一家升级工厂计划于 2013 年启动。

爱沙尼亚政府已经采取措施，将油页岩产业私有化，并开始着手解决近一个世纪以来油页岩加工带来的空气和水污染问题。1999 年，爱沙尼亚加工油页岩 $1070×10^4$t（$11.8×10^6$ 美吨），进口量为 $140×10^4$t（$1.5×10^6$ 美吨），出口量为 $0.01×10^4$t（$0.011×10^6$ 美吨），其中 $1110×10^4$t（$12.2×10^6$ 美吨）用于发电和供热，$130×10^4$t（$1.4×10^6$ 美吨）用于干馏生产约 $95×10^4$bbl 页岩油。直到最近，爱沙尼亚只有 16% 的页岩用于原油和化工生产，然而由于环境问题，今后的目标是减少油页岩产量。

在撰写本书时，爱沙尼亚是世界上唯一一个运营以油页岩为燃料的发电厂，供应国内大部分电力并向邻国出口电力的国家。除了热电厂，爱沙尼亚还有油页岩热加工厂，用于页岩油的生产。发电厂和加工厂使用的油页岩来自两个地下和两个露天矿场（Ots, 2007）。

此外，Eesti Energia（爱沙尼亚以外被称为 Enefit）这家承担 90 多年油页岩开采和 50 多年油页岩表面干馏生产的公司在 2011 年 3 月 30 日搬往美国，并收购了油页岩勘探公司（OSEC）100% 的股份。通过收购油页岩勘探公司（OSEC），Enefit 获得了美国最大的私有油页岩区之一，总面积超过 30000 acre，足以生产页岩油约 21 亿桶（$2.1×10^9$bbl）。该公司计划开发一个采矿、精炼和升级项目，每天生产 $5×10^4$bbl 精炼页岩油，第一批成品油计划于 2020 年问世。

12.3.7 埃塞俄比亚

埃塞俄比亚油页岩矿床的发现始于 20 世纪 50 年代，虽然过去曾进行过勘察，但由于采矿费用高和缺乏资金，并没有进行任何开采项目。2006 年，报道称北部提格雷省的油页岩资源约为 $38.9×10^8$t（$4.3×10^9$ 美吨），并且适合露天开采。埃塞俄比亚 2000 年（2007 年 7 月至 2008 年 6 月），国家地质调查局在西部 Sese 盆地进行了勘察，确定了油页岩（和煤）矿床的性质和含量，并进行了一定数量的分析，但还需要进一步的研究。

油页岩矿床分布在东非埃塞俄比亚北部的 Tigray 地区（Girmay, 2006; Yihdego et al., 2018），属于上古生界，是白垩纪剥蚀作用后的产物，其下覆为冰碛岩，上覆为砂岩。该套页岩是在冰川后退期间由冰川巨大负荷形成的盆地内的海洋沉积。埃塞俄比亚 Tigray 油页岩矿床覆盖面积约 10mile^2，平均可开采层厚达 200ft，上部为泥质灰岩夹层和纹层。该地区的油页岩资源约为 $40×10^8$t。

12.3.8 法国

法国可采页岩油资源总量约为 $5×10^8$bbl，资源质量中等，每吨页岩产 10~24gal 页岩油。由于含有沥青化合物，这些地层更适合被称为沥青页岩而不是油页岩。

1840—1957 年，法国不定期开采油页岩，在开采高峰期（1950 年），页岩产量仅为 $50×10^4$t/a（$0.6×10^6$ 美吨 / 年）。在长达 118 年开采中，政府对外国石油征收税收和关税从而保护了本国工业。1978 年，据估计法国潜在可采页岩油资源达 70 亿桶（$7×10^9$bbl）。2009 年年中，Toreador 资源公司公布了一个开发巴黎盆地油页岩的四阶段计划。

12.3.9　德国

1965 年，据估计德国潜在页岩油可采资源达 20 亿桶（2×10^9 bbl）。该地区的油页岩是一种低能矿物（产油率低、灰分含量高），但通过复杂的工艺可以实现油页岩能源和所有矿物的完全利用，后者用于制造水泥，并且该过程中的热量同时可以用来发电。

德国油页岩资源开发始于 1857 年，并在 20 世纪 30 年代开始运行多个干馏器。在第二次世界大战期间，为了应对战时燃料短缺，德国开始了一项重大的油页岩开发工作，采用两类地上干馏器和一种原位工艺。1947—1949 年，一家拥有约 30 个 Lurgi 地上干馏器的工厂投入使用。1961 年，多滕豪森镇建立了一家工厂，通过流化床燃烧器燃烧粉碎的油页岩粉末，燃烧产生的热量用于发电，燃烧后的页岩残留物用于制造水泥。近年来，只有少量的油页岩（每年 50×10^4 t，0.6×10^6 美吨）被加工供 Rohrback 水泥厂使用，在那里油页岩被直接用作发电的燃料，残留物被用于制造水泥。2004 年初，瑞士水泥和混泥土公司 Holcim 收购了 Rohrbach 水泥厂。

12.3.10　印度

虽然印度东北地区发育煤、石油及油页岩，但油页岩的资源范围和品质尚未确定。目前，采矿作业中与煤一起采出的油页岩一般被作为废弃物丢弃。然而，印度能源管理局已经启动了一个油页岩储量评估及开发的项目，该项目针对阿萨姆邦和阿鲁纳恰尔邦开展地质测绘、采样和分析，并计划进行可行性和环境影响评估研究。

12.3.11　印度尼西亚

面对石油和天然气储量的下降，印度尼西亚加快研究以发现和利用本土油页岩资源。地质资源中心目前正在调查和编制一份油页岩矿床清单，目前为止已经发现了 3 个主要的潜在油页岩区，2 个在苏门答腊岛，1 个在苏拉威西岛。

12.3.12　以色列

根据地质研究所报告，以色列多个区域共发现大约 20 个油页岩矿床，预计可采石油超过 2190 亿桶（219×10^9 bbl）。最重要的一个矿床位于 Judean 平原，面积约 1400 km²，其中 238.1 km² 授权给了以色列出口研究所（Israel Export Institute，IEI）。整个 Judean 平原油页岩矿床的潜在产量约为 1950 亿桶（195×10^9 bbl），根据地质研究所的计算，授权地区的潜在产量约为 331.5 亿桶（33.15×10^9 bbl）。

以色列发现了晚白垩世 Marinite 油页岩矿床（Minster，1994；Fainberg and Hetsroni，1996），油页岩储量约 120 亿吨（12×10^9 t），预计产油率为 6%。该油页岩有机质含量相对较低，为 6%~17%，产油率为 15~17gal/t。与其他主要矿床相比，以色列油页岩的热值和产油率普遍较低，含硫量较高。

以色列多地都发现了大量的油页岩矿床，主要资源位于 Negev 沙漠北部，预计理论储量约为 3000×10^8 t（330×10^9 美吨），其中可露天开采的储量较少。最大矿床 Rotem Yamin 拥有厚度为 35~80m 厚的页岩层，每吨产量为 60~71 L。与其他主要矿床相比，以色列油页岩的热值和页岩油产量相对较低，水分、碳酸盐和硫含量较高。

在 Negev 地区还将发现更多重要矿床，其中 Rotem 平原的潜在储量约为 14 亿桶（1.4×10^9 bbl），Yamin 平原的潜在储量为 21 亿桶（2.1×10^9 bbl）。此外，地质研究所认为还有另外 3 个地区的油页岩适合原地开采。其中包括 Zin Valley 矿床，其潜在可采储量约为 16.2 亿桶（$1.62×10^9$bbl）；Sde Boker 矿床，其潜在可采储量约为 10.8 亿桶（$1.08×10^9$bbl）；Nevatim 矿床，其潜在可采储量约 6 亿桶（$0.6×10^9$bbl）。

在 Rotem 平原和 Yamin 平原，大部分油页岩层位于地表以下 30~100m（Yamin 平原埋深略大），油页岩层厚度在 30~50m 之间，有机质含量在 15%~18% 之间。早在 20 年前，Rotem 平原地区就开始采用露天开采和控制燃烧的方法开采油页岩用于发电和蒸汽生产。这些作业最初是由以色列政府的能源开发公司进行，但过去十年中采矿业务和发电站的管理都由 Rotem pertt 进行。需要注意的是，现场油页岩矿发生过自燃，大火燃烧持续了很长时间。

综上所述，地质调查结果认为 Sde Boker、Zin Valley 和 Nevatim 地区适合使用原地开采技术。仅这三个矿床的生产潜力就可能足以满足以色列大约 40 年的石油需求。Judean 平原地区的油页岩矿床 Negev 矿床埋深大，该矿床位于地表以下约 200m、厚约 200m，有机质含量约为 20%。因此，Judean 平原地区的油页岩矿床埋深不适合开采，唯一可行的提取方法是原地加热页岩层。

在 Mishor Rotem 露天矿的油页岩下面有一层 25~50ft 厚的磷矿层，可进行商业开采，其中部分磷矿可采用露天矿开采方法。最大的矿床 Rotem Yamin 的页岩层厚度为 100~250ft，每吨油页岩的页岩油产量为 15~20gal。在 Negev 地区，一个以油页岩为燃料的试验性发电厂已经在技术上得到证实。近年来，以色列油页岩的年平均产量约为 $45×10^4$t（$500×10^3$ 美吨）。

在一个 0.1MW 的中试工厂进行试验之后（1982—1986 年），一个 1MW 的示范性流化床中试工厂于 1989 年建成。自 1990 年开始运行以来，所产生的能源出售给以色列电力公司，低压蒸汽出售给一个工业联合公司，产生的大量灰分制成猫砂等产品出口到欧洲。

2006 年，以色列 AFSK Hom-Tov 公司向国家基础设施部提交了一项从油页岩中生产合成油的计划，该方法需要将沥青与页岩混合后在催化转化器中进行处理，沥青来自位于 Negev 沙漠 Mishor Rotem 地区拟建工厂以北 80km 处的 Ashdod 炼油厂。

虽然政府鼓励开发油页岩资源，特别是利用原地地下技术，但环境问题值得注意。同时该国正在研究利用大型油页岩矿床生产页岩油的可能性，并且将其中一些资源直接用于发电。

12.3.13　约旦

油页岩是约旦发现的最丰富的化石能源资源，其油页岩储量仅次于美国和巴西（Abu-Hamatteh and Al-Shawabkeh，2008），是国内最广泛的化石燃料来源。油页岩探明储量巨大，储量超过 650 亿吨（$65×10^9$t）（其中 $500×10^8$t 位于约旦中部），足以满足全国数百年的能源需求。

20 世纪初，约旦北部 Al-Maqqarin 村附近的 Yarmouk 地区首次发现了油页岩。第一次世界大战期间，德国军队开始了第一个油页岩项目以运营 Hijazi 铁路。20 世纪 60 年代，德国地质调查局发现 El Lajjun 油页岩矿床后便开展了勘探工作。20 世纪 80 年代，在约旦中部开展了大量的油页岩勘探行动，并圈定了 Sultani、Hasa 和 Jurf Ed Darawish 等油页岩矿床。持续的勘探导致了其他油页岩矿床的发现，如 Attarat Um Ghudran、Wadi Maghar、Siwaqa、

Khan El Zabib 和 El Thammad（Jaber et al., 1997; Alali, 2006）。

总的来说，约旦至少已发现 24 个油页岩产地，这使得约旦拥有非常大的已探明和可采油页岩资源。地质调查表明，现有页岩储量覆盖全国 60% 以上，总量超过 $400×10^8t$（$43×10^9$ 美吨）。探明和可开采的油页岩储量分布在该国的中部和西北部地区（Jaber et al., 1997; Hamarneh, 1998; Bsieso, 2003; Alali, 2006），具有商业规模的大型油页岩矿床位于 Amman 以南约 60mile 处（Bsieso, 2003）。

上白垩统 Muwaqqar Chalk-Marl 组（MCM）下部是约旦国内最重要的油页岩，该组出露于中北部和中南部大部分地区。约旦国内油页岩分布广泛，但厚度和含油量各不相同，最重要的油页岩矿床分布在全国超过 25 个地点，其中 8 个位于该国中部地区。目前勘探程度最好的油页岩位于以下地区：El-Lajjun（Al-Lajjun）、Sultani、Jurf Ed-Darawish、Attarat Um El-Ghudran、Wadi Maghar、Wadi Thamad（Eth-Thamad）、Khan Ez-Zabib 和 Siwaga（Siwaqa）。这 8 个油页岩矿床分布在约旦中西部地区，而 Yarmouk 地区的油页岩矿床分布在约旦北部的 Yarmouk 河地区，该地区靠近约旦—叙利亚边境并延伸到叙利亚境内。

约旦油页岩为富干酪根和沥青的浅海环境的泥质灰岩，沉积于晚白垩世—古近—新近纪早期（麦斯里希特阶—丹尼阶）。早白垩世古海洋和湖泊中死去的植物和动物有机质经过高温和高压埋藏作用转变为干酪根。

约旦页岩通常品质相当好，灰分和水分含量相对较低，产油率（5%~12%）与美国科罗拉多州西部油页岩相当，但是硫含量异常高（占有机质含量的 9% 以上），开采难度小，可通过露天采矿开采（Bsieso, 2003）。

该油页岩的主要矿物成分为方解石，极少含石英、高岭石和磷灰石，偶见长石，白云母、伊利石、针铁矿和石膏为次要矿物。El-Lajjun 地区的 Arbid 石灰岩的部分石灰岩层中发育白云石（$CaCO_3 \cdot MgCO_3$）。如果不包括有机碳，油页岩的主要元素是钙和硅，含有少量的硫、铝、铁和磷。其他矿物成分含量通常很低。硅有两种来源：一种是同钛、铝、铁一起由碎屑沉积物输入，另一种是由沉积或早成岩期硅化作用形成。

页岩中的磷含量从地层顶部到底部逐渐增加，磷的含量不利于利用页岩残渣生产水泥。然而，一定比例的油页岩和（或）页岩残渣可以用于水泥制造。与石灰岩相比，沥青质泥灰岩中钼、铬、钨、锌、钒、镍、铜、镧和钴富集，钡含量极少，砷和铅含量低—中等，铀含量相对较高，但明显与磷有关而与沥青有机质无关，硫含量为 0.3%~4.3%（Alali, 2006）。

三个因素最终决定大量化石燃料资源的开采来生产液体燃料和（或）电力，以及化学品和建筑材料：（1）约旦油页岩的高有机质含量；（2）矿床适合露天开采；（3）其位置靠近潜在消费者（即磷矿厂、钾肥厂和水泥厂）。

2010 年 5 月，Enefit（Eesti Energia）与约旦政府签署了一份特许协议，授予前者使用部分 Attarat Um Ghudran 矿床的权利，为期 50 年。该矿床位于约旦中部，估算资源量为 $250×10^8t$（$27.5×10^9$ 美吨），是该国最大的矿床。Enefit 将开展进一步的地质研究和环境影响评估，最多四年后将对该项目的经济可行性做出决断。如果随后进行商业开发，将在 2016 年开始运营 900MW（最大容量）的页岩油发电厂，并在 2017 年开始运营 38000bbl/d 的页岩油厂。

12.3.14 哈萨克斯坦

哈萨克斯坦油页岩分布广泛，西部 Cis-Urals 组和东部 Kenderlyk 组均发现了最重要的油页岩矿床，南部地区 Baikhozha 和 Lower Ili River 盆地，以及中部地区（Shubarkol 矿床）同样发现了油页岩矿床。

目前超过 10 个矿床开展过研究工作：Kenderlyk 油田是目前已发现的最大油田，具有 40×10^8t（4.4×10^9 美吨）储量，并进行了最大程度的调查。然而，对 Cis-Urals 组和 Baikhozha 矿床的研究表明稀有元素（铼和硒）浓度很高，为这些矿床带来了未来工业开发的前景。

据估计，页岩油潜在可采储量约为 28 亿桶（2.8×10^9bbl）。此外，许多油页岩矿床与硬煤和褐煤伴生，如果同时开采，可以增加煤炭生产工业的利润，同时有助于建立页岩加工业。

在 20 世纪 60 年代初，前人对哈萨克斯坦（苏联哈萨克斯坦共和国）油页岩样本进行了成功的实验。国内天然气和页岩油均有生产。结果表明，生成的页岩油中硫含量足够低，可用于生产高质量的液体燃料。

1998 年初，由 INTAS（一个由欧共体成立的独立国际协会，旨在保护和促进与新独立国家的科学合作）资助的一个研究小组对哈萨克斯坦油页岩资源进行了重新评估，一直持续到 2001 年底。研究报告表明哈萨克斯坦的油页岩资源可以维持各种化学和发电燃料产品的生产。据报道，2009 年 9 月爱沙尼亚和哈萨克斯坦签署了一项高级别双边经济、科技合作协定，将分享其在油页岩领域的专业知识，以帮助哈萨克斯坦开发自己的油页岩资源。

12.3.15 蒙古

蒙古拥有大量油页岩资源，但由于其在 20 世纪的大部分时间里处于政治孤立状态，这些资源基本上未得到开发。1989 年以前，在苏联和东欧国家的帮助下，蒙古建立了一些采矿作业，但随着苏联解体，蒙古转向自由经济，在 1997 年通过《矿物法》之后，其资源潜力得到了公认。

当地矿产中包含了发育于该国东部下白垩统 Dsunbayan 群的油页岩矿床，其勘探和调查始于 1930 年，但直到 20 世纪 90 年代，在日本机构的帮助下，才开始进行油页岩矿床的详细分析。通过对 26 个油页岩矿床研究发现，均与煤层有关。2004 年，Eidemt 矿床的所有者 Narantuul 贸易公司在国际合作的帮助下，开展了该矿床开发可行性的研究。据报道，2006 年底中国石油大学与蒙古签署了一份合同，对 Khoot 油页岩矿床进行可行性研究。

12.3.16 摩洛哥

摩洛哥有大量的油页岩储量，但迄今为止还没有得到很大程度的开发。据估计，摩洛哥的页岩油总资源量可达 500 亿桶（50×10^9bbl），如果得到证实，摩洛哥将成为世界上页岩油产量最高的国家之一（Bouchta，1984）。早在 1939 年，摩洛哥就开始开采油页岩，Tanger 油页岩是当时一家试验工厂（每天加工 88t）的燃料来源，该工厂一直运营到 1945 年。据初步估计，Tanger 油页岩的石油储量约为 20 亿桶（2×10^9bbl）。

20 世纪 60 年代发现了两个重要的油页岩矿床：（1）摩洛哥中北部阿特拉斯山脉中部地区的 Timahdit 油页岩矿床；（2）沿大西洋海岸西南地区的 Tarfaya 油页岩矿床。据估计，Timahdit 油页岩的页岩油储量约为 160 亿桶（16×10^9bbl），Tarfaya 油页岩的页岩油储量约为

227 亿桶（22.7×10⁹bbl）。

20 世纪 80 年代初，壳牌和摩洛哥国家机构 ONAREP 对 Tarfaya 油页岩的开采进行了研究，并在 Timahdit 油页岩矿床建造了一个试验性页岩加工厂（Bouchta，1984；Bekri，1992）。但是 1986 年初，这两处油页岩的开采被推迟，只进行一个有限的实验室和试验性工厂研究方案。

摩洛哥通过技术和经济可行性研究获得了大量资料，并建立了一个数据库用于今后的项目。鉴于目前考虑开发液体燃料替代来源的需要，政府表示任何试点工厂都应在示范阶段之后进行，在此期间还应对副产品进行商业评估。

12.3.17 尼日利亚

研究表明，尼日利亚东南部发育低硫油页岩矿床，估算储量约为 57.6×10⁸t（6.3×10⁹ 美吨），页岩油潜在可采储量为 17 亿桶（1.7×10⁹bbl）。

在 Lokpanta 地区 1.5km×1.0km 的区带内发现了一个油页岩矿床，该地区位于尼日利亚 Imo 州 Okigwe 附近，该套油页岩可能具有很高的经济价值，与 Lower Benue 海槽 Nkalagu 组下部的 Turonian Ezeaku 页岩相对应（Ekweozor and Unomah，1990）。该套油页岩是深灰色、层状且易开裂的泥灰岩，局部 TOC 含量超过 7%，可提取有机质总量通常超过 10000μg/g。干酪根为 I—II 型（易生油），该套页岩的上倾边缘达到中等热成熟状态。通过改进的 Fischer 热解法对化石燃料矿床的经济潜力进行了初步评估，该油页岩平均产油量约为 40gal/t。

12.3.18 俄罗斯

俄罗斯已经发现了 80 多个油页岩矿床，列宁格勒州的油页岩矿床与爱沙尼亚接壤，年产量约为 200×10⁴t（2.1×10⁶ 美吨），其中大部分出口到爱沙尼亚 Narva 地区的波罗的海发电站。1999 年，爱沙尼亚从俄罗斯进口了 140×10⁴t（1.5×10⁶ 美吨）页岩油，但现在爱沙尼亚正在计划减少进口量，或者完全取消进口。另一个油页岩矿床在伏尔加河畔的 Syzran 地区被发现（Russell，1990；Kashirskii，1996）。

自 20 世纪 30 年代以来，俄罗斯一直在小规模开采油页岩为两座发电厂提供燃料，但由于环境污染最终放弃了这项业务。然而，大多数开采集中在波罗的海盆地，那里的 Kukersite 油页岩已被开采多年。Volga 盆地内的油页岩开采始于 20 世纪 30 年代，但硫和灰分含量较高。虽然因环境污染已放弃使用该页岩作为发电站燃料，但 1995 年 Syzran 地区仍有一个小型加工厂在运作，每年加工页岩不到 5 万吨（50×10³t）。

直到 1998 年，位于爱沙尼亚边境附近，距离圣彼得堡 91mile 的 Slantsy 发电厂配备了油页岩燃烧炉，但在 1999 年该 75MW 发电厂改为使用天然气作为燃料。直到 2003 年 6 月，该厂继续加工油页岩提炼石油，从那时起，其主要业务是电极焦炭退火和煤与天然气、油组分的加工。

2002 年，Leningradslanets 油页岩开采公共公司开采了 112×10⁴t（1.3×10⁶ 美吨）油页岩。2003 年 6 月，所有开采的页岩都被运往爱沙尼亚波罗的海发电站，由此产生的电力被输送给俄罗斯统一电力公司（UES）。然而，Leningradslanets 矿业公司于 2005 年 4 月 1 日停止生产，又于 2007 年 1 月 15 日重新开始生产，每月储存 5×10⁴t（55000 美吨）。2009 年 5 月至 8 月期间，Leningradslanets 矿业公司向爱沙尼亚出口油页岩 40000t（44000 美吨）。

12.3.19 苏格兰

苏格兰的油页岩资源分布在 4~14ft 厚的煤层中，产油率约为 22gal/t。据最初估计，该地区的页岩油储量约为 $6×10^8$bbl。

第一座干馏厂建于 1859 年，但随着第一口商业油井的钻探，常规原油迅速发展，油页岩加工的经济可行性立即受到威胁。尽管与传统原油相比页岩油的成本很高，但是页岩油及有价值的副产品的生产，如蜡、氨、吡啶衍生物、硫酸铵和建筑材料等，使苏格兰页岩油工业存活了 100 多年。在其鼎盛时期，该行业每年处理约 $330×10^4$t 油页岩。由于廉价原油的竞争，最后一家工厂于 1962 年关闭。

12.3.20 塞尔维亚

塞尔维亚已经发现了 20 多个油页岩矿床，其中大部分位于该国南部地区。据估计，页岩油总资源量约为 $48×10^8$t（$5.3×10^9$ 美吨），其中可采页岩油约为 $200×10^4$bbl。但是，目前仅有其中两处矿床得到了详细的研究：（1）Aleksinac 盆地的 Aleksinac 油页岩；（2）Vlase-Golemo Selo 盆地的 Go-Devotin 油页岩。爱沙尼亚页岩油加工公司 Viru Keemia Grupp 一直在与贝尔格莱德大学合作，对油页岩资源进行进一步的研究和分析。在撰写本书时，还没有现成的技术数据。

12.3.21 南非

南非有丰富的油页岩矿床，产油率高达 100gal/t，而 55gal/t 便已经是值得记录的产油率。南非页岩油生产始于 1935 年，20 世纪 50 年代该行业生产量达到最大，为 800t/d，相应的页岩油产量约为 800bbl/d。油页岩加工业位于南非内陆，虽然没有得到政府的直接补贴，但由于原油从沿海港口运输到工厂附近的内陆市场成本高，该项目的经济可行性得到了提高。随着储量丰富的油页岩矿床被开采殆尽，国家更多地转向将煤炭作为液体燃料来源，南非油页岩加工业于 1962 年停止。

12.3.22 西班牙

西班牙最好的油页岩产油率为 30~36gal/t。据估计，该地区页岩油可采储量约为 $2.8×10^8$bbl。该国油页岩加工业始于 1922 年，使用的干馏器与苏格兰开发的干馏器类似。这些装置的最大生产量在 1947 年达到 220t/d，1955 年西班牙从苏格兰引进了新的干馏装置，1960 年工厂扩大生产后加工了 $100×10^4$t 油页岩，生产的页岩油足以供应全国润滑油需求的一半以上，但油页岩加工业于 1966 年停止。

12.3.23 瑞典

瑞典的油页岩更确切地说应该称为明矾页岩；在瑞典东南部海岸外的两个岛屿上发现了黑色页岩（Andersson，1985）。典型的瑞典油页岩地层厚度约为 50ft，页岩油的潜在产量估计为 61 亿桶（$6.1×10^9$bbl）。

早在 1637 年，当硫酸铝钾（明矾）被提取用于工业用途时，明矾页岩的开采就开始了。到 19 世纪末，明矾页岩通过干馏来生产页岩油。现代瑞典的油页岩工业始于 20 世纪 20 年代，规模最大的油页岩生产作业位于 Kvarntorp 市附近。这些设施具有两种类型的地上干馏器和一种独特的原位工艺，通过电加热器对油页岩进行热解。该行业最大产能达到 $200×10^4$t/a（6000t/d），页岩油产量高达 $55×10^4$bbl/a。由于优质油页岩储量有限，加上原油的价格竞争，油页岩加工业于 1966 年停止运营。

瑞典明矾页岩富含各种金属，1950—1961 年对铀进行过开采。当时可用的铀矿品位较低，但后来发现了品位较高的矿石，1965—1969 年每年可生产 50t 铀。虽然铀资源丰富，但 1989 年全球铀价格下跌导致开采变得不经济，铀矿生产便停止了。

近年来，大宗商品价格持续上涨，促使加拿大 Continental Precious Minerals 公司开展了明矾页岩钻探项目，针对石油、铀和各种矿物进行勘探，样品由爱沙尼亚油页岩研究所开展分析。

12.3.24 叙利亚

过去的 60 年里，油页岩的存在已为人所知，但仅在最近几年高油价情况下，人们才对这种分布广泛的油页岩矿床开展了更详细的研究（Puura et al.，1984）。

位于约旦边界 Yarmuk 河谷南部的油页岩矿床在叙利亚国内最重要且评价最高，而 Dar'a 油页岩矿床的研究最为详细。地质和矿物资源总局正在开展进一步的油页岩调查研究和评价，特别是在叙利亚北部地区。在撰写本书时，当前的动荡局势使叙利亚油页岩资源的未来发展充满不确定性。

12.3.25 泰国

早在 1935 年，泰国政府就在泰缅边境 Tak 省 Mae Sot 地区附近进行了一些勘探钻井，发现油页岩层较薄，矿床构造受褶皱和断裂作用的影响较为复杂。

在 Tak 省已经发现了大约 187×10^8t（20.6×10^9 美吨）的油页岩，但迄今为止，开采这些矿床并不经济。泰国页岩油探明可采储量为 8.1×10^8t（890×10^6 美吨）（Vanichseni et al.，1988）。

Lampoon 省 Li 地区发现了另一个规模较小的油页岩矿床，估计约有 1500×10^4t（16.5×10^6 美吨）油页岩，产油率为 10~45gal/t。

泰国政府已经制定了一个为期四年的项目来研究开发和利用 Mae Sot 油页岩的可行性，目前正在评估直接利用（发电）和间接利用（开采页岩油）的潜力，并正在调查在建筑工业中使用干馏灰的适宜性。

12.3.26 土耳其

油页岩是土耳其第二大潜在化石燃料（Güleç and Önen，1993；Sener et al.，1995；Altun et al.，2006），其主要的油页岩资源分布在小亚细亚半岛中部和西部地区，探明储量约 22.2 亿吨（2.22×10^9t），总储量预计为（30~50）亿吨 [（3~5）$\times 10^9$t]。尽管潜力巨大，但这一数字不能被认为是商业储量。土耳其国内 4 处主要油页岩矿床（Himmetoğlu、Seyitömer、Hatildağ和 Beypazari）开展过详细研究，油页岩品质差异很大。

这些油页岩的热值从 500~4500kcal/kg 不等，表明每处油页岩矿床都需要对其可能的用途进行详细研究（Güleç and Önen，1993）。为开采页岩油进行了大量研究，但都以积极却不可行的结果告终。将油页岩作为煤或褐煤在电力生产中的补充是一种新的研究方向。

然而，目前认为土耳其油页岩最有利的用途是补充煤或褐煤作为发电站燃料，而不是用于开采页岩油。

12.3.27 英国

油页岩工业始于苏格兰，于 1694 年通过加热 Shropshire 油页岩生产石油。根据固体燃料燃烧技术的总体趋势，油页岩直接燃烧产生热水、蒸汽，最后产生电力。19世纪初，工业化国家开始对从煤热解（通过加热，将干酪根有机质分解或转化为烃类衍生物）中获取石油和天然气更感兴趣。

因此，英国（特别是苏格兰）在油页岩开采的历史发展中占有重要地位。1694年，英国企业家团体授权了第一个油页岩专利———一种从一种石头中提取并制造大量沥青、焦油和石油的方法（皇家专利NO.330）。1851年，约翰·杨等在苏格兰Lothians地区开始了第一个大规模的页岩油加工业（以石炭系油页岩为原料），产量在1913年达到顶峰，共加工了320多万吨油页岩。随后页岩油加工业放缓但生产稳定，直到1962年倒闭。

无论采用何种方法，利用油页岩作为燃料或燃料源都不是什么新鲜事，可以追溯到古代。但跳过一两代人，现代利用油页岩生产石油可以追溯到19世纪中叶的苏格兰（Louw and Addison，1985）。1847年，詹姆斯·杨博士从煤中制备了点灯油、润滑油和蜡，随后他将业务转移到发现油页岩矿床的爱丁堡，并于1850年申请了将石油裂解成各种成分的工艺专利。因此，该地区从1857年开始进行小规模页岩油生产，但由于廉价原油的供应，生产作业于1966年终止。

英国国内许多地层中均发育油页岩，特别是在泥盆系Caithness板层砂岩和侏罗纪Lias石灰岩、Dun Caan和Brora油页岩、Oxford黏土岩和Kimmeridge黏土岩中。长期以来，Kimmeridge黏土岩似乎是最具经济前景的，但多次商业开发尝试均以失败告终。

自铁器时代以来，Kimmeridge湾Kimmeridge黏土岩煤层顶板中存在油页岩便为人所知。最著名的Blackstone煤层在当地被用作煤炭替代物来使用，并在不同时期生产出从润滑油到卫生除臭剂等不同类型的产品。19世纪下半叶成立了8家油页岩开采公司，但没有一家是长久成功的。每家公司的失败均源于页岩油的高硫含量（4%~8%）和薄煤层开采的高成本。

整个英国境内的Kimmeridge黏土岩露头中都记录了可燃页岩。第一次世界大战期间，Dorset、Lincolnshire和Norfolk郡对Kimmeridge黏土岩作为燃料潜力进行了评估，尽管报道称存在大量优质油页岩，但没有发展出任何大型油页岩加工业。由于1973年原油价格快速上涨引发的经济危机，英国地质调查局在20世纪70年代对国内油页岩进行了重新评估。

Kimmeridge黏土岩的露头和隐伏露头均发育油页岩，局部伴生100多个煤层，潜在产油率为10~90gal/t。然而，需要首先解决的主要是经济和环境问题，然后才能大规模地开展作业。煤层很薄，大部分厚度小于6ft，且被非可燃泥岩隔开。需要在500℃（930°F）下才能将油页岩精矿转化为页岩油，不过在此之前必须将这些非可燃泥岩去除。这种高温裂解会产生含硫气体和大量页岩废渣，可能含有低浓度的致癌物。此外，页岩油必须经过干馏，才能与天然原油相媲美，从而作为炼油厂原料。

Kimmeridge黏土岩中的油页岩有潜力生产数百万吨页岩油，但只有通过移动和处理露天挖掘的数十立方千米的油页岩原料才行，这在英国这样人口稠密的国家是不可能完成的任务。即使这是可能的，但在油页岩采掘和精选过程中投入的能量也可能大于成品的能量价值。因此，Kimmeridge黏土岩中的油页岩永远不可能对英国的能源供应作出重大贡献。

12.3.28 美国

美国油页岩矿床从前寒武系到古近—新近系均有分布。其中两个最重要的矿床是位于科罗拉多州、怀俄明州和犹他州的始新统 Green River 组（图 12.3）和美国东部的泥盆系—密西西比阶黑色页岩（Conant and Swanson，1961；De Witt et al.，1993；Pitman et al.，1989；Dyni，2003，2005，2006；US DOE，2007；Johnson et al.，2009）。美国东部也发育有宾夕法尼亚阶油页岩，常与煤层伴生。其他目前已知油页岩矿床分布在内华达州、蒙大拿州、阿拉斯加州、堪萨斯州和其他地方，但还未被充分勘探，所以还不属于商业资源（Russell，1990）。考虑到规模和品位，目前大多数调查都集中在 Green River 组和泥盆系—密西西比阶油页岩。

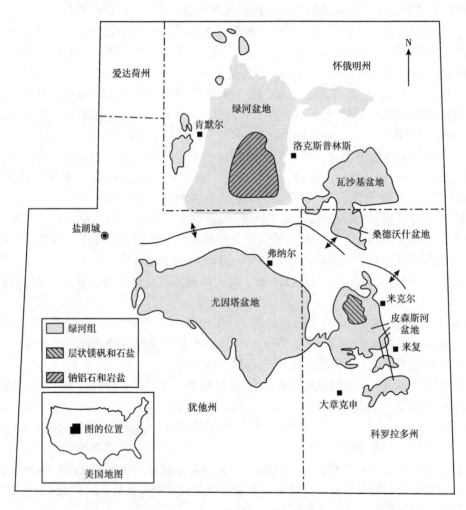

图 12.3　Green river 组在各个盆地中的分布

　　在科罗拉多州西北部、犹他州东北部和怀俄明州西南部的始新统 Green River 组中发现了最大的油页岩矿床。最丰富且最容易开采的油页岩矿床位于犹他州东部的 Uinta 盆地和科罗拉多州西部的 Piceance Creek 盆地。Uinta 盆地和 Piceance Creek 盆地位于大约 $2 \times 10^4 mile^2$ 的地形之下，地质历史上曾为境内第二大的淡水湖。Piceance Creek 盆地大部分位于科罗拉多河以北，但在河南侧的 Battlement Mesa 和 Grand Mesa 地区也发育油页岩矿床。科罗拉多州的油页岩也分布在 Sand Wash 盆地，它位于怀俄明州边界附近的 Piceance Creek 盆地以北。页岩油的提取可采用表面干馏法和原位干馏法：根据所使用的采矿和加工方法，可采资源超过总资源三分之一或更多。美国东部也发育泥盆系—密西西比阶黑色页岩。

在美国中西部和东部各州也发现了大型油页岩矿床。然而，从丰度和可行性上来说，Green River 组油页岩未来最有可能大规模开发。该套地层被几个不同的地质盆地分割成多个部分——丰度和勘探程度最高的油页岩矿床位于科罗拉多州 Piceance 盆地；犹他州 Uinta 盆地油页岩资源总体上品质较差；怀俄明州油页岩矿床品质相对较差，常与不含有机质的岩石伴生。

根据页岩厚度和潜在产油率对 Green River 组页岩进行了评价。按照产油率至少 15gal/t，厚度至少 15ft 厚，Green River 组油页岩含有多达 1.4 万亿桶（1.4×10^{12} bbl）潜在页岩油。高品位页岩层被进一步定义为厚度至少为 100ft，产油率至少为 30gal/t 的页岩层。据估计，页岩油总资源量约为 1.8 万亿桶（1.8×10^{12} bbl），潜在可采储量为 0.4 万亿桶（0.4×10^{12} bbl）。

美国油页岩资源的探明储量估计约为 3680×10^9 美吨，其中约 89% 位于 Green River 组，11% 位于泥盆纪黑色页岩。

通过常用的 Fischer 法分析发现，产油率为 10~50gal/t 不等，在 Mahogany 地区几英尺内，产油率高达 65gal/t。通常认为，油页岩产油率超过 25gal/t 是最具经济吸引力且最有利于开发。

1980 年，美国东部海相黑色页岩中页岩油可采资源量超过 4000 亿桶（400×10^9 bbl），在化学和矿物组成上与 Green River 组页岩有很大不同。传统的 Fischer 分析方法表明，由于东部油页岩的氢碳原子比较低，有机质的产油量仅为 Green River 组油页岩的三分之一左右。然而，当在氢气区干馏时，东部油页岩的产油率增加了 Fischer 试验产油率的 2~3 倍。

许多中试干馏工艺已经进行了短期试验，其中最大的是联合石油公司在 20 世纪 50 年代末运营的一个半商业规模的干馏器，每天处理 1100t 高品位页岩。20 世纪 70 年代初，由 Tosco 油页岩公司运营的一个试验工厂每天处理 900t 高品位页岩。对于出油率为 37gal（150L）/t 的油页岩，这些进料速率可以生产页岩油分别为 43500gal（165000L）/d 和 357000gal（135000L）/d。

由于已知资源的丰富和地理集中度，早在 1859 年 Drake 上校在宾夕法尼亚州 Titusville 地区就完成了第一口油井，从此美国就认识到油页岩是一种潜在的有价值的能源资源。从油页岩中干馏出来的石油在 19 世纪首次用于园艺用途，提取的早期产品包括煤油和灯油、石蜡、燃料油、润滑油和润滑脂、石脑油、照明气体和硫酸铵肥料。然而，在 1859 年宾夕法尼亚州 Titusville 地区由 Drake 上校组织的罢工之前，美国页岩油行业是经济的一个可行部分，但在 Titusville 油页岩发现后，该行业陷入困境并在几年内几乎消失。

然而，20 世纪初美国政府进行了更详细的调查，并于 1912 年成立了海军石油和油页岩储备办公室。油页岩储量被视为一种潜在的紧急军事燃料来源，尤其是美国海军。20 世纪初，美国海军船只燃料从煤炭变为燃料油，美国经济随着汽油燃料汽车、柴油燃料卡车和火车的出现发生了转变，同时对于如何保证价格合理的液体燃料充足供应来满足国家和消费者的需求的担忧也出现了。

美国丰富的油页岩资源最初被视为这些燃料的主要来源，许多商业实体寻求开发油页岩资源。1920 年的《矿产租赁法》规定，联邦土地上的原油和油页岩资源可根据联邦矿产租赁条款进行开发。然而不久之后，随着更具经济效益和更易提炼的大量液态原油的发现，人们对油页岩的兴趣降低了。

第二次世界大战后，军事燃料需求、国内燃料配给，以及不断上涨的燃料价格使油页岩资源的经济和战略重要性更加明显，人们又重新开始关注油页岩资源（US DOE，2004a，2004b，2004c）。战后，繁荣的战后经济推动了对燃料的更高需求。政府和私人开始对油页岩开展研究，包括 1946 年美国矿业局在科罗拉多州的油页岩示范项目，大量的投资用于确定、开发资源和发展商业上可行的技术和工艺，以开采、生产、干馏油页岩并将其升级为可行的炼油厂原料和副产品。然而，在美国本土近海的 48 个州、阿拉斯加，以及全球其他地区重大的原油发现再次减少了对页岩油的可预见需求，进而开采兴趣和相关活动再次减少。美国 48 个州的原油储量在 1959 年达到顶峰，产量在 1970 年达到顶峰。

到 1970 年，石油发现放缓，需求上升，原油进口（主要来自中东国家）增加以满足需求。全球油价虽然仍相对较低，但也在上涨，反映出市场环境的变化。正在进行的油页岩研究和测试项目被重新激活，许多能源公司正在寻找替代燃料原料，并设想了新的项目。这些努力被 1973 年阿拉伯石油禁运的影响大大放大，这表明美国在进口原油供应中断方面的脆弱性，并在 1979 年伊朗革命造成的供应中断中再次凸显。

然而 1982 年，技术的进步及北海和其他地方海上石油资源的新发现为美国的石油进口提供了新的多样化来源，并抑制了全球能源价格。全球政治格局的变化有望让以前受到限制的地方开放石油和天然气勘探，并且经济学家和其他专家预测，在未来很长一段时间里，油价将保持相对较低和稳定。尽管美国能源公司进行了大量投资，在开采、回填、干馏和原位工艺方面也有许多变化和进步，但相对于可预见的油价，油页岩生产的成本使大多数商业措施无法继续下去。此外，1984 年世界石油价格的暴跌也造成油页岩开发事业的发展困难重重。

因此，美国油页岩开发的前景仍然不明朗（Bartis et al.，2005）。油页岩地面干馏成本仍然很高，因此近期开展商业行为是不合适的。与此同时，油页岩经济发生根本性转变的技术基础可能已经到位。导热原位转化技术的进步可能会使页岩油与原油相比充满竞争力。如果情况果真如此，油页岩开发可能很快会在国家能源议程中占据非常突出的位置（Bartis et al.，2005）。

12.4　资源利用

油页岩的利用将涉及几种不同的技术，主要包括采矿、粉碎、干馏或从岩石中提取页岩油的其他方法、处理页岩残渣和将页岩油升级为可销售的产品。多年来，对合成燃料规定售价的估计一直非常不准确。然而，通过提高一种或另一种技术的经济性来估计降低页岩油成本的潜力，对于确定研发工作的优先次序是有用的。

值得注意的是，尽管估算的成本基础不同、年份（1980 年与 1987 年）有所不同、页岩分布区域不同，但这些估算又十分相似。然而，在任何情况下，从地下开采页岩并进行处理的成本占总成本的一半。值得注意的是，爱沙尼亚页岩油的开采和加工成本大幅降低，尽管该行业已有大约 80 年的历史，但也处于相对成熟阶段。

参 考 文 献

Abu-Hamatteh, Z.S.H., Al-Shawabkeh, A.F., 2008. An overview of the Jordanian oil shale: its chemical and geologic characteristics, exploration, reserves and feasibility for oil and cement production. Central European Geol. 51(4), 379e395.

Alali, J., 2006. Jordan oil shale, availability, distribution, and investment opportunity. Paper No. RTOS-A117. In: Proceedings. International Conference on Oils Shale: Recent Trends in Oil Shale. Amman, Jordan. November 7-9.

Altun, N.E., Hiçyilmaz, C., Hwang, J.-Y., Suat Bagci, A.S., Kök, M.V., 2006. Oil shales in the world and Turkey e reserves, current situation and future prospects: a review. Oil Shale 23(3), 211e227.

Andersson, A., Dahlman, B., Gee, D.G., Snäll, S., 1985. The scandinavian alum shales: overages geologiska undersökning, avhandlingar och uppsatser I A4. Ser. Ca 56, 50.

Australian Government, 2010. Australian Energy Resource Assessment. Geoscience Australia. Department of Resources, Energy and Tourism, Government of Australia, Canberra, Australian Capital Territory, Australia (Chapter 3).

Baker, J.D., Hook, C.O., 1979. Chinese and Estonian oil shale. In: Proceeding. 12th Oil Shale Symposium. Colorado School of Mines, Golden., Colorado, pp. 26e31.

Ball, F.D., Macauley, G., 1988. The geology of new Brunswick oil shales, eastern Canada. In: Proceedings. International Conference on Oil Shale and Shale Oil: Beijing, China, pp. 34e41.

Bartis, J.T., LaTourette, T., Dixon, L., Peterson, D.J., Cecchine, G., 2005. Oil Shale Development in the United States. Report MG-414-NETL. RAND Corporation, Santa Monica, California.

Bauert, H., 1994. The baltic oil Shale Basin e an overview. In: Proceedings. 1993 Eastern Oil Shale Symposium. Institute for Mining and Minerals Research, University of Kentucky, Lexington, Kentucky, pp. 411e421.

Bekri, O., 1992. Possibilities for oil shale development in Morocco. Energeia 3(5), 1e2.

Bouchta, R., 1984. Valorization Studies of the Moroccan Oil Shales. Office Nationale de Researches et Exploitations Petrolieres Agdal, Rabat, Morocco.

Brendow, K., 2003. Global oil shale issues and perspectives. Oil Shale 20(1), 81e92.

Brendow, K., 2009. Oil shale e a local asset under global constraint. Oil Shale 26(3), 357e372.

Bsieso, M.S., 2003. Jordan's experience in oil shale studies employing different technologies. Oil Shale 20(3), 360e370.

Conant, L.C., Swanson, V.E., 1961. Chattanooga Shale and Related Rocks of Central Tennessee and Nearby Areas. US Professional Paper No. 357. US Geological Survey, US Department of the Interior, Washington, DC.

Cook, A.C., Sherwood, N.R., 1989. The oil shales of eastern Australia. In: Proceedings. 1988 Eastern Oil Shale Symposium. Institute for Mining and Minerals Research, University of Kentucky, Lexington, Kentucky, pp. 185e196.

Crisp, P.T., Ellis, J., Hutton, A.C., Korth, J., Martin, F.A., Saxby, J.D., 1987. Australian Oil Shales e A Compendium of Geological and Chemical Data: North Ryde, New South Wales, Australia. Division of Fossil Fuels, CSIRO Institute of Energy and Earth Sciences, Clayton, South Victoria. Australia.

Culbertson, W.C., Pitman, J.K., 1973. Oil Shale in United States Mineral Resources, Paper No. 820. United States Geological Survey, Washington, DC.

Culbertson, W.C., Smith, J.W., Trudell, L.G., 1980. Oil Shale Resources and Geology of the Green River Formation in the Green River Basin, Wyoming. Report No. LETC/RI-80/6. US Department of Energy, Washington DC.

Davies, G.R., Nassichuk, W.W., 1988. An early carboniferous(viséan)lacustrine oil shale in the Canadian arctic Archipelago. Bull. Am. Assoc. Pet. Geol. 72, 8e20.

De Witt, Wallace Jr., Roen, J.B., Wallace, L.G., 1993. Stratigraphy of Devonian Black Shales and Associated Rocks in the Appalachian Basin. Petroleum Geology of the Devonian and Mississippian Black Shale of Eastern

North America. Bulletin No. 1909. United States Geological Survey, Washington DC, pp. B1eB57. Chapter B.

Duncan, D.C., Swanson, V.E., 1965. Organic-Rich Shale of the United States and World Land Areas. Circular No. 523. United States Geological Survey, Washington, D.C.

Dyni, J.R., 2003. Geology and resources of some world oil-shale deposits. Oil Shale 20（3）, 193e252.

Dyni, J.R., 2005. Geology and Resources of Some World Oil-Shale Deposits. Report of Investigations 2005-5294. United States Geological Survey, Reston, Virginia.

Dyni, J.R., 2006. Geology and Resources of Some World Oil Shale Deposits. Report of Investigations 2005-5295. United States Geological Survey, Reston, Virginia.

Ekweozor, C.M., Unomah, G.I., 1990. First discovery of oil shale in the Benue Trough, Nigeria. Fuel 69, 503e508.

El-Kammar, M., 2017. Oil shale resources in Egypt: the present status and future vision. Arab. J. Geosci. 10, 439e479.

Fainberg, V., Hetsroni, G., 1996. Research and development in oil shale combustion and processing in Israel. Oil Shale 13, 87e99.

Fang, C., Zheng, D., Liu, D., 2008. Main problems in development and utilization of oil shale and status of the in situ conversion process technology in China. In: Proceedings. 28th Oil Shale Symposium. Colorado School of Mines, Golden, Colorado. October 13-15.

Girmay, D., 2006. Geological characteristics and economic evaluation of shale deposits in Tigray. In: Ethiopia. Processes. 26th Oil Shale Symposium. Colorado School of Mines, Golden, Colorado. October 16-19.

Güleç, K., Önen, A., 1993. Turkish oil shales: reserves, characterization and utilization. In: Proceedings. 1992 Eastern Oil Shale Symposium. University of Kentucky, Institute for Mining and Minerals Research, Lexington, Kentucky, pp. 12e24.

Hamarneh, Y., 1998. Oil Shale Resources Development in Jordan. Natural Resources Authority, Hashemite Kingdom of Jordan, Amman, Jordan.

Han, F., Li, H., Li, N., 2006. Analysis of Fushun oil shale development and utilization. J. Jilin Univ.（Sci. Ed.）36（6）, 915e922.

Heistand, R.N., 1976. The fischer assay: standard for the oil shale industry. Energy Sources 2（4）, 397e405.

Hou, X., 1984. Oil Shale Industry of China. Petroleum Industry, Press, People's Republic of China.

Hyde, R.S., 1984. Oil Shales Near Deer Lake, Newfoundland. Open-File Report No. OF 1114. Geological Survey of Canada, Ottawa, Ontario, Canada.

Jaber, J.O., Probert, S.D., Badr, O., 1997. Prospects for the exploitation of Jordanian oil shale. Oil Shale 14, 565e578.

Johnson, R.C., Mercier, T.J., Brownfield, M.E., Pantea, M.P., Self, J.G., 2009. Assessment of In-Place Oil Shale Resources of the Green River Formation, Piceance Basin, Western Colorado. Fact Sheet 2009e3012. U.S. Geological Survey, Washington, DC.

Kalkreuth, W.D., Macauley, G., 1987. Organic petrology and geochemical（Rock-Eval）studies on oil shales and coals from the pictou and antigonish areas, Nova Scotia, Canada. Canad. Petrol. Geo. Bull. 35, 263e295.

Kashirskii, V., 1996. Problems of the development of the Russian oil shale industry. Oil Shale 13, 3e5.

Kattai, V., Lokk, U., 1998. Historical review of the kukersite oil shale exploration in Estonia. Oil Shale 15（2）, 102e110.

Liang, Y., 2006. Current status of the oil shale industry in Fushun, China. Paper No. RTOS-A106. In: Proceedings. International Oil Shale Conference: Recent Trends in Oil Shale. Amman, Jordan. November 7-9.

Lippmaa, E., Maramäe, E., 1999. Dictyonema shale and uranium processing at sillamäe. Oil Shale 16, 291e301.

Lippmaa, E., Maramäe, E., 2000. Uranium production from the local dictyonema shale in northeast Estonia. Oil Shale 17, 387e394.

Lippmaa, E., Maramäe, E., 2001. Extraction of uranium from local dictyonema shale at sillamäe in 1948-1952. Oil Shale 18, 259e271.

Liu, Z., Meng, Q., Dong, Q., Zhu, J., Guo, E.W., Ye, S., Liu, R., Jia, J., 2017. Characteristics and resource potential of oil shale in China. Oil Shale 34（1）, 15e41.

Loog, A., Aruväli, J., Petersell, V., 1996. The nature of potassium in tremadocian dictyonema shale(Estonia). Oil Shale 13, 341e350.

Louw, S.J., Addison, J., 1985. Studies of the Scottish Oil Shale Industry. Research Report TM/85/02. US Department of Energy Project DE-ACO2 e 82ER60036. US Department of Energy, Washington, DC. DOE/ER/60036IOM/ TM/85/2.

Macauley, G., 1981. Geology of the Oil Shale Deposits of Canada. Open-File Report OF-754. Geological Survey of Canada, Ottawa, Ontario, Canada.

Macauley, G., 1984a. Cretaceous Oil Shale Potential of the Prairie Provinces of Canada Open-File Report OF-977. Geological Survey of Canada, Ottawa, Ontario, Canada.

Macauley, G., 1984b. Cretaceous Oil Shale Potential in Saskatchewan. Saskatchewan Geological Society, Saskatoon, Saskatchewan, pp. 255e269. Special Publication 7.

Macauley, G., Snowdon, L.R., Ball, F.D., 1985. Geochemistry and Geological Factors Governing Exploitation of Selected Canadian Oil Shale Deposits. Paper 85-13. Geological Survey of Canada, Ottawa, Ontario, Canada.

Matthews, R.D., 1983. The Devonian-Mississippian oil shale resource of the United States. In: Proceedings. 16th Oil Shale Symposium. Colorado School of Mines, Golden, Colorado, pp. 14e25.

Matthews, R.D., Janka, J.C., Dennison, J.M., 1980. Devonian Oil Shale of the Eastern United States, a Major American Energy Resource. American Association of Petroleum Geologists Meeting, Evansville, Indiana. October 1-3.

Minster, T., 1994. The role of oil shale in the Israeli energy balance. Energia 5(5), 4e6.

Noon, T.A., 1984. Oil shale resources in Queensland. In: Proceedings. Second Australian Workshop on Oil Shale: Sutherland, NSW, Australia. CSIRO Division of Energy Chemistry, Sutherland New South Wales, Australia.

Ots, A., 2007. Estonian oil shale properties and utilization in power plants. Energetika 53(2), 8e18.

Ozimic, S., Saxby, J.D., 1983. Oil Shale Methodology e an Examination of the Toolebuc Formation and the Laterally Contiguous Time Equivalent Units, Eromanga and Carpenteria Basins. NERDDC Project 78/2616. Australian Bureau of Mineral Resources and CSIRO, North Ryde, New South Wales, Australia.

Padula, V.T., 1969. Oil shale of permian Iratí Formation, Brazil. Bull. Am. Assoc. Pet. Geol. 53, 591e602.

Pitman, J.K., Wahl Pierce, F., Grundy, W.D., 1989. Thickness, Oil-Yield, and Kriged Resource Estimates for the Eocene Green River Formation, Piceance Creek Basin, Colorado. Chart No. OC-132. US Geological Survey Oil, Washington, DC.

Puura, V., Martins, A., Baalbaki, K., Al-Khatib, K., 1984. Occurrence of oil shales in the south of the Syrian Arab republic(SAR). Oil Shale 1, 333e340.

Qian, J., Wang, J., Li, S., 2003. Oil shale development in China. Oil Shale 20(3), 356e359, 2003.

Reinsalu, E., 1998. Criteria and size of Estonian oil shale reserves. Oil Shale 15(2), 111e133.

Russell, P.L., 1990. Oil Shales of the World, Their Origin, Occurrence and Exploitation. Pergamon Press, New York.

Schmidt, S.J., 2003. New directions for shale oil: path to a secure new oil supply well into this century(on the example of Australia). Oil Shale 20(3), 333e346, 2003.

Scouten, C., 1990. In: Speight, J.G. (Ed.), Fuel Science and Technology Handbook. Marcel Dekker Inc., New York.

Sener, M., Senguler, I., Kok, M.V., 1995. Geological considerations for the economic evaluation of oil shale deposits in Turkey. Fuel 74, 999e1003.

Sherwood, N.R., Cook, A.C., 1983. Petrology of organic matter in the Toolebuc Formation oil shales. In: Proceedings. First Australian Workshop on Oil Shale. CSIRO Division of Energy Chemistry, Sutherland, New South Wales, Australia. May 18-19, pp. 35e38.

Shi, G.-Q., 1988. Shale oil industry in Maoming. In: Proceedings. International Conference on Oil Shale and Shale Oil: Beijing, pp. 670e678.

Smith, W.D., Naylor, R.D., 1990. Oil Shale Resources of Nova Scotia. Nova Scotia Economic Geology Series Report 90-3. Department of Mines and Energy, Halifax, Nova Scotia.

Speight, J.G., 2007. The Chemistry and Technology of Petroleum, fourth ed. CRC-Taylor and Francis Group, Boca Raton, Florida.

Speight, J.G., 2008. Synthetic Fuels Handbook: Properties, Processes, and Performance. McGraw-Hill, New York, 2008.

Speight, J.G., 2009. Enhanced Recovery Methods for Heavy Oil and Tar Sands. Gulf Publishing Company, Houston, Texas.

Speight, J.G., 2011. An Introduction to Petroleum Technology, Economics, and Politics. Scrivener Publishing, Salem, Massachusetts.

Speight, J.G., 2013. The Chemistry and Technology of Petroleum, third ed. CRC-Taylor and Francis Group, Boca Raton, Florida.

US, D.O.E., 2004a. Strategic Significance of America's Oil Shale Reserves, I. Assessment of Strategic Issues. United States Department of Energy, Washington, DC. March. http://www.fe.doe.gov/programs/reserves/publications.

US, D.O.E., 2004b. Strategic Significance of America's Oil Shale Reserves, II. Oil Shale Resources, Technology, and Economics. United States Department of Energy, Washington, DC. March. http://www.fe.doe.gov/programs/reserves/publications.

US, D.O.E., 2004c. America's Oil Shale: A Roadmap for Federal Decision Making; USDOE Office of US Naval Petroleum and Oil Shale Reserves. United States Department of Energy, Washington, DC. March. http://www.fe.doe.gov/programs/reserves/publications.

US, D.O.E., 2007. Secure Fuels from Domestic Resources, the Continuing Evolution of America's Oil Shale and Tar Sands Industries: Profiles of Companies Engaged in Domestic Oil Shale and Tar Sands Resource and Technology Development. Office of Naval Petroleum and Oil Shale Reserves, Office of Petroleum Reserves. US Department of Energy, Washington, DC (June).

Vanichseni, S., Silapabunleng, K., Chongvisal, V., Prasertdham, P., 1988. Fluidized bed combustion of Thai oil shale. In: Proceedings. International Conference on Oil Shale and Shale Oil. Chemical Industry Press, Beijing, China, pp. 514e526.

WEC, 2016. World Energy Resources 2016 Summary. World Energy Council, London, United Kingdom. https://www.worldenergy.org/wp-content/uploads/2016/10/World-Energy-Resources-Full-report-2016.10.03.pdf. https://www.worldenergy.org/wp-content/uploads/2016/10/World-Energy-Resources-Full-report-2016.10.03.pdf. https://www.worldenergy.org/wp-content/uploads/2016/10/World-Energy-Resources-Full-report-2016.10.03.pdf.

Yihdego, Y., Salem, H.S., Kafui, B.G., Veljkovic, Z., 2018. Economic Geology Value of Oil Shale Deposits: Ethiopia (Tigray) and Jordan, Energy Sources, Part A: Recovery, Utilization, and Environmental Effects. https://doi.org/10.1080/15567036.2018.1488015. https://doi.org/10.1080/15567036.2018.1488015.

Zhou, C., 1995. General description of Fushun oil shale retorting factory in China. Oil Shale 13, 7e11.

第 13 章　干酪根

13.1　引言

本章将使用术语"干酪根"来表示沉积岩中既不溶于含水的碱性溶剂也不溶于普通有机溶剂的有机成分。该"干酪根"定义被普遍认可，是对碳质页岩和油页岩地层中其他岩石类型的直接概括（Tissot and Welte，1984）。然而，一些作者仍然将干酪根的名称仅限于油页岩中的不溶性有机物质，因为干酪根最初用于描述苏格兰页岩中发现的有机物质，这种物质通过分解蒸馏产生石油产物。

沉积岩通常由矿物和有机物构成，其孔隙空间则被水、天然气和原油占据。干酪根是用有机溶剂萃取粉末状岩石样品后残留的有机物质的一部分。通过用无机酸如盐酸（HCl水溶液）和氢氟酸（HF 水溶液）处理，可以从含碳酸盐和含硅酸盐的岩石中分离出干酪根（Durand，1980；Scouten，1990；Peters and Cassa，1994），但可能存在提取过程中无机酸会改变干酪根的性质等问题。然而，术语干酪根只是一个具有可操作性的定义，因为提取后残留的不溶性有机物或干酪根的数量和成分取决于有机溶剂的类型和极性。事实上，"干酪根"一词最初被用来描述油页岩中的有机质，现在已经扩展到包括沉积岩中所有不溶性固体有机物（Hutton et al.，1994）。

为了重申上述观点，需要注意的是，与通常的化学命名法相反，干酪根这个名称并不代表具有给定化学成分的物质。"干酪根"是一个通用名称，与"脂类"或"蛋白质"的定义相似。几种有机前体及其混合物可能导致沉积物中干酪根的形成。此外，在沉积物埋藏温度高达 200℃（390℉）的影响下，在数千万年间分散在沉积地层中的干酪根的化学成分也逐渐发生变化。干酪根的定义既没有考虑到由于沉积物源和成岩演化导致的成分变化，也没有考虑到其他可能产生石油的不溶性有机质，如焦炭（Vandenbroucke，2003；Vandenbroucke and Largeau，2007）。

相对于原油或沥青砂的溶解性，采用有机溶剂的不溶性来定义干酪根的另一个主要缺点是，干酪根的组成和化学特征与用于分离它的有机溶剂和提取程序密切相关。因此，干酪根分析中必须使用相同的溶剂，建立标准化实验程序，包括样品研磨、温度、萃取溶剂的极性、持续时间和搅拌效率。然而，干酪根的萃取永远不可能达到百分之百的程度，因为上述诸多因素的任何变化都可能导致提取出附加的化合物。

除了分离岩石中可溶性和不溶性有机物所需的溶剂萃取程序外，干酪根的表征分析往往需要将其从矿物中分离出来，至少是干酪根浓缩物。这可以通过有效的物理或化学方法来实现（Forsman，1963；Robinson，1969；Durand and Nicaise，1980；Whelan and Thompson-Rizer，1993；Vandenbroucke，2003；Vandenbroucke and Largeau，2007）。然而，当使用化学方法分析干酪根的化学结构时，需要考虑使用化学物质在反应过程中是否对干酪根的结构和性质造成影响。这种影响的可能性有时会被科研人员忽视。类似的原理也必须应用于干酪根的热降解法（作为分析热反应产物的干酪根结构和性质的实验手段），该反应过程中也有很大概率会发生干酪根结构和性质的变化。

干酪根是有机显微组分及其降解后产物的混合物。显微组分是各类植物和动物物质的残留物，通过显微镜可鉴别其化学成分、形态和反射性（Stach et al., 1982）。显微组分最初是煤岩学的术语，后来扩展到沉积岩中。在本章中，"干酪根"一词也通常指沉积岩中不溶于常见有机和无机溶剂的有机物质。因此本章中使用的术语"干酪根"是指沉积岩、碳质页岩和油页岩中的碳质物质。这种碳质物质在大多数情况下不溶于普通有机溶剂，其可溶部分沥青与干酪根共存。沥青不能与沥青砂沉积物中的物质相混淆（Speight, 2008, 2009, 2014）。像许多天然存在的有机物质一样，当加热到足够高的温度（通常为300℃, 570°F）时，干酪根会发生热降解从而生成含烃油。

长期以来，关于干酪根的生成与聚集过程尚未得到完全解答。因此，在任何涉及油页岩的科学技术文章中，都必须有一章节讨论干酪根，但本章的目的不是讨论干酪根的具体结构，而是旨在帮助读者理解干酪根及其作为一种天然有机物质的作用（Durand, 1980; Tissot and Welte, 1984; Scouten, 1990; Vandenbroucke, 2003）。

简而言之，岩石热解分析可以在不需要提取的情况下确定岩石中干酪根的性质。尽管岩石热解分析的最初目的是在探井中筛选烃源岩，该方法已被用于许多其他领域的研究，包括在干酪根分析研究中的系统应用（Vandenbroucke, 2003; El Nady and Hammad, 2015）。

为了直观地评估干酪根的品质，通过酸化将其从矿物基质中分离出来，采用显微镜透射光观察干酪根的显微结构，鉴别干酪根类型（结构的或无定形的）及其来源（表13.1）。通常以岩屑或岩心中各类干酪根的百分比来表征干酪根的特征。结构干酪根包括壳质组、镜质组和惰质组。无定形干酪根是迄今为止最普遍的，包括大部分的藻类体（表13.2）。例如，镜下观察干酪根可能由50%的壳质组、45%的无定形体和5%的惰质组构成。一般来说，干酪根无定形体含量越高，岩石的生油性越好。

表 13.1　干酪根四种基本类型

干酪根类型	主要油气潜力	含氢量	典型沉积环境
I	石油	丰富	湖泊环境
II	石油和天然气	中等	海洋环境
III	天然气	少量	陆地环境
IV	主要由镜质组或惰质组组成	不含氢	陆地环境（？）

表 13.2　可见干酪根类型和质量

可见干酪根类型	油气潜力
木质	天然气
草质	石油和天然气
镜质	天然气
惰质	不含油气
无定形（主要为藻类）	石油和天然气

因此，岩层（如页岩地层）中干酪根的类型决定了烃源岩的质量。综上所述，Ⅰ型干酪根生油气潜能最大；Ⅲ型干酪根生油气潜能最差。Ⅰ型干酪根原始氢含量最高；Ⅲ型干酪根原始氢含量最低。根据干酪根样品的C、H、O元素分析结果，利用改进的范·克雷维伦图解，确定烃源岩中干酪根的类型（图13.1）。就干酪根的品质而言（即生油气潜能），氢指数（HI）表示样品中相对于有机碳含量的氢的含量。岩石热解分析可以确定以毫克为单位的样品中氢的总量。氧指数（OI）表示样品中相对于有机碳含量的氧含量。

然而，与任何分析方法一样，干酪根的元素分析易受矿物质污染和稀释的影响。因此，即使油页岩类型相同，精细划分岩石的干酪根类型也存在一定难度。因此，根据有机质（即干酪根）的类型对岩石类型的划分可能会存在一定误差。与其他使用全岩样品的实验分析一样，对于油页岩而言，范·克雷维伦图解（图13.1）使用的局限性在于干酪根本身的性质。

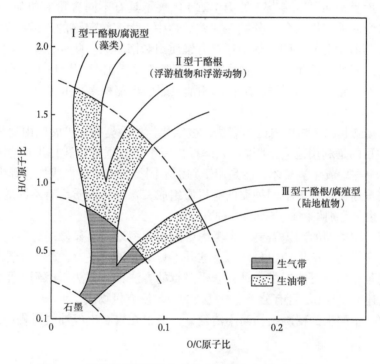

图 13.1　干酪根的假设演化路径（氢碳原子比与氧碳原子比）

油页岩的干酪根成分十分复杂，至少来源于两种具有不同化学成分的组分（Wang et al.，2018）。几乎所有的油页岩都含有壳质组、镜质组和惰质组，后两种组分是次要组分。镜质组中相对氢含量远低于壳质组，相应地，镜质组的氧含量较高；惰质组的氢含量比镜质组更低。因此，在成熟度和风化程度的基础上，任何干酪根中氢和氧的相对含量均取决于壳质组、镜质组和惰质组的相对比例（Hutton et al.，1994）。

回顾"干酪根"这个术语的使用，最初被用来描述油页岩中的有机物，现在已经扩展到包括沉积岩中所有不溶性的固体有机物。根据元素组成和潜在成熟路径差异可将干酪根划分为不同的类型。"显微组分"是煤岩学的术语，后来又扩展到烃源岩，进而又扩展至油页岩。在这两个领域的扩展和重叠产生了问题，如镜质组术语的增加，以及镜质组术语在不明确来源于木质组织的有机物中的应用。

"显微组分"术语最初是煤岩学术语，后来扩展到烃源岩和油页岩（Hutton et al.，1994；Speight，2013）。显微组分类似于岩石中的矿物，是岩石的基本微观有机组分，在煤化过程中由植物细胞或组织形成。植物组分的类型、数量和组合，其形成环境条件及埋藏历史共同决定了煤的物理、化学性质。一种显微组分组由若干个具有相似化学性质的显微组分组成。任何一组的显微组分之间的属性关联比它们与另一组显微组分的属性关联更紧密。

显微组分是基于对有机物形态和光学性质的直接观察，反映了其内部化学性质。尽管使用显微学术语可能会产生一些问题，但显微组分的命名法可以更好地反映沉积岩中有机质的基本框架。这与干酪根或固体沉积有机质由显微组分组成的观察结果一致（Hutton et al.，1994）。

油页岩、库克油页岩和藻煤（见第1章）代表了具有不同含量有机质（干酪根）的矿物，干酪根作为一种有机聚合物分散在这些矿物中。大多数藻煤的干酪根类型为 I 型（图13.1）。然而，岩石学分析表明藻煤中还含有镜质组和惰质组。此外，湖相油页岩显微组分以藻类体为主，古近—新近纪湖相油页岩一般属于 I 型干酪根（图13.1），位于藻类体范围内。然而，例外情况却屡见不鲜。来自海相油页岩的干酪根多为 II 型或介于 I 型和 II 型之间（图13.1）。

干酪根的概念起源于油页岩的命名法，被细化为各种类别，扩展应用到其他沉积岩中。干酪根分类的目的是利用范·克雷维伦图解提供一个对比框架（图13.1）。然而，干酪根类型并非定义一个物理或化学实体，而是用于判别不同类型有机质在成岩过程中的演化路径。例如 II 型干酪根通常由许多不同种类的有机质组成，每种有机质都有不同的演化途径。此外，显微组分也是鉴别干酪根类型的一种方法。

因此，有机质类型的判识需要综合考虑干酪根类型划分及显微组分鉴定结果，其中显微组分观察用于描述干酪根的组分形态。这并不意味着该解决方案将为干酪根的分类提供一条清晰的途径，但它可能提供一种更合乎逻辑的方法，该方法考虑到了干酪根的各种组分，更好地描述干酪根（尽管有分类）中复杂的非均质有机物质。

总而言之，干酪根的精确结构尚不清楚，干酪根在岩石生成油气过程中的确切作用也不清楚。

13.2　起源

干酪根由湖泊藻类、海洋藻类、浮游生物及陆生高等植物等有机生物在沉积埋藏过程中经过腐泥化及腐殖化过程而形成。藻类是简单、不开花、典型的大群水生植物，包括海藻和许多单细胞形式。藻类含有叶绿素，但缺乏茎、根、叶和脉管组织。浮游动物是在水中营浮游性生活的动物类群，游泳能力微弱，不能作远距离的移动，也不足以抵抗水的流动力。

干酪根的形成取决于地层中原始有机物质的保存。原始有机质经历的化学作用和演化机制尚不明确。尽管已经提出了关于有机质保存的多种形式，但各种因素在有机质的保存中均具有一定作用，特别是沉积水体的氧化还原性（氧化、缺氧）、生物的初级生产力、水体循环和沉积速率（Demaison and Moore，1980；Emerson，1985；Peters and Cassa，1994）。

此外，对于古代沉积物，上覆水层的氧气含量是未知的，但可以从沉积物中有无纹层或生物扰动，以及有机质含量进行分析（Demaison and Moore，1980）。水体的氧气含量是由氧气的有效性和溶解度（取决于温度、压力和盐度）决定的。据估计，氧化水体（含氧饱和）每升水含有 2.0~8.0mL 的氧气（Tyson and Pearson，1991）。贫氧水体每升水含有 0.2~2.0mL 的氧气，而厌氧水体每升水含有 0~0.2mL 的氧气。厌氧水体，顾名思义就是缺少氧气。在低于 0.5mL 每升水的氧气阈值时，多细胞生物的活性将会受到严重限制（Demaison and Moore，1980）。

缺氧沉积物通常呈薄纹层状（单个纹层厚度小于 2mm），缺少穴居生物和沉积生物的扰动。有学者（Pederson and Calvert，1990）研究认为，相对于缺氧沉积环境，水体初级生产力是决定有机质保存数量的关键因素。然而，缺氧环境影响有机质保存的质量而非数量，即缺氧环境有利于所有类型有机质的保存，包括易于生气及易于生油的有机质（Peters and Moldowan，1993）。

在成岩演化过程中，原始有机组织开始发生化学及生物降解和转化，结构规则的大分子生物聚合物，如蛋白质、碳水化合物等部分或完全被分解，形成一些单体分子，它们或遭破坏，或构成新的地质聚合物，这是通过腐泥化或腐殖化作用来实现的，其产物是一些结构不规则的大分子。这些地质聚合物与干酪根的化学成分有关，是干酪根的前体。干酪根化学成分的多样性归因于：（1）前干酪根混合物中前体的类型；（2）前干酪根混合物中前体的分布；（3）成熟度参数，如温度和压力。该反应与一种或多种矿物组分的形成和（或）沉积同时发生，从而形成含有机物的沉积岩，如油页岩。

沉积有机质由成岩作用（在 60℃，140℉ 的沉积物中发生的反应）（Tegelaar et al.，1989）和裂解作用（在超过 100℃，212℉ 发生的反应）形成的，这些反应是由初级生产者中的有机物质热裂解形成（Tissot and Welte，1984）。超过 90% 的沉积有机质是不可水解的（即不受酸碱水解）干酪根（有时被称为不溶于有机溶剂并通过分解产生原油的大聚合物）（Tissot and Welte，1984；de Leeuw and Largeau，1993）。干酪根的成分和类型在很大程度上取决于生物输入的性质、沉积环境和保存途径（Goth et al.，1998；Briggs，1999）。用 P-t 仪（Stankiewicz et al.，2000）和环境衰减实验（Briggs，1999；Gupta et al.，2009）可以在实验室中模拟岩石的成岩演化过程。

干酪根的形成通常归因于新生作用（Tissot and Welte，1984），其中沉积有机质是由生物残留物（如氨基酸、糖和脂类）的随机分子间聚合和缩聚形成的，或者是在成岩作用期间发生有限化学变化的抗性生物合成大分子的选择性保存（即它们在形态和化学上仍然可以识别为沉积岩中的有机残留物）（Goth et al.，1998）。自 20 世纪 80 年代中期以来，选择性保存已被广泛接受，它表明化石有机质中的脂类衍生物来源于生物有机体中高度脂类和生物聚合物，如藻聚糖（存在于藻类中）（Goth et al.，1998）、角碳（存在于植物叶片中）（Mösle et al.，1998）和 suberan（存在于亚脂化的维管组织中）（de Leeuw and Largeau，1993）。它们比不稳定的生物聚合物（如多糖、蛋白质和核酸）更容易保存下来（Tegelaar et al.，1989）。

在成岩演化过程中，干酪根的微观结构也在发生变化。气体吸附实验表明，热演化过程中干酪根的比表面积增加了一个数量级（40~400 m²/g）（Craddock et al.，2015）。X 射线和中子衍射实验测试了干酪根中碳原子之间的距离，揭示了在热演化过程中，C—C链距离缩短（与脂肪族键向芳香族键的转变有关），但在较大的键分离时，C—C链距离延长（与干酪根中孔隙的形成有关），这种演化归因于干酪根分子在热演化过程中产生孔隙，形成了干酪根的结构（Vandenbroucke and Largeau，2007；Bousige et al.，2016）。

干酪根是在沉积成岩过程中由生物物质降解形成的。原始有机质可包括湖泊藻类和海洋藻类、浮游生物和陆生高等植物。在成岩作用中，来自原始有机质中的蛋白质和碳水化合物等成分的大型生物聚合物部分或完全被分解，形成一些单体分子，它们或遭破坏或构成新的地质聚合物。这种聚合通常伴随着一种或多种矿物成分的形成，形成沉积岩，油页岩就是一个很好的例子。

当干酪根与地质物质同时沉积时，由于地壳内的岩石压力梯度和地温梯度，随后的沉积和连续埋藏提供了较高的压力（上覆压力）和温度。随着埋藏温度和压力的变化，干酪根的成分进一步演化，包括氢、氧、氮和硫及其相关官能团的损失，以及随后的异构化和芳构化。这些变化反映了干酪根的热演化阶段（Requejo et al.，1992；Keleman et al.，2006；Budinova et al.，2014）。

在热演化过程中，干酪根在高温作用下裂解，生成低分子量的产物，包括沥青、石油和天然气。热演化程度控制着产物的性质，低成熟阶段主要产出沥青或石油，高成熟阶段产出天然气。这些产物有部分可以从烃源岩中排出，在某些情况下可以运移到储集岩中。干酪根在非常规油气资源，特别是页岩油气资源中尤为重要。在页岩地层中，油气直接从富含干酪根的烃源岩（烃源岩同时也是储集岩）中产生，页岩中的大部分孔隙发育于干酪根内，而不是像常规储层中孔隙大多发育在矿物颗粒之间。在热演化过程中，干酪根的微观结构也在发生变化，扫描电子显微镜（SEM）成像表明，成熟阶段干酪根内发育丰富的孔隙网络。气体吸附实验表明，干酪根内部比表面积在热成熟过程中增加了一个数量级（40~400 m²/g）。

干酪根的成分和微观结构的变化导致干酪根性质的变化。例如，干酪根的骨架密度从低成熟度时的约 1.1g/mL 增加到高成熟度时的 1.7g/mL。随着成熟度的增加，碳的形态由脂类（类似于蜡，密度小于 1g/mL）转变为芳香族（类似于石墨，密度大于 2g/mL）。

13.3 成分及性质

干酪根这个名字与通常的化学命名法相反，它并不代表具有特定化学成分的物质。实际上，干酪根只是一个通用名称，由沉积岩中一些有机质前体及其混合物组合而形成。

典型的油页岩地层是低孔、低渗透的岩层，含有 80%~95% 的矿物和 5%~20% 的有机质。在有机质中只有小部分可被有机溶剂提取出，即沥青。目前为止，大多数油页岩中的有机质主要以干酪根的形式存在。干酪根是一种不溶性的有机质，通常呈分散状分布在矿物基质中。

干酪根是一种固体的蜡状有机物质，是地球上的压力和热量作用于动植物遗骸时形成的。干酪根是有机化合物的复杂混合物，是沉积岩中有机质含量最多的部分。干酪根是一种相对分子质量很高的聚合物，没有固定的化学成分。在不同的沉积地层之间，甚至在沉积地层内部都有很大的不同。例如，来自 Green River 组油页岩沉积的干酪根所含元素的比例为碳：215，氢：330，氧：12，氮：5，硫：1（Robinson，1976）。

干酪根不溶于典型的有机溶剂，部分原因是其组成化合物的分子量高，其中一些化合物以极性官能团的形式存在。总体而言，在低成熟阶段干酪根组成变化主要是杂原子官能团和侧链的断开（生油窗），而高成熟阶段的主要反应是大量 C—C 键断裂形成相对分子质量低的气态烃（生气窗）。然而，干酪根的非均质组成分析难度大，对其详细的结构信息了解有限。干酪根被描述为一种地质聚合物，它是由低分子量化学物质（单体）的随机混合物通过聚合形成的。这些化学物质来源于生物聚合物的成岩分解，包括蛋白质和多糖（Tissot and Welte，1984）。

事实上，在生物、沉积物和沉积岩中发现的不溶性生物聚合物导致了对干酪的结构的重新评估（Rullkotter and Michaelis，1990）。在改进方案中，更注重生物聚合物的选择性保存，而较少关注单体的重构。通过特定化学降解（Mycke et al.，987）、热解（Larter and Senftle，1985）和光谱技术（Mann et al.，1991）的应用，已经取得了进展。此外，沥青（油页岩的可溶性有机部分）中的沥青质组分可能是干酪根的低分子量片段，可能是沥青和干酪根的中间产物。例如，虽然沥青质组分可溶于极性溶剂，但它们的元素组成与相关的干酪根相似（Orr，1986），烃衍生物的分布也相似（Bandurski，1982；Pelet et al.，1985），包括甾烷衍生物和三萜烷衍生物（Cassani and Eglinton，1986）。在成岩作用过程中，脂质衍生物可以与干酪根结合，但也有许多脂质衍生物以游离组分的形式存在于干酪根相关的沥青中，称为生物分子化石。生物标记物是由碳、氢和其他元素组成的复杂有机化合物，与活生物体中的原始分子相比，它们的结构很少或没有变化（Peters and Moldowan，1993）。

根据地质年代，人们认为由于地温梯度的存在，即地温梯度是指地球地下地层中温度随深度的变化（见第 1 章），干酪根在埋深大约 4.5mile 或更深（约 7mile）的深度和 50~100℃（122~212°F）之间转化为各种液态和气态烃衍生物（USGS，1995）。虽然地温梯度因地而异，但一般约为每 1000ft 深 22°F 或每 1000ft 深 12℃，即每英尺深 0.022°F 或每英尺深 0.012℃。要达到 300℃（570°F）的温度，就需要 25000ft 左右的深度。

由于实验室科学家无法获得地质时间，因此实验室的大部分工作集中在用增加温度来提高反应速率，以研究干酪根的热演化过程（Khatibi et al.，2018）。然而，在反应中应用高温（大于 250℃，大于 480°F）不仅可以增加反应速率（从而弥补地质时间的不足），还可以改变反应的化学性质。此外，由于建立干酪根转化反应的拟活化能方程需要假设条件，因此引入能降低干酪根转化反应活化能的拟活化能存在很大的局限。在每一组中使用一组固定的变量也是无效的（Whelan and Farrington，1992）。干酪根的热演化过程是未知的，干酪根在原油形成中的作用也只是高度推测性的。

因此，当沉积物形成后，随着沉积作用，有机质埋藏深度不断增加。在沉积埋藏过程中，物理化学和生物环境经过以下事件逐步地改变：（1）压实；（2）含水量下降；（3）细菌活性停止；（4）一定程度的矿物相转变，但在很大程度上未知；（5）温度升高。在此条件下，木质素和脂类的骨架结构得以较好地保存。这种情况下，石油和干酪根很有可能是由有机物质通过同时或紧密连续的过程产生的。还有一种理论认为，木质素衍生物通常不会形成石油，而更有可能产生煤（Speight，2013）。然而值得一提的是，这些说法止步于理论，除了通过实验室实验外便很难获得其他证据。

如上所述，干酪根在原油的形成过程中的作用尚不完全清楚，干酪根一词也通常用来表示原油的前体物质。然而，在选择正确的定义时要谨慎，因为干酪根很有可能不是原油的前体，而是原油生成和演化过程的副产物之一，并不是其直接前体。

就干酪根的形成而言，原油和煤形成过程中相似的植物碎屑可能在其形成过程中发挥了作用（Tissot et al., 1978; Erdman, 1981; Scouten, 1990; Speight, 2013, 2014）。因此，沉积物形成后，随着有机质埋藏深度不断增加，物理化学和生物环境也逐渐发生以下改变：（1）压实；（2）含水量减少；（3）细菌活性停止；（4）矿物相转变；（5）在某种程度上的（但基本上未知）温度升高。在此条件下，植物有机质碎屑结构得到较好的保存。这种情况下，石油和干酪根很有可能是由有机物质通过同时或紧密连续的过程产生的（图 13.2）。还有一种理论认为，木质素衍生物通常不会形成石油，而更有可能产生煤（Speight, 2013, 2014）。然而值得一提的是，这些说法都止步于理论，除了实验室实验得到的有问题的证据之外，很难（甚至不可能）获得其他佐证。

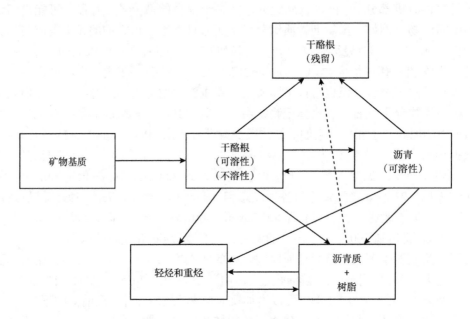

图 13.2　干酪根形成石油的假设示意

在干酪根的热分解过程中，有几个问题需要考虑，最重要的是正在分解的干酪根类型，以及在整个干酪根混合物中每种类型的干酪根对其他类型干酪根的影响。一般而言，干酪根受热分解为沥青和挥发性产物是通过一系列复杂的化学反应发生的，主要是一级动力学反应，可以简化为如下所示的两步机制：

$$干酪根 \longrightarrow 沥青 \longrightarrow 页岩油$$

其中，在 $T < 300℃$（$< 570℉$）条件下，干酪根转化为沥青的速率常数可用 k^1 表示，沥青转化为页岩油的速率常数可用 k^2 表示且 $k^1 > k^2$。从油页岩中生产碳氢化合物具有低温和高温干酪根转化两种不同的机理（Hill and Dougan, 1967）。然而，这些方程使得干酪根

（没有沥青作为中间产物）不能直接生产页岩油成分。

在 260~370℃（500~700℉）较低的温度范围内，干酪根分解为沥青，最终分解为石油、天然气和碳质残渣，其凝点大约为 -20℃（68℉），燃油 API 重度约为 40°API。当沥青在较高温度下（大于 425℃，大于 800℉）加热时，会产生一种稳定的聚合物产物，该产物热分解生成不同类型的石油、天然气和残渣，其凝点约为 27℃（80℉），燃油 API 重度约为 20°API。低温油页岩转化会产生含芳香族和极性化合物较少的液体，并且由于含氮化合物的聚合度低，其氮含量也很低（Wen and Kobylinski，1983）。Green River 组油页岩矿床中近 95% 的干酪根是通过两个一级动力学反应分解为沥青的，一个在较高温度（大于 350℃，大于 660℉）下，活化能为 45.7kcal/mol，另一个在较低温度（小于 350℃，小于 660℉）下，活化能为 20.8kcal/mol（Leavitt et al.，1987）。

13.4 类型

干酪根是天然存在的、固体的、不溶性的有机物，存在于烃源岩中，加热后可产油气。干酪根的典型有机成分是藻类和木本植物。干酪根相对于焦油砂沥青具有较高的分子量，通常不溶于典型的有机溶剂（Speight，2009，2014）。

有机质在沉积物中初始沉积发生快速变化，保存下来的有机质发生干酪根热成熟转化。油页岩中含有的干酪根相对成熟度低，除非暴露在不寻常的地温梯度下，如火山岩浆（通过地质基底或岩脉）的侵入外，干酪根并没有很大的变化。然而，随着地质时间的推移，干酪根将会发生进一步转化。

随着热演化过程的进行，干酪根中的氢和氧元素会流失。油页岩的干酪根通常是不成熟的，只需要考虑热演化作用的早期阶段的成岩作用。在成岩作用中，氢元素主要以甲烷和其他碳氢化合物气体、水和氢气的形式流失，而氧元素主要以水和碳氧化物的形式流失。氢氧元素的流失过程对于研究干酪根转化为油气的过程十分重要。因此，为了了解油页岩有机成分的化学结构和性质，不仅需要了解干酪根的起源，还需要了解热演化作用后不同类型干酪根的成熟度。

大多数干酪根类型的划分方案通常基于干酪根的化学性质采用提取技术进行分离，属于以下类型之一：（1）元素分析；（2）可溶性沥青的量；（3）化学降解，包括氧化、氢解和热解；（4）功能分析；（5）电子自旋共振研究；（6）核磁共振研究（Scouten，1990；Lee，1991；Hutton et al.，1994）。

干酪根组分的一种特殊分类方法是（Massoud and Kingdom，1985）将植物碎屑岩（微观植物碎片化石）分为四类：（1）腐泥组；（2）壳质组；（3）镜质组；（4）惰质组。腐泥组主要包括无定形体和藻类体，是富氢组分。无定形体是没有固定形态和结构的有机组分，是水生生物彻底分解的产物，藻类体是具有藻的结构的有机组分，主要来源于藻类。腐泥组是构成富氢易生油的干酪根（Ⅰ型和Ⅱ型）的主要有机成分。壳质组主要来源于植物的孢子、角质、植物的表皮组织、树脂、蜡质等，包括孢子体、角质体、树脂体和木栓质体。由于壳质组在从陆地输入的过程中发生了降解，在海洋沉积物中通常贫氢且易生气（Ⅲ型）。镜质组包括有结构和无结构的木质组织，是植物的茎、叶和木质纤维经过凝胶化作用形成的各种凝胶体，是富氧组分，为Ⅲ型干酪根的主要组成部分。惰质组由高碳植物碎屑组成，这些植物碎屑在混入沉积物之前经历了自然碳化，因而没有转化为碳氢化合物的潜力。惰质组属稳定的不活泼组分，富含氧。

页岩中干酪根的许多化学分类都是基于有机质的元素组成。关于方法的选择，由于元素百分比法不需要初步的标准化，因而提倡使用元素比率法作为合适的分类方法（Hutton et al.，1994）。这样就可以方便地将干酪根分为四类（表 13.1）：（1）类型 I，主要由藻类和无定形成分组成；（2）类型 II，由陆地和海洋混合源物质组成；（3）类型 III，由木质陆源物质组成；（4）类型 IV，主要由多环芳香烃衍生物形式的分解有机质组成，具有低（小于 0.5）氢碳原子比（H/C）。

从干酪根和煤的元素分析中得出的范·克雷维伦图解（氢碳原子比与氧碳原子比图）（图 13.1）是研究干酪根组成和性质的一种实用方法（Speight，2013，2014）。干酪根在 H/C—O/C 图中的位置与烃类衍生物的总量有关，而烃类衍生物的总量又与芳香烃结构的相对含量有关。H/C—O/C 图中的干酪根分析数据可以用来描述来自不同前体的干酪根的演化路径。对微量元素硫和氮的分析，模拟起来要困难得多，可能需要更详细的框架。总而言之，已经识别的干酪根有四种类型，每一种类型都与其他类型都不尽相同，可以通过元素分析将它们辨别（表 13.3）。

表 13.3　四种干酪根的特征

I 型干酪根	藻类体； 氢碳原子比大于 1.25； 氧碳原子比小于 0.15； 易于产生液态碳氢化合物； 主要来源于湖藻类； 很少有芳香结构； 主要由蛋白质和脂质形成
II 型干酪根	氢碳原子比小于 1.25； 氧碳原子比 0.03~0.18； 倾向于产生气和油的混合物； 有几种类型：孢粉体、角质体、树脂体和类脂体； 孢分体由花粉和孢子形成； 角质体是由陆生植物角质层形成的； 树脂体是陆生植物树脂、动物分解树脂； 类脂体是由陆生植物脂质和海藻形成的
III 型干酪根	氢碳原子比小于 1.0； 氧碳原子比 0.03~0.3； 来源于陆地高等植物； 倾向于生成煤和天然气； 因为有大量芳香结构，所以氢含量很低； 由缺乏脂质的陆生植物形成； 由纤维素、木质素、萜烯衍生物和植物中的苯酚衍生物组成
IV 型干酪根	氢碳原子比小于 0.5； 主要含有多环芳香烃衍生物形式的分解有机质； 几乎没有生产碳氢化合物的潜力

Ⅰ型干酪根（腐泥型干酪根）富含脂肪族直链结构，多环芳香结构及含氧官能团很少。氢碳原子比（H/C）较高（1.5 或以上），氧碳原子比（O/C）一般较低（0.1 或以下）。该类干酪根一般是湖相来源。Ⅰ型干酪根的有机来源包括藻类的富脂产物，以及沉积在稳定分层的湖泊中的富脂生物质。

Ⅰ型干酪根主要是脂类干酪根，具有较高的氢碳原子比（大于 1.5）和较低的氧碳原子比（小于 0.1）。Ⅰ型干酪根富含脂类物质，通常（但不总是）来自湖泊（淡水）环境中的藻类有机质。从质量上看，含Ⅰ型干酪根的岩石热解后产烃量最大。因此，从理论角度看，含Ⅰ型干酪根的页岩生油气潜力最大。Ⅰ型干酪根主要由岩石记录中保存的最富氢的有机质组成。有机物通常是无结构（无定形）藻类体，当未成熟时，在紫外线（UV）光下呈金黄色荧光。大部分Ⅰ型干酪根热解产生石油，因此在高过成熟阶段的岩石中很难识别出Ⅰ型干酪根。有时在未成熟的岩石中，具有特定的藻类体形态，具有很高的氢碳比（H/C），通过生物方式形成了碳氢化合物。具有Ⅰ型干酪根的一些例子包括：（1）湖相藻类布朗葡萄球藻；（2）塔斯马尼亚孢属；（3）奥陶纪海洋有机壁群落微体化石。Ⅰ型干酪根常形成于湖泊、河口和潟湖的沉积水体中，其广泛分布的地方被标为有机相 A。Ⅰ型干酪根集中在碎屑沉积物搬运较低的浓缩层，主要是远洋，即与开阔海域有关。浓缩层出现在海相和湖相海侵体系域的远岸相。湖泊岩石与海相岩石是在相同动力过程中形成的（即沉积物供应、气候、构造和沉降），尽管湖平面的变化通常反映的是径流、蒸发和沉积物盆地填充的局部变化，而不是海洋沉积物假设的全球和相对海平面变化。

Ⅱ型干酪根（浮游干酪根）是海相油页岩的主要特征。这类干酪根中的有机物通常来自沉积在还原环境中的浮游动物、浮游植物和细菌残骸的混合物。氢碳原子比一般低于Ⅰ型干酪根，氧碳原子比一般高于Ⅰ型干酪根。Ⅱ型干酪根的生油潜力一般低于Ⅰ型干酪根。Ⅱ型干酪根的硫含量通常高于其他类型的干酪根，并且在伴生沥青中发现了大量的硫。虽然Ⅱ型干酪根的热解产油量低于Ⅰ型干酪根，但仍足以成为烃源岩。Ⅱ型干酪根在结构上属高度饱和的多环碳骨架，富含中等长度直链结构和环状结构，也含多环芳香结构及杂原子官能团。一些其他数据表明，Ⅱ型干酪根成分复杂，具有高度非均质性。

纯Ⅱ型干酪根（单显微组分）以相对富氢的壳质组为特征。例如，陆生植物的孢子和花粉，海洋的浮游植物（疑源类和鞭毛藻）的囊体，以及一些陆生植物的成分，如叶子和茎的角质层。与Ⅰ型干酪根一样，Ⅱ型干酪根的出现取决于较强的生物生产力、较弱的矿物稀释和有限的氧化作用。纯壳质Ⅱ型干酪根保存在浓缩剖面中，代表的显微组分富氢程度略低于Ⅰ型干酪根。Ⅱ型干酪根也可以由Ⅰ型干酪根的部分降解形成，也可以由Ⅰ型干酪根与Ⅱ型、Ⅲ型、Ⅳ型干酪根的不同比例混合形成。例如，不同种源形成的有机质可以组合，如浮游藻类物质落入含有木质显微组分（Ⅲ型干酪根）的沉积物中。

Ⅱ-S 型（含硫）干酪根与Ⅱ型干酪根相似，但含硫量较高，含有机硫（8%~14%，质量分数，原子硫碳比不小于 0.04），与含硫小于 6%（质量分数）的典型Ⅱ型干酪根相比，该类干酪根的热成熟度较低（Orr，1986）。有学者研究认为，在中新世 Monterey 组的干酪根中，热解硫键断裂时释放出产生烷基噻吩衍生物的前体部分，这表明它们的前体可能是糖与干酪根硫结合。当醚键、硫键被裂解时，烷基吡咯衍生物被释放，这表明它们的前体可能是四吡咯，以醚和硫的形式存在于干酪根中。也有学者认为，醚结合的生育酚衍生物可能是干酪根中 pristene-1 的主要来源（Höld et al.，1998）。

此外，通过密度梯度离心分离来自 Monterey 组（中新世，加利福尼亚州，美国）和 Duwi 组（坎帕尼阶/马斯特里赫特阶，埃及）的 II -S 型干酪根的显微组分。Monterey 组的干酪根主要由浅红色荧光无定形有机物组成，快速热解液体以烷基苯衍生物、烷基噻吩衍生物和烷基吡咯衍生物为主。相反，褐藻的热解液显示出高饱和脂肪族性质，是该显微组分的典型特征，其中正烷烃衍生物（C_6 至 C_{26}）系列占主导地位。Duwi 组干酪根中占主导的浅棕色荧光 AOM 热解液具有相对高浓度的烷基苯和烷基噻吩，而 elginite 浓缩液在热解时则显示出更多脂肪族的特征。

最后，硫硫（S-S）和碳硫（C-S）键在高硫干酪根中十分丰富，并且在较低的温度下比碳碳（C-C）键更容易断裂。这导致富硫烃源岩在比其他干酪根更低的成熟度就可以生成石油（Martin，1993）。这对应于平均活化能分布从典型的 II 型干酪根的较高范围（需要更多的能量来开始化学反应）（52~55kacl/mol）到 II -S 型干酪根较低范围（48~51kcal/mol）的转变。也有学者认为，热成熟初始阶段产生的活性硫自由基的形成是石油形成速率增加的主要控制因素，而不是相对较弱的碳硫键（Lewan，1998）。

含有 I 型干酪根的油页岩包括 Autun 和 Campine 沼泽页岩、Torbanite（苏格兰）及 Green River 组油页岩。Tasmanite 岩是一种含有 I 型干酪根的海洋沉积物。大部分海相油页岩为 II 型干酪根，其中许多是重要的油气烃源岩。氢碳原子比（H/C）通常低于 I 型干酪根，较高的氧碳原子比（O/C）反映了含有更多的酮、羧酸和酯。有机硫含量通常也更高，通常反映出更多的噻吩，在某些情况下还反映出硫化物。II 型干酪根的生油潜力通常低于 I 型干酪根，在相同的成熟水平下 II 型干酪根释放出可转化为油的有机物质较少。

III 型干酪根（腐殖型干酪根）是煤和煤系页岩的特征。常见易于识别的植物化石和植物碎片，表明该类干酪根来源于陆地木质物质。III 型干酪根具有相对较低的氢碳原子比（通常小于 1.0）和相对较高的氧碳原子比（大于 0.2）。芳香族和杂芳香族含量高，醚（尤其是二芳基醚）非常重要。III 型干酪根生油潜力低，但生气潜力高。

I 型干酪根具有脂肪族性质，III 型干酪根主要由芳香结构组成。II 型干酪根通常介于 I 型和 III 型之间，元素分析提供的关于化学结构的信息很少。

III 型干酪根具有低氢碳原子比（H/C）和氧碳原子比（O/C）。III 型干酪根来源于陆地植物物质，包括纤维素、木质素。煤是一种富含有机物的沉积岩（Speight，2013），主要由 III 型干酪根组成。III 型干酪根的产油量是干酪根类型中最低的。

III 型干酪根含有丰富的氢，通过热解产生气体，但不足以产生大量的石油。纯的 III 型干酪根由镜质组组成，镜质组是由陆地植物形成的显微组分。然而，与其他干酪根类型一样，各种显微组分混合物或降解过程可能有助于 III 型干酪根的形成。成煤环境代表了几种不同的干酪根类型。大多数煤炭形成于近海沼泽（位于海岸陆地一侧的沼泽）和河道中。在沉积物供应量较低的地区，河谷中通常含有这类沉积物。

IV 型干酪根是脂肪族含量最少的干酪根，氧碳原子比（大于 0.1），氢碳原子比（小于 0.6）与 II 型干酪根相似。IV 型干酪根主要包括多核芳香烃衍生物（PNA，有时称为多环芳香烃衍生物）形式的惰性有机物，其生油能力较低。仅使用 Rock Eval 热解很难将 IV 型干酪根与Ⅲ型干酪根区分开来。它是碳氢化合物光谱上的惰性（不生成碳氢化合物）末端组分。Ⅳ型干酪根是由贫氢成分组成，如惰质岩，通过热成熟、生物或沉积学循环直接氧化的碎屑有机物。

总之，不流动有机物的化学和物理结构部分控制着页岩地层的热演化和非常规化石燃料资源中碳氢化合物的生成。这种有机物通常分为两类：（1）干酪根，其定义为不溶于有机溶剂；（2）沥青，其可溶于传统有机溶剂。干酪根和沥青是尚未完全表征的复杂材料，除分子量外，通常被认为在组成上相似。

13.5 离析

研究干酪根结构的第一步是分离干酪根浓缩物（Forsman and Hunt，1958；Forsman，1963；Robinson，1969；Saxby，1976；Durand，1984；Goklen et al.，1984）。可以采用多种方法分离有机物质的部分而不改变天然干酪根的结构。然而需要注意的是，由于油页岩的渗透性较低，其风化速度不如煤样快（Scouten，1990；Lee，1991；Speight，2013），但风化作用仍然可以影响暴露在大气中的油页岩干酪根。在条件允许的情况下，为避免风化作用，应尽可能使用距离暴露表面 12in 以上的岩心样品进行干酪根分离。

到目前为止，最常见的干酪根分离技术包括对页岩进行酸脱矿，以生产干酪根浓缩物。在这个过程中，大块的油页岩先粉碎到 8 目，然后在锤式粉碎机或圆盘粉碎机中被碾碎到100 目。研磨时应注意保持低温，建议在惰性气体（如氮气）下进行研磨，以避免氧化。研磨后的油页岩样品应在氮气下储存。简单地说，筛网尺寸是指筛网数及其与筛网中开口大小的关系，也就是可以通过这些开口的颗粒大小。计算在某一个英寸的筛网上的开口数量，这便是筛网数。例如，4 目筛网每英寸筛网上有 4 个方形开口，另一个例子是，100 目筛网每英寸筛网上有 100 个开口。

为了溶解矿物基质，使用盐酸和氢氟酸混合物（温度约为 65℃，150℉）进行一系列连续处理（Durand，1984）。另一方面，通过在较低的温度（20℃，70℉）和较短的时间进行处理，可以减少有机蚀变的机会，从而实现脱矿（Scouten et al.，1987）。使用碱溶解硅酸盐，然后用酸处理溶解碳酸盐（McCollum and Wolff，1990）。

在酸脱矿法中，为了使矿物溶解，建议在 65~70℃（149~159℉）下进行一系列连续处理（Durand，1980；Scouten，1990）：（1）用 6N 盐酸处理 2h；（2）用含少量盐酸的蒸馏水清洗；（3）用 6N 盐酸过夜处理；（4）用含少量盐酸的蒸馏水清洗三次；（5）用含 2N 盐酸和 15.5N 氢氟酸的混合物处理 2h；（6）用含少量盐酸的蒸馏水清洗；（7）用含 2N 盐酸和15.5N 氢氟酸的混合物过夜处理；（8）用含少量盐酸的蒸馏水洗涤；（9）用 6N 盐酸洗涤 2h；（10）用蒸馏水洗涤两次；（11）过滤，以回收干酪根浓缩物。

最初用盐酸处理和使用盐酸—氢氟酸混合物的目的是尽量减少复杂碱土氟化物的形成，如氟钠镁铝石 $[Na_xMg_xAl_{2-x}(F,OH)_6H_2O]$，而据称用酸化水洗涤是为了避免黏土矿物絮凝，堵塞过滤器。黄铁矿不能通过此程序去除。在许多情况下，通过在 20℃（68℉）和较短的时间进行处理，可以获得相同的脱矿效果，但发生有机蚀变的可能性较小（Durand，1980；Scouten，1990）。在另一种方法中，脱矿是用碱驱出的，避免了酸处理方法所需的漫长步骤。碱溶解硅酸盐矿物，然后用酸处理溶解碳酸盐。在处理 Green River 油页岩时，用

150~160℃（300~320℉）的水烧碱消解，然后酸萃取，可以去除95%（质量分数）的矿物，而（据推测）干酪根的初始状态没有明显改变。

从矿物基质中分离干酪根还取决于干酪根与各种矿物之间相互作用的程度。从模型化合物—模型矿物测试的结果来看，酸性黏土矿物与含氮有机化合物之间的相互作用比其他可能的干酪根矿物相互作用强得多（Siskin et al.，1987a，1987b）。这一发现的重要性导致了差异润湿的使用，这是一种通常与物理分离方法相关的现象，对干酪根分离的成功至关重要。因此，通过添加湿润和膨胀干酪根的有机溶剂，可以实现有效的干酪根回收，从而减少一些氮—矿物相互作用，并有助于物理沉浮分离。因此，化学和物理方面对于在温和条件生产干酪根浓缩物且使其结构变化最小而言都很重要。

使用物理方法提取富有机干酪根浓缩物是有意义的，因为避免了将干酪根暴露在强酸和（或）碱中，从而减少了化学影响的机会。较重要的干酪根浓缩物理方法有沉浮法、油团聚法和泡沫浮选法。在沉浮法中，将细碎的油页岩悬浮在氯化钙水溶液（$CaCl_2$）中——氯化钙溶液的密度可以改变，以优化特定油页岩的干酪根回收和残留矿物含量，但通常在1.06~1.15g/mL 的范围内，得到的悬浮液经过离心以加强分离，然后用水清洗回收的干酪根以去除氯化钙。

另一种用于 Green River 组油页岩的方法是在苯—四氯化碳混合物中离心。在该方法中，首先提取油页岩粉末以去除苯溶性物质，然后干燥，然后在密度为1.40g/mL、1.20g/mL 和1.15g/mL 的溶剂混合物中进行连续的沉浮分离。漂浮在1.20g/mL 混合物中的浓缩液约占初始有机物的6%（质量分数），含有14%（质量分数）的矿物质（确定为矿物灰分）。最后一阶段的浓缩物含有9%的矿物质（同样被鉴定为矿物灰分），但只占初始有机物质的1%。在这种情况下，原子 H/C 比和测定石油/有机碳比的恒定数据可能表明干酪根只发生了很少的分馏。

沉浮法提供温和的条件，以尽量减少化学变化，并可以生产低灰分的干酪根浓缩液。然而，这种技术也有缺点，包括：（1）有机化合物的排斥（导致干酪根的提取率低）；（2）干酪根分离和矿物排斥的可能性。油团聚法依赖于油性膏状材料对干酪根颗粒的选择性润湿，例如十六烷（$C_{16}H_{34}$），这是室温下处于液态的分子量最高的正烷烃衍生物。这种方法是否成功值得怀疑（Hubbard et al.，1952；Vadovic，1983）。

从模型化合物—模型矿物试验的结果来看，在 Green River 组油页岩中，酸性黏土矿物和含氮有机化合物之间的相互作用要比其他可能的类型的干酪根—矿物相互作用强得多。选择硫酸铵［$(NH_4)_2SO_4$］作为氨（碱）的来源，同时作为酸（硫酸氢离子）的来源，通过溶蚀碳酸盐矿物产生孔隙。用硫酸铵溶液在85℃（185℉）处理80~100目 Green River 组油页岩72h，可有效破坏干酪根—矿物相互作用。油页岩有机质几乎全部（98%，质量分数）释放的干酪根被提取，85% 存在于起始页岩中的矿物被丢弃。然而，干酪根组分中仍含有38%（质量分数）的矿物。有效的干酪根提取只能通过添加一种有机溶剂来湿润和膨胀干酪根，从而促进物理沉浮分离。因此，在温和条件下浓缩干酪根的新方法中，化学和物理两方面都很重要。甲苯在实验室测试中用于膨胀和漂浮被解放的有机物。从页岩中提取的油或蒸馏物可能会更大规模地应用这种方法。差异润湿的重要作用对该方法的成功（和普遍适用性）至关重要。

总而言之，分离干酪根的理想方法仍然难以捉摸。所有的方法都将粉碎作为初始步骤，因此重要的是要选择没有因风化而过度改变的样品。

13.6　干酪根结构探测方法

干酪根是有机化合物的复杂混合物，不能用单一的化学公式来定义。事实上，化学成分在沉积地层之间甚至在沉积地层内部均有很大的不同。因此，干酪根的结构主要是推测的，在很大程度上是未知的。干酪根的结构在很大程度上取决于沉积有机物质的来源及其演化过程。干酪根是随机网络的大分子固体，由异质结构的大分子成分组成，这些大分子成分随机聚集形成三维相。随着干酪根分子质量的增加，干酪根的无极性、碳含量、熔环尺寸、密度和交联均有增加的趋势。

从沥青和页岩油的分析结果中得出的关于干酪根结构的推论通常基于以下前提：（1）沥青类似于聚合物中的残留单体，即沥青代表未结合到干酪根的不可溶的三维大分子网络中的前体单元；（2）沥青包括经热处理从干酪根中分离出来的或多或少完整的干酪根结构单元。在任何一种情况下，都假设干酪根的结构与可提取的沥青相似。

本章在前一节中讨论了油页岩沥青中存在的一些化合物类型，以及从这些结果中得出的地球化学推论。在分析全面的情况下，可以从沥青成分中获得更多的信息。本章亦对 Green River 组油页岩沥青进行了全面的分析，包括石蜡衍生物、石蜡衍生物性质随深度的变化、甾烷衍生物、环烷烃衍生物、芳香族衍生物和极性化合物等方面的报道。对英国 Kimmeridge 油页岩、澳大利亚油页岩、法国油页岩和巴西油页岩中的沥青也进行了广泛的分析。虽然这些分析发现的化合物类型有显著的相似性，但考虑到沥青的来源是植物碎片，沥青成分的细节存在差异，这些差异可以被证明与油页岩的起源、油页岩的沉积环境，以及油页岩的热历史有关。

大多数油页岩地层只含有少量的沥青，很少超过总有机质的 15%（质量分数）。此外，油页岩沥青通常（与相应的不溶性干酪根相比）含氢丰富，芳香族衍生物含量较低，含氮、含氧和含硫化合物含量较低。这限制了从沥青成分中得出的任何结构推断的有用性和可靠性。另一方面，页岩油在有机质中所占的比例通常要大得多。页岩油的分析方法通常与常规原油的分析方法相似。从页岩油分析结果中得出的结构推论通常与从沥青分析中得出的结论相似。然而，作为页岩油热生成的结果，其芳香烃衍生物和烯烃衍生物通常比起始干酪根更丰富，含氮化合物和含硫化合物的含量更低，因为这些化合物集中在不挥发的炭中，这与这些杂原子化合物在常规原油炼制过程中的命运相似（Speight，2014）。因此，热采页岩油往往反映出用于生产石油的热处理过程。最后考虑到页岩油的生产方法，人们对这种分析调查能否准确估计相应干酪根的结构产生了怀疑。虽然从沥青和页岩油的分析中已经得出了许多关于干酪根结构的有用推论，但上述概述的局限性促使人们开发了更直接的探测干酪根结构的方法。

从天然气、原油形成的角度来看，如果干酪根确实是原油和天然气的前体（Speight，2014），以及通过热演化过程生产页岩油，那么干酪根的精确分子结构就没有一般结构特征那么重要，一般结构特征决定了特定干酪根产生的产物的性质和产量。曾几何时，人们认为干酪根具有均匀的结构，不同盆地之间的结构变化不大。然而，现在已经清楚认识到，干酪根是一种由显微组分组成的非常不均匀和复杂的凝聚体（Hutton et al.，1994）——这与煤类似（Speight，2013）。另一方面，显微组分是不溶性有机物质的离散颗粒，可以在显微镜下识别，代表来自各种有机物质来源的残余碎屑。一旦人们接受了油气的有机来源和干酪根作为中间物质的重要性，就很明显需要一种常规方法来描述和分类烃源岩及其相关的干酪根。

在 20 世纪 70 年代，干酪根通常被认为是具有重复亚基的聚合结构。通过逐步降解研究，研究人员投入了大量时间和精力来阐明干酪根的结构。然而，以这种方式获得的降解产物，通常是羧酸衍生物，很少成功地重建干酪根结构，因此需要其他方法来识别干酪根（Rullkötter and Michaelis，1990；Scouten，1990）。

因此，阐明干酪根的化学组成是分子有机地球化学中最具挑战性的目标。通过元素分析、红外光谱和核磁共振光谱对官能团和芳香度的测定，得到了一些成分上的约束。干酪根或相关物质的热解产生小的结构单元，其中一些可能是最初存在于大分子中的部分，而另一些可能是通过二次反应形成的。在任何情况下，都没有关于各个结构单元之间相互连接方式的信息。

迄今为止，干酪根和相关材料的化学降解通常涉及强氧化试剂（如 $KMnO_4$）的应用，但也可以通过还原裂解（氢水解）来完成。虽然多年来已经使用了各种方法，但大部分工作缺乏对反应产物的足够详细的分析或反应不够精细到可以重建更大的结构实体。然而，结合元素分析、光谱信息和热解、岩石中沥青成分，以及化学降解数据，建立了不同来源和不同热演化程度的干酪根结构模型（Rullkötter and Michaelis，1990；Scouten，1990）。

事实上，任何在干酪根结构阐明方面取得实质性进展的尝试都需要：（1）连续的特定化学降解反应；（2）小型降解产物的详细定量分子分析；（3）通过光谱和热解研究降解残留物；（4）应用精细的生物大分子保存概念（例如脂类生物聚合物）。

以下几节介绍了可用于鉴定干酪根内结构类型的方法。在从数据中得出结论时，必须始终保持谨慎，因为从岩石基质中分离干酪根的方法必须不能以任何方式改变干酪根的化学成分或微观结构进行。

13.6.1 元素分析

虽然严格地说，元素分析并不是探测干酪根结构的方法，但它提供了有关干酪根原子成分的有价值的信息。干酪根元素分析是表征沉积有机质起源与演化的一种方法。元素分析还建立了一个框架，在这个框架内其他物理化学方法可以更有效地使用。

范·克雷维伦图解（图 13.1）来自对干酪根和煤的元素分析，是研究干酪根组成的一种非常实用的手段。干酪根在 H/C—O/C 图中的位置与烃类衍生物的总量有关，而烃类衍生物的总量又与芳香烃结构的相对含量有关。H/C—O/C 图中的干酪根分析数据可以被认为是描述不同前体干酪根的演化路径，石油和天然气就是在这一演化过程中形成的。对硫和氮等微量元素的分析要困难得多，可能需要更详细的框架。

从沥青的分析结果中得出有关干酪根结构的推论。这些结论一般基于这样一个前提，即沥青与原始有机质类似，即沥青代表前体的单位，这些单位没有结合到干酪根不可溶的三维大分子网络中。还假定沥青是经热处理从干酪根中分离出来的或多或少完整的干酪根结构单元的代表，很少或没有发生结构上的变化。

许多不同类型的化合物（通过提取程序）已被确定为干酪根基质的一部分，但它们在干酪根中的包含模式仍有待研究。例如，从干酪根中分离出的化合物包括石蜡（Cummins and Robinson，1964；Anderson et al.，1969）、甾烷（Anderson et al.，1969）、环烷（Anders and Robinson，1971）、芳香烃和极性化合物（Anders et al.，1975）。干酪根一般只含有少量的沥青（小于总有机质的15%，质量分数），但沥青的氢含量通常高于相应的干酪根。这对应于较低比例的芳香烃，以及含氮、含氧和含硫化合物。这显然限制了从沥青成分中得出的结构推断的有效性。挥发油通常占原始有机物质的很大一部分（通常占可利用有机碳的50%或更多）。用于成品油分析的方法与用于原油的方法相似（Uden et al.，1978；Fenton et al.，1981；Holmes and Thompson，1981；Williams and Douglas，1981；Regtop et al.，1982）。由于经过热处理，挥发油的芳香烃和烯烃含量通常比起始干酪根丰富，但含氮和含硫化合物相对缺乏。在原油炼焦过程中（Speight，2014），含氮和含硫物质主要集中在非挥发性焦中。挥发油在很大程度上反映了用于生产油的热处理，因此，就干酪根结构的准确图像而言，不太可靠。因此，虽然从沥青和油的分析中得出了许多关于干酪根结构的推论，但必须认识到它们的局限性。

13.6.2　官能团分析

表征干酪根中氧官能团的尝试集中在酸脱矿技术（用盐酸和氢氟酸连续处理）制备干酪根浓缩物，然后通过湿化学方法对浓缩物进行处理，以确定氧官能团的分布（Fester and Robinson，1966；Robinson and Dineen，1967）。

为了表征 Green River 组油页岩干酪根中的氧官能团，采用酸脱矿制备含14%（质量分数）矿物质的 Green River 组干酪根浓缩液，并采用湿化学方法确定氧官能团的分布。将该方法应用于其他油页岩干酪根样品时，没有考虑到在干酪根浓缩物制备过程中或衍生化反应过程中可能发生的结构变化，也没有考虑到水反应介质无法湿润和膨胀无孔干酪根浓缩物。这使得干酪根结构问题在缺乏可靠的实验数据的情况下没有得到解决。

澳大利亚昆士兰 Rundle 矿床 Ramsay Crossing 煤层（RXOS）油页岩中的有机物质采用综合、多技术方法进行了表征和建模（Scouten，1990）。上述内容在此不做赘述，但可以在相应的出版物中找到（Scouten，1990）。

酸脱矿生成干酪根浓缩液（RXOS-KC），并研究了脱矿过程中的化学反应。在温和条件下，用同位素标记试剂进行选择性衍生化，然后进行固态 ^{13}C 和 ^{29}Si 的 NMR 分析，从而对干酪根浓缩物中的有机官能团进行了全面的化学表征。将这些数据与 Ramsay Crossing 油页岩在温和条件下生产的页岩油的深度质谱和核磁共振分析，以及对干酪根浓缩液的可变温度 X 射线衍射研究相结合，建立了有机质的详细结构模型。本节总结了 Ramsay Crossing 干酪根的特征和紧密集成的表征—建模—反应性方法的力量。

本研究中使用的 Ramsay Crossing 油页岩中含有18.69%（质量分数）的有机物质，精细地分散在矿物基质中。采用 CP/MAS 的固体 ^{13}C 核磁共振表明其芳香族化合物为23%，来自烯烃和羰基碳类型。用四氢呋喃进行萃取后（在索氏装置中）去除8.5%（质量分数）的有机材料接收到的水分含量超过20%（质量分数）的沥青。油页岩在50℃（122°F）的氮气真空烘箱中干燥后，由于有机溶剂和试剂不渗透，其比表面积（16.6 m^2/g）和孔隙率都很小。因此，不溶解矿物质的有机反应进行得很慢，往往无法完成。为了规避这一质量传输限制，对 Ramsay Crossing 油页岩进行脱矿，在 20℃（68℉）的条件下，使用盐酸和氢氟酸的水溶液混合物生产相应的可膨胀干酪根浓缩物，然后进行化学反应，进行有机官能团的衍生化。^{13}C 核磁共振研究得出芳香族化合物和干酪根浓缩液的沥青含量与原始页岩值相同。元素分析表明，沥青的氢含量显著高于干酪根浓缩液，氮和硫含量明显低于干酪根浓缩液。沥青的主要成分包括芳香族衍生物、羧酸衍生物、酯衍生物和具有长石蜡链的酰胺衍生物。磨碎的（约 80 目）Ramsay Crossing 油页岩和干酪根浓缩液的元素组成分别给出了 $C_{100}H_{161}N_{2.3}S_{0.7}O_x$ 和 $C_{100}H_{161}N_{1.85}S_{0.7}O_{9.2}$ 有机质的实验式（归一化至 100 个碳原子），从而表明在干酪根浓缩液的制备过程中，每 100 个碳原子损失 0.45 个氮原子。

酸洗过程中释放出来的氮碱以铵盐的形式保留在酸溶液中。为了回收和鉴定这些游离碱，所有酸洗都用 50% 氢氧化钾水溶液在氮气扫描下碱化。碱化过程中产生的任何挥发性自由碱都被扫过盐酸水溶液，并被捕获为相应的盐酸。通过加热基本混合物，直到少量水被蒸馏到含有盐酸溶液的烧瓶中，以确保碱的完全解决。碱性溶液的溶剂萃取和盐酸溶液的减压蒸发干燥可得到 0.52g 溶解盐（C：0.39%，H：7.63%，N：25.79%，K：0.21%，Cl：65.43%；理论为氯化铵，NH_4Cl，H：7.54%，N：26.18%，Cl：66.28%，以上均为质量分数）。在盐酸处理过程中，总氮的 75% 以上被释放，这表明存在被酸溶液水解的伯酰胺。其余在氟化氢处理过程中释放的氨是与硅酸盐矿物相关的铵离子。

在 50℃（122℉）条件下，无阻碍的碱性氮化合物（如吡啶）与碘甲烷在四氢呋喃中进行季铵化反应，得到相应的季铵盐甲碘化物。在这些条件下，受阻的氮基（如 2，6- 二取代吡啶）不反应，或（充其量）反应缓慢。非碱性氮化合物（如吡咯）不发生反应。因此，甲基化碘甲烷（90% ^{13}C 富集）被用来定量无阻碍氮碱。用 ^{13}C 核磁共振跟踪反应 28d 后，大多数甲基被添加到氧（作为酯）上，出现在 51μg/g 和大约 15μg/g 的碳位点上。甲基氮的加入速度很慢，但在 14d 后，每 100 个碳原子中加入了 0.1 个甲基氮，含量约为 40μg/g，而且这个值不会随着反应时间的增加而增加。

将 0.1 N 钾洗净（以去除任何盐酸胺衍生物）的 Ramsay Crossing 干酪根浓缩物样品，在 -78℃（-108℉）的二氯甲烷中，用无水氯化氢处理 5min、10min 和 15min。通过元素分析得到每个反应时间的氯原子加入数。在使用的低温条件下，烯烃氢氯化反应得到相应的烷基氯应远慢于碱性氮基团的质子化（中和）。因此，数据被外推到零时间，以校正烯烃反应的小干扰。这样，每 100 个碳原子中就有 1.0 个碱性氮原子，这是干酪根浓缩液中碱性氮原子总数的估计值。如上所述，每 100 个碳原子中有 0.1 个未受阻碍的氮原子，其余的（每 100 个碳原子中有 0.9 个氮原子）被分配给空间位阻的基本氮功能。

将可水解氮的结果与 Ramsay Crossing 干酪根浓缩液的特征相结合，可以全面描述固体 Ramsay Crossing 油页岩中碳氢化合物的分布，以及氧杂原子和氮杂原子的功能。任何不能转化为衍生物的功能，如醚衍生物和 n- 烷基吡咯衍生物，都是通过差分得到的。在此基础上，建立了 Ramsay Crossing 干酪根的结构模型。

为了适应 Ramsay Crossing 油页岩中存在的大范围杂原子功能和长侧链，需要建立公式权重为 30000 的模型（实验式为 $C_{100}H_{160}N_{2.25}S_{0.68}O_{9.22}$）。由于沥青的含量很小（8.5%），并且需要保持有限的模型尺寸，因此不可能准确地表示沥青中化合物类型的范围。因为沥青的主要成分是羧酸衍生物，所以模型中所有的沥青都用羧酸衍生物表示。

这种类型的模型提供了比以前提出的（和高度推测的模型）更多的信息，并有助于说明紧密集成的表征建模—反应性方法的潜力，该方法可以提供足够详细的功能结构模型，可作为指导油页岩研究和解释实验结果的工具（Scouten，1990；Siskin et al.，1987a，1987b，1995）。

Français du Petrole 石油研究所（IFP）的工作人员对干酪根建模采用了一种截然不同的方法，并建立了代表三种干酪根的广义模型，以及对应石油中沥青质的成熟度函数。这项工作的重点是在原油地球化学有机方面的 IFP 方法的背景下，阐明三种干酪根类型的成熟化学过程。

最新的 IFP 模型（Behar and Vandenbroucke，1987）演示了成岩作用开始阶段（不包括可能由微生物作用主导的成岩作用早期阶段）、次生作用开始阶段（生油窗口开始）和成岩作用结束阶段（晚期气体开始生成）的干酪根。Ⅰ 型干酪根模型只建立在成岩作用的开始阶段和成岩作用的结束阶段，而 Ⅱ 型和 Ⅲ 型干酪根模型建立在成熟期的各个阶段。相应的沥青质成分仅在成岩作用结束 / 成岩作用开始时建模，此时沥青质成分最丰富。沥青质组分的分子量为 8000。这些模型是根据元素分析、红外光谱、^{13}C 核磁共振分析、热解（岩石评价法）和电子显微镜（条纹分析）结果建立的。

IFP 模型为三种类型干酪根之间的结构关系提供了一个有趣的观点。然而，许多油页岩含有 Ⅰ 型干酪根，其成熟状态大致对应于 IFP 所指定的 b 阶段。

IFP 的工作人员选择在他们的出版物中省略这个模型。然而，IFP 模型是广义的，并不打算精确地表示任何特定干酪根的结构，但人们普遍认为，在 Ⅰ 型干酪根中，大多数缩合环系统很小，只有少数较大的系统在成熟序列后期才完全芳香化。此外，在所有的 IFP 模型中，芳香烃都显示为平行薄片。但是，即使是纯芳香族衍生物，特别是那些具有 1~4 个环的体系，在油页岩干酪根中可能具有一些重要的作用，这些类型的芳香族衍生物也不会以这种平行薄片的形式结晶，而是以人字形排列形式结晶，从而最大限度地提高了边面相互作用。干酪根中高度取代的芳香族单位更不可能平行排列。

最后，在 IFP 模型中，官能团分布的趋势并非不合理，但值得记住的是，IFP 模型的细节反映了许多样品的平均分布和结构部分，并不代表任何特定的干酪根。

13.6.3 氧化

氧化降解是天然产物化学中用于结构测定的主要方法之一，也被用于检查干酪根结构（Vitorovic，1980）。碱性高锰酸盐和铬酸是两种最广泛使用的氧化剂，尽管臭氧、碘酸盐、硝酸、高氯酸、空气或氧气、过氧化氢和电化学氧化（在许多其他试剂中）也被使用。

干酪根的碱性高锰酸盐氧化有两种非常不同的方式。以前的工作通常使用为研究煤而开发的碳平衡方法。这种彻底氧化的产物是二氧化碳、草酸（$HO_2C—CO_2H$，来自芳香环）、不挥发性苯多羧酸，以及未氧化的有机碳。然而，由于脂类物质主要被氧化为二氧化碳，这种方法不太适合探测脂类含量高的干酪根的结构。这导致了逐步程序的发展，以使产物保留更多关于起始干酪根的结构信息。

逐步碱性高锰酸钾法的精细发展表明，通过在氢氧化钾水溶液中添加少量氧化剂——高锰酸钾（$KMnO_4$ 在 1% 的 KOH 水溶液中），可以最大限度地减少第一次形成的产物的不必要的二次氧化。在某些情况下，从逐步氧化得到的酸分子量太高，以至于它们在酸化时析出，不溶于醚，并且难以表征。在这些情况下，沉淀出的酸需要被进一步氧化，以产生所需的低分子量醚溶酸。

一般来说，碱性高锰酸盐可将烷基苯、烷基噻吩和烷基吡啶（但不包括烷基呋喃）氧化为相应的羧基酸。当芳香环上有一个电子供体基团（例如，—OH，—OR，或—NH$_2$）时，情况就不一样了。在这种情况下，芳香部分的降解通常很迅速。缩合芳香烃也被破坏，产生苯多羧酸。此外，由于苯本身也会在高温碱性高锰酸钾溶液中（缓慢）反应，因此建议谨慎使用。烯烃被迅速转化为相应的乙二醇，然后被清除为羧酸。

$$RCH = CHR^1 \longrightarrow RCH(OH)CH(OH)R^1 \longrightarrow RCO_2H + RCO_2H \qquad (13.1)$$

环烯烃生成二羧酸。可烯醇化酮也可能通过烯醇被裂解。

叔基和苄基碳氢羧基反应生成叔醇。在简单的烷基体系中，醇基的存在显著地加速了反应的速率。伯醇和仲醇被氧化成相应的酸和酮，碱性高锰酸盐氧化降解卟啉核，在温和条件下生成吡咯 -2，4- 二羧酸衍生物。卟啉侧链—CH$_3$，—CH$_2$CH$_3$，—CH$_2$CH$_2$CO$_2$H，—COCH$_3$ 和—CH(OH)CH$_3$ 存在于降解产物中，但—CH=CH$_2$ 和—CHO 侧链都被氧化为—CO$_2$H。

由铬酸（和其他含铬氧化剂）氧化干酪根所获得的结构信息通常与碱性高锰酸盐所获得的结构信息相似（Lee，1980；Vitorovic，1980）。然而，对于任何特定的技术，氧化产物中有机碳的回收率可能低至原始碳的 10%（Simoneit and Burlingame，1974）。因此，碱性高锰酸盐法通常被认为是解释干酪根中结构部分的最佳方法。

硝酸也被用于干酪根的氧化（Robinson et al.，1963）。然而，必须认识到硝酸的反应方式取决于温度、时间和浓度。因此，除了预期的氧化反应外，甚至干酪根产物中的芳香结构也被硝化。不过，硝酸已被成功地用于研究脂类的结构单位，其数据往往是对其他结构研究的补充。

臭氧（Rogers，1973）、空气（Robinson et al.，1965）、氧气（Robinson et al.，1965）和过氧化氢（Kinney and Leonard，1961）等氧化剂也被用于干酪根的氧化降解。与其他情况一样，强烈建议结构数据不要以一种氧化剂的绝对方式编制。各种方法得到的数据应相互补充，以便编制一个整体模型，解释干酪根在不同反应条件下的行为。

然而，对于干酪根结构特征对氧化的敏感性，以及氧化产物与干酪根结构之间的精确关系的研究较少。例如，高锰酸盐是一种强有力的，在某些情况下是一种激烈的，在有机实验室中长期使用的氧化剂。关于高锰酸盐氧化的文献是广泛的，此外，关于模型化合物的高锰酸盐氧化说明了有机化合物在氧化条件下的敏感性，这还不包括混合模型化合物（彼此）在反应混合物中的干扰的可能性。

一般来说，碱性高锰酸盐会氧化烷基苯衍生物、烷基噻吩衍生物和烷基吡啶衍生物，但不会氧化烷基呋喃衍生物和相应的羧酸衍生物。如果芳香环上有一个供给电子基团（如羟基取代基，—OH，醚取代基，—OR，或氨基取代基，—NH$_2$），则不成立。在这种情况下，芳香族部分的降解通常很迅速。缩合的芳香烃也遭到破坏，产生苯多羧酸。在解释产物数据（以及随后对起始物质化学性质的反向化学投影，在本例中是干酪根）时需要谨慎的必要性再怎么强调也不为过。

事实上，即使是使用温和的选择性氧化技术——比如逐步碱性高锰酸盐法——所提供的干酪根结构信息也是值得怀疑的。应该清楚的是，需要更多的信息来定义不同结构特征的反应性，并建立氧化产物与起始干酪根结构之间的明确关系。当这种方法有可能使干酪根的结构发生未确定的化学变化时，就不能保证它是可靠的。

13.6.4 热解法

当氧化法在有利条件下进行时，氧化法可以获得相当高的有机材料回收率，但确实会发生结构变化，某些特征会被消除。一种特别有吸引力的方法可以最大限度地减少难以处理的残留物的形成——以及重要结构特征的消失——一直是在中等温度下长时间加热干酪根，然后提取热解的干酪根（Hubbard and Robinson，1950）。

因此，有可能实现干酪根的完全转化，并将大于90%（质量分数）的原料回收为低分子量（液体）产物。然而，产物的变化也是热反应的一个特征，但从反应区逃逸出来的热碎片（由于其挥发性）很可能保留了干酪根的一些原始（骨架）特征。总的来说，微热浸提法是氧化研究的一种补充方法，可以为结构研究提供更低分子量的产物。

一种方法是在中等温度下长时间加热页岩，然后提取解聚的干酪根，以尽量减少难降解残留物的形成。另一种方法是将油页岩在低温下加热一段时间，然后将温度提高到常规的干馏温度，冷却，然后提取。在任何一种情况下，概念上的目标是将干酪根以最小程度冷凝解聚为难处理的物质，然后通过提取甚至回收非挥发性油。解聚的概念是基于干酪根是一种有机聚合物，在温和的热条件下产生单体的想法——这是一个值得怀疑的现实主义的方法。

是否存在热解聚的最佳时间—温度窗口仍未得到证实。例如，对于 Green River 组油页岩来说，两步工艺（两次加热 + 提取循环）被认为是不必要的，因为在提取之前只需简单地加热一段时间就可以获得相同的转化。然而，由于相对温和的条件，不需要添加试剂和控制时间，回收的有机物的改变应该是最小的，因此推断轻度热浸 / 萃取方法是一种有吸引力的替代氧化方法，可为结构研究提供液态产物。然而，这种方法没有考虑到化学过程的潜在变化或实验条件条件［如300℃（570℉）左右的温度］对反应产物的影响。

使用微热解—气相色谱—质谱联用（GC-MS）也可以提供有关干酪根结构单元的有价值的信息（Schmit-Collerus and Prien，1974）。除了在线微热解—气相色谱—质谱研究，更大的干酪根样品被热解以获得通过层析法［离子交换，与氯化铁（$FeCl_3$）和硅胶络合］分馏成化合物类的产物，然后通过凝胶渗透层析法分馏成分子量增加的馏分。这些样品可以通过传统的质谱技术及其他光谱研究技术进行研究。

这些研究得出的结论是，Green River 组干酪根含有两种不同类型的物质：（1）α- 干酪根，这是一种低芳香族含量的藻胶状物质；（2）β- 干酪根，芳香族含量高得多（可能是聚缩合）的物质。后者约占总质量的5%，呈红褐色。α- 干酪根生成了几种类型的产物：正链烷烃衍生物、支链烷烃衍生物、烷基萘衍生物、四氢萘衍生物、烷基取代三环衍生物或菲衍生物。这些结果表明，Green River 组干酪根中的大部分环单位（脂环衍生物、环烷衍生物、芳香族衍生物）都很小，含有 1~3 个环。

这些结论追踪了干酪根的潜在天然产物成分，但并不能充分描述干酪根的内在结构，不过它们确实表明了干酪根中环系统的潜在大小。

13.6.5 酸催化分解

在氯化亚锡（$SnCl_2$）存在下使用氢解来降解干酪根，可提供用于可观数目的表征目的液态产物。在这些条件下，大部分杂原子通常被去除：氮转化为氨，氧转化为二氧化碳或水，硫转化硫化氢。从这些数据可以得出结论，在干酪根结构中，氮、氧和硫的功能组成了核间链（而不是它们存在于环系统中）。这些结论似乎与假定这些杂原子存在于环结构中的其他数据不一致，但这可能是实验中采用的极端降解条件的结果，在较温和的条件下进行检查是有必要的。

13.7 结构模型

阐明干酪根的化学组成是分子有机地球化学中最具挑战性的目标。通过元素分析和红外光谱或核磁共振光谱测定官能团或芳香度得到了一些成分约束。此外，干酪根或相关物质的热解产生了小的结构单元，其中一些可能是最初存在于大分子中的部分，而另一些可能是通过二次反应形成的。目前几乎没有关于各种结构单元相互连接的方法的信息（Rullkötter and Michaelis，1990）。

为了将大量关于干酪根结构的信息收集成便于指导研究和开发的形式，人们建立了干酪根结构模型。这些模型并不用于描述干酪根的分子结构，至少不是从双螺旋结构描述脱氧核糖核酸（DNA）的结构的意义上，甚至不是从合成聚合物被描述为连接形成具有明确结构的链的单体的意义上。干酪根模型代表了在现有数据的基础上，以最合理的方式将框架碎片和官能团描绘成一个三维网络的尝试。

尽管在构建干酪根概念模型方面已经做了很多工作，然而，考虑到干酪根复杂的大分子结构，包括抗性生物大分子和重组的生物降解产物，任何详细的化学模型都只能代表平均结构，而这种结构是否真正代表干酪根的性质和特性还存在很大争议。

任何化学结构，尽管有很高的细节，但更可能的是，干酪根化学结构的真实表示没有任何意义，只能获得最多代表尽可能多的物理化学分析数据集的概念模型，但也包括许多假设。尽管很难用化学结构来描述这种复杂的大分子混合物，但人们提出了许多沉积有机质的结构或化学模型，试图将干酪根的许多性质可视化。事实上，一个旨在表示物理或波谱性质的模型可以是一个结构模型，而描述化学相互作用或裂解反应的模型更可能是一个分子模型，输入和输出数据的权重和细节将取决于这些模型的用途（Vandenbroucke，2003）。

人们已经提出了多种干酪根结构模型，其中采用了多维方法。这种方法非常有价值，因为它汇集了几种分析方法的结果。事实上，这些方法在推断干酪根结构类型方面的成功，也可以与使用类似的方法来推断原油沥青质部分的结构类型相媲美（Speight，2014）。这种结构模型在这里是值得肯定的，因为它们提供了干酪根结构的整体图像，甚至可以预测性质和特征。如果模型不匹配这样的特征和属性，那么模型就必须重做，因为这样它就变得没有什么价值了。

一些油页岩的模型已经被制作出来，如 Green River 组页岩（Yen，1976；Siskin et al.，1995），然后是不同成熟阶段的三种主要干酪根类型（Behar and Vandenbroucke，1986，1987）。最后，计算机化分子建模的发展使得构建出来的三维分子模型不仅满足键的长度和方向，而且满足最小能量配置（Vandenbroucke，2003）。虽然它永远不可能代表真正的干酪根结构，因为它是各种不能单独分析的非聚合大分子的混合物，但这种平均干酪根结构的模型，通过从各种分析中获得大量信息，可以提供不同来源的沉积有机质之间主要相似点和不同点的综合观点。此外，必须认识到，没有任何一种分析技术能够提供足够的信息来构建干酪根大分子结构的精确模型。例如，大多数研究人员现在使用多维（多种技术）方法，但通常情况下，不同工作人员使用的技术有不同的优势，可能强调干酪根结构的不同特征。样本间的差异和不同隔离技术的使用也使问题复杂化。

干酪根的氧化降解模型建立在铬酸氧化降解的基础上（Simoneit and Burlingame，1974）。对沥青的研究提供了额外的信息，同样主要是通过质谱分析，并将其纳入结构模型，该模型包括包含未知性质的捕获有机化合物的未定义结构区域，以及通过不可水解的碳—碳键和可水解的酯键连接到主结构的侧链。酯键也被认为是存在的，该模型还包括一个脂环（环烷环）。要理解这个模型，重要的是要回忆起氧化产物（酸和酮）——这个结构的大部分基础——只代表了总有机碳的一小部分。

干酪根的另一个模型是根据干酪根的逐步碱性高锰酸盐氧化得到的数据建立的，该氧化产生高产的羧酸。根据氧化结果，提出了一种交联大分子网络结构。该模型最显著的特点是直链基团在网络主干中的优势。该网络同时承载线性侧链和分支侧链；分支点在模型中用开圈表示。这个模型符合许多重要的实验观察，包括可逆膨胀和膨胀状态下的凝胶状橡胶行为，但不能令人满意地解释碳 13 磁共振波谱观察到的芳香碳或元素分析确定的氮和硫含量。

另一个干酪根模型（Schmidt-Collerus and Prien，1974）由微热解—质谱研究确定的亚单位组装而成。该模型的主要特征包括：构成一个三维大分子网络和一个非常均匀的碳氢化合物部分，其中大部分由小的脂环和部分氢化芳香亚基组成，杂环很少。长链的亚烯和类异戊二烯单位和醚在这种结构中充当相互连接的桥梁。被包裹的物质（沥青）包括长链烷烃、正烷基和支链羧酸。该模型为烃单元的类型和作用提供了有用的观点，但不强调杂原子官能团和环，可能是因为含有这些元素的基团不能通过微热解技术有效地检测到。

其他有关干酪根结构的模型也通过各种各样的技术进行了探索，包括逐步碱性高锰酸盐和重铬酸盐—乙酸氧化，电化学氧化和还原（在非水的乙二胺—氯化锂中），以及 X 射线衍射技术。对于特定的干酪根样品，得出的结论是：（1）芳香度低，但可能存在孤立的碳—碳双键；（2）结构主要由三环至四环环烷衍生物组成；（3）氧主要以酯和醚的形式存在；（4）干酪根结构包括一个三维网络，醚在这个网络中充当交联；（5）由二硫化物、氮杂环基团、不饱和类异戊二烯链提供附加连接，氢键和电荷转移相互作用。研究人员利用这些组件作为构建模块，设想了一个多聚物网络，可萃取的沥青分子可以根据其大小或多或少地在网络内自由地存留。

为了进一步解释从高锰酸盐逐级氧化的单个步骤中所获得的产物中所观察到的变化，有人认为，对于单个干酪根颗粒而言，存在核加壳的排列。核心是一个交联区域，包含大部分烷基链和亚烷基链，大部分干酪根为环烷环结构。另一方面，壳层交联更紧密，包含大部分杂原子官能团和杂环。从地球化学的观点来看，这是有趣的，因为这个模型的外壳是与矿物基质接触的干酪根部分；杂原子功能往往比碳氢链与矿物的相互作用更强。由此产生的复合材料中的有机—矿物相互作用将理想地阻碍矿物与干酪根的物理分离。这样的画面与其他工作人员（Siskin et al., 1987a，1987b）在化学辅助油页岩富集方面得到的数据是一致的。

干酪根的另一个假设模型是基于探索干酪根结构的多维方法的结果，其中还包括对干酪根中官能团的详细分析（Scouten et al., 1987; Siskin et al., 1995）。通过与其他干酪根模型的比较，可以说明该干酪根模型的一些关键特征。脂类物质是该模型最明显的特征，与其他干酪根模型相比，脂类部分更长、更线性。此外，脂类部分以烷基桥和烷基侧链的形式存在，并且由于石蜡—石蜡相互作用而形成的二级结构在干酪根中很重要。环烷环和部分氢化的芳香环对脂类也有重要贡献。典型的环系统仅比其他干酪根模型略大，但尺寸分布明显更宽；存在大量较大的 4~5 环系统。

然而，另一种推导干酪根结构模型的方法涉及一个更一般化的过程，即从相应的石油样本中建立代表三种类型的干酪根和沥青质组分作为成熟度函数的模型（Tissot and Espitalie, 1975; Behar and Vandenbroucke, 1987）。这项工作的重点是阐明三种干酪根类型的成熟化学过程，并表示成岩作用开始时的干酪根（不包括成岩作用的早期阶段，该阶段可能由微生物作用主导）（Behar and Vandenbroucke, 1987）。这些模型为三种类型干酪根之间的结构关系提供了一个有趣的观点（Vandenbroucke, 2003）。

参 考 文 献

Anders, D.E., Robinson, W.E., 1971. Cycloalkane constituents of the bitumens from Green River shale. Geochem. Cosmochim. Acta 35, 661.

Anders, D.E., Doolittle, F.C., Robinson, W.E., 1975. Polar constituents isolated form Green River oil shale. Geochem. Cosmochim. Acta 39, 1423e1430.

Anderson, Y.C., Gardner, P.M., Whitehead, E.V., Anders, D.E., Robinson, W.E., 1969. The isolation of steranes from Green River oil shale. Geochem. Cosmochim. Acta 33, 1304e1307.

Bandurski, E., 1982. Structural similarities between oil-generating kerogens and petroleum asphaltenes. Energy Sources 6, 47e66.

Barakat, A.O., Yen, T.F., 1988. Novel identification of 17-beta（H）-Hopanoids in Green River oil shale kerogen. Energy Fuels 2, 105e108.

Béhar, F., Vandenbroucke, M., 1986. Représentation chimique de la structure des kérogènes et des asphaltènes en fonction de leur origine et de leur degré d'évolution. Oil & Gas Science and Technology - Rev. Institut Français du Petrole 41, 173e188.

Behar, F., Vandenbroucke, M., 1987. Chemical modeling of kerogen. Org. Geochem. 11, 15e24.

Bousige, C., Matei Ghimbeu, C., Vix-Guterl, C., Pomerantz, A.E., Suleimenova, A., Vaughan, G., Garbarino, G., Feygenson, M., Wildgruber, C., Ulm, F.J., Pelleng, R.J.M., Coasne, B., 2016. Realistic molecular model of kerogen's nanostructure. Nat. Mater. 15, 576e582.

Briggs, D.E.G., 1999. Molecular taphonomy of animal and plant cuticles: selective preservation and diagenesis. Philos. Trans. R. Soc. Lond. B 354, 7e16.

Budinova, T., Huang, W.L., Racheva, I., Tsyntsarski, B., Petrova, B., Yardim, M.F., 2014. Investigation of kerogen transformation during pyrolysis by applying a diamond anvil cell. Oil Shale 31（2）, 121e131.

Cassani, F., Eglinton, G., 1986. Organic geochemistry of Venezuelan extra-heavy oils, 1. Pyrolysis of asphaltenes: a technique for the correlation and maturity evaluation of crude oils. Chem. Geol. 56, 167e183.

Craddock, P.R., Le Doan, T.V., Bake, K., Polyakov, M., Charsky, A.M., Pomerantz, A.E., 2015. Evolution of kerogen from bitumen during thermal maturation via semi-open pyrolysis investigated by infrared spectroscopy.

Energy Fuels 29 (4), 2197e2221.

Cummins, J.J., Robinson, W.E., 1964. Normal and isoprenoid hydrocarbons isolated from oil-shale bitumen. J. Chem. Eng. Data 9, 304e306.

De Leeuw, J.W., Largeau, C., 1993. A review of macromolecular organic compounds that comprise living organisms and their role in kerogen, coal and petroleum formation. In: Engel, M.H., Macko, S.A. (Eds.), Organic Geochemistry: Principles and Applications. Plenum Press, New York, pp. 23e62.

Demaison, G.J., Moore, G.T., 1980. Anoxic Environments and Oil Source Bed Genesis AAPG Bulletin, vol. 64. American Association of Petroleum Geologists, Tulsa, Oklahoma, pp. 1179e1209.

Durand, B., 1980. Kerogen: Insoluble Organic Matter from Sedimentary Rocks. Editions Technip, Paris, France.

Durand, B., Nicaise, G., 1980. Procedures of kerogen isolation. In: Durand, B. (Ed.), Kerogen, Insoluble Organic Matter from Sedimentary Rocks. Éditions Technip, Paris, France, pp. 35e53.

El Nady, M.M., Hammad, M.H., 2015. Organic richness, kerogen types and maturity in the shales of the dakhla and Duwi formations in abu tartur area, Western desert, Egypt: implication of rockeeval pyrolysis. Egyptian Journal of Petroleum 24, 423e428.

Emerson, S., 1985. Organic carbon preservation in marine sediments. In: Sundquist, E.T., Broecker, W.S. (Eds.), The Carbon Cycle and Atmospheric CO_2: Natural Variations from Archean to Present. American Geophysical Union, Geophysical Monograph No. 32. American Geophysical Union, Washington, DC, pp. 78e86.

Erdman, J.G., 1981. Some chemical aspects of petroleum genesis. In: Atkinson, G., Zuckerman, J.J. (Eds.), Origin and Chemistry of Petroleum. Pergamon Press, New York.

Fenton, M.D., Henning, H., Ryden, R.L., 1981. In: Stauffer, H.C. (Ed.), Oil Shale, Tar Sands and Related Materials. American Chemical Society, Washington, D.C, p. 315.

Fester, J.I., Robinson, W.E., 1966. Oxygen Functional Groups in Green River Oil-Shale Kerogen and Trona Acids. Coal Science. Advances in Chemistry Series No., vol. 55. American Chemical Society, Washington, DC, p. 22.

Forsman, J.P., 1963. Geochemistry of kerogen. In: Breger, I.A. (Ed.), Organic Geochemistry. Pergamon Press, Oxford, England, pp. 148e182.

Forsman, J.P., Hunt, J.M., 1958. Insoluble organic matter (kerogen) in sedimentary rocks of marine origin. In: Habitat of Oil. L.G. Weeks. American Association of Petroleum Geologists, Tulsa, Oklahoma, p. 747.

Goklen, K.E., Stoecker, T.J., Baddour, R.F., 1984. A method for the isolation of kerogen from Green River oil shale. Ind. Eng. Chem. Prod. Res. Dev. 23 (2), 308e311.

Goth, K., deLeeuw, J.W., Puttman, W., Tegelaar, E.W., 1998. Origin of messel oil shale kerogen. Nature 336, 759e761.

Gupta, N.S., Yang, H., Leng, Q., Briggs, D.E.G., Cody, G.D., Summons, R.E., 2009. Diagenesis of plant biopolymers: decay and macromolecular preservation of metasequoia. Org. Geochem. 40, 802e809.

Hill, G.R., Dougan, P., 1967. The characteristics of a low temperature in situ shale oil. Paper No. SPE-1745-MS. In: Proceedings. Annual Meeting of the American Institute of Mining, Metallurgical, and Petroleum Engineers. Society of Petroleum Engineers, Richardson, Texas, Los Angeles, California.

Himus, G., Basak, G.C., 1949. Analysis of coals and carbonaceous materials containing high percentages of inherent mineral matter. Fuel 28, 57e65.

Höld, M., Brussee, M.J., Schouten, S., Sinninghe Damsté, J.S., 1998. Changes in the Molecular Structure of a Type II-S Kerogen (Monterey Formation, U.S.A.) During Sequential Chemical Degradation. Org. Geochem. 29 (5e7), 1403e1417.

Holmes, S.A., Thompson, L.F., 1981. Nitrogen-Type Distribution in Hydrotreated Shale Oils: Correlation with Upgrading Process Conditions. In: Gary, J.H. (Ed.), Proceedings. 14th Oil Shale Symposium. Colorado School of Mines Press, Golden, Colorado, p. 235.

Hubbard, A.S., Fester, J.I., 1958. Hydrogenolysis of Colorado Oil-Shale Kerogen. Ind. Eng. Chem. 3, 147e152.

Hubbard, A.B., Robinson, W.E., 1950. A Thermal Decomposition Study of Colorado Oil Shale. Report of Investigations No. 4744. United States Bureau of Mines, US Department of the Interior, Washington, DC.

Hubbard, A.B., Smith, H.N., Heady, H.H., Robinson, W.E., 1952. Method of Concentrating Kerogen in Colorado Oil Shale. Report of Investigations No. 5725. United States Bureau of Mines, US Department of the Interior, Washington. DC.

Hunt, J.M., 1996. Petroleum Geochemistry and Geology, second ed. W.H. Freeman, San Francisco.

Hutton, A., Bharati, S., Robl, T., 1994. Chemical and Petrographic Classification of Kerogen/Macerals. Energy Fuels 8, 1478e1488.

Keleman, S.R., Walters, C.C., Ertas, D., Kwiatek, L.M., Curry, D.J., 2006. Petroleum Expulsion Part 2. Organic Matter Type and Maturity Effects on kerogen Swelling by Solvents and Thermodynamic Parameters for Kerogen from Regular Solution Theory. Energy Fuels 20 (1), 301e308.

Khatibi, S., Ostadhassan, M., Tuschel, D., Gentzis, T., Humberto Carvajal-Ortiz, H., 2018. Evaluating Molecular Evolution of Kerogen. by Raman Spectroscopy: Correlation with Optical Microscopy and Rock-Eval Pyrolysis. Energies 11, 1406e1424.

Kinney, C.R., Leonard, J.T., 1961. Ozonization of Chattanooga Uraniferous Black Shale. J. Chem. Eng. Data 6, 474e476.

Kok, M.D., Schouten, S., Sinninghe Damsté, J.S., 2000. Formation of Insoluble, Nonhydrolyzable, Sulfur-rich Macromolecules via Incorporation of Inorganic Sulfur Species into Algal Carbohydrates. Geochem. Cosmochim. Acta 64, 2689e2699.

Larter, S.R., Senftle, J.T., 1985. Improved Kerogen Typing for Petroleum Source Rock Analysis. Nature 318, 277e280.

Leavitt, D.R., Tyler, A.L., Kafesjian, A.S., 1987. Kerogen Decomposition Kinetics of Selected Green River and Eastern US Oil Shales from Thermal Solution Experiments. Energy Fuels 1 (6), 520e525.

Lee, D.G., 1980. The Oxidation of Organic Compounds by Permanganate Ion and Hexavalent Chromium. Open Count Publishing Company, La Salle, Illinois.

Lee, S., 1991. Oil Shale Technology. CRC Press, Taylor & Francis Group, Boca Raton, Florida.

Lewan, M.D., 1998. Sulfur-radical Control on Petroleum Formation Rates. Nature 391 (6663) .

Mann, A.L., Patience, R.L., Poplett, I.J.F., 1991. Determination of Molecular Structure of Kerogens Using 13C NMR spectroscopy: I. The Effects of Variation In Kerogen Type. Geochem. Cosmochim. Acta 55, 2259e2268.

Martin, G., 1993. Pyrolysis of Organo-sulfur Compounds. In: Patai, S., Rappoport, Z. (Eds.), The Chemistry of Sulfur Containing Functional Groups. John Wiley & Sons Inc., Hoboken, New Jersey, pp. 395e437.

Massoud, M.S., Kinghorn, R.R.F., 1985. A New Classification for the Organic Components of Kerogen. Jounral of Petroleum Geology 8 (1), 85e100.

McCollum, J.D., Wolff, W.F., 1990. Chemical Beneficiation of Shale Kerogen. Energy & Fuels, 1990 4, 11e14.

Mösle, B., Collinson, M.E., Finch, P., Stankiewicz, B.A., Scott, A.C., Wilson, R., 1998. Factors Influencing the Preservation of Plant Cuticles: A Comparison of Morphology and Chemical Comparison of Modern and Fossil Examples. Org. Geochem. 29, 1369e1380.

Mycke, B., Narjes, F., Michaels, W., 1987. Bacterio-hopanetetrol from Chemical Degradation of an Oil Shale Kerogen. Nature 326, 179e181.

Orr, W.L., 1986. Kerogen/Asphaltene/Sulfur Relationships in Sulfur-Rich Monterey Oils. Org. Geochem. 10, 499e516.

Pederson, T.F., Calvert, S.E., 1990. Anoxia versus Productivity: What Controls the Formation of Organic-Carbon-Rich Sediments and Sedimentary Rocks?: AAPG Bulletin, vol. 74. American Association of Petroleum Geologists, Tulsa, Oklahoma, pp. 454e466.

Pelet, R., Durand, B., 1984. In: Perakis, L., Fraissard, J.P. (Eds.), Magnetic Resonance: Introduction, Advanced Topics, and Applications to Fossil Energy. D. Reidel, Norwell, Massachusetts.

Pelet, R., Behar, F., Monin, J.C., 1985. Resins and Asphaltenes in the Generation and Migration of Petroleum. Org. Geochem. 10, 481e498.

Peters, K.E., Cassa, M.R., 1994. Applied Source Rock Geochemistry. In: Magoon, Dow, W.G. (Eds.), The Petroleum System e from Source to Trap. AAPG Memoir 60. American Association of Petroleum Geologists, Tulsa, Oklahoma.

Peters, K.E., Moldowan, J.M., 1993. The Biomarker Guide. Prentice Hall, Englewood Cliffs, New Jersey.

Reading, H.G., 1996. Sedimentary Environments and Facies. Blackwell Scientific Publications, Oxford, united Kingdom.

Regtop, R.A., Crisp, P.T., Ellis, J., 1982. Chemical Characterization of Shale Oil from Rundle, Queensland. Fuel 61, 185e192.

Requejo, A.G., Gray, N.R., Freund, H., Thomann, H., Melchior, M.T., Gebhard, L.A., Bernardo, M., Pictroski, C.F., Hsu, C.S., 1992. Maturation of Petroleum Source Rocks. 1. Changes In Kerogen Structure And Composition Associated With Hydrocarbon Generation. Energy Fuels 6(2), 203e214.

Riboulleau, A., Derenne, S., Largeau, C., Baudin, F., 2001. Origin of Contrasting Features and Preservation Pathways in Kerogens from the Kashpir Oil Shales (Upper Jurassic, Russian Platform) . Org. Geochem. 32, 647e665.

Robinson, W.E., 1969. Kerogen of the Green River Formation. In: Eglinton, G., Murphy, M.T.J. (Eds.), Organic Geochemistry. Springer-Verlag, Berlin, Germany, pp. 181e195.

Robinson, W.E., Dineen, G.U., 1967. Constitutional Aspects of Oil Shale Kerogen. In: Proceedings. 7th World Petroleum Congress. Elsevier, Amsterdam, p. 669.

Robinson, W.E., Lawlor, D.L., Cummins, J.J., Fester, J.I., 1963. Oxidation of Colorado Oil Shale. Report of Investigations No. 6166. United States Bureau of Mines, US Department of the Interior, Washington, DC.

Robinson, W.E., Cummins, J.J., Dineen, G.U., 1965. Changes in Green River Oil-Shale Paraffins with Depth. Geochem. Cosmochim. Acta 29, 249.

Robinson, W.E., 1976. Origin and Characteristics of Green River Oil Shale. In: Yen, T.F., Chilingar, G.V.(Eds.), Oil Shale. Elsevier BV., Amsterdam, Netherlands, pp. 61e80.

Rogers, M.P., 1973. Bibliography of Oil Shale and Shale Oil. Bureau of Mines Publications. Laramie Energy Research Center, United States Bureau of Mines, Laramie, Wyoming.

Rullkötter, J., Michaelis, W., 1990. The Structure of Kerogen and Related Materials. A Review of Recent Progress and Future Trends. Org. Geochem. 16(4e6), 829e852.

Saxby, J.D., 1976. Chemical Separation and Characterization of Kerogen from Oil Shale. In: Yen, T.F., Chilingarian, G.V.(Eds.), Oil Shale. Elsevier, Amsterdam, Netherlands, p. 103.

Schmidt-Collerus, J.J., Prien, C.H., 1974. Hydrocarbon Structure of Kerogen from Oil Shale of the Green River Formation. Preprints. Div. Fuel Chem. Am. Chem. Soc. 19(2), 100.

Scouten, C.G., Siskin, M., Rose, K.D., Aczel, T., Colgrove, S.G., Pabst, R.E., 1987. Detailed Structural Characterization of the Organic Material in Rundle Ramsay Crossing oil Shale. In: Proceedings. 4th Australian Workshop on Oil Shale. Brisbane, Australia, pp. 94e100.

Scouten, C., 1990. Oil Shale. In: Speight, J.G. (Ed.), Fuel Science and Technology Handbook. Marcel Dekker Inc., New York.

Simoneit, B.R.T., Burlingame, A.L., 1974. Study of organic Matter in DSDP(JOIDES)Cores, Legs 10-15. In: Tissot, B., Bienner, F. (Eds.), Advances in Organic Geochemistry 1973. Editions Technip, Paris, France, p. 191.

Siskin, M., Brons, G., Payack, J.F., 1987a. Disruption of Kerogen-Mineral Interactions in Oil Shales. Preprints. Div. Petrol. Chem. Am. Chem. Soc. 32(1), 75.

Siskin, M., Brons, G., Payack, J.F., 1987b. Disruption of Kerogen-Mineral Interactions in Oil Shales. Energy Fuels 1, 248e252.

Siskin, M., Scouten, C.G., Rose, K.D., Aczel, T., Colgrove, S.G., Pabst Jr., R.E., 1995. Detailed Structural Characterization of the Organic Material in Rundle Ramsay Crossing and Green River Oil Shales. In: Snape, C. (Ed.), Composition, Geochemistry and Conversion of Oil Shales. Kluwer Academic Publishers, Dordrecht, Netherlands, pp. 143e158.

Smith, J.W., Higby, L.W., 1960. Preparation of Organic Concentrate from Green River Oil Shale. Anal. Chem. 32, 1718e1719.

Speight, J.G., 2008. Synthetic Fuels Handbook: Properties, Processes, and Performance. McGraw-Hill, New York, p. 2008.

Speight, J.G., 2009. Enhanced Recovery Methods for Heavy Oil and Tar Sands. Gulf Publishing Company, Houston, Texas.

Speight, J.G., 2013. The Chemistry and Technology of Coal, third ed. CRC-Taylor and Francis Group, Boca Raton, Florida.

Speight, J.G., 2014. The Chemistry and Technology of Petroleum, fourth ed. CRC Press, Taylor and Francis Group, Boca Raton, Florida.

Stach, E., Mackowsky, M.-T., Teichmüller, M., Taylor, G.H., Chandra, D., Teichmüller, R., 1982. Coal Petrology. Gebrüder Borntraeger, Berlin, Germany.

Stankiewicz, B.A., Briggs, D.E.G., Michels, R., Collinson, M.E., Evershed, R.P., 2000. Alternative Origin of Aliphatic Polymer in Kerogen. Geology 28, 559e562.

Tegelaar, E.W., deLeeuw, J.W., Derenne, S., Largeau, C., 1989. A reappraisal of kerogen formation. Geochem. Cosmochim. Acta 53, 3103e3106.

Tissot, B., Espitalité, J., 1975. L'Evolution Thermique de la Matiere Organiques des Sediments: Application d'une Simulation Mathematique. Revue Institut Français du Pétrole. 30, 743.

Tissot, B., Deroo, G., Hood, A., 1978. Geochemical Study of the Uinta Basin: Formation of Petroleum from the Green River Formation. Geochem. Cosmochim. Acta 42, 1469.

Tissot, B., Welte, D.H., 1984. Petroleum Formation and Occurrence, second ed. Springer-Verlag, Berlin, Germany.

Tyson, R.V., Pearson, T.H. (Eds.), 1991. Modern and Ancient Continental Shelf Anoxia, vol. 58. Geological Society of London Special Publication No, London, United Kingdom, pp. 1e24.

Uden, P.C., Siggia, S., Jensen, H.B. (Eds.), 1978. Analytical Chemistry of Liquid Fuel Sources. Advances in Chemistry Series No. 170. American Chemical Society, Washington, DC.

USGS, 1995. United States Geological Survey. Dictionary of Mining and Mineral-Related Terms, second ed. Bureau of Mines & American Geological Institute. Special Publication SP 96-1, US Bureau of Mines, US Department of the Interior, Washington, DC.

Vadovic, C.J., 1983. Characterization of Shales using Sink Float Procedures. In: Miknis, F.P., F McKay, J. (Eds.), Geochemistry and Chemistry of Oil Shales. Symposium Series No. 230. American Chemical Society, Washington, DC, p. 385.

Vandenbroucke, M., 2003. Kerogen: From Types to Models of Chemical Structure. Oil & Gas Science and Technology. Revue Institut Français du Pétrole. 58, 243e269.

Vandenbroucke, M., Largeau, C., 2007. Kerogen Origin, Evolution and Structure. Org. Geochem. 38(5), 719e833.

Vitorovic, D., 1980. Structure Elucidation of Kerogen by Chemical Methods. In: Durand, K.B. (Ed.). Editions Technip, Paris, France, p. 301.

Wang, Q., Hou, Y., Wu, W., Liu, Q., Liu, Z., 2018. The Structural Characteristics of Kerogens in Oil Shale with Different Density Grades. Fuel 219, 151e158.

Wen, C.S., Kobylinski, T.P., 1983. Low-Temperature Oil Shale Conversion. Fuel 62(11), 1269e1273.

Whelan, J.K., Farrington, J.W. (Eds.), 1992. Organic Matter: Productivity, Accumulation, and Preservation in Recent and Ancient Sediments. Columbia University Press, New York.

Whelan, J.K., Thompson-Rizer, C.L., 1993. Chemical Methods for Assessing Kerogen and Protokerogen Types and Maturity. In: Engel, M.H., Macko, S.A. (Eds.), Organic Geochemistry. Topics in Geobiology, vol. 11. Springer, Boston, Massachusetts.

Williams, P.F.V., Douglas, A.G., 1981. Kimmeridge Oil Shale: A Study of Organic Maturation. In: Brooks, J. (Ed.), Organic Maturation Studies and Petroleum Exploration. Academic Press, London, England, p. 255.

Yen, T.F., 1976. Structural Aspects of Organic Components in Oil Shales. In: Yen, T.F., Chilingarian, G.V. (Eds.), Oil Shale. Developments in Petroleum Science, vol. 5. Elsevier B.V., Amsterdam, Netherlands. Page, pp. 129e148.

第14章 开采与干馏

14.1 引言

页岩油可以通过地上（异位）或地下（原位）干馏工艺从油页岩中生产。

当覆盖层过大时，需要进行地下开采。在进行地下开采时，需以垂直、水平方向或定向进入含干酪根地层，因此必须有一个坚固的顶板结构，以防止坍塌或塌方，必须提供通风，还必须规划紧急出口。在绿河（Green River）组储层中，房柱式开采一直是首选的地下开采方式。Cleveland-Cliffs、美孚、埃克森、雪佛龙、菲利普（Phillips）和 Unocal 公司已经安全、成功地开发、试验和示范了此项先进技术（Burnham and McConaghy，2006）。目前的技术水平允许在绿河组储层中切割厚达 27m 的岩层，其中的含矿层厚度可达数百米。机械式连续挖掘机也在该地质环境中进行了选择性测试。根据各种干馏工艺对矿石尺寸的要求，开采的油页岩可能需要使用回转式、颚式、圆锥式或辊式破碎机进行破碎，这些破碎机都已成功用于油页岩开采作业当中。

地下开采方式更适用于 Piceance 盆地的油页岩资源，而其他地区的开采条件则有较大差异。地下开采受矿石物理性质和地下水存在的影响较大。采用地下开采方式的 Anvil Points 油页岩研究设施（APF）于 1944 年至 1956 年由美国矿务局运营，之后由其他公司运营，直至 1984 年退役。联合石油（Union Oil）、美孚石油（Mobil Oil）和殖民地开发（Colony Development）公司也成功应用了地下开采方式，并计划用于 Exxon Colony 页岩油项目（现已终止）。以上应用中，矿井均采用了房柱式设计。

在开采过程中，从储层先挖掘出一些页岩，然后将剩余页岩爆破形成空隙，以提高油页岩地层的渗透性。第一步，在油页岩岩层底部挖一条隧道，并移除足量的页岩，形成一个与后来的干馏炉横截面积相同的房间。在房间屋顶钻孔，直至干馏炉所需的高度，孔中装满在第二步中用于引爆的炸药。用破碎的页岩填充烟囱状的地下干馏炉，然后密封隧道入口，从地表（或从较高的挖掘位置）钻一个注入孔直达碎石柱顶部。通过喷射空气和燃烧的燃料气体点燃碎石柱，顶层燃烧产生的热量通过气流向下传递。下层被热解，油蒸气被扫到干馏炉底部的一个集油槽中，从那里被泵送到地面。燃烧区域沿着干馏炉缓慢向下移动，由干馏层中的余碳提供热量。当燃烧区域到达干馏炉底部时，空气停止流动，燃烧随之停止。生成的粗页岩油既可以作为锅炉燃料，也可以通过加氢精制进一步转化为合成原油。

因此，页岩油是通过油页岩干酪根组分的热分解产生的。油页岩必须加热到 400~500℃（750~930℉），才能将内含的沉积物转化为干酪根油和可燃气体。通常，对于固体化石燃料，挥发性产物的产量主要取决于可转化的固体燃料中的氢含量。因此，与煤相比，油页岩干酪根中如果含有更多的氢，在热分解时可以产生相对更多的油气（Speight，2008，2013，2014）。如果想要将页岩油作为原油的替代品，其组分是需要考虑的非常重要的因素。

油页岩热加工制油的历史相当长，采用了不同的设施和技术。原则上，热处理有两种方式：（1）通过将油页岩加热至约500℃（930℉）进行低温处理——半焦化或干馏；（2）高温处理——焦化——加热至1000~1200℃（1830~2190℉）。

高产油页岩储层每吨矿石可产25gal油。美国每天大约需要开采800×10⁴t矿石，生产的页岩油才能达到每天（1700~2000）×10⁴bbl油需求量的四分之一，这将导致大量废页岩需要进行环保处理。

油页岩储层热加工生产页岩油的工艺同油砂生产工艺一样分为两类：（1）异位生产方式，在地面开采和加工；（2）原位生产方式，原位（地下）加热页岩（Yen，1976；Scouten，1990）。在第一种方式（异位生产）中，油页岩被开采、粉碎，然后在地面油页岩干馏炉中进行热加工，热解和燃烧过程均在地面干馏炉中完成。在第二种方式（原位生产）中，页岩留在原地，页岩的干馏（例如加热）在地下进行。

通常，地面工艺包括三个主要步骤：（1）油页岩开采和矿石制备；（2）油页岩热解生产干酪根油；（3）干酪根油加工生产精炼原油和高价值化学品。对于较深、较厚的岩层，不适合地面或深层开采方式，可以通过原位技术生产页岩油。原位生产方式通过在自然沉积环境中加热油页岩资源，可最大限度地省去开采和地面热解。

原位生产方式的优点是不需要开采，不在地面产生废页岩，所需的地面设施最少。然而其主要缺点是该技术不先进，仅适用于埋藏不深的岩层，油产率低于其他方法，干馏后的页岩留在地下，可能被地下水淋滤溶蚀。

另一种生产方式是采用改进原位（MIS）工艺。这一生产工艺是从页岩岩层中挖掘出一些页岩，然后将剩余页岩爆破形成空隙，以提高油页岩储层的渗透性。第一步，在油页岩岩层底部挖一条隧道，清除足量的油页岩，形成一个与后来的干馏炉横截面积相同的房间。在房间的屋顶钻孔，直至干馏炉所需的高度，孔内装满在第二步中要引爆的炸药，烟囱状的地下干馏炉中填充破碎的页岩。然后密封隧道入口，从地面（或较高的挖掘位置）钻一个注入孔至碎石桩顶部。通过喷射空气和燃烧的燃料气体点燃碎石柱，顶层燃烧产生的热量通过气流向下传递。下层被热解，油蒸气被扫到干馏炉底部的收集区（集油槽），冷凝蒸气从该收集区被泵送到地面。燃烧区域沿着干馏炉缓慢向下移动，由干馏层中的余碳提供热量。当该区域到达干馏炉底部时，空气停止流动，燃烧随之停止。

改进原位工艺要求挖掘20%~40%的岩层后再进行干馏，并涉及更多的地面设施和废物处理。每吨岩石加工后所回收的油比传统的原位生产方式多，但比地上加工生产的少。与地下开采和地上加工的综合生产方式相比，改进后的原位工艺每英亩的油产率可能更高，但低于地面开采和地面加工的生产方式。异位生产（地上加工生产）的主要优势是页岩油的采收率相对较高，主要缺点是采矿、废物处理工作量庞大，而且需要大量的地面设施。

如果能够开发出一种移除大片油页岩岩层的技术，就可以采用横向的改进原位工艺。这种工艺使用溶液开采：将流体注入地层，以溶解油页岩层中的可溶盐，形成一个蜂窝状的空隙空间，然后注入的引爆炸药液分布在整个待干馏区域。该方法仅适用于可溶盐含量较高的淋滤带或含盐区。其他方法，如长壁挖掘或机械扩孔方法，可用于其他区域，可以通过地面遥控操作机械扩孔机，减少甚至免除矿工的井下作业。

在现有的油页岩资源开发方式中（表14.1），地面开采通常被认为对大型、低品位矿床具有经济性，因为它可以实现资源的高采收率，并为大型和高效的开采设备提供足够的空间。露天开采允许大规模、经济开发，可以使资源采收率最大化。然而，露天开采仅适用于 Piceance 盆地的少数地区和 Uinta 盆地的几个地区。这种开采使地表的变化很大，剥离的覆盖层必须与加工产生的废物一起进行处理。

表 14.1　油页岩开发方式

方式	说明
地面开采地面干馏	矿石从露天矿开采，经过破碎，在地面干馏炉中进行加工
地下开采地面干馏	矿石被开采、运输到地上，破碎后在地面容器中加热，产生液体和气体，之后在矿井中和其他处置区处理加工后的页岩
改进的原位开采方式（MIS）	该工艺通过粉碎页岩层来改善传热和流体穿过页岩的流动，提高了原位燃烧过程中的热解和回收效率
真正的原位开采方式（TIS）	在不开采矿石的情况下，对地下油页岩资源进行加热；关键是在不燃烧油页岩资源的情况下提供热量，就像早些时候，一些页岩在沉积层的一端燃烧，产生的热量达到热解温度从而产生液体和气体

理论上，露天矿对于非常厚的油页岩层几乎可以开采出 90%（质量分数）。在露天开采方案中，采用大型铲运机清除覆盖层。当拉斗铲装满时，它会转动并将铲斗中的重物倾倒到相邻的采空区。露天坑和露天矿的一个区别是，露天坑的矿料只需抛掷到附近区域；而露天矿的矿料必须移至远离矿坑，以免干扰矿坑的开发。露天矿开采可以提高油页岩的采收率。

根据目标油页岩储层的深度和其他特征，可采用地面开采或地下开采方法。每种方法又可以根据加热的方法进一步分类（Burnham and McConaghy，2006）。许多采用热气加热的干馏工艺的差异在于为页岩提供热量的方式不同：（1）通过固体热载体加热；（2）通过加热炉壁传导加热。

油页岩开采后被运输到干馏设施加工，之后生成的页岩油必须通过进一步加工升级才能送往炼油厂，废页岩必须经过处理，通常将其回填矿井，最终开采的土地可以满足复垦。油页岩的开采和加工均涉及诸多环境影响问题，如全球气候变暖和温室气体排放、开采地的扰动、废页岩的处置、水资源的使用，以及对空气质量和水质的影响等。

最后值得注意的一点是，任何西部的油页岩资源的开发都需要用到水，用于工厂运营、支持该地区基础设施运行及相关的经济增长活动。虽然一些新的油页岩开发技术声称可以显著降低工艺用水的需求，但商业规模的油页岩开发仍然需要大量稳定和安全的水源。对水的最大需求预计是用于土地复垦和支持与油页岩活动相关的人口和经济增长活动。

大多数情况下，以页岩为原料生产和加工干酪根油的技术并没有被抛弃，也没有被遗忘，而是被保留下来，以备将来当页岩油市场需求增加、油价风险降低，以及油页岩项目的重大资本投资可以调整时加以应用。许多参与早期油页岩项目的公司仍然持有油页岩技术和资源。油页岩行业一直致力于增加更大规模的干馏炉和开发先进的干馏技术，以提高产量和减少环境影响。一些地区的新增项目计划每天再多干馏 1×10^4 t 油页岩，生产约 1000t 的页岩油，使页岩油的产量翻两番（Burnham and McConaghy，2006）。

14.2 开采

浅层油页岩资源的开采传统上主要是地面（露天矿）或地下矿井开采。在过去的 20 世纪 70—80 年代，人们开发了从油页岩中回收页岩油并将其加工以生产燃料和副产品的各种技术，对地面工艺和原位技术进行了研究。通常，地面工艺流程包括三个主要步骤：（1）油页岩开采和矿石制备；（2）油页岩热解生产页岩油，即干酪根衍生油；（3）页岩油加工生产精炼原料和高价值化学品。对于较深、较厚的矿床，不太适合地面或深挖的开采方法，可以通过原位技术来生产页岩油。原位工艺通过在天然沉积环境中加热储层，可以最大限度地减少或在真正的原位开采情况下免除采矿和地面热解的作业（见第 15 章）。

决定开采作业方式的标准与用于煤炭资源的标准类似，与埋深、储层厚度、品质，以及与决定开采经济性的储层和上覆地层厚度之比有关。油页岩被开采并用作燃料和（或）石化产品已有几百年的历史，但通常在经济性上无法与成本较低的煤炭和石油能源进行竞争。目前，所有商业化的油页岩作业均以采矿为基础，其中约 70% 的作业位于爱沙尼亚，其他商业化作业位于中国和巴西，约旦正在积极考虑新的大规模作业。美国、澳大利亚和其他国家已经有了一系列较小规模的试验和示范项目，然而，最近开发和快速发展的水力压裂生产页岩油的技术，以及随后的国际油价下跌，降低了许多地区对油页岩开采的兴趣。

爱沙尼亚的独特之处在于其自身的煤炭、石油和天然气资源很少，而且这个小国地势低洼平坦，因此水电和其他许多可再生能源都不具经济性。然而，它确确实实拥有大量的油页岩矿床，自第二次世界大战之前就已被开采，并允许其不受能源进口的影响。1997年，油页岩为爱沙尼亚提供了超过 75% 的一次能源供应，主要用于直接燃烧发电，其中少量油页岩通过各种类型的地面干馏工艺生产液体馏分和石化产品。与爱沙尼亚一样，中国的商业化油页岩业务始于 20 世纪 30 年代的液体燃料业务，但随着石油的发现，中国的商业化油页岩业务在很大程度上被取代，直到 20 世纪 90 年代油价上涨，促使中国在 1992 年重新开始页岩油的生产，现在中国是世界上最大的油页岩原油生产国。巴西国家石油公司（PetroBras）于 1992 年开始通过干馏油页岩商业化生产液体燃料。

在美国的开采案例中，以绿河组油页岩为例，其特点在于极大的厚度和沉积范围，巨厚的致密油页岩层是绿河组储层的特征。在盆地边缘（尤其是 Piceance 盆地）周围，露头众多，而靠近盆地中心被丰富的煤层覆盖着。因此，地下采矿和地面（露天矿）技术在不同地点可能都具有经济优势。在某些地方，原位方法可能具有优势，但即使在这些地方，也可能需要挖掘一些矿石，以提供可以爆炸碎石的空隙。有关适用于油页岩的开采技术，已有若干综述。

Piceance 盆地中较富矿的页岩带在某些地方的厚度超过 1000ft，连续分布面积大约 1200mile^2。根据地形特征、可达性、覆盖层厚度和开采区地下水的存在等因素，矿床可采用地面开采（采剥开采或露天开采）或地下开采方法（如房柱式开采）。地面开采适用于埋藏不深的巨厚的油页岩带，特别是在平均产油率不高的情况下。由于对覆盖层厚度的要求，只有在 Piceance 盆地有限的区域，以及 Uinta 盆地和 Wyoming 盆地较多的区域可以进行地面开采。而在其他地区，溪流穿过页岩层侵蚀了山谷和峡谷，暴露了一些更丰富的页岩带。这些地区露头的页岩，加上所有深埋岩层中的页岩，可能会通过地下开采方式开采。

露天开采和采剥开采这两种主要地面开采方式已广泛用于煤层开发（Speight，2013），但每种开采方式的可行性和效果因页岩地层的性质而异。例如，露天开采对大型低品位矿床具有经济性，因为该工艺可实现资源的高采收率，并可为大型高效采矿设备提供足够的空间。一个露天矿可以在非常厚的矿床中采出几乎90%的油页岩。采剥开采的油页岩采出率甚至更高，而相比之下，地下开采的采出率要低得多。

在露天开采的第一步中，需在油页岩带上方的覆盖层进行钻孔爆破以松动大片区域。覆盖层由卡车或传送带运至场外处置区。当清除了足够的覆盖层露出页岩地层时，页岩被钻孔爆破，将其从矿坑中取出，在地面干馏炉中进行加工。随着开采的进行，形成一个从覆盖层顶部延伸到油页岩矿床深部的巨大空洞。另一方面，采剥开采会使用拉斗铲将移除的覆盖层倾倒至相邻的采空区。因此，露天开采和采剥开采之间的区别是，采剥开采只需将矿料简单地抛到附近区域，而露天开采中，必须将其移至远离矿场的地方，以免干扰矿坑的开发。

然而，由于覆盖在绿河组油页岩矿床上的覆盖层厚度较大，因此，大多数油页岩矿床的地面开采非常困难。例如，在Piceance盆地的中心，2000ft厚的油页岩层埋在大约1000ft的惰性岩石和非常贫矿的油页岩之下。但是这并不一定就排除了采用地面开采的方式，因为矿床通常具有良好的剥采比，即覆盖层厚度与矿体厚度之比。Piceance盆地中心的厚矿床每2ft厚的油页岩有1ft厚的覆盖层，剥采比为1∶2。如果剥采比在2∶1~5∶1之间，露天开采将会受到青睐，较小的剥采比更适用采剥开采，剥采比大于5∶1更适用地下开采。

Anvil Points油页岩设施的矿井最初为三层开采，但在后来的作业中仅开采了两层。尽管如此，其开采还是提供了大量有关绿河组这一独特环境中地下油页岩矿的安全设计、运营和维护的信息。在此基础上可以对其调整，开采富矿层，同时有选择性地留下贫矿层。但是这些设计将大量的页岩留在了原地，因此不适用于既厚又均匀富集的区域。大体量的地下开采方法，如采用完全下沉法或块体崩落法的分段采矿法（即从地下矿中提取所需矿石或其他矿物的工艺方法，留下一个被称为采石场的开放空间），可以对厚层富矿油页岩进行更彻底的采收。

然而，废页岩在开采后的空间中不易被处理。将废页岩回填的方法可能是一种既合理有效又能被环境接受的折中方法。长壁采矿法是一种广泛用于地下煤矿开采的方法，也是另一种可选择的采矿方案。该方法已在苏联用于油页岩开采，美国也在考虑使用。鉴于开采成本较高，油页岩开采技术循序渐进的改进也可能对拟建油页岩项目的经济性产生重大影响。但是必须认识到，开采设计具有特定性，适用于一个矿场的改进可能不适合另一个矿场。此外，出于安全方面的考虑，在原地必须保留一定数量的岩石。或许可以对地下成像技术进行改进，以便通过计算机对地下特征进行更精确的三维建模，这需要对均匀介质中的波传播有更好的基本认识。其好处是降低了矿井设计成本，并使设计更加有效，可以在不影响矿井安全的情况下，显著增加富矿油页岩的采出数量。

从1981年到1984年，由城市服务公司（Cities Service）、Getty石油公司、美孚研究与开发公司、菲利普石油公司、Sohio页岩公司和Sunoco开发公司组成的联盟在Anvil Points开展了一项全面的油页岩破碎研究项目。科学应用公司（SAI）管理该项目并提供技术指导。Los Alamos国家实验室，以及后期的Sandia国家实验室，与SAI和联盟共同参与了试验工作。该项目包括诸多试验，从获得基本碎裂数据的单级/单孔试验，到与炸药类型、装药位置和引爆顺序有关的探索碎裂数据的多级/多孔试验。项目后期进行的一些大型仪器试验提供了用于验证和改进计算机程序的数据，改进的计算机程序高精度模拟了绿河组油页岩在爆炸应力作用下的动态。这些结果对于设计新的、更有效的矿井，以及为未来的这些矿井制定有效的操作程序都非常宝贵。

在中国的抚顺，有一个非常大的露天矿，在世界上最厚的煤层之一，上面覆盖着450ft厚的低品位油页岩（15gal/t）。自1929年日本人在抚顺开始大规模开采以来，油页岩加工一直伴随着煤炭生产。在苏联，尤其是爱沙尼亚，地面（露天）开采也在大规模进行。由澳大利亚Esso勘探与生产公司、中部太平洋矿业公司（Central Pacific Minerals）和南太平洋石油公司（Southern Pacific Petroleum）组成的联合企业计划（现已延期）对Rundle项目（澳大利亚昆士兰州）进行地面开采。Toolebuc页岩是澳大利亚最大的油页岩资源，特别是沿着St. Elmo构造的页岩厚度达到22~45ft，上部是约60ft厚的几近贫瘠的氧化带。

尽管绿河组油页岩总资源量的约15%可通过地面方式开采，但却从未大规模实施过。针对绿河组油页岩露天开采的潜力，开展了详细的工程经济性研究。作为制定泥盆纪油页岩开发计划的一部分，对美国东部（印第安纳州、肯塔基州）页岩的地面开采进行了评估。地面开采广泛应用于采矿和采煤（尤其是低阶煤），可以预想这些开采技术也适用于油页岩开采。

要进行地面干馏，必须通过挖掘将油页岩从岩层中移出。从矿井中挖掘出的页岩尺寸差异很大，从几毫米到几百毫米不等，甚至超过1000mm。为了满足干馏操作的要求，需要对油页岩进行破碎和筛分预处理，因为商业化干馏炉对油页岩装料的尺寸范围有严格要求。通常页岩碎块分为块状和（或）颗粒状，分别作为不同类型干馏炉的原料。

对于块状页岩，通常采用内部热气载体供热，而对于颗粒状油页岩（尺寸小于10mm），通常采用内部热固体载体供热。燃烧气体、热解气体或干馏的页岩半焦可作为供热源。但是由于块状油页岩的导热系数低，其干馏因升温速率低（每分钟仅几摄氏度），需要较长的时间（可能数小时）才能达到所需温度。对于颗粒状油页岩，由于其尺寸较小，升温速率较高，干馏油页岩所需的时间要短得多，仅需几分钟或十几分钟。

一般来说，美国的油页岩开发商很可能会在靠近地表或覆盖层与产层比约小于1∶1的油页岩区域采用地面开采。经济优化方法可用于选择剥采比、确定最佳开采截止位置和边界品位。油页岩具有明显的层理面，这些层理面可以在采矿和破碎作业中加以利用。沿层理面的抗剪切强度远远小于穿过层理面的抗剪切强度，从而降低了对作业的要求。在南部的Uinta盆地和北部的Piceance Creek盆地的部分边缘地带，往往会发现对地面开采有利的薄覆盖层（Cashion，1967）。选择开采深度或开采方式属于经济优化的问题。当矿石品位平均值超过25gal/t，覆盖层与产层的厚度比低于1时，通常多选择地面开采，尤其是在犹他州更是如此。一般来说，房柱式开采主要用于开采高陡侵蚀露头的资源。Unocal公司已成功应用了水平支洞、房柱式开采方法。

在开采—地面干馏工艺（异位工艺）中，油页岩被粉碎，然后运送到干馏炉。在干馏炉500~550℃（930~1020℉）的温度下，油页岩的有机成分转化为低分子量的可蒸馏页岩油，这也是化学制品的原料。

无论何时，只要目标资源的深度有利于通过移除覆盖层的方式获取时，露天开采都是首选方法。一般来说，露天开采对于覆盖层厚度小于 150ft 且覆盖层厚度与储层厚度之比小于 1 的资源是可行的。如果烃源岩已成岩，移除矿石可能需要爆破，但在某些情况下，可以使用推土机开采裸露的页岩层。油页岩的物理性质、作业量和项目经济性决定了开采方式和作业的选择。

当覆盖层深度太大，无法进行经济的地面开采时，需要进行地下开采，即需要垂直、水平或定向进入含干酪根的地层。因此，必须有坚固的顶板以防止坍塌或塌方，必须提供通风，还必须规划紧急出口。针对油页岩岩层，人们提出了许多地下开采流程。例如，房柱式开采——将部分油页岩移除形成大空间，一部分油页岩留在原地作为支柱支撑矿井顶板。空间和支柱的相对尺寸取决于：（1）页岩的物理性质；（2）覆盖层的厚度；（3）矿井顶板的高度。大多数具有商业价值的绿河组储层非常厚，天然断层和裂隙相对较少，油页岩承受压缩应力和垂直剪切应力，这些特性允许其可以采用大空间，而且只留下相对较少的页岩作为不可回收的支柱。

煤炭开采作业中采用的房柱式开采（Speight，2013）一直是绿河组储层首选的地下开采方案。目前的技术允许在绿河组储层中切割的高度高达 90ft，其中的含矿带可能厚达数百英尺。机械式连续挖掘机也在这种地质环境中进行了选择性试验，取得了一定的成功。

房柱式开采在科罗拉多州的适用地点位于 Piceance Creek 盆地的北端和南侧，整个区域的油页岩厚度至少 25ft，每吨油页岩的页岩油产量为 35gal。在犹他州，每吨油页岩可采收 35gal 页岩油的区域在 Hell's Hole 峡谷、白河（White River）和 Evacuation 溪流一带。由于某些地方的产层厚度超过 1500ft，因此即使覆盖层厚度达 1000ft，也可以采用露天开采。

值得注意的是，近年来，壳牌试验了一种新的原位工艺，该工艺有望从几百至 1000ft 覆盖层下的富矿且厚的岩层中回收石油（见第 5 章）。有些地区每英亩油页岩储层可产出 100×10^4 bbl 页岩油，一个项目在其 40 年的期限内，在地表扰动最小的情况下，仅需不到 $23 mile^2$ 的面积就能产出多达 150 亿桶（15×10^9 桶）的页岩油。

此外，值得一提的是，在北部的 Piceance 盆地，高品位油页岩带还含有丰富的苏打石［一种由碳酸氢钠（$NaHCO_3$）组成的矿物，也称为热碱］和片钠铝石［$NaAlCO_3(OH)_2$，一种碳酸盐矿物］，这是可以通过溶液开采方式回收的高价值矿物。对于较深、较厚的岩层，不太适合地面或深层开采，可以通过原位技术生产页岩油（见第 5 章）。原位工艺可最大限度地减少采矿和地面热解的需要，而真正的原位工艺通过在自然沉积环境中加热资源，可以彻底消除采矿和地面热解的需要。

包括煤炭行业在内的其他采矿业的采矿技术在持续不断地进步。露天开采是煤炭、油砂和硬岩开采的一项成熟技术。此外，美国西部油页岩的房柱式开采和地下开采此前已被证明可成商业规模。房柱式开采的成本高于地面开采，但这些成本可能会因获得更富矿的矿石而部分抵消。事实上，目前的开采技术进步持续降低了开采成本，也减少了将页岩转送至传统干馏设施的成本。在油页岩开采和其他采矿作业中，都明确了对于枯竭的露天矿的恢复方法。

异位工艺的优点包括：（1）有机物回收效率高（占页岩总有机物含量的 70%~90%，质量分数）；（2）工艺操作变量可控；（3）可将不期望的工艺条件降至最低；（4）产品回收相对简单；（5）工艺装置可重复用于大量干馏作业。但是也存在一些缺点，包括：（1）由于需要开采、粉碎、运输和加热油页岩，运营成本高；（2）由于成本的原因，该工艺在一定程度上局限于可地面开采的富矿页岩资源；（3）需处置废页岩；（4）可能造成地下水污染；（5）存在矿场植被恢复的成本；（6）大型装置的高额投资；（7）一旦矿场枯竭，可能不得不放弃收回部分投资。

油页岩干馏过程中释放出的化合物包括瓦斯气和页岩油，这些化合物被收集、冷凝升级为液态产品，一些人认为这种液态产品相当于原油，但是事实并非如此（见第6章）。这种油可以通过管道或油轮运输到炼油厂，在那里再加工成最终产品。

14.3 缩小矿石尺寸

原位干馏通过爆破将页岩破碎，不需要缩小矿石尺寸，但地面工艺需要通过粉碎和研磨来减小矿石尺寸。缩小矿石尺寸成本较高，并且当目标颗粒尺寸要减小到大约半英寸以下时，成本会更高。然而，在没有使用重介质旋流器和采用其他更新、更有效的油页岩分选方法时，严格控制矿石颗粒尺寸是必要的。目前大多数地面干馏炉都有严格的粒度限制，尤其是小颗粒干馏炉。

针对缩小绿河组油页岩粒度的问题，研究了三种类型的破碎机（旋回式、冲击式和辊式），使用了从 Rio Blanco 矿（C-a 片区）R-6（20.7gal/t）和 R-5（24.9gal/t）区采集的 200t 样品。但是，对于研究结果，建议谨慎用于贫矿页岩（约 15gal/t），也要小心用于更富矿的页岩。主要研究结果包括：（1）进料品位（20~25gal/t）的变化对三种破碎机的性能影响很小或没有影响，适用于生产最大粒径为 3/8in 或更大的产品；（2）当破碎机生产 3/8in 或更小最大粒径产品时，富矿油页岩加工的粒径明显更小；（3）加工较大油页岩块的相对能力依次为：旋回式＞冲击式＞辊式；（4）相对富矿的页岩的研磨大致相当于研磨中等硬度的石灰石，油页岩研磨过程中的损耗预计与研磨此类石灰石时相似。

在地面设施中加工油页岩会导致废页岩体积增加 30%，这主要是因为岩石破碎和尺寸减小所产生的空隙空间。因此，无论是从深部地下采矿还是露天地面采矿，废页岩所需的处置体积都超过了其在开采地层中所占的原始体积。

页岩被粉碎至一定尺寸（尺寸大小取决于工艺）后，将其运输至地面干馏炉。尽管地面干馏炉在许多技术细节和操作特点上存在很大差异，但它们可分为四类，即：1 类、2 类、3 类和 4 类干馏炉。

在 1 类干馏炉中，热量通过干馏炉壁传导。苏格兰、西班牙和澳大利亚使用的 Pumpherston 干馏炉属于此类，20 世纪 20 年代开发的费歇尔（Fischer）测定干馏炉也属于此类。这是一种估算潜在页岩油产率的实验室设备，油产率是比较干馏炉干馏效率的标准。

在 2 类干馏炉中，热量通过干馏炉内含碳的干馏后的页岩和热解气体燃烧产生的流动气体传递。此类干馏炉也称为直接加热干馏炉，包括内华达—得克萨斯—犹他（NTU）干馏炉、Paraho 直接干馏炉、USBM 气体燃烧干馏炉和 Union A 型干馏炉。2 类干馏炉产生的废页岩残留碳低，干馏气体的热值低。因为该类干馏炉从干馏后的页岩中回收能量，因此热效率较高。然而，油产率相对较低（为费歇尔测定值的 80%~90%，质量分数）。

在 3 类干馏炉中，热量通过加热干馏炉外部的气体传递。此类干馏炉也被称为间接加热干馏炉。它们包括接下来要探讨的 Paraho 间接干馏炉、Petrosix 干馏炉、Union B 型和 Superior 干馏炉，以及 Union SGR 和 SGR-3 干馏炉、老式的 Royster 设计干馏炉、苏联 Kiviter 干馏炉、Texaco 催化加氢干馏炉等。这些干馏炉产生含碳废页岩和高热值气体。因为未从残余碳中回收能量，此类干馏炉热效率相对较低，但油产率较高，达到费歇尔测定值的 90% 以上（Crawford et al.，2008）。

　　在 4 类干馏炉中，热量通过将热固体颗粒与油页岩混合来传递。它们包括下面将要探讨的 TOSCO Ⅱ 和 Lurgi Ruhrgas 干馏炉，以及苏联的 Galoter 干馏炉。4 类干馏炉可获得较高的油产率（约为费歇尔测定值的 100%），并产生高热值的气体。废页岩可能含碳，也可能不含碳，热效率也不尽相同，这取决于废页岩是否用作热载体。这类干馏炉有时被称为间接加热炉，和 3 类干馏炉一样，它们也不存在内部燃烧，而且产生的气体产物相类似。还有其他几种已经开发的油页岩转化方法，但不能简单地并入上述类别中，包括微波加热、细菌降解、气化和热固体泥浆循环。尽管其中有些方法具有潜在价值，但因为它们尚未被提议近期进行商业应用，本节将不予讨论。

14.4　直接干馏

　　与从油砂中提取的沥青不同（Speight，2014，2017，2019），油页岩中的干酪根是一种不熔化且不溶于有机溶剂的固体，因此开发了其他工艺来以干酪根生产液体产品。显而易见所选择的工艺是加热（干馏），使干酪根热分解为可蒸馏的产品，即页岩油。

　　干馏是加热油页岩的一种工艺，以回收页岩油、瓦斯气（不太常见，就像天然气一样）为目的。因此，为了生成其他燃料，必须将干酪根从固体转化为液体产品。一般来说，要从油页岩中释放有机物质并将其转化为液体形式，需要在缺氧环境下（即在没有氧气的情况下）将页岩加热至 400~600℃（750~1110℉），使干酪根转化为可凝性蒸气，当冷却时，蒸气转变为液态页岩油。

　　由于工艺效率的不同，部分干酪根可能不会汽化，而是作为含碳产物（焦炭）堆积在残存页岩上，或转化为其他烃类气体。在一些工艺中，残余碳和烃类气体可被捕集并燃烧以提供工艺所需热量。生产页岩油的最佳工艺是使形成焦炭和烃类气体的热力学反应最小化，并使页岩油产量最大化。最大产油量要求热解在最低可能温度（约 480℃）下进行，以避免烃分子因发生不必要的裂解而降低油产量。

　　为了避免不必要的燃烧，最简单形式的干馏炉就是一个容器，在该容器中页岩可以在不接触空气的情况下被加热，产品气体和蒸气可以从该容器中逸出到收集器，早期油页岩工艺中使用的干馏炉就是这种类型。现代干馏炉通常是为满足油页岩集成工艺的需要而定制的，因此较为复杂。本节不仅概述了不同干馏炉的主要特点，还概述了过去二十年中开发/改进的相应集成工艺。

　　页岩油提取工艺是将油页岩分解，通过热解将干酪根转化为页岩油（Scouten，1990，1991）。最古老也是最常见的提取方法就是热解（也称为干馏或破坏性蒸馏）。在这个过程中，油页岩在无氧的情况下被加热，直至其中的干酪根分解为可凝的页岩油蒸气和不凝但可燃的气体。然后，油蒸气和油页岩气被收集并冷却，凝结成页岩油。此外，油页岩加工会产生废页岩，这是一种固体残渣。

废页岩由矿物和半焦—干酪根形成的碳质残留物组成。燃烧废页岩中的半焦会生成油页岩灰。废页岩和油页岩灰可用作水泥或制砖的原料。通过回收副产品，包括氨、硫、芳香化合物、蜡衍生物和渣油，可以为油页岩的提取增加附加值。

将油页岩加热至热解温度并完成干酪根分解的反应需要能量的支持。一些技术通过燃烧其他化石燃料如天然气、石油或煤炭等来产生热量，此外还开展了应用电力、无线电波、微波或反应流体提供热量的实验（Burnham and McConaghy，2006）。可以通过两种途径来减少甚至消除对外部热能的需求：热解产生的油页岩气和半焦副产品可燃烧提供能量，热的废页岩和油页岩灰中所含的热量可以用来预热生油页岩。

采用异位干馏工艺时，油页岩被粉碎成更小的颗粒，从而增加了其表面积，以便更充分地提取。油页岩发生分解的温度取决于工艺的时长。在异位干馏工艺中，干酪根的转化始于300℃（570℉），在较高温度下会进行得更快、更彻底。当温度在480~520℃（900~970℉）时，产油量最高。油页岩气与页岩油之比通常随着干馏温度的升高而增加。而对于可能需要加热几个月的原位干馏工艺，分解可在低至250℃（480℉）的温度下进行。加热温度最好低于600℃（1110℉），因为这样可以防止岩石中石灰石（$CaCO_3$）或白云石（$CaCO_3 \cdot MgCO_3$）的分解，从而减少二氧化碳的排放和能源消耗。

氢化和热溶解工艺（反应流体工艺）通过使用供氢溶剂来提取油。热溶解指在提高温度和压力的情况下使用溶剂，通过裂解被溶解的有机物来增加油产量。不同的方法生产出的页岩油性质不同（Baldwin et al.，1984；Koel et al.，2001；Gorlov，2007）。

在地面干馏工艺中，页岩被开采，运输到加工设施，然后在干馏容器中加热。地面干馏工艺分为三大类，区别在于工艺热量是由内部产生的（直接加热干馏），还是外部产生的（间接加热干馏），还是两者一起产生的。目前，只有苏联用于干馏爱沙尼亚库克石的Kiviter干馏炉可以同时从内部和外部来获取工艺所需的主要热量。另一方面，地下干馏工艺不需要开采岩石，可分为两类：（1）真正的原位工艺，油页岩岩层首先经过爆破破碎，然后在地下干馏；（2）改进的原位工艺。

因为源自页岩的衍生油的成分并非天然存在于油页岩基质中，因此被称为合成原油。其干馏炉通常是一个大型圆柱形容器，早期的干馏炉是基于水泥生产使用的回转窑炉，而原位干馏技术需要挖掘一个地下室用作干馏炉。从20世纪60年代到80年代，许多干馏技术的设计理念均得到了检验。

干馏主要指在无氧条件下对油页岩进行破坏性蒸馏（热解）。热解（温度超过480℃，大于900℉）使干酪根裂解（热分解）释放烃类衍生物，然后将高分子量产物裂解成低分子量产物。常规炼油采用类似的热裂解工艺（称为焦化）来分解高分子量渣油或油砂沥青（Parkash，2003；Gary et al.，2007；Speight，2014，2017；Hsu and Robinson，2017）。地面干馏包括：（1）将开采的油页岩运输至干馏设施；（2）将开采的页岩粉碎；（3）干馏；（4）回收粗页岩油；（5）将粗页岩油升级为可销售产品；（6）处理废页岩；（7）复垦开采的土地（Bartis et al.，2005）。

干馏工艺需要开采1t以上的页岩才能生产1bbl油。开采的页岩被粉碎至所需的粒度，注入加热反应炉（干馏炉）中，温度升至约450℃（850℉）。在此温度下，干酪根分解为液态产物和气态产物的混合物。根据油页岩颗粒的尺寸范围，地面干馏技术可分为两大类：

块状油页岩干馏和颗粒油页岩干馏。块状油页岩干馏以粒径 25~125mm 为宜，颗粒页岩油干馏以粒径小于 25mm 为宜。尽管自发现油页岩以来开发了许多干馏技术，但只有少数技术具有经济可行性。

美国、俄罗斯、爱沙尼亚、巴西和中国已经开发了多种油页岩干馏技术。在美国，一些公司非常重视开发工作，加利福尼亚州的联合石油（Union Oil）公司开发了岩石型（块状）干馏工艺，油页岩加工能力约为 10000t，具有世界上最高的处理能力（Barnet，1982）。另一家 TOSCO 公司开发了移动床颗粒干馏工艺。但是美国开发的所有干馏炉都没有在商业生产中长期持续使用。

20 世纪 80 年代，许多油页岩热解方法在中试和半商业规模中得到了检验（Scouten，1990；Speight，2008）。任何干馏工艺的主要目标都是高产率、高能效、低停滞时间，以及可靠性。油页岩的干馏条件对页岩油的性质和油产率有着重要影响。其中，个体页岩块的加热是在开发油页岩干馏炉时首要考虑的因素。因此，以向生页岩传热的方法作为对干馏炉进行分类的简便方法。从广义上干馏炉可以分为两种不同的类型：（1）直接和间接气体加热干馏炉；（2）直接固体加热干馏炉。

在直接加热时，部分油页岩、先前干馏循环中的半焦废页岩或一些其他燃料可以燃烧为其余油页岩的热解提供热量，火焰直接接触正在干馏的油页岩。间接加热是一种更广泛使用的替代方法，它是利用单独输入的燃料或能源从外部加热气体或固体，然后将这些气体或固体引入干馏炉与油页岩交换热量。间接热源包括外部燃料燃烧产生的热燃烧气体或灰烬、被间接热源加热的陶瓷球，甚至是先前干馏产生的干馏灰中的潜热。干馏中产生的可燃烃类气体和氢气有时也被燃烧以支持加热过程。

在直接固体加热干馏炉中，通过将热固体载体与新鲜页岩混合来传递热量。这种方法涉及更复杂的热载体循环系统，但具有高油产率、工艺易于放大、产品气不稀释、废页岩可直接利用等优点。Lurgi Ruhrgas 干馏炉、Tosco 干馏炉、Taciuk 干馏炉和 Galoter 干馏炉均是直接固体加热干馏炉的典型代表。

在直接气体加热干馏炉中，热量通过直接穿过页岩的热气传递，此类干馏炉主要为立窑。这种干馏炉可细分为以下两种模式：内燃模式和外燃模式。在内燃式干馏炉中，热气通过干馏炉内废页岩中的残余碳燃烧或通过部分干馏气体的燃烧产生。直接干馏的主要缺点是油的回收率（80%~90%）低于间接干馏（US OTA，1980）。

几乎所有的商业干馏炉和开发中的干馏炉都是内部加热干馏炉，即直接加热干馏炉。外部加热干馏炉，即间接加热干馏炉，是通过炉壁由热介质向油页岩提供热量——这种干馏方法因单位容量小、传热成本高和热效率低而不受欢迎。

目前，成熟的商业化技术有：（1）爱沙尼亚的 Kiviter 块状页岩干馏；（2）爱沙尼亚的 Galoter 颗粒油页岩干馏；（3）巴西的 Petrosix 块状页岩干馏；（4）中国的抚顺干馏系统；（5）澳大利亚的 Taciuk 颗粒页岩干馏，称为 AOSTRA Taciuk 工艺（ATP）。

油页岩热解的最初尝试是在地面干馏炉中进行的，采用的设计和技术方法借鉴了其他类型矿产资源回收的开发技术。地面干馏炉有多种结构，其区别在于热解所需热能产生的方式，如何将热能输送至油页岩（表 14.2），过剩热能被捕集和回收的方式和程度，以及干酪根热解的初始产物被用来强化后续热解的方式和程度。干馏技术包括直接和间接加热油页岩。虽然所有的干馏炉都会产生粗页岩油液体、烃类气体和半焦，但有些干馏炉的设计包含进一步处理烃类馏分以生产合成原油。有些干馏工艺包含辅助功能以处理有问题的副产品，如含氮和含硫化合物。在某些实际应用中，这些工艺甚至将这些化合物转化为可销售的副产品。

本节介绍了各种地面干馏工艺。为了不代表任何偏好，干馏炉以字母顺序进行列举。

表 14.2　干馏炉特征

干馏炉类型	特征
1 类	通过干馏炉壁传导热量； 示例：Pumpherston 干馏炉； 产物：油产率不等，含碳页岩
2 类	通过干馏后的含碳页岩和热解气体的燃烧在干馏炉内产生流动气体传递热量； 示例：内华达—得克萨斯—犹他（NTU）干馏炉、Paraho 直接加热干馏炉、USBM 气体燃烧干馏炉和 Union A 型干馏炉； 产物：中等—高油产率，低残留碳废页岩，低热值气体
3 类	通过在干馏容器外部加热的气体传递热量； 间接加热； 示例：Paraho 间接干馏炉、Petrosix 干馏炉、Union B 型干馏炉、Superior 石油公司干馏炉、Union SGR 干馏炉和 SGR-3 干馏炉、Kiviter 干馏炉、Texaco 催化加氢反应器； 产物：高油产率，含碳废页岩和高热值气体
4 类	通过将热固体颗粒和油页岩混合来传递热量； 示例：TOSCO II 干馏炉、Lurgi Ruhrgas 干馏炉和 Galoter 干馏炉； 产物：高油产率，高热值气体，可能不含碳的废页岩

14.4.1　阿尔伯塔 Taciuk 工艺

艾伯塔（AOSTRA）Taciuk 工艺系统（ATP）最初的设计是用于从沥青砂（油砂）中提取沥青（Speight，2011，2014），但现在已应用于油页岩加工（Taciuk and Turner，1988；Koszarycz et al.，1991；Schmidt，2002，2003；Taciuk，2002）。这种干馏技术已在澳大利亚昆士兰州中部发现的油页岩矿床进行了试验，现在已被 Paraho 干馏炉所取代（Schmidt，2003）。

在该装置中，高熔点的耐火材料作熔炉内衬。在一套完备的干馏工艺中，来自生页岩的约 30% 的能量足以满足工艺的能量需求。而采用 Taciuk 技术时，来自生页岩的约 20% 的能量就可以满足工艺的能量需求。回转窑干馏炉通过气体和热固体的再循环将直接和间接传热结合起来。一些加工过的页岩与新鲜进料混合，通过固—固传热为燃烧和干馏提供能量。该技术在先前开发的干馏方法基础上，通过改进提高了油、气产量和热效率、减少了工艺用水和废页岩上的残留焦炭。该系统的设计减少了气体和颗粒物的排放，并使废页岩的处理简单高效。

Taciuk 技术尚未在美国西部油页岩资源中进行试验和示范，由于科罗拉多页岩与澳大利亚页岩的成分不同，Taciuk 技术在国内的使用存在不确定性（Johnson et al.，2004）。应用 Taciuk 技术的另一个可能存在的问题是，科罗拉多油页岩会比澳大利亚油页岩产生更多的细小颗粒（Andrews，2006）。然而，有些研究人员得出的结论是，由于科罗拉多油页岩富矿，进行一些工艺改进后，使用 Taciuk 技术更易于加工（Berkovich et al., 2000）。

油页岩勘探公司（OSEC）计划将 Taciuk 技术应用于犹他州绿河组油页岩的加工。2006 年 12 月，该公司从土地管理局（BLM）租赁 160acre（0.65km²）用于犹他州 Uintah 县的 White River 矿场的研究、开发和示范性租赁。该计划旨在利用矿场先前开采的约 50000 美吨（45000t）油页岩生产页岩油。然而，2008 年 6 月 9 日，OSEC 宣布与巴西石油公司（Petrobras）和三井石油公司（Mitsui）签署了一项协议，根据该协议，巴西石油公司同意针对 OSEC 拥有或租赁的犹他州油页岩开展 Petrosix 页岩油技术的工艺、经济性、环境和商业化可行性研究，但其研究结果少有披露。

2011 年 3 月，Eesti Energia（一家爱沙尼亚能源公司）（见第 2 章）宣布将收购 OSEC 的所有股份。2011 年 3 月 15 日，该交易获美国外国投资委员会批准。收购 OSEC 股份后，Eesti Energia 宣布将利用其 Enefit 工艺开展一项新的商业性研究。

澳大利亚 Stuart 项目在多阶段实施规划中应用了 Taciuk 技术，之所以起初选择该技术是因为：（1）简单的设计和能源自给自足；（2）最低的工艺用水要求；（3）处理细小颗粒的能力；（4）页岩油产率高（Johnson et al., 2004）。第一阶段，页岩油的日产量 4500bbl，从 1999 年至 2004 年，页岩油产量 130×10⁴bbl。到第三阶段，预计页岩油日产量将达到 20×10⁴bbl。然而，由于机械故障和细小颗粒的堵塞，Taciuk 工艺系统在持续试验中仅达到 55% 的处理能力。该项目于 2004 年底被叫停，以待进一步评估，随后项目停止运营。

昆士兰能源公司（澳大利亚）评估了 Stuart 项目未来商业运营的可能性，并在 2005—2007 年期间在科罗拉多州的一个试点工厂针对澳大利亚本土的油页岩进行了测试。测试结果表明，通过使用 Paraho 工艺，可以在昆士兰州开展将油页岩加工成页岩油和液体产品的业务。

14.4.2   Allis-Chalmers 辊式炉篦工艺

辊式炉篦工艺是一种移动炉篦工艺，其中工艺气体（热空气）以改进的逆流方式反复穿越进料颗粒床，从而在炉篦区域进行传热。移动炉篦通常由链条组成，链条像传送带一样运送原料颗粒。不同的是，炉篦链条允许空气通过。炉篦链条平直而狭窄，分为几个隔间，隔间中的原料颗粒暴露于不同的热量下。一旦原料颗粒被投入到窑内，炉篦链条就会返回到下方。辊式炉篦由电机及齿轮箱或液压驱动，由辊子支撑。该加工工艺源自设计和建造 10000t/d 规模的大型铁矿石厂和水泥厂的经验，这些工厂的规模约为 50000bbl/d 页岩油干馏厂规模的五分之一。在该工艺中，页岩通过一系列小间距的开槽辊沿直线路径传输。

工艺中破碎至 1¾in×¼in 的生页岩被送入辊式炉篦。从进料中筛分出细小颗粒（小于 ¼in），将其团聚后在碎页岩床的顶部投入，床的厚度可达 3ft。辊子对页岩颗粒进行轻微的翻滚，这对于干馏有两个重要的好处：将新的页岩表面暴露于热气吹扫中，加快了加热速度，并使细小颗粒快速向下移动穿过和离开床层，从而防止形成细粒团，避免造成气窜。

在预热炉中，页岩被来自干馏区的废气加热。使页岩干燥，并释放出一些低沸点的油。接下来页岩进入第一个干馏区，被温度范围为 482~538℃（900~1000℉）的回收的不可燃干馏气体进一步加热。加热气体向下穿过页岩床和开槽辊，将释放的油扫入预热区，在预热区一部分油冷凝。在第二个干馏区，650℃（1200℉）的气流完成干馏过程，通过热交换器和冷凝器得到高沸点油。干馏区和燃烧区之间的密封是通过使用实心辊（而不是开槽辊）、密封区入口和出口处的阻力板，以及小心维持的与页岩床上相等的压力来实现的。

在燃烧区，气流向上穿过炉篦和页岩床，以保持尽可能低的炉篦温度。两个冷却区是分开的，来自第一个冷却区的较热气体与来自燃烧区的热废气混合穿过热交换器，在那将热量传给用于干馏区的不可凝干馏气流。

14.4.3 Chattanooga 工艺

Chattanooga 工艺的核心是加压流化床反应器和相关的氢气燃烧加热炉。转化反应发生在相对较低温度（小于 535℃，小于 1000 ℉）的非燃烧环境中。反应器只需对进料系统进行调整，就可以通过热裂解和氢化将油砂、油页岩和液体沥青等含油物料转化为烃类蒸气和固体废物。

氢气用作向反应器、反应床流化气体和反应物传热的介质。氢气在相邻的火焰加热炉中被加热，加热由工艺尾气和补充气体或成品油作为燃料，具体方式取决于经济条件。这种灵活性最大限度减少或消除了对天然气的需求。

通过冷却从反应器排出的废砂或废页岩来预热加热炉和相关制氢装置转化炉的助燃空气。反应器塔顶气体在热气过滤器中清除掉其中颗粒固体，冷却并从气流中冷凝和分离出烃产物。在此阶段生产的液体产品可进行轻度加氢处理，生产低硫高品位合成原油。

多余的氢气、低沸点液体和酸性气体穿过胺洗系统时，除去了其中的硫化氢，将硫化氢转化为单质硫。多余的氢气和低沸点液体（已从酸性气体中脱除）与新补充的氢气一起进入涡轮驱动的离心压缩机进行再压缩和再循环。驱动涡轮机的蒸汽是通过回收燃烧加热炉的余热产生的。通过保持工艺回路周围的低压降，可将压缩机功率要求降至最低。

循环气体的气流从压缩机排气口抽出，并通过净化系统除去在反应器中产生的烃类气体。净化后的氢气返流回压缩机入口。烃类气体可以用作合成制氢装置的原料，从而再次最大程度地降低了对天然气的购买需求。

在工艺的初始阶段使用氢气可大大提高产品的质量，并减少下游操作中对极端氢化的需求。回收余热、发电联产，以及将反应器中产生的烃类气体用作制氢装置的原料，上述这些从初级装置原料中获得的能量，几乎使 Chattanooga 工艺满足了自给自足。

14.4.4 Chevron 干馏工艺

雪佛龙多级湍流床（STB）油页岩干馏炉与壳牌和埃克森公司采用的流化床干馏方法截然不同。为了使开放式流化床反应器中接近于活塞流，需要尽量减少与上升气泡循环相关的返混。此外，为了避免在干馏炉中产生粉末，要尽量避免湍流的出现。出于这些原因，壳牌和埃克森公司均未选择湍流床。STB 干馏炉是在湍流流动状态下运行，通过间断地限制流体流动来达到固体活塞流的条件。固体向下移动穿过 STB 干馏炉，与流化气体流动方向相反。

与壳牌干馏炉一样，STB 是一种小颗粒干馏炉，因此可以处理所有油页岩资源。但是STB 干馏炉的页岩进料最大尺寸为 ¼in（6.4mm）。将页岩研磨成适用于块状页岩工艺的尺寸，比细磨（适用于湍流床工艺）成本低得多。从局部看，STB 中的固体床呈现流态化，但表观气流远低于大颗粒流化所需的气流。快速局部混合和良好的固—固传热有助于避免局部过热，使降低油产率的裂解和焦化反应最小化。

STB 干馏炉在流化 / 汽提气体方面具有灵活性，它可以利用蒸气、循环气流或二者混合来实施。在干馏炉底部，表观气速在 0.3~1.5m/s（1~5ft/s）的范围内，但是沿着干馏炉向上，表观气速随着产品蒸气体积不断增加而提高。

颗粒进入湍流床受到的热冲击、干酪根的脱离，以及湍流床中的湍流，会导致页岩发生一些破裂，从而在干馏炉内产生细小颗粒。小于约 200 目的颗粒随产品蒸气被洗脱，但大部分是在油冷凝之前被回收。这些细小颗粒富含碳，因此被作为燃料送回燃烧室。

14.4.5　Dravo 环形移动炉箅

Dravo 环形移动炉箅干馏炉来自一家在采矿和矿业材料处理设备和工艺方面具有领先地位的公司。该干馏炉的设计类似于 Dravo 公司提供的用于铁矿石烧结或造粒的移动式炉箅。炉箅是轮式托盘组成的连续链条，当其围绕环形轨道移动时，可以容纳厚达 95in 的页岩床。将页岩粉碎并过筛，得到小于 1in、大于 1/4in 的页岩进料。

与 Allis Chalmers 辊式炉箅不同，Dravo 炉箅上的页岩床不会被搅动。这样可以最大限度地减少干馏过程中产生细小颗粒。如果需要加热循环气，可以燃烧一些粉碎过程中产生的细小颗粒。整个过程中收集的残余物和含油细小颗粒被团聚，并作为颗粒或型煤送入页岩床顶部。这一能力实现了对整个资源的处理，并免除了环保所需的油污处理费用。干馏在四个区域进行。在第一个区域，页岩由热回收区回收的气体燃烧产生的无氧气体加热（天然气用于启动，如果需要保持温度则需补充天然气）。位于床层上部的 20%~30% 的页岩在该区域进行干馏。

工艺热量的主要部分是在第二个区域产生的，该区域被送入循环气体和空气的混合气，用于燃烧废页岩中的碳。当燃烧前缘向下移动穿过页岩床时，干馏前缘也随之移动以干馏页岩床的中间部分。通过控制空气量来限制燃烧，防止富氧气体进入产品收集系统。在第三个区域中，利用无氧气体将热量由页岩床上部燃烧的热页岩传递给底部的冷页岩，因此床底部被绝热干馏。最后，在炉箅倾倒之前，无氧气体将页岩床冷却至 120℃（250℉）以下，再将废页岩倾倒至水封的排放漏斗中。

在油回收区，采用直接接触式急冷塔或空气换热器从干馏尾气中冷凝油和水。重油雾通过静电除尘回收。利用为原油应用开发的（Petrolite）技术完成粗页岩油的脱盐和脱灰。总体油产率在费歇尔测定值的 95%~100% 范围内，因进料页岩的品位和类型而存在差异。

从 Dravo 干馏炉获得的页岩油的品质与从 Paraho 干馏炉直接加热得到的页岩油品质非常相似，倾点高，氮、砷、铁和镍的含量也很高。有时粗页岩油样品被送往海湾石油公司，通过两级加氢处理进行升级。

14.4.6　生态页岩胶囊工艺

生态页岩胶囊工艺将地面开采与相对低温的焙烧方法结合起来，在蓄水层中完成，蓄水层是在开采挖掘页岩时产生的空隙空间中建立的。第二次世界大战期间，德国也使用了类似的低温概念（Kogerman，1997）。

当填充页岩时，胶囊被循环至热气管道加热，循环热气由天然气或页岩自身产生气体燃烧生成。为了最大限度地提高能效，可通过循环较低温度的气体，将一个胶囊中使用过的剩余工艺热量转移给相邻的胶囊。低温缓慢焙烧的方法也最大限度地减少了二氧化碳的排放，并有利于碳捕集和封存。独特的蓄水方式可使地貌快速恢复。

14.4.7　Enefit 工艺

Enefit 工艺是对 Enefit-Outotec 技术公司开发的 Galoter 工艺的改进。该工艺将 Galoter

技术与燃煤电厂和矿物加工中使用的成熟的循环流化床燃烧技术相结合。和传统的 Galoter 工艺一样，油页岩颗粒和热油页岩灰在旋转滚筒中混合。主要的改进是用流化床燃烧炉代替了 Galoter 半焦炉。Enefit 工艺还包含了通常用于燃煤锅炉的流化床冷渣器和余热锅炉，将余热转化为蒸汽用于发电。

与传统的 Galoter 技术相比，Enefit 工艺可完全燃烧含碳残渣，通过最大限度地利用余热提高能效，并减少了灭火用水。据技术改进人员介绍，Enefit 工艺比传统的 Galoter 工艺干馏时间更短，因此产量更高。在干馏区不使用移动部件，因而提高了其使用寿命。

14.4.8　抚顺发电机式干馏

抚顺工艺与 Kiviter 工艺相似，但热气流方向略有不同，且在某些方面与外部热气工艺相似（Crawford et al.，2008）。该工艺于 20 世纪 20 年代在中国发展起来，20 世纪 30 年代首次商业化。20 世纪 50 年代，一度有超过 250 台的干馏炉在运行，每天生产 100~200t 页岩油。中国发现重油后，油页岩生产变得不那么经济，在 20 世纪 90 年代被关停，但很快又重启，中国成为世界上最大的页岩油生产国。在中国抚顺，干馏炉被开发并用于商业生产超过 70 年（Zhou，1995；He，2004；Hou，1986；Zhao and He，2005）。干馏炉为立式圆柱形，外部钢板内衬耐火砖，其内径约 10ft，高度约 30ft。

在此工艺中，油页岩从干馏炉顶部进料，进料尺寸 10~75mm。在干馏炉的上部（热解区），油页岩被热的上升气态热载体干燥和加热，并在约 500℃（930℉）下热解，产生的油气蒸气从干馏炉顶部排出，干馏后的油页岩转化为页岩焦，进入干馏炉下部（气化区），与上升的空气蒸气（来自干馏炉底部）反应，被气化燃烧成页岩灰；空气蒸气与焦炭反应生成热气，并流向干馏炉的上部加热油页岩；在干馏炉的中部引入热循环气体作为补充热载体加热油页岩，该循环气体是干馏炉出口气体的一部分，当其在冷凝系统中冷却后（页岩油被冷凝），在回热器中再次被加热至 500~700℃，然后返回干馏炉。页岩灰从干馏炉底部的水盘排出。

20 个抚顺干馏炉共用一个冷凝系统，即 20 个抚顺干馏炉箅排出的气体一起流到收集管，然后依次流到洗涤塔、鼓风机和冷却塔，在那里冷凝页岩油；来自鼓风机的部分干馏气体作为燃料被引入回热器，同时一部分干馏气体被引入另一个回热器中，在此被加热并再循环到干馏炉中部，作为热载体加热干馏炉中的油页岩；来自冷却塔的剩余干馏气体作为过剩气体被引入冷凝系统。

抚顺干馏炉的特点是：页岩焦固定碳的潜热得到了部分利用，获得了较高的热效率，但由于向干馏炉中添加了空气，燃烧后氮气稀释了热解气体，使干馏炉出口气体热值较低；此外，进入干馏炉上部的过量氧气会燃烧一部分产生的页岩油，从而大大降低了页岩油产量。

抚顺干馏炉的油产率约为费歇尔测定值的 65%。日处理量仅为 100~200t，适用于小型油页岩干馏厂，也适用于加工产气量低的贫矿页岩。

14.4.9　Galoter 干馏炉

Galoter 干馏工艺采用倾斜的圆柱形旋转窑作为干馏炉（Crawford et al.，2008）。固体油页岩颗粒通过旋风分离器从干燥的粉碎进料中分离。混合室将进料与废页岩燃烧后的热灰混合。然后将混合物加入窑中，在窑中去除油、气蒸气并冷凝生成产品。废页岩在外部炉中燃烧，部分固体返回混合器，其余的冷却并送去处理，而燃烧产生的热气用于干燥和预热进料。该工艺具有较高的热效率和较高的油产率。商业规模装置在 20 世纪 50 年代和 1960 年首次上线，但在 1980 年被关闭，取而代之的是两个更大的 3000t/d 处理量的装置。2009 年至 2015 年期间，又建造了三个略有改进的装置，被称为 Petroter 工厂。以上所有设施都建在爱沙尼亚。

最新的干馏炉改进工艺是 Enefit 工艺，而 Petroter 工艺是一种页岩油生产技术。在 Galoter 工艺中，油页岩被分解成页岩油、天然气和废渣。该工艺开发于 20 世纪 50 年代，在爱沙尼亚被广泛用于页岩油生产。约旦和美国等国都有进一步发展这项技术并扩大其使用范围的项目。

其干馏炉是一个近似水平、略微倾斜的圆柱形旋转干馏炉，进料油页岩被粉碎后尺寸约为 25mm。页岩灰被用作固体热载体。在水平圆柱形干馏炉中，干燥的油页岩与热灰载体混合，并加热至 500℃，间隔约 20min 后热解，形成页岩焦，页岩焦随灰分从干馏炉出来进入立式流化燃烧室，与进入的上升空气一起燃烧，页岩焦转化为页岩灰，温度为 700~800℃（1290~1470℉）。

页岩灰在旋风分离器中与热烟气分离，与干燥后的油页岩混合，两者被引入干馏炉，干燥后的油页岩被加热热解，之后页岩灰与页岩焦被再次循环。旋风分离器排出的热烟气被引入余热锅炉，之后进入流化干燥器对油页岩进料进行干燥。页岩油蒸气从干馏炉中排出，依次冷却获得高沸点油、低沸点油、石脑油馏分和高热值气体。

爱沙尼亚 Narva 发电厂建造了两台 Galoter 固体热载体干馏炉，每台每天处理 3000t 油页岩（Golubev，2003；Opik et al.，2001）。

该技术的化学效率为 73%~78%，油产率为费歇尔测定值的 85%~90%。干馏气体含有 30% 的低沸点烯烃，可用于生产石化产品或用作城镇燃气（Senchugov and Kaidalov，1997）。

这种干馏技术复杂，设备和机器较多，不易操作，爱沙尼亚和俄罗斯为开发该技术花费了大量的资金和时间。从实验室到中试装置，再到最终的商业化规模，历经了 50 多年的时间。

总体而言，Galoter 工艺与 Lurgi Ruhrgas、Tosco Ⅱ 和 Shell（SPHER、SSRP）工艺相似，均使用热的废页岩作为热载体。干燥的油页岩（约 110℃，230℉，小于 1in）与热废页岩（800℃，1470℉）在螺旋混合器中混合，然后送入 500℃（930℉）的回转窑中，干馏后的页岩和产品蒸气进入气固分离器，蒸气从气固分离器送至产品回收区，一部分废页岩被丢弃。剩余的废页岩被送入鼓风提升管燃烧室，通过燃烧残余碳将固体温度升高至 800℃（1470℉）。热页岩为干馏提供热量，而热气则用于产生蒸气，然后再干燥进入的湿页岩。

利用 Galoter 工艺加工 40gal/t 的波罗的海湿页岩时，油产率约为理论值（费歇尔测定值）的 85%~90%，总热效率为 82%。

14.4.10 气体燃烧干馏工艺

美国矿务局的气体燃烧干馏工艺采用立式、内衬耐火材料的容器（在操作方式上类似于用于煤气化的移动床反应器），破碎的页岩通过重力向下与干馏气体逆向移动（图 14.1）（Matzick et al.，1966；US OTA，1980）。循环气体进入干馏炉底部，并在向上通过容器时被热的废页岩加热。空气和一些补充的热循环气体通过位于热回收区上方的分配器系统注入干馏炉，与上升的热循环气体混合。紧接着气体和一些残余碳燃烧将燃烧区上方的页岩加热到干馏温度。油蒸气和气体被进入的页岩冷却，油以雾状离开干馏炉顶部（Burnham and McConaghy，2006）。

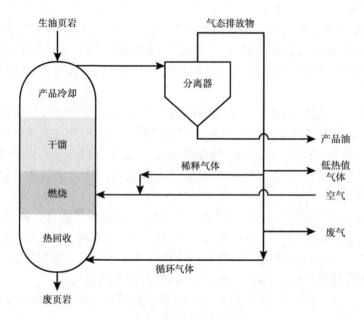

图 14.1　气体燃烧干馏炉

立式干馏炉可追溯到由煤气化技术发展而来的苏格兰油页岩干馏炉（Speight，2013）。该干馏炉是一个立式的耐火衬里容器，破碎的页岩通过重力向下移动。循环气体进入干馏炉底部，在向上通过容器时被热干馏页岩加热。空气从底部向上约三分之一处注入干馏炉，并与上升的热循环气体混合。紧接着气体和废页岩中的一些残余碳燃烧将燃烧区上方的生页岩加热至干馏温度。油蒸气和气体被进入的页岩冷却，并以雾状离开干馏炉顶部。这一干馏、燃烧、热交换和产品回收的新颖方式具有很高的干馏和热效率。该工艺不需要冷却水，这一重要特征是因为油页岩目标区处于半干旱地区而考虑的。

气体燃烧工艺的设计源自上文提到的 USBM 的工作。采用的技术对策包括通过重力流将机械复杂性降至最低、通过热气加热生页岩，以及通过在干馏容器内燃烧干馏后的页岩上的残余碳来产生热气。第一个干馏炉版本的设计工作始于 1949 年，称为双流干馏炉。接下来的第二个版本——逆流干馏炉改进了很多，通过燃烧气体向上和页岩向下逆向流动，在处理量为 200lb/（h·ft²）的情况下，从品位 20~25gal/t 页岩中获得的油产率超过费歇尔测定值的 90%。但是在干馏炉底部设置的燃烧区导致废页岩在高温下排出，浪费了宝贵的热量。此外，热页岩的处理也是一个难题。因此开发气体燃烧工艺就是为了解决这些问题。

在气体燃烧干馏炉中，没有内部隔板将区域分隔开，底部的移动炉篦控制来自干馏炉的页岩流动。通过旋转锁送入干馏炉顶部的页岩被热的产品蒸气加热，同时油蒸气冷却到露点形成雾状，被向上流动的气体扫入收集器。预热的页岩随后下移到干馏区，在那里进一步加热后，干酪根分解生成油、气产物和附着在废页岩上的含碳残渣。接下来，页岩进入系统的最热部分，在其中引入空气用于燃烧残渣和循环气中的烃衍生物。在干馏炉的最底部，来自燃烧页岩的热量被转移给向上流动的循环气体。最后，冷却的燃烧后的页岩从干馏炉底部排出。

美国矿务局在 Anvil Points 建造了三个气体燃烧干馏炉：一个 6t/d 的装置，一个 25t/d 的中试装置，以及一个 150t/d 的装置，旨在为商业化装置提供工程设计数据。该系统的优点包括：（1）从干馏后的页岩中回收能量，从而提高装置的热效率；（2）考虑到在干旱地区（如美国西部）使用，因此不需要冷却水。但是气体燃烧干馏炉存在以下几个问题：（1）油产率在费歇尔测定值的 85%~90% 范围内，低于预期 5%~10%；（2）油雾控制不佳和空气气体分配器的设计一直存在问题；（3）无法有效处理页岩细小颗粒（小于 1/4in）是一个很大的缺陷。

气体燃烧工艺开发的第一阶段结束于 1955 年，当时 USBM 停止了开发工作。第二阶段始于 1961 年，当时通过了第 87~796 号公共法案，授权内政部出租设施，以鼓励油页岩技术的进一步发展。在评估了几个提案后，内政部将 Anvil Points 设施租给了科罗拉多学院矿业研究基金会（CSMRF）。根据租赁条款，科罗拉多矿业学院研究基金会为出租方，提供行政和后勤支持，并将该设施提供给最终包括美孚石油公司（项目管理方）、Humble Oil&Refining、泛美石油公司、Sinclair 研究股份有限公司、大陆石油公司（Continental Oil）和 Phillips 石油公司在内的联盟。根据协议，该设施于 1964 年重新启用，并于 1966—1967 年运行了约一年。在此期间，进行了近 300 次运行，主要是 25t/d 机组和 150t/d 机组。第二阶段的改进解决了许多问题，处理量几乎翻了一番，达到 500 lb/（h·ft²）。虽然经过了努力改进，油产率仍令人失望，为费歇尔测定值的 85%~90%。尽管如此还是取得了一定进展，许多成果被引进了 Paraho 项目。1967 年后没有对气体燃烧工艺开展任何研究，但 Paraho 工艺的直接加热模式几乎与其完全相同，因此 Paraho 工艺的应用结果可作为气体燃烧工艺潜力的阐释。

美国矿务局在 20 世纪 80 年代专门针对绿河组页岩储层开发并测试了这种干馏系统。但是该项目在三个中试工厂中最大的工厂投产之前终止了（Dinneen，1976；US OTA，1980）。

14.4.11　加氢干馏工艺

天然气技术研究院（IGT）一直是探索在干馏中采用氢气气氛（加氢干馏）的引领者。最初的研究目标是高温下的气化，但在碳酸盐分解温度以下得到的产物大多数都是液体。随后，IGT 设计了一种用于页岩液体气化的工艺并获得了专利。IGT 最近的加氢干馏研究聚焦在获得高的液体产量和改善产品质量，该研究特别针对东部页岩。除了 IGT，Texaco 公司在 20 世纪 60 年代也活跃于该研究领域，Phillips 石油公司研究了在循环回路反应器系统中对印第安纳州的 New Albany 页岩进行加氢干馏的工艺响应。Phillips 还与 IGT、Bechtel 和 Hycrude 公司一起参与了针对美国东部页岩的 IGT 技术商业化应用的工艺设计研究。美孚研究与开发公司的工作成果促成了快速升温（RHU）测定法，该方法特别用于东部页岩评价。

一些更高效的流化床工艺的油产率达到了费歇尔测定值的 110% 左右。然而，费歇尔测定仅采集了世界上众多油页岩地层中的一小部分有机物，因此一些油页岩的油产率可能是费歇尔测定值的几倍，这些实例中值得注意的是美国东部泥盆纪页岩，通过加氢干馏，油产率得到大幅提升。与费歇尔测定的油品质相比，通过加氢干馏获得的油品质主要取决于页岩的类型。通过加氢干馏工艺从绿河组油页岩中产出的油与费歇尔测定油品质非常相似；元素组成的主要差异是氧含量稍低，氮含量略高，这似乎是加氢干馏中的普遍现象。与之形成鲜明对比的是，两种东部页岩的加氢干馏油与费歇尔测定的对照物截然不同。此外，两种东部页岩对氢气的响应也有很大差别（尽管两种页岩的油产率都有所增加）。对于这两种页岩，加氢干馏油的氢碳原子比明显低于费歇尔测定油。然而，New Albany 页岩的加氢干馏油的硫含量大致与费歇尔测定油相同，氧含量略低，而 Sunbury 页岩加氢干馏油的硫和氧含量都比费歇尔测定油低得多。出现这种结果的原因目前尚不清楚。

大多数氢气生产都涉及合成气的生产，合成气经进一步加工后生成氢气。在煤制油时，有液态水存在的合成气在提高反应速率和油产率方面优于单独使用氢气。对三种东部页岩进行了氢气干馏与合成气和蒸汽混合干馏的对比。

利用合成气混合物获得的油产率和有机碳转化率近似于在氢气分压下通过加氢干馏获得的产率和有机碳转化率。然而，合成气混合物产生的油具有较高的 H/C 比和 API 重度，且氮含量较低，但是过氧化硫含量较高。

IGT 的早期工作（1972—1979 年）侧重于移动床加氢干馏，即 HYTORT 工艺。以高达 1t/h 的速率对选定的页岩进行了试验。1980—1983 年，Hycrude-IGT- Bechtel -Phillips 石油公司联合取得了进一步进展，特别是在减少氢气消耗方面。在此基础上，对商业化加氢干馏设施进行了工程设计研究。

针对加氢干馏工艺的研究成果体现在了东部油页岩加氢干馏的优势上。但是加氢干馏移动床技术机械复杂，其大型高压容器建造成本昂贵。此外，在移动床系统中，细小颗粒不易处理，通常被丢弃。因此，IGT 最近的工作重点已转向加压流化床加氢干馏（PFBH）。

加压流化床加氢干馏工艺使用立式多级流化床，与移动床加氢干馏工艺相比，加压流化床加氢干馏工艺预计产量更高，从而降低反应器的成本。此外，对于东部页岩，在加压流化床加氢干馏中采用较小的页岩颗粒可以提高油产率，但同时会降低气产率，对整体碳转化率影响不大。因此，加压流化床加氢干馏工艺每美元成本下加工的页岩量不仅要比移动床多，而且每单位质量的页岩还多产出约三分之一的页岩油。所以加压流化床加氢干馏有望大大降低油页岩生产页岩油的成本。

与移动床加氢干馏工艺相比，加压流化床加氢干馏工艺的其他优势源于流化床的特性。流化床高效的气固接触和良好的传热特性提高了热效率，不再需要对块状页岩筛分（移动床加氢干馏需要）。

正在进行的其他研究工作是开发一种流化床气化系统，该系统将利用细小颗粒中所含的碳来生产氢气。页岩加工装置需要工艺热量和蒸汽，而废页岩中的碳通常能满足这些能量需求。因此，即使获得氢气的气化技术取得了成功，对能量需求的影响也可能不大。但是如果化学反应能够使合成气提高加氢干馏的速率和（或）降低对整体压力的要求，则气化的影响可能将非常重要。

最后，需要指出的是，目前加氢干馏能够显著提高油产率的分子化学反应尚不清楚，这就是为什么元素和矿物组成非常相似的页岩有时对加氢压力的响应存在非常大的差异的原因。

14.4.12 Kiviter 干馏炉

Kiviter 干馏炉（Sonne and Doilov，2003；Ye Fimov and Doilv，1999；Crawford et al.，2008）在爱沙尼亚应用广泛，在俄罗斯曾用于油页岩加工。该干馏炉为立式圆柱形，其上部的中间及中部两侧有矩形燃烧室。燃烧室配有空气和循环气体喷嘴，燃烧发生后热燃烧气体沿水平方向进入两个热解室，从干馏炉顶部送入的油页岩垂直向下，以薄层热解模式被热燃烧气体加热，油、气蒸气从干馏炉上部两侧沿水平方向逸出，然后从顶部流出。

页岩焦在干馏炉下部被向上的循环气体冷却，并从底部水封排出；同时冷却后的循环气体被加热并向上作为补充热源，与燃烧气体一起供原料页岩热解。排出的页岩焦含有固定碳，未被用于干馏，因此该方式干馏热效率不高，约为 70%，干馏出口气体被空气中的氮气稀释，其热值不高，费歇尔测定的油产率也不高，为 75%~80%，这是由于引入到干馏炉中用于燃烧的空气（含氧）过量，多余的氧气烧掉了部分产出的页岩油，或者是因为生成的部分页岩油又被热燃气热解。

单台多功能 Kiviter 干馏炉可加工 1~5in 的粗大油页岩块，类似于直燃式 Paraho 和气体燃烧干馏炉。如上所述，油页岩在 Kiviter 干馏炉通过重力向下送料。然而，相对富矿的库克油页岩（就像非常富矿的科罗拉多页岩一样）在缓慢加热时变得可塑，由此产生团聚可能导致不均匀的气体和固体流动和（或）干馏炉堵塞。为避免这些问题，Kiviter 干馏炉选择的气流模式、适应此气流模式的干馏炉设计，以及通过机械铲卸载排放被水封的废页岩是其独特的特征。

用于冷却废页岩和气化的大量气体注入 Kiviter 干馏炉的下部。这种气体在通过干馏炉顶部的环形干馏区之前必须经过很长的路径。尽管特别注意保持床层的渗透性，但干馏炉的底部还是在相当大的压力下运行。此外，为了密封干馏炉内的压力，干馏炉使用向下伸入水槽的排放斜槽，水槽配有往复式机械铲。但是已有其他控制固体流动的方法被证明更适合大规模连续作业。

干馏炉的日处理量为 1000t 油页岩，进料尺寸为 10~125mm（主要为 25~100mm），处理 1t 油页岩的耗电量为 14~18kW·h、蒸汽（5~8 bar）15~20kg、水 0.2~0.5m³。爱沙尼亚 Viru Keemia 集团（VKG）在 Kohtla Yarve 的两台 Kiviter 干馏炉运行良好，每台每天可处理 1000t 油页岩。该干馏炉适用于中小型页岩油厂。

14.4.13 Lurgi Ruhrgas 工艺

Lurgi Ruhrgas 技术是德国开发的，用于通过煤粉脱挥发生产管道气（图 14.2）。该工艺不仅用于干酪根干馏，还用于将生成的烃衍生物精制成与原油产品类似的可销售液体馏分。

Lurgi Ruhrgas 干馏炉是立式圆柱形容器，用循环气体、蒸汽和空气加热粗大油页岩。为了提供热量，该工艺使用了内燃技术。生油页岩被送入干馏炉顶部，由上升的气体加热，这些气体横向通过下降的油页岩，使岩石分解。热解在干馏炉的下部完成，在那里与更多热气、蒸汽和空气接触的废页岩被加热至约 900℃（1650°F），其残余碳（焦炭）被气化并燃烧。页岩油蒸气和释放的瓦斯气被输送到冷凝系统，冷凝的页岩油在冷凝系统中被收集，而不凝气被送回干馏炉。循环气体进入干馏炉底部冷却废页岩，之后废页岩通过水封排放系统离开干馏炉。

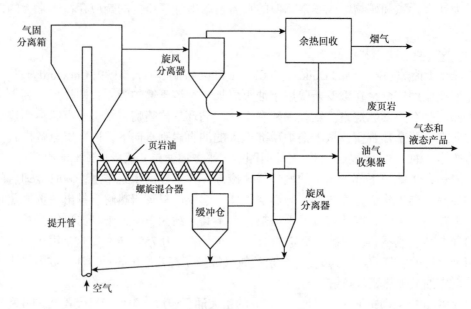

图 14.2　Lurgi Ruhrgas 工艺

该技术已实现商业化，用于褐煤煤粉脱挥、次烟煤生产成型煤焦，以及石脑油和原油裂解制烯烃（Speight，2008，2013，2014）。该技术的一大特色是提升管，在提升管中废热固料中的残余碳被燃烧以提供工艺热量。燃烧后的废料被输送到干馏炉中，通过固—固传热给生原料，它已成功试验用于加工绿河组油页岩。

在此工艺中，粉碎和筛分后的油页岩（小于 0.25in）通过进料斗进料，并与 6~8 倍于其体积的标称温度为 630℃（1165°F）的热废页岩和沙的混合物混合，然后输送至提升管。这种混合将生页岩的平均温度升至 530℃（985°F），该温度足以使其释放瓦斯气、页岩油蒸气和水蒸气。然后将固体混合物输送至缓冲仓，等待进一步处理，以提炼出更多的残余油成分。作为热载体而被使用的沙将被回收再利用。之后混合物返回到提升管底部，并使其与 400℃（750°F）的高温空气相互作用。当混合物经气动上升至提升管并转移至收集箱时，含碳馏分被燃烧，废页岩粉末与气体分离。

烃类气体和油蒸气通过一系列洗涤器和冷却器进行处理，最终成为可凝液体和气体被回收。由于油页岩原料的粒径较小，因此在整个工艺中，对粉末的管理至关重要，需要利用沉降和离心去除，用到许多旋风分离器和静电除尘器。

来自混合器的干馏后的页岩与旋风分离器中的粉尘一起通过料斗到达提升管底部，提升管底部引入的预热空气将固体携至缓冲仓，通过页岩半焦的燃烧将固体加热至约 550℃（1020°F）。如果半焦不足以满足此能量要求，则补充燃料气。在缓冲仓中，热固体与燃烧气体分离并返回混合器，在混合器中它们与新鲜油页岩接触完成循环，带隔板的缓冲仓有利于原料的均匀流动（Kennedy and Kram beck，1984）。

Lurgi Ruhrgas 油页岩工艺（LR 工艺）源自早期利用煤粉生产高热值气体的 Lurgi 工艺。最初，固体热载体（如沙）与煤粉混合，随后热煤焦产品被回收以提供所需的热量。该工艺针对多种煤炭类型进行了试验，并在德国、英国、南斯拉夫、阿根廷和日本进行了商业应用，因此也顺理成章地应用于油页岩。

在 LR 页岩干馏炉中，从燃烧器回收的热固体和生页岩（按比例 6~8∶1）被送入螺旋式混合器。干馏在混合器和随后的缓冲仓（收集器）中进行。气固分离在缓冲仓和接下来的旋风分离器中进行。大部分固体被转移至提升管燃烧室，通过燃烧残余碳将温度升高至 650℃（1200℉）。热固体从气体中分离并返回到干馏炉，干馏炉保持在 535℃（1000℉）左右的最佳干馏温度。

使用混合器可以快速传热，使产品蒸气在热区的停留时间非常短，以尽量减少不必要的裂解。强制混合还减少了富矿页岩在加热时团聚的趋势，从而提高了处理通量。值得注意的是这一组件必须同时承受高热和磨损的面积并不大，因此关键材料的问题仅涉及整个设施的很小一部分，便于管理。此外，还需注意的是 LR 干馏系统的任何部分都不能在高压下运行，最大压力为几英寸水柱。产品收集器部分分级设计以便提供两个、最好是三个或更多的产品馏分。这并不是为了得到沸程限定的馏分，而是为了避免油/水乳液的产生，并改善粉尘控制。收集器的第一部分是溢流洗涤器，通过注入水相产品和高沸点油同时冷却和洗涤产出物。旋风分离器未收集到的细微粉尘被聚集在高沸点油中，后续的馏分中基本上无尘。

针对工艺的商业化应用，规定了从废页岩中回收工艺热量，并使用热交换器回收额外热量。此外，分级应用两个或三个旋风分离器，以更彻底地去除产品蒸气中的粉尘；所有分级中都进行洗涤，以有效冷却和冷凝产品蒸气。还可能会增加静电除尘器，以减少提升管燃烧器烟气中的颗粒物排放。

LR 工艺的一个重要特点是能够加工页岩细小颗粒，全部油页岩资源可在单一类型的反应器中得以利用。在中试装置的运行中获得了良好的物料平衡，各种油页岩的油产率都较高，通常高于费歇尔测定值的 95%。在有利的情况下，油产率高达费歇尔测定值的 110%。尽管在氮和硫含量高、倾点低这方面不理想，但成品油的挥发性为 85%~90%。高沸点油中的粉尘处理很麻烦，但 Lurgi 有一种获得专利的油品除尘方法，也可以将含尘高沸点油再循环至混合器中。因此，LR 干馏炉解决了气体燃烧干馏炉两个最持久的问题，即油产率低和无法加工页岩细小颗粒（即全部的油页岩资源）的问题。

LR 工艺产生的气体产物未被燃烧气体稀释，因此热值较高，适合于重整生成用于产品升级所需的氢气。水相产物只有轻微的碱性，不需要特殊的装置材料。但它确实含有可通过蒸汽汽提回收的酚类和氨，因此为满足环保要求利用工艺用水润湿废页岩之前，可能需要对其进一步处理（例如生物氧化）。

经干馏去除了干酪根和经过燃烧分解了部分碳酸盐后的废页岩非常易碎，在混合器干馏炉中施加的剪切力确实会减小颗粒粒径。一方面，这些特性使燃烧后的页岩成为非常好的 SO_x 受体，而另一方面，细小的颗粒粒径意味着在地面处理时必须特别小心。在这方面一般没什么问题，因为大部分废页岩将被送回矿井。此外，当被润湿时，废页岩就像水泥一样，形成坚硬的岩石状。这将减少废页岩的扬尘可能性，因此简化了环保处理。

综上，LR 工艺使用相对简单、廉价和可靠的硬件，实现了高油页岩处理量和高油产率，具有处理全部油页岩资源的能力。主要的环保问题，即节省淋洗液，已经得到解决。另一方面，LR 页岩油产品的高氮和硫含量会使产品升级困难和昂贵。莫纳什（Monash）大学的工作人员对处理澳大利亚 Rundle 储层油页岩时提高 LR 工艺的整体效率提出了几项建议，这些建议包括：（1）使用流化床固—固热交换器，以提高废页岩的热回收率；（2）多级干燥生页岩，通过产生低压蒸气带来附加效益；（3）使用流化床燃烧，以提供比提升管燃烧室更好的温度控制，从而降低碳酸盐分解的热量需求；（4）煤与页岩共热解，从特定尺寸的干馏炉中获得更高的液体产量。

14.4.14 Nevada-Texas-Utah 干馏炉

内华达—得克萨斯—犹他干馏炉（NTU 干馏炉）是一种改进的下吸式气化炉，类似于 19 世纪以煤炭为原料生产低热值气体的气化炉装置（Speight，2013）。干馏炉是一个立式钢筒，内衬耐火砖，顶部设有送风管，底部设有排气管。顶部可以打开批量装入原料页岩；底部用于排出干馏后的废页岩。批量进料干馏炉操作相对简单，建造成本低廉，并且也证明耐用。干馏炉操作相对简单，启动干馏时除需要少量气体外不需要另加燃料。该装置可以处理各种各样的油页岩，油产率为费歇尔测定值的 60%~90%。

在该工艺中，干馏装置装载破碎的油页岩并密封，然后点燃燃气燃烧器，并吹入空气。一旦页岩床的顶部开始燃烧，则切断燃气，但继续供给空气。随着空气流经燃烧层，空气温度达到约 815℃（1500°F），从而加热下层的页岩并引发干酪根的热解。气态产物和页岩油向下通过页岩床较冷的部分扫到排气口。干酪根转化产生的固体产物（残余碳）残留在废页岩上，并随着燃烧区沿干馏炉向下移动而被消耗，作为燃烧的燃料为进一步热解提供热量。当页岩床上层所有的碳都燃烧时，形成四个区域：顶层是燃烧和脱碳的废页岩，第二层是燃烧层，释放热量用于第三层的热解，在底层，油页岩被加热，但尚未达到热解温度。

20 世纪 20 年代，NTU 公司在加利福尼亚州圣玛利亚附近建造了一台 40t 的干馏炉，美国矿务局（USBM）在 Anvil Points 建造了一台小型干馏炉。第一阶段于 1930 年结束，但因第二次世界大战对燃料的需求重新激起了人们的兴趣。在澳大利亚，Lithgow 石油有限公司在其 Mangaroo 的设施使用了这种干馏炉。该公司建造了三台 35t 的干馏炉，但由于缺乏原料页岩，很少同时运转。尽管如此，1944—1945 年期间还是生产了近 200×10^4 gal 的液体。1944 年 4 月 5 日《合成液体燃料法》通过后也引起了美国的兴趣，USBM 在 Anvil Points 建造了两台相同的 40tNTU 干馏炉，以便为炼制研究提供足够的设计数据和页岩油。到 1951 年这些干馏炉被拆除时，每台干馏炉已运行近 7000h，处理约 18000t 油页岩，生产页岩油 6000bbl，经检测这些干馏炉仍处于良好状态。

20 世纪 60 年代，在 Laramie 能源技术中心［美国矿务局的 Laramie 能源技术中心，后来是能源研究与发展局（ERDA）的 Laramie 能量研究中心（LERC），现在是西部研究所］建造了一台 10t 的干馏炉。该干馏炉和 1968 年增加的 150t 的干馏炉已被广泛用于研究原位干馏的许多重要参数。150t 的干馏炉位于怀俄明州 Laramie 以北，内径略大于 6ft，高 45ft。

为了模拟原位干馏，150t 的装置通常装填未分级的页岩，以模拟地下干馏炉中通过爆破获得的各种颗粒尺寸的碎裂页岩床，其中重达 10000lb 的单个页岩块已成功干馏。尺寸在 ½~3½in 范围、品位为 30gal/t 的油页岩其油产率达到费歇尔测定值的 80%，品位为 50gal/t 的油产率达到费歇尔测定值的 87.5%，即使是非常大的页岩块也可以被干馏。

NTU 干馏炉作为研究工具使用效果良好，但作为批量处理装置不太适合商业化应用，因此需要探索更加高效和连续的干馏工艺。

14.4.15　油页岩勘探公司工艺

油页岩勘探公司（OSEC）工艺采用了卧式回转窑的艾伯塔 Taciuk 工艺（ATP）来开发犹他州油页岩。这项技术最初是为加拿大艾伯塔省的可开采油砂开发的，在 20 世纪 70 年代末得到大力发展和广泛试验，但在 20 世纪 80 年代末，它的第一次商业化应用是清理受污染的土壤。从 1999 年至 2004 年，在澳大利亚 Stuart 页岩油项目中投入使用，但该工厂已被关闭和拆除。爱沙尼亚、中国和约旦的许多项目也考虑应用该工艺。该工艺是一种热循环固体工艺，其主要特点是，通过使用多个腔室，使大多数工艺步骤都在单台的卧式回转干馏炉内进行，因此能效和产量高，并且工艺简单，采用了鲁棒设计。

根据澳大利亚油页岩生产的情况，连续流干馏炉包括三个步骤（Taciuk and Turner，1988；Schmidt，2003）。第一步，部分干燥的油页岩在约 250℃（480℉）下干燥，从油页岩中释放出表面水和结晶水。第二步是干馏，在约 500℃（930℉）下进行，油页岩中的干酪根被分解产生页岩油和烃。第三步也是最后一个步骤，在 750℃（1380℉）的温度下，干馏后的油页岩燃烧，并与热固体耦合循环为之前的工序提供热量。

澳大利亚 Stuart 油页岩项目使用了这种干馏炉，生产了 150 多万桶页岩油（US DOE，2007）。然而，Stuart 项目最近选择了 Paraho 干馏炉替代了 Taciuk 干馏炉。

14.4.16　Paraho 干馏炉

Paraho 干馏炉已在科罗拉多州和巴西的油页岩矿场投入使用，有两种类型：直接加热式干馏炉和间接加热式干馏炉，这两种干馏炉均采用立式干馏室。干馏炉是典型的立式干馏炉，去除细小颗粒的破碎页岩在重力作用下沿干馏炉下降。页岩加工过程中每个步骤的区域都是通过控制干馏炉中的气流来维持的。此干馏炉也可通过间接燃烧运行（见第 14.5.2 节）。

在直接加热式干馏炉中（图 14.3），部分生页岩在干馏炉的燃烧区被点燃，产生的热量热解其余位于较高区域的油页岩。在间接加热式干馏炉中，热量在单独的燃烧室中产生，并传递到干馏室的最下部。

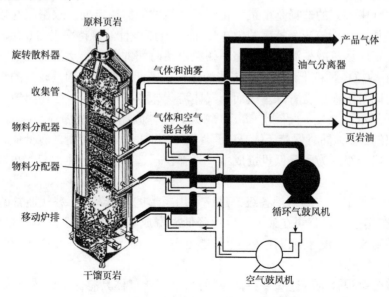

图 14.3　直接加热式 Paraho 干馏炉

在直接加热式 Paraho 干馏炉中，粉碎、筛分后的油页岩被送入立式干馏炉的顶部。同时，废页岩（之前干馏过的含有固体焦炭的油页岩）在干馏炉的较低位置被点燃。热燃烧气体向上穿过下行的生页岩，分解干酪根。在干馏炉最上部形成的页岩油蒸气被转移，以便在独立装置中进一步升级。所有的气体被净化后出售，而一小部分被送回干馏炉，与废页岩一起燃烧。

14.4.17 Petroter 干馏炉

Petroter 技术采用改进的 Galoter 干馏炉热解（半焦化）工艺，用固体热载体处理细粒油页岩（0~25mm 粒级）。油页岩和热灰在无空气条件下混合，加热和（在足够的温度下）分解油页岩有机物生成页岩油、气。

油页岩热解过程在没有空气的滚筒形回转反应器中进行，油页岩与用作固体热载体的热灰混合被加热至 450~500℃（840~930℉）。工艺过程中反应器中出现的蒸汽—气体产物混合物通过多个处理容器去除灰分和其他机械杂质后，液体和气体通过蒸馏工艺，生成液体产品和具有高热值的气体。

液体产品被送入其他装置，作为最终产品装载或进行进一步加工。气体被送入热电厂用于供热和发电，蒸汽被送入热电厂用于发电。该工艺的副产品包括苯酚水、烟气和热加工产生的灰分。

14.4.18 Shell 干馏工艺

壳牌页岩干馏工艺（SSRP）是利用气—固系统快速升温来实现快速加热，由于气体的体积热容量较低，因此需要采用小颗粒页岩。根据 2~3mm 页岩颗粒的应用结果，得到令人满意的平均加热速率为每分钟 100~600℃（212~1110℉）。与可以使用较大颗粒的工艺相比，这种要求小颗粒尺寸的 SSRP 工艺预计将因需缩小颗粒尺寸而使投资成本和操作成本增加。

干馏动力学因页岩类型而异，在很大程度上取决于单个油页岩颗粒内部热量和质量传输的差异。由于需要相对较长的固体停留时间（8~12min）才能达到完全干馏，因此在各种流化床设计中方案的选择是由最大化颗粒悬持的能力决定的。致密床的颗粒悬持率在 0.45~0.55 的范围内，湍流床悬持率约为 0.4，而提升床设计的悬持率仅在 0.1~0.2 的范围内。此外，人们发现应尽量减少湍流，以缩小颗粒停留时间的范围，从而最大限度地减小能够实现 99% 的平均粒径颗粒干馏所需反应器的体积。因此，致密床因其较高的颗粒悬持率和较小的停留时间范围而更受青睐。然而，气体流化床本身不稳定，往往因气泡上升循环模式存在严重的返混。高度 / 直径比（L/D）较大的床体限制了这种循环，因而会减弱返混。为了获得理想的 L/D，同时保持床体高度（蒸汽停留时间）在可接受的较低值，则需要多列或进行横向多段分级。为了降低投资成本，壳牌公司选择了后一种方案，并且将蒸汽作为流化气体。

为了便于在单个箱体内密耦各级，建议采用矩形的床身截面（替代通常的圆形床身截面）。该建议突出了壳牌公司在最大限度地降低投资成本方面对单列 / 单机组设计的重视。报告指出，采用 SSRP 设计可以建造一个能够处理 $10×10^4$t 油页岩、日产 $5×10^4$bbl 粗页岩油的机组。

横向多段分级设计的其他重要特征包括：（1）流化气体具有保持固体流化的主要功能；（2）产品蒸汽沿短路径离开反应器，从而最大限度地减少不必要的裂解；（3）可以提供大的流化床面积，而不会因湍流而导致严重的返混；（4）蒸汽线速度可以保持在足够低的水平，可以最大限度地减少颗粒的携带，而不会牺牲蒸汽停留时间；（5）可以在不同的条件下运行不同的工序，以获得最佳的产品产量／质量，高沸点产品可以再循环到一个或多个工序，用于进一步裂解获得低沸点馏分；（6）可以在不影响固体多段分级的情况下，通过划分气体空间来分别收集来自不同工序的产品。

通过燃烧废页岩上的碳可以为工艺提供热量，有三种类型的流化床燃烧器（FBC）可选。鼓泡密相流化床燃烧器是候选方案之一，类似于用于煤炭燃烧的燃烧器（Speight，2013），但气体流速略低于煤炭燃烧器中 2 m/s 的典型流速，由于可用于燃烧的空气量有限，需要较大的床体高度和页岩处理量。另一候选方案是稀相提升管流化床燃烧器，可提供较大的页岩处理量，并且不缺空气，但需要一个较高的反应器来为完全燃烧提供足够的停留时间。作为一种折中方案，也可以选择快速循环流化床燃烧器，类似于目前正用于煤炭燃烧的燃烧器。快速循环流化床燃烧器具有良好的提升动力，使热的燃烧页岩实现重力流动，并且与空气具有良好的接触性，可以完全燃尽，同时保持适中的反应器尺寸。

从引用的报告中还不清楚有多少试验工作支持了 SSRP 的设计，但是与其他主要的石油公司一样，壳牌公司在设计、建造和运营超大型（如用于催化裂化的）流化床方面拥有丰富的经验。与其他流化床干馏炉一样，工艺设计的成功很大程度上取决于其控制粉尘的能力。现有报告表明，壳牌公司很清楚这一点，但除了提到采取控制气体速度和安装高效旋风分离器以去除粉尘的明显措施之外，几乎没有提到粉尘管理的策略。

14.4.19 Superior 圆形炉篦干馏工艺

这种干馏炉（也称为 Superior Oil/Davi-MMcKee 圆形炉篦干馏炉）是由 Superior 石油公司（当时是美孚公司的子公司）和 Davy-MMcKee 公司共同开发的，Davy McKee 是另一家从事材料处理和矿物加工的公司。该干馏炉采用的是在封闭的圆形炉篦中进行逆流的气固热交换的工艺，用于处理具有相对较高可靠性系数的各种矿石，与其他干馏炉相比具有环保优势。干馏炉的设计不仅仅是为了提取燃料，高效处理油页岩只是 Superior 多矿物处理方法的用途之一，其设计基于 Davy McKee 的矿物加工技术。

Superior Oil/Davi-MMcKee 干馏工艺的显著特点是将粉碎的页岩分三层送入炉篦：最小的颗粒（大于 1/4in，1/4in 以下的矿物不被干馏，但可能会在单独的装置中燃烧）直接送到开槽炉篦上，中间尺寸的颗粒形成中心层，最大的颗粒放置在床层的顶部。因此，升温最慢的最大颗粒暴露在最热的循环气体中的时间最长。这最大限度地缩短了完全干馏所需的停留时间，并具有最大限度地降低过热的好处，过热对后续回收纯碱和氢氧化铝不利。绝热间歇式反应器经过实验室测试之后，在 250t/d 的中试装置上又进行了干馏步骤测试。从结果看，Superior 干馏炉干馏的科罗拉多油页岩的产品质量似乎比 Paraho 干馏炉稍差。

干馏时，添加油页岩（0.25~4.0in），旋转至干馏炉第一段，通过连续循环的气体介质加热。蒸发的页岩油与循环气体混合，并与水一起隔段时间从气流中去除。部分热解的页岩旋转到干馏炉的下一段，在那里被部分氧化，完成干酪根的热解并释放出油。废页岩在炉篦的下一段冷却，为循环气体提供热量。补充热量由在先前的页岩干馏中的循环气体直接或间接燃烧产生，被添加到生页岩初始热解的炉篦的第一段。温度控制使烃回收率较高，而页岩无机相的烧结量相对较少。该工艺页岩油的油产率约为费歇尔测定数据的 98%（质量分数）。

从环保方面来看，圆形炉篦是密封操作，炉篦上方有外罩，可以捕集烃类气体和页岩油蒸气，炉篦下方装有水槽（水封），用于排放废页岩。水封不仅可以防止气体和蒸气油雾泄漏，还可以润湿需要安全处理和处置的废页岩。

14.4.20 Superior 多矿物处理工艺

Superior 石油公司多矿物处理工艺（也称为 McDowell Wellman 工艺或圆形炉篦工艺）将油页岩在密封的横向分段的移动炉篦干馏炉中加热，产出页岩油、气和废渣。该工艺适用于处理富矿的油页岩（如 Piceance 盆地的油页岩），具有相对较高的可靠性和较高的油产率。

除页岩油、气外，多矿物处理工艺还产出氧化铝（Al_2O_3）和纯碱等矿物（Matar，1982）。该工艺对油页岩的加工基本上分四步，包含对页岩油、苏打石（$NaHCO_3$）和片钠铝石 [一种钠铝盐，$Na_3Al(CO_3)_3 \cdot Al(OH)_3$] 的回收（Matar，1982）。该工艺最初是作为搅拌床式、低热值煤气化炉开发的。工艺中使用的连续进料圆形移动炉篦干馏炉是经过验证的可靠硬件，可提供精确的温度控制，具有独立的工段和可以消除环境污染的水封。

苏打石作为干式洗涤剂可吸收硫和氮氧化物。页岩中的片钠铝石在干馏炉中分解为氧化铝和纯碱。页岩被回收液和来自地下含盐水层的补给水淋滤后，得到的液体在降低 pH 值后从中回收氧化铝。这种氧化铝与从铝土矿中提取和回收的氧化铝相比，在价格上具有竞争力。纯碱通过蒸发回收，用于各种工业用途，例如中和剂，最后将滤后的废页岩返回到工艺流程中。

14.4.21 Union B 型干馏炉

这种干馏炉由加州联合石油公司（Unocal）开发，是热惰性气体干馏的一个代表，由 A 型干馏炉演变而来。

在 A 型干馏炉中，以一过性空气作为燃烧气体，干馏炉顶部的峰值温度达到 1195~1205℃（2000~2200°F）。裂解后的油产率限定在理论值（费歇尔测定值）的 75%（体积分数）左右。此外，由于燃烧和碳酸盐分解产生的氮气和 CO_2 的稀释，气体产物的热值较低，约为 120Btu/ft^3。

为了提高油产率和气体产物的热值，开发了第二代干馏炉（B 型干馏炉），该干馏炉通过在外置炉中加热至 510~540℃（950~1000°F）的循环气流间接为干馏提供所需的热量。该干馏炉油产率高，接近理论值（费歇尔测定产率和 C_{4+} 油产率），显著高于费歇尔测定值。此外，气体产品热值高达 800Btu/ft^3 以上。

在 B 型干馏炉中，独立堆放的废页岩上方的空间被拱顶包围以排除空气，热量由在外置炉中加热的循环气流提供。废页岩在重力作用下从干馏炉中掉落，通过拱顶壁沿泄料槽进入一个容器，在那里通过喷水冷却。冷却过程中产生的蒸汽有助于从废页岩的孔隙中剥离产品，之后冷却的页岩在排放前被润湿。

B 型干馏炉在 1956 年至 1958 年间进行了示范级试验。这种干馏炉由一个立式的耐火衬里容器构成。运行中气流向下流动，页岩通过一种独特的加料装置向上移动，这一装置通常被称为岩石泵。热量由残留在干馏后的油页岩上的有机物的燃烧提供，并通过直接的气固交换传递到生油页岩。油在进入的冷页岩上被冷凝，然后流过冷页岩至干馏炉底部出口。该工艺不需要冷却水（Burnham and McConaghy，2006）。

该工艺中，将粉碎的页岩（0.13~2.00in）通过两个斜槽送入固体泵，固体泵使页岩向上移动通过干馏炉。页岩通过与热循环气（510~538℃，950~1000℉）的逆向流动被加热至干馏温度，致使油页岩产生蒸汽和气体。热量由残留在干馏后的油页岩上的有机质燃烧提供，并通过直接的气固交换传递给（生）油页岩。该混合气体在循环气体的作用下向下流动，并与进入干馏炉下部的冷页岩接触而冷却。气体和冷凝的液体在干馏炉的底部被分离。液体被转移，并进一步处理以去除水、固体和砷盐。气体被送入预热器，然后返回到干馏炉中，通过燃烧回收热能。

与 A 型干馏炉一样，B 型干馏炉的页岩油和含油产品气、蒸汽和雾气的气流通过开槽从干馏炉底部排出到沉降段。对来自沉降段的气体进行洗涤和冷却，收集的油和水以雾状和冷凝水的形态被分离。油被送回沉降器，而水被用来润湿废页岩。部分洗涤过的气体在被回收到干馏炉之前被压缩和加热。通过压缩和洗涤处理去除重质馏分，并使用 Unisulf 工艺进行脱硫以去除硫化氢。脱硫后的气体适合用作电厂燃料。然而，页岩油提质对氢气的需求量很大，而且所产生的气体富含氢气，因此可能需要分馏以回收氢气。

B 型干馏炉生产出的页岩油品质非常高，倾点是管道输油的一个非常重要的参数，该干馏炉生产的页岩油倾点非常低，康拉德森（Conradson）残碳值也是理想的低值。这种粗页岩油的处理包括水洗（两级）去除固体，去除化学结合的砷至 $1\mu g/g$ 的水平（使用专用的吸收剂），并脱除轻质烃以稳定油的成分。Unocal 计划通过加氢处理对粗页岩油进行升级，生产一种合成油，作为常规炼油厂的优质原料。因此，高品质的 B 型干馏炉页岩油消除了 A 型干馏炉页岩油提质时需去除耐火材料结焦的步骤。

B 型干馏炉在设计中集成了污染控制装置，用于去除干馏过程中产生的硫化氢（H_2S）和氨气（NH_3），并处理从油水分离中回收的工艺水。处理后的水被回收，用于冷却废页岩，或输送到采矿和装卸作业现场，用于润湿页岩以控制扬尘。

干馏炉中维持的还原环境使硫和氮化合物分别以硫化氢和氨的形态被去除，这两种化合物随后被捕集。当新形成的热油蒸气进入干馏炉时，被迫接触较冷的页岩而快速冷却。对最初形成的页岩油进行进一步处理，去除砷等重金属，使从干馏炉中回收的最终产品可以直接用作低硫燃料，也可以输送到常规炼油厂进行进一步精炼。

该干馏炉实现了页岩油的高产率，并且干馏气体具有较高热值。

14.5 间接干馏

在间接气体加热的干馏炉中，油页岩通过隔板壁进行加热。这种类型的干馏炉主要在 1960 年之前使用，由于处理量小、传热成本高，以及热效率低，目前没有进一步发展。

14.5.1 Lurgi Ruhrgas 干馏炉

Lurgi Ruhrgas 干馏系统采用的是 4 类干馏炉（表 14.2），在该系统中干馏后的热页岩将热解热传递给油页岩。该工艺由 Ruhrgas A.G. 和 Lurgi Gesellschaft fur Warmetechnik mbH 于 20 世纪 50 年代联合开发，用于煤炭的低温焦化（Speight，2013）。

该工艺中，通过类似于传统螺旋输送机的机械混合器，将细碎的油页岩与干馏后的热油页岩混合。干馏在混合器中进行，从中抽出气体和页岩油蒸气。通过旋风分离器除去这些产品中的粉尘，冷凝后将油与气体分离。干馏后的页岩离开混合器被送至提升管，在燃气和空气混合燃烧下被加热到大约 595℃（1100°F）。之后将干馏后的热页岩送回混合器，并重复上述过程。据报道此干馏炉的油产率很高，产品气质量较好。

14.5.2   Paraho 干馏炉

Paraho 开发公司开发了新的立式窑硬件和工艺技术，并在 20 世纪 60 年代通过建造三座大型商业石灰窑确立了新技术。20 世纪 70 年代，公司将石灰窑技术应用于油页岩干馏。1972 年 5 月，Paraho 从美国内政部获得了一份租约，可以使用美国矿务局位于科罗拉多州 Rifle 附近的 Anvil Points 的油页岩设施，以示范其干馏技术。间接燃烧模式是在单独的炉中燃烧工艺气体，热气携带热量至干馏炉。这种干馏炉也可以以直接燃烧模式运行（见第 14.4.16 节）。

在间接模式的 Paraho 干馏炉中（图 14.4），用于直接模式下油页岩燃烧的立式干馏室部分变成了引入外部加热燃料气体的区域，而在干馏室内不发生燃烧。这种单独的燃烧一般由商业燃料（天然气、柴油、丙烷等）完成，通常补充一部分从干馏中回收的燃料气。

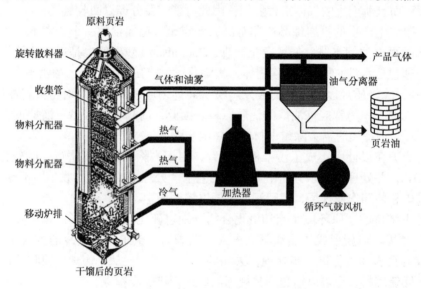

图 14.4   间接加热式 Paraho 干馏炉

在此工艺中，磨碎的油页岩进入干馏炉顶部的进料斗，然后在连续移动床中，油页岩连续向下流动，依次穿过油雾层、干馏区、燃烧区和冷却区。随着页岩的下降，热量与逆流的循环气体进行有效交换，循环气体由三个专用的气体——空气和气体分配器以不同的高度引入干馏炉。在干馏炉顶部附近，环境温度下的页岩被上升的热油蒸气和气体加热，而油蒸气则被冷却形成夹带在气体中的油雾。

虽然直接式和间接式的 Paraho 干馏炉在操作上非常相似，但操作条件却大不相同，因此回收的粗页岩油和气体的成分发生了改变。油蒸气和油雾是在大约 60℃（140°F）的温度下离开直接式干馏炉，而间接模式下的油蒸气和气体则是在 135℃（280°F）下离开干馏炉，其热值是从直接式干馏炉中回收的气体和蒸气的约九倍（两种模式下的热值分别为 102Btu/ft^3 和 885Btu/ft^3）。

直接式和间接式干馏炉回收的粗页岩油的特性有一定差异，但都具有与采用类似页岩加热机制（直接与间接）的其他干馏炉回收的页岩油相似的特性。此外，来自间接模式干馏炉的气体中的二氧化碳含量要低得多，但硫化氢、氨和氢气含量更高，通常认为是因为间接式干馏炉比直接式干馏炉的氧化环境更少（EPA，1979）。

14.5.3   Pumpherston 干馏炉

Pumpherston 干馏炉是 19 世纪下半叶苏格兰油页岩行业最成功的干馏炉。工厂于 1947 年在苏格兰建立，由两个工作台组成，每个工作台有 52 个干馏炉，每天的处理量为 10t，日产油量约为 530bbl。从酸性焦油中回收的酸用于生产硫酸铵，而焦油用作炼厂燃料。

Pumpherston 干馏炉的优点是生产的页岩气未被稀释，而且对进料页岩的粒度几乎没有限制。由于来自廉价进口原油的竞争，该干馏炉于 1963 年关闭。

14.5.4   Petrosix 干馏炉

Petrosix 工艺是巴西开发的，专门用于处理 Irati 组的油页岩（Crawford et al.，2008）。Petrosix 工艺是间接加热的。在示范装置中，热循环气流被气体进一步加热，注入干馏炉加热、干馏页岩。尽管该工艺是针对巴西的 Irati 页岩开发的，但 Petrosix 技术也被考虑用于美国东部的 Devonian 页岩地层。

在此工艺中，破碎的页岩通过防止横向离析的料斗从顶部送入干馏炉。页岩向下移动，依次穿过干燥、加热和干馏区，与上行的加热循环气体逆向而行。然后干馏后的页岩向下进入干馏炉的最底部，在那里被未加热的循环气流冷却，之后通过一个液压密封的废页岩料斗排出。

气体和产品蒸汽由循环气流带出干馏炉顶部，在依次经过旋风分离器除尘、静电除尘器收集高沸点油雾、热交换器冷凝低沸点油和水之后，进入气体处理区，脱除硫化氢，回收液化石油气（LPG）和低沸点石脑油。不凝气体被压缩，一部分用于冷却废页岩，一部分被加热并注入干馏区，其余部分用作燃料。硫在传统的 Claus 装置中被回收。

常减压蒸馏用于从高沸点和低沸点油的混合物中回收馏分，含在油页岩复合体内的渣油将用作燃料。美国大多数油页岩设施都设计的是现场加氢处理，以便在管道输送前稳定粗页岩油。而 Petrosix 则设计的是将馏分油和石脑油的混合物输送至炼油厂进行加氢处理，加氢处理后的页岩油将与原油一起精炼。

巴西 Petrosix 干馏炉也是立式圆柱形干馏炉（图 14.5）（Scouten，1990；Hohman et al.，1992；Martignoni，2002）。干馏炉直径 18ft，每天可处理 2200t Irati 油页岩。除了机械上的差异，Petrosix 干馏炉与 Paraho 间接干馏炉相似。一个在操作上的区别是，Petrosix 的废页岩被排放到水浴中，以泥浆的形式被泵送到处理池。Paraho 的废页岩在处理前仅添加很少量的水，以干燥的状态排出。

Petrosix 干馏炉分为上部热解段和下部页岩焦冷却段。页岩油在 500℃（930℉）下产生，并在干馏炉顶部回收。干馏炉尾气依次经过旋风分离器、静电除尘器和冷凝喷雾塔后冷却。冷却后的部分干馏气体用作管式加热器中的燃料，另一部分被加热到超过 500℃（930℉）的温度，作为气体热载体回流至干馏炉中部，用于加热和热解油页岩原料，再一部分被循环进入干馏炉底部，用于冷却热页岩，然后再次被加热，上升到热解段作为加热油页岩原料的补充热源。冷却后的页岩从干馏炉底部的水封排出。

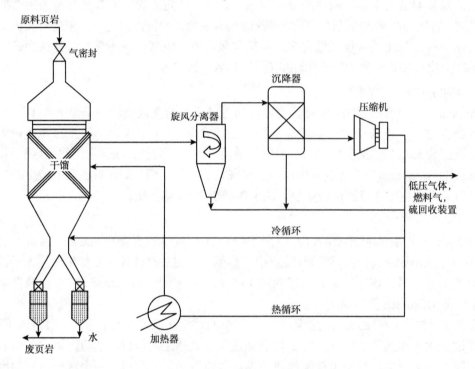

图 14.5　Petrosix 干馏炉

Petrosix 干馏炉的优点是：（1）干馏炉处理量大；（2）尾气热值高，未被氮气稀释；（3）油产率高，达到费歇尔测定值的 85%~90%。其热效率不固定，这取决于页岩上的积碳是否被利用。

巴西国家石油公司在南圣马特乌斯建造了两台大型 Petrosix 干馏炉，一台内径为 18ft（建于 1981 年），用于加工块状（6~50mm）油页岩，另一台内径 38ft（建于 1991 年）。直径 18ft 的干馏炉日处理量 1600t，投资成本为 3500 万美元。直径 38ft 的干馏炉日处理量 6200t，投资成本为 9300 万美元。

14.5.5　Salermo 干馏炉

在 Salermo 干馏炉中，小颗粒（小于 25mm）油页岩一铲接一铲地被铲到 36 个半圆槽（直径 16in），这些槽由燃烧的不凝气从底部进行加热。10 个外部加热干馏炉每个每天处理 670~700t 油页岩，每天生产 810bbl 页岩油，约为费歇尔测定值的 90%。含有大量残余碳（高达 40%）的废页岩被丢弃（Steele，1979）。

1935 年，这种类型的干馏炉在（南非）Transvaal 的 Ermelo 附近使用，工厂于 1962 年关闭，至关闭时，它已耗尽了该地的油页岩资源。目前，在法国的 Clerbagnoix 有一台 Salermo 干馏炉仍在运转，用于生产高含硫页岩油。

14.5.6　Shell 小球热交换干馏工艺

壳牌开发公司在设计壳牌小球热交换干馏（SPHER）工艺时，解决了 Tosco 工艺成本高、机械复杂和热效率低的问题。虽然经过试验后再没有进展，但这一工艺值得进行简要的探讨，因为它是新的流化床工艺发展中的一个重要设计理念的过渡。SPHER 的设计源于壳牌在炼油工艺中使用流化床的经验，如提升管传输及在致密床中的催化裂化，前者在相对较高的表观气速下运行，后者在相对较低的表观气速下进行。SPHER 工艺最主要的特点是页岩和热交换小球的逆向流动，这种方式可以提高热效率，流化床的使用可以降低成本。

正如设想的那样，SPHER 工艺通过两个回路来循环传热小球。在冷球回路中，小球从预热器落入逆流流化床，从废页岩中回收热量。气动提升管将小球输送到冷球回路的顶部，小球下落穿过预热器中向上流动的页岩。在热球回路中，小球在加热器（提升管 / 举升管燃烧器或 Tosco 型加热器）中被加热后，落下穿过由干馏容器中的过热蒸汽流化的页岩致密床。两个小球回路的分离使不同元件的尺寸，以及小球的大小和材料能够根据各自特定任务进行定制，同时始终保持高通量和简单的机械构造。SPHER 工艺预计热效率为 67%，比 Tosco Ⅱ 工艺提高了 4%，比 Paraho 工艺提高了 9%。

虽然壳牌公司的初步经济分析表明，SPHER 工艺因成本较低，生产的页岩油比 Tosco 工艺便宜约 15%，但干馏操作仍然相对复杂，且需要使用传热小球。为了在 SPHER 流化床中获得可靠的流态化，需要将页岩研磨至 1/16in 以下的尺寸。这种研磨即使是采用超大尺寸循环的多级研磨成本也很高，尤其是对于坚硬、相对富矿的页岩，如绿河组和约旦的页岩成本更高。此外，相对富矿的小颗粒页岩团聚会严重损害流化床的可操作性。与这些缺点相对的优点是升温速度快和蒸汽在干馏炉中停留时间短，这两者都有助于提高高价值液体的产量。壳牌和埃克森公司已经意识到流化床干馏的成本问题，并开始研究进一步降低成本和提高流化床干馏可操作性的方法。

14.5.7　Tosco Ⅱ 工艺

Tosco（油页岩公司）工艺采用了类似于水泥窑的回转窑，通过在外部燃烧器中加热的陶瓷球将热量传递给页岩（图 14.6）（Whitcombe and Vawter，1976）。该工艺更准确地说是干馏 / 升级工艺，始于 20 世纪 60—70 年代（US OTA，1980）。

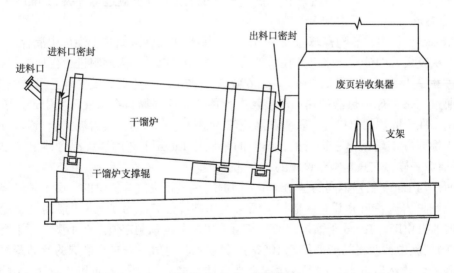

图 14.6　Tosco 干馏炉

该工艺采用回转窑，利用在外部设备中加热的陶瓷球来完成干馏。将页岩尺寸缩小到半英寸或更小之后进行预热，并通过来自球加热炉的烟气沿立管进行气动输送。预热的页岩与加热球一起进入回转干馏窑，与加热球进行热传导和辐射热交换，使其达到 500℃（930°F）的干馏温度。窑炉排出通道下方的滚筒筛可以从废页岩中回收球，球可进行再加热和回收，之后废料被运走处置。

Tosco 公司（前身为油页岩公司）于 1955 年开始开发 Lurgi Ruhrgas 工艺，目的是克服 USBM 气体燃烧干馏工艺的缺点。这期间于 1957 年在科罗拉多州戈尔登（Golden）建造了 25t/d 的中试装置，1965 年在科罗拉多州 Parachute Creek 建造了 1000t/d 的中试装置，1968 年完成了 Colony 项目 66000t/d 商业设施的详细工程设计。为了落实 1968 年的研究建议，针对 1000t/d 装置开展了第二阶段的开发工作，以获取商业设施建设所需的数据。

最初，该商业设施是 Tosco（40% 股份）和 Arco（60% 股份）的合资项目，由 Arco 担任运营商，但 1980 年埃克森公司收购了 Arco 拥有的股份，并担任了运营商。该设施和相关城镇 Battlement Mesa 的建设始于 1980 年。但是面对不断增加的项目成本测算［最终将达到约 70 亿美元（几乎是最初估计的两倍，很大程度上是由于高利率造成的）］，以及较低的原油价格，该项目于 1982 年初终止。当时，埃克森收购了 Colony 项目的股份（相当于该项目的 40%）。

在 Tosco 工艺中，被粉碎、筛分（标称尺寸为 112in）的生油页岩，通过与来自陶瓷球加热器的烟气相互作用被预热至 260℃（500°F），然后与 1.5 倍于其质量的预热的陶瓷球一起进入卧式回转窑，页岩温度升至最低干馏温度 480℃（900°F）。干酪根转化为可蒸馏的页岩油，将其送入分馏器进行烃回收和水分离。废页岩和陶瓷球被排出并分离；陶瓷球返回其加热器；废页岩被冷却、润湿控尘后，进行土地填埋。分馏器将页岩油烃蒸气分离为天然气、石脑油、瓦斯油和沸点较高的渣油。

天然气、石脑油和瓦斯油被送往各个升级装置，而渣油被送往延迟焦化装置，在那里被转化为低沸点产品和副产品焦炭。瓦斯油和粗石脑油均在单独的加氢装置中通过与高压氢气（通过最初从干馏炉回收的燃料气蒸气重整现场生产）反应进行升级（Dinneen，1976；US OTA，1980）。

在 Tosco 工艺中，热陶瓷球与较小的油页岩颗粒在旋转滚筒式干馏炉中混合。干馏后，将陶瓷球从废页岩中分离出来，并在单独的球加热器中以气体为燃料进行再加热。Tosco 干馏炉的进料是 1/2in 的陶瓷球，加热至约 690℃（1270°F），油页岩被粉碎至可通过 1/2in 的筛网，通过与来自球加热器的热烟气接触进行预热。这些物料在惰性环境中迅速混合，因传热很快，在干馏炉的出口处，页岩和陶瓷球的温度基本相同，页岩被完全干馏。Tosco 工艺中的干馏是在旋转滚筒中进行的，滚筒的结构比 Lurgi 工艺的螺旋混合器更简单，但与 Lurgi 干馏炉一样，它只是整个设施的一小部分。

然而，与 Lurgi 工艺不同的是 Tosco 干馏炉的热量是由气体提供的，而不是燃烧后的页岩。气流和页岩流各自分开有效地将干馏与生热进行分离，为 Tosco 干馏提供了处理各种品位页岩的自由度。Tosco 干馏炉的油产率通常超过费歇尔测定值。在小型工厂进行的一次为期 7d 的试验中，获得的产率接近 108% 的费歇尔测定值。来自干馏炉的产品蒸汽通过分离器去除粉尘，然后进入分馏器，生成高沸点油、馏分油、石脑油和产品气。由于 Tosco

工艺中的燃烧与干馏分离，因此产品气是高热值气体，可以用作工厂燃料，或进行重整制氢用于液体产品升级。

从干馏炉中排出的陶瓷球和废页岩被送入废页岩收集器箱体内的圆柱形筛网（滚筒筛）。陶瓷球比筛网上的孔眼大，由斗式提升机回收到球加热器。温度约480℃（900°F）的废页岩落入收集器中，并进入旋转热交换器，其热量用于加水管生成蒸汽。废页岩在润湿液中进一步冷却，含水量增加到12%~13%，以减少处置前的扬尘。

一个商业规模的 Tosco 干馏炉每天处理约11000t油页岩，生产4500bbl粗页岩油。Mahogany 区绿河组油页岩产出的典型页岩油的性质与低硫原油相似，但有三个非常大的差异：烯烃和氮含量高，这使得生成的油因油泥和沉淀物而变得非常不稳定。与出自绿河组页岩的其他油一样，Tosco 油也含有高含量的砷，这对高效升级所需的催化剂来说非常有害。

TOSCO II 工艺产生的典型废页岩是一种细粒材料［经焦化形成，含有约4.5%（质量分数）的有机碳］，约占油页岩原料质量的80%。主要由白云石、方解石、二氧化硅和硅酸盐组成的废页岩的矿物成分在干馏过程中基本不变，只是一些碳酸盐矿物（如白云石）分解为释放了二氧化碳的氧化物。在干馏过程中，大多数废页岩的颗粒尺寸（粒径）也明显缩小至小于8目。该工艺系统存在的一个问题是陶瓷球在与有研磨作用的页岩颗粒接触后慢慢遭到破坏。

页岩细小颗粒可以进行处理，从而有可能利用整个页岩资源。气体副产物没有被燃烧气体稀释，因此具有较高的加热或制氢价值。其工艺设计不仅提供了良好的可操作性，而且在控制和处理不同品位页岩方面具有异常高的灵活性。然而，可操作性和灵活性是以昂贵的硬件为代价的，这使得 Colony 项目的投资成本非常高。因为这一因素，加上20世纪80年代初的高利率和不确定的原油价格，最终导致采用 Tosco II 干馏技术的 Colony 项目终止。尽管 Tosco II 工艺在预热页岩时回收了烟气热量，并利用废页岩余热来产生蒸汽，但由于热球和较冷的页岩同时流动，因此相对热效率较低。

综上所述，Tosco II 干馏工艺实现了几个重要的技术目标：油产率高，与费歇尔测定值一致或更高。

14.6 其他工艺

除了油页岩开采后进行干馏将其干酪根转化为产品的传统方法之外，还需要选择其他替代方案，如使用超临界流体提取或将开采的页岩中的干酪根气化。这些方案虽然不是解决利用油页岩提供燃料和化学品问题的全部方法，但确实为未来的工艺设计提供了思路。

14.6.1 超临界流体提取

使用超临界流体进行油页岩提取或转化为液体产品是另一种热门选择，且其并不是严格意义上的干馏工艺。

流体如果处于常压沸点和临界温度之间的温度下，则为近临界流体。例如，与普通的液体溶剂相比，水的临界温度和临界压力分别为400℃（750°F）和3200 psi，超临界流体的黏度更低，扩散系数更高。这导致超临界流体对页岩样品的渗透能力增强，从而促进更大程度的干酪根分解。其提取过程在配备了搅拌装置的固定床反应器中进行（Deng et al.，2012）。

在该工艺中，开采的油页岩被粉碎成非常小的颗粒，并留在反应器内。将反应器从外部加热至所需温度，利用超临界流体泵将溶剂在高压下泵入反应器（Allawzi et al.，2011）。由于外部加热速率恒定，溶剂在提取过程结束时从加压液体变为超临界流体。提取物的量和成分取决于许多工艺参数，如油页岩的粒度、反应器温度、提取过程的持续时间，以及水与油页岩之比。

提取物的产率随着油页岩粒度的增加而降低，这是由于随着油页岩颗粒表面积的增加和颗粒间路径的堵塞，易扩散程度降低（Allawzi et al.，2011）。温度的升高导致提取物在溶剂中的溶解度增加，使液体提取物的产率更高，之后随着溶剂密度的降低而降低。随着温度的升高，超临界水的提取导致石蜡和芳香烃的产率增加，沥青质的产率下降。

增加超临界水提取的时间会导致油产率增加，特别是石蜡和芳香烃的浓度增加，以及极性化合物浓度的降低。然而，增加超临界二氧化碳与共溶剂己烷和丙酮提取的时间，没有观察到产率的显著增加（Allawzi et al.，2011）。在使用气体（一氧化碳、氢气、氮气）提取页岩油时，将水与油页岩的比例提高到 3∶1，因碳酸钙分解使烃类气体和二氧化碳产率增加，导致油产率下降（El Harfi et al.，1999；Fei et al.，2012）。

与甲苯相比，用水作为超临界流体可以获得更好的转化率和更高的轻质油组分（Hu et al.，1999）。极性组分在水中比在甲苯中更容易分解，但非极性烃类的产率不受溶剂的影响（Funazukuri et al.，1988）。己烷和丙酮等共溶剂有助于提取，降低了所需的操作条件（压力、温度等），从而降低了操作成本（Allawzi et al.，2011）。

近临界水提取工艺已被用于从桦甸油页岩中提取烃（Deng et al.，2012）。通过比较完全相似工艺条件下的近临界水提取方法和干馏方法，发现近临界提取技术更具优势。它是一种环保技术，因此在行业中具有广阔的应用前景（Deng et al.，2012）。

使用超临界和近临界溶剂提取油页岩具有能耗低、效率高、可选择性提取、产率高、产品品质高（氢碳比高、烯烃含量低）的优点。然而，由于需要用到溶剂和加工的成本高，该工艺大多仍处于实验阶段，离商业化应用还有很长的路要走。

14.6.2 气化

传统的气化工艺指在有限的氧气环境中有机碳和蒸汽之间的反应。反应产物主要是含有杂质的合成气，这些杂质通常从产物中分离出来以生成清洁的合成气（一氧化碳和氢气的混合物），合成气可用于生产各种烃类衍生物和化学品，以及蒸汽发电（Speight，2013，2019b；Luque and Speight，2015）。

在致密加压床中气化或在循环流化床中燃烧是提取低品位油页岩最具前景的方法（Simonov et al.，2007）。油页岩的气化已经存在了几十年。在爱沙尼亚，油页岩气化产生的气体被用来与来自俄罗斯的天然气混合，但天然气的低价格使合成气被市场拒之门外。第一次油页岩气化是在煤气化干馏炉中进行的，因而转化率较低，为 38%~40%（质量分数）。

另一种气化方式是利用空气或蒸汽的等离子弧来分解油页岩（Al-Amayreh et al.，2011；Janajreh et al.，2013）。该工艺需要使用等离子体来提供气化所需的热量，这一过程被称为等离子体气化。等离子体是一种电离气体，是热和电的良好导体，可以由等离子体炬产生。

气化的效率和对环境的影响取决于所使用的方法。常规气化工艺的平均效率约为 72%，而等离子体气化工艺的平均效率约为 42%（Janajreh et al.，2013）。与常规气化工艺相比，等离子体气化显著减少了污染物的产生。

14.7　未来展望

所有地上油页岩干馏技术的根本问题是需要提供大量热能,将干酪根热分解为液体和气体产品。每生产 1bbl 油,必须将 1t 以上的页岩加热到 425~525℃(850~1000℉)的温度范围,并且所提供的热量必须具有相对较高的质量才能达到干馏温度。一旦反应完成,从热岩石中回收显热对优化工艺经济性非常可取。

因此新开发的技术可以从三方面来考虑提高油提取的经济性:(1)从废页岩中回收热量;(2)废页岩的处置,特别是在焦炭可以在空气中燃烧的温度下排放页岩时废页岩的处置;(3)当矿物中含有石灰石时,同时会产生大量二氧化碳,就像科罗拉多州和犹他州油页岩那样。

从热固体中回收热量并不总是有效的——而流化床技术是个例外,该技术已经成熟,并在多个行业中得到了应用,尤其是在石油行业。然而,要将流化床技术应用于油页岩,需要将页岩研磨至小于约 1mm 的尺寸,这是一项高能耗工作,从而增加了处置问题。这种细颗粒可以用于低温固定二氧化碳工艺,因此现在研磨成本已经分摊到其他应用上。

废页岩的处理也是油页岩大规模经济开发必须解决的问题。干馏后的页岩含有焦炭形式的碳,其可能占油页岩原料中原始碳值的 50%(质量分数)以上。焦炭可能会发生自燃,如果在露天高温下进行处理,可能会发生燃烧。此外,由于颗粒的随机堆积,使废弃固体比新鲜页岩占据更大的体积。这类似于加拿大艾伯塔省北部的油砂(厂),在那里工艺流程中产生的砂比原来的砂占据了更多的空间,油砂的体积增加了约 120%(Speight, 2009, 2014)。

参 考 文 献

Al-Amayreh, M., Al-Salaymeh, A., Jovicic, V., Delgado, A., 2011. Gasification of Jordanian oil shale using a nitrogen non-thermal plasma. In: Proceedings. 31st Oil Shale Symposium. Colorado School of Mines, Golden, Colorado.

Allawzi, M., Al-Otoom, A., Allaboun, H., Ajlouni, A., Al Nseirat, F., 2011. CO_2 supercritical fluid extraction of Jordanian oil shale utilizing different co-solvents. Fuel Process. Technol. 92 (10), 2016e2023.

Andrews, A., April 13, 2006. Oil Shale: History, Incentives, and Policy. Report RL33359. CRS Report for Congress. Congressional Research Service, Washington, DC.

Baldwin, R.M., Bennett, D.P., Briley, R.A., 1984. Reactivity of oil shale towards solvent hydrogenation. Reactivity of oil shale towards solvent hydrogenation. Prepr. Div. Pet. Chem. 29 (1), 148e153. American Chemical Society, Washington, DC.

Barnet, W.I., 1982. Union Oil Company of California oil shale retorting processes. In: Allred, V.D. (Ed.), Oil Shale Processing Technology. Published by the Center for Professional Advancement, East Brunswick, New Jersey, pp. 169e187.

Bartis, J.T., LaTourette, T., Dixon, L., Peterson, D.J., Cecchine, G., 2005. Oil Shale Development in the United States. Report MG-414-NETL. RAND Corporation, Santa Monica, California.

Berkovich, A.J., Young, B.R., Levy, J.H., Schmidt, S.J., 2000. Predictive heat model for Australian oil shale drying and retorting. Energy Fuels 39 (7), 2592e2600.

Burnham, A.K., McConaghy, J.R., 2006. Comparison of the acceptability of various oil shale processes. In: Proceedings. AICHE 2006 Spring National Meeting, Orlando, FL, March 23, 2006 through March 27.

Cashion, W.B., 1967. Geology and Fuel Resources of the Green River Formation. Professional Paper No. 548. United States Geological Survey, Washington, DC.

Crawford, P., Biglarbigi, K., Dammer, A.R., 2008. Advances in world oil shale production technologies. Paper No. SPE-116570-MS. In: Proceedings. SPE Annual Technical Conference and Exhibition, Denver, Colorado. Society of Petroleum Engineers, Richardson, Texas.

Deng, S., Wang, Z., Gao, Y., Gu, Q., Cui, X., Wang, H., 2012. Sub-critical water extraction of bitumen from Huadian oil shale lumps. J. Anal. Appl. Pyrolysis 98 (11), 151e158.

Dinneen, G.U., 1976. Retorting technology of oil shale. In: Yen, T.F., Chilingar, G.V. (Eds.), Oil Shale. Elsevier Science Publishing Company, Amsterdam, Netherlands, pp. 181e198.

El Harfi, K., Bennouna, C., Mokhlisse, A., Ben, M., Leme, L., 1999. Supercritical fluid extraction of Moroccan (Timahdit)oil shale with water. J. Anal. Appl. Pyrolysis 50, 163e174.

Fei, Y., Marshall, M., Jackson, W.R., Gorbaty, M.L., Amer, M.W., Cassidy, P.J., Chaffee, A.L., 2012. Evaluation of several methods of extraction of oil from a Jordanian oil shale. Fuel 92 (1), 281e287.

Funazukuri, T., Mizuta, K., Wakao, N., 1988. Oil extraction from Australian condor oil shale with water and CO in the presence of Na_2CO_3. Fuel 67 (11), 1510e1515.

Gary, J.G., Handwerk, G.E., Kaiser, M.J., 2007. Petroleum Refining: Technology and Economics, fifth ed. CRC Press, Taylor & Francis Group, Boca Raton, Florida.

Golubev, N., 2003. Solid heat carrier technology for oil shale retorting. Oil Shale 20 (3S), 324e332.

Gorlov, E.G., 2007. Thermal dissolution of solid fossil fuels. Solid Fuel Chem. 41 (5), 290e298.

He, Y.G., 2004. Mining and utilization of Chinese Fushun oil shale. Oil Shale 21, 259e264.

Hohmann, J.P., Martignoni, W.P., Novicki, R.E.M., Piper, E.M., 1992. Petrosix-A successful oil shale operational complex. In: Eastern Oil Shale Symposium Proceedings. Kentucky, pp. 4e11.

Hou, X.L., 1986. Shale Oil Industry in China. Beijing. The Hydrocarbon Processing Press, Beijing, China.

Hsu, C.S., Robinson, P.R. (Eds.), 2017. Practical Advances in Petroleum Processing Volume 1 and Volume 2. Springer Science, Chaim, Switzerland.

Hu, H., Zhang, J., Guo, S., Chen, G., 1999. Extraction of Huadian oil shale with water in sub- and supercritical states. Fuel 78 (6), 645e651.

Janajreh, I., Raza, S.S., Valmundsson, A.S., 2013. Plasma gasification process: modeling, simulation and comparison with conventional air gasification. Energy Convers. Manag. 65, 801e809.

Johnson, H.R., Crawford, P.M., Bunger, J.W., March 2004. Strategic Significance of America's Oil Shale Resource: Volume II, Oil Shale Resources, Technology and Economics. AOC Petroleum Support Services, LLC, Washington, DC.

Kennedy, C.R., Krambeck, F.J., 1984. Surge Bin Retorting Solid Feed Material. United States Patent 4, 481, 100.

Koel, M., Ljovin, S., Hollis, K., Rubin, J., 2001. Using neoteric solvents in oil shale studies. Pure Appl. Chem. 73 (1), 153e159.

Kogerman, A., 1997. Archaic manner of low-temperature carbonization of oil shale in wartime Germany. Oil Shale 14, 625e629.

Koszarycz, R., Padamsey, R., Turner, L.R., Ritchey, R.M., 1991. The AOSTRA Taciuk processing- heading into the commercialization phase. In: Proceedings. 1991 Eastern Oil Shale Symposium, Lexington, Kentucky. November 30eDecember 2, 1991, pp. 106e115.

Luque, R., Speight, J.G. (Eds.), 2015. Gasification for Synthetic Fuel Production: Fundamentals, Processes, and Applications. Woodhead Publishing, Elsevier, Cambridge, United Kingdom.

Martignoni, W.P., Bachmann, D.L., Stoppa, E.F., Rodnignes, W.J.B., 2002. Petrosix oil shale technology learning curve. In: Symposium on Oil Shale. Tallin, Estonia.

Matar, S., 1982. Synfuels: Hydrocarbons of the Future. Pennwell Publishing Co., Tulsa, Oklahoma.

Matzick, A., Dannenburg, R.O., Ruark, J.R., Phillips, J.E., Lankford, J.D., Guthrie, B., 1966. Development of the Bureau of mines gas combustion. In: Oil Shale Retorting Process. US Bur. Mines Bull. No. 635. US Bureau of Mines, Department of the Interior, Washington, DC.

Opik, J., Golubev, N., Kaidalov, A., Kann, J., Elenurm, A., 2001. Current status of oil shale processing in solid heat carrier UTT (Galoter)retorts in Estonia. Oil Shale 18, 98e108.

Parkash, S., 2003. Refining Processes Handbook. Gulf Professional Publishing, Elsevier, Amsterdam,

Netherlands.

Schmidt, S.J., 2002. Shale oil-A path to a secure supply of oil well into this century. In: Proceedings. Symposium on Oil Shale. Tallin, Estonia, p. 28.

Schmidt, S.J., 2003. New directions for shale oil: path to a secure new oil supply well into this century on the example of Australia. Oil Shale 20 (3), 333e346.

Scouten, C., 1990. In: Speight, J.G. (Ed.), Fuel Science and Technology Handbook. Marcel Dekker Inc., New York.

Senchugov, K., Kaidalov, A., 1997. Utilization of rubber waste in mixture with oil shale in destructive thermal processing using the method of SHC. Oil Shale 14, 59e73.

Simonov, V.F., Yanov, A.V., 2007. The possibilities of using combined-cycle plants with gasification of oil shales from the Volga region. Therm. Eng. 54(6), 484e488.

Sonne, J., Doilov, S., 2003. Sustainable utilization of oil shale resources and comparison of contemporary technologies used for oil shale processing. Oil Shale 20(3S), 311e323.

Speight, J.G., 2008. Synthetic Fuels Handbook: Properties, Processes, and Performance. McGraw-Hill, New York.

Speight, J.G., 2009. Enhanced Recovery Methods for Heavy Oil and Tar Sands. Gulf Publishing Company, Houston, Texas.

Speight, J.G., 2011. Handbook of Industrial Hydrocarbon Processes. Gulf Professional Publishing, Elsevier, Oxford, United Kingdom.

Speight, J.G., 2013. The Chemistry and Technology of Coal, third ed. CRC Press, Taylor and Francis Group, Boca Raton, Florida.

Speight, J.G., 2014. The Chemistry and Technology of Petroleum, fifth ed. CRC Press, Taylor and Francis Group, Boca Raton, Florida.

Speight, J.G., 2017. Handbook of Petroleum Refining. CRC Press, Taylor and Francis Group, Boca Raton, Florida.

Speight, J.G., 2019a. Heavy Oil Recovery and Upgrading. Gulf Publishing Company, Elsevier, Cambridge, Massachusetts.

Speight, J.G., 2019b. Handbook of Petrochemical Processes. CRC Press, Taylor and Francis Group, Boca Raton, Florida.

Steele, H.B., 1979. The Economic Potentialities of Synthetic Liquid Fuels from Oil Shale. Arno Press Inc., New York.

Taciuk, W., 2002. The Alberta Taciuk process-Capabilities for modern production of shale oil. In: Symposium on Oil Shale, Abstract. Tallinn, Estonia, p. 27.

Taciuk, W., Turner, L.R., 1988. Development of Australian oil shale processing utilizing the Taciuk processor. Fuel 67, 1405e1407.

US DOE, June 2007. Secure Fuels from Domestic Resources, the Continuing Evolution of America's Oil Shale and Tar Sands Industries: Profiles of Companies Engaged in Domestic Oil Shale and Tar Sands Resource and Technology Development. Office of Naval Petroleum and Oil Shale Reserves, Office of Petroleum Reserves, US Department of Energy, Washington, DC.

US OTA, 1980. An Assessment of Oil Shale Technologies, Volume I. Report PB80-210115. Office of Technology Assessment. Congress of the United States, Washington, DC.

Whitcombe, J.A., Vawter, R.G., 1976. The TOSCO-II oil shale process. In: Yen, T.F. (Ed.), Science and Technology of Oil Shale. Ann Arbor Science Publishers, Ann Arbor, Michigan(Chapter 4) .

Yefimov, Y., Doilov, S., 1999. Efficiency of processing oil shale in a 1000 ton per day retort using different arrangement of outlets for oil vapors. Oil Shale 16, 455e463. Special.

Yen, T.F., 1976. Oil shales of United States-a review. In: Yen, T.F.(Ed.), Science and Technology of Oil Shale. Ann Arbor Science Publishers, Inc., Ann Arbor, Michigan, pp. 1e17.

Zhao, Y.H., He, Y.G., 2005. Utilization of retort gas as fuel for internal combustion engine for producing power. Oil Shale 22, 21e24.

Zhou, C., 1995. General description of Fushun oil shale retorting factory in China. Oil Shale 13, 7e11.

第15章　现场干馏

15.1　引言

地面干馏工艺的一个有吸引力的替代方法是原位干馏工艺（地下干馏工艺）（Scouten，1990；Lee，1991；Lee et al.，2007；US DOE，2010，2011）。发展页岩油原位蒸馏技术有很多原因。在地面油气处理过程中，大约有80%（质量分数）的开采物质必须作为惰性无机材料进行处理，这会带来严重的环境问题，并大大增加了生产石油的成本。此外，一半或更多的页岩油储量是低成熟度页岩油，每吨油页岩仅含有10gal的页岩油。只有通过原位干馏才能经济地回收出高品质石油。原位干馏过程包括：（1）液压压裂；（2）使用化学炸药；（3）使用更多的非常规爆炸物等风险更大的方案，如果控制得当，这些爆炸物会产生足够的热量将地下的干酪根转化为液体产品，并通过泵抽送到地表。通常，将干酪根转化为液体产品所需的热量是通过地下燃烧或将加热的气体或液体引入油页岩地层来提供。

因此，现场干馏通常通过引入空气燃烧、热解地下油页岩层来获得页岩油，并提升从深层油页岩中回收页岩油的潜力（Scouten，1990；Lee，1991）。在岩石存在渗透性或可以通过压裂产生渗透性的情况下，原位转化在技术上是可行的。真正的原位转化过程并不是直接开采页岩，它包含压裂目标地层，注入空气，点燃加热地层转化原油，最后产生的页岩油通过天然裂缝或人造裂缝移动到生产井，将其输送到地表。原位工艺中，难以较好地控制地层火焰燃烧程度和热解后的原油流向，导致部分沉积物未被加热，部分热解油未被回收，从而影响最终的石油产量。

原位转化工艺是有吸引力的，因为工艺大大降低或减少了对油页岩的开采、运输、破碎和研磨的需求。而且，原位干馏在初始资本和运营费用方面都有相应的节约潜力。但另一方面，地面干馏通常可以有效控制干馏条件，从而最大限度地减少由于碳酸盐分解引起的热损失，并且可以提高原油产量及质量。使用超临界溶剂萃取或生物浸出回收页岩油的新工艺仍处于早期实验阶段，在地面或地下使用看起来非常有潜力。

与采矿方法（表15.1）（见第14章）不同，原位开发方法针对的是深层厚页岩地层，这些地层最初可能产生页岩油，但仍含有大量的干酪根和页岩油，这些页岩油因残余干酪根堵塞页岩细孔而难以流动。从方向上讲，表15.1中这些方法将提供更大体积的油页岩，可以逐步应用，因为在矿山开发方面缺少重大投资，并且应该充分考虑降低对土地、空气和水的影响。这些工艺都还没有商业化，因此尚不清楚哪种工艺最有可能进行商业化，即使壳牌原位转化工艺似乎进展最快，并且已经在油页岩和油砂地层中进行了试点（Crawford et al.，2008a）。

然而，传统工艺和原位干馏工艺都会导致效率低下，从而降低所生产页岩油的体积和质量。根据该工艺的效率，一部分干酪根不产生液体，它们要么以焦炭（碳质残留物）的形式沉积在主体矿物上，要么转化为碳氢化合物气体。为了生产页岩油，最佳工艺是能最大限度地减少形成焦炭和碳氢化合物气体的再生热反应和化学反应，并最大限度地提高页岩油的产量。

表 15.1 油页岩资源开发方法

方法	说明
地面开发地面干馏	矿石由露天矿山生产，经过破碎，并在露天干馏器中加工
地下开采地面干馏	从地下开采矿石，运输到地表、破碎，然后在地表容器中加热以产生液体和气体，之后，处理后的页岩在矿山和其他处置区进行处置
改良的原位转化	该工艺通过压裂页岩来改善页岩的热传递和流体流动性，从而提高了原位燃烧过程的热解和回收效率
原位转化开发	在不开采的情况下，对地下油页岩资源进行加热；重点是在不燃烧资源的情况下加热，因为早些时候一些页岩在沉积物的一端燃烧，达到热解温度后产生热量并产生液体和气体

然而，考虑到页岩资源的规模和原油资源的持续枯竭。有很多理由发展原位技术用于开发页岩油。如前所述，在地面工艺中，大约80%（质量分数）的开采材料也必须作为惰性无机物进行处理，这会带来严重的环境问题，并大大增加生产石油的成本。此外，一半或更多的页岩油储量包含在较低丰度的页岩中，每吨油页岩的页岩油含量低至10gal。只有通过原位干馏才能经济地回收具有高品位段的石油。现场干馏过程包括液压压裂、化学炸药和更非常规的核炸药。热量通过地下燃烧或将加热的气体或液体引入油页岩地层来提供。

原位干馏通常通过引入空气来燃烧和热解地下油页岩层来获得页岩油（Scouten，1990；Lee，1991）。该工艺避免了地上干馏时面临的大量材料的开采、处理和处置问题。原位干馏提供了开采深层油页岩的潜力。然而，真正的原位方法通常并不成功，因为油页岩缺乏渗透性，从而阻碍了空气的流入和产出的油气的流出，也降低了进入油页岩矿床的热传递。

在原位干馏工艺中，热量通过地下燃烧或将加热的气体或液体引入油页岩地层来提供。对油页岩原位干馏的两种方法已经完成了试验。一种叫作"真正的"原位方法，它包括压裂、干馏和通过使用地表钻孔回收原油。另一种改良的原位开采方法，它首先在地下开采以形成空隙，然后将相邻的油页岩爆破到空隙区域，最后进行干馏。

改良的原位干馏方法是原位干馏的一种变体，并取得了一些进展。在这个过程中，干馏区下方的一定体积的地层被开采出来，待干馏的页岩通过一系列阶段性的爆炸被粉碎。该过程为燃烧所需的空气优化了进入的通道。将碎石页岩就地进行干馏，并将开采出的页岩送往地表干馏。西方石油公司是改良原位干馏技术的主要开发者。在20世纪80年代初，许多公司在商业运营中对使用该西方石油公司技术表示了浓厚的兴趣。

原位工艺提供了从深层矿床，甚至是低品位矿床中回收页岩油的机会，而原位燃烧的主要思想是燃烧一部分油页岩，以产生足够的热量来蒸馏剩余的油页岩。同时将热量引入到仍嵌入天然地质油页岩地层中的干酪根。页岩油的现场生产有两种通用方法：（1）真正的原位工艺，它对矿层的扰动最小或没有扰动；（2）改良原位工艺，它通过地面直接举升爆破或部分开采后产生空隙，使矿层具有类似碎石的纹理（碎石化）。

原位转化工艺的优点包括：（1）可以从深层油页岩中回收石油；（2）可以大大降低或最

小化采矿成本；（3）消除了处理固体废物有关的问题；（4）页岩油可以从较低丰度的页岩中提取，例如，每吨油页岩含有少于15gal页岩油的沉积物；（5）该工艺更经济，因为它消除或降低了采矿、运输和破碎的成本。

然而，原位加工的缺点也很明显（Fang et al.，2008），其中包括：（1）由于页岩地层内的渗透性不足，地下燃烧难以控制；（2）钻井成本仍然很高；（3）回收效率通常较低；（4）可能很难在页岩地层中确定所需的渗透率和孔隙度；（5）存在含水层污染的可能性，如果不加以控制或处理，影响可能会持续很长一段时间，甚至在项目完成后仍然存在。

改良原位干馏是解决低至零渗透率和低至零孔隙度相关问题的一种更合适的方法。在该过程中，首先通过常规采矿将油页岩床的上部带到地表，这样可以提供地下干馏炉所需的空隙体积。然后，通过使用常规爆破，将空隙部分附近的油页岩矿床破碎成碎石，使其填充至空隙体积。燃烧是由地下干馏炉中页岩碎石顶部的空气流入引发的，燃烧前缘以每周几英尺的速度下降穿过碎石床。在燃烧区域之前，热燃烧气体形成热解区，油页岩在这里被热分解。产出的页岩油流到碎石的底部，并被泵送到地表。

本章将对油页岩地层的原位开发和生产背后的原理和工艺进行基本描述（并提供一定程度的细节）。原位开发技术在项目中止前被充分论证，尽管在当前的经济形势下被搁置，但可能还没有完全放弃，在1980年代初正在开发的其他方法可能会被停止，一旦时机成熟，它们会以相同的形式或修正的形式重新启用。与地面处理一样，所有方法都需要将原位干酪根加热至300~350℃（570~660°F）以上的温度，以加速油页岩中干酪根的成熟。该工艺的温度在非原位干馏和原位干馏中会产生显著应用，相同产品特性（Lan et al.，2015）所需的温度通常低于地面干馏，因为停留时间和容器尺寸对经济性并不那么关键。

15.2　原则

原位干馏包括在原地加热页岩以生产页岩油气。该工艺消除了（或至少大大减少了）地面干馏过程中出现的大量材料的开采、处理和处置的明显问题。并提供了回收深层沉积油页岩的潜力。

在此过程中，将热量（采用燃烧、射频加热等多种形式产生）注入地层，或使用线性或平面热源通过热传导和对流将热量分配到地层的目标区域，然后通过钻入地层的垂直井回收页岩油（Scouten，1990；Lee，1991）。与传统的非原位处理技术相比，原位技术有能力从给定的土地区域提取更多的页岩油，因为这些井可以达到比地表矿山更大的深度，并提供了从低品位矿床中回收页岩油的机会，这些低品位油页岩采用传统采矿技术无法做到经济开采。

真正的原位干馏也减少了地面干馏的成本。因此，原位干馏提供了节省相应的运营和资本成本的潜力。然而，进行现场干馏工作通常很困难，因为大多数油页岩的孔隙率很低，几乎没有渗透性。如果没有渗透性，就不可能将燃烧空气带入油页岩地层，或将油气产品排出地层。

渗透性是可以提高的，例如可以通过爆破或通过注入高压空气或水来提高渗透性。然而，保持这种渗透率是困难的，因为页岩油往往会填充床中的空隙空间，并且油页岩在加热时会膨胀（剥落）。提升和保持渗透性的尝试导致了两种主要的原位干馏方法：（1）真正的原位方法有时被称为TIS方法，主要涉及爆破和压裂，或其他压裂技术，但没有开采；

（2）改良的原位方法，有时被称为 MIS 方法，其涉及开采部分页岩以产生自由地下空间，然后进行爆破以产生用于干馏的碎石油页岩的渗透区。真正的和改良的原位方法都使用移动的火焰锋来产生用于干馏的热量，因此在基本原理上与后面描述的地面上的 NTU 蒸馏器相似。

在绿河组的少数地区，水溶性矿物的浸出提供了一个高渗透性的多孔区。一个这样的例子是溶滤带，位于富含桃红木的带下方，延伸穿过 Piceance Creek 盆地的大部分地区。BX 油页岩原位开发项目试图利用这种天然渗透率。

20 世纪 60 年代初，Laramie 工作人员已经开始在绿河组油页岩探索运用原位干馏技术。从 Laramie 的地面 10t 和 150tNTU 回嘴获得的数据，这些数据提供了与碎石页岩床点火和使用移动燃烧前缘为干馏提供热量有关的基本信息。在怀俄明州 Rock Springs 附近的绿河盆地进行了一系列九项现场试验，以探索真正的现场干馏。这些试验的主要目的是证明油页岩地层的压裂可以产生足够的渗透率来支持地下燃烧，并评估电气、水力和爆炸技术等提高渗透性的方法。

Laramie 研究的主要目标已经达到，通过启动、保持燃烧，并使燃烧前缘移动通过碎石页岩床，成功诱导了足够的渗透性。尽管燃烧后取心确定了大量页岩在干馏炉中被加热，但在原位燃烧持续的情况下，石油回收率很低。这在一定程度上是由于泵被页岩碎屑堵塞而反复出现问题导致的。然而，在这些勘探研究中，不均匀的燃烧和不充分的产品控制也导致了低采收率。

在测试燃烧的同时和之后，Laramie 的工作人员进行了广泛的环境问题研究。这些研究将生产的干馏水的处理确定为一个关键的环境问题。这种水是在热干馏过程中产生的，来源于页岩矿物的脱水及燃烧。与石油开发一起回收的干馏水中也包含地层侵入的水。蒸馏水气味难闻，呈黄色至棕色，含有大量有机和无机溶解成分。它通常是碱性的，pH 值在 8~9.5 的范围内。干馏水的量很大；在有利的情况下，大约等于所生产的油的体积。然而，测试表明，干馏水没有特别的毒性，并表明标准的净化技术应该足以满足其环境可接受的处理要求。

上面讨论的真正的现场干馏过程只涉及钻探，但没有地下开采。相比之下，下文讨论的改良原位方法包括开采 15%~40% 的页岩，以在地层内形成空隙，然后爆破将剩余页岩粉碎，以填充形成的干馏罐。干馏罐的顶部被点燃，并随着向下流动的空气燃烧。

15.3　流程

在 20 世纪 70 年代和 80 年代的油页岩繁荣时期，通常选择原位干馏代替地面干馏工艺，因为这种方法不需要安装采矿和地面干馏所需的废物处理器。在地面处理中，大约开采的 80%（质量分数）的材料必须作为惰性无机物进行处理，这会带来严重的环境问题，并大大增加石油生产的成本。只有原位干馏才能经济地回收具有高品位段的石油。原位干馏过程涉及液压压裂、化学炸药和更非常规的核炸药。它运用地下燃烧或将加热的气体或液体引入油页岩地层，然后通过井回收由加热沉积物产生的任何石油和气体，并将液体输送至升级设施（US OTA，1980）。最广泛测试的原位干馏技术通过在地下燃烧一部分页岩来提供干馏剩余页岩所需的热量。由于温度和燃烧不稳定性，该方法几乎没有取得成功（US

OTA，1980；Bartis et al.，2005）。

原位干馏的优点包括：（1）可以从油页岩地层的深层沉积物中回收石油；（2）可以消除或最大限度地降低采矿成本；（3）消除了与固体废物有关的问题；（4）页岩油可以从贫页岩中提取，例如，每吨油页岩含有少于 15gal 页岩油的沉积物；（5）由于消除或降低了采矿、运输和破碎的成本，该工艺最终更经济。然而，原位干馏的缺点也很明显（Fang et al.，2008），这些缺点包括：（1）由于页岩地层中的渗透性不足，地下燃烧难以控制；（2）钻井成本仍然很高；（3）回收效率通常很低；（4）在页岩地层中可能很难确定所需的渗透性和孔隙度；（5）存在含水层污染的可能性，如果不加以控制或处理，影响可能会持续很长一段时间，甚至在项目完成后。最显著的缺点是油页岩是一种相对坚硬的不透水地层，流体很难流过该地层，油页岩的渗透率对现场干馏方案至关重要。同样的难点是油页岩的无机物比重高，因此必须处理大部分无机物。绿河组干酪根的相对密度约为 1.05，矿物分数约为 2.7（Baughman，1978）。

在存在岩石渗透性或可以通过压裂产生渗透性的情况下，原位干馏在技术上是可行的。目标矿床破碎、注入空气、点燃矿床以加热地层，以及将产生的页岩油通过天然裂缝或人造裂缝输送到生产井，将其输送到地表，然后再输送到炼油厂（Bartis et al.，2005）。然而，控制火焰前缘和产出页岩油流量非常困难，这可能会导致部分矿床未加热，部分页岩油未回收，限制最终的石油开采。

虽然原位工艺避免了开采页岩的需要，但它们需要增加在地下供热，并从相对无孔的床层中回收产品的工艺流程。因此，原位工艺往往运行缓慢，壳牌原位工艺通过探索加热资源至约 345℃（650℉），实现了提高液体产物的高产率，并大大减少了二次反应（Mut，2005；Karanikas et al.，2005；Crawford et al.，2008a）。

该过程包括使用地面冷冻技术在提取区周围建立地下屏障（冷冻墙）。冷冻墙是利用提取区周围的一系列钻井将冷冻流体泵送到提取区而形成的。冷冻墙可以防止地下水进入提取区，并防止原位干馏产生的碳氢衍生物和其他产品离开项目周边。

原位工艺因为废页岩保留在其产生的地方，避免了废页岩的处理问题，但另一方面，废页岩含有的未收集的液体可能会渗入地下水，同时干馏过程中产生的蒸汽也可能会逃逸到含水层（Karanikas et al.，2005）。

改进的原位蒸馏旨在通过改善气体和液体通过岩层的流动，将更多的目标沉积物暴露在热源下，最终提高所生产的石油的体积和质量来提高性能。这些过程包括在加热之前在目标油页岩矿床下方采矿，还需要在开采区域上方对目标矿床进行钻探和压裂，以产生 20%~25% 的空隙空间，这些空隙是允许加热的空气、产出的气体和产出的页岩油流向生产井所需的。

该工艺采用垂直燃烧配置，其中燃烧区垂直穿过页岩床。理论上也有可能以与真正的原位过程大致相同的方式水平推进燃烧前缘。这种方法的原始版本在第二次世界大战期间在德国实施，当时通过在油页岩矿床中挖掘隧道，然后将其壁坍塌到空隙中，形成了一些改良的原位干馏炉。然而，这些作业的页岩油回收率很低，难以控制。

在这个过程中，一些页岩被从地面上移除，其余部分被爆炸性粉碎，在山内形成填充床反应器。水平巷道（通往山上的水平隧道）提供了通往干馏炉顶部和底部的通道。用燃烧器加热床的顶部以开始燃烧，并从床的底部引入轻微的真空以将空气吸入燃烧区并排出气态产物。燃烧产生的热量使下面的页岩干馏，火焰蔓延到留下的焦炭上。该工艺成功的关键是在干馏炉中形成粒度相对均匀的碎页岩。

如果油页岩含有高比例的白云石（碳酸钙和碳酸镁的混合物，$CaCO_3 \cdot MgCO_3$），如科罗拉多油页岩中的白云石，则石灰石在通常的干馏温度下分解，释放大量二氧化碳。

$$CaCO_3 \cdot MgCO_3 \longrightarrow CaO+MgO+2CO_2 \qquad (15.1)$$

这消耗了能源，并导致了封存二氧化碳以满足全球气候变化担忧的额外问题。

美国商业油页岩工业的发展将对当地社区产生重大的社会和经济影响。美国油页岩行业发展的其他障碍包括从油页岩中生产石油其成本相对较高，以及租赁油页岩区块的法规总体缺乏或不统一。

从原位加热成功产生的碳氢化合物产品在性质上与从地面干馏炉回收的产品相似：气体、碳氢化合物液体和焦炭。第一代现场干馏炉的现场经验表明，气体的质量往往低于地面干馏炉回收的气体。然而，可冷凝的液体馏分通常倾向于比从地上干馏中回收的液体烃馏分具有更好的质量，其中干酪根大分子的裂化程度更高，并且去除了通常在地上干馏中产生的大部分高沸点馏分。

任何现场干馏的总产量往往低于通过地上干馏处理的同等丰度的等量油页岩的产量。针对这些观察到的差异，已经提出了各种解释。回收气体的一些质量损失可能是回收气体被稀释，可能是当通过燃烧气体和（或）蒸汽的注入将热量引入地层时产生稀释，或者由于页岩的某些部分的燃烧而使火焰前锋前进时，当使用高压气体将干馏产物从地层吹扫到回收井时产生的稀释。

液体馏分的质量改善可能是由于在适当设计和执行的原位干馏工艺中可以获得相对缓慢和更均匀的加热。当使用诸如天然气或氢气的吹扫气时，这种质量改进也可以指示初始干馏产物的进一步精炼。最后，重要的是，从环境角度来看，焦炭及其吸附的矿物部分没有被回收，而是保留在地层中，显著减少（但不是完全消除）与环境相关的处置问题。

任何原位干馏技术的总体成功都取决于该技术在整个地层中均匀分布热量的能力。不加区别的地层加热，如果地层部分温度达到590℃（1100℉）可能会导致技术问题，例如矿物碳酸盐的热分解和二氧化碳的形成和释放。

从操作的角度来看，这种分解是吸热的，并将导致本不受控制的原位干馏的能量需求迅速变得难以克服。如上所述，原位干馏过程中碳酸盐分解的环境问题，预计可以利用天然二氧化碳封存技术得到很大程度上缓解，这也是可以预期的。然而，必须避免缺乏精确的热控制的原位干馏，因为那将破坏回收的碳氢化合物衍生物的产量和质量。具有良好热力学控制的原位干馏可以产生与地面干馏相同甚至更高质量的热解产物。

原位干馏的另一个潜在缺点涉及将大量地层材料加热到干馏温度所需的时间成本（约为数月或数年），以及在此期间的能源成本。由于现场经验有限，每个地层接受热量的方式不同，除非是在特定地点，很难定义一条通用的时间线或提供精确、可靠的能量平衡。

15.3.1 美国页岩油工艺

美国页岩油有限责任公司（AMSO），原名 EGL 油页岩有限公司，是位于 Rifle（科罗拉多州）的现场页岩油开采技术的开发商。该公司由 Genie Energy 和 Total SA 所有。美国页岩油有限责任公司（AMSO）开发了一种用于绿河组油页岩原位干馏的新工艺（Burnham et al., 2009; US DOE, 2010, 2011），该页岩油工艺包括使用成熟的油田钻井和完井做法，以及独特的加热和回收技术。

该工艺结合了由井下燃烧器或其他装置加热的水平井和通过产生的油回流提供热传递的其他水平井或垂直井，以及提供收集和生产油的装置。在加热过程开始时，注入油以改善传热。该公司提出，将通过热机械压裂来实现地层足以对流的渗透率。在该过程中，使用闭环原位干馏具有较好的能源效率、可控制的环境影响等优点。油页岩通过放置在油页岩床下方的一系列管道用过热蒸汽或其他传热介质加热以进行干馏。页岩油和天然气是通过从地表垂直钻探的井来生产的，这些井是螺旋状的，以提供加热井和生产系统之间的连接。对流和回流是改善油页岩干馏热传递的机制。

初始启动后，该工艺使用干馏产生的气体来提供从矿床中提取页岩油气所需的所有热量。通过横向管道加热，该过程将地面扰动降至最低。通过在干馏完成后从页岩中回收热量来优化能源效率（US DOE, 2007）。2016年5月, Genie Energy宣布AMSO项目即将关闭。

15.3.2　雪佛龙工艺流程

从页岩中回收和升级石油的雪佛龙工艺技术（CRUSH）是一种原位转化过程，涉及应用一系列压裂技术，这些技术使地层破碎，从而增加暴露的干酪根的表面积（Crawford et al., 2008a）。该工艺基于压裂或优选地对页岩进行粉碎，以增加暴露在裂缝中流动的油页岩干酪根的表面积。高温气体，最好是二氧化碳，通过压裂注入，然后在地表重新加热，或者通过页岩带先前枯竭的部分加热。这项技术最近似乎没有太多活动，雪佛龙似乎主要专注于页岩油开发。

这一过程包括通过垂直井在浅层深度形成受控的水平裂缝，然后通过化学过程将裂缝地层中暴露的干酪根转化，导致干酪根从固体物质变成液体和气体。热二氧化碳被用来加热油页岩。然后回收烃流体，并将其升级为炼油厂原料规格（US DOE, 2007）。

在油页岩地层中钻垂直井，通过垂直井注入二氧化碳在地层中加压，形成水平裂缝，然后对层段进行循环压裂，从而对生产区进行碎石化。为了进一步进行碎石化，可以使用推进剂和炸药。然后，用过的二氧化碳被输送到气体发生器进行再加热和回收。先前加热和贫化区中的剩余有机物在现场燃烧，以产生处理连续间隔所需的加热气体。然后将这些气体从贫化带加压到地层的新断裂部分，并重复该过程。碳氢化合物流体是在传统的垂直油井中生产的（US DOE, 2007, 2010）。

15.3.3　DOW工艺流程

20世纪50年代，陶氏化学公司对油页岩的兴趣转向了现场工艺和当地页岩，特别是安特里姆页岩，这是一种约2.6亿年前泥盆纪和密西西比期形成的黑色泥盆纪页岩，大部分位于密歇根州下半岛的地下。页岩偶尔会产生天然气，当干馏时产生天然气，并且每吨油页岩干馏可产生9~10gal的页岩油。据信，密歇根州安特里姆页岩中的碳氢化合物当量为2500×10⁸bbl。即使采用10%（质量分数）的采收率，该资源量也约为美国探明石油储量的九倍。

陶氏对安特里姆页岩开展了各种野外研究，大约钻了21口井、取了5000多英尺的岩心。高压空气和氧气都已用作地下反应物。为了试图产生原位干馏所需的裂缝渗透率，大规模使用了水力压裂和化学炸药。成本居高不下，且待解决的技术问题也很艰巨，但东部油页岩的潜力如此之大，因此建议联邦政府继续努力。

早在 1955 年 6 月，陶氏化学公司的研究规划人员就建议研究地下工艺，包括原位干馏，要特别注意破碎地层这一基本问题，因为陶氏公司的一些厂址不利于能源和有机原材料的长期可用性。

然而，随着科罗拉多州的一个油页岩区块被收购，人们的兴趣很快转移到了米德兰陶氏发电厂下方半英里深度的本地油页岩上。密歇根州的安特里姆页岩是 Chattanooga 型的页岩，仅代表美国东部和中东地区泥盆纪时期非常广泛的油页岩矿床的一小部分。据美国地质调查局估计，这些页岩的面积超过 $40×10^4 mile^2$。

因此，根据与美国能源部签订的合同，陶氏化学公司进行了一项为期四年的研究计划，以测试从密歇根州安特里姆页岩深层原位回收低热量天然气的可行性（Matthews and Humphrey，1977；McNamara and Humphry，1979）。

在此工艺中，油页岩的广泛压裂（破碎）被认为是安特里姆页岩充分原位干馏和油气回收的关键。两口井使用了含金属的硝酸铵泥浆进行爆炸压裂。试验设施位于密歇根州底特律东北 75mile 处，占地一英亩多——所用工艺为真正的原位（TIS）转化。

使用 440V 电加热器（52kW）和丙烷燃烧器（250000Btu/h）使页岩燃烧。该工艺的特点包括可以实现页岩气化，同时可以耐恶劣操作条件。试验数据还表明，在机械扩孔井中，爆炸压裂并没有达到广泛的破碎效果。他们还测试了水力压裂、化学扩孔和炸药扩孔。

最后，电加热的一种替代方案是通过在井下燃烧天然气来加热页岩。用这种方法与使用靠天然气发的电力相比，节省了一半的天然气。实施井下气体燃烧需要研发合适的燃烧技术。目前，对页岩油生产成本的净影响仍不确定。

15.3.4 Equity Oil/Arco 工艺流程

Equity Oil/Arco（股权石油公司和大西洋里奇菲尔德公司）的 BX 项目利用了前期在 Piceance 盆地淋滤带的工作，在该淋滤带中，水溶性矿物的溶解形成了相对富集的高天然渗透率的油页岩。股权石油 BX 项目利用这种渗透率进行原位干馏，注入过热蒸汽加热油页岩。该项目是在股权石油和大西洋里奇菲尔德（ARCO）共有的 1000acre 收费地产上进行的，该地产位于科罗拉多州里奥布兰科县，大约在 C-a（里奥布兰科）区域（Tract）和 C-b（Occidental）区域之间。对于该项目，淋滤带平均厚度为 540ft，油页岩含油量为 24gal/t。该项目由 8 口注入井、5 口生产井和 3 口观测井/孔组成井网，占地 0.7acre。

最初的方案是每天注入 974000lb 535℃（1000°F）1500psi 的蒸汽（合 2784 桶水/天）。生产总计 $65×10^4$ bbl 的页岩油，持续 2 年时间（100% 费歇尔测定值）。由于设备限制和机械问题，这些注入目标没有达到。因此，页岩油的实际产量非常低。在蒸汽注入一年后进行了初步的油液观测，经过 18 个月的蒸汽注入生产了 46bbl 页岩原油。

然而，淋滤带页岩的渗透率并不均匀；在层面垂直方向上的渗透率明显低于在水平方向上。这种各向异性渗透率的影响表明，有效的加热局限在两个蒸汽注入区域。这些结果并不妨碍使用股权石油的蒸汽注入方案，但确实意味着需要更复杂和昂贵的注入设备将蒸汽分配到多个注入区，以使页岩地层得到均匀加热。总之，BX 项目试图利用淋滤带的自然渗透性，通过注入过热蒸汽进行原位干馏，但并未获得高采收率。在很大程度上，BX 项目的失败被归咎于设备的局限性。然而，研究结果也清楚地表明，淋滤带渗透率的各向异性是未来这一方向的任何工作中都要考虑的因素。

15.3.5 Exxon/Mobil 电压裂工艺

电压裂工艺（埃克森美孚）采用了基于油气井水平钻井和水力压裂原理的原位加热油页岩的方法（Crawford et al.，2008）。该工艺采用水力压裂方式压裂油页岩，然后向裂缝填充能导电的材料，并将其用作加热器，例如煅烧石油焦。通电加热，热量可以通过加热器将干酪根转化为石油。

电流通过导电介质将裂缝变成电阻加热元件，电阻加热元件将逐渐加热页岩，并将干酪根转化为可通过传统方法采出的石油和天然气。这一工艺是由正在进行的研究和技术研发支持的，页岩油气的生产从裂缝的一端传导到另一端，使裂缝成为电阻加热元件。热量从裂缝流入油页岩地层，逐渐将油页岩的固体有机物转化为油气。埃克森美孚表示，已经开始进行现场试验来测试这一方法，但要证明这项技术在技术、环境和经济上是可行的，还需要很多年的时间。

压裂中使用的支撑剂具有很高的导电性，热量通过支撑剂经由钻孔进入裂缝。支撑剂沿裂缝系统形成一条导电路径，将其变成一个大型板状电极。埃克森美孚公司在科罗拉多州 Parachute 附近的 Colony 矿场进行了 100ft 规模的试验（称之为"巨型面包机"）。

该工艺使用了油页岩地层中水力压裂形成的一系列裂缝。裂缝最好是水平井压裂形成的纵向垂直裂缝，电从每个加热井的跟部传导到趾部。为了增加导电性，将诸如煅烧焦炭的导电材料注入裂缝中从而形成加热元件。加热井平行排列，第二个水平井在其底部与加热井相交。这样可以在两端施加相反的电荷。平面加热器比井筒加热器需要更少的井和更少的占地面积。页岩油是通过单独的专用生产井生产（US DOE，2007；Plunkett，2008；Symington et al.，2006，2008）。

15.3.6 Geokinetics 干馏工艺

地球动力学公司（Geokinetics）水平原位干馏工艺（HISP）是一种真正的原位工艺，在不开采的情况下干馏浅层页岩。由于不涉及矿山建设，该工艺的一个关键特征是初始投资非常低。1974年，地球动力学公司（Geokinetics Inc.）和美国独立石油公司（Aminoil USA）开始联合研发该工艺。1976年，美国能源研究与发展署（US ERDA，后改为 US DOE）加入了这项工作。1978年，美国独立石油公司退出，地球动力学公司和美国能源部继续此项工作。1984年，美国能源部退出，地球动力学公司自费完成了该项目。

在此工艺过程中，首先使用挖掘机清除土壤和底土，然后在覆盖层和页岩地层中钻一系列孔进行干馏。然后按顺序装载和引爆炸药来实施原位干馏。爆破顺序经过精确设计，使得最初的爆破将其表面的碎石提升 10~20ft。在第一次爆炸后约 0.5s，当这些碎石仍在提升时，后面的几排炸药以约 0.1s 的间隔引爆，将富含页岩横向转移到空隙中。其结果是仅令干馏炉的一端出现地面破裂（剥落）。然后在破裂端钻出气井，在另一端钻注气井。采油井与集油池相连，便于收集石油。完成观测、热电偶和气体取样所需的钻孔。之后更换底土并彻底夯实，以在点火前密封干馏罐。

在表观气体速度保持在 0.8 或高于 0.8 的情况下，费歇尔测定法测定石油采收率分别为 59% 和 51%。由于空气注入速度较低，其他干馏炉的石油采收率和生产率也要低得多。由于页岩成分的不同，不同的干馏炉，甚至同一干馏炉不同生产时段，生产出来的油的质量也不同。但是，经过综合分析，油的质量是可以接受的——特别是金属、沥青质和渣油含量较低。

15.3.7 Illinois 理工学院研究所干馏工艺

伊利诺伊（Illinois）理工学院研究所在 20 世纪 70 年代后期研发了利用射频（声波）加热油页岩的技术。该技术由劳伦斯·利弗莫尔国家实验室开发。这项技术假定射频深度超过 30ft（也许 30~300ft），从而克服了电加热所需的热扩散时间（Sresty，1982；Bridges et al.，1983）。

在此工艺中，使用垂直电极阵列加热油页岩。较深地层由间隔约 30ft 的装置采用较慢的加热速率进行加热。

15.3.8 西方石油公司改进原位干馏工艺

从 1972 年开始，西方石油公司（Occidental Oil Shale Inc.）开始研究页岩油提取工艺，并于 1991 年结束研究。1972 年，该公司在科罗拉多州 Logan Wash 进行了第一次优化的油页岩原位干馏实验。

1972 年，西方石油公司在 DeBeque 公司北部的 Logan Wash 油页岩矿开始了垂直改良原位干馏（VMIS）工艺的现场开发。在 Logan Wash 的早期工作包括建造和加工三个小型干馏炉和一个商业规模的干馏炉。这些干馏炉底面大约 30ft^2 见方，高度为 72~113ft。1E 和 2E 干馏炉的中心分别做成了一个垂直凸起，底部有一个单独的空间来提供空隙体积。三个水平空间垂直间隔，以分配 3E 干馏炉中的空隙体积，相对于 1E 和 2E 干馏炉提高了生产率。为了尝试扩大垂直空隙，4 号干馏炉设置了两个横跨干馏炉宽度的互相平行的垂直狭槽。从 4 号干馏炉获得的产量较低，归因于导致不均匀流动和岩床稳定性问题的岩石力学的限制。

5 号和 6 号干馏炉是根据 1976 年与美国能源部的合作协议开发的商业规模的装置。5 号干馏炉使用了一个沿其宽度开采的单个垂直狭槽来提供空隙体积，而 6 号干馏炉是 3 号干馏炉的放大版，具有三个水平空间。后一种设计再次提供了优越的石油产量。7 号和 8 号干馏炉是在与美国能源部合作协议的第二期建造的。同样是商业规模的干馏炉，尺寸均为长 165ft× 宽 165ft、高 241ft。它们是并排建造的，使用与 6 号干馏炉相同的设计，并在同一时间燃烧，以使得单罐试验数据可重复。7 号和 8 号干馏炉的石油产量甚至比 6 号干馏炉还要高。

7 号和 8 号干馏炉的石油产量与页岩开采量的比值为 0.88bbl/t。这与完全使用 Fischer 评估法干馏得到的 0.41bbl/t 相比非常有利。在商业运营中，开采的页岩可能会在这种地上干馏炉中进行处理。在这种方案下，为了获得最大的整体效率，大部分页岩将使用成本效益高的地下方法进行干馏，而已开采页岩的地面干馏将提供几乎完全的资源利用。

7 号和 8 号干馏炉之间的距离为 160ft。为了评估干馏炉间距较近的影响，在 8 号干馏炉后面 50ft 处建造了偏高的 8× 号干馏炉。8× 号干馏炉的横截面和 7 号、8 号干馏炉相同，为 165ft×165ft，但只有 63ft 高。8× 号干馏炉首先进行了爆破，因此 8 号干馏炉的爆破可以提供商业开发方案中要求使用较短距离可能导致的变形、压力和破裂的信息。没有提到与 50ft 间距相关的具体问题，8 号干馏炉的性能似乎没有受到影响。然而，岩石结构具有高度的地点特殊性，假设在任何其他地点都可以接受如此短的距离是不合理的。

改进的原位干馏工艺试图通过将更多的目标沉积物暴露在热源下，通过改善岩层中气态和液态流体的流动来提高性能，增加所生产的石油的体积和质量。优化的原位干馏需要在加热之前在目标油页岩矿床下方进行开采。还需要对开采区域上方的目标矿床进行钻探和压裂，以产生 20%~25% 的空隙。需要这个空隙空间来让加热的空气、产生的气体和热解的页岩油流向生产井。通过点燃目标矿床的顶部加热页岩。在燃烧之前热解的冷凝页岩油从加热区下方回收并泵送至地表。

西方石油公司垂直改良原位工艺是专门针对绿河组的深层、厚页岩床开发的。干馏区的页岩约有 20% 已开采；通过爆破打破平衡，利用采空的体积进行扩张，使空隙空间均匀分布在干馏炉中。燃烧区域从干馏炉的顶部开始，并通过燃烧空气和回收气体的管理下移穿透页岩碎片。全规模干馏炉包含约 46 万立方码 **❶** 的页岩碎石（Petzrick，1995）。

在一种改良的原位干馏方法中，开采了一部分地下页岩，然后通过一系列爆炸将剩余部分压碎。这种方法通过允许必要的燃烧空气渗透到破碎的页岩中，克服了在地下燃烧页岩的许多困难。然后将地下页岩就地进行干馏，并将开采的页岩送往地面干馏炉进行处理。20 世纪 80 年代初，有几家公司对这项技术感兴趣，但当油价暴跌时，这种兴趣减弱了（US OTA，1980；Bartis et al.，2005）。

这一工艺使用炸药创建破裂油页岩的地下室（干馏炉）。大约开采出 20%，之后通过爆破来破碎油页岩。商业规模的干馏炉占地 333ft×166ft，高度为 400ft。然后通过外部燃料在顶部点燃油页岩，并注入空气或蒸汽来控制这一过程。结果，从干馏炉的顶部燃烧到底部（US DOE，2004a，2004b，2004c，2007）。

干馏技术涉及使用传统的地下采矿技术在油页岩地层中制造空隙。然后引入炸药（硝酸铵和燃料油），使空隙壁上的页岩碎屑化，并扩大地层中现有的裂缝，提高其渗透率。密封空隙入口，注入空气和燃料气体（或者商业燃料，如丙烷或天然气）的受控混合物，以启动碎石页岩的受控点火。使用外部燃料一直到页岩碎石被点燃，之后停止添加外部燃料，并继续向空隙提供燃烧空气以维持和控制页岩的燃烧。由此产生的热量向下膨胀到周围的地层中，加热并干馏干酪根。

蒸馏产物收集在干馏炉空隙的底部，然后通过邻近的常规油气井采出。主要通过对燃烧空气/燃料混合物的精细控制来控制大量仪器和监测空隙中燃烧速率。当干馏油页岩产品的回收达到平衡时，将一部分碳氢化合物气体再循环回空隙中，用作维持原位燃烧的燃料。在项目的第二阶段建造并运行了两个独立的干馏炉，最后的这两个干馏炉于 1983 年 2 月关闭。

最终，石油回收率相当于通过 Fischer 算法预测产量的 70%。该试验的设计着眼于未来潜在的大量商业应用，大量此类原位干馏炉同时运转，以证明本方法在商业开发企业中的实用性。

改进原位干馏工艺各种方法间的差异主要集中在形成地层缝隙的方式、孔隙的形状和方向（水平或垂直），以及实际采用的干馏和产品回收技术。干馏技术可包括控制碎裂页岩的燃烧过程，或通过例如引入电磁能等替代手段加热地层。产品回收技术包括蒸汽浸出、

---

❶ 1 立方码 ≈0.7646m³。

化学辅助或溶剂浸出，以及通过高压注气或注水进行驱替。其中一些地层清扫技术也可被视为有助于或促进初始干馏产物的额外精炼。所有或大部分已开发的大多数设计方案的详细讨论超出了本书范围（Lee，1991）。

15.3.9　Petroprobe 公司工艺

Petroprobe（Earth Search Sciences Inc. 的子公司）开发了一项技术，将地面燃烧器中的空气进行过热，然后向下注入地层中；与富含有机质的岩石相互作用，以最小的表面路径将碳氢化合物带到地面。钻入深度达 3000ft 或更深的油页岩沉积物，通过孔内的处理口管道注入过热空气，加热岩石并将干酪根转化为气态。

地面设备的便携式设计使其易于拆卸和移动到下一个工作现场。

15.3.10　Rio Blanco 油页岩工艺

Rio Blanco 油页岩公司（RBOSC）最初是海湾石油公司和标准石油公司（印第安纳州）各占一半的合资企业，现在是阿莫科公司的一个分公司。该公司是在 1974 年 1 月赢得联邦油页岩租赁公司 C-a 区域土地的投标后成立的。C-a 区域的改良原位干馏（MIS）开发的场地准备工作始于 1977 年底。设计并建造了两个干馏炉，成功进行了碎石化和燃烧，以演示改良原位（RBOSC-MIS）技术，其中 MIS 干馏阶段于 1982 年上半年完成。在成功完成这项工作之后，宾夕法尼亚州哈马维尔海湾石油研究中心对加压气化技术的地面干馏进行了广泛的研究。由于 C-a 区适合露天开采，未来的吸引力可能转移到地上技术。C-a 区的作业现已暂停，直到 Rio Blanco 油页岩公司能够获得场外土地，用于处理覆盖层和废页岩。在暂停期间，Rio Blanco 油页岩公司保持租赁权并继续开展环境监测工作，同时在阿莫科研究中心开展内部油页岩研究和开发项目。

Rio Blanco 油页岩公司矿井的主要特点包括：首先使用传统钻井设备建造生产井，然后钻向上至地面的排气井，建立矿井的常规通风系统，以及上至地面的服务井/逃生井。通过地面钻孔向干馏炉提供空气和蒸汽，通过废气竖井将废气输送回地面，该回路与矿井的工作区隔离。Rio Blanco 油页岩公司设计的一个独特之处是地下油水分离器，它是一个采空区，最大限度地降低了大型地面油罐的费用。主要生产层位为 G 层，在地面以下 850ft。G 层提供了进入干馏炉底部的通道，之后安装隔板将矿井与干馏炉隔开。

1 号干馏罐穿过 Peace 盆地的上部含水层，水压有几百英尺。最初，为使生产井周围区域除水，钻探了一圈地面井；后来开采到 E 层下部，在含水层钻了排水孔。在产水量高达 3600gal/min 后，稳定在 1100gal/min 附近，而且只有 10~30gal/min 流量通过点火装置进入 1 号罐。

Rio Blanco 油页岩公司专有的碎石化工艺具有高孔隙体积，因此具有高渗透率，是该工艺成功的最主要的因素。该工艺的第一步是从地表开始钻爆破孔至计划干馏炉的底部，然后在底部挖出一个空间，用作产品回收的管道。在第 2 步中，在每个爆破孔的下部装上炸药，然后引爆，将顶部的一段向下爆破到底部的空间中。部分碎石被清理，处于休止角度。按顺序反复装载、爆破和清理，直到获得所需的空隙空间。在第 3 步中，顶层的岩石被持续碎石化，不清理废渣，直到整个干馏罐的顶部只有一个小的自由空间作为原料气分配器。

Rio Blanco 油页岩公司的碎石化工艺是为了获得具有随机大小分布的相对较小的平均

粒径，这样有利于获得高、均匀和可保持的渗透率。这已经通过氟利昂示踪气体进行的大量冷流试验得到了验证。这些试验表明，两个干馏罐的总驱油效率均达到了85%。由于1号干馏罐的设置，可以更详细地研究1号干馏罐的驱油效率。在这种情况下，发现顶部三分之二的驱油效率为100%，而下部三分之一的驱油效率仅为60%。在稳定压力条件下测量泄漏率，并根据排出阀关闭时的压力变化计算空隙体积。冷流压降作为流量的函数，可以利用实验空隙体积和计算出的有效平均粒径，通过厄贡（Ergun）方程来计算。

干馏炉的点火是在28h内完成的，使用燃气点燃并向下燃烧。通过循环反复关闭/重新点火来论证在其他原位干馏研究中遇到的燃烧的持续性问题。研究发现，点燃的碎石中的压降越高，就越容易直接流向未点燃的碎石，从而促进火焰前缘的均匀传播。

空气和蒸汽由相同的井眼注入已点燃的干馏区用来爆破岩层。产品流入地下分离腔，再从分离腔分别把油和水用泵抽到地面。此工艺的理念是在可用设备的安全操作范围内，最大限度推进火焰前缘。由于从矿床顶部到火焰前缘的压降增大，所以火焰前进速度随时间降低。尽管遇到了影响火焰推进的问题（如空气泄漏、硫排放限制），但火焰前进的速度还是达到了约3ft/d，早期阶段更高。

干馏1区的石油产量总计24444bbl，包括来自分离腔的液态油，来自出口气体的C_{6+}凝析油，以及在出口气体发现的以气溶胶形式存在的油雾。第一批液态油在点火后后约15d的时候出现，此后的产油量往往反映火焰前缘推进情况。Rio Blanco油页岩公司试验中的石油回收率非常好，每个干馏区的Fischer评估法的回收率是68%。最大产量值是在劳伦斯·利弗莫尔国家实验室用计算机模型计算出来的，该模型考虑了页岩品位、粒度、空气/蒸汽比和火焰前进速率。最大值的计算前提是假设波及效率为100%。但是，不要忘了，现场干馏试验的实际波及效率仅约85%，所以试验结果与理论分析的结果是符合的。

总之，Rio Blanco的努力，得到了一个简单的现场干馏工艺设计，并取得了与实验室结果相接近的石油回收率。高孔隙体积适用于高燃烧速率的现场开采工艺。整个干馏可以从单个矿井发展而来（比如G级水平）；点火不需要接触矿床顶部。使用井下燃烧器实现了安全而有效的点火。此外，已经证明，可以在脱水的上含水层中成功实现干馏。尽管目前对Tract C-a的兴趣已经转移，但Rio Blanco油页岩公司的改良现场开采工艺的成功表明该技术也可以应用于比Tract C-a更深的其他储层。

15.3.11 Schlumberger/Raytheon-CF射频工艺

这种现场开采方法是基于无线射频（RF）技术的应用将埋藏的页岩加热到高温（热解），然后通过向页岩储层注入超临界流体（CF）CO_2，把碳氢化合物产品从生产井抽提出来（Crawford et al., 2008a）。

射频电磁（微波）可以直接对油页岩的介质分子做功并转化为热能，通过热能的传递使内外分子同时加热，不存在热传导现象（Pan et al., 2012）。同时，油页岩是一种微波吸收较差的材料，必须加入微波吸收剂才能达到热解温度。通过这种方式，油页岩被快速加热，干酪根逐渐裂解成天然气和石油。然后页岩油气通过加热产生的裂缝流入生产井，并被泵抽到地面。

微波加热对物质产生介电热效应，通过该效应产生离子迁移和极性分子旋转进而使分子运动，极性分子从一个相对瞬时静态转变为动态，分子的偶极高速旋转产生热效应。这种变化发生在极化的物质内部，叫内加热。由于油页岩是热的不良导体，用传导加热和对流加热，加热速度都低。

采用射频加热克服了地下加热油页岩的困难，使干馏变得更容易、更有效。因此该工艺的优点之一是它可以在数月内快速获得油气产量，而其他方法需要更长的时间，仅现场加热就需要数年。由于降低了加热要求，因此射频技术非常适用于油砂和重油回收，产量是每桶消耗，将得到10~15bbl油当量（Pan et al., 2012）。

15.3.12 Shell现场干馏工艺

在20世纪80年代初，壳牌提出了把现场转化工艺（ICP）应用于现场干馏作业。在此工艺中，通过放置在垂直孔内的电加热器对一定体积的页岩层加热，这些垂直孔要钻穿一段页岩层的整个厚度（超过1000ft）。为了在合理的时间范围内得到均匀的加热，每英亩需要钻15~25个加热孔，加热2~3年后，目标体积的储层温度达到345~365℃之间（650~700℉）。这种缓慢加热到相对较低的温度［与地上干馏常见的大于480℃（大于900℉）温度比较］已经足够引起从页岩中释放石油所需的化学和物理变化。从能源角度看，释放产品中约三分之二是液态，三分之一是与天然气成分类似的气态。这些释放出的产品汇聚在加热区的收集井中。

这种方法的主要特点是在钻出的井眼中使用电加热器加热周围的油页岩，加热器被放置在1000~2000ft深的井中，将岩层缓慢加热到400℃（750℉），岩层中的干酪根转变成石油和天然气。这种方法产出高品质的石油，据估算，富集储层的潜在产油量在100000~1000000bbl/acre之间。

该项目的一个独特方面是用地下冷冻墙把试验区与周围的地下含水层隔离开，让页岩在加热开始前脱水。冷冻墙的建立需要密集布置地面制冷系统。然后，在冷冻墙内钻垂直井筒，装入加热器，将岩层加热到350℃，这样使干酪根慢慢转变成页岩油气，然后从生产井网中采出。由于垂直加热井和生产井密集分布，最初的试验占地面积很大。现场开采技术还需要进一步开发解决与页岩相关的问题，比如低渗透率问题、水影响问题。

因此，该工艺由一系列深入油页岩储层的加热器组成，试验矿区的大小通常为1mile^2。在不同的设计中，每英亩钻15~25个孔，间距为35~42ft（10.7~12.8m）不等。井钻深达到2000ft，或者取决于储层深度。该目标矿区的深度是1000~2000ft（Andrews, 2006）。压裂步骤是通过已存在裂缝和诱导裂缝实现，与常规原油开采一样，压裂可以提高页岩渗透率（Scouten, 1990; Lee, 1991; Speight, 2014）。

为了把周围页岩储层加热到平均345~370℃（650~700℉），插入井眼中的电阻加热器的温度高达760℃（1400℉）。尽管储层温度明显低于传统地面干馏所需要的温度（482~538℃，900~1000℉），但已经足够引发页岩释放石油所需要的化学和物理变化。

加热2~3年后，页岩油和伴生气通过传统方法采出地面（Bartis et al., 2005）。用这种工艺采出的烃类混合物质量非常高，与常规原油大不相同，它含有轻烃衍生物，几乎没有重质馏分。混合烃的品质可以通过调节油页岩的加热时间、温度和压力来控制。典型混合物中，三分之二是液态（30%的石脑油、30%的喷气燃料、30%的柴油和10%的重油），三分之一是气态。液态烃馏分可以很容易地转化为各种不同的成品，包括汽油、石脑油、喷气燃料和柴油（Andrews, 2006）。在一个30ft×40ft（9.1m×12.2m）的试验区，壳牌从较浅、浓度较低的油页岩中回收了 1700bbl 轻质油和伴生气。

为了保护地下水，在距加热器 300ft（91m）的加热网周围建造了冷冻墙。冷冻剂是 40% 的氨水混合物。冷冻墙建起了一道阻止流体运移的地下屏障，可防止地层水污染冷冻墙内的页岩层，也阻止游离的页岩油逸出。壳牌计算过，每从油页岩中获得 3.5 单位的能量，需要在电加热过程中消耗 1 单位的能量，该计算是假设电力是由先进的、效率为 60% 的燃气发电厂生产的。壳牌也在考虑燃气加热，这样将利用从该工艺回收的天然气，从而改善能源平衡。

在 2004 年到 2010 年期间，壳牌公司在和平河（Peace River）油砂的维京（Viking）试验区进行了类似工艺的试验，称为现场升级项目，随后又在碳酸盐储层沥青的格罗斯蒙特（Grosmont）试验区测试。在这种情况下，不需要冷冻墙，加热器被交替安装在水平井层和生产井层中。在格罗斯蒙特碳酸盐沥青储层中的第二个项目持续致力于开发和改善井下加热技术，同时把沥青升级改造成更轻的馏分。这项工作与并行进行的页岩工作应该是互为补充的，但也许沥青转化会走在页岩转化之前。

15.3.13 改进直井干馏工艺

改良现场开采工艺的基本改进是通过将目标储层更多地暴露在热源下，改善气液流体通过地层的流动，提高页岩油产量和品质。为了做到这些，在目标储层上部点火来加热油页岩。在火焰前缘热分解的凝析页岩油从加热区下方回收并被泵送到地面。

例如，垂直改良现场开采工艺是由西方石油公司的子公司西方油页岩公司（Oxy）针对 Green River 组的深层大厚度页岩开发的。干馏区约 20%（体积分数）的页岩被采出，接下来压裂要格外小心，要利用采出体积让馏区孔隙体积发生扩展和均匀分布（Petzrick，1995；Hulsebos，1988）。

15.3.14 其他工艺

可溶性盐工艺虽然不是一种现场干馏工艺，但可以在干酪根热分解的任何工艺之前使用，在这里非常值得一提。在这个工艺中，通过可溶性盐的溶解可提高渗透率和孔隙度。该工艺可分成两个同时或依次进行的步骤：可溶性盐的浸出和干酪根的转化（Prats et al.，1977）。

该方法利用散布在地层油页岩中的水溶性盐（主要是苏打石）的浸出来提高地层的渗透率和孔隙度。使用热水和蒸汽浸出钠钙石（$NaHCO_3$，也称为热钾石），其中蒸汽用于干馏油页岩以生产页岩油。提出了将干酪根转化为页岩油的火烧油层和热气热解方法作为蒸汽热解的替代方法，并对蒸汽热解进行了简要论述。但在浸出操作之前，须做好以下准备工作：（1）识别可溶性盐的性质和分布，以及地层的油页岩含量；（2）在模拟工艺条件下测量地下性质；（3）在模拟工艺条件下干酪根分解和采油动力学的实验测定；（4）在模拟加工条件下的溶解度测量。

15.4 前景

20 世纪 70 年代，在世界石油危机时期，石油公司积极研发了包括现场干馏在内的不同油页岩干馏技术。在 20 世纪下半叶，人们对油页岩地下热解的商业化进行了广泛的研究和开发。然而，由于短期内工艺经济性，这些研发活动大多在 20 世纪末被叫停或缩减了。

事实上，直到20世纪90年代，由于油价的下跌，许多现场干馏项目被关闭或计划被放弃，甚至在撰写本书时，尽管原油价格比几十年前高得多，但只有美国的壳牌公司坚持开展现场油页岩干馏试验。

现场干馏可以避免地上干馏时出现的与大量材料的开采、处理和处置有关的任何问题，并提供了回收深层沉积的油页岩的潜力。然而为了减轻现场工艺的潜在缺点，新型和先进的干馏和升级工艺应设法完善化学转化，以提高油收率和（或）产生高价值的副产品，诸如：（1）使用较低的加热温度；（2）使用较高的加热速率；（3）较短的停留时间；（4）使用氢或氢转移/助剂等添加剂；（5）使用溶剂的方法。

为确定从页岩中开采石油的多种新兴技术的商业可行性，犹他州和科罗拉多州目前正在开展相关测试和改进工作，包括应用新的地表采矿和加工技术，以及改良的现场方法。

其基本思想是在非现场过程中创造一个现场环境。页岩是从最丰富、最大的矿床中开采出来后，压碎并堆放在铺有黏土或其他不透水材料、用适当的防渗层覆盖的矿堤中。接着在矿堤中钻出水平井，将加热器插入井中，以提供缓慢、稳定的热源，在矿堤结构中模拟现场干馏的地下条件。最终随着烃源岩的升温，适当放置的油井可用来收集石油。一旦石油生产停止，就会使用热清除程序来清除/转移废热到相邻的矿堤，然后该矿堤被关闭。

矿堤改造旨在确保矿堤不会对环境造成进一步影响。该技术的优点是结合现场法和非现场法的特点处理油页岩。事实上，可以在矿堤中设计改进的"现场"条件，以生产更高质量的石油。然而，采矿业需要自己的基础设施和修复活动，必须确保堤防的长期环境安全。

用于原油或天然气和油页岩的水平钻井和水力压裂的主要区别在于将干酪根转化为页岩油的时间周期。通过煅烧焦炭支撑剂将电热量传递给周围的岩石，使围岩在大约五年的时间内受到热解的影响产生液态油。

有人提出了一种通过射频加热在数月至数年内转化油页岩的工艺，以生产类似于天然原油的产品（Burnham，2003）。该工艺在垂直或水平的钻孔中放置设定射频的电极，使无线电波的穿透深度在几十到几百米的数量级。更大的影响范围和覆盖层压实结合将石油和天然气从页岩中驱入钻孔，并被泵送到地表。在21世纪，页岩油开发的比较经济学很可能会发生重大变化并变得更加有利。以下介绍了几个值得注意的过程。

在任何关于油页岩开发未来的讨论中，都必须承认环境方面的问题（见第18章）。众所周知，油页岩的生产和加工可能会对环境产生重大影响，这取决于页岩成分、所用的开采工艺和作业区域。

温室气体排放量（GHG排放量）因工艺变化很大。与欧洲的排放量相比，爱沙尼亚油页岩开发中发电与燃煤发电厂发电处理方式相同。油页岩原料中的石灰石可以减少硫氧化物排放，但会增加二氧化碳排放。页岩加工的其他空气排放物可能含有硫氧化物、有机化合物和大量的颗粒物，这可能会影响工人、附近居民和其他行业。在一些情况下，这些排放可能与煤电厂、其他类型的矿山、炼油厂或地下生产作业类似，而在另外一些情况下，它们可能比其他能源工艺更好或更差。因此，对于油页岩作业的空气排放，目前还没有明确的通用声明。

就用水和污染而言，不同页岩和开采工艺的影响差异很大。所有油页岩开采作业都会影响地下水和地表排水。发电用水可能类似于同等规模的燃煤电厂。内燃干馏厂习惯于使用大量的水来冷却废页岩，从废页岩中浸出的矿物也会污染水。相比之下，热回收固体工艺大多在干燥条件下进行，因此耗水量很小，并且当在较低温度下与水接触时，废页岩中的矿物溶解性较差。对于现场转化过程，主要的水问题由水力压裂和返排处理的水引起，以及页岩较浅时或者生产井和集输管线中的高温和腐蚀导致的潜在油井故障时地下含水层保护问题。

与其他能源开发一样，油页岩开发从采矿到油井开发过程，以及选定开采方法相关的加工装置、地面运输、地下管道和废物处理都会产生土地影响。土地影响也受作业地理位置，以及任何可能影响敏感景观或生态系统的因素的影响。

截止本书结稿，由于过去三十年来缺乏油页岩成熟开发案例，现场干馏对地下水质量的影响仍然存在重大不确定性。干馏和浸出氢类衍生物和含烃衍生物（如页岩油）将改变含水层的性质，这可能导致水力传导率的增加，而含水层性质的任何变化都可能导致油页岩矿床中的矿物盐和微量金属的浸出和迁移。随之而来的问题是转移到干馏区以外的碳氢化合物气体的去向，以及是否有必要担心它们与地下水相互作用或释放到大气中带来的环境影响。这些关键的不确定性问题得到圆满解决之前，任何现场干馏方法的技术可行性都无法得到完全保证。如果启动任何此类地下项目，则有必要对地下环境进行监测，收集数据以支持启动该项目商业运营决定的正确性。

参 考 文 献

Andrews, A., April 13, 2006. Oil Shale: History, Incentives, and Policy. Report RL33359. CRS Report for Congress. Congressional Research Service, Washington, DC.

Bartis, J.T., LaTourette, T., Dixon, L., Peterson, D.J., Cecchine, G., 2005. Oil Shale Development in the United States. Report MG-414-NETL. RAND Corporation, Santa Monica, California.

Baughman, G.L., 1978. Synthetic Fuels Data Handbook, second ed. Cameron Engineers, Inc., Denver, Colorado.

Bridges, J.E., Krstansky, J.J., Taflove, A., Sresty, G., 1983. The IITRI in situ RF fuel recovery process. J. Microw. Power 18(1), 3e14.

Burnham, A.K., 2003. Slow Radio-Frequency Processing of Large Oil Shale Volumes to Produce Petroleum-like Shale Oil. Report No. UCRL-ID-155045. Lawrence Livermore National Laboratory, US Department of Energy, Livermore, California.

Burnham, A.K., Day, R.L., Hardy, M.P., Wallman, P.H., 2009. AMSO's novel approach to in situ oil shale recovery. In: Proceedings. 8th World Congress of Chemical Engineering, Montreal, Quebec Canada.

Crawford, P., Biglarbigi, K., Dammer, A.R., 2008a. Advances in world oil shale production technologies. Paper No. SPE-116570-MS. In: Proceedings. SPE Annual Technical Conference and Exhibition, Denver, Colorado. Society of Petroleum Engineers, Richardson, Texas.

Fang, C., Zheng, D., Liu, D., 2008. Main problems in the development and utilization of oil shale and the status of in situ conversion in China. In: Proceedings. 28th Oil Shale Symposium. Colorado School of Mines, Golden, Colorado. October 13e15.

Hulsebos, J., Pohani, B.P., Moore, R.E., Zahradnik, R.L., 1988. Modified-in-situ technology combined with aboveground retorting and circulating fluid bed combustors could offer a viable method to unlock oil shale reserves in the near future. In: Zhu, Y.J. (Ed.), Proceedings. International Conference on Oil Shale and Shale Oil. China Chemical Industry Press, Beijing, pp. 440e447.

Karanikas, J.M., de Rouffignac, E.P., Vinegar, H.J. (Houston, TX), Wellington, S., April 12, 2005. In Situ Thermal Processing of an Oil Shale Formation While Inhibiting Coking. United States Patent 6, 877, 555.

Lan, W., Luo, W., Song, Y., Zhou, J., Zhang, Q., 2015. Effect of temperature on the characteristics of retorting product obtained by Yaojie oil shale pyrolysis. Energy Fuels 29(12), 7800e7806.

Lee, S., 1991. Oil Shale Technology. CRC Press, Taylor & Francis Group, Boca Raton, Florida.

Lee, S., Speight, J.G., Loyalka, S.K., 2007. Handbook of Alternative Fuel Technologies. CRC-Taylor & Francis Group, Boca Raton, Florida.

Matthews, R., Humphrey, J.P., 1977. A Search for energy from the Antrim. Paper 6494-MS. In: Proceedings. SPE Midwest Gas Storage and Production Symposium, Indianapolis, Indiana. April 13e15.

McNamara, P.H., Humphrey, J.P., September 1979. Hydrocarbons from eastern oil shale. Chem. Eng. Prog. 88.

Mut, S., 2005. Testimony before the United States Senate Energy and Natural Resources Committee, Tuesday, April 12. http://energy.senate.gov/hearings/testimony.cfm?id¼1445&wit_id¼4139.

Pan, Y., Chen, C., Yang, S., Ma, G., 2012. Development of radio frequency heating technology for shale oil extraction. Open J. Appl. Sci. 2, 66e69.

Petzrick, P.A., 1995. Oil Shale and Tar Sand: Encyclopedia of Applied Physics, vol. 12. VCH Publishers Inc., New York, pp. 77e99.

Prats, M., Closmann, P.J., Ireson, A.T., Drinkard, G., 1977. Soluble-salt processes for in-situ recovery of hydrocarbons from oil shale. J. Pet. Technol. 29 (9), 1078e1088. Paper No. SPE-6068-PA, Society of Petroleum Engineers, Richardson Texas.

Plunkett, J.W., 2008. Plunkett's Energy Industry Almanac 2009. The Only Comprehensive Guide to the Energy & Utilities Industry. Plunkett Research, Ltd., Houston, Texas.

Scouten, C., 1990. In: Speight, J.G. (Ed.), Fuel Science and Technology Handbook. Marcel Dekker Inc., New York. Speight, J.G., 2014. The Chemistry and Technology of Petroleum, fifth ed. CRC Press, Taylor and Francis Group, Boca Raton, Florida.

Sresty, G.C., 1982. Kinetics of low temperature pyrolysis of oil shale by the IITRI-RF process. In: Proceedings. 15th Oil Shale Symposium. Colorado School of Mines, Golden, Colorado, pp. 411e423.

Symington, W., Olgaard, D.L., Otten, G.A., Phillips, T.C., Thomas, M.M., Yeakel, J.D., 2006. ExxonMobil's Electrofrac process for in-situ oil shale conversion. Paper S05B. In: Proceedings. 26th Oil Shale Symposium, Golden, Colorado. October 16e20.

Symington, W.A., Olgaard, D.L., Otten, G.A., Phillips, T.C., Thomas, M.M., Yeakel, J.D., 2008. ExxonMobil's Electrofrac for In-Situ Oil Shale Conversion. AAPG Annual Convention. San Antonio, Texas. American Association of Petroleum Geologists, Tulsa, Oklahoma.

US DOE, March 2004a. Strategic Significance of America's Oil Shale Reserves, I. Assessment of Strategic Issues. http://www.fe.doe.gov/programs/reserves/publications.

US DOE, March 2004b. Strategic Significance of America's Oil Shale Reserves, II. Oil Shale Resources, Technology, and Economics. http://www.fe.doe.gov/programs/reserves/publications.

US DOE, 2004c. America's Oil Shale: A Roadmap for Federal Decision Making; USDOE Office of US Naval Petroleum and Oil Shale Reserves. http://www.fe.doe.gov/programs/reserves/publications.

US DOE, June 2007. Secure Fuels from Domestic Resources, the Continuing Evolution of America's Oil Shale and Tar Sands Industries: Profiles of Companies Engaged in Domestic Oil Shale and Tar Sands Resource and Technology Development. Office of Naval Petroleum and Oil Shale Reserves, Office of Petroleum Reserves. US Department of Energy, Washington, DC.

US DOE, June 2010. Secure Fuels from Domestic Resources, the Continuing Evolution of America's Oil Shale and Tar Sands Industries: Profiles of Companies Engaged in Domestic Oil Shale and Tar Sands Resource and Technology Development, fourth ed. Office of Naval Petroleum and Oil Shale Reserves, Office of Petroleum Reserves, US Department of Energy, Washington, DC.

US DOE, June 2011. Secure Fuels from Domestic Resources, the Continuing Evolution of America's Oil Shale and Tar Sands Industries: Profiles of Companies Engaged in Domestic Oil Shale and Tar Sands Resource and Technology Development, fifth ed. Office of Naval Petroleum and Oil Shale Reserves, Office of Petroleum Reserves, US Department of Energy, Washington, DC.

US OTA, 1980. An Assessment of Oil Shale Technologies, Volume I. Report PB80-210115. Office of Technology Assessment. Congress of the United States, Washington, DC.

第16章 页岩油精炼

16.1 引言

　　油页岩的特征是含有干酪根(有机物),在无氧条件下通过热处理(热分解)从中获得石油。页岩油即是油页岩热处理或加工(蒸馏)的主要产品。随着对成品油(如汽油和柴油)的前体馏分(混合原料)的需求增加,人们对开发从油页岩中回收液体馏分烃衍生物的经济方法非常感兴趣。然而,从油页岩加工中回收的馏出物与原油馏分油相比在经济上尚不具有竞争力(Parkash,2003;Gary et al.,2007;Speight,2014,2017;Hsu and Robinson,2017)。此外,由于存在不良污染物,导致从油页岩中回收的烃类衍生物的价值降低。值得关注的主要污染物是含氧、含硫、含氮和金属(和有机金属)化合物,它们会对后续精炼过程中使用的催化剂造成不利影响。当这些污染物存在于实际燃料中时,也是不可取的,因为它们具有难闻的气味、腐蚀性且燃烧时会产生排放物,进一步造成环境问题(Scouten,1990;Lee,1991;Kundu et al.,2006;Tsai and Albright,2006;Lee et al.,2007;Speight,2014,2017,2019a)。油页岩馏分油的烯烃含量也高于原油,倾点和黏度也更高。

　　粗页岩油(有时被称为蒸馏油)是从油页岩蒸馏的流出物冷凝而成的液体油。粗页岩油通常含有相当数量的水和固体,并且容易形成沉积物。因此,粗页岩油必须升级为合成原油,才能适合作为炼厂原料进行管输或替代原油(或与原油混合)。然而,在大多数情况下,页岩油与常规原油有很大的不同,事实上,加工页岩油(表16.1和表16.2)与其他页岩油(Scout,1990;Lee,1991,Speight,2014,2017)存在一些不同寻常的问题。

表 16.1　不同来源页岩油的性质

地点	相对密度 (API重度,°API)	元素分析 (%,质量分数)					小于350℃的组成 (%,质量分数)		
		C	H	O	N	S	饱和烃	烯烃	芳香烃
科罗拉多州,美国	0.943(18.6)	84.90	11.50	0.80	2.91	0.61	27	44	29
库克尔斯特,爱沙尼亚	1.010(9.0)	82.85	9.20	6.79	0.30	0.86	22	25	53
伦德尔,澳大利亚	0.64(0.91)	79.50	11.50	7.60	0.99	0.41	48	2	50
伊拉蒂,巴西	0.92(22.5)	84.30	12.00	1.96	1.06	0.68	23	41	36
茂名,中国	0.903(24.0)	84.82	11.40	2.20	1.10	0.48	55	20	25
抚顺,中国	0.912(26.0)	85.39	12.09	0.71	1.27	0.54	38	37	25

表 16.2　中国不同地层页岩油性质研究

产地	抚顺	茂名	桦甸	窑街
性质				
相对密度	0.9033	0.9122	0.8789	0.93
冰点（℃）	33	30	26	26
蜡含量（%，质量分数）	20.2	13.2	5.9	10
残留物（%，质量分数）	0.85	1.54	0.9	5
蒸馏范围（℃）				
初沸点	216	214	173	211
10%@	264	259	221	258
20%@	293	283	250	284
30%@	318	306	278	311
40%@	343	330	301	334
50%@	362	3540	331	366
元素组成（%，质量分数）				
碳	85.39	84.82	85.17	84.84
氢	12.1	11.4	12.2	11.1
硫	0.54	0.48	0.42	0.7
氮	1.27	1.1	0.75	0.97
氧	0.71	2.2	1.43	2.4

　　一般而言，页岩油的氮含量（通常为1.5%~2.5%，质量分数）要比与常规原油（通常为0.2%~0.3%，质量分数）高得多。此外，由于蒸馏页岩油是通过热裂解工艺生产的，烯烃和二烯烃含量高，正是由于这些烯烃衍生物和二烯烃衍生物的存在及高氮含量，使粗页岩油具有不稳定性和容易形成沉积物的特征。除了烯烃衍生物和二烯烃衍生物外，页岩油中还可能含有相当数量的芳香烃、碳衍生物、极性芳香烃衍生物（通常称为树脂）和戊烷或庚烷不溶性物质成分（沥青质馏分，根据分离该馏分所用的烃类，应称为戊烷—沥青烯或庚烷—沥青烯）。

　　化合物类型的分布与蒸馏范围的关系表明，极性芳香族衍生物和沥青质组分不溶物的浓度发生在与这些馏分中氮浓度平行的高沸点馏分中。原料页岩油的氧含量高于原油的氧含量，但低于煤衍生液体的氧含量（Scouten，1990；Lee，1991；Speight，2013，2014）。页岩油的硫含量变化范围较大，但普遍低于高硫原油、重质油和超重油，以及油砂沥青的硫含量（Parkash，2003；Gary et al.，2007；Speight，2014，2017；Hsu and Robinson，2017）。此外，粗页岩油含有相当数量的可溶性砷、铁和镍衍生物，并无法通过过滤除去（Scouten，1990）。

　　原料页岩油和加氢处理页岩油的高倾点和高黏度引起了人们的关注。结果表明，无论是高含氮量、高凝点、高黏度的原页岩油，还是高凝固点的加氢处理页岩油，都可能不适用于非专用（用于此类油）管道。在没有专用管道的情况下，在蒸馏现场或附近转换为管道可接受的产品（如汽油、柴油燃料和航空燃料）是一种可选方案。另一种方法是将页岩原料进行焦化操作，降低倾点，然后进行加氢处理，得到倾点约为 7℃（45°F）的一种低硫低氮产品。

根据工艺的不同，一些油页岩馏出物具有更高浓度的高沸点化合物，这将有利于生产中间馏出物（如柴油和喷气燃料）而不是石脑油（Hunt，1983；Scouten，1990）。由于地下干馏工艺停留时间长，会促使初级产品进一步裂解，地上干馏工艺低 API 重度油产率往往比原位干馏工艺更低。因此，将油页岩馏分物转化为更轻范围的碳氢化合物（汽油）将需要类似加氢裂解的额外加工。然后，需要加氢处理，去除硫和氮。

然而，从积极的一面来看，油页岩干馏工艺生产的油含有很少的高沸点渣油（Scout，1990）。通过升级，页岩油可以成为一种低沸点的优质产品，具有至少与常规原油同等价值的潜力（Scouten，1990；Lee，1991；Lee et al.，2007；Speight，2014，2017，2019a）。然而，页岩油的性质随着生产（干馏）过程的变化而变化。干馏过程中携带的细粒矿物质，以及目前干馏工艺生产的页岩油的高黏度和不稳定性，使得页岩油在运输到炼油厂之前必须进行升级。

页岩油脱粉后，进行加氢处理，以降低氮、硫和砷含量，提高稳定性；柴油和加热器油部分的十六烷指数也有所提高。加氢处理步骤通常在高氢压力下的固定催化剂床工艺中完成，由于页岩油的氮含量较高，加氢处理条件比同等沸腾范围原油的条件略苛刻。

然而，当汽油中不饱和组分比例较高时，催化加氢脱硫工艺并不总是从汽油中去除硫成分的最佳解决方案。大量的氢将用于不饱和组分的氢化。另一方面，当不饱和烃衍生物需要加氢时，催化加氢过程将是有效的。

16.2　页岩油性质

首先，页岩油不是一种自然产生的物质，它与来自致密地层的油（致密油）不相同（甚至远不相似）。页岩油（也称为干酪根衍生油）是一种通过干馏油页岩生产的合成原油。粗页岩油的物理和化学性质受到以下因素的影响：（1）产油的页岩；（2）产油时的反应参数。

尽管页岩油从未达到最大潜力，但将页岩油升级为成品产品并非未知。各种工艺之间的区别在于所期望的最终产品的性质。虽然一些粗页岩油具有较高的倾点和黏度，使其运输困难和昂贵，但有人尝试在干馏现场或附近对页岩油进行部分精炼（升级），以改善运输特性。在其他情况下，人们希望从矿场附近的一个综合加工设施获得一系列完整的成品燃料。在这种情况下，将考虑一个全精炼设施，而不是更简单的升级工厂。

由于含氮、含硫和含氧化合物的存在，页岩油的相对密度相当高，为 0.9~1.0。此外，还具有高倾点，并存在少量的砷和铁。含氮化合物是页岩油中最有害的成分，因为它们是各种精炼过程中，如流体催化裂化、催化重整和催化加氢处理中，众所周知的催化毒物（Parkash，2003；Gary et al.，2007；Speight，2014，2017；Hsu and Robinson，2017）。这些化合物会在石脑油（因此，如果在精炼过程中没有去除，就会出现在成品中，如汽油）和煤油（因此，如果在精炼过程中没有去除，就会出现在成品中，如喷气燃料和柴油）中引起稳定性（和不相容性）问题，并在燃烧器中产生氮氧化物（NO_x）排放。

与致密油（或与任何常规轻质原油）相比，页岩油相对黏稠，且富含氮和氧化合物。低分子氧化合物主要是苯酚衍生物，但羧酸衍生物和非酸性氧化合物（如酮衍生物）也存在于石油中。页岩油中的碱性氮化合物为吡啶、喹啉、吖啶、胺及其烷基取代衍生物，弱碱性氮化合物为吡咯、吲哚、咔唑及其衍生物，非碱性成分为丁腈和酰胺同源物。页岩油中的含硫化合物包括硫醇衍生物、硫化物衍生物、噻吩衍生物，以及杂环含硫化合物。单质硫也可能存在于部分页岩油中，但它不是一种典型的组分。

粗页岩油（也称为原料页岩油、蒸馏油或简称为页岩油）是直接从油页岩蒸馏器的气体流中回收的液体石油产品。合成原油是粗页岩油加氢后的产物。一般来说，粗页岩油与常规原油相似之处在于，它主要由沸点与典型原油的沸点范围大致相同的长链烃类衍生物组成。然而，粗页岩油与常规原油之间的三个主要区别是：（1）由于生产过程中使用的温度较高，页岩油中的烯烃含量更高；（2）油页岩干酪根中产生的氧和氮衍生物浓度更高；（3）在许多情况下，页岩油的倾点和黏度较高。

粗页岩油的物理和化学性质受其产出条件的影响。一些干馏工艺将其置于相对较高的温度下，这可能引起热裂解，从而产生平均分子量较低的油。在其他工艺中（如直接加热干馏），页岩油的部分低沸点组分在干馏过程中被焚烧，其结果是产生一个更高分子量（更高沸点）的最终产物。其他工艺由于在干馏炉内回流油品（循环汽化和冷凝），可能会产生较低沸点的产物。其中最重要的因素之一是干馏系统内的冷凝温度，即干馏过程中油产品与气体产物分离的温度。该温度越低，成品油中低分子量化合物的浓度越高。

不同的地上干馏工艺所产生的油的性质差异很大，但这些油与原位油之间的差异更为显著。原位油通常更轻，表现为具有较低沸点的物质的产率较高，并且会产生更多的低沸点产物（如石脑油）和较少的高沸点产物（如渣油）。一般而言，与许多重质常规原油相比，页岩油较低的残渣产率使其作为炼油原料具有吸引力。

值得注意的是，煤衍生液体（Speight，2013）通常被认为是页岩油原料的替代品。然而，煤基合成原油的石脑油和低沸点馏分油的产量远高于页岩油，在高于455℃（850℉）的温度下，很少或没有物质沸腾。由于低沸点组分的浓度较高，煤衍生液体将非常适合于汽油混合油甚至汽油生产，并且在精制时将产生所需的低沸点石脑油馏分。另一方面，页岩油具有较高的高沸点化合物浓度，更有利于生产中间馏分（如煤油和燃料油），而不是石脑油。因此，页岩油衍生的合成原油和煤衍生的合成原油不应被视为具有竞争性或可替代的原料，而应被视为互补性的原料，两者各自从等量的精炼中获得不同的主要燃料产品。

大多数粗页岩油的负面特征包括高倾点、高黏度、高浓度的砷和其他重金属及氮。倾点和黏度具有经济重要性，因为具有高倾点的黏稠油运输困难，因此需要在上市前进行预处理。高浓度的砷和其他金属是一个不利因素，因为它们会污染精炼催化剂，特别是在加氢装置中（Parkash，2003；Gray et al.，2007；Speight，2014，2017；Hsu and Robinson，2017）。在催化剂处理之前，必须去除这些成分。需要注意的是，粗页岩油中重金属的浓度会随着开采石油的沉积位置的不同而变化。来自不同地层（或地点）的油页岩中生产的页岩油可能相对不含此类污染物。

页岩油的其他特性包括：（1）高含量的烯烃衍生物和二烯烃衍生物，这些物质在致密原油或一般原油中不存在，在加工过程中需要特别注意，因为它们易于聚合并形成胶状物；

（2）高含量的芳香烃化合物，对柴油有害；（3）高碳氢比；（4）与世界上大多数原油相比，硫含量低，尽管对于海洋油页岩的一些页岩油，可能存在相对高浓度的硫化合物；（5）悬浮固体（细碎的岩石），主要在加工的第一步加氢处理时引起工艺问题；（6）中等高的金属含量。由于这些特殊的特性，需要进一步的工艺，如升级和精炼，以改善页岩油产品的性能。

一些干馏工艺需要相对较高的温度，这可能导致热裂解，从而产生平均分子量较低的油。在其他工艺中（如直接加热干馏），油中一些低分子量组分在干馏过程中被烧毁。其结果是最终产品的分子量更高（更高的密度，更黏稠）。其他的干馏工艺由于油在干馏器内回流（循环汽化和冷凝），可能产生分子量较低的产品。最重要的因素之一是干馏系统内的冷凝温度，冷凝温度是指页岩油产品从干馏气体中分离出来的温度。温度越低，成品油中低分子量化合物的浓度越高。

因此，大多数粗页岩油的负面特征包括高凝点、高黏度、高浓度的砷和其他重金属，以及氮。倾点和黏度具有重要的经济意义，因为运输具有高倾点的黏稠的油是困难和昂贵的，因此需要在销售前进行预处理。然而，采用原位工艺生产的页岩油具有相对较低的倾点和黏度，可以在不经过预处理的情况下销售，但它们仍会保留高氮含量。这将降低它们作为炼油厂原料和锅炉燃料的价值。

高浓度的砷和其他金属是一个不利因素，因为这些金属会污染精炼催化剂，特别是在加氢装置中，必须在催化加工之前将其去除。为此已开发了各种物理和化学方法（Scouten，1990；Speight，2014）。需要注意的是，粗页岩油中重金属的浓度会随着采油沉积位置的不同而变化。

页岩油是油页岩经过干馏生产的合成原油，是油页岩中所含有机质（干酪根）的热解产物。从干馏油页岩中生产的原始页岩油在性质和成分上可能有所不同（Scout，1990；Lee，1991；US DOE，2004a，2004b，2004c；Speight，2019）。美国西部油页岩的两个最显著特征是氢含量高（主要来自高浓度的石蜡），氮含量高（来自高浓度的吡啶和吡咯）。

合成原油是粗页岩油经过精炼（即氢化）后的产物。一般来说，粗页岩油与常规原油相似，因为它主要由烃类衍生物组成，其沸点范围与典型原油的沸点范围大致相同。然而，粗页岩油与常规原油之间有三个主要区别：（1）粗页岩油具有更高的烯烃含量（由于干馏过程中的高温条件，烯烃含量更高）；（2）粗页岩油具有更高浓度的有机氧衍生物和有机氮衍生物，它们来自干酪根；（3）在许多情况下，粗页岩油的凝点和黏度比常规原油更高；（4）由于含有分子量较高的氮、硫和氧化合物，粗页岩油的密度（原油的相对密度为0.9~1.0）也会比常规原油高。页岩油中还含有少量的砷和铁。

产自科罗拉多州 Green River 组的典型页岩油含有约 40%（质量分数）的烃衍生物，包括饱和烃衍生物、烯烃衍生物和芳香烃衍生物（表 16.2），以及约 60%（质量分数）的含氮、硫和氧衍生物的杂原子有机化合物。氮以环中含氮的环状化合物形式存在，如吡啶衍生物和吡咯衍生物，以及丁腈衍生物，氮衍生物约占石油中非烃组分的 60%（质量分数）。另外 10%（质量分数）的杂原子成分是硫化合物，它们以噻吩衍生物的形式存在，伴有不同数量的硫化物衍生物和二硫化物衍生物。其余的 30%（质量分数）由氧化合物组成，它们以苯酚衍生物和羧酸衍生物的形式出现。

虽然页岩油中的沥青质组分和树脂组分含量可能较低，但它们是造成页岩油颜色较深和黏度较高的原因。页岩油中沥青质成分的存在并不一定是唯一的，因为它的氮含量高，因此灰分含量也很高，而且极性氮通常不溶于正庚烷。用于从原油甚至低分子量物质中分离沥青质馏分的溶剂会出现在页岩油中的沥青质馏分中（Speight，2014）。含氮多环衍生物的极性也可以解释水和金属配合物的乳化特性。

由于页岩油在精炼时采用加氢处理方法，因此粗页岩油中氮、氧、硫化合物的极性成分的存在就不成问题了。然而，众所周知，页岩油可能与常规原油原料和原油衍生产品不相容（见第 17 章）（Mushrush and Speight，1995；Speight，2014，2017）。因此，在将页岩油与常规原油或原油产品混合之前，必须特别注意确保将所有导致这种不相容性的组分从页岩油中去除，同样的理由也适用于页岩油与致密油或致密油产品的混合。

16.2.1　烃类 / 碳氢化合物

油页岩中有机质的基本结构产生了大量由长正构烷烃衍生物组成的蜡，烷烃衍生物分布在整个原始页岩油中。然而，页岩油的组成取决于其原始的页岩和生产页岩油的干馏方法（表 16.3）（Scouten，1990；Lee，1991；Speight，2019a）。与原油相比，页岩油具有重质、高黏度、高含氮、高含氧化合物等特点。

表 16.3　页岩油的主要化合物类型

饱和烃	杂原子系统
石蜡衍生物	苯并噻吩衍生物
环烷烃衍生物	二苯并噻吩衍生物
烯烃衍生物	苯酚衍生物
芳香族衍生物	咔唑类衍生物
苯衍生物	吡啶衍生物
茚满衍生物	喹啉衍生物
四氢萘衍生物	腈类衍生物
萘衍生物	酮类衍生物
联苯类衍生物	吡咯衍生物
菲类衍生物	
白杨素衍生物	

在可能影响页岩油质量的各种变量中，干馏（加热）方法是最重要的。不同加工方法生产的页岩油之间主要区别在于其沸点分布。加热速率及产品暴露在高温下的温度和持续时间会影响产品类型和产量。

采用闪蒸裂解的回流处理过程会产生更多含有高分子量、多环芳香结构的碎片。采用较慢加热条件，在低温 300~400℃（570~750°F）下反应时间更长的过程，往往会产生更高浓度的正构烷基衍生物。中间沸点范围（如 200~400℃，390~750°F）的环烷烃—芳香族化合物也易于在较慢加热过程中形成。

页岩油中的饱和烃衍生物包括正构烷基衍生物、异构烷基衍生物和环烷基衍生物，而烯类衍生物由正构烯基衍生物、异构烯基衍生物和环烯基衍生物组成。芳香族衍生物的主要成分是单环、双环和三环芳香族化合物及其取代同系列化合物。在不同沸点范围内，页岩油产品中饱和碳氢化合物、烯烃碳氢化合物和芳香族碳氢化合物的分布存在差异。随着沸点范围的升高，页岩油中的饱和碳氢化合物增加，芳香族碳氢化合物略微增加，而烯烃碳氢化合物减少。

页岩油含有多种碳氢化合物（表 16.3），但与典型原油的 0.2%~0.3%（质量分数）的氮含量相比，页岩油的氮含量也很高（Scouten，1990；Speight，2014，2017，2019a）。此外，页岩油还具有高烯烃和二烯烃成分，这些成分在原油中不存在，在加工过程中需要注意它们聚合形成胶质和沉淀物（燃料管道积垢）。正是这些烯烃和二烯烃及高氮含量共同导致了页岩油难以成为炼油厂的原料（表 16.4）。粗页岩油还包含数量可观的砷、铁和镍等杂质，会干扰炼油过程。

表 16.4 油页岩加工面临的挑战

悬浮颗粒物	加工中的堵塞
	产品质量
砷的含量	毒性
	催化剂毒物
高凝点	油品不符合管道规范
含氮量	催化剂毒物
	导致不稳定
	毒性
二烃烯	导致不稳定
	加工中的堵塞

页岩油的其他特征性质包括：（1）芳香族化合物含量高，对煤油和柴油馏分有害；（2）低氢碳比；（3）与世界上大多数原油相比硫含量低（尽管一些来自海洋页岩加工得到的页岩油，存在高硫化合物）；（4）悬浮固体（细粉末状岩石），通常是由于在加工过程中被带入了油蒸气中而产生的；（5）金属含量较低至中等。

由于页岩油的特性，需要进一步加工以改善页岩油产品的性质。石油精炼中的基本操作单元包括蒸馏、焦化、催化加氢处理、催化裂化和重整。选择的工艺很大程度上取决于设备的可用性和特定炼油厂的经济情况。

尽管页岩油中沥青质组分和（或）胶质组分的含量较低——页岩油是馏分油——但沥青质组分在页岩油中可能是独特的，因为在页岩油中，导致沉淀的沥青质组分不是高分子量，而是高杂原子含量——例如羟基吡啶衍生物不溶于低分子量的烷烃溶剂。氮多环芳香族化合物的极性也可以解释水和金属配合物乳化的特殊性质。

16.2.2 含氮化合物

页岩油中的氮化合物会造成页岩油后续加工的技术难题，特别是对精炼催化剂的污染。这些氮化合物都源自页岩油，其数量和类型与页岩油沉积的地质化学特征密切相关。由于直接分析和确定含氮化合物的分子形式是非常困难的，因此通过分馏工艺提取的页岩油分析可提供有关油页岩中有机氮种类的有价值信息。

页岩油中的氮含量相对于天然原油较高（Hunt，1983；Scouten，1990；Lee，1991；Guo and Qin，1993；Speight，2014，2017，2019a）。在页岩油中鉴定出的含氮化合物可以分为碱性、弱碱性和非碱性。页岩油中的碱性氮化合物包括吡啶、喹啉、蒽、胺及其烷基取代衍生物，弱碱性的包括吡咯、吲哚、咔唑及其衍生物，而腈和酰胺同系列是非碱性成分。这些化合物大多数都是有用的化学品（Scouten，1990；Lee，1991），尽管其中的一些被认为会影响页岩油的稳定性。通常情况下，碱性氮约占总氮的一半，并均匀分布在不同沸点分馏部分。氮化合物存在于页岩油的整个沸程范围内，但明显倾向存在于高沸点馏分中。随着页岩油馏分沸点上升，吡咯型氮化合物的数量也会增加。卟啉可能出现在页岩油的高沸点馏分中。

在小于350℃（小于660°F）轻质页岩油馏分中含有的氮化合物中，大多数只含有一个氮原子。苯并喹啉衍生物，主要是吖啶和烷基取代同系物，在低沸点的页岩油馏分中可能不会明显存在，因为苯并喹啉及其烷基取代同系物的沸点高于350℃（660°F）。页岩油中的有机含氮化合物会污染不同催化过程中的催化剂。它们还会导致在页岩油产品存储期间的稳定性问题，因为它们引发聚合反应，导致黏度增加并使页岩油产品产生气味和颜色。页岩油高含量的氮可能会促进其表面和胶体特性，与水形成乳状液。

16.2.3 含氧有机化合物

页岩油中的氧含量比天然原油高得多（Scouten，1990；Lee，1991）。页岩油中低分子量的含氧化合物主要是酚类成分和羧酸，以及非酸性氧化合物，如酮。页岩油的轻质组分中，低分子量酚类化合物是主要的酸性含氧化合物，通常是苯酚衍生物，如甲酚和聚甲基苯酚衍生物。原油中的氧含量通常在0.1%~1.0%（质量分数），而页岩油中的氧含量要高得多，并且不同的页岩油具有不同的氧含量（Scouten，1990；Lee，1991；Speight，2014，2017）。此外，在不同的沸点分馏组分中，氧含量也会有所不同。通常情况下，随着沸点升高而增加，并且大部分氧原子集中在高沸点分馏组分中。

低分子量酚类化合物是页岩油低沸点馏分中主要的含氧酸性化合物。例如，通常大部分页岩油中酚类化合物都集中在小于225℃（小于435°F）馏分中。这些酚类化合物包括苯酚、甲基苯酚衍生物、乙基苯酚衍生物、三甲基苯酚衍生物和四甲基苯酚衍生物等。取代的苯酚衍生物占挥发性组分的大部分。

页岩油中含有的其他含氧成分包括少量羧酸和具有羰基官能团的非酸性含氧化合物，如酮类、醛类、酯类和酰胺类，在小于350℃（小于660°F）的页岩油馏分中也存在。页岩油中的酮主要存在于2-烷基酮衍生物和3-烷基酮衍生物中。低沸点（小于350℃，小于660°F）馏分中的其他含氧化合物包括醇衍生物、萘酚衍生物和各种乙醚衍生物（Scouten，1990；Lee，1991）。

16.2.4 硫化物

页岩油中的含硫组分包括硫醇、硫化物、噻吩和其他杂硫化合物。一些粗页岩油中含有单质硫，而另一些则不含。

通常情况下，油页岩馏分物的硫含量与原油的质量百分比相当（Scouten，1990；Lee，1991；Lee et al.，2007；Speight，2014，2017，2019a）。炼油厂将能够通过增加加氢处理装置的现有能力和新增装置来满足目前的 500μg/g 要求。然而，炼油厂可能会面临将柴油处理到低于 500μg/g 的困难。剩余的硫结合在多环噻吩类化合物中，由于存在通过硫原子连接的环结构和碳—碳键，因此很难加氢处理：

苯并噻吩

二苯并噻吩

此外，如果烷基存在，它们（取决于基团在相邻环系上的位置）为硫原子提供空间保护。尽管这些化合物存在于原油馏分物的整个范围内，但它们更集中在渣油中。

16.3　页岩油提纯

传统炼油厂在进一步加工之前，根据沸点范围将原油蒸馏成各种馏分（Parkash，2003；Gary et al.，2007；Speight，2014，2017；Hsu and Robinson，2017）。蒸馏馏分按沸程和密度增加的顺序依次为：燃料气体，轻和重直馏石脑油（32~200℃，90~390°F），煤油（200~270℃，390~520°F），汽油（270~565℃，520~1050°F）和渣油（大于 565℃，大于 1050°F）。石脑油（汽油混合原油）的分子范围通常是 C_5—C_{10}；中间馏分燃料（煤油，喷气燃料和柴油）的范围为 C_{11}—C_{18}。常规原油可能含有不同数量的石脑油，重质原油的石脑油含量远低于常规原油（Parkash，2003；Gary et al.，2007；Speight，2014，2017；Hsu and Robinson，2017）——早期炼油厂直接蒸馏出低辛烷值的直馏石脑油（未作汽油使用的低沸点石脑油）。一个假想的炼油厂可以将一桶原油裂解为石脑油和煤油，每种油的数量取决于炼油厂的配置、精炼的原油种类，以及市场对季节性产品的需求。

为了将页岩油转化为类似的馏分产品，已经对三种类型的页岩油升级方案的预期性能进行了多次评估，分别是：（1）热工艺；（2）催化工艺；（3）将页岩油与原油产品混合的添加剂工艺。

热工艺包括降黏（相对温和的热处理）和焦化（剧烈的热处理）。温和的热处理会降低油的倾点和黏度，但油品中氮和硫的含量会保持不变。相反，剧烈的热处理会降低倾点、黏度和硫含量，也会导致含氮化合物集中在高沸点的产品中。因此，低沸点产品的性能将得到很大的改善。

在催化过程中，页岩油在催化剂的存在下与氢发生反应。黏度降低，氮和硫转化为可以作为副产品回收的氨和硫化氢气体。在加氢处理等添加剂工艺中，向原料中添加氢以去除如含氮、氧或硫的化合物等有害化合物。加入降低倾点的调和剂，使原油能够通过管道运输。此类降凝剂已在多个实例中成功添加，但技术还不是很发达。如果可以避免混合物的兼容性（见第17章），也有可能将页岩油与常规原油或常规原油产品混合（Mushrush and Speight，1995；Speight，2014）。

总体炼油研究要么集中于现有炼油厂的需求，这些炼油厂必须进行改造以加工页岩油，要么集中于新建的设施，这些设施可以专门为页岩油原料设计。这些研究对炼油需求的分析方法不尽相同。例如，现有炼油厂的页岩油升级必须考虑现有的设备，并且必须考虑到该设备用于加工不同于炼油厂设计的原料的有限灵活性。相比之下，在专门建造的炼油厂中升级页岩油不需要以这种方式为基础，并且可以借鉴炼油工业中的任何加工技术。然而，这两类研究都必须对原料特性和所需的产品组合做出假设。这些将随着炼油厂的位置、它所服务的市场的性质，以及提供原料的干馏设施的类型而变化。

页岩油—页岩馏出物一直被认为是原油的合成替代品，但现代页岩油的性能有所限制，因为页岩油缺乏炼油厂在最大限度地提高石脑油（即汽油）和煤油（即柴油）生产中使用的全系列碳氢化合物衍生物。此外，由于技术限制，在炼油厂中只能提炼中间馏分油（煤油和低沸点汽油）范围内的碳氢化合物衍生物。一般来说，页岩油具有更高的高沸点化合物浓度，有利于生产中间馏分油（例如柴油和喷气燃料）而不是石脑油。此外，与原位工艺（API重度为25°API时产量更高）相比，地上干馏工艺的API重度往往更低。为了将油页岩馏分油转化为较轻的烃类产品（石脑油），需要额外地进行相当于加氢裂化的加工。

页岩油与原油相比，典型的35°API重质原油可能由高达50%的汽油和中间馏分油型范围烃类衍生物组成。西得克萨斯中质原油（在商品期货市场交易的基准原油）含硫量为0.3%，阿拉斯加北坡原油含硫为1.1%。纽约商品交易所（NYMEX）对轻质"低硫"原油的规范将硫含量限制在0.42%以下（ASTM D4294），API重度在37~42°API（ASTM D287）之间。页岩油还含有多种烃类衍生物，但与典型原油（Speigh，2014，2017）的氮含量0.2%~0.3%（质量分数）相比，页岩油还具有较高的氮含量。

此外，页岩油还具有较高的烯烃和二烯烃含量。正是这些烯烃和二烯烃的存在，加上高含氮量，使得页岩油具有难以提炼的特性，并容易形成不溶性沉积物。粗页岩油中还含有相当量的砷、铁和镍，都会干扰炼制。此外，将页岩油产品与相应的原油产品混合，使用从页岩油中获得的页岩油馏分会导致不相容问题（见第17章）。因此，单独或与相应的原油馏分混合加氢处理页岩油产品是必要的。加氢处理的剧烈程度必须根据原料的特殊性质和产品稳定性的要求来调整。

一般而言，油页岩馏分油具有更高的高沸点化合物浓度，有利于生产中间馏分油（例如柴油和喷气燃料）而不是石脑油。油页岩馏分油还具有比原油更高的烯烃、氧和氮含量，而且凝点和黏度也更高。与原位工艺相比（API重度为25°API时产量最高），地上干馏工艺获得的油API重度较低。将油页岩馏分油转化为较轻的碳氢化合物（汽油）需要进行相当于加氢裂化的额外加工。然而，去除硫和氮需要加氢处理。相比之下，典型的35°API重质原油可能由高达50%的汽油和中间馏分油型系列烃类衍生物组成。商品期货市场交易的西得克萨斯中质原油基准原油中硫含量为0.3%，阿拉斯加北坡原油中硫含量为1.1%。纽约商品交易所（NYMEX）对轻质低硫原油的标准将硫含量限制在0.42%（质量分数）以下（ASTM D4294）和API重度在37~42°API量级（ASTM D287）。

因此，页岩油不同于常规原油，人们已经开发了多种炼油技术来应对。过去发现的主要问题是砷、氮和原油的蜡质性质。采用加氢处理方法解决氮和蜡的问题是，主要是经典的加氢裂化和生产高质量的润滑油原料，这些方法需要去除或异构化含蜡物质。然而，砷问题依然存在。

页岩油通常被称为合成原油（更准确地说），因此与合成燃料生产密切相关。然而，从油页岩中回收的烃类衍生物在经济上与生产的原油相比还没有竞争力。此外，由于存在不良污染物，如含硫、含氮和含金属（有机金属）化合物，从油页岩中回收的碳氢化合物衍生物的价值会降低，这些污染物会对随后精炼过程中使用的各种催化剂造成有害影响（Speight，2014，2017）。这些污染物也是不受欢迎的，因为它们难闻的气味、腐蚀特性和燃烧产物，会进一步造成环境问题。

因此，人们对开发更有效的方法将以页岩油形式获得的较重的烃馏分转化为较轻分子量的烃衍生物很感兴趣。传统工艺包括催化裂化、热裂化和焦化。众所周知，较重的烃类馏分和难降解物质可以通过加氢裂化转化为较轻的物质。这些工艺最常用于液化煤、重质残渣油或馏分油，以生产大量低沸点饱和产品，并在一定程度上用于作为国内燃料的中间产物，以及用作润滑油的重馏分油。这些破坏性的加氢或加氢裂化过程可以在严格的热加工基础上或在催化剂存在下操作。

为了减少硫和氮的含量及矿物颗粒的污染，有必要对粗页岩油进行改造。由于页岩油中的大部分氮和硫以杂环芳香烃成分的形式存在，因此需要选择性去除杂环芳香烃衍生物，控制最终产品的质量和降低分子量。原始页岩油的倾点相对较高，为 24~27℃（75~80℉），而阿拉伯轻质原油为 24℃（30℉）。在 315℃（600℉）或更低的低沸点成分中，烯烃和二烯烃可能占一半之多，并导致胶质的形成。

传统炼油厂根据沸点范围将原油提炼成不同的馏分，然后再进行进一步的加工。按照沸点范围和密度的递增顺序，蒸馏馏分为燃料气体、轻馏分和重馏分直馏石脑油（90~380℉）、煤油（380~520℉）、汽油（520~1050℉）和渣油（1050℉）（Parkash，2003；Gary et al.，2007；Speight，2014，2017；Hsu and Robinson，2017）。原油中可能含有 10%~40%（体积分数）的石脑油（汽油前体），早期的炼油厂直接蒸馏出低辛烷值的低沸点石脑油，作为（直馏）汽油出售。一个假设的炼油厂可以将一桶原油分解成三分之二的石脑油和三分之一的馏分油（煤油、喷气油和柴油），这取决于：（1）炼油厂的配置；（2）炼油厂接受的原油种类；（3）市场的季节性产品需求。

影响粗页岩油炼制系统设计的 3 个主要因素是：（1）粗页岩油原料的特性；（2）所需成品的组合；（3）拟建炼油厂的设备和操作实践所施加的限制。

第一个因素可能影响最小，因为除了氮和砷含量较高外，粗页岩油的特征与常规原油并没有太大的不同。第二个因素（产品组合）更为重要，因为自 20 世纪 50 年代以来，页岩油炼油厂的拟议配置发生了变化。早期的研究更加强调石脑油（或汽油）的生产。第三个因素（即设备和操作限制）变得越来越重要。除非炼油厂能够保证页岩油的充足供应，否则将传统炼油厂转化为页岩油原料的改造在经济上可能是不合理的。建设专门针对页岩油的炼油厂的经济效益将受到彻底审查。

根据产品的预期用途，可以由不同的目标来进行升级或部分精炼，以改善粗页岩油的性能。对粗页岩油或选定馏分进行完全精炼，生产最终成品（如汽油、柴油、喷气燃料）。然而，页岩油的加工过程很难一概而论，不仅是因为页岩油的性质各不相同，炼油厂差别也很大（Parkash，2003；Gary et al.，2007；Speight，2014，2017；Hsu and Robinson，2017）。此外，升级活动还取决于油页岩的初始成分、重整产品的组成、所需原油原料的组成和质量或具有市场质量的原油最终产品，以及将其他副产品（如硫和氨）开发为可销售产品的商业决策等因素。除产品种类和质量问题外，还有其他后勤因素决定在矿场进行升级活动的程度。这些因素中最突出的是电力和工艺用水的可用性。在特别偏远的地方，诸如此类的因素是矿区升级决策的最重要参数。

在干馏步骤中生产的粗页岩油的初始成分是后续升级操作设计的首要影响因素。特别是，氮化合物、硫化合物和有机金属化合物决定了所选择的升级工艺。一般来说，粗页岩油通常含有氮化合物（在页岩油的整个沸点范围内），其浓度是普通原油中的 10~20 倍。去除含氮化合物是升级工作的基本要求，因为氮气对后续精炼步骤中使用的大多数催化剂有毒，并且在燃烧含氮燃料时产生不可接受的氮氧化物污染物。

硫也是炼油厂催化剂的一种有毒物质，通常以低比例的有机硫化物和硫酸盐的形式存在。就硫而言，粗页岩油比大多数低硫原油更具优势，而低硫原油通常是当地空气污染法规要求的低硫燃料的首选原料。在大多数情况下，将氮化合物转化为氨所需的加氢处理足以同时将硫转化为硫化氢。此外，与传统原油相比，粗页岩油含有更多的有机金属化合物。这些有机金属化合物的存在使矿区改造复杂化，因为它们很容易污染加氢处理中使用的催化剂，造成生产中断和需要处理的固体废物数量增加，因为存在变质的重金属催化剂，有时甚至需要作为危险废物专门处理。

矿山场地升级所需的最终产品通常限于可作为常规炼油原料的有机化合物混合物；然而，有可能生产出对炼油厂来说质量和价值更高的原料，甚至比具有最理想特性的原油还要高。由于粗页岩油通常比常规原油更黏稠，因此其轻质馏分（如汽油、煤油、航空燃料和柴油）的产量通常较低。然而，额外的加氢处理可以显著提高这些馏分的典型产率。

原始页岩油通常含有 1.5%~2.0%（质量分数）的氮，0.5%~1.0%（质量分数）的氧和 0.1%~1.0%（质量分数）的硫。硫和氮的去除是必要的，而且必须彻底，因为这些化合物会毒害精炼中使用的大多数催化剂，而硫氧化物（SO_x）和氮氧化物（NO_x）是众所周知的空气污染物。由于原始页岩油是热解的冷凝产物，因此它不含有与原油残渣和煤焦油或沥青相同的大分子（Speight，2013，2014，2017）。然而，传统的催化裂化是一种有效的分子质量降低技术。开发一种对碱性毒物（氮和硫化合物）更有抵抗力的新型裂解催化剂至关重要（Kundu et al.，2006）。同时，还应着重研究降低低耗氢页岩油原油的分子量。

升级技术分为初级、二级和增强技术。初级升级主要是降低分子量的过程（特别是在有焦油砂沥青的情况下）（Speight，2014，2017，2019a），而二级升级涉及去除原料中的杂质（这与从油页岩中升级合成原油更相关）。初级升级过程可以使用催化剂，也可以不使用催化剂，而二级升级过程具有催化过程。

较低品质的合成原油，如来自地面蒸馏的页岩油，其产生的常规炼油产品数量低于轻质原油。因此，这些油的价值低于许多 API 重度较高的原油。升级是将这些低价值油品转化为更适合常规炼油厂原料的过程。部分升级减少了杂原子和对其他炼油厂有害成分的数量，使页岩油适合运输到炼油厂（Scouten，1990；Lee et al.，2007）。相比之下，ICP 工艺生产的是可用于炼油厂的页岩油，在运输到炼油厂之前不需要进行部分升级。国际上最常用的升级标准是将减压残渣转化为低沸点馏分。

第二次世界大战以前，页岩油的工业升级过程是油页岩的干馏与页岩油的气相裂解相结合。进一步研究发现，页岩油在石灰（以及含有石灰和铝硅酸盐的页岩灰）作用下裂解，可提高汽油产量，而大量的酚氧与碳酸结合，释放出大量的氢形成汽油。此外，树脂供体稳定，H_2S 在 400~500℃（750~930°F）下形成。

文献中描述的各种构型之间的一个显著区别是蒸馏和热或催化处理的相对排列。研究了两种通用的方法：（1）将整个原油蒸馏成其组分，然后进行催化或热处理；（2）对整个原油进行催化或热处理，然后进行蒸馏。在第一种方法中，成品的性质得到了更好的控制。在第二种方法中，连续处理单元的净负荷降低，并且总体上提高了高价值烃产品的产量。

众所周知，较重的烃类馏分和耐火物质可以通过加氢裂化转化为较轻的物质。加氢裂化工程最常用于液化煤、重质渣油或馏分油，以生产大量低沸点饱和产品，以及在一定程度上用作家用燃料的中间产物，以及用作润滑剂的更重的渣油。这些破坏性的加氢过程或加氢裂化过程可以在严格的热工艺基础上或在催化剂的存在下进行。从热力学角度讲，较大的碳氢化合物分子在受热时会分解成较轻的分子。这类分子的氢碳比（H/C）低于饱和烃衍生物的氢碳比，充足的氢通过饱和反应提高了氢碳比，从而产生液态物质。以上两个步骤可以同时进行。

然而，这种烃类衍生物中存在某些污染物，阻碍了加氢裂化工艺的应用。粗页岩油和各种精炼原油产品中含硫和含氮化合物，以及有机金属化合物的存在一直被认为是不可取的。为此开发了脱硫和脱硝工艺。

处理页岩油的首选方法是使用移动床反应器，然后进行分馏步骤，将页岩油生产的宽沸点原油分成两个单独的馏分。低沸点馏分进行加氢处理以去除残余金属、硫和氮，而较高沸点馏分在第二固定床反应器中进行裂解，该反应器通常在高强度条件下运行。

流化床加氢裂化工艺（见第 14 章）消除了传统页岩升级的干馏阶段，通过将破碎的油页岩直接在上流式流化床反应器中进行加氢裂化处理，例如用于重质原油渣油加氢裂化的反应器（Scouten，1990；Lee，1991）。该工艺为单段蒸馏升级工艺。因此，该过程包括：（1）粉碎油页岩；（2）将破碎的油页岩与碳氢化合物液体混合，以提供可泵送的浆料；（3）将浆料与含氢气体一起引入向上流动的流化床反应器，其表观流体速度足以使混合物向上通过反应器；（4）对油页岩进行加氢干馏；（5）从反应器中除去反应混合物；（6）将反应器流出物分离成若干组分。

由于该工艺操作温度低于蒸馏温度，减少了碳酸盐矿物的分解，因此，该工艺的气体产物比其他常规方法具有更大的热值。此外，由于加氢重整反应的放热性质，每桶油得到的产品需要较少的能量输入。此外，油页岩的品位实际上没有可以处理的上限或下限。

为了改善粗页岩油的性能，可以采用不同的方法进行升级或部分精炼（US DOE，2004a，2004b，2004c；Lee et al.，2007；Speight，2019）。在常规加工中，Unocal 催化加氢裂解生干酪根油。这个过程既严格又昂贵，但却产生了优质的炼油原料。在增值过程中，将最具问题的氮去除后的萃余液在温和（约 300℃，570°F）和低成本的条件下进行加氢处理。这使得炼厂原料的产量几乎与 Unocal 原料相当。与壳牌 ICP 油的比较表明，这种原位油的质量上乘，几乎完全是常压馏分油。总体而言，Green River 油页岩油含氢量高，在制造航空涡轮燃料和柴油燃料方面具有优异的性能。

从页岩油中提炼的汽油通常含有较高比例的芳香烃和环烷烃化合物，这些化合物不受各种工艺的影响。烯烃含量，虽然在大多数情况下通过精炼过程降低，但仍将保持较高水平。假定二烯烃和高不饱和成分将通过适当的处理工艺从汽油产品中去除。对于含氮和含硫的成分也应该如此，尽管程度较小。

由于页岩油本身含硫量高，且各馏分中硫化物的分布往往很均匀，因此原料页岩油汽油的硫含量可能相当高。研究含硫化合物的浓度和种类，对含硫汽油的成胶倾向的影响是很重要的。

硫化物（R—S—R）、二硫化物（R—S—S—R）和硫醇（R—SH）是汽油中形成胶质的主要原因。因此，将硫醇转化为二硫化物的脱硫工艺不应用于页岩油汽油；优先选用硫萃取工艺。

从页岩油中提取的汽油含有不同数量的含氧化合物。产物中氧的存在是一个值得关注的问题，因为氧容易形成自由基。自由基生成，聚合链反应迅速进入传播阶段。除非提供有效的手段来终止聚合过程，否则传播阶段很可能导致无法控制的含氧自由基的产生，从而产生树胶和其他聚合物产物。

油页岩衍生的柴油还受到不饱和程度的影响、二烯烃的影响、芳香衍生物的影响，以及氮和硫化合物的影响。另一方面，从页岩油中生产的喷气燃料必须经过适当的精炼处理和特殊工艺。所得产品的性质必须与从常规原油中获得的相应产物相同。这可以通过将页岩油产品进行严格的催化加氢过程，并在后续添加添加剂来确保抗氧化性来实现。

如果使用抗氧化剂是为了暂时降低页岩油的不稳定性，则应在页岩油生产后尽快将抗氧化剂注入页岩油（或其产品）中。抗氧化剂的种类和浓度应根据具体情况分别确定。抗氧化剂与自由基结合或提供可用的氢原子，以减缓传播和分支过程的进展。当添加到新鲜生产的不稳定产品时，抗氧化剂可能能够实现这一目的。然而，当添加一段时间后，即在传播和分支过程超过可控限度后，抗氧化剂将无法阻止降解产物的形成。

相比之下，典型的 35°API 重质原油可能由高达 50% 的汽油和中间馏分油型系列烃类衍生物组成。商品期货市场交易的基准，西得克萨斯中质原油含硫量为 0.3%，阿拉斯加北坡原油含硫量为 1.1%。纽约商品交易所（NYMEX）对轻质低硫原油的规范将硫含量限制在 0.42% 或更低（ASTM D4294），API 重度在 37~42°API 之间（ASTM D287）。

第一步是制备用于炼制的粗页岩油。当油从蒸馏器出来时，它绝不是纯馏出物。粗页岩油通常含有乳化水和悬浮物。因此，提高分级的第一步通常是脱水和脱盐。

此外，页岩油中的砷和铁如果不去除，会对加氢处理中使用的负载型催化剂造成毒化和污染。由于这些材料具有溶解性，无法通过过滤去除。有几种方法专门用来去除砷和铁。其他方法包括加氢处理；这些也降低了硫、烯烃和二烯烃的含量，从而使升级后的产品不容易形成胶质。经过这些步骤后，页岩油可能适合进入典型的炼油厂加工。

常规炼厂将原油按沸点范围蒸馏成各种馏分，再进一步加工（Parkash，2003；Gary et al.，2007；Speight，2014，2017；Hsu and Robinson，2017）。蒸馏馏分按沸程和密度增加的顺序依次为燃料气体、轻质和重质直馏石脑油（32~200℃；90~390℉）、煤油（200~270℃；390~520℉）、汽油（270~565℃；520~1050℉）、渣油（大于565℃；大于1050℉）（Parkash，2003；Gary et al.，2007；Speight，2014，2017；Hsu and Robinson，2017）。原油中可能含有10%~40%的石脑油，早期炼厂直接蒸馏出低辛烷值的低沸点石脑油（仍被错误地称为直馏汽油）。一个典型的裂解炼油厂可能会将一桶原油转化为高产量的石脑油（从其中生产汽油）和较低的其他馏分燃料，如煤油，喷气燃料和柴油，这取决于炼油厂的配置、原油的精炼情况，以及市场的季节性产品需求。

顺便提一下，页岩油不同于常规原油，目前已经开发了几种炼油技术来应对。过去发现的主要问题是砷、氮和原油的蜡质性质。采用加氢处理方法解决氮和蜡问题，主要是经典的加氢裂化和生产高品质的润滑油，这些方法需要去除含蜡物质或异构化。然而，砷的问题依然存在。

不同炼油厂页岩油改质方案的一个显著区别是反映了早期焦油砂沥青改质方案（Speight，2014，2017，2019c），是蒸馏和后续催化处理的相对安排。一般有两种方法：（1）将整个页岩油蒸馏成组分馏分，然后对馏分进行催化加氢处理，每种方法都适用于该馏分（图16.1）；（2）催化加氢处理整个页岩油，然后将产物蒸馏成组分馏分（Speight，2014，2017，2019c）。在第一个方案中，成品的性质得到较高程度的控制。在第二种方案中，减少了对后续处理单元的依赖，总体而言，高价值烃产品的总产量可能会增加。

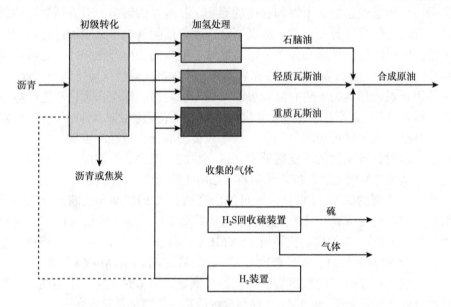

图 16.1　在加氢处理之前将合成原油细分示例，以阿萨巴斯卡沥青砂油为例

16.3.1　降黏裂解

降黏（Parkash，2003；Gary et al.，2007；Speight，2014，2017；Hsu and Robinson，2017）是一种温和的热处理，只要热反应不允许进行到完成。该技术将粗页岩油加热至480~525℃（900~980℉），并将原料保持在该温度范围内几秒钟到几分钟。然后对产品进行淬火（冷却），除去加热过程中析出的气体。氮、硫和氧的含量几乎没有减少，主要的改进是倾点的

降低，降低了管道操作人员可接受的原料黏度。

在以原始页岩油为原料的情况下，该工艺也会导致砷的析出，但对降低氮、硫或烯烃衍生物的含量作用不大，除非该工艺允许完成并形成低产量的焦炭，此时焦炭中会出现比例高的氮和硫衍生物（Speight，2014）。

在这个过程中，原料被加热到480~525℃（900~980°F），并在这个温度范围内保持几秒到几分钟，有时在氢气的环境下。根据选定温度下的停留时间，部分原料裂解为气体，但大部分产品为裂解液体。主要的改进，除非该过程是在氢气下进行（加氢降黏），降低倾点和黏度。

热裂解过程的目的是回收气态烯烃作为主要期望的裂解产物，而不是石脑油范围的液体。据称，通过这一过程，至少有15%~20%的原料页岩油转化为乙烯，这是最常见的气态产物。大多数页岩油原料被转化为其他气体和液体产品。其他重要的气态产物有丙烯、1，3-丁二烯、乙烷和丁烷。氢气也作为有价值的非烃类气体产品回收。液体产品可占总产品的40%~50%（质量分数）或更多。回收的液体产品包括苯、甲苯、二甲苯、汽油沸点液体，以及轻油和重油。热裂解反应器不需要气态氢气进料。在反应器中，夹带的固体同时流过热立管，平均立管温度为700~1400℃（1290~2550°F）。

焦炭是该工艺的固体产物，由不饱和物质聚合而成。焦炭通常是在缺氧环境中通过脱氢和芳构化形成的。形成的焦炭大部分作为沉积物被带入惰性热载体固体上而从工艺中去除。

16.3.2　焦化

延迟焦化因其可以方便地处理最重的残渣，已被许多炼油厂选为桶底提质的首选（Parkash，2003；Gary et al.，2007；Speight，2014，2017；Hsu and Robinson，2017）。该过程是一个半连续（半间歇）的过程，加热的电荷被转移到大的浸泡（或焦化）罐中，这些大的浸泡（或焦化）罐提供了裂解反应完成所需的长停留时间。该工艺在提供部分或完全转化为石脑油和柴油的同时，基本实现了金属和前体物对焦炭（残炭的前体）的完全脱除。

过去很多延迟焦化装置设计是为了将常压渣油完全转化为柴油和轻油，目前仍有一些焦化装置以此模式运行（Parkash，2003；Gary et al.，2007；Speight，2014，2017；Hsu and Robinson，2017）。然而，目前大多数焦化装置的设计都是为了最大限度地减少焦炭并生产经过催化升级的重质焦化蜡油（HCGO）。延迟焦化的经济性是由运输燃料和高硫渣油的差异性驱动的。延迟焦化的产量可以通过选择操作参数来改变，以满足炼油厂设定的目标。焦炭产量和重质焦化蜡油的转化率随着操作压力和循环量的降低而降低，随着温度的升高而降低的幅度较小。

对于原始页岩油的处理，延迟焦化过程将油加热到480~525℃（900~980°F），然后将其倒入容器中进行热分解。如果容器为焦炭塔，则称该过程为延迟焦化，并允许焦炭（热分解的固体产物）堆积，直到其充满大约2/3的塔的体积。然后将进料切换到另一个塔，同时将焦炭从第一个塔中清除。

流体焦化是利用流态化固体技术将渣油（包括减压渣油和裂解渣油）转化为更有价值的产品的连续过程（Parkash，2003；Gary et al.，2007；Speight，2014，2017；Hsu and Robinson，2017）。在该过程中，热原料被装入含有焦炭颗粒流化床的容器中。这使得焦化反应可以在比延迟焦化更高的温度和更短的接触时间下进行。此外，这些条件导致焦炭产量降低；在流态焦化过程中回收了更多更有价值的液体产品。颗粒被油包裹，然后分解产生气体和另一层焦炭。气体从容器中排出。焦炭也不断被抽出，抽出速度足以维持床层内焦炭的活性。通过减少裂解气的停留时间可以提高焦化馏分油的产量。为了简化焦炭产品的处理，提高产品产量，在20世纪50年代中期发展了流化床炼焦或称流体炼焦。

流体焦化采用2个容器、1个反应器和1个燃烧器；焦炭颗粒在两者之间循环，将热量（通过燃烧一部分焦炭产生）传递给反应器（Parkash，2003；Gary et al.，2007；Speight，2014，2017；Hsu and Robinson，2017）。反应器容纳一个流态化焦炭颗粒床层，在反应器底部通入蒸汽使床层流化。来自真空塔底部的进料，直接注入反应器，例如260~370℃（500~700℉）。焦化容器内温度范围为480~565℃（900~1050℉），压力基本为常压，进料部分气化，部分沉积在流态化焦炭颗粒上。颗粒表面的物质随后破裂并气化，留下形成焦炭的干燥残渣。蒸汽产物经过旋风分离器，除去大部分夹带的焦炭。

蒸汽被排放到洗涤器底部，产物在洗涤器中冷却，冷凝出含有剩余焦炭粉尘的重质焦油，回收到焦化反应器中。洗涤器塔上部为分馏区，从分馏区抽出焦化蜡油，然后进料至催化裂化装置；石油脑和气体被带到冷凝器的顶端。

在反应器中，焦炭颗粒通过容器向下流动，进入底部的剥离区。蒸汽驱替颗粒间的产物蒸汽，焦炭随后流入通向燃烧器的上升管。在提升管中加入蒸汽以降低固体负荷并诱导向上流动。燃烧器内床层平均温度为590~650℃（1095~1200℉），需要时补入空气，通过燃烧部分产物焦炭维持温度。燃烧器内的压力范围为5~25psi。来自燃烧器床层的烟气通过旋风分离器排放到烟囱。来自床层的热焦通过第二个提升管组件返回反应器。

焦炭是该工艺的产品之一，必须从系统中取出，以防止固体库存增加。产生的净焦炭通过急冷淘析器塔从燃烧器床层中除去，其中加入水进行冷却，冷却后的焦炭被抽出并送往储存器。在焦化反应过程中，颗粒有长大的趋势。残留在系统中的焦炭颗粒的大小由反应器内的研磨系统控制。

产品的产量由进料性质、流化床的温度和在床层中的停留时间决定。与延迟焦化相比，流化床的使用减少了气相产物的停留时间，进而减少了裂解反应。因此焦炭产率降低，气态油和烯烃产率增加。流化床反应器操作温度每升高5℃（9℉），气体产率增加约1%，石脑油产率增加约1%。操作温度的下限是由流态化焦炭颗粒的行为设定的。如果向焦炭和轻油转化过慢，焦炭颗粒在反应器中发生聚集，这种情况称为积炭。

燃烧焦炭产生工艺热的缺点是焦炭中的硫以二氧化硫的形式释放出来。从焦炭燃烧器出来的气体中还含有一氧化碳（CO）、二氧化碳（CO_2）和氮气（N_2）。另一种方法是使用焦炭气化炉将碳质固体转化为一氧化碳（CO）、二氧化碳（CO_2）和氢气（H_2）的混合物。

灵活焦化工艺将传统的流体焦化与产物焦的气化相结合。其优点是从焦炭中回收能量。该工艺用于炼油工业，但很少有证据表明该工艺适用于粗页岩油。

16.3.3 加氢精制

加氢精制（也常被称为加氢处理，以避免与那些被称为加氢处理的过程有任何混淆）——有时被称为在原料中添加氢气的添加剂过程——是在一定温度和压力下对原料进行氢气处理的炼制过程，其中使加氢裂化（氢气存在下的热分解）最小化。加氢精制的通常目标是加氢烯烃并脱除硫等杂原子、饱和芳香族化合物和烯烃衍生物（Parkash，2003；Gary et al.，2007；Speight，2014，2017；Hsu and Robinson，2017）。另一方面，加氢裂化是一个热分解广泛的过程，其中氢有助于杂原子的去除，以及缓解通常伴随着高分子量极性组分热裂解的焦炭生成。

加氢处理是生产与基准原油相当的稳定产品的选择（Andrews，2006；Speight，2014，2017，2019a）。在炼制和催化剂活性方面，页岩油的氮含量是劣势。但是，对于使用页岩油渣作为沥青的改性剂，其中的氮可以增强与无机集料的结合，氮含量可以是有益的。如果不去除，页岩油中的砷和铁会对加氢处理所用的负载型催化剂造成毒化和污染（Speight，2014，2017）。

消耗氢气的催化过程用于饱和烯烃，消除杂环化合物（含有 O、N、S 原子），并稳定油以减少因暴露于空气和温度而导致的氧化和胶质形成的倾向。在石化产品中，从原油中获得高质量的发动机燃料的方案不能用于页岩油，因为杂原子化合物的沸程很宽，不仅存在于重馏分中，而且还存在于较轻的馏分中。

在这些工艺中，粗页岩油在催化剂的存在下与氢气发生反应。油品中的硫转化为硫化氢，氮转化为氨，氧转化为水，烯烃类衍生物转化为其烷烃当量。加氢反应可以在通过油气和氢气混合物的固定床反应器、流化床反应器或沸腾床反应器中进行。催化加氢可以生产最高质量的升级产品，但价格相对昂贵。固定床反应器的使用可能仅限于处理来自初始分馏步骤的流股；流化床或沸腾床工艺可用于分馏产品或整个页岩油。

移动床加氢反应器用于从含有大量岩石粉尘、灰分等高磨蚀性颗粒物的油页岩中制取原油。加氢反应在双功能移动床反应器中进行，通过催化剂床层的过滤作用同时去除颗粒物，然后将移动床反应器的流出物分离，并在固定床反应器中进一步加氢处理，将新鲜氢气添加到较重的碳氢馏分中，以促进脱硫。

黏土基金属催化剂在现代炼油过程中有助于将复杂的碳氢化合物转化为较轻的分子链。第二次世界大战期间开发的催化裂解工艺使炼油厂能够生产战争所需的高辛烷值汽油。加氢裂化 1958 年进入商业运行，通过添加氢气将渣油转化为高品质的车用汽油和石脑油基喷气燃料，对催化裂化进行了改进。许多炼油厂严重依赖加氢处理将低价值的气态渣油转化为市场所需的高价值运输燃料。

中间馏分油型系列燃料（柴油和喷气燃料）可以从多种炼厂加工流中调和。为调和喷气燃料，炼油厂使用脱硫直馏煤油、加氢裂化装置的煤油沸程烃衍生物和轻质焦化蜡油（裂解残渣）。柴油可由石脑油、煤油和焦化、催化裂化装置的轻质油混合而成。从标准的 42gal 原油桶算起，美国炼油厂实际上可能通过与氢气的催化反应生产超过 44gal 的精炼产品。

一般而言，油页岩馏分油具有更高的高沸点化合物浓度，有利于生产中间馏分油（例如柴油和喷气燃料）而不是石脑油。油页岩馏分油还具有比原油更高的烯烃、氧和氮含量，以及更高的倾点和黏度。与原位工艺（API 重度为 25°API 时产量最高）相比，地上干馏工艺的 API 重质油产量较低。为了将油页岩馏分油转化为较轻的碳氢化合物（汽油），需要进行相当于加氢裂化的额外处理。然而，硫和氮的去除需要加氢处理。

通过加氢处理从石油中除去的砷仍然残留在催化剂上，产生一种物质，即致癌物、急性毒物和慢性毒物。当催化剂达到容纳砷的能力时，必须将催化剂取出并更换。Unocal（美国石油公司）发现其处置方案有限。

16.3.4 现场提纯

在矿场升级粗页岩油可能包括上述所有步骤，尽管加氢反应通常占主导地位，而生产特殊化学品的反应根本不可能发生。事实上，正是在矿井现场，通过使用减黏剂进行局部升级可能是一个很好的处理选择。

提质通常只针对干馏产物的气态和液态馏分，很少应用于与油页岩无机馏分残留在一起的固态焦，尽管该固态馏分的炼焦是可能的。最可能的终端产品将是适合生产中间馏分油（煤油、柴油、航煤、2号燃料油）的炼油原料，尽管也可以生产汽油等重量轻的燃料组分。一般而言，加氢处理后加氢裂化生产航煤原料，加氢处理后催化裂化生产汽油原料，焦化后加氢处理生产柴油原料。

与炼油厂采取的初步步骤类似，在粗页岩油升级反应之前或与之同时发生的情况下，也存在从气态和液态馏分中分离水，从气态馏分中分离油雾，以及分离和进一步处理干馏过程中产生的气体以去除杂质和夹带固体并改善其燃烧质量的活动。从粗页岩油中去除重金属和无机杂质的情况也会发生。

16.3.5 添加剂提纯

也可以向粗页岩油中添加化学剂，改善其输送性能。倾点抑制剂在某些情况下是成功的，但这并不意味着它们总是有效的。然而，一种适用于一种油的化学物质可能完全不适用于另一种蒸馏过程中的油。此外，降凝剂也是不利的，因为它们只改变了油品的物理特性而不是化学性质。因此，只有降低运输成本，才能抵消添加剂的成本。

常规原油或原油产品是另一种潜在的调和剂，并且存在将常规轻质原油与粗页岩油混合形成可运输调和物的可能性（如果页岩油是在原油采区生产的话）。这一概念的可行性尚不清楚，这不仅是因为该混合物在单位基础上可能不如原油单独作为炼油原料的价值，而且还因为粗页岩油可能与常规原油不相容（见第17章）（Mushrush and Speight，1995；Speight，2014）。

16.4 未来

随着全球需求的增加，预计未来几十年原油产量可能会出现峰值，这凸显了美国对进口原油的依赖。Katrina 和 Rita 飓风过后，原油价格的飙升和墨西哥湾沿岸一些炼油厂的临时停产加剧了这种依赖。随着进口占美国原油供应量的65%及这一比例上升的预期，能源独立性增强的支持者将美国巨大但尚未开发的油页岩资源视为几个有前景的替代品之一（Speight，2011，2013，2014，2017）。

然而，油页岩是化石燃料资源中最不了解的，但仍处于研究和开发阶段的新技术有可能彻底改变油页岩生产的经济性。尽管油页岩行业有着悠久的历史，但并没有大量基于成功操作的行业知识可供借鉴，因此公布的油页岩生产成本从每桶10美元到95美元不等。

因此，毫不奇怪，油页岩的失败与原油这一风险较低的常规资源的可变价格（特别是较低的价格）有关。恢复商业油页岩开发的支持者也可能权衡其他因素是否会影响资源的潜力。炼油工业的盈利主要是由轻型乘用车对车用汽油的需求驱动的，油页岩馏分油并不是生产汽油的理想原料。不鼓励更广泛地使用中间馏分油作为运输燃料的政策间接地阻碍了油页岩的开发。由于最大的油页岩资源位于联邦土地上，因此联邦政府对该资源的开发具有直接的利益和作用。

反对油页岩联邦补贴的人认为，原油价格和需求应该作为刺激发展的足够激励。对未来数十年需求增加和原油产量见顶的预测，在长期内倾向于支持价格和供给激励论。

尽管如此，油页岩仍然具有前景，仍然是生产液体燃料的可行选择。许多参与早期油页岩项目的公司仍然持有其油页岩技术和资源资产。这些过去的努力所建立的知识和理解体系为页岩油生产、开采、干馏和加工技术的不断进步提供了基础，并支持了世界范围内对油页岩开发的兴趣和活动。事实上，在许多情况下，以页岩为原料生产和加工干酪根油的技术并没有被放弃，而是在未来市场需求增加和油页岩项目的主要资本投资合理的情况下被搁置以适应和应用。

16.4.1　废物处理

所有油页岩技术的根本问题是需要提供大量的热能将干酪根分解为液体和气体产物。每桶生成的油必须将 1t 以上的页岩加热到 850~1000°F（425~525℃）范围内的温度，并且所提供的热量必须具有较高的质量才能达到干馏温度。一旦反应完全，从热岩中回收显热对于最佳工艺经济性是非常可取的。这导致了新技术可以提高石油开采的经济性的三个领域：（1）从废弃页岩中回收热量；（2）废弃页岩的处置，特别是如果页岩在空气中可以着火的温度下排放；（3）同时产生大量二氧化碳。

从热固体中回收热量通常是不有效的，除非是在流化床技术领域。然而，将流化床技术应用于油页岩，需要将页岩研磨到小于 1 mm 的尺寸，这将导致一个昂贵的处理问题。然而，这样的细颗粒可能会被用于较低温度的二氧化碳封存过程。

废弃页岩的处理也是油页岩规模化开发得以进行必须以经济方式解决的问题。干馏页岩中含有炭，代表了页岩中一半以上的原始碳值。该焦炭具有潜在的热解性，如果在热的时候倾倒到露天就可以燃烧。加热过程由于随机颗粒的堆积问题，导致固体比新鲜页岩占据更多的体积。每天生产 100000bbl 页岩油的页岩油行业，将处理超过 100000t 的页岩（密度约为 3g/cm³），并导致超过 35m³ 的废弃页岩；这相当于一个边长超过 100ft 的方块（假定在装箱时做一定的努力以节省体积）。20 世纪 80 年代的 Unocal 公司的 25000×10⁴bbl/d 项目在数年的运营中用废弃的页岩填满了整个峡谷。部分废弃页岩可以返回采空区进行修复，部分可以作为水泥窑的燃料。

原位工艺如壳牌 ICP 工艺（见第 15 章）避免了废弃页岩的处置问题，因为废弃页岩仍然保留在其产生的地方（Fletcher，2005a，2005b，2005c）。此外，ICP 在低于约 350℃（650°F）的温度下运行，避免了二氧化碳分解。另一方面，废弃的页岩中会含有未被收集的液体，这些液体会渗入地下水，在干馏过程中产生的蒸气可能会潜在地逸散到含水层中。为了避免这些问题，壳牌一直在努力设计隔离的屏障方法（Mut，2005）。原位运行的控制是壳牌在其工作中声称已经解决的一个挑战（Mut，2005；Karanikas et al.，2005）。

含有高比例白云质灰岩（碳酸钙和碳酸镁的混合物）的页岩（如科罗拉多页岩）在干馏条件下热解并释放大量二氧化碳。这消耗了能源，并导致了额外的问题，即吸收二氧化碳以满足对全球气候变化的关注。

此外，生产的页岩油也存在需要解决的问题。页岩油不同于常规原油，目前已经开发了几种技术来处理。查明的主要问题是砷、氮和原油的蜡质性质。Unocal 等公司采用加氢处理方法解决了氮和蜡问题，本质上是经典的加氢裂化。此后，雪佛龙公司和埃克森美孚公司开发了旨在生产高质量润滑油基础油的技术，这些技术要求将蜡质材料去除或异构化。这些技术对于页岩油具有很好的适应性。然而，砷问题依然存在。

Unocal 发现产出的页岩油中含有百万分之一的砷。开发了一种特殊的加氢处理催化剂和工艺，称为 SOAR（页岩油除砷）。该工艺在 20 世纪 80 年代得到了成功的展示，现在作为 20 世纪 90 年代初从 Unocal 公司购买的加氢处理包的一部分归 UOP 所有。Unocal 还申请了其他除砷方法的专利。通过加氢处理从石油中除去的砷残留在催化剂上，生成一种物质，即致癌物、急性毒物和慢性毒物。当达到其容纳砷的能力时，必须将催化剂取出并更换。Unocal 发现其处置能力有限。如今，法规要求在打开反应器以移除催化剂时需采取预防措施。避免砷问题的方式包括开发一种反应器内工艺来再生催化剂，将砷以安全的形式收集到远离催化剂的地方，以及开发一种催化剂或工艺，其中去除的砷在气相或液相中退出反应器并被清洗和限制在其他地方。

因此，在油页岩工业成为可行的选择之前，需要解决几个问题。这些问题并非不可克服，而是需要寻找可行的替代方案。例如，一种探索不多的替代方法是对页岩进行化学处理，以避免高温过程。这里与煤液化的类比是引人注目的：液体可以通过两种不同的方式从煤中产生：（1）通过热解，产生焦炭副产品；（2）通过在氢气存在下将煤溶解在溶剂中。然而，由于干酪根的化学性质与煤的化学性质显著不同，油页岩转化过程中没有类似的溶解途径。

作为开发直接路线的第一步，在 20 世纪 70 年代通过对溶解矿物从油页岩中分离干酪根的方式进行了一些尝试。可以考虑先用酸处理溶解碳酸盐矿物，再用氟化物处理去除铝硅酸盐矿物。这样的方案只有在干酪根与无机基质没有化学键合的情况下才会起作用。然而，如果将干酪根键合到无机基体上，则必须定义键合排列才能使方案成功。

20 世纪 70—80 年代地上和原位技术生产的页岩油均富含有机氮。含氮化合物是催化裂化、加氢裂化、异构化、石脑油重整、烷基化等许多常见炼油工艺中的催化剂毒物。处理氮中毒的标准方法是加氢脱氮（HDN）。加氢脱氮是利用镍钼催化剂的一种成熟的高压技术。它可以消耗大量的氢气，通常是由天然气的蒸气重整制氢，副产品为二氧化碳。

因此，在经历了 1980 年以来的产量下降及当前面临以原油为主的经济形势之后，油页岩的前景可以从适度积极的角度来看待。这一观点是由液体燃料需求的上升、电力需求的上升，以及油页岩与常规碳氢化合物衍生品价格关系的变化所促使的。爱沙尼亚、巴西、中国、以色列、澳大利亚和德国的经验已经表明，在没有竞争的情况下，油页岩生产燃料和各种其他产品的成本是合理的。新技术可以提高效率，将空气和水污染降低到可持续的水平，如果将创新方法应用于废物修复和碳封存，油页岩技术将具有全新的视角。

在创新技术方面，常规和原位干馏工艺均存在效率低下的问题，降低了页岩油的产量和质量。根据工艺的效率，一部分不产生液体的干酪根要么以焦炭的形式沉积在宿主矿物物质上，要么转化为烃气。以生产页岩油为目的，最优工艺是最小化形成焦炭和烃气的回归热和化学反应，最大限度地提高页岩油的产量。新型和先进的干馏和升级工艺寻求修改加工化学以提高回收率和（或）创造高价值的副产品。新型工艺正在实验室规模环境中进行研究和实验。其中一些方法包括：降低加热温度；较高的升温速率；停留时间较短；引入清除剂如氢气（或氢转移/给体试剂）；并引入溶剂（Baldwin，2002）。

最后，西部油页岩资源的开发将需要：（1）工厂运营的水；（2）配套的基础设施；（3）开发的环境方面；（4）区域内的相关经济增长（见第18章）。虽然一些油页岩技术可能需要降低工艺用水要求，但大规模油页岩开发仍然需要大量稳定和安全的水源。对水的最大需求预计是土地复垦和支持与油页岩活动相关的人口和经济增长。

尽管如此，如果能开发出一种技术从油页岩中经济地回收石油，潜力将是巨大的。如果干酪根能够转化为石油，其数量将远远超出所有已知的常规石油储量。遗憾的是，油页岩的开发前景并不明朗（Bartis et al.，2005）。地面干馏的估计成本仍然很高，许多人认为转向短期商业努力是不明智的。

然而，导热原位转化技术的进步可能导致页岩油与目前的高原油形成竞争。如果情况果真如此，油页岩开发很快就会在国家能源议程中占据非常突出的位置。只有当明确至少有一家主要的私营公司愿意在没有可观的政府补贴、技术、管理和财政资源的情况下致力于油页岩开发时，政府决策者才会解决与油页岩开发有关的政策问题。

2005年，国会举行了关于油页岩的听证会，讨论促进油页岩和油砂资源的环境友好发展的技术机会（US Congress，2005）。听证会还讨论了为激励行业投资所必需的立法和行政行动，以及探讨其他政府和组织及行业利益的关切和经验。2005年《能源政策法》第369条（油页岩、焦油砂等战略性非常规燃料）规定，内政部长应开始在公共土地上租赁油页岩土地，并与国防部长合作制定商业开发油页岩等战略性非常规燃料的计划。

16.4.2　限制条件

主要油页岩设施可能产生的水污染物的种类和数量见下文。以下小节总结了油页岩设施中发现的每一类水污染物的主要来源。

16.4.2.1　悬浮物

悬浮物主要出现在页岩开采和破碎操作中使用的防尘系统中的水中。矿井排水中也会含有悬浮物，如同干馏的凝结水流在穿过破碎的页岩时将细小的页岩颗粒带走。在地上干馏炉中，一些细小的页岩可能夹带在干馏气中并被捕集在凝析油中，但含量应该很低，因此处理起来应该不是一个问题。冷却水会从大气中收集粉尘，特别是如果冷却塔靠近页岩破碎或处置场地。冷却塔排污中还可能存在沉淀盐和生物物质。

16.4.2.2　油和润滑脂

油和润滑脂将与成品油一起存在于从原位干馏炉中脱除的干馏冷凝水中。产品回收后仍有部分油残留在水中，在进一步处理前必须去除。部分油在水中形成乳化液，其去除可能比较困难。挥发性烃衍生物随干馏尾气排出，并凝结在凝析气水中。试验表明，凝析气中的油以明确的液滴形式存在，可以很容易地分离。

焦化和加氢处理凝析油中的油预计与处理气体凝析油中的油相似。

16.4.2.3　溶解无机物

溶解的无机物存在于矿井排水和蒸馏冷凝水中，因为这些流体从它们接触的页岩中滤出钠、钾、硫酸盐、碳酸氢盐、氯化物、钙离子和镁离子。此外，一些无机物挥发并可能从蒸馏器的气相中被捕获。在原料油页岩中存在的重金属中，镉和汞（可能作为它们各自的硫化物）预计将以低浓度存在于凝析气中。对 TOSCO Ⅱ 凝析气水的分析显示，凝析气水中含有氰化物、钠、钙、镁、二氧化硅和铁离子，只有微量的一些重金属元素。

微量元素和金属预计不会大量出现在主要的废物流中，除了在溶解无机物下讨论的那些流体之外。

铬在旧的冷却水系统中用于腐蚀控制，但现在有了其他的药剂，应该使用它们来避免污水中的铬污染问题。如果需要去除微量元素和金属，可采用化学处理、特定离子交换和膜处理。

溶解的无机气体包括干馏过程中形成的全部 NH_3，以及部分 CO_2 和 H_2S。这些气体溶解在干馏炉和凝析气中。升级过程中形成的任何 NH_3 和 H_2S 都会出现在加氢器冷凝液中。

16.4.2.4 溶解有机物和微量有机物

溶解的有机物主要来自原始油页岩中的有机化合物，这些有机化合物可能在热解过程中发生变化，最终进入馏出物、气体或加氢处理冷凝水中。每种冷凝水中有机物的类型可能取决于有机物的挥发性和流动性，以及废水冷凝时的温度。期望得到的化合物范围很广，特别是羧酸和中性化合物。

许多单独的化合物应该是可生物降解的，但研究表明，只有不到 50% 的有机物可以通过常规的生物氧化去除。这种不良性能归因于有毒化合物对废物处理细菌的影响。无机和有机有毒物质都可能是罪魁祸首。有毒污染物的具体种类会随着干馏工艺和原料页岩组成的不同而不同。

微量有机物是指低浓度存在的有毒或有害的有机化合物。它们可能出现在干馏炉和凝析气流中，也可能出现在升级工段的废水流中。这些成分通常可与其他溶解性有机物一起通过超滤碳吸附去除，以进行最终清洗（"打磨"）。

16.4.2.5 毒物

据报道，各种油页岩加工废弃物中含有致癌物、诱变剂、优先污染物和其他有害物质。废水中存在的任何有毒物质将与微量有机物或无机物一起被去除。虽然热氧化通常用于破坏危险的有机化合物，但预计不会对废水流产生影响，尽管它可能被认为是浓缩液或污泥。然而，有毒物质的存在可能会干扰用于去除大量有机物的生物氧化过程。如果这是一个问题，可以在几个常规预处理步骤中的任何一个步骤中去除这些物质。

16.4.2.6 其他约束

在页岩油的商业开采中，存在着各种制约因素，这些制约因素可能来自多种来源，如：（1）技术，包括各种工艺的水供应；（2）经济；（3）制度；（4）环境；（5）社会经济；（6）政治，特别是地缘政治，其中产油国可以将石油价格维持在一个水平，使合成燃料（油页岩）工业远远超出经济平衡和水供应的限制之外。

由于建设大型油页岩工厂的成本相当高，因此成品油必须在当前和未来的能源价格结构中具有竞争力。在过去的四十年里，世界原油价格一直处于波动之中。21 世纪初，原油价格一直在急剧上涨。然而，从油页岩行业的角度来看，竞争燃料的未来定价策略通常是不可控的，这可能会阻碍该行业的长期盈利能力。这种担忧使得油页岩行业的风险水平偏高。考虑到世界能源市场上清洁液体燃料资源的短缺及其价格呈斜率递增的总体趋势，未来油页岩的适销性越来越好。在那些原油产量不足、但拥有大量油页岩储量的国家，可能尤其如此。

在这方面，可能存在三个问题：（1）政府的参与可以通过提供多种形式的行业激励和信贷，以及将该行业与一个地区的经济发展联系起来，从而使经济前景更加光明；（2）产品的专业化和副产品的多样化有助于该行业的盈利能力；（3）确保页岩油在战略性发展的能源密集型行业的专属使用也有助于该行业的稳定。

在科罗拉多州、怀俄明州和犹他州的绿河组中发现的油页岩矿床是美国储量最大的，也是研究最多的。据估计，这些矿床中所含的可采页岩油约为 2 万亿桶（2×10^{12}bbl）。由于该地区页岩资源丰富，页岩含油率高，长期以来一直是油页岩产业最具吸引力的地区。然而，油页岩开采和加工中使用的技术必须考虑一系列关于环境和生态影响的问题（见第 18 章）。泥盆纪—密西西比期东部黑色页岩矿床广泛分布于阿巴拉契亚山脉和落基山脉之间。尽管这些油页岩也代表着巨大的化石燃料资源，但它们的品位（每单位质量页岩的含油率）通常低于绿河组油页岩。

制约该地区进一步发展的一个因素是水的供应，这在其他地区可能不是问题。科罗拉多河的水可以用于油页岩开采。在任何用水计划中都必须考虑到的一个重要因素是科罗拉多河潜在的盐分负荷。随着河流附近油页岩的开发，除非采取一些预防或处理措施，否则预计年平均盐度将增加。与这些较高的盐度水平有关的经济损害可能是重大的，并已成为广泛经济研究的主题。

上述被认为是适度的制约因素（上面只列出了三个）将阻碍但不一定阻止发展；那些被认为至关重要的制约因素（例如环境问题）可能成为更严重的障碍。可能的情况是，某些因素是否或在多大度上会阻碍发展，目前还不能确定。

16.5　其他化学物

与常规原油相比，通过油页岩干馏获得的页岩油（见第 14 章和第 15 章）的特点是沸程宽，异质元素浓度高，氧、氮或硫化合物含量高。油页岩作为干馏燃料生产页岩油的化学势，以及由此产生的液体燃料和特种化学品，迄今为止被利用的程度较小。虽然大多数国家都已发现页岩油的真正实用价值，但在爱沙尼亚炼制其国家资源含藻岩油获得的用于生产多种产品已有 75 年的使用历史。在第二次世界大战之前，已经生产并出口了使用逐步裂解的发动机燃料。与此同时，页岩油具有特殊化学品行业感兴趣的分子结构，也有一些非燃料特种产品已经上市，这些产品基于官能团、大范围浓缩物甚至纯化合物具有较高的价值。

粗页岩油有三种主要的潜在用途：（1）作为锅炉燃料；（2）作为炼油厂原料；（3）作为生产石化产品的原料。一个成熟的油页岩工业的产出很可能被用于这三个用途。然而，随着行业的发展，这三个市场的相对重要性将随着时间的推移而变化。当页岩油首次大量供应时，其最有可能的用途将是作为锅炉燃料，其中一些产品将直接运往附近的炼油厂（取决于传统炼油厂原料的可用性），这些炼油厂可以在没有大量资本支出的情况下进行改造，以适应原料。后期，页岩油可以开始用于石油化学生产（Scouten，1990；Lee，1991；Ogunsola，2006；Speight，2019 b）。尽管存在潜在的增值产品，但大多数油页岩公司倾向于专注于生产单一产品流。总之，已经出现了通过生产原油替代品与原油竞争的趋势。不幸的是，每当页岩油行业被严格建立起来与原油竞争时，该行业就容易受到原油价格周期性下行波动的影响。

石化工业的现代起源是在 19 世纪后期。然而，从天然沥青中生产产品是一个更古老的行业。有证据表明，古代青铜时代的城镇 Tuttul（叙利亚）和 Hit（也拼写为 Heet，伊拉克）使用渗水沥青作为填塞材料和乳胶漆。此外，阿拉伯科学家知道，试图蒸馏沥青导致其分解成多种产品。到了 19 世纪初，煤油是 19 世纪原油工业的主要产品，人们已经利用煤油取暖和烹饪。洛克菲勒和其他炼油厂老板认为汽油是蒸馏过程中无用的副产品。但这一切在 1900 年左右发生了变化，电灯开始取代煤油灯，汽车也登上了舞台。第一次世界大战中使用的船只和飞机也需要新的以原油为基础的燃料。战后，越来越多的农民开始操作拖拉机等以石油为动力的设备。对石化产品不断增长的需求，以及天然气和原油的可用性，使得该行业在 20 世纪 20—30 年代迅速扩张。在第二次世界大战期间，大量的石油被生产并制成燃料和润滑剂。美国供应了盟军在战争期间使用的 80% 以上的航空汽油。美国炼油厂还生产合成橡胶、甲苯（TNT 的一种成分）、药用油和其他重要的军事物资。

"石化产品"是指以天然气和原油为原料生产的一大类化学品，它不同于燃料和其他产品，也不同于以天然气和原油为原料通过各种工艺生产的用于各种商业目的的产品。石化产品包括塑料、肥皂和洗涤剂、溶剂、药品、化肥、农药、炸药、合成纤维和橡胶、油漆、环氧树脂、地板和绝缘材料等。石油化工产品存在于各种各样的产品中，如阿司匹林、行李箱、船只、汽车、飞机、聚酯服装、唱片和磁带。正是产品需求的变化，在很大程度上推动了原油工业从古代对沥青胶浆的需求，到现在对汽油、其他液体燃料和产品的高需求，以及对种类繁多的石化产品的需求。

因此，石化工业是一个巨大的领域，包括许多商业化学品和聚合物。产量最大的有机化学品有甲醇、乙烯、丙烯、丁二烯、苯、甲苯和二甲苯。乙烯、丙烯、丁二烯和丁烯统称为烯烃，属于一类不饱和脂肪烃衍生物，通式为 C_nH_{2n}。烯烃含有一个或多个双键，使其具有化学反应活性。苯、甲苯和二甲苯，俗称芳香烃，是含有一个或多个环的不饱和环状烃类衍生物。烯烃、芳香烃和甲醇是多种化工产品的前体，通常被称为初级石化产品。需要考虑到有机化学品的数量，以及它们转化为消费品和工业产品的多种多样的方式。此外，由于乙烯和丙烯是石化产品的主要原料，人们一直在寻找生产乙烯和丙烯的替代方法。生产乙烯和丙烯的主要途径是蒸气裂解，这是一个能源广泛的过程。流化催化裂化（FCC）也被用来补充这些低分子量烯烃的需求。

基础化学品和塑料是制造各种耐用和非耐用消费品的关键组成部分。考虑到我们每天遇到的物品，我们穿的衣服，用来建造我们家和办公室的建筑材料，各种家用电器和电子设备，食品和饮料的包装，以及各种运输方式中使用的许多产品，化学和塑料材料提供了这些商品的绝大多数制造的基本构件。化学品和塑料的需求是由全球经济状况驱动的，而全球经济状况与消费品需求直接相关。

从原油以外的来源寻找生产单体和化学品的替代途径。事实上，费托技术除了生产燃料外，还生产低分子量烯烃，可以使非原油原料（如重质油、超重质油、焦油和沥青、煤、油页岩、生物质等）成为石化产品的原料。

页岩油除了是烃类产物（Scouten，1990；Lee，1991）的潜在来源外，还可以作为其他产物的来源（表16.5）。然而，各组分的浓度在很大程度上取决于：（1）页岩油的来源；（2）产生油的页岩中的干酪根类型；（3）用于获得页岩油的干馏过程。一般而言，干馏炉温度越高，页岩油中芳香族衍生物含量越高，烷烃衍生物和烯烃衍生物浓度越低（Scouten，1990；Lee，1991）。在大多数情况下，页岩油中的优势层段是最简单的（最低分子量）层段。然而，当化合物种类足够多时，分离化合物（或化合物类型）可能是一种经济可行的选择。

表16.5　页岩油中化合物类型实例

碳氢化合物		杂原子化合物	
饱和烃	正构烷烃	含硫化合物	苯并噻吩类
	异构烷烃		二苯并噻吩类
	环烷类	含氮化合物	
烯烃	1-烯烃		咔唑类
			吡咯
	内烯烃		脂肪腈类
	苯系物		吡啶类
			喹啉
	联苯类		四氢喹啉类化合物
	茚满类		四氢咔唑类
芳香烃	四氢萘类		
	萘类	含氧化合物	2-酮类
	苊类		苯并呋喃类
	芴类		酚类化合物
	菲类		羟基吲哚类
	芘类		羟基四氢萘
	䓛类		
	苯并蒽类		

由于页岩油是热解产生的，其烯烃含量约为12%（体积分数），略高于常规原油。加上其相当高的氢含量，使页岩油及其加氢衍生物成为石化生产的合适原料。蒸汽热解已被用于加工粗页岩油，其烯烃产物的产率已与许多常规原油相当。由页岩油合成的原油，具有更高的烯烃回收率，被认为是一种优质的石化原料。

另外，用一氧化碳和水、甲醇和水或甲苯对油页岩进行超临界流体萃取，也可以得到较高的羧酸产率。该工艺得到的有机液体总产量高于干馏得到的有机液体总产量，得到的有机物产率高达90%（质量分数）。而回收的普通烷烃衍生物在碳数上表现为奇—偶优势，普通羧酸则表现为偶—奇优势。

为了实现酸的分离，油页岩在400℃（750℉）下用甲醇和水处理1h，然后用二氯甲烷等常用溶剂提取。在较高温度下，热解反应加剧，产物组成发生剧烈变化。前15min得到的产物几乎全部为羧酸，约占油页岩总有机质的25%（质量分数）。值得注意的是，干馏油页岩在370~535℃（700~995℉）馏分中仅含有微量的二元羧酸，而根据原油的地质历史，原油中可能含有大量或少量的二元羧酸。在用于生产页岩油的干馏过程中，羧酸脱羧。

历史上，石油化工厂的主要原料来自墨西哥湾沿岸的天然气液体。由于粗页岩油与这些液体有很大的不同（见第17章），因此将传统设计的石化工厂转换为页岩油工厂是很困难的。此外，石脑油的可用性也受到了作为汽油调和剂的日益增长的需求的影响，以应对四乙基铅的逐步淘汰。燃料油也被更频繁地用于家庭取暖燃料，这导致其可用性的季节性变化。由于这些供应的不确定性，新的石化工厂正在设计对原料具有高度灵活性的工艺。随着工业上更重原料的使用越来越普遍，页岩油可能成为备受推崇的原料。然而，利用页岩油进行石化生产受到油页岩地区与石化厂之间距离的制约。虽然炼油厂和燃油锅炉在全美分布相当均匀，但石化行业集中在墨西哥湾沿岸。

例如，页岩油未来可以通过蒸汽裂解生产甲烷（图16.2），石脑油，包括苯、甲苯和二甲苯异构体（图16.3），以及含有烯烃衍生物的炼厂气，如乙烯（图16.4）、丙烯（图16.5），以及潜在的所有丁烯异构体（图16.6）（Parkash，2003；Gary et al.，2007；Speight，2014，2017；Hsu and Robinson，2017）。

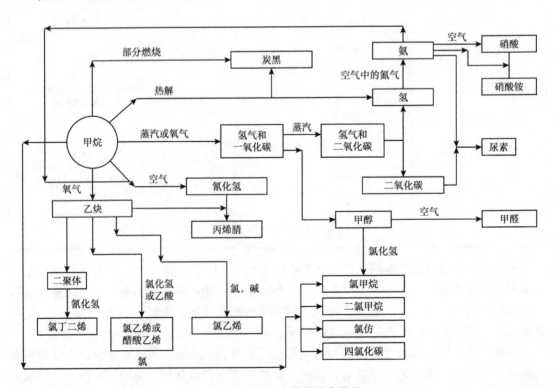

图16.2 从甲烷中获得的化学品

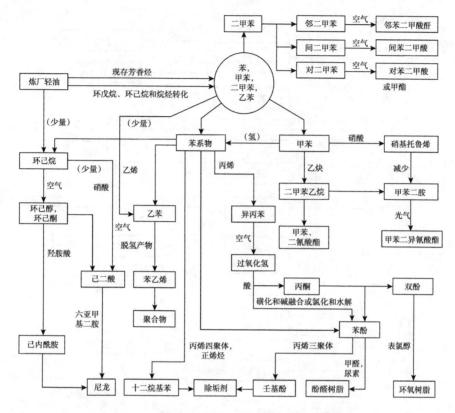

图 16.3 从苯、甲苯和二甲苯分离出来的化学品

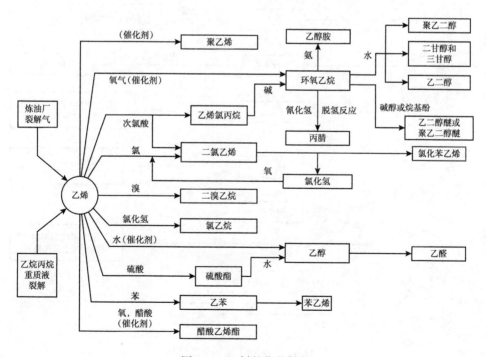

图 16.4 乙烯的化学制品

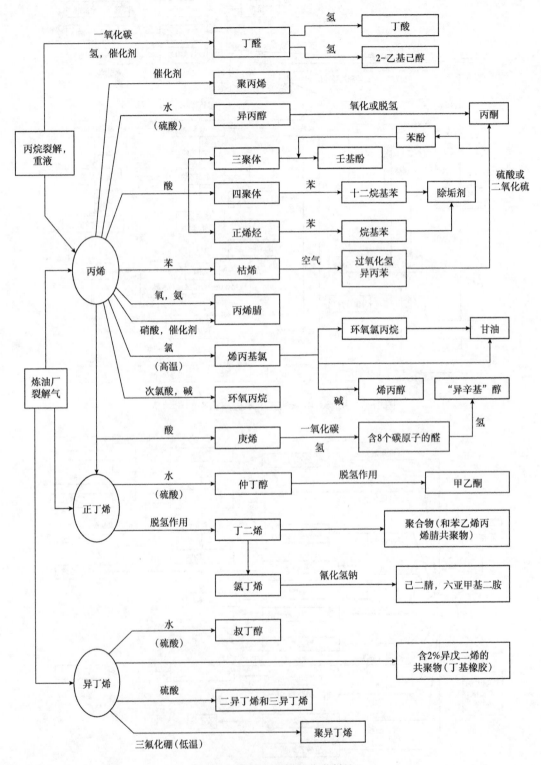

图 16.5　丙烯和丁烯的化学制品

国际理论和 应用化学协会命名	其他命名	结构式	骨架式
丁-1-烯	1-丁烯 丁烯-1	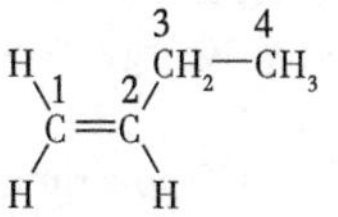	
1-丁烯	顺-2-丁烯 顺-丁烯-2	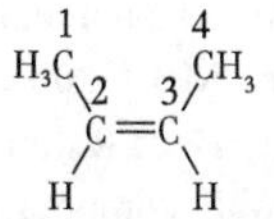	
反-丁-2-烯	反-3-丁烯 反-丁烯-2	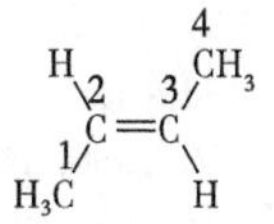	
2-甲基丙-1-烯	异丁烯 2-甲基丙烯-1	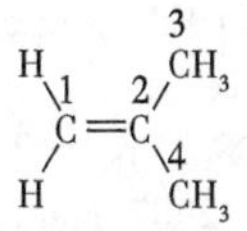	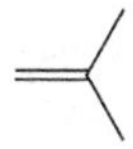

图 16.6　丁烯（C_4H_8）的各种同分异构体

　　综上所述，粗页岩油及其衍生物可用于生产石油化工产品。实际上，油页岩作为干馏燃料生产页岩油的化学势，以及由此产生的液体燃料和特种化学品，迄今为止被利用的程度相对较小。然而，页岩油具有特殊化学品工业感兴趣的分子成分。基于页岩油高沸点馏分中含氧化合物的含量，产生了多种对市场有价值的化学品，如沥青混合料和防腐油。此外，还生成了用于生产苯甲酸的苯和甲苯，以及用于页岩油低沸点馏分热解的溶剂混合物，可选择性地从页岩油中提取水溶性酚类化合物，经分级结晶后得到纯的 5-甲基间苯二酚和其他烷基间苯二酚衍生物及高附加值的中间体，用于生产鞣剂、环氧树脂和胶黏剂、二苯甲酮和酚醛树脂胶黏剂、橡胶改性剂、化学品和农药等。一些常规产品如焦炭和馏分油锅炉燃料是以页岩油为副产品生产的。页岩油及其馏分的新市场机会可以通过改进油转化和分离技术来发现。

参 考 文 献

Andrews, A., 2006. Oil shale: history, incentives, and policy. In: Specialist, Industrial Engineering and Infrastructure Policy Resources, Science, and Industry Division. Congressional Research Service, the Library of Congress, Washington, DC.

ASTM D287, 2019. Standard test method for API gravity of crude petroleum and petroleum products (hydrometer method). In: Annual Book of Standards. ASTM International, West Conshohocken, Pennsylvania.

ASTM D4294, 2019. Standard test method for sulfur in petroleum and petroleum products by energy dispersive X-ray fluorescence spectrometry. In: Annual Book of Standards. ASTM International, West Conshohocken,

Pennsylvania.

Baldwin, R.M., July 2002. Oil Shale: A Brief Technical Overview. Colorado School of Mines, Golden, Colorado.

Bartis, J.T., LaTourrette, T., Dixon, L., 2005. Oil shale development in the United States: prospects and policy issues. In: Prepared for the National Energy Technology of the United States Department of Energy. Rand Corporation, Santa Monica, California.

Fletcher, S., April 11, 2005a. Industry, US government take new look at oil shale. Oil Gas J.

Fletcher, S., April 18, 2005b. Efforts to tap oil shale's potential yield mixed results. Oil Gas J.

Fletcher, S., April 11, 2005c. North American unconventional oil a potential energy bridge. Oil Gas J.

Gary, J.G., Handwerk, G.E., Kaiser, M.J., 2007. Petroleum Refining: Technology and Economics, fifth ed. CRC Press, Taylor & Francis Group, Boca Raton, Florida.

Guo, S., Qin, K., 1993. Nitro-containing compounds in Chinese light shale oil. Oil Shale 10 (2e3), 165e177.

Hsu, C.S., Robinson, P.R. (Eds.), 2017. Practical Advances in Petroleum Processing, Vols. 1 and 2. Springer Science, Chaim, Switzerland.

Hunt, V.D., 1983. Synfuels Handbook. Industrial Press, New York, pp. 1e216.

Karanikas, J.M., de Rouffignac, E.P., Vinegar, H.J. (Houston, TX), Wellington, S. April 12, 2005. In Situ Thermal Processing of an Oil Shale Formation While Inhibiting Coking. United States Patent 6, 877, 555.

Kundu, A., Dwivedi, N., Singh, A., Nigam, K.D.P., 2006. Hydrotreating catalysts and processes e current status and path forward. In: Lee, S. (Ed.), Encyclopedia of Chemical Processing, vol. 2. Taylor & Francis, Philadelphia, Pennsylvania, pp. 1357e1366.

Lee, S., 1991. Oil Shale Technology. CRC Press, Taylor & Francis Group, Boca Raton, Florida.

Lee, S., Speight, J.G., Loyalka, S.K., 2007. Handbook of Alternative Fuel Technologies. CRC-Taylor & Francis Group, Boca Raton, Florida.

Mushrush, G.W., Speight, J.G., 1995. Petroleum Products: Instability and Incompatibility. Taylor & Francis, Washington, DC.

Mut, S., 2005. Testimony before the United States Senate Energy and Natural Resources Committee, Tuesday, April 12. http://energy.senate.gov/hearings/testimony.cfm?id¼1445&wit_id¼4139.

Ogunsola, O.M., 2006. Value added products from oil shale. In: Proceedings. 26th Oil Shale Symposium. Colorado School of Mines, Golden, Colorado. October 16e19.

Parkash, S., 2003. Refining Processes Handbook. Gulf Professional Publishing, Elsevier, Amsterdam, Netherlands.

Scouten, C., 1990. In: Speight, J.G. (Ed.), Fuel Science and Technology Handbook. Marcel Dekker Inc., New York.

Speight, J.G., 2011. An Introduction to Petroleum Technology, Economics, and Politics. Scrivener Publishing, Salem, Massachusetts.

Speight, J.G., 2013. The Chemistry and Technology of Coal, third ed. CRC Press, Taylor and Francis Group, Boca Raton, Florida.

Speight, J.G., 2014. The Chemistry and Technology of Petroleum, fifth ed. CRC-Taylor and Francis Group, Boca Raton, Florida.

Speight, J.G., 2017. Handbook of Petroleum Refining. CRC Press, Taylor and Francis Group, Boca Raton, Florida.

Speight, J.G., 2019a. Synthetic Fuels Handbook: Properties, Processes, and Performance, second ed. McGraw-Hill, New York.

Speight, J.G., 2019b. Handbook of Petrochemical Processes. CRC Press, Taylor and Francis Group, Boca Raton, Florida.

Speight, J.G., 2019c. Heavy Oil Recovery and Upgrading. Gulf Publishing Company, Elsevier, Cambridge, Massachusetts.

Tsai, T.C., Albright, L.F., 2006. Thermal cracking of hydrocarbons. In: Lee, S. (Ed.), Encyclopedia of Chemical Processing, vol. 5. Taylor & Francis, Philadelphia, Pennsylvania, pp. 2975e2986.

US DOE, 2004a. Strategic Significance of America's Oil Shale Reserves, I. Assessment of Strategic Issues, March. http: //www.fe.doe.gov/programs/reserves/publications.

US DOE, 2004b. Strategic Significance of America's Oil Shale Reserves, II. Oil Shale Resources, Technology, and Economics; March. http: //www.fe.doe.gov/programs/reserves/publications.

US DOE, 2004c. America's Oil Shale: A Roadmap for Federal Decision Making; USDOE Office of US Naval Petroleum and Oil Shale Reserves. http: //www.fe.doe.gov/programs/reserves/publications.

US Congress, April 12, 2005. The Senate Energy and Natural Resources Committee, Oversight Hearing on Oil Shale Development Effort.

第三部分　其他方面

第17章　致密油和页岩油稳定性与相容性

17.1　引言

致密油和页岩油物性研究需包含稳定性和相容性问题。稳定性和相容性都会导致致密油和页岩油原始物性发生改变并形成降解物，这也是炼油厂出现问题或产品未达标的原因所在。

致密油通常被划分为轻质常规原油而不是新石油产品，油页岩的使用更是可以追溯到古代（见第 11 章）。事实上，人类自史前时代以来就使用油页岩作为燃料，因为它可以在未经加工的条件下燃烧。油页岩也可用于装饰或建筑。铁器时代的英国（公元前 800 年至公元 100 年），油页岩被用于抛光制作成装饰品。公元前 800—400 年的希腊时期、公元前 700 至公元 400 年的罗马时期、公元 660—750 年的倭马亚时期、公元 750—1250 年的阿拔斯时期，油页岩被用于装饰宫殿、教堂、清真寺等。1350 年奥地利记录了油页岩的使用。到 17 世纪，几个国家正在开采油页岩。早在 1637 年，明矾页岩就用于烘烤提取硫酸铝钾，这是一种用于鞣制皮革和固定织物颜色的盐。

页岩油的利用一直持续到 20 世纪 80 年代，该阶段页岩油开采被认为是石油开采和供应地缘政治的对策（Speight，2011）。随石油价格变动，页岩油成为一种非常昂贵的商品，最终导致页岩替代传统原油被终止。然而，目前发展活动的停止为科学研究提供了千载难逢的机会，以解决页岩油开采面临的化学、物理和材料问题。

原油炼化包含一系列复杂的工艺流程，可细分为分离过程、转化过程和精加工过程（Speight，2014）。每个流程都有可能发生不相容问题，原油也可能表现出不相容或不稳定特征。石油工业全生命周期中会不断发展大量其他产品，成分复杂性与产品数量相匹配（Parkash，2003；Gary et al.，2007；Speight，2014，2017；Hsu and Robinson，2017）。实际上，产品多样性有利于行业服务，但也对产品利用产生了不利影响。

产品多样性和评估方式（ASTM，2019）在行业中独树一帜。产品多样性也凸显了不稳定和不相容等问题。当来自不同类型原油的各种馏分混合、存储或原产品分离出来的特殊相组分都会产生不利的影响。这也会增加将馏分精炼为可销售产品过程的不利影响（Batts and Fathoni，1991；Por，1992；Mushrush and Speight，1995）。

本章首先对液体燃料领域使用的一些术语进行定义，以便减少后续术语使用的误解。不稳定和不相容性研究非常复杂，并非所有导致不稳定和不相容反应都有具体定义（Wallace，1964）。然而，过去三十年的研究为认识不稳定性和不相容性特征奠定了研究基础。多数情况下，对不稳定和不相容的化学和物理学认识依然有待继续研究。

简而言之，术语不相容是指两种液体混合时会形成沉淀物或分离相。术语不稳定性是指液体在一段时间内由于氧化等化学反应导致颜色变化、生成沉积物或胶质等。该术语可用于对比短时间内沉淀物的性能。不稳定现象通常被称为不相容，表现为生成污泥和沉积物等。原油和其产品的不稳定性表现为多种方式（表 17.1）（Stavinoha and Henry，1981；

Hardy and Wechter，1990；Power and Mathys，1992；Speight，2014）。每个术语有确切的定义，但部分术语可互换使用。

树胶形成（ASTM D525，IP40）反映了可溶性有机质的形成，而沉积物是不溶性有机质。储存稳定性（ASTM D381，ASTM D4625，IP 131，IP 378）是一个术语，用于描述液体在长时间储存时保持稳定、不会变质的能力，如未出现胶质形成和（或）沉积物形成等明显的变质特征。热稳定性也被定义为液体在短时间内承受高温而不出现沉淀物等的能力。热氧化稳定性是指液体在氧化条件下承受高温而不形成沉淀物的能力（ASTM D3241）。热氧化稳定性可通过各种标准氧化测试设备测试获得（ASTM D4871）。稳定性是指液体在100℃条件下保持稳定、不发生降解的能力。确定各种液体和固体材料的反应阈值温度非常必要（ASTM D2883）。

表 17.1　石油及附属产品稳定性相关的特性示例

性质	备注
沥青质成分	影响固液相互作用
	溶解气析出
	温度变化导致相分离
异质原子成分	影响原油极性
	优先与氧气发生反应
	优先热变化
芳香族成分	可能与石蜡培养基不相容
	石蜡成分相分离
非沥青质成分	温度变化导致极性发生改变
	极性成分相分离

现有胶质成分是指原油中含有的非挥发性残留物（ASTM D381，IP 131）。测试中借助类似加热的空气射流，将样品加温至160~166℃并在烧杯中发生蒸发。该材料与通过高温条件下老化样品获得的潜在胶质不同。

利用速成胶质试验可以确定潜在的胶质，可用于评价储存稳定性及长期储存条件下形成胶质的可能性。速成胶质试验中，原油在100℃有氧条件下持续加热16h，然后测量胶质含量和固体沉积物。加速氧化测试同样适用于测定柴油（ASTM D2274），蒸汽轮机油（ASTM D2272），馏分燃料油（ASTM D2274）和润滑脂（ASTM D942）的氧化稳定性。

干污泥是指通过过滤从原油和原油产品中分离出来不溶于庚烷的物质。原生干污泥是接收原油样品中原始含有的干污泥，这与通过化学添加剂或加速氧化测试生成的干污泥需要区分开来。原生干污泥是指通过过滤原油和原油产品分离出来的材质，其特征为不溶于庚烷。该测试结果可用作工艺操作性指标或下游结垢的衡量标准。

薄膜烘箱测试（TFOT）（ASTM D1754）和老化测试（IP 390）等类似的测试用于反映原油各种物理性能的变化。通过在旋转盘上加热至板上的163℃持续5h后，测试样品渗透性（ASTM D5）、黏度（ASTM D2170）和延展性（ASTM D113）等性质。通过薄膜吸氧（TFOUT）对发动机油的稳定性进行了类似的测试（ASTM D4742）。

根据烘箱测试前后物理性质变化确定热量和空气的影响。相关规范（ASTM D3381）中规定了样品烘箱测试后沥青质的许可变化率。

加速氧化测试应谨慎使用并考虑样品的化学成分。根据样品成分，温度和极端条件很可能不代表样品在实际储存条件下的劣化。较高的温度和压力下氧气可能会改变系统化学性质，同时生成一些储存环境不包含的产品。储存和测试前有必要先明确样品的具体成分。

一般来说，原油稳定性和相容性可能与其含有的异质原子成分（含氮、含氧、含硫化合物）相关。原油不饱和度同样影响稳定性和相容性。近期研究表明，各种氧化中间体和酸的催化性能会对中间馏分产生严重影响。

相容性存在多种含义，典型的不相容案例就是烃类和水无法混合。致密油通常表现出不相容性特征，具体而言是页岩油中存在多种极性官能团（含氮、含氧或含硫的异质原子官能团或异质原子组合）。

不稳定反应通常定义为可过滤和不可过滤污泥（沉积物和胶质）的形成、高氧化物水平升高，以及发色体生成。发色体稳定性不可预测。引发生成发色体的反应与异质原子官能团有关。

混合过程中和之后形成污泥、半固态或固态颗粒时，表明页岩油的成分不相容。不相容现象通常发生在炼化之前。如果二次生成物在混合物中微溶，可通过促进生成污泥或沉积物来降低二次生成物溶解度，进而利用过滤或提取措施实现分离（ASTM D4310）。完全不溶解二次生成物会以半固态或固态沉积物漂浮在原油中，沉积在容器壁面和底面。二次生成物通常会增加原油黏度。低温放置也会导致一些燃料和润滑剂的黏度发生变化（ASTM D2532）。黏度变化可能是由于石蜡分离所致，这类似于柴油允许在低温条件下冷却并放置。

燃料液体最显著和不利的不稳定性就是固体形成，称为可过滤沉积物。可过滤沉积物会堵塞喷嘴、过滤器、焦炭热交换器表面，最终会导致发动机性能下降。这些固体形成是自由基自氧化反映的结果。无氧环境中发生轻微热降解，氧气或活性氧的存在会大幅加速氧化降解并显著降低不稳定物质的形成温度。短期高温反应形成的固体沉积物与储存过程中形成的可过滤沉积物具有许多相似之处。

原料加工或使用过程中形成的可溶性污泥/沉积物母体分子量为数百个范围内。为了使这些可溶性目标达到足以沉淀或相分离的分子量，必须发生两个额外的反应之一。第一个是通过缩合反应生成更高的分子量物质，或者通过掺入额外的氧、硫或氮官能团增加沉淀物母体的分子量。由于去除了非极性烃组分，极性可能会增加。三种情况下，不溶性物质都会形成并与液体介质分离。

添加剂能够改善燃料或其他原油产品中某些特定性能的化合物。不同添加剂之间可能会出现不相容问题，如相互反应并形成新的化合物。因此，含有不同添加剂的两种或多种燃料的混合物在此混合后，可能导致添加剂出现不相容问题，最终影响混合物的质量。

部分物理和化学不相容现象已经得到证实（Wallace，1969；Por，1992；Power and Mathys，1992；Mushrush and Speight，1995），但还存在很多未知不相容性。除化学不相容

性外，还存在吸引力差异等物理不相容性现象，包括：（1）相似／不同分子间相互作用，如氢键和电子供体之间的受体现象；（2）相互作用，例如分散力，偶极子与偶极子之间的相互作用；（3）相互作用分子大小和形状对系统的作用。

上述相互作用难以准确定义，不稳定性和不相容性的测量包括肉眼观测、热过滤沉淀物溶解度测试和胶质形成。这些测试方法通常为事后测试方法，很难提供一些预测性作用。炼化（见第 15 章）过程中，需准确预测不稳定性和不相容性，同样的原则必须适用于不稳定和不相容性的测定。因此，人们不断探索寻求实现预测性和测试的方法。

除重量法外，还可以确定原油性质及其与污泥和沉积物形成的趋势关系。根据趋势关系能够实现部分预测性，但结果受人为解释影响较大，建议谨慎应用。

本章主要阐述可用于测试不稳定性和不相容性的典型方法，这些方法适用性无具体排序。测试人员通常根据页岩油成分选择测试方法，这些指示可能会影响不相容性和（或）不稳定性，以及测试数据的利用率。与其他方法相似，具体数据选取会影响评价结果。

17.2　致密油和页岩油组成

目前，相容性一词主要应用于页岩油输运和精炼过程中，是指页岩油在地层、井筒和反应器（精炼）中形成与原始页岩油或其产品不相同现象。例如，蜡和其他固体在开采过程中的形成和沉积，或在加热和催化过程中形成焦炭母体甚至焦炭。通常认为在焦炭形成前，不溶性固体焦炭母体会发生相分离。致密油和页岩油中沉积物成分与污泥密切相关，主要区别为具体形成沉积物的性质。另一个例子是致密油和页岩油在与常规原油混合时会发生不相容现象。

另一种认识是沉积物主要来自致密油或页岩油的无机成分，即来自固有成分（原油有机金属成分）或在初始加工操作期间原油摄入的污染物。众所周知，致密油和页岩油在地层中或蒸馏加工过程中会生成不溶性矿物质。此外，原油开采、输运和加工过程中与管道和泵送装置接触，可能产生其他金属污染物。

沉积物也可能由有机材料形成，通常认为这些沉积物由无机材料形成。无机材料可以是盐、砂子、铁锈和其他不溶于原油并沉淀至容器底部的污染物。例如，胶质是由一种能够诱发烯烃衍生物聚合反应的过氧化氢中间体形成。中间体通常可溶于液体介质。然而，经过大量氧化反应的胶质通常分子量较高，溶解度很低。实际上，燃料中形成的高分子量沉积物通常是自氧化反应的直接结果。氧化反应涉及的活性氧包括分子氧和过氧化氢。自氧化反应通过自由基机制进行，反应生成固体容易加入异质原子而导致极性增加，最终导致生成的固体溶解度越来越小（Mushrush and Speight，1995；Speight，2014）。

17.2.1　致密油

致密储层中产出原油通常具备轻质低硫高 API 重度特征，低分子量挥发性成分占比相对较高（见第 10 章）。不同储层产出的原油性质存在显著差异。例如，密度和其他等属性差异显著，即使在同一区块产出的原油依然存在性质差异。来自不同地层的低密度致密油尽管共享相同的原油开采技术，但表现出不同的特性。

API 重度是美国石油协会提出的一种相对密度参数，用于衡量原油和其他原油液体的密度，是水密度和原油密度的比值。因此，API 重度越低，原油密度越高。目前已经有系列 API 重度数值用于识别原油类型，但这些数值不用于原油分类（Speight，2014，2015）。例如，轻质原油的 API 重度高于 30°API，中质原油 API 重度范围为 20~30°API，重质原油 API 重度低于 20°API。低硫原油与含硫原油的硫含量界限值为 0.5%。致密地层产出原油通常为轻质低硫原油，相应 API 重度范围为 40~50°API。

Bakken 原油是产自致密地层（致密油、致密轻质油和致密页岩油已建议作为替代术语）的典型原油，具备轻质低硫高挥发性特征，API 重度 40~43°API，硫含量 0.2% 或更低（见第 10 章）。Bakken 原油高品质为后续原油精炼为商业产品奠定了优势，其弊端就是需要去除轻质组分（低沸点烃类）以保持原油稳定性，否则该类原油比常规原油更易燃。闪点是指物质可能发生点火的最低温度，Bakken 原油的闪点远低于常规原油。当甲烷和其他低沸点烃类溶解在原油中时，原油输运之前需实施脱气等提高稳定性措施。

与常规轻质原油不同，致密油具备轻质、低硫、高石蜡含量和低酸度特征。除此之外，致密油沥青质含量和可过滤固体含量低，同时还含有不等量的硫化氢和硫醇衍生物。可过滤固体含量和硫含量存在显著差异。不同产区致密油颜色由浅琥珀色到黑色不等。

致密油属于轻质原油，API 重度高于常规原油，且通常含有比常规原油更少的污染物。致密油性质与常规原油存在差异，也因此带来了一系列挑战，以确保致密油连续输运和精炼并应对轻质致密油的潜在缺点（表 10.2）。

与常规原油相比，致密油表现出高 API 重度和其他多种特性。例如，Bakken 和 Eagle Ford 原油 API 重度为 42~46°API，而 Louisiana 州轻质低硫原油、Brent 原油和来自北海的国际原油的 API 重度为 36~39°API。与 Louisiana 州轻质低硫原油、Brent 原油和来自北海的国际原油相比，Bakken 和 Eagle Ford 原油的轻质组分（低沸点烃组分）和石脑油产量更高，残留物较少（表 10.3）（Olsen，2015）。

原油测定反映了馏分油的生成模式，是炼油厂产品的关键信息（表 10.4）。致密地层产出原油（如 Bakken、Eagle Ford、Utica 等）通常具备低沸程和高 API 重度特征，并且含有较高的气体成分和少量残渣。

原油 API 重度还可用于近似确定原油关键特性，例如馏分产量、污染物、石蜡浓度。随 API 重度增加，低沸点成分总体呈增加趋势（Speight，2014，2015）。API 重度为 48°API 的 Eagle Ford 原油的石脑油产量（沸程 50~200℃）预计高于 API 重度为 40~43°API 的 Bakken 原油。原油中污染物含量也与 API 重度相关。例如，低硫轻质致密油中硫含量和氮含量通常较低，而低 API 重度原油中含硫量和含氮量较高。高 API 重度原油中同时还含有较高含量的石蜡。

致密油通常被视为高品质原油（低硫含量），采出过程中同样伴随硫化氢气体产出。硫化氢气体易燃（燃烧后生成二氧化硫和二氧化碳）且有毒。

$$H_2S + O_2 \longrightarrow SO_2 + H_2O \tag{17.1}$$

钻井现场、井口采油装置、输运和炼油厂卸载原油期间应监测硫化氢气体含量。原油输运之前，应在输送至炼油厂之前加入氨基清除剂。这些清除剂与硫化氢气体反应生成非挥发性物质。

$$H_2S + RNH_2 \longrightarrow RNH_3^+ + HS^- \tag{17.2}$$

由于原油在运动轨道车内混合，温度变化会提高原油蒸气压（原油波动性所致，表10.1 和表 10.3），可能导致原油卸载过程中硫化氢气体释放，从而产生安全问题。尤其是在温暖环境下，硫化氢气体更容易释放。致密油可为北美多数炼油厂提供原材料，但致密油炼制过程中面临很多问题，致密油也因此被称为机会原油（见第 1 章）。

致密油在不相容和不稳定条件下通常会带来很多特殊挑战：（1）原油中含有硫化氢，需要在输运前向管道、卡车或轨道车中加入氨基硫化氢清除剂；（2）原油中石蜡成分会导致管道、罐壁和粗制预热交换器结垢；（3）原油中含有大量可过滤固体；（4）原油可能与其他类型原油发生不相容现象。

17.2.2　页岩油

页岩油不是一种天然存在的材料，它与致密油存在显著差异。页岩油（也称为干酪根衍生油）是指油页岩经蒸馏后产生的合成原油。粗制页岩油的物理和化学性质受油页岩和蒸馏参数影响。

由于含氮、含硫和含氧化合物的存在，页岩油相对密度高达 0.9~1.0。页岩油还具备高沸点特征，其中含有少量砷和铁元素。含氮化合物是页岩油中最不利的组分，会对流体催化裂化、催化重整和催化加氢处理等催化过程产生严重影响（Speight，2014）。如果精炼过程中未去除这些化合物，会导致喷气燃料和柴油燃料等成品油出现不稳定和不相容问题，并在燃烧器中产生氮氧化物（NO_x）的排放。

与致密油或其他轻质原油相比，页岩油相对黏稠且含有高含量的氮和氧化合物。低分子含氧化合物主要为苯酚衍生物和少量羧酸衍生物和非酸性氧化合物（如酮衍生物）。页岩油中碱性含氮化合物包括吡啶、喹啉、吖啶、胺及其烷基取代衍生物，弱碱性化合物是吡咯、吲哚、咔唑及其衍生物，腈和酰胺同系物是非碱性成分。页岩油中含硫化合物包括硫醇衍生物、硫化物衍生物、噻吩衍生物，以及其他硫化合物。部分页岩油中可能含有硫元素，但并不是普遍存在。

粗制页岩油（也称为生页岩油、蒸馏油或简称页岩油）是指直接从油页岩重整器末端回收的液态油。粗制页岩油经氢化后产生合成原油。通常而言，粗制页岩油与常规原油相似，均是由长链烃衍生物组成，其沸点范围与典型原油大致相同。粗制页岩油和常规原油存在三个主要差异：（1）由于经油页岩高温蒸馏所致，页岩油中烯烃含量较高；（2）油页岩中干酪根经蒸馏后产生高浓度含氧和含氮衍生物；（3）页岩油凝点和黏度较高。

粗制页岩油物理和化学性质主要受其原始蒸馏条件影响。当蒸馏过程温度相对较高时，页岩油会发生热裂解从而产生平均分子量较低的原油。在直接加热干馏等其他工艺中，部分低沸点页岩油成分在干馏过程中被焚烧，结果是产生更高分子量、更高沸点的产品。原油在蒸馏器内回流（循环汽化和冷凝），其他工艺可能会生成较低沸点的产品。最重要的因素之一是干馏系统内的冷凝温度，这是干馏过程中原油与气分离的温度。温度越低，成品油中低分子量化合物含量越高。

不同地面干馏工艺得到的原油性质差异显著，地面干馏页岩油与原位开采页岩油性质差异更大。原位开采页岩油通常更轻，低沸点物质产量较高，并且会产生更多石脑油等低沸点产物和更少的渣油等高沸点产物。与常规重质原油相比，页岩油低残渣产量特征增加了其作为炼油原料的竞争力。

多数页岩油的不利特性包括高凝点、高黏度、高重金属含量和高氮含量。凝点和黏度直接影响经济性，高凝点原油运输面临特殊问题，建议在上市前进行预处理。高重金属含量为另一不利特性，重金属会对精炼催化剂产生影响，特别是加氢装置中的催化剂（Speight，2014）。这些成分需在催化加工工艺之前去除。粗制页岩油中重金属含量随开采位置发生变化，部分地层或区域油页岩开采的页岩油可能不含有该类污染物。

页岩油的其他特性包括：（1）致密油或其他常规原油中不含有大量烯烃衍生物和二烯烃衍生物，页岩油中该类衍生物易于聚合形成胶状物，在精炼时需额外注意；（2）页岩油中含有大量影响柴油品质的芳香族化合物；（3）高碳氢比；（4）低硫含量，仅部分来自海相油页岩的页岩油可能含有相对高浓度的硫化合物；（5）页岩油精炼第一个流程为加氢工艺时需提前处理细碎岩石等悬浮固体；（6）金属含量较高，需净化或精炼等额外工艺流程改善页岩油产品性能。

油页岩干馏过程温度较高时，原油会进一步发生热裂解并生成平均分子量较低的原油。直接加热干馏等其他工艺中，低分子量组分通常被焚烧，结果导致剩余更高分子量的最终产品。其他干馏工艺由于原油在干馏器内循环汽化和冷凝，可能产生分子量较低的产品。蒸馏器内冷凝温度是重要因素之一，是指页岩油从蒸馏气体中分离出来的温度。温度越低，成品油中低分子量化合物含量越高。

多数页岩油的不利特性包括高凝点、高黏度、高重金属含量和高氮化合物含量。凝点和黏度直接影响页岩油经济价值，高凝点页岩油运输面临特殊问题，需要在市场销售前进行预处理。原位开采工艺生产的页岩油具有相对较低的凝点和黏度，不需要预处理便可销售，但其具备高含氮特征。原位开采页岩油高含氮量特征也一定程度上降低了其作为炼油厂原料和锅炉燃料的价值。

高重金属含量是一个不利影响，这些重金属会对精炼催化剂造成伤害。尤其在加氢工艺中，必须在催化加工前利用各种物理和化学方法去除重金属（Speight，2014）。值得注意的是，粗制页岩油中重金属浓度随开采位置变化而变化。

合成原油是粗制页岩油经过精炼加氢处理后的产物。与常规原油相比，粗制页岩油也同样由烃类化合物组成，其沸点范围与典型原油沸点范围大致相同。页岩油与常规原油存在四个显著区别：（1）高温干馏工艺导致粗制页岩油烯烃含量较高；（2）粗制页岩油中有机氧衍生物和有机氮衍生物含量较高，两者均来源于干酪根；（3）粗制页岩油凝点和黏度通常高于常规原油；（4）粗制页岩油密度较大（含氮、含硫和含氧化合物分子量较大），原油相对密度在0.9~1.0范围。粗制页岩油中还含有少量的砷和铁元素。

从科罗拉多州 Green River 组开采的典型页岩油含有40%（质量分数）的碳氢化合物，包括饱和烃化合物、烯烃衍生物和芳香烃衍生物（表16.1），以及约60%（质量分数）的异质原子有机化合物，其中包括含氮、含硫和含氧化合物。氮元素以环状化合物形式存在，如吡啶衍生物、吡咯衍生物和丁腈衍生物，氮衍生物约占石油非烃化合物组分质量的60%。另外质量分数为10%的异质原子成分为硫化合物，它们以噻吩衍生物的形式存在，同时存在不同数量的硫化物衍生物和二硫化物衍生物。剩余质量分数30%的成分为含氧化合物，它们以苯酚衍生物和羧酸衍生物的形式存在。

页岩油中沥青质组分和树脂组分含量较低，但两者是页岩油颜色较深和黏度较低的主要原因。沥青质并不是页岩油的唯一特性，高氮含量也会导致灰分含量较高。极性氮系列通常不溶于正庚烷，正庚烷是从原油中分离沥青质的溶剂，即使是低分子量氮也会以沥青质形式存在（Speight，2014）。含氮多环衍生物的极性可以解释水和金属化合物的乳化特征。

计划将页岩油与其他液态烃类产品混合或在精炼前与其他原油混合时，必须考虑到混合物可能存在不相容性或不稳定性特性。干酪根来源和化学成分更多来源于推测，所生成的页岩油成分也易于发生变化，这主要取决于油页岩的成因。因此，在页岩油与烃类进行配伍时，有必要认识到不相容问题。油页岩成分和干酪根成分存在很大差异，热解生成的页岩油成分也会有所不同。当特定页岩油加入到混合物中时，可能会影响混合操作可行性。

粗制页岩油中含氮和含氧极性组分会直接影响精炼过程，而含硫化合物的存在并不会影响精炼加氢处理工艺。众所周知，页岩油与常规原油和原油附属产品不相容（Mushrush and Speight，1995；Speight，2014）。因此，页岩油与常规原油或原油产品混合之前，必须确保所有导致不相容问题的组分都已经去除，这与页岩油和致密油或致密油产品混合的原理相同。

17.3 稳定性与相容性

致密油、页岩油及其各自产物的不稳定性与不相容性是降解产物形成或燃料性质发生变化的前兆。单相燃料液体可能保持稳定并符合规范，混合物可能表现出较差的稳定性。

致密油、页岩油及其各自产品的不稳定问题表现为液体性质的变化：（1）液体介质中石蜡导致沥青质分离，该不稳定问题常见于残余燃料油；（2）当温度下降或液体芳香性增加时会导致结蜡现象，常见于润滑油；（3）由于若干化学和物理因素相互作用导致燃料产品中污泥或沉积物的形成（Mushrush and Speight，1995；Speight，2000，2001，2014）。除相分离现象外，液体产品颜色也可能会变暗（ASTM D1500）。

单独处理给定来源原料时能够符合要求，沥青质沉淀可能是由于不同来源原料混合所致。例如，来自给定油田或区域的馏分油能够保持稳定和相容性，由热裂解和降黏处理后的燃料油也能够保持稳定性和相容性，但如果两者混合可能出现不稳定或不相容现象。

异质原子（含氧、含氮或含硫化合物）可能不是导致页岩油不稳定或不相容的主要原因。实际上，不稳定和不相容问题与船舶燃料利用方式相关，通常燃料进入燃烧器前需经过预热器。燃料预热后可能导致沥青质沉积，极端情况下还会导致预热器和燃料管道堵塞、发动机故障等。此外，石油输运管道中石蜡沉积会缩小管道横截面积，最终会限制管道运行能力，也会给泵送设备带来额外的载荷。另一方面，沥青质沉积会导致预热器结垢（Mushrush and Speight，1995；Speight，2014）。

为了评估产品在储存过程中形成胶质的可能性，引入 ASTM D525 方法测试胶质稳定性。在压力容器中保持 100℃ 温度和 0.69MPa 压力条件，由于样品氧化和胶质形成，氧气压力下降则对应氧化不稳定开始（ASTM D2893，ASTM D4636，ASTM D5483）。因此，氧化不稳定或突破时间数据被视为燃料不稳定性的量度。

由于储存类型和条件的多样性，诱导周期不能等同于安全储存周期。根据经验发现，240min 诱导周期以上通常可确保多数燃料正常营销和分销过程中保持胶质稳定性。诱导周期用于确定添加到汽油中胶质抑制剂量的对比测试，前提是汽油和抑制剂混合液已经通过实际储存稳定性测试。

污泥或沉淀物存在形式包括溶解在液体中的物质、沉淀物、液体中乳化物。有利条件下，污泥或沉淀物会溶解在原料油或成品油中，并有可能增加黏度。不溶于油的污泥或沉淀物可能沉淀在储存罐底部或作为乳化液留存在原料油或成品油中。多数情况下，污泥或沉淀物以乳化物留存在原料油或成品油中，小部分发生沉淀。无论是油包水乳液还是污泥都需要破乳措施最终分离油相和水相，并将水相从系统中排出。

实际处理和商业销售中，油泥乳液、油水乳液或污泥等所有乳化液体都需要破乳措施分离为油相和无机相。部分高沸点燃料成品油和重质原油经常会面临相分离问题（Mushrush and Speight，1995）。此外，一些油乳液可通过原油中天然存在的物质保持稳定。许多极性颗粒聚集在油水界面处，极性基团朝向水相，烃基团朝向油相，最终形成稳定的界面。黏土颗粒、杂质、蜡晶体等可能嵌入界面中，造成乳化措施困难（Schramm，1992）。

必须采用化学方法和电学方法去除污泥和水，通常两种方法联合使用实现破乳。每种混合乳化液都有特定的结垢和特性。油包水乳液中原油为主要成分，水包油乳液中水为主要成分。乳液化学和物理性质是影响表面活性剂破乳的关键因素。

因此，必须在室内实验评估基础上选择合适的破乳剂。水溶性或油溶性破乳剂，其中油溶性破乳剂多数是非离子表面活性环氧烷加合物。如前所述，必须通过前期实验室评估为每种情况选择合适的破乳剂。

除致密油或页岩油系统稳定性外，许多石油产品在使用条件下存在不稳定性。例如，多数通过裂解得到的产品通常含有不饱和成分，这些成分在储存过程中可能发生氧化并形成额外的氧化物。如果预期使用前要储存相当长的时间，产品在储存条件下不发生任何有害变化并保持稳定。

页岩油中含有的异质原子（特别是氮、硫和微量金属）也可能存在于液体燃料和页岩油其他产品中（Speight，2014）。尽管精炼过程改变了燃料成分，多数情况下页岩油相关液体燃料及附属产品中含有上述异质原子。需要强调的是，不稳定/不相容性与氮、氧和硫含量无直接关系。颜色变化、污泥和沉积物形成是多个因素综合导致的结果，异质原子位置和性质或许是主要因素，这也反过来决定了反应特性（Mushrush and Speight，1995）。

分馏产品相容性对销售和消费者及生产商都同样重要。基于直馏精炼工艺形成的产品几乎不存在不相容性问题。当前和未来，随常规原油产量下降，炼油厂将面临更多的问题。常规原油产量下降，未来不可避免使用来自生物成因、煤炭和页岩地层的燃料液体，将加剧生产商的加工和使用难度。

炼油厂混合各种原料过程中，不相容性可通过单个混合原料中含有的有机氮化合物的酸碱催化缩合反应来解释。这些缩合反应速率快，几乎观测不到诱导周期（Mushrush and Speight，1995）。

产品转移至储罐或其他储存容器中时，会发生自由基过氧化氢诱导活性烯烃聚合反应。该反应速率相对较慢，观测到的过氧化氢浓度的增加取决于溶解氧含量（Mayo and Lan，1987）。另一种不相容机制为长时间储存时发生的降解作用，如在储存军用燃料期间可能发生降解作用（Goetzinger et al.，1983；Hazlett and Hall，1985；Stavinoha and Westbrook，1980）。这种不相容过程包括胶质反应后过氧化氢积聚、有机硫化合物自由基反应（如硫醇硫，RSH）（ASTM D3227，ASTM D5305）、有机硫和氮化合物之间的缩合和酯化反应。

原油产品不相容性与几种不同的有害异质原子化合物相关（Mushrush and Speight，1995；Speight，2014）。在燃料中观察到的不相容性取决于其生产中使用的混合原料。催化过程中产生的低沸点循环油含有不稳定异质原子化合物，这些异质原子是导致成品燃料变质的主要原因。解决方案是采用直馏精炼工艺或使用化学添加剂克服低沸点循环油的变体化学成分导致的不相容性。

沉积物形成的反应顺序取决于燃料油中存在的异质原子反应灵敏性（Pedley et al.，1986，1988，1989）。最坏情形为高烯烃燃料，既有高吲哚浓度，又有微量的磺酸，最终会导致快速降解。然而，正如没有特定的馏出产物一样，也没有一种特定的降解机制。所涉及的机制和官能团可以给出典型但非特定的不相容模式（Hiley and Pedley，1986，1987，Mushrush et al.，1990，1991）。许多不相容过程的关键反应是溶解氧生成过氧化氢。当过氧化氢浓度增加时，燃料中就会形成大分子不相容母体。然后，酸或碱催化的缩合反应迅速增加极性、异质原子混合和分子量。

炼油厂混合各种不同来源的炼化原料时，混合原料中各种有机氮化合物的酸碱催化缩合反应是不相容现象发生的标志。这些缩合反应速率极快，几乎观测不到诱导周期。产品转移至储罐或其他储存容器中时，会发生自由基过氧化氢诱导活性烯烃聚合反应。该反应速率相对较慢，观测到的过氧化氢浓度的增加取决于溶解氧含量（Mayo and Lan，1987；Mushrush and Speight，1995）。

第三种不相容机制为长时间储存时发生的降解作用，如在储存军用燃料期间可能发生降解作用（Goetzinger et al.，1983；Hazlett and Hall，1985；Stavinoha and Westbrook，1980）。这种不相容过程包括胶质反应后过氧化氢积聚、有机硫化合物自由基反应、有机硫和氮化合物之间的缩合和酯化反应等。

不相容现象可能发生在精炼过程的每个环节，包括脱沥青等计划内环节和计划外环节。当液相溶剂特性难以满足维持溶液中极性和（或）高分子量物质时会发生固体分离现象。固体分离现象包括：（1）液体介质中石蜡性质发生变化导致沥青质成分的分离（Mushrush and Speight，1995；Speight，2014）；（2）温度下降或液体介质芳香性增加导致的蜡分离现象（Mushrush and Speight，1995；Speight，2014）；（3）液体介质溶剂特性发生变化导致沥青质或石蜡材料分离时，反应器中会形成污泥和沉积物、高温条件液相溶剂难以保持溶液稳定性时形成焦炭（Speight，2014），以及多种化学和物理因素相互作用在燃料成品油中形成污泥和沉淀物（Mushrush and Speight，1995；Speight，2014）。

原油和原油产品不稳定性/不相容性表现为污泥、沉积物的形成和液体颜色发生改变（ASTM D1500）。相分离可通过使用合适的表面活性剂在足够的沉降时间条件下来实现，或者可通过高压电场以 5% 左右的速率和 100℃ 水混合破碎这些乳液。

实际处理和商业销售中，油泥乳液、油水乳液或污泥等所有乳化液体都需要破乳措施分离为油相和无机相。部分高沸点燃料成品油和重质原油经常会面临相分离问题（Por，1992；Mushrush and Speight，1995）。此外，一些油乳液可通过原油中天然存在的物质保持稳定。许多极性颗粒聚集在油水界面处，极性基团朝向水相，烃基团朝向油相，最终形成稳定的界面。黏土颗粒、杂质、蜡晶体等可能嵌入界面中，造成乳化措施困难（Schramm，1992）。

必须采用化学方法和电学方法去除污泥和水，通常两种方法联合使用实现破乳。每种混合乳化液都有特定的结构和特性。油包水乳液中原油为主要成分，水包油乳液中水为主要成分。乳液化学和物理性质是影响表面活性剂破乳的关键因素。

因此，必须在室内实验评估基础上选择合适的破乳剂。水溶性或油溶性破乳剂，其中油溶性破乳剂多数是非离子表面活性环氧烷加合物。如前所述，必须通过前期实验室评估为每种情况选择合适的破乳剂。

不相容性研究重点通常是原油，特别是其中含有的沥青质成分。如前所述（见第 12 章和第 13 章），沥青质成分是原油分子量最高、极性最强的组分。沥青质成分特性和含量主要与原油来源相关。原油精炼过程中，由于轻质馏分（石脑油、煤油和燃料油）已通过裂解和降黏措施去除，沥青质成分在残余燃料中占比较高。

由于提取重质原油需要，以及在裂解和降黏措施中提取大量低沸点馏分，沥青质成分带来的问题有所增加。沥青质沉积是原油或原油产品不稳定的结果（表 17.2）。树脂成分能够保持沥青质成分稳定并存在于原油中。沥青质分散剂是天然树脂成分的替代品，能够保持沥青质成分分散以防止絮凝 / 聚集和相分离（Speight，1994；Browarzik et al.，1999）。分散剂还将清理燃油系统中的油泥，它们能够吸附在不溶于油的材料表面并将其转化为稳定的胶体悬浮液。

表 17.2　沥青质成分和反应沥青质成分絮凝和（或）沉淀导致的问题示例

过程	结果
采油工程	井筒堵塞和管道沉积
降黏措施	降解的沥青质成分芳香性增加、溶解度降低
乳液形成	高程度水污染导致乳液形成； 沥青质成分具有高极性和表面活性； 沥青质成分直接影响乳液稳定性
预热措施	预热措施促进沥青质成分沉淀，最终导致结焦
混合过程	混合过程中介质变化导致沥青质和反应沥青质成分不稳定
储存过程	沥青质成分氧化导致沉淀和堵塞； 极性增加导致沥青质聚集和污泥 / 沉积物形成

从分子量尺度和精炼后端，原油中含有的异质原子（特别是氮、硫和微量金属）（见第 8 章）也可能存在于液体燃料和原油其他附属产品中。尽管精炼过程改变了燃料成分，多数情况下页岩油相关液体燃料及附属产品中含有上述异质原子。需要强调的是，不稳定 / 不相容性与氮、氧和硫含量无直接关系。颜色变化、污泥和沉积物形成是多个因素综合导致的结果，异质原子位置和性质或许是主要因素，这也反过来决定了反应特性（Por，1992；Mushrush and Speight，1995）。

致密油通常被视为高品质原油（低硫含量），采出过程中同样伴随硫化氢气体产出。硫化氢气体易燃且有毒。钻井现场、井口采油装置、输运和炼油厂卸载原油期间需监测硫化氢气体含量。由于原油在运动轨道车内混合，温度变化会提高原油蒸气压，可能导致原油卸载过程中硫化氢气体释放，从而产生安全问题。例如，来自北达科他州 Bakken 页岩油在冬季经铁路运输至温度较高区域会导致蒸气压升高而带来安全风险。

17.4　影响因素分析

一些精炼厂通过混合两种或多种原油实现原料质量平衡，如果混合原油不相容会带来系列问题。混合原油出现不相容现象时，沥青质沉淀量增加会加速原油脱盐工艺下游热交换器系统结垢。结垢量增加会增加粗制加热器能量消耗、限制火焰加热器最大载荷吞吐量。结垢量增加最终会导致设备提前关闭并实施清垢措施。系列问题增加了精炼运营成本，直接影响了炼油厂的应用能力。手动监测热交换器结垢通常无法检测到不相容原油混合物，混合原油还可能存在不相容问题。

选取高比例轻质致密油为原料的炼油厂发现预热交换器传热能力不足，这也直接导致预热交换器和火焰加热器出现能量不平衡。常压蒸馏装置分流器的支流为预热交换器提供大量热量。当支流的流速较低时（致密油中缺乏重质成分），预热交换器可能存在能量不平衡。

由于致密油中柴油和残留物（重质成分，也称为桶底成分）含量较低，原油加热器上游的预热交换器中可能存在热量不足，这也增加了原油加热器的燃料消耗。一些炼油厂也遇到了火焰加热气的限制和产量下降现象。与其他原油混合炼制相比，致密油混合炼制过程中能量失衡问题更为常见。

目前有多种实验方法用于分析影响稳定性和相容性的因素，下文根据字母排序列出了相关的化学性质或物理性质因素，排序不反映稳定性和相容性影响程度高低，其中部分属性与不相容诱因密切相关。

17.4.1　酸值

原油或原油产品酸度通常用酸值来定量评价，酸值定义为中和原油样品酸度所需的碱量毫克当量（ASTM D664，ASTM D974，ASTM D3242）。

酸值不受无机成分存在的影响，但会受有机酸值影响。酸值由强有机酸和其他有机酸共同贡献组成。酸值高于每克原油 0.15mg 氢氧化钾可定义为强酸性。高酸值原油可能表现出不稳定现象。

原油中酸性成分是环烷酸和氢硫化物（硫醇，RSH），这些成分以不同浓度存在于原油中。通常，原油的酸值在每克原油 0.1~0.5mg 氢氧化钾范围内。

硫化氢具有毒性特征，原油中通常含有浓度高达 10μg/g 的原始游离硫化氢。部分原油中会存在更高浓度的硫化氢，20μg/g 浓度硫化氢将会带来严重的安全隐患。原油加工过程中，氢气与部分有机硫化合物反应会生成额外的硫化氢。原油加工过程中生成的硫化氢被称为潜在硫化氢。

细菌作用同样会增加酸值，部分有氧细菌能够从有机营养物质中产生有机酸。另一方面，厌氧硫酸盐还原菌会产生硫化氢，硫化氢通过细菌作用转化为硫酸。

17.4.2　沥青质含量

沥青质组分被分离为深棕色至黑色易碎固体，这些物质无明确熔点，通常加热膨胀分解后留下碳质残留物。通过添加液态烃等非极性溶剂可从原油中获取该类物质。这些非极性溶剂包括正戊烷和正庚烷（表 17.3，见第 9 章、第 10 章和第 12 章）（Speight，1994）。沥青质馏分通过滤纸过滤获得，近期已调整为膜过滤方法（ASTM D4055）。液体丙烷在商业上用于加工原油残留物。沥青质成分可溶于苯、甲苯、吡啶、二硫化碳和四氯化碳等液体。

表 17.3　沥青质沉淀标准（ASTM 年度标准手册，1980—2012 年）

方法	沉淀剂	单位质量样品体积沉淀物（mL/g）
ASTM D893	正戊烷	10
ASTM D2006	正戊烷	50
ASTM D2007	正戊烷	10
ASTM D3279	正庚烷	100
ASTM D4124	正庚烷	100
IP 143	正庚烷	30

随原料油中沥青质馏分比例增加，热焦产量和氢气消耗量增加，催化剂活性下降。沥青质馏分容易形成焦炭，焦炭母体直接影响原料油的相容性（Speight，1994）。

沥青质成分不溶于原油，通常以胶体悬浮液形式存在（Mushrush and Speight，1995；Speight，2014）。沥青质可溶于二甲苯等芳香族化合物，但戊烷等轻质石蜡化合物存在时会发生沉淀。稳定原油缓和物与沥青油和石蜡油混合时可能会产生沥青质沉淀物。致密油中高石脑油含量也容易形成沥青质沉淀。混合原油比例直接影响原油不相容性。例如，80% 常规原油混合 20% 致密油可能不会加速结垢，而当致密油混合比例增加至 30% 时可能会导致快速结垢现象。

沥青质成分、胶束结垢和分散状态也会影响稳定性和相容性。沥青质成分在环烷/芳香烃较多的原油中分散程度较高，主要是由于环烷烃和芳香烃的溶解度高于石蜡成分。该现象有利于污泥溶解和减缓污泥沉积。污泥溶解随原油量增加而呈增加趋势。

沥青质含量越高，原油越容易形成污泥，尤其是与其他不相容库存原料混合时更容易形成污泥。

17.4.3　组成

致密油 API 重度通常高于常规原油，这也带来更多不同的特性。例如，Eagle Ford 致密油中石脑油含量是美国 Louisiana 轻质甜性原油中石脑油含量的两倍。此外，Eagle Ford 致密油的平均 API 重度范围为 40~45°API，而 Louisiana 轻质甜性油 API 重度约为 35°API。为充分利用现有下游炼化设备，致密油必须与较重原油混合进行炼化。

17.4.4　密度和相对密度

原油工业早期，密度和相对密度（API 重度）是原料和炼油产品的主要规格（见第 10 章）。利用该标准评价原油中的理想产品为煤油。目前，已有一系列用于确定密度和相对密度的标准测试（见第 10 章）（Speight，2001，2014，2015）。

原油密度和相对密度与污泥形成无直接相关关系，但高密度原油（低 API 重度）通常更易于形成污泥，可能是由于极性/沥青成分含量较高所致。

17.4.5 元素分析

原油及附属产品元素分析与煤炭不同（Speight，2013）。ASTM（2019）提供了用于原油和附属产品的元素分析流程（见第10章），但许多此类方法是为其他材料元素分析所设计的。

现有原油元素分析数据中，元素比例变化范围较小，其中碳元素质量分数为83.0%~87.0%、氢元素质量分数为10.0%~14.0%、氮元素质量分数为0.10%~2.0%、氧元素质量分数为0.05%~1.5%、硫元素质量分数为0.05%~6.0%（见第8章和第10章）。然而，从轻质强流动性原油到超稠油，物理性质存在显著差异（见第1章）。就原油和附属产品稳定性和相容性而言，异质原子含量似乎是最主要的影响因素。原油中硫和氮含量不仅是生产加工中硫浓度的重要指标，也是石油中硫和氮类型的重要指示参数。氮和硫含量与原油及附属产品稳定性可能存在一定相关关系，高氮和高硫含量原油更易于形成污泥。

17.4.6 可过滤固体

可过滤固体也会导致原油热交换器结垢。致密油可过滤固体含量是常规原油的七倍以上。炼油厂实际数据显示，每吨致密油中可过滤固体含量超过0.65kg（200 lb/1000 bbl）。对于日处理能力100000 bbl的炼油厂，每天有超过10t可过滤固体与原油一起进入炼化设备。为了减缓过滤器堵塞，需要对炼油厂入口处过滤器进行自动监测。脱盐工艺中加入润湿剂以去除多余的固体，避免这些固体进入下一个工艺流程。

多数原油中含有金属成分，重质原油中含量较高，这些金属成分通常被确定为燃烧灰渣（ASTM D482）。镍和钒是主要金属元素，这些金属元素直接影响原料特性。

17.4.7 金属含量

原油或液体燃料中的无机金属成分来自原油中天然存在的无机成分或原油储存过程。天然存在无机成分多为钒、镍、钠、铁、二氧化硅等金属物质，后者可能是砂子、灰尘和腐蚀产物等污染物。

不相容性导致金属沉积在催化剂上，金属沉积物通过物理堵塞或破坏反应电位最终降低催化剂活性。在目前情况下，如果要降低残留物量必须首先去除金属成分。或者，通过碳残留物测定后完全燃烧焦炭来估算残留物量。

金属含量高于200μg/g则被划分为高金属含量原油，原油中金属含量变化范围较大。灰分含量越高，原油越容易形成污泥或沉积物。

17.4.8 凝点

凝点（见第10章）定义了原油和原油产品的低温特性，即原油保持流动性的最低温度（ASTM D97）。凝点也反映了原油的特性，凝点越高，原油石蜡含量越高。高凝点原油为蜡状，更易于形成蜡状材料和污泥。

为了确定凝点（ASTM D97，ASTM D5853），需要将原有样品装入可测试温度试管中并浸入三个不同温度区间冷却浴中。将样品脱水并在高于预期浊点25℃的温度下进行过滤处理。过滤处理后样品放入试管，分别在-1~2℃、18~20℃和32~35℃冷却浴中逐渐冷却。每间隔1℃检查样品浑浊度。如果原油样品需降低温度确定凝点，可使用替代方法测试不同类型的原油凝点。

17.4.9 黏度

原料黏度与来源、类型及化学性质等相关，特别是可能发生分子相互作用的极性功能团。例如，常规原油、重质原油和沥青之间存在黏度级差（见第 10 章）。

黏度是给定温度条件下原油流度和稠度的定量评价参数（见第 10 章）。重质低 API 重度原油通常黏度较高。储存期间黏度增加表明挥发性成分已挥发或形成溶解在原油中的降解产物。

17.4.10 挥发性

原油可通过蒸馏细分为不同沸点或不同馏点的成分（见第 10 章和第 17 章）。蒸馏一直是炼油厂评价原油材料的重要方法。挥发性是原油产品的重要测试指标之一，多数原油产品在不同阶段都需要接受挥发性测试（见第 10 章）。

由于汽油、煤油、柴油和润滑油等含有大量高氢比例的碳氢化合物成分，原油馏分质量与异质原子含量存在一定相关性。因此，挥发性测试一直是原油和附属产品测试项目之一。

蒸馏处理主要目的是去除剩余物质，即在无热解条件下去除馏出物，高分子量馏分中存在的多数异质原子将保留在高沸点产物和残留物中（见第 9 章）。因此，原油固有性质及其精炼工艺会直接影响产品的稳定性和相容性。

与轻质原油相比，重质原油会产生更多的残留物，储存过程中更容易产生大量污泥。

17.4.11 含水量、含盐量、底部沉积物和水

含水量（ASTM D4006，ASTM D4007，ASTM D4377，ASTM D4928），含盐量（ASTM D3230）和底部沉积物 / 水（ASTM D96，ASTM D1796，ASTM D4007）反映了原油中天然存在的水污染物浓度或在处理和储存过程中吸收的污染物浓度。油田生产原油的水和盐含量可能很高，有时是产出液的主要成分。咸水通常在现场通过沉降和排水措施分离处理，现场咸水分离有时也需要使用表面活性剂、电破乳剂（脱盐剂）等。供应给炼油厂的原油中水和盐含量主要取决于开采区域。高品质原油材料的含水量低于 0.5%、盐含量低于 20 lb 每 1000 bbl、底部沉积物和水含量低于 0.5%。

离心方法（ASTM D96，ASTM D1796，ASTM D2709 和 ASTM D4007）仍在继续使用，但许多实验室更倾向于使用 Dean 和 Stark 适配器（ASTM D95）方法。该装置由容量为 50mL 的圆底烧瓶组成，通过容量为 25nL 的接收管连接到刻度为 0.1mL 的 Liebig 冷凝器。称重约 100mL 原油样品放入装有 25nL 的纯甲苯烧瓶中。将烧瓶缓慢加热至甲苯蒸馏至刻度管中。将甲苯蒸馏水分离到管底，其计量单位为毫升、毫克或百分比。

原油或原油附属产品中的沉淀物测量涉及 Soxhlet 萃取器进行溶剂萃取。

许多实验室依然在广泛应用 Karl Fischer 滴定法（ASTM D1744）、Karl Fischer 滴定法（ASTM D377）和比色 Karl Fischer 滴定法（ASTM D4298），该方法主要用于测定液体燃料中的水分，特别适用于测定航空液体燃料中的水分。

原油中污泥和沉积物生成量随原油底部沉积物和含水量增加而增加。

17.4.12 结蜡

石蜡能够污染致密油并留存在轨道车、原油罐壁和管道壁上。原油粗脱盐处理前，石蜡会污染粗热交换器的预热部分。吸附在管道和容器壁上的石蜡可造成局部腐蚀。

许多炼油厂最初未能估计到脱盐上游热交换器严重结垢，脱盐下游热交换器结垢通常更为严重。炼油厂通过密切监控原油预热交换器，并与自动化和化工公司合作应对结垢和腐蚀问题。

17.5　稳定性和相容性确定方法

原油稳定性和相容性可通过以下方法测定：

（1）相容性抽查（ASTM D2781，ASTM D4740）；

（2）热稳定性测试（ASTM D873，ASTM D3241）；

（3）天然和潜在污泥形成测试（热过滤测试）（ASTM D4870）；

（4）沥青质含量测试（ASTM D3729）；

（5）储存残余燃料油样品在不同温度下的黏度增加率（ASTM D445）；

（6）颜色测定（ASTM D1500）。

除参与燃料稳定性和相容性测试（ASTM D4740）外，另一个常用的稳定性测试方法是残余燃料天然和潜在污泥含量测试（热过滤测试）。热过滤测试显示质量分数低于0.2%的样品具备较高的稳定性和相容性。热过滤测试结果质量分数超过0.4%样品稳定性较差。热过滤测试值评价样品稳定性和相容性还要考虑产品的预期用途。

尽管应用中存在一定抽象性，溶解度参数是一种越来越受欢迎的测试方法（见第12章和第13章）。溶解度参数测试允许根据化合物类型混溶性来评价混溶能力，其中可测量或计算溶解度参数。

尽管涉及复杂混合物时，溶解度参数难以准确定义，但溶解度参数测试方法已经取得了一些进展。例如，针对原油馏分给定了分离中使用的溶剂相似的溶解度参数。原油馏分溶解度参数定义可能存在差异（Speight，1992），因为可根据氢碳原子比等数据进行估算。任何一种方法最终目的都是实现利益最大化或可预测性。

瓶法测试是目前常用的测试方法，因测试体积、玻璃或金属类型、通风或未通风容器、瓶盖类型等测试条件差异而各不相同。其他程序包括气压或氧气压力条件下搅拌反应器，使用盖玻片进行固体沉积的小体积燃料（ASTM D4625）。所有这些程序本质上都是重量法。

几种加速燃料稳定性测试方法可以表示为时间温度矩阵（Goetzinger et al.，1983；Hazlett，1992）。图形显示多数稳定性测试都接近实线，实线表示温度每变化10℃测试时间会增加一倍。该实线外推为在给定环境下可储存一年。100℃或更高温度条件储存面临特殊的化学问题。

稳定性研究中形成的沉积物的异质原子含量随掺杂剂和燃料液体来源而变化。燃料和形成沉积物的颜色变化更难以解释。

需要注意的是，原油及其附属产品分馏也可能带来一些不稳定现象。目前针对原油和相关产品有多种分馏方法（见第9章），本章不再重复这些细节。由于组分含量直接影响稳定性和相容性，此处有必要简要概述。

原油可通过多种技术（见第9章和第10章）分馏为四大馏分，常见工艺流程包括沥青质馏分沉淀和利用吸附剂对脱沥青油进行分馏等。馏分命名为了便于区分，按特定化合物类型进行分馏的假设并不完全正确。

不相容材料组分研究通常涉及通过选择性分馏确定有机官能团分布，这类似于脱沥青过程和后续的麦芽酮成分分馏（Mushrush and Speight，1995；Speight，2014）；（1）庚烷可溶性物质通常称为麦芽烯馏分或石油烯馏分；（2）庚烷不溶性物质，苯（或甲苯）可溶性物质，通常称为沥青质成分；（3）甲苯不溶性物质被称为碳烯和油焦质，尤其当馏分为热产物时。未经处理的致密油中很少或不含这种物质。吡啶、二硫化碳和四氢呋喃已用于代替甲苯。

无论采用哪种溶剂分离方案，都应该对流程进行详细描述，以便不同研究人员能够在同一实验室或不同实验中重复进行测试。给定原料和溶剂分离方案，测试工作具备可重复性且测试结果在误差范围内。

分馏程序允许对所有类型原料或产品进行前期和后期检测，并可以指示精炼或使用该原料成分的方法。此外，分馏还可用于研究不同馏分之间的相关关系。例如，从分馏研究演变而来的沥青质成分和树脂成分之间的相关性。

原油中沥青质组分和树脂组分存在很强的相互作用，无树脂成分时沥青质成分与剩余组分难以混溶（Koots and Speight，1975）。沥青质和树脂组分之间似乎存在结构相似性，这也导致了两者复杂的相互作用，但也证实了原油和沥青质组分为系列化学连续体的假设（见第 12 章）。

沥青质或树脂组分的任何物理或化学性质变化都会导致后续工艺流程中沥青质成分不相容性。沥青质—树脂关系扰动会直接导致不稳定现象，如一些或所有沥青质组分形成单独不溶相会导致加热过程中焦炭形成或一些或所有沥青质组分不稳定。

目前存在一系列指标用于表征原油产品的稳定性。例如，表征因子用于指示原油的化学性质，并已用于指示原油成分是否为石蜡或环烷烃 / 芳香烃。

表征因子有时也被称为 Waston 表征因子（见第 10 章），反映了沸点和相对密度之间的关系：

$$K = \frac{T_b^{1/3}}{d} \tag{17.3}$$

式中：T_b 是平均沸点的立方值，单位是 °R（°F+460）；d 是 15.6℃ 条件下的物质相对密度。

表征因子最初是为了描述不同类型原料的特性。高石蜡油对应 K=12.5~13.0，而环烷烃原油对应 K=10.5~12.5。此外，如果表征因子超过 12.0，液体燃料或产品中的石蜡成分将易于在储存过程中形成蜡状沉积物。

黏度—重度常数（vgc）是根据成分对原油进行分类的指标之一。该指标可用于指示石蜡或环烷烃成分相对含量，主要基于各种碳氢化合物种类的密度和重度直接的差异。

其中，d 是相对密度，v 是 38℃ 条件下的 Saybolt 黏度。对于低温条件下无法测量到黏度的原油和其他黏性产品，可使用 991℃ 条件下的测试黏度。

$$vgc = \frac{d - 0.24 - 0.022\log(v - 35.5)}{0.755} \tag{17.4}$$

在这两种情形中，指数越低表示石蜡样品含量越高。例如，石蜡样品 vgc 为 0.840 量级，而相应的环烷烃样品指数可能为 0.876 量级。

显著不足是指数的接近性，仅当多数原油 d 值范围在 0.800~1.000 时，才能通过重度对比原油特性。

以类似方式，基于比重图相关系数与参数 d 成正比、与纯烃衍生物沸点倒数成正比，公式中存在一个常数项。纯烃衍生物沸点单位为 K，K=°C+273。

$$CI = 473.7d - 456.8 + \frac{48640}{K}$$ （17.5）

对于原油馏分，K 是由标准蒸馏方法确定的平均沸点。

标准石蜡系列各个成员的常数线值为 CI=0，通过苯点平行线的值为 CI=100（见第 10 章）。CI 值范围为 0~15 时表示样品中石蜡衍生物占主导地位，CI 值范围为 15~20 时表示环烷烃或石蜡/环烷烃/芳香烃混合物占主导地位，CI 值高于 50 时表示馏分中芳香烃占主导。

参 考 文 献

ASTM, 2019. Annual Book of Standards. American Society for Testing and Materials, West Conshohocken, Pennsylvania.

ASTM D97, 2019. Standard test method for pour point of petroleum products. In: Annual Book of Standards. ASTM International, West Conshohocken, Pennsylvania.

ASTM D445, 2019. Standard test method for kinematic viscosity of transparent and opaque liquids (and calculation of dynamic viscosity). In: Annual Book of Standards. ASTM International, West Conshohocken, Pennsylvania.

ASTM D473, 2019. Standard test method for sediment in crude oils and fuel oils by the extraction method. In: Annual Book of Standards. ASTM International, West Conshohocken, Pennsylvania.

ASTM D525, 2019. Standard test method for oxidation stability of gasoline (induction period method). In: Annual Book of Standards. ASTM International, West Conshohocken, Pennsylvania.

ASTM D1500, 2019. Standard test method for ASTM color of petroleum products (ASTM color scale). In: Annual Book of Standards. ASTM International, West Conshohocken, Pennsylvania.

ASTM D1796, 2019. Standard test method for water and sediment in fuel oils by the centrifuge method (laboratory procedure). In: Annual Book of Standards. ASTM International, West Conshohocken, Pennsylvania.

ASTM D2273, 2019. Standard test method for trace sediment in lubricating oils. In: Annual Book of Standards. ASTM International, West Conshohocken, Pennsylvania.

ASTM D2893, 2019. Standard test methods for oxidation characteristics of extreme-pressure lubrication oils. In: Annual Book of Standards. ASTM International, West Conshohocken, Pennsylvania.

ASTM D3227, 2019. Standard test method for (thiol mercaptan) sulfur in gasoline, kerosene, aviation turbine, and distillate fuels (potentiometric method). In: Annual Book of Standards. ASTM International, West Conshohocken, Pennsylvania.

ASTM D4007, 2019. Standard test method for water and sediment in crude oil by the centrifuge method (laboratory procedure). In: Annual Book of Standards. ASTM International, West Conshohocken, Pennsylvania.

ASTM D4636, 2019. Standard test method for corrosiveness and oxidation stability of hydraulic oils, aircraft turbine engine lubricants, and other highly refined oils. In: Annual Book of Standards. ASTM International, West Conshohocken, Pennsylvania.

ASTM D4807, 2019. Standard test method for sediment in crude oil by membrane filtration. In: Annual Book of Standards. ASTM International, West Conshohocken, Pennsylvania.

ASTM D4870, 2019. Standard test method for determination of total sediment in residual fuels. In: Annual Book of Standards. ASTM International, West Conshohocken, Pennsylvania.

ASTM D5305, 2019. Standard test method for determination of ethyl mercaptan in LP-gas vapor. In: Annual Book of Standards. ASTM International, West Conshohocken, Pennsylvania.

ASTM D5483, 2019. Standard test method for oxidation induction time of lubricating greases by pressure differential scanning calorimetry. In: Annual Book of Standards. ASTM International, West Conshohocken, Pennsylvania.

Batts, B.D., Fathoni, A.Z., 1991. A literature review on fuel stability studies with particular emphasis on diesel oil. Energy Fuels 5, 2e21.

Browarzik, D., Laux, H., Rahimian, I., 1999. Asphaltene flocculation in crude oil systems. Fluid Phase Equilib. 154, 285e300.

Goetzinger, J.W., Thompson, C.J., Brinkman, D.W., 1983. A Review of Storage Stability Characteristics of Hydrocarbon Fuels. US. Department of Energy, Report No. DOE/BETC/IC-83-3.

Hardy, D.R., Wechter, M.A., 1990. Insoluble sediment formation in middle-distillate diesel fuel: the role of soluble macromolecular oxidatively reactive species. Energy Fuels 4, 270e274.

Hazlett, R.N., 1992. Thermal Oxidation Stability of Aviation Turbine Fuels. Monograph No. 1. American Society for Testing and Materials, Philadelphia. PA.

Hazlett, R.N., Hall, J.M., 1985. In: Ebert, L.B. (Ed.), Chemistry of Engine Combustion Deposits. Plenum Press, New York.

Hiley, R.W., Pedley, L.F., 1986. formation of insolubles during storage of naval fuels. In: Proceedings. 2nd International Conference on Long-Term Storage Stabilities of Liquid Fuels. San Antonio, Texas, pp. 570e584. July 29eAugust 1.

Hiley, R.W., Pedley, J.F., 1987. Fuel 67, 1124.

Koots, J.A., Speight, J.G., 1975. The relation of petroleum resins to asphaltenes. Fuel 54, 179.

Mayo, F.R., Lan, B.Y., 1987. Gum and deposit formation from jet. Turbine and diesel fuels at 100C. Ind. Eng. Chem. Prod. Res. 26, 215.

Mushrush, G.W., Beal, E.J., Hazlett, R.N., Hardy, D.R., 1990. Macromolecular oxidatively reactive species. Energy Fuels 5, 258.

Mushrush, G.W., Hazlett, R.N., Pellenbarg, R.E., Hardy, D.R., 1991. Energy Fuels 5, 258.

Mushrush, G.W., Speight, J.G., 1995. Petroleum Products: Instability and Incompatibility. Taylor & Francis Publishers, Washington, DC.

Olsen, T., April 2015. Working with tight oil. Chem. Eng. Prog. 35e59. https://www.emerson.com/documents/automation/article-working-tight-oil-en-38168.pdf.

Pedley, J.F., Hiley, R.W., Hancock, R.A., 1986. Storage stability of petroleum-derived diesel fuel. 1. Analysis of sediment produced during the ambient storage of diesel fuel. Fuel 66, 1646e1651.

Pedley, J.F., Hiley, R.W., Hancock, R.A., 1988. Storage stability of petroleum-derived diesel fuel. 3. Identification of compounds involved in sediment formation. Fuel 67, 1124e1130.

Pedley, J.F., Hiley, R.W., Hancock, R.A., 1989. Storage stability of petroleum-derived diesel fuel. 4. Synthesis of sediment precursor compounds and simulation of sediment formation using model systems. Fuel 27e31.

Por, N., 1992. Stability Properties of Petroleum Products. Israel Institute of Petroleum and Energy, Tel Aviv, Israel.

Power, A.J., Mathys, G.I., 1992. Characterization of distillate fuel sediment molecules: functional group derivatization. Fuel 71, 903e908.

Schramm, L.L. (Ed.), 1992. Emulsions: Fundamentals and Applications in the Petroleum Industry. Advances in Chemistry Series No. 231. American Chemical Society, Washington, DC.

Speight, J.G., 1992. A chemical and physical explanation of incompatibility during refining operations. In: Proceedings. 4th International Conference on the Stability and Handling of Liquid Fuels, vol. 1. US Department of Energy, Washington, DC, p. 169.

Speight, J.G., 1994. Chemical and physical studies of petroleum asphaltenes. In: Yen, T.F., Chilingarian, G.V. (Eds.), Asphaltenes and Asphalts. I. Developments in Petroleum Science, 40. Elsevier, Amsterdam, Netherlands (Chapter 2).

Speight, J.G., 2000. The Desulfurization of Heavy Oils and Residua, second ed. Marcel Dekker Inc., New York.

Speight, J.G., 2001. Handbook of Petroleum Analysis. John Wiley & Sons Inc., New York.

Speight, J.G., 2011. An Introduction to Petroleum Technology, Economics, and Politics. Scrivener Publishing,

Beverly, Massachusetts.

Speight, J.G., 2013. The Chemistry and Technology of Coal, third ed. CRC Press, Taylor & Francis Group, Boca Raton, Florida.

Speight, J.G., 2014. The Chemistry and Technology of Petroleum, fifth ed. CRC Press, Taylor & Francis Group, Boca Raton, Florida.

Speight, J.G., 2015. Handbook of Petroleum Product Analysis, second ed. John Wiley & Sons Inc., Hoboken, New Jersey.

Stavinoha, L.L., Henry, C.P. (Eds.), 1981. Distillate Fuel Stability and Cleanliness. Special Technical Publication No. 751. American Society for Testing and Materials, Philadelphia.

Stavinoha, L.L., Westbrook, S.R., 1980. Accelerated Stability Test Techniques for Diesel Fuels. US Department of Energy. Report No. DOE/BC/10043-12.

Wallace, T.J., 1964. In: McKetta Jr., J.J. (Ed.), Advances in PetroleumChemistry and Refining. Interscience, New York, p. 353.

Wallace, T.J., 1969. In: McKetta Jr., J.J. (Ed.), Advances in Petroleum Chemistry and Refining, vol. IX, p. 353 (Chapter 8).

第18章 环境影响

18.1 引言

致密油气开采（如页岩、砂岩和碳酸盐岩地层）（见第1章）是国内天然气和原油勘探生产中发展最快速的趋势之一，并正在向世界其他国家和地区蔓延（见第2章）。在某些方面，这包括将钻井和生产引进到过去很少或没有这些技术活动的地区和国家。新的油气开发给环境和社会经济景观带来了变化，尤其是在油气开发相对较新的领域，特别是非常规油气资源（表18.1）（Reig et al.，2014）。

表 18.1　深层致密储层开发对环境的影响

场地准备	土地清理和基础设施建设； 雨水溢流； 栖息地破坏； 对地表水水质的影响
钻井	甲烷排放——空气质量； 套管和固井——套管事故和固井事故； 钻井液／岩屑； 压裂液； 返排和采出水； 对地下水水质的影响
压裂和完井	淡水资源； 地表水和地下水的可用性； 压裂液储存； 对地表水水质的影响； 甲烷排放和空气质量
压裂液和返排水的储存／处理	压裂液、返排水和采出水； 现场挖坑／水池储存； 对地表水水质和地下水水质的影响； 地方污水处理厂的水处理； 工业废水处理厂的水处理

随着这些变化，致密油气开发性质、潜在环境影响，以及当前监管架构应对能力等问题也随之出现。监管机构、政策制定者和公众需要一个客观的信息来源，以此为基础来回答这些问题，并做出与如何管理可能伴随发展而来的挑战有关的决定。事实上，全球和地方均有与页岩气开发相关的环境影响，包括气候变化（Shine，2009；Schrag，2012）、当地空气质量、水源可用性、水质、地震活动和当地社区（Clark et al.，2012）。

在美国，广泛采用水力压裂法和水平钻井技术从以前难以开发的页岩地层中提取石油和天然气，但这也引起了一些环境方面的担忧。页岩开发对环境、健康和生活质量的影响在全国范围内引发了争议。相比之下，尽管有无数的经济和政策结论，但对国内长期天然气储量的预期却被广泛报道，几乎没有受到质疑。毫无疑问，页岩气的开发带来了产量的激增，然而从页岩气的基本面来看，无论是在环境影响方面还是在长期生产的可持续性方面，它们都存在严重缺陷。

在美国，大多数含油气致密地层往往埋深超过 4600ft，而含水层通常不超过 1550ft。在考虑到目标致密储层与上覆含水层之间的岩石厚度、致密储层本身极低的渗透率，以及假设实施了良好的油田技术（如套管和固井）情况下，业内认为水力压裂作业对上覆含水层造成污染的风险很小。目前认为含水层受到污染的情况一般与钻井作业不当有关，特别是钻井套管和固井作业不当或地面储存设施施工不当。

页岩气产量的快速增长引起了人们对其在水、道路、空气质量、地震和温室气体排放（GHG）等领域影响的担忧（Howarth et al., 2011a, 2011b; Stephenson et al., 2011; O'Sullivan and Paltsev, 2012）。

与常规气井相比，页岩气井的水力压裂过程需要大量的水，并且会产生额外的温室气体排放（Spellman, 2013）。由于对水和温室气体排放的担忧，美国和西欧许多地区的页岩气开发遇到了很大的阻力，以致部分国家在全国范围内暂停了水力压裂开采页岩气作业。对页岩气的监管是一个不断演变的问题，因为该行业发展如此之快，以至于监管机构制定的具体指导信息往往跟不上它的可用性（Clark et al., 2012）。

这些资源（以及与含干酪根地层有关的资源）的开发引起了对潜在环境风险和人类健康风险的关注和担忧，包括油井开发、增产作业和废水管理对地下水和地表水资源的潜在影响，以及甲烷等空气污染物排放对空气质量的影响。这些担忧引发了对该行业监管制度的审查，并引发了要求加强联邦监管的呼声。人们越来越担心深井处理油气生产废水可能是某些地区地震活动频率增加的原因。虽然国家和私人土地上的石油和天然气勘探和生产的主要监管权力通常属于各州，但目前几项联邦环境法的规定适用于与石油和天然气勘探和生产相关的某些活动。此外，美国环境保护署一直在审查其他法定权力，并采取新的管理举措，而美国土地管理局正在持续计划进一步修订石油和天然气法规，以解决在联邦和美洲原住民土地上排放和燃烧天然气的问题。

一些人更担心的是，天然气的低价格正在对能源效率、可再生能源和核能的发展和增长产生负面影响，可能导致新一代产生温室气体能源的出现。致密油和页岩气资源对美国能源政策和区域经济具有重要性，围绕其开发的问题很可能继续列入美国国会未来会议的议程。

因此，开采页岩气的专业技术存在环境问题（Arthur et al., 2008, 2009; GAO, 2012）。由于水力压裂液的需求量很大，因此有可能大量消耗淡水资源。尽管页岩气井密度更高，但页岩气开发的占地面积不会比传统开发大很多，因为水平钻井技术的进步允许在同一井位钻 10 口或更多的井并进行生产。最后，由于部分页岩气中天然杂质 CO_2 的排放，可能会造成高碳足迹。事实上，与页岩气开采有关的环境问题已经受到了极大的关注（US GAO, 2012），提出的问题是淡水的使用与其他用途相竞争，如农业、采出水的不当处理和淡水含水层的污染。

尽管每口页岩气井的用水量高达 600 万加仑（$6×10^6$gal），但与许多其他方案相比，单位产能所用水量却较小。虽然与其他替代方案相比，这种使用量相对较低，但任何用水似乎都可能与其他用途竞争，特别是在干旱年份。为了解决这种情况，可以用盐水代替淡水。最新的压裂技术进展只需对所需化学物质进行少量修改即可实现这一目标。

采出水排放不当是一个问题，最好的解决办法就是完全回收利用。然而，由于采出水的含盐量为6000~30000mg/L，因此成本很高。以上提到的耐盐能力可以节省大量成本。清理其他成分的技术是存在的，而且花费是负担得起的。页岩气开采可能会以两种方式污染含水层：一种是压裂过程中使用的化学物质泄漏，属于液体污染物；第二种是产生的甲烷对含水层的渗透，它是一种气态污染物，尽管它能溶解在水中。此外，一部分甲烷可能会以气体的形式释放。区分潜在的液体和气体污染很重要，因为危害不同，补救和保障措施也不同。此外，由于井水不可能天然含有液体污染物，它们的存在是人为来源的证据。因此，对钻井作业附近的井进行简单测试就足够了，唯一可能的复杂情况是来自钻井以外的某些来源的影响，例如农业径流。由于压裂所用化学品的特殊性，这一问题很容易解决。

水泥配置位置不准及水泥作业质量差会导致甲烷泄漏。许多井在产层以上的多个层段含有天然气，通常是少量的煤层等。如果不用水泥把这些层段堵上，气体就会侵入井眼。除非淡水含水层附近的水泥完整性较差，否则甲烷泄漏这种情况仍将得到控制。按规范建造的井不会泄漏。

从致密地层中开采天然气或原油会给环境带来许多风险，并且需要大量邻近水源（Muresan and Ivan，2015）。压裂致密地层将天然气和（或）石油采出地面需要大量的水资源。全球和地方层面均会出现与天然气和原油开发相关的环境影响，因为致密地层的油气资源并不总是位于水资源丰富的地方——例如，中国、印度、南非和墨西哥等，这些国家拥有大量的天然气和原油，但用于回收作业的淡水供应有限（Reig et al.，2014）。

事实上，致密资源所在地中至少有三分之一位于干旱或处于严重的水资源匮乏区。这些因素对水资源的获取带来了重大的社会、环境和财务挑战，并可能会限制致密地层的开发。因此，随着各国加大力度勘探致密地层油气资源，有限的淡水资源可能成为阻碍。从致密地层中开采资源需要大量水源进行钻井和水力压裂（见第5章）。在多数情况下，淡水资源可以满足开发作业对水的需求，这使得致密地层开发公司在地方和地区层面成为水资源重要用户和管理者，不幸的是，它们经常与牧场、农场、家庭和其他依赖水的行业竞争。

典型的水力压裂液中水和砂的体积比超过98%，另外2%由添加剂组成，添加剂随井和作业方的不同而有所变化。通常，添加剂中包含许多常见于各种家用产品中的小尺寸物质。在典型的水力压裂过程中，压裂液通过套管井筒被输送到目的层，然后被强制输入油气目标地层段。为了最大限度地减少地下水污染风险，好的钻井作业通常要求将一根或多根钢套管嵌入井中并用水泥黏合到位，以确保除生产层位外的整个井筒与包括含水层在内的周围地层完全隔离。因此，环境影响的焦点往往倾向于水力压裂液，并在一定程度上倾向于资源开发对气候变化（Shine，2009；Schrag，2012）、当地空气质量、水资源可用性、水质、地震活动，以及当地社区的影响（Brown，2007；WHO，2011；Clark et al.，2012）。许多疑似由水力压裂引起的地下水污染已被记录在案，但在某些情况下，水力压裂与地下水污染之间没有明确的直接联系（Mall，2011）。此外，还存在与抽样和分析技术可靠性有关的问题，这些技术已被用来暗示人类活动对气候变化的影响（Islam and Speight，2016）。

通过水平钻井和水力压裂对致密地层资源的快速开发，显著提高了天然气、液化天然气和原油对全球能源供应结构的贡献（BP，2015），持续发展可能会改变全球能源市场。虽然有利润的生产尚未扩展到美国和加拿大以外地区，但各国政府、投资者和公司已经开始在世界各地探索致密地层资源的商业潜力（见第 2 章）。然而，了解致密地层资源相对于其他能源的潜在效益是不够的，同样有必要知道天然气或原油是否真的可以从地层中开采出来。这取决于但不限于以下几个因素：（1）储层中总资源量；（2）储层矿物成分；（3）储层孔隙大小分布；（4）成岩作用；（5）储层岩石结构；（6）储层压力和温度（Bustin et al.，2008）。

一般来说，致密地层油气产量的快速增长引起了人们对施工作业造成水、道路、空气质量、地震和温室气体排放影响的担忧（Howarth et al.，2011a，2011b；Stephenson et al.，2011；O'Sullivan and Paltsev，2012）。然而，致密地层之间，以及内部的差异在一定程度上增加了这类资源开发的复杂性，特别是在考虑到环境管理的情况下。例如，水平钻井和水力压裂开采致密储层油气过程（见第 5 章），需要大量的水资源（根据储层特征而有所不同），与常规气井相比还可能会产生大量的温室气体排放（Spellman，2013）。由于对用水、水处理（见第 5 章），以及排放的担忧，在美国和西欧的许多地区，油气开发已经遇到了很大的阻力，由于水力压裂技术造成的环境失调，一些国家在全国范围内暂停了油气生产。事实上，致密地层油气开采监管是一个不断发展的问题，因为该行业的发展速度往往超过了监管机构获取信息制定具体指导和政策的速度（Clark et al.，2012）。

然而，由于致密油气资源开采需要使用特殊技术，因此存在合理的环境问题（Arthur et al.，2008，2009；GAO，2012）。由于水力压裂液用量很大，因此可能需要大量的淡水资源（见第 5 章）。然而，尽管井密度更高，但致密油气开发的占地面积不会比传统开发大很多，因为水平钻井技术的进步允许在同一井位钻 10 口或更多的井并进行生产。然而部分天然气和原油中存在的天然杂质 CO_2 会造成高碳足迹。

事实上，对资源生产率的估计及其对非常规油气开发环境足迹的启示是必要的，且正在进行中。然而，需要一种更加全面的方法来了解与环境成本相比最终能够提取出多少能源。关于这方面，重要的问题包括以下几点：（1）储层特征和流体运移机制，它们决定了致密地层和其他低渗透地层资源储存和生产；（2）评估技术类型，可以为非常规油气资源提供最准确的预计最终采收率（EUR）；（3）技术路线，改进采收率策略和完井以提高油井的短期和长期产能；（4）有效的增产措施，如水力压裂等旨在提高油井产能；（5）使资源的最终采收率最大化。

此外，随着能源生产的快速增长，公众对水力压裂对环境影响的担忧也随之而来，包括：（1）地下水和地表水污染的可能性；（2）空气质量下降的可能性；（3）逸散性温室气体排放的可能性；（4）生态系统受到的干扰；（5）诱发地震事件的可能性。其中许多问题并不是非常规油气生产独有的。然而，水力压裂作业的规模比常规勘探要大得多。此外，特别值得注意并引起当地社区关注的是，以前很少或没有油气生产活动的地区正在进行广泛的工业发展和高密度的钻探。

为了减轻这些担忧，资源开发公司帮助当地社区了解这些问题至关重要，这样居民就可以更清楚地了解非常规资源的生产能力，以及未来几十年的开发强度，特别是非常规油气被认为是当前能源生产和使用与未来低碳能源实际潜力之间的桥梁。

在非常规油气开发方面，如果不与监管机构和当地社区采取正确的方法，与环境问题有关的监管限制可能会阻碍（甚至终止）开发。但是，如果处理得当，非常规油气开发带来的潜在经济和能源安全效益能够促进天然气和原油产量的大幅增长。

总之，一种致密储层不一定与下一种致密储层相同，甚至在特定的储层内部也存在变化。此外，还必须考虑资源的经济可行性，即开采的成本和可行性，以及对现场环境和社会的顾及。为了成功开采出致密油气，政府和开发公司必须进行合作以便克服一系列技术、环境、法律和社会挑战。如果没有良好的管理，这些挑战无疑将阻碍发展。

因此，本节目的是向读者介绍油气生产中可能造成污染的各个方面，并审查适用于油气生产的各种法规。

18.1.1 环境规制

环境条件对于地球上的植物和动物来说是十分重要的，任何对环境的不利干扰都可能对生命的延续造成严重后果。油气生产的监管传统上主要发生在州一级，大多数生产油气的州都发布了比联邦法规更严格的标准，以及控制联邦层面未涵盖领域的额外法规，如水力压裂。在各州内部，监管由一系列机构执行。

以能源或自然资源为重点的部门通常对现场许可证、钻井、完井和开采提出要求，而环境或水利部门则对水、排放和废料管理进行监管。各州的具体规定差别很大，比如套管深度不同、钻井和压裂液的披露程度不同，或者对储水的要求也不同。目前，页岩气产区的大多数州都有不同的水力压裂法规，特别是对压裂液披露、配套钻井套管以防止含水层污染，以及返排和采出废水的管理。通过地下注入处理废水已经成为各州监管机构关注的一个问题，因为大量的州际废水流向一些井场附近具有合适地质条件和地震活动报告的州。

一系列联邦法律管理着页岩气开发的大多数环境方面。例如，《清洁水法》规定了与页岩气钻探和生产有关的地表水排放，以及生产现场的雨水径流。《安全饮用水法》指导页岩气活动产生的液体的地下注入。《清洁空气法》限制了发动机、气体处理设备，以及与钻井和生产有关的其他来源空气排放。《国家环境政策法》（NEPA）要求对联邦土地上的勘探和生产进行彻底的环境影响分析。

然而，联邦机构没有足够的资源来管理全国所有石油和天然气井场的所有环境项目。此外，联邦法规可能并不总是确保所需环境保护水平的最有效方式。因此，大多数联邦法律都有赋予各州优先权的条款，而各州通常都制定了自己的一套法规。根据法规，各州可以采用自己的标准，但这些标准必须至少与它们所取代的联邦原则一样具有保护作用——它们实际在解决当地情况可能更具保护作用。

一旦这些项目得到相关联邦机构（通常是美国环境保护署）的批准，州政府就拥有了首要管辖权。与联邦层面的一刀切管理相比，各州对页岩气开发相关环境实践的监管可以更容易解决活动的区域和州特性。其中一些因素包括地质、水文、气候、地形、工业特征、发展历史、国家法律结构、人口密度和地方经济。

因此，对页岩气钻井和生产的监管是终生的，各州有许多手段确保页岩气作业不会对环境产生不利影响。它们有广泛的权力来管理、许可和执行从钻井和压裂到生产作业、废料管理和处理、生产井废弃和封堵的所有活动。

　　不同的州采取的监管和执行方法不同，但它们的法律通常赋予各州石油和天然气董事或机构自由裁量权，要求采取一切必要措施来保护人类健康和环境。此外，大多数国家普遍禁止油气钻探和生产造成污染。大多数州的要求都写进了规章制度；然而，根据环境审查、实地检查、公众意见或委员会听证会的具体情况，部分会被添加到许可中。

　　最后，不同油气生产州的监管机构组织差异很大。部分州有多个机构可以监督油气运营的某些方面，特别是环境要求。在不同的州，这些机构可能位于各自政府的各种部门。随着时间的推移，这些不同的方法在每个州都得到了发展，每个州都试图建立一个最能服务于其公民和它必须监管的所有行业的组织。唯一不变的是，每个油气生产州都有一个负责钻井许可和作业监督的机构。虽然这些机构可能在管理过程中与其他机构合作，但它们是一个中央组织机构，也是负责油气活动管辖的各种机构的有用信息来源（Arthur et al.，2008）。

　　在非常规油气资源开发方面，一个主要的环境问题是水流的潜在污染。水力压裂液中99.5%是水，此外还含有改善工艺性能的化学添加剂。添加剂类型多种多样，包括酸、减摩剂、表面活性剂、胶凝剂和阻垢剂（表18.2）（API，2010）。压裂液的成分是根据不同的地质条件和储层特征定制的，以解决包括结垢、细菌生长和支撑剂运输在内的特殊挑战。

表 18.2　水力压裂过程中使用的添加剂

水和砂（体积占比约98%）			
水	扩大裂缝并泵送砂	一些留在地层中，其余的随地层水作为采出水返回地层（实际返回量因井而异）	园林绿化和制造业
砂（支撑剂）	使裂缝保持开放，这样石油和天然气就可以逸出	留在地层中，嵌入裂缝中（用于"支撑"裂缝打开），其他添加剂：约2%	饮用水过滤，铸造砂，混凝土和砖砂浆
酸	帮助溶解矿物质并在岩石中形成裂缝	与地层中的矿物质发生反应，生成盐、水和二氧化碳（中和）	游泳池化学品和清洁剂
抗菌剂	消除水中产生腐蚀性副产品的细菌	与可能存在于处理液和地层中的微生物发生反应；少量微生物分解产物随采出水返回地面	消毒剂，用于医疗和牙科设备的灭菌器
破胶剂	延缓凝胶的分解	与地层中的交联剂和凝胶发生反应，使流体更容易流入井内；反应产生的氨和硫酸盐随产出水返回地表	染发剂，作为消毒剂和用于制造普通家用塑料
黏土稳定剂	防止地层黏土膨胀	通过钠钾离子交换与地层中的黏土发生反应；这个反应产生氯化钠（食盐），随采出水返回地表	低钠食盐替代品、药物和静脉输液
缓蚀剂	防止管道腐蚀	与金属表面结合，如管道、井下；未结合的剩余部分都被微生物分解，并在采出水中被消耗或返回地表	制药，丙烯酸纤维和塑料
交联剂	在温度升高时保持流体黏度	与地层中的"破胶剂"结合，生成盐，并随采出水返回地表	洗衣粉、洗手液和化妆品
降阻剂	最大限度地减少摩擦	滞留在地层中，温度和与破胶剂的接触使其被自然存在的微生物分解和消耗；少量随采出水返回地表	化妆品，包括头发、化妆、指甲和皮肤产品
稠化剂	使水变稠以悬浮砂粒	与地层中的破胶剂结合，使流体更容易流入井眼，并随采出水返回地面	化妆品、烘焙食品、冰淇淋、牙膏、酱汁和沙拉酱

续表

水和砂（体积占比约 98%）			
铁控制剂	防止金属在管道中析出	与地层中的矿物质发生反应，生成简单的盐、二氧化碳和水，所有这些都随采出水返回地表	食品添加剂，食品和饮料，柠檬汁
抗乳化剂	破坏或分离油/水混合物（乳化剂）	通常随采出水一起返回地面，但在某些地层中，它可能会进入气流，并随采出的石油和天然气返回地面	食品和饮料加工，制药，废水处理
pH 值调节剂	保持其他成分的有效性，如交联剂	与处理液中的酸性剂反应，保持中性 pH 值（非酸性、非碱性）；这一反应产生了矿物盐、水和二氧化碳，其中的一部分随采出水返回地表	洗衣剂，肥皂，软水剂和洗碗剂

不幸的是，过去在水力压裂过程中使用的许多化合物缺乏科学依据的最大污染物水平，这使得量化它们对环境的风险变得更加困难（Colborn et al.，2011）。此外，由于所需化学成分披露受到限制，压裂液化学成分的不确定性仍然存在（Centner，2013；Centner and O'Connell，2014；Maule et al.，2013）。

各州和联邦监管机构对深层致密油气勘探和生产所要求的措施非常有效，例如，保护饮用水含水层不受污染。事实上，一系列联邦法律管理着油气开发的大多数环境状况（表18.3）。然而，联邦法规可能并不总是确保理想环境保护水平的最有效方式。因此，大多数联邦法律都有赋予州政府优先权的规定，尽管州政府通常已经制定了自己的一套法规。根据法规，不同的州可以采用自己的标准，但这些标准必须至少与它们所取代的联邦法规一样具有保护作用，因此这些标准对于解决当地情况可能更具保护作用。

表 18.3 美国联邦法规监督水力压裂项目的例子

法律法规	目的
大气保护法	限制发动机、气体处理设备，以及其他与钻井和生产相关的空气排放
清洁水法	规范与油气钻井和生产有关的地面排放水，以及生产现场的雨水径流
能源政策法	免除水力压裂公司的一些规定；可以通过向监管机构提交报告披露化学品，但在某些情况下，化学品信息因作为商业秘密免于向公众披露
国家环境政策法[①]	要求对联邦土地上的勘探和生产进行彻底的环境影响分析
国家污染物排放消除制度[②]	要求追踪压裂液中使用的任何有毒化学物质
石油污染法	管制与原料或烃类衍生物泄漏到地下水位有关的地面污染风险；也受《危险物质运输法》管制
安全饮用水法	指导油气开采活动中流体的地下注入；公开地下注入剂的化学成分；2005 年以后，参见《能源政策法案》
有毒物质控制法[③]	建议将本法用于规范对水力压裂液信息的报告

注：（1）这些法律是按字母顺序排列的，而不是按重要性或偏好顺序排列的；
（2）《压裂责任和化学品意识法案》(FRAC 法案) 试图定义水力压裂作为《安全饮用水法》下的联邦监管活动，https://www.congress.gov/bill/114th-congress/senate-bill/785/text。
①《国家环境政策法案》；
②《国家污染物排放消除制度》；
③《有毒物质控制法》。

与联邦层面的一刀切管理相比，各州对页岩气开发相关环境实践的监管可以更容易解决活动的区域和州特性。其中一些因素包括地质、水文、气候、地形、工业特征、发展历史、国家法律结构、人口密度和地方经济，因此对油气生产的监管是通过州一级的管控措施对开发的每个阶段进行详细监察。每个州都有必要的权力来规范、许可和执行所有的活动——从钻井和压裂到生产操作、到管理和处理废料、到废弃和封堵生产井。这些权力是确保油气作业不会对环境产生不利影响的一种手段。

此外由于各州的监管构成不同，各州对资源开发的监管和执法采取的方法也不同，但各州的法律通常赋予本州机构负责油气开发的自由裁量权，要求采取一切必要措施保护环境，包括人类健康。此外，大多数国家普遍禁止油气生产造成污染。大多数州的要求都被写入规章或条例，但有些条例可能会根据具体情况添加到许可中，如：（1）环境审查；（2）现场检查；（3）委员会听证会；（4）公众意见。

最后，不同州的生产油气情况不同，其监管机构也有很大差异。部分州拥有多个机构监管油气开采的不同方面，特别是保护环境的要求。随着时间的推移，不同的州已经提出了多种方法来创建一个最适合当地公民和必须受到监管行业的组织。唯一不变的是，每个油气生产州都有一个机构负责颁发油气开发项目的许可证。许可机构在管理过程中与其他机构合作，并经常作为中央组织机构和与油气生产活动有关的有用信息来源（Arthur et al.，2008）。

18.1.2 总体特征

非常规井的产能通常由两个因素进行估算：（1）完井后的初始产量；（2）产量递减曲线。初始产量（IP）确定了一口井的最大天然气或原油产量，通常是第一个月产量的计算平均值。递减曲线描述了天然气或原油产量的递减速度，通过该曲线可以估计该井的预产年限及潜在的环境影响。决定初始产量和递减曲线的参数是复杂的，地质因素主要包括：（1）地层的无机组成；（2）地层的有机组成；（3）埋藏史；（4）压裂模式；（5）各种岩石物理参数，如地层孔隙度和渗透率；（6）其他因素，如完井期间的诱导压裂水平（Lash and Engelder，2009；Miller et al.，2011；Clarkson et al.，2012）。

许多联邦法律指导了油气开发（表18.3）（US EPA，2012；Spellman，2013），这些规定影响到水的管理和处置，以及空气质量（Gaudlip et al.，2008；Veil，2010）。此外现行法规要求，在完成水力压裂作业阶段的最后30d内，负责开发作业的公司必须披露每口井在水力压裂过程中压裂液使用的化学物质的类型和数量，并向相关监管机构提交回收液处理和处置情况的详细报告。

尽管水力压裂不受联邦标准的直接监管，但一些联邦法律仍然指导石油和天然气的开发，包括页岩气（US EPA，2012；Spellman，2013）。这些条例影响到水的管理和处置，以及空气质量和联邦土地上的活动（Gaudlip et al.，2008；Veil，2010）。《清洁水法》侧重于地表水和规范废水处理，还包括授权国家污染物排放消除系统（NPDES）许可计划，以及要求跟踪压裂液中使用的任何有毒化学物质。《危险物质运输法》和《石油污染法》都规定了与原料或烃类衍生物泄漏到地下水位有关的地面污染风险。

水力压裂作业中使用的化学物质的披露主要是一个州级问题。在某些情况下，化学信息可以作为商业秘密免于向公众披露（Centner，2013；Centner and O'Connell，2014；Maule et al., 2013; Shonkoff et al., 2014)。然而，寻求此类豁免的公司必须提交证明，如果监管机构要求，还是必须提交化学信息进行评估。如果监管机构确定该信息不能免于披露，监管机构将在发布任何与压裂液化学成分相关的信息之前通知公司，允许公司寻求法院命令阻止信息的发布。

18.1.3 新兴法规

水力压裂技术已经发展成为一种精心设计的用于产生更大规模裂缝网络的工艺，从而产生更多的原位天然气。这一创新将页岩气转变为一种真正的经济资源，并导致更多页岩气井的钻探，同时也增加了对潜在环境影响的关注。

从历史上看，气井水力压裂始于1949年；然而直到21世纪初，随着煤层气的商业开发，非常规天然气的大量生产才开始出现监管。随着产量的增长，饮用水污染的报道引起了人们的关注，美国环境保护署为此委托开展了一项关于水力压裂对饮用水风险的研究。2004年，这项研究发现，煤层气水力压裂对地下饮用水源的威胁最小，这是支持该行业的一个重要发现。2005年，《能源政策法》授予水力压裂不受《安全饮用水法》约束的特别豁免，该法律对所有地下注入进行规范。

自2005年《能源政策法》通过以来，美国的天然气和原油产量显著增长，这种快速增长及持续不断的环境影响报告，再次要求联邦政府提供更多的监管或指导。在这种压力下，国会于2009年通过了《压裂责任和化学品意识法》，将水力压裂定义为《安全饮用水法》下的联邦监管活动（表18.3）。该提案要求能源行业披露水力压裂液中使用的化学添加剂。该法案没有得到任何行动，于2011年重新引入，从那时起似乎一直处于悬而未决的状态。

在没有新的联邦法规的情况下，通过水力压裂进行油气生产的各州继续使用现有的油气及环境法规来管理油气开发，并引入了各州的水力压裂法规（表18.3）。事实上，目前的法规是由联邦、州和地方法规和许可制度的重叠集合组成的，这些法规涵盖了油气开发和生产的不同方面，目的是将法规结合起来管理对周围环境的任何潜在影响，包括对水的管理。然而，水力压裂过程之前没有受到现行法律的监管，因此，之前未根据现行法律对水力压裂工艺进行监管，因此在水管理、排放管理和现场活动方面，现有法规正在（必须）重新评估，以确定其是否适用于水力压裂工艺。与此同时，许多州（包括怀俄明州、阿肯色州和得克萨斯州）已经执行了要求披露水力压裂液中使用材料的法规，美国内政部表示有兴趣要求联邦土地上的井场进行类似披露。

美国内政部土地管理局（BLM）提出了在公共土地上生产天然气和原油的规章草案，这些建议将要求披露用于水力压裂液的化学成分。该草案要求在水力压裂项目启动之前，应向有关当局提交一份作业计划，允许土地管理局根据：（1）对当地地质情况的审查；（2）对任何预期地表失调的审查；（3）对项目相关流体的拟议管理和处置审查。此外，土地管理局将要求在增产作业之前、期间和结束时提交必要信息，以确认井眼完整性。此外，在水力压裂开始之前，公司必须证明流体符合所有适用的联邦、州和地方法律、法规和规定。在水力压裂阶段结束后，需提交一份后续报告，总结压裂活动期间发生的实际事件，同时必须包括水力压裂液的具体化学成分。

2012年4月17日，美国环境保护署发布了油气行业有害空气污染物的新性能标准和国家排放标准。这些规定包括第一个针对水力压裂气井的联邦空气标准，以及目前未在联邦层面进行监管的油气行业其他污染源的要求。这些标准要求在 2015 年 1 月 1 日之前开发的所有天然气井要么进行燃除，要么进行绿色完井，在该日期之后开发的天然气井只允许进行绿色完井。简而言之，绿色完井要求天然气公司在完井后立即在井口捕获天然气，而不是将其释放到大气中或燃烧天然气。因此，绿色完井系统能够在完井过程中减少甲烷损失。在完井或修井后，必须清理井筒和地层中的碎屑和压裂液。常规的处理方法包括将井生产到露天的坑或储罐中，收集砂、岩屑和储层流体进行处理。通常，所生产的天然气被排放或燃烧，大量损失的天然气可能不仅仅是影响区域空气质量。当使用绿色完井系统时，天然气和湿气会同其他流体物理分离（井口气体处理的一种形式）（Mokhatab et al.，2006；Speight，2014a，2019）——没有排放或燃烧天然气，而是直接输送到可以容纳或运输烃类衍生物用于生产用途的设备中。此外，通过使用便携式设备处理天然气和凝析油，回收的气体可以作为销售气体直接输送到管道。使用卡车安装或拖车安装的便携式系统通常可以回收超过一半的总产气量。

美国环境保护局除了拥有依据《安全饮用水法》的监管权之外，该机构正在探讨是否可能根据《有毒物质控制法》制定规则，以规范水力压裂液信息的公布。根据《清洁空气法》，环保署也有权监管水力压裂作业产生的有害气体排放。

2012 年 4 月 17 日，美国环保署针对油气行业发布了新的有害空气污染物源的性能标准和国家排放标准。最终的规章包括第一个针对水力压裂气井的联邦空气标准，以及目前未在联邦层面进行监管的油气行业其他污染源的要求。这些标准要求在 2015 年 1 月 1 日之前开发的所有可行的天然气井进行燃除或绿色完井，在该日期之后开发的天然气井只允许进行绿色完井。这些规则预计将使水力压裂井的挥发性有机化合物排放量减少约 95%，同时将挥发性有机化合物、有害空气污染物和甲烷的排放量减少约 10%。

18.2　致密油对环境影响

致密地层中油气的出现迅速改变了世界不同地区能源供应和安全的机遇格局。目前评估全球页岩烃类实际储量存在困难，一些国家，如美国，已经开始开发这种相对便宜的能源资源，为国内能源供应提供了新的有利条件。油气开采通常是通过水力压裂来完成的，在那些进行大规模、不受监管的水力压裂的地方，其影响环境的证据正在出现，其中许多影响都体现在水资源方面。

水力压裂是一项需要大量水资源的作业，由于致密油气资源通常位于干旱地区，在已缺水的环境中开采会带来额外的挑战。在页岩气井的整个生命周期中，需要大量的水在高压下破裂岩石，这给当地被多种用途需要的淡水资源带来了进一步的压力，而这些淡水资源已经被许多不同的用途所需要。当某一地区的水供应短缺时，就必须从远处将其运送到水力压裂现场。

水质也受到水力压裂及可用水量的威胁。人们越来越多地发现，压裂液中使用的许多化学品（其成分通常因商业机密原因而受到保护）对环境和人类健康都有害，但管理水力压裂的法规和立法不健全，往往会造成周围水源的污染事故。此外，需要通过制定行为守则和管理水力压裂的管理制度来承担更大的保护水资源和环境的责任。目前正在开发或准备开发页岩资源作为其能源供应一部分的国家都应采纳这一原则。

因此，认识到从致密地层中开采油气的环境风险及其可能造成的损害是非常重要的（Muresan and Ivan，2015）。应特别注意该地区或州那些尚未习惯于油气开发的地区，以及必要的监管和物质基础设施尚未到位的地区（Arthur et al.，2008；Hoffman et al.，2014）。

压裂过程（见第5章）需要以足够高的压力泵入压裂液，主要是含砂支撑剂和化学添加剂的水，以克服压裂过程中致密目标地层内的压应力。在此过程中，地层压力增加到超过临界破裂压力，从而在地层中形成窄缝。然后将支撑剂（通常是砂）泵入这些裂缝中，保持渗透通道在压裂液被抽离并完成作业后依然开启以供流体流动。虽然有几个与环境相关的问题必须得到关注，但主要的焦点是压裂过程，这对可能存在于含油气地层上方或附近的浅层地下水层构成风险。

主要风险有：（1）钻井和下套管时，钻井液或天然气会污染地下水含水层；（2）现场钻井液、压裂液和压裂返排废水的地面泄漏；（3）不当的场外废水处理会造成污染；（4）为了进行大体积压裂而过度取水；（5）过度的道路交通和对空气质量的影响。

如前所述（见第5章），在将压裂液从地面泵入致密地层时，需要使用多层水泥和套管来保护淡水层。在将压裂液泵入井下之前，需要在高压下测试这种保护措施。一旦压裂过程开始，被压裂的致密层段与浅层带之间的巨大垂直距离可以阻止裂缝从致密地层扩展到浅层地下水层。需要指出的是，只有浅层含有饮用水层，因为地下水的盐度随着深度的增加而增加，以至于水太咸而无法使用。

水力压裂后，随着井内水压降低，压裂液随天然气和原油回流。当流体回流到地面时（通常称为返排），泵入地层的砂和其他支撑剂会留在地层中，以支撑新裂缝和扩张缝。随着返排的继续，流体成分中烃类衍生物的比例会越来越高。在返排的最初几周内，部分或大部分压裂液会以废水的形式返回地面。在北美，返排量估计值为初始注入压裂液的10%~75%。这种废水可以回收和处理后再利用，存入处置井，或处理后排放到地表水中。如果管理不当，水力压裂作业产生的返排水和其他废水会导致地表水和地下水的严重恶化，对生态系统和社区构成严重威胁。

此外，在返排最初的10d内，5%~20%的压裂液将以返排水的形式返回地面。相当于注入量10%~300%的额外水量，将在井的生命周期内作为产出水返回地面。需要注意的是，所谓的返排水和采出水之间并没有明确的区别，这些术语通常是由作业方根据时间、流量或产出水的成分来定义的。

水返回地表的速度在很大程度上取决于地层的地质情况。在Marcellus区块，返排液回收率为95%，而在Barnett和Fayetteville区块，回收率仅为20%。水管理和再利用是当地问题，往往取决于水质和水量，以及管理办法的可行性和承受力（Veil，2010）。在30年的生命周期里，如果一口典型井进行了3次水力压裂，那么每口井的油气建产通常要消耗（709~1681）×10^4gal的水量。

因此，对环境的主要风险是空气污染、水污染和地表影响。

18.2.1 空气污染

任何油气钻井作业都会影响空气质量。货车交通产生的粉尘和发动机废气，以及柴油动力泵的排放物都对健康有害。这些排放物主要包括臭氧前体物，如氮氧化物（如NO_x）、非甲烷挥发性有机化合物（VOC），以及悬浮颗粒。据报道，在某些情况下臭氧水平极高，与主要城市最恶劣的情况相当（Hoffman et al.，2014）。

在完井返排或测试过程中，甲烷排放也会影响空气质量，包括燃烧多余天然气的火炬排放。非燃烧颗粒是空气污染的另一个来源，这些颗粒既来自为钻井平台铺设的砾石道路，也来自水力压裂过程中支撑剂处理产生的硅尘。硅砂进入肺部会引起矽肺病。在气体和液体生产过程中使用的设备也会产生有害排放，包括阀门、压缩机排无意中释放的甲烷，以及从冷凝液或油罐中逸出的挥发性有机化合物，如苯、甲苯、乙苯和二甲苯异构体（统称为 BTEX）（Hoffman et al.，2014）。

因此，在此过程中的气体或挥发性烃衍生物逸出会对空气质量产生影响，同时在浅层钻井和下套管时也会发生钻井液或天然气污染地下水含水层的情况。此外，压裂返排产生的钻井液、压裂液和废水也有可能在现场发生地面泄漏。页岩气生产活动会产生大量的空气污染，可能会影响开发地区的空气质量。除了温室气体排放，天然气的逸散排放还会释放挥发性有机化合物（VOC）和有害空气污染物（HAP），如苯。钻井、水力压裂和压缩设备（通常由大型内燃机驱动）产生的氮氧化物（NO_x）是另一种令人担忧的污染物。

几个州的排放清单显示油气作业是当地空气污染的重要来源。然而，由于空气质量高度依赖当地条件，因此存在与这些排放影响相关的不确定性。例如，在某些地区挥发性有机化合物的排放将不是臭氧形成的主要驱动因素；因此，需要详细的模型来了解排放对当地空气质量的影响。此外，虽然在生产地点附近发现苯排放水平升高，但浓度低于基于健康的筛查水平，而且关于有害空气污染物排放如何影响人类健康的数据很少，因此需要进一步检查。

页岩井场的温室气体排放和其他空气排放也是一个关键的环境问题。页岩气从勘探、加工到输送都会产生温室气体。美国环境保护署已根据《温室气体强制报告法》确定了许多此类排放源的温室气体排放报告的规定。州和联邦层面的附加空气排放法规也影响到页岩气相关作业。

大多数天然气生产都需要进行处理以去除其中的烃类衍生物和杂质。湿气（如丙烷、丁烷、戊烷和高分子量烃衍生物及其他凝析油）的回收是整个天然气加工行业的增值过程。其他微量产品，如 H_2S 和 CO_2 被称为酸性气体，必须从气流中去除，防止其腐蚀管道和设备。

致密地层开发过程中产生的空气污染物排放源可分为两大类：（1）钻井、加工、完井、维护和其他产气活动产生的排放；（2）进出井台的水、砂、化学品和设备产生的排放。因此，致密地层的油气生产活动可能会产生大量的空气污染，从而影响储层开发计划周围地区的空气质量。除了温室气体排放外，天然气的逸散性排放还会向空气中释放挥发性有机化合物（VOC）和有害空气污染物（HAP），如苯。钻井、水力压裂和压缩设备（通常由大型内燃机驱动）产生的氮氧化物（NO_x）排放物也是令人担忧的污染物。

然而，由于空气质量高度依赖当地条件，因此可能存在与这些排放影响相关的不确定性。例如，某些地区的挥发性有机化合物的排放将不是有机排放的主要来源，在这种情况下，有必要了解这些排放对当地空气质量的影响。此外，虽然在生产场地附近发现了苯排放水平升高，但浓度是可变的（有些低于基于健康的筛查水平），关于在这种情况下有害空气污染物排放如何变化的数据很少，因此需要进一步调查。

致密地层井场的温室气体排放和其他空气排放也是一个关键的环境问题，从勘探到回收、井口加工、运输和分销的整个油气作业阶段中都会产生排放。美国环境保护署已根据《温室气体强制报告法》确定了许多此类排放源的温室气体排放报告规定（US EPA，2015）。州和联邦层面的附加空气排放法规也影响到页岩气相关作业。

气体排放，如 H_2S、NH_3、CO、SO_2、NO_x 和微量金属等，均是空气污染来源。这种排放物至少在致密地层处理作业中是可以想到的，而且这些物质在大气中的寿命相对较短，如果它们均匀分布，其有害影响将是最小的。不幸的是，这些人为排放的污染物通常集中在局部地区，其扩散受到气象和地形因素的限制。此外，协同效应意味着污染物的相互作用：在阳光照射下，一氧化碳、氮氧化物和未燃烧的烃类衍生物会导致光化学烟雾，而当二氧化硫浓度变得明显时，就会形成基于硫氧化物的烟雾。

由于天然气燃烧产生的二氧化碳排放量比煤和原油燃料少得多，因此被称为低碳燃料。然而，要理解对气候变化的影响，不仅要看汽车或发电厂燃烧产生的温室气体排放，还要看生产活动产生的温室气体排放。对天然气的主要担忧是整个供应链的泄漏和排放，因为甲烷是天然气的主要成分，更是一种强效温室气体。

天然气的泄漏也引起了人们对环境的担忧。美国能源情报署表示，所有来源的甲烷排放约占美国温室气体排放总量的1%，但约占"基于全球变暖潜力的温室气体排放量"的9%。甲烷可能在通向消耗的整个过程的任何阶段泄漏。

通常情况下，现场生产、收集和清洗、从伴生气中分离水或油，以及提取液化石油气会使天然气总产量减少6%~10%。此外，输配还消耗了3%~8%的天然气，进一步降低了天然气总量。因此，美国只有85%~90%的总产量能够最终到达用户手中。然而，无论天然气是从直井还是水平井中流出，导致消耗的过程都是一样的。

对每口井碳足迹的进一步研究可能会产生一个明显矛盾的结果。水平井的碳足迹远远超过典型的直井，因为钻井过程、完井过程和增产过程（水力压裂）需要更多的碳基燃料、更多的钻井液和更多的水。此外，运行所需的设备和泵会产生更多的排放。

值得记住的是，即使是无毒但不支撑生命和令人窒息的二氧化碳也可能对环境产生重要影响。地球表面发射的红外辐射在二氧化碳吸收强的区域具有能量分布峰值，这就导致了红外辐射被大气层捕获，使地球表面温度升高。由于化石燃料的燃烧，大气中二氧化碳浓度正在从目前的水平增高。虽然涉及多种因素，但大气中二氧化碳浓度的增加似乎确实会导致地球表面温度升高，这可能会导致极地冰盖明显减少，进而导致进一步变暖。

在页岩油气开采过程中排放到大气中的酸性气体（SO_x 和 NO_x）为酸雨的形成提供了必要的成分。硫以有机化合物和无机化合物的形式存在于不透油地层中。在加工过程中，大部分硫转化为二氧化硫，少部分以亚硫酸盐的形式残留在灰烬中：

$$S+O_2 \longrightarrow SO_2 \tag{18.1}$$

空气过量时会形成少量三氧化硫：

$$2SO_2+O_2 \longrightarrow 2SO_3 \tag{18.2}$$

$$SO_3 + H_2O \longrightarrow H_2SO_4 \tag{18.3}$$

只需少量的三氧化硫就会产生不良影响，因为它会引起硫酸的冷凝造成严重的腐蚀。此外，干酪根中固有氮在加工过程中会转化为氮氧化物，氮氧化物也会产生酸性产物，从而导致酸雨：

$$2N+O_2 \longrightarrow 2NO \tag{18.4}$$

$$NO+H_2O \longrightarrow HNO_2（亚硝酸）\tag{18.5}$$

$$2NO+O_2 \longrightarrow 2NO_2 \tag{18.6}$$

$$NO_2+H_2O \longrightarrow HNO_3（硝酸）\tag{18.7}$$

大多数烟气洗涤工艺都是为去除二氧化硫而设计的；通过改进燃烧设计和调节火焰温度来尽可能地控制氮氧化物（Mokhatab et al.，2006；Speight，2014a，2019）。然而，去除二氧化硫的过程通常会去除一些氮氧化物；商业上成熟的静电除尘器可以有效地去除颗粒物。

大多数天然气净化过程需要从中去除其他烃类衍生物和杂质的痕迹（见第8章）（Mokhatab et al.，2006；Speight，2014a，2019）。湿气（如丙烷、丁烷、戊烷和高分子量烃衍生物）的回收是整个天然气加工行业的增值过程（Mokhatab et al.，2006；Speight，2007，2014）。其他微量产物，如H_2S和CO_2（酸性气体）必须从气流中去除，以防止管道和设备的腐蚀（Speight，2014c）。

当地另一种日益受到关注的空气污染物是结晶二氧化硅粉尘，它可以从砂支撑剂中产生。在开采和运输砂到井场，以及在井台将砂移动和混入水力压裂液的过程中都会产生硅尘。可吸入尺寸范围内（小于4mm）的结晶二氧化硅粉尘是一种危险的空气污染物和致癌物，除了增加患肺癌的风险外，接触结晶二氧化硅还会导致一种慢性炎症性肺病——矽肺病。

2011年，美国环境保护署将美国天然气行业的甲烷泄漏估计量提高了一倍，部分原因是首次将页岩气生产的排放量计算在内。页岩气井完井会产生大量甲烷排放，在天然气生产开始前从井中排出返排水时，天然气可在几天内排放到大气中。页岩气井可能需要定期修井以改善气体流动，这可能需要再次进行水力压裂，因此如果这些操作不受控制，可能会产生更多的甲烷排放（Osborn et al.，2011）。

实际上，天然气运营商通常会采取措施限制这些排放。美国环境保护署的STAR项目是行业和政府合作共建，旨在减少甲烷排放。该项目报告称，通过使用燃除和减少排放完井技术，可以捕获原本会排放到大气中的气体，从而甲烷排放量显著减少约50%（Burnham et al.，2012）。然而，由于数据的高度集中和业务信息的保密机制，预估节约量缺乏透明度。在评估这些排放影响时，作为生命周期计算中的一个重要因素，预测未来油井产能是另一个不确定领域（Berman，2012；Branosky et al.，2012）。由于页岩气的生产是新出现的，这些预测范围很广，如果井产量低于行业规划，那么完井排放的影响将更加重要。

已经发布的几项研究估计了页岩气生命周期的温室气体排放量，然而由于方法和数据假设的差异，结果有所不同（Howarth et al.，2011a，2011b；Burnham et al.，2012；Weber and Clavin，2012）。美国环保保护署并没有明确检查页岩气泄漏，而是检查整个天然气行业；然而美国环境保护署此前估计，大规模页岩气生产前的天然气泄漏在生命周期内为1.4%，在生产阶段为 0.4%（Kirchgessner et al.，1997）。虽然与之前各种生产活动造成的泄漏相比，此时预估泄漏率显著增加，但旧管道更换使运输和分销等其他阶段的泄漏率有所下降，从而减少了总体影响。另一方面，康奈尔大学研究人员估计，页岩气在生命周期内的基本泄漏率为 5.8%，然而它们没有考虑到捕捉排放甲烷技术，并且没有剔除几个可能高估的排放数据点。

根据目前对大规模生产的泄漏估计，在 100 年的时间范围内，天然气甲烷排放量约占整个生命周期温室气体排放量的 15%，天然气的相对效益取决于它的最终使用方式。例如，大多数研究表明，与典型燃煤电厂相比，天然气电厂可以减少 30%~50% 的温室气体排放，具体取决于电厂的效率（Burnham et al.，2012）。与汽油相比，轻型车辆使用压缩天然气可以减少近 10% 的温室气体排放（Burnham et al.，2012）。然而，与柴油车相比，使用火花点火式发动机的重型天然气车辆，如公共汽车，其压燃发动机的效率优势可能不会造成温室气体排放。

当地另一种日益受到关注的空气污染物是结晶二氧化硅粉尘，它可以从砂支撑剂中产生。在开采和运输砂到井场，以及在井台将砂移动和混入水力压裂液的过程中都会产生硅尘。可吸入尺寸范围内（小于 4mm）的结晶二氧化硅粉尘是一种危险的空气污染物和致癌物，除了增加患肺癌的风险外，接触结晶二氧化硅还会导致一种慢性炎症性肺病——矽肺病。

与非常规油气生产相关的空气排放也引发了公众健康担忧，并受到了监管机构的审查。油气生产的各个阶段都会释放出空气污染物，排放源包括井场、道路和管道建设，钻井、完井、返排过程，以及天然气加工、储存和运输设备。主要污染物包括甲烷（天然气的主要成分，也是一种强效温室气体）、挥发性有机化合物（VOC）、氮氧化物、二氧化硫、颗粒物和各种有害空气污染物。据美国环境保护署称，油气工业是甲烷和挥发性有机化合物排放的重要来源，它们与氮氧化物反应形成臭氧（烟雾），并且已经确定返排过程中的水力压裂气井是天然气工业中排放物的另一个来源。

甲烷和其他污染物的释放也可能发生在与油气收集管道相关的天然气生产及其他基础设施缺乏的地方。在这种情况下，天然气通常必须进行燃烧或排放。与排气相比，燃除可以减少挥发性有机化合物的排放，但也会导致温室气体排放，而不会产生经济价值或取代其他燃料消耗。

随着得克萨斯州 Eagle Ford 组和北达科他州 Bakken 组致密油的快速开发，由于这些致密油含有大量的伴生气，因此天然气燃除已经成为一种担忧。其他致密油产量大幅增加地区的天然气燃烧量也增加了。

18.2.2　水污染

在美国，页岩盆地分布在 48 个州的大部分地区（见第 2 章），页岩气藏的开发需要大量水与黏土混合形成钻井液用于钻井，作用是冷却和润滑钻头，提供井筒稳定性，并将岩屑带到地面。水力压裂作业需要大量使用水，典型压裂液中 98% 以上是水和砂，另外 2% 由一些添加剂组成，这些添加剂会根据不同的井和操作方而变化。通常，添加剂中包含许多常见于各种家用产品中的小尺寸物质。除水和砂外，钻井液中还加入了少量其他添加剂以提高水力压裂工艺的效率（见第5章）（Speight，2016）。在美国，水通常用卡车运到钻井地点，或者通过临时管道运输。

在典型的水力压裂过程中（见第5章），压裂液通过套管井筒被输送到目的层，然后被强制输入油气目标地层段（Speight，2016）。为了最大限度地减少地下水污染风险，好的钻井作业通常要求将一根或多根钢套管嵌入井中并用水泥黏合到位，以确保除生产层位外的整个井筒与包括含水层在内的周围地层完全隔离。在美国，大多数含油气页岩埋深至少位于地表以下5000ft，而含水层通常不超过1700ft。考虑到目标页岩层与上覆含水层之间的岩石厚度、页岩层本身极低的渗透率，以及实施了良好的油田作业（如套管和固井），业内认为水力压裂作业对上覆含水层造成污染的风险很小。一般认为含水层的污染与钻井作业不当有关，特别是钻井套管和固井作业不当或地面储存设备施工不当。

目前，大部分压裂作业产生的返排液要么从井场运输出来处理，要么在后续作业中进行处理再利用。但是在重新使用之前，必须除去水中悬浮的固体。这种水的回收成本可能很高，是许多环境组织和环境监管机构的主要关注点。目前已经开发出新的、更高效的技术，使压裂液以更低的成本在现场回收。水力压裂过程中可能使用水以外的流体，包括二氧化碳、氮气或丙烷，尽管目前它们的使用范围远不如水。

目前，美国最活跃的页岩盆地是Antrim页岩、Barnett页岩、Fayetteville页岩、Haynesville/Bossier页岩、Marcellus页岩和New Albany页岩，以及其他正在认真研究的页岩气藏地层（见第2章）（EIA，2011a）。唯一的共同点是都是页岩，就像处理天然气一样，每个页岩气盆地在水资源管理方面都面临着独特的挑战。

就水资源而言，问题在于如何利用水力压裂技术将页岩中的气体释放出来——通过大型体积压裂在岩石中制造裂缝，以释放地层内部的天然气或石油。因此，页岩钻探中与水相关的问题导致了越来越复杂的政策和监管挑战及环境合规障碍，这些问题可能会挑战页岩气的扩大生产并增加运营成本。

水力压裂产生的水通常含有化学添加剂，有助于携带支撑剂，并且在注入页岩地层后可能会富含盐。因此，在天然气生产过程中回收的水必须以安全的方式进行处理，通常通过一口或多口专门为此目的钻探的井注入深部、高盐地层，并遵守明确规定。由于存在腐蚀或结垢的可能性，返排水在水力压裂中很少被重复使用，溶解的盐可能会从水中沉淀出来堵塞部分油井或地层。除了压裂液添加剂外，页岩气开采废水中还可能含有大量的总溶解固体（TDS）金属和天然存在的放射性物质。此外，含气页岩产出的含盐地层水量变化很大，从0bbl到数百桶不等。这些水来自含气页岩本身或被压裂缝网连通的邻近地层。与返排水一样，这些水通常盐度很高，必须进行处理，通常是通过注入深层含盐地层，这种做法也要遵守规定。事实上，在一些石油和天然气生产州，监管机构已经对水力压裂过程中使用的化学品的披露实施了规定。

套管提供了一个保护屏障，防止来自井中水力压裂液、石油和天然气的潜在污染。然而，部分水质风险来自地表泄漏，如页岩气钻井水污染或其他处理不当的废水，而不是水力压裂工艺本身（EIUT，2012）。

然而，地下水的潜在污染引发了另一个环境担忧。水力压裂工艺需要使用数十万加仑的水，这些水经过化学处理后既有利于支撑剂（大多数情况下是砂子）的悬浮，又起到输送介质的润滑作用。在整个油田的开发过程中，注入页岩地层的水量可能达到数亿加仑。尽管现场作业在完成水力压裂增产后回收了大部分注入水，但仍有大量的水和化学物质留在地层中。

美国多个页岩地层的开发就发生在主要的人口中心附近，例如得克萨斯州沃斯堡附近的 Barnett 页岩。因此，一些环保人士声称，水力压裂过程中使用的化学物质可能会泄漏，对当地健康和安全构成威胁，并呼吁实施更严格的监管。天然气行业对此的回应是"注入化学物质的页岩地层埋深在地表以下数千英尺处，而地下水通常只有数百英尺深"。

包括纽约在内的一些州已经发布了尽责开发页岩地层的监管条例，包括水的使用和处置、地下水的保护和化学品使用等指导方针。此外，监管要求包括：（1）审查每个钻井申请的环境合规性；（2）对距离市政水井 2000ft 以内的所有拟建油气井进行完整的环境评估；（3）严格审查钻井设计以确保地下水保护；（4）钻井作业现场检查；（5）钻井结束时执行严格的复原规则。

就废水而言，水力压裂行业面临着许多问题，而这些问题背后的主要驱动因素是：（1）在压裂工艺开始前添加到水中的化学添加剂；（2）该过程中及水返回地表时从地层中浸出的化学物质。然而，该行业正在继续努力减少并在可能的情况下完全消除任何水污染。除了监测水中的有机化合物外，还必须持续监测金属浓度，因为重金属释放到环境中时会带来很大的危险。

在大多数情况下，液态废料受《安全饮用水法》（SDWA）监管，该法要求水经过多个净化阶段才能回收，并在排入地表水中之前需要经过包括废水处理厂在内的多个处理过程。排放到地表水中的废料受国家排放法规的约束，并受《清洁水法》（CWA）的监管。这些排放指南限制了废水中可能存在的硫化物、氨、悬浮固体和其他化合物的含量。尽管这些指南已经到位，但过去排放的污染物可能仍留在地表水体中。

在压裂作业的地面设施中，水处理方案包括：（1）固体沉降和去除；（2）使用细菌和通气来增强有机降解；（3）通过活性炭、臭氧和氯化作用来过滤。因此，必须识别水中的有毒成分，并制定相应计划来缓解任何问题。此外，监管机构已经制定并将继续制定针对重点有毒污染物的水质标准。

此外，井筒缺陷可能会造成深层地层污染。如果在安装过程中，套管与围岩之间的环空没有得到充分密封，甲烷就会从致密地层向上运移到井筒外部进入到浅层含水层，并溶解在饮用水中。另一种可能的污染途径是浅层套管存在缺陷，导致气体从井筒内流入含水层。错误的钻井施工似乎造成了有记录的最大水污染事件之一，除此之外，未加套管的废弃油井也可能造成甲烷运移（Osborn et al., 2011）。最明显也是最容易预防的污染途径是故意倾倒或意外溢出的返排水到地表，意外溢出的一个常见原因是在大雨期间滞留池的溢出。

对于致密地层能源项目来说，水在项目周期的压裂阶段使用最频繁。根据目前的做法，压裂作业极度依赖水，每口水平井和相关裂缝可能需要高达 1000×10^4 gal 的水。致密地层油气生产活动，以及其产生的废水（包括压裂返流和源地层产水）的管理和处理引起了人们对地下水和地表水潜在污染，以及与废水回注井诱发地震的担忧。

事实上，对生产商利用水资源能力的限制可能会严重影响需要水平钻井和水力压裂的油气生产的未来发展。这些项目可能造成不利的环境影响，特别是与流体管理有关的影响

（见第5章），这促使各种监管行动引入并执行保护供水的法规。未来的行动可能会通过额外的监管或其他政策行动影响蕴藏油气资源致密地层的开发。与此同时，随着致密地层油气开采及水资源利用和废水管理协议的创新和改进，可能会减少一些潜在的不利环境发展的影响（Tiemann et al., 2014）。水资源管理问题与致密地层能源开发的整个生命周期有关，因为即使在钻井、水力压裂并生产天然气和（或）原油之后，流体仍将继续产生。此外，美国致密地层盆地遍布48个州的大部分地区（见第2章）（US EIA, 2011a），它们唯一的共同点是使用了"致密地层"这个总称，与天然气处理部分（见第10章）一样（Speight, 2014a），每种致密地层在水污染和水资源管理方面都面临着一系列独特的挑战。

18.2.2.1　水资源消耗

水力压裂作业的水资源消耗发生在：（1）钻井；（2）支撑剂砂的提取和处理；（3）天然气输送管道测试；（4）天然气加工厂。通常，对于大多数致密地层盆地，水是从当地供水系统中获取，包括：（1）地表水体，如河流、湖泊和池塘；（2）地下水含水层；（3）市政供水；（4）市政和工业处理设施处理过的废水；（5）回收、处理和再利用的生产水和（或）返排水（见第5章）。水污染的发生可能是由于悬浮固体、溶解的无机成分、溶解的有机成分，以及各种其他污染物的存在，这些污染物会随着现场和项目特征而变化，包括储层特征。

虽然页岩气生命周期的多个阶段都需要使用水，但大部分水通常是在生产阶段消耗，主要是由于水力压裂井需要大量的水 $[(23\sim550)\times10^4\text{gal}]$，而钻井和固井施工期间也需要 $(19\sim31)\times10^4\text{gal}$ 的水（Clark et al., 2011）。在页岩气井压裂后最初的10d内，原始体积5%~20%的液体会以返排水的形式返回地面，其余的水（相当于注入量的10%~300%）将在井的生命周期内作为产出水返回地面。需要注意的是，所谓的返排水和采出水之间并没有明确的区别，这些术语通常是由作业方根据时间、流量或产出水的成分来定义。

返排率在很大程度上取决于地层的地质情况。在 Marcellus 区块，返排率为95%，而在 Barnett 和 Fayetteville 区块，返排率通常只有20%。水的管理和再利用是地方问题，往往取决于水质和水量，以及管理办法的可行性和承受力（Veil, 2010）。在30年的生命周期里，如果一口典型井进行了3次水力压裂，那么每口井的油气建产通常要消耗 $(709\sim1681)\times10^4\text{gal}$ 的水量。

一旦天然气开始生产，它就会被加工、运输和分销，并最终被使用。水的消耗也发生在每一个阶段，最重要的非生产消耗可能发生在最终使用期间。虽然天然气可以直接燃烧且不需要额外的水消耗，但如果天然气的最终用途是汽车油箱，则可以通过电动压缩机进行压缩。压缩用电与0.6~0.8加仑/汽油加仑当量（GGE）的水消耗量有关（King and Webber, 2008），根据位置和返排水回收程度，车辆生命周期的总消耗为1.0~2.5gal/GGE。相比之下，使用传统天然气相关的车辆生命周期用水量在0.9~1.1gal/GGE之间，汽油在2.6~6.6gal/GGE之间，玉米乙醇在26~359gal/GGE之间（Wu et al., 2011）。

18.2.2.2　水质

对水质的担忧主要集中在水力压裂作业产生的甲烷或流体对饮用水的潜在污染上。这种污染的可能途径包括从井筒到饮用水含水层之前的地下泄漏，以及处理不当或水力压裂液意外泄漏到地表水体。考虑到大多数页岩储层的深度，不太可能存在可靠的通道（独立于井筒）供流体从页岩裂缝中通过数千英尺的上覆岩石流入饮用水含水层。然而，正如美国环保署在怀俄明州 Pavilion 地区进行的地下水调查所表明的那样，较浅的页岩矿床可能容易受到这种直接联系的影响，而气藏与饮用水资源的距离只有 400ft。

对于深层地层，井筒缺陷可能会导致污染。如果安装过程中套管与围岩之间的环空没有得到充分密封，甲烷就会从页岩地层向上运移到井筒外部进入浅层含水层，并溶解在饮用水中。另一种可能的污染途径是浅层套管存在缺陷，导致气体从井筒内流入含水层。

钻井之后至水力压裂之前，错误的井建似乎造成了宾夕法尼亚州 Bradford 地区有记录的最大水污染事件之一。除此之外，未加套管的废弃油井也可能造成甲烷运移（Osborn et al.，2011）。最明显也是最容易预防的污染途径是故意倾倒或意外溢出的返排水到地表，意外溢出的一个常见原因是在大雨期间滞留池的溢出。

矿物地层返排水中的污染物，如天然放射性物质（NORM），或水力压裂液中的添加剂，如果浓度过高则可能会对健康造成影响。美国环境保护署对宾夕法尼亚州 Dimock 地区地下水可能受到污染的调查是出于对类似有毒物质的担忧。虽然没有联邦饮用水标准对甲烷的限制，但它在水中仍然是一种危害，因为在足够的浓度下，它会挥发并在房屋中聚集，从而导致窒息或成为火灾和爆炸的燃料。

悬浮固体主要出现在致密地层使用的粉尘控制系统的水中及现场排水中。在地面井口处理系统中，产出的天然气和凝析油中可能会夹带一些细粒物质。井口冷却塔可能与油气运输的前处理有关而且也是必要的，它可能会从大气中吸收粉尘从而造成水污染。此外，沉淀盐和生物物质也可能存在于冷却塔的排污中。

溶解的无机成分将出现在采出水、返排水和现场排水中——它们会从致密地层中浸出钠、钾、钙和镁等离子。与阳离子（钠 /Na^+、钾 /K^+、钙 /Ca^{2+} 和镁 /Mg^{2+}）相关联的硫酸盐（SO_4^{2-}）、碳酸氢盐（HCO_3^-）和氯化物（Cl^-）产生的阴离子也可能存在，这取决于致密地层压裂液的配制。

从储层中浸出的无机成分（假设井筒和压裂作业没有造成水与其他地层接触）包括酸性物质、高碱性物质和稀释浓度的重金属，这些物质会形成恶劣环境（通常是毒害水道）进而对当地的动植物产生不利影响，在某些情况下还可能会导致动植物的破坏。

溶解的有机成分主要来自天然气、凝析油或原油中的有机化合物。每种凝析油中有机物的类型可能取决于有机成分的溶解度，以及油气与水接触时的地层温度。水溶性酸性化合物存在于一些原油中（Speight，2014a，2014b），在与含原油致密地层接触的水中积累。天然气成分，如硫化氢（H_2S）和硫醇（RSH），以及某些烃类在水中也具有一定的溶解度。就可溶性有机成分而言，一般经验认为它们会形成恶劣环境（通常是毒害水道）进而对当地的动植物产生不利影响，在某些情况下还可能会导致动植物的破坏。

除了溶解在地层水中的成分外，水力压裂产生的水（返排水和采出水）通常含有化学添加剂以帮助携带支撑剂，在注入致密地层后可能会富盐（见第 5 章）。部分水力压裂液中的化学物质是常见的且通常被认为是无害的，但并非所有化学物质都是如此。事实上，必须考虑向地层注入所谓的无害化学物质（因为这些化学物质不是地层固有的），以及这些无害但非固有的化学物质对环境的影响。在当地环境中，这些化学物质将以可测量的浓度存在，但当这些化学物质浓度超过当地化学物质浓度时，该生态系统的动植物会受到致命影响。因此，参与水力压裂作业的公司必须向监管机构提供水力压裂液使用的成分名称，并且必须全面了解这些化学物质对环境构成的潜在风险。在不知道任何专有成分的情况下，监管机构无法测试其存在（以建立生态系统基线），这阻碍了政府监管机构在水力压裂项目之前建立物质的基线水平，并且无法记录这些化学物质水平的变化，从而更难证明水力压裂对环境的影响（不利或有利）。

直到最近，压裂液的化学成分还被视为商业秘密，没有公开。这一立场与公众坚持认为社区有权知道向地面注入了什么越来越不合拍。自 2010 年以来，自愿披露已成为美国大部分地区的常态。该行业也在寻找在不使用潜在有害化学物质的情况下达到预期效果的方法。由水、支撑剂、简单减阻聚合物和抗生物剂组成的"滑溜水"作为一种压裂液在美国越来越受欢迎，尽管它需要高速泵送，并且只能携带很细的支撑剂。人们还将注意力集中在减少意外地表泄漏上，大多数专家认为这对地下水污染的风险更大。

因此，在天然气或原油生产过程中从致密地层中回收的水必须以安全的方式进行处置——通常是通过一口或多口遵循明确规定的专层井注入深部高盐地层。最近有一种趋势是进一步调查（并倡导）在水力压裂项目中使用返排水进行再利用。除了水中存在对生态系统动植物有害的危险化学品外，还有一些额外的影响可能会导致更多的化学物质溶解到水中——存在腐蚀或结垢可能，其中溶解的盐可能会从水中沉淀出来堵塞部分井筒或者地层，结垢成为事实从而将更多对环境有害的化学物质带入生态系统（Speight，2014c）。

除了水力压裂液中的化学添加剂外，从致密地层开采油气产生的废水可能含有高浓度的总溶解固体（TDS）金属和天然放射性物质（NORM）。此外，致密地层产出的含盐地层水量变化很大，随着地层的加深每天可达数百桶。这些水来自含气页岩本身或被压裂缝网连通的邻近地层。

与返排水一样，这些水通常盐度很高，必须进行处理后注入深层含盐地层，当然含盐地层同样受到保护且非本地流体的注入也要遵守条例。事实上，在一些石油和天然气生产州，监管机构已经对水力压裂过程中使用的化学品的披露实施了规定。然而，有一些协议保护各州免于披露专有化学品的名称，从而保护生产公司的知识产权。

通常情况下，套管提供了一个保护屏障，防止来自井筒的水力压裂液和油气造成的潜在污染。然而，水污染的风险（以及因此对水质的风险）来自地表泄漏，包括油气钻井废水或其他处理不当的废水，而不是水力压裂液本身（EIUT，2012）。因此，地下水的潜在污染引发了另一个环境担忧。水力压裂工艺需要使用大量经化学物质处理过的水，这些化学物质既有利于支撑剂（如砂子）的悬浮，又有利于输送介质（水力压裂液）的润滑作用（以减少摩擦）（表 18.2）。在整个油田开发过程中，注入致密地层的水量可能达到数亿加仑。尽管现场作业方在完成水力压裂增产措施后回收了大部分注入水，但地层中仍有大量的水和化学物质。因此，有人认为水力压裂工艺使用的化学物质的潜在泄漏对当地生态系统的动植物构成了威胁（包括对人类健康和安全的威胁），并呼吁采取更严格的监管措施。

因此，为了保护水源（包括地表水和地下水），现有法规规定油气开采项目必须使用一定质量和深度的水泥套管。在任何此类规定下，水力压裂作业都必须遵循任何现行标准和新标准。此外，用于水力压裂作业的水泥必须充分黏合，并具有规定的最小深度。在某些情况下，可能要求项目作业方在进行压裂作业之前提交固井评估数据以证明其符合规定，同时提交测试数据以显示任何套管或压裂管柱的表面压力。事实上，部分州已经发布了对致密地层负责开发的监管要求，包括水的使用和处置、地下水的保护，以及化学品的使用。此外，监管要求还包括：（1）审查每个钻井申请的环境合规性；（2）对规定的距离内（通常是距市政水井的2000ft）所有拟议的油气井进行完整的环境评估；（3）严格审查井设计以确保地下水保护；（4）现场检查钻井作业；（5）在钻井结束时执行严格的复原规则。采出水的不当排放是一个目前存在的问题，通常最好的解决方式是进行回收，但致密地层之间和内部返排到地面水量的不同是采出水回收和再利用的限制之一（Reig et al.，2014）。

水质问题同样受到了广泛关注，其中与水力压裂增产有关的潜在风险一直处于关注前列。尽管监管机构尚未报告深层页岩地层水力压裂与地下水污染之间存在直接联系，在一些非常规油气开发地区已经出现了井水受到污染的投诉。在页岩地层中，目标层段与可用含水层之间的垂直距离通常远大于水力压裂过程中产生的裂缝长度。通常页岩开采层段上覆地层有数千英尺厚，起到了屏障作用。在这种情况下，地质学家和州监管机构通常认为，形成可能到达饮用含水层的裂缝的可能性很小。如果页岩地层的浅层部分得到开发，那么上覆层的厚度就会减少，页岩到可饮用含水层的距离就会缩短，从而对地下水构成更大的威胁。与页岩相比，煤层气（CBM）盆地通常可以作为地下饮用水源，将压裂液直接注入或邻近此类地层会给地下水带来威胁。大量取水可能对地下水资源、溪流和水生生物（特别是在低流量期间），以及其他竞争性用途（例如市政或农业用途）产生影响。这种影响可能是区域性的，也可能是局部性的，并可能随季节变化或长期降水变化而变化。

在许多地区，天然气生产过程中产生的大量废水（包括水力压裂作业的返排水和源地层产生的水）的管理已经成为一个重要的水质问题，也是生产商的成本问题。在一些地区，如部分Marcellus页岩区，通过地下注入井处理废水的能力有限（历史上，这是油气田中最常见和首选的产出水处理方法），进而废水的地面排放也越来越受到限制。这些问题及用水担忧，正在推动该行业增加水的回收和再利用。

18.2.2.3 水处理

废水处理是非常规天然气生产的一个关键问题，特别是在水力压裂大量用水的情况下。在将水注入井中后，部分压裂液（通常几乎全是水）在随后的几天或几周内会作为返排物返回。返排流体总量取决于地质情况，页岩的返出量是注入量的20%~50%，残留流体将束缚到页岩黏土矿物中。返排水中含有水力压裂过程中使用的一些化学物质，以及从储层岩石中浸出的金属、矿物和烃类衍生物。返排液普遍具有高盐度特征，而部分储层浸出的矿物质可能具有弱放射性，需要在地表采取特殊预防措施。返流（如钻井废水）需要在现场安全储存，最好是全部储存在稳定、防风雨的储存设施中，因为如果处理不当，它们必定会对当地环境构成潜在威胁。

处理水力压裂废水有不同的选择：最佳的解决方案是将其回收以备将来使用，并且有技术可以做到这一点，尽管它们并不总是能以经济有效的方式为水力压裂提供可重复使用的水；第二种是通过当地工业废水处理设施进行处理，该设施能够提取废水并使其达到足够的标准，使其能够排入当地河流或用于农业。或者，在地质条件合适的地方，可以将废水注入深部地层。

18.2.2.4 水回收

页岩气的监管问题主要是水力压裂，这是将页岩气与监管良好的常规天然气生产区分开来的关键特征。然而，针对油气开发过程中水资源保护的现有法规也受到作业中使用水、能源和基础设施强度的影响。

这一结论给美国带来了巨大的不确定性，美国仍在适应这个新行业。分析潜在影响的可用性数据跟不上行业增长速度，这阻碍了政府充分评估和监管业务的能力。为了解决这一问题，美国联邦政府重新开始关注页岩气开发的潜在影响，以便最有效地监管这类重要的新能源资源。

页岩气的开发需要大量的水来钻井，并与黏土矿物混合形成钻井液，可以冷却和润滑钻头，提供井筒稳定性，并将岩屑带到地面。

水力压裂也需要大量的水。除水和砂外，流体中还会加入少量其他添加剂来提高压裂效率。Chesapeake 能源公司援引的数据显示，压裂一口典型水平井需要 450×10^4 gal 的液体，因此需要有充足的水源。在美国，水通常通过卡车或临时管道输送到钻井点。

典型的水力压裂液中水和砂的体积比超过 98%，另外 2% 由添加剂组成，添加剂随井和作业方的不同而有所变化。通常，添加剂中包含许多常见于各种家用产品中的小尺寸物质。

在典型的水力压裂过程中，压裂液通过套管井筒向下输送到目标层，然后强制深入到页岩气目标层段。为了最大限度地降低地下水污染风险，良好的钻井作业通常要求将一根或多根钢套管插入井中并用水泥黏结到位，以确保除生产区外的整个井筒与包括含水层在内的围岩被完全隔离。

在美国，大多数含油气致密地层往往埋深超过 4600ft，而含水层通常不超过 1550ft。在考虑到目标致密储层与上覆含水层之间的岩石厚度、致密储层本身极低的渗透率，以及假设实施了良好的油田技术（如套管和固井）情况下，业内认为水力压裂作业对上覆含水层造成污染的风险很小。目前认为含水层受到污染的情况一般与钻井作业不当有关，特别是钻井套管和固井作业不当或地面储存设施施工不当。

目前，水力压裂作业的大部分返排液要么从井场外输进行处理，要么处理后在后续作业中重复使用。在此之前，必须除去水中悬浮的固体。不过废水的回收成本很高，也是许多环保组织和环境监管机构关注的焦点。目前已经开发出新的、更高效的技术，使压裂液以更低的成本在现场回收。

然而，水力压裂不需要具有饮用水质量的水。回收废水有助于节约用水和节约成本。在 Marcellus 页气开采过程中，部分公司对产出水的重复利用高达 96%。其他回收和再利用的例子包括（KPMG，2012）：

（1）在 Barnett 页岩中使用便携式蒸馏装置回收水，特别是在得克萨斯州北部的 Granite Wash 油田等地区，那里的水资源比美国其他页岩盆地更为重要。

（2）水净化处理中心每天可以回收数千桶从页岩开采过程产生的返排水和采出水，这种方法正在 Eagle Ford 页岩和 Marcellus 页岩中使用。

（3）Marcellus 页岩还采用了蒸汽再压缩技术，通过利用余热来降低压裂水的回收成本。该装置产生的水蒸气和固体残渣将通过废料处理设施进行处理。此外，为了降低页岩作业中的污染风险，Marcellus 页岩区的许多天然气公司在生产页岩气时，正在减少压裂液中化学添加剂的用量。

（4）一家专门从事石油和天然气行业的废水处理公司设计了一种用于水力压裂的移动综合处理系统，可以将水重新用于未来的钻井。该系统采用气浮分离技术，每分钟可处理高达 900gal 的压裂返排水。加速水处理减少了传统处理方法的设备负担和物流，可以显著降低运营成本。

（5）采出水的总溶解固体（TDS）浓度很高，很难处理，可以采用热蒸馏、反渗透（RO）和其他基于膜的脱盐技术将采出水淡化到合适的水平。

水力压裂作业中还可能使用除水以外的流体，包括二氧化碳、氮气或丙烷，尽管目前它们的使用远不如水广泛。

18.2.2.5 废水处理

当水从页岩钻井作业返回地面时，根据页岩盆地的不同，可以通过多种方式进行处理：（1）无论是否经过处理，在新井中重复使用；（2）注入美国环保署监管的现场或场外处理井；（3）进入市政污水处理厂或商业工业废水处理设施——大多数污水处理厂无法处理页岩气废水中的污染物；（4）排放到附近的地表水体。

位于宾夕法尼亚州和纽约州的 Marcellus 页岩是美国最大的页岩盆地之一，在此大部分水力压裂液通常在钻探后回收，并储存于现场的蒸发坑中。回收的液体可以通过卡车运离现场用于另一次水力压裂作业，或者通过地表水、地下水库或废水处理设施进行处理（Veil，2010）。然而在得克萨斯州缺水的页岩盆地，如 Eagle Ford 盆地，更多的水力压裂液将留在地下。这种水比地表水更难追踪，可能会增加页岩气公司的短期和长期风险。

18.2.3 土地污染

18.2.3.1 液体管理

页岩气井现场会产生各种废液，必须对钻井过程中会产生的废钻井液和充满岩屑的钻井液进行管理。钻井液体积与钻井规模相关，因此一口 Marcellus 页岩水平井产生的钻井废液可能是一口直井的两倍（Arthur et al.，2008）。钻井废液可以在现场进行管理，既可以在坑中进行管理，也可以在钢制储罐中进行管理。每个坑都是设计来防止液体渗入脆弱的水资源。现场深坑是油气行业的标准，但并不适用于所有地方，它们可能会很大，并在很长一段时间内影响土地使用。在某些环境中，可能需要钢罐来储存钻井液，以尽量减少井场占地面积或者为敏感环境提供额外的保护。当然，钢罐也不是适用于所有环境，但在农村地区、深坑或池塘这些有空间的井场区，通常不需要钢罐（Arthur et al.，2008）。

水平钻井开发可以减少井场的数量，并将其分组以便将储存池等管理设施用于数口井。整个开发阶段都需要补给水用于钻井，成为水力压裂液的基础成分。该过程用水量很大，通常储存在井场的深坑或水箱中。例如，在高水位径流期间，地表水可以通过管道输送到深坑中，并在一年中用于附近井的钻井和压裂作业。储存池并不适用于页岩气资源区的所有地方，就像钢罐在某些地方适用但在其他地方不适用一样。

18.2.3.2 诱发地震活动

水力压裂返排水的处理取决于是否有合适的注水井。例如，由于宾夕法尼亚州地质条件有限，不得不将返排水运到俄亥俄州进行注入。注水作业的增加与地震事件或地震有关。其他研究表明，阿肯色州的注水作业与附近的地震有关（Horton，2012）。

一口位置合适的注水井不会引起地震，必须存在多种因素才能在处置场诱发地震事件。为了使地震发生，附近必须存在断层并且处于应力临近破坏状态。注水井必须有一条通往断层的通道，井内的流体流量必须在足够长的时间内保持足够的量和压力，从而引发沿断层或断层系统的破裂。美国国家研究委员会最近的一项研究表明，大多数处理水力压裂废水的井不会诱发地震活动，而且水力压裂工艺本身对引发有感地震事件的风险并不高（NRC，2012）。

尽管如此，也有与非常规天然气生产相关的地震案例，例如英国 Blackpool 附近的 Cuadrilla 页岩气作业或美国俄亥俄州 Youngstown 附近的页岩气作业，后者暂时与注入废水有关，废水回注作业在某些方面类似于水力压裂。记录到的地震规模很小，震级约为里氏 2.0 级，这意味着人类可以分辨出来，但没有造成任何地面破坏。

由于水力压裂会在地下深处的岩石中产生裂缝，因此总是会产生小型地震事件，石油工程师正是利用这些地震事件来监控压裂作业。一般来说，这样的事件数量级太小，无法在地面上探测到，需要使用特殊的监测井和非常灵敏的仪器来监测这一过程。当井或裂缝碰巧相交并重新激活现有断层时，可能会产生更大的地震事件，这似乎就是 Cuadrilla 案例中发生的情况。

水力压裂并不是唯一能引发小地震的人为过程，任何产生地下压力的活动都会带来这样的风险。与建造大型建筑物或水坝有关的例子已经有报道。众所周知，地热井中的冷水在地下循环时会产生足够的热应力，从而产生人类可以感知的地震（Cuenot et al.，2011），深部采矿也是如此（Redmayne et al.，1998）。

为了避免水力压裂引起的任何此类问题，非常规天然气开发工程师必须与地质学家一起对该地区的地质进行仔细调查，以评估深层断层或其他地质特征是否会增加风险，并避免在这些地区进行压裂。在任何情况下，多学科监测都是必要的，这样如果有地震活动增加的迹象，就可以暂停作业并采取纠正措施。

18.2.3.3　含水层保护

与油气开采有关的环境问题受到了媒体的极大注意，他们提出的问题是淡水的使用与其他用途相竞争，如农业、采出水的不当处理和淡水含水层的污染等。因此，对水质的担忧集中在水力压裂作业产生的甲烷或流体对饮用水的潜在污染上（WHO，2011）。这种污染的可能途径包括从井筒到饮用水含水层的地下泄漏，以及处理不当或水力压裂液意外泄漏到地表水体。考虑到大多数致密地层的深度，不太可能存在可靠的通道（独立于井筒）供流体从页岩裂缝中通过数千英尺的上覆岩石流入饮用水含水层。尽管每口气井和油井的用水量高达 600 万加仑（6×10^6 gal），但与许多替代方案相比，生产单位能源所需用水量小很多。虽然用水量比其他替代方案低，但任何用水似乎都可能与其他用途竞争，特别是在干旱年份。为了解决这种情况，可以用盐水代替淡水。压裂技术的最新进展表明，只需对所需的化学物质进行少量修改即可实现这一目标。

油气开采可能以两种方式污染含水层：第一种是压裂过程中使用的化学物质泄漏，属于液体污染物；第二种是产生的甲烷对含水层的渗透，它是一种气态污染物，尽管它能溶解在水中。如果甲烷存在，一部分可能会以气体的形式释放出来。区分潜在的液体和气体污染很重要，因为危害不同，补救和保障措施也不同。此外，由于井水不可能天然含有液体污染物，井水中污染物的存在是人为来源的证据。

因此，对钻井作业附近的井进行简单测试就足够了，唯一可能的复杂情况是来自钻井以外的某些来源的影响，例如农业径流。由于压裂所用化学品的特殊性，这一问题很容易解决。

水泥配置位置不准及水泥作业质量差会导致甲烷泄漏。许多井在产层以上的多个层段含有天然气，通常是少量的煤层等。如果不用水泥把这些层段堵上，气体就会侵入井眼。除非淡水含水层附近的水泥完整性较差，否则甲烷泄漏这种情况仍将得到控制。按规范建造的井不会泄漏。

18.3 油页岩环境影响

不幸的是，油页岩会造成环境污染，包括酸雨、温室效应和所谓的全球变暖（全球气候变化）（Speight，2019）。无论影响如何，油页岩燃料循环附带的风险可以通过引入相关的环境保护技术降至最低。直到20世纪60年代，化石燃料未经控制的使用造成了环境破坏，这促使美国国会出台了联邦法规来限制对环境的影响。环境破坏后遗症包括对自然景观的物理干扰、废弃地下矿山上方的沉降和下陷、洪水和沉积增加、污染的地下水和地表水、不稳定的边坡，以及公共安全和土地失调问题。在没有此类法规的国家，这些问题将成为油页岩资源开发的主要关注点。

油页岩本身是无害的，数百万年前原地沉积时也没有任何风险。然而，当涉及油页岩相关活动时，如果在错误的时间、错误的地点、错误的数量利用油页岩，对环境的影响将是有害的。因此，油页岩对环境和人类健康的影响并不是什么新问题。

地下油页岩一般不会对环境造成威胁，但其矿物成分会影响地下水的性质。然而，油页岩的生产和利用对周围的土壤和大气会产生各种各样的影响。不管油页岩是如何从矿山开采和工业使用，都会产生三种不同类型的污染物：（1）气态污染物；（2）液态污染物；（3）固态污染物，这三种污染物通常需要截然不同的预防或改善措施。在这种情况下，噪声、下沉、废料处理等其他影响也应归类为油页岩利用产生的污染物。目前已经设计了许多方法来保持环境标准的阈限值，从而最大限度地减少污染损害，同时提高工人生产力、油页岩质量和事故预防方案。

油页岩开采和煤矿开采一样，仍然是一项危险的职业（Speight，2013）。矿山空气对矿工的健康和安全是有害的，尽管技术进步和立法使矿井的环境和安全方面有所改善，但地面和地下的油页岩矿开采仍然会产生大量污染物。

地下矿山开采的一个主要问题是产生大气粉尘，而粉尘爆炸（可能伴随释放气体产生的爆炸）才是主要担忧。此外，粉尘不仅仅是一个局部问题，它可以被远距离搬运进而造成污染。

粉尘是爆破作业和（露天矿山）移土作业的副产品，其危害程度与颗粒的大小、空气湿度，以及盛行风的速度和方向有关。颗粒大小和暴露时间决定了粉尘和飞沫穿透呼吸道的距离，吸入的微尘颗粒留在肺泡中，而所有类型的较大颗粒粉尘都被呼吸系统的过滤能力清除。

地表作业中，喷水、选址、风筛均是有效控制方式；地下作业宜采用水锁、通风稀释分散、过滤或静电沉淀去除。

　　开采油页岩需要移动大量的泥土，由此产生的岩石废料会破坏环境。此外，深层矿井的废料还来自竖井、通道和通风隧道的下沉，以及油页岩的开采。

　　地下和地面挖掘作业产生的大量废料是一个主要的污染问题，这些固体废料的处理是油页岩开采中最具争议的地方。废料堆（矿坑）对环境的主要破坏不仅包括车辆造成噪声和粉尘，而且还包括地下水污染、有毒和酸性污染物的浸出，以及可用土地的流失（Golpour and Smith，2017）。复垦在一定程度上可以恢复土地，但土壤肥力下降和生态栖息地减少的恢复十分缓慢。事实上，从过去不受管制的倾倒矿山废料的做法中遗留下来的旧矿山废料对当地排水系统构成危险，并可能对人类健康产生有毒影响。

　　一旦矿山采尽，油页岩开采作业将停止，采空区将被改造为生产性农业用地，或恢复其原有的自然风光。潜在的恢复工作包括表土和底土的替换、压实、精选、土地植被恢复，以及受污染水资源的化学处理和管理。耕作需要肥沃土壤以便播种和种植。一般来说，土地恢复降低了土地破坏和污染危害的可能性。

　　此外，油页岩开采的所有方法都必须解决重大的环境、健康和安全担忧，包括原地地面蒸馏和原地改造。目前监管组织已经到位，并且这些开采项目必须遵守《清洁水法》《清洁空气法》，以及许多其他联邦和州的法规，这些法律法规管控着工业作业产生的不利影响。需要进一步开展研究、开发和测试以确保遵守法规，因为不存在提供数据库的大型工业。

　　最严重的环境问题与固体废料的管理和处置有关，特别是页岩油开采后留下的岩石废料。事实上，无论是地面蒸馏还是原位蒸馏都存在着技术和环境问题。地面蒸馏需要先在地下或露天采场开采页岩。虽然这两种开采方法都很成熟，但蒸馏后残留的废页岩存在处置问题，更不用说露天开采时必须清除的岩石盖层。页岩结块问题也常常导致地面蒸馏罐关闭。此外，除了在地下保持可控燃烧的问题外，原位蒸馏还存在造成地下水污染的环境缺点。

　　商业规模的地面蒸馏作业将产生大量的废页岩，其中含有可溶性盐、有机化合物和微量浓度的多种重金属。无论在哪里处理废料，都必须防止它们被融雪、降雨和地下水浸出，因为浸出的盐和毒素会污染含水层和地表溪流。据报道，各类油页岩加工废料中含有致癌物、诱变剂、重点污染物和其他有害物质等（Kahn，1979）。

　　废水中存在的任何有毒物质将与微量有机物或无机物一起被去除。热氧化通常用于破坏有害有机化合物，尽管考虑到废水中的浓缩物或污泥，但热氧化不适合用于废水处理。然而，有毒物质的存在可能会干扰去除总有机物的生物氧化过程。如果存在这个问题，可以通过几个常规预处理步骤中的任何一个来去除这些物质。

　　在原位作业的情况下，蒸馏后的页岩将留在地下，看不到也够不着，但可能会受到地下水渗透和浸出的影响。如果发生渗透，由于很难进入到受影响的区域，所以很难证实发生污染。

　　扬尘、酸性气体，以及蒸馏器、加热器和发电机的燃烧产物等也将对空气质量产生威胁。这种担忧还影响到所有页岩油开采方法，以及地面沉降的可能性。

　　自20世纪70年代石油禁运以来，人们对从油页岩中蒸馏出石油来生产具有价格优势的合成燃料的兴趣日益浓厚。在20世纪70年代和80年代，商业利益一度非常高，但在20世纪90年代，由于油价的波动，商业利益大幅下降。然而，油页岩作为清洁液体燃料来源的兴趣在 21 世纪重新焕发活力，这主要是由于原油价格的增加趋势及全球市场石油短缺所引发的。随着这种新的兴趣和更严格的环境法规的出现，任何化石燃料资源的开发都会带来更高的环境问题。

页岩油的开采技术取决于矿床的深度、厚度、丰富度和可采性。更深、更厚的油页岩地层可能会原位开采。美国西部盆地可能会采用多种方法。每种类型的油页岩开采都会对土地产生不同的影响。露天矿地面开采涉及严重的地表环境失调，会影响地表水径流模式和地下水质。煤矿和其他采矿业的经验表明，受影响的土地可以非常有效地进行复垦，长期影响最小（Speight，2013）。

油页岩工业的发展将影响到空气和水质、地形、野生动物，以及工人的健康和安全。许多影响将类似于任何类型矿产开发所造成的影响，但是作业规模、相对较小区域内的浓度，以及废料的性质将带来不一样的挑战。环境影响将受到州和联邦法律的监管。

工厂废弃后，废料处理区和现场蒸馏器的潜在浸出是一个主要问题。如果发生这种情况，渗滤液可能会降低附近任何供水系统的水质。尽管《清洁水法》提供了一个监管框架，但这种非定点废水排放既没有得到很好的了解，也没有得到很好的监管。防止浸出的技术需要在商业规模上进行论证，有必要开展各种开发技术测试，以确保对大型工业的充分控制。

油页岩租借矿区的开发商可以观察和学习爱沙尼亚油页岩区块的开发。加拿大，特别是 Alberta，自 1967 年以来焦油砂（油砂）租借矿区已经实现商业化开发，这也为环境保护提供了指导。

本章重点讨论与油页岩资源开发有关的环境和人类健康问题。目前需要重点关注与油页岩岩石学、化学和矿物学组成有关的问题，认识到必须在工业发展和建设自给自足的国民经济所需的能源之间取得平衡。

18.3.1 空气污染

《清洁空气法》是现有的唯一一部可以阻止大型工业建立的环境法。取得环境许可证可能需要数年时间，但这不应妨碍个别项目的建立，必须将其纳入项目总成本中。

油页岩是一种碳酸盐岩，当加热到 450~500℃ 时，会产生干酪根油和烃类气体，以及一系列其他气体，这些气体可能包括：（1）硫和氮的氧化物；（2）二氧化碳；（3）颗粒物；（4）水蒸气。近年来，用于发电和原油提炼设施的商用烟气净化技术已有所改进，能够有效控制油页岩项目的氧化物和颗粒物排放。

18.3.1.1 粉尘排放和颗粒物

地下矿山开采的一个主要问题是产生大气粉尘，而粉尘爆炸（可能伴随释放气体产生的爆炸）才是主要担忧。此外，粉尘不仅仅是一个局部问题，它可以被远距离搬运进而造成污染。

粉尘是爆破作业和（露天矿山）移土作业的副产品，其危害程度与颗粒大小、空气湿度，以及盛行风的速度和方向有关。颗粒大小和暴露时间决定了粉尘和飞沫穿透呼吸道的距离，吸入的微尘颗粒留在肺泡中，而所有类型的较大颗粒粉尘都被呼吸系统的过滤能力清除。直径小于 10mm 的颗粒物（特别是在 0.25~7mm 范围内的颗粒物）可引起慢性支气管炎和尘肺病等呼吸系统疾病。如果粉尘中含有二氧化硅颗粒，那么诸如矽肺病（进行性结节性纤维化）等疾病就会成为对健康的主要威胁。

破碎、筛选、传输传送、车辆运输和风蚀等作业是扬尘的典型来源，空气中颗粒物（PM）的控制将面临挑战，必须考虑颗粒物控制法规的遵守情况。地表作业以喷水、选址、风筛为有效控制方法，地下作业宜采用水锁、通风稀释分散、过滤或静电沉淀去除。矿区粉尘除了具有经济和健康危害外，还具有严重的爆炸危险，法规明确要求提供有效的通风设备和电/热源的限制。

粉尘排放的主要来源是压碎机、破碎机、除尘器、干筛器和机组之间的转运点。通过空气传播的油页岩颗粒大小通常为 $1 \sim 100 \mu m [(1 \sim 100) \times 10^{-6} m]$，大于这个尺寸的颗粒通常在物源附近沉积。虽然部分设备可能含有集成的抑尘装置，但通常的做法是通过排风管道提取各种来源的粉尘，并将其排至中央空气净化装置。除尘设备包括：（1）干式装置，如旋风分离器、动态收集器和袋式收尘器（纤维填料）；（2）湿式装置，如动态式、冲击式或离心式装置，重力式分离器，文丘里洗涤器系统。

粉尘其他来源还包括来自储料堆和装载—运输过程中轨道车的风吹损失。多种化学处理方法可用于储存库密封，并正在用于轨道车辆顶部喷洒；而活动料堆却是一个几乎无法克服的问题。

18.3.1.2　废料处理

与煤炭开采一样（Speight，2013），开采油页岩必须占用大量土地，由此产生的岩石废料可能会破坏环境。

深层矿井的废料来自竖井、通道和通风隧道的下沉，以及油页岩的开采。然后将其拖到地表并就地倾倒。然而，现代化机械技术的实施，特别是随着岩石切割机的引入，废料的比例急剧增加。

地下和地表挖掘作业产生的大量废料是目前主要的污染问题，这些固体废料的处理是油页岩开采中最具争议的方面。废料堆（矿区倾倒）对环境的主要破坏不仅是车辆的噪声和粉尘，而且还包括地下水污染、有毒和酸性污染物的浸出，以及可用土地的流失。复垦在一定程度可以恢复土地，但土壤肥力下降和生态栖息地减少的恢复十分缓慢。事实上，从过去不受管制的倾倒矿山废料的做法中遗留下来的旧矿山废料对当地排水系统构成危险，并可能对人类健康产生有毒影响。

另一个与废料处理有关的问题是由于黄铁矿氧化产生的酸性化合物与其他有毒物质一起可渗入当地供水系统。虽然黄铁矿在油页岩中的含量不像在煤层中那么丰富，但其存在仍然存在危险。与此同时，这些化学反应产生的热量会导致废物倾倒堆中有机颗粒自燃。通过控制倾倒、选址及压实废物，可以大大减少弃料堆自燃的潜在危险。

露天开采对周围环境的不利影响比地下开采更大。例如，在露天开采作业中，上覆盖层会被移除，其产量可能是油页岩产量的许多倍。此外，采矿作业（使用动力铲、拉铲挖土机和斗链式/斗轮式挖掘机）改变了地表地形，破坏了所有的原生植被，并经常导致地表水和地下水受到污染。然而，露天采矿并不是造成空气污染的主要因素。

在地表和地下开采过程中随意倾倒的岩石废料将迅速风化，并有可能产生酸性污水，这是含氧含硫化合物的来源，与水蒸气结合后会形成酸性物质。过去，矿区上覆岩层或矿渣通常被倾倒到低洼地区，往往会填满湿地或其他水源。这会导致重金属溶解后渗入地下水和地表水，破坏海洋栖息地并恶化饮用水源。此外，黄铁矿（FeS_2）在暴露于空气和水中时可形成硫酸（H_2SO_4）和氢氧化亚铁 [$Fe(OH)_2$]。当雨水冲刷这些岩石时，径流可能会酸化，影响当地土壤环境、河流和溪流（酸性矿山污水）（Speight，2013）。废料漏失的范围和毒性取决于油页岩特征、当地降雨模式、地形和现场排水特征。这种废料的浸出可能导致地表水和地下水受到无法接受的污染。

区域采矿是在平坦地面进行的，工人们使用挖掘设备在地面挖出一系列平行长条或掘槽。每次切割都要清除上覆盖层，并将材料（称为弃土）堆放在长沟槽旁边。从掘槽中取出裸露的矿物后，工人们将废料倾倒回沟槽中，以帮助复垦矿区。

一旦矿山采尽，开采作业将停止，采空区将被改造为生产性农业用地，或恢复其原有的自然风光。潜在的恢复工作包括表土和底土的替换、压实、精选、土地植被恢复，以及受污染水资源的化学处理和管理。耕作需要肥沃土壤以便播种和种植。一般来说，土地恢复降低了土地破坏和污染危害的可能性。

18.3.1.3　有害空气污染物

硫化氢（H_2S）、氨（NH_3）、一氧化碳（CO）、二氧化硫（SO_2）、氮氧化物（NO_x）和微量金属等气体排放是空气污染的来源。这类排放至少在油页岩加工作业中是存在的，然而其严重程度远低于其他化石燃料加工。二氧化碳是一种主要的温室气体，其排放也可以采用同样的论点。

这类污染物在大气中的寿命相对较短，如果它们均匀分布，它们的有害影响将是最小的。不幸的是，这些人为排放的污水通常集中在局部地区，其扩散受到气象和地形因素的限制。此外，协同效应意味着污染物的相互作用：在阳光照射下，一氧化碳、氮氧化物和未燃烧的烃类衍生物会导致光化学烟雾，而当二氧化硫浓度变得明显时，就会形成基于硫氧化物的烟雾。

值得记住的是，即使是无毒但不支撑生命和令人窒息的二氧化碳也可能对环境产生重要影响。地球表面发射的红外辐射在二氧化碳吸收强的区域具有能量分布峰值，这就导致了红外辐射被大气层捕获，使地球表面温度升高。由于化石燃料的燃烧，大气中二氧化碳浓度正在从目前的水平增高。虽然涉及多种因素，但大气中二氧化碳浓度的增加似乎确实会导致地球表面温度升高，这可能会导致极地冰盖明显减少，进而导致进一步变暖。

在页岩加工过程中排放到大气中的酸性气体（SO_x 和 NO_x）为酸雨的形成提供了必要的成分。硫以有机化合物和无机化合物的形式存在于不透油地层中。在加工过程中，大部分硫转化为二氧化硫，少部分以亚硫酸盐的形式残留在灰烬中：

$$S+O_2 \longrightarrow SO_2 \tag{18.8}$$

空气过量时会形成少量三氧化硫：

$$2SO_2+O_2 \longrightarrow 2SO_3 \tag{18.9}$$

$$SO_3+H_2O \longrightarrow H_2SO_4 \tag{18.10}$$

只需少量的三氧化硫就会产生不良影响，因为它会引起硫酸的冷凝造成严重的腐蚀。此外，干酪根中固有氮在加工过程中会转化为氮氧化物，氮氧化物也会产生酸性产物，从而导致酸雨：

$$2N+O_2 \longrightarrow 2NO \tag{18.11}$$

$$NO+H_2O \longrightarrow HNO_2（亚硝酸）\tag{18.12}$$

$$2NO+O_2 \longrightarrow 2NO_2 \tag{18.13}$$

$$NO_2+H_2O \longrightarrow HNO_3（硝酸）\tag{18.14}$$

大多数烟气洗涤工艺都是为去除二氧化硫而设计的；通过改进燃烧设计和调节火焰温度来尽可能地控制氮氧化物（Speight，2007，2013）。然而，去除二氧化硫的过程通常会去除一些氮氧化物；商业上成熟的静电除尘器可以有效地去除颗粒物。

18.3.2　水污染

非常规油气资源为获得相对清洁的化石燃料提供了机会，还能使一些国家实现能源独立。水平钻井和水力压裂使得从页岩地层中开采被束缚的天然气在经济上是可行的（见第5章）。然而，这些技术并非没有环境风险，特别是那些与区域水质有关的技术，例如气侵、通过诱导缝和天然缝的污染物转移、废水排放和意外泄漏。增进了解令人关切的污染物的结局和运输，并加强长期监测和数据传播，将有助于今后管理这些水质风险（Vidic et al.，2011）。

此外，Marcellus页岩水力压裂液中的化学添加剂包括减摩剂、阻垢剂和杀菌剂（表18.2）。目前美国有8个州要求所有非专利化学品必须网上公布，而其他州的许多公司自愿披露这些信息。然而，目前许多压裂液添加的化学物质不受美国《安全饮用水法》的监管，这引起了公众对供水污染的担忧。

从2005年到2009年，水力压裂中使用了大约750种化学物质和其他成分，其中包括咖啡渣或核桃壳等无害成分，以及29种可能危害供水系统的成分。无机酸（如盐酸）通常用于射孔后清洁井筒区域并溶解周围地层中的可溶性矿物。压裂液中添加有机聚合物或原油蒸馏物可以减少流体与井筒之间的摩阻，降低泵送成本；加入防垢剂可以限制盐和金属在地层和井内沉淀。除了结垢，细菌生长也是气井产能（产出气的数量和质量）的主要问题。戊二醛是最常用的抗菌剂，但也经常考虑使用其他消毒剂，如2，2-二溴-3-硝基丙酰胺（DBNPA）或二氧化氯。还可以添加表面活性剂（醇类，如甲醇或异丙醇）来降低流体表面张力，以帮助流体回收（Vidic et al.，2011）。

18.3.2.1　水质

悬浮固体主要出现在页岩开采和破碎作业中使用的粉尘控制系统产生的水中，也会出现在矿井排水和蒸馏冷凝水中，当后者从破碎的页岩中渗流出来时，会吸收细小的页岩颗粒。在地面蒸馏器中，部分细页岩可能会被吸入进蒸馏气中并被凝析气捕获，但由于含量很低，因此应该不存在处理问题。冷却水会从大气中吸收粉尘，特别是靠近页岩破碎点或处置点的冷却塔。沉淀盐和生物物质也可能存在于冷却塔的排污中。

溶解无机物会出现在矿井排水和蒸馏冷凝水中，因为这些水流会从它们接触的页岩中浸滤出钠离子、钾离子、硫酸根离子、碳酸根离子、氯离子、钙离子和镁离子。此外，部分挥发的无机物可能会在蒸馏器的气相中被捕获，原料油页岩中存在的重金属中，镉和汞可能以低浓度硫化物的形式存在于凝析油中。

溶解有机物主要来自原料油页岩中的有机化合物，它们可能在热解过程中发生变化，最终进入蒸馏罐、天然气或加氢处理冷凝水中。每种冷凝水中有机物的类型取决于有机物的挥发性及废水冷凝时的温度。

水溶性酚会在蒸馏装置的冷凝水中积聚，通过水洗涤页岩油馏分可以获得一定量的水溶性酚。这些含酚水体要通过苯酚来去除，而油页岩蒸馏形成的油中，苯酚占比高达2%（1/3溶解在焦油水中，2/3由页岩油洗涤补充）。

在清除上覆盖层过程中暴露的有毒矿物和化学物质包括酸性物质、高碱性物质和较低浓度的重金属，这些物质会对当地野生动物产生不利影响，通过毒害水道而形成恶劣的环境，在某些情况下还会破坏物种。因此，矿区设计应包括容纳废弃料堆风化产生潜在有害物质的方案。

油页岩的开发主要集中在美国西部具有历史重要性的地区，其他国家也可能如此。历史遗迹文物将在开发过程中被摧毁，除非在采矿前对其进行了系统的调查。采矿计划应包括对开采地区进行系统考古研究的准备，这些研究有益于社区，还可以对历史价值进行评估。

最后，采矿土地应该进行美观修复，目前也正在进行中，以便采矿土地在美观上比以前更令人愉快。然而，在土地恢复之前进行的上覆盖层清除会破坏景观，在美观上令人反感。从社区和监管的角度来看，矿业公司在采矿方案中考虑美观价值是有益的。

18.3.2.2　耗水量

水的质量和可利用性控制了美国西部油页岩资源的进一步开发，其他地区可能不存在这个问题。科罗拉多河的水可以被油页岩开发耗尽。任何用水计划都必须考虑一个重要因素——科罗拉多河河水的潜在含盐量。随着河流附近油页岩的开发，如果不采取一些预防或处理措施，河水年平均盐度将增加。高盐度可能会造成重大的经济损失，并已成为广泛的经济研究主题。

据估计，每蒸馏出 1 bbl 页岩油需要 1~3 bbl 水。尽管如此，部分工艺也可能净产水。对于一个日产 250×10^4 bbl 的油页岩行业来说，每天需要用水（1.05~3.15）$\times 10^8$ gal，每年需要用水（18~42）$\times 10^4$ acre·ft，具体取决于所使用的位置和工艺。

在美国西部，水将从当地和区域来源抽取，主要水源是科罗拉多河盆地，包括科罗拉多河、绿河和白河，科罗拉多河每年的流量为（1000~2200）$\times 10^4$ acre·ft。此外，用水可从其他现有水库购买，或从其他流域转移，包括上密苏里州，以及来自西部含水较高的油页岩本身。

油页岩通常每吨含水 2~5 gal，但部分油页岩每吨含水 30~40 gal。大部分原生水可以在作业过程中回收，并用于采矿、处理或复垦作业。这种采出水含有的有机物和无机物等杂质可以通过常规水处理技术去除。作业用水的回收和再利用将有助于减少用水需求（US DOE，2006）。其他常规和非常规油气作业的采出水也可以作为水源。

美国西部油页岩资源的开发将需要大量水源用于矿山和工厂作业、复垦、配套基础设施和相关的经济增长。20 世纪 70 年代油页岩初次开发时，每桶石油的最初作业需水量为 2.1~5 bbl，但现在需水量已经下降。根据最新的油页岩行业用水预算的最新估计表明，新蒸馏法生产每桶油需要用水 1~3 bbl（US OTA，1980）。部分工艺可能净产水。

对于一个日产 250×10^4 bbl 的油页岩行业来说，每天需要水（1.05~3.15）$\times 10^8$ gal。这个用水量包括原位加热工艺的发电、蒸馏、精炼、复垦、粉尘控制和现场工人等用水需求。随着工业发展，人口增长产生的市政用水和其他用水需求将达到 5800×10^4 gal/d。

日产 250×10^4 bbl 的油页岩行业每年需要用水（18~42）$\times 10^4$ acre·ft，具体取决于所使用的位置和工艺。美国东部油页岩不存在供水问题，因为那里水供应充足。在美国西部这种干旱地区，水将从当地和区域来源抽取，主要水源是科罗拉多河盆地，包括科罗拉多河、绿河和白河。科罗拉多河每年的流量为（1000~2200）$\times 10^4$ acre·ft。此外，用水可从其他现有水库购买，或从其他流域转移，包括上密苏里州。

西部油页岩含水量很高，部分油页岩每吨含水 30~40gal，通常为每吨含水 2~5gal。大部分页岩所含的水可以在处理过程中回收，并用于其他作业。这种采出水含有的有机物和无机物等杂质可以通过常规水处理技术去除。作业用水的回收和再利用将有助于减少用水需求。

西方国家的水和其他商品一样，可以在竞争激烈的市场上买卖。州际"契约"控制着每个州有权使用的河流水量，各州分配了（530~590）$\times 10^4$ acre·ft 的水量。预计到 2020 年，各州将使用大约 480×10^4 acre·ft 的水量。如果所有工业用水都从河流中抽取，油页岩开发用水量每年将增加（0.18~0.42）$\times 10^4$ acre·ft。使用原生水和废水循环利用可以减少河水抽取体积。目前已经建立了一个分配预期资源的权利和资历制度。许多以前从事油页岩开发的私营公司保留着它们在 20 世纪 70 年代获得的优先开发权。由于联邦土地和未来租约不包括用水权，一些承租人可能需要协商购买水来推进项目。

初步估计表明，西部各州有足够的水来支持油页岩工业的发展。然而，枯水期供水的可变性可能会导致用水者之间的冲突。随着工业的发展，人类消耗和油页岩加工可能需要更多的水资源。随着油页岩技术的提高，用水量增长将放缓。对于一个成熟行业来说，随着时间的推移，可能需要大量的蓄水和调水。如今水资源的总体分配由《科罗拉多河契约》管理，该契约最初于 1922 年 11 月 24 日达成。目前存在绝对水权和条件水权。

绝对权利是指那些由州水法院裁定可以使用的权利，条件权利指尚未通过法院程序的权利，因此尚未颁布。在颁布法令和确定权利是绝对权利之前，不得使用这些权利。而条件权利仅根据时间优先、权利优先的原则保留持有人的资历。此外，条件权利必须每 6 年进行一次尽职调查以便保持。如果水平衡不足以满足所有权利并且高级权利持有人受到伤害，则绝对权利仍然可能受到限制（一项要求）。为了确保供应，通常需要制定一份扩充计划，该计划可能包括水库储存和泄放或购买可提供给优先权利持有人优先购买权的计划。

2003 年 10 月，加利福尼亚州和 Upper Basin 州签署了一项协议，每年向后者返还过度使用的约 80×10^4 acre·ft 水量。如果大部分返还水量用于此用途，油页岩行业将得到有力支持（US DOE，2004a，2004b，2004c）。

处理余量水是采矿作业一个必不可少的阶段，因为水道中的污染物会导致水中氧气含量减少，从而破坏水生生物。随着水流控制用于现代采矿作业，排水沟和水池被用来储集废水和清除悬浮的页岩和黏土颗粒。无论是否使用絮凝剂，沉淀法都被用于处理污泥贮留池中的水。偶然情况下，如果地质条件十分有利，含水层和采矿层之间的围岩阻挡足够厚，那么可以防止水流进入采矿层。

补救措施的主要目的是限制水流通过含水地层的多孔结构、钻孔和裂缝发生渗漏。可以通过封堵井筒、灌浆裂缝带、限制游离氧进入矿藏、顶板塌陷充填空隙和改道地下水流向来实现。

18.3.3　土地污染

18.3.3.1　沉降

地下开采会造成地表水平和垂直位移，从而导致建筑物、道路、铁路和管道的结构性破坏，造成经济损失。

导致地面移动和地表破坏的因素包括油页岩层的厚度、倾角和深度，上覆盖层的塌陷角度、性质和厚度，以及采空区的剩余支撑量（采空区即矿山中的矿物被部分或全部清除的地方）。此外，甲烷通过裂隙渗入构筑物，导致积聚和气体爆炸，造成财产损失。

如果限制工作区域规模，并且在已部分或全部采出矿物的矿区采用永久性支撑措施，则会减少下沉的可能性。可以通过采用充填材料或固体矿渣回填废弃矿道来减少地表破坏。然而，这些减少地面位移的预防方法只是问题的一个方面，因为必须在不造成矿柱中油页岩过多损失和尽量减少干扰正常采矿作业的情况下实现。

地下矿区规划和设计的目标是进行综合矿区系统设计，从而在可接受的社会、法律和监管约束下，以所需的市场规格和最低单位成本提取和制备矿产。许多独立工程学科有助于矿区规划和设计，因此这是一项多学科的活动。考虑到采矿系统的复杂性，规划可以确保各子系统的正确选择和协调运行，而设计则适用于传统的子系统工程设计。

规划必须兼顾环境保护，从最初的勘探到复垦。减缓采矿的潜在影响至关重要，关键原因如下：（1）通过将环境保护纳入初始设计，而不是采取补救措施来弥补设计缺陷，将环境保护成本降至最低；（2）负面宣传或糟糕的公共关系可能会造成严重的经济后果。从规划过程开始，就必须充分考虑监管事务。如果在设计或规划过程中以积极主动的方式加以考虑，而不是随着问题的发展或通过执法行动解决，合规性成本可能会大大降低。

从矿山设计规划阶段开始，数据收集和许可、环境考虑都很重要，尽管严格意义上的经济效益可能是无形的。从勘探的封井和场地复垦到计划制定，都必须考虑对环境的影响。这些影响包括美观、噪声、空气质量（粉尘和污染物）、震动、水的排放和溢出、沉降，以及工业废料，它们来源于地下和露天矿山基础设施、矿物加工厂、通道或运输道路，以及远程设施。如果采矿会造成地表水或地下水质量恶化，则必须制定补救和处理措施以达到排放标准。矿区计划必须包括从最初的数据收集到矿区关闭和破坏地表复垦在内的所有必要技术措施，以便处理所有的环境问题。

复垦计划包括以下方面：排水控制、表层土壤保护、废料分离、侵蚀和残渣控制、固体废料处理、扬尘控制、精选，以及废料区和采矿区的恢复。该计划还必须考虑矿区沉陷和震动（由采矿、加工、运输或沉陷引起）的影响，以及对地表水和地下水的作用。这些环境项往往决定了计划采矿作业的经济效益及其可行性。

地下采矿的环境问题与露天采矿作业不同，甚至一度被错误地认为是不重要的。但是不可否认的是，地下开采可能会在竖井施工过程中或如沉降引起地层扰动的其他影响下扰乱含水层。事实上，直到最近三十年，地面沉降才被认为是一个主要的环境问题。

此外，将废土或废渣从地下矿井运到地面成堆或成排堆砌也会给环境造成新的危害。

从废土／废渣中浸出物质的可能性成为了一种通常不被认识到的环境污染模式，其重要性不亚于露天采矿作业造成的潜在污染。同样，地下采矿作业排放的气体和液体至少应与地面采矿作业排放同等受到关注。因此，与油页岩开采有关的环境问题，无论是地下开采还是地表开采，都是多方面的。

无论是地下开采还是露天开采，施工现场准备或清除油页岩上覆盖层都是对环境的破坏，如植物被移走，植物群和微生物受到干扰和（或）破坏，土壤和底土被清除，下伏地层断裂和移位，水文系统也可能受到影响，地表暴露并遭受风化（即氧化，会导致矿物成分的化学变化），以及其他一般地形的变化。

例如，在采矿作业期间及采矿作业之后，水道污染的危险始终存在。上覆盖层中的物质，如重金属和（或）矿物质等，通常会在雨水或降雪径流侵蚀后浸出并进入附近水道，所以此类企业必须谨慎作业。然而，从更积极的方面来看，采矿也可以有利于当地的水文，废渣堆可以像"海绵"一样吸收大量的水供植物生长和使用，并且可以延缓和减少径流，成为良好的含水层，为附近的溪流提供稳定的水源。

采矿可以而且确实会造成一些野生动物栖息地长期的损害或栖息地变化。一些野生动物物种可能无法适应这些变化，它们不会回到复原的土地上，而是生活在附近其他地方。但更有可能的是，当采矿土地复原后经过足够长的时间，采矿产生的长期影响对野生动物是有利的。通过在制定采矿计划时仔细考虑野生动物的存在，可以最大限度地减少露天采矿对野生动物的长期影响。

清除上覆盖层过程中暴露的有毒矿物和物质包括酸性物质、高碱性物质和浓度较低的重金属。这些物质会对当地野生动物产生不利影响，通过毒害水道造成恶劣的环境影响，在某些情况下还会破坏物种。因此，矿区设计应包括容纳废弃料堆风化产生潜在有害物质的方案。

最后，采矿土地应该进行美观修复，目前也正在进行中，以便采矿土地在美观上比以前更令人愉快。然而，在土地恢复之前进行的上覆盖层清除会破坏景观，在美观上令人反感。从社区和监管的角度来看，矿业公司在采矿方案中考虑美观价值是有益的。

18.3.3.2 噪声、震动和能见度

地下采矿作业产生的噪声不会对人产生重大的环境影响，但对在地下洞穴中工作的矿工来说可能是危险的。然而，采矿作业噪声、爆破震动和持续拥挤的交通导致露天矿区附近居民社区的生活质量下降。此外，尘埃云会降低能见度并增加雾霾，造成严重的痛苦和烦恼。

这些不利条件可以在一定程度上得到改善，例如限制每次只在矿区的一段范围内开采，确定选址边界和安装屏蔽堤，安装障碍物，以及使用带有排气消声器的低噪声机械。环保技术的实施有助于在矿业公司和当地民众之间建立更好的公共关系。

18.3.3.3 复垦

油页岩的地表开采和地下开采都会破坏开采前的环境，必须移除覆盖的植被。地质和土壤剖面可能会被推翻，导致肥沃的土壤被掩埋，而可浸出的、无生命的岩石在其上部。采矿完成后，有必要对土地进行复垦。

因此，就采矿活动而言，复垦是指将土地恢复到至少可以支持采矿活动前相同的土地

用途程度。在一些国家，复垦可能不涉及将土地恢复到采矿之前的确切状态，而只是恢复到能够支持相同或其他所需生产性土地使用的状态。这可能涉及重建生物群落（植物群和动物群），或重建采矿后地表的替代生物群落。复垦可以定期进行，也可以与采矿作业同时进行。

区域性露天矿可开展阶段性复垦，复垦活动可推进至离露天矿一定距离处。或者，正如大型露天采场可能发生的情况一样，如果矿场随着时间的推移而扩大，或者需要为生产和采矿运输提供空间，则可能需要将复垦推迟到采矿作业结束。

大部分复垦工作是采矿流程中处理上覆盖层的一部分，除了最后的土方平整和种植作业外，几乎没有为采矿后的活动留下什么。有了良好的复垦规划，就有可能同时拥有具有竞争力的生产性采矿作业和未受破坏的采矿后景观，以及城镇基础设施。

成功的复垦通常由监管标准、私人或社区协议或矿业公司的目标来定义。露天采矿需要处理油页岩上覆的整个地表和盖层岩体，复垦和重建比其他方式更能让人类和自然社区对矿区土地的需要成为可能。选择采矿后的土地用途必须以周围社区的文化因素为基础，并受到不受人类控制的环境的制约。

采矿后土地用途的选择（包括土地所有权的类型）往往是复垦的一个重要因素。从农民那里租来的土地通常会被开垦为农业用途，而近年来政府持有的土地通常被用于公园、娱乐或野生动物栖息地。由于土地可能经常复垦以恢复至其原来的用途或周边区域土地的主要用途，所以周围土地的用途也应该纳入考虑。

18.3.4 页岩油生产

开采后，油页岩被运送到一个设备进行蒸馏，之后石油必须通过进一步的处理升级，才能被送到炼油厂，而页岩废料必须被处理掉，通常是将其放回矿区，最终开采后的土地会被复垦。油页岩的开采和加工都涉及各种环境影响，如全球变暖和温室气体排放、开采土地的失调、页岩废料的处理、水资源的利用，以及对空气和水质的影响。美国商业油页岩工业的发展也将对当地社区产生重大的社会和经济影响。美国油页岩产业发展的其他障碍包括从油页岩中开采石油的成本相对较高（目前每桶超过 60 美元），以及缺乏对租赁矿区油页岩的监管。

油页岩蒸馏设施的每一项重要操作都有可能产生大量的大气污染物，包括煤尘、燃烧产物、挥发性有机物和挥发性气体。挥发性有机物和气体可能包括致癌的多环有机物和有毒气体，如碳氧化物、硫化氢、氨、硫氧化物和汞。

辅助工序的排放包括现场蒸汽／发电厂的燃烧产物排放，以及废水系统、冷却塔和挥发性排放源的挥发性排放。而冷却塔、废水系统和挥发性排放源的挥发性排放物可能包括蒸馏过程中存在的每一种化合物，这些化合物包括有害有机物、羰基金属、微量元素（如汞）和有毒气体（如二氧化碳、硫化氢、氰化氢、氨、羰基硫和二硫化碳）。

环境因素是化石燃料转化厂运营的必要考虑因素，包括污染物的潜在数量和成分，以及燃料流中最初存在于内部工艺和辅助作业线中被认为是诱变剂的化合物。

就可能应用于页岩油清洁生产的创新技术而言，常规和原位蒸馏工艺都会导致效率低下，从而降低页岩油的产量和质量。根据工艺效率，部分不产生液体的干酪根要么以焦炭的形式附着在宿主矿物上，要么转化为气态烃。为了生产页岩油，最优工艺是最大限度地减少形成焦炭和气态烃的回归热和化学反应，并最大限度地提高页岩油的产量。新的先进蒸馏和升级工艺寻求改变工艺化学，以提高回收率和（或）创造高价值的副产品。新工艺正在实验室规模的环境中进行研究和测试，其中一些方法（比如煤炭加工；Speight，2013）的改进包括：降低加热温度、提高加热速率、缩短滞留时间、加入脱氧剂（如氢或氢转移／供体剂）和加入溶剂。

18.4 环保要求

在原油系统框架下，综合考虑烃源岩、储层、盖层、圈闭和生成—运移过程可以更好地了解美国古生代和中生代裂缝型富有机质页岩的天然气赋存和生产。由于有机页岩地层既是烃源岩又是储层，有时也是盖层，所以系统概念必须修改。在确定潜在可生产烃类衍生物的关键演化阶段时，必须额外考虑天然气成因，无论是生物成因还是热成因。这种新兴资源可以被视为受技术驱动的远景区，因为从无开采价值的岩石中实现天然气生产需要技术密集型工艺。最大限度地提高天然气采收率需要比传统天然气作业更多的钻井。

随着油井到达其生命周期的终点，补救需求变得更加重要。一口井总产量的一半以上通常是在井寿命的前十年实现的。当一口井无法再经济地生产页岩气时，根据各州标准就会被封堵和废弃。受影响地区，如井场和进场通道，会被复垦回原来的植被和轮廓，或土地所有者指定的状态。

天然气和原油的监管问题主要是水力压裂，这是区别于监管良好的常规天然气生产的关键特征。然而，在油气开发过程中保护水资源的现有法规也受到油气作业中更大强度使用水、能源和基础设施的影响。

这一结论给美国带来了巨大的不确定性，美国仍在适应这个新行业。分析潜在影响的可用性数据跟不上行业增长速度，这阻碍了政府充分评估和监管业务的能力。为了解决这一问题，美国联邦政府重新开始关注页岩气开发的潜在影响，以便最有效地监管这类重要的新能源资源。

天然气和原油靶区的开发需要大量的水来钻井，并与黏土矿物混合形成钻井液，可以冷却和润滑钻头，提供井筒稳定性，并将岩屑带到地面。

废水处理是非常规天然气生产的一个关键问题，特别是通常水力压裂需要大量用水。在将注入井中后，部分压裂液（通常几乎全是水）在随后的几天或几周内作为返排物返排。返排流体总量取决于地质条件，致密地层的返排量可达 20%~50%，其余部分与致密地层岩石中的黏土结合。返排水中含有水力压裂过程中使用的一些化学物质，以及从储层岩石中浸出的金属、矿物和烃类衍生物。高盐度相当普遍，部分储层浸出的矿物质可能具有弱放射性，需要在地表采取特别的预防措施。返流（如钻井废水）需要在现场安全储存，最好是完全储存在稳定、防风雨的储存设施中，因为如果处理不当，它们确实会对当地环境构成潜在威胁。

一旦分离出来，有不同的方法可以对水力压裂废水进行处理。最佳的解决方案是将其回收以备将来使用，目前已有技术可以做到这一点，尽管并不总是能够以经济有效的方式为水力压裂提供可重复使用的水源。第二种选择是通过当地工业废水处理设施处理废水，这些设施能够萃取废水并达到足够的标准，使其能够排放到当地的河流中或用于农业。或者，在地质条件合适的地方，可以将废水注入深层岩层。

水力压裂中使用的流体大部分是水和化学品（后者通常为水体积的1%）。压裂液的配方各不相同，部分取决于含气或含油地层的组成，记住所有含气和含油地层即使地层由相同的矿物（致密地层、砂岩或碳酸盐）组成，所采用的压裂液配方也不同。此外，如果处理不当，有些化学添加剂可能是有害的（表5.3），建议谨慎处理，因为化学品的数量不得超过与处理危险材料有关的法规规定的数量。即使该化学物质是地下固有的（因为它是天然存在的，所以被认为是无害的），使用量也不能超过原地量——在某些情况下，超过原地量的化学物质可能会导致环境问题。

必须高度重视现场所有水和其他流体的安全处理，包括任何添加的化学品，遵守有关控制、运输和泄漏处理的所有规定至关重要。压裂液的处理有多种选择。例如，在不对环境造成不利影响的情况下，该流体可以在单个油田的其他井中重复使用，这不仅减少了淡水的使用量，还减少了必须进行处理的回收水量和化学品数量。但是，在这种情况下，必须确定矿场内地质或矿物的相似或不同之处，以确保对环境的损害降到最低。此外，在水被输送到允许的盐水注入处置井或处理厂进行处理之前，有必要修建储水池（或内衬储存池）用于储存回收水。这些水池的衬里必须符合当地的环境法规。

所有注水井的设计必须符合国家机构（例如美国环保署）或任何地方机构制定的地下水保护规定。此外，产层的上方应该有多个隔水层，以便将注入的流体保存在目标含气或含油地层内。此外，应使用多层套管和水泥（类似于生产井），并定期进行机械完整性测试，以验证套管和水泥是否能阻止液体。流体注入量和压力（每口井的许可证中有规定）应受到监测，以保持流体在目标区域内，此外还需要监测注水井和套管层环空的压力，以检查和验证注水井的完整性。

尤其是在原油系统框架下，综合考虑烃源岩、储层、盖层、圈闭和生成—运移过程可以更好地了解美国古生代和中生代裂缝型富有机质页岩的天然气赋存和生产。由于有机页岩地层既是烃源岩又是储层，有时也是盖层，所以系统概念必须修改。在确定潜在可生产烃类衍生物的关键演化阶段时，必须额外考虑天然气成因，无论是生物成因还是热成因。

随着油井到达其生命周期的终点，补救需求变得更加重要。一口井总产量的一半以上通常是在井寿命的前十年实现的。当一口井无法再经济地生产页岩气时，根据各州标准就会被封堵和废弃。受影响地区，如井场和进场通道，会被复垦回原来的植被和轮廓，或土地所有者指定的状态。

不正确地关闭或废弃天然气井和原油井可能会造成人类健康和安全风险，以及空气污染、地表水和地下水污染风险。大多数州要求作业方提供债券或某种形式的财务担保以确保合规性，同时也要确保在停产后有资金进行封井。然而，债券的规模可能只涵盖场地复垦成本的一小部分。

油气开发的经济性鼓励了资产从大型实体向小型实体的转移。有资产就有负债，但没有一种机制来防止新物主承担超出其能力范围的复垦责任，经济学倾向于新物主可以不履行封井和现场修复义务。事实上，技术的改进与致密地层专业经验的结合也导致并将继续导致采收率的提高和递减率的降低。现在人们认识到，每种致密气资源都需要特定的完井技术，这可以通过仔细分析岩石性质来确定。正确选择井的方位、增产设备、裂缝尺寸和压裂液将有助于提高井的特性和天然气或原油的整体采收率。事实上，对于北美已开发的致密地层，改进技术和增加经验的综合效益将随着时间的推移继续提高产量。随着含油气地层开发走向成熟，每口井的预期最终采收率和每口井的峰值产量都将继续增加。

随着美国致密油气开采的进步，许多油气公司将愿意把北美开发的技术应用于北美以外的新盆地和市场。全球相当多的地区因其致密地层潜力而成为人们关注的焦点，事实上，全球 32 个国家中发现了 48 个具有开发前景的大型致密地层盆地（US EIA，2011b，2011c，2011d）。

这些远景区包括了许多遍布欧洲的富含有机质的致密地层，包括：（1）从丹麦东部和瑞典南部延伸到波兰北部和东部的下古生界致密地层；（2）从英格兰西北部穿过荷兰和德国西北部延伸至波兰西南部的石炭系致密地层；（3）从英格兰南部延伸至法国、荷兰、德国北部和瑞士的巴黎盆地的下侏罗统沥青质致密地层。波兰和法国是拥有欧洲最大的天然气和原油技术可采资源的国家（US EIA，2011b），但是这两个国家目前都高度依赖进口天然气来满足国内需求。

此外，具有长达 1mile 或更长长度水平分支的水平井被广泛应用，可以最大限度地进入储层。多级水力压裂，即致密地层在高压下沿着井的水平段在几个地方破裂，被用于产生供气体流动的通道。微地震成像使作业者能够可视化裂缝在储层中的发育位置。

虽然通过适当的增产措施提高裂缝和基质的渗透率是实现有经济效益天然气产量的关键，但最初必须存在足够量的有机质（用于产生热成因气或作为微生物原料）才能形成气藏。因此，解译致密地层中有机质的热演化史，分析致密地层基质和有机质对局部和区域应力的岩石力学响应，是建立它们与天然气产能复杂关系的关键步骤。

如果其中一个因素质量差（例如，低吸附气），可以通过另一个因素（例如，增加储层厚度）来补偿，然而即使在地质和地球化学因素明显存在最佳组合的情况下，致密气的生产也不能总是实现。

然而，作为一种技术驱动型资源，油气的开发速度可能会受到所需资源可用性的限制，如淡水、裂缝支撑剂或能够钻进数英里长的钻机。因此，油气开发面临的主要挑战是：（1）深度大；（2）许多资源缺乏资料。

在资源丰富的地区，公司必须持续关注环境发展，然后再将目光投向回报不确定的更深层次的目标。另一方面，在已经进行油气开发及发现有新资源并投产开发的地区，可能具有基础设施优势。钻井平台、道路、管道、集输系统、鉴定工作、许可证准备数据和土地所有者关系可能仍然对未来致密储层资源的开发有用。

用于油气开采的专业技术存在一些环境问题，需要不断加以解决。水力压裂液需要大量淡水，因此有可能会消耗大量水资源。尽管井密度更高，但油气开发的土地利用面积预计不会比传统作业大很多，因为水平钻井技术的进步允许在同一井位钻 10 口或更多的生产井。

最后，由于二氧化碳是一些天然气和原油中的一种天然杂质，其排放有可能造成高碳足迹。

参 考 文 献

API, 2010. Water Management Associated with Hydraulic Fracturing, API Guidance Document Hf2. American Petroleum Institute, Washington, DC.

Arthur, J.D., Langhus, B., Alleman, D., 2008. An Overview of Modern Natural Gas and Crude Oil Development in the United States. ALL Consulting. Tulsa, Oklahoma. http://www.all-llc.com/publicdownloads/ALLTightformationOverviewFINAL.pdf.

Arthur, J.D., Bohm, B., Cornue, D., 2009. Environmental considerations of modern tight formation developments. Paper No. SPE 122931. In: Proceedings. SPE Annual Technical Meeting. Louisiana, New Orleans. October 4-7.

Berman, A.E., 2012. After the gold rush: a perspective on the future US natural gas supply and price. In: Proceedings. Association for the Study of Peak Natural Gas. Vienna.

BP, 2015. Statistical Review of World Energy 2015. BP PLC, London, United Kingdom.

Branosky, E., Stevens, A., Forbes, S., 2012. Defining the Natural Gas and Crude Oil Life Cycle: A Framework for Identifying and Mitigating Environmental Impacts. Working Paper. World r\; Resources Institute, Washington, DC.

Brown, V.J., 2007. Industry Issues: Putting the Heat on Gas. Environmental Health Perspectives. Report No. 115-2. United States National Institute of Environmental Health Sciences, Washington, DC.

Burnham, A., Han, J., Clark, C., Wang, M., Dunn, J., Palou-Rivera, I., 2012. Life-cycle greenhouse gas emissions of natural gas and crude oil, natural gas, coal, and petroleum. Environ. Sci. Technol. 46 (2), 619e627.

Bustin, A.M.M., Bustin, R.M., Cui, X., 2008. Importance of fabric on the production of gas shales. SPE paper No. 114167. In: Proceedings. Unconventional Gas Conference, Keystone, Colorado. February 10-12.

Centner, T.J., 2013. Oversight of shale gas production in the United States and the disclosure of toxic substances. Resour. Policy 38, 233e240.

Centner, T.J., O'Connell, L.K., 2014. Unfinished business in the regulation of shale gas production in the United States. Sci. Total Environ. 476e477, 359e367.

Clark, C., Han, J., Burnham, A., Dunn, J., Wang, M., 2011. Life-Cycle Analysis of Shale Gas and Natural Gas. Report No. ANL/ESD/11-11. Argonne National Laboratory, Argonne, Illinois.

Clark, C., Burnham, A., Harto, C., Horner, R., 2012. Hydraulic Fracturing and Natural Gas and Crude Oil Production: Technology, Impacts, and Policy. Argonne National Laboratory, Argonne, Illinois. September 10.

Clarkson, C.R., Nobakht, M., Kavaini, D., Ertekin, T., 2012. Production analysis of tight-gas and tight formation-gas reservoirs using the dynamic-slippage concept. SPE J. 17, 230e242.

Colborn, T., Kwiatkowski, C., Schultz, K., Bachran, M., 2011. Natural gas operations from a public health perspective. Hum. Ecol. Risk Assess. 17, 1039e1056.

Cuenot, N., Frogneux, M., Dorbath, C., Calo, M., 2011. Induced microseismic activity during recent circulation tests at the EGS site of soultz-sous-forêts (France). In: Proceedings. 36th Workshop on Geothermal Reservoir Engineering, Stanford, California.

EIUT, 2012. Fact-Based Regulation for Environmental Protection in Shale Gas Development Summary of Findings. The Energy Institute, University of Texas at Austin, Austin, Texas. http://energy.utexas.edu.

GAO, 2012. Information on Tight Formation Resources, Development, and Environmental and Public Health Risks. Report No. GAO-12-732. Report to Congressional Requesters. United States Government Accountability Office, Washington, DC. September.

Gaudlip, A.W., Paugh, L.O., Hayes, T.D., 2008. Marcellus water management challenges in Pennsylvania. Paper No. SPE 119898. In: Proceedings. Natural Gas and Crude Oil Production Conference. Ft. Worth, Texas. November 16-18.

Golpour, H., Smith, J.D., 2017. Oil shale ex-situ process – leaching study of spent. International Journal of Engineering and Science Invention 6 (3), 45e53.

Hoffman, A., Olsson, G., Lindström, A., 2014. Shale Gas and Hydraulic Fracturing: Framing the Water Issue. Report No. 34. Stockholm International Water Institute (SIWI), Stockholm, Sweden. https: //www.siwi.org/ publications/shale-gas-and-hydraulic-fracturing-framing-the-water-issue/.

Horton, S., 2012. Disposal of hydrofracking waste fluid by injection into subsurface aquifers triggers earthquake swarm in central Arkansas with potential for damaging earthquake. Seismol. Res. Lett. 83 (2), 250e260.

Howarth, R.W., Santoro, R., Ingraffea, A., 2011a. Methane and the greenhouse-gas imprint of natural gas from tight formations. Clim. Change 106, 1e12.

Howarth, R., Santoro, R., Ingraffea, A., 2011b. Methane and the greenhouse-gas footprint of natural gas from tight formations. Clim. Change 106, 679e690.

Islam, M.R., Speight, J.G., 2016. Peak Energy e Myth or Reality? Scrivener Publishing, Beverly, Massachusetts.

Kahn, H., 1979. Toxicity of oil shale chemical products. A Review. Scand. J. Work Environ. Health 5 (1), 1e9.

King, C.W., Webber, M.E., 2008. Water intensity of transportation. Environ. Sci. Technol. 42 (21), 7866e7872.

Kirchgessner, D.A., Lott, R.A., Cowgill, R.M., Harrison, M.R., Shires, T.M., 1997. Estimate of methane emissions from the US natural gas industry. Chemosphere 35, 1365e1390.

KPMG, 2012. Watered-Down: Minimizing Water Risks in Shale Gas and Oil Drilling. KPMG Global Energy Institute, KPMG International, Houston, Texas.

Lash, G.C., Engelder, T., 2009. Tracking the burial and tectonic history of devonian tight Formation of the appalachian basin by analysis of joint intersection style. Geol. Soc. Am. Bull. 121, 265e272.

Mall, A., 2011. Incidents where Hydraulic Fracturing Is a Suspected Cause of Drinking Water Contamination. Natural Resources Defense Council, Switchboard, Washington, DC. December 19.

Maule, A.L., Makey, C.M., Benson, E.B., Burrows, I.J., Scammell, M.K., 2013. Disclosure of hydraulic fracturing fluid chemical additives: analysis of regulations. New Solut. 23, 167e187.

Miller, C., Waters, G., Rylande, E., 2011. Evaluation of production log data from horizontal wells drilled in organic tight formations. Paper No. SPE-144326. In: Proceedings. SPE North American Unconventional Gas Conference. Society of Petroleum Engineers, Richardson, Texas. The Woodlands, Texas. June 14-16.

Mokhatab, S., Poe, W.A., Speight, J.G., 2006. Handbook of Natural Gas Transmission and Processing. Elsevier, Amsterdam, Netherlands.

Muresan, J.D., Ivan, M.V., 2015. Controversies regarding costs, uncertainties and benefits specific to shale gas development. Sustainability 7, 2473e2489.

NRC, 2012. Induced Seismicity Potential in Energy Technologies. The National Academies Press, Washington, DC. National Research Council.

Osborn, S.G., Vengosh, A., Warner, N.R., Jackson, R.B., 2011. Methane contamination of drinking water accompanying gas-well drilling and hydraulic fracturing. Proc. Natl. Acad. Sci. 108 (20), 8172e8176.

US OTA, 1980. An Assessment of Oil Tight Formation Technologies, Volume I. Report PB80-210115. Office of Technology Assessment. Congress of the United States, Washington, DC.

O' Sullivan, F., Paltsev, S., 2012. Natural gas and crude oil production: potential versus actual greenhouse gas emissions. Environ. Res. Lett. 7, 1e6.

Redmayne, D.W., Richards, J.A., Wild, P.W., 1998. Mining-induced earthquakes monitored during pit closure in the midlothian coalfield. Q. J. Eng. Geol. Hydrogeol. 31 (1), 21. Geological Society, London, United Kingdom.

Reig, P., Luo, T., Proctor, J.N., 2014. Global Natural Gas Development: Water Availability and Business Risks. World Resources Institute, Washington, DC.

Schrag, D.P., 2012. Is natural gas and crude oil good for climate change? Dædalus. The Journal of the American Academy of Arts & Sciences 141 (2), 72e80.

Shine, K.P., 2009. The global warming potential e the need for an interdisciplinary retrial. Clim. Change 96 (4), 467e472.

Shonkoff, S.B.C., Hays, J., Finke, M.L., 2014. Environmental public health dimensions of shale and tight gas development. Environ. Health Perspect. 122 (8), 787e795.

Speight, J.G., 2007. Natural Gas: A Basic Handbook. GPC Books, Gulf Publishing Company, Houston, Texas.

Speight, J.G., 2013. The Chemistry and Technology of Coal, third ed. CRC-Taylor and Francis Group, Boca Raton, Florida.

Speight, J.G., 2014a. The Chemistry and Technology of Petroleum, fifth ed. CRC-Taylor and Francis Group, Boca Raton, Florida.

Speight, J.G., 2014b. High Acid Crudes. Gulf Professional Publishing, Elsevier, Oxford, United Kingdom.

Speight, J.G., 2014c. Oil and Gas Corrosion Prevention. Gulf Professional Publishing, Elsevier, Oxford, United Kingdom.

Speight, J.G., 2016. Handbook of Hydraulic Fracturing. John Wiley & Sons Inc., Hoboken, New Jersey.

Speight, J.G., 2019. Synthetic Fuels Handbook: Properties, Processes, and Performance, second ed. McGraw-Hill, New York.

Spellman, F.R., 2013. Environmental Impacts of Hydraulic Fracturing. CRC Press, Taylor & Francis Group, Boca Raton, Florida.

Stephenson, T., Valle, J.E., Riera-Palou, X., 2011. Modeling the relative GHG emissions of conventional and natural gas and crude oil production. Environ. Sci. Technol. 45, 10757e10764.

Tiemann, M., Folger, P., Carter, N.T., 2014. Tight Formation Energy Technology Assessment: Current and Emerging Water Practices. CRS Report R43635. Prepared for Members and Committees of Congress. Congressional Research Service, Washington, DC. July 14.

US DOE, 2004a. Strategic Significance of America's Oil Tight Formation Reserves, I. Assessment of Strategic Issues. March. http://www.fe.doe.gov/programs/reserves/publications.

US DOE, 2004b. Strategic significance of America's oil tight formation reserves, II. Oil tight formation resources, technology, and economics; march. http://www.fe.doe.gov/programs/reserves/publications.

US DOE, 2004c. America's oil tight Formation: a roadmap for federal decision making; USDOE office of US naval petroleum and oil tight formation reserves. http://www.fe.doe.gov/programs/reserves/publications.

US DOE, 2006. Fact Sheet: Oil Tight Formation Water Resources. Office of Petroleum Reserves, US Department of Energy, Washington, DC. September.

US EIA, 2011a. Natural Gas and Crude Oil and Tight Formation Oil Plays. Energy Information Administration, United States Department of Energy, Washington, DC. July. www.eia.gov.

US EIA, 2011b. World Natural Gas and Crude Oil Resources: An Initial Assessment of 14 Regions outside the United States. Energy Information Administration, United States Department of Energy. www.eia.gov.

US EIA, 2011c. Shale Gas and Shale Oil Plays. Energy Information Administration, United States Department of Energy, Washington, DC. July. www.eia.gov.

US EIA, 2011d. World Shale Gas Resources: An Initial Assessment of 14 Regions outside the United States. Energy Information Administration, United States Department of Energy. www.eia.gov.

US EPA, 2012. Regulation of Hydraulic Fracturing under the Safe Drinking Water Act. United States Environmental Protection Agency, Washington, DC.

US EPA, 2015. Greenhouse Gas Reporting Program (GHGRP): GHGRP and the Oil and Gas Industry. United States Environmental Protection Agency, Washington, DC. https://www.epa.gov/ghgreporting/ghgrp-and-oil-andgas-industry.

US GAO, 2012. Oil and Gas. Information on Shale Resources, Development, and Environmental and Public Health Risks. Report No. GAO-12-732. Report to Congressional Requesters. United States Government Accountability Office, Washington, DC.

Veil, J.A., 2010. Water Management Technologies Used by Marcellus Natural Gas and Crude Oil Producers. Report No. ANL/EVR/R-10/3. Argonne National Laboratory, Argonne, Illinois (July).

Vidic, R.D., Brantley, S.L., Vandenbossche, J.M., Yoxtheimer, D., Abad, J.D., 2011. Impact of shale gas development on regional water quality. Science 430, 1235009-1235011-1235009-9.

Weber, C.L., Clavin, C., 2012. Life cycle carbon footprint of natural gas and crude oil: review of evidence and implications. Environ. Sci. Technol. 46, 5688e5695.

WHO, 2011. Guidelines for Drinking Water Quality 4th Editions. World Health Organization, Geneva, Switzerland.

Wu, M., Mintz, M., Wang, M., Arora, S., Chiu, Y., 2011. Consumptive Water Use in the Production of Ethanol and Petroleum Gasoline e 2011 Update. Report No. ANL/ESD/09-1. Argonne National Laboratory, Argonne, Illinois.

单位换算关系

1ft=0.3048m

1in=2.54cm

1mile=1609.347m

1acre=4046.9m^2

1mile^2=2.59m^2

1bbl=0.1589m^3

1gal=3.785L

1ft^3=0.02832m^3

1psi=6.89kPa

1lb=0.4536kg

1 美吨 =0.9072t

1Btu=10.55.06J

1cal=4.19J

1cp=1mPa·s

1cSt=1mm^2/s

K=℃+273.15

°R=（℃+273.15）×1.8

°F=℃×1.8+32

国外油气勘探开发新进展丛书（一）

书号：3592
定价：56.00元

书号：3663
定价：120.00元

书号：3700
定价：110.00元

书号：3718
定价：145.00元

书号：3722
定价：90.00元

国外油气勘探开发新进展丛书（二）

书号：4217
定价：96.00元

书号：4226
定价：60.00元

书号：4352
定价：32.00元

书号：4334
定价：115.00元

书号：4297
定价：28.00元

国外油气勘探开发新进展丛书（三）

书号：4539
定价：120.00元

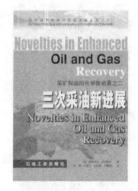

书号：4725
定价：88.00元

书号：4707
定价：60.00元

书号：4681
定价：48.00元

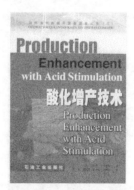

书号：4689
定价：50.00元

书号：4764
定价：78.00元

国外油气勘探开发新进展丛书（四）

书号：5554
定价：78.00元

书号：5429
定价：35.00元

书号：5599
定价：98.00元

书号：5702
定价：120.00元

书号：5676
定价：48.00元

书号：5750
定价：68.00元

国外油气勘探开发新进展丛书（五）

书号：6449
定价：52.00元

书号：5929
定价：70.00元

书号：6471
定价：128.00元

书号：6402
定价：96.00元

书号：6309
定价：185.00元

书号：6718
定价：150.00元

国外油气勘探开发新进展丛书（六）

书号：7055
定价：290.00元

书号：7000
定价：50.00元

书号：7035
定价：32.00元

书号：7075
定价：128.00元

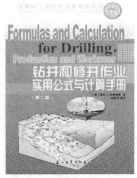

书号：6966
定价：42.00元

书号：6967
定价：32.00元

国外油气勘探开发新进展丛书(七)

书号:7533
定价:65.00元

书号:7802
定价:110.00元

书号:7555
定价:60.00元

书号:7290
定价:98.00元

书号:7088
定价:120.00元

书号:7690
定价:93.00元

国外油气勘探开发新进展丛书(八)

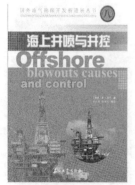

书号:7446
定价:38.00元

书号:8065
定价:98.00元

书号:8356
定价:98.00元

书号：8092
定价：38.00元

书号：8804
定价：38.00元

书号：9483
定价：140.00元

国外油气勘探开发新进展丛书（九）

书号：8351
定价：68.00元

书号：8782
定价：180.00元

书号：8336
定价：80.00元

书号：8899
定价：150.00元

书号：9013
定价：160.00元

书号：7634
定价：65.00元

国外油气勘探开发新进展丛书（十）

书号：9009
定价：110.00元

书号：9989
定价：110.00元

书号：9574
定价：80.00元

书号：9024
定价：96.00元

书号：9322
定价：96.00元

书号：9576
定价：96.00元

国外油气勘探开发新进展丛书（十一）

书号：0042
定价：120.00元

书号：9943
定价：75.00元

书号：0732
定价：75.00元

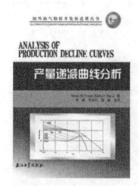

书号：0916
定价：80.00元

书号：0867
定价：65.00元

书号：0732
定价：75.00元

国外油气勘探开发新进展丛书（十二）

书号：0661
定价：80.00元

书号：0870
定价：116.00元

书号：0851
定价：120.00元

书号：1172
定价：120.00元

书号：0958
定价：66.00元

书号：1529
定价：66.00元

国外油气勘探开发新进展丛书（十三）

书号：1046
定价：158.00元

书号：1167
定价：165.00元

书号：1645
定价：70.00元

书号：1259
定价：60.00元

书号：1875
定价：158.00元

书号：1477
定价：256.00元

国外油气勘探开发新进展丛书（十四）

书号：1456
定价：128.00元

书号：1855
定价：60.00元

书号：1874
定价：280.00元

书号：2857
定价：80.00元

书号：2362
定价：76.00元

国外油气勘探开发新进展丛书（十五）

书号：3053
定价：260.00元

书号：3682
定价：180.00元

书号：2216
定价：180.00元

书号：3052
定价：260.00元

书号：2703
定价：280.00元

书号：2419
定价：300.00元

国外油气勘探开发新进展丛书（十六）

书号：2274
定价：68.00元

书号：2428
定价：168.00元

书号：1979
定价：65.00元

书号：3450
定价：280.00元

书号：3384
定价：168.00元

书号：5259
定价：280.00元

国外油气勘探开发新进展丛书（十七）

书号：2862
定价：160.00元

书号：3081
定价：86.00元

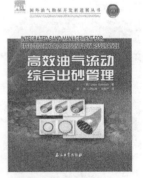

书号：3514
定价：96.00元

书号：3512
定价：298.00元

书号：3980
定价：220.00元

书号：5701
定价：158.00元

国外油气勘探开发新进展丛书（十八）

书号：3702
定价：75.00元

书号：3734
定价：200.00元

书号：3693
定价：48.00元

书号：3513
定价：278.00元

书号：3772
定价：80.00元

书号：3792
定价：68.00元

国外油气勘探开发新进展丛书（十九）

书号：3834
定价：200.00元

书号：3991
定价：180.00元

书号：3988
定价：96.00元

书号：3979
定价：120.00元

书号：4043
定价：100.00元

书号：4259
定价：150.00元

国外油气勘探开发新进展丛书（二十）

书号：4071
定价：160.00元

书号：4192
定价：75.00元

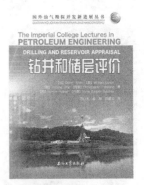

书号：4770
定价：118.00元

书号：4764
定价：100.00元

书号：5138
定价：118.00元

书号：5299
定价：80.00元

国外油气勘探开发新进展丛书（二十一）

书号：4005
定价：150.00元

书号：4013
定价：45.00元

书号：4075
定价：100.00元

书号：4008
定价：130.00元

书号：4580
定价：140.00元

书号：5537
定价：200.00元

国外油气勘探开发新进展丛书（二十二）

书号：4296
定价：220.00元

书号：4324
定价：150.00元

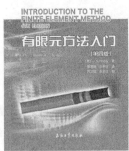

书号：4399
定价：100.00元

书号：4824
定价：190.00元

书号：4618
定价：200.00元

书号：4872
定价：220.00元

国外油气勘探开发新进展丛书（二十三）

书号：4469
定价：88.00元

书号：4673
定价：48.00元

书号：4362
定价：160.00元

DISCRETE FRACTURE NETWORK MODELING OF HYDRAULIC STIMULATION

离散裂缝网络水力压裂模拟

书号：4466
定价：50.00元

RESERVOIR MODELLING A PRACTICAL GUIDE

油藏建模实用指南

书号：4773
定价：100.00元

CARBONATE RESERVOIR HETEROGENEITY OVERCOMING THE CHALLENGES

碳酸盐岩储层非均质性

书号：4729
定价：55.00元

国外油气勘探开发新进展丛书（二十四）

HYDRAULIC FRACTURING AND NATURAL GAS DRILLING: QUESTIONS AND CONCERNS

水力压裂与天然气钻井的问题与热点

书号：4658
定价：58.00元

FUNDAMENTALS OF RESERVOIR ROCK PROPERTIES

储层岩石物理基础

书号：4785
定价：75.00元

GEOLOGICAL CORE ANALYSIS APPLICATION TO RESERVOIR CHARACTERIZATION

地质岩心分析在储层表征中的应用

书号：4659
定价：80.00元

SHALE ANALYTICS DATA-DRIVEN ANALYTICS IN UNCONVENTIONAL RESOURCES

数据驱动分析技术在页岩油气藏中的应用

书号：4900
定价：160.00元

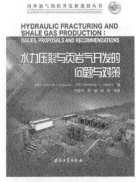
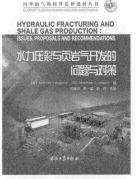

HYDRAULIC FRACTURING AND SHALE GAS PRODUCTION: ISSUES, PROPOSALS AND RECOMMENDATIONS

水力压裂与页岩气开发的问题与对策

书号：4805
定价：68.00元

STRESS CORROSION CRACKING OF PIPELINES

管道应力腐蚀开裂

书号：5702
定价：90.00元

国外油气勘探开发新进展丛书（二十五）

书号：5349
定价：130.00元

书号：5449
定价：78.00元

书号：5280
定价：100.00元

书号：5317
定价：180.00元

书号：6509
定价：258.00元

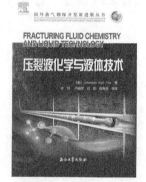

书号：5718
定价：90.00元

国外油气勘探开发新进展丛书（二十六）

书号：6703
定价：160.00元

书号：6738
定价：120.00元

书号：7111
定价：80.00元

书号：5677
定价：120.00元

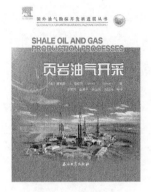

书号：6882
定价：150.00元